Architectural Society of China

中国建筑学会
成立六十五周年回顾

2018 中国建筑学会
建筑史学分会学术会议论文集

中国建筑学会建筑史学分会
重庆大学建筑城规学院
编

重庆大学出版社

图书在版编目（CIP）数据

2018中国建筑学会建筑史学分会学术会议论文集／
中国建筑学会建筑史学分会，重庆大学建筑城规学院编
. -- 重庆：重庆大学出版社，2019.7
ISBN 978-7-5689-1682-0

Ⅰ. ①2… Ⅱ. ①中… ②重… Ⅲ. ①建筑史—中国—
学术会议—文集 Ⅳ. ①TU-092

中国版本图书馆CIP数据核字(2019)第150660号

2018中国建筑学会建筑史学分会学术会议论文集
2018 Zhongguo Jianzhu Xuehui Jianzhushixue Fenhui Xueshu Huiyi Lunwenji
中国建筑学会建筑史学分会　重庆大学建筑城规学院　编
责任编辑:张　婷　　版式设计:张　婷
责任校对:万清菊　　责任印制:赵　晟
*
重庆大学出版社出版发行
出版人:饶帮华
社址:重庆市沙坪坝区大学城西路21号
邮编:401331
电话:(023)88617190　88617185(中小学)
传真:(023)88617186　88617166
网址:http://www.cqup.com.cn
邮箱:fxk@cqup.com.cn(营销中心)
全国新华书店经销
重庆升光电力印务有限公司印刷
*
开本:889mm×1194mm　1/16　印张:40.25　字数:1 248千
2019年7月第1版　　2019年7月第1次印刷
ISBN 978-7-5689-1682-0　定价:166.00元

编委会

目　录

论题一　中国当代建筑发展 65 周年（1953—2018 年）

3　　一次会面、两次会议及两篇会议报告——关于夏昌世在 1958 年的三点新史料……夏　珩　彭　嫱

10　　20 世纪 80 年代"中国性"观念建构——基于"新时期"中国建筑话语演变的历史分析
　　　和文本研究……………………………………………………………………曾巧巧　李翔宁

19　　苏联援助建设对西安近现代城市发展的影响研究………………………………魏　琰　杨豪中

25　　建筑史学分会发展轨迹与学术成果初探…………………………………………戴秋思　展　玥

32　　改革开放四十年中国建筑艺术的发展历程与历史反思……………………………………崔　勇

38　　重庆历史建筑保护再利用模式与设计手法研究——以计划经济时期重庆基层粮仓为例
　　　……………………………………………………………………………………汪梓烨　杨　凡

44　　西方建筑师在华本地化建筑初探——格里森在华实践（1927—1932）…………………罗　薇

50　　上海复兴岛空间结构及产业变迁初探:1934—2018 ……………………………孙新飞　刘嘉纬

56　　解放增徽识,劳工有耿光…………………………………………………………陈　静　陈荣华

63　　民国时期童寯与杨廷宝在南京的民族形式建筑创作比较…………………………陈　晨　王　柯

73　　基于生态发展观的传统村落更新设计——以豫北栗井村为例………毕小芳　刘倩倩　郭利强

78　　在场短暂介入对设计者创造力的促生与塑造——基于一次与杰克·西蒙的风景
　　　体验实践活动………………………………………………………………………………方晓灵

86　　法国艺术、城市和技术港口遗产——以南特市和索恩河畔沙隆市为例…………奥利维耶·热迪

93　　从重建到再述——以巴塞罗那德国馆等为例……………………………………高长军　李翔宁

论题二　地区·乡土·民族建筑研究与创作

105　　楚文化与古代南方城市………………………………………………………………………吴庆洲

117　　湖湘地域建筑的历史特质……………………………………………………………………柳　肃

124　　蒙古包的历史图谱研究…………………………………………………………阿拉腾敖德　扎丽玛

132　　意义变迁与形式演变——湘西南"正方转八边形"鼓楼形态演变研究………………………巨凯夫

140　　四川元代木构建筑外檐铺作中的若干特殊做法………………………………………………丁　煜

147　　唐宋时期广州城市排水设施研究……………………………………………………………王　凡

156　　现存遗构中斜华头子与《营造法式》中若干斜向构件的辨析………………………………惠盛健

164　　北京南城五道庙附近街坊建筑肌理及其演变趋势分析………………………………………刘涤宇

172　　秦汉时期民居之厕原型考——建筑考古与出土文献结合的探索……………………谢伟斌　柳　肃

177　　天水传统民居"斜梁-夯土墙"结构初探……………………………………………………张学伟

183　　打牲乌拉城市空间特点及主要建筑布局研究……………………………………王　飒　石瑛琦

189　　广州清代木构建筑瑰宝——海幢寺建筑分析……………………………………赵亚琪　程建军

195　　胶东地区风土建筑彩画的地域传统研究………………………………………………………王建波

205　　巴渝传统民居营建技术的保护传承探索——以酉阳县恐虎溪村为例……………温　泉　夏桂林

210	高句丽时期燕州城山城营建及历史信息辨析	姚 琦
216	当代建筑历史文脉继承发展及设计手法研究	于卓玉　梅 青
222	近代宁波教会建筑初探	姚 颖
233	鲁南地区传统民居研究——西仓孙家大院	刘 浩　李晓峰
243	安顺屯堡穿斗架营造技艺	乔迅翔
252	关于陇南地区传统民居建筑及营造技艺研究——以宕昌县董家庄村为例	赵柏翔　孟祥武
257	建筑学层面研究文化景观可识别性的理论探索	张兴国　李 震　刘志勇　姜利勇
263	兰州白塔山古建筑群选址及空间格局研究	苏 醒　孟祥武
268	明代广东卫所时空分布特征	赵金娥
275	浅析隋大兴宫城形制的匠师体系传承	孙新飞
280	"信古""疑古"史学变迁下的周代都城史研究评述	王 鹏
287	张谷英村建筑"绿色"技术研究	汤乃凡　柳 肃
294	从传统绘画中茅屋形象初探中国古代建筑史上的茅屋建筑	李 晓
301	浙江三门天台等地清代宗祠建筑彩绘调研	朱穗敏
307	晋东南五代、宋、金"寺"与"庙"建筑空间初探	杨童舒
324	山西平陆县地坑窑空间形态浅析	薛林平　刘传勇　胡 盼
332	对西汉南越王宫苑囿遗址的复原探讨	黄思达
340	浙江木牌楼地域类型与特征研究	黄培量
349	汉代中心柱崖墓的摹写对象及其中心柱的作用与意义	陈 未
355	沈阳近代城市格局演变特征及变革本质研究	郝 鸥　谢占宇
360	明代后期辽东沿边女真部族中心聚落的选址原因初探——基于商业贸易的角度	
		王思淇　王 飒
367	明末海西女真扈伦四部聚落考察与选址分析	曹怀文　王 飒
374	基于文献视角的《营造法式》与营造实践之关系的探析	焦 洋　冷 婕
381	斜栱功能、匠意与现代启示	冷 婕　陈 科
388	西京古道凉亭形制及保存现状研究	白汶灵　程建军
398	岭南广府束腰型柱础浅析	陈 丹

论题三　城乡建设与遗产保护

407	信阳崇福塔建筑特征及其保护修缮工程得失的研究	朱明爽　陈思桦　柳 肃
414	基于地理信息判断历史城池边界的方法探究	耿钱政　李 冰　牛 筝
422	世界遗产视野下的卓筒井保护再思考	任 远　王力军
429	鄂东南上冯湾聚落空间的"文本-语境"研究	陈 茹　李晓峰
437	学科交叉合作在乡土建筑遗产研究中的一次尝试——以江津会龙庄及南部山区历史文化资源调查项目为例	肖冠兰
445	多元文化影响下的清代育婴堂建筑保护与利用研究——以湖南武冈市育婴堂保护与利用为例	刘天元　罗 明
455	精明更新视阈下传统村落保护与更新探索	安 纳
464	城市更新中工业遗产的价值评估与分级设计策略——以重庆石井坡片区详细城市设计方案为例	陈 蔚　梁 蕤

476　旅游视角下民丰造纸厂宿舍楼的保护与利用研究 ·················· 汪思倩　莫　畏

483　试谈古建筑保护工程管理中的研究性修缮——以故宫养心殿研究性修缮管理规划
　　　为例 ··· 张　典

488　基于水源分析的吐鲁番坎儿井的有效保护研究——以高昌区坎儿井的保护为例
　　　··· 李　琛　苏春雨　王力恒

496　潮湿耦合环境下木构文物建筑生物侵蚀现状研究 ················ 程　鹏　刘松茯

502　明代辽东都司卫所与长城防御体系初探 ··············· 华梓航　李佳玲　郝　鸥

508　东北地区古代军事防御体系及建筑遗存相关研究与保护 ········ 石褒曼　汝军红

515　辽东长城沿线城邑遗产的价值评价与分级 ··········· 李佳玲　刘　东　郝　鸥

523　从完整性问题看当代石油工业遗产物质构成——胜利油田工业遗产资源再考 ··· 崔燕宇　郭　璇

536　关于高句丽古城遗址保护规划编制的依据问题 ···························· 朴玉顺

540　价值引导下的近代文物建筑保护修缮工程 ································ 黄雪菲

545　明朝内三关长城遗产资源保护性开发策略研究 ··············· 解　丹　毛伟娟

550　沈阳历史建筑的保护与再利用研究——以金融博物馆改造为例 ·········· 谢占宇

555　特色小镇建设背景下城镇历史遗产保护与利用研究——以芦山县茶马古镇飞仙关
　　　镇为例 ·· 曾　卫　黄敏慧

论题四　建筑史学史：人物与事件；中国现代建筑教育

565　构图与空间——从参考书解读 20 世纪 60 年代中国建筑教育的方法演变 ·········· 张轶伟

572　论阿尔多·罗西的《城市建筑学》在中国的接纳及转化（1986—2016）·········· 江嘉玮

579　张謇培养的中国第一代建筑师孙支厦 ······································ 国增林

588　走近"南柳"，中国近现代建筑发展史之人物观微——从 1920—1954 年的项目工程
　　　看柳士英的建筑思想 ··································· 陈思桦　柳　肃　俞潮韵

596　中国近代建筑史教育特点刍议 ·· 武　晶

602　营造学社在重庆——近代中国营造学社成员在重庆相关活动述略 ·········· 王创懿

609　尹培桐日文建筑文献译介及其影响 ······························ 郭　璇　彭文峥

619　文丘里建筑理论中的"语境"概念 ·· 宋　雨

625　日本建筑史学研究 80 年（1937—2018）发展探析 ················ 邓　奕　陈　颖

631　虚拟现实应用于中国建筑史教学——以宁波保国寺宋代大殿为例 ·········· 汤　众　孙澄宇　汤梅杰

论题一

中国当代建筑发展65周年(1953—2018年)

一次会面、两次会议及两篇会议报告
——关于夏昌世在 1958 年的三点新史料

One Communication,Two Conferences and Two Papers
—Three Pieces of Fresh Material about Hisa Chen-Si in 1958

夏 珩[①] **彭 嫱**[②]
Xia Heng Peng Qiang

【摘要】本文发掘了夏昌世在 1958 年的三点新史料:2 月份和苏联科学技术博士 Г. А. 马克西莫夫在广州中山医学院的见面,先后参加了 4 月份的广东省第一次科学技术会议、8 月份的全国建筑气候分区讨论会议,并分别做了学术报告。通过文本比较,本文猜测这两次报告的论文可能是他在《建筑学报》同年 10 月刊上发表的著名论文《亚热带建筑的降温问题:遮阳、隔热、通风》的两个早期蓝本。本文所涉及研究不但弥补了对夏昌世的建筑降温设计历史研究的空白,也可能据此引出新的视角与研究方向。
【关键词】夏昌世 1958 年 Г. А. 马克西莫夫 全国建筑气候分区讨论会议 广东省第一次科学技术会议

自 1989 年以来,对于夏昌世先生的资料的搜集、整理、分析、研究,国内外学者已经陆续完成了大量工作[1]。不过,基于本文的发现,不妨推测对夏昌世先生的研究仍然存在一定的后续空间,甚至可能产生新的研究视角与方向。

本文发现的关于夏昌世先生在 1958 年的新史料有三项,如下所示:

(1)1958 年 2 月 12 日,夏昌世与苏联援华专家 Г. А. 马克西莫夫(Г. А. Максимов,下文简称马克西莫夫)教授在中山医学院工地的见面。(图1)

(2)1958 年 4 月 15—26 日,夏昌世与钟锦文参加了广东省第一次科学技术会议,发表报告论文《亚热带地区建筑降温措施的商讨》。但参加会议的准确时间可能是 27 日,地点在广东科学馆,并且此次会议有国务院科学规划委员会的负责人参加且致辞。

(3)1958 年 8 月 1—7 日,夏昌世在北京参加了由国务院科学规划委员会建筑组召开的"全国建筑气候分区讨论会议",期间发表报告论文《亚热带地区建筑降温》。

迄今为止,这三项内容还没有进入学界的视野[1]-[5],如《关于研究夏昌世的进展与讨论》《华南建筑八十年:华南理工大学建筑学科大事记》和《夏昌世先生年表及夏昌世文献目录》等具有系统性的文献均没有收录这三条信息。这说明这三点资料没有引起相关研究者的重视,其关联内容、细节、意义自然也就有待发掘、整理与梳理。

图1(a) 夏昌世肖像　图1(b) Г. А. 马克西莫夫肖像
（图片来源:网络）　　　　（图片来源:网络）

夏昌世和马克西莫夫见面的照片没有搜集到

这三项内容之前没有被学界研究所重视的原因可能是来自文献检索上的困难。因为它们均无独立成篇的文献,而是来自两篇文献——《亚热带建筑的降温问题:遮阳·隔热·通风》《建筑气候分

① 深圳大学建筑与城市规划学院,助理教授。
② OJO-OYO 预制工坊,主持设计师。

区讨论会议报告集》中的正文叙述、报告、注释、参考文献。

在此,本研究把发现的三点新史料放进目前已知的事件表中,试图对他在 1958 年的重要学术活动(或相关的活动)作出连续呈现,可发现他在那一年里参与了至少 7 项事件,如下所示:

(1)1958 年 2 月 12 日,夏昌世与苏联援华专家马克西莫夫教授在中山医学院工地的见面。

(2)1958 年 4 月 15—26 日,夏昌世与钟锦文参加了广东省第一次科学技术会议,发表报告论文《亚热带地区建筑降温措施的商讨》,并且此次会议有国务院科学规划委员会的负责人参加且致辞①。

(3)1958 年 6 月,华南工学院成立了建筑设计研究院。

(4)1958 年 7—8 月,华南工学院成立了"亚热带地区建筑研究室"。

(5)1958 年 8 月 1—7 日,夏昌世在北京参加了由国务院科学规划委员会建筑组召开的"全国建筑气候分区讨论会议",期间发表报告论文《亚热带地区建筑降温》。主办单位在此会议后刊印有内部交流资料《建筑气候分区讨论会议报告集》。

(6)1958 年 10 月,夏昌世在《建筑学报》上发表重要论文《亚热带建筑的降温问题:遮阳·隔热·通风》。

(7)1958 年 11 月,夏昌世在华南工学院《建筑理论与实践》的创刊号上发表论文《砖拱屋面结合通风隔热的发展及其经济价值》。

这样的连续性呈现利于探讨前后事件的关联性。此外,为便于纵横比较与分析,本文将这三点信息按照性质再次分类,可以简称为一次会面、两次会议,及两篇会议报告论文。

1 马克西莫夫与夏昌世的见面,广州中山医院,1958 年 2 月 12 日

夏昌世于 1958 年 10 月在《建筑学报》发表的重要论文——《亚热带建筑的降温问题:遮阳·隔热·通风》,已经被绝大多数关于夏昌世、华南理工大学建筑教育史、华南理工大学亚热带建筑实验室发展史的研究者所收录与重视。"这一篇论文是中

国建筑界最早从遮阳、隔热、通风等角度,系统地研究亚热带建筑降温设计经验的论文"[6]。

然而文中有一个重要信息却被完全忽视,即在 1958 年 2 月 12 日,马克西莫夫与夏昌世在广州中山医院项目现场见面。这一会面的精确时间、内容、作用与影响由夏昌世自己在此论文的末尾处列出。他写道,马克西莫夫教授对这些设计提出了如下意见:

(1)煤渣四脚砖隔热,若能改用陶土砖,可解决煤渣砖性能上的缺点,而在发展上较为灵活。

(2)在砖拱隔热或阶砖平顶隔热的中脊部分,应加通气口或烟楼来增加拱道里空气的对流。

(3)结合瓦顶,在瓦脊处加烟楼散热。

(4)注意粉刷色调,在隔热层而上,应粉刷浅色(白色较红砖色降低 30% 左右),在烟楼部分粉刷黑色吸热,从而加速气流的换散作用。②

他还写道,"马克西莫夫专家的意见,是十分宝贵的,不但鼓舞了我们对这方面研究的信心,还使我们的设计思想,提高了一步,今年上半年度的设计已实践了专家的指示"③。实践指示即指在中山医学院新建学生宿舍的大阶砖、拱面屋顶上设置了通风用的烟楼。(图 2)

图 2 "中山医学院新建学生宿舍砖砌拱屋面中脊部分增加烟楼通风的处理"
(图片来源:文献[7])

据夏昌世在论文中的介绍,马克西莫夫为"指导国家计委进行南方气候条件降温措施的苏联专家、技术科学博士"④。

由此可见:夏昌世先生的设计研究引起了国外专家的兴趣与重视,还得到了国外专家的指点并将其付诸实施。这说明当时的研究状态可能不是如

---

① 时任国务院科学规划委员会秘书长的范长江专程从北京赶来参会并致辞,参见文献[10]。
②③④ 参考文献[7],封面 4。

本文一开始设想的那么封闭。

2 《建筑气候分区讨论会议报告集》，建筑工程部建筑科学研究院编，1958 年 10 月

1958 年 8 月 1—7 日，此次会议由国务院科学规划委员会建筑组在北京召开，具体组织工作由建筑工程部建筑科学研究院主持，中央气象局和中国科学院地理研究所协助。会后整理刊出了《建筑气候分区讨论会议报告集》（非正式出版物）。

从此文献来看，有两处涉及了夏昌世先生及其研究成果。除了他的现场报告论文，建筑科学研究院城市区域规划研究室建筑气候组的《建筑气候问题研究概况报告》（下简称《概况报告》）中还引用了他及钟锦文在同年 4 月发表的论文。据此引用，本研究还发现了夏昌世先生于同年 4 月参加的广东省第一次科学技术会议。

2.1 广东省第一次科学技术会议，1958 年 4 月 15—26 日

据《概况报告》的注释显示，在此次会议上，夏昌世与钟锦文联名发表报告论文《亚热带地区建筑降温措施的商讨》。不过截至目前，本文目前没有检索到论文的全文内容、两人参会的详细信息。

然而，据文献《广东省第一次科学工作会议纪实》，本文有以下推测：此论文的报告时间应该不是在 4 月 15—26 日的会议期间，而是在 27 日的会后活动。"27 日在广东科学馆内同时宣读了 37 篇科学论文，这些论文都是广东科学界近年来主要的研究成果"[①]。

值得注意的是，除了广东省的主要党政领导，国家中科院、社科院的负责人外，国务院科学规划委员会负责人也参会并在这次会议上做了致辞。而近 4 个月后夏昌世参加的"全国建筑气候分区讨论会议"就是恰好由国务院科学规划委员会的建筑组主办。对夏昌世先生而言，这两次会议是否存在前后因果的关联性？

2.2 "全国建筑气候分区讨论会议"，1958 年 8 月 1—7 日

在近 4 个月之后，即 1958 年 8 月 1—7 日，夏昌世在北京参加了由国务院科学规划委员会建筑组主办的"全国建筑气候分区讨论会议"。参会人员来自全国多个领域，除了建科院外，还有以下几类：

建筑设计师、结构工程师、地理学者、卫生工作者。建筑设计领域的参会人员仅有两人，分别为南京工学院的刘敦桢和华南工学院的夏昌世。刘敦桢先生主要是从传统民居的角度提供分区建议，而夏昌世先生则是从新建筑应对亚热带气候适应性设计的角度提出思考，以"亚热带建筑降温问题"为题作了主题报告。（图 3）

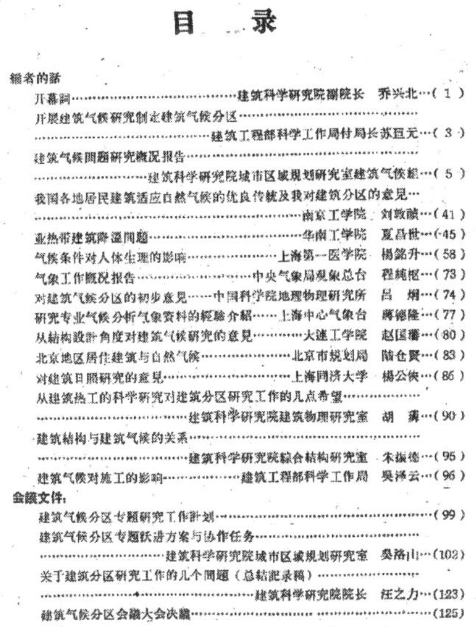

目　录

稿者的话
开幕词……………………建筑科学研究院副院长　乔兴北（1）
开展建筑气候研究制定建筑气候分区
　　…………………建筑工程部工作局副局长苏苏亘元（3）
建筑气候问题研究概况报告
　……建筑科学研究院城市区域规划研究室建筑气候组（5）
我国各地区民建筑适应自然气候的优良传统及我对建筑分区的意见
　　…………………………………………南京工学院　刘敦桢（41）
亚热带建筑降温问题……………………华南工学院　夏昌世（45）
气候条件对人体生理的影响………上海第一医学院　杨铭升（58）
气象工作概况报告……………………………中央气象局综合台（73）
对建筑气候分区的初步意见……中国科学院地理物理研究所　吕炯（74）
研究专业气候分析气候资料的经验介绍……上海中心气象台（77）
从结构设计角度对建筑气候研究的意见……大连工学院　赵国藩（80）
北京地区居住建筑与自然气候………………北京市规划局　陶金贵（83）
对建筑日照研究的意见………………………上海同济大学　杨公侠（85）
从建筑热工的科学研究对建筑分区研究工作的几点希望
　　…………………建筑科学研究院建筑物理研究室　胡璞（90）
建筑结构与建筑气候的关系
　　…………………建筑科学研究院综合结构研究室　朱振德（95）
建筑气候与施工的影响………………建筑工程部科学工作室　吴泽云（96）
附筑文件：
建筑气候分区专题研究工作计划……………………………………（99）
建筑气候分区专题任务方案与协作计划……………………………（102）
　　…………………建筑科学研究院城市区域规划研究室　吴路山（102）
关于建筑分区研究工作的几个问题（总结起草稿）…………………（123）
　　……………………………………建筑科学研究院　任之力（123）
建筑气候分区会议大会决议…………………………………………（125）

图 3　《建筑气候分区讨论会议报告集》目录
（图片来源：文献[9]）

根据上述信息，可以肯定的是这两次会议的级别都不低。这说明夏昌世先生的设计实践工作应该是在当时的建筑专业领域就具有广泛影响力，引起了学界（建筑热工）的重要关注，得到了国家层面的重视。

3 关于"亚热带建筑降温"的三篇论文

由上述信息可见，夏昌世先生关于"亚热带建筑降温"的论文至少有 3 篇，依次发布于 1958 年的 4 月（《亚热带地区建筑降温措施的商讨》，下简称"文 1"）、8 月（《亚热带地区建筑降温》，下简称"文 2"）、10 月（《亚热带建筑的降温问题：遮阳·隔热·通风》，下简称"文 3"）。从标题来看，这三篇文章存在相似性。那么，这三篇论文是否存在差异呢？如果具有差异性，那这些差异具体如何？它们是完全不同的内容，或是相似内容的重复，还是内容相似但进行了逐次修改？

---

① 参考文献[10]，p83 页。

下文将从这三篇论文的作者、标题、正文、插图等几方面进行文本比较分析。（表1）

表1　三篇论文的信息比较一览表（来源：作者自绘）

时　间	会议名称	期刊（著作）名称	论　文	作者
1958 年 4 月 21— 27 日	广东省第一次科学技术会议	—	亚热带地区建筑降温措施的商讨	夏昌世 钟锦文
1958 年 8 月 1— 7 日	全国建筑气候分区会议（第一次）	建筑气候分区讨论会议报告集	亚热带地区建筑降温	夏昌世
1958 年 10 月	—	建筑学报	亚热带建筑的降温问题：遮阳·隔热·通风	夏昌世

3.1　论文作者

上述三篇论文除了第一篇是联合署名外，其余两篇都是单独署名。钟锦文先生是 1950 届中山大学毕业的，曾为夏昌世中山医院工程中的助手。他曾与夏昌世、林铁联名在 1957 年 5 月的《建筑学报》发表《中山医学院第一附属医院》。他长时间跟随夏昌世先生从事设计实践①。

3.2　论文标题

相同点是题中的关键词均具有"亚热带""降温"；不同点是侧重点似乎不同。文 1 标题具有"措施""商讨"等词。相比于文 2，文 3 在前者基础上增加了副标题"遮阳·隔热·通风"，进一步说明了"降温"。

3.3　论文正文

文 1 目前还没有找到全文，但可从引用此文章的论文《概况报告》中间接看到一些端倪；其余两篇论文则具有全文。

《概况报告》的第三节第 6 小点内容为"华南地区"。其中明确写到"广东的建筑师们在近几年的设计实践中对遮阳、隔热、通风等问题做了比较深入的研究，取得了一些经验"。此注释的原文内容

是，"华南工学院夏昌世教授及钟锦文工程师在 1958 年 4 月广东省第一次科学工作会议上做了'亚热带地区建筑降温措施的商讨'的论文报告。"②此后的文章内容以遮阳、隔热、通风为顺序依次介绍了降温的方法。在隔热段落，扼要提到了使用大阶砖、煤渣砖、单曲拱等具体构造措施。最后，《概况报告》在文末的参考文献 16 中，再次列出了文 1③。

文 2 与文 3 的主旨内容基本没有太大增减，基本重合。文 3 仅是将文 2 开首的前两段删除。前 2 段主要内容是背景性的扼要介绍，亚热带、广州地区的气候、生活习惯及民间传统的降温方法。与文 3 一致的是，文 2 末尾也提到与马克西莫夫教授的见面、建议、作用。此两篇论文均没有参考文献。

3.4　论文插图

在《概况报告》的"6. 华南地区"一节，没有出现建筑实物照片，只有 3 幅手绘的插图，即图 11、图 12、图 13。前两幅插图都是表达遮阳构造的剖面图或轴测图，第三幅图为"单向式通风示意图"。其中图 11 又有 4 个小图。图 11、图 12 没有再在文 2、文 3 中出现，而图 13 则在文 2、文 3 中均再次出现。（图 4）

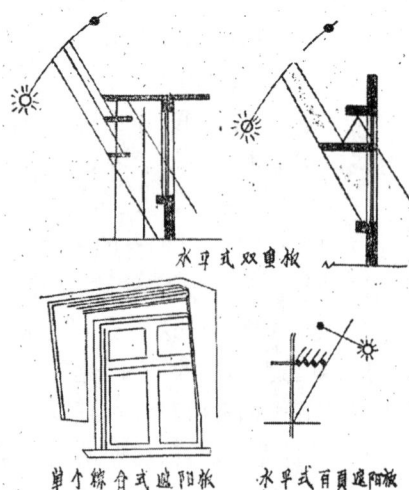

水平式双鱼板

单个综合式遮阳板　　水平式百页遮阳板

图 4（a）　《概况报告》中的图 11

（图片来源：文献［9］）

该图在文 2、文 3 中均被取消

---

① 据蔡德道先生回忆，"能够把夏昌世讲清楚的，一个是李恩山……一个是钟锦文（1950 届中大毕业，在中山医跟夏昌世的时间较长，现在加拿大）"，参考文献［11］。

② 参考文献［9］，p18 页。

③ 参考文献［9］，p40 页。

图4(b)　《概况报告》
中的图12
(图片来源:文献[9])
该图在文2、文3中均被取消

图4(c)　《概况报告》
中的图13
(图片来源:文献[7]、[9])
该图在文2、文3均保留

这些图应该是文1中的原图,因它们可与夏昌世的设计实践可以完全对应起来。图11的四幅小图依次为:两个"水平式双重板"剖面图对应于1953年的中山医学实验室(生理生化楼)和1954年的中山医学院药物教学楼;"单个综合式遮阳板"轴测图对应于1952年的中山医学院基础课楼;"水平式百叶遮阳板"剖面图对应于1954年肇庆鼎湖休养所及扩建中山医学院门诊部。图12为"垂吊式百叶遮阳板"剖面图对应1957年华南工学院化工楼的西面走廊。(图5)

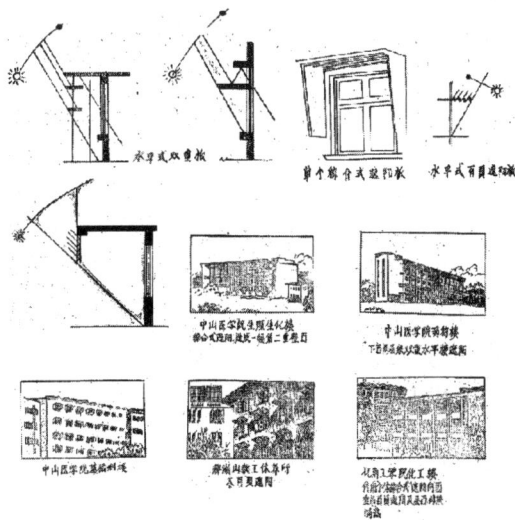

图5　《概况报告》中的构造剖面图,及其对应项目比较图
(图片来源:文献[9],经作者排列)
文1中的构造图可以和夏昌世设计实践项目完全对应

文2与文3虽然内容仅仅相差两个段落,但是插图却有不少变化。最明显的变化是:

①文2(第55页)中的6个建筑立面遮阳设计汇总图表(手绘)在文3中全部取消;②在文3中,一共取消了文2中的照片6幅,分别是照片5、7、10、12、13、15。其中12、13为大阶砖隔热层施工照

片,13为采用滑动模板的单曲拱施工照片;③文3中增加了两张照片,分别是中山医学院400医院的砖砌拱屋面隔热层和"中山医学院新建学生宿舍砖砌拱屋面中脊部分增加烟楼通风的处理"。(图6)

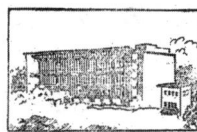

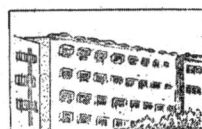

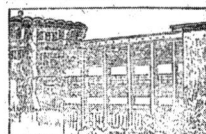

图6(a)　文2中的手绘图
(图片来源:文献[9])
该图在文3中被取消

图6(b)　文2的照片
(图片来源:文献[9])
该图在文3中被取消

图6(c)　文3中增加的照片
(图片来源:文献[7])
这两幅图都是屋顶单曲面拱建成后的照片

文 2 与文 3 的差别还在于图表部分,文 2 多两张表格。①第一处在文 2 中隔热小节的第四段落后,对三种隔热层构造(大隔砖隔热层、煤渣四角砖隔热层、1/4 砖单曲拱隔热层)的重量、造价、材料进行了表格比较。②第二处在文 2 中通风小节的第八段落后,有在 1956 年 7 月 24 日对中山医院的 400 医院进行温度实测的数据(5 个楼层,每个楼层的室外与室内温度,及对应楼层的室内外温差数值)。(图 7)

名　称	重量每 M2	造价每 M2	使　用　材　料	说　明
大隔砖隔热层	130Kg	3.2 元	大隔砖、鸡、竹片、石灰、沙浆(非100沙浆)	坡度、1.5～2%
煤渣四角砖隔热层	115Kg	6. 元	四角砖涂抹、非空沙浆、干1:一水泥沙浆涂面1:5 CM	30×30×10四角砖、通风断面1×11
素砖单曲拱隔热层	120Kg	2.8 元	非30沙垫砌	拱宽1.5～2M、拱高1/拱厚

图 7(a)　文 2 中的三种隔热层构造信息的比较表
(图片来源:文献[9])

其结果如下:

层　数	楼层高度℃	室内温度℃	室内外温差℃
五	3.3	32.2	3.9
四	3.2	31.1	5.0
三	3.2	29.4	6.7
二	3.2	31.1	5.0
首	3.4	30.5	5.6

图 7(b)　文 2 中的 1957 年中山医院 400 医院进行温度实测的数据表
(图片来源:文献[9])

经比较,发现此实测数据与 1957 年《建筑学报》发表的论文——《中山医学院第一附属医院》中的温度实测内容较为相似[①]。

3.5　分析与推测

从标题来看,文 3 的标题最为清晰,有提问也有回答。文 1 的标题似乎显得作者过于谦逊,还不是太自信。从标题的变化来看,似乎存在一个日渐自信的表达的书写发展过程。

8 月发表的文 2,减少的照片多为隔热层施工过程照片以及手绘图;而 10 月发表的文 3 增加的照片为隔热层竣工后的照片,特别是采纳了马克西莫夫教授提出的"在砖砌拱屋面中脊部分增加烟楼通风"的工程实景照片。这可能是由于工程施工时间的原因,或许也是因为手绘图不如实景照片来得直接,当然也可能是《建筑学报》篇幅的限制。

根据以上的分析,本文推测,文 3 应该是最后定稿,而文 1 与文 2 则是早先的蓝本。夏昌世先生可能根据两次会议报告的现场交流、反馈对论文作

了逐次的修改与完善。文 1 已经有了对降温问题思考的架构,已经初步完成了 6 年来对于亚热带地区建筑降温问题的系列研究的总结。它最迟成文于 4 月份,这一时间点恰好在他与马克西莫夫见面之后的两个月。

4　讨论与总结

根据此次发现的三点新材料,可以发现:①苏联援华专家马克西莫夫教授曾经与夏昌世先生关于中山医学院的降温设计措施有过现场的直接交流,其中有肯定、也有建议。可见当时的研究状况也不是如本研究一开始所想像的那么封闭。②夏昌世先生的重要论文《亚热带建筑的降温问题:遮阳·隔热·通风》可能至少有两个早期蓝本。由此可推测夏昌世先生对于 6 年来系列建筑降温设计的回顾与总结,最迟从 1958 年 4 月份就开始了,这比通常认为的时间要提早了 6 个月。

以上新材料其实引出了本研究更多的思考与疑惑:

第一,是关于马克西莫夫教授的延伸研究可能性。除了"指导国家计委进行南方气候条件降温措施的苏联专家、技术科学博士"的身份,马克西莫夫教授是否还有更多信息?他对中国建筑热工的发展产生了什么作用?这次见面对夏昌世产生了什么影响?这种影响是单方面的影响,还是双方互相激发?

第二,如果将"建筑气候分区工作"作为第二个延伸研究点,那么作为另一项国家科研的"国家计委进行的南方气候条件降温"又是第三个线索。顺此思路,后续研究可以探究的是在 1958 年国家进行了哪些与建筑相关的重大科研项目,这些重大项目与夏昌世是否具有关联?对于夏昌世个人的研究,是否也应该将其置于这一国家背景之中?

第三,在文首所列出的夏昌世在 1958 年 7 项重要学术活动(或相关的活动)中,第 7 项(论文《砖拱屋面结合通风隔热的发展及其经济价值》)还没有被讨论分析(因本文还没有搜集到全文)。这是夏昌世最后一片关于建筑降温设计的公开论文。它是否与这三项新史料或其他节点具有关联性?

第四,本文涉及的一个会议信息(广东省第一次科学技术会议)和两篇论文(文 1 和《砖拱屋面结

---

① 参考文献[9],p40 页。

合通风隔热的发展及其经济价值》)还需要继续搜集。此外,是否还会有其他更多新的相关史料出现?又应该往哪些方向去搜集?

总之,以上工作不但弥补了研究夏昌世降温设计的空白,也可能据此引出新的视角与研究方向。诚然,本文其实仅仅是一个起点,初步搜集、梳理、补充了关于夏昌世先生在1958年这一时间点相关的基础资料。

在距离1958年60周年之际,仅以此文纪念出现在这一年、这一研究视角中的论文、学者与先贤。

(特此感谢华南理工大学冯江教授对于资料搜集方面问题的问答及对未来研究方向的简要讨论,汕头大学王紫玥女士对本文在文字格式编辑、排版方面的帮助!)

参考文献:

[1] 林广思.关于研究夏昌世的进展与讨论[J].南方建筑,2013(6):4-8.

[2] 彭长歆,庄少庞.华南建筑八十年 华南理工大学建筑学科大事记[M].1932—2012.广州:华南理工大学出版社,2012.11.

[3] 李睿整理,冯江校订.夏昌世先生年表及夏昌世文献目录[J].南方建筑,2010(2):46-48.

[4] 施瑛.华南建筑教育早期发展历程研究(1932—1966)[D].广州:华南理工大学,2014.

[5] 杨柳叶.华南理工大学亚热带建筑研究室的发展历程[D].广州:华南理工大学,2013年.

[6] 肖毅强,王静,齐百慧.湿热气候下建筑外表皮防热模式思考[J].南方建筑,2010(1):60-63.

[7] 夏昌世.亚热带建筑的降温问题——遮阳·隔热·通风[J].建筑学报,1958(10):36-40.

[8] 夏昌世,钟锦文,林铁.中山医学院第一附属医院[J].建筑学报,1957(5):24-35.

[9] 建筑工程部建筑科学研究院编.建筑气候分区讨论会议报告集.1958年10月.

[10] 广东省第一次科学工作会议纪实[J].学术研究,1958(C1):15、18、82-83.

[11] 施亮.蔡德道先生访谈录[EB/OL].豆瓣网,1765995/.2007-07-13.

20世纪80年代"中国性"观念建构*
——基于"新时期"中国建筑话语演变的历史分析和文本研究

the Idea of "Chinese-ness" Constructed in the 1980s
—Historical & Textual Analysis of the Chinese Architectural Discourses Evolution in the New Era

曾巧巧① **李翔宁**②

Zeng Qiaoqiao　　Li Xiangning

【摘要】20世纪80年代作为中国当代建筑学科实践与理论研究全面开启的历史阶段,并作为一个建筑话语生产的试验场,诸多新兴理论和批判范式被不断地生产出来并影响着当代中国建筑学的走向。处于对话关系中的话语,充盈着社会情态和意识形态内容,而话语研究作为描述社会一般观念演变的有效方法,是观察和理解社会观念变化的敏感标志。因此,本文旨在通过20世纪80年代建筑话语的历史研究,呈现彼时围绕着"中国性"观念展开的"民族/国家形式""现代性"等历史话语的论述及思考,梳理和归纳20世纪80年代重要的论争议题及其观念的历时性演变,以此有效促进当代中国建筑师借助话语工具对自身创作实践进行反思。

【关键词】20世纪80年代　当代中国建筑　建筑学话语　身份认同　"中国性"观念

1　20世纪80年代中国建筑话语生产

1.1　"文化断裂"与"新"启蒙运动的观念重构

　　20世纪80年代在当代中国处于一个特殊的历史位置,并作为重要的思想观念转型"枢纽"连接着当下与过去。总的来看,20世纪80年代中国知识界是话语密布、观念涌动、各种新思想和大胆论述迭出的时代。在八十年代中国学术思想图景里,意识形态和社会文化逐渐符号化,观念的话语被不断地"叙述"和"重构"。相关研究学者对这一场"思想解放运动"达成的普遍认识倾向于将其视作一段继承了"五四"精神的文化启蒙阶段(即"新"启蒙运动);与此同时,在对其文化评判的角力(Debating)中,诸多学者对这场"新"启蒙运动的回溯并不持乐观态度,他们认为20世纪80年代"空疏"的学风以及尚未成熟的"思想启蒙运动"很大程度上限制了八十年代知识分子思想立场的建构

和观念话语的准确表述。(图1)而"文化断裂"(Culture Rupture)几乎成为这个历史时期最显而易见的文化特征,正如黄专先生对八十年代这段"新启蒙"时期持有的看法,"历史几乎没有为此提供任何可供想象和逃避的空间。"③

图1　20世纪80年代"中国现代艺术大展"
（图片来源:搜狐网）

20世纪80年代"中国现代艺术大展"可以视作整个"八五新潮"美术运动的总结与展示,是中国现代艺术初次登上公共空间。

---

　　* 国家自然科学基金项目,基于关联域批评话语分析的当代中国建筑国际评价认知模式与传播机制研究,面上项目(51878451)。

　　① 曾巧巧,同济大学建筑与城市规划学院/上海,博士研究生,昆明理工大学/昆明,讲师。

　　② 李翔宁,同济大学建筑与城市规划学院/上海,教授。

　　③ 作者黄专,《历史本来就是记忆和想象的混合体》发表于《新周刊》;《我的故乡在八十年代》,中信出版社,2014年。作者认为,20世纪90年代以后,开始有学者对80年代"启蒙的现代性"提出尖锐质疑甚至是否定性评价的根源。一方面,他们认为80年代而这种"文化断裂"不仅只是历史时期的中断,还意味着传统价值观念从本质上的转换和隐退;另一方面,尽管80年代的中国在思想、文学、艺术等领域思潮跌宕,但就其实质而言,大多是空疏、粗浅地探索。

概括地说,20世纪80年代的中国知识分子基本上围绕着"拨乱反正""传统—现代""中国—西方""个人—体制""主义—问题"的冲突等核心观念在一个多维度的思想版图里展开了激烈论战,彼时诸多话语的生产对当代中国思想观念的形成产生了重大影响。

1.2　20世纪80年代中国建筑学科环境重建

20世纪80年代的中国经历着体制改革和政治上的"拨乱反正":1978年3月22日"全国科学大会"召开,邓小平同志重点阐述了"科学技术是生产力"的论点,会议强调"正确认识科学技术是生产力,正确认识为社会主义服务的脑力劳动者是劳动人民的一部分,这对于迅速发展我们的科学事业有极其密切的关系……";1978年4月"全国教育大会"召开,旨在恢复文化教育科技事业,从而结束了长达三十年对外封闭的状态;1978年12月18日党的"十一届三中全会"召开,进一步做出了把工作重点转移到社会主义现代化建设上来等重大战略决策;1980年5月"全国建筑工程局长会议"上,更进一步在"新时期建筑部门的光荣使命"的报告中批判了过去30年来的极"左"路线错误,提倡解放思想,反思20世纪50年代批判"复古主义""结构主义""形式主义"的经验和教训,明确未来的发展方针——"今后我们要广泛开展学术讨论,认真组织竞赛活动,进行设计方案的评选……允许评论,百家争鸣……"至此,中国逐步完成了从计划经济向市场经济转型的过程,并在此良好的社会环境影响下,建筑学科逐步从禁锢走向开放。"重塑创作环境""繁荣建筑创作,纠正千篇一律""创造中国的社会主义的建筑新风格"等成为八十年代建筑学科改革的主旋律。

2　"身份认同"的危机

西方文论研究中,"身份认同"(Identity)强调社会因素的决定作用,认同过程中自我与他者、个体与社会之间相互影响,相互制约。而"形式"问题导致的身份认同焦虑,自现代建筑学科诞生以来就一直是困扰学界的难题。基于上述历史背景,本文将通过分析研究近四十年中国建筑学科思想和实践的话语生产状况,围绕始终困扰学科发展的"身份认同"危机,呈现20世纪80年代以来建筑学科内部对"中国性"进行观念诠释的多元图景。

2.1　反思"社会主义内容,民族形式"

2.1.1　20世纪三次"民族形式"探求

20世纪以来,中国建筑学科大致经历了三次主要的"民族形式"探求浪潮,这些探求活动在今天看来不仅仅只是某种建筑形式的寻找,更是一种时代精神的求索以及建构中华民族"身份认同"的重要过程。

有学者认为,以南京中山陵设计竞赛为起点,中国建筑师开始了"中国固有式"建筑的探求,该作品甚至被评价为一个"根据中国精神特创新格"的作品。与此同时,1930年代围绕着南京"首都计划""上海市中心区域计划"实践,全国各地兴建了大批体现官方民族本位主义的"中国固有式"建筑。在这种官方诉求中,"宫殿式""大屋顶"等中国古建筑法式与西洋古典建筑特征相结合的折中样式成为主流的"民族形式"。与此同时,为了满足"宫殿式"外观的需求,在建筑功能、采光、通风等方面均作出妥协……此后,因为"宫殿式"建筑造价高昂、工期漫长等因素再加上1930年代时局的动荡不安等内外因素,导致了"中国固有式"建筑形式的没落,而一种以"平屋顶"和"平坡结合"的折中形式取代了"宫殿式"。尽管此后有华盖建筑事务所以及庄俊、杨廷宝、范文照等一批中国建筑事务所和建筑师致力于对现代主义建筑的实践探索,但囿于当时的政治时局,"现代主义建筑运动"并未在中国形成一股主要的力量,而仅仅作为一种相对先锋的建筑形式和风格出现。在此背景下可以管窥这一代中国建筑既担负着"整理国故"和吸收转化西方建筑思想的双重使命,同时在巨大的官方压力下,他们的实践无法回避"折中主义"(Eclecticism)的倾向。很大程度上,他们这种既体现官方"中国固有形式"诉求,又要极力地在自我抱负的挣扎中呈现现代主义建筑运动的"新精神"持续影响着中国近现代建筑形式的探索。

第二次世界大战结束以后,国际社会政治格局和意识形态形成了对立的两大阵营,主要是以苏联为首的社会主义阵营和以美国为首的帝国主义阵营。新中国成立以后的20世纪50年代至70年代,国内经济建设也在动荡的政治斗争背景下展开:抗美援朝、土地改革、镇压反革命三大运动齐头并进(所谓"三套锣鼓一齐敲")①。为了尽快恢复社会主义新中国建设事业,国家决定采取"一边倒"学习苏联的外交政策,对苏联"社会主义现实主义"的创作方法、"社会主义内容、民族形式"以及"批判结构主义"等建筑创作口号进行全面学习和引介,新一轮的"民族形式"探求浪潮拉开帷幕。其中,1953年梁思成访问苏联期间,把斯大林执政时期提倡的"社会主义内容、民族形式"建筑创作观念引介回国,并作了《建筑艺术中社会主义现实主义的问题》学术报告②,此事件标志着阶级斗争理论引入建筑理论,使得建筑理论上升到政治话语的高度。综观20世纪50年代至70年代,以梁思成为代表的新一代中国建筑师深陷建筑政治化的涡流中,他们很难摆脱时代的桎梏,秉持纯粹的学术理想。这个时期的建筑创作与其说是"社会主义内容,民族形式"的探索,不如说是一代知识分子对历史时局的无可奈何。简言之,20世纪50年代的建筑民族形式可具体体现在传统大屋顶复兴、中西结合以及模仿苏联建筑形式的表现上(图2)。其中,北京友谊宾馆、地安门机关宿舍等建筑均采用了传统对称构图结合歇山琉璃大屋顶;张开济等建筑师设计的中国革命历史博物馆以及"文革"后期建成的毛主席纪念馆;北京展览馆、上海中苏友好大厦等作品均是以上几种"民族形式"的具体体现。随着中苏关系变化,国内建筑界开始对学习苏联造成的复古主义浪费和形式主义问题展开了批判反思,在此期间,"我们要现代建筑"的声音越发强烈,中国建筑学科再次陷入彷徨,在政治斗争的大环境

图2　传统大屋顶复兴与中西合璧的形式呈现
(图片来源:《祖国的建筑》)
梁思成在其文章《祖国的建筑》中绘制了两幅"民族形式"建筑想象图

下,对"民族形式"的论争也逐渐失声。在中国执行"一五计划"时期,"适用、经济、在可能条件下注意美观"的建筑方针指引下,社会主义新中国的建设事业再次进入新阶段,"社会主义内容,民族形式"的指导意义也逐渐淡出了建筑界。

直至20世纪70年代后期,结束了"文化大革命",20世纪80年代开始,中国建筑学科再一次得以全面重建。在此情境下,建筑创作活动呈现出前所未有的繁荣状态,对新时期"建筑形式"的探索再次出现在学科讨论的重要议题中——大量的建筑话语围绕着"建筑现代化""新而中""中而新"等议题展开论争。在多数学者看来,"如果说前两次'民族形式'的活动也还有其学术价值的话,那么80年代民族形式的活动,仅留下了政治干预的粗暴痕迹。它是行政命令的产物,其学术建树的意义已不大了。"而八十年代有关"民族/国家形式"的论述深受社会意识形态的影响,不应仅仅局限于建筑学术的范畴来讨论。

总的看来,20世纪80年代关于"形式"的讨论很大程度上延续了世纪之初以来在"民族/国家"身份认同问题上的焦虑,也不难看出,在"中国固有式""社会主义内容,民族形式"等形式问题的持续发酵作用下,20世纪80年代中国建筑学仍旧未能走出这种执迷于"形式"探索的两难困境(Dilemma)。

2.1.2　20世纪80年代媒体话语中的"民族形式"讨论

20世纪80年代见诸媒体的"形式"论争中,一方面旨在反思20世纪50年代"社会主义内容,民族形式"的是非功过,另一方面则通过反思"民族形式"问题来展开传统/现代、形式/内容、"形似"/"神似"等新时期"形式"问题的讨论。此时的讨论大多结合20世纪80年代建筑创作重大议题展开,尤其在旅游宾馆、风景区建筑实践上最为集中。

与20世纪50年代明确提出"社会主义内容,民族形式"的建筑创作口号的时代背景和目的不尽相同,20世纪80年代对"形式"观念的界定不仅仅局限在"民族"形式,而是进一步提出了指代更为宽

---

① 邹德侬,张向炜,戴路. 20世纪50年代至80年代中国建筑的现代性探索[J].时代建筑,2009(5).
② 报告中,梁思成引述了苏联专家阿谢甫克夫的言论:"艺术本身的发展和美学的观点与见解的发展是由残酷的阶级斗争中产生出来的。并且还在由残酷的阶级斗争中产生着。在艺术中的各种学派的斗争中,不能看不见党派的斗争、先进的阶级与反动的斗争。其报告观点还进一步指出,建筑艺术具有阶级性,阶级斗争通过民族斗争展开,因此,"在建筑中搞不搞民族形式,是个阶级问题"……此观点对后来的建筑创作影响深远。

泛的"传统"观念。尤其是将民居、园林、庭院甚至是乡土等方面的形式囊括进来，在话语表达上，"传统形式""传统文化"等词汇逐渐取代了"民族形式""民族风格"等。与此同时，随着八十年代建筑学界对西方理论的舶来以及认知的日渐深入，建筑话语上逐渐兴起了对"空间"问题的聚焦和讨论——空间、场所、文脉、环境等舶来理论的探讨丰富了中国传统建筑话语中对"形式"问题讨论的维度。（图3）由此可见，20世纪80年代关于"形式"的争论中，中国建筑师开始"接近"对建筑学本质的问题的思考而非局限于"风格"问题的焦虑。其中，以夏昌世、莫伯治、佘畯南等为代表的"岭南派"建筑师，在建筑创作中通过一系列建筑实践探索了地方"形式"，总结了岭南地区的现代建筑设计方法。他们把岭南地区的园林庭院建造手法借鉴到设计中，建筑与环境相结合，在现代建筑创作中再现了

「"三唐工程"」　　　　　　「北京东湖别墅区」

「重庆山城电影院」　　　　「绍兴鲁迅电影院」

「新疆维吾尔族自治区迎宾馆」　「北京菊儿胡同改造」

图3　20世纪80年代中国"民族形式"的多元探索
（图片来源：中国八十年代建筑艺术优秀作品评选组织委员会. 中国80年代建筑艺术（1980—1989）[M]. 香港：经济管理出版社，1990）

岭南地区传统建筑形式，其中，广州的白云宾馆、友谊剧院等作品均成为当时建筑创作中广受欢迎和效仿的对象。

在20世纪80年代有关"民族形式"讨论中，追寻官方建筑师的话语演变轨迹，似乎更容易接近当时对形式探求的主流观念。诸如1986年在繁荣建筑创作会议上，戴念慈主张批判"时髦建筑"或者"提社会主义内容会限制建筑创作自由""民族形式就是民族的旧形式，它会导致民族旧内容的复活"等观念。他总结并回答了这些质疑，就"为什么要提民族形式"如是作答："对中国来说，要求建筑的社会主义内容是个客观存在，不承认它，失掉自觉性，就不能充分地为我国的社会主义物质文明和精神文明的建设服务……因为它建设在中国的土地上，为中国的四化服务，必须与中国的国情、中国的民族特点结合……毛泽东同志《新民主主义论》……'中国文化应有自己的形式，这就是民族形式'。"[①]（图4）由此可见，在官方话语中，认为"应

图4　"新而中"的探求：阙里宾舍
（图片来源：中国八十年代建筑艺术优秀作品评选组织委员会. 中国80年代建筑艺术（1980—1989）[M]. 香港：经济管理出版社，1990.）

与探索"现代中国建筑之路"的香山饭店一并，阙里宾舍将中国"民族形式"与现代性的争论推向了制高点。1985—1986年的《建筑学报》和《新建筑》分别以阙里宾舍为专题发表了数篇评论文章，就"阙里宾舍""新而中"的理论探索给予高度认同。在此影响下，一批又一批的建筑师和学生关注并讨论阙里宾舍，建筑高校里甚至出现了学习和模仿"阙里式"的倾向。

---

① 戴念慈. 论建筑的风格、形式、内容及其他——在繁荣建筑创作学术座谈会上的讲话[J]. 建筑学报，1986（2）：9.

从优秀传统出发,提倡民族形式、社会主义内容"的争论几乎贯穿了整个八十年代繁荣建筑创作议题的讨论,即便是将"民族形式"的提法置换为"民族风格""民族特色"或者"传统形式"等,究其根本无不是在建筑的形式问题上各抒己见。总的看来,20世纪80年代以来"民族形式"的话语论争中在字面上有了一定程度的政治正确导向,但至今为止,对"形式"问题的论争依旧没有画上句号。

概括地说,20世纪以来,中国建筑学科大致经历了三次重要的"民族/国家形式"浪潮:20世纪30年代有关"中国固有式"的探求;20世纪50年代"社会主义内容,民族形式"的实践以及"中国的社会主义建筑风格"问题的讨论;20世纪80年代"中国建筑的现代化道路""新而中"的论争。这些旨在通过建筑形式来寻求"民族/国家"身份认同的尝试深刻影响着20世纪中国建筑实践。其中,20世纪80年代的形式论争以及"中国性"讨论,很大程度上延续了20世纪之初以来在"民族/国家"身份认同的焦虑,不难看出,八十年代中国建筑学仍旧未能走出这种形式探索的困境。

2.2 为"创造中国的社会主义的建筑新风格"辩诬

如果把中国近、现代建筑学科发展大致划分为三个主要历史阶段,那么,20世纪50年代是一个承上启下的转折时期,承接了三十年代以及八十年代学术思想观念的转型,是研究现代中国建筑学科思想变化的重要阶段。通过回顾20世纪50年代重要学术事件和议题,有利于我们展开对20世纪80年代拨乱反正工作的了解,进而反观近现代中国建筑学术观念转变的过程。在此,试通过20世纪50年代至70年代期间,"为刘秀峰同志及其《创造中国的社会主义的建筑新风格》辩诬"以及"大屋顶"形式引发的论争两个主要议题展开分析,一方面旨在对历史事件及其影响进行回溯,一方面通过当时的风格和形式问题的讨论,呈现出中国建筑学科自新中国成立以来身份认同的焦虑。

2.2.1 是非"黑纲领"[①]

时值1979年"杭州会议"召开,对"文革"以来

遭到诬蔑的历史事件和人物进行了平反,其中最有代表性的事件是对"刘秀峰同志及其《创造中国的社会主义的建筑新风格》一文的历史问题"的肃清。[②] 在20世纪80年代思想解放运动以及繁荣建筑创作的指导思想下,学界再次提及此事件,对文章观点给予了正面、客观的评价。一时间,学术界就此文此事,开启了"新时期"建筑风格问题的讨论。其中,《建筑学报》1980年第5期刊载了陈植同志的文章《为刘秀峰同志〈创造中国的社会主义的建筑新风格〉一文辩诬》;1979年《建筑师》杂志重新刊载了此文,《新风格》再次引发的论争见诸各家媒体。其中,作为参与并见证整个事件发生、发酵过程的汪季琦先生,在1980年发文《回忆上海建筑艺术座谈会》[③],较为翔实地记录了当时的情况。文章主要内容大致可以归纳如下:自新中国建立以来,在苏联专家援助下开始了建筑行业的建设活动,其"社会主义内容、民族形式"以及"反对结构主义"等观点也深刻影响着中国20世纪50年代的学术思想,诸如和平宾馆这样的建筑被批判为资本主义阵营"结构主义"的产物,于是在国内掀起了"反结构主义"之风。同时,梁思成同志做了《建筑艺术中社会主义现实主义的问题》专题报告,大致意思是试图回答当反对了结构主义之后,建筑创作应该走什么道路的问题。就此问题的回应中,汪季琦先生的观点认为:"需要在建筑上提出民族形式问题;要尊重自己的民族传统;民族形式问题基本上是创造新的民族形式……"其结论就是肯定了建筑创作要有"民族形式"。梁思成等同志提出的中国建筑由台基、屋身、屋顶三段组成的观点一时间被认定为"中国的民族形式"。随后,此结论逐渐发酵为,设计方案符不符合"三段式"等要求,成为图纸审批的标准。此后,由此问题引发的反浪费、反复古主义、反形式主义等问题也波及了梁思成等同志,使其在五十年代中期遭到批判,学界关于民族形式、建筑艺术等问题的讨论顿时停滞。涉及此事件的建筑师和专家学者基本上不再对此问题发表意见,建筑创作上顾虑重重,更不要说建筑形式、建

---

① 毋兴元,错误的建筑理论必须批判[J].建筑学报,1966(4);此文将《创造中国的社会主义的建筑新风格》一文定义为"黑纲领"。
② 1959年迎接新中国成立10周年,总结和反思新中国建设事业取得的新成就之际,建工部和建筑学会决定1959年5月18日至6月4日在上海联合召开"建筑住宅标准及建筑艺术座谈会"。会上,大部分时间就"建筑艺术问题"进行讨论,刘秀峰同志做了总结性发言,其报告文章《创造中国的社会主义的建筑新风格》反响强烈,对当时发展建筑理论、繁荣建筑创作起了重要作用。然而,其在"四清运动"和"文化大革命"期间被作为社会主义"黑纲领"遭到批判。
③ 汪季琦.回忆上海建筑艺术座谈会[J].建筑学报,1980(4).

筑装饰、艺术性这些学术界极为敏感的话语。"下笔踌躇,不知所从;左右摇摆,路路不通……没有点民族形式、没有用点花纹装饰,会不会被认为是结构主义呢?用了民族形式、用点花纹装饰,会不会被认为是复古主义、结构主义和建筑浪费呢?"时值1958年,新中国成立十周年国庆工程"十大建筑"正式开启之际,建筑学会密切配合国家重要建设任务,作为建筑工程部部长的刘秀峰同志为此加强了学术研究力量,新成立了建筑历史和理论研究室等部门,并就"十大建筑"工程中建筑技术、建筑艺术等讨论较多的问题想办法,于是借1959年"建筑住宅标准及建筑艺术座谈会"召开之契机,就这些问题组织了讨论。然而,在政治风暴下,《新风格》很快成为政治运动的牺牲祭品,遭到全面批判。当时为了有组织地进行这场批判,《建筑学报》被改组,原有的编委会靠边站,成立了新的编辑部,在1966年第6期《建筑学报》共计发表九篇批判的文章,一时间,就此文展开的建筑艺术问题的批判进入白热化阶段。

进入20世纪80年代,媒体就学习并回顾"建筑住宅标准及建筑艺术座谈会"的会议精神再次对此事件展开了讨论,《新风格》的功过是非再次为学界关注。其中,陈植先生发文《为刘秀峰同志〈创造中国的社会主义的建筑新风格〉一文辩诬》,从正面反思了这段历史,尤其对刘秀峰提及"适用、经济、在可能的条件下注意美观"相关内容遭到篡改表达了愤怒。他认为当时的批判者对其"欲加之罪,何患无辞",别有用心地删去了《新风格》原文中的字句或者调换概念,例如:歪曲其谈到建筑创作方针时强调"尽量做到美观",就此给其带上"唯美论"的帽子;文章中提到的古建筑优点,就批其"吹捧封建统治阶级的糜烂生活",文中提倡设计竞赛,就指其"尔虞我诈,争名夺利"……批判者的观点极尽所能地歪曲事实,无限上纲,逾越了建筑学术的话语界限,扭曲的政治斗争意识取代了学术的客观性。陈植同志在改革开放之初书写下这篇文章,既是对刘秀峰及其文章的拨乱反正,同时,也代表了广大专家学者渴望在社会主义新时期能够明辨是非、实事求是,把注意力从政治斗争转移到现代化建设事业中的愿景。

总的来看,对《新风格》这一事件的辩诬和论争,体现了对"文革"以来建筑界思想束缚的挣脱和对历史的积极反思,在某种程度上开启了中国建筑评论的新篇章。在今天的解读中,本文溯其本源还是回归到"形式"探求引发的身份认同的彷徨焦虑,与20世纪初以来数次的形式探求一样,建筑学始终很难从这些问题出发获得一种真正意义上的"答案"。

2.2.2　"大屋顶"之辩

中华人民共和国成立以来的建筑创作活动中,政治观念通常借助建筑的艺术形式表现出来。很长一段时期里,"大屋顶""三段式""琉璃瓦"等元素成为建筑创作是否符合"社会主义民族形式的"判定标准,严重束缚了建筑创作的创新发展。20世纪80年代初期展开的建筑创作讨论中,就此现象展开反思,尤其是针对1950年代出现的"复古主义"和"住宅标准及建筑艺术座谈会",就"大屋顶"形式的功过是非问题作为学界争论的热点。其间,有人一再要起用"大屋顶",认为"非大屋顶不能当此重任";而另一些人则又害了"恐大症",唯恐"大屋顶"死灰复燃。①

通过彼时建筑专业媒体文本研究不难看出,为"大屋顶"辩成为当时官方"身份认同"的重要议题。诸如,1980年《建筑学报》第4期刊载了西南建筑设计院陈重庆同志《为"大屋顶"辩》②一文,作者认为,学界对建国初期风靡一时的"大屋顶"形式"众口一词"给予了全面否定,这样的观点过于偏颇,他认为建筑艺术与政治路线不同,难以用"错误"或者"正确"来给其定性,并对将"大屋顶"斩草除根的方法给予否定,着文为"大屋顶"辩。他进一步提到,"实践证明,大屋顶的问题实质上是对建筑形式的探索,而不能简单以'复古'罪论处。"当时批判"大屋顶"给其定性为"复古主义"而非"复兴"或其他提法,似乎在刻意地为批判提供方便。作者从大屋顶再谈及民族形式的继承问题:"我们可以堂而皇之地搬用洋古董的柱廊,我们可以研究园林、寺庙、四合院,为什么就不能在大屋顶上着力地研究一番呢?"在其看来,否定大屋顶以后造成了千篇一律的"平屋顶"现象也同样存在问题,导致了从一个极端走向另一个极端,只能造成建筑创作的禁区林立。

---

①　汪涤华.对"谈建筑中'社会主义内容,民族形式'的口号"的意见[J].建筑学报,1981(12).

②　陈重庆.为"大屋顶"辩[J].建筑学报,1980(4).

对此,艾定增先生就此文提出商榷,1981 年发文——《评为"大屋顶"辩》①,他认为新时期的现代化建设活动不应该一味怀古,形式应该多样化。此外,进一步作出阐释:"方盒子建筑在中国风靡了,但它的贫乏形象在今日之世界也并不是尽如人意的。"通过文本分析可见,陈重庆的观点中认为平屋顶不具备代表性、过于简单乏味,实则是对"简洁"抱有误解。艾定增就此解释道,简洁并不等于贫乏,烦琐也不是丰富,不搞"大屋顶"并非就是清一色的"平屋顶",形式可以有多种多样的呈现,比如大屋顶之外可以有薄壳、悬索、网架、折板、拱等变化,还可在平顶上做旋转餐厅、观景眺望台、屋顶花园等,甚至就挑檐的做法也可以有很多变化,陈重庆在文章中对"平顶"形式贫乏的提法过于主观、绝对。

随着对"大屋顶"形式问题认识的逐渐深入,建筑工作者对此问题的看法逐渐具有了辩证对待的态度,不再一味谈"大屋顶"色变,也不再唯"大屋顶"独尊。与之相对的还有程万里《也谈"大屋顶"》②一文客观回顾了 20 世纪 50 年代梁思成及其"复古主义"观念等事件,进而谈到新时期建筑工作者对待"大屋顶"的观念转变:"民族形式"不等于"大屋顶",不等于烦琐的古典构图,不等于标签化的纹样装饰,也不赞成以古建筑"词汇"和创作"文法"来堆砌建筑这篇"文章",建筑设计也不仅是绘图和处理立面,更是在创造环境……通过对待"大屋顶"的观念转变,很大程度上促进了我国 20 世纪 80 年代建筑创作往多元化方向的探索。此后,对"大屋顶"及其相关问题的争鸣仍见诸大量的理论研究文章中。

与此同时,"大屋顶"与"方盒子"之争也见诸媒体,有观点认为"方盒子"是先进生产力的代表,利于社会化大工业生产;但其作为舶来物、"洋货",是否适宜推广还有待斟酌;此外,"方盒子"在形式上"缺乏艺术性",对其在建筑创作中容易导致千篇一律的担忧也较为普遍。此时,一方面批判"大屋顶",一方面对"平屋顶"的使用顾虑重重,由此可见,对"形式"问题的纠结仍然左右着 20 世纪 80 年代初期的建筑创作。

"大屋顶"虽然饱受争议,但似乎从未真正意义上退出过历史舞台。尤其在大众的视野中,与看似"千篇一律"的平屋顶相比,"大屋顶"更深受百姓喜爱。其中,1988 年,在北京市民投票表决中,选出了"北京八十年代十大建筑",其中,大观园建筑群作为仿古形式的代表作高票获得认同,而北京图书馆新馆以 173046 票高居榜首(图 5)。此外,对"大屋顶"或者"穿衣戴帽"工程的兴趣在近百年来也从未停歇:1990 年北京亚运工程中,综合馆、游泳馆虽然采用了新技术、新材料,但其形式还是对歇山、庑殿屋顶的抽象,以此代表新中国的形象;更甚者,1991 年,为了探求新建筑的民族风格问题,首都规划建设委员会办公室专门委托北京市院组织了"建筑顶部设计效果研究"小组,就北京市展开"穿衣戴帽"设计研究,小组也因此被生动地戏称为"帽子组";1994 年,首都建筑艺术委员会等单位举办了"1994 首都建筑设计汇报展",展出近年来北京市批建的 87 座大型建筑设计方案,其中半数以上借鉴了传统的"大屋顶"……基于大众对"大屋顶"的认同,20 世纪 80 年代中后期对"大屋顶"的转译、简化的方法被普遍地理解为"神似"并获得广泛认同,尤其在重要建筑工程中,"大屋顶"形式始终占有极为重要的地位。从 1958 年 10 月破土动工的

图 5　北京图书馆新馆

(图片来源:中国八十年代建筑艺术优秀作品评选组织委员会. 中国 80 年代建筑艺术(1980—1989)[M]. 香港:经济管理出版社,1990)

"北京八十年代十大建筑"评选中,北京图书馆新馆以 173 046 票高居榜首。由此可见"大屋顶"或者民族形式的建筑符号在广大群众心目中地位甚高。

---

① 艾定增. 评《为"大屋顶"辩》[J]. 建筑师,1981(6). 文章首先就陈重庆在文章中以"四大名菜""唐诗宋词"等做比喻,认为古代优良传统应该继承发扬,"大屋顶"作为优秀的古典形式就应该"创造性"地改造并继续将之发扬光大等论断提出看法:"我国古代服装和家具的优美也许不亚于大屋顶,现代人也仍然爱看,但生活中却并不穿用它。"

② 程万里. 也谈"大屋顶"[J]. 建筑学报,1981(3).

首都"十大建筑"工程到 1999 年上海世博会中国馆,在建筑形式的选择上对"民族形式"或者说是对"屋顶形式"颇为偏爱。尽管很多官方重要建筑在传统意义上并非具象的"大屋顶",但形式抽象大多基于传统形式,很大程度上还是"民族形式"情怀的延续。我们甚至可以预见,以"大屋顶"为原型的"民族/国家形式"的论争在未来还将具有持久的生命力。

3　20 世纪 80 年代"中国性"观念的探求

一定程度上,身份认同①呈现了某一文化主体在强势与弱势文化之间进行的集体身份选择。有关"身份认同"观念的论争既是过去 30 年中国知识界未竟的议题,也是 20 世纪以来建筑学话语争论的中心。在当代中国语境下,"怎样认识当代中国社会,对中国传统文化的反思"呈现出的"传统—现代""中—西""古—今""中心—边缘"等二元对立的思考也在不断变动并产生新的话语和观念图景。就此看来,20 世纪 80 年代以来,如果说中国建筑学的实践和理论探索包含了对现代性的思考和追求,

图 6　以"园林"作为工具寻找中国
当代建筑中的"中国性"讨论

进入 2000 年以后,中国建筑师的实践和理论话语日趋丰富:重新理解传统、重新阐释经典、跨学科对话、拓展研究边界成为近十年来中国建筑师和研究学者探求学科话语的新领域。由此可见,当代中国建筑实践已经跨越 20 世纪 80 年代的观念束缚,以更具开放性的姿态参与到当代实践中并呈现出当代中国建筑师日趋理性的思考。

那么,我们可以看到此后的近 40 年,中国传统文化观念并没有彻底被现代性所消解,传统形式或者说"中国性"已经不再是一个"羁绊",而是转化成为一种根植在当代中国建筑师潜意识里的观念维度,作为一个统摄性的核心范畴参与到关于建筑学现代性的建构和想象当中(图 6)。而我们所认为的文化断裂则是多方面原因造成的,但构成一切断裂的宏大基础则是传统在现代社会的迅疾消逝,或者更恰当地说,不是作为人类整体历史的突然中断,而是传统的精神理念、价值规则、思维途径,甚至包括传统的实在事物在本质上的转换和隐退。有如哈贝马斯所言,我们不能挑选我们的传统,但是,我们能够决定如何延续并改造我们的传统,"中国性"观念的历时性演变正是对这种传统"重构"的见证。

参考文献:

[1] C. Greig Crysler. Writing Spaces:Discourse of Architecture, Urbanism, and the Built Environment, 1960—2000[M]. London:Routledge,2003:8.

[2] Adrian Forty. Words and Buildings:A Vocabulary of Modern Architecture[M]. High Holborn:Thames & Hudson,2004:5.

[3] Rasmus Waern. Crucial Words:Conditions for Contemporary Architecture[M]. Basel:Birkhäuser,2008:3.

[4] Hilde Heynen. Architecture and Modernity:A Critique[M]. Cambridge:MIT Press,Revised ed. 2000:4.

[5] Panayotis Tournikiotis, The Historiogrphy of Modern Architecture[M]. Cambridge:MIT Press,1999.

[6] 杨念群,黄兴涛,毛丹. 新史学——多学科对话的图景[M].北京:中国人民大学出版社,2003:1.

[7] 许纪霖,罗岗.启蒙的自我瓦解——1990 年代以来中国思想文化界重大论争研究[M].长春:吉林出版集团有限责任公司,2007.

[8] 贺桂梅."新启蒙"知识档案:80 年代中国文化研究[M].北京:北京大学出版社,2010:3.

[9] 顾孟潮.建筑理论的起点和终点[J].中国建设报,2006:(9).

[10] 王明贤.八五时期的"当代建筑文化沙龙"[J].雕塑,2016(1):53.

[11] 王明贤.戴念慈现象与中国当代建筑史[J].建筑师,1992(10).

[12] 王明贤.中国建筑界的当下状态[J].华中建筑,1995(2).

①　"身份认同"(Identity)源自西方哲学主体论,根植于西方现代性的内部矛盾,秉承现代性批判理念,并在西方思想史的发展历程中几经裂变,衍生出多种范式。

[13] 邓庆坦. 中国近、现代建筑历史整合研究论纲[M]. 北京:中国建筑工业出版社,2008.

[14] 高名潞,王明贤,等. 中国当代美术史(1985—1986)[M]. 上海人民出版社,1991,10:530.

[15] 邹德侬,张向炜,戴路. 20 世纪 50 年代至 80 年代中国建筑的现代性探索[J]. 时代建筑,2009(5).

[16] 戴念慈. 论建筑的风格、形式、内容及其他——在繁荣建筑创作学术座谈会上的讲话[J]. 建筑学报,1986(2):9.

[17] 王颖,王凯. 姿态、视角与立场——当代中国建筑与城市的境外报道与研究的十年[J]. 时代建筑,2010(4).

[18] 王凯,曾巧巧,武卿. 三代人的十年——2000 年以来建筑专业杂志话语回顾与图解分析[J]. 时代建筑,2014(1).

[19] 曾巧巧,李翔宁. 中国 20 世纪 80 年代建筑观念演变——基于建筑专业期刊文献话语的文本分析[J]. 时代建筑,2014(6).

[20] 高蓓. 媒体与建筑学.[D]. 上海:同济大学,2006.

[21] 郝曙光. 当代中国建筑思潮研究[D]. 南京:东南大学,2006.

[22] 温玉清. 二十世纪中国建筑史学研究的历史——观念与方法[D]. 天津:天津大学,2006.

[23] 程晓喜. 中国当代建筑评论的开展及传播研究[D]. 北京:清华大学,2006.

苏联援助建设对西安近现代城市发展的影响研究[*]

The Influence of Soviet Union's Aid on the Xi'an Modern City Construction

魏　琰[①]　杨豪中[②]

Wei Yan　Yang Haozhong

【摘要】中华人民共和国成立后,国内城市建设基础薄弱,苏联援建使中国城市建设有了学习的对象。20世纪50年代,在苏联专家指导下,借鉴苏联城市规划经验和理论,西安城市规划部门编制了《1953—1972年西安市总体规划》,此规划以生产型工业城市为目标,以社会主义经济发展为基本动力,使西安城市功能、城市性质、城市结构和城市形态等方面发生转变,奠定了西安现代城市基础格局。

【关键词】苏联　社会主义　城市理论　西安　城市建设

1949年中华人民共和国成立是中国现代化过程中一个重大转折点,中国开始走向社会主义建设道路,进入快速城市化和工业化的时期。苏联[③]作为同时期社会主义强国成为中国学习的对象,中国建设领导者毛泽东指明"苏联经济文化及其他各项重要的建设经验,将成为新中国建设的榜样"[1]。由于新中国成立初期国家财力有限,须集中力量确保国家重点工业建设项目的顺利完成,为配合全国大规模的经济建设工作,1952年中央人民政府政务院财政经济委员会[④]召开的第一次城市建设座谈会,按照工业建设项目比重对全国城市进行了分类排队,西安划分至第一类重工业城市,1954年又根据苏联援建"156项工程"项目建设需要,在建筑工程部召开城市建设会议上重新确定重点新建和扩建城市[2],西安成为重点建设的八个城市之一[⑤]。

在国家经济建设政策和快速工业化政策导引下,结合苏联援建重点工业项目的选址,西安城市建设开始逐步引进苏联城市原理和技术指标,使西安现代城市演变非城市内部自然发展更替,而在苏联城市理论和城市建设经验指导下形成。

1　20世纪50年代西安城市规划历程

中华人民共和国成立初期,西安作为西北行政区直辖市[⑥],是中华人民共和国最早编制总体规划的城市之一,1950年4月初,方仲如上任西安市市长,即指示编制西安城市规划,同年西安市人民政府草拟《西安市建设方案(1951—1965年)》,后西安市建设计划委员会成立,下设计划室专门处理规划城市建设有关事项。这一阶段西安城市建设计

---

　　* 西安理工大学博士科研基金(苏联援助建设对中国近现代城市空间影响的历史研究106451117001)资助项目;教育部人文社会科学青年基金(苏联援建筑保护研究13YJC760088)资助项目;文化部文化艺术基金(17DH17)资助项目。

　　① 西安理工大学,讲师。

　　② 西安建筑科技大学,教授。

　　③ 本文研究历史时间段内的苏联是一个完整国家政权和概念,结合历史语境和历史文献,本文无特殊说明之处都使用"苏联"这一国家称谓,即1917年十月革命到1991年解体的苏联政权,涉及此时间段之外的将会另作说明。

　　④ 1949年10月中央人民政府政务院财政经济委员会(简称"中财委")计划局下设基本建设处,主管全国基本建设和城市建设工作,新中国成立第一次城市建设座谈会由中财委组织。1952年8月建筑工程部(简称"建工部")成立,主管全国建筑工程和城市建设工作,之后中财委计划局基本建设处和建工部城建处组成工作组,组织各个重点城市建设工作。

　　⑤ 八个重点建设城市分别为:包头、兰州、西安、太原、大同、成都、武汉、洛阳。

　　⑥ 1949年5月20日西安解放,属陕甘宁边区辖市。1950年1月19日陕甘宁边区建制撤销,成立西北军政委员会,西安改为西北首府,为西北行政区直辖市。1953年3月12日中央人民政府政务院将西安改为中央直辖市,为全国12个中央直辖市之一。1954年6月19日西安改为省辖市。

划委员会主要人员为社会民主人士、大学教授、工程技术人组成,因无专门城市规划技术人员,编制城市总体规划由市建设局两位土木水利工程师负责规划设计[3]。

1950 年至 1952 年西安市又先后编制了三次都市计划蓝图,《1950 年西安都市计划》是中华人民共和国成立后全国出台最早的城市规划之一(当时全国仅有北京、西安、兰州三个城市制订了都市计划),这份计划对西安现代城市建设起到了积极作用,方案经西安市建设计划委员会讨论通过,并向西北军政委员会、西北财经委员会汇报,之后西安市建设计划委员会偕同兰州市共同赴京汇报,1951 年初中央财经委员会听取汇报后邀请国内 20 多名专家学者进行认真研究讨论,同意西安市先按报送的都市计划进行建设安排(依据此规划西安建设了阿房路、人民路〈现劳动路〉、未央路)。1951 年西安市建设计划委员会针对《1950 年西安都市计划》中存在的问题,重新编制新的《1951 年西安都市计划》。虽然有 1950 年 7 月苏联哲学研究院副院长车斯诺柯夫和莫斯科大学教授阿斯洛夫应邀来西安讲学,以及 1951 年西安规划设计小组到北京中财委请示,并请北京都市计划委员会和清华大学教授指教,但是这次城市规划方针任务仍不明确,规划工作停留在摸索阶段[3]。1952 年 4 月,中财委举行的全国城市建设座谈会上讨论了苏联专家帮助草拟的《中华人民共和国编制城市规划设计程序与修建设计草案》,同时要求全国城市建设要制定城市远景发展的总体规划,同年 10 月中财委印发了《城市规划设计暂行办法(草案)》和《城市规划批准程序暂行办法(草案)》,这些文件成为各城市编制规划基础依据。按照全国城市建设座谈会精神和国家对西安城市建设要求,西安总结 1950 年和 1951 年都市计划的优缺点,通过学习苏联城市规划经验,并向苏联专家穆欣多次请教,重新修改、调整,编制了《1952 年西安都市计划》,这次城市规划借鉴部分苏联技术经济数据和城市规划设计方法,为之后制定城市规划创造有利条件,积累了经验。

1953 年春,国家第二机械工业部副部长万毅、中财委建设部杨放之和蓝田、建工部城建局局长孙敬文、规划处长史克宁、苏联专家穆欣、翻译刘达容,以及何瑞华和周干峙等人到西安考察,决定由建工部派规划组帮助西安编制城市总体规划,由周干峙作为西安规划编制组组长,进行西安规划总图编制[4]。规划组在苏联专家指导下,全面学习苏联城市建设理论,结合苏联援助西安建设重点工业项目的选址,编制新一轮西安城市规划。1953 年 9 月国务院副总理、国家计划委员会主任李富春和建设工程部城市建设总局局长万里等中央领导来西安指导城市规划工作,会议由苏联专家穆欣汇报和讲解西安城市规划,李富春最后确定方案[4]。1953 年底《1953—1972 年西安市总体规划》完成,城市性质确定为"轻型精密机械制造与纺织工业城市",总体规划 20 年①,实施分第一期修建计划(1953—1959 年)、第二期发展计划(1960—1972 年)、第三期远景计划(1972 年以后)三个阶段,此规划在 1954 年 10 月由国家建设委员会通过。1955 年苏联专家萨里舍夫和什基别里曼、城市建设部规划局王文克局长、城市设计院史克宁院长视察西安城市规划工作,对《1953—1972 年西安市总体规划》的总平面图、人口规模及新建筑布局、居住区街坊的组织、旧城改建等提出意见[6],西安城市规划部门相应调整后按照规划开始实施建设。

2 受苏联城市理论影响的《1953—1972 年西安市总体规划》

2.1 受苏联城市建设理论影响的《1953—1972 年西安市总体规划》规划原则

苏联社会主义城市建设要求城市发展与国民经济计划相结合②,国民经济发展计划决定着城市的发展重点、速度和规模,城市设计任务来自经济计划目标,城市是生产和生活基地,同时苏联城市建设要具有与国民经济发展远景计划相适应、为生产活动创造优越条件、为居民生活创造良好环境等特点。根据苏联城市建设经验,结合我国第一个五

---

① 苏联城市规划认为建设一座具有一定物质技术基础、社会基础设施、一定数量的固定人口的城市,包括行政、经济、文教、住宅、商店、托儿所、幼稚园等建设,需要 15 ~ 20 年时间,因此此轮规划时间从 1953 年开始至 1972 年止。

② 苏联国民经济发展中,城市建设是苏联社会主义计划经济中一个重要的部分,根据苏联国民经济的年度计划、五年计划和远景计划统一进行安排,从苏联国家层面决定城市位置和功能,确定城市增长速度、规模和数量。在苏联国家计划指导下,运用计划手段来调节城市化,形成计划主导型城市化模式。

年计划基本任务和苏联援建在西安设点的工业建设项目,《1953—1972年西安市总体规划》确定了城市设计五个原则[8],即:①在城市原有基础上发展,并在市区扩建过程中对旧城逐步加以改造,适合于新的社会生活要求;②保证工业、企业、有良好的生产活动和发展条件;③为居民规划最美好的生活居住地区,建设足够的社会生活和公共福利设施;④争取城市建设投资的充分经济合理;⑤充分利用自然条件和建筑艺术来建设美丽的城市。

2.2　受苏联城市建设指标影响的《1953—1972年西安市总体规划》城市规模

苏联城市建设发展中形成了一套严格的城市建设经济技术指标,根据国家发展建设计划,城市的人口规模、用地规模和公共设施标准等都按照定额标准来确定和配置。苏联城市建设认为城市经济技术和定额指标①是城市生活发展水平的标志,通过精确的用地标准计算,可以使城市用地经济合理的使用[9]。参照苏联城市建设指标②和劳动平衡法③,《1953—1972年西安市总体规划》按照特大城市发展规划④,1953年至1957年计划全市人口总数增至100万人左右(包括浐灞、洪庆、渭滨三个独立工人村),1972年全市人口总数增至122万人左右[8]。按照苏联社会主义城市用地标准及依据人口发展和西安城市自然条件、城市性质与规模计算,《1953—1972年西安市总体规划》城市用地面积共计约131平方公里,主要包括生活用地、工业用地和其他用地。生活用地包括居住用地、公共建筑、公共绿地、街道广场用地四类,每人76平方公尺(米),共约92平方公里;工业用地每人20平方公尺(米),共约24平方公里;其他用地包括服务工业、铁路、仓库、卫生防护地带等用地,约15平方公里[8]。通过地形测

量和工程地质水文的勘探,西安中部地形平坦,适合于工业及住宅建设;城市东、南、北有起伏的龙首原、少陵原和神禾原,作为林风景地带;市区在原有城市基础上,在陇海铁路与明清旧城区以南发展⑤,新建城区范围东至浐河,西至涝河(图1)。

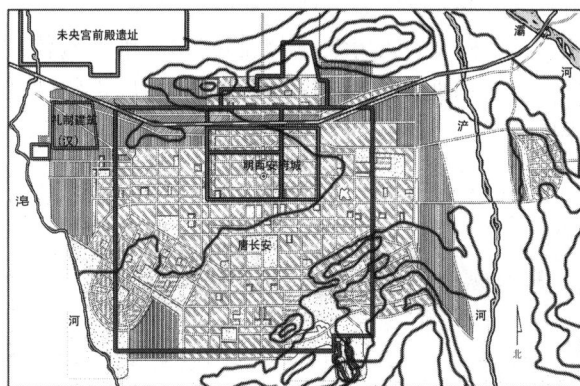

图1　西安城市环境特征

(图片来源:原图《1953—1972年西安市总体规划图》源自《西安市城建系统志》,分析图作者绘制)

2.3　受苏联社会主义城市理想影响的《1953—1972年西安市总体规划》城市形态

2.3.1　体现生产性的城市设计

马克思、恩格斯认为城市从属于工业,城市由工业(手工业)而产生和发展,基于马克思、恩格斯理论的苏联城市建设者和领导者将城市作为社会主义大生产的主要依托,城市建设主要围绕工业生产而进行,功能布局上体现对工业安排和人民生活的整体考虑。按照苏联城市用地功能分区理论,《1953—1972年西安市总体规划》以安排工业建设项目为主导,城市围绕工业生产和为工业生产服务为核心,体现城市为社会主义工业化,为生产、为工人服务的设计特征(图2)。工业生产区布置在陇

---

①　定额指标遵循的是一种纯粹物质空间配给理念,按照一系列严谨细致、定人定量的技术规范,对城市土地与设施配置进行计划性安排,追求城市土地精准使用。

②　当时苏联专家对中国经济发展估计至1972年还不会接近苏联1952年水平,因此在苏联城市规划专家巴拉金建议下,中国城市规划定额五年内采用苏联1947年标准,二十年采用苏联1952年最低标准。

③　苏联的劳动平衡法是按照国民经济发展的原则,对城市人口进行研究,把城市人口按工作性质分为基本、服务、被抚养三组,根据人口构成和人口数量确定城市各项基本指标,城市人口发展规模是构成城市各项基本指标基础。

④　苏联城市5个等级:小城市(5万人以下)、中等城市(5万~10万人)、大城市(10万~25万人)、巨大城市(25万~50万人)、特大城市(50万~100万人,100万人以上)。

⑤　陇海铁路横贯城北,市区向北发展受到阻碍,城市若被铁路分割,既不方便也不经济,且城北区西部分为汉城遗址,中央文化部决定在其未发掘清理前,不得进行建筑。

海铁路线以南的东郊和西郊地势平坦区域,老城区作为服务区,为工业化建设提供基础物质资源,工人生活区设立在生产区和服务区之间。工业区考虑彼此间的协作关系,在不影响企业的特殊要求及居民健康的条件下,采取紧凑的布局形式,生活区就近工厂区布置,城市规划基本上解决了工业、交通运输、生活居住用地的合理分布,城市结构体现为由中心商业服务区和环绕着它的工厂带组成的单中心结构。

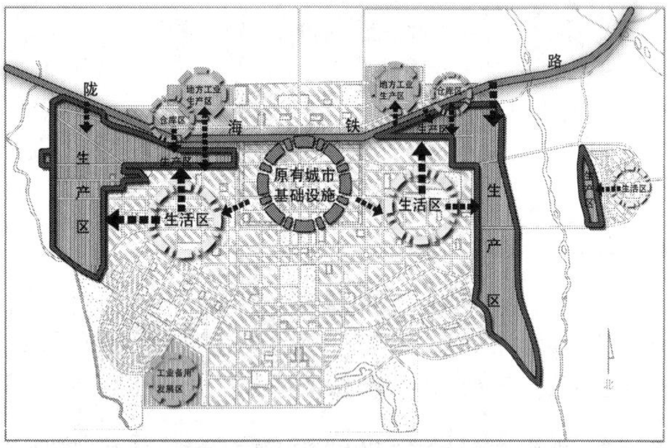

图 2 生产性城市功能布局

(图片来源:原图《1953—1972 年西安市总体规划图》源自《西安市城建系统志》,分析图作者绘制)

2.3.2 体现社会主义思想的城市空间

苏联城市规划注重通过规则、整齐等形式化手法,体现社会主义制度的优越,反映新时代的伟大和美丽[11]。受苏联影响,《1953—1972 年西安市总体规划》也注重采用对称方式,布置城市空间,由于规划城区位于唐长安城基址上,城市空间格局采用"唐长安城"均衡、对称、轴线和围合的手法,形成轴线对称的空间形态,同时大环路设置水道系统,恢复"八水绕长安"的景象①。为突出城市轴线,规划将城市中心广场设立在全市南北中轴线、北大街中部的市政大厦前,中心广场向北规划建设放射路与火车站广场及公路总站相连接(这一设计在建设中并未实施②),城市南北中轴线、市政大厦、中心广场与放射路,形状"宛如城市的皇冠"[8],表现强烈的政治烙印(图 3)。

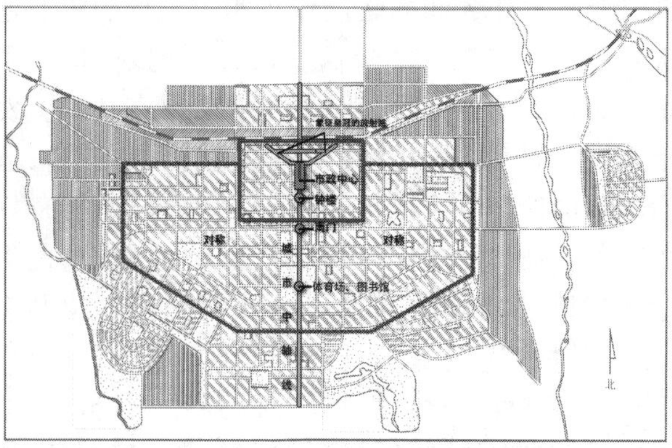

图 3 对称式的城市空间格局

(图片来源:原图《1953—1972 年西安市总体规划图》源自《西安市城建系统志》,分析图作者绘制)

2.3.3 体现人文关怀的城市艺术

苏联社会主义建设者认为社会主义城市状态完全不同于资本主义国家旧城市的拥挤和喧闹,社会主义城市要使居民在日常生活中能得到愉快、便利和丰富的美感,城市建设应达到艺术的形态[7]。《1953—1972 年西安市总体规划》提出"西安是一个古城,又将是近代工业城市,艺术的要求应该是庄严、朴素、伟大,对于城市和建筑艺术,要与其他艺术一样考虑社会主义、现实主义的精神,表现社会主义时代的伟大,达到艺术上的要求"[8]。《1953—1972 年西安市总体规划》的城市南北中轴线注重景观规划,从北门城楼、钟楼、南门城楼、图书馆、运动场、博物馆,至文教区,布置城市中心建筑,成为全市最有艺术表现的街道。城市其他干路两旁的建筑也要求街景设计,工厂、校园、机关等单位注重临街建筑立面的庄重感与艺术性,街坊沿街建筑立面要求统一协调,使城市建设具有艺术美感(图 4)。

图 4 20 世纪 50 年代西安城市建设面貌
(图片来源:自摄)

---

① 根据周干峙《西安首轮城市总体规划回忆》中记录,当时规划西安水道系统时在大环路设置水道系统,通过大环路流到各处,大环路的部分路段在之后的城市建设中按照规划开挖水道。

② 根据西安市档案馆《苏联专家对本市建设的意见》记录,苏联建筑规划专家隆里舍夫解答城市建设部规划局王克文局长的解放门广场布置和广场道路交叉较多且不好处理的问题时,认为解放门广场直通市中心的斜路因作用不大,且增加广场交通的复杂,可以取消,同时通向西北三路的斜路也可参考取消,因此之后的两条斜路在苏联专家的建议下取消未建。

2.3.4 体现城乡结合的卫星城工人村镇

马克思和恩格斯强调"消除了城乡差异的新的人类聚落"将伴随社会主义的形成而出现[①],苏联城市设计注重对城乡关系的处理,为控制城市建设规模,在大城市周边建立卫星城市。根据苏联的建设经验,《1953—1972年西安市总体规划》中在距离西安约7公里的北郊渭滨(人口约1.08万人,面积约1平方公里)、约10公里的灞河东洪庆(人口约1.5万人,面积约1.5平方公里)和约3.5公里纺织城[②](人口约4.5万人,面积约3.4平方公里)设置工人村镇,组成西安三个卫星城(图5)。这些工人村镇内部配备公共福利事业,自成独立系统,卫星城规划有效地控制西安城市规模,避免人口集中,为西安市城市发展远景起到良好作用。

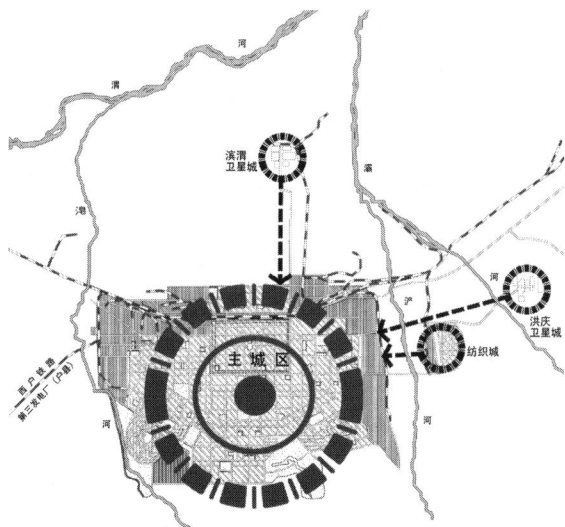

图5 西安卫星城工人村镇与主城关系

(图片来源:原图《1953—1972年西安市总体规划图》源自《西安市城建系统志》,分析图作者绘制)

3 苏联城市理论对西安城市建设的持续影响

1958年5月中国共产党第八届全国代表大会第二次会议提出"鼓足干劲,力争上游,多快好省地建设社会主义"的总路线和"尽快地把我国建成为一个具有现代工业、现代农业和现代科学文化的伟大社会主义国家而奋斗"的目标。受这一时期政治因素的影响,城市规划也出现"大跃进"趋势,在1958年青岛举行的建工部全国城市规划工作座谈会提出"用城市建设的大跃进来适应工业建设的大跃进"。同年6月,中共中央发出《关于加强协作区工作的决定》中将全国划分为七个协作区,在兰州召开的西北区协作会议中决定将西安建设成为重型机械、冶炼、化学等工业基地,形成独立的工业体系,使之成为支援西北各省工业建设的基地。根据这一要求,1958年西安市规划部门编制"大西安"城市总体规划,此规划将西安城市用地比原规划增加1倍,城市人口扩增到200万,规划建成区主要向城北扩展,城北新区规划路网以金花路和沣惠路向北延伸,组成反方向斜向环道,构成八卦形环状干道格局(图6)。工业区规模也有较大扩充,将原东、西郊工业区向北延伸至北郊渭滨工人村,并在城西南长安县一带新增工业卫星城。市中心广场移至南门外,将南门箭楼改建为检阅台,不再保留城墙,仅留4个城门和4个城角,城墙拆除后的地段规划为园林绿地并与城内绿地相连[5]。1958年西安重新编制的规划方案改变了之前总体规划的城市性质、人口规模、城市布局和发展方向,未得到政府的批准。在此情况下,为使建设项目安排有所遵循,西安市规划部门折中1958年"大西安"城市总体规划和《1953—1972年西安市总体规划》,重新拟订西安市城市总体规划修改方案。新的修改方案增加东北郊工业区、三桥工业区和纺织城塬下

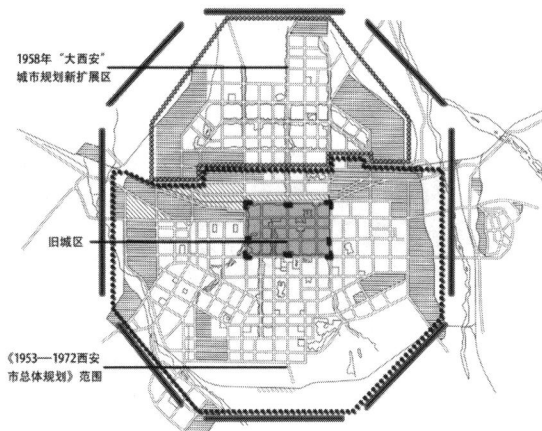

图6 1958年"大西安"城市总体规划的八卦格局分析

(图片来源:原图《"大西安"城市总平面图》源自《西安市城建系统志》,分析图作者绘制)

---

① 消除生活标准的差异和城乡间"冲突"和"矛盾"的论题可以追溯到马克思的《资本论》第一卷和恩格斯的《共产主义原理》。

② 纺织工业区是1952年底由西北纺织工业局选址,报经西北财委和纺织工业部建设的纺织联合企业,当时该地区不属于西安市管辖,西安规划部门不同意在规划市区外独立建厂,后城建总局局长孙敬文和苏联专家穆欣协调,达成协议,同意建厂,单独形成一个区,因此《1953—1972年西安市总体规划》中将纺织城与西安市区统一在一起进行规划,也可看成西安的卫星城。

工业区作为"二五"期间发展工业区,调整西南郊备用工业区,使其深入到生活居住区内,将西郊金家堡工业区改为住宅用地弥补西郊住宅用地的不足,在园林绿地方面形成一些楔形绿地伸入市区[5]。

20 世纪 60 年代后,中苏关系开始了由矛盾分歧产生到观点对立的转变,同时中国也处于人民公社运动、"文化大革命"等一系列社会变革中,西安城市建设受社会思潮的影响,建设速度缓慢,实际性开展的工作不多。尽管这一阶段西安城市建设脱离了苏联帮助和指导,但受益于前十年苏联规划理论影响所打下的基础,涉及城市总体规划的问题上仍应坚持原则①,且第一批西安城市规划专业人才已经形成,城市建设依旧惯性延续苏联模式,"一五""二五"和"三线建设"时期的西安城市发展基本上都是在这一格局基础上的扩充与发展(图 7)。

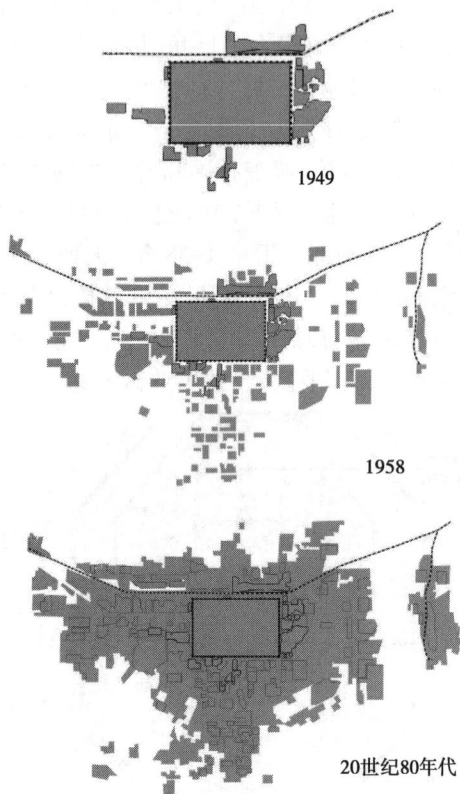

1949

1958

20世纪80年代

图 7 1949 年、1958 年、20 世纪 80 年代初西安城市建设比较
(图片来源:根据《西安市志(第二卷·城市基础设施)》《西安市城建系统志》《西安市地理志》等资料绘制)

4 结 论

20 世纪 50 年代西安城市规划和建设是西安城市发展历史不可分割的一个组成部分,它反映了特定历史时期西安城市的发展与变化,展示了西安现代城市紧跟时代发展的转变过程,其重要价值在于借鉴苏联模式进行社会主义城市构想和建设实践。通过对苏联社会主义理论影响的西安建设历史的研究,可以更加全面地了解和掌握西安现代城市建设与实践发展的历史和源流,对正确认识和整合西安历史建设片段、延续城市特色具有重大现实意义。

参考文献:

[1] 中共四川省委党校图书资料室. 中苏关系大事记(1949. 10—1989. 5)[Z]. 1989.

[2] 当代中国编辑委员会. 当代中国的城市建设[M]. 北京:中国社会科学出版社,1990.

[3] 西安市地方志编纂委员会. 西安市志(第二卷·城市基础设施)[M]. 西安:西安出版社,2000.

[4] 周干峙. 西安首轮城市总体规划回忆[C]//中国城市规划学会. 城市规划面对面——2005 城市规划年会论文集. 北京:中国水利水电出版社,2005:1-6.

[5] 西安市城建系统方志编纂委员会. 西安市城建系统志[Z]. 2000.

[6] 苏联专家对本市建设的意见[A]. 西安市档案馆,卷宗号:55-5.

[7] 城建部城市规划局编. 城市规划参考资料——城市规划训练班讲稿汇集[Z]. 1956.

[8] 西安市总体规划说明[A]. 陕西省档案馆,卷宗号:25-1-10.

[9] (苏)列甫琴柯,岂文彬译. 城市规划:技术经济指标及技术[M]. 北京:中国建筑工业出版社,1954.

[10] 马克思,恩格斯著. 马克思恩格斯文集·第 4 卷[M]. 北京:人民出版社,2009.

[11] 张京祥. 西方城市规划思想史纲[M]. 南京:东南大学出版社,2005.

---

① 周干峙的《西安首轮城市总体规划回忆》中提到"当时西安城建局局长李廷弼,以及城建局的张景沸、何家成和测量队长郑宝璋等同志,严格执行规划,决不走样","这个规划不能说完美,可贵的是得到尊重和贯彻执行"。

建筑史学分会发展轨迹与学术成果初探

The Study towards the Development Track and Academic Achievement of AHSC
(Architectural History Society of China)

戴秋思[①] **展 玥**[②]

Dai Qiusi Zhan Yue

【摘要】建筑史学分会作为中国建筑学会下设的重要学术机构,成立至今已有35周年。通过对建筑史学分会前世今生的考察,以历史的发展脉络为线索,对分会成立以来主持的重要会议及其出版物的整理,采用文献梳理和归纳分析为主要的研究方法和研究路线,初步探讨了建筑史学分会机构的发展轨迹以及学术会议议题呈现出的特点。籍此,为建筑史学分会学术发展史的研究提供基础资料。

【关键词】建筑史学分会 发展轨迹 会议议题

中国建筑学会是我国建筑界重要的学术组织,于1953年10月23日成立[1]。中国建筑史学分会作为中国建筑学会下属的重要学术机构,于1993年成立并召开第1次学术报告年会。史学分会的成立将全国建筑史学工作纳入有组织有学科建设的轨道,同时也标志着建筑史学科大发展新阶段的开始。今年是中国建筑学会成立65周年,也是中国建筑史学分会成立35周年。在此之际,梳理学会的学术历程,以纪念和回顾建筑史学分会35年来的发展轨迹,推动学科发展,促进学术交流。

1 中国建筑学会成立后建筑历史研究领域的机构建设

1.1 成立建筑理论与历史研究室

中国建筑学会③(The Architectural Society of China)成立于1953年,主管单位为中国科学技术协会、住房和城乡建设部,它是全国建筑科学技术工作者组成的学术性团体,基本性质是"中国共产党领导下的建筑科学技术工作者的学术性群众团体,是中国科协的组成部分"。自其诞生之日起,其发展历程就与新中国的现代化建设结下了不解之缘。在其成立伊始,梁思成先生就提议建立一个"建筑史学组",认为它是"建筑学"这一学术团体所必不可少的。有关中国建筑学会历史贡献的研究可以参见文献[2,3]。1958年6月,建筑工程部建筑科学研究院在建设部长刘秀峰④的领导下成立建筑理论及历史研究室,将中国建筑研究室(即后来成为其南京分室,刘敦桢任南京分室主任)、原中国科学院土木建筑研究所与清华大学建筑系合办的建筑历史与理论研究室(1956—1958,梁思成任室主任)并入,这是由建工部设立研究建筑历史的专门机构之始。同年10月,由建筑工程部建筑科学研究院组织召开了建筑历史学术讨论会⑤,汪之力⑥院长做了总结发言[4]。会上梁思成、刘敦桢分别做了发言[5,6],发言内容主要集中于对营造学社的认识问题,认为其是特定历史时期的产物,需要

---

① 重庆大学建筑城规学院,副教授。

② 重庆大学建筑城规学院,硕士研究生。

③ 它是当时著名的四大学会(农学会、医学会、机械学会和建筑学会)之一。中国建筑学会原名"中国建筑工程学会",1951年10月开始筹备,1953年10月23—27日在北京召开的第一次会员代表大会上宣告成立。第一届理事长为周荣鑫,副理事长为梁思成、杨廷宝,秘书长为汪季琦。1955年7月,中国建筑工程学会改名为中国建筑学会。

④ 刘秀峰(1908.11—1971.3.29)。

⑤ 该会议是在全国"大跃进"和人民公社化运动高潮的形势下由建筑工程部建筑科学研究院召开的,会议集中了研究所、全国若干高等学校、规划设计部门与有关单位的代表共百余人,经过12天的会议,听取并讨论了各地区住宅调查和人民公社规划等报告19篇;并拟订了"建国十年来的建筑成就""中国近代建筑史""简明中国建筑通史"的提纲,制订了今后工作方针和计划。

⑥ 汪之力,1956年赴北京任建筑科学研究院任首任院长兼党委书记,建立了完整的建筑科学体系。

结合当时的社会政治环境来认识。该研究室 1964 年解散,1973 年又在新的建筑科学研究院内重新组建,隶属情报所。1978 年重建,队伍规模维持在 20～30 人。1983 年,建筑科学研究院改组为中国建筑技术发展中心,历史室改设为建筑历史研究所(下文简称历史所),再次经历了体制转轨的振荡。此后,随着机构的变更,先后为中国建筑技术研究院和中国建筑设计研究院的建筑历史研究所。1992 年,历史所作为我国唯一的建筑历史研究事业单位纳入了"企业化管理",并且在文化遗产保护规划事业上进行了成功探索。

1.2 成立建筑历史学术委员会

1978 年 8 月 31 日—9 月 1 日中国建筑学会召开常务理事会扩大会议,决定增设"建筑历史学术委员会"[7]。1979 年 3 月,中国建筑学会建筑历史与理论学术委员会成立大会在杭州召开。时值"文化大革命"后学术界拨乱反正的大好形势,与会学者就弘扬中华文化、保护优秀历史建筑及开展建筑历史与理论研究等问题展开了热烈的讨论[8]。1983 年中国建筑学会暂时停止学术委员会的工作。

建筑历史与理论学术委员会成立后主要的工作之一是出版了《建筑历史与理论》汇刊,共出 4 辑 3 册(图 1),辑刊的创办为建筑史学研究成果的发表提供了园地,大大地促进了学术的交流与发展,在国内外产生了一定的影响。刊物 1983 年停刊,1998 年复刊。学术委员会主持召开了四次学术研讨会。1979 年在南京召开第 1 次年会,成立建筑历史学术委员会。1980 年在安徽歙县召开第 2 次年会,出版《建筑历史与理论》第一辑。1981 年在江西景德镇召开第 3 次年会,出版《建筑历史与理论》第二辑。第 3 次年会在研究范畴上,提出应该扩大中国建筑史的研究领域,加强广大民间建筑的调查研究,开辟古代手工业建筑、仓廪建筑、舞台、会馆、书院、商业建筑以及少数民族建筑等课题,加强建筑工艺(包括老工匠的经验总结、建筑工具等)的研究;在研究方法上,认为有必要建立学术档案,互通情报,避免重复劳动,加强协作;还提出了加强中国近、现代建筑史的研究工作,加强世界建筑史的研究工作,近期可先开展邻近国家建筑的研究,特别是与我国建筑有关方面的研究。第 3 次年会肯定了理论研究工作的重要性并加强学术委员会今后在该领域的组织工作。会上将"建筑历史学术委员会"改名为"建筑历史与理论学术委员会"的建议呈报中国建筑学会。参会盛况空前(图 2),开创了"文化大革命"后中国建筑历史与理论研究、讨论的新局面[9]。1982 年在安徽凤阳召开第 4 次年会,出版《建筑历史与理论》(第三、四辑)。

图 2 1981 年建筑历史学术委员会的第 3 次年会
(图片来源:中国建筑学会,《建筑学报》杂志社. 中国建筑学会六十年[M]. 中国建筑工业出版社,2013:61)

1.3 成立建筑史学分会

经过长时间的反复酝酿研究,中国建筑学会第 7 届常务理事会议决定改组和恢复建筑历史与理论学术委员会工作,并在第 8 届理事会(戴念慈为中国建筑学会第六、七届理事长)上宣布成立建筑史学分会。建筑史学分会作为建筑学会一个重要的二级分会,是开展建筑史学研究的主要机构。

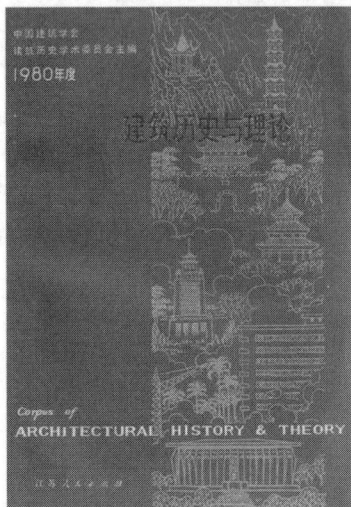

图 1 《建筑历史与理论》第一辑封面图

① 保国寺大殿建成 1 000 周年学术研讨会暨中国建筑史学分年会举行,浙江省文物局网站。

1993年在北京召开建筑史学分会成立大会①(图3)暨第一次学术报告年会,推选杨鸿勋为分会会长。自此,全国建筑史学工作(中国古代建筑史、中国近代建筑史、外国建筑史等)纳入有组织的学科建设的轨道,标志着建筑史学科大发展的新阶段的开始[10]。杨鸿勋在年会上第一次公开阐述了建筑史学史的反思,提出时代的历史任务是在前人所开创事业的基础上突破静止的、孤立的、零散的史料罗列的治学方法,真正进行发展的、演变的、动态的"史"的研究[11]。

图3 建筑史学分会成立大会代表合影

(图片来源:中国建筑学会,《建筑学报》杂志社.中国建筑学会六十年[M].中国建筑工业出版社,2013:93)

2 建筑史学分会主持下的重要会议及其学术成果

2.1 建筑史学分会年会的持续开展与出版物

中国建筑学会建筑史学分会自1993年学术报告年会及其会议主题统计一览表(见表1)。

表1 建筑史学分会筹备下的年会一览表(表格来源:自绘)

年会届数	举办时间	会议地点
第一届	1993年9月	北京
第二届	1994年6月	济南
	出版物:《建筑历史与理论》(第五辑)(建筑史学分会成立暨第一届、第二届年会论文专号)	
第三届	1997年6月	杭州
第四届	2000年8月	浙江龙游
	出版物:《建筑历史与理论》(第六、七合辑)	
第五届	2001年3月	杭州
	出版物:《建筑历史与理论》(第八辑)(第四届、第五届年会论文选辑)	

续表

年会届数	举办时间	会议地点
2008年年会	2008年10月	河南开封
	出版物:《建筑历史与理论》(第九辑)(2008年学术研讨会论文选辑)	
	出版物:《建筑历史与理论》(第十辑)出版日期:2009.11(首届中国建筑史学全国青年学者优秀学术论文评选获奖论文集)	
2011年年会	2011年10月14—16日	甘肃兰州
	会议主题:建筑历史与地区文化 分议题: (1)地区城市与建筑历史研究与规划设计智慧挖掘 (2)地区建筑史研究与现代地域建筑创作 (3)传统建筑地域生态技术研究 (4)地区建筑历史研究与文化遗产保护 (5)建筑遗产保护与地区人居环境可持续发展 出版物:《兰州理工大学学报》(第37卷)(2011年中国建筑史学学术年会论文集)	
2012年年会	2012年10月12—14日	沈阳建筑大学建筑与规划学院
	会议主题:地域性建筑历史与建筑文化 分议题: (1)地域性城乡规划与景观 (2)地域性建筑历史与文化遗产保护 (3)地方建筑技术与应用 (4)传统建筑文化与建筑创作 出版物:《2012年中国建筑史学会年会暨学术研讨会学术论文集》辽宁科学技术出版社	
保国寺大殿建成1000周年学术研讨会暨2013年中国建筑史学分会年会	2013年8月22—24日	浙江宁波
	会议议题: (1)中国古代建筑营造与法式研究 (2)中国古代建筑文化与思想研究 (3)建筑遗产保护与利用研究 (4)建筑史学教育研究与出版 (5)区域(历史街区、古城镇、古村落)建筑文化遗产保护与研究 (6)分类型建筑遗产及建筑个案实证研究 出版物:《2013年保国寺大殿建成1000周年系列学术研讨会论文合集》科学出版社	

① 杨鸿勋任会长,楼庆西、刘叙杰、陆元鼎、王绍周、张柏、于振生任副会长。关于建筑史学分会这一称谓并非很统一,在《中国建筑学会六十年1953—2013》一书中,提到"建筑历史与理论分会"是中国建筑学会另一个非常重要的二级分会,这里的"建筑历史与理论分会"应该就是"建筑史学分会"。中国建筑学会《建筑学报》杂志社编著,《中国建筑学会六十年1953—2013》,中国建筑工业出版社2013出版。

续表

年会届数	举办时间	会议地点
2014年年会	2014年10月18—19日	福州建筑与城乡规划学院
	会议主题:地域建筑与城乡特色 分议题: (1)建筑历史研究与地域建筑创作 (2)传统建筑的当代适用性研究 (3)城乡地域建筑保护与传承 (4)历史街区与保护 论文集:《2014年中国建筑史学年会暨学术研讨会论文集》	
2015年年会	2015年11月28—29日	广东工业大学建筑与城市规划学院
	会议主题:新常态背景下城乡文化遗产的保护与利用 分议题: (1)面向未来的建筑历史研究与教育 (2)历史村落保护与新农村建设 (3)一带一路背景下的民族建筑研究 论文集:《2015年中国建筑史学年会暨学术研讨会论文集》	
2016年年会	2016年9月23—25日	内蒙古科技大学建筑学院
	会议主题:传承——转型时期传统建筑的保护与传承 分议题: (1)"一带一路"历史文化遗产研究 (2)传统村落的保护与传承 (3)近现代建筑遗产的价值认识及利用 (4)地域建筑的适应性研究 出版物:《2016年中国建筑史学年会论文集》武汉理工大学出版社	

2.2 中国建筑史学国际研讨会的召开与持续发展

2.2.1 会议召开的背景

1995年,在杨鸿勋教授倡导和支持下,香港中文大学建筑学系组织召开了"中国建筑史国际会议"。与会者一致认为应当尽快在中国召开正式的中国建筑史学的国际研讨会,并呼吁建立一个中国建筑史学研究的国际学术组织。杨鸿勋教授接受国际同仁们的要求,于1996年发出《创立国际中国建筑史学会倡议书》并由国际中国建筑史学会筹备委员会赞助召开了"第一届中国建筑史学国际研讨会"①。1998年8月,建筑史学分会在北京香山举办了有十几个国家和地区②代表参加的第1届中国建筑史学国际研讨会。

2.2.2 《营造》的创刊

2001年8月以第一届会议论文选编为主要内容的世界性中英双语刊物——《营造》③第1辑出版。杨鸿勋主编指出:《营造》是本学科世界学者的共同学术专辑。它所发表的研究成果,从史学讲,包括古、近、现代建筑史;从类型讲,包括城乡、建筑、园林,直至家具、装修、陈设的全部人为环境的内容;它不但讨论中国的建筑成就,同时还要讨论中国与世界许多国家和地区建筑之间的历史因缘——相互影响的交流关系,以及与世界上其他不同建筑体系之间的环境文化的比较。它不但为人类文化遗产的学术研究服务,而且在全球一体化——"世界大同"的进程中,为合理的生态化、信息化、健康化的人居环境的规划、设计与建设提供有价值的借鉴[12]。

2.2.3 会议的持续召开与出版物

在1998年召开的第1届中国建筑史学国际研讨会开幕式上,会议主席杨鸿勋教授在致辞中说明了中国建筑史学的价值以及在世纪之交的划时代意义——成为中国建筑走向世界的标志之一。此次国际研讨会的召开实现了以60多年前中国营造学社社长朱启钤为代表的老一辈学者的夙愿,认真思考可持续发展的人居环境建设问题,向全世界弘扬了"人为环境与自然环境相融合"的中国建筑理

---

① 大会组织委员会成员有,主席:杨鸿勋教授(中国社会科学院),副主席:吕舟副教授(清华大学);委员:刘叙杰教授(东南大学)、夏铸九教授(台湾大学)、田中淡(Tan Tanaka)教授(日本京都大学)、顾迩素(Else Glahn)教授(丹麦哥本哈根大学)、夏南希(Nanecy Shatzman Steinhardt)教授(美国宾夕法尼亚大学)雷德候(Lothar Leder)教授(德国海德堡大学)尹弘泽(Hong-Taek Yun)教授(韩国建国大学)葛路吉(Luiggi Gazzola)教授(意大利罗马大学)龙炳颐(David Lung)教授(香港大学)大会的特邀嘉宾有:吴良墉、汪坦、郑孝燮、侯仁之、张开济、张蹲、罗哲文、杜仙洲、余鸣谦、于悼云、朱家搢、王世襄等前辈。

② 出席大会的有中国大陆、中国香港特区、中国台湾地区、日本、新加坡、澳大利亚、美国、丹麦、德国、意大利、法国等11个国家和地区,共96位代表和嘉宾与会。

③ 关于国际组织的名称,经过一阶段来的酝酿,大部分学者认为这一国际学术组织是前辈学者所开创的"中国营造学社"事业的发扬光大,其名称应体现出这一点;而"营造"一词,也正是广义建筑学的概括,它既是具有文化底蕴的传统古词,又是一个极其前卫的科学名词,国际组织应定名为"世界营造学社"。这一国际学术组织的学术专辑,顺理成章地称作《营造》——这就是我们现在所看到的这本书书名的来历。

念。他郑重批驳了《比较法建筑史》贬低其他国家的地区建筑成果、尤其是贬低中国建筑的不实之词,并向国际学术界纠正了近百年来的误解。第1届中国建筑史学国际研讨会内容丰富,涉及"神圣与宗教建筑""《营造法式》及构造""比较文化""陵墓""文物建筑保护""近代建筑史""乡土建筑""景观建筑""理论与议论""计算机应用与制图"等诸多方面[13]。会议期间,一致通过了被认为是中国建筑走向世界的里程碑文献——《香山宣言》,并宣布"国际中国建筑史学会筹备委员会"正式成立。《香山宣言》与第2届会议上通过的《西湖公告》被海内外誉为彪炳史册的经典文献。第3届会议的主题为"建筑与环境"。参会代表们希望尽早把"中国建筑史学国际研讨会"扩大为"世界建筑史学国际研讨会",以推动世界建筑史学的发展。第4届会议以"全球视野下的中国建筑遗产"为主题,从不同本位、尺度与层面对方兴未艾的我国建筑遗产研究与保护事业作了适逢其时的回顾与前瞻。有关我国建筑与城市、聚落遗产、原真性的讨论,有关遗产保护实践的策略、目标等问题的研究为其中亮点[14]。第5届会议议题是以中国城市史为主题,通过中国城市史、建筑史以及城市与建筑遗产保护研究的理论和实践进行历史回顾和深入讨论,借他山之石来启发、寻找解决当代中国城市建设问题的可能途径。下表为中国建筑史学国际研讨会历次会议情况一览(表2)。

表2　中国建筑史学国际研讨会历次会议一览表

(表格来源:自绘)

会议届数	举办时间	会议地点
第一届	1998.8.18—21	北京香山
第一届	会议议题丰富:神圣与宗教建筑,《营造法式》及构造、比较文化、陵墓、文物建筑保护、近代建筑史、乡土建筑、景观建筑、理论与议论、计算机应用与制图等《营造》第一辑(第一届中国建筑史学国际研讨会论文选辑)中英双语刊物	
第二届	2001.8.18—21	杭州
第二届	会议主题:中国与世界———建筑文化比较研究形成的论文集:《会议概况》《规划设计及新技术应用》《城市》《古代建筑史及工程做法》《文物建筑保护及新技术应用》《历史建筑保护与利用》《理论与议论》《城市》《景观建筑》等《营造》第二辑(第二届中国建筑史学国际研讨会论文选辑)	

续表

会议届数	举办时间	会议地点
第三届	2004.8.24—27	河北香河
第三届	会议主题:建筑与环境《营造》第三辑(第三届中国建筑史学国际研讨会论文选辑)	
第四届	2007.6.16—17	上海同济大学
第四届	会议主题:全球视野下的中国建筑遗产 分议题: (1)建筑遗产与建筑史学 (2)建筑遗产保护与再生设计 (3)建筑遗产保护技术 (4)保护经济与保护管理 《营造》第四辑(第四届中国建筑史学国际研讨会论文集)	
第五届	2010.12.10—12	广州华南理工大学
第五届	会议主题:中国城市史研究 分议题: (1)中国城市史与城市营建研究 (2)中国建筑史与建筑理论研究 (3)中国乡土建筑与民居研究 (4)城市与建筑遗产保护研究 《营造》第五辑——第五届中国建筑史学国际研讨会会议论文集(上)(下)	

3　学术活动的发展趋势与学术议题的设置特点

3.1　学术活动的发展趋势

建筑史学的研究方法是发展的、演变的、动态的,建筑史学分会的学术交流秉持这样的理念,以促进学科自身以及学科之间的联系为发展思路。

拓宽学术交流的领域　建筑史学分会自其成立以来,不断扩展学术视野和与相关学术机构进行横向交流。第5届中国建筑史学国际研讨会(2010年)第一次选择了中国城市史为主要议题,为创造和建设具有中国特色的现代化城市提供重要的理论基础,为世界城市史研究和城市规划理论研究作出中国应有的贡献。2015年举行的建筑历史研究与城乡建设遗产保护国际学术研讨会,由中国科学技术史学会建筑史专业委员会、中国建筑学会建筑史学分会以及英国剑桥大学李约瑟研究所联合主办,湖南大学建筑学院承办。会议以中国科学技术史研究开创者、英国著名学者李约瑟博士逝世二十周年为契机,探讨了中国城市化进程中建筑史学研究与文化遗产保护的现状与问题,以及城市空间人文价值、历史建筑保护与再利用、古遗址修复复原等方面的学术观点与方法实践。

促进专题研究的深度 1997 年 8 月在建筑史学分会下设"中国近代建筑史专业委员会"(2001 年 6 月改名"近代建筑史学术委员会"),统筹并扩展了中国近代建筑史的研究工作。1998 年在太原召开以"中国东南部地区与中西部地区近代建筑比较"为主题的"中国近代建筑史国际研讨会",是该学术委员会成立以来对中国近代建筑史研究方向所作的第一次有意识的引导。

拓展学术研究的国际化视野 1998 年中国建筑史学国际研讨会会议主题"中国与世界——建筑文化比较研究""全球视野下的中国建筑遗产"等均体现出了宏大宽广的国际视野。在促进中国建筑史学走向世界的过程中发挥着重大作用。充分体现了建筑史学分会审时度势,组织学术活动,推动建筑史学的发展,从着眼于中国建筑史学研究到放眼世界的长远目光。

图 4 为建筑史学分会成立前后以年会和国际学术研讨会开展工作的历史进程。

3.2 学术议题的设置特点

建筑史学分会成立以来,学术议题的设置情况和发展变化展示了建筑历史研究的最新成果和发展趋势,除了"建筑历史""建筑文化""史学理论"等常设议题外,还注重在议题的多样性和开放性中体现出议题的持续性和时代性特点。2009 年,为了纪念中国营造学社成立 80 周年,建筑史学分会举办了首届中国建筑史学全国青年学者优秀学术论文评选活动,研究领域涉及建筑史、城市史、园林史、建筑文化遗产保护等多个领域,研究领域宽广且富有深度,反映出 21 世纪初期我国建筑史学青年学者的学术研究趋势和水准。

探讨地域性问题是持续的会议议题。地域性的城乡历史景观、地域性的建筑技术和地域性的文化等议题都是研讨的范围。这缘于我国辽阔的地域和多样的文化孕育出的不同地域独特而丰富的历史建筑、历史景观、建造技术,它们成为中国建筑史学研究的重要课题。会议议题体现时代特征。2004 年第 3 届中国建筑史学国际研讨会上,杨鸿勋先生指出:21 世纪的中心课题是人类社会生产力迅猛发展而付出了破坏环境的代价。从环境危机中拯救人类、最富有指导意义的是"人为环境与自然环境相融合"的营造哲理。因此,将会议主题确定为"建筑与环境"扣紧了社会的发展问题。

建筑遗产保护议题是持续开展的且具有时代性的议题。2013 年年会结合宁波保国寺大殿建成 1 000 周年等多个有特殊纪念意义①的年份举办,围

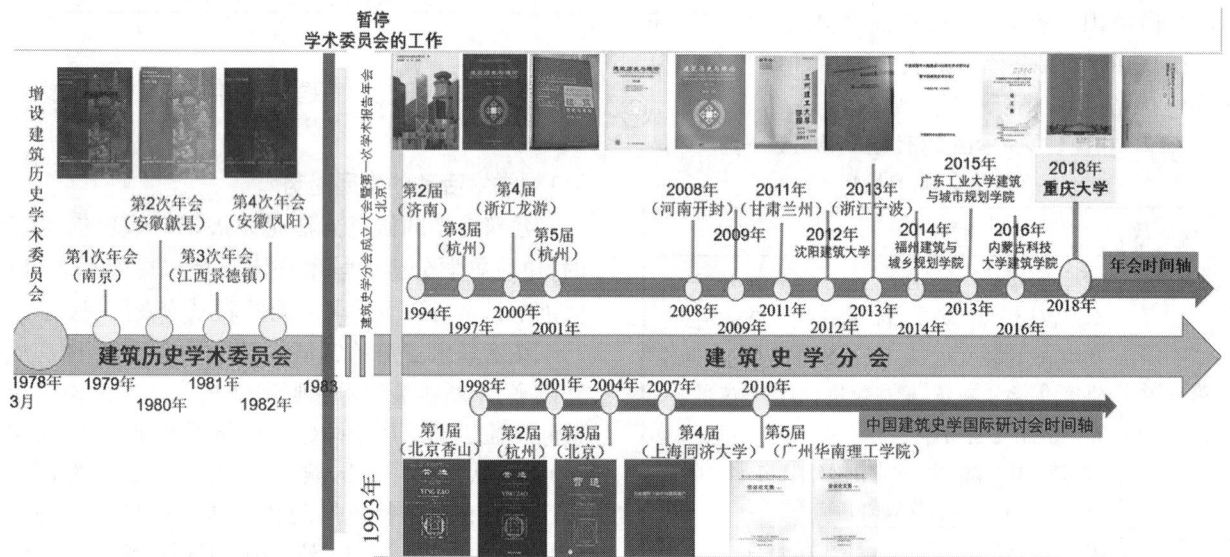

图 4 建筑史学分会成立前后以年会和国际学术研讨会开展工作的历史进程

(图片来源:自绘)

---

① 2013 年是一个具有特殊纪念意义的年份:一是我国现存屈指可数、保存完好的宁波保国寺大殿建成 1 000 周年(1013—2013);二是我国现存最完备的建筑学与建筑技术专著、代表我国古代建设科学与艺术巅峰的典籍——宋《营造法式》刊行 90 周年(1103—2013);三是被誉为"中国建筑历史的宗师"的梁思成、我国近现代建筑设计开拓者之一的杨廷宝等发起的中国建筑学会成立 60 周年(1953—2013);四是我国建筑史学的开拓者、古建筑研究领域的先驱者、现代建筑学的重要奠基人、建筑学教育的重要开创者的刘敦桢先生在南京工学院(现东南大学)与华东建筑设计院合办的"中国建筑研究室"成立 60 周年(1953—2013)。

绕"国际建筑文化遗产保护管理的做法技术、经验理念、管理模式及未来趋势""我国文物建筑保护现状以及受现代性冲击及地方魅力重建等问题的解决思路""东方建筑文化对外交流与影响"等方面展开深入交流，共同探讨东方古代建筑内在历史底蕴与现实生命力，构筑建筑文化遗产现代科学保护与发展之路，可谓是建筑史研究和建筑文化遗产保护领域的一场学术盛宴①[15]。随后的 2015 年年会对文化遗产在其价值特色和保护利用方面进行深入探讨和交流，2016 年年会凸显了新形势下我国城乡传统建筑的发展与遗产保护等议题。

4　结　语

　　"历史研究的目的是理解而不是评价"[16]。笔者赞同这样的观点，时值中国建筑学会成立 65 周年、建筑史学分会成立 35 周年之际，对中国建筑史学分会发展和学术研究历程进行梳理，以展现其巨大的精神财富。秉持学术性是学会的根本属性。无论过去、现在和未来，我们都应当立足于我们自身的文化传统，正如建筑学会的会徽图案（图 5）采用斗栱和模数立方体组合，体现建筑学科民族化和现代化，继承和创新的发展方向；建筑史学分会的会徽图案（图 6）蕴涵了研究中国建筑传统的精髓——体现中国特色的人为环境与自然环境相统一的杰出思想。在建筑史学分会成立大会上郑孝燮先生祝贺诗中有一句——"达古通今说文明"——正是我们建筑史学研究者的研究意旨。

图 5　中国建筑学会　　　图 6　建筑史学分会
　　　会徽图案　　　　　　　　会徽图案

参考文献：

[1] 汪季琦.中国建筑学会成立大会情况回忆[J].建筑学报,1983(9):27-29,75-83.

[2] 张祖刚.中国建筑学会四十年的回顾与展望[C]//中国建筑学会.中国建筑学会成立四十周年专集,1993.

[3] 中国建筑学会 50 周年纪念专集[M].北京:中国建筑学会,2003:153-154.

[4] 李女.汪之力院长在建筑历史学术讨论会上的总结发言[J].建筑学报,1958(11).

[5] 梁思成.全国建筑历史学术讨论会关于建筑历史科学研究和教学工作的检查发言[J].建筑学报,1958(11).

[6] 刘敦桢.批判我的资产阶级学术思想[J].建筑学报,1958(11).

[7] 中国建筑学会《建筑学报》杂志社编著.中国建筑学会六十年 1953—2013[M].北京:中国建筑工业出版社,2013:52.

[8] 彭长歆,庄少庞.华南建筑八十年——华南理工大学建筑学科大事记 1932—2012[M].广州:华南理工大学出版社,2012.

[9] 中国建筑学会建筑历史学术委员会 1981 年度年会纪要[J].建筑学报,1982(2):36-37.

[10] 中国建筑学会《建筑学报》杂志社.中国建筑学会六十年[M].北京:中国建筑工业出版社,2013.

[11] 杨鸿勋.中国建筑学会建筑史学分会成立第一次年会纪要[J].建筑学报,1993(12):2-3.

[12] 杨鸿勋.营造:第一辑[M].北京:文津出版社,2001.

[13] 谷思.第一届中国建筑史学国际研讨会在北京召开[J].建筑学报,1998(12):4.

[14] 刘江峰.困境与机遇:第四届中国建筑史学国际研讨会导读[J].建筑创作,2007(9):154-158.

[15] 李亚春.文化多样性是人类的共同遗产——中国建筑学会建筑史学分会纪念宁波保国寺大殿建成 1 000 周年学术研讨会暨中国建筑史学分会 2013 年会报道[J].中外建筑,2013(10):30-31.

[16] 王加丰."理解"二十世纪西方历史学的追求[J].历史研究,2001(3).

---

①《保国寺大殿建成 1 000 周年学术研讨会暨中国建筑史学分会年会举行》,浙江省文物局网站。

改革开放四十年中国建筑艺术的发展历程与历史反思

Reform of 40 Years Development Course and the Historical Relection of the Chinese Architecture Art

崔 勇①

Cui Yong

【摘要】本文从中国建筑艺术创新发展变化的视角,围绕中国建筑艺术在改革开放四十年中外建筑文化冲突与交融的风雨历程及千载难逢的历史际遇中所呈现的三个阶段——"拨乱反正"与改革开放策略(1978—1989 年)、计划经济向社会主义市场经济转型(1990—1999 年)、新千年初的城乡建筑趋势(2000—2018 年)以及改革开放以来中国实验建筑理论与实践探索的价值意义、建筑艺术发展历史反思等方面的情况的具体演变过程予以述评,并同时从理论与实践两个层面反思中国建筑艺术在改革开放四十年中取得的丰硕成果与宝贵的经验教训,诉诸建筑艺术历史创新与发展的启迪,为未来的新千年建筑艺术发展提供历史参照。

【关键词】改革开放　建筑艺术　创新发展　理论与实践　历史反思

1 导　言

自 1978 年中共中央十一届三中全会后,中国实行自上而下的全面改革开放政策,国家工作的重点由过去侧重于政治运动转向政治、经济、文化并进以及社会主义现代化建设的轨道上来,各行各业无不取得辉煌的业绩。至今已逾四十载,各行各业纷纷予以总结取得的成绩与历史经验教训。元代李格非《洛阳名园记》曰"天下之治乱,侯于洛阳之盛衰;洛阳之盛衰,侯于园圃之兴废。"作为物质与精神的双重载体且印证国家政治经济文化发展变化的建筑更需要总结其中的得失与历史教训。1978—2018 年中国改革开放四十年,中国的政治、经济、文化发展顺应势不可挡的历史潮流可谓实行了三个重大的历史转型:一是由国有计划经济向市场经济转向,中国的建筑艺术因此进入一个前所未有的体制改革之后的建筑设计市场;二是中国加入WTO 世贸组织,中国建筑设计市场随之而向全球化转型,引来了大量外国建筑设计单位和建筑师,以及留学国外的华夏赤子以海归派之姿态纷纷回归故里,在建筑艺术设计与创作的市场上中外建筑师竞相施展聪明才智,实现理想抱负,中国已然成为世界最大的建筑设计竞标市场而令举世瞩目;三是中国在现代工业社会发展尚未充分的情况下不得不迈入后工业信息社会甚至后现代历史文化语境中。中国建筑业改革开放四十年始终伴随"地域性建筑"和"现代性建筑"矛盾与冲突双重变奏。从中国建筑艺术创新发展变化的视角,围绕中国建筑艺术在改革开放四十年中外建筑文化冲突与交融的风雨历程及千载难逢的历史际遇中所呈现的三个阶段——"拨乱反正"与改革开放策略(1978—1989 年)、计划经济向社会主义市场经济转型(1990—1999 年)、新千年初的城乡建筑趋势(2000—2018 年)以及改革开放以来中国实验建筑理论与实践探索的价值意义、建筑艺术发展历史反思等方面的情状的具体演变过程予以述评,并同时从理论与实践两个层面反思中国建筑艺术在改革开放四十年中取得的丰硕成果与宝贵的经验教训,以此为中国的建筑从业人在 21 世纪漫长的峥嵘岁月中策应建筑艺术创新与发展的新要求提供历史参照。

1978 年 3 月 18 日,标举"科学技术是生产力"的全国科学大会在北京隆重召开,意味着中国实行改革开放迈向现代化道路的第一个科学的春天的

---

① 中国艺术研究院建筑艺术研究所研究员。

到来。1978 年 12 月中共中央十一届三中全会在北京召开,决定 1979 年全党工作的重心转移到经济和建设工作上来。1979 年全国勘察设计工作会议在北京召开,推翻"文革"期间对建筑的一切不实之词,并对建筑行业提出"繁荣建筑创作"的口号。1980 年中国建筑学会第五次代表大会的召开正式结束了建筑界"拨乱反正"的过程,实施改革开放的方针政策,建筑设计体制由计划经济转向市场机制,建筑项目的确定、投资、招标、监管等全面改革。中国建筑业迎来了历史上前所未有的蓬勃发展的大好时机,这也是建筑业的春天的到来,雨后春笋般的建筑在华夏大地生起。从 1978—2018 年四十年,中国建筑艺术在"改革开放、解放思想、团结一致向前看"思想方针指导下,在中外建筑文化冲突与交融的历程及千载难逢的际遇中创造了举世瞩目的辉煌业绩。"地域性建筑"的本色与世界接轨的"现代性建筑"并存的建筑艺术创作显示出人的本质力量对象化的旺盛的创造力,这一特定历史时期创造的辉煌业绩已经载入中国现代建筑的史册。当然,这当中也有诸多应从中汲取历史经验教训并当引以反思与纠正的不足之处。"往者不可谏,来者犹可追。"回眸四十年中国建筑艺术发展历程并予以反思则是责无旁贷的。

2 中国改革开放四十年建筑艺术的发展历程(1978—2018 年)

2.1 "拨乱反正"与改革开放策略(1978—1989 年)

1978 年以后,中国步入改革开放,经济的繁荣、政治环境的宽松,加之国际、国内的文化交流,建筑师面临着前所未有的创作机遇,焕发出极大的创作活力。建筑教育、建筑理论研究、建筑设计竞赛以及优秀建筑作品的评选等举措无一不为建筑创作提供了后备的人才,从而加速推动着建筑创作的发展进程。此外,回顾我国多年来对古典建筑、传统园林、地方民居等丰富遗产的继承与发展,其无论从深度还是广度方面都大大地推进了从建筑形式、风格,继而对传统空间、布局特征的认识以及规律性的探讨,加之,在开放的进程中,对照中西文化的比较研究,使得建筑师面对多元的传统文化以及同样多元的外来文化有可能作出多样的选择、调配与组织,能够在从输入新思想到重新选择传统式这一过程中出入自如。这个时期的建筑创作构思、理论

倾向、建筑评论等方面在围绕传统与创新这一根本问题上,着眼于一种新的角度,用一种新的眼光在现代化与传统的关系上来反观传统、选择传统,既使传统的形式、内容与现代化功能技术相融合,又使传统审美意识赋予时代的气息。20 世纪 80 年代的建筑创作正是从这样的自我调整的过程中起步,在"拨乱反正"中革故鼎新。

首先是建筑艺术创新发展全面提高并多元并存。20 世纪 80 年代以来,建筑艺术创作的发展涉及面之广、类型之多、规模之大,在历史上是空前的。不仅体现在多种公共建筑类型上,还涉及城市工业建筑、小区居住建筑,从沿海大城市到内陆中小城镇、少数民族地区,到处都展现了建筑新的面貌、新的风格、新的水平。无论从多种意义、多种流派来划分中国现代建筑的多样风格,还是从传统、从环境、从地方特色展现多彩的局面,再或是从创作手法的借鉴以及显示现代科技成就的成分等,似乎都可以得到一种共识:这是一个多元并存、百花齐放的时代,佳作、精品不胜枚举。有人比喻旅馆建筑为建筑创作的报春花,在高层建筑中其以功能的多样、空间组合的丰富、造型个性的独特为城市带来风采,如北京国际饭店、上海宾馆、广州白天鹅宾馆、深圳海南大酒店等。商业建筑从单一购物功能的百货商店发展到集购物、逛街、餐饮、娱乐于一体的大型综合商场,如上海的新世界商场、八佰伴、北京的城乡贸易中心、西单商场、新东安市场等,以及在各城市纷纷建筑的步行街、商业城等,标志着城市经济的繁荣以及人民生活水平的提高。科教兴国的战略极大地推动了我国的教育事业发展,新建、扩建的大、中、小学,科研机构,图书馆等建筑在 20 世纪 80 年代以来的建筑史上也记录下浓浓的一笔,例如,集中投资、统一规划、统一建成、建设速度快的高等院校,如中国矿业大学、深圳大学、烟台大学等。图书馆设计在打破传统"借、藏、阅"的功能分割布局,以"三统一"同层高、同荷载、同柱网的开放式新手法,使得图书馆在功能上、内部空间上为信息化、网络化提供更多灵活性。例如,清华大学图书馆的再次扩建,因融合环境、尊重历史、注重现代功能而获得好评。新一代的体育建筑、展览建筑、交通建筑等融合了高科技的成果和时代最新信息,在造型上充分体现时代感,如上海体育场、北京亚运会体育场、深圳体育馆、北京与哈尔滨等地的滑冰馆等。建筑不断向高度延伸,20 世纪 80 年代

深圳崛起的国贸大厦以"三天一层"的建设速度和54层160米的建筑高度雄踞于全国高层建筑之首。20世纪90年代,深圳、上海又各自以68层的地王商业大厦、88层的金茂大厦,竞相攀高,前者为亚洲第一摩天大厦,后者则作为世界第三的商业楼盘体现了我国现代高层建筑在20世纪后期展现出新的城市标志与景观。

其次是当代中国建筑艺术立足创新发展并兼收并蓄。中国建筑界面对国内外建筑理论、创作实践,从西方现代建筑走过的道路得到借鉴,开拓了思维,丰富了创作手法,在中西方的传统里寻求有形与无形、神似与形似、符号与元素,通过解构与重组、冲撞与融合,兼收并蓄,这些都体现在20世纪80年代以来的新建筑中,例如,在各城市涌现着有称之为"新古典主义""新乡土主义""新民族主义""新现代主义"的代表性建筑,如山东阙里宾舍、北京图书馆新馆、陕西历史博物馆等。建筑师们以对传统深刻的理解、娴熟的技巧,在特定的历史地段及特定的功能要求、特定的条件下进行创新发展,力求呈现中国传统古典建筑文化的底蕴。

20世纪80年代伊始伴随改革开放春风,中国建筑市场得以开放与拓展,一批大型项目开始吸引海外著名机构和建筑师参与设计与创作。从北京建国饭店、长城饭店、香山饭店、南京金陵饭店等,到其他一些规模巨大、标准较高、设施先进的综合体建筑,如上海商城、北京国家贸易中心等,这些作品被赋予时代感并体现了高科技、新材料的运用。通过国外与国内建筑设计院的合作建筑设计与创作,加强了中外建筑事务所彼此之间的文化交流,外国建筑师在中国的实践与创新给予中国建筑师以启迪。

最后是融合建筑环境并坚持持续发展的科学观。20世纪80年代以后的中国建筑创作,它有一些显著的特点,是开始着眼于地方文化特色的地域性建筑的创新发展以及注重自然、人文、景观与城市环境的有机融合共生。建筑艺术注意以现代功能、生活为基础对应不同的自然条件,在完善自身的建筑设计情况下,对环境予以优化,融合乡土风情,创造新的地域文化。如武夷山庄结合山区自然环境,注意形体尺度的处理,以"低、散、土"的布局手法,装点着环境;黄山云谷山庄首先考虑保护自然色调,通过保石、护林、疏溪、导泉,将建筑傍水跨溪,分散合围,使得建筑与自然融合为一体。在新疆、云南、贵州少数民族地区,以当地传统建筑的语汇,运用现代构成手法,注重突出特有的形、体、线

的造型与细部,使得建筑既具有新意,又富有民族特色,如新疆迎宾馆、新疆人民会堂、西藏拉萨饭店、云南楚雄州民族博物馆等。

2.2 计划经济向市场经济转型(1990—1999年)

1990年初,邓小平视察上海浦东后提出对浦东开发的意见引起党中央、国务院的高度重视,1990年4月浦东开发启动。中国进一步扩大开放,社会主义市场经济发展进入一个新时代。中国的建筑业在改革开放八十年代的基础上步子迈得更大、更快以至成为世界之强。1995年中国开始实行注册建筑师制度,并于1997年正式实行建筑师执业签字制度。注册建筑师制度是对建筑师个人专业资格的规范认证,这对中国建筑市场发展产生了深刻影响。另一个突出的表现是外国建筑师以前所未有的强势步入中国建筑大工地尽情地施展其能耐。全国性房地产大开发,欧陆风风靡不止,后现代建筑中国化、地域性民族风格争相斗艳。中国成了举世瞩目的大有作为的建筑市场。建筑设计正式步入市场化后,商业化倾向必然成为反映相对突出的方面。正如从20世纪80年代后期北京长城饭店到90年代的上海商城建设所占的重要位置,建筑设计商业化进程的迅速发展在加剧设计市场竞争的同时,对建筑设计质量的提高也起到了相当重要的作用,并使得中国建筑创作多元化倾向更加明显。因此,在建筑创作进一步商业化的同时,建筑创作呈现出多元化面貌,从而使后国际式、风格派、新装饰风格、新古典主义、新艺术运动式、新都市主义等国际建筑时尚风靡全国。这期间地域性建筑创作取得非常显著的成效,以建筑所处环境、地方文化特征为依据,从而确定建筑自内而外的建筑创新,其中典型的优秀作品有北京香山饭店、山东曲阜阙里宾馆、陕西临潼华清宾舍、敦煌航站、九寨沟宾馆、南海酒店等。与此同时,在中国的西部探索民族建筑形式和西部城市特点也独具特色,一批优秀的新疆建筑、充满西域地区民族特色的现代建筑适宜于当地的自然条件,其体现了不同宗教、文化并存及现代化与地方发展条件并存,如新疆国际大巴扎和吐鲁番宾馆。

1999年6月,国际建筑师协会(UIA)第20届世界建筑师大会在北京召开,大会科学委员会主任吴良镛作题为《世纪之交展望未来》的主题报告,并发布《北京宪章》,呼吁人类关爱居住地球,体现一致百虑而殊途同归的理念。这也是东方文化再发现,使全世界的建筑同仁认识到中国建筑注重人为环境与自然环境有机融合的有机建筑原理及人与

自然彼此共生的生态建筑的价值意义。

事实上，中国古代不仅有着将建筑、城市、园林视为一整体的广义建筑学的传统，而且崇尚人为环境与自然环境融合的有机建筑哲理，讲究建筑的审美情态与建构形态及自然生态的有机结合。中国建筑素来以注重彼此协调及与环境融洽。中国的实验建筑师刘家琨的地域文化建筑倾向、赵冰的中国主义建筑观、汤桦的都市历史文化情结、王澍的东方人文之诗意表达等先锋建筑理念，其秉承建筑历史文化使命，以其富有中国特质的建筑设计思想及其因地制宜的试验探索精神孕育出建筑佳作，凸显了中国现代建筑设计思想。刘家琨的成都犀苑休闲营地、赵冰的南宁新商业中心、王澍的宁波美术馆、汤桦的深圳南油文化中心等原创性的建筑作品都是其体现。这些先锋建筑的共同特色是把本土建筑发展的生存焦虑和对西方建筑理论思想的解构批判同时加以思考，从而寻求当代中国建筑思想定位，其价值在于探索的文化意义。从20世纪初的先驱到20世纪末的先锋，真正的先锋一如既往，其创新意志成为合规律性与合目的性的建筑美学规律的导向。

2.3　新千年初的城乡建筑态势（2000—2018年）

自2000年始，经历了北京第29届奥运会和2010年上海世博会建设，境外建筑设计事务所大量涌入中国，中国"海归派"回归，为中国建筑缔造了新的建筑空间。2001年中国加入世界贸易组织后，在建筑设计咨询业的对外承诺上为外国建筑师进入中国建筑市场提供了保证，中外合作建筑设计使得建筑设计与创作呈现出多元共存的繁荣状态。与国际优秀建筑设计公司和建筑师合作能够使国内建筑设计单位和个人的建筑创作的水平得到提高，使其在尽可能短的时间内吸收外国先进的建筑设计方法和管理模式，并通过不断接触新的建筑设计理念与思维以提高自身的竞争力。与享有盛名的国际建筑设计机构和建筑师合作既是全球化建筑发展的需要，也是中国建筑走向国际舞台的标志，其促进了中国多元化设计机构的形成。因此2000年之后的中国建筑艺术创作日益呈现出多元化的格局，建筑设计作品类别更加丰富，许多建成的建筑项目吸取国外建筑精华的同时呈现出浓厚的地域性文化特色。北京和上海两座国际性的大都市分别以奥运会和世博会为契机创建了国家体育馆（鸟巢）、国家大剧院、中央电视台总部大楼等具有首都气象的建筑作品以及上海环球金融中心、上海中心大厦等国际都市气派的现代摩天大楼。

这些建筑成为中国、亚洲乃至世界的建筑记录以见证中国经济腾飞。

越来越引人注目的是为中国建筑而设计的境外著名建筑师及其作品——保罗·安德鲁的国家大剧院、赫尔佐格·德默隆的鸟巢体育馆、诺曼·福斯特的首都机场T3航站楼、贝聿铭的苏州博物馆新馆、SOM建筑事务所的金茂大厦、扎哈·哈迪德的广州歌剧院与北京望京SOHO广场、矶崎新的喜马拉雅中心与中央美术学院的美术馆、库哈斯的CCTV新台址。

2000年以来建成的及即将建成的超高层建筑有——深圳平安国际金融中心（660 m，118层，2016年动工，商业酒店写字楼）、武汉绿地中心（636 m，119层，2016年动工，商业酒店写字楼）、上海中心大厦（632 m，121层，2015年动工，商业酒店写字楼）、深圳平安金融中心（599 m，118层，办公楼，2017年建成）、天津高银大厦（597 m，117层，2014年动工，商业酒店写字楼）、广州周大福中心（539 m，112层，2014年动工，商业酒店写字楼）、天津周大福海滨中心（530 m，97层，2012年动工，酒店写字楼）、北京中国至尊大厦（528 m，115层，2013年动工，多功能写字楼）、台北101大厦（509 m，101层，2004年建成，酒店商业写字楼金融中心）、上海环球金融中心（492 m，101层，2008年建成）、香港环球贸易中心（484 m，88层，2009年建成）、长沙IFS大厦（452 m，95层，2013年动工，酒店写字楼）、南京绿地广场紫峰大厦（450 m，89层，2010年建成）、深圳京基金融中心（441.80 m，100层，2011年建成）、广州国际金融中心（441.75 m，103层，2010年建成）、上海金茂大厦（420.53 m，88层，1999年建成）等。全球300 m以上的超高层建筑项目目前有125座，而作为发展中国家的中国竟然占78座。

3　中国改革开放四十年建筑艺术创新发展的反思

20世纪80年代约翰·奈斯比特在《大趋势——改变我们的生活的十个趋势》中说——从工业社会到信息社会、从强迫性的技术到高技术和深厚情感、从国家经济到世界经济、从短期到长期、从集中到分散、从机构帮助到自助、从等级制结构到网络结构、从北到南、从非此即彼到多种选择等，其中"从强迫性的技术到高技术和深厚情感"尤其令人记忆犹新。

中国建筑技术集团总建筑师罗隽在《二十年目

睹之建筑怪现状》中指出中国改革开放四十年以来的建筑怪现状不外乎有三:怪现状之一是权力膨胀之"贪大"——追求超大的城市规模、追求以政府大楼为中轴的超大广场、追求超面积超标准的办公楼、追求超高超大的建筑体量;怪现状之二是奴颜婢膝地崇媚洋外——凡洋必崇、凡洋必好、山寨媚洋;怪现状之三是价值观丧失之求怪——伊川的裤腰带大门、苏州的大秋裤高楼、沈阳的方圆大厦、石家庄的雕塑饭店、北京的天子酒店与盘古大观等。天津大学中国现代建筑历史与理论专家邹德侬在《中国现代建筑艺术专题》中指出当前中国现代建筑有若干负面现象应引以为戒:其一是建筑艺术创造乏力;其二是中国本土建筑理论失语;其三是当代诸多建筑设计与创作脱离建筑本体与现实生活而失去建筑应有的科学意义。建筑设计与创作大师程泰宁在《希望·挑战·策略——当代中国建筑的现状与发展》中指出中国当代建筑艺术当反思如下几个问题——价值判断失衡、跨文化对话失语、体制失范。

我们须慎重地反思以下几点:其一是执著建筑师的历史使命以免过于强调艺术性的误区。现代建筑不应该也不仅仅是作为"艺术"为主导存在的,它是由工业化大生产发展导致传统社会迈入现代化后应运而生的,现代建筑不仅出发点和思想与传统建筑不同外,还完全离不开材料研发、经济投资、建造程序、施工管理、环境关系等方面整体性的支撑。其二是中国是一个资源有限的发展中国家,应有可持续发展与文化生态的文化关怀意识。其三是后现代语境中的中国建筑不要陷于宁要矛盾性与复杂性的迷宫中。后现代文化的特征是平面感——深度模式削平、断裂感——历史意识消失、凌乱感——主体的消失、复制——原创的消解。复制、抄袭,建筑千篇一律、城市建设千城一面等现象比比皆是。其四,住房价格居高不下、不断攀涨,居者有其屋的基本理想何时能圆?

4 中国改革开放四十年建筑艺术理论探索的反思

20 世纪 80 年代中后期,随着西方建筑思潮和设计思想以及建筑师的大量涌入,在西方历经了近半个世纪实验与磨砺的后现代主义建筑、结构主义建筑、解构主义建筑、新殖民主义建筑、新现代主义建筑、建筑形态学与类型学、新陈代谢与共生建筑等新的设计思想与观念如潮水般涌入中国建筑界,并在近二十年时间里几乎逐一被演绎过。《世界建筑》《建筑学报》《新建筑》《建筑师》《华中建筑》《时代建筑》等学术期刊络绎不绝地译介西方新的建筑设计思想和著名建筑师及其作品,年轻的莘莘建筑学子以效法现代西方建筑理论与作品为时尚,各种国际、国内有关现代建筑设计的竞赛也予以推波助澜。1985 年也被不同的艺术领域的学者们称为艺术的观念与方法年。但因建筑学子们对中外建筑文化历史及其建筑设计思想食而不化,以致在匆匆忙忙的建筑设计实践过程中始终没有形成自己的建筑设计思想与践行方式,其结果只能是依靠集仿主义的方式与抄袭的手段在大好的建筑市场中重复地操作,毫无原创的建筑精神可张扬。国外引入的诸多建筑理论与观念均是基于其背后有深厚的文化、哲学基础,中国的建筑学子们若不持有深入了解的文化、哲学与思想,仅能是一阵热乎之后又限于理论贫乏之境地。

1959 年 6 月,建筑工程部部长刘秀峰在上海召开的住宅标准及建筑艺术座谈会上作题为《创造中国的社会主义的建筑新风格》的报告,其中说建筑艺术是通过建筑的实体表现出的一种艺术,与音乐、戏剧、雕刻、美术、绘画等艺术有共同性,也有自己的特点。建筑的艺术性既表现在功能适用、结构合理上,也表现在形式上美观上,即"在适用、经济的条件下尽量做到美观",这也是对维特鲁维《建筑十书》中的"实用坚固美观"的继承与发展。此观点融入新中国成立以来的建筑艺术创作与发展的指导方针和建筑美学原则指导着实践。

中国的建筑理论研究相对薄弱。东南大学建筑历史与理论专家刘先觉教授主编的《现代建筑理论——建筑结合人文科学自然科学与技术科学的新成就》旨在介绍并阐释西方现代及后现代建筑理论,可供参考与借鉴,但不是全盘照抄地应用于中国的建筑艺术创新发展实际情况。2001 年,难能可贵的是建筑学家张钦楠与张祖刚牵头组织开展"中国特色的建筑理论框架研究"并结集成书。但这只是有关现代中国文脉下的建筑理论系统的探索与思考,尚不是实质性的中国现代建筑艺术理论。1949 年以来,新中国的建筑实践与理论探索经过了70 年磨砺,中国的建筑院校有《城市规划原理》《园林设计原理》作为教材,至今却没有融中西建筑设计思想与实践经验总结于一体的现代化的《建筑设计原理》教材,这实在是与现实的要求太不相符合。好在有以下建筑学家尚未构成系统的中国现代建筑理论的建筑理念存在,也算是弥补中国现代建筑理论不足的权宜之计。它们是吴良镛融城市与建筑及园林为一体的广义建筑学理论、张钦的楠贫资源建造高文明论、何镜堂建筑的地域性与文化性及时代性并提的建筑三论、布正伟的建筑自在生成论、顾孟潮的有机建筑哲学论、常青传统的城乡风土建筑保护与再生论、王澍新人文主义诗意栖息的建筑论。让我们向他们致以敬礼!

5 结 语

回顾 20 世纪 70 年代末 80 年代初改革开放以来迄今的四十年中国建筑艺术走过的波澜壮阔的风雨历程,在某种程度上可以说国际上形形色色的建筑思潮与建筑风格及建筑流派在当代中国有比其他任何国家更为丰富更为全面的实践呈现,以至于目前谈世界建筑的历史情况而不能不论及中国作为世界上最大的建筑设计与创作实验场所的事实。展望中国建筑艺术的未来,掩卷凝思,如果说 20 世纪的建筑先驱经过艰苦卓绝的努力使得世界走向新建筑的话,那么 21 世纪的方向会是什么样的新建筑呢?那应该是一种环保的、可持续的文化生态建筑,从而走向人为环境与自然环境有机结合的和谐美好的人居环境的诗意境地。天津大学中国现代建筑历史理论专家邹侬教授说得好"国家性+国际性,永远的建筑艺术方向"。

参考文献:

[1] 杨永生,顾孟潮. 20 世纪中国建筑[M]. 天津:天津科学技术出版社,1999.

[2] 顾馥保. 中国现代建筑 100 年[M]. 北京:中国计划出版社,1999.

[3] 潘谷西. 中国建筑史[M]. 北京:中国建筑工业出版社,2004.

[4] 邹德侬. 中国现代建筑史[M]. 天津:天津科学技术出版社,2001.

[5] 邹德侬. 中国现代建筑论集[M]. 北京:机械工业出版社,2003.

[6] 邹德侬. 中国现代建筑艺术论题[M]. 济南:山东科学技术出版社,2006.

[7] 张钦楠,张祖刚. 现代中国文脉下的建筑理论[M]. 北京:中国建筑工业出版社,2008.

[8] 吴焕加. 20 世纪西方建筑史[M]. 郑州:河南科学技术

出版社,1998.

[9] 关肇邺,吴耀东. 20 世纪世界建筑精品集锦:东亚卷[M]. 北京:中国建筑工业出版社,1999.

[10] 郭黛姮,吕舟. 20 世纪东方建筑名作[M]. 郑州:河南科学技术出版社,2000.

[11] 王受之. 世界现代建筑史[M]. 北京:中国建筑工业出版社,1999.

[12] 王受之. 世界现代设计史[M]. 北京:中国青年出版社,2007.

[13] 丹尼斯·夏普. 20 世纪世界建筑——精彩的视觉建筑史[M]. 胡正凡,林玉莲,译. 北京:中国建筑工业出版社,2003.

[14] 威廉 J R. 柯蒂斯. 20 世纪世界建筑史[M]. 翻译委员会,译. 北京:中国建筑工业出版社,2011.

[15] L. 本奈沃洛. 西方现代建筑史[M]. 邹德农,巴竹师,高军,译. 天津:天津科学技术出版社,1996.

[16] 斯蒂芬·贝利,菲利普·加纳. 20 世纪风格与设计[M]. 罗筠筠,译. 成都:四川人民出版社,2001.

[17] 潘祖尧. 香港著名建筑师现代作品选[M]. 北京:中国建筑工业出版社,1999.

[18] 澳门建筑师协会. 澳门现代建筑[M]. 北京:中国建筑工业出版社,1999.

[19] 吴良镛. 人居环境科学导论[M]. 北京:中国建筑工业出版社,2001.

[20] 杨慎. 中国建筑业的改革[M]. 北京:中国建筑工业出版社,2004.

[21] 张钦楠. 特色取胜——建筑理论的探讨[M]. 北京:机械工业出版社,2005.

[22] 吴良镛. 世纪之交展望建筑学的未来——国际建协第二十次世界建筑师大会主旨报告[J]. 建筑,1999(8).

[23] 顾孟潮. 建筑哲学概论[M]. 北京:中国建筑工业出版社,2011.

[24] 布正伟. 建筑美学思维与创作智谋[M]. 天津:天津大学出版社,2017.

[25] 王明贤. 超越的可能性——21 世纪中国新建筑记录(2000—2012)[M]. 北京:中国建筑工业出版社,2013.

[26] 许晓东. 中国新建筑(2000—2012)[M]. 天津:天津大学出版社,2012.

[27] 张湛彬. 石破天惊——中国第二次革命起源纪实[M]. 北京:中国经济出版社,1998.

[28] 傅高义. 邓小平时代[M]. 冯克利,译. 北京:生活·读书·新知三联书店,2003.

重庆历史建筑保护再利用模式与设计手法研究
——以计划经济时期重庆基层粮仓为例

Research on the Protection and Reuse Modes and Design Techniques of Chongqing Historic Buildings
—Taking Chongqing's grassroots granary in the planned economy period as an example

汪梓烨[①] **杨 凡**[②]
Wang Ziye   Yang Fan

【摘要】本文对重庆基层粮仓的保护再利用模式与设计手法进行研究,在研究梳理了计划经济时期我国粮食政策与基层粮仓发展概况的基础上,以重庆基层粮仓为主要研究对象,研究发现重庆基层粮仓主要有桁架房式仓、拱顶房式仓与砖圆仓三种类型,并且对三种仓型的结构、功能、空间布局等特点进行分析,进而结合粮仓改造再利用的实例分析,从"功能的转换""空间的变化""外观表皮的演化"三个方面,讨论重庆基层粮仓保护与再利用的改造模式与设计手法。

【关键词】历史建筑 基层粮仓 保护与再利用 改造模式

0 引 言

重庆是国家历史文化名城,为了避免"千城一面"的现象,展现具有历史文化特色的城市与村镇风貌,挖掘优秀的历史建筑,并对其进行保护修缮与再利用成了建设历史文化名城的重要手段。这些优秀的历史建筑展现了各个时期丰富多样的建筑建造技艺与各种独具地方特色的建筑风格,能反映出重庆一定时期的历史文脉、城市风貌。

本文着眼于对计划经济时期重庆基层粮仓进行研究,探究粮食政策对基层粮仓建设的影响,并且期望通过对基层粮仓的建造技艺与建筑特点的分析,结合粮仓改造实例,在尊重其原始历史风貌的基础上提出改造再利用的模式与设计手法范式。

1 研究背景

1.1 计划经济时期的粮食政策

20世纪50年代我国建立了计划经济体制,计划经济体制的显著特点就是"生产统一安排、产品统一分配",这一体制虽然由于有诸多弊端仅仅存在了三十余年,但也对建国初期国民经济的恢复和

社会的发展起到重要作用。

我国是农业大国、人口大国,粮食关系到国民的命脉,计划经济体制下为了缓解工业化发展带来的粮食危机,并且为发展工业化提供原始积累,粮食统购统销政策应运而生[1]。1953年的粮食危机是粮食统购统销政策施行的重要原因,1953年11月23日政务院颁布了《关于实行粮食的计划收购和计划供应的命令》,命令中规定了统购统销的具体实施办法,随即统购统销在全国范围内开始实行[2]。统购统销是计划经济时期最具时代特色的粮食政策,直到20世纪80年代经济体制改革,这一政策才退出历史舞台。

1.2 计划经济时期粮仓建设发展概况

粮食统购统销政策想要顺利推行,大力发展相应的基础设施建设是必然的,这期间粮仓的建设成为了重要内容。新中国成立初期的建仓原则为面向城市,照顾农村,以集中为主,分散为辅[3]。到了20世纪60年代,建仓主要考虑战备需求,建仓位置较为隐秘,多处于乡村,距离主要道路远,交通不便。七十到八十年代,随着经济的发展,资金充足,粮仓建造技术提升,粮仓建设才步入正轨,一大批

---

① 重庆大学建筑城规学院,硕士研究生。
② 中煤科工集团重庆设计研究院有限公司,助理建筑师。

现代化粮仓逐渐涌现。

粮食从收购到供应的各个环节都需要根据不同的需求建设适用的粮仓,根据不同的使用性质选择合适的仓型。现今根据使用性质粮库可分为:①收纳库:用于直接接收农民来粮;②小型中转储备库:既有中转性质,同时可作为靠近粮食产区的储备库,也可直接接收农民来粮;③大型中转库、国家储备库:位于交通枢纽,便于粮食调运,是靠近销售区的国家储备库;④供应库:作为粮食销售的存储库房[4]。

然而计划经济时期的粮库分级并没有那么明确,许多基层粮站兼具收纳、储存、中转、供应各种功能。经济体制改革并使统购统销政策退出后,许多基层收纳库与靠近粮食产区的小型中转储备库,由于选址偏僻、建造工艺落后(大多为普通的砖砌房式仓与砖圆仓)逐渐废弃并被人们遗忘。但这一类型的建筑又是计划经济时期粮食政策的一个缩影,是统购统销时期粮仓建设史上的重要实证,承载了人们计划经济时期共同的历史记忆,非常具有时代特性,对其进行抢救性的保护与适应性再利用势在必行。

2 重庆基层粮仓类型与特点分析

重庆基层粮站的粮仓主要分为房式仓与砖圆仓,其中房式仓根据屋顶构造不同又分为桁架房式仓与拱顶房式仓。

2.1 桁架房式仓

20世纪50年代,受苏联影响,我国引进了机械化房式仓,即"苏氏仓"建仓技术。标准的苏氏仓跨度较大,屋顶运用桁架结构,内部有天桥、地沟等便于机械化操作。但由于当时我国经济实力较弱,修建时大多取消了天桥与地沟,仅建成屋顶运用桁架结构的大跨度房式仓,且由于钢材紧缺,多用木桁架结构,即所谓的桁架房式仓。(图1)

图1 桁架房式仓内部结构
(图片来源:重庆地理信息中心)
重庆铜梁区小林粮站中的桁架房式仓内部

桁架房式仓平面多为矩形,立面除有大门外正面与背面均有高窗(图2),利于粮仓内部通风,屋顶为两坡顶,构造简单,对建造技术要求低。该仓型造价低廉,总容量大,可以将粮食散装也可包装堆叠存放,是计划经济时期适用范围最广的一种仓型,可作为收纳库、小型中转储备库或供应库。桁架房式仓在不存粮时,由于其空间大局、限性小,可灵活改做其他功能用途。但其缺点也很明显:从经济层面看,占地面积较大,空间大使粮食合理堆放困难,转运时容易造成抛撒浪费,机械化程度低造成人工装卸成本高;从物理性能层面看,防潮隔热和密闭性能差,不利于粮食的长期储存。

图2 桁架房式仓外部造型
(图片来源:重庆地理信息中心)
重庆南岸区长生桥粮站的桁架房式仓外立面

2.2 拱顶房式仓

拱顶房式仓平面呈矩形,用筒拱结构屋顶代替上述房式仓的桁架结构双坡顶,多做成连续拱,一个拱跨为一小间粮仓(图3),拱顶房式仓较桁架房式仓增加了空间分隔,便于粮食分别存放与调运。拱顶房式仓的建造难度大于普通的房式仓,造价也高,但更加坚固,节约木材,有利于防火,保温与密闭性能好。

图3 小林粮站拱顶仓
(图片来源:重庆地理信息中心)
拱顶仓根据地形,有一半为两层,每个拱下为独立的开间

重庆的拱顶房式仓还有一大特点是在拱顶上再加一层双坡顶,形成双层顶(图4),一方面减轻

了雨水渗漏的可能,另一方面更加利于保温与隔热。特殊的屋顶做法形成独特优美的造型,在乡野间形成独特的风景。

图4　大庙粮食收购站拱顶仓
（图片来源:重庆地理信息中心）
图为拱顶仓的屋顶,可以看出拱顶与坡屋顶的结合方式

拱顶房式仓立面同桁架仓一样在正面与背面均有通风的高窗,入口大门常做成上下两层的双层大门,便于进粮与出粮。

2.3 砖圆仓

砖圆仓是立筒仓的一种,立筒仓是储存散粒物料的立式容器[5]。立筒仓在我国最早运用于煤炭及建材行业,多用钢筋混凝土材料建造,直到1960年3月,随着统购统销粮食政策的推行,我国才在杭州第一碾米场建成了第一座砖砌"立筒仓"粮仓,即"砖圆仓"[6]。至此,砖圆仓才逐渐大范围的建造起来。由于砖圆仓小巧,建造技术简易,结构稳固,战争时能作为碉堡避难,符合当时人们"备战备荒"的心理,20世纪70年代在全国各地掀起了一股建造砖圆仓的热潮[7]。

砖圆仓墙体用普通砖或者石砖砌筑(图5),普通砖墙外面往往粉刷为白色(图6),一方面有防潮的作用,另一方面有反光作用,可减少粮仓对热量的吸收。顶部结构有多种形式,有钢筋混凝土顶,也有直接用砖一圈圈箍成半球形圆顶,中间用三四

图5　石砖圆仓
（图片来源:重庆地理信息中心）
砌筑材料为大块石砖,不做粉饰

圈钢筋加固,也有肋骨式的薄壳顶,上铺小青瓦,可以有效保温、防漏。

图6　普通砖圆仓
（图片来源:重庆地理信息中心）
砌筑材料为黏土砖,外墙粉白

砖圆仓具有用材与施工简单,占地面积小,对场地条件要求低,保温隔热性能比混凝土好的优点,但规模较小,仅能做存粮用途,很难移做他用,而且随着对农田的保护与新型建材的发展,砖的生产会受到限制。[8]

3　重庆基层粮仓保护与再利用的改造模式与设计手法研究

本文基于案例调查,对多个粮仓改造项目进行分析与总结,主要从"功能的转换""空间的变化""外观表皮的演化"三个方面,讨论重庆基层粮仓保护与再利用的改造模式与设计手法。

3.1　功能的转换

上述提到基层粮仓已经无法行使原始职能,在改造中合理的赋予建筑新的功能是建筑重获生机最重要的一步,结合基层粮仓原本的空间特性,其可能实现的功能转换主要为以下三种类型。

3.1.1　创意办公型

基层粮站的规模相对较小,但空间宽敞,有足够的高度,特别是房式仓的大空间可以灵活运用,可以改造为基层办公用房或创意产业工作室,规模大一点的可以改造为创业产业园区。例如,北京朝阳区大悦城的"宇空间"(图7):这是一个桁架房式粮仓改造的创意工作室,粮仓原本是一个单层的红砖建筑,改造后增加了办公室、会议室、娱乐区、咖啡厅、聊天室等多种功能,成为一个创新的协同工作空间。还有广州旧粮仓改造的"凤凰仓"创意园(图8):凤凰仓起初破败不堪,设计师先修复在建设的方法,先尽量保存凤凰仓的完整性,再在里面新建一个"文创+互联网"的现代商务办公空间。

图7 "宇空间"
（图片来源：网络）

图8 "凤凰仓"创意园
（图片来源：网络）

3.1.2 文化展示型

内部空间经过重新塑造与组织，基层粮仓可以再利用为具有独特时代特色的文化展示空间，可用做基层文化活动中心、年代影剧院、展览馆、图书馆、文化主题公园等。例如，安徽青阳的"天下粮仓1949"主题文化园（图9）：园内建筑大多由粮仓改造而成，分别设有人民公社食堂、农耕文化体验馆等，里面最具有特色的展馆是粮票馆。这是全国唯一的以粮票为主题的展览馆，展现了计划经济时期的社会发展历程，展馆是用七十年代的粮仓改造而成，富有年代感。

图9 "天下粮仓1949"主题文化园
（图片来源：网络）

3.1.3 休闲居住型

拱顶房式仓与砖圆仓具有单元组合与独立单元的特征，适合改造为民宿、酒店、住宅等。例如，浙江的九熹·大乐之野·胡陈粮仓度假酒店（图10）：这家酒店由一座建于1956年的旧粮仓改造而成，兼具住宿、接待、会议、休闲娱乐等功能。其在外观上极大地保留了粮仓的原始特色，高窗位置不变但更换为玻璃窗，仓门保留原始的门扇，从外观一看就有老粮仓的影子；内部结构也几乎完整地保存着老粮仓的木桁架结构，简约不刻意的设计风格对粮仓的破坏也非常小，由于结构高度没有更改，也不过多的装饰吊顶，使得每个房间的屋顶都有5米以上的挑高。还有一个极具特色的案例，是一个叫Christoph Kaiser的美国青年建筑师设计师为自己和妻子用旧粮仓改造的别墅（图11）：他用一个建于1955年的立筒粮仓改造成了三层共340平方米的别墅，别墅的外观保留了原始的筒状，外立面全部刷为白色，仅开简易的矩形门窗，门窗处有突出的雨棚，在简单的立筒造型中增添了无限的趣味。

图10 九熹·大乐之野·胡陈粮仓度假酒店
（图片来源：网络）

图11 Christoph Kaiser别墅
（图片来源：网络）

3.2 空间的变化

3.2.1 保留原始空间特性

当原空间形式与新植入的功能空间要求相符合时,可以基本保持原空间形态不变。[9]这种类型的空间利用要求新赋予的功能需求同粮仓原本的空间形态相适应,只需对建筑进行修缮与装修,无须进行空间上的重组。例如,九熹·大乐之野·胡陈粮仓度假酒店的客房与餐厅等空间所需要的高度同粮仓本来的高度相适应,就没有再次对垂直空间进行改变,保持了空间的原真性(图12)。还有"天下粮仓1949"主题文化园里的粮票展览馆,老粮仓原本的大空间完全能满足展览需求,因此就没有更改原始空间布局。

图12 胡陈粮仓度假酒店内部
(图片来源:网络)
酒店餐厅保留了粮仓的大空间

3.2.2 空间的水平变化

空间的水平变化多为将大空间分隔为小空间。例如,"宇空间"的改造将大面积的房式仓通过隔墙以及家具布置等,将大空间分隔成了具有各种功能的小空间,从平面图中可以看出既有视野开阔的大空间,也有较为私密的小空间(图13)。

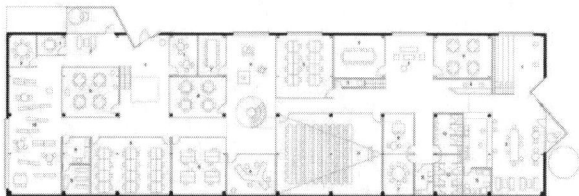

图13 "宇空间"一层平面图
(图片来源:网络)

3.2.3 空间的垂直变化

老粮仓一般层高较高,通过垂直空间的变化,在有效的占地面积中获得更多的使用空间,是一种常用的改造方式。例如,Christoph Kaiser 的别墅,将一层改为三层,有效地利用了立筒仓的竖向空间,极大增加了居住面积。又如"宇空间"不仅做了

水平划分,在竖向空间中也有很多变化,老粮仓原本有6.7~9.2米的净高,改造后的空间有十五种不同的高度(图14),高差的变化在给予人们更多隐私与半隐私空间的同时也获得了宽阔的视野。

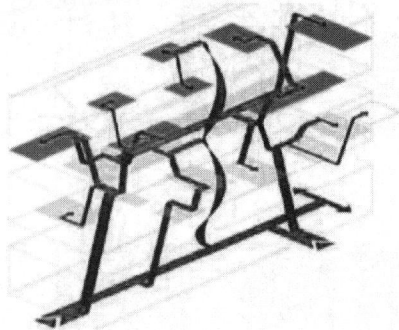

图14 "宇空间"垂直交通图
(图片来源:网络)

3.3 外观表皮的表达

外观表皮的改造主要有两个方面的倾向,一种是保护性的将建筑还原成最接近原始的外观,另一种则是在老粮仓上增加现代元素,新旧结合,既能满足现代建筑的审美,又能保留一些老建筑的历史痕迹。

3.3.1 原始外观的复原

原始外观的复原在于保存建筑的原真性,真实地展现那个年代建筑的特性。"天下粮仓1949"主题文化园就是一个典型的实例,整个改造中注重修缮,并没有更改建筑的原始面貌,使人们在园内游玩时更能真实地体会到那个年代的时代特性。

3.3.2 现代材料与设计手法的植入

现代材料与设计手法的植入在改造中较为常用,运用的材料多为钢材与通透的玻璃,钢材对于建筑主体结构的影响较小,通透玻璃的运用不会掩盖建筑原本的特色,两种材料都给人简洁的感觉,用在老粮仓改造中不会显得突兀。

4 结 语

本文通过对一系列案例的研究与总结,为重庆基层粮仓的保护与再利用模式提供了范式。第一,注重功能置换的选择,大多改造为基层办公用房、创意产业工作室、文化活动中心、展览馆、主题公园、民宿、酒店、住宅等;第二,在空间利用上根据不同仓型自身的空间特点,选择保持空间原真性或是选择在水平与垂直方向对空间进行划分与重组;第三,在外观表皮的表达上,需迎合功能主题需求在复原原始外观与植入现代设计中取舍。

历史文化是城市特色的重要体现,在城市发展的同时保护好历史文化尤为重要。对历史文化资源最好的保护方法就是将其活化利用,将历史建筑改造再利用就是对建筑最好的保护方式。

参考文献:

[1] 杨洁.统购统销政策形成的原因和影响[J].经济视角:下,2013(10):162-163.

[2] 赵德余.中国粮食政策史 1949—2008[M].上海:上海人民出版社,2017.

[3] 唐为民,文昌贵,陶诚,等.我国粮仓建设技术探讨[J].粮食储藏,1994,23(6):22-26.

[4] 张振镕.总结经验 吸取教训 少走弯路——五十年粮库建设的反思和今后粮库建设的仓型选择张振[J].粮食流通技术,2000(6):1-4.

[5] 戴则祐.粮食厂仓建筑概论[M].北京:中国商业出版社,1986.

[6] 刘抚英,王旭彤,贺晨浩,等.立筒仓保护与再利用对策研究[J].工业建筑,2018,48(2):192-199.

[7] 凌华.砖圆仓:曾经的储粮功臣[J].中国粮食经济,2016(11):66.

[8] 刘志云,唐福元,程绪铎.我国筒仓与房式仓的储粮特征与区域适宜性评估[J].粮油仓储科技通讯,2011(2):7-9.

[9] 刘抚英,崔力.旧工业建筑空间更新模式[J].华中建筑,2009,27(3):194-197.

西方建筑师在华本地化建筑初探[*]
——格里森在华实践(1927—1932)

Western Architect's Indigenized Design in China
—Adelbert Gresnigt's Buildings(1927—1932)

罗　薇[①]

Luo Wei

【摘要】格里森是著名近代在华实践的欧洲建筑师,不同于其他西方建筑师,他的作品既学习中国北方官式建筑,也展示了南方地区民居建筑特征,可谓中式教会建筑风格的缔造者。1927年格里森受宗座代表刚恒毅的邀请,为制定"本地化"基督教艺术标准来到中国,作为刚恒毅的"御用建筑师",他在中国展开了大量的实践和理论活动。本文以海外文献研究与在华实践案例为依据,以跨文化历史研究为视野,进一步认识外来建筑文化移植与转化的过程,了解格里森在华探索建筑实践与现代转型的历程。

【关键词】中国近代建筑　格里森　本地化　现代转型

近年来,随着中国近代建筑史研究的发展以及遗产保护意识的提高,大量优秀近代建筑不断得到业界及公众的关注,尤其是沿海、沿江的早期开埠城市如广州、上海、天津、厦门、武汉等,但是深处内陆地区的一些优秀案例确未能获得同样的关注。近代中国建筑的发展在很大程度上与西方建筑师在华活动密切相关,教会建筑可以说是西方建筑学在中国的早期舞台,并且中国建筑的现代转型始于教会大学,这是中国建筑近代化过程中一种特殊文化现象。[1]然而,当我们谈及中国建筑的现代转型时,往往将同一时空背景下的教会建筑与其他类型市政生活建筑割裂开来。以往的学术研究多关注于墨菲等外籍建筑师,对于出身教会的建筑师,以及他们在华从事的建筑活动却少有深入研究,殊不知他们才是更"接地气"的体验者和反馈者。

1　在华传教士职业建筑师

众所周知,西方传教士中不乏惊世之才,他们当中有数学家、天文学家、地质学家等,在教会事业繁荣时期,大量的西方职业建筑师、艺术爱好者参加到建设中来。然而,对于教会出身的建筑师及其作品却少有中西学者关注,在华从事教会建筑设计的传教士艺术家不在少数,但是真正的职业建筑师却屈指可数(见表1)。目前已知传教士职业建筑师共7人,其中格里森、艾术华与其他几位建筑师的作品代表了西方建筑师在华实践的两个主要方向:中式传统建筑风格与西式建筑风格。值得庆幸的是他们在中国留下了大量的可供分析研究的案例。格里森对于中国学者而言并不陌生,他的设计已发现四处现存较好,皆为文物保护单位的建筑,其中北京辅仁大学主楼,现位于北京师范大学定阜大街校区内,采用北方官式建筑的做法,现为北京市文物保护单位,在中国近代建筑历史中占有一席之地。本文将对"本地化"转型的代表性传教士建筑师——本笃会士格里森(Adelbert Gresnigt,1887—1956)的在华建筑实践进行综述。

2　格里森(Adelbert Gresnigt, 1887—1956年)

格里森是罗马教会派驻中国的宗座代表——

---

* 国家自然科学基金青年项目,基于营造技艺的在华近代欧洲传教士建筑师实践转型研究——以格里森为重点(51808341)。
① 深圳大学,讲师。

表1　近代西方传教士建筑师在华实践情况[1-7,11]

姓　名	国　籍	在华实践项目	建筑风格	在华时间	派遣修会
格里森 Adelbert Gresnigt	荷　兰	辅仁大学主楼、香港圣神修院、宣化若瑟总修院、开封总修院、安国主教座堂等	中式传统建筑风格	1927—1932	本笃会士,罗马传信会指派
和羹柏 Alphonse De Moerloose	比利时	上海佘山天主教堂等45座	西式新哥特或新罗马风式建筑	1885—1929	圣母圣心会
艾术华 Johannes Prip-Møller	丹　麦	香港道风山基督教丛林等	中式传统建筑风格	1921—1930s	不详
韩日禄	意大利	浙江嘉兴圣母显灵堂	西式建筑风格	1917—1930	圣衣会
甘正道 John Berkin	英　国	庐山牯岭数栋建筑	西式建筑风格	1895—1930	英国循道会
布莱森 Thomas Bryson	英　国	天津新学学院	西式建筑风格	1900—1912	伦敦会
莫尔 A. C. Moule	英　国	天津诸圣堂	西式建筑风格	1899—1903	中华圣公会

(根据现有文献资料整理而得)

刚恒毅(Celso Benigno Luigi Costantini,1876—1958)①的"御用建筑师",也是唯一一位受罗马教会指派来华的建筑师,他的作品代表着当时罗马教会的声音。格里森出生于荷兰的乌特勒支,1898年入比利时南部本笃会 Maredsous 修道院,曾在德国本笃会 Beuron 艺术学校(The monastic art school of Beuron in Germany)②学习过绘画和雕塑,也在意大利、巴西、美国工作过,在授命来华之前,刚刚完成纽约圣安基姆教堂的整修工作。1927—1932年,格里森接受罗马传信会派遣,为推行"本地化"基督教艺术——"Sino-Christian"中式基督教艺术来到中国。来华后他首先受到雷鸣远(Vincent Lebbe)的委托,将一座哥特式风格的教堂改为中式风格③。来华后,格里森用了一年的时间通过实地参观和阅读学习中式传统建筑。格里森在他的一篇文章

"Reflections on Chinese Architecture"④[2]中讲述了传统建筑艺术对他的影响,文中细述了他曾经到访过的几处重要建筑或建筑群,如紫禁城、涛贝勒府、五台山寺庙建筑群、洛阳天宁寺塔、济南灵岩寺辟支塔、四川的两座牌坊、广州陈家祠、福建楚家祠等。他还研究了曲阜孔庙的规划布局,福建、广东等地的中式墓地。对中国传统建筑的学习为格里森从事本地化教会建筑设计打下了基础,在华后续的四年里刚恒毅委托格里森先后设计建成了四座重要教育建筑:华南总修院(The South China Reginal Seminary,今香港圣神修院 Holy Spirit seminary of Hong Kong)、宣化若瑟总修院(Seminary of the Disciples of the Lord)、开封总修院(Regional seminary of Kaifeng)、辅仁大学主楼(Catholic University of Peking)(表2)(所有建筑设计作品见

---

① 刚恒毅总主教(Celso Benigno Luigi Costantini,1876—1958),于1922年被委任为驻华宗座代表。1924年5月15日—6月12日,其在上海召集了天主教第一届主教会议,大会的主题是建立一个自由的、正常的、中国化的天主教会。从此,中国籍神职人员和外籍传教士享有同样的权利,并且在中国大力推行本地化基督教艺术。1933年其离开中国,回到罗马,后来成为枢机主教。

② 德国 Beuron 艺术学校由本笃会士 Maurus Wolter 和 Placidus Wolter 两兄弟创建于1863年,该学校以基督教壁画艺术最为著名。

③ 河北省蠡县,安国教区,高家庄教堂。

④ 作者 Dom Adelbert Gresnigt O. S. B.,文章名"Reflections on Chinese Architecture",出自 Bulletin of the Catholic University of Peking,8,1931. 即:辅仁大学编. 辅仁英文学志[M]. 北京:国家图书馆出版社,2010:171-194。

图1—图7）。对这些所属天主教教会的教育建筑的认识既要有别于其他基督新教的在华教会学校，还要有别于当时已经在中国非常著名的美国建筑师墨菲（Henry Murphy）的设计作品。

表2　格里森在华主要建筑实践情况简表

项目名称	建设地点	建设时间	建筑风格	备 注
辅仁大学主楼	北 京	1929—1930 年	中式传统建筑风格	北京市文物保护单位
开封总修院	河南开封市	1929—1931 年	中式传统建筑风格	省级文物保护单位
华南总修院	香 港	1930—1931 年	中式传统建筑风格	香港法定古迹一级历史建筑
宣化若瑟总修院	河北张家口	1930—1932 年	中式传统建筑风格	省级文物保护单位
安国主教座堂	河北蠡县	1927 年设计	中式传统建筑风格	改建，现已不存
圣德勒撒教堂 Saint Teresa church	香港九龙	1929 年设计	中式传统建筑风格	未建成
海门主教座堂	江苏海门	1931 年设计	中式传统建筑风格	未建成

图1　北京辅仁大学主楼

（图片来源：比利时马赫苏修道院格里森档案）

图2　开封总修院内院

（图片来源：比利时马赫苏修道院格里森档案）

图3　香港华南总修院立面

（图片来源：比利时马赫苏修道院格里森档案）

图4　宣化若瑟总修院

（图片来源：本笃会评论杂志，Vol. 123，2013）

图5　安国主教座堂

（图片来源：文献[2]142 页）

图6　圣德勒撒教堂立面图
(图片来源:文献[2]409页)

图7　海门主教座堂立面图
(图片来源:比利时马赫苏修道院格里森档案)

3　教会建筑中国本地化

近代中国教会事业的发展跌宕起伏,其风格随近代社会矛盾冲突与发展而不断演变,中国教会建筑在百年间经历了中国本土建筑为主导的民居建筑,新哥特式、新罗马风式、新文艺复兴式、中西混合式等多种建筑风格,并且拥有现代功能的传统中式风格教会建筑始于教会大学。辛亥革命后,全国范围内掀起了现代化的运动,与此同时,1919年罗马天主教教会颁布了新的宣教政策——通谕"Maximum Illud"(也称作"夫至大"通谕)[3]。新的传教政策摒弃了殖民地传教政策,并且含蓄地谴责了欧洲风格的教会建筑。作为宗座代表,刚恒毅认为宗教的内在教义和外在表现形式不能混为一谈,他确信西方风格的艺术并不适合在本土根深蒂固的中国文化。他要把中国古老的传统建筑元素运用在新建筑物中,显示出基督教艺术在中国传教区的革新。他将自己的观点总结为一句话:"既不要完全中国式的建筑也不要西式的教堂"。自1922年起中国天主教会的"本地化"运动正式开始,格里森受邀来华支持刚恒毅的本地化基督教建筑。但是,由于战争的影响及时间短暂,格里森本地化基

督教建筑艺术的探索最终未能形成相对成熟的新建筑形式,而只能停滞在朴素的折中主义状态。与此同时,欧洲处于一战后的修复期,现代化及现代主义建筑正成为建筑领域以及教会争论的中心,基督教建筑风格在欧洲也处于风口浪尖。罗马教会在世界各地教区同时推行"本地化"政策,适应性地改变在世界范围内的传教策略,在殖民地国家出现了一批带有当地传统建筑特色的混合样式的教会建筑[4]。

4　格里森与永和营造

面对"本地化"宣教政策和中国建筑正在经历的现代转型,西方建筑师除了应对建筑类型和风格转变以外,如何营造则是更为棘手的问题。传统中国建筑与西方建筑体系完全不同:前者主要为木构体系,而后者需要在坚实的基础上建造砖石结构体系。建筑师需要整合中式木结构与西式砖石结构两大不同体系。中国的环境气候、南北差异、建筑材料、施工技术、本土工匠等,与西方传教士建筑师在成长环境中习得专业内容差异巨大。即便是建造中式风格的教会建筑,传教士建筑师也不得不应对中国本土工匠、施工方式和材料,在如此复杂前提之下建成的独具中国特色的教会建筑,是西方建筑师在中国建筑现代转型过程中做出的艰难探索和贡献。

格里森在面对建筑施工问题时,遇到了"永和营造"(Brossard-Mopin),[①]该"工程司"对其设计作品的准确施工功不可没。这是一家法商营造公司,1915年前由波罗沙(J. Brossard)和莫便(E. Mopin)合伙开办,本部设于西贡,1918年前后改组,更西名为"Brossard, Mopin & Cie",迁总号于天津,华名永和营造公司,19世纪20年代初迁总号于巴黎,二十年代末总号迁回西贡。其先后在香港、北京、上海、广州及海参崴、西贡、新加坡、巴黎、纽约等地设分号或代理处。其在天津设船坞,承包土木、建筑设计、测绘、钢筋混凝土、造船及各种公共工程,经营通用铁工机械业务,兼营工程材料进出口贸易,代理几家欧美厂商公司。天津的劝业场即永和营造的杰作。永和营造与当时中法工商银行的关系密切,可以说,它是中法工商银行投资兴办企业的产

---

① 永和营造工程司曾经用过的中文名称有多个,包括永和工程司、永和营造公司、永和营造管理公司、法商营造公司、永和建筑公司,另外还有永和建筑事务所,本文以"永和营造"指代此公司。

物,其天津办公地点即在中法工商银行楼上。作为一家跨国建筑工程公司,永和营造的作品出现在中国的天津、北京、沈阳以及东南亚的越南、新加坡等多个地方。1925 年,天津建筑师事务所和雇有建筑师的房地产公司共有 7 家,其中英资公司 5 家,另外两家分别是比商义品放款银行和法商永和营造。

永和营造由于是法商公司,擅长钢筋混凝土结构设计与施工,其不仅涉及大型城市公共建筑设计项目,因其与教会的密切关系曾服务于多个教会组织,还为其设计建造学校、医院等。通过对传教士建筑师海外相关资料的收集,发现了当年永和营造绘制的法文施工图纸。目前可以确定辅仁大学主楼、开封总修院、宣化若瑟总修院建筑皆为永和营造配合格里森绘制施工图纸并且进行建设的。此外,以往研究发现呼和浩特主教座堂曾有记载,施工队是一支来自天津的法国营造公司,其很可能也是永和营造。格里森设计的香港华南总修院则由本地施工企业监理施工①。

永和营造在中国有多年的施工经验,不仅熟悉西式建筑的结构与施工技术,还了解中式传统建筑的元素,如门窗等,详见大样图(图 8)。该公司拥有良好的施工管理,施工图纸皆为法文,现场必有技术人员能够阅读法文图纸并且准确向工匠传达。格里森在中国大陆设计建造的三座修道院,都是西方理性主义建筑的布局加上中式传统风格的建筑元素构成,施工质量上乘,无论是主体结构还是细部构造都别具匠心。可见能够成就优质的近代教会建筑,除了格里森对建筑整体的方案设计贡献出众以外,细部及结构还有永和营造的工程师协助完成。通过与现场建筑的比对,可发现西式屋架体系为适应中式传统建筑造型所进行的积极尝试,即将西方豪式屋架结合中式屋面,做出带有举折曲线的中式屋顶外貌。如开封总修院建筑结合了中国南方民居的特色,整体采用双坡屋顶,加上单披檐廊环绕,局部使用了观音兜山脊和马头墙,虽然这些建筑细部并非河南本地特色,但可见格里森对本地化中国建筑艺术做出了自己的努力,亦可看出他游历了不少江南地区,当地建筑对他产生了深刻的影响。图 9 为开封总修院礼拜堂的剖面图,永和营造的工程师主要是西方人,他们更愿意采用自己熟悉的结构方式,对于格里森要求的曲线屋面的处理办

法是:内部主体屋架结构按照西式双坡屋顶建筑的处理方式,采用了等边三角形的豪式屋架为核心;为使其呈现中式建筑的举折效果,在直线的三角形斜边上从下至上放置了由小变大的楔形块来调整屋面曲线,楔形块上再放檩条,脊檩放置在三角形顶部额外向上延伸的短柱上,用来形成接近屋脊处较陡的屋面坡度,最后按照中国式建筑屋面的做法铺瓦。

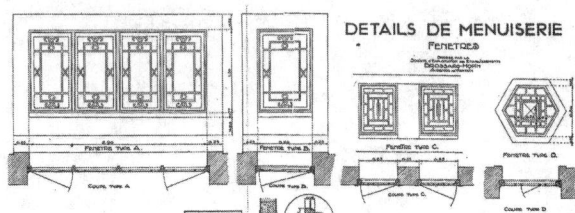

图 8 开封总修院门窗详图局部
(图片来源:Collecanea Commissionis synodalis,
vol. 14,1941:81)

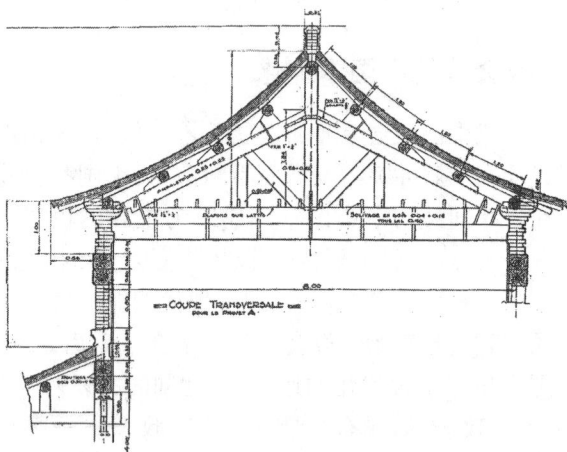

图 9 开封总修院门窗详图局部
(图片来源:Collecanea Commissionis synodalis,
vol. 14,1941:61)

5 结 语

本文通过关注格里森建筑师的设计原则和其建筑的形式特征,了解到中国本地化运动以来对天主教会建筑的影响。分析营造技术与工艺的适应性转变,了解近代中国施工技术的进展,可帮助进一步认识西方外来建筑的文化移植与转化过程,揭示吸收与抵制异质文化的表现特征,理解此过程中西方建筑师其自身根深蒂固的西方艺术修养与在

① 1930—1931 年,在李杜露建筑师楼(Little,Adams and Wood Architects and Civil Engineers)监督下完成了华南总修院一翼的工程。

对中式传统艺术的消化过程中产生的碰撞与融合的思想。[5]格里森的建筑不同于基督新教建筑,亦不同于美国建筑师的作品,它呈现出罗马天主教在 20 世纪初时代转型的国际形势下对中式现代艺术形式的导向,同时也体现出中国建筑现代转型发展进程中混杂性背后的历史复杂性和丰富性。格里森设计的四座主要教育建筑目前仍相对保存较好,这是一类特殊的"共同遗产",它们是西方建筑师乃至西方社会深入学习和了解中国文化之后进行的建筑创作,是中国近代建筑遗产的重要组成部分。通过对格里森的研究,以及大量史料图纸的发掘,将对这些文保建筑的修缮提供必要的技术支持。

参考文献:

[1] 董黎.中国近代教会大学建筑史研究[M].北京:科学出版社,2010.

[2] 辅仁大学.辅仁英文学志[M].北京:国家图书馆出版社,2010.

[3] Benedict XV, Maximum Illud: Apostolic Letter on the Propagation of the Faith throughout the World[Z]. 1919.

[4] Alex Bremner. The Architecture of the Universities' Mission to Central Africa Developing a Vernacular Tradition in the Anglican Mission Field, 1861—1909 [J]. Journal of the Society of Architectural Historians,2009:515-539.

[5] 赵辰.关于"土木/营造"之"现代性"的思考[J].建筑师,2012(4):17-22.

[6] 董黎.形态构成与意义转换——格里森的建筑作品评析[J].华中建筑,1996(14):34-37.

[7] 格里森.中国的建筑艺术[J].董黎,译.华中建筑,1997(15):123-127.

[8] Coomans Thomas. La création d'un style architectural sino-chrétien. L'oeuvre d'Adelbert Gresnigt, moine-artiste bénédictin en Chine (1927—1932)[J]. Revue Bénédictine,2013,123(1):128-170.

[9] 罗薇."人字堂"——为尊重中国传统而建造的教堂[M]//王贵祥.中国建筑史论汇刊:第九辑.北京:清华大学出版社,2014:361-385.

[10] 刘亦师.近现代时期外籍建筑师在华活动述略[J].城市环境设计,2015(Z2):320-329.

[11] Coomans Thomas. Sinicising Christian Architecture in Hong Kong: Father Gresnigt, Catholic Indigenisation, and the South China Regional Seminary, 1927—1931 [J]. Journal of the Royal Asiatic Society Hong Kong Branch,2016:133-160.

[12] Albert Ghesquières, Paul Muller, Comment Bâtironsnous dispensaires, écoles, missions, catholiques, chapelles, séminaires, communautés religieuses en Chine [J]. Collecanea Commissionis synodalis,1941:1-81.

[13] 徐苏斌,伍江,赖德霖.中国近代建筑史[M].北京:中国建筑工业出版社,2016.

[14] 刘国鹏.刚恒毅与中国天主教的本地化[M].北京:社会科学文献出版社,2015.

[15] Mémoires du père Adelbert Gresnigt. Archives de l'abbaye de Maredsous,Gresnigt[Z]. 1877-1933.

上海复兴岛空间结构及产业变迁初探:1934—2018

The Spatial Structure and Industrial Development of Shanghai Fuxing Island (1934—2018)

孙新飞[①] **刘嘉纬**[②]

Sun Xinfei　Liu Jiawei

【摘要】复兴岛位于上海东北部、黄浦江下游,是上海市唯一的人造封闭式内陆岛。复兴岛在 20 世纪初期即开始疏浚填筑,在其近 90 年的历史中,一直主要用作仓储及工业用地。而在当下杨浦滨江工业带更新的大背景下,复兴岛的发展前景却并不十分明朗。因此,文章着眼于复兴岛的历史身份,主要采用历史图像分析结合文献资料佐证的"二重证据法",尝试对复兴岛的空间结构及产业变迁做出简要回顾,总结复兴岛在不同历史阶段的使用与更新情况,以期丰富复兴岛的历史身份,并有助于复兴岛未来发展的定位抉择。

【关键词】复兴岛　空间结构　产业变迁　历史身份

复兴岛位于上海东北部、黄浦江下游,整体形状呈"弓"型,是上海市唯一的人造封闭式内陆岛。复兴岛在 20 世纪初期即开始疏浚填筑,至 1934 年正式形成并定名为周家嘴岛;1937 年上海"八一三"抗战后该岛为日军占领,并先后更名为定海岛、昭和岛(1939—1941 年);1945 年抗战胜利后更名为复兴岛,该名称一直沿用至今。复兴岛在其近 90 年的历史中,一直主要用作仓储及工业用地。在当下杨浦滨江工业带更新的大背景下,复兴岛的发展前景却并不十分明朗[③]。基于此,文章着眼于复兴岛的历史身份,主要采用历史图像分析结合文献资料佐证的"二重证据法",尝试对复兴岛的空间结构及产业变迁做出简要回顾,总结复兴岛在不同历史阶段的使用与更新情况,以期丰富复兴岛的历史身份,并有助于复兴岛未来发展的定位抉择。

1 复兴岛空间结构与产业变迁

我们在研究复兴岛空间结构与产业变迁时,主要利用了公开的历史地图和民国报刊等资料[④]。根据复兴岛形成过程、所属历史阶段的不同,我们按照疏浚形成期(20 世纪初—1934 年)、形成后至日占前(1934—1937 年)、日占时期(1937—1945 年)、抗战后民国接管时期(1945—1949 年)、新中国成立后至改革开放前(1949—1978 年)、改革开放后(1978—2018 年)六个阶段进行分析。

复兴岛于 20 世纪初即开始疏浚填筑。通过对历史地图(图 1—图 4)的解读,可以发现复兴岛(当时称为周家嘴岛)是由南至北依次疏浚填筑,且边填筑边建设:1927 年的地图显示复兴岛其时仍为一片滩涂,至 1928 年其最南端部分已开始规划建设,1932 年、1933 年的地图则显示其南侧部分路网、建筑建设已成规模。在该阶段的最后,复兴岛南端兴建了定海路桥(1927 年建)[1],形成了两条道路——东浦路和西浦路,有大中华造船机器厂[2]等早期厂舍。

① 同济大学建筑与城市规划学院,博士研究生。

② 同济大学建筑与城市规划学院,博士研究生。

③ 目前对复兴岛的发展定位有多家设计单位提出的生态岛、休闲岛、论坛岛等理念,但之后杨浦区有关负责人却表示"复兴岛的开发不会轻易启动……条件成熟了、想明白了,再开发建设……就像好的料子不能随便裁剪,要想清楚了再用",且在《上海市城市总体规划(2017—2035 年)》中,也选择将复兴岛作为战略预留区。

④ 这里主要参考了如下公开资料:孙逊、钟翀主编的《上海城市地图集成》,上海书画出版社,2017;上海图书馆(上海科学技术情报研究所)主管主办的"全国报刊索引数据库";青苹果数据中心制作的"《申报》全文数据库";上海睿则恩信息技术有限公司研发的"中国历史文献库"中的近代报刊与古旧地图;法国里昂大学东亚研究所等研发的"Virtual Shanghai"网站中的历史地图与历史照片等。

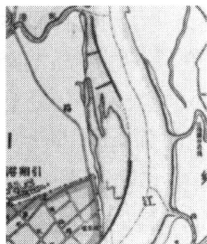

图 1　1927 年 12 月上海特别市土地局绘制的《上海特别市区域图》局部
（图片来源：《上海城市地图集成（中册）》第 218 页）

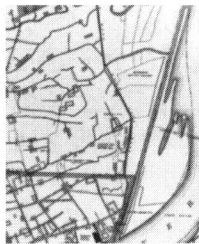

图 2　1928 年 4 月上海工部局工务处绘制的《Plan of Shanghai》局部
（图片来源：《上海城市地图集成》（中册）第 224 页）

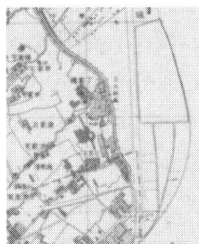

图 3　1932 年日本"总参谋部"绘制的《江湾地图》局部
［图片来源："虚拟上海平台"（Virtual Shanghai）网站］

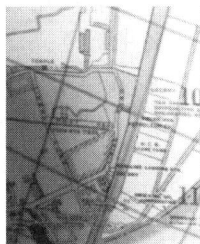

图 4　1933 年上海工部局工务处绘制的《Map of Shanghai》局部
（图片来源：《上海城市地图集成（中册）》第 280 页）

在复兴岛正式形成后至其被日本占领前期（1934—1937 年）：从历史地图（图 5—图 6）中发现，复兴岛早期的工业建筑集中在最南端的定海桥一侧，复兴岛中段的道路则已经开始规划，其中包括两条横向主干道路——南段的平浦路以及北段的安浦路，而复兴岛北段仍未开发。查阅历史文献得知，在该阶段入驻复兴岛的工厂有：华孚火油公司，于 1935 年租大德新油厂旧有油池以贮油[3]；上海鱼市场（兴业建筑事务所徐敬直设计、新昌泰营造厂建造），于 1934 年 11 月动工、1936 年 5 月开幕营业[4-5]；实业部中国植物油料厂，1936 年 10 月在定海岛浚浦局路 180 号设立上海分厂[6]，等等。此外，虹江码头（1936 年 6 月开建）[7]、岛中部供外籍职工度假之用的浚浦局员工俱乐部[8]等建筑设施也于该时期兴建。但由于地图绘制的滞后性，这些新建的建筑设施并未反映在该时期的地图上。

在 1937—1945 年复兴岛被日占领期间：从历史地图（图 7—图 9）中可发现：岛上的东浦路、西浦路已向北延伸至鱼市场以北，接近北端处，这也标志着其纵向主干路网的定型；原有横向规划主干道路平浦路、安浦路在该时期也得到部分落实；除此之外日军还增筑了其他多条横向支路。复兴岛在

该时期变成了日军的补给基地，岛中多处重要建筑设施被破坏："（日本海军陆战队）强行赶走了岛上的职工和居民，在定海桥上布下铁丝网，迁走鱼市场，侵占大中华造船厂，改为军械修理工厂，劫走重要机械设备……并在浚浦局员工俱乐部之北，修造一座别墅，供其游憩享乐。"[8]

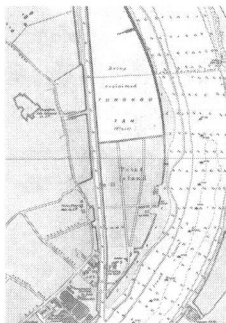

图 5　1934 年英国水文局出版的《Shanghai Harbour》局部
［（图片来源："虚拟上海平台"（Virtual Shanghai）网站）］

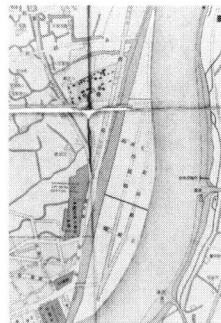

图 6　1936 年 5 月日本堂书店编制发行的《大上海新地图》局部
［图片来源：《上海城市地图集成（中册）》第 294 页］

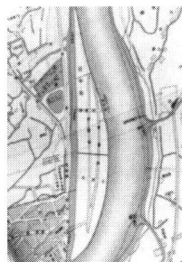

图 7　1938 年 9 月日本堂书店发行的《大上海新地图》局部
（图片来源：《上海城市地图集成（下册）》第 318 页）

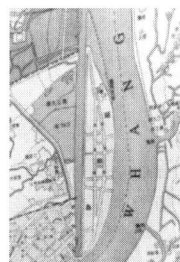

图 8　1940 年 9 月东京森制图社绘制的《最新大上海地图》局部
（图片来源：《上海城市地图集成（下册）》第 336 页）

图 9　1944 年伪上海特别市第一区公署绘制的《上海特别市第一区全图》局部
（图片来源：《上海城市地图集成（下册）》第 356 页）

在抗日战争结束后的 1945—1949 年：从历史地图（图 10—图 14）中可发现，复兴岛北端部分与中段、南段间仍未连为一体，原日军兴建的多条横

向支路也不复存在(当局也新建了多条横向支路),只剩下平浦路、安浦路等横向主干道路,而纵向主干道路仍为东浦路、西浦路。从航拍图中可以看到,岛上尽管工厂林立,但在东浦路、西浦路之间的大部分区域,以及东浦路中段东侧,仍然存在着大面积的绿化,整个岛屿的自然环境较好。1946 年 8 月,复兴岛西南端筹划设立了海军学校[9]。

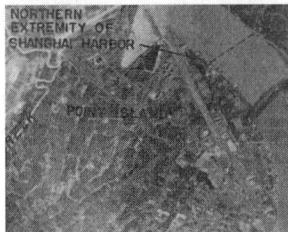

图 10　1945 年上海航拍图局部
[图片来源:"虚拟上海平台"(Virtual Shanghai)网站]

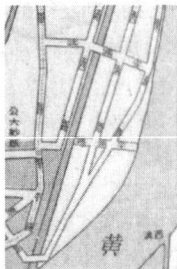

图 11　1946 年 5 月
寰澄出版社出版的
《最新上海地图》局部
(图片来源:《上海城市地图
集成(下册)》第 368 页)

图 12　1948 年
复兴岛航拍图
[图片来源:天地图,上海 V3.0,
历史影像,"虚拟上海平台"
(Virtual Shanghai)网站]

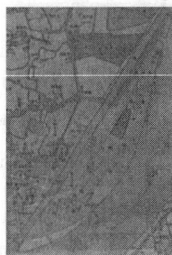

图 13　1948 年黄埔
水利局绘制的《上海港
泊位安排》局部
[图片来源:"虚拟上海平台"
(Virtual Shanghai)网站]

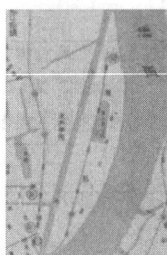

图 14　1949 年 1 月上海
国光舆地社出版的《大上海
里弄新地图》局部
(图片来源:《上海城市地
图集成(下册)》第 408 页)

在新中国成立后至改革开放前(1949—1978年):从历史地图(图 15—图 19)中发现,在新中国

成立初期复兴岛的纵向主干道路仍为东浦路、西浦路①,横向主干道路只剩下南端的平浦路;岛的最北端逐渐与南侧弥合,最迟至 1956 年已与全岛合为一体;岛中部原浚浦局员工俱乐部附近则辟为复兴岛公园。最迟至 1959 年,随着中华造船厂等的扩建②,东浦路、平浦路被中断,而西侧的西浦路则更名为共青路,并一直沿用至今。至此,复兴岛的主要空间结构发生了巨大变化:由东西侧两纵线并置、间有横线穿插变为仅余西侧单纵线,并一直保持至今。为了加强与西侧杨浦区的联系,复兴岛北段于 1976 年 9 月兴建了海安路桥[1]。在该时期,岛上包括最北端在内的区域均工业建筑繁密,集中绿化只有中部复兴岛公园一处:"复兴岛已建成为海洋渔业、造船、仓库为主的基地……路的两侧有中华造船厂、上海鱼品厂、上海海洋渔业公司、上海渔轮厂、东海制药厂以及各种储运仓库……北部住有少量居民,设有烟杂、食品、饮食等店铺。"[8]

图 15　1950 年大东书局
发行的《新上海市
区明细图》局部
[图片来源:"虚拟上海平台"
(Virtual Shanghai)网站]

图 16　1956 年上海市
测绘院绘制的《上海
市市区图》局部
[图片来源:"虚拟上海平台"
(Virtual Shanghai)网站]

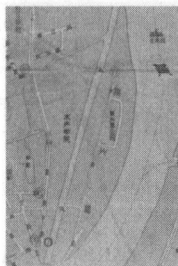

图 17　1959 年地图
出版社出版的《上海
市市区图》局部
[图片来源:"虚拟上海平台"
(Virtual Shanghai)网站]

图 18　1973 年
《上海地图》
(俄语版)局部
[图片来源:"虚拟上海平台"
(Virtual Shanghai)网站]

---

① 新中国成立初期以上两条道路分别更名为浚浦局东路、浚浦局西路。

② "1953 年至 1956 年 6 月,先后有 14 家私营小厂并入(中华造船厂),1960 年又有两家公私合营小厂并入。"详参:上海市杨浦区史志编纂办公室,上海市杨浦区档案局.百年工业看杨浦[M].上海:上海高教电子音像出版社:2009:101.

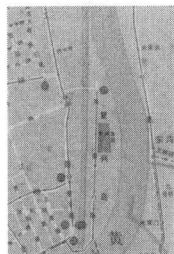

图19　1978年上海市测绘处绘制的
《上海市市区交通图》局部
[图片来源:"虚拟上海平台"(Virtual Shanghai)网站]

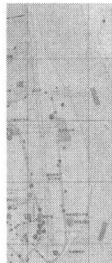

从改革开放后至今(1978—2018年),从地图(图20—图27)中发现,复兴岛的基本空间结构在这期间并未发生较大变化,都是上一阶段格局的延续。中华造船厂、复兴岛公园、上海渔轮修造厂、上海海洋渔业公司由南至北占据了岛上的大面积空间,岛南端兴建了复兴岛大酒店、航道学校等建筑设施。总体上,复兴岛当下的建筑空间较为封闭,沿黄浦江一侧多为渔业、造船业工厂所占据,内部唯一的主干路网共青路上也只有复兴岛公园一处集中开放空间。复兴岛亟须迎来新的复兴。

图20　1979年
复兴岛航拍图
[图片来源:天地图·上海V3.0·历史影像,"虚拟上海平台"(Virtual Shanghai)网站]

图21　1982年美国
中央情报局绘制的
《上海地图》局部
[图片来源:"虚拟上海平台"(Virtual Shanghai)网站]

图22　1994年
复兴岛航拍图
[图片来源:天地图·上海V3.0·历史影像,"虚拟上海平台"(Virtual Shanghai)网站]

图23　1994年交通部
上海海上安全监督局绘制的
《上海港黄浦江简图》局部
[图片来源:"虚拟上海平台"(Virtual Shanghai)网站]

图24　1995年上海市
测绘院专题地图编辑室
绘制的《内环市区图》局部
[图片来源:"虚拟上海平台"(Virtual Shanghai)网站]

图25　1996年上海市
测绘院绘制的《上海市
杨浦区商务交通图》局部
[图片来源:"虚拟上海平台"(Virtual Shanghai)网站]

图26　2006年
复兴岛航拍图
[图片来源:天地图·上海V3.0·历史影像,"虚拟上海平台"(Virtual Shanghai)网站]

图27　2018年复兴岛
卫星图
(图片来源:谷歌地图)

2　复兴岛历史上的使用更新

首先探讨复兴岛在规划中的使用更新情况。在1939—1940年日本兴亚院政务部绘制的《大上海都市建设计划图》(图28)中,复兴岛被规划成北端为公园用地、中段及南段为保留地。然而"1941年太平洋战争爆发后日军接管租界,彻底改变了先前制订的计划"[11];"日本军国主义者投降后,'上海大都市计划'也就寿终正寝"[8]。在1949年6月上海市工务局组织编制的《上海市都市计划三稿初期草图》(图29)中,复兴岛被规划成南部为港埠用地,中部与北部为园林用地,且岛内园林用地与运河西侧连为一片。因此,复兴岛在上述两轮有代表性的规划建设中,尽管其南部用地性质并不一致,但岛的北侧均被定义为绿化用地,可见开放空间的理念是深植于复兴岛的历史烙印中的,这也与复兴岛当时较为开放的空间结构相呼应。

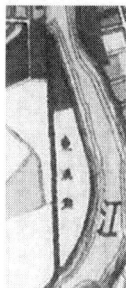

图 28　1939—1940 年日本兴亚院政务部绘制的《大上海都市建设计划图》局部（图片来源：《上海城市地图集成（下册）》第 326 页）

图 29　1949 年 6 月上海市工务局组织编制的《上海市都市计划三稿初期草图》局部
［图片来源："虚拟上海平台"（Virtual Shanghai）网站］

图 31　1995 年上海市城市规划设计研究院绘制的《上海市中心城总体规划——土地使用现状示意图（1992—1994）》局部
［图片来源："虚拟上海平台"（Virtual Shang hai）网站］

图 32　2003 年《黄浦江杨浦段滨江地区土地现状》局部
［图片来源：李冬生. 杨浦老工业区工业用地更新与调整［J］. 规划师，2006（10）：44. ］

接着讨论复兴岛在实际中的使用更新情况。截取年代较晚、空间结构较为稳定的时期进行分析：在 1944 年美国海军军事管理学院（Naval School of Military Administration）绘制的《（中国）上海市及周边地区底图——产业目标》［*City of Shanghai（China）and surrounding region-Base map-Industrial objectives*］（图 30）中，复兴岛西南侧为储油用地，东南侧下部为造船用地，东南侧上部及西北侧为仓储用地，在其他区域，尤其是两条纵向路网之间的区域并未绘制工业用地。由上文分析可知，复兴岛在 20 世纪 60 年代以后其空间结构趋于稳定，并持续至今。因此，选取 1995 年上海市城市规划设计研究院绘制的《上海市中心城总体规划——土地使用现状示意图（1992—1994 年）》（图 31）、2003 年《黄浦江杨浦段滨江地区土地现状》（图 32）进行分析。在上述两图中，复兴岛沿黄浦江一侧基本为工业用地，绿地仅集中在中部的复兴岛公园，岛的西半部也多为工业与仓储用地。这种较为封闭的土地使用方式与新中国成立前大不相同。

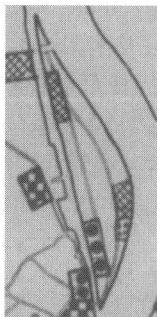

图 30　1944 年美国海军军事管理学院
（Naval School of Military Administration）
绘制的《*City of Shanghai（China）and surrounding region-Base map-Industrial objectives*》局部
［图片来源："虚拟上海平台"（Virtual Shang hai）网站］

3　结　语

通过上文分析，可知复兴岛在 20 世纪初即由南至北疏浚填筑，其发展顺序也大致沿此逻辑，且边疏浚填筑边开展建设；1934 年其正式形成之后，两条纵向路网东浦路、西浦路也由南至北铺开，横向主干道路平浦路、安浦路虽有规划，但都在 1937 年之后得以实施，期间，日军还另外增筑了多条横向支路；抗日战争结束后复兴岛的横纵四条主干道路——东浦路、西浦路、平浦路、安浦路得以保留，而横向支路则屡有新建与废弃；新中国成立初期复兴岛原有路网结构基本得以延续，且岛北段正式填筑完成并开始建设；随着岛上厂房的扩建，在 20 世纪 60 年代以后复兴岛只剩下西侧的纵向主干道路——共青路；随着 1976 年岛北侧海安路桥的兴建，复兴岛的格局最终确定并一直持续至今。复兴岛的空间结构变迁可参见图 33。

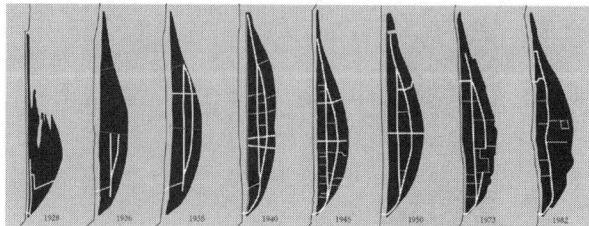

图 33　复兴岛空间结构变迁示意图
（图片来源：自绘）

复兴岛在其建成后多用作工业及仓储用地。在形成初期，其建筑设施多集中于岛的南部，代表性企业有大中华造船机器厂等；1934 年后复兴岛中段也得以开发，建设了上海鱼市场、浚浦局员工俱乐部等设施；1937 年后复兴岛成为日军补给基地，岛上多处建筑设施被破坏;抗日战争结束后复兴岛上兴建了海军学校等军事设施;新中国成立后复兴岛的建设步伐加快,海洋渔业、造船、仓库等厂房建筑繁密,绿化空间只余下岛中部原浚浦局员工俱乐部处的复兴岛公园。总体上看,新中国成立前复兴岛上虽然有较多的工业及仓储建筑,但绿化空间较多,岛屿空间环境较为开放;新中国成立后岛上建筑繁密,绿化集中在中部一点,整体空间环境较为封闭。

复兴岛犹如一位年近百岁的老人,急需加以改造更新。本文对复兴岛的空间结构及产业变迁进行梳理,目的是厘清其历史身份;而厘清其历史身份,遍览复兴岛的近百年变迁(图34—图36)及使用更新情况,将会有助于复兴岛未来发展的定位抉择。

图34 20世纪30年代的周家嘴岛及运河鸟瞰图
(图片来源:中国国家数字图书馆)

图35 1980年复兴岛海洋渔业基地鸟瞰
(图片来源:《百年工业看杨浦》第210页)

图36 21世纪初的复兴岛鸟瞰图
(图片来源:网络/尔冬强 摄)

参考文献:

[1] 上海市杨浦区地方志编纂委员会.杨浦区志(1991—2003)[M].上海:上海高教电子音像出版社,2009.

[2] 上海市杨浦区史志编纂办公室,上海市杨浦区档案局.百年工业看杨浦[M].上海:上海高教电子音像出版社,2009:101.

[3] 上海市政府批第三二一六号:为据主管局议决批准油商等在周家嘴岛地方设置油桶会呈鉴核备案示遵一案批示知[Z].上海市政府公报,1935(162):78-79.

[4] 大鱼市场动工[N].申报,1934-11-04(13).

[5] 上海鱼市场今晨开幕[N].申报,1936-05-11(9).

[6] 大量榨制桐油[N].申报,1936-12-23(10).

[7] 虬江码头昨行奠基礼[N].申报,1936-06-21(11).

[8] 上海市杨浦区志编纂委员会.杨浦区志[M].上海:上海社会科学院出版社,1995.

[9] 复兴岛设校训练新海军[N].立报,1946-08-19(0001).

[10] 蒋经国.寂寞烦恼:蒋经国与上海各报记者同游复兴岛[J].新闻天地,1948(50):30.

[11] 孙逊,钟翀.上海城市地图集成[M].上海:上海书画出版社,2017:325.

解放增徽识，劳工有耿光

The Great Hall of Chongqing and The Architect

陈　静[①]　陈荣华[②]

Chen Jing　Chen Ronghua

【摘要】本文介绍了载入世界建筑史册的重庆市人民大礼堂的设计成就，指出蕴含其中的人民至上的思想是其不朽的灵魂。同时记述了它的设计师张家德先生的奉献精神与卓越表现。

【关键词】大礼堂　张家德　拼搏奉献　人民至上

本文题目源自郭沫若先生五十多年前一首《咏重庆人民礼堂》："泱泱大礼堂，净儿又明窗。天坛殊尾琐，人物何轩昂！解放增徽识，劳工有耿光。斩山成伟业，民意乐洋洋。"将大礼堂的雄伟，城市的巨变，人民的欢欣流于笔端，跃然纸上[1]。

建成于1954年初的重庆市人民大礼堂，自它诞生的那一刻起，就在国内外引起了巨大的反响。1987年，重庆市人民大礼堂及其建筑师张家德连同新中国其他42项新建筑被载入公认最权威的世界建筑史册《比较建筑史》（A HISTORY OF ARCHITECTURE），名列第二。2009年，重庆市人民大礼堂获得中国建筑创作最高奖——"中国建筑学会建筑创作大奖"（新中国成立60周年），2013年成为"全国重点文物保护单位"，其在中国现代建筑史上占有重要的地位。

每一座伟大的建筑背后必然有一位伟大的建筑师。诞辰已过百年的张家德先生就是重庆市人民大礼堂的设计师。张家德出身贫寒，命运多舛。尽管他在新中国成立前已是著名建筑师，但由于耳聋等种种原因，自1954年之后便鲜有作品问世。而他对建筑事业的痴迷和抱负，令知情者无不感佩与叹息。重庆市人民大礼堂则占尽天时地利人和，它是在中国和重庆处于历史的重要关头，面对人民政权的形象表达这一重大课题，张家德偶遇知音段云（时任西南军政委员会办公厅副主任，兼大会堂工程处处长），并受到刘伯承、邓小平、贺龙三位开国元勋的赏识和支持，灵光闪现，才情勃发，所创造出的巅峰之作。重庆市人民大礼堂的建成为重庆、为中国树立了一座物质和精神的丰碑。张家德在此期间的卓越表现和奉献精神，堪称那个时代中国科技工作者的优秀楷模！

1　先生其人　一代建筑师的优秀楷模

1.1　出类拔萃　梅花香自苦寒来

张家德，1913年出生于四川省威远县一个贫寒的乡村教师家庭，自幼勤奋好学。他1930年以优异的成绩考取了南京国立中央大学建筑系，同时选修结构专业课程。除了繁重的学业之外，张家德还得在晚上外出教书，或替别人制图、描图，以弥补奖学金的不足[2]。

1935年7月，张家德从中大毕业，并于同年获得全国高等建设文官考试第二名。在此后的两三年，他参加设计了南京军校工程、市民新村等七八十幢建筑，其中南京国民大会堂获得了全国建筑工程师第四等奖。1938—1940年张家德回到四川，在成都蜀华实业公司担任总工程师，设计了成都新声剧场原址的中央大戏院、聚兴诚银行、沙利文舞楼、私人住宅以及泸州二十三兵工厂等建筑工程。就在聚兴诚银行工地检查工程质量时，一场大雨使他患上了肺炎，由于药物中毒导致了永久性耳聋，这给他的生活和事业带来了巨大的障碍和损害。

① 重庆大学，讲师。

② 重庆市设计院，高级工程师。

怀着沉重的心情张家德离开了蓉城,来到重庆。期间,同行"照顾"他的"同窗好友"却盗走了他缝在棉被夹层中的全部存款以及凝聚了他多年心血的设计作品和图书资料,不辞而别！身体的残疾和生活的不幸并没有击倒张家德。1941年起,他开始主持"迦德建筑师事务所",在重庆从事遭日军轰炸后的城市的抢修和重建。期间主要作品有陕西街建设银行总行、内江分行、小龙坎电影院等。

1949年9月2日,国民党反动派在逃跑前夕放火烧毁大片城区,张家德所居住的一幢四层小楼也在火海中付之一炬！[3] 1949年11月,重庆解放,正在张家德走投无路的时候,一位军人找到了这位"著名的聋子工程师",安排他到新成立的西南建筑公司设计部做了一名组长。张家德如同久旱逢甘露一般,对共产党、对人民政府充满了感激之情,以满腔高昂的热忱和一丝不苟的态度投身到"建设人民的生产的新重庆"热潮中。其间他检举揭发了把持西南建筑公司设计部的萧子言一伙24人的重大贪污盗窃案[4]。他将一个知识分子在新旧社会的强烈对比中焕发出来的政治觉悟和热忱也投射到了1951—1954年重庆市人民大礼堂的设计与施工中。

大礼堂完工后,张家德奉调北京,任北京市建筑设计研究院副总工程师,开始以甲方代表的身份负责北京新建体育场馆的建设与施工。之后,主要负责院里重大工程的设计审查与技术把关。1959年张家德参与了全国建筑界著名专家关于国庆十周年北京十大工程的设计研讨会,作为周恩来总理亲自指定的三位钢结构专家之一,负责审查人民大会堂设计图纸,奉命签下将承担永久责任的名字。

1966年"文化大革命"狂飙突起,张家德被打倒。十二年后他得以彻底平反,并调任中国建筑科技研究院副总建筑师。当国家建委、建研院的领导与张家德见面时,张家德第一句话就是"请给我工作,马上给我工作"！此时正值改革开放前期,来华旅游的外宾增多,涉外宾馆明显不足。此前,张家德在被审查期间曾潜心钻研过他的老领导、老朋友、时任国家计划委员会副主任的段云去日本访问时为他带回的地震之国权威专家武藤清有关高层建筑抗震设计的专著,这正好派上了用场。他主持设计了国家旅游总局投资的位于北京东站附近高达38层的"旅游大厦"。此时他的身体已十分消瘦,又患有严重的哮喘病,一边向口腔喷洒药剂,一边又与同事们突击加班。然而正当同志们争分夺秒赶画施工图时,由于1980年压缩了基建,"旅游大厦"工程叫停,张家德痛心不已,一下子仿佛老了很多[5]。1982年5月20日,张家德终因肺气肿、肺心病心脏停止了跳动。"出师未捷身先死,长使英雄泪满襟"。张家德的高层建筑抗震梦虽未能实现,但却践行了一个科技工作者拳拳报国的赤子之心和奉献精神。(图1)

图1　张家德(1913—1982)
(图片来源:《重庆市人民大礼堂甲子纪》)

1.2　艰苦奋斗　舍身忘我做奉献

在张家德倾其心血所作大礼堂设计方案因"不切实际"而遭受冷遇之后,幸得段云偶然发现,并竭力推荐,受到刘伯承(时任西南军政委员会主席、中共中央西南局第二书记)、邓小平(时任西南军政委员会副主席、中共中央西南局第一书记)、贺龙(时任西南军政委员会副主席、西南军区司令)首长的赏识而中选,经过完善后得以实施。其精彩过程详见笔者所著《经典是怎样炼成的——记重庆市人民大礼堂光荣诞生》[6]。

在张家德负责重庆市大礼堂工程建设时,由于技术人员缺乏,张家德亲自带领并教授一批提前毕业的大学生边设计边施工。他不仅要亲自绘制设计图纸,还要到工地指挥施工,负责统筹和组织所有的技术工作,作为大礼堂工程处总工程师,其工作强度可想而知。(图2)

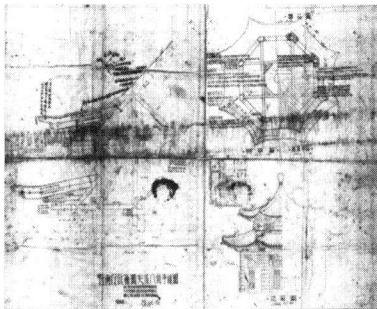

图2　大礼堂八角亭施工时不慎失火,张家德补绘图纸
(图片来源:《重庆市人民大礼堂甲子纪》)

有一次段云到他家，"看见一家七、八个孩子挤在一张破床上，拉卷着一张破棉絮。他本人斜倚在破沙发上，身上卷着从办公室借来的破地毯，就这样过夜。揭开锅一看，只见到半锅芋头。更多的时候，因为忙于工作，他常常昼夜不回家。他无暇顾及家人，吃住都在工地上，一有灵感便展开图纸着手修改"。[3]

据张家德的助手蔡绍怀回忆："那时张家德已经耳聋，几乎什么也听不见，与其他人员的交流完全依靠笔谈加手势。刚开始许多人都不习惯。每一项工程，他都常去工地了解和检查施工进度、工程质量等情况，在现场和技术人员、工人师傅一起讨论施工中遇到的难题，并及时处理设计变更等技术问题。随着工作的深入，大家都很佩服张家德对于工作的勤勉认真，以及他渊博的知识和卓越的才华"。张家德之子张开源、张帅光在回忆录中写道："爸爸带着当时只有六七岁的我们充当他的'耳朵'。当发现路上有什么大坑或大石头，或听到什么地方有危险，就紧抓爸爸的衣服，这样，爸爸就会很快停下，躲过了工地上一个个危险"。即便这样张家德还是曾被从高空落下的砖头砸中头部，倒在血泊中，导致轻微脑震荡。幸好抢救及时，他休息两天后，又缠着纱布出现在工地上。[4]

1.3 锲而不舍 攻坚克难保穹顶

在大礼堂的设计中，难度最大的莫过于承托屋顶的巨型钢结构穹形空间网架。张家德知道国外有这种叫作"TOME"的结构形式，但却没有关于它的计算原理和设计方法的相关资料。张家德不顾家里生活拮据的困境，用有限的工资购进大量外文原版书籍，夜以继日，孜孜不倦地专研起来。但工期紧迫，有人因此产生动摇，想放弃这种复杂形式的结构而以其他方式来替代。面对歧见和争议，张家德得到了西南军政委员会办公厅副主任兼大会堂工程处处长段云的有力支持。他终于在美国结构设计手册中查到了半球形钢网壳的计算原理

(H001 and Jaha Son：Hand Book of Building Construction P.705-P.7130)。更为庆幸的是，在外交部门的协助下，世界上仅有的几座钢穹顶的计算理论和实际案例辗转万里终于送到重庆。张家德如获至宝，将其中的重要部分用硫酸纸抄录下来，用晒蓝图的办法复制多份装订成册，分发给设计人员，要求他们利用每个间隙仔细研读，务必吃透。

那时没有先进的计算工具，张家德和他的助手们仅仅依靠计算尺和算盘经过反复的手算，终于取得了结构设计所需的全部数据。让张家德喜出望外的是，这个直径达到46.33米的半球型无柱空间的搭造可就地取材，采用重庆当时现有的2.5英寸的等边小角钢就可以铆接而成半球形的空间网架。张家德亲自绘制了钢结构半球形空间网架的结构简图和主要节点大样。在大家的共同努力下按时完成了全部图纸，并与国外的实例加以比较印证。为了绝对安全，他们用白铁皮模拟小角钢，按照图纸设计的形式按比例缩小焊接成型，然后进行荷载试验。试验荷载加至按比例缩小的设计荷载的2倍和3倍，经过多天的持续加载试验，模型经受住了考验，没有发生变形。当试验人员宣布检测值完全在正常范围时，全场人群顿时欢呼雀跃，为设计师们的创新和创造兴奋不已。（图3）

1.4 为国分忧 技术革新降成本

1953年，大礼堂建设因为资金问题一度搁浅。出国访问归来的贺龙（时任西南军政委员会副主席、西南军区司令）得知这一情况后，立即指示：开动脑筋、自力更生；简化设计、重新上马。首长的指示成为工程技术革新、勤俭节约的强劲动力。设计的简化，并没有影响整个工程主要创意与主要特征，而是在上述前提下，削减了某些项目，如声学装修，旋转舞台，以及一些园林景观，同时也降低了某些标准，简化了某些做法。张家德和他的同伴们成功采取了自力更生、技术革新的办法来达到降低成本、节省投资的目的。

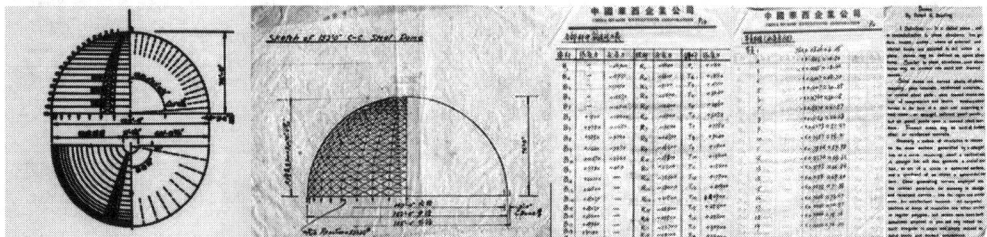

图3　张家德手绘半球形网壳结构计算简图、计算理论分析英文摘要及杆件计算结果内力表举例
（图片来源：《重庆市人民大礼堂甲子纪》）

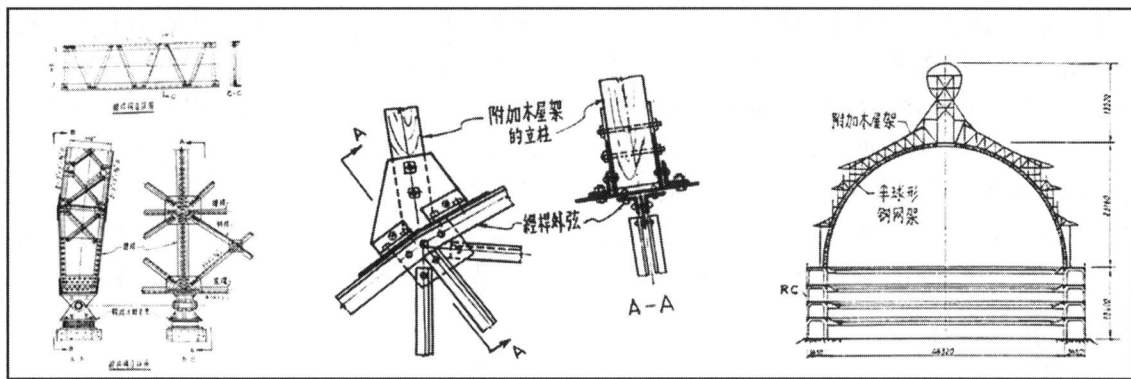

图 4　张家德手绘中心礼堂半球形钢网架及附加木屋架设计简图与钢网架连接节点详图
(图片来源:《重庆市人民大礼堂甲子纪》)

例如:为了实现中心礼堂的"皇冠",张家德在铆接而成的半球形空间网架上附加木屋架,很自然地形成带有"举折"变化状如天坛祈年殿的三重檐攒尖宝顶。而木屋架也不是传统的抬梁结构,而是更加符合现代力学的桁架系统。其每根立柱均落在网架节点上,使主体结构的受力更加明晰合理而大大节省。(图 4)"天坛"檐下"屋身"柱子,在外观上要求直径较大。张家德为了节约用材,减轻重量,采用了外围用板条抹灰形成空心圆柱。为使圆形屋顶和穹形网架更好地契合,张家德把一层和二层檐口之间的距离拉开,在中间形成"室外"环廊,上置寻杖栏杆,下饰平面化的装饰性斗拱。这种类似"平座"的新颖作法又成为重檐宝顶不同于天坛祈年殿的又一看点。这种将现代先进的结构技术与传统民族形式的巧妙结合无疑是一项伟大的创举。

在大礼堂,张家德完全舍弃了檐下斗拱这一复杂纷繁的构件,仅在斗拱的相应部位采用了两层出挑的线脚加以替代,既简洁又新颖,同样获得了大式建筑出檐深远、雄奇飘逸的效果。这既是一种创新,也是一种节约。步云楼的屋面也没用传统的抬梁构架,而是采用了更为省工省料的三角形钢木桁架,然后再在上弦附加木构件已形成举折变化。南北楼更是直接采用了"硬山搁檩"的办法,以砖代木。

琉璃瓦和黏土砖是大礼堂的大宗用料。工程处决定在重庆本地建厂烧制。据段云回忆:"张家德专门设计了一种半凹半凸的琉璃瓦,直接用螺丝钉固定在木望板上,省去了苫背,重量轻,还不会长草。工人就按张家德的设计图纸制模加工"。该瓦经过反复试验,终获成功,且质地上乘。仅此一宗就可节约大量经费。以往,传统圆形的攒尖

屋顶,其琉璃瓦件是上小下大呈放射形排列,这种瓦件,每圈规格都不相同,必须按绘图计算的尺寸烧制,施工也很麻烦。大礼堂攒尖屋顶因直径太大,按此作法,不仅费事费钱,而且到了檐边,瓦件尺寸将因过大而导致比例失调。张家德将屋面分成八瓣,用规格统一的半凸半凹的瓦件和脊瓦加以铺设,效果极佳。屋面之上的宝顶,体形硕大,内部是木质构架,外用板条抹灰,表面镶贴镀铜饰件,远远望去金光闪闪,熠熠生辉,与传统的金箔贴面相比,效果稍逊,但却省去了原拟采用的大量昂贵的黄金。

大礼堂所有的望柱栏杆本体都用混凝土入模浇铸。表面的涂料则是向各处收集碎盘碎碗,研磨成粉,加上白磁粉、白水泥涂刷其上,干后的质感,与汉白玉十分相似。这种利用废旧资源的做法,非常切合现在的环保观念。

张家德和同事们就这样自力更生,发挥勤俭节约的精神,通过自发的技术创新解决了不少问题。以至于后来有人说大礼堂的某些作法不符合传统建筑的营造法式或则例,实际上正是特殊条件下的变通与创新,表现出师古而不泥古,在对待传统所采取的有所扬弃的做法,这正是大礼堂在建筑设计中的一种突破。竣工后决算表明,大礼堂的造价为 175 元/m²,在当时同类工程中仅属中上等,但却取得了难以企及的辉煌效果。

2　建筑瑰宝　一曲新生政权的嘹亮战歌

人的一生不过是历史长河中的一朵浪花,但伟大的作品却可以成为时代的丰碑。先贤已逝,但他们留下的重庆市人民大礼堂不仅是山城重庆的标志,更是中国、亚洲乃至世界宝贵的建筑文化遗产。

2.1　气势营造超传统　三法齐施显奇效

张家德在平整地基时,将马鞍山削去一个山头,而后"分层筑台,填沟为场"。在前庭广场之上形成六层台地。他将建筑的主体中心礼堂置于最高的台地上,而其前面的步云楼、南北楼则依次坐落在第五、第四层台地上。第三层平台与回旋车道相通,可供大小车辆进出停放。第二层和第一层平台则处理成花园绿地,直接广场。广场的入口牌楼置于中轴线西端,由这里开始一条沿中轴线延伸长达 129.6 米的宽阔步道,经过 128 级阶梯直通大礼堂的内部,将所有的序列空间和景观要素串联起来,成为一个有机的整体。由于建筑体量的分部叠置,使原本只有 51.577 米高的中心礼堂,加上步云楼和南北楼,整体建筑高度增加了 12 米。而从广场地坪起算,则达到了 79.31 米之高。这种"应借山势"、分部叠置、层层推进、节节拔高的手法与"山屋同构"的布达拉宫有异曲同工之妙,将大礼堂的雄姿推高到了极点也将山地建筑的优势发挥到极致[5]。

在这里我们还可以看到"崇台高阁"的遗风:大礼堂的顶部是 36 根巨柱围成屋身支起三重檐的攒尖宝顶,已可视为完形的建筑,但它没有立在地上,而是置于高达 14.20 米的"高台"之上,作为其进厅部分的步云楼亦复如此。只不过这里的"高台"已不是古代的夯土实体,而是具有使用功能的空间。二者相互依存,浑然一体。此外,建筑师还使用了对比的手法:建筑主体高高耸立,南北翼楼水平舒展,一横一竖、一低一高,二者相辅相成,相得益彰,使大礼堂愈发显得高大伟岸,气势恢宏,令人震撼!这种将建筑与地景作为整体设计的理念,继承了我国古代优秀的传统而又别开生面,其手法之高妙,令人叹服。

2.2　空间组合成序列　步移景异总关情

建筑学的根本任务是为人类创造美好的生活空间与环境,因而空间组合成为建筑设计的基本内容之一。重庆人民大礼堂的空间组合突破了传统的"大殿、院落、庑廊亭榭"这种以建筑围合环境的空间模式,更没有封建时代行政建筑高墙深院、戒备森严的影子,呈现出极大的开放性,这是由于人民政权的根本属性所决定的,也体现了建筑师民主、开放的思想。

就空间组合方式看,大礼堂属于环境环绕建筑的中心开放式。三面围合的入口小广场是大礼堂纵横轴线的交点所在。横轴线将南北翼楼联系起来,其空间组合相对简单。在主轴纵轴线上,交点以东依次是入口平台、门廊、进厅、中心礼堂和后院森林,以室内为主,是大礼堂的主体空间;交点以西,依次是台阶、交通平台、梯道花园、前庭广场、入口牌楼、城市空间,以室外为主。周边以高大的黄桷树作为界面,层层递进,空间感很强。

建筑是一种跨越时空的艺术。时间要素不仅体现在历史文脉的传承和风格演进上,以及它所承载的历史文化信息上,更重要的是体现在当人走近、走入建筑时的空间体验与心理感受上。现在就让我们沿主轴线由西向东,试走一番。

站在入口牌楼外的远处,我们可以看到大礼堂、广场和牌楼的全景。这时您脑海里一定会涌动出气势磅礴、巍峨壮丽、仪态端庄、崇高永恒的礼赞之词。大礼堂充分展现人民政权的凛凛威仪的同时,又掩映在身前身后的森林树木之中,威严之中又透出几分亲切,让人产生一种想要走近的感觉。

凝神驻足,将视觉焦点集中在中轴线上,把广场牌楼与大礼堂联系起来细细品味,高低不同、大小不一、远近有别、形态各异的琉璃瓦屋顶按中轴对称的法则主从有序、疏密有度地组合在一起,在红柱、黄墙、白玉栏的参与下,奏响了一曲章法严谨、跌宕起伏的交响乐章,演绎出以大屋顶为典型特征的中国传统建筑词汇的全新组合方式,而其中又融合了西方经典大型公共建筑韵味,其中的奥秘虽不难破解,却又妙不可言,反映出张家德先生的深厚功底与创新精神。

再往前走,一座砖混结构、体积感极强的四柱三门七楼的牌楼便立在眼前,与传统的木质牌楼相比,它更加端庄、厚重,与大礼堂的巨大体量和恢宏气度十分相配。

走进牌楼,以门为框,一座宫殿嵌入其中。到了晚上,华灯竞放,流光溢彩,璀璨辉煌,尤为天上宫阙降临人间。

穿过牌楼进入广场,大礼堂的全貌渐次呈现出来。只见大礼堂的主体中心礼堂被步云楼,南北楼簇拥着,巍然矗立在层层递进的台地上。高达 128 级的大梯道将它与前庭广场联系起来。这是现代版的"崇台高阁",也很容易使人想起盛唐时期的含元殿。其形象之巍峨壮丽,其气势之磅礴恢宏,胜过美国的国会大厦。究其原因,除了中国传统建筑风格的非凡魅力之外,更得力于建筑师将建筑与地景同构,把山地建筑的优势发挥到极致。

沿着梯道拾级而上,大礼堂伟岸的身影扑面而来,让人顿生高山仰止的慨叹。这时人体与建筑相比,愈近愈小,而大礼堂则越来越大!一种朝圣般的仪式感油然而生。是的,这就是人民的圣殿!天下为公、人民至大,人民的圣殿就应该有如此的气派!

登上交通平台,三面围合的入口小广场呈现在台阶之上。大礼堂正敞开胸怀、展开双臂欢迎您的到来。进入小广场,正面是崇台高阁,左右是琼楼玉宇。重檐叠置,飞阁流丹,雕梁画栋,值得细细品味。

不过此时让人更急切的是走进室内,一探堂奥。迎面八根朱红巨柱构成的门廊,气势非凡。及至登上入口平台,七樘精雕细琢的重花门一字排开,镶嵌在廊柱之间,一下子又把巨大的尺度拉回到老百姓的家门。真佩服建筑师的细心体贴,在营造人民至上的凛凛威仪时,依然忘不了对来者的人性关怀。

进得门来,却是一个高大而独特的进厅空间。四排 12 根朱红巨柱立在 35 级的巨型阶梯之上。这种登堂入室的处理,让原本已有的仪式感又得到了强化。

登上梯顶,来到大礼堂内部一层楼座的下部,这里的净空相对较矮,光线也相对较暗。继续前行,突然间,一个直径 46.33 米、净高 37.611 米的穹形空间立现出来,让人惊讶于它的高大宏伟与华美,恍若天堂一般!建筑师就是用这种欲扬先抑的手法让人心潮起伏,到这里推入高潮。其实,与欧洲教堂、剧院装饰繁复的穹顶相比,张家德对穹顶的装饰着力不多,他大胆地将结构暴露出来,角钢铆接而成的空间网架空灵剔透,其构成规律,极富美感,使球冠部分与其下两个环面的吸声吊顶犹如漂浮空中。室外的阳光透过重檐下的窗户和网架投射进来,更增添了几分神秘的气氛。而所谓吸声吊顶也只是用袋装锯末,以麻布罩面,木条分格,仅此一点,酷似天坛的藻井天花便得以生成。惜墨如金而韵味十足,这是大家的手笔。(图 5)

目光从穹顶移至下方,正面是两根朱红巨柱支起舞台台框,上有牡丹与凤凰浮雕,国色天香,飞天逐梦,正象征着翻身解放、当家作主的西南人民,在新生政权的带领下,开创幸福美好的未来。登高一望,四层楼箱的下面,是圆形的堂座,共可容

纳 5 000 余人。半伸出式的舞台,加强了主席台上的嘉宾和演员与观众之间的交流与融合。(图 6)

图 5 中心礼堂内景
(图片来源:《重庆市人民大礼堂甲子纪》)

图 6 中心礼堂内景
(图片来源:《重庆市人民大礼堂甲子纪》)

序列空间的组织,历来是中国建筑的优秀传统,但往往是通过院落套院落实现的。一个单体建筑,序列空间能做到移步换景,让人心潮起伏,荡气回肠,实属不易。

张家德就读中大时,执教于该校哲学系的宗白华先生在其建筑批评中强调:正是"秩序化了的建筑空间"与"人的生命情绪"产生共鸣,从而能够表达"民族之精神,时代之文化"。大礼堂的设计很好地体现了这点。

2.3 民族形式放异彩 中西融合集大成

建筑是建筑师的建筑观念和指导思想外化与物化的结果。大礼堂最耀眼的光辉无疑是来自它具有鲜明的民族风格和永恒魅力的优美形象,而其中的所蕴含的人民至上思想使其更加伟大,垂范千秋。

大礼堂的总体形象以纵轴为中心,严谨对称,主从相随。建筑主体居中耸立,气宇轩昂;在其前面,各式各样的琉璃屋顶,有序排列,如众星拱月,突出了中心礼堂的主体地位,而水平舒展的南北翼

楼,更使其巍然之势得以强化,从而塑造出气势恢宏、巍峨壮丽的总体形象。

在色彩运用上,红柱子、白栏杆形成基调,辅以沉稳的驼灰色基座和墙面,再配上孔雀绿的琉璃瓦屋顶及其檐下的青绿点金彩绘,整个建筑显得清新亮丽、金碧辉煌而又端庄稳重,威仪十足,创造了色彩学上多样而又统一、对比而又协调的最高境界。

大礼堂在功能布局、空间组织、动线安排乃至形体构成上更多地汲取了西方建筑的经验,但在外观形式的文化表达上则完全采用了中国传统的语汇,运用主从、对称、韵律、节奏和对比的手法演绎出一部章法严谨而又跌宕起伏的鸿篇,创造了与以往传统建筑完全不同的全新形态。它既有鲜明的民族特色,又有强烈的时代特征。其轮廓之丰富,仪态之端庄,形象之巍峨,气势之磅礴,种种上佳的表现,让人百读不厌,心驰神往。因此大礼堂也受到了权威专家的高度肯定。

最值得称道的是,张家德大胆地将古代皇帝用来祭天的天坛祈年殿式三重檐攒尖宝顶用来装点"人民的圣殿",足见其对人民的极大尊重和热爱,同时又把状如天安门的步云楼放在礼堂进厅之上。而天安门是明清皇宫的正门,用在此处十分得体。大礼堂正是人民代表、政协委员和广大军民参政议政、"共商国是"、集会娱乐的场所。这里再次体现了张家德人民至上的思想。所以著名建筑史学家邹德侬称"重庆人民大礼堂是三年经济恢复时期用民族建筑形式歌颂新生政权的一曲赞歌",而中国建筑界泰斗梁思成先生则评价它是"20 世纪 50 年代中国建筑民族形式划时代的最典型的作品"。重庆市人民大礼堂最终成为中国乃至世界的宝贵文化遗产。(图 7-1,图 7-2)

图 7-1 张家德手绘大礼堂投标方案立面效果图
(图片来源:《重庆市人民大礼堂甲子纪》)

图 7-2 大礼堂建成全景
(图片来源:《重庆市人民大礼堂甲子纪》)

参考文献:

[1] 陈荣华,等.重庆市人民大礼堂甲子纪[M].重庆:重庆大学出版社,2006.

[2] 陈泉根.重庆市人民大礼堂的总设计师张家德——兼谈大会堂的历史情况和国内外影响[J].内江文史,2014(30):6-10.

[3] 张开源,张帅光,张念光,等.回忆我的父亲张家德[J].内江文史,2014(30):23.

[4] 张开源,张帅光,张念光,等.回忆我的父亲张家德[J].内江文史,2014(30):24-25.

[5] 陈静,陈荣华.一代建筑师的优秀楷模——记重庆市人民大礼堂的设计师张家德先生[J].重庆建筑,2019(10):22.

[6] 陈静,陈荣华.经典是怎样炼成的——记重庆市人民大礼堂光荣诞生[J].重庆建筑,2019(10):9-16.

[7] 段云.深深怀念老友张家德先生[J].内江文史,2014(30):3-4.

[8] 张开源,张帅光,张念光,等.回忆我的父亲张家德[J].内江文史,2014(30)36-37.

[9] 张生.开高轩以临山,列绮窗而瞰江 谈宗白华的建筑观及其对中国建筑艺术的批评[J].时代建筑,2018(2):168-173.

民国时期童寯与杨廷宝在南京的民族形式建筑创作比较[*]

Comparison about the ethnic architecture of the Republic of China in Nan Jing by Tong Jun and Yang Ting bao

陈 晨[①] **王 柯**[②]
Chen Chen　Wang Ke

【摘要】民国时期,南京城的民族形式建筑映现了民国时期中国第一代本土建筑师在南京大显身手,表达民族国家意识的群体风采,童寯、杨廷宝是这批建筑师中的代表人物。通过比较二位建筑师同一时期的典型民族形式建筑作品在立面比例关系,建筑形式与结构要素的表达,以及依托的本土建筑原型方面之异同,揭示他们创作民族形式建筑时的共同文化诉求,以及创作手法和而不同的背景成因。旨在生动再现民国南京民族形式建筑形成过程中的相关人物和事件,同时,汲取前辈的建筑经验,为今日的民族文化复兴铺路。

【关键词】民国时期　童寯　杨廷宝　南京民族形式建筑　比较

国民政府立都南京之后制定了《首都计划》城建政策,孕育出近代中国建筑师探索民族形式的高潮期。与此同时,原初"古老而残破,还不是一个堪称中国首都的城市"[1]的南京,亟待兴建大量的行政办公、工商金融、公馆别墅建筑。由于当时的南京百废待兴,其投资环境与经济发展水平无法与上海媲美,因此未得外籍建筑师垂青,这就为一批中国本土建筑师在南京大展拳脚,传达自己的民族国家意识,推进民族形式建筑及其现代转型,提供了机遇。笔者整理了这期间在南京从事民族形式建筑设计的本土建筑师,代表人物有:童寯、杨廷宝、范文照、卢树森、卢毓骏、奚福泉、徐敬直、李惠伯、齐兆昌、赵志游、吕彦直等[③],其中,在民族形式建筑

数量、个人特色与划时代意义方面最具典型性的,是童寯、杨廷宝二位建筑师。

1　建筑创作的典型性

童寯集多重身份于一体,既是建筑教育家、建筑历史与理论家,也是著名的建筑师,并与杨廷宝、陆谦受、李惠伯并称建筑界"四大名旦"。他终其一生最热爱的职业是建筑师。[④][2]自从1931年11月受邀抵沪加入赵深、陈植建筑师事务所,直至1952年华盖建筑师事务所解散,童寯维系了长达21年的建筑师职业生涯。据笔者统计,在这21年里,他主持或可能参与的建筑项目约231例,其中,1931

---

* 江苏省高校哲学社会科学研究基金项目——《近代南京民族形式建筑与新南京建设融合发展研究》(项目编号:2017SJB0490)。

① 金陵科技学院,讲师。

② 金陵科技学院,副教授。

③ 童寯在南京的代表性民族形式建筑有:金城银行别墅,国民政府外交部大楼与官舍,国立北平故宫博物院南京分院古物保存库,南京中山文化教育馆,陵园新村孙科住宅,南京粮食部大楼等。杨廷宝的代表作品有:中央体育场,国立中央研究院,中央医院,大华大戏院,国民政府资源委员会门房,国民党中央监察委员会,国民党中央党史料陈列馆,中英庚款董事会等。范文照的代表作品有:国民政府铁道部,励志社,华侨招待所等。卢树森的代表作品有:国立中央研究院气象研究所气象台,中山陵藏经楼等。卢毓骏的代表作品有:国民政府考试院建筑群,国立中央研究院社会科学研究所等。奚福泉的代表作品有:国民大会堂,国立美术陈列馆,中国国货银行南京分行等。徐敬直、李惠伯的代表作品有:国立中央博物院等。齐兆昌的代表作品有:金陵大学小礼拜堂等。赵志游的代表作品有:美龄宫等。吕彦直的代表作品有:中山陵,金陵女子大学等。(资料来源:笔者整理。)

④ 童寯强调:"仅明建筑之工作而无学识则流为匠人;仅明理论而无实学,则入于空谈。唯两者兼备,则心手相应,出言有本矣。"童寯是建筑史和建筑理论家,但他最热爱的是建筑师职业。病卧榻上,离开图板几十年的童寯先生,在自己的新版著作中打上"童寯建筑师"这印记。他在教学中处处强调建筑实践经验对于学习建筑的重要性。童寯超越建筑"匠"和"家"而终成为"师"。

至 1938 年是建筑创作最高产的时段,约 147 例建筑作品。《童寯建筑实践历程研究(1931—1949)》一文,考察了这 7 年间的建筑项目,发现童寯在南京的建筑项目占这期间总项目的 70.0%,同时,这7 年也是他民族形式建筑创作最集中、最卓尔不群的时期。例如,他主持与主要参与的国民政府外交部大楼与官舍、国民政府审计部办公楼、南京中山文化教育馆①、金城银行别墅、国立北平故宫博物院南京分院古物保存库等,皆摒弃了官方主导的大屋顶式中国古典建筑复兴路线,是力求突破东西方建筑文化与形式要素的藩篱,从更高层面解读、实践民族形式的代表作。(表 1)

1931 年九·一八事变以后,天津基泰工程司的业务由北方转移南京、上海,基泰工程司总建筑师杨廷宝,也开启了他在南京进行建筑创作的高峰期。在上述从事南京民族形式建筑创作的建筑师中,杨廷宝的从业时间较早、从业周期较长,也是最

高产的一位。据笔者整理发现:杨廷宝 1931—1937年期间以基泰工程司名义在南京创作的民族形式建筑中,大多数机关公务类与教科文体类建筑分布于国民政府的形象工程中山大道上,因此,有今日"南京主干道中山北路至中山东路一线更被称为'杨廷宝一条街'……整个南京的天际线差不多都是由杨廷宝勾勒"[3]之说法。他以"古典的比例,现代的手法",以及古典风格传承上的合乎逻辑的简化,创作了一种新的中国风格建筑[4]。诸如国民党中央党史史料陈列馆、国立中央研究院社会科学研究所、中山陵音乐台、谭延闿墓、中央体育场等,堪称这一创作手法的典范。(表 2)

在此,以童寯主持设计的国立北平故宫博物院南京分院古物保存库(1936 年竣工),以及杨廷宝创作的中央体育场田径场东西侧的中国传统牌楼式建筑(1931 年竣工)为例,比较他们处理民族形式建筑手法的异同。

表 1　童寯主持或参与的代表性南京民族形式建筑(1931—1938 年)

住宅类	金城银行别墅	国民政府外交部官舍
机关公务类	国民政府外交部大楼	国民政府审计部办公楼

① 一说,南京中山文化教育馆是赵深设计,笔者以为童寯至少应该参与了该建筑的立面设计。理由有二:1.中山文化教育馆竣工于 1935年。在此之前的 1930 年,赵深因为建造国民政府铁道部,和孙科建立了密切的关系,并受到孙科的赏识,因此,基于赵深和社会上层的交情,1933 年华盖建筑事务所成立后,接手了不少国民政府建筑项目,继而在 1933—1938 年进入业务繁荣期。华盖事务所的人事结构为:赵深负责承揽业务、监管财务,陈植管理内务,童寯主要负责图房工作。童寯曾回忆:"赵深有组织能力,事务所内部用人和收支管理几乎负全部责任。"基于此,中山文化教育馆,应是赵深接手的比较重要的工程。但是,考虑到赵深在华盖事务所业务繁荣期,对外事务必然较多,因此,应该不太可能承揽该项目的全部设计工作。2.中山文化教育馆外观取形藏式碉楼,在简化檐口装饰的同时,吸收了藏式建筑檐口的装饰手法。可以说,1935 年的中山文化教育馆,这一将藏族建筑与现代形式相结合的民族形式建筑,是 1936 年国立北平故宫博物院南京分院古物保存库的先声。在华盖三位合伙人中,童寯是对藏族建筑最有研究的一位。《童寯文集》(三)中有他从平、立、剖及透视图等方面全面研究藏族建筑特点的论述,从中进而注意到传统民居与现代公共建筑的关系。1937 年在《建筑艺术纪实》中,童寯也高度评价了包括藏族建筑在内的民族建筑对于开辟中国本土现代式建筑探索新思路的重要价值。基于上述两个理由,笔者窃以为:不排除赵深参与了中山文化教育馆的设计,但是其外观样式,应主要由童寯定夺。

教科文体类		
	首都中山文化教育馆	国立北平故宫博物院南京分院保存库鸟瞰图

(资料来源与图片来源:1. 朱振通. 童寯建筑实践历程研究(1931—1949)[D]. 南京:东南大学,2006;2. 蒋春倩. 华盖建筑事务所研究(1931—1952)[D]. 上海:同济大学,2008 年;3. 徐婉玲. 国立北平故宫博物院南京分院 保存库营建始末[J]. 文史知识,2015(10))

注:这些民族形式建筑皆竣工于 1931—1938 年,大多数摒弃了官本位主导的大屋顶式中国古典建筑复兴路线。

表 2　杨廷宝主持或参与的代表性南京民族形式建筑(1931—1937 年)

机关公务类		
	国民党中央监察委员会	中英庚款董事会
教科文体类		
	国立中央研究院总办事处(20 世纪 40 年代影像)	中央体育场全景及国术场内景
祭祀陵墓类		
	谭延闿墓祭堂	中山陵音乐台

(资料来源与图片来源:1. 自摄;2. 南京体育学院;3. 文献[3])

注:这些民族形式建筑皆竣工于 1931—1937 年,采用"古典的比例,现代的手法",以及古典风格传承上的合乎逻辑的简化,创作了一种新的中国风格建筑,呈现出多元交织的文化脉络。

2 建筑作品比较

2.1 相似之处

1934 年 4 月,国立北平故宫博物院理事会为方便南方人观览故宫文物,以及避免部分存沪书画、档案遭潮霉侵蚀的弊端,遂提议将 1933 年初至当年 5 月存沪的书籍、书画、档案,迁移南京或苏州盛宣怀遗产留园及其家祠内。之后,理事会决议将朝天宫划归国立北平故宫博物院,作为设立南京分院及古物保存库的地点,1935 年初开始保存库建筑设计事宜。

由童寯担纲设计的古物保存库立面,其造型与比例汲取藏族建筑风格,模仿承德外八庙中须弥福寿之庙的大红台。但是,古物保存库并无藏族建筑明烈的色彩,它部分墙体水泥砂浆抹面,部分墙体通体清水青砖、灰色筒瓦,户牖简洁、方整无饰,经济实用。除四个角楼采用四角攒尖顶以外,其余一概平顶筑就。这是童寯否定"辫子艺术"①[5],将依托新技术、新材料而成的平屋顶与边疆民族建筑相结合,探寻不要大屋顶,却同样可以拥有旺盛生命力的中国本土新建筑的一大成果,是具有时代及个人的里程碑意义的。(图 1)

图 1 国立北平故宫博物院南京分院
古物保存库影像(童寯,1936 年)
(图片来源:网络)

国民政府立都南京以后,曾经倡导健康、体面、减少繁文缛节的新生活风尚,其中,对与健康生活关系较为密切的竞技体育尤为关注,故 1930 年之后,要求在南京兴建大型体育场以便服务第五届全国运动大会。由于杨廷宝所属基泰工程司的大老板关颂声,曾经承揽了大批官署建筑与政府工程,因此,国民政府自然将设计、兴建大型体育场的重任,交给基泰工程司。作为基泰工程司"台柱子"的杨廷宝也就成了执掌这个大型政府工程的不二人选。

中央体育场以中山陵园界内、灵谷寺南部 1 200 亩土地为基址。杨廷宝秉持个体建筑要着眼于整体环境的创造与协调的建筑观念,规划设计的中央体育场建筑群利用地势、因地制宜。整个中央体育场由田径、游泳、棒球、篮球(与排球场合用)、国术、网球、跑马、足球等项目的多个运动场组成,其中,占地面积最广的田径场,其两侧的入口建筑承担着引导体育场人流的作用,是进入田径场之前的过渡空间,为此,杨廷宝以中国传统建筑中有着入口标识作用的牌楼作为原型。他根据田径场入口建筑的通行功能,以及切合国情的时代需求,突破了传统牌楼列柱数量与开间的等级限制,②采用了八柱七间七楼,营造出远东最大体育场的气势,这是既满足现代竞技体育比赛要求,又体现本民族传统文化的大型政府工程的典范。(图 2)

(a)中央体育场田径场鸟瞰影像(杨廷宝,1931 年)

(b)中央体育场田径场入口牌楼
图 2 中央体育场田径场
全景鸟瞰图与入口牌楼
(图片来源:1. 南京体育学院展厅;2. 自摄)

① 童寯在《新建筑与流派》中,曾斥责大屋顶式中华古典复兴式建筑为"辫子艺术"。(参考:童寯. 新建筑与流派. 童寯文集(二)[G]. 北京:中国建筑工业出版社,2001:21-119.)

② 中国传统牌楼受制于建筑等级制,形成帝王神庙、陵寝用"六柱五间十一楼",一般臣民最多只能建"四柱三间七楼"的格局。

童寯与杨廷宝的这两例民族形式建筑，将平顶、现代建筑墙身与本土建筑细部构件、装饰纹样相结合，他们既肯定工业化、机械化建造方式，以及"物为人用"的设计理念，又注重从中国民族传统建筑中汲取能与现代建筑功能、建造手法相契合的造型、细部与纹样。

2.2　不同之处

如果理性辨析这两例建筑的比例关系，形式要素、材料表现与结构要素，以及所依托的中国传统建筑原型，就会发现童寯与杨廷宝在处理民族形式建筑的手法上也是存在差异的，具体而言：

2.2.1　对建筑比例的控制和依循的构图原则

赖德霖《筑林七贤——现代中国建筑师与传统的对话七例》一文，对中央体育场田径场入口牌楼立面的基本构图详加分析，认为它除了中央部分借鉴了中国传统建筑中的冲天牌楼样式以外，其余皆呈现了以柱高和面宽3∶5的比例关系为一个单元，从左至右分三个单元排列的构图关系。中部冲天牌楼部分，可以看成三组国术场入口牌坊横三竖四构图格网的并列，其中每一个方格的比例依然是3∶5。赖德霖认为，2∶3和3∶5都在斐波纳契数列之中，是西方古典建筑所偏爱的理想比例。基于此，他认为：包括中央体育场入口牌楼（坊）在内的诸多民族形式建筑，是"在中国风格的建筑设计中融入学院派建筑学理论所体现的构图原则，或者说是用西方建筑的比例修正中国原形。"[6]正应和了杨廷宝常说的"古典的比例，现代的手法，是一种人们可以接受的现代建筑"的观念。（图3）与此对照，童寯的古物保存库立面中，紧凑的檐部，高耸的墙身，厚重而突出的台基，以及单幅门户、窗牖面积较小却密集排列的构图都显示了它与藏族宫殿、传统民居的关系，它是忠实传承民族建筑比例，并与现代平顶建筑造型相结合的力作。

童寯一直反对将中式大屋顶移置西式堆栈之上，倡导一种离开瓦顶、斗拱、须弥座，仍可体现中国特点的公共建筑。对此，他同样从建筑立面的比例入手，却汲取青海康藏典型平顶式建筑式样——"招"，并在《我国公共建筑外观的检讨》一文中指出："若非招式稍含宗教色彩的话，我们很希望普通公共建筑，酌采这种外观。"（图4）此外，童寯创造

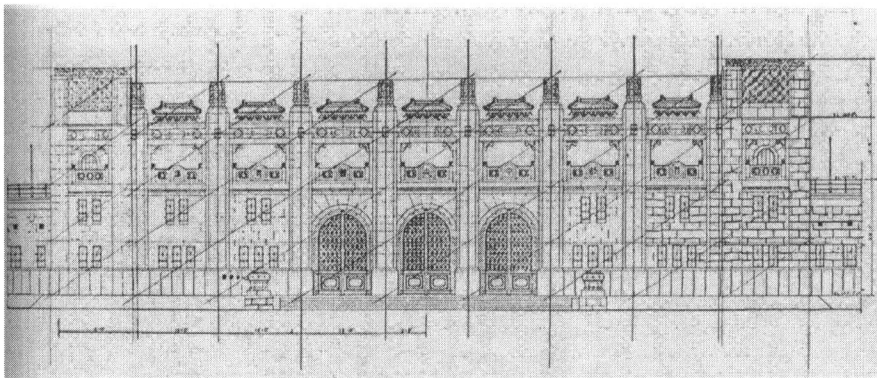

图3　中央体育场田径场入口牌楼立面比例分析
（图片来源：赖德霖.筑林七贤——现代中国建筑师与传统的对话七例[J].建筑师，2012(04).）

（a）国立北平故宫博物院南京分院古物保存库底片，清晰地显示檐部、墙身、台基与门窗户牖比例关系

（b）阿坝藏族建筑

图4　古物保存库立面比例、构图，同藏族建筑比较
（图片来源：1.徐婉玲.国立北平故宫博物院南京分院保存库营建始末[J].文史知识，2015(10)；2.自摄）

性地运用黄金分割法,控制古物保存库的门窗比例在 1:1.632～1:1.5。他曾以清乾隆十三年刊印的《造像量度径》中的佛像为例,分析佛髻顶到肚脐、肚脐到莲座底的高度比为 1.632,近似于黄金节;又举例西安大雁塔西门楣上所刻佛殿的正立面高宽比为 1.58,来说明中国建筑比例同古希腊黄金分割比的共通性。但与此同时,童寯也提出:为了纠正横幅构图改为立幅后产生的视觉歪曲,需优选看上去更加美观的比例。由上述建筑比例关系来看,童寯先生对于生硬模仿中西方古典建筑,勉强凑成的所谓民族形式建筑是嗤之以鼻的。他毕生探索的是一种现代中国乡土建筑,即:即使是新式钢筋水泥建筑,仍使观者不知不觉,认识其为中国本土的产物。

2.2.2 对待中国传统建筑形式与结构要素

杨廷宝的田径场入口牌楼,通过简化传统建筑装饰与结构的方式,形成简约典雅的中国形式特点。例如:柱头与横枋之间有模仿木构建筑穿插枋头的形式简约的蚂蚱头石质构件,以及横枋之下装饰回纹的雀替,它们仅仅具有装饰意义,而不再有结构功能。此外,横枋上采用三停不等分构图,浇筑简化的旋子和枋心图案,以及望柱头上浇筑云纹装饰,都说明杨廷宝的民族形式建筑主要倚重形式要素的组合来表达本土与现代文化的调和。他的

以田径场入口牌楼为代表的诸多运用装饰细节体现民族韵味的建筑,有一个共性,即都是注重功能性且为中国传统社会不曾出现过的新型建筑,如中央医院、中山陵音乐台等。其理论基础是:组合形式要素表达文化象征内涵的布扎建筑理念。基于此,其力求实现民族性、政治性与时代性的结合。(图5)

对于杨廷宝的现代建筑中国化之法,童寯并未有直接评述,但是,通过他自我批判与中央医院、中央体育场等民族化做法如出一辙的国民政府外交部大楼,可以间接了解到童寯对杨廷宝民族形式建筑的看法。此外,他在《建筑艺术纪实》中认为:根据寺庙传入后的变化与创造,应当有结构上的意义。[7]童寯的这一观点极具前瞻性,他关注与追索材料表现与结构理性问题,说明已经跳脱了在现代建筑中通过巧妙表现传统建筑符号与形式特征形成中国本土现代式建筑的窠臼,而开始"对特定时空条件下材料物质性乃至建造模式本身的探寻与呈现"。①[8]回首古物保存库旧址,也可发现该建筑在处理结构与装饰问题上的示范意义:建筑立面没有那种远离材料表现与结构理性的图像化拼贴,只是在平整的墙面上开挖简单窗牖,添加了朴素的压顶线,角楼与平顶檐下也没有丧失结构意义的斗拱和缀饰,因此极富现代中国的建筑气韵。(图6)

(a)中央体育场田径场入口牌楼的柱头、横枋、雀替装饰要素　　(b)中央医院大楼的抱厦檐口、雀替装饰要素　　(c)中山陵音乐台照壁的须弥座台基与角隅拐子纹装饰

图5　中央体育场田径场入口牌楼、中央医院大楼、中山陵音乐台照壁的装饰与结构要素
(图片来源:自摄)

---

① 童寯的这一学说触及了建筑学科的核心——建构,可以说,其在八十年前具有相当的先锋性,其学说还引领了当今赵辰、王骏阳、朱涛、陈薇,以及王澍等一批建筑学者、建筑师的建构学研究与实践。(参考:李海清.从"中国"+"现代"到"现代"@"中国"——关于王澍获普利茨克奖与中国本土性现代建筑的讨论[J].建筑师,2013(01):47-49.)

执业生涯中的又一先锋性所在。

图6 国立北平故宫博物院南京分院古物保存库，
无丧失结构意义的斗拱和赘饰
（图片来源：自摄）

2.2.3 择取的建筑原型

1949 年以前，杨廷宝因其早期求学、实习经历，以及入职基泰工程司期间参与了不少中国宫殿与府邸的维修工作，因而形成了基于官本位的精英文化价值取向。由于精英文化背景下的中国营造传统，往往对材料的物质性、建造模式与结构理性等"匠作"，以及对平民建筑避而不谈，这就使得杨廷宝的诸多民族形式建筑可以是大屋顶的中国古典复兴式，①也可以是拼贴传统装饰符号的简约仿古建筑，②却独缺从传统民居空间、少数民族建筑造型与建造模式入手构筑而成的中国本土现代式建筑。

与杨廷宝的不同，集中诞生于 1931 至 1938 年的童寯的南京民族形式建筑，绝大多数取型传统民居、边疆民族与江南园林建筑。李海清认为：当"着眼点从'尊贵建筑'拓展至日常生活空间——'旧时王谢堂前燕，飞入寻常百姓家'，才真正触及中国建筑文化的社会变迁动力机制，及其中蕴含的人本精神，从而趋近民主、自由、平等、博爱等现代价值，成为思想观念获得空前突破之先导。"[8] 李海清的观点是：首次认知性邂逅传统民居始于 1937 年之后，并认为刘敦桢、刘致平、林徽因对此有开创性研究和实践。③[8] 但是，童寯取型藏式建筑的古物保存库旧址以及设计于 1935 年的取型江南园林空间与建筑的金城银行别墅（图 7），却都是他早于刘敦桢、林徽因的传统民居研究与相关实践。这是童寯

图7 金城银行别墅——原型：江南私家园林建筑
（图片来源：自摄）

3 背景成因

童寯与杨廷宝创作于同期的南京民族形式建筑和而不同，究其背景成因，大概与他们的成长经历、求学过程、审美情趣、从业经历与建筑理念相关。

（1）二人的成长经历与求学过程颇多相似

杨廷宝幼年丧母与父亲相依为命；而身为正蓝旗后裔的童寯，在朝代鼎革以后，由特权民族变成普通民族，他切身体会到民族地位的剧变。杨廷宝入清华留美预备学校之前，广读四书五经，国学修养相当深厚；而童寯也是家教甚严，在其父督促下博览诗书。

1915 年杨廷宝入清华留美预备学校，成绩优异，尤擅长绘画。1921 年考入宾夕法尼亚大学，用两年时间读完大学四年课程，是当时的"金牌优秀生"[9]。童寯 1921 年入清华学校，同样成绩优秀，尤喜英文与绘画。欲升入大学选读建筑学之前，童寯就已听闻杨廷宝大名，并写信向他了解入学情况，之后于 1925 年来到宾大建筑系读书。他留学期间，与杨廷宝、朱彬一道成为中国留学生中获奖最多的几位优秀生，甚至引起美国媒体的关注。最终，童寯用三年时间修完六年学分，获得建筑学硕士学位。

---

① 大屋顶式中国古典复兴式建筑，如国民党中央监察委员会、国民党中央党史史料陈列馆等。

② 拼贴传统装饰符号的简约仿古建筑，如中央医院、中山陵音乐台的照壁等。

③ 传统民间建筑自由灵活的空间与巧妙结合自然的设计思想，成为中国近代建筑活动低潮期，学术研究与设计实践借鉴的对象，如刘敦桢测绘故乡自宅、刘致平研究滇川两省民居、林徽因设计云南大学女生宿舍楼"映秋院"等。（参考：李海清. 从"中国"+"现代"到"现代"@"中国"——关于王澍获普利茨克奖与中国本土性现代建筑的讨论[J]. 建筑师，2013(01):47-49.）

相似的成长经历与求学过程，如接受了宾大的布扎建筑教育，以及都置身于民族国家意识在上流阶层觉醒的时代，使得童寯、杨廷宝可在融贯中西、通古达今的基础上，积极创作既适应现代社会需求又体现中国建筑原则、神韵的民族形式建筑。而这也是民国时期中国第一代本土建筑师创作民族形式建筑的群体价值取向。

（2）二人的审美情趣、从业经历与建筑理念等方面却有较大差异

①审美情趣

方拥在《建筑师童寯》一文中说："杨爱听京剧、爱看中国古代宫殿；童欣赏西乐，常去江南私家园林。"童寯对中国文人绘画也是情有独钟，他曾在1933至1937年师从汤涤，研习宋元以来的中国文人画。[①][10]潘谷西在探讨杨廷宝建筑思想时提到二人的审美取向，并以画风佐证，他认为："杨先生的水彩画清新淡雅，畅快轻松；而童寯先生的画色彩醇厚，洗练凝重。"[11]（图8）

(a) 水墨山水图（童寯，1978年），凝重、淳厚、稳健

(b) 水彩画（杨廷宝，1966年），清净通透

图8　童寯与杨廷宝画风比较

（图片来源：1. 赖德霖. 童寯的职业认知、自我认同和现代性追求[J]. 建筑师，2012(01)；2. 南京工学院建筑研究所. 杨廷宝水彩画选[G]. 北京：中国建筑工业出版社，1980）

从审美取向来看，童寯似乎是矛盾的，他所喜爱的西乐和江南私家园林，传达出的是迥异的审美格调。他乐此不疲地创作中国文人画，并一直持续至20世纪70年代末，但其画作却有文人画不常见的凝重、淳厚、稳健。笔者以为，童寯这一复杂、矛盾的审美取向，源自其遗世独立、落落寡合、不随流俗的满族遗民的成长经历，以及独善其身、严谨自守的文人风骨。因此，他热爱文人画以及立体的文

人画——江南私家园林，并始终保有冷静、自持的创作风范。对于象征国民政府政治正统性的大屋顶式民族形式建筑，他也审慎地保持距离。而他经历了新文化运动，接受了系统的布扎建筑教育，"争取'自食其力'，靠技术吃饭，尽量不问政治"[12]的处事态度自然又使得他于接受具有时代精神的西方现代建筑观念，并乐于欣赏西乐。相比之下，杨廷宝的审美情趣相对统一，这与其温和豁达的性格以及强烈的民族国家意识相关。潘谷西曾经回忆道：杨廷宝日常待人接物与其画风类似，在发表意见时，非常尊重别人，总是以"如果让我来做的话，我可能会……"[11]开始。他钟爱京剧与古代官式建筑，又是他作为一名中国建筑师，认为"我们的建筑应该有自己的文化传统"[13]的社会责任感与民族主义情结使然。为此，他1936年加入了中国营造学社，而古代官式建筑正是营造学社出于整理国故的初衷需重点研究、保护的对象。

上述审美情趣的差异，就使得童寯、杨廷宝在选择民族形式建筑的原型，以及对待官方倡导的中国古典复兴式建筑的态度上，有所不同。

②从业经历

杨廷宝宾大毕业后，到其设计教师与硕士导师保罗·克瑞的建筑师事务所实习，进一步学习西方古典样式；1926年欧游之际，还考察了各历史时期不同风格流派的古典建筑；1927年回国后加入基泰工程司；1928年杨廷宝参与修缮天坛祈年殿、皇穹宇等重要文物。这些都为他形成古今中外皆为我用的建筑思想，提供了理论与实践基础。九一八事变后，基泰业务由北向南转移，杨廷宝开始了与南京民国建筑的不解之缘。杨廷宝扎实的古典建筑修养以及追求整体效果和谐统一的建筑观念，使得他在民国时期有将西方古典理性主义、西方现代理性主义与中国传统文化的伦理、道德观相折中的倾向，他的民族形式建筑因此呈现出多元交织的文化脉络。

与杨廷宝的从业经历相比，童寯从宾大毕业后在伊莱·康建筑师事务所实习开始，就已经受其老板影响，关注欧洲现代建筑运动与美国本土建筑思潮。之后在旅欧游学时，他对格罗比乌斯引领的新建筑运动产生浓厚兴趣，以致其欧游日记中不乏对

---

① 童寯在《"文革"材料》中曾提到，他特别欣赏倪云林的山水画，并认为："从来不见一人，只二三棵枯树，几块乱石，有时加一亭子"，声称："我就是陶醉在这种画中的人。"

西方现代建筑的赞誉之辞。1930 年童寯回国后先受梁思成之邀到东北大学任教,同样因为九一八事变的时局所迫,他于 1931 年赴沪加入赵深、陈植建筑师事务所,直至 1938 年,承接了不少南京建筑项目。这是他与南京的第一段因缘。之后便是国民政府还都南京的 1946 年至 1949 年,他与南京建筑项目再度结缘。童寯设计的最后一件作品是 1952 年的上海杨树浦电力学校,从此以后,他专任南京工学院建筑系教授直至逝世。与 1949 年以后杨廷宝开拓、发展了求真务实的现实主义创作路线不同,童寯大概由于政府建筑政策与个人建筑原则相违背,①[14] 而选择了"封笔",说到底,其实是其坚持士人本色,以及疏离政治、遗世独立的个性使然,预示他从此过上了深居简出、不求闻达、潜心学问的隐逸生活,也由此开始理论研究的高峰期。"世与我而相违,复驾言兮焉求?"[15],"则卷其术,默其智,悠尔而去,不屈吾道"[16],既是对童寯一生求学、从业心态的最佳注脚,也是他更加彻底地脱离大屋顶式中华古典复兴式建筑的折中主义取向,是另辟蹊径地从材料物质性、结构理性与"寻常百姓家"的传统民居入手,探索中国本土现代式建筑的重要原因。

(3)建筑观念

杨廷宝在倡导古今中外皆为我用的同时,审慎地对待各种时尚、主义和流派,甚至对莱特的理论见解颇有微词,认为莱特"也难免'猎奇炫耀,标新立异'",主张"根据具体建筑的功能性质以及对于形式、风格的要求加以分别处理,不一概而论。"[11] 他不谈抽象理论,只以工程技术、经济条件、客观环境、文化背景决定建筑样式,这是民国时期杨廷宝的民族形式建筑作品呈现出:现代式墙身、宫殿式大屋顶,以及平顶、现代式墙身、传统官式建筑细部构件与装饰纹样等多元并存风貌的又一原因。

童寯则毕生坚持新建筑理念,认为"今后之建筑史,殆仅随机械之进步,而作体式之变迁,无复东西、中外之分"[17],他坚持不懈地寻求中国本土现代式建筑设计的思路与方法。与杨廷宝相比,童寯更像一位新建筑运动的战士,与西方现代建筑运动先驱们,一齐奔走于现代建筑精神的跑道上。而童寯的遗民情结与士人风骨,又使得他将更多目光投于官方较为轻视,却密切联系民生的传统民居、边疆民族建筑,并且从中寻求本土建筑精神与现代建筑活动的关联点。基于此,童寯在创作民族形式建筑时,似乎拥有更明确的民族与民间文化取向,蕴含了更深刻的人本精神与现代性意义。(表3)

表3　童寯与杨廷宝出身、求学经历、审美情趣、实习经历、建筑观念比较

建筑师 异　同		杨廷宝	童　寯
相似点	出　身	知识分子家庭,与父相依为命	知识分子家庭,正蓝旗后裔
	求学过程	清华留美预备学校;宾夕法尼亚大学	清华留美预备学校;宾夕法尼亚大学
不同点	审美情趣	爱京剧、古代宫殿,喜清新淡雅、畅快轻松	爱西乐、江南私家园林,喜色彩醇厚、洗练凝重
	实习经历	在硕士导师保罗·克瑞的建筑师事务所实习,全面学习了西方古典建筑样式	在伊莱·康建筑师事务所实习,关注欧洲现代建筑运动与美国本土建筑思潮
	建筑观念	审慎对待各种主义和流派,坚持以人为主旨、因时因地制宜的创作原则	新建筑运动的战士,表达人本精神与现代性意义;疏离官本位主导的文化价值取向,传达民族与民间文化诉求

① 从 20 世纪 50 年代开始,童寯很少从事建筑实践,而是致力于建筑教学和理论研究,即使 1960 年起担任南京工学院建筑设计院院长,也只是进行一般性审图工作,不参与具体设计。(参考:朱振通. 童寯建筑实践历程研究(1931—1949)[D]. 南京:东南大学,2006:55.)

4　结　语

　　聚焦民国时期童寯、杨廷宝的南京民族形式建筑,解析他们的共同文化诉求,继而,比较他们创作手法的不同之处。在此基础上,初步得出以下结论:

　　①童寯骨子里的传统文士气节、满族遗民的特殊身世,与他革命性、前瞻性的现代建筑思想并存,这使得他疏离国民政府复兴官式建筑风貌的民族形式建筑路线,转而关注中国传统民居与边疆民族建筑,从关乎民生与人本精神的民间建筑入手,挖掘其与民主、自由、平等的现代主义建筑观念以及现代建筑造型的契合点。因此,童寯的民族形式建筑,凸显了超越时代与东西方藩篱的现代性价值。此外,他认为中国传统建筑与现代建筑的结合,要有结构上的意义,这又使得童寯的民族形式建筑实践,超越了具象再现传统建筑样式的文化象征主义阶段,而转向"对特定时空条件下材料物质性乃至建造模式本身的探寻与呈现"。①[8]

　　②杨廷宝宽容谦虚、求真务实的性格特征,影响了他的建筑创作。他既不盲目崇洋也不泥古不化,而是坚持以人为主旨、因时因地制宜的创作原则,以及"崇尚理性、整合和谐"[21]的审美观。他的民族形式建筑呈现出西方古典理性主义、西方现代理性主义与中国传统建筑构件、装饰相折中的倾向,这既是民国时期的杨廷宝接受了布扎建筑教育,热爱中国宫殿建筑,以及曾加入营造学社维修宫殿、庙宇的从业经历使然,也是他不拘囿于"主义""风格",重在"巧于因借,精在体宜"的现实主义创作思想的外现。

　　通过比较二位殿堂级大师的南京民族形式建筑,希冀生动再现民国南京民族形式建筑形成过程中的相关人物和事件,做到"人、事、业、物互见"②[18],与此同时,也可吸取前辈的建筑经验,为今日的民族文化复兴铺路。

参考文献:

[1] 杨智友.宋美龄与国民革命军遗族学校[J].钩沉,2013(2):25.

[2] 方拥.童寯先生与中国近代建筑[D].南京:东南大学.1984.

[3] 汪晓茜.大匠筑迹——民国时代的南京职业建筑师[M].南京:东南大学出版社,2014:223.

[4] 齐康.杨廷宝的建筑学术思想——纪念杨廷宝先生诞辰100周年[J].建筑学报,2002(3):32-35.

[5] 童寯.新建筑与流派.童寯文集(二)[G].北京:中国建筑工业出版社,2001:21-119.

[6] 赖德霖.筑林七贤——现代中国建筑师与传统的对话七例[J].建筑师,2012(4):10-16.

[7] 童寯.建筑艺术纪实.童寯文集(一)[G].北京:中国建筑工业出版社,2000:85-88.

[8] 李海清.从"中国"+"现代"到"现代"@"中国"——关于王澍获普利茨克奖与中国本土性现代建筑的讨论[J].建筑师,2013(1):47-49.

[9] 郑光复.杨廷宝、梁思成、柯比西耶及路易斯·康的建筑哲学——中西建筑哲学史概说中现代史局部[J].华中建筑,2005(3):134-135.

[10] 童寯."文革"材料.童寯文集(四)[G].北京:中国建筑工业出版社,2006:419.

[11] 潘谷西,李海清,单踊.现实主义建筑创作路线的典范——杨廷宝建筑创作思想探讨[J].新建筑,2001(6):1-4.

[12] 童寯.童寯文集(四)[G].北京:中国建筑工业出版社,2006:375.

[13] 汪正章.外师造化,中得心源——杨廷宝建筑观浅探[J].建筑学报,1991(4):24-27.

[14] 朱振通.童寯建筑实践历程研究(1931—1949)[D].南京:东南大学,2006:55.

[15] 陶渊明.归去来辞.古文观止[G].北京:长城出版社,1999:335.

[16] 柳宗元.梓人传.古文观止[G].北京:长城出版社,1999:470.

[17] 童寯.建筑五式.童寯文集(一)[G].北京:中国建筑工业出版社,2000:2.

[18] 赖德霖,伍江,徐苏斌."中国近代建筑史"编写工作自省[J].建筑师,2017(5):17.

---

　　① 李海清认为:伴随着对于空间、功能、材料、建造、地形、环境等建筑学基本问题的关注和追索,以及建构学、现象学的理论输入,部分中国建筑的设计思想,逐渐远离了如何在现代建筑中巧妙表达传统精神与形式特征,且不落入直接拷贝历史元素的窠臼等陈腐话题,而是转向具体的现实问题:现代建筑空间类型和建造模式,如何面对此时此地的具体经济、技术、社会条件和功能需求?进而,其设计操作的具体技术路线,也逐渐远离材料的图像化拼贴,而转向对特定时空条件下材料物质性乃至建造模式本身的探寻与呈现。而建造模式在基于官本位和文人主导的精英文化背景的中国营造传统中,从来是被忽略不计的。所以,这两大转向,不能不说是继承19世纪30至40年代,中国建筑师发现传统民居和园林的建筑学价值之后的又一次观念突破。(参考:李海清.从"中国"+"现代"到"现代"@"中国"——关于王澍获普利茨克奖与中国本土性现代建筑的讨论[J].建筑师,2013(1).)

　　② 赖德霖提出:目前中国近代建筑史研究的主要成绩之一是,尤其重视各时代、各地城市和建筑发展的主导政治和社会势力、主导者和推动者、重要建筑家、工程师、城市和市政学家所做的贡献。

基于生态发展观的传统村落更新设计[*]
——以豫北栗井村为例

Renewal Design of Traditional Villages Based on the Concept of Ecological Development
—Taking Lijing Village in North Henan as an example

毕小芳[①]　　刘倩倩[②]　　郭利强[③]

Bi Xiaofang　　Liu Qianqian　　Guo Liqiang

【摘要】传统村落体现了具有地域特色的建筑艺术和传统文化,反映了人类文明与自然环境的互动和谐关系,是活着的文化遗产,近来由于社会对传统村落的重视和保护意识不够,导致传统村落的发展日益衰败,许多传统村落销声匿迹,这给中国传统文化带来了一定的损失。基于生态发展的理念,对焦作栗井当前村落发展中遇到的问题进行分析,充分发挥村落现有的条件,结合地质资源优势,对其发展方向和模式提出了优化更新设计。

【关键词】生态理论　传统村落　更新设计

0 引 言

传统村落是指形成时间较早、拥有较丰富的文化与自然资源,具有一定历史、文化、科学、艺术、经济和社会价值的村落,其体现了具有地域特色的建筑艺术和传统文化,反映了人类文明与自然环境的互动和谐关系,是活着的文化遗产[1]。遗憾的是,近年来随着我国现代化的高速发展,对传统村落的保护意识不足,导致近十年间很多自然村落销声匿迹,其中绝大多数的传统村落隐藏着中国传统非物质文明[2],这给中国传统文化带来了一定的损失,所以传统村落更新保护的重要性毋庸置疑。2015年习近平曾强调中华优秀传统文化是"中华民族的精神命脉"。要努力从中华民族世代形成和积累的优秀传统文化中汲取营养和智慧,延续文化基因,要以时代精神激活中华优秀传统文化的生命力,把传承和弘扬中华优秀传统文化同培育和践行社会主义核心价值观统一起来[3]。2017年10月习近平总书记在中国共产党第十九次全国代表大会中关于加快生态文明体制改革,建设美丽中国报告中曾指出,要加大生态系统保护力度,实施重要生态保护和修复重大工程,优化生态安全屏障体系,构建生态廊道和生物多样性保护网络,提升生态系统质量和稳定性[4]。

如何在原始村落的基础上对其进行更新活化,使其既具有传统文化因素又能展现出传统村落新的生命,是传统村落保护的首要任务。就是在不破坏或者有机地传承过去的物质和非物质文化的前提下,采取一定的措施,达到保护兼顾发展村落的目的[5]。清华大学教授罗德胤认为乡村活化其中最重要的七个环节主要包括:一是研究策划,二是规划设计,三是实施落地,四是环境卫生,五是产业发展,六是营销推广,七是集体经济。其是实现旅游向文化方向的过渡和发展,以及游客和村落的良性互动[6]。

因此,本文拟立足于豫北地区栗井传统村落的基本概况,对其更新活化设计策略进行探讨。

1 村落概况

1.1 村落历史

栗井村位于焦作市龙翔山景区,是豫北地区典型的传统石砌村落,该村始建于明代,已有300多年的历史,环境宜人,原始风貌保存较好,堪称"焦作的

*项目来源:河南省高等学校重点科研项目(18B560003),河南理工大学博士基金项目(B2017—37)。
① 毕小芳,女,博士,河南理工大学建筑与艺术设计学院,河南理工大学中原传统村落建筑文化艺术研究中心。
② 刘倩倩,河南理工大学在读硕士研究生。
③ 郭利强,河南理工大学在读硕士研究生。

后花园"。1944 年抗日战争后期,雷战队等革命武装组织在焦作市中站区栗井村成立(雷战队和区干队分别驻扎在现在栗井村村民王来合和王忠财的院内)。栗井村定位于中站区龙翔山 3060 环线上①,近年来,该区始终坚持开发与保护并重的原则,在开发中保护,发展总体规划中的注重生态农业专题。

1.2 村落资源特色

栗井村有着民俗表演的传统,每隔一定时间,村落都会开展演出节目,村民对此有着很高的积极性。经常也会有红色主题的汇演,村落文化气氛浓郁。栗井村有着天然的温泉资源尚未开发,为村落温泉开发给予了巨大的基础。

此外栗井村还有着金银花的种植优势,加以保留和改善,培养金银花种植基地,配合销售环节可以为村落增加一项收入环节;桃林虽然不是栗井村的主要种植作物,若以桃林为背景,可以开展写生创作体验。村落背靠山势,高差均匀分布,植被茂密,为村落营造出宁静祥和的环境。

1.3 建筑现状

目前栗井村的总体概况尚好,如图 1 所示,村落的整体风格比较统一,传统道路主要分布在进村主干道两侧,村后山坡地势高差逐渐变大。村落的原始的建筑主要是石材和木材建造的,年代较原始的建筑选取的石材比较粗糙,砌筑方式也较简单。建筑的屋顶主要有三种:一是屯顶,建设年代较早;二是坡顶,仿古建筑;三是普通平顶,为近年来的建筑风格。门大部分是双扇平开门,但是随着建设年代变化,有方形的和弧形的门楣之分,用材也有所差别,宽度也跟随建筑等级发生变化。原始建筑的

图 1　栗井村总体风貌
(图片来源:自摄)

窗户大部分是木格栅的窗户,尺寸比较小,形式也有方形和弧形两种,但是材质都很破旧,不过等级相对较高的建筑的窗户有窗花,材质相对较好。

2　村落发展问题

对栗井村现状进行了房屋建筑的层数、建筑损坏程度、建设年代以及居住情况的分析,同时对公共设施以及村落交通干道进行了分析,栗井村现状分析图示如图 2 所示。

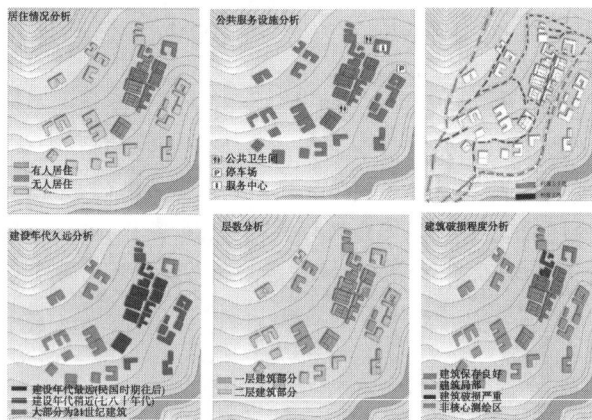

图 2　村落现状分析图
(图片来源:河南理工大学 2012 级建筑学本科生绘制)

2.1 建筑方面存在的问题

发现村落在建筑方面存在一些问题,如砌筑质量较差,建筑大部分是由不规则石头砌筑而成,且石材的差异性比较大,这样会导致部分建筑稳固性较差。不同建筑材料差异明显,除了核心区部分,其他区域的建筑材料随着建设年代的变化差异较大。

全村房屋建筑多为 1～2 层,其中一层房屋占全村的 55%,分布于村中央,古街道两侧,且大部分为村落中最久远的建筑。二层建筑占全村的 45%,主要分布于村庄的外围,建设年代稍近,多建于 20 世纪 70 至 80 年代,少部分建于 21 世纪,如图 2 所示(河南理工大学 2012 级本科生参与基础调研及资料整理工作)。全村建筑仅有 50% 的建筑现状保存良好,30% 的建筑局部破损,20% 建筑破损严重,建设年代相对较早的建筑居住情况不佳(居住率低于 50%),使用性比较低,这为栗井村的进一步开发提出了难题。

---

① 中站区 3060 开发环线,包含沿线 10 余村落的发展规划,30 指环线一圈 30 km,60 指环线车行的时间是 60 分钟。

2.2 村落资源利用问题

在资源利用方面,村落现有情况不容乐观,很多年轻人都外出工作,导致大部分房屋空置,资源闲置。村落本身是有一定的可开发资源的,但是没有良好的规划,当地居民对这些资源的重视程度不够,导致了许多可利用资源的闲置和荒废。村落的基础公共设施比较差,不能满足更多功能的需求,导致外来人口不愿意在此做长时间的逗留。

在村落的发展方向方面,①村落的宣传力度不够,没有很好的宣传筹码,导致资源仅仅是资源,无法给居民带来一定的收入;②定位不清晰,村落在对自己未来发展的定位不清晰,发展结果一直不理想;③高差利用不充分,村落的高差被原始民居开发的比较乱,无法凸显出村落的立面美感,整体感觉很突兀,阻碍了村落的进一步开发。

3 活化更新策略

3.1 保护理念定位

随着人类对大自然的过度开发,生态环境的破坏日益加剧。近年来保护生态系统、自然环境的理念逐渐被提上章程,生态康养的理念开始提出并被广泛接受。生态康养可以简单概括为:在有充沛的阳光、适宜的湿度和温度、洁净的空气、安静的环境、优质的物产、优美的市政环境、完善的配套设施等良好的人居环境中生活,并通过运动健身、休闲度假、医药等一系列活动调养身心,以实现人的健康长寿[7]。基于生态发展观对栗井村的建筑进行更新保护、资源开发利用等的更新设计。

3.2 院落的改造设计

对传统村落整体空间格局应予以整体性保护[8]。选取栗井村具有代表性的十处院落进行房屋建筑的更新设计,改扩建之前的建筑局部破损严重,如有些屋顶已经坍塌,墙体也受到了一定的破坏,有些院落的形式已经不是很完整了,但设计方案依然保留其原有的建筑轮廓,建筑材料以青灰色石材为主。

院落现状如图3所示,其中三个节点为村落古街的三个组成部分,分别为服务中心街道入口处、天桥街道中间部位、台地街道处。

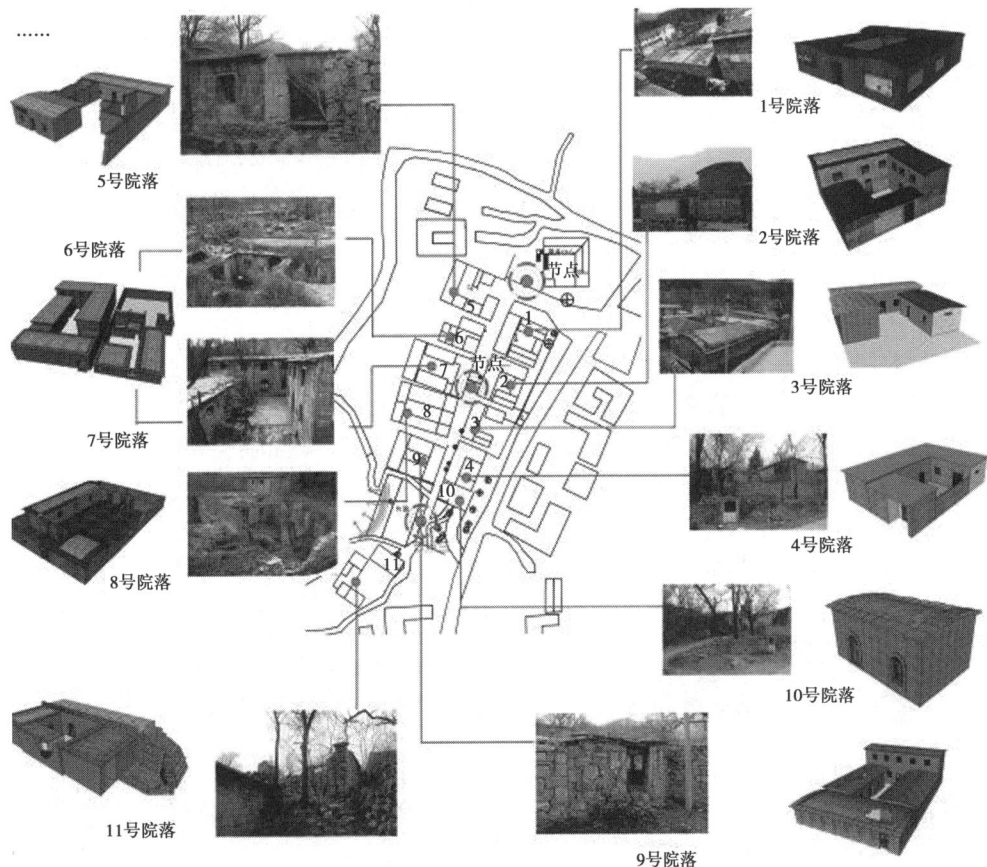

图3　院落现状图

(图片来源:自绘)

经研究分析,对不同院落的改造如下:由于 5 号院落包含有两个残破的房屋,为保持 5 号院落的居住性能,对 5 号院落进行加建和扩建,因此拆除一部分墙体,加建一部分屋顶,使其维持原有形状。6 号院落破损比较严重,因此对 6 号院落破损严重的进行同 5 号院落的加建,其后院留有大面积空地,对在空地出新建一露天舞台供其居民进行文化娱乐交流。

8 号院落的破损较为严重,只有一个完善的屋顶,需要对其进行大面积的修缮,使用修旧如旧的方式,恢复其居住功能。9 号院落有两个屋顶破损,其他部位保存较为完好,对其屋顶进行简单修复即可。对 11 号院落进行简单化处理,把原始建筑旁边破损的建筑残迹改造成绿化环境,另外增加一些健身娱乐设施,可供当地居民和来往游客进行娱乐健身。

为使其维持其传统村落的特色,对院落改造过程中的材料的利用要求如下:屋顶的材质按照院落原有建筑特点可取白灰顶和红砂顶。墙体一般为石墙,分为大块青灰色石头砌筑和小块深灰色石头砌筑,也可以采用大块小块石材穿插砌筑的方式进行砌筑。门窗保留原样,一般取木制的窗户,但窗花图案也不尽相同,普通形式的就是木栅栏,高级点的有漂亮的窗花装饰。

3.3 古街改造设计

村落古街的两条街道,改造前古街立面如图 4 所示。北边的一排比南边一排房屋平均高 1.1 m,南边一排建筑保存完好,尚有人居住,一般为单层房屋;北边一侧房屋破坏比较严重,局部严重破损,基本没人居住,建设年代较早,建筑石材更加粗糙,部分为一层,局部为两层,因此在古街南侧改造方面可以进行适当的完善,不需要对此进行过多的改变。可以把平面的功能进行置换使其满足现有的商业需求即可,也可以增加一些室内景观。北侧房屋按上文提到的方式进行修建,并按功能对其进行改造。

此外对古街重要节点处的改造以天桥节点为例,天桥的原始功能是为了防御,现已被破坏,只留下基座。计划在基础上面加建一个类似亭子的建构物,这样既不破坏古街的整体风格,也使天桥可以作为人们游玩途中稍事休息或观赏的小场所,同时也成为不同区域之间相互连接的重要节点之一,街前与街后在这个节点巧妙分隔开来,功能也从这里开始有所差异。

根据古街的建筑构造及形式特点按其旅游功能将古街划分为两条游览路线。古街游览路线分析图如图 5 所示。其中红色部分为 1 号游览路线,其特点为:根据房屋的排列顺序,可以使游客一次性游览完所有古街内容,空间效果好;图中蓝色部分为 2 号游览路线,2 号游览路线根据地势高差将古街分为两部分进行游览,游览比较直接,不易使游客错过任何商铺。

3.4 新增设施

栗井村有着天然的温泉开发优势,其西北区有着大片的空地,为温泉开发给予了基础支持,西北区的高差不大,可以分为三个区域开发温泉,温泉可以为开发旅游度假村提供机遇,如图 6 所示。

在建筑损坏较严重且不可修复或院落空地处按功能要求新建餐饮住宿区、写生创作室等。新建后的餐饮住宿区的效果图如图 7 所示。

4 结束语

传统村落包含了较丰富的文化背景,其历史、文化、艺术和社会价值,值得我们去研究和传承,生态设计的道路任重而道远,各具地域特色的建筑艺术正反映了人们的生活特征和趣味。本文以栗井村为例,结合当地的优势资源探索生态发展保护的策略,对传统村落的保护更新设计提供借鉴和指导意义。

图 4 改造前古街立面
（图片来源:自绘）

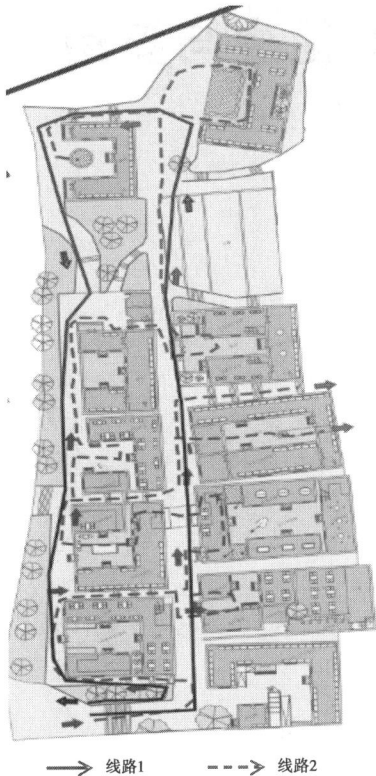

图 7 餐饮住宿区效果图
(图片来源:自绘)

图 5 古街游览路线分析图
(图片来源:自绘)

→ 线路1　---→ 线路2

图 6 村落更新效果图
(图片来源:自绘)

参考文献:

[1] 张琳,邱灿华.传统村落旅游发展与乡土文化传承的空间耦合模式研究——以皖南地区为例[J].中国城市林业,2015,13(5):35-39.

[2] 张茜翼.两会观察:10 年消失 90 万自然村中国古村落亟待保护.中国新华网,2015.

[3] 习近平.大力弘扬伟大爱国主义精神 为实现中国梦提供精神支柱[N].人民日报,2015,12,31(1).

[4] 习近平.决胜全面建成小康社会 夺取新时代中国特色社会主义伟大胜利——在中国共产党第十九次全国代表大会上的报告[M].北京:人民出版社,2017.

[5] 刘柏伶,唐文.保护与发展:民族村寨活化的空间途径——以芹菜塘村寨活化为例[J].价值工程,2016,35(32):41-43.

[6] 罗德胤,王璐娟,周丽雅.传统村落的出路[J].城市环境设计,2015,93(Z2).

[7] 李后强,廖祖君,蓝丁香,等.生态康养论[M].成都:四川人民出版社,2015.

[8] 杨贵庆,蔡一凡.传统村落总体布局的自然智慧和社会语义[J].上海城市规划,2016(4):9-16.

在场短暂介入对设计者创造力的促生与塑造
——基于一次与杰克·西蒙的风景体验实践活动

方晓灵①

Fang Xiaoling

【摘要】为了领悟行为过程中的感性体验,作者采用"参与式观察",亲身参与了法国景观建筑师杰克·西蒙的在场短暂介入——"田野里的绘画"。通过对这次经验的描述,本文旨在揭示在从现象(自在状态)向罗格斯(语言或者表达状态)自发转变过程中,身体所起到的作用。以追求与自然琴瑟相和为目的,在场介入行为俨然成为一个真实尺度下的快题、基地的解码者,或者一种开拓性的尝试,可不断地促生有利于个体创造力涌现的条件因素。个体的创造力并非取决于某一时刻的主观愿望,而是通过主体对自身行动理想状态的反复探索体验,持续积累而逐渐形成。"在场短暂介入"是项目之前的一个准备阶段、一个创造潜力在无意识中不断增长、巩固并成熟的过程。

【关键词】经验(expérience)　情境(situation)　在场(in situ)　身体性(corporéité)　中介态势(position mésologique)

　　什么是"创造力"? 英国儿童心理学家和精神分析学家唐纳德·伍兹·威尼科特(Donald Woods Winnicott,1896—1971)认为:创造力究其根底是寻求到达某物,向某物"伸出"(reach out),以便与之建立联系。②"它与不停地将形状与意义联系在一起的视觉和想象力有关。③"威尼科特进一步指出:创造力并非必然导致一个外在物的创造。它是一种创造世界的能力。人一旦出生,创造力就成为其经验的一部分④。譬如,在注视一个潮湿的墙面,我们有可能看到的仅仅是一些水渍痕迹,也有可能看到人脸、动物、山水风景。创造力是创造的必要条件。

　　在德国哲学家约翰·戈特弗里德·赫尔德(Johann Gottfried von Herder)那里可以找到相似的观点。他试图论证创造力存在于人的所有行为当中。他认为一个创造性行为与创造一个全新的物体或一个作品的行为完全无关,它构成了一个活生生的"整体"(un"tout"vivant),是生命全部意义的居所。当一个人的生活具有创造性,他所做的可以强化"活着"的感觉,让他成为他自己。

　　但是创造力是如何产生的? 让我们来回顾一个科学发明的故事:俄国化学家德米特里·门捷列夫多年从事元素周期的研究。1869年的一个晚上,经过一天的专注工作,他疲倦地睡着了。他做了一个梦,在梦里所有的元素各就其位形成了一张表。醒来后,他兴奋地将梦见的表快速记录下来。这就是现代物理学的重要发现,著名的元素周期表的来历。

　　在这里,梦似乎成为启迪者,或者一个创造过程。自十九世纪,心理学证明梦与做梦者的生活经历有关。他对外在世界的认知被有意识或者无意识地库存在记忆当中,并在梦中被部分释放出来。梦是不受将现实与想象对立起来的二元逻辑束缚的一种行为模式。在此,一些记忆碎片以一种"非逻辑"的逻辑方式组合起来。就如同法国艺术家、凡尔赛国家高等景观学校教授让-吕克·布列松(Jean-Luc Brisson)所说的:"有人说,梦也可以创

---

　　① 景观建筑师,巴黎社会科学高等学院哲学与社科博士(建筑与景观方向),重庆大学山地城镇建设与新技术教育部重点实验室访问学者,巴黎拉维莱特国立高等建筑学院讲师,"建筑、风土、景观"建筑研究所成员,中法营造艺术学社(LABCF)会长。研究方向为:与建筑、城市与景观相关的行动理论及设计者主动性和创造力的培养。

　　② 参见 Winnicott,2004 年。

　　③ Ibid. ,第 55 页。

　　④ Ibid.

造一些东西——清晨在枕下或者耳边回响的夜的世界的痕迹：乱人思绪的真相、不同寻常的含混。令人有所行动的梦显得非同一般，它具有足够的力量潜入到被唤醒的现实中去。①"

正是这一被"唤醒的现实"为门捷列夫提供了答案。然而在现实中，如何进入这一不受成见羁绊的自由状态？回到门捷列夫的故事中：在做这个启示性的梦之前，他经历了一个隆长的探索阶段，在这期间无数的尝试徒劳无功，却造就了众多记忆的碎片。而本研究的聚焦点正是这一漫长的准备阶段及其对主体行为方式的影响。具体而言，是关于项目前期在场身体经验，以及其对设计者，特别是景观建筑师创造力的促进和引导作用。

其研究主要方法采用人类学、社会学与教育心理学中常用的"参与式观察"（*participative observation*），即作者本人参与到被观察的事件当中，这被视为对传统分析方法的完善与补充。采用这一特殊研究方法的原因在于实践与行动作为身体感性经验，无法完全通过语言表达，导致一些书面材料信息的不完整，甚至被歪曲。如同法国著名景观建筑师和教育家，米歇尔·高哈汝（Michel Corajoud）指出的，项目研究、介绍和分析中很少真正揭示创作过程及深陷其中的创作者的感受。为了展示结果的合理性，设计者常常会倾向于事后制造一些冷冰冰的逻辑，而掩饰项目过程中为探索自身方法所经历的种种犹疑不决和不确定性②。

而如何研究人的行为和经验是目前行动理论研究领域乃至所有触及感性研究对象所遭遇的瓶颈。因为经验不是科学实验，每个经验发生时的时空状态的独特性决定了每次经验的唯一性，它无法通过重现被验证，因此无法被视为科学事实。法国学者玛丽-皮埃尔·拉索斯（Marie-Pierre Lassus）在2014 年 4 月一次围绕"环世界学"学术交流会议上做"环世界学，音乐及感官音乐"主题讲座时明确提出，经验的现实只有通过体验来探索。

正是基于这一观点，本研究材料大量使用个人经验，特别是采用了与法国现代景观职业与实践奠基人、景观建筑师杰克·西蒙（Jacques Simon）合作的在场短暂介入。此研究方法的特点在于将观察者置于行为之中，赋予其一种双重身份，既是观察者又是行动的主体，从而使得观察在多维度上展开：对他人、行动及自身作为主体同时进行观察。而行动者的身份所带来的情感同化（empathique）使得观察者更容易进入被观察对象的世界，避免了理性方法置身事外所导致的一厢情愿的单向推导。

在众多的案例中，本文选取对一次现场介入经历——"田野里的绘画"的描述作为序幕，目的在于更多地聚焦现象本身，而非仅以理论分析为主。为了最大限度贴近现实，描述以尽量中立的文字从多维度展开，包括行动者（我）心理变化，以求呈现整个过程的发生发展。这一将描述与分析结合的再现方法，意在寻求罗兰·巴特所谓的"现实与人、描述与解释、物与知的和解"③。

1　田野里的绘画——一次大地艺术实践

第一次看到"田野里的绘画"的照片（图 1），脑袋里蹦出一个问题：为什么做了那么多努力，仅仅为了实现一幅除了在空中俯瞰外都无法看见的巨大的画面？最后只留下几张看起来很美的照片。意义何在？而且在拍照之后，花费了那么大精力和时间的作品不久就被农民用翻土机摧毁，为的是准备下一期的农耕。农民眼里农耕或许比花哨的艺术家行为更有价值。

我第一次的田野绘画经历发生在 2007 年的五月，位于卢瓦河畔肖蒙城堡（Chaumont-surLoire）附近。西蒙首先向我展示画在速写本上的四个几何图形（图 2），它们看起来非常简单。而当农田出现在眼前时，我才意识到事情并非那么简单：地面坑坑洼洼的，到处是石头和土包，且牧草齐膝，连直走都困难，与照片上行云流水般的大地相去甚远。"纸张"，也就是说农田大小形状都难以分辨，如何"画图"？

---

① 原文" On dit aussi que certains rêves produisent des objets, des traces du monde de la nuit que l'on retrouve sous l'oreiller ou à ses côtés le matin：troublante vérité, extraordinaire ambiguïté. Les rêves qui font agir les hommes sont, ou apparaissent, assez exceptionnels, assez puissants pour trouver un prolongement dans la réalité éveillée "。（见 Degas, 2001 年，第 34 页）

② 参见 Corajoud, 2010 年。

③ 原文："Une réconciliation du réel et des hommes, de la description et de l'explication, de l'objet et du savoir "。（见 Barthes, 1957 年，第 233 页）

图1　田野里的绘画

（图片来源：Jacques Simon 提供）

图2　速写本上的四个几何图形

西蒙不慌不忙地向我介绍：先得指挥拖拉机将牧草压倒，通过午间阳光的烤灼，使之发白。当西斜的日光照在依旧挺立的牧草上，打出的阴影被发白的牧草衬得越发黝黑，那时就可以飞上蓝天拍照。对时间的把握和进程的安排是成功的关键。然而对我来说最难以想象的是如何掌握尺度。在这张巨大的"纸"上绘画的工具不是笔，而是一辆由农民驾驶的拖拉机，每一条划出的"线条"将有两米宽，图形的长宽至少以百米计。似乎觉察到我的不安，西蒙说道：

"就当作游戏。搞砸了，没关系。"

第二天凌晨五点，天还蒙蒙亮，我们就来到了现场。农田主人米歇尔姗姗来迟，刚一现身，他就嚷嚷道："别指望我待多久，我还有很多事儿要做！"他说话的方式几乎让人以为我们正在做一件再平庸不过的事，一种五味杂陈的感觉涌上心头：对明星人物的敬仰，对参与一项"宏大"艺术活动的兴奋，而这一切在米歇尔那满不在乎的口气前刹那幻灭。

这种混乱的心情随着事件的发展并没有平息：我对将要进行的任务毫无概念，不知该如何入手。然而时间紧迫，这似乎让西蒙很兴奋。他对周围环境了如指掌，几乎不用思考，很快确定了哪个地块适合哪个几何图形。

我们先着手绘制一个直径为 100 米的圆。我站在圆心，手里拿一根 50 米长的绳子，西蒙执另一头绳端，大步往前，围绕我转圈，米歇尔驾驶着拖拉机跟在后面，将牧草成片碾压倒。借助不同的方法，规整图形绘制几乎没有任何困难。但是不规则形状却遭遇瓶颈，除了在地上插几根竹竿以标出部

分形状，剩余的大部分形状根本无法掌控，只有摸黑涂鸦了。我问："怎么办？"

"凭感觉！"西蒙回答。（图3）

图3　"绘画"现场

（图片来源：自摄）

因担心出错，我倾向于继续担任被动协助者的角色。完成了两个图形，接下去得绘制两条穿越三角形的一百多米长的不规则线，我称之为河流。西蒙跟我努了努嘴："接下去看你的了"，然后转身离去，"粗暴"地丢下不知所措的我与高踞拖拉机上的米歇尔。而后者正不耐烦地看着我。奇怪的是，他那满不在乎的样子令人觉得情况似乎没那么糟糕，反而让我心安，开始放下顾虑，专注于眼前的任务。

我试图想象在基地上有一个边长为 100 米的等边三角形。在行进过程中力图调动全身所有的知觉来感知方向、尺度、形状、比例，和最可能贴合图形的线条。同时，西蒙在远处大声喊话提醒我所处的位置，譬如，我离三角形边大概多远。随着身体的移动，脑海中也同时在绘制这条蜿蜒曲折的河流。渐渐的，一切都变得详尽起来，好像大地在我耳边窃窃私语，说道：这里得向右转来绘制一条曲线，那儿得继续直行，保证线条足够长。每时每刻，我想象自己正在绘制一幅献给巨人卡冈都亚的画。一切都显得那么自然，不需要计算，不需要思索，知觉被唤醒，我好似被置于世界的中心……轻抚的风、牧草的轻笑、泥土的气息、渐渐苏醒的阳光，一切似乎都通过身体的移动被亲密地联系起来，并依循动势自觉向未来投射。如何解释这一行为状态？此时身后的米歇尔也变得分外耐心……（图4）

图4　左边：西蒙在小型飞机里；右边：从上空看田野里的画

（图片来源：自摄）

2 被表现的风景与被生活过的风景

这次经历中，我从观察者转化为行动者的时刻成为整个事件的转机。是什么导致了这一变化的？

这一时刻显然始于我的态度从被动转变为主动参与。我与风景的关系不再是面对面，而是置身其中，接踵而来的紧迫感，知觉被唤醒，与场地的接触、身体的移动，使得周遭一切变得越来越熟悉，一种归属感油然而生，它们的存在不再与我无关，因为我来过这里，并在这里留下了我的印记。此刻的风景不再是一张漂亮而陌生的图片，而是一段我可以向他人讲述的故事。

当被表现的风景转化成被生活过（被体验过）的风景，风景照随即呈现出其内在的意义。风景的审美介入（artialisation①）从视觉（in visu）转变成在场（in situ）。梅洛-庞蒂认为，世界从"己在"（l'en-soi）转变为"为己"（le pour-soi）是行动产生的重要精神机制②："要使得我们的身体向某物驱动，首先那个物体必须是为它而存在，需要我们的身体不属于'己在'的区域③"。毫无疑问，正是这个决定性的变化蕴含了西蒙行为的所有意义，它并非来自供人欣赏的风景照或者绘画，而是赋予"空洞形式"以意义的人类经验。

"被表现的风景"源自风景的传统定义，即风景是一幅视觉图像。为了欣赏，看风景的人得面对风景，并保持一定的距离。然而人们越来越意识到单纯的视觉不足以揭示风景经验所蕴含的复杂性和多感性。于是问题变成了"如何认知风景固有的多感性，特别是，如何进入这一多感性？"④

答案是"感性身体"这一概念，它区别于物理科学所定义的"客观身体"："感性身体好似风景经验所有可能性的条件和中心"。⑤而法国学者边留久⑥则提出"是在无法缩减的独特性中对事物实实在在的把握……"。⑦他进一步解释何为"对事物实实在在的把握"（la saisie concrète de la chose）："是尊重事物在某个时刻、某个介入者置身的处境中与其他事物的关联，是在共生（拉丁文 concretus，意指具体，源自 cum-crescere，即共同生长）中，即人、词、物在人类现实世界中的共生，促进这一独有的相遇的机缘（contingence）。"⑧

具体而言，可以从两个维度上去理解何为"对事物实实在在的把握"。首先，为了力图接近事物，对事物的观察不能局限于其本身，还应该涵盖环绕事物的世界，包括可见与不可见、已知与未知。这就要求与环境的接触达到最大限度。而只有置身于其中，而非面对它，才有可能在身体与环身世界之间建立起最多的联系。同时，置身世界的处境（situation⑨）会令主体自觉地将自己当作世界的一部分，促使情感移入，感受到它物或他人的命运将与之息息相关，就如同加拿大艺术家乔治·特拉卡斯（George Trakas）所说的，这关系到"成为土地的一部分⑩"。

其次，这是对动态现实的一种动态把握。在这一运动中，没有任何事物是永恒的，区别仅仅是刹那之表象。若要整体全面地领会现实，必须在它纵横时空的绵延动态中去理解它。因此"对事物实实在在的把握"是一种力图与自然琴瑟共鸣，领悟万物生息的动态探索。事实上为了把握现实的复杂

---

① "审美介入"（artialisation）这一概念由阿兰·罗杰（Alain ROGER）提出，意指：通过某种模式，直接地（in situ）或间接地（in visu）改造和美化自然的艺术过程（Processus artistique qui transforme et embellit la nature, soit directement（in situ）, soit indirectement（in visu）, au moyen de modèles）。

② "己在"（l'en-soi）是一种与外界隔绝的封闭状态，"为己"（pour-soi）是一种开放状态，意味着与外在世界有关联。

③ 原文："Pour que nous puissions mouvoir notre corps vers un objet, il faut d'abord que l'objet existe pour lui, il faut donc que notre corps n'appartienne pas à la région de l'"en-soi"。（见 Merleau-Ponty, 1945 年, 第 174 页）

④ 原文："comment reconnaître la "poly-sensorialité" propre au paysage, et surtout, comment y accéder？"。（见 Besse, 2010 年, 第 268 页）

⑤ 原文：" le corps sensible est comme le centre et la condition de possibilité des expériences du paysage "（Ibid.）。

⑥ 本名 Augustin Berque，法国著名哲学家、地理学家、东方学家。他提出的"环世界学"或者"风土学"（Mésologie）理论对当代关注人类生存与存在问题的学术研究影响深远。

⑦ 原文：" c'est la saisie concrète de la chose dans son irréductible singularité［…］"。（见 Berque, 2011 年, 第 2 页）

⑧ 原文：" c'est respecter son rapport avec les autres choses dans la situation où se trouve effectivement le locuteur, ce jour-là. C'est valoriser la contingence de cette rencontre singulière dans le croître-ensemble（ce cum-crescere qui nous a donné concretus）, la concrescence des personnes, des mots et des choses dans la réalité humaine"（Ibid.）。

⑨ Situation 是本研究的关键词之一，它是创造力和行动滋生的土壤。它在本文中根据不同语境被翻译成处境、境况和情境。

⑩ 原文："il s'agit de《 faire partie du terrain》"。（见 Grout, 2007 年, 第 181 页）

性,视觉与在场、感知与行动、观察与创造,这两种间接与直接的模式会同时作用于现实,交织在同一个行动中。例如,对于日本景观工程师中村良夫来说,身体的知觉让我们潜意识地将大地区域视为身体场,而不是一些事物:"感性的世界是一个刻满我们身体潜在行为意象的场。房屋、树木、路径、桥等这些组成大地区域的具有吸引力的点,并非一些事物,而是一些启动我们身体行为的催化剂记号。不需要任何原始动机,通过身体的置入,客观空间成为一个充满精神能量、遍布与身体联系的场。这个被身体激发的空间,我们可以称之为身体场。①"行动因此固有地存在于认知的行为中。风景是我们身体性(corporéité)的印迹。世界并非一个凝固的、单纯与内在相对的外在,而是因当下处境(situation)布满了极点,这是些无数能够见证潜在行为的信号。潜意识与前反思(préréflexive)的身体行为造就了一个为未来行动提供参照与提示的背景。是在对"我"的"处境"的反复把握中,孕育了"我"的行动意向。如同梅洛-庞蒂所说的:"一个运动被启动,只有当身体理解了它,也就是说当身体将之并入它的世界里。②"

3 创造性的经验——寻找行动的意义

感知与行动的同时性,意味着在场经验不仅通过身体与周围环境的感性接触激发创造力和想象力,还赋予了行动某种意向和意义(法语 sens 一词可以同时指代感觉、意义和方向)。这样看来,行动的意向并非取决于一个事先确定的目标和方法,而是在一个或几个经验中慢慢浮现。

这一"无法被预先确定的行为"的观念显然与十九世纪实证主义所主张的理性行动理论主流——"行动目的论"相悖。受到后者的影响,我们常常把视觉(观察分析)与在场(行动,譬如改造行为)分开,而将行动视为观察的推导。所导致的结果是,我们注入大量精力的观察与分析,通常仅根据一些置身事之外的表现(视觉图像、文字、数据

等)及一些既有的知识,而从中得出的结论将为接踵而来的行动制定决策。

美国社会学家塔尔科特·帕森斯(Talcott Parsons)认为行为目的论所采用的"手段和目的"二元法带有很强的功利性。而约翰·杜威(John Dewey)则认为被预定的目标与行动所面临的真正事实并不完全相符。一个行动不会马上向一个既定的清晰的目标行进,并根据它采用相应的手段。而目的论的风险在于它让行动者以为行动取决于目标,并仅满足于建立目标与手段之间的抽象因果关系,而无视行动本身。在这种情况下,目标往往被事先尽可能清晰地制定,与行动脱节。行动者往往会为了保证目标的实现,不惜抛弃所有行动中出现的可能质疑目标的因素,包括不惜采用不合理的技术,或更昂贵的手段。而事实上,行动的目标是相对不确定的,并通过不断出现的境况(situation)而逐渐明朗。因此杜威提出,一个理想的行为无法从外部施加(这个"外部"不仅包括他人,也包括行动者本身),它应该具有其内在固有的意义。

那么如何走出"目的论"的困境?德国社会学家汉斯·约阿施(Hans Joas)认为避免目的论及其对传统笛卡尔二元论的妥协,只需要将"分析与认知"视为行动的一些阶段,并通过接连不断出现的境况不断被修正③。所有的概念都必须向未来潜在的演化敞开。在教育中应该制定一个双重目标:行动的主体应该一方面适应某一角色,但同时又具有卸载某一角色的能力。具体而言,在对创作自由的需求和融入社会环境所需的身份机制之间具有一种相斥相吸的张力,而这正是促进个体创造力教学的活水之源。

在有关"游戏和创造性场所"研究中,威尼科特提出"创造性经验"这一概念。创造性经验与一个外在物体的创造或者创造的成功与否无关。举个例子,当一个人第一次煮米饭,他可以根据说明按部就班进行,也可以摸着石头过河,尝试第一次

---

① 法语译文为:" Le monde sensible est un champ qui se manifeste gravé d'images du comportement potentiel de notre corps. Les points d'appel qui le composent,maisons,arbres,chemins,ponts etc.,ne sont pas des choses(mono モノ),mais agissent comme des signes médiateurs(shokubaiteki na kigô 触媒的な記号)qui déclenchent les gestes de notre corps. Ainsi par un engagement du corps sans cause initiale,l'espace objectif devient un champ plein d'énergie spirituelle,parcouru de liens avec le corps. Cet espace excité par le corps,on peut l'appeler " champ corporel "(shintaiba 身体场)》"。(见 Nakamura,2013 年,第 78 页)

② 原文:" un mouvement est appris lorsque le corps l'a compris,c'est-à-dire lorsqu'il l'a incorporé à son monde "。(见 Merleau-Ponty,1945 年,第 173 页)

③ 参考 Joas,1996 年。

经验。结果可能一样,也有可能第二个经验导致失败,但它却构成了一次"创造性经验"。一系列的遭遇:呛人的糊味、烧焦的米饭,感官受到刺激,令人意外,甚至震惊。糟糕的经历因此帮助我们建立起自身的参考坐标,让我们实实在在地明白什么是自身能做的、应该做的和可能做的。而第一个经验服从于说明书,得到的仅仅是依赖权威的感受。在这里,过错和失败起到了引导和塑造创造性的作用:与现实直接的甚至不愉快的接触,比成功更能激发一次行动的意义。

事实上,"田野里的绘画"对我来说并不构成一次创新活动,因为它只是在大地上复制了西蒙已经绘制的草图。然而这次经历构成了一次独特的创造性经验,因为在过程中,我必须根据周围情况探索并建立起仅适用于自身的方法和手段。就这样,通过一个简单的"绘画"行为,在可行与不可行中摇摆,从而为"绘制"最契合意向的线条的行动建立起参照。这次经历同时表明,一个理想行动的固有内在意义并非天赋,寻找这一意义必须要经过一些不断与"不可能"碰壁的创造性经验,这些"不可能"是创造性和想象力的现实局限,从而启发对创造力的探索。

4　景观设计师的"中介态势"(position mésologique)——对创造力的探索和疏导

在创造性经验当中纳入意外事件、不确定性、错误和失败,折射出创造性不受体制约束,甚至具有破坏力的特征。这就意味着创造力是一种盲目的力量,需要被疏导。创造性经验的作用不仅在于它促进创造力,而且还通过揭示其局限性而引导创造力走上对理想行动的探索。我们可以将"理想行动"与米歇尔·高哈汝提出的"默契"相比较。高哈汝曾说:"一个项目更多来自与现实的默契,而非

冲动①"。他认为,对这一"默契"的探索是在外界客观信息与看风景的人的主观性两者的冲突中进行。关键难点在于如何把握两极之间的度:"当主观性过强,现实世界将被抹杀。接着,我们通过肆无忌惮和无拘无束的想象来填补这一空白,改造这些地方:又一次将之夷为平地!所有的困难在于避免混淆两者的前提下,如何在两种倾斜之间维持一种平衡,即边留久所谓的风土性(médiance)。②"

高哈汝进一步指出,对主观性与外界客观信息之间的"风土性"把握的能力无法学习,只能获取③。通过突出创造的偶然性与行动的不可控,他将项目定义为"认知机制(le procès de connaissance)"或者"源起(la genèse)"。在他眼里,一个项目的过程就如同一次谈话:"我常常将风景艺术④(l'art du paysage)与聊天相提并论:三四个人正在交谈。我们可以打断他们,强行插入另一个话题,但是我们也可以花几分钟听听他们说些什么,然后提出我们的看法,从而使得我们的观点在众人的交谈之中找到一席之地。⑤⑥"高哈汝的学术对手贝尔纳·拉叙斯(Bernard Lassus)对此也持有相似的观点,虽然二者对设计教学方法龃龉不合。拉叙斯关注如何在"创造性分析"(analyse inventive)和"适宜介入"(intervention adaptée)之间建立一种自然而然的关系。他认为基地改造的概念和形式来自对基地的感性认知:"通过与基地的接触,以及在创造性分析和其产生的形式之间一系列往返回复,我们来到这番奔波的终点——'适宜'介入,这是最后一个选中的形式答案。在此,重点不在于改造的量,而在于在质上,与创造性分析得出的预期目标之间形成最合理的一致性。"

高哈汝与拉叙斯相似的观点折射出一个概念——设计的自反过程(le processus réflexif de la

---

① 原文:"un projet qui relève moins de la pulsion que de la connivence avec la réalité "。

② 原文:"Quand la subjectivité devient trop forte,c'est le monde factuel qui s'efface. On peut alors combler ce manque par un imaginaire débridé et sans contrainte et transformer les lieux:tabula rasa à nouveau ! Toute la difficulté est donc de maintenir un certain équilibre,sans les confondre,entre ces deux versants,une médiance comme le propose Augustin Berque"(*Ibid.* 第 200 页)

③ *Ibid.* 第 253 页。

④ 风景艺术在此语境下应该指"创造风景的艺术"。

⑤ 原文:"Je compare souvent l'art du paysage à celui de la conversation:trois ou quatre personnes parlent entre elles,nous pouvons les interrompre pour imposer une autre parole,mais nous pouvons aussi prendre quelques minutes pour les entendre et avancer,ensuite,notre point de vue,de manière que nos idées trouvent leur place dans le cours général de la conversation"。(见 Corajoud,2010,年,第 103 页)

⑥ 原文:"Au contact de la réalité des lieux et par une suite de va et vient entre l'analyse inventive et les formes qu'elle engendre,on arrive en fin de parcours à une intervention "adaptée",dernière solution formelle choisie,où l'accent n'est pas tant mis sur l'importance quantitative de la transformation que sur le juste accord qualitatif avec l'objectif mis en lumière par l'analyse inventive "。(见 Lassus & Aubry,1985 年,第 11 页)

conception）。这一概念由美国教育家唐纳德·阿兰·舍恩（Donald Alain Schön）为重塑建筑设计教学开辟新视野而提出。他认为实践者通常面临一些非常复杂的情境（situation），而且每个时刻的情境独一无二。做设计其实就像设计者与其处境持续进行的一个自反性对话。

自反性（也称反身性，reflexivity），在认识论，特别是知识社会学中，指因果之间的循环关系，尤其出现在人类信仰结构中。一个自反关系是指互为因果的双向关系，在这个关系中，我们无法将因和果区分开来。一个设计的自反过程指设计概念与设计者的处境形成一种自反关系。设计的生成条件随着不断出现的情境而更新，设计者对此所作出的反应将反过来调整概念，而概念的转变也将影响新的情境的出现，如此反复循环，直至最后拉叙斯所谓的一个"适宜介入"出现。情境（situation）是设计者的处境，行动的主体是它的核心和动力。

如此看来，行动并非取决于由方法与目的构成的单向因果关系，而是呈现为一个因果交织、不断发展的运动状态，在这一动态之中不断涌现的可能性将帮助主体生成或调整行动意向，并逐渐将行动导向一种完满的状态。换而言之，在目的与方法之外存在着一个第三元元素（le tiers élément）——一个处于当下与未来、自然与人、主观性与客观世界之间的通道（或者说过程）。对于景观设计来说，这一通道即风景，它是自然与文化的一种动态契合机制，借此人类得以参与到世界生成当中去①。

而这一"两者之间"的位置正是环世界学（Mésologie②）所关注的命题。环世界学的法语前缀"méso"词源来自希腊语 meson，意思指"之中，中间的（au milieu，médian）"。我们所谓的设计者的"中介势态"（position mésologique）正是取其"中"之意。

所谓设计者的"中介势态"正是将自身当作第三元元素、通道、"引渡者③"，或者世界生成的参与者而投身于探索自身行为的意义。

其次，这关系到对一种恰到好处的度（即风土性 médiance④）的把握。这个"恰到好处的度"是对平衡和公正的追求，不向眼前利益、权威和犬儒主义等所有可能摧毁生命可持续性潜在条件的倾向让步。

然而，这一"恰到好处的度"就如同理想行为的固有意义那样无法掌控。只有在持续探索"恰到好处的度"的无数次不同的尝试中，每个个体才会领悟到促生和引导其个人创造力的道路。

尽管难以给出"创造力"的普遍定义，本文认为对于一个设计者，尤其景观建筑师而言，其创造力立足于与感性现实相交织的逻辑之上，是在探索自身处于内与外、客观与主观、自然与人工、理论与实践之间的"中介态势"的反复体验中不断增长、巩固和涌现。

参考文献：

[1] Barthes R. Mythologies[M]. Paris：Seuil, 1970.

[2] Berque A, et al. Mouvance-cinquante mots pour le paysage [M] // Passage Série. Paris：La Villette, 1999.

[3] Berque A. Comment souffle l'esprit sur la terre nippone [R]. Spiritualités japonaises Conference. Belgium：Palais des Académies, 2011.

[4] Berque A. Le mot "paysage" évolue-t-il？[A]. 2013.

[5] Besse J.-M. Le paysage, espace sensible, espace public [J]. Meta：researche in Hermeneutics, Phenomenology, and Pratical philosophie,2010, Vol. I. No. 2：259-286.

[6] Corajoud C., Corajoud M. Contribution aux travaux du conseil de l'enseignement et de la pédagogie du 3. 12. 1985 [R]// Rapport pédagogique. Ecole Nationale Supérieure de Paysage de VersaillesENSPV, 1985：10.

[7] Corajoud M. Le paysage c'est l'endroit où le ciel et la terre se touchent[M] // Paysage Série. Arles：Actes Sud / ENSPV. 2010.

[8] Debono M.-W. Perception et plasticité active du monde[R]. Série de conférences sur l'écologie du monde, EHESS：

---

① 参考 Berque,2013 年。

② Mésologie 是边留久（Augustin Berque）提出的关于环世界和风土（milieu）的理论与哲学，可以被翻译为环世界学或风土学，后者包含于前者之中，分别对应法语"milieu"的两个中文翻译：环世界（被生物感知的世界）和风土（被人类感知的世界）。Milieu 一词法语原意指"中间、中央、环境等"。受日本哲学家和辻哲郎《风土，人间学的考察》一书启发，边留久用 Milieu 一词来指代风土，Médiance 指代风土性，并将其延伸至针对所有生命物种的"环世界"。和辻哲郎所谓的"风土"是被人类生活过、体验过的环境，与自然环境截然不同。在环世界学中，"Milieu"指一个物种，或人类与其所处环境所维持的特有的关系。

③ 参考 Keravel S.,2008 年。

④ 和辻哲郎将风土性 médiance 定义为"人类存在的构造契机"。同样的，边留久在此基础上将此概念延伸至所有生命物种。

École des Hautes Études en Sciences Sociales. 2016.

[9] Degas A. Architectures rêvées [J]. Les Carnets du paysage-passage de témoin. No 7. Arles：Actes Sud /ENSPV, 2001：32-55.

[10] Dewey J. Démocratie et éducation-suivi d'Expérience et éducation [M]. Paris：A. Colin. 2013.

[11] (方晓灵. 创造力教学——景观建筑师培养中的环世界学方法. 博士论文,哲学与社会科学——建筑景观方向) Enseigner la créativité-Introduction à une approche mésologique de la formation des paysagistes [D]. EHESS：École des Hautes Études en Sciences Sociales, 2015.

[12] Grout C. Les axes en mouvement [J]. Les Carnets du paysage-comme une danse. 2007. No13&14, Arles：Actes Sud /ENSPV,2007：181-187.

[13] Joas H. La créativité de l'agir [M]// Pierre Rusch, Traduire. Passages Série. Paris：Cerf, 1999.

[14] (博士论文,地理科学——建筑与景观方向) Keravel S. Passeurs de paysage- une réflexion sur la transmission de l'expérience paysagère[D]. EHESS：École des Hautes Études en Sciences Sociales, 2008.

[15] Lassus B. Couleur, lumière…Paysage-Instant d'une pédagogique [M]. Paris：Patrimoine, 2004.

[16] Merleau-Ponty M. Phénoménologie de la perception [M]// Tel. Paris：Gallimard. 2009.

[17] Nakamura Y. La raison-cœur des co-suscitations paysagères : les fluctuations du paysage entre corps, lieu et langage [J]. A. Berque,Traduire. Ebisu [En ligne], printemps-été,2013：49.

[18] 王澍. 造房子[M].长沙：湖南美术出版社,2016.

[19] Winnicott D. -W. Conversations ordinaires (Home is where we start from, 1986) [M] //Brigitte Bost. Coll. Folio essais. Paris：Gallimard Publication. 2004.

法国艺术、城市和技术港口遗产
——以南特市和索恩河畔沙隆市为例

奥利维耶·热迪[①]

Olivier JEUDY

【摘要】二十一世纪初,法国众多工业港口遗址被重新定性和改造。这些临近城市中心的工业废弃地成为城市的延展地带,打造成新的滨水散步空间。许多艺术家被邀请致力于为区域注入活力,创造新的河海城市意象。河岸的可达性、休闲和散步空间的创造成为受欢迎和得到共识的文化项目,并广为媒体传播。相对于这一兴致勃勃的带有娱乐性的"回归江河"趋势,二十世纪技术港口遗产问题通常处于次要地位。似乎这一历史已经被遗忘。在此背景下,南特市和索恩河畔沙隆市工业港口遗址呈现为比较特殊的遗产化案例。存在于遗址上具有地区标志性的技术和港口元素对居民构建城市记忆和公共空间意象依旧产生干扰。通过回溯重新定性和改造工业港口遗址的这段历史,文本旨在呈现南特市和索恩河畔沙隆市如何各自通过融合艺术、遗产和技术文化创造来探索新的城市活力。

0　Résumé

D'importantes opérations de requalification des anciens sites industriels portuaires ont été réalisées en ce début du XXIème siècle en France. Situés à proximité des centres urbains, ces friches industrielles ont permis de créer des extensions urbaines avec de nouveaux espaces piétons le long des cours d'eau. De nombreux artistes ont aussi été sollicités pour redynamiser ces territoires et produire un nouvel imaginaire urbain fluvio-maritime. L'accessibilité aux rives, la création de lieux récréatifs et de promenades piétonnes jalonnées d'œuvres artistiques a été célébrée comme un projet culturel consensuel, fortement médiatisé. Face à cette exaltation d'un 《 retour au fleuve 》 divertissant, la question de la conservation du patrimoine technique portuaire du XXème siècle est souvent restée secondaire. Aujourd'hui, il ne reste en France que quelques vestiges industriels de ce patrimoine. D'un tel passé semble avoir été fait table rase. Les anciens sites industriels portuaires de Nantes et de Chalon-sur-Saône apparaîssent en ce sens comme des cas de patrimonialisation exceptionnels. La présence territoriale de leurs éléments techniques et portuaires intrigue encore les habitants quant à leur potentiel imaginaire en termes de mémoire urbaine et de création d'espaces publics. Revenant sur cette période de requalification des anciens sites industriels portuaires, cet article montre comment les villes de Nantes et de Chalon-sur-Saône ont cherché à développer chacune une nouvelle dynamique urbaine alliant création artistique, patrimoine et culture technique.

1　Introduction

D'importantes opérations de requalification des anciens sites industriels portuaires ont été réalisées en ce début du XXIème siècle en France. Situés à proximité des centres urbains, ces friches industrielles

---

① 奥利维耶·热迪,影像艺术家和哲学家、美学博士,目前是巴黎拉维莱特国立高等建筑学院副教授,"建筑、风土、风景"研究所成员,2019 年他将成为研究所负责人之一。

他负责硕士二年级"造型艺术方法和城市区域"系列讲座和"索恩河畔沙隆市北港口艺术体验"室外工作坊。在巴黎拉维莱特国立高等建筑学院硕士后 DPEA"建筑研究"课程中,他负责协调学生在研究所的学习。

奥利维耶·热迪同时还是 RITACALFOUL 艺术协会的联合负责人。他的研究主题有关城市项目前的在场艺术介入与体验、后工业景观和重组区域的音像再现,并试图将审美、影视、现象学、人类学和教育学的思考交接融汇在一起。

ont permis de créer des extensions urbaines avec de nouveaux espaces piétons le long des cours d'eau. De nombreux artistes ont aussi été sollicités pour redynamiser ces territoires et produire un nouvel imaginaire urbain fluvio-maritime. L'accessibilité aux rives, la création de lieux récréatifs et de promenades piétonnes jalonnées d'œuvres artistiques a été célébrée comme un projet culturel consensuel, fortement médiatisé. Face à cette exaltation d'un 《 retour au fleuve 》 divertissant, la question de la conservation du patrimoine technique portuaire du XXème siècle est souvent restée secondaire. Aujourd'hui, il ne reste en France que quelques vestiges industriels de ce patrimoine. D'un tel passé semble avoir été fait table rase. Les anciens sites industriels portuaires de Nantes et de Chalon-sur-Saône apparaissent en ce sens comme des cas de patrimonialisation exceptionnels. La présence territoriale de leurs éléments techniques et portuaires intrigue encore les habitants quant à leur potentiel imaginaire en termes de mémoire urbaine et de création d'espaces publics.

1.1 Requalification du patrimoine industriel portuaire et pratiques artistiques *in situ*

Plusieurs opérations d'envergure de requalification des anciens sites industriels portuaires ont été réalisées ces dernières années en France, notamment dans les villes fluviales de Bordeaux, de Lyon et de Nantes. Situés à proximité des centres urbains, ces sites sont restés longtemps délaissés ou sous-utilisés. Leur déclin progressif s'explique par une délocalisation des installations et activités industrielles portuaires en dehors de la ville. En raison du développement intensif du trafic fluviomaritime international (depuis le milieu du XXe siècle), la plupart des villes portuaires ont été obligées de déplacer leurs installations portuaires en périphérie urbaine afin de les rendre plus performantes et de répondre aux exigences du marché (davantage d'espaces de stockage, perfectionnement des moyens techniques en termes de rapidité de chargement et de déchargement). Ainsi, la délocalisation des fonctions

portuaires en dehors des centres urbains a libéré de vastes espaces au bord de l'eau et a laissé à l'abandon un patrimoine portuaire parfois considérable au cœur des villes. Ce phénomène n'est pas spécifiquement français. Aux Etats-Unis et en Europe, de nombreuses villes portuaires ont dû s'engager dans un processus de revitalisation et de requalification de ces territoires urbains devenus disponibles. En France, la reconquête de ces vastes espaces au bord de l'eau a fait l'objet de nombreux débats et concertations, et il a fallu beaucoup de temps avant que de grands projets de réaménagement soient finalement entrepris. Dans la plupart des cas, l'enjeu a été de revaloriser la qualité de leur paysage, de rendre à nouveau les berges accessibles aux habitants et d'utiliser ces anciennes zones portuaires pour créer des extensions urbaines. La présence de l'eau et sa pureté symbolique ont été utilisées pour faire évoluer l'image des quartiers riverains et pour développer un nouveau cadre de vie à haute qualité environnementale. Ces territoires disponibles ont ainsi permis de repenser la ville dans son rapport au fleuve et de tisser de nouveaux liens entre les habitants et leur patrimoine fluvial. [1] Dans chaque ville, cette reconquête de territoire s'est matérialisée par le réaménagement des berges en lieu de promenades piétonnes, accompagné d'éclairage nocturne, par la création également de pistes cyclables, de jardins et de parcs à proximité de l'eau. L'objectif était de redonner aux habitants l'envie de se promener, de déambuler le long des rives et de ressentir cette présence et cet imaginaire du fleuve dans leur ville. En ce début du XXIème siècle, les fronts de fleuve urbains sont donc devenus des nouveaux lieux de référence dans les villes françaises, des espaces de déambulation offrant un horizon dégagé avec de multiples points de vue sur le paysage fluvial. Ces nouveaux aménagements ont permis non seulement de répondre aux attentes des citadins en matière de qualité de vie, en recréant des espaces 《 naturels 》 dans leur environnement proche. Ils ont favorisé le développement du potentiel

---

[1] Pendant des années, les villes françaises avaient, au contraire, 《 tourné le dos à leur fleuve 》, ce dernier étant exclusivement réservé à l'industrialisation, au trafic des marchandises ou encore à la circulation rapide des voitures le long des berges.

imaginaire du fleuve comme passage et ouverture sur le large, sur le lointain, le fleuve comme fil conducteur pour percevoir l'étendue du territoire.

De nombreux artistes ont été sollicités pour participer à ces grands projets de requalification urbaine. Ils ont contribué à la production de ce nouvel imaginaire urbain fluvial en proposant de nouveaux regards et de nouvelles configurations physiques pour redynamiser ces lieux. Aussi, les pouvoirs publics ont cherché à combiner différentes pratiques artistiques et culturelles, jouant sur le temps et la durée, sur l'éphémère et le durable. Celles-ci ont pris forme, d'une part, par l'implantation d'œuvres pérennes commandées à des artistes célèbres. Par exemple à Nantes, *Les Anneaux* de l'artiste Daniel Buren (2007) jalonnent le quai des Antilles sur l'Ile de Nantes-œuvre qui est également éclairée la nuit permettant d'affirmer davantage ce nouvel espace piétonnier le long de la Loire. D'autre part, des interventions artistiques éphémères ont régulièrement été réalisées à l'occasion de biennales d'art contemporain en vue de valoriser ces nouveaux espaces urbains fluviaux. Par exemple à Bordeaux, l'artiste japonais Tadashi Kawamata a construit en 2009 (pour le 1er festival *Evento*) une passerelle en bois qui a permis aux piétons de passer au-dessus des voies de circulation et de marcher jusqu'au fleuve. Son œuvre intitulée *Foot Path* (sentier) se termine par une sorte de grande terrasse qui surplombe la Garonne et à partir de laquelle les visiteurs peuvent contempler l'étendue fluviale. Lors de ces biennales d'art contemporain, les interventions artistiques *in situ* transforment et renouvellent les regards sur la ville et son fleuve. Ces interventions éphémères surgissent comme des ruptures temporelles dans les habitudes quotidiennes et donnent la possibilité à chacun de saisir de nouvelles perceptions dans cette mise en mouvement de l'espace urbain. Sur les berges du fleuve sont aussi organisées des animations festives, événementielles, à l'image de l'opération 《Paris-Plage》 qui depuis son lancement en

2002 n'a cessé de confirmer son succès. Les animations festives et les biennales d'art contemporain en plein air sont symptomatiques de cette reconquête des fronts de fleuve, comme si la présence de l'eau servait en quelque sorte d'aimant pour faire venir une foule de curieux, les inciter à parcourir et admirer les paysages fluviaux le long des rives urbaines. Pour certains critiques, ces animations festives planifiées par les politiques publiques servent surtout à mettre en scène cette 《réappropriation》 ludique et conviviale des espaces publics au bord de l'eau, et attirer un tourisme de masse. [1]

L'accessibilité aux rives, la création de promenades piétonnes et de lieux récréatifs jalonnés d'œuvres artistiques, ont été célébrées comme un projet collectif consensuel et fortement médiatisé. Mais cette célébration 《d'un retour au fleuve》 a parfois occulté d'autres questions notamment celle de la conservation ou non du patrimoine industriel et portuaire délaissé. La quête d'espaces naturels a été tellement privilégiée dans les discours de communication des villes que la sauvegarde de la mémoire du paysage portuaire avec ses machines-outils de grande échelle est devenue secondaire. Au nom du développement durable et d'une purification environnementale, les signes de présence propres à cet univers industriel portuaire ont même souvent été jugés obsolètes, voir 《impurs》, et ont fini par être progressivement effacés. Cette disparition de la mémoire des lieux industriels est évidemment liée à des problèmes de promotion immobilière, de projets résidentiels et commerciaux qui réduisent finalement l'accès public au fleuve à un parcours linéaire, jalonné de boutiques et de restaurants. La conservation du patrimoine industriel portuaire n'est pas complètement absente en France, mais elle se résume à quelques vestiges, tels des hangars reconvertis à d'autres fonctions (essentiellement des activités artistiques, culturelles ou commerciales) ou des structures techniques emblématiques comme les deux ponts roulants sur le site de la Confluence à

---

① Voir Jean-Pierre Garnier 《Scénographies pour un simulacre: l'espace public ré-enchanté》 dans la revue *Espaces et Sociétés* n° 134, éd. érès, 2008.

Lyon. Le plus souvent, la dimension spatiale et dynamique du patrimoine technique portuaire ne se ressent plus. Les espaces libres, aérés, qui caractérisaient le patrimoine technique portuaire en friche, sont devenus très étroits laissant peu de liberté de mouvement aux piétons. Aussi, la qualité de ces nouveaux espaces publics aménagés doit être analysée au regard des diverses possibilités d'appropriation données aux citadins. Dans ce contexte, les villes fluviales de Nantes et de Chalon-sur-Saône, apparaissent comme des cas d'étude intéressants à développer pour comprendre différents processus de mise en forme d'espaces publics et de symbolisation d'une nouvelle urbanité.

1.2　Reconversion du patrimoine technique et portuaire de Nantes

La ville de Nantes montre un exemple de reconversion où l'intégrité du site portuaire a été préservée. Le site a gardé son caractère de respiration et les gens peuvent s'y promener aujourd'hui librement. Après cinq années de chantiers, l'ancien site portuaire de Nantes a entièrement été réaménagé en juin 2007. L'équipe de l'architecte Alexandre Chemetoff, désignée pour la transformation et la mutation de l'Ile de Nantes, a cherché à remodeler le territoire dans son ensemble en conservant sa configuration spatiale et son identité. Le projet s'est réalisé selon l'un des principes fondamentaux du développement durable : faire avec l'existant ; recycler et transformer au lieu de détruire pour reconstruire du neuf. Le site portuaire a ainsi été réutilisé pour de nouveaux usages qui n'occultent pas la réalité historique et territoriale de ses différentes structures matérielles. Sur le site des chantiers navals qui se trouve en face du centre ville, a été particulièrement défendue l'idée de fabriquer un parc et non un nouveau quartier. Entièrement piéton, ce parc est parsemé de traces des anciennes activités navales : les cales, qui servaient à la construction et au lancement des bateaux, ont été défrichées et mises en valeur ; la

grue Titan jaune a été sauvegardée comme structure technique emblématique du paysage industriel ; les quais ont été rénovés avec l'aménagement de pontons en structure métallique permettant des promenades de bord de Loire. De même, les différents jardins qui ponctuent l'ensemble du parc ont été créés à partir du site existant des chantiers navals, ils valorisent ses éléments préservés.

À la pointe de l'île sur le quai des Antilles, le Hangar à bananes abandonné depuis 30 ans a retrouvé, lui aussi, une nouvelle vie. Depuis juin 2007, il accueille une dizaine de bars, des restaurants, une discothèque, une galerie d'art contemporain. La reconversion de ce hangar peu élevé a permis de garder cette fluidité du lieu avec des points de vue dégager sur le fleuve. *Les Anneaux* de Daniel Buren qui jalonnent ce quai des Antilles proposent également de nouvelles perceptions sur le paysage de la Loire. Son œuvre constituée de 18 anneaux se parcourt jusqu'à la pointe de l'île où s'ouvre une large vue sur l'estuaire et le lointain. La nuit, les anneaux deviennent lumineux modifiant à nouveau la perception de l'espace. Cette sculpture pérenne, ainsi que celle de l'éléphant, ont été réalisées pour la première édition de la biennale d'art contemporain Estuaire, en 2007. En relation avec la reconversion du site portuaire nantais, cette biennale propose également un parcours artistique le long de la Loire, mêlant de Nantes à Saint-Nazaire des œuvres éphémères et d'autres pérennes. Elle participe au développement de nouveaux regards sur l'étendue du territoire et invite les piétons de ces deux villes à se reconnaître dans cet imaginaire territorial émergent. [1]

La reconversion des grandes Nefs (halles industrielles) du site des chantiers navals qui servaient à la construction de bateaux et de moteurs constitue sans doute le plus prestigieux projet de cette patrimonialisation portuaire nantaise. Ces grandes halles industrielles, devenues aujourd'hui un espace public couvert fonctionnant en continuité avec le

---

[1] La biennale d'art contemporain *Estuaire*, organisée en 2007, 2009, 2012, a été un élément moteur pour la construction de l'identité de la métropole Nantes - Saint-Nazaire.

nouveau parc des Chantiers, abritent surtout un atelier de construction de machines géantes conçues pour se déplacer dans l'espace urbain : les *Machines de l'Ile*. Dans la nef centrale qui se présente comme une rue intérieure, habite désormais le gigantesque éléphant de l'Ile de Nantes (haut de 12 mètres, large de 8, et pesant 50 tonnes). Cette sculpture en mouvement[①] sort régulièrement chaque jour pour parcourir le site portuaire, invitant les piétons à le suivre ou à embarquer sur son dos comme passagers. Les *Machines de l'Ile* construites dans les Nefs participent d'un nouvel imaginaire urbain qui entretient en même temps la 《 mémoire technique 》 des chantiers. De nombreuses machines vivantes, actionnées dans la galerie d'exposition ouverte au public, font référence aux récits fantastiques de Jules Verne, aux constructions navales et aux mondes marins. A l'extérieur, les créatures mécaniques du carrousel géant qui tournent sur trois niveaux viennent aussi depuis 2012 peupler et renouveler l'imaginaire de ce territoire portuaire, naval et industriel en pleine mutation.[②] De même, une branche prototype du futur *Arbre aux Hérons* traverse déjà la façade des nefs et les piétons peuvent l'emprunter pour découvrir des jardins suspendus et différents points de vue sur le site. *L'Arbre aux hérons* quant à lui est actuellement en chantier. Il sera finalisé au printemps 2022 : une structure en acier de 50 m de diamètre et de 35 m de haut, au sommet de laquelle les visiteurs devraient pouvoir embarquer sur les ailes de deux hérons pour effectuer un 《 vol circulaire 》.

1.3 Enjeux de création et de patrimonialisation-un patrimoine technique portuaire en sursis

L'ancien site industriel et portuaire de Chalon-sur-Saône est un exemple bien différent, sa superficie est moins grande, et contrairement aux sites de Nantes, de Bordeaux ou de Lyon, il n'a fait l'objet d'aucun projet de requalification. Tandis que les

activités industrielles du Port Nord de Chalon ont définitivement cessé au début de l'année 2005, laissant quelque peu le site tomber en désuétude, les trois grues et le pont roulant de plus de 100 mètres d'envergure ont continué à fonctionner pour d'autres usages qu'industriels. Les engins de levage auraient normalement dû disparaître, comme la majorité des machines-outils portuaires surannées dont il ne reste aujourd'hui que de rares spécimens classés à l'inventaire des monuments historiques. Profitant de cette situation d'entre-deux (à durée indéterminée), un collectif d'artistes, architectes, enseignants chercheurs et ingénieurs, travaillant en collaboration avec l'École Nationale Supérieure d'Architecture de Paris La Villette, ont investi le Port Nord pour y développer des protocoles d'expérimentations spatiales et matérielles à l'échelle 1. Il s'agit là de conserver un certain dynamisme de l'ensemble territorial par la mise en œuvre d'un imaginaire architectural et paysager induit, notamment, par le mouvement des machines portuaires.[③] Initié dès 2003 par l'enseignant plasticien Xavier Juillot, ce projet de recherche expérimentale et de formation pédagogique a pour objectif de travailler au futur urbain de cette friche industrielle en générant de nouvelles approches en termes de patrimonialisation des outils techniques portuaires et des sites industriels. Ainsi et au cours des dix dernières années, le 《 Port Nord 》 est-il devenu un lieu d'échange, de transmission et d'expérimentation de diverses pratiques (architecture, robotique, mécanique) dédié au mouvement. À travers l'utilisation des machines-outils et des équipements portuaires (grues, portique, silos, trémies), ont été explorées au fil des années avec les étudiants d'architecture de Paris La Villette de nouvelles dynamiques spatiales et architecturales.

Situé à l'entrée Est de la ville et proche du centre urbain, cet ancien port industriel est stratégiquement le

---

① Œuvre artistique réalisée en 2007 par François Delarozière et son équipe de constructeurs de machines.

② Par ailleurs, la construction de navires a également été relancée grâce à l'association *La Cale 2 l'île*, qui a entre autres mis à l'eau le 27 juin 2009 la réplique du *Saint-Michel II*, un voilier de 20 mètres ayant appartenu à l'écrivain nantais Jules Verne. Voir 《 Les chroniques de l'Île n°1 》, sous la dir. de F. de Gravelaine, éditée par la revue *Place publique*, janvier 2009.

③ Voir le site de l'association Port Nord http://portnord.eu.

site idéal pour donner une nouvelle dynamique à la ville de Chalon-sur-Saône. Ses équipements encore en état sont une opportunité historique exceptionnelle : l'ensemble des mécanismes en place n'attend qu'à se redéployer, non pas dans leur fonction d'usage mais dans leur fonction identitaire, poétique et territoriale. Telle une présence fantomatique chacune des machines monumentales imprègne l'espace par le déploiement de ses structures métalliques de grandes hauteurs, prêtes à se mouvoir. Ces engins de levage portuaires créent un paysage marqué de tensions mécaniques, d'éléments mobiles en sustentation, manœuvrant aussi bien verticalement qu'horizontalement le long du quai. Couplé au geste moteur des grutiers, le geste des grues engendre de multiples configurations spatiotemporelles, sensorielles, et s'inscrit dans la mémoire des corps qui habitent le lieu ou le traversent. Selon l'historien des sciences et des techniques Jean-Louis Kerouanton[1], le Port Nord de Chalon-sur-Saône présente, sur un petit espace, une situation portuaire fluviale complète, ailleurs disparue. 《Les quais, les grues et le portique, avec des relations monumentales de qualité, constituent un ensemble représentatif et exemplaire d'un port fluvial typique》.[2] La reconnaissance légitime d'un tel patrimoine industriel reste toutefois loin d'être acquise. Comme l'écrit le muséologue Jean Davallon (2008), l'idéologie actuelle tend à opposer patrimoine et création. Habituellement, la conservation des objets techniques se fait non seulement en l'absence de leurs univers d'origine mais aussi au détriment de 《la patrimonialisation comme construction de la référence》[3] façonnée à partir du jeu émotionnel partagé par les hommes du présent qui portent intérêt à ces objets et qui souhaitent les transmettre aux futurs générations. Davallon nous invite à dépasser l'intérêt patrimonial des objets techniques (en tant qu'objets exemplaires) pour considérer aussi les univers spatio-temporels passés, présents et futurs qui sont mis en résonance. Renvoyant à l'épaisseur du temps et à la présence sur le territoire (physique et imaginaire), une tel processus de patrimonialisation permet d'entrevoir le potentiel de l'ancien site portuaire industriel de Chalon-sur-Saône et de ses objets techniques comme milieu vivant à maintenir et en état de fonctionner.

L'anthropologue André Leroi-Gourhan insistait dès ses premiers écrits sur l'importance de resituer le contexte gestuel pour saisir la signification des objets techniques en vue de transmettre la mémoire de leur usage. Défendant le concept de 《chaîne opératoire》 comme syntaxe réalisée entre la mémoire corporelle, le cerveau et le milieu matériel, il écrivait :《La technique est la chaîne gestuelle dans laquelle l'outil est 《instrument》 au sens strict, c'est-à-dire participant à l'agencement d'une structure. D'où le fait qu'il perde sa signification technique dès qu'il se trouve coupé du contexte gestuel : la préhistoire et l'archéologie foisonnent d'objets techniques dont la signification a été perdue à l'instant où la mémoire de leur usage s'effaçait》 (Leroi-Gourhan, 1957)[4]. Ainsi, la phénoménalité technique des machines-outils portuaires ne peut se concevoir en tant que 《paysage gestuel》 sans l'exposition de leur organisation vitale et territoriale : la poétique des machines portuaires est ce temps technique localisé saisi comme une dynamique de formes de présence, une 《dynamorphose》 qui imprègne nos manières de percevoir et d'être à l'espace. À Chalon-sur-Saône, ce 《modèle mental d'action outillée》 (Sigaut, 2007)[5] peut être conservé en étant 《prolongé》 par d'autres gestes et usages que proposent les interventions artistiques sur le site.

---

[1] Vice-président de l'Université de Nantes, spécialiste des engins de levage portuaires.

[2] Kerouanton J. -L. ,《Patrimoine technique portuaire, enjeu de territoire》, *Débats du port* 2013, organisés par Olivier Jeudy, enseignant chercheur à l'ENSAPLV, et l'Association Ritacalfoul, Chalon sur Saône, avril 2013. Voir également le film d'Olivier Jeudy, *Débats du port 2012—Jean-Louis Kerouanton*, extraits vidéo[Online]

[3] Voir Jean Davallon,《Le patrimoine comme référence ?》, in *Les Cahiers du musée des confluences*, n°1,《La référence》, 2008, p. 41-49.

[4] André Leroi-Gourhan,《Le comportement technique chez l'animal et chez l'homme》, in *L'évolution humaine : Spéciation et relation*, Paris, Flammarion, 1957, p. 65.

[5] Notion employée par François Sigaut, voir notamment《Les outils et le corps》, in *Communications*, vol. 81, n° 1, 2007, p. 9-30.

《Expérimentant de la perception, des émotions, de la mémoire, de la formation des concepts, du temps, de l'espace, du mouvement》, ces dernières agissent 《comme des opérateurs d'une mutation esthétique en cours》 (Bec, 1999). [①] Tout en conservant sur le territoire le mouvement phénoménal de ces machines-outils portuaires, elles produisent de nouveaux gestes et des espaces inédits.

2　Conclusion

La préservation du patrimoine technique portuaire du XXème siècle reste quelque chose de rare en France. Seules quelques grues à Brest, à Nantes ou à Marseille ont été classées aux Monuments Historiques, ainsi que le portique Krupp de 650 tonnes à La Ciotat. Cas exceptionnels, les anciens sites de Nantes et de Chalon-sur-Saône conservent les traces de ces vestiges industriels portuaires sur le territoire tout en développant une patrimonialisation dynamique alliant création artistique, patrimoine et culture technique. À Nantes, les grues titans jaune et grise mises en position de girouette bougent encore au gré des vents. Elles s'associent aux mouvements des nouvelles machines de l'ile issues du bestiaire mécanique conçu par François Delarozière. Fabriquées à l'intérieur des anciennes halles des chantiers navals, ces machines monumentales font d'une certaine manière écho aux activités de construction et de manutention du passé. À Chalon-sur-Saône, l'enjeu actuel est au contraire de conserver le mouvement même des machines outils portuaires, de considérer leur potentiel imaginaire pour construire une nouvelle dynamique urbaine. À partir de leur présence territoriale, il s'agit de proposer un projet d'espace public innovant associant architecture, création artistique et patrimoine industriel. Un appel d'offres concernant la requalification du Port Nord vient d'être relancé par la ville cette année 2018.

---

① Voir l'article de Louis Bec sur 《Les gestes prolongés》, postface in V. Flusser, *Les Gestes*, Cergy, D'ARTS éditeur, 1999.

从重建到再述
——以巴塞罗那德国馆等为例

A Study on Reconstruction and Re-creation
—In the Case of the German Pavilion, etc.

高长军①　李翔宁②
Gao Changjun　Li Xiangning

【摘要】文章从建筑遗产保护的基本概念和发展演变入手,提出对现代建筑的保护和利用应该适当地进行扩展,关注到"消失"的建筑,对其进行超越简单重建的再阐述;主要以巴塞罗那德国馆的重建和再述为例,比对分析了多个其他相关案例,讨论了"再述"在当下的价值与意义。

【关键词】建筑遗产　巴塞罗那德国馆　重建　再述

巴塞罗那德国馆(German Pavilion)始建于1929年,只存世了极短时间便遭拆除,后在巴塞罗那各界的努力下于1986年重建开幕,更名为巴塞罗那馆(Barcelona Pavilion)。即将到来的2019年是德国馆始建90周年纪念,也是包豪斯100周年纪念,现代主义建筑思潮至此已发展近百年。作为这一历史性潮流的里程碑式作品,德国馆在这段时间内经历了诞生、拆除、缺席、重建、再述等纷繁波折的命运,是对建筑思潮发展历程、文化艺术观点演进的一个有力投射。[1]在笔者其他文章已经针对德国馆的重建事件与历史、重建背景与动因、重建历程与细节等多个围绕"德国馆的重建"这一基本主题的具体方面细致叙述的基础上,本文以"重建"(reconstruction)和由其衍生的"再述"(re-creation)为切口,讨论这一涉及建筑遗产领域行为的多重状态和深刻意义。

1　力有不逮的建筑遗产保护

1.1　建筑遗产概念的宽泛性和局限性

建筑遗产作为一个地方文化身份的重要载体,既是历史上留存下来的物质资产,也是未来发展所需的文化资源。随着时代的快速发展,世界各地都逐渐热衷于回溯地方历史,发掘地方文化,以追求身份认同。在这个过程中,建筑遗产作为承载历史价值和文化形象的重要客体,得到了前所未有的重视。[2]

然而,建筑遗产本身却是一个相对较宽泛、含义较动态的概念,在这短短几十年间不断进行着扩充和修正。在20世纪60年代以前,从考古发现的远古遗址,到19世纪中期工业革命之前的古建筑与历史城市是受到保护的,而工业革命以来、特别是20世纪的建筑遗产在《世界遗产名录》上鲜有出现。随着1964年《威尼斯宪章》的颁布,受保护的对象开始变得更加广泛起来,对其"年龄"的要求也变得不那么苛刻。随着1981年悉尼歌剧院及悉尼港申报世界文化遗产,晚近遗产(recent heritage)、20世纪遗产的概念开始逐渐被重视和厘清。

现代建筑、特别是早期现代主义建筑,往往以其革命性地使用了新材料、新结构,以形成新空间而具有历史意义。正因如此,混凝土、合成材料、大型玻璃板材的应用使得它们的老化速度和受损情况不容乐观。[3]再加上20世纪上旬几次大规模战争带来的动荡,这些建筑物无论其历史价值高低,很多都陷入破败不堪的境地。从遗产保护的初衷出发,这些建筑物急需充分的重视和及时的保护。但是,一定程度上由于建筑遗产概念的动态变化和

---

①　同济大学建筑与城市规划学院,博士生。
②　同济大学建筑与城市规划学院,教授。

人们认知的缓慢转变,这些现代建筑在等待被框定为"值得被保护的遗产"的过程中逐渐破败、甚至消亡。所以,从概念定义而言,建筑遗产所涵盖的内容相当宽泛;但从内涵与意识的演变而言,建筑遗产又往往因为"慢半拍"的框定标准而常显得力有不逮。此外,建筑遗产所保护的主要是有物质留存的建成环境,那些已经消失或者仅存在于纸面的历史纪念物(historic monument)则始终徘徊在关注的视线之外。这虽是遗产保护领域司空见惯的现象,但如果说已经逝去的古城古建因为时代的变迁过于巨大而无法追溯,那这些还算"年轻"的现代建筑可否在今天得到更多的重视呢? 如果对遗产保护的本质稍做回顾,这些显然都是亟待讨论的衍生思考。

简单归纳来看,上述这些具有重要价值的现代建筑大致处于三种基本状态:仅存在于纸面未曾建成(但档案信息存在)、曾经建成过但因为种种原因已经不复存在、有所留存但受到不同程度的损坏(但基本遗存尚可)。有趣的是,密斯在 1930 年代设计建造的三个建筑作品恰好一一对应于上述的三种状态,即克雷菲尔德高尔夫俱乐部(the golf club project in Krefeld)、1929 年巴塞罗那德国馆、布尔诺吐根哈特别墅(Villa Tugendhat)。这三个几乎同时完成的作品在设计上有着千丝万缕的联系,也在很多空间片段与构造细节中呈现了明显的相似。造化弄人,因为它们本身状态的区别,这三座建筑在过去的近百年内经历了相当迥异的命运。

1.2 "幸运儿"吐根哈特别墅

从"身份"角度而言,这三个建筑中最幸运是吐根哈特别墅(图1)。

经过几十年的不断争取,在 2007 年到 2008 年,悉尼歌剧院和德国柏林现代主义住宅区先后被列入《世界遗产名录》,2016 年柯布西耶在全球的 17 座建筑作品也以"对现代主义运动做出杰出贡献"(an Outstanding Contribution to the Modern Movement)的评价被集体列入《名录》。同为现代主义运动的先驱,密斯的吐根哈特别墅其实早在 2001 年就被列为世界遗产。

相比于德国馆的声名远扬,作为私人住宅且地处东欧小城的吐根哈特别墅则显得"低调"很多,但实际上这两个建筑之间有着非常紧密的内在关系。密斯接到吐根哈特别墅的设计任务时间略早于德国馆,最终于 1930 年建成,其创作和建造过程几乎与德国馆同步。显而易见,两个建筑在空间逻辑、建造细节、材质选择等很多方面具有很高的相似

图1　吐根哈特别墅室内　图2　吐根哈特别墅室内
(图片来源:自摄)　　　　(图片来源:自摄)

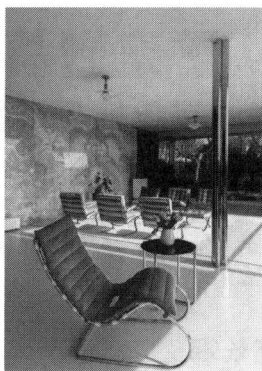

性。特别地,两个建筑都拥有的由"片墙加十字截面金属柱"所营造的核心空间中,"片墙"选用的缟玛瑙石墙就源自同一块原石。

吐根哈特别墅的命运非常坎坷,1930 年建成后吐根哈特家族仅在其中居住了不到八年,别墅就被纳粹占领从而变成了指挥部。此后的几十年里,吐根哈特别墅几易其主,在动荡中受到了严重的损坏。第二次世界大战开始时,别墅被盖世太保用作公寓和办公处,第二次世界大战临近结束时,别墅又被用作苏联军队指挥部;甚至战后也未曾安定,别墅被改造为各种空间,一直到 1967 年才逐渐被官方所重视,当年还经历过一次由密斯从芝加哥派来的助理建筑师作为顾问的修复。1994 年开始,吐根哈特别墅作为由布尔诺市政府管理的博物馆对公众开放,并在 2001 年时被联合国教科文组织列为世界文化遗产。[4]吐根哈特别墅最近的一次专业性修复是在 2010 年,这一次不仅详细地整理了吐根哈特别墅的各种历史资料,还进行了非常系统和清晰的修复与还原,并在此之后将其再次对公众开放。(图2)

幸运的是,无论吐根哈特别墅经历了多少破坏和变更,它还是保持了基本完好的建筑形象和空间格局,也留存有非常详尽的图档资料。此外,它在动荡年代里因身份的频繁更迭还成为重要的历史见证者,在欧洲逐渐恢复元气之后又经历了多次专业修复,"幸运而顺理成章地"获得了世界遗产的身份。所以,尽管吐根哈特别墅是一个"年轻的"现代建筑,它获得了非常的重视和绝佳的资源,作为直观反映密斯早期实践特点的重要载体存世。需要指出的是,吐根哈特别墅的当下呈现着力于还原建筑物原始的样貌,同时又以相当清晰的图解和文献加以注解,表现出一种空间状态上的复原和建造逻辑上的新旧并置。[5](图3)

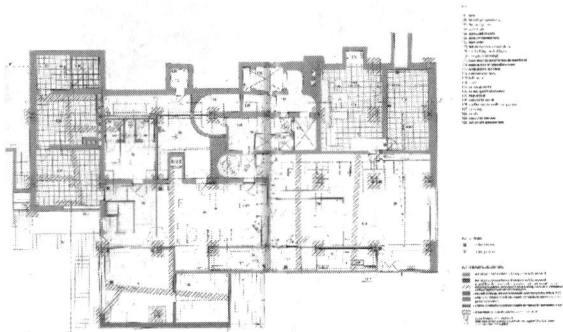

图3 吐根哈特别墅平面图，可见其不同状态的注解
（图片来源：MIES IN BRNO，THE TUGENDHAT HOUSE）

苛刻地来看，由于吐根哈特别墅的居住属性，密斯在其中尝试的突破是相对有限的（不同于他后期所做的其他小住宅作品）。这些未能在当中彻底表达的部分，似乎在巴塞罗那德国馆中得到了更加充分的呈现。早夭的德国馆自然没能等到逐渐完善的建筑遗产评定体系的眷顾，或许是由于原版长时间的完全缺席，重建的版本也尚未获得世界遗产的身份认可。

2 收益与争议并存的重建

2.1 巴塞罗那德国馆的重建

在建筑遗产领域，重建并不是一个新颖的概念。姑且就工业革命以前的建筑来看，不同于普遍意义上的古董，建筑物本身一直伴随着消耗、损坏、修复甚至重建等历程。价值和投入之间的平衡关系往往是衡量重建决策的依据之一，而时间跨度的长短也影响着重建的难易。一般而言，年代久远、资料匮乏、环境巨变等条件限制下的历史纪念物往往难以可靠地重建，出于短期利益的开发甚至会破坏遗产仅存的价值。但是对于距今时间较近、信息存量尚可、环境变化不大的现代建筑而言，重建是一件值得考虑的投入。显然，巴塞罗那德国馆的重建就是这样意义深远的一例。

1929年始建的德国馆不仅建设仓促，存世时间也仅有6个月。但这并不阻碍德国馆一经面世就因其创造性的空间策略、里程碑式的空间效果、颇为经典的材质组织，拥有开拓性的历史意义。作为全球通用的现代建筑启蒙作品，德国馆几乎是密斯最重要的代表作。在拆除二十余年后，随着战后社会环境的逐渐稳定，西班牙建筑师从1950年代起就开始了对德国馆重建的不断提议。重建德国馆不仅获得了密斯本人的支持，也逐渐从一个建筑学

界的讨论变成了全巴塞罗那，乃至全西班牙的城市大事件。[6]这一方面是因为战后几十年西班牙政治、经济、文化经历了快速的发展和演变，为重建提供了充分的社会基础和经济条件；另一方面也是由于密斯的个人地位和德国馆的里程碑式意义被全世界反复肯定，再加上德国馆对西班牙现代建筑的启蒙性身份，德国馆在西班牙上下的鼎力支持下于1986年重建落成。

德国馆的成功重建给巴塞罗那那个昂扬向上的年代增添了更多色彩，尽管这一举措在当时就引起了一定的争议。一些建筑理论家和建筑史学家认为重建会遭遇到真实性、可复制性的拷问，尽管在以埃文斯为代表的更多学者看来这其实并不重要。[7]库哈斯则将德国馆的重建看作一次成功的城市营销，重建的德国馆为巴塞罗那吸引了话题和慕名而来的拥趸。[8]诚然，德国馆的重建不仅是一个建筑遗产深度利用的举措，更是巴塞罗那城市形象推广的文化大事件。重建德国馆完成之后，原先负责重建的机构摇身一变成为冠以"密斯"之名的建筑文化基金会，还设立了欧洲最重要的当代建筑奖——密斯奖，使得巴塞罗那牢牢地将"密斯"的品牌锚固在了自己身上。[9]

2.2 黯淡无光的其他重建

无论是出于建筑学本身的历史价值回溯，还是利用现代主义建筑代表作品带动区域发展的目的，德国馆的重建显然展现了一种建筑遗产保护与利用的别样思路。在那个年代，多座与德国馆命运相似的大师之作在世界各地陆续被重建出来。但从如上所述的德国馆重建历程不难看出，重建并不是万能的灵丹妙药，往往需要特定条件支撑，否则这些复制品常常会陷入黯淡无光的境遇。

比德国馆始建略晚，由西班牙现代主义建筑先驱赛尔特（Josep Lluis Sert）、拉加沙（Lacasa）所作的1937年巴黎世博会西班牙馆，在博览会后即遭拆除，后来在1992年于巴塞罗那异地重建。这一展览建筑虽然在现代主义建筑发展的主潮流中并没有多么耀眼的光芒，但对于西班牙而言却具有不可忽视的历史意义。（图4）由于当时西班牙内战刚刚结束，创作时间非常不足，建设支持也极其有限，建筑师在相当困难的条件下尽可能地进行了展览空间和集会场所的创作。出于希望对国际社会展现当时西班牙国情的目标，建筑师还同画家、雕塑家进行了深入的合作，例如毕加索的壁画格尔尼

卡（Guernica）就专门设置于主入口的右侧，相当引人瞩目。[10]建筑师在追随柯布西耶多年、深受密斯等人影响之后，独立创作了这一具有标志性的作品，迈出了西班牙本土建筑师坚实的现代主义建筑实践脚步。

图4　1937年巴黎世博会西班牙馆原貌及入口处格尔尼卡壁画
（图片来源：网络）

然而，同样是在巴塞罗那发生的重建事件，同样作为世博会的国家馆，甚至还是西班牙本国的代表，这一作品重建所收获的效应却远远不及巴塞罗那馆。目前，重建后的西班牙馆仅作为巴塞罗那大学的一个文献学习中心使用，光顾者寥寥。（图5）

图5　1992年于巴塞罗那重建的西班牙馆
（图片来源：网络）

另一个如今门可罗雀的案例是在意大利博洛尼亚近郊重建的、柯布西耶为1925年巴黎世博会设计的新精神馆（Pavillon de l'Esprit Nouveau）。作为柯布早期探索的重要作品，新精神馆是他对现代化单元住宅的思考呈现，意图将别墅的概念呈现在塔式建筑中形成集合体量，在建筑史上颇有分量。[11]此次重建完成于1977年，是当时法国参加博洛尼亚国际建筑展（SAIE）时的成果。尽管2017年时又对这一建筑进行了一次修复，但遗憾的是重建的新精神馆始终没有获得预期的关注，如今已经暂时关闭了。（图6、图7）

图6　柯布西耶设计的1925年巴黎世博会新精神馆
（图片来源：网络）

图7　已于博洛尼亚重建的1925年巴黎世博会新精神馆
（图片来源：网络）

2.3　有效的重建

如果说前面所提的西班牙馆在名声地位、历史价值和建筑品质等各个方面都不及德国馆的话，新精神馆或多或少还具有一定的可比性。尽管经过重建已经完成了较为清晰的历史呈现，这两个例子所收获的结果和开始的投入相比显然不尽如人意。重建物不仅没有如愿成为回溯历史的场所锚点或者带动区域的空间亮点，反而沦为平庸、一度陷入濒临荒废的境地。

与之相反的是，巴塞罗那馆静静地矗立在蒙锥克山，吸引着源源不断的朝圣者，以各种各样的状态出现在全世界的建筑资讯中，成为通用的建筑学启蒙"读物"。反观世界在德国馆诞生又缺席、重建到今天的这百年的急速变化，巴塞罗那各界为重建付出的奔走努力，特别是重建团队为之做出的各种细致入微的研究和令人拍案叫绝的突破，在感慨中不免为其感到庆幸。无论从哪个角度而言，德国馆的重建都是辉煌且值得的。

这样不同的结果正说明，重建不光是一个简单的复制工程，更是跨专业、系统性的综合事件。通俗地讲，有效的重建需要"天时、地利、人和"，包括但不限于恰当的历史背景、合适的重建主体、齐心协力的社会各界力量、充分保障的重建投入和良好有序的运作运营，这是非常耗费资源的社会运作。所以，如果希望对已"消失"的现代建筑采取重建的策略，最大程度地保护和利用这些历史财富，举措的有效性至关重要，上述条件几乎缺一不可。值得思考的是，如果有效的重建如此可遇不可求，那么是否还有其他的方式来面对这些建筑遗产呢？

3 再述——超越重建

3.1 重建与再述

顾名思义，重建是对已不存在的历史纪念物进行再一次的复建，隐含着还原的概念。前述几例的重建事件，无论最终带来的社会效应和经济价值有何差异，其在建筑学角度都做到了基本的还原，至少在形态样貌上找不到太多明显的差异。但是，原模原样地重建似乎总是难以逃脱关于"可复制性"的诘问。更何况，不同年代进行的建造活动本身就是有客观差异的，一味地追求"一致性"似乎有些舍本求末。

相比于略有争议并稍显拘束的"重建"，"再述"则是超越其且更加全面的概念。再述可以理解为在基于对原先建筑遗存（无论完全消失还是有所保留）充分理解的前提下，加入当代人当下所共识的价值导向和审美需求所进行的二次解读和呈现，即再阐述、再创造。笔者认为，还原并不是重建的最高级追求，而借由重建的过程进行的再述才能在保护遗存、利用遗存的道路上发挥更大的作用。

3.2 巴塞罗那馆的再述

基于上述对重建和再述的辨析可见，前文提及的两个"不甚成功"的重建案例是典型的"重建即还原"，而重建的巴塞罗那馆和原版的德国馆之间其实存在着诸多差异，这些差异在笔者看来正是"超越重建的再阐述"。

首先，两版德国馆在建筑物本体上就颇有不同。从客观上讲，1929年德国馆在当时其实并没有真正完工，重建去还原这样的状态显得没有意义。（图8、图9）在建设初期因为工期仓促、预算有限，密斯只能保证德国馆在主要视角下的地方尽量完成，藏在后面的部分则草草了事。重建时不存在这样的限制，自然可以顺利完成。再比如，自然石材具有唯一性，这些材料一旦散失肯定无法找到一模一样的来替代，所以从奠定德国馆基本形象的多种石材的角度而言两版建筑也是不同的。如果说客

观层面的区别还算对现实的妥协，主观层面的差异则是重建建筑师对德国馆在建筑学角度的再述。例如从结构体系上而言，重建的版本按照永久建筑的标准，对原版所采用的当时适应本土、快速建造的体系进行了涵盖屋顶、承重系统、基础等各方面的全面升级，甚至还多加出一层地下室来（图10）。不仅如此，重建时还根据实际情况在地板系统、排水体系、细部构件等方面进行了诸多改良。这些改良基于重建建筑师对于密斯设计初衷的充分理解和高度继承，是他们面对不同客观条件下的一次克制的再述。

图8 1982年在MOMA给巴塞罗那市长的信件
（图片来源：密斯·凡·德·罗基金会）

在此信件中提到，经过研究发现1929年德国馆在当年是未完成的状态

图9 德国馆南侧视角鸟瞰图
（图片来源：密斯·凡·德·罗基金会）
可见大水池南片墙外立面并未完工

图 10　巴塞罗那馆地下室
（图片来源：Andres Jaque 摄）
可见巴塞罗那馆不同于德国馆的地下室部分

其次，如果将空间呈现作为建筑物的核心，笔者认为德国馆的重建是一场一直进行到当下，并且不断持续下去的过程。在分析德国馆的重建历程时，笔者曾经指出德国馆的诞生到重建实际上是西班牙现代主义建筑发展的注解和参照。对应地来看，重建后的德国馆通过建筑策略和艺术手段的介入，成为这几十年间呈现世界文化、建筑、艺术的思潮演进的载体和依据。也就是说，巴塞罗那馆动态地呈现并传达着超越其建筑本体的丰富涵意，每一次建筑或艺术的介入，都是以其为载体所进行的一次再述。[①]（图 11）

图 11　巴塞罗那馆实景
（图片来源：自摄）
可见巴塞罗那馆在材质细节上的更新

艺术家们的创造力是非常天马行空的。回溯历史，这些年在巴塞罗那馆中展现过的艺术介入包括但不限于行为艺术、视频影像、声音装置等。这其中最令人映像深刻的有如下几次：艺术家艾未未在 2008 年进行过一次有趣的介入，他在巴塞罗那馆的大水池和小水池中分别倒入了牛奶和咖啡，任其在自然中变化。艺术家本人把这一做法解释为"将巴塞罗那馆看作一个活体，用这一介入行为作为其新陈代谢呈现。"这一介入带来了令人震撼的多重感官体验，特别是随着牛奶和咖啡的不断变质，让其时间性尤为凸显。（图 12）2015 年墨西哥艺术家圣地亚哥·博尔哈（Santiago Borja）所做的艺术介入则具有浓厚的拉美气质。这一名叫"超感"（Suprasensitive）的装置将视觉艺术与建筑联系在一起，通过视频、照片和雕塑将几何与抽象、色彩联系起来。这一介入讨论了现代主义和建筑学的根源性话题，最终以一种抽象的形态展示出来。（图 13）更重要的是，这是一次多基金会协作、跨国联合呈现的作品，也凸显了巴塞罗那馆所承载的文化交流功能。2017 年时，密斯基金会邀请日本艺术家仓岛美和子进行了一个名为"折叠的宇宙（folding cosmos）"的艺术介入，将亚洲文化中的茶道概念带入到巴塞罗那馆当中。在艺术家看来，巴塞罗那馆所具有的独一无二的完整性和现代与古典并存的美学状态，与日本的文化审美有着异曲同工的巧妙关联。（图 14）

图 12　艺术介入——牛奶注入大水池
（图片来源：密斯·凡·德·罗基金会）

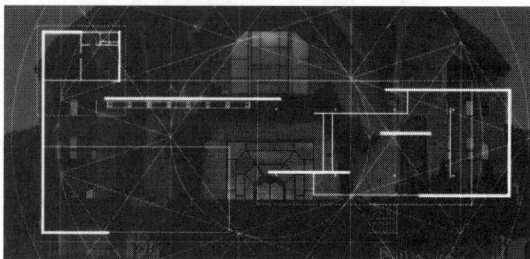

图 13　博尔哈的艺术介入概念海报
（图片来源：密斯·凡·德·罗基金会）

---

① 此后两段的叙述源于作者的硕士论文研究，因尚未出版故未在参考文献中标注，特此说明。

图14 仓岛美和子的艺术介入
(图片来源:密斯·凡·德·罗基金会)

建筑师在巴塞罗那馆的介入行为则着重于建筑与空间议题。2014 年,艺术家、建筑摄影师乔迪·贝尔纳多(Jordi Bernado)在回溯了德国馆最初的设计意图后,对密斯当时的设计初衷进行了一次局部投射。他的介入手段非常简单,即把巴塞罗那馆核心空间中可拆卸的两组玻璃门拆卸下来,并置于大水池西侧石灰华片墙外侧。贝尔纳多把这个行为叫作"二次重建"(Second reconstruction),他认为密斯在潜意识的设计意图就是将德国馆作为一次概念的传达,而不仅仅是物理性的空间生产。贝尔纳多表示,只有当门被移除的时候,重建的过程才真正完成(相当于达成了密斯的设计本意)。有趣的是,1986 年重建的时候建筑师也遇到了这个问题——处于安全和管理的考虑,巴塞罗那馆需要在核心空间的两个出入口加上水平向的玻璃门作为分隔,在需要的场合根据情况安装或者拿掉。密斯为了兼顾实用性和纯粹性设计了方便拆卸的门,重建时也采用了一样的办法。贝尔纳多用这样的方式再次提示了当初密斯的设计理念,举重若轻,颇为巧妙。(图 15)2011 年时妹岛和世与西泽立卫(SANAA)所做的装置更像当代建筑师隔空对话密斯。他们在巴塞罗那馆的核心空间内用亚克力材质的挂帘做了一个透明的弧形装置,包围着其中的缟玛瑙墙。透过这个装置,人们所看到的巴塞罗那馆的画面会产生轻微的反射与扭曲,行为和流线也受到了新的限定,与建筑原本的意象产生了微妙差异。(图 16)2017 年,西班牙本土建筑师组合安娜和巴赫(Anna and Eugeni Bach)为巴塞罗那馆带来了一次更加彻底的介入,名为"去材料化的密斯"(Mies Missing Materiality)。这是巴塞罗那馆自落成以来动作最大的一次介入。这对建筑师选择用白色的乙烯基覆层材料,将巴塞罗那馆的各种石墙面和十字平面镀铬金属柱全部遮住,使得原本空间

就很简洁的建筑彻底失去了材料特质,仅呈现出白色和透明。他们这么做的目的是改变巴塞罗那馆由钢、玻璃与石材构成的空间意象,让建筑看起来更像是一个 1:1 的白色模型,是一次非常具有表现力和批判性的介入。一旦将巴塞罗那馆的材质去除掉,整个建筑物呈现的模型化效果立刻使其成为一个抽象的空间符号。这一空间符号既可以指代德国馆当年所代表的国家意志,又可以指代其在现代主义建筑史中的地位——特别是呈现为作为现代运动标志物的白色。此外,这一行为似乎还透露着当下对于重建德国馆这一事件的反思与批判——不妨跟随这对建筑师的意图大胆地设想,如果 20 世纪 80 年代并不是按照追求原作的方式来还原,而是采用类似此次介入的"模型化"呈现,巴塞罗那由此又能获得怎样的影响力与关注度呢?(图 17、图 18)

图15 贝尔纳多的艺术介入,移去门的巴塞罗那馆
(图片来源:密斯·凡·德·罗基金会)

图16 SANAA 在巴塞罗那馆的透明装置
(图片来源:密斯·凡·德·罗基金会)

图17 巴塞罗那馆,去材料化的密斯
(图片来源:密斯·凡·德·罗基金会)

图18　巴塞罗那馆,去材料化的密斯
(图片来源:密斯·凡·德·罗基金会)

3.3　多元的再述

无论是持续重建的德国馆还是前文所提到的几个重建作品,在做出"重建时需要保持形象上的基本一致"这一判断和选择的时间点都是20世纪八九十年代。说明在当时,主流的价值观还是希望重建起码要呈现基本的还原。那么,如果当下再次面对类似的重建选择,应当做出什么应对策略呢?有两例与密斯相关的作品再述就以当下的价值观和审美展现了全新的思路。

正如前文所提及的,密斯在20世纪30年代与德国馆、吐根哈特别墅同期,还设计过一个未曾建成的建筑,即克雷费尔德高尔夫俱乐部。从图纸来看,这一作品在个人风格表达和实际功能关注间的调和使得其呈现的面貌仿佛介于吐根哈特别墅和德国馆之间(图19)。2013年,建筑事务所Robbrecht en Daem在充分研究了密斯的设计图纸后,在德国的克雷费尔德建造了这一密斯都无缘目睹的高尔夫俱乐部方案。这一例与德国馆既有相同的、客观上的缺席状态,又有不同的、事实上的未曾出现。正因如此,建筑师并非模仿重建德国馆的模式来凭空建造出一个密斯的作品,而从一开始就将其定义为一个"1:1模型"。除准确还原了原设计中标志性的十字钢柱外,这一"1:1模型"在墙体和屋顶等其他部分选用了木材而非原设计的木材,只着眼于建筑空间的呈现而规避了完全的还原。此例看似按照重建的模式展开,实则是一次非常巧妙又充满意义的再述。[12](图20、图21)

在2016年纪念德国馆重建30周年之际,密斯基金会组织了一场名为fear of column的竞赛,再提重建概念。这一次的重建对象是1929曾在德国馆前矗立的8根爱奥尼克柱。就结果而言,相比于前述的克雷费尔德高尔夫俱乐部,此次重建显得更加出人意料。在这一竞赛中获奖并实际建造的方案出自来自马德里的马丁内斯(Luis Martínez Santa-

María),其设计几乎摆脱了形象上纠葛,以一种新旧并置、极端对比的方式呈现了当下和历史的对话。[13](图22、图23)八根柱子不再以古典的面貌呈现出来,取而代之的是用废弃油桶构成的金属立柱。此例以巧妙的手法和轻松的态度表达了当代对于重建的理解——去再阐述、再创造,而不限于还原样貌。

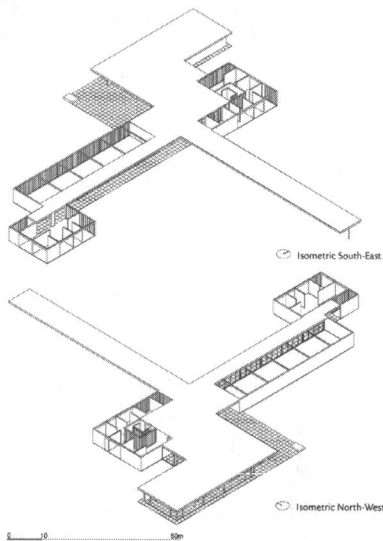

图19　密斯"1:1模型"轴侧图
(图片来源:Robbrecht en Daem)

图20　密斯"1:1模型"实景
(图片来源:Marc De Blieck)

图21　密斯"1:1模型"实景
(图片来源:Marc De Blieck)

图 22 2016 年 fear of column 竞赛获奖并实际建造的方案
（图片来源：密斯·凡·德·罗基金会）

图 23 2016 年 fear of column 竞赛获奖并实际建造的方案
（图片来源：密斯·凡·德·罗基金会）

4 结 语

回顾建筑遗产保护的初衷，尽管很多建筑不复存在或者未曾出现过，有效的重建和多元的再述所带来的效应往往不亚于传统意义上对现存建筑的保护。

历史不仅可用以回溯，更是对当下的投射和对未来的展望；在面对历史时，不宜囿于建筑遗产概念所框定的范围。在地方文化挖掘的趋势中，越来越多的现代建筑需要被给予超越风格样貌局限的、更加丰富的当代解读和呈现，以再述的方式促成本体和地域的复兴。

参考文献：

[1] 高长军,李翔宁.从 1929 到 1986:巴塞罗那德国馆的重建之路[J].建筑学报,2018(1):84-91.

[2] 常青,Jiang Tianyi,Chen Chenand,Li Yingchun.对建筑遗产基本问题的认知[J].建筑遗产,2016(01):44-61.

[3] 张松.20 世纪遗产与晚近建筑的保护[J].建筑学报,2008(12):6-9.

[4] Mies in Brno,The Tugendhat House[M].Brno:Brno City Museum,2013.

[5] 高长军,李翔宁.重建或再造——从德国馆到巴塞罗那馆[J].建筑遗产,2017(4):37-51.

[6] Solà-Morales I, Cirici C, Ramos F. Mies van der Rohe: Barcelona Pavilion[M]. Gili, 1993.

[7] Evans R. Mies van der Rohe's Paradoxical Symmetries [J]. AA files,1990,19.

[8] Koolhaas R. Miestakes[M]//Phyllis Lambert. Mies in America. New York:Harry N. Abrams,2004:716-743.

[9] 高长军,李翔宁.重建或再造——从德国馆到巴塞罗那馆[J].建筑遗产,2017(4):37-51.

[10] Freixa J. Josep Lluís Sert[M]. Barcelona:Santa & Cole,2005.

[11] 顾静.领潮与汇流[D].南京:南京艺术学院,2013.

[12] Lange C. For a Summer. MIES 1:1-The Golf Club Project [J]. ARCHITECTURA-ZEITSCHRIFT FUR GESCHICHTE DER BAUKUNST,2014,44(2):135-149.

[13] 高长军,李翔宁.重建或再造——从德国馆到巴塞罗那馆[J].建筑遗产,2017(4):37-51.

论题二

地区·乡土·民族建筑研究与创作

楚文化与古代南方城市[*]

How the Cities in the South of Ancient China Being Influenced by Chu Culture

吴庆洲^①

Wu Qingzhou

【摘要】 本文探讨楚文化对古代南方城市的影响。楚文化的代表老子提出的"人法地,地法天,天法道,道法自然"的哲学思想,以三个方面影响了古代南方城市:一是楚文化与吴文化的结合,创建了第一座水城——吴大城,成为江浙水城的样板;二是吴大城开创了以象天法地之意匠营建都城的先例,为中国历代都城所效仿;三是吴大城以"神龟八卦"意匠进行营建,开创了仿生象物意匠营建城市的先河。

【关键词】 楚文化 古代南方城市 影响 老子哲学 水城 象天法地 仿生象物

1 前　言

本文研究楚文化对古代南方城市的重要影响。这是一个很大的题目,可写一本书,以一篇文章而论,却非易事。

我读了许多书,终于草成此篇。不当之处,敬请各位同仁指正。

2 什么是楚文化

2.1 楚国简况

楚国是我国春秋时期五霸和战国七雄之一,从公元前11世纪开始立国到公元前3世纪最后灭亡,共经历了800多年。在楚国最强大的时候,它的领土东至江浙沿海,西至川东,北至河南、山东,南至两广,是当时地域最广、人口最多并拥有很强军事实力的国家。在800多年中,楚国由小到大,由弱到强,最后成为显赫一时、能左右当时政局的大国。在这800年中,楚国人民创造了极其丰富的物质财富和精神文化,对当时及后世造成了极深远的影响,影响所及早已超出了中国的范围。[1]

2.2 什么是楚文化

所谓楚文化,有两个大小套合的概念,即历史学意义上的楚文化和考古学意义上的楚文化。后者以体现在考古遗物上的为限,主要是物质文化;

前者则是物质文化和精神文化的总和。[2]

2.3 楚文化的特征

楚文化是一种区域文化,是与中原文化并肩媲美的华夏南北两支文化之一,而且后来居上,在变革过程中发挥了领新带头的作用,为南北文化融合作出了重大的贡献。楚文化有如下特征:

2.3.1 包容众长的创新道路

楚文化的勃兴和茁壮成长的原因,主要有两个:一个是社会变革时代的际遇;另一个是楚人因所处的特殊环境而走的不同一般的道路。

楚在西周时的贫困状况和屈辱地位,促使其学习他人之长,吸收外来的经验,把别人先进的东西变成自己发展的条件。具有进取精神的楚民族,走的正是这样一条符合客观发展规律的道路。

2.3.2 独具一格的艺术特色

楚人虽然喜新,却不弃本。他们很看重自己的传统,有自己的观念和审美标准,尤其在艺术上充分表现了自己的风格和特色。可以说,艺术是楚文化之花。

楚艺术主要有以下几个特色:

a. 人神交融的浪漫意境;

b. 飘逸、流畅的动态美感;

---

* 国家自然科学基金"中国古城防内涝的智慧和经验研究"资助项目(项目号:51878282)。

① 华南理工大学建筑学院教授,博士生导师,亚热带建筑国家重点实验室学术委员,中国城市规划学会历史文化名城规划学术委员会委员。

c.惊采绝艳的色彩美感。

尚赤,爱绿,喜五彩,楚人追求的乃是惊采绝艳的意境世界。[3]

2.4 楚人风俗和信仰

2.4.1 拜日、崇火、尊凤,是楚人的基本信仰,源远流长

祝融和鬻熊是楚人的祖先,被楚人奉祀唯谨。据《史记·楚世家》记,祝融是帝喾以重黎、吴回"居火正,其有工(功),能光融天下"所赐之名。楚人拜日崇火,绝不局限于自然崇拜,他们确信自己是日神的远裔,火神的嫡嗣;拜日崇火也是楚人虔诚的祖宗崇拜的表现。

楚先民以凤为图腾,楚是尊凤的民族。

2.4.2 楚人尚赤、尚东、尚左,与拜日、崇火、尊凤的基本信仰有直接关系

楚人尚东。屈原赋将楚人最为敬仰的天神和日神均冠以"东"字,奉为"东皇太一"和"东君"。

至楚汉之际,楚人还保持着尚赤、尚东、尚左的习俗。刘邦在沛县始举义旗时,依照楚人尚赤的传统,"帜皆赤",[4]并曾自托为"赤帝子"。[5]刘邦立为汉王之后,"以十月为年首,而色上赤"。[6]

2.4.3 楚国的臣民普遍具有爱国、忠君的赤子之心,先秦各民族罕有其匹

尚武、爱国、忠君,是楚人的美德,使楚人在逆境中也不至于一蹶不振。秦国击灭了楚国,楚人立誓:"楚虽三户,亡秦必楚"。[7]

2.4.4 尚鬼、崇巫、喜卜、好祀

楚国社会包容着原始社会的若干精神因素,因而楚人的精神生活散发出浓烈的神秘气息。

正因楚俗信鬼、崇巫、好祀,作为人神间使者的巫在楚国始终是受到广泛尊重的。巫在楚国,享有庙堂之上的荣耀,足以令诸夏的巫相形见绌。楚巫往往通医。[8]

2.5 楚文化的精神文化

楚文化的精神文化上成就十分突出,哲学和文学都独树一帜,老子、庄子、屈原都是文化巨星,老子、庄子的学说和屈原的楚辞都是中华传统文化的瑰宝。

3 老子哲学对中国古代城市的营建起到了重要的指导作用

3.1 影响中国古城营建的三种思想体系

影响中国古代城市营建有三种思想体系[9]:

①体现礼制的思想体系,以《考工记·匠人》营国制度为代表。

②《管子》为代表的重环境求实用的思想体系。

③追求天地人和谐合一的哲学思想体系。

追求天地人和谐合一的哲学思想体系,《老子》和《周易》为其代表。

3.2 老子新考

老子,一说即老聃,姓李名耳,字伯阳,楚国苦县(今河南鹿邑东)厉乡曲仁里人,做周朝"守藏室之史"(管理藏书的史官)。孔子(前551—前479)曾向老子问礼,老子年龄可能大于孔子。老子退隐后,著《老子》,亦称《道德经》。该书可能编定于战国初期,基本上仍保留了老子本人的主要思想。[10]

老子究竟是何人? 何新先生著《宇宙之道——〈老子〉新考》云:

老子(李耳)之学,源于黄老之术。

黄,即黄帝。黄帝是神,即黄神。黄与光是同源字,二字古音义相通。黄帝即光帝,亦即大光明之神——太阳神。黄帝被认为是天道的主持者。这个伟大称号,在上古史中曾被赋予一些伟大的首领,其中有作为人祖的黄帝。

老,即老彭。彭祖,乃楚族先祖之一,曾仕商任太史,以高寿著称,入周后曾任柱下史,传说历八百岁。彭祖因其高寿,或称"老氏"。先秦制度世官世守,故老氏之后世,入周仍为太史官。

黄帝之术即天道之术(天文之学),老彭所传之术又有长生之术,即医术及炼气炼形长寿之术(兼饮食益生之术)。因之所谓黄老之术,一是天文之术(黄术,即黄道、天道之术),二是长生不老之术(老彭术)。伊尹称黄尹。李平心说:伊尹即老彭。[11]黄老之术,本乃兰(灵)台太史世习之学,至春秋之际传于楚人老氏之后,如老阳子、老莱子及老聃。再其后之传人则有李耳(太史儋)。

老子为尹喜所传之书,即《道德经》。其理论实出自作为史官世家的老彭家族世传之学也。

我国台湾学者周次吉说:"老子者,学派名也。以其修道而养寿,故曰'老'。其学之者多未之显始名于后也,其偶见其名者,或曰耳,或曰儋、曰商氏、曰莱子云云,亦未详其本也,该隐君子焉。史公特就较可稽考之李耳,为本传之骨干,参以文学奇特之笔,见隐逸之士缥缈之致。"

黄老之学传于上古,至晚周主系传于太史伯阳及老聃(聃、聸通,即龙也。老子又号称李耳,"李

耳"乃是楚方言中老虎之名,龙虎上古本可通名,应即老彭氏世族所宗之图腾)。

老氏世任商周之史官,传习天道、治国及养生之术。至老聃亦尝任史官及兰台之官,或曾为孔子之师,并授天道于孔子。

《老子》一书内容,春秋甚至春秋前已存在,本为史家所辑兵政及养生格言及故谚;至战国后为老氏之徒(老聃、老莱子等)所纂辑补充,编成一部系统著作。而太史伯阳(又称伯阳父,父者,老也)处周之末世,知天下将大乱而避世出走,至函谷关为尹喜所拘。尹喜可能早闻此书,强命伯阳为之传记,于是传讲其家学秘诀即今本《道德经》。今本《老子》中多战国时观念及语言,因此最后成书,应在战国之际。[12]

3.3 老子《道德经》的内容

道字从首从走。首古音与道近通。道,端、颠也,头也。道从寸(手、肘),滋乳为导。导字像人之初生,首逆出即以手引产之形(《说文》记道之古文为"导"。道、导同源字)。

顺天而行,犹如引产之术,乃顺势引导之术,故曰导,曰道。

德,其字根为"直"。从直,从行(省体作彳)。或从直从心。直者,治也。又,直,正也。正借为政,直借为治,即政治,治理。老子之德经,即政治之经,治国之经也。"德"的概念亦有天文含义。古天文学认为,日之所行道曰"黄道"。黄道为天之中道,"日之所行为中道,月、五星皆随之。"(《汉书·天文志》)

老子书之甲篇"道经"言天道,兼言治心修身之术;乙篇"德经"言政事及施政之术,即治人之道。这是《道德经》一名的正诂。

近人江泉《读子厄言》中有《论道家为百家所从出》:"上古三代之世,学在官而不在民,草野之民莫由登大雅之堂。唯老子世为史官,得以掌数千年学库之管钥,而司其启闭。故老子一出,遂尽泄天地之秘藏,集古今之大成。学者宗之,天下风靡。道家之学遂普及于民间。道家之徒既众,遂分途而趋。各得其师之一遍,演而为九家之学,而九流之名以兴焉"。

战国楚地道家学派著作《鹖冠子·泰鸿》云:"日信出信入,南北有极,度之稽也。月信生信死,进退有常,数之稽也。列星不乱其行,代而不干,位

之稽也。天明之以定一,则万物莫不至矣。三时生长,一时煞刑,四时而定,天地尽矣。"(此言并见马王堆帛书《经法》)

所谓天道,在古天文学的意义上,主要是指黄道,即日、月、行星在天空中有秩序运行的路径、轨道。由天道的概念,引申而又有"地道""人道"(女人的月事周期、人生的成长周期),进而形成了普遍性的"道"的哲学范畴。

道的实质是自然秩序和自然法。"道法自然",德则是人事之规范。

班固说:道家是史官之学。中国上古之史官本起源于天官(天文之官)。史官是天道的观察者,也是人事的记录者。

老学主言天道,主张顺天道以行人事。"以虚无为本,以因循为用"(司马谈)。

天道盈而不溢,威而不骄,劳而不矜其功。[13]

3.4 老子率先提出"人法地,地法天,天法道,道法自然"的思想

老子曰:"人法地,地法天,天法道,道法自然。"(《老子》,第二十五章)

老子曰:"道生一,一生二,二生三,三生万物。万物负阴而抱阳,冲气以为和。"(《老子》,第四十二章)

老子提出了尊重自然的规律,象天、法地、法人、法自然的思想,阴阳和谐的思想,这些哲学思想对中国古代城市的营建起到了重要的指导作用。

《易传》之《易·系辞》等亦有法象天地的论述。查《辞海》"易传"词条,认为"易传"也称《十翼》,是儒家学者对古代占筮用书《周易》所作的各种解释,包括《彖》上下、《象》上下、《系辞》上下、《文言》《序卦》《说卦》《杂卦》十篇。旧传孔子作。据近人研究,大抵系战国末期或秦汉之际的作品。[14]

可见,象天、法地、法人、法自然的思想是由老子率先提出的,《易传》在其后。孔子学习了老子的天学,并进一步纳入了易的体系。

4 楚文化与吴文化融合,产生了江南第一座水城

4.1 吴都阖闾大城的营建

吴王阖闾元年(前514),来自楚国的伍子胥负责营建了吴国都城阖闾大城,也即吴大城,它是今

苏州城的前身。①

吴大城在我国城市建设史上具有重要的地位，它是我国历史上第一座水城。

据东汉袁康《越绝书》记载："吴大城，周四十七里二百一十步二尺。陆门八，其二有楼。水门八。南面十里四十二步五尺，西面七里百一十二步三尺，北面八里二百二十六步三尺，东面十一里七十九步一尺。阖庐所造也。吴郭周六十八里六十步。"[15]

吴大城在城市营建上有许多成功的经验，值得总结和借鉴：

4.1.1　城址地势较周围略高，尽量避免太湖洪水的威胁

吴大城位于太湖水系东部，地势低下，为著名的"水乡泽国"。太湖在城的东面，它是江南水系的中心，古称具区，别称五湖，又称震泽、笠泽，相传广袤 3.6 万顷，经实测为 2 425 km^2，是全国五大淡水湖之一。[16]

吴大城的城址北近长江，西依太湖，但与太湖之间隔着一群小山，避开太湖洪水的直接冲击，地处自低丘陵至平原过渡地带的地形较高处，城区地势略高于周围地区，标高一般为 4.2 ～ 4.5 m（吴淞标高，下同），其北部和东部的平原地区标高多在 4 m 以下。大运河绕城而过，其历史最高水位为 4.37 m（1954 年 7 月 28 日）。[17]城内西北角稍低，高程不到 4 m，仍然受到洪水威胁。但总的来说，城址的选择综合考虑了各种因素，对避免洪水威胁给予充分的重视。

4.1.2　建设了一套城墙系统，既可御敌，又可防洪

又据《越绝书》记载："吴小城，周十二里。其下广二丈七尺，高四丈七尺。门三，皆有楼，其二增水门二，其一有楼，一增柴路。"[18]

吴大城的城墙系统有如下三个特点：

a.有郭城、大城、子城三重城墙，这无论对防敌或防洪都是极为有利的；

b.城墙高大坚固；

c.城墙形状有特色。

吴大城的东北角和西北角呈折线切角形，而西

南角呈切角又内凹的形状，只有东南角呈直角。这是依地形、地势和按防敌、防洪的需要而设计的结果。[19]

4.1.3　建设了纵横交错的城市水网河渠，为规划设计江南水城树立了样板

据《越绝书》的记载，吴大城有 8 座陆门，8 座水门。吴小城有 3 座门，其中两座门增设两座水门。从平门到蛇门，除陆道外还有水道，宽二十八步（合 39 m）。

由城设 8 座水门，可知城中的水路交通系统十分发达。据记载，楚考烈王十五年（前 248 年），"春申君因城故吴墟（正义：墟音虚。今苏州也。［阖间］于城内小城西北别筑城居之，今圮毁也。又大内北渎，四纵五横，至今犹存。）以自为都邑。"[20]由此可知，阖间宫城（吴小城）北边的河渠为四纵五横的布局，直至唐开元二十四年（736）张守节作《史记正义》时，其历 1 250 年之久，仍然存在。

这纵横交错的发达的城市水系，具有供水、交通运输、溉田灌圃和水产养殖、军事防御、排水排洪、调蓄洪水、躲避风浪、造园绿化和水上娱乐、改善城市环境等 12 大功用。[21]它是楚文化与吴文化融合的产物。具有这样高度发展的水系的城市，称为"水城"。吴大城的规划建造，树立了一个"水城"的样板。

4.2　第一座"水城"在中国城市营建史上的重大意义

第一座水城的出现并非偶然，而是由于当时已具备了以下三个条件：

①生产力的发展使吴国具备了建设阖间大城的物质基础，而城市规划学、水利学和航运学的发展则提供了对该城规划的科学技术基础，这是水城出现的历史背景。

②据《史记·河渠书》记载："于吴，则通渠三江五湖。"可见，当时吴国已形成水运的网络。这是水城出现的地理环境背景。

③阖间大城的规划师伍子胥是一代奇才，具有渊博的学识。他既是政治家、军事家，又精通水利和航运。他由楚国而来，带来了先进的楚文化和楚

---

① 关于吴大城是否就是今苏州城的前身，学术界有不同意见。钱公麟先生认为吴大城并不在今苏州老城区的位置上，今苏州城最早是在汉代建造的。详见：叶文宪等. 吴国历史与吴文化探秘. 北京：文物出版社，2007：95-110。笔者认为，即使钱公麟先生的见解为学术界所接受，亦不影响吴大城为我国第一座水城和第一座有记载的以象天法地意匠营建的城市的结论。

国城市建设的先进经验，又根据吴国的具体情况：水乡泽国，以舟楫为舆马，非河渠无以蓄泄，为吴大城规划建设了水陆兼备的城市交通系统。这是一个城市建设史上的创举。

水城的规划布局不仅解决了城市交通问题，而且使供水、排水、防火、军事防御和城市景观等一系列问题迎刃而解。

阖闾大城乃是我国历史上前无古人的伟大创作，是我国城市建设史上的一个重要的里程碑。水城的出现，标志着我国古代的城市规划和建设的科学技术水平已达到了一个新的高度。

吴大城的出现，也是我国古代城市防洪上的重大事件，是我国城市防洪史上的里程碑。吴大城由伍子胥"相土尝水"，选择城址，城址略高于周围地面，减少了洪水威胁。其城市防洪设施相当完备，有城墙、壕池、城河、水门、堤堰等，外可以拒洪水，内可以排积潦，蓄泄便利，不忧水旱，使地处水乡泽国之城，得免洪涝之灾。它的出现，标志着春秋时我国的城市防洪科学技术已达到了相当高的水平。

在伍子胥建阖闾大城以后的 24 年——勾践七年（前 490），越王勾践委属范蠡筑城。于是范蠡乃观天文，拟法于紫宫，作小城，"周二里二百二十三步，陆门四，水门一。"范蠡又于小城附近筑大城，"周二十里七十二步，""陆门三，水门三。"[22] 小城与大城，大体上就是后来绍兴城的范围，历代沿用。作为越国首都的这座越城（包括越大城、小城）乃是继吴大城之后的又一座水城，城内河渠纵横。

苏州和绍兴，是我国历史上最著名的两座水城。由于水城规划布局的科学性和对水乡的适用性，而为江浙众多的古城所效法，成为江浙水乡城市的共同特色。

吴大城作为水城的诞生，也是老子象天、法地、法人、法自然思想的成果。

4.3　宋元明清江浙水城更为普遍

宋代之后，江浙水城更多，更为普遍。

宋平江府城（苏州城），宋代河道长达 82 km，古城面积为 14.2 km²①，城河密度为 5.8 km/km²。绍兴城，清代有城河长约 60 km，古城面积约 7.6 km²[23]，城河密度达 7.9 km/km²。温州城，宋代有城河长度达 20 300 丈[24]，合 65 km，古城面积

约 6 km²，河道密度达 10.8 km/km²。无锡城，据载明代城内河道总长达 7 100 丈②，合 22.72 km，古城面积约 2 km²，河道密度达 11.36 km/km²。

其余许多江浙城市，如湖州城、上海城、嘉定城、松江城等，都有着发达的城市水系。水城成为江南城市的重要特色。

5　吴大城和越大城、小城均运用了象天法地的营建思想

5.1　吴大城是首个有记载运用了象天法地意匠营建的城市

吴大城用"象天法地"的意匠指导城市的规划设计。东汉赵晔著《吴越春秋》记载：

"子胥乃使相土尝水，象天法地，造筑大城。周回四十七里。陆门八，以象天八风。水门八，以法地八聪。筑小城，周十里，陵门三。不开东面者，欲以绝越明也。立阊门者，以象天门通阊阖风也。立蛇门者，以象地户也。阖闾欲西破楚，楚在西北，故立阊门以通天气，因复名之破楚门。欲东并大越，越在东南，故立蛇门以制敌国。吴在辰，其位龙也，故小城南门上反羽为两鲵鲔，以象龙角。越在巳地，其位蛇也，故南大门上有木蛇，北向首内，示越属于吴也。"[25]

由记载可知，吴大城象天法地，以天地为规划模式，在城门的种类、数目、方位、门上龙蛇的装饰、朝向等许多方面，赋予丰富的象征意义，使城市的规划布局和建筑造型都体现了天地人合一的哲学思想，也表达了吴王阖闾欲破楚制越、称霸诸侯的雄心。吴大城在象天法地意匠上产生了深远的影响。

5.2　越都山阴城也是最早运用象天法地营建意匠的城市之一

春秋时勾践七年（前 490），越王勾践委属楚人相国范蠡定国立城。据《吴越春秋》记载："于是范蠡乃观天文，拟法于紫宫，筑作小城。周千一百二十一步，一圆三方。西北立龙飞翼之楼，以象天门。东南伏漏石窦，以象地户。陵门四达，以象八风。外部筑城而缺西北，示服事吴也，不敢壅塞。"《越绝书记载》："勾践小城，山阴城也。周二里二百二十三步，陆门四，水门一。……大城周二十里七十二步，不筑北面。"（《越绝书》卷八）关于选址的原则，

---

① 据苏州城规局资料。
② 笔者据［明］张国维.中水利全书，卷 7，河形的数字算出。

为"处平易之都,据四达之地"(《吴越春秋》卷八)。山阴小城为绍兴城的前身,它位于杭州湾平原上。其南部和西部为会稽山,北为钱塘江河口。其城址是利用沼泽平原上的大小八个孤丘而建立起来的。其中最高的孤丘是今城内西侧的龙山,因山势呈西南—东北向,蜿蜒如卧龙而得名。龙山在全城居高临下,最高峰海拔 76 m,范蠡在此建龙飞翼之楼,用来瞻望吴国军队的入侵。城南为会稽山,从龙山顶巅向南展望,从东到西,像屏风一样地排列着连绵不断的起伏岗峦,沿山麓以北,则又是河网交织,湖泊棋布,为古鉴湖遗迹[26]。其城区地面高程一般在 5.1~6.2 m(黄海高程,下同),高于其东北部的平原(4.5~5.1 m),城区历史最高洪水位为 5.47 m,故罕有洪水之患。[27]范蠡选址建城至今 2 490 年,城址不变,绍兴已发展成为我国著名的历史文化名城,事实证明范蠡选址水平是极高的。

6 老子的"象天法地"思想在秦汉之后成为华夏都城规划思想

6.1 秦承袭了道家思想,以象天法地意匠营建秦都咸阳

道家学说在战国中期的秦国就广为流传。据载,老子还同秦献公谈过"霸王出"的问题。但也有说,那个老子是周太史儋。尽管自孝公起,法家思想已据统治地位,但随昭王以后文化政策的宽松,道家学说在秦国深有影响。吕不韦的三千"食客",绝不是今天那种寄人门下乞食的"寒士",而是饱腹经纶的各派学者。其中除儒家,人数较多的大概就是道家了。他们参加《吕氏春秋》一书的编写,使之"以道德为标,以无为纲纪"(高诱《吕氏春秋·序》),全盘承袭了"道"的哲学概念。

尽管秦始皇摒弃了《吕氏春秋》一书作者为自己制定的建国纲领这一教本,但他还是不可回避地接受了道家思想并身体力行着。秦始皇为求仙,竟自称"真人",更明显的是接受了老庄思想的影响。[28]

秦始皇统一六国,建立了秦王朝,为寻找"受命于天"的理论根据,就完全采用了"五德终始"说。五行相克的次序,列表如下:土(黄帝)←木(夏)←金(商)←火(周)←水(秦)。《史记·秦始皇本纪》载:"始皇推终始五德之传,以为周得火德,秦代周德,所从不胜。方今水德之始,改年始朝贺,皆自十月朔。"

水之生数为一,成数为六,所以"数以六为纪"。据此,秦初分天下为 36 郡;迁天下豪富十二万户咸阳;销天下兵,铸金人十二;咸阳有宫观二百七十,关中"计宫三百";祭泰山、禅梁父,筑埤皆广长十二丈,坛高三尺,阶三等;使蒙恬发兵三十万,北却匈奴;有"候星气者三百人"(《史记·秦始皇本纪》)。这些都是六或六的自乘数、倍数或半数。

水主阴,主刑杀,体现在统治思想和方法上就是严刑峻法,是"刚毅戾深,事皆决于法,刻削无仁恩和义,然后合五德之数。于是急法,久者不赦"(《史记·秦始皇本纪》)。[29]

秦灭六国,统一中国后,继承了象天法地的规划思想,并进一步发扬光大,以表达其千古一帝的勃勃雄心。

秦始皇建都咸阳,"焉作信宫渭南,已更命信宫为极庙,象天极。""乃营作朝宫渭南上林苑中。先作前殿阿房,东西五百步,南北五十丈,上可以坐万人,下可以建五丈旗,周驰为阁道,自殿下直抵南山,表南山之巅以为阙。为复道,自阿记渡渭,属之咸阳,以象天极阁道绝汉抵营室也。"(《史记·秦始皇本纪》)"筑咸阳宫,因北陵营殿,端门四达,以则紫宫,象帝居。渭水贯都,以象天汉;横桥南渡,以法牵牛。"(《三辅黄图》)秦始皇帝陵中,"以水银为百川、江河、大海,机相灌输。上具天文,下具地理。"(《史记·秦始皇本纪》)也有象天法地之意匠。

《秦记》云:"始皇都长安,引渭水为池,筑为蓬、瀛,刻石为鲸,长二百丈。"不仅法天国,海上仙山、巨鲸也移入苑中。其气魄之伟,可谓前无古人。

秦咸阳城,以天宫天国为则,可称为天国宇宙模式。

6.2 西汉长安——北辰宇宙模式

楚人刘邦所建的西汉王朝,更进一步以象天法地思想营建都城。西汉长安城就是典型范例。

《汉书·郊祀志》云:"天神,贵者太一。太一佐曰五帝。"太一原为楚人日神东皇太一,因汉高祖为楚人,楚人崇日尚红的文化使东皇太一由地方太阳神上升到最高天神的地位;五帝,即五方太阳神成为它的辅佐。《史记·天官书》云:"中宫天极星,其一明者,太一常居也。"太阳神与北极神合二为一。

北辰崇拜在汉代达到新的高峰,这与汉代起独尊儒家,儒家崇拜北辰有关。《论语·为政》云:

"为政以德,譬如北辰,居其所,而众星共之。"汉代制历以"斗建",即以北斗星之斗柄所指来确定时辰与季节。司马迁《史记·天官书》中云:"斗为帝车,运于中央,临制四乡。分阴阳,建四时,均五行,移节度,定诸纪,皆系于斗。"

负责西汉长安城营建的酂侯萧何也是楚人(江苏沛县人)。

汉长安城因地形关系,不能效法周代王城制度筑成正方形,而是依象天法地的思想,结合地形修筑,"城南为南斗形,北为北斗形,至今人呼京城为斗城是也。"(图1)(《三辅黄图》)。汉长安在城西北凿昆明池,"昆明池中有二石人,立牵牛、织女于池之东西,以象天河"。

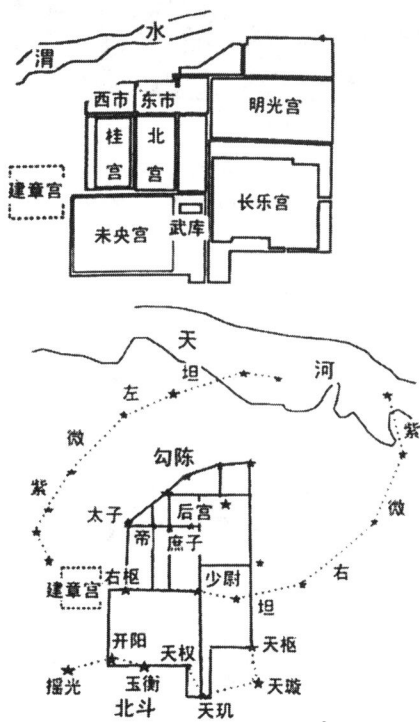

图1 汉长安考古复原图与天体星图
[图片来源:李小波,李强.
从天文到人文论文插图.城市规划,2000(9):38]

关于汉长安城斗城之说,古今学者多有疑问。元李好文云:"《三辅旧事》及《周地图》曰:'长安城南为南斗形,北为北斗形'。今观城形,信然。然《汉志》及班、张二赋皆无此说。予尝以事理考之,恐非有意为之。盖长乐、未央,酂侯(萧何)所作,皆据岗阜之势,周二十余里,宫殿数十余区。惠帝始筑都城,酂侯已设。当时经营,必须包二宫在内。今南城及西城两方突出,正当二宫之地,不得曲屈以避之也。其西二门以北,渭水向西南而来,其流北据高原,千古无改,若东城正方,不惟太宽,又当渭之中流。人有至其北城者,言其迂回之状盖是顺河之势,不尽类斗之形。以是言之,岂后人偶以近似而目之也欤?"①

元李好文所云:"其流北据高原,千古未改",并非如此。其实两千多年来,渭河河床一直在不断缓慢的北移。因此,当年汉长安城北,特别是西北部分迫近渭河,筑城时必须"顺河之势"。鉴于此,当代许多学者,都认为是地形及宫城先筑这两因素造成"斗城"的结果,并非模拟天象所致。②

世界上真有如此巧合之事?无意模拟天象,而具北斗、南斗之形,成为斗城?这令人难以置信。

让我们看看汉代规划设计长安城所体现出的象天法地意匠。

班固《西都赋》云:"其宫室也,体象乎天地,经纬乎阴阳。据坤灵③之正位,仿太紫之圆方。树中天之华阙,丰冠山之朱堂。"

张衡《西京赋》云:"自我高祖之始入也,五纬相汁④,以旅于东井⑤。娄敬娄辂,于非其议。天启其心,人慧⑥之谋。及帝图时,意亦有虑乎神祇。宜其可定以为天邑。……于是量径轮,考广袤。经城洫,营郭郛。取殊裁于八都⑦,岂启度于往旧?乃览秦制,跨周法。狭百堵之侧陋,增九筵之迫胁。正紫宫于未央,表峣阙于闾阖。疏龙首以抗殿,状巍峨以岌嶪。"

从班固《西都赋》可知,西汉长安的宫室是以"体象乎天地,经纬乎阴阳"为规划原则的。其所云"据坤灵之正位,仿太紫之圆方",所指的乃是萧何

---

① 长安图志.卷中.图志杂说,北斗城。

② 刘运勇.西汉长安.中华书局,1982:10-11;武伯纶编著.西安历史述略.陕西人民出版社,1979:116-117;马正林编著.中国城市历史地理.山东教育出版社,1999:173。

③ 坤灵,古人对大地的美称。

④ 五纬,金、木、水、火、土五星。汉郑玄云:星谓五纬,辰谓日月。贾公彦云:二十八缩随天左转为经,五星右旋为纬。

⑤ 《史记·天官书》:"汉之兴,五星聚于东井。"《汉书·天文志》:"汉元年十月,五星聚于东井,……此高皇帝受命之符也。"

⑥ 慧,教导。

⑦ 八都,犹八方。

所营建的汉长安城最重要的宫殿——未央宫。

汉以八卦定方位,乾为天,对应西北,坤为地,对应西南。古人又以十二支定方位,"子"为北方,"午"为南方,"卯"为东方,"酉"为西方。西南为"未",为坤,为大地,天子必择中而处,居地之中央,故名此宫殿为未央宫[30]。乾为天,上有帝星太一于紫宫(紫微垣)之中,天为圆,地为方,故云"据坤灵之正位,仿太紫之圆方。"张衡《西京赋》云:"正紫宫于未央。"《三秦记》云:"未央宫一名紫微宫。"都证实了其象天法地之旨。西汉长安城未央宫的位置在城之西南,这与周王城之宫居中不同,它仅是八卦意匠的大地——坤位之中。它表明汉长安城不仅在外形上,而且在哲理上体现宇宙模式。故张衡《西京赋》有"跨周法"之说。

汉未央宫以北阙为正阙。《史记》正义曰:"按北阙为正者,盖象秦作前殿,渡渭水属之咸阳,以象天极阁道绝汉抵营室。"可见其以北阙为正表达了"象天"的意匠。汉长安城继承了秦咸阳象天的意匠,故张衡《西京赋》说其为"览秦制。"

汉长安城法天上四象,其意匠有所发展。《三辅黄图》云:"苍龙、白虎、朱雀、玄武,天之四灵,以正四方,王者制宫阙殿阁取法焉。"未央宫建有玄武、苍龙二阙,还建有白虎殿、朱鸟堂,以取法四象,瓦当以四灵之图象为最多。(图2)

图2 汉代青龙、朱雀瓦当

前面已读到,北辰崇拜在汉代达到新的高峰。汉代制历以"斗建",司马迁所云"斗为帝车"的思想深入人心,这可以从汉下梁祠石刻(图3)中得到验证。汉长安城法天上四象,更崇北斗,汉代以北斗星之斗柄所指来确定时辰和季节。崇北斗的意匠正是通过"北斗""南斗"的"斗城"来表达的。虽是顺应地形,亦是有心模仿天象,这使象天的思想与因地制宜的原则完满地结合起来,收到事半功倍之效。近年陕西发现以汉长安城为中心的西汉南

北向超长建筑基线[31](图4,图5)更加说明斗城之形绝非简单顺应自然的结果。

图3 斗为帝车图
(图片来源:汉武梁祠画像石)

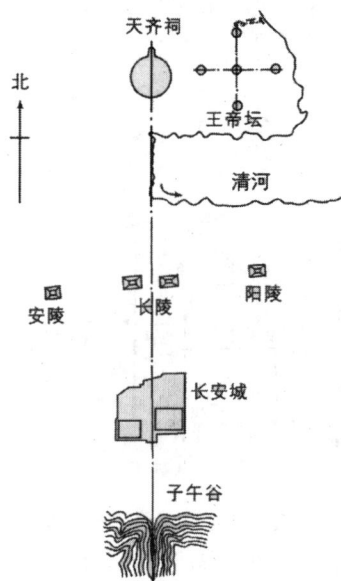

图4 汉长安城基线及汉代遗迹示意图
[图片来源:秦建明,等.陕西发现以汉长安为中心的西汉南北向超长建筑基线.文物,1995(3):5]

西汉长安城以"斗城"为意匠,因"斗为帝车,运于中央,制临四乡",而且《史记·天官书》有:"北斗七星,所谓'旋、玑、玉衡,以齐七政'。"《尚书大传》云:"七政,谓春、秋、冬、夏、天文、地理、人道,所以为政也。人道政而万事顺成。"其模式表达了天地人三才合一的哲学思想。

图5 基线宏观图
(图片来源:秦建明等论文插图)

西汉长安城可称为北辰宇宙模式。

隋唐长安、隋唐洛阳城、宋东京城、元大都城、明南京城、明清北京城,均承袭了象天法地意匠,但又各有特点。[32]

7 郭璞营建温州城斗城

7.1 郭璞为古温州城选址和规划

温州城是一座带有神奇色彩的浙江东南名城。说她神奇,是因为1680年前,博学多闻的堪舆大师郭璞为温州城选定城址,并制定了城市的规划布局,以天上北斗星的位置定下了"斗城"的格局,在城内规划水系,通五行之水。郭璞选址规划的温州城,是一座斗城,也是一座水城,且因有白鹿衔花之瑞,又称为鹿城。郭璞还做了两个预言,一为斗城可御寇保平安,二为一千年后,温州城将开始繁荣兴盛。这两个预言都应验了。温州古城最重要的特色,是斗城和水城。这两个特色均有着深厚的文化内涵,并闪烁着智慧之光。

7.2 "斗城"探微

要了解斗城的特色,得从郭璞选址谈起。

据明嘉靖《温州府志》记载:"府城:晋明帝太宁癸未(即太宁元年,公元323年)置郡,初谋城于江北(即今新城),郭璞取土称之,土轻,乃过江,登西北一峰(即今郭公山),见数峰错立,状若北斗,华盖山锁斗口,谓父老曰:若城绕山外,当骤富盛,但不免兵戈水火。城于山,则寇不入,斗可长保安逸。"①

同一事,宋本《方舆胜览》记载:"《郡志》:始议建城,郭璞登山,相地错立如北斗,城之外曰松台,曰海坛,曰郭公,曰积谷,谓之斗门,而华盖直其口;瑞安门外三山,曰黄土,巽吉,仁土,则近类斗柄。因曰:若城于山外,当骤至富盛,然不免于兵戈火水

之虞。若城绕其颠,寇不入斗,则安逸可以长保。于是城于山,且凿二十八井以象列宿。又曰:此去一千年,气数始旺云。"②

温州城的选址和规划,体现象天设邑的理念。

象天法地建都建城,乃是中国城市规划数千年一贯的传统。公元前11世纪,周武王就以"定天保,依天室"(《逸周书·度邑篇》)为建立国都的原则。但当时还没有象天法地的明确的理论。直到春秋时,老子明确提出"人法地,地法天,天法道,道法自然",这才有了明确的理论。公元前514年,伍子胥相土尝水,以象天法地的原则,规划建设了吴大城。千古一帝的秦始皇,法天则天,建了秦咸阳城。西汉长安城,"南为南斗形,北为北斗形",号称"斗城"。郭璞选址温州城(图6,图7),上承西周秦汉,开启了非都城的一般郡城象天则天的先河,在中国城市规划、建设史上乃是一个重要的里程碑。

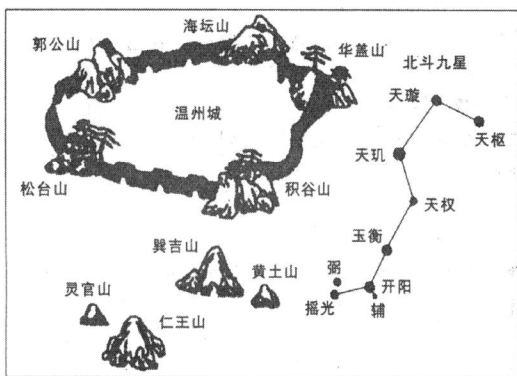

图6 温州城营建略图
[图片来源:陈喜波,小波.中国古代城市的
天文学思想[J].文物世界,2001(1)]

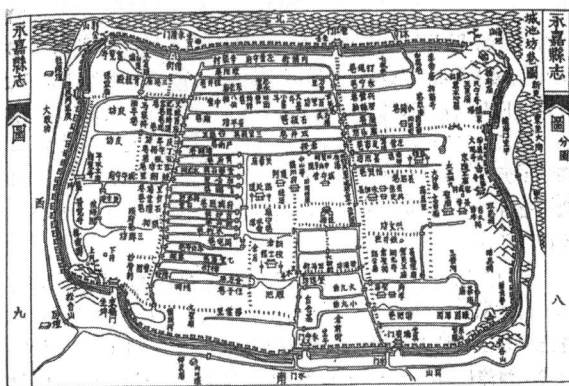

图7 温州城图
(图片来源《光绪永嘉县志》)

---

① 明嘉靖温州府志,卷之一,城池。

② 宋本方舆胜览,卷之九,瑞安府,形胜。

8　吴大城营建用了"神龟八卦"意匠,开创了仿生象物营建城市的先河

8.1　伍子胥建吴大城用了"神龟八卦"意匠

唐陆广微撰《吴地记》云:

罗城,作亞字形,周敬王六年丁亥造,……。[33]

宋朱长文撰《吴郡图经续记》云:

阖闾城,即今郡城也。……郡城之状,如"亞"字。[34]

宋范成大撰《吴郡志》云:

阖闾城,吴王阖闾自梅里徙都,即今郡城。……乃使相土尝水,象天法地,周迴四十七里。陆门八,以象天之八风。水门八,以法地之八卦。[35]

龟的腹甲的形状,即"亞"字形。"亞"字形在古代,已成为神圣的符号。伍子胥营建的吴大城,是以"神龟八卦"为意匠进行规划设计的。苏州所在,为水乡泽国,以"神龟八卦"为意匠,是伍子胥的独到创意。龟长寿,龟又是沟通人神的四灵之一,以"神龟八卦"为意匠,是希冀吴大城长盛不衰。现苏州城自创建以来已历二千五百多个春秋,仍生机勃勃,是名副其实的长寿的龟城。

伍子胥此举,也开创了我国城市营建史上仿生象物的先河。

8.2　什么叫仿生象物

所谓仿生象物,是中国的一种传统文化。中国人在进行器具制作和艺术创造时,会模仿自然界生物的形态、特征、特点,使自己创作的艺术作品,栩栩如生,这就是"仿生"的含义;在进行器具制作和艺术创造时,也可以以自然界存在非生物,如岩石,或人类制作的器具或文化图式,如琴、斗、笔、砚、船、建筑、太极、五行、八卦、海上三神山、天堂、地狱、佛教西方极乐世界、道家福地洞天、三垣、四象等宇宙图式等为意匠,进行艺术创造,这是"象物"的含义。[36]

仿生象物的意匠也源于老子的哲学思想。

老子云:"人法地,地法天,天法道,道法自然。"

《易·系辞·下》云:"近取诸身,远取诸物,于是始作八卦,以通神明之德,以类万物之情"。《易经》的这段话为仿生象物,以及象天、法地、法人、法自然的意匠,作了很好的阐释。圣人正是通过观象于天,观法于地,观鸟兽之文(仿生)与地之宜,近取诸身(法人),远取诸物(象物),才创造了八卦,以

通神明之德,以类万物之情。

这是对我们中华仿生象物文化最好的阐释。

8.3　仿生象物的营造意匠的类型

①法人的意匠。

②仿生法动物的意匠,如仿凤凰、龟、蛇、螃蟹、鱼、鹿、牛、马、鲤鱼、鳌鱼、龙、鹄、蜈蚣等。

③仿生法植物的意匠,如仿葫芦、梅花、莲花等。

④象物的意匠,即象非生物的,如琵琶形、船形、钟形、盘形、盂形、棋盘形等。中国古人的象天法地观念,认为天圆地方,认为天上有三垣(紫微垣、太微垣、天市垣)、四象(青龙、白虎、元武、朱雀)、二十八宿,认为天上有天极,北斗七星柄指天极。此外,中国古代的哲学所描绘的宇宙图式,如太极生两仪(阴、阳),两仪生四象,四象生八卦,都属于中国人创造的宇宙图式。这些宇宙图式,是中国古人象天法地的依据。此外,中国道教追慕的海上三神山、佛教所宣扬的西方极乐世界,以及佛教以须弥山为中心的世界图式。以上均可视为人所创造的文化图式,是物的形态。以这些文化图式为营造意匠,也可视为象物的范畴。[37]

8.4　以仿生象物为营造意匠的中国古代城市

古代城市有着非常丰富的以仿生象物为营造意匠的例子。

中国古代城市、村镇、建筑选址都离不开风水学说。而风水学说把大地看作人体,把城市看作一个有机体,把城市水系看成城市的血脉。因此,从风水学说的理论上看,城市就是仿生的艺术作品。

8.4.1　法人的意匠

古城水系被称为古城的血脉。在这个意义上,中国的古城,都是与法人意匠相关。

杭州,是以西湖为"眉目"的城市。

西藏拉萨,是建于罗刹女心脏上的圣城。

宁夏银川城,其前身西夏兴庆府城是"人形城"。

8.4.2　仿动物的意匠

①凤凰城,鸟城

山西大同、山东聊城、江苏泰州为凤凰城;甘肃武威,其前身十六国姑臧城为鸟城;隋唐凉州城为凤城。

此外,河南固始,甘肃庆阳,陕西米脂,凤翔,云南澄江,山西汾西古城都是凤凰城。

②龙城,龙街

甘肃武威,其前身古凉州城为卧龙城。

云南大理,其前身南诏太和城为龙城,并建龙首关(今上关),龙尾关(今下关)。

陕西韩城东西向龙街贯全城。

③龟城

四川成都、云南昆明、山西平遥、江西赣州、广东梅州、江苏苏州、河南商丘、浙江湖州这八座国家历史文化名城均为龟城。除平遥和商丘,6座皆为南方古城。

④卧牛城

河南开封、安徽亳州、山东青州、四川眉州、河北邢台、河南怀庆府城、山西忻州为卧牛城。

山西宁化古城为牛角城。

⑤鲤鱼城

福建泉州和龙岩为鲤鱼城;江西大庾为鱼城。

⑥蛇城

四川潼川州城(今四川三台县)为蛇城。

⑦螃蟹城

湖北沔阳州城为螃蟹城。

8.4.3　仿植物意匠

①葫芦城

明南京城和广西柳州城,山西保德州城,广东揭阳城,四川昭化城、通江、万县城都是葫芦城。

②梅花城

清代河南南阳城和山东青州城为梅花城。

③荷花城

贵州六盘水城、安南城为荷花城。

8.4.4　象物的意匠

①船城

广东广州,四川会理、资中,江西临江城为船城。

②印城

云南巍山为印城。

③砚城

云南丽江为砚城。

④以文化图式为规划意匠的古都

秦都咸阳、西汉长安、隋唐长安、隋唐洛阳、元大都城、明南京、明清北京、辽宁沈阳。

⑤以文化图式规划的古城

浙江温州、福建福州、新疆特克斯、陕西旬阳、吉林桓仁。

⑥琴弦

常熟,城市水系称为琴川;绍兴,城市水系称为七弦。

⑦钟形

贵州普安卫城和广东惠州平海所城均为钟形城。

事实上,我国的城市以仿生象物为营造意匠的例子十分丰富。

以龟城为例,笔者共发现中国古代龟城约30座,除成都、苏州、赣州、梅州、商丘、湖州、平遥、昆明(昆明历史上共有两座龟城)等八座国家历史文化名城外,还有东魏邺城、山西夏县、吉州、洪洞、神池、浑源、陕西同州、沁水、乾州、江西九江、袁州(今宜春),浙江湖州、慈溪,甘肃嘉峪关、永泰古城、天祝松山城,贵州镇宁州、荔波,云南鹤庆、安徽宣城、旌德,河南杞县等[38],分布在全国各地,南北各约占一半。

9　结　语

本文探讨楚文化对南方古代城市的影响。老子提出"人法地,地法天,天法道,道法自然"的哲学思想,对南方古代城市有重要的影响,表现在以下三方面:一是楚文化与吴越文化结合,创造了第一座水城吴大城,成为江浙水城的样板;二吴大城是历史上有记载的以象天法地意匠营建的城市,象天法地营建意匠对后世的都城和其他城市均有影响;三是伍子胥以"神龟八卦"为意匠,营建吴大城,开创了中国古城营建以仿生象物为意匠的先河,使南方古城的营建意匠和形式,丰富多样,绚丽多彩。

参考文献:

[1] 郭德维.楚都纪南城复原研究[M].北京:文物出版社,1998:4.

[2] 张正明.楚文化志[M].武汉:湖北人民出版社,1988:1.

[3] 刘和惠.楚文化的东渐[M].武汉:湖北教育出版社,1995:5-15.

[4] (汉)司马迁.史记:卷8 高祖本纪[M].2 版.北京:中华书局,1982(2):341-394.

[5] (汉)司马迁.史记:卷28 封禅书[M].2 版.北京:中华书局,1982(4):1355-1404.

[6] (汉)司马迁.史记:卷26 历书[M].2 版.北京:中华书局,1982(4):1255-1288.

[7] (汉)司马迁.史记:卷7 项羽本纪[M].2 版.北京:中华书局,1982(1):295-339.

[8] 张正明.楚文化志[M].武汉:湖北人民出版社,1988:

397-406.

[9] 吴庆洲.中国古代哲学与古城规划[J].建筑学报,1995, 8:45-47.

[10] 夏征农.辞海[M].上海:上海辞书出版社,1979:2827.

[11] 李平心.史论集[M].北京:人民出版社,1981:185.

[12] 何新.宇宙之道——《老子》新考[M].北京:中国民主 法制出版社,2008:13-18.

[13] 何新.宇宙之道——《老子》新考[M].北京:中国民 主法制出版社,2008:1-11.

[14] 夏征农.辞海[M].上海:上海辞书出版社,1979:3182.

[15] (东汉)袁康,吴平.越绝书:卷2越绝外传记吴地传第 三[M].上海:上海古籍出版社,1985:9-22.

[16] 中国科学院南京地理研究所湖泊室编著.江苏湖泊志 [M].南京:江苏科学技术出版社,1982:132.

[17] 苏州市人民政府.苏州市城市总体规划:1.[Z]1983.

[18] (东汉)袁康,吴平.越绝书:卷2越绝外传记吴地传第 三[M].上海:上海古籍出版社,1985:9-22.

[19] 吴庆洲.中国古城防洪研究[M].北京:中国建筑工业 出版社,2009:494-495.

[20] (汉)司马迁.史记:卷78春申君列传[M].2版.北京: 中华书局,1982(7)2387-2400.

[21] 吴庆洲.中国古代的城市水系[J].华中建筑,1991,2: 55-61.

[22] (东汉)袁康,吴平.越绝书:卷8越绝外传记地传第十 [M].上海:上海古籍出版社,1985:17-68.

[23] 陈志珩,王富更.绍兴古城保护规划初探[J].建筑师. 29:27.

[24] (宋)叶适.叶适集:卷十东嘉开河记[M].北京:中华

书局,1961:181-182.

[25] (汉)赵晔.吴越春秋:卷四,阖闾内传[M].南京:江苏 古籍出版社,1986:25.

[26] 陈桥驿.绍兴探胜[J].地理知识,1980,5:7-9.

[27] 吴庆洲.中国古代城市防洪研究[M].北京:中国建筑 工业出版社,1995.

[28] 王学理.咸阳帝都记[M].西安:三秦出版社,1998: 406-407.

[29] 王学理.咸阳帝都记[M].西安:三秦出版社,1998: 397-398.

[30] 陈江风著.天文与人文[M].国际文化出版公司, 1988:137.

[31] 秦建明,张在明,杨正文.陕西发现以汉长安城为中心 的西汉南北向超长建筑基线[J].文物,1995,3:4-15.

[32] 吴庆洲.中国古城营建与仿生象物南京[M].北京:中 国建筑工业出版社,2015:368-380.

[33] (唐)陆广微.吴地记[M].南京:江苏古籍出版社, 1986:10-111.

[34] (宋)朱长文.吴郡图经续记:下卷,往迹[M].南京:江 苏古籍出版社,1986:56.

[35] (宋)范大成.吴郡志:卷三,城郭[M].南京:江苏古籍 出版社,1986:20.

[36] 吴庆洲.中国器物设计与仿生象物[M].北京:中国建 筑工业出版社,2015:2.

[37] 吴庆洲.中国器物设计与仿生象物[M].北京:中国建 筑工业出版社,2015:13.

[38] 吴庆洲.中国器物设计与仿生象物[M].北京:中国建 筑工业出版社,2015:2-4.

湖湘地域建筑的历史特质

The Historical Characteristics of Huxiang Regional Architecture

柳　肃①

Liu Su

【摘要】三湘大地自古以来文化独特,上古时代这里是中原汉族文化与"南蛮"地带的交汇处,孕育出独特的浪漫气质的楚文化;中古时代这里是宋明理学的发源地,尤其宋以后这里成为经济文化的中心地带;近代西洋文化的传入,湖南作为内陆省份一度从思想最保守最顽固的地区一跃变成最开化最先进的地区。这三个历史阶段文化特征明显,发展脉络清晰,而且每种文化都有留存下来的建筑作为实证。这些建筑让人们清楚地看到一个独特地区的思想文化发展史。本文论述了楚文化、湖湘文化、近代文化三个阶段的历史文化背景和留存下来的历史建筑,分析了这些留存的建筑与各时代历史文化特质的关系。

【关键词】湖南地域文化　三个阶段　楚文化　理学文化　近代文化

由于地理和历史的原因,湖南是一个特殊的地方,自古以来文化独特。其历史上所形成的文化形态可以明显分成三个阶段,每个阶段的特质都很清楚明了,都有其深厚的文化背景,也有遗存下来的建筑作为明确的证据。这三个阶段就是:具有浪漫气质的楚文化阶段、具有理性精神的湖湘文化阶段,以及开风气之先引领潮流的近代文化阶段。湖南地域文化发展的三个阶段,所关联的绝不只是湖南地域本身,而是和整个中国历史发展进程息息相关,因而这是一个很有意义的话题。

1 浪漫的气质

湖南在地理位置上处于长江流域的南部,是中原汉族文化区与南方少数民族(古代称"南蛮")文化的交会地带,这孕育出其独特风格的楚文化。

中国古代在文学艺术领域中很早就形成了现实主义和浪漫主义两种艺术倾向,虽然古代并没有所谓"现实主义"和"浪漫主义"这两个名词,人们也没有自觉地、明确地划分这两大派别。但是在文学艺术作品中,这两种不同的思想倾向和艺术风格已经表现出明显的特征和差异。而且这两大倾向明显地对应着某些特定的地域文化:北方黄河流域的中原文化和南方长江流域的楚文化。中原文化

的基本特征是现实主义的,楚文化的基本特征是浪漫主义的。中原文化其文学艺术的典型代表是《诗经》,南方楚文化其文学艺术的主要代表是《楚辞》。

《诗经》所叙述的大到国家政事的宏大记述,小到田间农夫的日常生活,全是现实生活的内容,是现实主义艺术的典型代表。而《楚辞》则与《诗经》大不相同,基本不写现实生活,其内容大多是天上地下、人间鬼神等充满奇幻想象的神话传说。屈原的《离骚》等篇章内容就是大多来自民间传说、神话故事,甚至有的直接来源于祭祀鬼神的巫术仪式上的巫歌,借以表达个人的情感和对现实政治的讽喻,情感色彩浓厚,充满浪漫气息。

古代湘楚大地山川奇丽,土著民族文化交融,民风淳朴而稚拙,从贵族上流社会到民间百姓普遍信仰鬼神巫术,祠祀之风盛行。东汉王逸在《楚辞章句》中解释了屈原作《九歌》的意图:"昔楚国南郢之邑,沅湘之间,其俗信鬼而好祠,其祠必作歌乐鼓舞以乐诸神。屈原放逐,窜伏其域,怀忧苦毒,愁思沸郁,出见俗人祭祀之礼,歌舞之乐,其词鄙陋。因为作《九歌》之曲,上陈事神之敬,下见己之冤结,托之以讽谏。"屈原是把粗俗鄙陋的祭神巫歌提升到了文学艺术的高度,但是不可否认楚地巫文化本身包含的那些浪漫情调正是文学艺术绝好的题材内容。

---

① 湖南大学建筑学院教授。

楚国的文化艺术极其发达,从古代文献和今天出土的墓葬器物来看,楚国的艺术水平之高达到了令人难以置信的程度。楚国的建筑目前已无实物存在。从相关文献的记载和考古发掘的实物来推测,楚国的建筑艺术以豪华绚丽为基本特征。楚灵王的章华台是中国古代建筑中最早有文字记载的豪华建筑之一,以至于招来了伍举的非议,《国语》《吴越春秋》等史籍中记载了伍举对于章华台过于豪华壮丽而劳民伤财的批评。1987 年在潜江龙湾章华台遗址的考古发掘中发现,章华台的廊道地面用精选的小贝壳按人字形排列嵌铺,极为华丽,为国内同时期建筑遗址中首见。

在作为楚文化代表作的屈原和他的学生宋玉的辞赋中,可以看到对这类华丽建筑的相关描绘比比皆是:屈原的《九歌·湘夫人》曰"荪壁兮紫坛"(用紫色贝壳铺地的坛)、《九歌·河伯》云"紫贝阙兮朱宫"。屈原《天问》:"璜台十成,谁所及焉。"(用美玉砌筑十层高台,谁能做到。)屈原《招魂》:"翡帷翠帐,饰高堂些。"(厅堂中悬挂着饰有翡翠羽毛的帷帐。)《九歌·湘夫人》曰"播芳椒兮成堂",中国古代建筑用掺和着花椒的泥灰粉刷墙壁,室内散发着芬芳气息的"椒房",看来在春秋战国时代的楚国就已经有了。宋玉《九辩》:"窃悲乎蕙华之增敷兮,纷旖旎乎都房。"(所谓"都房"即华丽的房屋。)所有这些都说明一个现象,楚国的建筑艺术时时透着华丽而浪漫的气息。

这一特点在楚国建筑的壁画装饰艺术方面也鲜明地表现出来。东汉王逸在《天问序》中记载"楚有先王之庙及公卿祠堂,图画天地山川神灵,琦玮僪佹,及古贤圣怪物行事……"(《楚辞章句》)并说屈原就是流浪期间在这里看了这些壁画才写出了想象奇特的《天问》。可见南方楚国建筑的壁画与中原地区大异其趣,又是浪漫主义风格的明显体现。

除建筑外楚国的服饰、器物等的装饰色彩以红黑两色为主,这也是浪漫气质的一种表现。湖南、湖北各地楚墓中出土的漆器多是黑底朱彩,绝少例外。直到汉朝仍然如此,长沙地区多处汉墓出土的漆器,基本上与战国楚墓出土的一模一样,色彩仍然以红黑两色为主。尤其是著名的长沙马王堆汉墓中出土的文物,其装饰艺术从内容到形式,完全与楚地浪漫主义艺术一脉相承(图1—图4)。

图 1　湖南战国墓出土漆碗

图 2　湖北战国墓出土漆耳杯

图 3　长沙汉墓出土漆碗

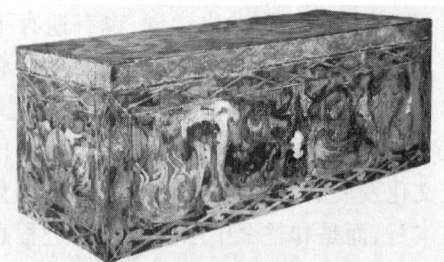

图 4　长沙马王堆汉墓漆棺

秦灭六国统一天下,楚国不仅在政治经济上灭亡,楚国的浪漫主义文化也受到重创。秦朝以法家思想治国,但是秦朝维持时间不长。随之而来的汉朝以儒家思想治国,并走到极端,汉武帝"罢黜百家,独尊儒术"。从此代表中原文化的儒家占据思想领域的统治地位,其他文化逐渐式微,甚至淹没。在后来的两千多年中,中原文化始终是中国文化的主流,南方的楚文化受到压制,逐渐走向消亡。楚文化的衰亡使中国古代文化中的浪漫主义因素没有得到应有的发展,以至于影响到整个中国古代文化艺术和民族性格的形成和其基本特征。例如,有观点认为中国人缺少浪漫意识、缺乏幽默感,中华民族(主要指汉民族)不善歌舞等,都与整个文化艺术中缺少浪漫气息有着一定关系。

在精神领域，楚文化的浪漫气质逐渐消失。但是在建筑这个物质中间带有精神因素的特殊领域里，楚文化中的浪漫元素仍然在南方的楚国故地得以延续。我们从湖南各地传统建筑造型和装饰艺术过度夸张的艺术形象中可以明显地看到这种浪漫的气息。南方建筑造型奇特而夸张，封火山墙造型丰富多彩，式样种类远比北方多。尤以湖南的造型最为奇异，这种没有实际意义的、夸张的、非理性的造型只能用浪漫气质来予以解释（图5—图8）。

图5 长沙榔梨陶公庙

图6 湖南邵阳水府庙

图7 湖南特有的封火墙造型1

图8 湖南特有的封火墙造型2

2 理性的精神

相对于文化中心的中原地区来说，与南蛮交接的湖南属于文化偏远地区。直到唐代，湖南仍然是落后的蛮荒地带。从宋代开始，湖南进入一个发展高潮期。因为北方的战乱，导致大量中原汉人南迁，整个国家的政治、经济、文化中心南移。湖南这个过去偏远落后的地区，一跃而成繁荣的发达地区。在经济上，"湖广熟，天下足""洞庭鱼米乡"这类俗语就是从宋以后出现的，说明湖南当时已经成了富饶繁荣的地方。

由于北方游牧民族的南侵，到南宋时，象征国家统一的天下五岳已经丢了四岳，只剩了湖南衡山的南岳，于是这里变成了宗教文化的中心。衡山脚下的南岳大庙中轴线上是南岳圣帝，东边八座道观，西边八座佛寺，众星拱月围绕着中央的南岳圣帝。这种布局也是全国独一无二的。

江南地区成为文化教育的重心也是从这时候开始的。象征教育发展发达程度的书院，数量最多的省份是江西、湖南、浙江，宋代四大书院两个在湖南（有两种不同说法），长沙的岳麓书院是古代书院的典型代表。儒学发展的第二个高峰——宋明理学也是从湖南发源，理学鼻祖周敦颐是湖南道县人。作为濂溪故里的道县楼田村，今天仍然保存完好，纪念周敦颐的濂溪书院也保存至今。岳麓书院之所以名气大、影响大，就是因为这里一直承传的是从周敦颐开始的理学正宗，号称"道南正脉"。历代皇帝都给这里题额赐匾，名人名家汇聚于此，讲学论道，影响深远。岳麓书院内至今保留着"濂溪祠"（祭祀周敦颐）、"崇道祠"（纪念朱熹和张栻）等（图9—图12）。

图 9　道县楼田村（周敦颐出生地）

图 10　长沙岳麓书院匾

图 11　岳麓书院"道南正脉"匾

图 12　岳麓书院专祠

宋代湖南文风大盛，各地所建书院无数，至今保存下来的还有平江天岳书院、浏阳文化书院、宁乡云山书院、衡阳船山书院、溆浦崇实书院等。茶陵一县就有出了进士 127 人，其中状元 2 人，榜眼 2 人，大学士 4 人；中国文学史上著名的"茶陵诗派"就出在这里。古代茶陵有书院 30 多所，可惜全部被毁，今天只重建了一座洣江书院。官办的学工文庙也很发达，至今保存完好的文庙也很多，岳阳文庙、宁远文庙、浏阳文庙、湘阴文庙等都是典型代表（图 13—图 15）。

图 13　平江天岳书院

图 14　宁远文庙大成殿

图 15　湘阴文庙大成殿

理学兴起，文教盛行，致使湖南地方儒家传统伦理观念深入人心。民间家族宗法伦理观念最集中的体现就是祠堂建筑的兴盛，湖南各地建造祠堂之风大盛于各地城乡。即使在偏远地区也常常可以看到美轮美奂的祠堂建筑，有的宏伟壮观，有的小巧精美，各有千秋，各具特色。湘南郴州汝城县一个县至今保留下来的祠堂还有300多座，保存得较好的还有100多座，可见湖南地方建造祠堂风气之盛（图16）。

图16　汝城卢氏家庙

也正是在这种浓厚的传统文化熏陶下，湖南人的卫道精神特别强烈，近代史上著名的湘军就是这样形成的。当太平天国打着异教的旗号横扫半个中国，朝廷都奈何不了他们的时候，是一批誓死捍卫中国传统的湖南农民制服了他们。这就是湘军，一帮文人带领着一群农民，组成了一支中国历史上最奇特的军队，勇往直前，所向披靡。也正是在这样的文化背景下，湖南成为当时思想最保守，最顽固的地方。洋人来到湖南，船到了岸边都登不了岸。

3　时代的先声

前面说到因为文化教育的原因，湖南地方传统文化思想根深蒂固，以至于成为中国最保守最顽固的地方。但是恰好又是在湖南产生出了中国近代史上最早一批思想最开放的人物。他们是：第一个开眼看世界的魏源，写出《海国图志》，向封闭保守的中国介绍西方的情况；第一个"改革开放"搞洋务的曾国藩，学习国外开矿开工厂，造枪炮，选派留学生出国学习；中国第一个外交家，清朝政府驻英法公使郭嵩焘，他提出来不能只是学技术（"师夷之长技"），要思想、文化、制度全面学习西方。1897年（戊戌变法前一年）在湖南巡抚陈宝箴和按察使黄遵宪主持下，长沙成立了中国历史上第一个新式学

堂——时务学堂，延请了梁启超担任总教习，下面还有谭嗣同、唐才常、熊希龄等一批当时思想最先进的人物，学堂里教中文、英文，还有自然科学。时务学堂培养出一批盖世英才，其中佼佼者是蔡锷，再后来有辛亥革命的黄兴、宋教仁等一大批湖南人，再后来国民党革命人士、共产党革命人士就不计其数了。（图17）

图17　梁启超题时务学堂纪念碑

为什么湖南由一个最保守最顽固的地区一下变成了最先进的地区？归结起来还是文化教育的原因。保守是因为传统文化教育影响太深；先进是因为有文化有思想能够接受新事物。上面所举的湖南历史上（也是中国历史上）的这些人物几乎全部从岳麓书院里走出，这就说明了文化教育的作用。例如曾国藩，一个人身上就体现出保守和先进两方面的因素。

近代湖南人积极接受新思想、新文化，在政治上表现为努力推进变法改良和革命，在建筑上的表现就是大量出现西洋风格的建筑。在省会长沙，各种类型的建筑中都出现了西洋风格和式样，尤其是一些办公、文教类建筑。例如湖南省谘议局（省议会）、湖南省教育总会等，都是做成比较纯的西洋古典风格。后来的省政府礼堂则建成中西合璧的建筑式样，下面是典型的罗马式柱廊，上面再做一个中国宫殿式屋顶（图18）。那个时代甚至连工厂都做成西洋古典柱式建筑，例如长沙裕湘纱厂的门楼（图19）。商店、商行等商业建筑中也大量出现西洋式样。长沙的国货陈列馆（百货大楼），一排高大的西洋古典式柱廊成为长沙城里的标志性建筑，它建造于抗战之前，直到20世纪80年代改革开放，一直是长沙最大的一栋商店（图20）。还有一些商号、会馆也都建成西洋风格。建于20世纪初的长沙苏州会馆，甚至有了早期现代主义的特征（图21）。

图 18　湖南省政府大礼堂

图 19　长沙裕湘纱厂

图 20　长沙国货陈列馆

图 21　长沙苏州会馆

最大数量的是公馆建筑。公馆是过去上流社会人士(包括政府要员、军队将领、银行家、实业家等)的住宅,这些人的公馆散布在长沙城里各处。这些公馆基本上全都是洋式建筑(图 22),说明上流社会的人士都主动接受了外来文化。但它们在外观上一色洋式的同时,却在平面结构上都保留着中国传统——正中间进门是堂屋(中国人在家宅正中位置的堂屋中祭祖宗),两旁和后面是卧室、起居室等,这是典型的中国传统住宅建筑的布局。湖南上流社会的公关住宅基本上全都如此。甚至有些重要人物在自己老家农村建造的住宅也都建成这种形式,例如邵阳的蔡锷公馆、东安的唐生智公馆等。

图 22　长沙程潜公馆

另外,近代以后湖南人主动接受外来文化的情况甚至普及到民间,一些远在偏远农村的祠堂也做成了西洋建筑式样。不是洋人建的教堂,也不是政府主导建造的公共建筑,而是老百姓的家族祠堂。

而且祭祖宗的祠堂这本来是最中国特色的文化,外国没有,却偏偏在这种建筑上出现了西洋式样(图23、图24)。当然,这类建筑的历史背景各有不同,其主人有的可能在外留过学,有的可能在外做官或做生意,见过世面,看到过宏伟气派的洋式建筑,想要学着做。但是建祠堂是族上的大事,是要经过族人,尤其是老一辈族人,大家商议的事情,能够同意建造西洋式样,这也说明那是湖南人思想观念上的开放性。

图23 洞口曲塘杨氏宗祠

图24 靖州林氏宗祠

4 结 语

三湘大地历史悠久,文化厚重而又独特,而且历史阶段的特征明显。早期具有浪漫气质的楚文化,中期保守理性的理学精神,近代对外开放的先进思想,三个阶段特征分明,而且都有建筑作为印证。建筑是石头的史书,湖南的历史建筑清楚地体现了湖南的历史。

参考文献:

[1]《诗经》.

[2]《史记》.

[3]《楚辞章句》.

[4] 高介华,刘玉堂. 楚国城市和建筑[M].武汉:湖北教育出版社,2017.

[5] 陈先枢、梁小进.老照片中的长沙[M].长沙:湖南人民出版社,2016.

[6] 柳肃. 营建的文明:中国传统文化与传统建筑[M]. 北京:清华大学出版社, 2014.

[7] 湖南省博物馆.东方既白——春秋战国文物大联展[M].长沙:长沙岳麓书社,2017.

[8] 湖南省博物馆.长沙马王堆汉墓陈列[M].北京:中华书局,2017.

蒙古包的历史图谱研究*

A Study on the Historical Genealogy of Yurt

阿拉腾敖德[①]　　**扎丽玛**[②]

Alateng Aode　　Zha Lima

【摘要】作为蒙古族最具代表性的建筑,蒙古包的形象早已深入人心。然而,大多数人其实并不了解它的历史渊源:蒙古包是从狩猎文明时期蒙古高原的半穴居——"额入客"逐渐演变、进化的产物;也不知晓它的谱系脉络:蒙古包在不同的历史时期曾以不同的形制和称谓示人,例如蒙古包的前身在南北朝与唐代被称作"百子帐",其鼻祖——"颈式毡庐"在汉代被称为"穹庐"。所以,蒙古包并不是单由蒙古人发明、创造的住居形式,而是北亚草原民族共同传承并发展远古狩猎和游牧居住传统的结果。由于国内学界对蒙古包形制谱系及演化脉络的相关研究甚少,本文将基于文献、文物与历史研究,详细论述蒙古包的进化过程及其谱系脉络。

【关键词】蒙古包　历史　进化　谱系

1　蒙古包的形制原型

从旧石器时代到 20 世纪初,蒙古高原主要经历了两种文明形态:狩猎文明和游牧文明。作为游牧文明住居形态的代表,蒙古包虽然是人类在北亚草原长期从事游牧生产与生活的产物,但它的建构观念和形制原型在更早的狩猎文明时期就已成形。如果以蒙古国学者达·迈达尔对该地区生产工具及技术的不同发展阶段作为划分依据,狩猎文明时期的蒙古高原建筑可以被归为三个历史时期:早期(距今 40 000 年以前)、中期(距今 40 000 ~ 13 000 年)和晚期(距今 13 000 ~ 5 000 年)[1]。这三个时期分别拥有其各自的代表性建筑:半穴居、简易型棚屋和复合型棚屋。其中,蒙古高原狩猎文明中期的简易型棚屋——"陶必格儿"一般被视为如今蒙古包的形制原型。

1.1　蒙古高原狩猎文明早期的半穴居

中国古代文献记载,《周易·系辞》有曰:"上古穴居而野处。"[2]《孟子·滕文公下》又曰:"当尧之时,水逆行,泛滥於中国,蛇龙居之。民无所定,

下者为巢,上者为营窟。"[3] 这些记载可以证实,上古时代生活于高原地势和干燥气候下的中原北方民族就以穴、窟作为他们的居住场所。蒙古高原最早的人工住所——"额入客"[③]就是指这种穴居形态。

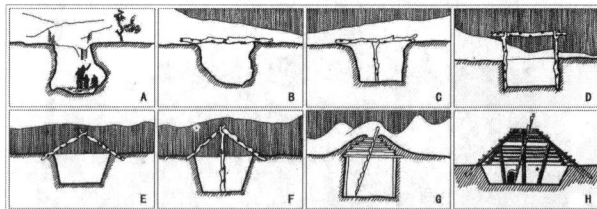

图 1　"额入客"的进化过程

(图片来源:达·迈达尔,拉·达力苏荣. 帐幕住居史略[M]. 乌兰巴托:国立出版社,1976)

根据达·迈达尔先生在《帐幕居住场所史略》一书中的推断,"额入客"大约形成于距今 50 000 年前[4]。大约在距今 10 000 年,蒙古高原先民将"额入客"改进为相对成熟的形态[5]。其基本形制为:在地下挖出 3 ~ 4 尺深的倒梯形圆洞,将木椽沿着洞口边缘斜搭在支柱上,并在其上固定檩条、覆盖树叶或皮毛;它的顶部有一天窗,兼做通风和采

---

* 内蒙古工业大学科学研究项目,蒙古包的历史图谱研究,项目号:X201513。

① 内蒙古工业大学建筑学院,讲师。

② 内蒙古师范大学网络中心,实验师。

③ 阿尔泰语系的突厥语音中将挖掘行为称作"örü"或"örö",并用"örük"(即"额入客")来表示挖掘出的、凹进的空间,因此将穴居称作"额入客"。(引自:达·迈达尔,拉·达力苏荣. 帐幕住居场所史略. 乌兰巴托:蒙古国立出版社,1976:162.)

光之用，为了防止野兽的攻击，天窗顶部还设有梯子，以供出入，这也是"额入客"最为显著的特征之一。"额入客"的这种进化过程是以当时狩猎活动的迁徙需求、生产工具的逐步多样化，以及手工技艺的不断提升为前提和基础的。也正是基于狩猎文明晚期的这种变革，并随着草原先民的不断迁徙与分散，他们的生活方式也开始分化：选择留在故地的一部分人转从了游牧业，而另一些则带着"额入客"进入中原北地从事了农业。这一历史进程也从某个方面暗示着"额入客"不仅是蒙古高原游牧建筑的始祖，它还可能影响了中原北方木构建筑的形成。

1.2 蒙古高原狩猎文明中期的简易型棚屋

在狩猎文明早期，今西伯利亚和欧亚大草原一带的人类祖先都以各类穴居作为自己的住所。然而，到了狩猎文明中期，他们的居住空间从地下升到了地上。在这一时期的蒙古高原，狩猎民除了沿用"额入客"这一半穴居形式之外，还创造出了由树干、树枝、树叶和动物皮毛构成的棚屋类建筑，它们被蒙古人统称为"屋儿茨"①。达·迈达尔先生认为这一棚屋类建筑盛行于距今 40 000～5 000 年的蒙古高原，并指出它是从穴居——"额入客"那里演化而来的住居形态。[6]

起初，"屋儿茨"具有统一的形式特征，都是圆锥形的棚屋——"肖包亥"。它的骨架是将不易弯曲的条状树干细端朝上捆扎起来，粗端朝下沿圆周或椭圆周等距扎入地面而形成的圆锥状棚屋。"肖包亥"从古至今一直盛行于生活在森林里的狩猎民；如今，在我国鄂伦春、鄂温克、赫哲等部分少数民族中依然有人使用这种简易型棚屋，它们又被称作"仙人柱"或"撮罗子"。在距今 40 000～30 000 年，"肖包亥"被改造为形似半球体的棚屋——"敖包亥"[7]；它是由柔韧性较高的柳条、芦苇、蒲草等材料作为骨架，将它们弯曲、编织而成的圆滑且扁平的棚屋。这两种早期的简易型棚屋将随后棚屋类建筑的发展引向了两个脉络体系，即"肖包亥"系和"敖包亥"系，并在距今 20 000～13 000 年分别演化出了各自的衍生体："焦布根"和"陶必格儿"[8]。

"焦布根"和"肖包亥"的形制基本相同，都呈

圆锥形，没有独立的壁架构件，均由若干斜扎于地面的木条围合而成。它们的细微差异主要体现在："肖包亥"没有专门的排烟和采光口，所用木条粗笨，高长，不宜获得，搭建费时，且稳定性差。为了改善这些缺陷，古代狩猎民在其锥体内壁上端加设了一个木环构件，从而避免了将每根木条顶端都固定在一起的必要，只需将作为结构构件的 3～5 根 3.5 米左右的木条用皮条或麻绳捆绑于顶端，其余 30 根左右、2.5 米长的木条就可以被捆缚在木环上作为负重、围合的部分，进而让大量木条构件的尺寸与重量得以减小和减轻[9]。"焦布根"的这一木环构件被视为后来所有毡帐类建筑天窗构件的原型[10]。

"陶必格儿"是"敖包亥"在狩猎文明后中期进化的结果。与其母体一样，它的骨架是一个整体，没有独立的壁架部分，也是由若干弯曲的柳条组成的半球形棚屋。但它的柳条曲线和捆缚方式与前者相区别。"敖包亥"的骨架呈现较为标准的半球形，其上、下端均有毛绳或柳条加以圈固，柳条全长呈"扇弧形"、尖部捆缚圆滑、无拐点；而"陶必格儿"的外形呈蒜头形，只有下端有圈固构件，柳条曲线呈"弓弧形"、根部弯曲较大、顶部略微上翘、捆缚后有拐点。这种细微的变化使得"陶必格儿"的屋内面积和根部空间的利用率较"敖包亥"有明显增加和改善。可能受到"陶必格儿"的启发，随后的游猎民②将简易棚屋单一的结构体系分解为竖向的层级结构体系；也正是基于棚屋的这种形制上的复合化发展，游牧时代的各类毡帐才得以诞生。

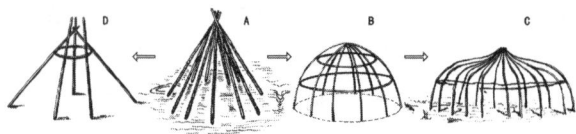

图 2 简易型棚屋的演化过程
（图片来源：达·迈达尔，拉·达力苏荣. 帐幕住居史略[M]. 乌兰巴托：国立出版社，1976）
圆锥形棚屋：A—"肖包亥"，D—"焦布根"；
半球形棚屋：B—"敖包亥"；
蒜头形棚屋：C—"陶必格儿"

① 在蒙古语中，"屋儿茨"意为可供进入的空间。
② 游猎民的生活方式仍然依赖渔猎采集。与狩猎民的不同之处在于，他们除了狩猎生产方式之外，还以部分畜牧业作为补充。如今生活在西伯利亚的驯鹿民就是这种游猎民的典型代表，他们是兼以放养驯鹿和狩猎采集为生的森林游猎民。在蒙古语中，驯鹿民被称为"撮腾"，属于"林中百姓"的一种。

1.3 蒙古高原狩猎文明晚期的复合型棚屋

约距今 13 000～5 000 年[11]，在狩猎文明向游牧文明过渡的时期，蒙古高原的人类祖先经历了一段转型期——"游猎时代"。在这一时期，长期的狩猎活动使他们经常能够捕获到活的野生动物及其幼崽，其中的一些在被有意识地饲养和驯化后，变成了牲畜。随着这些牲畜的繁殖与增多，一些氏族便开始摆脱单一的狩猎生活、慢慢变为游牧与狩猎兼备的游猎民。由于他们需要保证牲畜的繁衍与壮大，其活动范围就不得不随牲畜的自然迁徙而进一步扩大。森林、峡谷不再是仅有可选择的生活环境，原野、戈壁，甚至西伯利亚的极寒之地相继成为他们新的活动场所。地理环境和生活方式的变化迫使他们再次改良自己的住居形式。大约在新石器时代初期，蒙古高原不同地区的古人就此开启了将棚屋从简易型向复合型改造的历史进程。这些新的衍生体在被不断精致化、轻便化和可移动化的同时，自然而然地促进了游牧建筑的诞生，进而为狩猎民告别森林走进草原从事游牧业创造了物质条件。可以说，棚屋的进化与蒙古高原古人从狩猎走向游牧的历史是一个相互交织的过程。

如果从骨架结构分析，蒙古高原狩猎文明晚期的复合型棚屋可以被归为两种基本形态：天窗式棚屋（茄吉格儿）和壁架式棚屋；这其中，前一个属"肖包亥"系，是"焦布根"的衍生体；后一个则属"敖包亥"系，为"陶必格儿"的衍生体，而且它还可以被进一步分为脚架型的"包艾"、竖桩型的"恰帕帕儿"和格构型的"包貂"三种。相比简易型棚屋，复合型棚屋的突出特点在于："茄吉格儿"进化出了独立的天窗构件——"陶脑"；"包艾""恰帕帕儿"和"包貂"则具备了竖向的层级结构体系——"哈那"（壁架）和"乌尼"（椽子）。这两个变化让此前圆锥形和半球形棚屋的构件大、面积小、光线暗、空间效率低等众多缺陷都得以改善。此外，在游猎时代晚期，用来围覆这些棚屋的动物皮毛、树皮或芦草等自然材料逐渐被由牲畜绒毛加工而成的人工材料"毛毡"所替代，从而让复合型棚屋更好地适应了游牧、迁徙的生活条件。基于这些特点，复合型棚屋成为蒙古高原长期而稳定的住居模式，后来经由不断地发展与进化，最终孕育出了蒙古高原游牧建筑的标识——"蒙古包"。

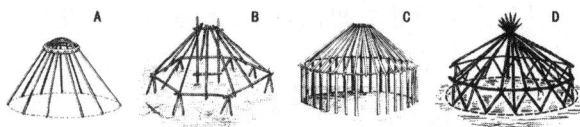

图3　复合型棚屋的结构示意图
（图片来源：达·迈达尔，拉·达力苏荣. 帐幕住居史略[M]. 乌兰巴托：国立出版社，1976.）
天窗式棚屋：A—"茄吉格儿"　壁架式棚屋：
B—"包艾"，C—"恰帕帕儿"，D—"包貂"

2　蒙古包的前世今生

如今之谓"蒙古包"是从清代开始普遍流行的词语。该称谓的形成可以追溯到南宋前后；当时的满族先人将"家"称为"博"，并将蒙古人的家称为"蒙古博"；后来随满人入关，"蒙古博"一词便在中原一带谐音化为"蒙古包"。[12]如今为人所熟知的蒙古包其实是蒙古人在明清时期改良其前身——"颈式毡帐"的结果，[13]而颈式毡帐的前身又可以依次追溯到百子帐、颈式毡庐，直至其形制原型——"陶必格儿"。因此，下文将借助考证蒙古高原游牧文明时期的各类不同毡帐，来解读蒙古包的历史渊源和谱系脉络。

2.1　"穹庐"和"颈式毡庐"

自蒙古高原步入游牧文明以来，最早在历史上被记载统一这片土地并建立游牧帝国的北方草原民族就是匈奴。作为蒙古高原游牧文明最初的传承与缔造者之一，他们的游牧住居形态必然成为众多后来者的参照。然而，现如今考证并精确复原匈奴人两千年前所使用的各类毡帐形制已成为一个几乎不可达成的任务。学者们只能从留世的史料、画作或墓葬中找到唤醒其形象的蛛丝马迹。例如在《汉书·匈奴传》中有曰："匈奴父子同穹庐卧"[14]。《盐铁论·论功》中言，匈奴穹庐"织柳为室，旃席为盖"[15]。《匈奴志》又曰：他们"行则车为室，止则毡为庐"[16]。从以上史料记载可以得知，匈奴时期的游牧毡帐被当时的汉人称为"穹庐"，它们的围覆材料基本以毛毡为主，其骨架貌似由柳木编织而成，而在形式层面，"穹"所暗含的"拱形天空"之意又不禁让人联想到半球形棚屋的形制特征。尽管如此，在达·迈达尔先生看来，当时的"穹庐"骨架已由天窗（陶脑）、椽子（乌尼）、网型壁架（萨日阿勒斤-哈那）、门框（乌德）等4部分构件组成；他判断这种毡帐最早诞生于公元前4000～3000年的蒙古高原。[17]为了让"最初的网型壁架式毡帐"这一概念在自己的著作中有所体现,他还专门引用了19世纪欧洲旅行家阿·密奇在《东西伯利亚阿穆尔河之旅》一书中所绘制的示意图,并指出图中所绘毡帐壁架的菱形格构式结构是网型壁架的最初形态,是由"包貂"的三角形格构式结构演化而来的结果[18]。

达·迈达尔先生所持观点的重要依据之一是北宋末年画家李唐的传世之作《文姬归汉图》。该图绘有东汉末年南匈奴人的生活场景,画中对匈奴时代的"穹庐"以及各种帐幕类建筑有较为完整而生动的描绘。从画中的确也可以观察到,当时的毡帐已经具备上述4种基本结构构件。但是,鉴于作者是宋代人,作画年代亦晚于东汉末年约10个世纪,画中所绘毡帐形象很有可能无法代表当时匈奴"穹庐"的真实形制。再考虑到画作很可能对当时契丹帐幕有所借鉴,因而完全有理由质疑达·迈达尔先生的上述推论与假设的客观性。事实上,仅凭《文姬归汉图》并不足以确定网型壁架式毡帐诞生的准确时间,更无法证明这种毡帐与匈奴"穹庐"在形制上的一致性。恰恰相反,早期"穹庐"的形象其

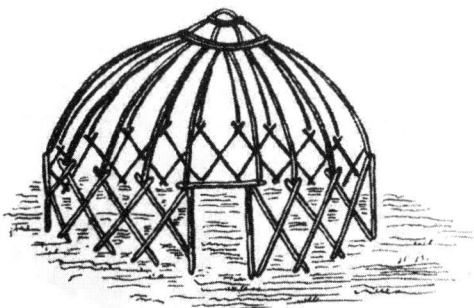

图4　最初的网型壁架式毡帐
(图片来源:达·迈达尔,拉·达力苏荣.帐幕住居史略[M].乌兰巴托:国立出版社,1976)

图5　文姬归汉图
(图片来源:刘兆和,蒙古民族毡庐文化[M].北京:文物出版社,2008)

实就像古人在上述史料中记载的字面意思那般简单,其形制更为接近半球形棚屋的结构特征,这一点可以被一些南北朝时期的墓葬壁画、漆画或器物得以佐证。

图6　有关"穹庐"的彩棺漆画与冥器
(图片来源:刘兆和,蒙古民族毡庐文化[M].北京:文物出版社,2008.)
左:北朝彩棺上的穹庐形象;右:北魏灰陶

图7　有关"穹庐"的墓室彩绘砖画
(图片来源:张宝玺摄影,胡之.甘肃嘉峪关魏晋三号墓[M].重庆:重庆出版社,2000;马建华.甘肃酒泉西沟魏晋墓彩绘砖[M].重庆:重庆出版社,2000)
左:屯营图中的穹庐形象;
右上,右下:魏晋彩绘砖上的穹庐形象

由于匈奴衰落之后,鲜卑人继承了蒙古高原的游牧建筑传统,因而根据魏晋南北朝时期的相关物证可以相对可信地反推出匈奴"穹庐"的大体形制。上图所示南北朝时期墓室彩绘与陶器中所描绘的"穹庐"形象可以从某些侧面说明当时的"穹庐"毡帐的确具有"拱形天穹"状的形式特征。值得注意的是,北朝彩棺上的"穹庐"形象展示了其内部的骨架结构,其中并未显示出任何椽木与壁架分离的竖向层级结构体系,而是展现出类似于倒置的篮筐形制,以及由木条编织而成的半球形整体性骨架体系。这是将当时的"穹庐"归为半球形棚屋的有力物证。基于此,可以推论:在匈奴至鲜卑时期的"穹庐"之中,至少应该包含一种具有半球形棚屋骨架的游牧毡帐。在"穹庐"的诞生时间方面,鉴于半球形棚屋骨架的形成年代远早于毛毡开始出现的时

间,因而可以将毛毡出现的时间节点(约距今5000年)视为是"穹庐"毡帐诞生之时。

古代中原人对北方游牧建筑的称谓划分较为模糊,经常使用如"穹庐""毡庐""车庐""毡帐""帐幕"等不同名词来指代游牧建筑,但这些名词所代表的建筑及其形制却很难得以区分或归类。不过,在仔细研究相关史料后可以发现,这些汉语称谓随时间推移逐渐多样化的现象:《三国志·魏书·乌丸鲜卑东夷传》描述乌丸、鲜卑等少数民族"居无常处,以穹庐为宅";《梁书·芮芮传》(芮芮即柔然)记载有"无城郭,随水草畜牧,以穹庐为居";《魏书·高车传》里记载高车人的婚礼时描述:"穹庐前丛坐,饮宴终日";《魏书·吐谷浑传》说吐谷浑"虽有城郭而不居,恒处穹庐,随水草畜牧",《梁书·河南传》又提到吐谷浑(青海地区的慕容鲜卑后裔)"有屋宇,杂以百子帐,即穹庐也";《隋书·突厥传》里还记载了突厥可汗的居处"毡帐望风举,穹庐向日开";《旧唐书·奚传》有记载,说他们"风俗同于突厥,每随逐水草,以畜牧为业,迁徙无常,居有毡帐,兼用车为营";《辽史·地理志一·上京道》记载契丹上京的宫城建筑格局:"……北行至景福门,又至承天门,内有昭德、宣政二殿与毡庐,皆东向"[19]。南宋彭大雅[20]所撰《黑鞑事略》在描述蒙古人时说:"其居穹庐,无城壁栋宇,迁就水草,无常。"

上述记载表明,匈奴人的"穹庐"一直被北方诸游牧部族所传承。然而在这一过程中,它发展、进化出适应不同部族文化和地理环境的形制特征也属情理之中。南北朝至唐代"穹庐"称谓逐渐多样化的表象就是很好的例证。但这又不禁让人追问,"穹庐"到底是从何时开启了分化的进程?根据达·迈达尔先生的研究,距今4500年前的游牧民在常年使用"陶必格儿"的经验上,为其设计了一种独特的天窗构件——"颈式陶脑"①,并创造了"颈式毡庐"②[21]。由于这种毡帐具有弓弧形的木椽和高耸的天窗,它与"陶必格儿"一样,都呈现出类似蒜头的形状。这种形制差异的成因与游牧部族间不同的自然地理环境、文化习俗和宗教信仰都有千

丝万缕的联系。达·迈达尔先生对这类毡帐有这样的论断:"从阿塞拜疆的明盖恰乌尔地区和中亚纳马兹加特普遗址③中得到的证据表明,13世纪蒙古人所使用的颈式毡帐在公元前2500~1500年就已初具雏形,并在之后逐渐发展传播开来,证据还有内杭爱省浩布特苏木塔布西的岩画、西伯利亚原始森林中的布亚尔岩画以及刻赤④一带萨马尔特人(古伊朗语族)的墓葬壁画等。"[22]

图8 左:蒙古国内杭爱省岩画
(图片来源:达·迈达尔,拉·达力苏荣.帐幕住居史略[M].乌兰巴托:国立出版社,1976)
右:萨马尔特人的墓葬壁画
(图片来源:吕红亮."穹庐"与"拂庐"
——青海郭里木吐蕃墓棺板画毡帐图像试析[J].
敦煌学刊,2011(3))

2.2 "百子帐"和"八白室"

"颈式毡庐"演化出的最初形态就是南北朝时期的鲜卑"百子帐"。上文所引《梁书·河南传》就属较早记述"百子帐"的文献。由于在南北朝之前,没有任何涉及"百子帐"的记载,所以这一名称很可能是随着鲜卑人入住中原而出现的区别于"穹庐"和"颈式毡庐"的称谓。在大同沙岭7号北魏墓葬中出土的壁画很可能描绘了其形式特征。通过比较图8和图9中毡帐的形制特征,可以发现:它们的室内均倾向于呈现方形平面,并且都具有高耸的天窗和"弓弧形"的木椽;其区别主要体现在前者的围壁略向内倾斜,而后者的围壁则呈垂直状。这种区别可能在暗示北魏墓葬中所绘毡帐已经进化出竖向的层级结构体系,即它的壁架和屋面是相互独立的两个系统。基于这一点,很多人会认为"百子帐"就是最早进化出网型壁架的毡帐。不过,相关的墓葬壁画和文献记载却均未给出相应的证据。同时,基于常识也很难想象,可以伸缩的网型壁架

---

① 蒙古人将"颈式陶脑"称为"胡兹布钦陶脑",意为像脖颈一样高耸的天窗。
② 由于这种毡帐具有弓弧形木椽以及高耸的"颈式天窗",所以其帐顶中央部分恰似脖颈,因而被蒙古人形象地命名为"胡兹布钦-陶脑特-屋儿茨",意为"颈式毡庐"。
③ Namazga-Tepe,位于今土库曼斯坦的青铜时代遗址。
④ Kerch,乌克兰克里米亚半岛东部地区。

与方形平面相结合的毡帐形制。那么，便不禁让人疑问"百子帐"的形制到底是什么样的呢？而这一谜题的答案就藏在今中国内蒙古的伊金霍洛旗成吉思汗的八白室。

图9　左：大同沙岭7号北魏墓葬壁画中的百子帐
（图片来源：澎湃新闻——大同北魏墓葬壁画"现身"
北大：呈现另一世界的想象
右：成吉思汗的"八白室"
（图片来源：民族画报，蒙古文版，2008，541（10））

蒙古人将成吉思汗的灵帐——"八白室"称为"槽穆茨格"。它们是由八座白色毡帐组成的用来供奉圣祖及先灵的帐幕群。在公元1227年，成吉思汗驾崩之后，蒙古人为他修建了第一座灵帐，他生前的遗物就被永久保存于内，并从此一直随守灵人辗转于车舆之上，直至新中国成立后将其安置于成吉思汗陵墓并常年供奉。清末民初的一些老照片较好地记录了这些灵帐的原始形象。从照片中可以看出，"槽穆茨格"的木椽也呈现出有拐点的"弓弧形"。而且仔细观察可以发现，它们的形制与北魏墓葬中所绘毡帐极为相似，平面都近似于方形，并且都具有高耸天窗的形式特征。从这两种毡帐的相似性，以及蒙古与鲜卑在历史上的文化传承关系来判断，"八白室"很有可能是蒙古人从鲜卑人那里继承"百子帐"并加以改进的成果。如果这一推论属实，那么这两种毡帐的骨架形制应该不会相去甚远。虽然如今位于成陵的"八白室"已失去原有围覆构件和形式比例，但其骨架体系依然保存至今：它有竖向的层级结构体系；其壁架不是网型的，而是由上下两圈（倒过圆角的）方形环木将竖直等距排列的木杆夹以固定的竖桩型壁架；它的椽子是弓弧形的木条；其天窗体积虽小，但高耸的特征依然被保留了下来。至于对"八白室"和"百子帐"的平面形式为何为方形的疑问，答案其实很简单：它们是古代游牧民所使用的"车庐"的一种，由于需要常年被置于车舆之上长途迁徙，所以方形平面会更容易固定在车舆长方形的底座之上。

2.3　"突厥系毡帐""蒙古系毡帐"和"卡尔梅克系毡帐"

在南北朝之后，各类游牧毡帐开始向三个既定的形制系统发展："突厥系毡帐""蒙古系毡帐"和"卡尔梅克系毡帐"。相比后两者，前者的谱系脉络更多地保留了匈奴时期半球形"穹庐"的特征。从其历史脉络来看，"突厥系毡帐"可以被分为两种：前期的"突厥毡帐"和后期的"哈萨克毡帐"。其中，"突厥毡帐"是蒙古高原6—8世纪的统治者——突厥人所使用的毡帐，"哈萨克毡帐"则统称16世纪之后在今乌兹别克斯坦、土库曼斯坦、塔吉克斯坦、吉尔吉斯斯坦、哈萨克斯坦等地的突厥后裔们所使用的毡房。"突厥毡帐"的壁架较高，为1.8～1.9米，其木椽坡度亦大，并且保留了之前"穹庐"的扇弧形特质。"突厥毡帐"具有上宽下窄的壁架特征，其上端配合木椽弧度向外突出，但整体形制趋于半球形。从16世纪开始，"突厥毡帐"被逐步改进为"哈萨克毡帐"。这两种毡帐的区别除大小之外，主要体现在三点。其一，前者木椽全长呈弧形，弧度较"穹庐"减小；后者椽木上、中端呈直线，只有下端约1/4的范围呈圆弧形，且屋面坡度比前者略小。其二，"突厥毡帐"的天窗半径较小，更利于保温；而"哈萨克毡帐"将前者高耸的"颈式天窗"替换为了相对扁平的"井式天窗"，因而天窗直径有所增加。其三，相比"突厥毡帐"的高壁架，"哈萨克毡帐"的壁架高度有所下降。总体来讲，"突厥系毡帐"是半球形"穹庐"的"直系后代"，类似于半球体的形制可以使其原型追溯至"敖包亥"。

图10　"突厥毡帐"与"哈萨克毡帐"
（图片来源：网络）

从12世纪开始，蒙古部开始让北亚草原步入蒙古化的时代。它们在学习诸游牧先辈帐幕文化的同时依次创造了具有自身风格特征的"颈式毡帐"和"蒙古包"。从谱系层面来讲，它们均为鲜卑"百子帐"的"后代"。但与其前身不同，盛行于12—16世纪的"颈式毡帐"的平面呈圆形，面积有所增大；它的木椽在保留弓弧形特质的同时，弧度有所减弱；其壁架从竖桩型被改为网型的同时，高度较"百子帐"略有下降，壁架上端也向内收缩。然而，这些细微的变化并没有影响它呈现出类似蒜头的整体形象。不过，该特征在"蒙古系毡帐"的最终演化成果——"蒙古包"的形制中消失了。由于它的木椽已变成了直线，屋面呈伞状且坡度较小，之前高耸的"颈式天窗"也变成了扁平的"轮式天窗"。对于解读这一阶段"蒙古系毡帐"形制层面的巨变来讲，16世纪中叶俺答汗所发动的蒙古宗教改革运动是一个无法回避的关键节点。由于当时的蒙古统治阶级决定抛弃萨满信仰，并改信藏传佛教，最早起源于古印度的建筑理论与技术就经吐蕃经书由藏传佛教僧侣传到了蒙古高原。那时蒙古的藏传佛教僧侣和工匠在学习并掌握这些理论、技术之后，推动了"颈式毡帐"的改良与范式化进程。他们试图让毡帐的形式、比例与构造更加符合力学原理、适应草原气候环境的同时，将原先"颈式毡帐"的陡耸屋面改为"蒙古包"如今平缓的样式，使其弧形木椽变为直线形，并在其天窗下增设了木柱。此外，为了通过建立统一的毡帐类别与构件规格来强化等级规范、提升制作效率，他们在专门研究毡帐内人的日常行为与需求的同时，规定了毡帐的各种规格与模数。经由这些改良与范式化过程，如今为人们所熟悉的蒙古包才得以形成。蒙古包骨架体系由5个木制构件组成，包括陶脑（天窗）、乌尼（椽子）、哈那（壁架）、乌德（门框）和巴根（支柱）；其表皮体系又可分为各种苫毡构件和绳索构件，其中最基本的苫毡构件包括覆盖天窗的蒙毡，覆盖椽子的顶毡，包裹壁架的围毡，封闭门框的门毡（如今被门扇所替代），铺在地面上的地板、地毡或地毯（如今被地板所替代）5个部分。

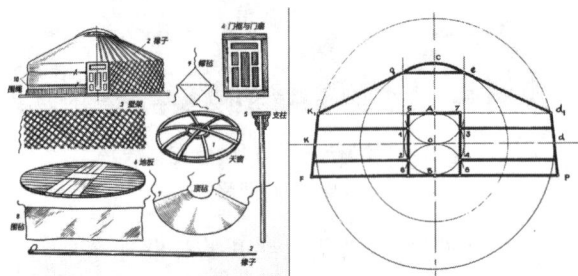

图11 蒙古包的构件组成与形式比例
（图片来源：达·迈达尔，拉·达力苏荣.帐幕住居史略[M].
乌兰巴托：国立出版社，1976）

公元13—20世纪，在靠近西伯利亚的诸森林部族之中，还盛行过另一种毡帐形式。这种毡帐壁架低矮、木椽陡而长、形状类似于圆锥体，它们被后人称之为"卡尔梅克系毡帐"。起初，当这些森林部族在建造自己的毡帐时，很可能借鉴了他们之前的居住形态——圆锥型棚屋。因为西伯利亚冬季惊人的降雪量使它们不能照搬草原部落毡帐的形式比例，只有采用陡峭的屋面形制才能避免其居所被积雪压倒。"卡尔梅克系毡帐"的前期与后期形态略有不同。前期"卡尔梅克毡帐"的木椽特别长，根部也呈圆弧形，天窗则与"突厥系毡帐"的"井式天窗"做法一致，形制凸耸，外形高度可达到5米。在16—17世纪，这些森林部众离开西伯利亚走入了草原。新的草原季风环境又迫使它们再次改良自己的毡帐。由于当时正值佛教在蒙古高原的迅速传播，后期"卡尔梅克毡帐"的设计被佛教经典里的相关建筑理论所影响。这促使其壁架高度有所下降，天窗直径得以缩小，最重要的是木椽长度被大幅缩短，并被改为直线型。这一变化在同期产生的蒙古包中也有所体现。

图12 不同时期的"卡尔梅克毡房"
（民族画报：蒙古文版，2008，541（10）；达·迈达尔.
帐幕住居史略[M].1976）

直到19世纪末，世界上不同地区的100多个种族依然以毡帐为居所；其中，中国、蒙古、阿富汗、土库曼斯坦、乌兹别克斯坦、塔吉克斯坦、吉尔吉斯斯坦、卡尔梅克、图瓦、诺盖、巴什科尔托斯坦、鞑靼斯坦、库尔德斯坦等国家和地区的人民将毡帐传承、沿用至今[23]。虽然这些地区毡帐的内部骨架系统大同小异，但其构造、形式、比例各具特色。基于此，一批学者在19世纪末以倪·赫鲁金的分类为蓝本，从这些差异出发将近现代毡帐划分为"突厥系毡帐"（以哈萨克毡帐为主）和"蒙古系毡帐"（以蒙古包和卡尔梅克毡帐为主）两类①，并一致认为所有毡帐都源自简易型棚屋的两种形态——"敖

---

① 这里将"卡尔梅克系毡帐"归为"蒙古系毡帐"是基于其种族上的一致性：卡尔梅克人属蒙古民族的一支。但本文对毡帐谱系的划分基于其形制类型。

包亥"与"肖包亥"[24]。

3　结　论

从以上研究可以得出以下结论:匈奴人所使用的半球形毡帐被当时的中原人称为"穹庐";它和它的直系后代"突厥系毡帐"的形制原型可以追溯到半球型棚屋——"敖包亥"。而"颈式毡庐"的衍生体在南北朝至唐代被称为"百子帐",它在蒙古帝国时期则脱胎为"八白室";它们与其直系后代"颈式毡帐"和"蒙古包"的形制原型可以追溯到蒜头形棚屋——"陶必格儿";此外,"卡尔梅克系毡帐"的形制原型则可以追溯至最早的圆锥型棚屋——"肖包亥"。而所有这三个系统的建筑最终均可追溯至人工穴居——"额入客",如下图所示。

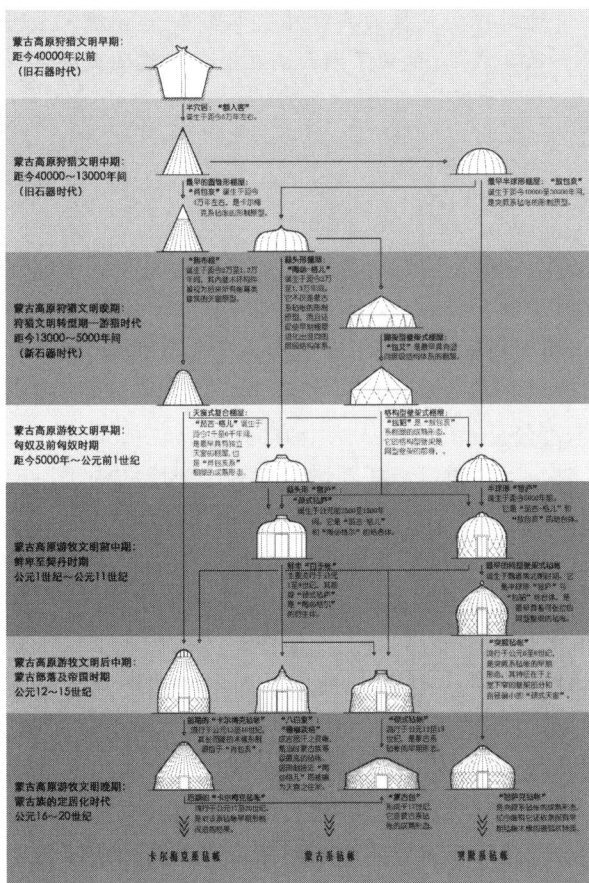

图13　蒙古包的历史图谱
(图片来源:自绘)

参考文献:

[1] 达·迈达尔,拉·达力苏荣.帐幕住居史略[M].乌兰巴托:国立出版社,1976:95-107.

[2] 南怀瑾,徐芹庭.周易今注今译[M].台北:台湾商务印书馆,1974:397.

[3] 杨伯峻,杨逢彬.孟子[M].长沙:岳麓书社,2000:109.

[4] 达·迈达尔,拉·达力苏荣.帐幕住居史略[M].乌兰巴托:国立出版社,1976:52.

[5] 达·迈达尔,拉·达力苏荣.帐幕住居史略[M].乌兰巴托:国立出版社,1976:55.

[6] 达·迈达尔,拉·达力苏荣.帐幕住居史略[M].乌兰巴托:国立出版社,1976:74.

[7] 达·迈达尔,拉·达力苏荣.帐幕住居史略[M].乌兰巴托:国立出版社,1976:111.

[8] 达·迈达尔,拉·达力苏荣.帐幕住居史略[M].乌兰巴托:国立出版社,1976:111.

[9] 达·迈达尔,拉·达力苏荣.帐幕住居史略[M].乌兰巴托:国立出版社,1976:74-75.

[10] 达·迈达尔,拉·达力苏荣.帐幕住居史略[M].乌兰巴托:国立出版社,1976:60.

[11] 达·迈达尔,拉·达力苏荣.帐幕住居史略[M].乌兰巴托:国立出版社,1976:77,95.

[12] 刘兆和主编,张丹编著.蒙古民族文物图典:蒙古民族毡庐文化[M].北京:文物出版社,2008:1.

[13] 达·迈达尔,拉·达力苏荣.帐幕住居史略[M].乌兰巴托:国立出版社,1976:93.

[14] 班固撰,颜师古注.汉书:第十一册[M].上海:中华书局,1962:3760.

[15] 桓宽撰,张之象注.盐铁论[M].上海:上海古籍出版社,1990:156.

[16] 维基文库.译语[EB/OL].2018-05-28/2018-08-20.

[17] 达·迈达尔,拉·达力苏荣.帐幕住居史略[M].乌兰巴托:国立出版社,1976:68,74,155.

[18] 达·迈达尔,拉·达力苏荣.帐幕住居史略[M].乌兰巴托:国立出版社,1976:8,77,78.

[19] 刘文锁.穹庐小考[J].人民论坛:学术前沿,2010,36:124,125.

[20] 王云五.丛书集成:黑鞑事略[M].上海:商务印书馆,1937:2.

[21] 达·迈达尔,拉·达力苏荣.帐幕住居史略[M].乌兰巴托:国立出版社,1976:118.

[22] 达·迈达尔,拉·达力苏荣.帐幕住居史略[M].乌兰巴托:国立出版社,1976:68,117,157.

[23] 达·迈达尔,拉·达力苏荣.帐幕住居史略[M].乌兰巴托:国立出版社,1976:73.

[24] 达·迈达尔,拉·达力苏荣.帐幕住居史略[M].乌兰巴托:国立出版社,1976:73.

意义变迁与形式演变
——湘西南"正方转八边形"鼓楼形态演变研究*

The Changing Significance and Evolving Forms
—A History of a Specific Drum Tower at Southwest Hunan Province

巨凯夫①

Ju Kaifu

【摘要】鼓楼是侗族南部方言区的标志性建筑,我国现代民族体系确立后,作为侗族的身份标识,鼓楼的营造活动仍在持续,但是新建鼓楼的形式及其所表达的意义却发生了变化。本文借鉴文化人类学的"场景"概念,结合有关鼓楼形式的既有研究,分析了湘西南一类密檐屋顶自下而上由正方形屋面转化为正八边形的鼓楼的形态演变过程,以此说明历史上鼓楼形式与使用者认知之间的关系。并通过探讨鼓楼的共时性分布规律,结合唐末至明清时期的社会背景,分析了南部侗族地区风土建筑谱系的形态及其成因,说明了湘西南在南部侗族风土谱系形成与建筑文化传播过程中的特殊地位。

【关键词】湘西南　南侗　正方转八边形鼓楼　场景　风土谱系

　　社会史的通行观点认为侗语北部方言区历史上汉化程度较深,而位于湖南、贵州、广西三省交界处的侗语南部方言区(以下简称"南侗")保留了较多侗族的自身文化。文化差异在建筑上的主要表现之一,是侗族的标志性建筑——鼓楼,常见于南侗地区,而在北侗地区几无实例留存。黔、湘、桂三省中,以湖南所占的南侗面积最小,然这一地区鼓楼的形式却极为丰富,建造技艺水平也较南侗其他地区更高。其中有一类密檐屋顶自下而上由正方形四坡屋面转换为正八边形屋面的鼓楼(以下简称"正方转八边形鼓楼"),形式感最强,结构最为复杂,形式所传达的意义也最为丰富,对于研究历史上鼓楼的形式与意义间的关系有重要的意义。

1　正方转八边形鼓楼的结构形式

　　在既有研究中,正方转八边形鼓楼的结构形式通常被称为"加柱"式,即该鼓楼的结构是在"囲"字正方形平面,在纯粹的正方形密檐逐层收分的攒尖顶鼓楼基础上,通过增加柱子产生的结构变体。该观点认为正方形密檐攒尖顶鼓楼是更为原生的

形式,它向正方转八边形鼓楼转化的关键在于如何进行结构的转换以承托多出的四榀"半屋架",在出水枋上搭横梁承托新增结构是主要方式,此外还有其他的方式:以内圈柱的联系枋件上搭横梁,横梁承雷公柱,雷公柱从八个方向插入枋材,承托新增结构;以抹角梁承托新增结构等。新增结构仍以南侗传统的穿斗结构与鼓楼的其他部分相联系[1]。

　　以建构的观点看,穿斗结构属于一种编织性结构,竖向柱子和横向串枋通过榫卯编织在一起,南侗的住宅多使用通柱,这使穿斗结构形成了一个整体性较强的三维框架体系。而密檐鼓楼则需要面对另一个结构问题,就是上下层结构的交接问题。鼓楼处理这类问题的方式是,下层屋檐的出水枋同时作为上层檐柱的柱脚枋,柱脚开凹槽卡在柱脚枋上,以此形成逐层缩进的形体。这样的构造使各密檐层的纵向结合并不十分牢固,为了避免密檐层之间的滑动错位,各层相邻檐柱间以串枋连接形成环状,同时,每层柱脚枋的后部插入鼓楼内圈柱子。因此,鼓楼密檐屋面可以看作附着在内圈柱上的附加结构,其水平方向的稳定性主要依靠密檐结构与

---

　　* 国家自然科学基金项目"我国地域营造谱系的传承方式及其在当代风土建筑进化中的再生途径"(项目号:51738008)子课题。

　　① 同济大学,博士研究生。

内圈柱所形成的筒体结构的连接。而内圈柱所形成的筒体结构毕竟受限于木材的天然长度和质量，鼓楼的高度越高，风荷载带给筒体结构的剪力负担就越大。2018年4月，贵州省凯里市一座在建的鼓楼就因为承受不了大风的剪力而倒塌。相对于纯粹的正方形或正多边形鼓楼，正方转八边形鼓楼对抗风荷载的能力更弱，因为在屋面层数转变的过程中，正方转八边形鼓楼加出四榀"半屋架"及相应的其他构件，使上部结构的重量更大，新加出的"半屋架"并没有落地柱，与下部的正交结构也缺乏紧密的联系，其抗剪力的能力就更弱。

侗族鼓楼所使用的正方转八边形的形式，显然不是某位天才匠人突发奇想的创造，因为在南侗地区它的数量众多，在湘西南之外，广西及黔东南的一些地区也有分布；这种形式也很难解释为源自人类追求装饰的心理，因为正方转八边形鼓楼的装饰性是以结构组合达成的，需要耗费大量的人力物力，并且在结构上有着抗剪力能力弱的特点，侗族人是否会以牺牲结构合理性的代价来达到装饰的效果，是值得疑问的。南侗地区在历史上长期以艰苦的山区农耕作为主要的生活手段，其生产力水平不高，相应地他们的风土建筑通常是功能性极强的，形式对侗族人来说通常都具有或是信仰方面的或是生活方面的实际含义，较少出现形式溢出功能的情况。通过对历史上鼓楼功能的梳理，能够寻找出理解湘西南正方转八边形鼓楼的形式来源的线索。

2　鼓楼中的场景

有关鼓楼起源的研究以20世纪80—90年代成果最丰，其中涉及鼓楼起源的理论有杉树（遮阴树）崇拜说、寨心柱（寨桩）崇拜说、男性崇拜说、词源学释义研究、汉族鼓楼影响说、功能说、大家族聚居说、佛教宝塔起源说等诸多理论。其中，杉树崇拜说、寨心柱崇拜说的基本观点是笔者在南侗调研时较多听到的说法。前者的基本观点认为鼓楼起源于为侗族祖先遮风避雨的杉树，后来人们模仿杉树的形象建造了鼓楼；后者认为侗族在建寨之前常立一根杉木象征寨神，为寨桩搭建的棚屋可用作集会所，日久演化为鼓楼；又有观点认为杉树崇拜和寨桩崇拜的含义相同，作寨桩的杉木实际上就是将

杉树简化后的形象①。口述史证据存在着较强的不确定性，侗族的叙述既可能是对历史记忆的真实延续，也可能在历史的某些阶段经过想象的加工，但另一方面，口述史资料却真实反映了口述者对鼓楼的真实认知，也就是说，鼓楼未必起源于杉树崇拜，但是使用者却认为鼓楼的形式来源于对杉树形态的模仿，鼓楼未必起源于寨心柱崇拜，但是使用者却认为鼓楼具有某些神性，将其置于村寨中心的位置，能够保佑人们的生活幸福安康。这些主观性的认知，又反过来影响着鼓楼的营造活动，使其成为历史上遗留至今的各种形象。

此外，使用者对于鼓楼形象的认知可以从与鼓楼相关的各类"场景[2]"中一窥端倪。首先，与鼓楼相关的各类仪式性场景说明鼓楼在侗族的认知中，具有某些神圣的意味，如节日时，人们在鼓楼广场前手牵手围成同心圆跳多耶舞，祭祀活动后，人们齐聚鼓楼高声合唱侗族大歌来颂赞祖先。现代媒体经常将这些仪式性的时刻呈现给公众，从而一定程度上影响了社会对鼓楼的认知，将鼓楼等同于纯粹的仪式性建筑。事实上，其他一些场景中，鼓楼内的场所并不具有强烈的仪式感，如民国文献所记载的鼓楼作为聚堂使用时的场景是"会议时各人杂坐无序，谈不到先行仪式，看去似乎杂乱无章，毫无条理的，实则会议的真精神，却有独到之处。他们的言论是极端自由的。任何人都可以尽量发表意见。"[3]可见即使是在某些重要的时刻，鼓楼内的场景也缺乏相应的仪式感。

另外，就占据的时间而言，鼓楼在多数的情况下是作为非仪式性的建筑来使用的，这时鼓楼内的场景就更为轻松随意（图1）。如在农忙间歇，男性成员经常在鼓楼闲聚会；迎送宾客时，鼓楼内的对歌和聚餐；行歌坐月时，青年男女围坐在鼓楼的火塘两侧，你来我往地以歌传情。明代诗人邝露在《赤雅》中记载他所见到的鼓楼"以大木一株埋地，作独脚楼，高百尺，烧五色瓦覆之，望之若锦鳞矣。扳男子歌唱、饮酣，夜缘宿其上，以此自豪"[4]，清雍正年间《广西通志》记载"春以巨木埋地作楼，高数丈，歌者夜则缘宿其上，谓之罗汉楼"[5]。有关鼓楼的研究多关注这两段经典文字中对鼓楼形象的描述，而它们关于歌者缘宿鼓楼之上的场景，表明在

---

① 杨昌鸣. 寨桩·集会所·鼓楼——侗族鼓楼发生发展过程之我见[J]. 贵州民族研究, 1992(3):73-79.

图 1　鼓楼中的日常生活场景

（图片来源：自摄）

某些时刻鼓楼是作为居住建筑来使用的。民国文献有关于鼓楼夜宿场景更为详细的描述："鼓楼中心有一个极大的火堂可以烧起大把的木柴烤火御寒，所以不拘寒暑，他们都可借鼓楼消磨永夜，太谈淡了，便倒身长凳上瞌睡，一枕黄粱，直睡到天光才起……"[6]。以今观古，今天的多重檐鼓楼绝大多数为密檐结构，歌者不太可能在密檐之内的结构层夜宿，所谓"缘宿其上"的"上"应指湘西南和广西常见的具有两层使用平面的鼓楼的二层。

3　正方转八边形鼓楼的形式表意

侗族的口述及鼓楼中的场景说明在侗族人的认知中，它既是具有神性的建筑，同时也是容纳世俗生活的容器。鼓楼的神性在形式上的体现是对寨桩意向的保留，或者对侗族的自然神杉树的形态的模仿；鼓楼的世俗性则主要体现在使用空间的形式上。现存的大多数鼓楼的使用空间均以火塘为中心，而以火塘为中心同样是侗族居住中常见的空间组织方式，闲谈、休憩、行歌坐月、宴饮这些鼓楼中常见的日常场景，同样出现在居住建筑中。可见，在非仪式性的时刻，侗族关于鼓楼的认知接近于对他们居住建筑的认知，而鼓楼与居住建筑在形态上的相似性主要表现在鼓楼使用空间的干栏形态或双层的形态。

正方转八边形鼓楼的形式综合反映了侗族对鼓楼的神圣性和世俗性双方面的认知。其底部空间以双层为主要形态，在一层或二层空间中央设置火塘，成为日常生活的中心。如果不以柱网层——密檐层这样的标准来审视鼓楼的立面，而将四坡屋顶与柱网层看作一体的话，则鼓楼的使用空间基本上与住宅趋同；从结构来看，正方转八边形鼓楼的八边形密檐部分是通过在正方形结构的基础上加

柱生成的，亦即正方形结构与柱网层的组合为一个整体性结构，八边形密檐结构为另一个整体性结构，垒叠于下部结构之上。前者的形式表达了侗族对鼓楼的世俗性的认知，是实用性的结构，而后者则主要满足侗族人对鼓楼作为寨心柱或杉树之神的想象，是象征性的结构。正方转八边形鼓楼的密檐结构以八边形密檐的内部结构所占比例更多，各层出水枋的后尾相交于中柱，因此，中柱具有一定的长度，同时，为了满足在不同高度的八个方向上开榫，中柱的用材需要具有足够的强度和厚度，因而在视觉上具有足够的体量表达其作为寨心柱的意向，而相交于中柱的出水枋以及层层密檐能够引起人们对于杉树的枝叶的联想。

如果将侗族所说的鼓楼起源于对杉树的模仿假想为鼓楼演化的机制，则鼓楼从自然界的事物演化为建筑形象，大体可推演为"以简易结构围合杉树下的空间——围合空间建筑化——杉树建筑化"三个阶段（图2）。人居空间的建筑化应早于杉树的建筑化，先具有了几何形的平面和结构性的特征，使其区别杉树的自然形象。完形心理和穿斗技术的发展，使底部的人居空间形成了接近方形的平面，并具有了围护和屋面结构，而具有神圣意味的杉树在建筑化以后，以逐层收进的多边形的密檐构图模拟杉树的形态，并区别于人居空间。

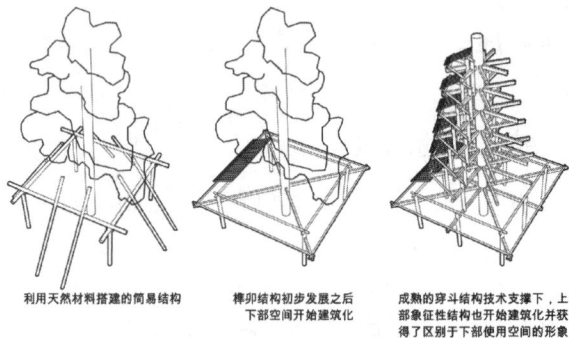

图 2　鼓楼建筑化过程示意图

（图片来源：自绘）左：利用天然材料搭建的简易结构；中：榫卯结构初步发展之后下部空间开始建筑化；右：成熟的穿斗结构技术支撑下，上步象征性结构也开始建筑化并获得了区别于下部使用空间的形象

4　正方转八边形鼓楼的演化

今天位于横岭的一座鼓楼较为明晰地表达了正方转八边形鼓楼形式与意义的对应关系。该鼓楼是一座组合式鼓楼，前部为双坡顶房屋，后部是

正方转八边形鼓楼的典型形式(图3)。

图3 横岭鼓楼外观
(图片来源:自摄)

其下部为双层的使用空间,采用正交的结构体系,火塘位于使用空间的底层,是老人们日常闲聚的场所(图4),二层为通敞的大空间(图5),根据本村老人的口述,较为盛大的活动会在二层进行,二层的屋顶为中空的方形屋面,之上通过结构转换搭出正八边形的密檐攒尖屋面(图6);正八边形屋面结构的内侧支点为中柱,鼓楼内圈柱之间的联系枋承托相叠加的纵横两道横梁,横梁中点承托中柱,所有正八边形构架的出水枋后尾均插于中柱内(图7);使用空间二层明间的出水枋之间承托横梁,横梁与内外圈柱的联系枋在中点位置共同承托一根垂直于正身方向的梁,来承托正八边形屋面构架的外侧支点(图8);转角部分的构架由使用空间

图4 横岭鼓楼的一层空间
(图片来源:自摄)

图5 横岭鼓楼的二层空间
(图片来源:自摄)

的二层转角出水枋直接承托。为了保证使用空间的完整性,鼓楼的中柱进行了抬高,但是仍有足够的体量象征寨心柱,中柱与枋件的穿插组合也明显地表现出对杉树的模仿,层层密檐屋面营造出类似于杉树枝叶的阴翳感。

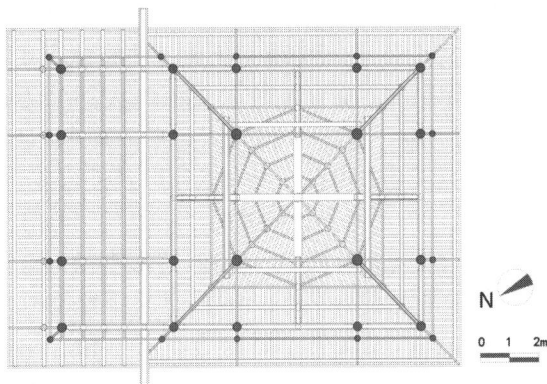

图6 横岭鼓楼屋架仰视图
(图片来源:自绘)

图7 八边形密檐结构内侧节点
(图片来源:自摄)

图8 八边形密檐结构外侧节点
(图片来源:自摄)

在典型的正方转八边形鼓楼的基础上,鼓楼形式产生了若干变体。最为常见的变动是正方形屋面不再只作为使用空间的屋顶,而是继续向上叠加,相应的,正八边形的屋面层数也有不同的增减,正方形与正八边形的屋面的比例因此发生了变化,如通道侗族自治县芋头侗寨的芦笙鼓楼正方形屋

面达到了四层,正八边形屋面为五层(图9),象征性的结构与使用空间的屋面在立面上已经不易明确分别,但是正八边形屋面的出水枋后尾仍交于中柱,其内部结构比较清晰地表达出对树木形态的模仿(图10)。这一趋势的进一步发展是,正方形屋面所占的比例超过了正八边形屋面,成为鼓楼立面的主要视觉元素,位于湖南怀化通道侗族自治县坪阳乡的马田鼓楼(图11),密檐屋面绝大部分为正方形,仅在攒尖顶部分作出正八边形的形态,对杉树的象征意义基本由正方形密檐的形式进行表达;结构方面,正方形密檐屋面的出水枋以各层檐柱和鼓楼内柱为支点进行固定,随着八边形密檐部分的减少,中柱开始不断升高和缩短,其象征寨心柱的意义逐渐衰退,相交于中柱的出水枋也相应地减少,不再能够象征杉树的枝杈。

工匠对技术合理性的探求显然是使八边形密檐结构所占比例减少的因素之一,它使得鼓楼的屋檐结构通过与内外柱的连接获得更高的整体性,从而增强了鼓楼的抗剪力能力,但更为重要的是人们对鼓楼形式的认知发生了变化。方形平面、方形屋檐最初是为了满足对鼓楼作为世俗空间的想象,中柱、交于中柱的出水枋、八边形密檐反映了对鼓楼神性的想象。当侗族对鼓楼的神性想象开始衰退时,才有可能相应地发生象征性结构的衰退。

图9　芦笙鼓楼外观
（图片来源：自摄）

图10　芦笙鼓楼内部结构
（图片来源：自摄）

图11　马田鼓楼外观
（图片来源：自摄）

不应忽视的是,汉族的建造技术和工具在正方转八边形鼓楼的出现及演化过程中所发挥的作用。鼓楼的各类形式多依赖穿斗技术得以实现,尤以正方转八边形鼓楼对建造技术的要求最高,因为构件的交接更为繁复,且各构件之间并非纯粹的正交关系,另外还涉及结构转换的问题,这要求工匠具有高超的空间思维能力、数学知识和施工技巧,而尤为重要的是,建造一座有着大量榫卯节点的鼓楼,需要有足够发达的铁制建造工具作支撑。据笔者对侗族工匠的访谈所知,早些时候侗族与汉族的经济往来,除了林木贸易、盐和其他一些生活用品交易,另有一类比较重要的即是铁制工具交易,可见侗族制造铁制工具的能力并不如汉族发达,而今天侗族工匠所使用的建造工具与汉族基本无异(图12)。鼓楼中的一些细部样式反映出汉文化的特征(图13),这些纹样同样需要精细的铁制工具才能得以加工。这些现象说明来自汉族的建造工具和技术曾经为侗族以建筑化的方式表达对鼓楼的认知提供了重要的技术支撑。

图12　侗族工匠的施工工具
（图片来源：自摄）

图13 鼓楼构件的细部纹样

（图片来源：自摄）

5 正方转八边形鼓楼分布与南侗风土谱系

从鼓楼的共时性分布规律可以看出（图14、图15），正方转八边形鼓楼主要分布在湖南和广西，以及黔东南的黎平地区，从江境内与黎平临接区域也有少量分布；湖南、广西地区还有相当数量的非密檐，以及密檐非攒尖顶的鼓楼，黎平和从江地区鼓楼立面形态的丰富性相对较弱，除正方转八边形鼓楼外，以不进行屋面形式转换的鼓楼为主，而榕江，以及从江与榕江邻近地区的密檐式鼓楼几乎均为正方形或正多边形攒尖顶的形式，形式最为单一。以使用空间为分类依据，黔东南地区的鼓楼绝大多数为一层地面式，黎平地区有极少案例采用双层形式，湖南、广西的鼓楼也以地面式为主，但也有相当数量的鼓楼使用干栏及双层地面式。根据两张分布图的信息，历史上南侗地区存在着湖南、广西（以下简称"湘桂风土谱系"）和黔东南两大风土建筑谱系，黔东南的黎平和从江的部分地区是两个谱系的过渡地带。那么，湘西南地区在整个南侗风土谱系格局的形成过程中扮演了怎样的角色？

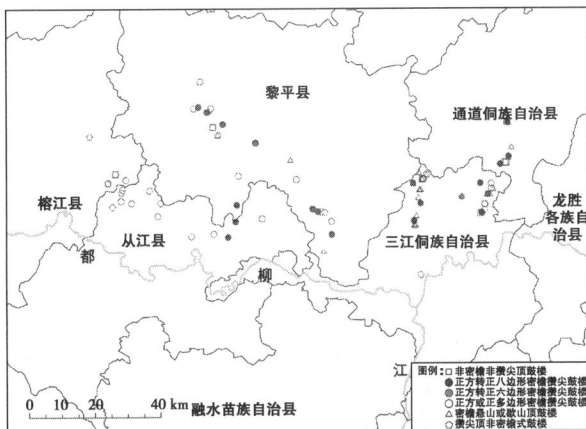

图14 基于立面类型的鼓楼分布图

（图片来源：自绘）

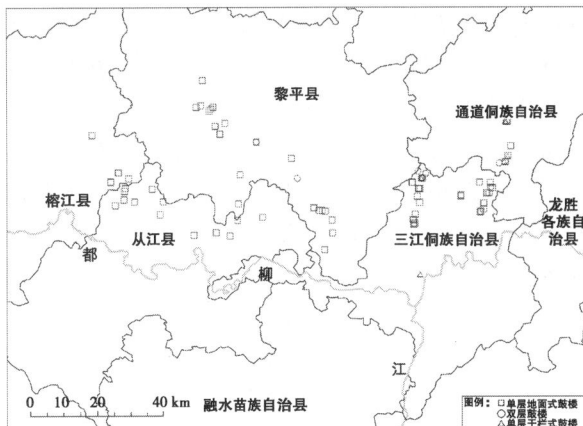

图15 基于纵向空间类型的鼓楼分布图

（图片来源：自绘）

侗语方言分布图为研究南侗风土谱系勾画了一张文化底图（图16），在这张地图中，黔东南的榕江与湖南和广西三江的独峒、林溪地区同属于侗语南方方言第一土语区，而黎平、从江，广西三江的和里为南方方言第二土语区，将第一土语区切割为东西两个部分。结合南侗地区的历史背景，语言区划的出现极有可能始于明洪武年间，此时中央王朝对侗族地区控制的逐步加强。在此之前的历代王朝都以羁縻政策对待这一地区，世居民族基本上处于自治状态，并不太可能出现语言的分化。明王朝在洪武十一年（1378年）镇压吴勉起义之后，逐步借清水江将势力深入侗族地区，洪武十八年（1385年）五开卫的设立，以及洪武三十年（1397年）铜鼓卫的建立标志着中央王朝建立起对这一地区的军事控制[7]，为改土归流的实施奠定了基础。五开卫自洪武十八年开设，历时七年完成了防御圈的建设，其势力范围基本位于今黎平县境内（图17），这一地区恰好是将侗语第一方言区分为东、西两片区域的南方方言第二土语区的核心区域。五开卫在开设之初隶属于湖广都司，而黎平府则属贵州布政司，促成府卫分属局面的因素之一是明王朝对平衡地方势力的考量，五开卫是在湖广都司出兵镇压起义后设立的，最初的兵源和供给也依赖于湖广都司。也就是说，五开卫的设立建立起一条由湖南向贵州的文化传播路径，伴随着卫所而来的大量军屯人口、"移民就宽乡"政策而来的民间移民，以及被清水江流域丰富的林木资源所吸引的商业移民，都通过这一路径经由湖南进入贵州。大量的移民人口为黎平地区的侗族文化增添了新的内容，有可能正是这种改变，促成了纵贯南侗地区的第二土语区的形成。对于南侗的风土谱系而言,五开卫的设立起到了两方面的作用:一方面使其以东的湘西南地区和以西的从江、榕江等地相隔离,开始形成各自的营造传统;另一方面,建立起一条由湘西南至黎平的官方通道,沿着这条通道,两地的接触更为频繁。因而,正方转八边形鼓楼的形制出现在这两个地区。

图 16　侗语方言示意图
（图片来源:《侗语简志》）

图 17　五开卫形势图
（图片来源:《五开卫设置时间辨析》）

在清中期以前,五开卫以西的南侗地区被称为"生界",直至清雍正六年(1728年)由鄂尔泰、张广泗主导开辟苗疆,这些地区的世居民族才开始"变生为熟"。在开辟苗疆的前一年,时任云贵总督的鄂尔泰在一封奏折中向皇帝强调"窃查黔粤之交,有八万、古州里外一带生苗地方,千有余里,虽居边界之外,实介两省之中。黔之黎平、都匀、镇远、永从诸郡县,粤之柳州、怀远、罗城、荔波诸郡县,四面环绕,而以此种生苗,伏处其内。分两省而关,各在

疆外,合两省而观,适居中央"[8]。这样的战略地位使中央王朝对"生界"投入了大量的军力实施武力征服,开辟苗疆的过程极为残酷,严重破坏了世居民族的文化和经济[9]。清政府在苗疆初定之后,立即着手建立"新疆六厅",并进行军屯实施控制,其中古州厅所辖地区大部为今天的榕江,从《古州厅舆图》(图18)中可以看到榕江地区所受冲击之强烈。在结束征讨之后,清政府又迅速以教化措施稳定征服地区,随着都柳江疏浚而兴起的商业也使汉文化从闽粤渊源不断地进入南侗地区。从开辟苗疆至清王朝终结,虽然只有约180年的时间,但其影响极强,甚至使榕江和都柳江南岸一些地区出现了一些鼓楼的真空地带。军事行动对当地经济的破坏影响到当地的建筑质量和营造水平,这可能是榕江及邻近地区的鼓楼以对技术要求相对较低的正方形无结构变化的形式为主的原因之一;汉文化的影响也改变了侗族的生活形态,这里的居住建筑以地面式为主要形式,相应地,鼓楼的使用空间也以单层地面式为主要形式。

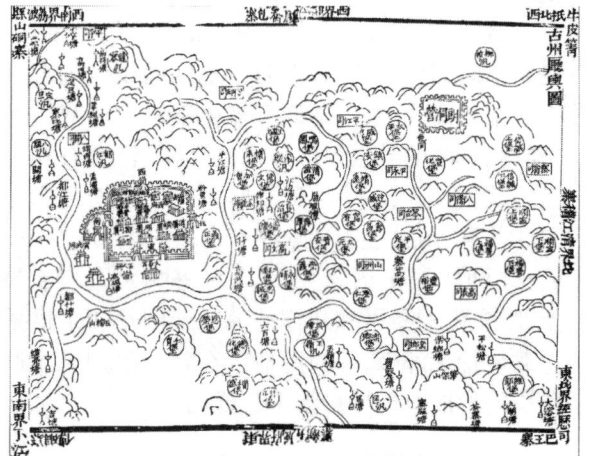

图 18　古州厅舆图
（图片来源:清光绪十四年(1888年)《古州厅志》）

湘西南与广西地区的联系可以藉由飞山庙的分布进行说明。飞山庙为供奉杨再思的神庙,杨再思其人生活于唐末五代时期,在"飞山之战"后以其地附楚,称为"十洞"(约包括今湖南靖州、通道、贵州黎平、从江和广西三江的部分地区),"飞山洞"(位于湖南靖州苗族侗族自治县境内)以及"潭阳"和"郎溪"(大概包括今湖南黔阳、芷江、新晃、会同和贵州锦屏、天柱地区)的领袖①,时人尊称其为

---

① 邓敏文. 从杨再思的族属看湘黔桂边界的民族关系[J]. 怀化师专学报,1994(1):8-12.

"杨太公""飞山主公""飞山洞主",在去世后,又被尊为"飞山大王""飞山神",可见飞山信仰最初的隆兴地是飞山洞所在的湖南靖州地区。今天的飞山庙广泛分布于湘黔桂鄂渝的毗邻地带①,说明飞山信仰以湖南靖州为中心主要向西和南两个方向传播。南侗地区的榕江、从江及黎平大部尚未发现飞山庙,而在广西的侗寨中则有大量飞山庙的遗存。飞山信仰将湘西南与广西地区的联系上溯至唐末五代时期,并暗示了一条由湘西南向广西的文化传播路径。作为信仰源头的靖州地区距离汉族腹地更近,且有长江水系的舞阳河、清水江、渠水流经,便于其与汉族的交往,来自汉族的文化、建造工具、建造技艺更早地为湘西南地区所接受,使他们对鼓楼的想象更容易通过技术手段转化为建筑实体。明清两代,中央王朝的注意力集中在介于两省之中的黔东南地区,湘西南地区的政治形势更为稳定,使湘西南的鼓楼营造技艺获得了更好的发展环境,因此,对建造工艺有着较高要求的形制及加工工艺精良的正方转八边形鼓楼主要出现于湘西南地区,并向邻近的黎平和广西地区传播。可见,湘西南虽偏于南侗一隅,而在南侗风土谱系格局的形成以及建筑文化的传播中,具有源头性的作用。

6　结　语

在历史语境中,作为一种类型或作为群体的鼓楼承载着动态的历史信息。本文对湘西南正方转八边形鼓楼演化过程的分析说明历史上鼓楼的形态与意义并不是唯一的一成不变的,人的认知的变化会影响鼓楼建筑的形式发生相应的演变;对于鼓楼的地域性分布的讨论,旨在说明鼓楼群体所具有

的风土谱系的价值。今天,侗族生活习俗的延续、政策的鼓励与旅游业的刺激使鼓楼的营建活动得以延续,但鼓楼形式传达的信息已悄然发生了变化。我国现代民族体系建立之后,鼓楼更多地承担着标识民族身份、强化民族认同的功能,这使得鼓楼的营建刻意强调具有可识别型的形式特征;旅游业的发展刺激着各地匠师竞相追求鼓楼的体量、高度与装饰,其结果使鼓楼形态出现了单一化的倾向。如何使今天鼓楼的营建在满足现代生活的同时延续其作为类型所传达的历时性信息和作为群体所反映的谱系信息,希望本文能够成为思考这一问题的起点。

参考文献:

[1] 蔡凌.侗族聚居区的传统村落与建筑[M].北京:中国建筑工业出版社,2007:208.

[2] 常青.建筑的人类学视野[J].建筑师,136(6):95-101.

[3] 吴泽霖、陈国钧.贵州苗夷社会研究[M].北京:民族出版社,2004:157-160.

[4] 邝露.赤雅[M].北京:商务印书馆,1936.

[5] 金鉷修,钱元昌.陆纶纂《广西通志》[Z].清雍正十一年(1733年)刻本.

[6] 吴泽霖、陈国钧.贵州苗夷社会研究[M].北京:民族出版社,2004:157-160.

[7] 吴春宏.五开卫建置研究[J].铜仁学院学报,2014,16(3):107-113.

[8] 中国第一历史档案馆,中国人民大学清史研究所,贵州省档案馆.清代前期苗民起义档案史料汇编(上册)[M].北京:光明日报出版社,1987:6.

[9] 杨胜勇.清朝经营贵州苗疆研究[D].中央民族大学,2003:37-42.

---

① 廖玲.明清以来武陵地区飞山庙与飞山神崇拜研究[J].宗教学研究,2014(4):165-172.

四川元代木构建筑外檐铺作中的若干特殊做法[*]

Some Special Practices in the Exterior Eaves Paving of Wooden Structures in the Yuan Dynasty in Sichuan

丁 煜[①]

Ding Yu

【摘要】四川地区丰富的元代木构遗存是研究该地域内乃至南方元代建筑的重要资料,具有鲜明的地域性和时代性。本文以四川10处元代建筑的外檐铺作为研究对象,分别从其布置形式以及铺作组合进行描述和对比研究,并从铺作组合中提取前檐斗栱形制(柱头铺作和补间铺作)、扶壁栱、异形栱、斜栱和角斗的特征,分别就其特殊做法和技术形制的传播进行了一些探讨。

【关键词】四川　元代建筑　斗栱　营造法式

目前,四川明代以前的官式建筑中,拥有宋代1处,元代10处,居南方各省之首。数量众多的元代木构表现出异于别地的诸多特征,构成了研究四川古代建筑史的丰富资料。学界一般认为,四川现存10处年代较为确切、原结构基本完整的元代建筑分别为:南部醴峰观正殿、盐亭花林寺正殿[②]、梓潼七曲山大庙盘陀石殿、峨眉山大庙飞来殿、眉山报恩寺大殿、遂宁金仙寺大殿、阆中永安寺大殿和五龙庙文昌阁、芦山青龙寺大殿和平襄楼。其中,除芦山平襄楼外,其余建筑在已有文献中均可见确切纪年。

本文现以上述十处元构为标尺,撷取建筑的外檐铺作作为研究对象,分别从其布置形式以及铺作组合进行比较分类和描述研究,并从铺作组合中提取相关特殊做法进行详细讨论,以证四川元代木构建筑独特的地域性和时代性。

1　外檐铺作布置形式及铺作组合

1.1　外檐铺作布置形式与类型分析

四川现存元代木构的外檐铺作布置方式各异,变化灵活而又无规律可循,现将十座建筑的补间铺作配置情况罗列如下:

①南部醴峰观正殿:前檐明间施三朵,山面明间施一朵,其余各间皆不施。

②盐亭花林寺正殿:前檐明间施四朵,后檐间施两朵,两山面不施。

③梓潼七曲山大庙盘陀石殿:前檐明间施三朵,余皆不施。

④芦山青龙寺大殿:前檐明间施三朵,次间一朵;后檐明间施三朵,山面不施。另在山面第四排柱、后檐檐柱和角柱处均不施柱头铺作,而以内部梁栿出头直截后承橑檐枋,系十处中孤例。

⑤眉山报恩寺大殿:前檐明间施三朵,次间施一朵;后檐明间施一朵,山面靠近前檐三间各施一朵,余间不施。

⑥遂宁金仙寺大殿:前后檐明间、两山靠近前檐两间各施一朵,其余各间不施。

⑦阆中永安寺大殿:前后檐明间施两朵、两山面靠近前檐第二间各施一朵,余间不施。

⑧阆中五龙庙文昌阁:前后檐明间和两山明间各施一朵,其余间均不施。

⑨芦山平襄楼:前后檐明间各施两朵,其余各间均不施。

---

*　国家自然科学基金项目"基于传统营造技艺抢救整理的我国穿斗架分类区系与传承研究"(项目号:51578334)。

①　深圳大学建筑与城市规划学院,研究生。

②　盐亭花林寺正殿以往一直被文物部门登记为明代建筑,蔡宇琨等人将其年代判定为元至大四年(1311 年),为四川最新发现的元代建筑,参考:《四川盐亭新发现的元代建筑花林寺大殿》,《文物》2017 年第 11 期。

上述元构在铺作布置上虽无固定章法，但从建筑的平面形式和结构要求两方面来分析，补间铺作的配置数量应与建筑等级、规模大小和开间尺寸等相关。在此根据以上因素将建筑铺作布置形式分为如下四类（图1）。

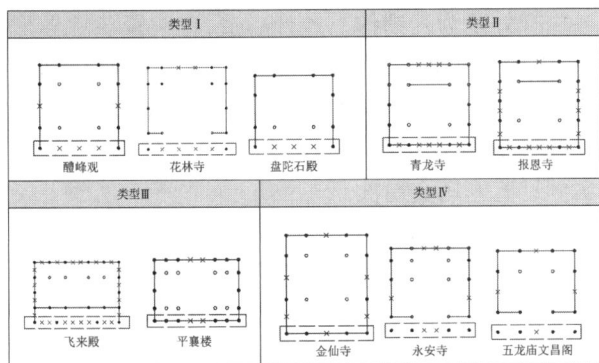

图1　外檐铺作布置形式类型

类型Ⅰ：平面形式上为方三间小殿，前檐一间通面阔布置数朵补间。此法在前檐明间采用减柱造形成通檐，两角柱间施以大檐额，创造出较大的建筑内部空间。为保受力均匀，在原柱头铺作处布置了两朵补间。从建筑形象上而言，其正立面在减去檐柱形成开阔视觉感的同时，斗栱布置仍合常规的用柱方式，不至显得过分稀疏。运用此法布置的有醴峰观、花林寺和盘陀石殿。值得注意的是，醴峰观和盘陀石殿两者在大木构架手法上颇为相似，采用四川元代木构建筑常见的"重视前檐，简化后檐"的斗栱布置做法，但后檐心间不布置补间者唯有此二，或系两者作为十处元构中面积最小的方三间小殿有关，因面阔较小，缺失补间似也合理。相较之下，花林寺大殿则考虑到了此点。

类型Ⅱ：面阔三间，进深方向较大。前檐明间施三朵补间，次间各施一朵，心间补间出斜栱，而后檐仅明间布置斗栱。此类做法代表有青龙寺和报恩寺。两者具有较多共性。其一，明间三朵补间和斜栱的施用，既起到了结构上有效缩短榑枋间距的作用，又使前檐成为极具装饰性的视觉重点。其二，在创造宽大的进深方向时，在当心间的梁架系统中采用了斜梁构件，如报恩寺大殿达到了十椽栿的跨度，在四川元构中罕见。此外，此类构件的运

用增强了明间结构强度，从而大大增加了当心间宽度，能够在前檐布置繁密的补间铺作。其三，同样采用"前繁后简"的铺作配置。此法致使前建筑前后结构不一致，受力不均而缺乏稳定性和整体性，但这与四川元构营造逻辑相关，在此不做论述。

类型Ⅲ：面阔五间，进深四间，平面呈长方形，前后檐或两山面铺作对称布置。此类做法有飞来殿和平襄楼。前者为扩大心间，兼用减柱造和移柱造，前檐减去梢间两柱后将明间两柱各向山面移动了半个开间的距离，但前后檐斗栱仍位于中缝，构思精巧，两山各间均布置一朵补间，遵循《营造法式》之制。另外，前后斗栱外观呈现基本一致，但雕饰亦前繁后简；后者于山面心间添加中柱，故柱头铺作取代了原补间，建筑整体外观上呈现对称布置，斗栱疏朗，结构上前繁后简。

类型Ⅳ：平面为面阔三间小殿，前后檐仅在明间施补间，两山面对称布置。此法有金仙寺、永安寺①、五龙庙文昌阁。其中，金仙寺在两山靠近前檐的两间各施一朵补间，永安寺和文昌阁则采用移柱造将山面靠近前檐一间檐柱后移，创造出较大的前殿空间，在较大的柱距间均施有一朵补间，根据跨度决定施用朵数，使屋檐受力合理均匀。

按《营造法式》规定，外檐铺作的配置规制当为"当心间须用补间铺作两朵，次间及梢间各用一朵"。事实上，宋代木构对补间铺作的朵数排布是非常灵活的，并非严格遵循此制布置，遑论元代。

以四川仅存的南宋木构江油云岩寺飞天藏殿而言，其面阔三间，各间均施补间一朵。如考察同时期四川地区的仿木构楼阁式砖石塔，可知均具有方三间的平面形式特点，其中金堂淮口瑞光塔、蓬溪鹫峰寺塔、南充白塔各间均施一朵补间铺作，简阳圣德寺塔、乐山三江白塔、广安白塔明间施一朵补间，次间不施。这种对于方三间平面的斗栱布置方式，至晚在南宋嘉定时期已成普遍做法②。但此法在元代的方三间小殿中均未见采用，这或许可以反映宋元更替之际，四川地区木构技术的流变。

同时期的江南元代方三间小殿中，延福寺大殿和天宁寺大殿前后檐补间均为明间三朵、次间一

---

① 阆中永安寺后檐斗栱在清代维修时改动较大，已无斗栱，参见朱小南：《阆中永安寺大殿建筑时代及构造特征浅析》，《四川文物》1991年第1期。据阆中文保所同志介绍，在2000年左右维修大殿时，后檐按原貌修复，在心间施有二补间。参考王书林的《四川宋元时期的汉式寺庙建筑》。

② 王书林，徐新云：《四川南充白塔建筑年代初探》，《四川文物》2015年第1期。

朵,两山对称布置但朵数不一;真如寺大殿前后檐明间四朵、次间两朵,两山依次为三朵、两朵、一朵。经比照,江南元代木构铺作更显繁密而规整,明间朵数增多亦与开间尺寸扩大有关,依循《营造法式》的形制特征更为明显。四川元构斗栱排布疏朗、数量各异的现象,无疑成为元代该地域与《营造法式》关联性较弱的一个重要特征。

1.2 外檐柱头铺作和补间铺作组合形式

十座元构中,除平襄楼为三重檐歇山顶外,其余均为单檐歇山顶,故外檐铺作形制丰富,但构造简练,颇具共性,也显现出一定的地方特征。现以十处元构前檐铺作为例,按柱头、补间两类进行研究。

1.2.1 柱头铺作

①外跳为五铺作双杪计心造,第二跳华栱跳头不施令栱,以散斗承橑檐枋,里转四铺作单杪偷心造承剳牵,扶壁栱形制为"重栱+素枋组",此法实例见醴峰观正殿。

②在形制①基础上,扶壁素枋间等距置五个散斗,实例见花林寺大殿。

③外跳为五铺作双杪计心造,第二跳华栱跳头不施令栱,以散斗承橑檐枋,里转出一跳华栱,上施重栱承素枋,扶壁栱形制为"重栱+素枋",实例见青龙寺大殿。

④外跳和里跳与形制③同,扶壁栱形制为"单栱+素枋组",素枋间置多个散斗,实例见眉山报恩寺大殿。

⑤外跳和扶壁栱形制与④同,里跳为绰幕枋承乳栿,实例见金仙寺大殿。

⑥外跳和扶壁栱形制与③同,里转一跳承乳栿,跳头施异形栱,实例见芦山平襄楼。

⑦外跳为六铺作单杪双下昂(下层假昂、上层真昂)计心造,外转首层华栱上置瓜子重栱,二层假昂上置斗承令栱与三层昂,三层昂头不施令栱,以散斗承橑檐枋,里转第一跳华栱上施重栱承素枋,第二跳假昂后尾作压跳承乳栿,乳栿上置鹰嘴蜀柱,上置令栱承素枋,与三层昂尾共承下平槫,扶壁栱形制为"重栱+素枋组",实例见峨眉大庙飞来殿。

⑧外跳为六铺作三下昂(首层假昂、上两层真昂)计心造[1],首层假昂上承瓜子栱托单栱素枋,里转绰幕枋承剳牵,二层昂置斗承异形栱,里转托三层昂,三层昂置斗承橑檐枋,里转挑至下平槫下,扶壁栱形制为"重栱+素枋组",枋间置多个散斗,实例见阆中永安寺。

⑨外跳为六铺作三杪计心造,首跳置斗承异形栱,二层跳头置瓜子栱和斜栱,与三层华栱相列承橑檐枋,里转三层华栱作绰幕枋层叠出跳承剳牵,扶壁栱形制为"重栱+素枋组",枋间置多个散斗,实例见五龙庙文昌阁。

1.2.2 补间铺作[2]

各建筑选取的补间铺作外跳及扶壁形制与柱头铺作形制相同,不再赘述,以下只论述里跳情况。另梓潼大庙盘陀石殿无柱头铺作,故在此单独论述。

①里转四铺作单杪偷心,上承挑斡,实例见醴峰观正殿。

②里转四铺作单杪偷心,上承挑斡入内檐铺作,实例见花林寺正殿。

③里转出一跳华栱,栱头施重栱承素枋,华栱上施斜梁至中平槫下,实例见青龙寺大殿。

④里转出一跳华栱,栱头施重栱承素枋,华栱上施挑斡,实例见报恩寺大殿。

⑤里转五铺作双杪偷心,第二跳华栱承挑斡与顺身串铺作相咬承下平槫,实例见金仙寺大殿。

⑥里转一跳承挑斡至槫,跳头施异形栱,实例见芦山平襄楼。

⑦里转首层华栱托单栱素枋,二层假昂后尾托靴楔承三层昂尾承下平槫,并于跳头施异形栱,实例见峨眉大庙飞来殿。

⑧里跳第一、二跳作华头子,上施靴楔承第三跳昂,昂尾挑至下平槫,实例见阆中永安寺。

⑨里转三层华栱作绰幕枋层叠出跳,上置靴楔承挑斡挑至下平槫,实例见五龙庙文昌阁。

⑩外跳为五铺作双下昂(均为真昂)计心造,首层昂头置异形栱,第二跳昂头置散斗直接承橑檐枋,里转一跳华栱置散斗,过正心在首层昂尾下出靴楔,扶壁为"单栱+素枋组",枋间置多个散斗,实例见梓潼大庙盘陀石殿。

---

① 朱小南《阆中永安寺大殿建筑时代及构造特征浅析》认为永安寺大殿前檐柱头铺作为五铺作,最上层为昂形耍头。本文持六铺作观点,因最上层跳头仍置斗承橑檐枋,具备结构功能。

② 醴峰观正殿和青龙寺大殿选取明间中朵、报恩寺大殿选取明间左右两朵,其分别为各建筑之典型形制,其余补间形制各异不再论述。

2　四川元代木构外檐铺作形制的特殊做法

现以南宋飞天藏殿和十处元构为研究对象，分别列举前檐斗栱形制（柱头铺作、补间铺作）的不同组合，并从中提取扶壁栱、异形栱、斜栱和角斗的特征进行比较研究，由此绘制表1。

表1　前檐斗栱形制及特征分析表

建筑名称	年代属地	前檐斗栱形制		扶壁栱	异形栱	斜栱	角斗
		柱头铺作	补间铺作				
云岩寺飞天藏殿	1181 江油	四铺作单昂+里转一跳承耍头托劄牵	四铺作单昂+里转一跳承耍头托挑斡①	重栱+素枋	—	—	异形斗
醴峰观正殿	1307 南部	五铺作双杪计心+里转一跳承劄牵	五铺作双杪计心+里转一跳承挑斡	重栱+素枋	—	—	异形斗
花林寺大殿	1311 盐亭	五铺作双杪计心+里转一跳承劄牵	五铺作双杪计心+里转一跳承挑斡	单栱+素枋组	—	有	异形斗
大庙盘陀石殿	1316 梓潼	—	五铺作双下昂计心+里转一跳承靴楔托下昂	单栱+素枋组	（异形栱图）	—	异形斗
青龙寺大殿	1323 芦山	五铺作双杪计心+里转一跳承乳栿	五铺作双杪计心+里转一跳承斜梁②（明间补间中间一朵）	重栱+素枋	（异形栱图）	有	异形斗
大庙飞来殿	1327 峨眉	六铺作单杪双下昂+里转两跳压跳承乳	六铺作单杪双下昂+里转一跳承压跳两层施靴楔承挑斡	重栱+素枋组	（异形栱图）	—	异形斗

① 云岩寺飞天藏殿补间铺作里跳耍头上承檩枋头，其后尾斜出挑斡压于内额之下，与元构相比做法殊异。

② 青龙寺大殿前檐明间的中补间铺作后尾斜梁压于中平槫下，于下平槫处施一替木承之。既起挑斡的作用，又作为杠杆增加明间梁架的刚性，这种直抵上平槫的大斜梁在眉山报恩寺大殿、阆中永安寺大殿中均可见，为川地元代建筑常见做法。

续表

建筑名称	年代属地	前檐斗栱形制		扶壁栱	异形栱	斜栱	角斗
		柱头铺作	补间铺作				
报恩寺大殿	1327 眉山	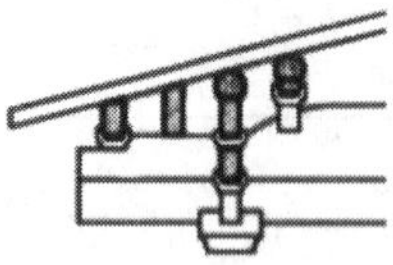 五铺作双杪+里转枋木承三椽栿①	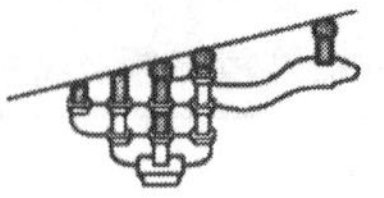 五铺作双杪计心+里转一跳承挑斡（明间补间左右两朵）	单栱+素枋组	—	有	异形斗
金仙寺大殿	1327 遂宁	 五铺作双杪计心+里转压跳承乳栿	 五铺作双杪计心+里转两跳偷心承挑斡	单栱+素枋组	—	—	正常
永安寺大殿	1333 阆中	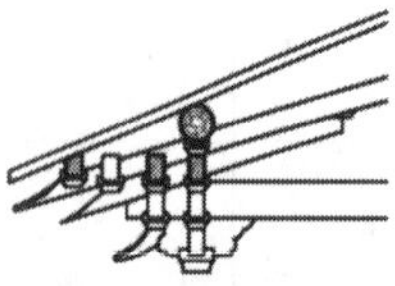 六铺作三下昂计心+里转压跳承劄牵上托昂尾承挑斡	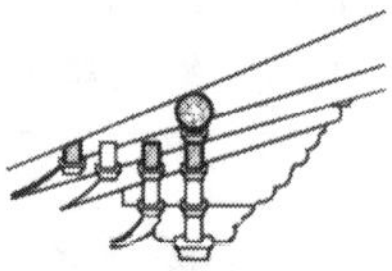 六铺作三下昂计心+里转压跳两层承靴楔上托昂尾承挑斡	重栱+素枋	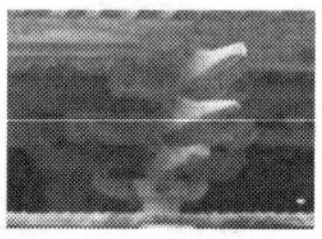	—	异形斗
五龙庙文昌阁	1343 阆中	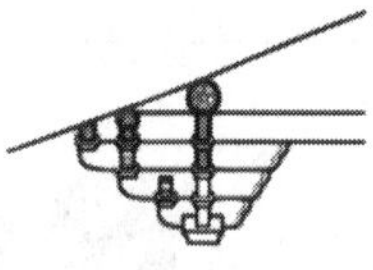 六铺作三杪计心+里转压跳三层承劄牵	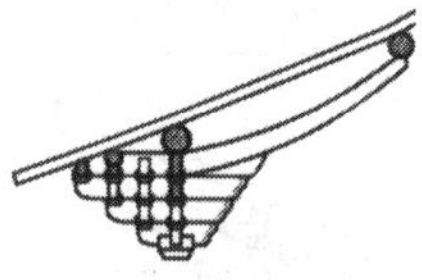 六铺作三杪计心+里转压跳三层承挑斡	重栱+素枋组		—	异形斗
平襄楼	元 芦山	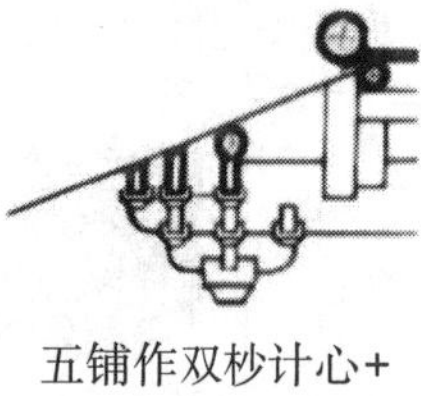 五铺作双杪计心+里转一跳承乳栿	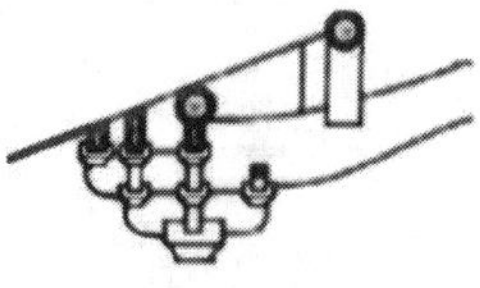 五铺作双杪计心+里转一跳承挑斡	重栱+素枋		—	异形斗

2.1 总铺作次序与用材

由表 2 分析可知，四川元代木构建筑前檐柱头铺作在总铺作次序上有五铺作和六铺作两种。其中永安寺大殿和五龙庙文昌阁为六铺作，其余均为五铺作。考察南宋飞天藏殿和同时期三开间仿木构古塔，可见均使用四铺作斗栱，似成规制。但川地在元大德以后多施五铺作，泰定以后出现六铺作[1]。总体而言，自宋至元，铺作数逐渐增多，形制也愈为复杂。同时，斗栱的用材等级也开始逐步减小。自元代始，建筑材等普遍较宋代急剧减少两至

---

① 眉山报恩寺大殿前檐柱头铺作外跳穿枋为临时加固使用，于 2015 年大修时恢复了双杪原状，参考马晓的《四川眉山报恩寺元代大殿》，《文物》2018 年第 7 期。

三个等级。表2所列四川元构中除飞来殿外，均使用六至七等材，为数众多的方三间小殿用材亦小于

《营造法式》中用于"殿小三间"规定的五等材。

表2 建筑用材等级表

建筑名称	年代及属地	单材广（mm）	单材厚（mm）	单材广/单材厚	足材广（mm）	契高（mm）	材　等
云岩寺飞天藏殿	1181，江油	175	120	1.46	260	85	七等材
醴峰观正殿	1307，南都	175	120	1.46	260	85	七等材
花林寺大殿	1311，盐亭	190	130	1.46	290	100	六等材
大庙盘陀石殿	1316，梓潼	170	120	1.42	250	80	七等材
青龙寺大殿	1323，芦山	180	120	1.5	255	75	七等材
大庙飞来殿	1327，峨眉	215	145	1.48	310	95	五等材
报恩寺大殿	1327，眉山	160	110	1.45	245	85	七等材
金仙寺大殿	1327，遂宁	195	130	1.5	—	—	六等材
永安寺大殿	1333，阆中	190	130	1.46	273	83	六等材
五龙庙文昌阁	1343，阆中	170	120	1.42	260	90	七等材
平襄楼	元，芦山	170	114	1.49	—	—	七等材

2.2 扶壁栱

四川元代木构前檐扶壁栱做法可分为两类，即"重栱+素枋（组）"和"单栱+素枋（组）"，且外檐铺作全为计心造，故与《营造法式》大木作制度中列举的计心造扶壁栱形制相符。但是否就此可以认为是受《营造法式》影响，仍待考证。

如从巴蜀宋元时期遗构来看，扶壁栱形制发展似乎具有较为明晰的演替进程。南宋绍兴以前，砖石塔多反映"单栱+素枋"的扶壁形制，如重庆荣昌报恩塔。而建于庆元至嘉泰年间的简阳圣德寺塔扶壁为"单栱+影刻素枋+素枋"，并于枋间置散斗。另外在广安白塔和南充白塔上均可见此形制[2]。而木构中建于淳熙年间的飞天藏殿已见四铺作"重栱+素枋"的形制，早于这一时期的砖石建筑。元代木构中的以上两种扶壁栱形制则完全褪去了影刻素枋的痕迹，但在有素枋组形制的扶壁间仍布置有多个散斗，实例可见花林寺大殿、报恩寺大殿等，形制较前一时期更为纯粹，故可认为最早在南宋嘉定末年，仿木砖塔上的扶壁形制已经完成了宋元时期过渡做法的演替。

2.3 斗栱构件的特殊做法

（1）异形栱

在现存元代木构中发现了大量异形栱的使用，形式为数瓣卷草形，多用于外檐跳头上，是少有极

富装饰性的构件。值得注意的是，飞来殿和平襄楼异形栱施于补间铺作内檐，在视觉观感上更注重对殿内空间的营造。

异形栱在现存早期的北方木构中均可见，如佛光寺大殿、五代平顺大云院等，在南方木构中则较为少见。四川元代木构中却存在大量异形栱的使用，并且一直延续至明、清木构建筑。这种做法，学界普遍认为它是受到了甘、陕地区的影响。但在川地早期的南宋砖塔中，金堂淮口瑞光塔和蓬溪鹫峰寺塔补间铺作中就已经使用异形栱，且与初唐敦煌壁画中的人字形异形栱相似。而元构中出现的卷草形异形栱在敦煌中唐吐蕃时期的壁画中大量出现，有学者认为这可能是受到中原与吐蕃文化交流的影响而产生的建筑构件[3]。四川地区作为唐代与吐蕃冲突边境的焦点，在建筑上产生一定程度的影响亦有可能。巴蜀地区卷草形异形栱的使用，或许早于宋元时期北方甘陕地区的影响，从而率先用此形制。

（2）斜栱

斜栱形象最早出现于敦煌石窟第98窟南壁（五代），施于建筑明间补间，现存实例中多见于北方宋辽金遗构中。上述元构中，四例具有斜栱构件，其中五龙庙文昌阁斜栱中横栱抹斜的做法系该地区孤例，但无论从形制还是细部都与北方做法类

似。考察长江中下游南方宋元木构中未出现斜栱，推测可能这种做法是受到北方中原地区影响。

（3）异形斗

在四川十处元构中，除金仙寺大殿外，转角铺作的平盘斗均采用一种特殊的安置方式和做法，即不同于一般平盘斗45°斜置，而是保持正身且保留开槽，并循着角华栱方向，令斗欹抹四角与斜昂昂身相随。这种做法在中原地区未有，并一直延续至四川明代前期，最早一例见于南宋飞天藏殿。另值得注意的是，遂宁金仙寺大殿和邻近地区的重庆潼南独柏寺大殿均未采用异形斗。元代潼南属遂宁州，故两者或为更小区系内的共同做法，在此不论。

异形斗的形制在四川周边陕、甘、滇等地亦有见，如咸阳长武昭仁寺大殿。而这种做法与日本建筑中的"鬼斗"却颇为类似，可见于奈良唐招提寺金堂和奈良当麻寺西塔[4]。

关于此制，极有可能源于唐代政治中心的京兆地区，并向周边传播至四川，同时通过文化交流东传日本。这种推测是基于该异形斗在早期木构中即已存在，并且具有较为复杂的技术形制。从建构逻辑上讲，早期出现的复杂技术和独特形制在传播过程中更易得到模仿和保留。四川地区邻近唐代核心区域，具有地域优先性，而作为反映唐代技术的日本早期木构可作为旁证，反映了技术传播的复杂、特殊形制的优先选择性，以此来推测四川元代木构异形斗的根源，可以作为一种解释。

3 小 结

我国传统木构建筑在技术流变上具有鲜明的共时性地域特点，同时具有较为清晰的历史演替脉络。四川地区的元代木构，因独特的地理环境和历史背景，表现出较多与其他地区殊异的特征，对反映四川乃至南方元代木构的全貌具有重要价值。本文以外檐铺作为研究对象，从斗栱布置方式和铺作组合以及斗栱中的特殊做法进行研究，将巴蜀域内和周边地区的宋元木构、仿木构砖石建筑，以及所述做法技术相关的部分遗构案例相结合进行研究，就这些特殊的现象及技术流传成因作了一些探讨。事实上，四川元构的特点远不止反映在上述论及范围内，此外如斗栱"前繁后简"做法、转角铺作形制、虾须椽、平行布椽法、梁架系统中斜向梁栿的使用等，均显现出鲜明的地域特征。在此，本文仅讨论了一些较为显著的铺作布置方法，尚待更加深入的研究。

参考文献：

[1] 王书林.四川宋元时期的汉式寺庙建筑[D].北京:北京大学,2009.

[2] 王书林,徐新云.四川南充白塔建筑年代初探[J].四川文物,2015(01):75-84,96.

[3] 孙毅华.翼(叶)形拱名称考——敦煌壁画中的吐蕃建筑研究[EB/OL].2015-02-12.

[4] 张十庆.中日古代建筑大木技术的源流与变迁[M].天津:天津大学出版社,2004.

唐宋时期广州城市排水设施研究*

Study on Guangzhou Urban Drainage System During the Period of Tang and Song Dynasties

王 凡①

Wang Fan

【摘要】本文主要研究唐宋时期广州城市排水设施。广州北靠白云山南面珠江,地形北高南低,河涌大多自北往南排入珠江。唐代通过从西向东平行排列的五条主要河涌,构成梳式的水系格局。南汉时期广州作为都城,建立了湖泊与河道结合的调蓄体系。宋代环城濠涌结合六脉渠,形成贯通全城的水网,是古代广州排水建设的最高峰。本文通过对唐宋时期广州城市排水体系进行分析和归纳,总结出唐宋广州城市排水营建技术与营建思想。指出唐宋广州的排水设施建设奠定了广州城市水系格局,确立了目前广州的排水体系,对广州城市形态演进及排水规划具有深远的影响。

【关键词】广州 唐宋时期 排水体系

1 广州城市发展及城市格局的演变

1.1 广州城建历史概况

秦始皇三十三年统一岭南后设南海郡,郡治设在番禺(即今广州),建任嚣城。公元226年,孙权分交州东部为广州,"广州"由此得名。

广州建城已有2 200多年的历史。从秦任嚣城至今,广州作为岭南文化的中心城市,其发展时间上没有中断,空间上没有转移,是研究城市历史非常难得的案例。

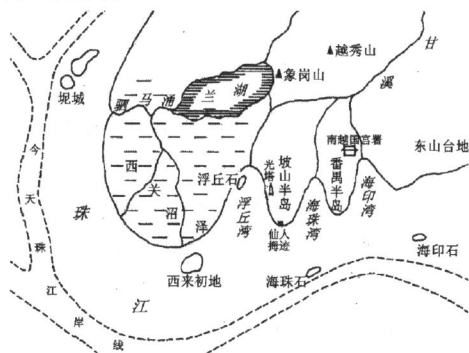

图1 古广州水陆分布示意图

(图片来源:梁国昭.广州港:从石门到虎门——历史时期广州港地理变化及其影响[J].热带地理,2008,28(3):247-252)

1.1.1 唐广州城

唐广州城西面边界为今教育路;北面边界为现东风路一线;东面以文溪为界。《新五代史·南汉世家》称:"吾入南门,清海军额犹在"[1],《舆地纪胜》卷八十九称:"清海楼在子城上,下瞰番、禺二山。"[2]清海楼即清代拱北楼,在现北京路青年文化宫前,可知唐代广州南面城界在此处。

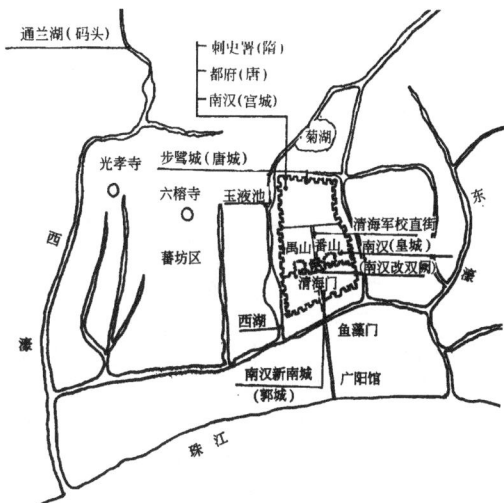

图2 唐代城郭示意图

(图片来源:周霞.广州城市形态演进[M].北京:中国建筑工业出版社,2005)

* 国家自然科学基金项目《岭南古建筑技术及其源流》(项目编号:2012ZA02);亚热带建筑科学国家重点实验室课题《岭南传统建筑营建规划设计法与营造技术系统研究》(编号:2012ZA02)。

① 华南理工大学建筑学院,博士研究生;广州市市政工程设计研究总院有限公司,高级工程师。

随着唐代对外贸易的发展,外国商民来往定居增多,唐广州开始设置"蕃坊"。蕃坊位于城外西面,范围大体为现中山路以南,人民路以东,大德路以北,解放路以西的地区。

1.1.2 南汉广州城

刘龑立国南汉,定都广州,史称兴王府,对自三国步骘城以来的广州城形态进行突破性改变。兴王府仿唐长安建造,分为内城和郭城。内城包括宫城和皇城。宫城位于今中山路以北,省财厅一带高地,即原南越国宫署位置。宫城之南至现西湖路为皇城。刘龑将禺山凿平,在唐清海楼位置建双阙,以强化宫城威仪。城垣向南扩展为郭城,称"新南城",位置大体位于西湖路以南,大南路以北。东城为秦汉任嚣城范围。随着城市经济发展,除蕃坊区域还有城区周围兴起的大片居民区和商业区。

1.1.3 宋广州城

宋代是广州城建史承上启下的重要阶段。宋代对南汉残留的城墙进行修缮,并向东面和北面扩展,把越秀山包在城内,形成子城、东城、西城三城并立的形态格局。

子城又称中城,是在原南汉兴王府的基础上修筑而成,其范围基本与兴王府一致,东至文溪(今仓边路),西至西湖(今教育路),南至文明路,北至越华路,周长五里(约2.5公里)。子城是宋代广州城主要的官署行政区与居住商业区。

东城西连子城,东至今农讲所位置,北抵豪贤路,南至文明路,与子城并列,面积周围四里(约2公里)。东城主要是官员的居住区及风景区。

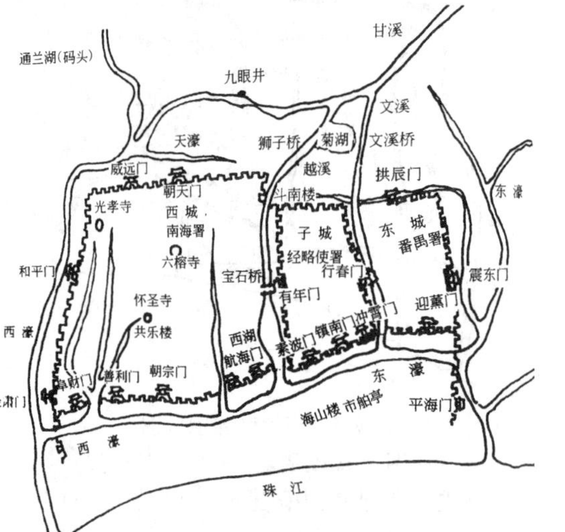

图3 宋代城郭示意图形态

(图片来源:周霞. 广州城市

演进[M].北京:中国建筑工业出版社,2005)

北宋熙宁四年(1071年)增筑西城,把前代的蕃坊纳入城内,为商业区。西城规模最大,东面与子城隔西湖相望,西至人民路,北至百灵路,南至南濠街,周围十三里(约6.5公里)。

南宋嘉定三年(1210年),在城南两边砌筑东西雁翅城至江边,东翅城长90丈(约300米),西翅城长50丈(约167米),用以保护官署和商业区。

1.2 广州城的岸线变迁

秦汉以前珠江河面很阔,据北京路出土的2 000多年前南越国水关遗址,说明秦代时此处是江边,距今珠江岸边约1 200米。

晋代江边渡口位于惠福西路五仙观前,距今岸边约1 100米。梁代江岸线延到华林寺前的西来初地。隋代又南移至今杨仁里一带。

唐代珠江岸线约在西关泮塘、上九路、文明路一线。

南汉时西关泮塘已成为陆地,称华林园地。南门设于当时江边,位于现仙湖街一带。

宋初岸线南移至西关涌和玉带濠一带,第十甫为当时江边。宋末比宋初岸线又南移约400米。

元、明两代,珠江河岸大致由西关涌南延到现一德路、万福路以南。东面江岸线在现东华西路、东华东路路附近。清代江岸继续南移。1931年新堤一带填为陆地,江中海珠石并入河北填为河岸,从此珠江北岸线基本固定下来。

1.3 城市格局对给排水设施的影响

广州城北靠白云山与越秀山,面向珠江,地势北高南低,山区汇水形成甘溪,分成越溪与文溪顺地势自北往南流入珠江。秦汉以前广州地貌多为溺谷湾残留的漫滩沼泽,坡山、番山、禺山为高地,故建城于此。随着海面退去,地势逐步提升,古代广州西部及珠江两岸区域逐渐露出水面形成平原。原有的浅滩沼泽的汇水也逐渐归集冲刷,形成西濠、南濠等河道,最终流入珠江。

古代广州的总体排水格局是:城市依水而建,水网环城;河涌多为南北向排入珠江;场地排水东西方向为主排入河涌。直至现在广州市的排水格局还是基本按此模式。

2 唐宋时期广州城市排水设施

2.1 唐代广州排水设施建设

2.1.1 唐代广州城市特点

唐广州城已形成稳定的格局,城市主轴线已与现代广州城市轴线一致,现北京路、中山路为唐广州的南北东西主干道。

唐城墙范围很小,城内主要是官衙。现财厅位置为"都府"、旧节度使署。唐广州城的格局及规模与南越国时期基本相似,因此城内的排水格局应与赵佗城一致。官署及重要建筑采取有组织排水排入城墙外的文溪与越溪。唐代与前朝不同之处是广州的实际发展范围已突破了城墙范围,城墙外建有大量居民区及商业区,特别是在城外西侧坡山高地设立蕃坊区,安置外国商民,形成了"内城外郭"的城市格局,即城外以商业功能为主的商业居住区从西、南两面包围着以政治功能为主的内城区。

随着海面后退,在秦汉时期的浅滩沼泽地区逐步抬高,形成平原。原珠江侵入城北南越国码头之处也随着江面的后退,形成兰湖。浅滩沼泽地区的原有汇水则形成多条河涌自北往南流入珠江,从而形成河涌密布的水城局面。城外居民及商业区主要是利用这些河涌作为排水通道。

2.1.2 唐代广州排水设施

从图4可知唐广州基本水系格局已经形成。从西向东,分别平行排列着西濠、西澳、越溪、文溪、东澳五条主要河涌,构成梳式的水系格局。兰湖与菊湖已自然形成,位于广州城北。驷马涌作为航运通道连接兰湖与珠江。

2001年在西湖路发现了一段唐代城墙基址。壕沟位于城墙以西约3米处。从出土的遗物及其所处的位置来推测,这里应是附属于城墙体系的壕沟,证实为古越溪遗存。

唐广州城位于越溪与文溪之间,刚好利用这两条天然水体作为城濠。同时这两条水道也担负起广州城的排水功能。城外蕃坊区建于西濠与西澳之旁,这两条水道则担负着蕃坊区的排水功能。

唐代利用天然形成的水网格局,形成广州基本排水体系。唐代主要是对此水网格局进行管理及维护。唐节度使卢贞就曾经组织军民疏导文溪源头,让船只通行。"唐会昌间,节度卢公遂疏导其源,以济舟楫,更饰广厦,为踏青避暑之胜地……其下流为甘溪、夹溪南北三四里,皆植刺桐、木棉,旁侧平坦大路"[3]。

2.2 南汉时期广州排水设施建设

2.2.1 南汉广州城市特点

南汉广州城的总体布局沿袭唐代格局,在唐广州城之南增建新南城。因此当时的排水体系延续

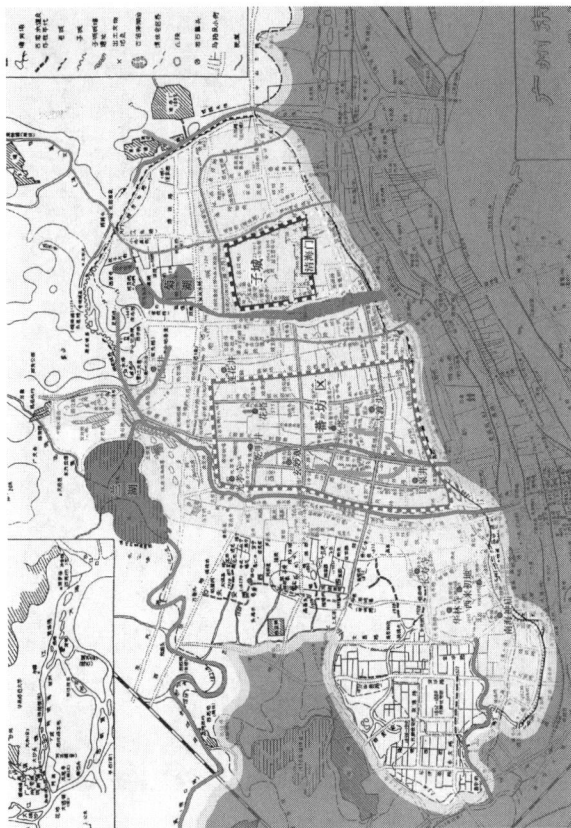

图4 唐代广州水系图
(图片来源:刘卫,广州古城水系与城市发展关系研究[D].广州:华南理工大学,2015)

唐广州城的排水体系。当时广州定位为都城,是南汉的经济政治中心。城市面积增大,人口增多,原有的排水设施应不能满足需求。南汉时期的建设有很大部分是对水系的改造及建设,营造皇城宫殿苑囿是一方面原因,解决排水问题应也是其重要考量。

从图5看出,南汉的广州水系格局与唐相似,但突破之处是对自然水体的大力度的人工干预,扩宽河道,建设湖泊。

2.2.2 南汉广州排水设施

(1)排水通道

南汉城市格局沿袭唐广州城,因此同样越溪与文溪(东濠)作为广州城的排水通道。西濠与西澳作为蕃坊区的排水通道。

(2)兰湖和菊湖

城西北面的兰湖,又称兰芝湖,在今双井街、兰湖里、盘福路一带,它一直是古代广州的港口,可通过驷马涌通航至珠江。最早的记载见于南宋沈怀远《南越志》:"番禺北有兰芝湖,并注西海"[4]。因有驷马涌与之相通,隋、唐、宋各代均辟为避风港。

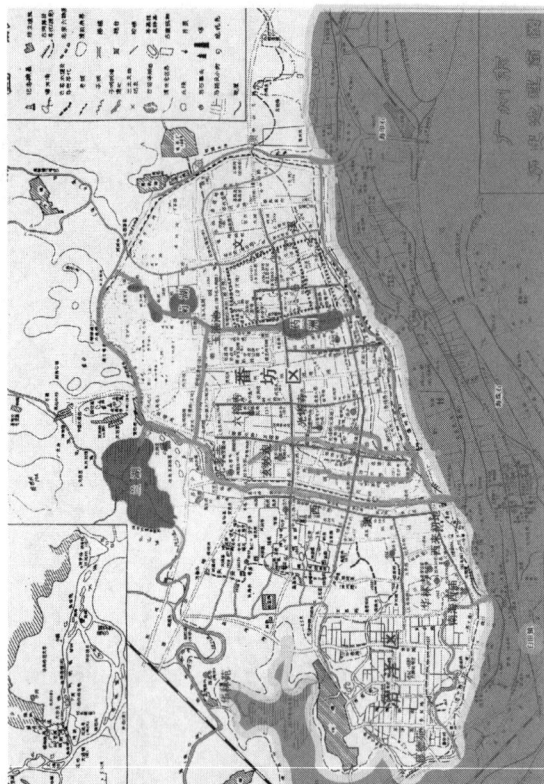

图 5　南汉广州水系图
（图片来源：刘卫，广州古城水系与城市发展
关系研究[D].广州：华南理工大学,2015）

菊湖是甘溪流经低洼地段蓄水而成，在越秀山南麓的今大石街以北至小北花圈一带，如清初顾祖禹《读史方舆纪要》称："越溪，志云其水甘冷，一名甘溪，曲折流注越秀山麓，左为菊湖，今湮"。菊湖在宋代颇为著名，"菊湖云影"为当时羊城八景之一。又据"复自蒲涧景泰山，导泉水西入于薛，水又至悟性寺之左，筑堤储之，深二丈许，以滇浸州后之平地"[5]可知菊湖在宋末元初水深达 6 米。

南汉时期对驷马涌水道及兰湖、菊湖进行疏浚，扩大湖面面积。兰湖与菊湖处于流入城区众多河涌的上游，分别汇集白云山越秀山的汇水。疏浚及扩建湖面，增加水面面积，可极大地增加整个水系的调蓄功能，降低山洪的危害。

（3）西湖药洲

乾亨元年，南汉主刘岩开凿药洲，将甘溪的一支越溪引入，利用甘溪水源建成湖岸长 1 500 米的西湖药洲，并利用西湖药洲扩建成南宫，沿湖建亭台馆舍。《舆地纪胜》载："药洲，在西园之石洲"[6]。《南海百咏》记载："在子城之西址，漕台之北界，旧居水中，积石如林。今西偏壅塞，水尚潴其东，几百余丈。"[7]

《永乐大典》卷 11905 中的《广州府番禺县之图》中绘出西湖位置，大致为北至中山五路，南至惠福路，东至流水井街、龙藏街，西至朝观街。1996 年在今中山五路与教育路交会处，距地表深 5. 4 m处，挖掘出一段宋代护岸堤坝的大型木桩板，证实了古西湖的存在。今药洲遗址便是西湖的一部分。

从图 6 可知，西湖是把越溪扩大成湖。西湖位于广州城与蕃坊区之间，应为居民密集地区。越溪往西约 1 000 米处才至另一条河涌（南濠）。越溪同时担负着城里与蕃坊区的排水通道，其过洪断面可能不足以担负此区域日益增大的排水负荷。扩大越溪成湖可起到蓄洪的作用，缓解此区域的排水状况。

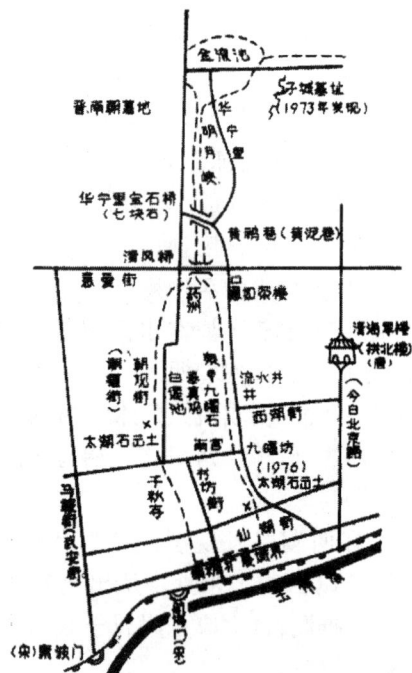

图 6　南汉时期兴王府西湖水系示意图
（图片来源：曾昭漩.广州历史地理[M].广州：
广东出版社,1991）

（4）水关

在德政中路的西侧发现南汉水关遗址，此处为广州城的行春门（东门）。遗址建筑整体为长条形砖砌券顶的隧洞，砖筑呈八字形的敞口，入水口位于北面，宽度与券洞相同，出水口在南面。出入水口两头还有置有厚板与木柱构成的接引段。行春门水关建筑整体为砖结构，最下层基础为密布的木桩，木桩之间用碎石夯实。木桩上面有衬石枋，其上又铺设地面石。木桩、衬石枋、石板三者紧密相连，整体坚固合理。行春门水关建于南汉乾和年间，有两个主要作用：一是引水入广州城，供城内居民饮用和洗涤；二是防止洪水和潮汐共同冲击导致的水患。其形制、作用原理和功能上均接近元中都水关，由此可见当时广州城在防洪、防涝的排水设施上的智慧和水平。

2.3　宋代广州排水设施建设

2.3.1　宋代广州城市特点

宋灭南汉毁城后，广州城借重建之机进行大规模的城市建设。1044 年至 1208 年，广州陆续建成了子城、东城、西城三座城池，史称"宋代三城"，面积总和是唐城的四倍。子城在南汉广州城的范围内修建起来，设置了广州的行政机构，还有书院、学宫，沿江为商业与码头。西城的面积很大，主要是商业区，街道呈井字布局，四通八达。

宋代广州城水系在南汉的基础上进一步发展。宋代修建了玉带濠，完善了濠涌体系；将原城内河涌整理归并为六脉渠，从唐、南汉的梳式水系形成了环状水网水系。这是广州城建历史上排水格局最完善的时期。

2.3.2　宋代广州排水设施

(1)文溪

宋代文溪水面宽阔，穿越广州城，担负着航运、行洪的功能，地位十分重要。状元桥和文溪桥横跨文溪，成为联系子城和东城的重要通道。

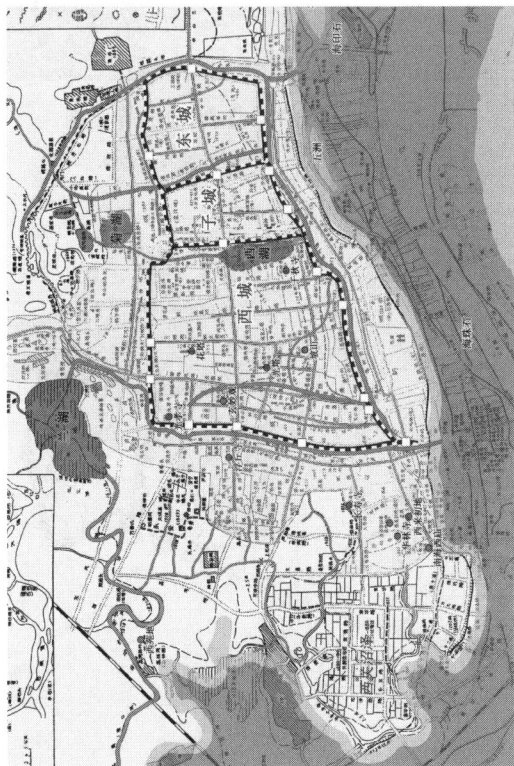

图7　宋代广州水系图

（图片来源：刘卫，广州古城水系与城市发展关系研究［D］.广州：华南理工大学，2015）

(2)六脉渠

宋广州城一个突破性的排水设施建设是六脉渠。大中祥符三年(1010 年)开始在南汉的东西澳的水网基础上修建内濠和排水渠，形成一个"渠-内濠-江"三级的多功能水系。历经多年，广州城区的水网不断的清理、修整和归并，最终形成了六条南北走向的大水渠，史称六脉渠。六脉渠汇集广州城市北部的水流，并将它们分到东濠与西濠，再经过玉带河流入珠江。六脉渠具有排水、防洪、防火、通航的功能，解决农田灌溉、城市水患问题。

六脉渠的分布与走向，大致上分成"左三脉"和"右三脉"。第一脉从越华路向南流经华宁里、吉祥路、七块石、中山五路、南朝街、教育路，至仙湖街，穿城出南胜里入玉带濠。第二脉，文溪自城隍庙分南北二支，南流经长塘街，由贤思街出城入玉带濠；北支经豪贤路与另一支从大石街来的水道汇合，从越秀桥出铜关，流入东濠。第三脉从东华里南流至越秀北路，折入东濠。第四脉从人民公园西侧，经雨帽街、桂香街、马鞍街，由孚通街前出城入玉带濠。第五脉从六榕寺至中山六路附近分南北流，南流经擢甲里、光塔路，由西澳出城入玉带濠；北流经豆腐巷、海珠北路，与来自三元宫的另一支水道合流，由北水关出城，流入西濠。第六脉从光孝寺向南，流经纸行街、诗书街，折向城西，由小水关入西濠。

宋六脉渠都是顺三城地形大体呈南北走向，但在各城分布并不均匀。五脉集中在西城，只有一脉在子城排番山以南渠水，保护府衙免积水之患。西城五脉中，除廉访司(今人民公园)至春风桥(马鞍街)一脉为西湖西侧低地开凿出来以外，其余四脉集中分布在西城的西南侧，渠道利用古西澳低地开凿出来，以南壕为出水总渠。

(3)玉带濠

大中祥符七年(1014 年)广州知州邵晔在子城外凿内濠以通舟楫，作为船舶避风所在。至熙宁三年(1070 年)东城建城，当局继续在城外凿濠，连通东西二濠，称为玉带濠。《宋史·邵晔传》记载"州城濒海，每蕃舶至岸，常苦飓风为害，晔凿濠通舟，飓不能害"[8]。玉带濠的建成，不仅可让船通过玉带濠进入城内，还能让海舶在台风时期开进西壕避风，并促使西壕壕畔成为繁华商业区。邵晔最早开凿的西壕长 1 600 丈（约 5 333 米），水面阔 20 丈（约 66.7 米），水深 3 丈（约 10 米），行舟便利，蕃舶常驶入壕内。

从水利的角度看待玉带濠,其建成具有重要的作用。玉带濠连通东西濠,形成环状水系,并承托文溪、越溪、六脉渠以及其他南北向河涌,共同形成水网,使整个广州城的河涌形成一个有机统一的水网系统,共同担负调蓄排洪的作用。

3 唐宋时期广州城市排水体系分析及归纳

3.1 唐宋时期广州城市排水格局演进

3.1.1 唐与南汉时期

唐与南汉的广州城规模及格局基本一致,城区均建于文溪与越溪之间,城西为蕃坊区。因此这两个时期城市排水体系也相似。城区把文溪与越溪作为排水通道,蕃坊区利用西濠与南濠作为排水通道。唐城区东西宽约700米,蕃坊区东西最宽处约1 000米,这种排水路由均可满足要求。南汉时期广州作为都城,城市迅速发展,蕃坊区已与城区连为一体。原唐代城区与蕃坊区中间地带在南汉时期也成为建成区,此区域的排水就近排入越溪,很大地增加了越溪的排水负荷。因此南汉修建药洲西湖,大部分原因是为扩大越溪的水面面积,增加其调蓄能力,以解决排水问题。

唐代开始,排水形式从任嚣城、赵佗城的单通道排水形式发展为多通道排水形式。南汉在此基础上发展,引入调蓄理念,这是排水思想的一个飞跃。

3.1.2 宋时期

宋广州城规模大为增加,把南汉时期的蕃坊区纳入城内,新建东城,形成东至东濠,西至西濠,三城并列的格局。东城面积约为0.5平方公里,由东濠及文溪收纳排水应可满足。子城一直保留着唐以来的格局,排水体系仍采用原有格局。西城面积最大,其建设规模及人口密度超出南汉时期,因此西城延续南汉时期的排水格局应是比较吃力,因此催生出六脉渠的建设,这也解释了六脉渠大多集中在广州城西的原因。六脉渠本就是为了解决宋西城的排水问题。

从图9对比广州前代各水系图看出,六脉渠是在原有河涌的基础上归并整理而成。在西城区较为均匀分布,从而减少每个排水分区的面积。西城的排水通过六脉渠收集,通过玉带濠流入珠江,降低西濠及越溪的排水负荷。

图8 唐与南汉广州城排水走向示意图
(图片来源:作者以图4、图5为底图绘制)

图9 宋六脉渠各渠位置示意图
(图片来源:关菲凡.广州城六脉渠研究[D].广州:华南理工大学,2010)

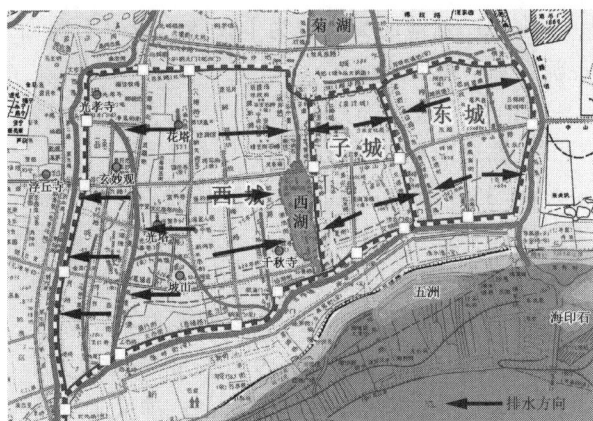

图10 宋广州城排水走向示意图
（图片来源：作者以图7为底图绘制）

玉带濠的建设完善了广州城环状的濠涌体系，使广州的水系成网，作为一个整体对洪涝进行调蓄，极大地增强了广州城的防洪排涝能力。至此，广州形成了以环城濠涌、越溪、文溪为主动脉，六脉渠为动脉，各类明沟暗管为毛细血管的三级排水体系。

从以上分析可以看出，广州市的排水格局从秦汉时期的单通道排水形式，逐步发展为多通道排水形式。在南汉时期，开创性地引入了调蓄技术，兴建湖泊，形成蓄排并举的排水体系。宋代玉带濠的兴建，使环城濠涌系统得到完善，六脉渠的建设使广州的环城水网格局最终确立，达到广州城水系建设的顶峰。

3.2 唐宋时期广州排水技术路线分析

广州的涝灾可分为两种类型：一是由市内暴雨形成，由于暴雨的时程分配很集中，雨较强大，超过了排水系统的泄水能力而造成内涝，称为雨涝；二是由于外江潮位受台风或洪水影响而抬升，倒灌入市内，形成内涝，成为潮涝。

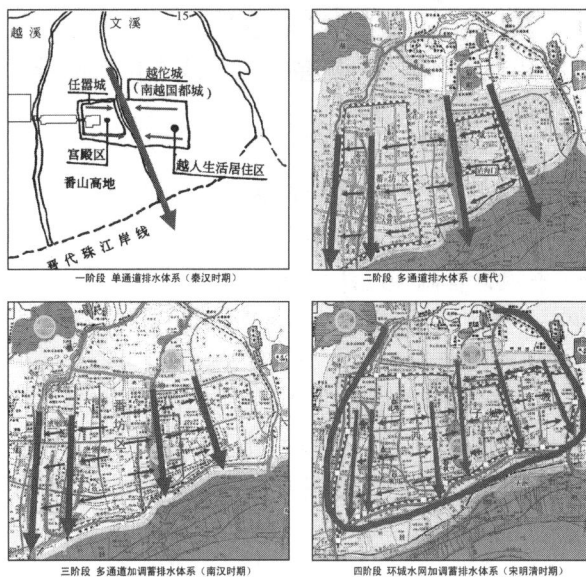

图11 广州排水格局演进图
（图片来源：作者以图4、图5为底图绘制）

潮涝是广州与其他城市相比所面临的比较独特的情况。古代广州自南越国开始就已懂得设置水关来应对。据清屈大均记载，广州"民居城上，南门且筑三版"[9]以抵御洪潮。自宋代起，广州的水关均已设闸，保护城市免受洪潮之患。

广州城的水关设置与城中六脉渠、东濠、西濠、玉带河及其间无数支流水道构成的水网密切相关。此外，广州城内城的小南门、文明门、正南门、归德门、正西门，新城的五仙门、靖海门、油栏门处都有水道经过，归德门甚至在月城东西两侧各开了一个出水通道。当珠江水位低于城内河涌水位时，水关敞开，城内排水顺地势自然排入珠江；当珠江水位高于城内河涌水位时，关闭水关，排水暂时积蓄于环城濠涌内。

表1 西汉南越、唐、宋、明清广州环城城濠调蓄总容量比较
（引自刘卫，广州古城水系与城市发展关系研究[D]．广州：华南理工大学，2015）

| 时 间 | 城濠尺寸（单位：m） | | | | 截面面积（单位：m²） | 调蓄总容量（单位：万m³） | 城区面积（km²） |
	面宽	底宽	深度	总长			
西汉南越	120	107	5	7 100	500	355	2.4
唐	70	40	4	12 800	200	256	6.1
宋	50	35	3	14 800	210	311	9.3
明清	40	30	2	17 300	70	121	22.6

3.3 古代广州的排水状况复核

用现代雨水设计流量计算公式对古代的排水状况进行复核。

$$Q = q\Psi F$$

Q——雨水设计流量，L/s；

q——设计暴雨强度，L/s.ha；

Ψ——径流系数；

F——汇水面积，ha。

参照目前广州市暴雨强度公式：$q = 3\,618.27(1+0.438 \cdot \lg P)/(t+11.259)$，其中：$q$ 为设计暴雨强度（升/秒/公顷）；P 为设计重现期（年）；t 为降雨历时（min），$t = t_1 + mt_2$，t_1 为地面集水时间（min），m 为折减系数，t_2 为管内雨水流行时间（min）。按照广州市目前高标准取值设计重现期 10 年，t 取值 24。

计算得 $q = 359.605$

径流系数 Ψ 是一定汇水面积内总径流量与降水量的比值，是任意时段内的径流深度 Y 与造成该时段径流所对应的降水深度 X 的比值。径流系数说明在降水量中有多少水变成了径流，它综合反映了流域内自然地理要素对径流的影响。其计算公式为 $\Psi = Y/X$。而其余部分水量则损耗于植物截留、填洼、入渗和蒸发。

Ψ 值变化于 0～1，湿润地区 Ψ 值大，干旱地区 Ψ 值小。径流系数综合反映流域内自然地理要素对降水—径流关系的影响。

根据《室外排水设计规范》GB 50014—2006 中 3.2.2 规定，给排水设计中雨水设计径流系数取值可按下表：

地面种类	径流系数 Ψ
各种屋面、混凝土或沥青路面	0.85～0.95
大块石铺砌路面或沥青表面处理的碎石路面	0.55～0.65
级配碎石路面	0.40～0.50
干砌砖石或碎石路面	0.35～0.40
非铺砌土路面	0.25～0.35
公园或绿地	0.10～0.20

综合径流系数见下表：

区域情况	径流系数 Ψ
城市建筑密集区	0.60～0.85
城市建筑较密集区	0.45～0.6
城市建筑稀疏区	0.20～0.45

古代广州地面类型应为干砌砖石或碎石路面，径流系数应取 0.35。

（1）任嚣城、赵佗城

任嚣城面积 0.36 km²，代入计算得：

$Q = 359.605 \times 36 \times 0.35 = 4\,531.023$

查表计算（广州市排水计算表），排水通道断面 10 m×2 m 即可满足要求。

赵佗城面积 0.76 km²，代入计算得：

$Q = 359.605 \times 76 \times 0.35 = 9\,565.504$

查表计算（广州市排水计算表），排水通道断面 20 m×2 m 即可满足要求。

无论是任嚣城还是赵佗城都是把文溪作为主要的排水通道。文溪河道宽阔，可以行船。据《南海志》称："在行春门外，亢城而达诸海，古东澳也。壕长二百有四丈，阔十丈。"[10]宋代时，盐仓设在今仓边路一带，盐船经文溪可上溯盐仓，文溪为城内运盐的主要航道。因此文溪排水断面足以担负城市的排水功能。

（2）唐广州城

唐广州城面积 0.6 km²，代入计算得：

$Q = 359.605 \times 60 \times 0.35 = 7\,551.713$

查表计算（广州市排水计算表），排水通道断面 16 m×2 m 即可满足要求。

唐广州城可向城两侧文溪与越溪排水，城区排水不成问题。

（3）南汉广州城

南汉广州城面积 0.85 km²，代入计算得：

$Q = 359.605 \times 85 \times 0.35 = 10\,698.261$

查表计算（广州市排水计算表），排水通道断面 22 m×2 m 可满足要求。

南汉广州城同样是向城两侧文溪与越溪排水，城区排水不成问题。

蕃坊区东侧区域排水方向为排入越溪，计算集水面积为 1.2 km²，计算为：

$Q = 359.605 \times 120 \times 0.35 = 15\,103.427$

排水通道断面需 30 m×2 m。

从史料来看，越溪水面不算宽阔，即便是城内排水全部排向文溪，不入越溪。越溪仅仅承担蕃坊区东片排水，也是十分勉强。可见南汉把越溪扩大成湖，应有很大部分原因是为解决此区域的排水问题。

（4）宋广州城

宋东城面积 0.5 km²，三面皆有水系，排水应无问题。子城沿承南汉广州城，排水也没问题。西城面积大,即便是西湖也不能负荷西城的排水,因此进行了六脉渠的建设。特别是渠4和渠5,很大地减轻了西湖的负荷。六脉渠开通后,每个雨水收集区的面积降到了 0.5 km² 以下,可满足排水要求。

3.4　唐宋时期广州城市排水体系建设的特点

（1）重视城市选址

从秦任嚣城选址开始,就充分考虑了对洪水灾害的防御。古代广州城坐落于平原地区处残留的丘陵台地,海拔 20～30 m,可很好地防止珠江洪水侵入及城内雨水的排除,防止内涝。

（2）环城壕池和城内外河渠湖池组成的城市水系

广州城东、西、南濠与六脉渠等河涌形成完备的城市水网,满足排水行洪功能。河涌流经菊湖、兰湖、西湖等众多池塘,起到调蓄洪水的重要作用。城市水系的调蓄能力是城内防止雨涝灾害的重要因素,城市水系有无足够的调蓄容量,也是城市能否避免内涝的关键因素。

（3）分级排水体系

广州城防排水体系以环城濠涌及骨干河涌为一级系统,六脉渠等为二级系统。一、二级系统形成了完备的城市水网。明沟或暗沟式排水道为三级系统。广州城建有大量明沟或暗沟式排水道,把各道路及建筑物雨污水汇流后排入六脉渠等河涌,再汇入环城濠涌,最终排入珠江。

4　结语:唐宋时期广州城市排水体系对现代城市建设的影响与借鉴

（1）奠定了当今广州城市水系格局

"水系成网,活水自流"是古代广州城水利的核心思想。广州古城的排水系统,凸现了这种思想。六脉渠和护城濠两大系统,构成了广州市的排水水网格局。

（2）确立了当今广州的排水体系

广州的城市排水由街道明沟暗管收集排入六脉渠,再汇入环城濠涌,形成分级的排水体系。长年累月,广州城按照此排水流向划分各集水分区,确定场地标高,最终形成现在广州的地貌。原来的环城濠涌,西濠与玉带濠及东濠大部分虽已被覆盖成暗渠,但仍担负着主要排水通道的作用。六脉渠大部分已湮没废弃,在原位置代之修建了多条南北向的排水干管,收集老城区的雨污水。广州市目前的支管—干管—主干管三级排水体制的水管位置及走向仍可见古代广州排水系统的影子。

（3）对当代城市建设的借鉴意义

从古代广州城的排水建设实践中,对当代城市建设可提供以下借鉴点:

①结合地形地貌,有条件的情况下设置水网体系。

在规划中综合考虑地形交通等因素,布局骨干河道网络,既可作为排水主通道,也可形成城市风光轴。

②增加水面面积,在城市规划之初即应布局湖泊水体。

湖泊具有调蓄雨水,调节区域小气候的作用。在城市规划中合理布局湖泊,结合水网布局,形成完整的排涝体系。湖泊区域同时作为城市公园,与河道景观连成一体。

③贯彻海绵城市理念,尽可能减少地面径流。

海绵城市是一种理念,而不是一种手段,在实践过程中会不断产生新的技术思路。在各建设单元中都要充分贯彻海绵城市理念,采取措施达至消纳和利用雨水的目的。

参考文献:

[1] 欧阳修.新五代史·南汉世家[M].北京:中华书局,1974.

[2] 王象之.舆地纪胜[M].北京:中华书局,1992,89.

[3] 方信孺.南海百咏[M].广州:广东人民出版社,2010.

[4] 沈怀远.南越志[M].北京:中华书局,1980.

[5] 广州市地方志编纂委员会办公室.元大德南海志残本[M].广州:广东人民出版社,1991.

[6] 王象之.舆地纪胜[M].北京:中华书局,1992,89.

[7] 方信孺.南海百咏[M].广州:广东人民出版社,2010.

[8] 脱脱.宋史·邵晔传[M].北京:中华书局,1985.

[9] 屈大均.广东新语[M].北京:中华书局,1985.

[10] 广州市地方志编纂委员会办公室.元大德南海志残本[M].广州:广东人民出版社,1991.

现存遗构中斜华头子与《营造法式》中若干斜向构件的辨析

Discrimination between Oblique Chinese Elements in the Extant Remains and Some Oblique Members in the Construction Method

惠盛健①

Hui Shengjian

【摘要】本文通过对民间铺作做法"斜华头子"与《营造法式》中若干斜构件的分析比对，特别是对"昂桯"概念做了新角度的解读，以此为基础，试对《营造法式》体系的构造做法来源做进一步探析。

【关键词】昂桯　挑斡　斜华头子　斜构件建构

1　引　言

营造法式研究中围绕若干斜向构件的具体所指及其从属关系有众多研究与推论，都不同程度上推进了对其的认识。本文希望从民间铺作斜置构件构造做法的角度上重新审视《营造法式》中记载的斜构件，希望就此展开对《营造法式》以外营造体系与法式体系之间源流及影响关系的追溯（"昂桯"是其联系的纽带，"斜华头子"是其建构思路的分歧），并对这些斜构件在地方上的衍化与流布简单解析。

2　《营造法式》中"昂桯"概念的再辨析

近来相关学者发表论文从位置、形态、结构作用、受力特点及材份制约等方面对《营造法式》（后称"法式"）中若干斜向构件做了相当深入的辨析，阐明了法式研究中长期存疑的"昂桯"，还原了其在法式营造体系下的真实面貌。然而在解析现存遗构中一些未明构件，如少林寺初祖庵外檐补间铺作时，氏文将其真昂后尾下紧贴的一斜向垫木也称为"昂桯"并解释说其是法式中"昂桯挑斡"之外广泛应用在铺作内的其他形态之"昂桯"，换言之，铺作中后尾不挑斡下平槫的除上昂之外的一切斜置构件都可以被称为"昂桯"（昂桯挑斡不同，它一定上挑至下平槫）。笔者窃以为这种分类命名方法还不

完善，前提是根据法式其他地方对"挑斡"的记述，虽然承认"挑斡"也是一类斜置构件而不仅仅是对一种下平槫构造的细部描述，但是在谈及"若不出昂而用挑斡"时，却直接将此处可能是"挑斡"的构件偷换成了单一的"昂桯"这一构件，进而得到了"昂桯挑斡"这种特殊形制。其实不然，还有另一种理解，即"昂桯"不是一种独立构件，而只是单材形制的长条状直木，可以用来制备下昂，是加工半成品，而这里仅是说用"昂桯"这种规格的木料来充当"挑斡"。即"挑斡"本身的用法及木料规格并不确定，其断面大小可大于单材甚或足材等，这要看"挑斡"的具体施用位置以及挑斡的距离。总之本文认为在法式的营造语境下并不存在"昂桯"这种有独立构造及形式意义的构件，仅有对"挑斡"这种构件用材情况的补充说明。以上昂为例，法式原文为："二曰上昂，昂身斜收向里，并通过柱心。"完全可以仿照"挑斡"的情形描述为：昂身斜收向里，并过柱心下昂桯，这里的上昂当然是单材形制的，完全可以用昂桯这种规格材来充当。则《营造法式》卷一"总释上"的介绍飞昂中"又有上昂如昂桯挑斡者，施之于屋内或平作之下"的记载顺理成章。上昂是要通过柱心的，则其一定也跨过柱头枋、束阑枋之类纵架构件，意思就是上昂在倾斜形态及初始位置像用单材形制时收入铺作内部的挑斡一样。否则按氏文解释，此处的昂桯指收于铺作内不上彻的小

---

① 西安建筑科技大学，在读研究生。

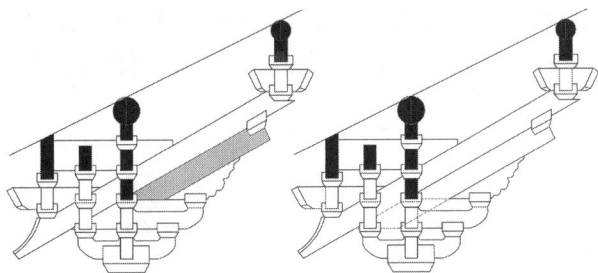

图1 少林寺初祖庵补间侧样现状及原型

（图片来源：根据《河南宋金元寺庙建筑分期研究》
中图纸改绘）

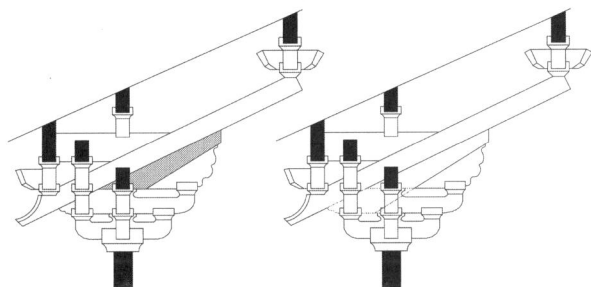

图2 济源奉先观补间侧样现状及原型

（图片来源：根据《河南宋金元寺庙建筑分期研究》
中图纸改绘）

斜撑，是一具备独立构造及形制意义的构件。若这样理解那后面的挑斡又是什么，挑斡不是必然要上彻平槫吗？即上昂既像昂桯又像挑斡，昂桯在"昂桯挑斡"时长一步架，挑斡则不一定单材广厚，上昂法式已经给出图样并无疑义，怎可与诸多方面都未单一明确的构件类比呢？显然第一种说法比较合理。

综上，解释一："昂桯"只具备规格用材的意义而不具备构造形制方面的意义。当然，法式在不出昂而用挑斡时，采用单材规格的挑斡而不采用其他广厚的是有现实合理性的。法式作为官方编订的建筑规范，各方面要求规范整饬，以材为祖也是其基本精神，一方面规整用材有利于大量构件的制备与估工算料，另一方面也便于统一官方建筑的整体形象。

法式提到"挑斡"有四处，两处在飞昂条目下，一处在小木作版引檐下，一处在大木作功限楼阁平作用栱、斗等数中。可以肯定的是"挑斡"是一具备独立构造与形制意义的构件，与下昂、上昂地位等同。其中小木作下的挑斡可能与外檐斜撑相关，不一定组合于铺作之内。着重看飞昂条目，既然列于飞昂条下，则挑斡必定与飞昂相关。原文如下："若屋内用彻上明造，即用挑斡，或挑一斗，或挑一材两

栔，谓一栱上下皆有斗也。若不出昂而用挑斡者，即骑束阑枋下昂桯。如用平棋即自槫安蜀柱以插昂尾；如当柱头，即以草栿或丁栿压之。"长久以来对挑斡的争论在于其指一类构造做法还是一种构件，分歧在"即用挑斡"上。结合文字所在的大木作制度一其他关于"用"字的语境，"若四铺作用插昂"，"昂栓并于第二跳上用之"，"上昂于五铺作上用者"等来看，"用"字前后所跟都为具体构件名称，指代构造的可能性较低。已有学者讨论过法式斗栱下昂的斜度设计，认为在厅堂无天花时，其昂身平缓简短无法挑斡下平槫，则此处改用可灵活调整斜度的挑斡问题就可迎刃而解。原文中接着论述的就是高铺作等级的殿堂用法，无须考虑昂尾外露，可以昂尾插蜀柱的方法从容解决。"不出昂"或可解释为不用下昂而改用挑斡这种构件，便出现了用"昂桯"这种规格材制作的"挑斡"。即法式原文在此阐释了三种斗栱里转昂尾的处理形制。其中"昂桯"本可用来制作带昂尖的正常下昂，但是由于挑斡下平槫的需要，五铺、六铺昂尾存在欠高，此处只能置换为挑斡。然而若是这样，则"昂桯"规格的挑斡其斜度就不再与法式原下昂的斜度相同，则"昂桯"作为没有昂尖的特殊形态昂无法讲通。

基于真昂转化来的"昂桯"难道绝无挑斡下平槫的可能吗？其实不然，法式小字注释的内容应是对前面内容做进一步解释或对不同名称做法进行补充，甚至是具体构件的详细尺寸及交接关系。法式里的"不出昂挑斡"或许也是一种流行于北宋汴梁的惯常做法，由法式序可知彼时汴梁当存在多个不同的营造体系，法式记载的低等级铺作昂尾虽无法上彻挑斡，但也许在某种厅堂构造体系中，其下昂斜度与长度都足够抵达下平槫，原本可出昂尖，但不论何种缘由，或许是调整铺作高、外跳改用卷头、平出折下假昂已经在低铺作形式中产生等，原真昂前端昂尖被截去仅保留昂身后半截，同时为保证扶壁素枋榫卯形制不变，额外要求残留转化为"昂桯"的"真昂"必须跨过束阑枋（即某道扶壁枋）。此时的"昂桯"仍然处在原真昂与扶壁栱枋的交接位置并且内伸，但形态上已经与普通"挑斡"一致，则此时"昂桯挑斡"变为"挑斡"的一种特殊形式。在这种理解下，"昂桯"保留了真昂的诸多性质，当然也包括规格材的特性，也即"昂桯"是法式转借自其他营造体系的做法，囿于其对挑斡下平槫的优良适应性，虽非法式原生还是适当记录，以此

解释其源流也可。但必须强调的是基于法式低等级铺作产生的这种保留"真昂"特性的"昂桯"一定不存在,这里的"昂桯"仅存意向的本质已经完全是单材的挑斡了。发生衍化变异乃至直接向外部转借后,法式仅延续习惯称束阑枋附近的挑斡为"昂桯",至于法式六铺作还应勉强可行,就厅堂草架图样知其二跳真昂上彻下平槫,但前提是要突破厅堂用槫尺寸。

解释二:不管法式语境下的"昂桯"仅就规格材还是保留部分特性的昂来说,都已被"挑斡"吸收,成为众多挑斡形制中的一员,即法式语境里不存在名为"昂桯"的独立构件,不管是特例"昂桯挑斡"还是一般意义上的组合于铺作内跳的不挑平槫的"昂桯"。前者是"挑斡",后者比较复杂,更多时候应被看作"斜撑式上昂"。

此外,法式命名体系还有对同一构件的里外跳分别命名的习惯,不可不审之。如外华头子里华栱、外华栱里泥道栱等。可知对于昂外跳部分称昂

里跳称挑斡也并非不可,对应真昂身残留的"昂桯"转化为"不出昂挑斡",则昂身完好为"出昂挑斡"。

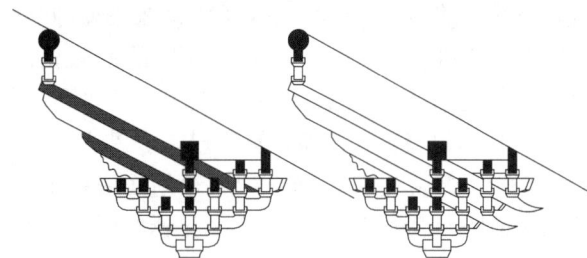

图 5　营造法式昂桯挑斡情形

（图片来源：自绘）

从使用"斜华头子"的营造体系转借而来,为遵循"昂只从斗口出"的惯例,避免逐跳昂下之华头子露出而削去其昂尖变为"昂桯",此时之"昂桯"继承了真昂的大部分属性而非仅具简单规格材的特性

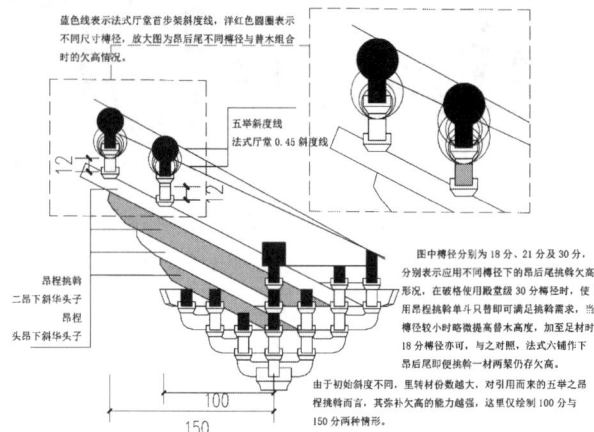

图 3　营造法式昂桯来源示意

（图片来源：自绘）由使用"斜华头子"的营造体系转借而来（其逐跳昂下用露明华头子推高昂身）

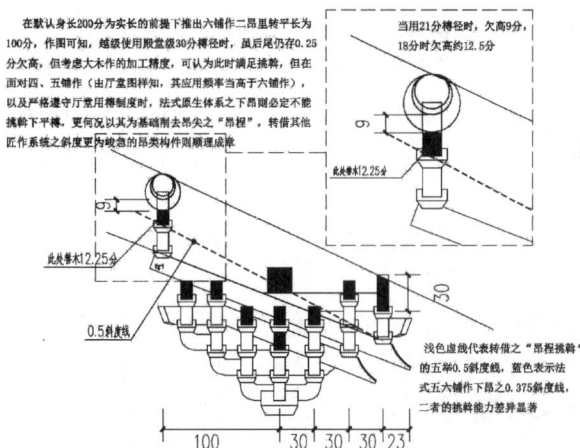

图 4　营造法式厅堂用六铺作下昂后尾挑斡情形

（图片来源：自绘）

基于法式下昂制度的"昂桯"与法式厅堂铺作一致,普遍存在挑斡不足的情形

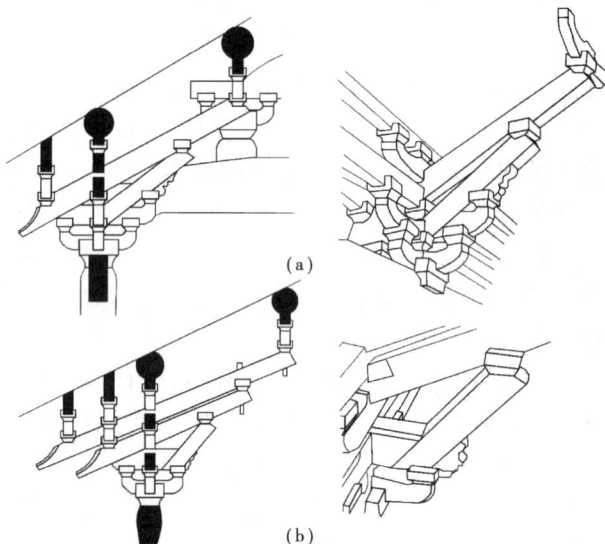

图 6　宋元江南斜撑式上昂

（图片来源：《南方上昂与挑斡做法探析》）

图片说明:上图(a)苏州保圣寺大殿柱头铺作侧样及补间铺作里转透视,下图(b)金华天宁寺大殿补间侧样及里转透视

3　《营造法式》中"挑斡""上昂"在地方建筑中的衍化

营造法式中的挑斡组合于外檐斗栱内的似乎就只有"昂桯挑斡"这一种,然而实例中的挑斡形式不仅分布地域广泛且形制做法各异,体现出挑斡的地方性大于时代性的特点。作为斗栱后尾做法的

一种,"挑斡"其本质在于前端组合于铺作内或搭置于铺作某构件之上,后端内伸直达下平槫下。末端的位置是固定不可移动的,前端的支垫位置则比较随意,透露出挑斡并非是斗栱中的必备构件,其可以脱离斗栱单独使用。南方民居中大量使用的斜撑式挑斡即是其例,在与铺作组合搭配时挑斡前端切入斗栱的位置和深度按需要而定,在过柱缝跨过束阑枋时可以看作"昂桯挑斡"(此时取规格材说而非真昂转化说)。两浙地区流行直接插于柱身上或柱身上丁头栱的挑斡仍存汉代建筑遗韵,苏南地区的挑斡则近于法式类型相对规整受力状态接近于斜杠杆,实例有苏州虎丘二山门、上海真如寺大殿等。北方地区挑斡做法更加随意,呈现出挑斡前端支点内移的特性,部分实例甚至立于里跳华栱头上而近于斜柱小偏心受压。尤其值得注意的是山西境内的部分实例,挑斡立于斗栱要头之上其上下皮延长线与其下假昂或插昂上下皮线约略重合或平行,则可知其挑斡与法式小字记载的类似,为真昂身被要头水平截断所致。这印证了之前的猜想,这是真正意义上的"昂桯挑斡",实例有元构绛州大堂与金构稷山青龙寺腰殿等。此外仅搭于要头之上不与昂发生对应关系的挑斡实例亦不少,这些都是挑斡在北地广泛应用的证据。

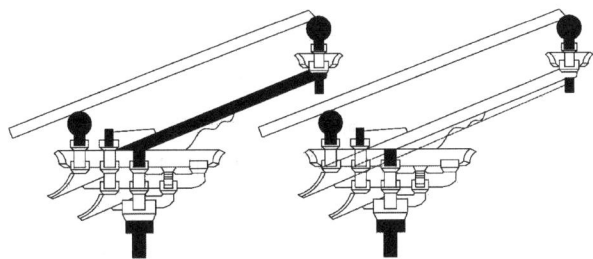

图7 稷山青龙寺补间铺作侧样现状及原型
(图片来源:根据《临汾、运城地区的宋金元寺庙建筑》中图纸改绘)

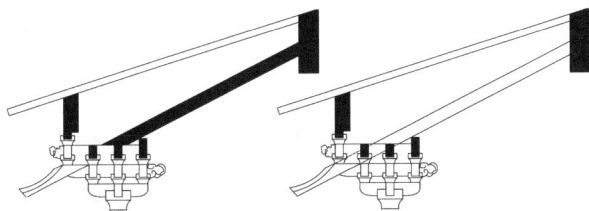

图8 日本普济寺佛殿补间铺作侧样现状及原型
(图片来源:根据《中日古代建筑大木作源流与变迁》中图纸改绘)

相比于民间多样灵活的挑斡处理方式,法式单一的"昂桯挑斡"体现了法式严密的构造及样式逻辑。挑斡取"昂桯"标准材形式及其跨过束阑枋的位置,除便于制材统一外,另一重要考虑在于保持与真昂存在时一样的交接细部及构件榫卯做法,否则若重新选择挑斡起点,垫托挑斡的所有构件之形状尺寸都将变化需重新设计,这不利于大量构件的制备。尤其在官式建筑工程量大、设计标准要求统一的营造实践背景下,其显得尤为重要。

上昂是法式中的重要构件,用于内檐及平座下起减跳作用,其特点是短促有力为小偏心受压构件且收于铺作里跳之内。由前文所述知,法式原生铺作形制中并无"昂桯"这一独立构件,铺作内除上昂以外的其他斜构件也并非都可以被归为"昂桯",只有基于真昂退化来的斜构件才可,则先前学者文章中将日本禅宗样建筑中真昂下的斜向垫托构件统称为"昂桯"的说法是不严谨的。就日本中世建筑及中国江南建筑的遗存来看,可能会有两种不同的源流,其一,江南宋元之际斜交双昂形制普及成熟,六铺作单抄双下昂,上道昂内伸挑斡下平槫,下道昂内伸一段距离后便抵于上道昂下,则下道昂在继续退化为插昂甚至平出折下假昂的过程中,其昂身被水平向构件打断残留于束阑枋附近,应该可以被视为完整意义上的"昂桯"。圆觉寺舍利殿、安国寺释迦堂、定光寺佛殿及江南保圣寺都可归于此类。其他案例尤其以日本镰仓唐样建筑为主,包括上海真如寺及金华天宁寺在内的诸构,其真昂下的斜置构件被归为斜撑式上昂应该更为合理。

4 《营造法式》体系之外的第四类斗栱斜向构件——斜华头子

在重新阐明法式中"昂桯"的概念及对地方遗构中的"挑斡""上昂"做简单梳理之后,发现将初祖庵大殿补间昂后尾下的垫木笼统视为"昂桯"的做法是值得反思的,这也不能被归入挑斡及上昂中。就"昂桯"真昂残余的最初样貌来说,其向外跳延伸后一定高下、远近可准一跳,然而初祖庵中垫块紧贴昂身下,延伸后也只能成为昂下华头子。其次就"昂桯"规格材的特性来看,河南的初祖庵以及距离不定的济源奉先观其昂下垫块也都做工随意并不受材份制度的制约,都没有挑斡下平槫的丝毫动机,虽然收于铺作内部与真昂斜度相同但也没有首端内移作斜柱、上昂承托昂身的意思,仅仅是个垫块甚至在支垫功能上也逊于已知的楔靴。

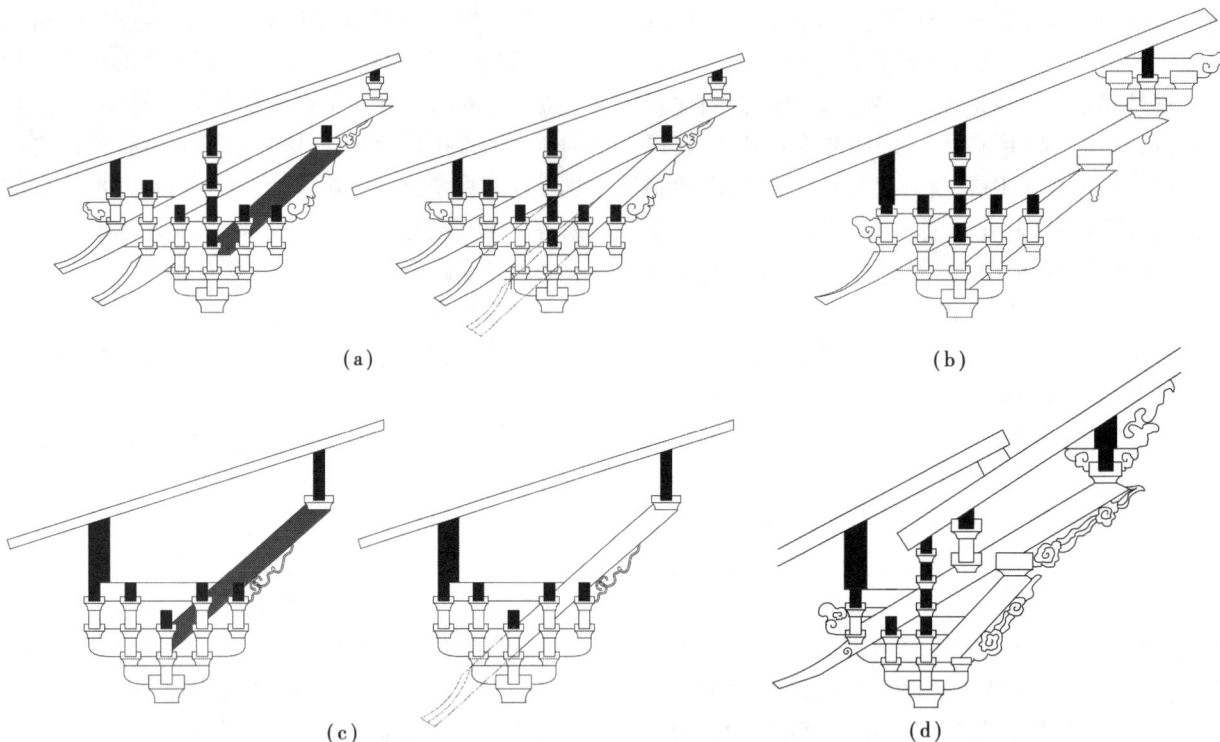

图 9 日本唐样建筑斜撑式上昂侧样现状及原型

（图片来源：根据《中日古代建筑大木作源流与变迁》中图纸改绘）

图（a）、（c）为镰仓圆觉寺舍利殿、千叶凤来寺观音堂之补间侧样及原型，其里转斜撑实际为"昂桯"系真昂转化来；图（b）、（d）为埼玉高仓寺观音堂、京都酬恩庵本堂之补间侧样，其里转斜撑之起点内移变为"斜撑式上昂"而脱离"昂桯"形制

位置在昂身下，功能只限于承托昂身，形态上并不规整而似随意砍削的垫块，用材上不一定是标准单材，其诸多特性都异于其他已知的斗栱内斜置构件，在这里不妨引进"斜华头子"的概念，以描述此类不见于典籍记载的构件新样式。

《营造法式》中对华头子的记载有：卷四"大木作制度一"对飞昂的介绍中提到，"枓口内以华头子承之，华头子自枓口外长九分，将昂势尽处匀分；刻作两卷瓣，每瓣长四分"。卷十七"大木作功限一"殿阁外檐补间铺作用栱斗等数及卷十七"大木作功限一"殿阁外檐转角铺作用栱斗等数中提到华头子多处，但都以"第几抄，外华头子、内华栱；一只，长几跳"的形式出现，即华头子在法式文本中并没有被特别重视。与其相类似的还有小栱头、华栱头、栱头、丁头栱等构件，虽然其存在于法式营造体系下，却未被详细阐明。不过就法式仅有的记载看，首先其华头子完全附属于下昂，不用下昂没必要用华头子；其次华头子不是一个独立构件，而只是华栱或泥道栱的一部分。另外在法式体系中，下昂、上昂、挑斡都与里跳形制有关系，华头子显然不是，它只是个细部做法而已，因而法式中的华头子功能

是极为有限的。法式四、五铺作昂上交互斗并归平，此时华头子吐出较远，但当跳数增加后，六铺作上交互斗要向下降低二至五分。则华头子的尺寸将进一步减小，其在铺作中的重要性也随之降低。总之，法式语境下，华头子的构造作用在整朵铺作中是不突出的。在唐辽官式中，华头子露明甚微甚至完全卧入交互斗口内，其作用仅限于承托昂身，连调整交互斗跳高的作用都不具备，然而这与现存实例中的情况大相径庭。

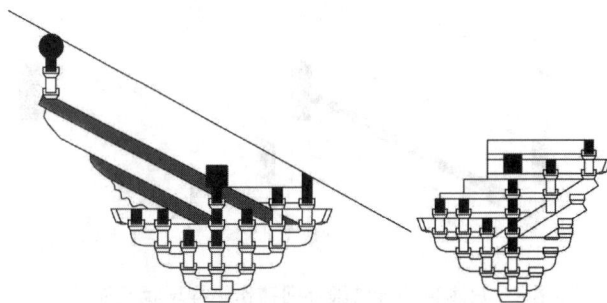

图 10 "昂桯挑斡"与"上昂"形式类比示意

（图片来源：自绘）

晋西南、豫西北、冀南、冀中、山东、北京等地一些遗构中，表现出真昂下华头子增大斜置的特征，

这与目前主要研究关注的唐辽型遗构及其他地方型遗构有着极大差别。实例有定兴慈云阁、曲阳北岳庙德宁殿、长子西上坊汤王庙、绛县太阴寺大殿、少林寺初祖庵、济源奉先观、孟州显圣王庙、万荣稷王庙大殿、太谷真圣寺、先农坛太岁殿、故宫神武门等，案例众多兹不赘述，仅以定兴慈云阁与太岁殿为例说明用扩大华头子的两种大致倾向。

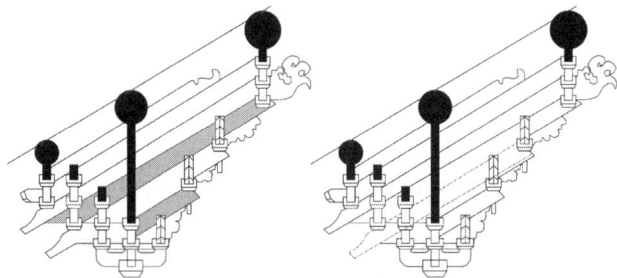

图 11　先农坛太岁殿补间铺作侧样现状及原型
（图片来源：根据《明代官式建筑大木作》中图纸改绘）

元代定兴慈云阁，补间铺作五铺单折下假昂单真昂。其中真昂前端被其下华头子垫升抬高约略一单材，几乎搁置于其下交互斗中瓜子栱外棱之上，真昂后尾上彻至下平槫下挑斡一材两栔。其上槫下替木尺寸略高；昂下华头子的形制特异，华头子露明处隐刻三卷瓣，里转并未作要头而是紧随昂身上彻作秤杆状，用材与昂身几乎无异。明初北京先农坛太岁殿补间六铺作单抄单折下假昂单真昂，真昂前端支垫位置与慈云阁一致，后尾同样挑斡下平槫，其华头子斜置紧随昂身内彻下平槫托单斗一材继而承托其上昂尾之一材两栔。太岁殿之华头子兼具真昂的挑斡功能较慈云阁更进一步。则可知斜置华头子当为一普遍性构造做法，跨越时代与地域的限制并且表现出多样化的构造特征。同时产生真昂昂身抬高与跳头瓜子栱咬接或直接搁置于瓜子栱之上、真昂跳头交互斗归平与各跳真、假昂上遍用斜置构件三个伴生构造现象。这与唐辽型、法式型铺作里转提倡使用规整华栱垒叠的做法在建构意匠上存在较大差别，可视为对斜置构件结构作用的极端强化。

太岁殿铺作"昂式华头子"身后紧贴又一斜置构件同样上彻只未达下平槫，其上、下皮延长线与二跳假昂下皮线平行，即若无平出构件的阻断，此一跳也可以真昂形制处理。结合上文对法式文本中斜置构件的探讨可知，这便是所谓的"昂桯"，不出昂尖，但保留昂尾上彻的功能，即"若不出昂而用挑斡"。有趣的是，此"昂桯"下同样紧贴一根斜构

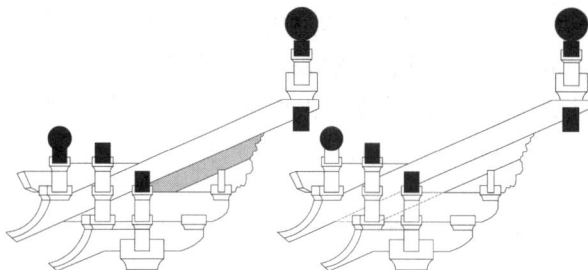

图 12　孟州显圣王庙补间铺作侧样现状及原型
（图片来源：根据《河南宋金元寺庙建筑分期研究》中图纸改绘）

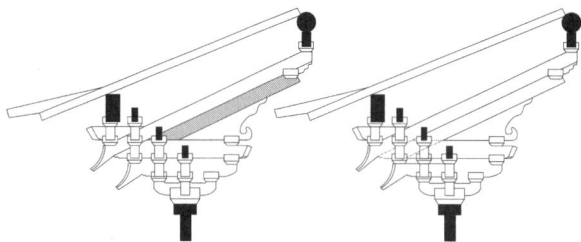

图 13　绛县太阴寺大殿补间铺作侧样现状及原型
（图片来源：根据《临汾、运城地区宋金寺庙建筑》中图纸改绘）

件，又是一根斜华头子。则太岁殿斗栱实为两组真昂与斜华头子的组合，都为单材规格，必然也跨过束阑枋，且构件之间严密实拍。可知斜华头子呈现出显著的复合性质，始于最外跳结束于下平槫下，同时兼备"下昂""挑斡"甚至"上昂"的构造功能。法式等营造体系下真昂与众多外跳构件分别制榫的复杂接合，细部被简化为与单一的华头子上皮贴合，多构件与昂身贴合外跳部分削成细小的三角形楔子日久易风化，且多构件垒叠构件闪歪等情形都会影响其共同垫托之真昂身的稳定性。斜华头子的出现极大改善了昂身的稳定性及传力的有效性。同时多斜构件紧贴共同上挑，加强了后尾的承挑能力，则檐步架可挑出更远，对于下平槫的挑斡也更有利。除下昂外，斜华头子等构件与局部斜杠杆受力或偏心受压的普通"挑斡""上昂"有本质不同，都是与昂完全相同的斜杠杆，"单一昂"的受力机制得到极大改善从而转化到"组合昂"的概念。回到法式的语境中，找到现实存在的"昂桯"固然令人欣喜，进一步研讨不难发现，法式小字原文中"昂桯挑斡"做法似乎更应当首先产生于使用"斜华头子"的此类构造体系中，前面知昂上交互斗已经归平，那么即使不出昂头，由下昂造改为纯卷头造也无障碍，由于昂前端支点抬高，截断的昂身在不调整斜率的情况下依然可以完成对下平槫的挑斡，且除去

真昂身外,斜华头子等构件也可以被横向构件截断形成类似的挑斡,依此"昂桯挑斡"才算名副其实,法式中应该就是借鉴转化了此类做法。遂《营造法式》"序"中称:"乃召百工之事,更资千虑之愚,臣考阅旧章,稽参众智",《营造法式》"剳子":"臣考究经世群书,并勒匠人逐一解说",可知法式在编纂之时,即参考了众多不同的匠派做法,其中优良利于造作者必定被法式酌情收录甚至改造后收录,方成此"一代之新规"。这也从侧面再次印证了法式原生体系中并无"昂桯挑斡"及"昂桯"这两种独立构件,即便通过向体系外转借获得,在名称泛化混同的背景下,似乎法式也更倾向于归它们为某类特殊的"挑斡"而已,真正拥有独立构造及形制意义的"昂桯"构件应是以使用斜华头子等多类斜构件且逐跳昂上交互斗归平的匠作体系。

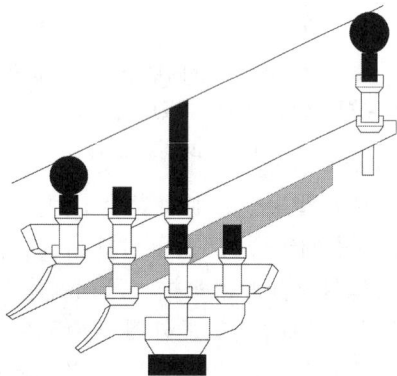

图 14　定兴慈云阁补间铺作侧样
(图片来源:根据《明前期官式建筑斗栱形制区域渊源研究》
中图纸改绘)

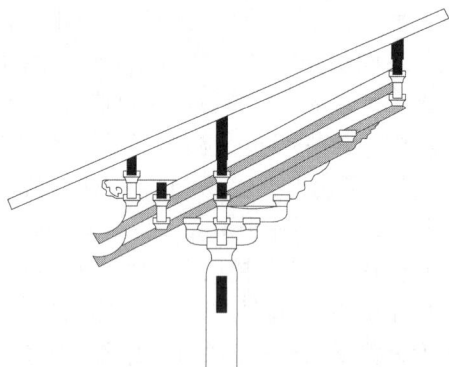

图 15　径山寺法堂底层副阶斗栱侧样
(图片来源:南宋径山寺法堂复原探讨)
图片说明:五山十刹图记载的径山法堂侧样同样逐跳下使用斜华头子与善福院释迦堂类似,可见南方地区也普及过斜华头子做法只是其昂上交互斗归平位置不同,与上文论述的北方用斜华头子显然不是同一匠派,即斜华头子也可能为一跨匠派的同行做法

回头再看初祖庵大殿、济源奉先观等建筑,其昂下紧贴的垫木被归为斜华子的残余构件应更合理,并非"昂桯"。类似故宫神武门下檐补间斜华头子下的另一斜构件的才是真正的"昂桯"。万荣稷王庙昂下斜构件挑三斗的形式也为斜华头子的变体。以上斜华头子出现的地区为唐宋时期的京畿之地,唐代长安、洛阳两京,宋代的汴梁、大名两京,金代的汴梁、燕京两京都为营造发达之地。以"斜华头子""逐跳昂上交互斗归平"为特色的这支或这类营造匠门当一直存在,参与甚或游离于官方建筑体制之下,虽然其全部做法未被《营造法式》一书完整收录,但明初北京城的营建却为其提供了展示技艺的绝好平台,明初官式大型礼制建筑中完美展现了其设计及建构意向,或可补此缺憾。此外敦煌壁画榆林窟中展现了若干晚唐、五代时期的建筑形象,从六铺至八铺系列性使用斜华头子令人称奇。难道它们才是"斜华头子"匠作的源头吗? 他们在营造实践中曾经与唐辽型、法式型共同激烈角逐过吗? 不禁给我们插上想象的翅膀。

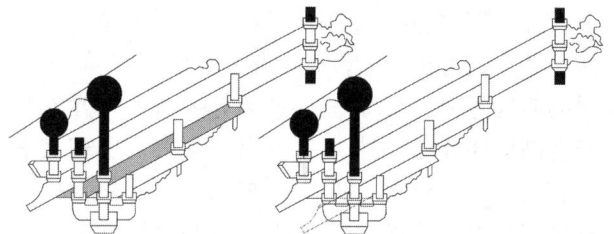

图 16　故宫神武门补间铺作侧样现状及原型
(图片来源:根据《明代官式建筑大木作》中图纸改绘)

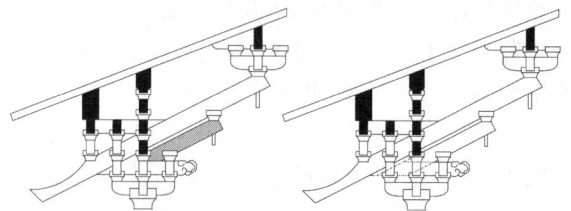

图 17　善福寺释迦堂补间铺作侧样现状及原型
(图片来源:根据《中日古代建筑大木作源流与变迁》
中图纸改绘)

5　结　语

通过以上分析论证,本文认为在铺作中除法式记载的"下昂""上昂""挑斡"之外,民间还存在"斜华头子"这类斜置构件形式,且其营造体系与法式体系存在某些交叉影响,并指出"斜华头子"营造体系中的无昂尖真昂形制才是法式"昂桯"的原貌。

法式原生语境下无真正的"昂程",所谓的"昂程"只是众多"挑斡"形制中的一种,即法式原生中上彻至下平槫的构件只有"下昂"与"挑斡"两种。我国江南及日本禅宗样建筑斗栱中的复杂斜置构件依据具体情况分为"昂程"与"斜撑式上昂"两种形制。其中日本普济寺佛殿断开的昂身与插昂昂头可以做很好的注脚,其内伸的部分是真正骑束阑枋的"昂程",不过将其视为"挑斡"又有何不可呢?其逐跳昂上交互斗归平与国内斜华头子体系的昂做法类似,或传承的是相近的匠派做法,即交互斗归平、存在"昂程"但不用斜华头子。善福寺释迦堂则相反,其昂上交互斗归平,真昂也可以处理为"昂程",但坚持使用斜华头子。诸多形制共存进一步反映了宋代匠派做法林立的营造现实。

参考文献:

[1] 朱永春.《营造法式》中"挑斡"与"昂程"及其相关概念的辨析[J].中国《营造法式》国际研讨会论文集,2016:135-144.

[2] 张十庆.南方上昂与挑斡做法探析//建筑史论文集(第16期)[M].北京:清华大学出版社,2002:39-53.

[3] 林琳.日本禅宗样建筑所见的《营造法式》中"挑斡"与"昂程"及其相关构件——兼论其与中国江南建筑关系//建筑史(第40期)[M].北京:中国建筑工业出版社,2017:241-231.

[4] 王海燕,袁牧.营造法式译解[M].武汉:华中科技大学出版社,2011.

北京南城五道庙附近街坊建筑肌理及其演变趋势分析

Studies of Building Fabrics and Their Evolution Rules of the Blocks near Wudao Temple of Traditional Beijing

刘涤宇[①]

Liu Diyu

【摘要】本文通过对18世纪中叶《乾隆京城全图》和20世纪末《宣南鸿雪图志》所绘北京南城五道庙附近街坊建筑肌理的分析,探讨北京南城地区在街巷布局和街坊内院落式建筑布局上的特点和规律,并研究了此地段在两个半世纪的时间里,建筑肌理的演变规律。

【关键词】北京南城　建筑肌理　《乾隆京城全图》　《宣南鸿雪图志》

1 研究对象及研究意义概述

本文聚焦于北京南城大栅栏西侧五道庙及其附近的6个街坊(这里用英文字母分别将之命名为A—F街坊,详见图1所示)。其中五道庙所在的A街坊由樱桃斜街和李铁锅斜街(铁树斜街)[②]围合而成,呈梭形。其南侧的5个街坊或呈三角形,或呈不规则矩形。与北京内城区域以平行胡同肌理为代表的相对规则的建造肌理有很大区别。

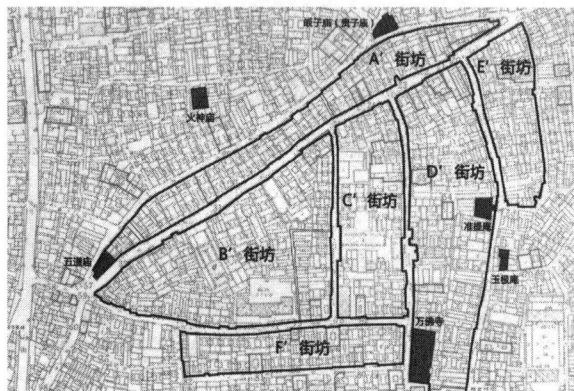

图1　五道庙周边街坊及节点建筑示意图
(图片来源:以《宣南鸿雪图志》P28地图为底图自绘)

不仅《乾隆京城全图》[1]"十三排八"和"十三排九"对18世纪中叶的此地段有详细记录(图2),《宣南鸿雪图志》[2]也记录了其在20世纪末的基本形态(图3)。两者也是本文研究最重要的基础材料。本文拟在此基础上,探讨此地段建造肌理的规律及其演变趋势。

本文的研究意义在于以下几方面:

首先,以往对北京传统城市肌理的研究往往更加偏重内城的平行胡同肌理[3]。而事实上,南城的城市肌理从宏观的路网结构到微观的街坊尺度,都与内城有明显的差别,如:道路和街坊有很多不规则的布局形态;街坊内部每个地块的通面阔小于内城典型区域,以至于相当比例的地块无法采用一正两厢的典型合院布局要素[③][4][5],等等。这些差异在不同程度上涉及建造肌理的生成演变机制。上述南城建造肌理的典型特征在本文研究地块中均有体现。所以,以五道庙附近街坊为典型样本进行分析,有助于深化对北京传统建造肌理多样性的认识。

其次,传统城市的建造肌理是一个长时间缓慢演化的结果,而上述街坊有相隔两个半世纪但同样

---

① 同济大学建筑与城市规划学院,副教授。

② 本文涉及古今街巷名称变更,一般格式为"旧街巷名(新街巷名)"。其中旧街巷名如果《乾隆京城全图》有标注,则以之为准,无标注者以最早文献所提及名称为准。

③ 本文参考李菁、王鲁民、宋鸣笛等的研究成果,将北京传统院落式建筑的建造模块分为仪式感强烈的"一正两厢"和根据功能安排灵活建造的"排屋"两类,后者包括倒座房、后罩房、非一正两厢组合模式的厢房和各类沿街房屋等。

图2 《乾隆京城全图》"十三排八"及"十三排九"
记录的18世纪中叶五道庙周边街坊

（图片来源：《乾隆京城全图》）

图3 《宣南鸿雪图志》记录的20世纪末宣南
五道庙地段五道庙周边街坊

（图片来源：《宣南鸿雪图志》P82地图）

详细的建造肌理记录，从中可以清晰看到，随着城市密度的增加，街坊典型建造肌理与之相对应的演变趋势。对此进行详细研究，可以为探讨传统中国城市建造肌理的生成演变机制提供重要的参考。

2 道路系统与街巷空间节点

2.1 道路系统及其走向分析

此地段道路系统看似不规则，但总体来说主要受到两个因素的影响：一是五道庙前（五道街）、樱桃斜街和李铁锅斜街（铁树斜街）所代表的不规则"东北—西南"走向；二是北京外城城墙及正阳门外大街、宣武门外大街所限定的正向格网。地段内道路的各种不规则形态，大都可以理解为在这两个因素作用下的结果（图4）。

图例：——"东北—西南"走向 ——正向 ——过渡方向 ——其他

图4 五道庙周边街坊道路系统走向分析图

（图片来源：以《宣南鸿雪图志》P28地图为底图自绘）

五道庙前、樱桃斜街和李铁锅斜街等斜向街道应以此区域尚未形成城市肌理时的郊野道路为基础形成的，其"东北—西南"走向与北京城的发展历史有千丝万缕的联系。

斜街西南侧指向金中都，东北侧则指向元大都/明清北京内城区域。在金代，前者是都城而后者是御苑所在；在元代，1267—1274年兴建元大都后，原金中都区域并未立即废弃，斜街的走向可以方便联系新旧两城；元末开始，原金中都区域逐渐废弃，但直到明初那里仍是有一定规模的聚落；明永乐十七年（1419年）建都北京时，北京内城南墙在元大都古城的基础上向南拓展约1.5里至今正阳门、宣武门一带；之后，正阳门外的大栅栏逐渐发展为城郊商业区，而这几条斜街可起到在原金中都区域与大栅栏商业区之间联系的作用[6]。

目前，文献材料并未提供几条斜街形成时间的确切证据，但上述金、元、明初三个时段都存在形成斜街的条件。《宣南鸿雪图志》也认为五道庙"所处位置是从金中都旧址到元明清都城'龙脉'的标志点，因此具有重要的历史价值"[2]。

除上述斜街外，此区域大部分街道，如韩家潭街（韩家胡同）、百顺胡同、大外廊营胡同和陕西巷都明显受到外城城墙限定的正向格网影响，而这些道路与斜街的交汇处都有一定的弯曲。其中除了五道庙南侧的多条道路交口只与五道庙前保持近似垂直状态而与李铁锅斜街斜交外，其余都通过道路的弯曲而在交口处与斜路保持近似垂直状态。

石头胡同北部的走向与李铁锅斜街呈近似垂直状态，南部走向却并非近似正南北走向，但看起来和主体部分走向与李铁锅斜街类似的王寡妇斜街（棕树斜街）有关。

从街巷的走势方向来看,此地段东北方向处体现出的是沿城墙的东西走向胡同与李铁锅斜街"西南—东北"走向间的街巷扇形逐渐过渡的格局,证明此地大部分街巷形成于樱桃斜街、李铁锅斜街以及两街汇合后的观音寺街(大栅栏西街)形成之后。无论《乾隆京城全图》还是《宣南鸿雪图志》中,都可以看到从基本呈正东西走向的三眼井胡同(三井胡同)开始,至其南面的羊肉胡同、茶儿胡同、笤帚胡同、炭儿胡同,到杨媒斜街(杨梅竹斜街),越来越偏西南—东北走向,直到樱桃斜街与李铁锅斜街汇合后的观音寺街为止的逐渐演变过程。此地段北侧也是以东西走向胡同为主,但更多呈现为大块街坊与自发形成的各种贯穿式或者尽端式胡同,而此类路网走向又与前述逐渐过渡到"西南—东北"走向的胡同、街巷,如杨媒斜街(杨梅竹斜街)形成路网结构上有明显差异。这些建筑肌理特征与本文重点研究的 A—F 街坊事实上都表现了"西南—东北"逐渐转向正向的特点,只是转换方式有差异。这体现出在此区域成为城市建筑肌理的一部分后,形成的街巷格局既与原有的五道庙前、樱桃斜街、李铁锅斜街与观音寺街走向密切相关,又受到北京外城限定的正向格局影响。

1924 年,街坊西侧增加了一条主要街道——南新街(南新华街)。此街的开通对此地段道路系统的最大影响是从五道庙南侧的道路交口又延伸出一条较短且曲折的堂子胡同与新开辟的街道相连,后来此胡同又拓展为堂子街。这一变化改变了道路系统中的一个重要节点——五道庙南侧道路交口的空间形态。

2.2 典型街巷空间节点——五道庙南侧道路交口形态演变分析

《乾隆京城全图》中五道庙南侧道路交口(图5)由铁树斜街、李铁锅斜街、韩家潭街和五道庙前 4 条道路交汇而成,"五道庙"赖以得名的第 5 条道路应该是在路口北侧与铁树斜街相交的庄家桥街(臧家桥胡同)。樱桃斜街与道路交口之间增加了栅栏门,虽然栅栏门在白天并不限制通行,但其存在使栅栏门两侧街道轮廓产生了一些变化。尤其是栅栏门北侧的铁树斜街街道轮廓变得不规则。除此之外,庄家桥街和樱桃斜街的交口也设有栅栏门。通过栅栏门的设置,降低道路通行选择(尤其是夜间通行选择)的可能性,是古代中国夜禁制度下牺牲效率以方便管理的做法。

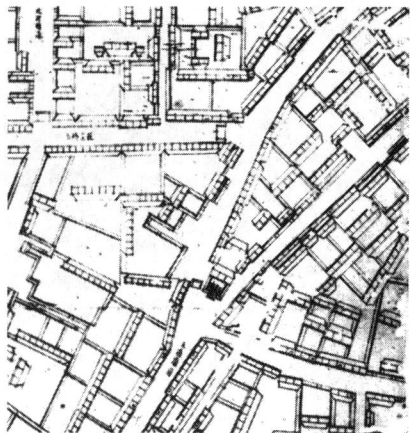

图 5 18 世纪中叶的五道庙南侧道路交口
(图片来源:《乾隆京城全图》)

而南新街(南新华街)和堂子胡同(堂子街)的出现,加上清代后期北京城胡同口的栅栏门逐渐消失,使五道庙南侧道路交口真正成为 5 条道路的交汇口,而且失去了《乾隆京城全图》中道路交口空间形态的可停留性(图 6)。

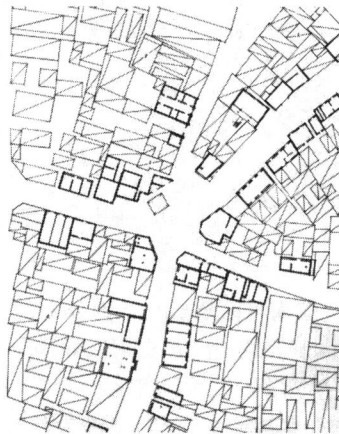

图 6 20 世纪末的五道庙南侧道路交口
(图片来源:《宣南鸿雪图志》P129)

《宣南鸿雪图志》认为五道庙的"位置、格局、式样都与乡村路口的五道、土地庙相似,而与城市庙宇格局不同"[3]。这种布局方式,在地块内也并非孤例。这方面内容将在后文讨论。

3 街坊建筑肌理研究

3.1 街坊进深及初步的建成肌理形态辨识

在本文重点研究的 6 个街坊里,除 B 街坊形状为道路走向和正交方向共同决定的三角形外,其余均可理解为条状地块的拓扑变形,所以街坊进深指的是街坊中短边一侧的尺度,包括平均和极限两种情况。

A 街坊呈浅进深梭形,长度约 550 m,进深最窄处应为两端头,仅略大于 10 m,最宽处 50 m,平均进深 40 m。

C 街坊大部分地方进深约 80 m;D 街坊进深最宽处 100 m,最窄处不足 60 m,平均进深约为 85 m;E 街坊最宽处为其北段与李铁锅斜街相交处,进深约 80 m,最窄处为其最南端,进深约 35 m,平均进深约 60 m。F 街坊进深约 45 m。

B 街坊为三角形地块,其中地块南北向宽度约 215 m,东西向道路略呈弧形,展开宽度约 280 m。沿李铁锅斜街的斜向界面长度约 400 m。如果按照其最长界面——沿李铁锅斜街界面为街坊面宽,则街坊最大进深(街坊近韩家潭街与大外郎营交点处与李铁锅斜街的垂直距离)约 175 m,然而由于小外郎营这个贯通街坊的胡同存在,十几进深中最深处应为街坊靠近韩家潭街(韩家胡同)与小外郎营交口处与李铁锅斜街间的垂直距离,进深计 151 m,整个街坊平均进深为 76.5 m。

北京内城典型胡同肌理进深一般为 61.64～75 m,这种胡同尺度的特点是既可作为相对完整的多进院落式住宅占满整个进深,也可以将整个进深分成南北两份甚至多份,后者中分为两份的可有南向主导和南北平分两种类型。相比之下,本文研究的 C—E 三个街坊平均进深在 60～80 m,与之大体相似,但 F 街坊进深却小得多。A 街坊两侧的樱桃斜街和李铁锅斜街可能形成于此地段建筑肌理确定之前,所以街坊进深小于其余街坊。B 街坊可看作道路走向限制形成的一种妥协结果,且其中进深最大处有小外郎营胡同将其进行了再分割,如果以李铁锅斜街为面宽方向,其平均进深与 C—E 街坊大体一致。

虽然基本街坊尺度与内城典型胡同肌理有相通之处,但此地段建筑肌理却与之有明显差别,主要表现在以下两方面:

第一,单位场地面阔小于东四牌楼东北侧,大多在 12～20 m 之间。场地内建筑多采用排屋院的布局形式,主体建筑一般是贯通地块通面阔的 4 至 5 开间排屋,核心房屋占比远低于东四牌楼东北侧地段。一般 60～80 m 进深的街坊并无贯通整个街坊的多进合院式住宅。

第二,在《乾隆京城全图》中,此地段街坊内部填充部分的建成肌理尚处于初步形成过程中,大片

场地并未充分建设,空地颇多。

这两个特点可以概括为场地划分、布局方式和建成肌理形成阶段上的差别。

3.2　院落式建筑布局方式及其演变

《乾隆京城全图》中五道庙周边地段院落式建筑布局方式最突出的特点是"排屋院"。所谓"排屋院"的特点在于院落中几乎不存在具有明确礼仪色彩的"一正两厢"式布局,全由通面阔与场地面宽相等且与场地面宽方向平行的排屋组成。多栋排屋沿场地进深方向纵深排列形成多进院落。

"排屋院"从面阔的尺度来划分,可分为三类。其中多进排屋院多为中等以上尺度面阔,即 4 至 5 开间。更大面阔的多进排屋院,如 D 街坊准提庵南侧的八开间多进排屋院,以及 C 街坊沿陕西巷偏南处的 10 开间排屋院,其对应的居住方式应属多户聚居。三开间小尺度面阔多为 1 至 2 进院落的简单院落式住宅,在街坊进深较小的 A 和 F 街坊数量较多。偶有少数三开间多进排屋院的实例,比如 B 街坊沿李铁锅斜街一处,C 街坊沿陕西巷两处,但并非此地段主要场地布局形态。

与《乾隆京城全图》相比,《宣南鸿雪图志》所展现的此地段场地布局方式既沿用了两个半世纪前的"排屋院"基本布局方式,又有所发展变化。最大的变化是在大多数排屋院的左右两侧增设厢房(图 7)。

由于排屋院与完整核心院落布局方式不同,作为院落对景的房屋是贯通场地两端的排屋而非与场地两侧均有间隙的标准正屋形式,所以加建的厢房几乎必然遮挡导致排屋两端开间受到遮挡。这里并未采用江南地区常见的连檐建造方式,而是厢房与替代正屋的排屋之间留出 1～2 m 的缝隙。受制于场地条件,增加的厢房尺度均较典型合院住宅的厢房要小,部分甚至达到进深仅两米余,对正常使用来说都相对局促的程度。可见多数情况下"排屋院"加建厢房是应对居住条件局促的无奈选择。

由于中国传统木构方式建造的院落式建筑建筑更新周期较短,所以《乾隆京城全图》与《宣南鸿雪图志》中,除了部分名称上有对应的寺庙(其实大部分从形态上也已没有明显关联)外,不仅房屋,包括场地在内也无可以明确对应之处。但可以通过场地面阔尺度的分布,来看出两个半世纪中场地沿主要街道方向分割密度的变化。

(a) 18 世纪中叶（图片来源:《乾隆京城全图》）

(b) 20 世纪末（图片来源:《宣南鸿雪图志》P82 地图）

图 7　五道庙附近街坊建筑肌理的演变

对于 A 街坊来说,18 世纪中叶场地面阔最小区域是在陕西巷与李铁锅斜街丁字路口以北部分,20 世纪末情况相同且这部分场地面阔基本一致,原因应在于这种面阔尺度已达到此种布局方式所可能达到的小的极限。但除此之外,其余部分场地都有所加密,也就是平均面阔要小于 18 世纪中叶的图示状态。而 A 街坊的西段,在 18 世纪中叶图示中沿樱桃斜街和沿李铁锅斜街的场地面阔有多处犬牙交错的痕迹,而在 20 世纪末的图示中则变成了南北一致性颇高的场地面阔分划方式,场地的加密也最为明显。B 街坊中大外郎营与小外郎营之间的部分在《乾隆京城全图》中东侧以完整多进合院建筑肌理为主,西侧则为简单合院建筑（不排除为东侧合院附属用房的可能性）。而在《宣南鸿雪图志》中,这部分的建筑肌理已不见当时的痕迹,除部分当代新建建筑外,其余肌理与 B 街坊其他部

分区别甚小。纵观 A—E 街坊沿主要街道生长部分,原《乾隆京城全图》中呈现的相对疏朗但却并不匀质的排屋院建筑肌理在《宣南鸿雪图志》中被尺度紧凑、面阔介于 6～19 m 的加建厢房后更接近于合院形式的院落式住宅代替。而对于《乾隆京城全图》中已经比较紧凑的 F 街坊,《宣南鸿雪图志》中呈现的两个半世纪之后沿主要街道生长部分场地面阔与之前在数字上相差不大,仅厢房的加建构成了建成肌理的标志性区别。

还有一个值得讨论的问题,就是本文重点研究地段建筑肌理在进深方向密度增加的方式,以及填充部分的演变特征问题。两个半世纪间此地段建筑肌理演变上最大的特征是建筑密度的增加。《乾隆京城全图》中显示此地段几个比较完整的街坊中,A、F 街坊的建筑肌理相对成熟,E 街坊也已初具规模,但 B、C、D 三大街坊都有大片未建设的空地:B 街坊由于三角形的形状,导致街坊内部的填充部分尺度较大,而可达性相对较弱,所以也存在大量空地,另外,沿大外郎营靠近李铁锅斜街处很多地块只有对外的围墙或排屋,地块内部并未充分建设;C 街坊未充分建设的区域集中于陕西巷和李铁锅斜街的丁字路口处,以及地块中部;D 街坊未充分建设的区域基本呈现出零碎分布的状态,但仍占一定比例;E 街坊则在晏家胡同与猪毛胡同南侧有介于街道和空地之间的空间形态。

相比之下,B 街坊的空地都被围墙或排屋分割为几块场地,但场地尺度相对较大,而且并未充分考虑建设的可能性;C 街坊北侧的大片空地并无被分隔占的迹象,只是有简单院落式住宅占据主要街道和胡同的界面,中部的大片空地虽有围墙和排屋与两侧街道区隔,但地块也并非被分割占的状态;D 地块相对建设不充分的空地面积要小得多,且地块明显已经过初步分割占有,场地初步成型;E 地块虽建设密度仍然有明显的加大余地,但已经可作为粗具规模的成熟街坊来探讨,晏家胡同和猪毛胡同南侧的空地与这两条胡同之间距离越来越小,可在两条胡同之间建设的场地进深过于狭小所致。

两个半世纪以后,除少数地方之外,大体还保持着建筑肌理延续性的五道庙周边地段,由于建筑密度的加大,大部分街坊内部的空地会被填充在意料之中。但空地填充后的建筑肌理会遵循什么样的演化规律呈现出来呢? 对《乾隆京城全图》进行的分析,可以作为《宣南鸿雪图志》中相同地段的建

成肌理解读的重要参照。①[7]

B 地块是五道庙地段中唯一的三角形地块。《乾隆京城全图》中 B 地块填充部分的方向基本以顺应大外郎营—韩家潭街限定的南北朝向为主,李铁锅斜街限定的斜向肌理主要限于沿街道生长部分,且进深尺度不一——进深较浅处如沿李铁锅斜街偏西的地方,进深 24～29 m,进深最大处约 50 m。中间仅有土地分划意义的呈尖角状最大进深,实际上已经明显与大外郎营—韩家潭街限定的南北朝向发生了一些关系。从小外郎营的胡同伸出一条盲端但基本保持东西走向的通道,作为填充部分诸户的主要通道。这条通道的覆盖范围相对有限,不能适应空地逐渐被填充、居住户数增加、密度加大的演进要求。

在《宣南鸿雪图志》中呈现的 20 世纪末 B 地块肌理中,填充部分沿铁树斜街(李铁锅斜街)方向所占比例明显加大,只有少数填充部分仍然顺应大外郎营—韩家潭街限定的南北朝向。在沿李铁锅斜街进深过大的地段,通过大体垂直于铁树斜街的通道连接里面的填充部分。而如果将没有明显通道辟出的部分理解为其整个进深为沿主要道路生长部分的话,《宣南鸿雪图志》中呈现的 B 地块沿铁树斜街生长部分最大进深在 37～45 m,与《乾隆京城全图》中所绘大体相同,这也从另一个侧面说明了此种建造方式在相对窄面宽下的适宜进深范围,在居住密度加大的前提下所受影响有限。而填充

部分主要方向的改变,应该与填充部分本身的可达性要求有关。

其他地块中,C 地块一方面《乾隆京城全图》中的很多空地得到填充,另一方面一些近现代以来形成的建造方式占据了较大一片;D 地块在 18 世纪中叶沿石头胡同生长部分进深较大,而沿陕西巷生长部分进深很小,而在 20 世纪末呈现出沿东西两侧胡同生长部分进深相似,大体均分的格局。

3.3 《乾隆京城全图》与《宣南鸿雪图志》中可对应的建筑及建筑群演变情况解析

《乾隆京城全图》中除宫殿、官署和庙宇外,其余建筑或建筑群一般不标注名称,而本文研究地段并无宫殿、官署建筑。所以《乾隆京城全图》与《宣南鸿雪图志》中标示位置一致,可资比较的建筑或建筑群主要是各类庙宇。在研究区域中,两图中明确标识且相对位置未变的庙宇共 6 处(图8),按庙宇的规模和所处的位置可分为三类:规模较大的多进院落式万佛寺是第一类,位于三岔路口锐角部分的五道庙和贵子庙(皈子庙)属于第二类,隐藏于街坊中规模较小的庙宇火神庙和准提庵是第三类。比较特殊的是玉极庵,在 18 世纪中叶是有一定规模的多进院落式建筑群,属于第一类;而在 20 世纪末却成为前后两进房屋且无厢房的简单院落布局,属于第三类。

万佛寺在《乾隆京城全图》中为三进院落,两侧有厢房和排屋围合。此特征在 20 世纪末仍然保持,

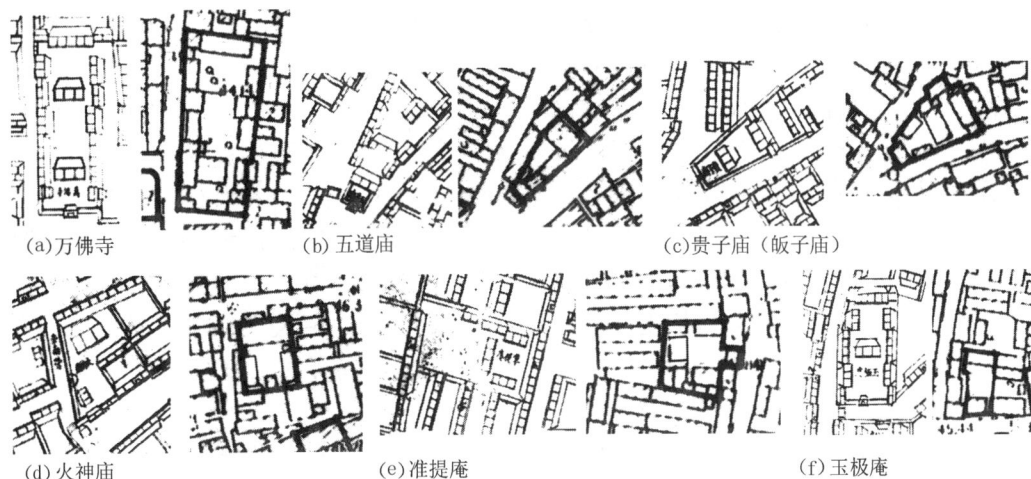

(a)万佛寺　　　　　(b)五道庙　　　　　(c)贵子庙(皈子庙)

(d)火神庙　　　　　(e)准提庵　　　　　(f)玉极庵

图8　《乾隆京城全图》与《宣南鸿雪图志》中五道庙附近街坊可对应的平面形态比较(各幅左均为 18 世纪中叶情况,图片来源:《乾隆京城全图》,右侧均为 20 世纪末的情况,图片来源:《宣南鸿雪图志》P82 地图)

---

① 这里的研究方法笔者在2016年《建筑师》发表的《吴地风土建筑的场地适应研究——以同里古镇漆字圩与洪字圩建造肌理为例》一文已有应用。

但中间两进佛殿已不与其他建筑相连接，保持一种独立的姿态。在《宣南鸿雪图志》中，因为沿陕西巷一侧厢房与排屋进深增大，而使中间两进佛殿与之连接，只有佛殿东侧可以贯通。20 世纪末已不完整的万佛殿入口在今天的卫星图上已基本不存在。

三岔路口的锐角部分在风水上被认为不宜居住，究其原因，不外乎这种一览无余的位置难以满足居住功能"藏风聚气"的私密性要求。虽然这种位置对商业活动是合适的，但一旦形成了禁忌，其影响是全面的。所以这种位置设置庙宇成为常见的现象。五道庙和贵子庙（瓪子庙）就是这样的例子。

五道庙是此地段的重要建筑。明万历年间王象乾《建玉帝殿碑记》记载："……价得（原五道庙）故址后地一段，创建殿宇，旁有耳房。前两楹设中门，外两楹建八圣殿，设正门。"[2] 可见明万历年间新建玉帝殿后，五道庙应为两进院落格局。《乾隆京城全图》中标识的五道庙，可有一进院落或两进院落两种解读方式，笔者认为从图中建筑格局来看，似以后者为是。

《宣南鸿雪图志》中五道庙前殿直接面对街口，与传统宗教建筑中前殿面向大门和前院不同，编者认为是明代以前郊野小庙的形制。但对照《乾隆京城全图》中五道庙前殿之前有大门和围墙围合的院落，笔者认为，20 世纪末五道庙的状态可能是近代以后在道路修扩过程中将前殿和大门拆除的结果。《宣南鸿雪图志》也记载了道路扩建削去前殿东面部分开间的信息。两层的后殿与《乾隆京城全图》不同，显然在 1750 年之后的某个时间节点重新翻建过。

但五道庙在 20 世纪末与 18 世纪中叶的一个重大区别是，街道的要素进一步侵蚀着五道庙的基本布局。在《乾隆京城全图》中，后殿两侧既可以解释为沿街的排屋，也可以解释为后殿前面院落的厢房，但毕竟以后殿的中轴为对称轴两侧布置。而《宣南鸿雪图志》中，可能由于李铁锅斜街的拓宽，五道庙现存院落被道路沿街的排屋侵蚀，院落的完整性受到影响，前殿东侧被不规则地削去一部分，后殿的东侧开间被沿李铁锅斜街的排屋遮挡，失去了视觉上的完整性。

虽然程度不同，但贵子庙（瓪子庙）受到街道空间形态侵蚀而失去完形性的过程与五道庙相似。在《乾隆京城全图》中，贵子庙与其东侧邻接的一系列场地的形状暗示着沿贵子庙北侧围墙曾有一条胡同的痕迹，只是这条胡同废弃不久，周边场地形状并未随之改变。但在《宣南鸿雪图志》中则可以看到贵子庙在的场地在 18 世纪中叶的方位及中轴线不变的条件下，一些辅助用房使用的场地向北有所扩张。但总体来说，贵子庙（瓪子庙）除了 18 世纪中叶的入口大门改建为门屋外，其余建筑即使重新修造，但格局变化很少，尤其是仍以围墙面向樱桃斜街为主，可见其两个半世纪的相对稳定状态。

第三类中准提庵属于规模和基本尺度变化不大者，但火神庙却收缩很大，在《乾隆京城全图》中是三面靠近街道的形态，但据形态推断东南隅可能原来亦属火神庙，后来发生变化。而在《宣南鸿雪图志》中，火神庙却仅占街坊的一个小小的角落。不过相对于场地的收缩，火神庙主体建筑位置和尺度却没有大的改变。《乾隆京城全图》里火神庙不规则的场地并未被充分利用，有效的宗教意识空间主要在大殿及其南面的院落，《宣南鸿雪图志》中在已经局促有限的场地中加建了两厢，充分发挥了京畿合院住宅建造方式在密度上的潜力。

玉极庵在《宣南鸿雪图志》中已经与原有完整场地中完整的两进院落，且每进均有正屋和厢房的比较完整的宗教建筑群大不相同，只存在临街的门屋和里面一进规模较小的大殿，场地面阔仅 10m 左右，并无容纳厢房的余地。虽不能确定现在的大殿是否与原有位置对应，但现在大殿的规模无法支撑起《乾隆京城全图》中示意的场地规模则是显而易见的。

综上所述，18 世纪中叶有记载且一直延续至 20 世纪末的各类庙宇建筑，总体看来最稳定的部分是作为其主体，并相对独立于街道等城市要素而存在的核心建筑，如大殿等，而场地的形状和边界则是相对容易改变的要素，且随着街坊密度的增加，沿街道的排屋建造往往会在很大程度上侵蚀原有宗教空间，有时会使主要的院落失去完形的特征。

4 结 论

南城五道庙周边街坊代表着传统北京不同于内城典型胡同肌理的另一种建筑肌理：自发性很强的不规则道路系统，排屋院和长排屋等小规模家庭和客居者为主的居住形态。这与严整规划并在一定程度上为核心院落布局方式"量身定做"的内城典型胡同肌理形成了鲜明对比。另外,比较18世纪中叶《乾隆京城全图》和20世纪末《宣南鸿雪图志》对此地段的记录,可以看出其建筑肌理有以下演变规律:

首先,南城五道庙周边街坊自发形成的路网虽不规则,但其成因却有规律可循。路网环绕的街坊本身仍然遵循着与其布局方式相适应的基本尺度。在此地段道路系统中起到骨干作用的樱桃斜街、李铁锅斜街与北京城市发展过程中连接原金中都区域和元大都、明清北京内城区域的交通路线有关,其余街道、胡同虽是在这两条斜街和其他地段的道路系统互相作用下自发形成,但街坊平均进深在40~85 m,与内城典型胡同肌理的街坊进深61~75 m相比,虽然其街坊不规则的原因使波动范围扩大了很多,但平均进深数值基本一致。

其次,两个半世纪中,南城五道庙周边街坊建筑肌理的变化方式可以概括为加密和填充两类。前者表现在排屋院加建厢房,成为准核心院落,以及沿街面阔的进一步细分;后者表现在街坊内部的进一步填充,这在某些实例中可能意味着填充部分主要朝向和建筑肌理的改变。

最后,《乾隆京城全图》与《宣南鸿雪图志》共有6处位置与名称均吻合的中小型庙宇建筑群,这些庙宇建筑群有规模或大或小、位置或突出或隐蔽的区别。两图对比,可以看出两个半世纪中这些庙宇的总体变化情况:一方面用地普遍有所收缩,建筑密度也有所增大,另一方面主要建筑所处位置大都没有明显改变。

参考文献:

[1] 乾隆京城全图[M].北平:"兴亚院华北联络处政务局"调查所,1940.

[2] 王世仁.北京市宣武区建设管理委员会,北京市古代建筑研究所.宣南鸿雪图志[M].北京:中国建筑工业出版社,1997(2002).

[3] 李菁,王贵祥.清代北京城内的胡同与合院式住宅:对《加摹乾隆京城全图》中"六排三"与"八排十"的研究[J].世界建筑导报,2006(7):6-11.

[4] 李菁.《乾隆京城全图》中合院建筑模式研究[C]//王贵祥,贺从容.中国建筑史论汇刊:第3辑.北京:中国建筑工业出版社,2010,317-346.

[5] 王鲁民,宋鸣笛.合院住宅在北京的使用与流布:从乾隆《京城全图》说起[J].南方建筑,2012(4):80-84.

[6] 侯仁之,岳升阳,主编.北京宣南历史地图集[M].北京:学苑出版社,2008.

[7] 刘涤宇.吴地风土建筑的场地适应研究——以同里古镇漆字圩与洪字圩建造肌理为例[J].建筑师,2016(1):84-94.

秦汉时期民居之厕原型考
——建筑考古与出土文献结合的探索

A Research of Prototype of Toilet in the Dwellings in Qin and Han Dynasties
—Exploration of the Combination of Architectural Archaeology and Unearthed Documents

谢伟斌[①] 柳 肃[②]

Xie Weibin Liu Su

【摘要】秦汉时期是中国第一次建筑高峰期,厕在此时基本定型,延续后世。文章结合建筑考古材料与出土文献,以秦汉时期民居之厕为研究对象,对其建筑原型进行考辨。根据建筑特点和与农业结合的方式,将其分为"圂厕""屏圂"及"屏厕",随后分析了其建筑构造与后世的传承关系,以期为之后的建筑史研究提供新思路。

【关键词】秦汉时期 厕 民居 建筑原型

　　秦汉时期是中国第一次建筑高峰期,建筑技术、建筑材料和建筑理念迅速发展,推动了当时的整个社会的建筑建设。厕作为建筑中必不可少的一部分,在此时基本定型,其建筑内涵逐渐丰富,形式也日趋完善。尤其是民居之厕,与农业生产结合紧密,对后世的民居之厕有着深远的影响。然而,由于地面建筑所剩无几,若要研究秦汉时期的厕,只能通过建筑考古和文献记录。

　　建筑考古,即以考古发掘的建筑遗迹、遗物为基础,结合文献材料,对各历史时期建筑的复原研究[1]。自20世纪70年代提出之后,建筑考古不断发展,它已成为建筑史学研究的重要方法之一。值得注意的是,在建筑考古的文献研究中,除传世文献之外,出土文献的重要性也不可忽略。出土文献,指考古发掘的文字材料,一方面可与传世文献对照,以辨谬误,另一方面,补充了传世文献的缺漏。目前,建筑类的传世文献凤毛麟角,而出土文献方兴未艾。倘若能将出土文献与建筑考古结合,无疑将进一步推动建筑史研究的发展。

　　因此,本文尝试结合建筑考古与出土文献,以秦汉时期民居之厕为研究对象,考辨其建筑原型,以期更好的认知秦汉时期民居之厕与后世民居之厕的传承关系,并为建筑史研究提供新的思路。

1 厕之定名

　　目前出土的建筑明器较多,涉及了社会生活的各个方面,因此研究民居之厕,应先从建筑明器入手。河南淮阳出土西汉三进陶院落堪称汉代民居明器的典型(图1、图2),除完整的三进院落外,西侧还附有农田。整个建筑院落可分为三个部分,包括前院、主院和后院:入口大门、二门间的前院为马厩,中有饮马槽;主院西南角、东南角有角楼,西侧为仓楼,储存粮食之用。北侧为堂屋,朝南面向庭院,为两层重檐四阿顶,西面有厕,二层设便池,中有一孔,通向下层储粪;后院为生活辅助用房,猪圈位于最东侧,其旁有厕,便池中粪便排向猪圈。中部为厨房,紧靠猪圈。西侧为用人住房,内有一厕,供用人大小解之用[2]。

　　首先,在整个院落中出现了厕的三种建筑形式,各有特点,其名为何?

　　《广雅·释宫》:"圂、圂、屏,厕也"[③],文中所指的圂、屏就代表不同特点的厕。其中圂本义指猪圈,《说文解字系传》:圂,厕也。从口,象豕在其口

---

① 湖南大学建筑学院,硕士研究生。
② 湖南大学建筑学院,教授。
③ [清]王念孙.广雅疏证[M].北京:中华书局,1983:217.

图1　睢阳县于庄1号墓出土陶院落
（图片来源：《河南出土汉代建筑明器》）

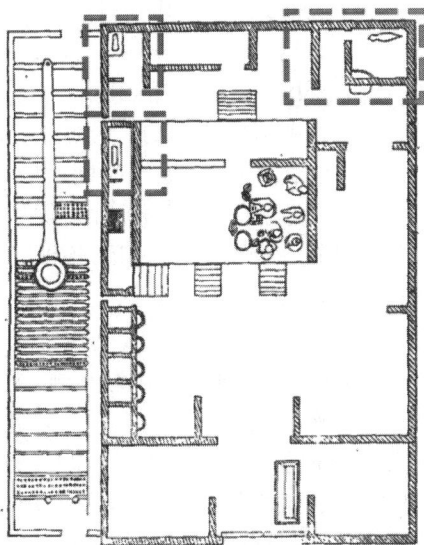

图2　睢阳县于庄1号墓陶院落平面图
（图片来源：作者改绘）

中也。会意。臣锴曰："豕食不洁也"①，而人们习惯将排泄物放入猪圈一同清理，因此，圂后来指带猪圈的厕。屏通屏，屏主要为分隔、屏障之用，《说文解字·尸部》："屏，屏蔽也。从尸并声"②，是用来分隔内外空间的，实际屏指有屏障之厕。

根据其特点，可定其名。睡虎地秦简《日书·为圂篇》："圂忌日：己丑为圂厕，长死之；以癸丑，少者死之。其吉日：戊寅、戊辰、戊戌、戊申。凡癸为屏圂，必富"③，明确出现了"圂厕""屏圂"两种厕所名称，倘若二者代表相同的厕所类型，一则说癸

丑为"圂厕"是凶日，一则却说癸为"屏圂"是吉日。刘乐贤曾指出："癸"后缺地支，参照前文，这里应该也就是"癸丑"日的漏抄，则简文记载自相矛盾。因此，二者虽均指厕，但代表的厕所类型应不相同，才会出现不同的吉凶日。

结合前文来看，"圂厕"以"圂"的特点为主，强调养猪的功能，应当指人厕与猪圈为上下并置，两者合为一体的厕。"屏圂"则结合了"屏"和"圂"的特点，为有屏障之厕与猪圈的结合，其建筑形象为人厕与猪圈左右并置，厕前有实墙为屏，以保证人的私密安全。此外，由"屏圂"还引申出"屏厕"，以"屏"为主要特点。《战国策·燕策二》："今宋王射天笞地，铸诸侯之象，使侍屏匽"④，宋王无道，铸造诸侯的塑像，侍候在厕边，此种失礼的做法引起诸侯的讨伐，而文中所指的"屏匽"应当就是指的"屏厕"，即前有屏障单独设置的厕，强调私密性的保护[3]-[5]。

因此，将民居之厕分为三种建筑原型：①圂厕：与猪圈上下并置的厕；②屏圂：与猪圈左右并置的厕；③屏厕：单独设置的厕。对应明器中的堂屋二层之厕为圂厕，后院东侧为屏圂，用人所用为屏厕。这三种建筑原型基本涵盖了汉代出土明器中厕的建筑类型，并且后世一直沿用，只是发展完善程度不同。

2　厕之功用

其次，三种不同类型的厕，功能为何？与其建筑形式有何关系？

实际上，这与当时的社会背景密不可分。秦汉之际战争频繁，天下疲敝，民不聊生：《史记·平准书》："汉兴，接秦之弊，丈夫从军旅，老弱转粮饷，作业剧而财匮，自天子不能具钧驷，而将相或乘牛车，齐民无藏盖。……而不轨逐利之民，蓄积馀业以稽市物，物踊腾粜，米至石万钱，马一匹则百金。"⑤汉朝初兴之际，人口锐减，物资匮乏，皇帝出行都找不到四匹同色的马；商人囤积居奇，导致物价飞涨，一石米竟贵至万钱。因此，恢复农业生产力成为当务之急。而民居建筑往往与农业生产生活结合，出现

① [南唐]徐锴.说文解字系传[M].北京：中华书局，1998：125.
② [南唐]徐锴.说文解字系传[M].北京：中华书局，1998：187.
③ 睡虎地秦墓竹简整理小组.睡虎地秦墓竹简[M].北京：文物出版社，1990：248.
④ [汉]刘向集录.战国策[M].上海：上海古籍出版社，1998：1114.
⑤ [汉]司马迁.史记[M].北京：中华书局，1982：1417。

了厕、井、仓等相关的农业建筑,故民居之厕除满足大小解功能之外,还须适应农业生产需要:

一是收集土壤肥料:厕的基本功能是作为人大小解的场所,因此会留下粪便需要处理,而粪便实际上是非常珍贵的农业资料。《氾胜之书》中就提出利用动物的粪便和植物腐烂后的绿肥来改善土壤的土质,"凡耕之本,在于趣时和土。务粪泽,早锄获春冻解,地气始通土,一和。……春气未通,则土历适不保泽,终岁不宜稼,非粪不解,慎无旱耕,须草生至可种时,有雨即种。土相亲,苗独生,草秽烂,皆成良田,此一耕而当五也"①,施肥不仅可以维持土壤的生产力,甚至可将一些不适宜种植的土地改造成良田。增加耕地面积在当时意义非凡,也因此堆肥成为重要的农业生产手段,厕也就成为土壤肥料的重要来源之一,厕中往往有集中收集粪便的设计。

二是饲养家猪:猪、牛、羊在当时都是财富的象征,普遍用于祭祀、食用。《国语·楚语》:"天子举以大牢、祀以会。诸侯举以特牛、祀以太牢。卿举以少牢、祀以特牛。大夫举以特牲、祀以少牢。"②猪肉等级低,多百姓食用,同时饲养猪的效益好,《盐铁论·散不足》:"夫一豕之肉,得中年之收"③,因此猪饲养最普遍。但是猪饲料却有着限制,《张家山汉简·二年律令》:"马、牛、羊、谷彘食人稼穑,罚主金马、牛各一两,四谷彘若十羊、彘当一牛,而令折稼偿主"④,甚至严令禁止用粮食饲养家畜。那猪用什么来饲呢? 实际上,之前人们多用粪便作为猪的饲料或者辅助饲料。因此为了卫生和方便,民居建筑中多将猪圈和厕所合并一处。

3 厕之构造

最后,这三种不同形式的厕的构造为何? 有何异同?

值得注意的是,秦汉时期的建筑技术已取得了较大的发展,其一夯土与木结构普遍运用于建筑之中:夯土多用于建筑台基与版筑墙体,木结构则成为主要的承重体系,有干阑式、井干式、抬梁式等木结构体系。建筑不断往高处发展,大量的高台建筑、楼阁建筑涌现;其次是建筑材料的进步:秦汉时

期的瓦砖烧制更为成熟,板瓦、筒瓦、空心砖、楔形砖、榫卯砖不一而足。此外,建筑的排水组织设计也相当完善,大到城市小至陵墓,排水除污均有条不紊。这些建筑技术也充分运用在厕的构造之中,并且推动了厕的逐步发展与完善。

3.1 囷厕

出土的厕所明器中,囷厕最为常见,虽造型各异、形象丰富,但其构造原理基本相同:建于平地,下部为猪圈,用矮墙围合,内有食槽。猪圈内一隅用柱架空,上方筑有厕房,类似于干阑式建筑。厕房四面用夯土墙围合,有的开有小窗。建筑造型多为庑殿顶或悬山顶,其上铺有瓦片,板瓦或筒瓦均有出现。一侧有门供出入,其外设有坡道或者楼梯,连接室外。厕内部为便坑,便坑无底,排泄物直接通过便坑落入下方猪圈之中(图3)。平面形式上,猪圈与厕房主要分为方形与圆形,或其组合,造型变化丰富多样(图4)。发展至汉朝后期,出土明器中还出现了男女厕所,厕房分两间,便坑均落向猪圈,部分猪圈的垣墙还设有坡顶,说明此时囷厕的发展已经基本完善。

囷厕构造简单,搭建速度快,基本上只需建一间厕房即可满足需求。此次,其为旱厕,无须清理厕房内部,排泄物均在下方猪圈之中。因此使用范围也最广,至今还保留在部分民居当中,如西藏碉楼,厕所悬挑于建筑之外,但是便坑无底部,直接落入室外猪圈中。但是此种厕所存在安全性的问题,同时排泄物直接裸露在外,其异味会影响居住环境,受到地域限制,尤其是温暖潮湿的南方地区。

3.2 屏圂

屏圂在明器中出土较少,但却是现存民居中较为常见的类型,南北方均有分布。在河南南阳出土的猪圈厕所明器中,厕与猪圈左右并置,共用一个屋顶,顶部开有天窗(图5),厕前为实墙,保护隐私,猪圈前为格栅,方便饲养。屏圂与囷厕相比,不仅仅是厕房位置的差别,更是构造技术的进步:便坑不再悬空,其下往往设置有坡道,便于排泄物滑落。此外,猪圈略微下挖,类似半地穴式建筑,便坑内往往有暗槽,利用高差将秽物排向猪圈,排水除污组织严密,更加卫生安全。

---

① [汉]氾胜之.氾胜之书 [M].清光绪九年(1883)长沙郎环馆刻本。
② 上海师范大学古籍整理组校点.国语[M].上海:上海古籍出版社,1978:533。
③ 王利器校注.盐铁论校注 [M].北京:中华书局,1992:351。
④ 张家山二四七号汉墓整理小组.张家山汉墓竹简[二四七号墓][M].北京:文物出版社,2006:43。

图3　圂厕（河南汤阴县，东汉中晚期）
（图片来源：《河南出土汉代建筑明器》）

图4　圂厕（河南灵宝市，东汉中晚期）
（图片来源：《河南出土汉代建筑明器》）

图5　屏圂（河南南阳市，东汉早中期）
（图片来源：《河南出土汉代建筑明器》）

辽阳三道壕西汉村落遗址中发现有了六处民居遗址，其中第三、四居住址中，均发现一洼坑内有由木柱围合成的畜圈，其后有土沟，窄而深。考古发现二者地面表层均有粪便和朽土，推测应分别为当时的猪圈与厕所[6]。而第五居住址中发现的畜圈与土

沟直接相连，结构类似于前文所提的屏圂，因此可以推测秦汉时期，屏厕此种类型亦运用于建筑之中，是在圂厕基础上的改善与进步，当时使用范围较小，但在后世发展中逐步取代了圂厕，成为最普遍的厕所形式。

3.3　屏厕

屏厕与前两种厕所相比，最大特点是独立于猪圈存在。因此，屏厕更加注重建筑私密性与使用舒适性，男女有别，将厕圂分离的原则贯彻于其设计之中。屏厕便坑底部不仅为斜坡，并且铺有青石板砖，方便清洁便坑，也更为讲究。此外，厕前设计有粪池，与屏厕相连以收容排泄物，卫生程度较前两种更好。

西安南郊缪家寨发掘了汉代厕所遗址，整个遗址主体为方形地穴。地穴四壁均用板瓦垒砌，紧贴壁侧还铺有方砖、榫卯砖。东壁与南壁均有斜坡坑槽通向地穴，坡槽底部以条形青砖铺砌，后端向下通至地穴，坡槽上方两侧有板瓦踏足。考古工作者认为，地穴应当为堆粪池，坡槽应当为便槽，东壁与南壁分别为男女之厕。[7]（图6）河南内黄三杨庄汉代第四处庭院建筑遗址中亦发现厕所遗址，位于院落后侧，靠近田垄。整体较为简单，仅有便坑，周围无畜圈遗迹，其后发现一方形坑[8]，结合前文来看，实际上很有可能正是粪池。

图6　西安南郊缪家寨汉代厕所堆粪池遗址
（图片来源：焦南峰.西安南郊缪家寨汉代厕所遗址
发掘简报[J].考古与文物，2007（2）：15-20）

4　小　结

通过建筑考古与出土文献的考辨，将秦汉时期民居之厕的建筑原型分为圂厕、屏圂以及屏厕三类。其中圂厕是秦汉时期最为普遍的厕所类型，在某种程度上受到了当时高台建筑与楼阁建筑的影

响,追求向高处发展,底部多用木柱架空,为干阑式建筑。(图7)与此同时,屏圂也开始出现,改厕房猪圈上下为左右布局,并运用了排水除污的技术,较圂厕更为安全卫生,虽在当时不如圂厕普遍,但最后成为后世民居中厕的主要形式。此外,与猪圈分离的屏厕出现,大量先进的材料如青瓦、楔形砖、青砖等运用其中,相比前两种形式而言,不仅建筑技术水平提高,同时更加注重人的私密性和卫生。在后世建筑中运用最为广泛,并且等级越高的建筑,卫生程度与装饰水平越高,舒适性越好。

图7 江苏铜山汉画象石楼房
(图片来源:《中国古代建筑技术史》)

从圂厕到屏圂再到屏厕的发展,最直接的原因是建筑技术的进步,但更深层次的原因是农业、饲养以及卫生的发展:秦汉时期是农业发展的一次高峰,土地与牲畜这类生产生活要素成为当时财富的象征。粪便不仅能改善土壤土质,提高作物产量,而且还可作为猪的辅助饲料,是十分珍贵的农业产品。厕作为集合收集粪便、养猪功能的建筑,故而得以迅速发展推广。至汉武帝时期,农业发展达到了一个高潮:"汉兴七十年之间,国家无事,非遇水

旱之灾,民则人给家足,都鄙廪庾皆满,而府库馀货财。京师之钱累巨万,贯朽而不可校。太仓之粟陈陈相因,充溢露积於外,至腐败不可食。"①国库里面粮食都多到腐败而食不尽,人口几乎翻番。人多地少的矛盾又反过来推进农业生产的进步,导致相关的农业建筑如厕进一步发展完善。与此同时,社会的繁荣也提高了人们对建筑卫生和私密性的要求[9-10],开始将人厕与猪圈分离,最终产生了厕的三种建筑原型。

参考文献:

[1] 杨鸿勋. 略论建筑考古学[J]. 文物春秋,1995(4):31-32.

[2] 庞守忠. 浅谈淮阳出土的汉代三进院落[J]. 剑南文学,2010(7):244-244.

[3] 王作新. 圂、清、屏、偃——厕所名义及其文化内涵[J]. 语文建设,1991(9):48-49.

[4] 龚良. "圂"考释——兼论汉代的积肥与施肥[J]. 中国农史,1995(1):90-95.

[5] 齐心. 厕所名称民俗语源小考[J]. 文化学刊,2006(2):101-104.

[6] 李文信. 辽阳三道壕西汉村落遗址[J]. 考古学报,1957(3):119-125.

[7] 焦南峰. 西安南郊缪家寨汉代厕所遗址发掘简报[J]. 考古与文物,2007(2):15-20.

[8] 刘海旺,朱汝生. 河南内黄三杨庄发掘多处西汉庭院民居[N]. 中国文物报,2007-01-13(2).

[9] 李秀梅. 浅谈汉代厕所结构布局的发展[C] // 北京联合大学文化遗产保护协会. 文化遗产与公众考古(第二辑). 北京:北京联合大学文化遗产保护协会,2016:83-93.

[10] 彭卫. 秦汉时期厕所及相关的卫生设施[J]. 寻根,1999(2):18-21.

---

① [汉]司马迁. 史记 [M].北京:中华书局,1982:1420。

天水传统民居"斜梁-夯土墙"结构初探[*]

"Inclined Beam & Rammed Earth Wall" Structure in Tianshui Vernacular House

张学伟[①]

Zhang Xuewei

【摘要】斜梁构件古已有之,却较早消隐于成熟的抬梁体系之中,天水传统民居中的"斜梁-夯土墙"结构作为其中少数实例沿用至今。本文在技术研究的基础上,将其与国内现存部分斜梁做法在建构逻辑、形制表达层面上进行对比,以期予之以恰当的评述与定位。

【关键词】天水传统民居　"斜梁-夯土墙"　技术研究　建构逻辑与形制表达　对比

1　天水"斜梁"

天水素称"陇上江南",其特殊的自然、人文环境赋予了当地民居以雄秀之风[1]。通过调研发现其多采用土木混合结构,且喜用单坡屋顶,木构部分则普遍采用抬梁或斜梁做法,即将梁身两端斜置于柱顶、墙头,沿其上皮横布圆橼并铺设瓦件,多见于厢房、倒座(图1)。这种结构形式在天水周边区域并不少见,甚至存在四面皆环筑夯土墙以承斜梁屋架的极端情况[2]。但在天水民居中,也有着在前述做法基础上继续改良(如在前檐部分引入枓栱),从而使之具备与抬梁式建筑相似的等级意味的实践(以下简称斜-夯结构,图2)。斜-夯结构相较于抬梁结构省去了横梁与檩条,在以土木为主要建材的古代中国彰显了"节用"的营造传统。

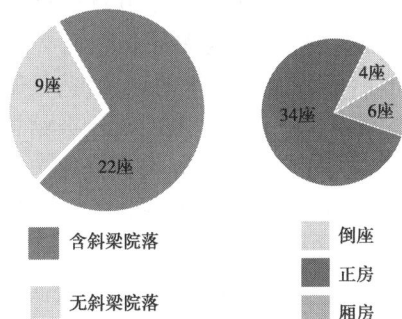

图1　"斜梁"数量分布示意图

（图片来源：自绘）

2　中国传统营造活动中的节用观

所谓"节用"并不意味着毫无底线的节省,而是一种将生存需要与礼制要求相妥协的道德标准[3],正如刘向《说苑》所载"孔子曰:'中人之情,有余则侈,不足则俭,无禁则淫,无度则失,纵欲则败。饮食

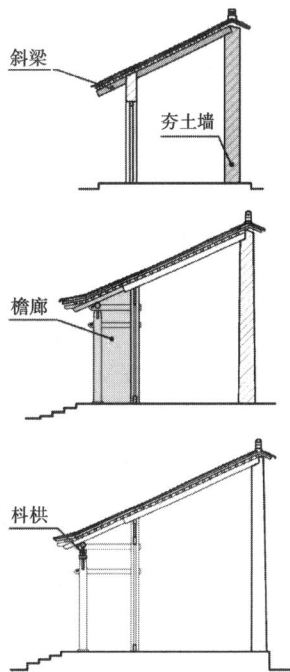

图2　天水民居发展简图

（图片来源：自绘）

---

* "十三五"国家重点研发计划——"基于多元文化的西部地域绿色建筑模式与技术体系",2017YFC0702405。
① 西安建筑科技大学,在读硕士研究生。

有量,衣服有节,宫室有度,畜聚有数,车器有限,以防乱之源也'"①。北宋的退材制度更是这一思想在建筑实践层面的集中体现,如将作监下设"退材场"的任务即是"受京城内外退弃材木,抢其长短有差;其曲直中度者以给营造,余备薪爨"②。而天水传统民居中省去横梁、檩条的斜-夯结构不啻为这一理念的突出体现。

3 关于斜-夯结构"节用"特征的对比研究

相较于抬梁结构,斜-夯结构的"节用"是否仅仅停留在直观的用料层面?此外,该理念是否能够以量化的方式加以印证?本文在调研对象中选取了斜夯、抬梁结构建筑各三例,在"屋面设计""大木构件与节点工艺"与"大木材积"三个层面进行对比分析(表1—表3)。

表1 院落平面形制数据汇总(表格来源:自绘)

院落形制		数量/座	备注
一进	AAA	4	"院落形制"一栏内容为表示该院中建筑单体采用的结构形式,其中A代表抬梁结构,B代表斜夯结构,顺序依次为倒座、两厢、正房,如"AAB"意为该院中倒座、两厢结构为抬梁结构而正房为斜夯结构。
	ABA	6	
	BAA	2	
	BBA	5	
	BBB	5	
二进	ABABA	4	"ABABA"意为该院中倒座、过厅、正房为抬梁结构,两厢结构均为斜夯结构。
	AAAAA	5	

表2 建筑平面形制数据汇总(表格来源:自绘)

	倒座		厢房		正房	
	抬梁结构	斜夯结构	抬梁结构	斜夯结构	抬梁结构	斜夯结构
面一进一	0	0	2	0	0	0
面三进一	3	2	2	2	5	0
面三进二	5	3	6	4	11	4
面三进三	0	0	0	0	0	0
面四进一	0	1	1	3	0	0
面四进二	1	0	1	1	1	0
面四进三	1	0	0	0	0	0
面五进一	0	0	0	0	3	0
面五进二	3	1	4	1	1	0
面五进三	1	0	0	0	0	0
面五进四	2	2	0	0	0	0
备注	以"面一进一"为例,意为该建筑平面形制为面阔一间,进深一间。					

表3 选取样本建筑信息汇总(表格来源:自绘)

		结构类型	面阔/m	通面阔/m	进深/m	通进深/m
倒座	三星巷25号院	抬梁式	3	8.65	2	4.79
	三星巷35号院	斜-夯式	3	8.88	2	4.57
厢房	三星巷71号院	抬梁式	3	8.19	2	5.94
	飞将巷33号院	斜-夯式	3	8.71	2	5.85
正房	澄源巷92号院	抬梁式	3	8.7	2	5.00
	飞将巷31号院	斜-夯式	3	8.74	2	4.98

3.1 "屋面设计方法"层面

本文对两种结构体系在设计层面的比较聚焦于屋面坡度的形成机制。抬梁结构无须赘言,举折与举架做法均采取了"积直为折、以折为曲"的思路。相比之下,斜-夯结构斜置梁身以形成屋面坡度的方式则显得更为直接。现以院落中等级较高、进深较大的倒座建筑为样本,对两种结构形式就屋面设计展开对比。由附表1可知,后者较前者在设计步骤上减少了一半有余,从而确保了设计环节的极度简化,更为简明、直接,进而节省人力。

此外,斜-夯结构所形成的屋面并非"一直到底"。一方面,当进深较大时,多段斜梁前后接续并形成折角;另一方面,梁头外侧常固定类似仔角梁的构件,以保证檐口部分向上反曲,符合中国建筑传统(图3)。

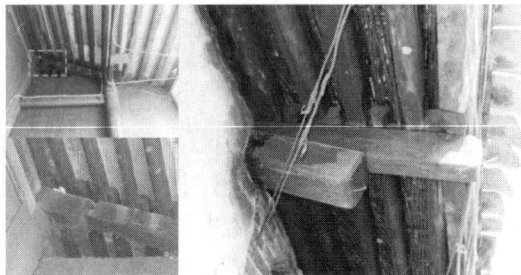

图3 斜梁节点
(图片来源:自摄)

3.2 "大木构件种类与节点加工"层面

传统营造实践中,各种结构构件的设计、制作与搭接是耗费人力、物力的主要环节。现以院落中等级最高、工艺最为复杂的正房建筑为样本,针对两种结构就层面进行对比探讨(附表2、附表3)。由表可知,斜-夯结构在构件与节点的种类和数量上均少于抬梁结构,数量尤甚。然而必须强调的是,相较于抬梁结构多使用的燕尾榫、柱脚半榫等形式精巧,较费人工的复杂榫卯,斜-夯结构则不用或少用。总之,杆件绝对数量及其交接节点的双重减少势必导致斜-夯结构的构件制备大幅简化。

3.3 "大木材积"层面

毋庸置疑,土木营造活动始终无法回避林木资源获取和使用效率保障的基本命题。从《营造法式》所记载的"就材充用"③可知,至少到宋代,筹建

---

① [汉]刘向. 说苑[M]. 王锳,王天海,译注. 贵阳:贵州人民出版社,1992:743。
② [元]脱脱,等. 宋史:卷一百六十五[M]. 北京:中华书局,1997:3919。
③ [宋]李诚. 营造法式:卷十二[M]. 邹其昌,校注. 北京:人民出版社,2011:95。

大型工程时已感大料紧缺,而建造民居时更受经济因素的制约。一般民居建筑大木原材多为松、杨,相比高度,其直径增长较慢。所谓"十年树木",此间流露出的不易除了针对"参天",更多的却是关于"合抱"。为了满足空间需求并节约造价,天水工匠依托当地的土木混合结构与夯土墙承重传统,逐渐摒弃了抬梁结构的惯性思维,最终发展出基于斜梁、夯土墙承重的本土化的适宜性做法。虽是如此,仍需通过进一步的定量计算以判定该结构体系节材多寡。以院落中等级最低、用材最少的厢房建筑为样本。

由附表2、附表3可知,斜-夯结构在构件与节点的种类和数量上均少于抬梁结构,数量尤甚。且前者并未用到大材,却以小材实现了与后者具有相近等级形制、满足相同功能面积的厢房建筑。中国木构建筑在建造之前有备料环节,备料则需考虑"加荒",即所备毛料要比实际尺寸略大,以备加工[4]。因此,结合前节可知,相比大木构件类型复杂且数量众多的抬梁结构,斜-夯结构在经济与生态层面具有明显的优越性。

4 天水斜-夯结构的评价与定位

斜梁构件及其衍生的一系列做法古已有之,然而因其较早地消隐于成熟的抬梁体系之中,仅通过叉手、斜昂等线索得到间接反映,加之实例的匮乏,令其脉络的勾勒、类别的梳理与谱系的厘定变得困难,亦鲜见系统的研究成果。本文尝试从建构逻辑与形制表达两个方面对现存部分案例加以分析,以期对天水民居斜-夯做法有更清晰的认识与理解。

4.1 结构体系层面

4.1.1 西南地区的穿斗式民居变体

穿斗式构架的本质特征在于柱、檩直交与遍插川枋而导致的按榀立架的建造方式。如此观之,上述西南民居[5-8]的建筑结构形式虽不尽相同,但整体传力逻辑大同小异(图4):屋顶荷载通过落地柱直接传至地面,或经由瓜柱传至横向柱脚串上,再通过落地柱间接传至地面,或插在横梁之上,通过梁下柱子传至地面,完成受力过程。更为重要的是,此间斜梁所扮演的是一种次生的补强角色,但同时也阻隔了柱、檩的直接联系,使得檩条无法有效阻止相邻榀架间的扭闪变形,屋面(檩条及其以上部分)与屋架亦受斜梁阻断而相互分离。因此,在加强单元榀架的同时,某种程度上却牺牲了构架的整体稳定性。总之,该类结构受穿斗影响较大。

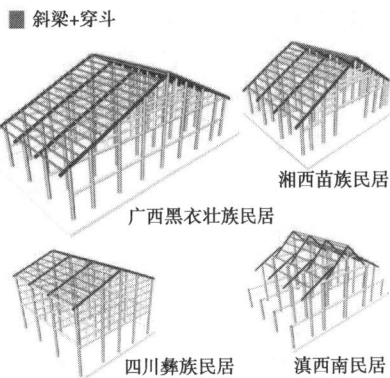

图4 西南民居结构简图
(图片来源:自绘)

4.1.2 苏北、豫南等地的抬梁式变体

苏北民居中的"金字梁"[9]体现了抬梁式与斜梁式两种构架类型在融合之初的某种凝固的历史图景,与汉代画像砖石及墓祠中的建筑形象正相一致。在这一阶段,斜梁尚未退化为逐段分解使用的叉手,而是与层层叠置的梁栿分别传递着部分屋面荷载。幸运的是,这种短暂存在的过渡期做法融入了楚汉文化发祥地之一的徐海地区的工匠传统,又因其人口构成的相对稳定(历史上更多的属于人口迁出区),在民居营建中被"冷冻"保存至今。需要指出的是,"金字梁"中的某些特例在过往研究中被视作"变体",如"省去了小横梁与上、下童柱"的赣榆县黑林镇大树村刘少奇故居。实际上,这种变体在省去短柱、叠梁的同时也发生质变,类似于三角弦架。此时其"底梁"不再受剪,而演变为单纯受到轴向拉力的杆件。由此可见,两者当非出自同源。与"金字梁"类似的还有豫南山地民居中的"八字架"传统做法[10][11],本文不再赘述(图5)。

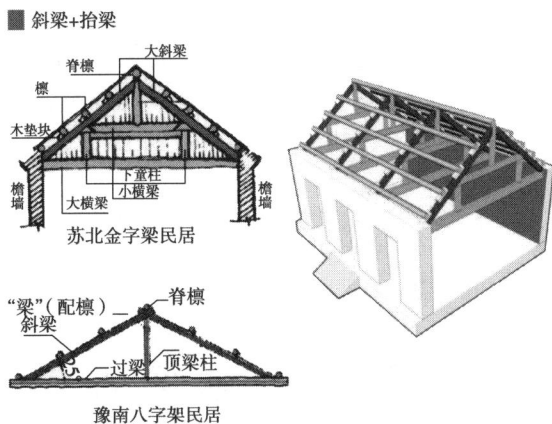

图5 苏北、豫南民居结构简图
(图片来源:自绘)

4.2 形制表达层面

孕育天水斜-夯结构的关中文化素重宗法,在建筑层面则集中体现于单体间的等级关系,而抬梁式建筑所拥有的一套经典形制要素无疑对前者产生了重要影响:首先,后者开敞的前廊使得斜-夯结构脱离了四面环筑土墙的格局,提升了建筑品质;随后又在柱头处引入斗拱,使得建筑立面更为丰富。在二者的共同作用下,斜-夯结构得以满足更为多样的建筑形制要求而不再囿于牲圈、棚屋(图6)。另一方面,在外来形制要素同结构本体的糅合过程中不但在檐廊部分出现梁、枋等次生构件,加大了单体大木材积,柱列层次也从原有单一的檐柱增加为檐柱、金柱,使得进深加大。原有斜梁难以实现如此跨度,则必然导致其两段甚至多段的接续,而这无疑弱化了该构件的纯粹性。

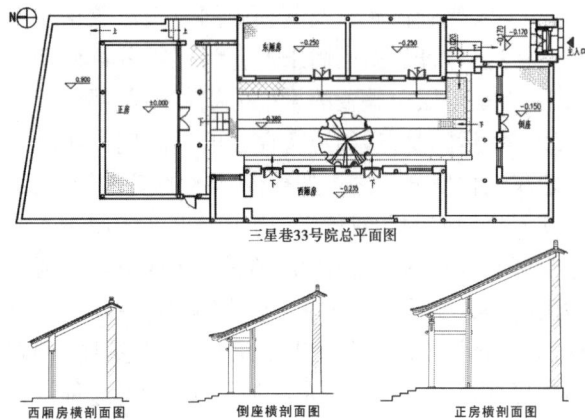

三星巷33号院总平面图

西厢房横剖面图　　倒座横剖面图　　正房横剖面图

图6　三星巷33号院

(图片来源:自绘)

5　结　语

天水传统民居中的"斜梁-夯土墙"结构作为国内少数至今沿用的斜梁实例,从一种简单、粗陋的权宜做法,逐步成长为规范、严整的结构体系,这不仅是当地人居智慧的结晶,更是中华民族建筑文化的无尽宝藏。

附表1　"屋面设计"层面对比(表格来源:自绘)

"屋面设计"层面对比		
	三星巷25号院-倒座	三星巷35号院-倒座
院落区位示意		

续表

"屋面设计"层面对比		
	三星巷25号院-倒座	三星巷35号院-倒座
单体建筑信息		
屋面坡度形成步骤	a.确定通进深4.60 m与檐步1.14 m; b.确定金步2.28 m与脊步1.18 m; c.下金檩为五举,举高为檐步的0.5倍,0.59 m; d.上金檩为七举,举高为金步的0.7倍,1.60 m; e.脊檩为九举,举高为脊步的0.9倍,1.04 m	a."以地为布",确定通进深5.8 m并置相应梁材于地面,定其斜率。 b.确定檐柱高度,依斜率求取后墙所需高度
	总计5步	总计2步

附表2　大木构件与节点工艺层面对比(一)

(表格来源:自绘)

"大木构件与节点工艺"层面对比(一)			
		三星巷71号院	飞将巷33号院
院落区位示意			
单体建筑信息			
大木构件类型与数量	柱	前檐柱	4	4
		金柱	4	5
		瓜柱	4	/
		后檐柱	4	/
	梁	抱头梁	4	/
		三架梁	4	/
		二架梁	4	/
		斜梁	/	4
		"飞梁"	/	4
	檩	檐檩	3	3
		上金檩	3	/
		上金檩	3	/
		脊檩	3	/
	枋	额枋	3	3
		下金枋	3	3
		上金枋	3	
		脊枋	3	/
		穿插枋	4	4
		平板枋	3	3

续表

"大木构件与节点工艺"层面对比（一）

			三星巷71号院	飞将巷33号院
大木构件类型与数量	椽	飞椽	41	/
		檐椽	41	/
		花架椽	41	/
		脑椽	41	/
		横椽	/	87
	总量	类型	21	10
		数量	223	120
大木构件节点分布			（图：燕尾榫、柱脚半榫、桁椀、压掌榫、半榫、斗拱、木销、透榫）	（图：燕尾榫、桁椀、榫卯、慢头榫、燕尾榫、半榫、斗拱、木销、椽椀、透榫）

附表3　大木构件与节点工艺层面对比（二）
（表格来源：自绘）

"大木构件与节点工艺"层面对比（二）

			三星巷25号院-倒座	三星巷35号院-倒座
大木构件节点类型与数量	燕尾榫	位置	（枋-柱）	（平板枋-间 / 檩-檩）
		数量	28	14
	半榫	位置		（抱头梁-柱）
		数量	12	0
	柱脚半榫	位置		（瓜柱-角背-平梁）
		数量	4	0
	透榫	位置		（穿插枋-柱）
		数量	8	8
	檩椀	位置	（梁-檩）	（柱-檩）
		数量	16	3
	梁椀	位置		（横椽-斜梁）
		数量	0	116
	压掌榫	位置		（椽-椽）
		数量	123	0
	铁钉	位置		（椽-檩）
		数量	164	
	木销	位置		（斗拱-平板枋-额枋）
		数量	12	6
	总量	种类	8	5
		数量	367	147

附表4　大木材积层面对比（表格来源：自绘）

"大木材积"层面对比

		澄源巷92号院子-北厢房						飞将巷31号院子-北厢房					
院落区位示意		（区位图：飞将巷31号院、澄源巷92号院）											
建筑单体信息		（建筑平、立、剖面图）						（建筑平、立、剖面图）					
		长度/m	高度/m	厚度（直径）/m	材积/m³	数量/根	总材积/m³	长度/m	高度/m	厚度（直径）/m	材积/m³	数量/根	总材积/m³
大木构件数量与材积 柱	前檐柱	/	2.87	0.30	0.20	4	0.80	/	2.91	0.24	0.13	4	0.52
	金柱	/	3.31	0.30	0.23	4	0.92	/	4.14	0.24	0.19	4	0.76
	瓜柱	/	0.86	0.18	0.02	4	0.08						
	后檐柱	/	5.93	0.30	0.42	4	1.68						
梁	抱头梁	1.4	0.2	0.08	0.02	4	0.08						
	三架梁	4.9	0.3	0.20	0.29	4	1.16						
	二架梁	2.46	0.3	0.19	0.14	4	0.56						
	斜梁	/						6.95	0.2	0.18	0.25	4	1
	"飞梁"							0.5	0.1	0.18	0.01	4	0.04
檩	檐檩	2.90	/	0.16	0.06	3	0.18						
	下金檩	2.90		0.25	0.14	3	0.52						
	上金檩	2.90		0.25	0.14	3	0.52						
	脊檩	2.90		0.25	0.14	3	0.52						
枋	额枋	2.90	0.35	0.06	0.06	3	0.18	2.90	0.30	0.06	0.05	3	0.15
	下金枋	2.90	0.16	0.12		3	0.18						
	上金枋	2.90	0.16	0.12		3	0.18						
	脊枋	2.90	0.16	0.12		3	0.18						
	穿插枋	1.4	0.15	0.06	0.01	4	0.04	1.6	0.15	0.06	0.01	4	0.04
	平板枋	3.00	0.24	0.1	0.07		0.21						
椽	飞椽	1.3	0.05	0.05	0.003	54	0.16						
	檐椽	2.2		0.08	0.01	54	0.54						
	花架椽	2.68		0.08	0.01	54	0.54						
	脑椽	2.6		0.08	0.01	54	0.54						
	横椽	/						2.95	/	0.08	0.01	87	0.87
总类型/种		21						7					
总量/个		275						110					
大木总材积/m³		9.77						3.38					
构件材径分布		（饼图：2.08 m³、4.96 m³、2.73 m³；■50~90 mm ■90~250 mm ■≥250 mm）						（饼图：1.06 m³、2.32 m³；■50~90 mm ■90~250 mm）					

参考文献：

[1] 高亚妮,魏成.甘肃天水民居建筑的地域特色[J].南方建筑,2012(1):54-58.

[2] 马文华.关中民居"房子半边盖"调研与发展研究[D].西安:长安大学,2013:17-52.

[3] 秦红岭.中国古代建筑俭德及其时代价值[J].北京建筑大学学报,2014,30(3):72.

[4] 马炳坚. 中国古建筑木作营造技术[M]. 北京:科学出版社,2017.

[5] 柳肃. 湘西民居[M]. 北京:中国建筑工业出版社,2008.

[6] 杜欢. 凉山彝族传统民居造型与色彩研究[D]. 重庆:重庆大学,2009.

[7] 韦玉姣. 广西那坡县达文屯黑衣壮传统麻栏自主更新的启示.[J]. 建筑学报,2012(11):88-92.

[8] 陆元鼎. 中国民居建筑,下卷[M]. 广州:华南理工大学出版社,2003.

[9] 李新建,李岚. 苏北金字梁架及其文化意义[J]. 建筑师.2005,6(115):82-86.

[10] 樊莹,吕红医. 豫南山地传统民居木作技术及其影响因素研究[J]. 建筑学报,2009(S2):375-382.

[11] 华欣. 豫西南山地传统民居聚落及营造技术研究[D]. 河南:郑州大学,2014:52-54.

[12] [宋]李诫. 营造法式[M]. 邹其昌,点校. 北京:人民出版社,2011.

[13] 郭宁,柳肃. 一种正在消逝的古代木结构——斜梁结构初探[J]. 自然科学史研究,2014,33(3):345-354.

[14] 马晓. 中国古代建筑"活化石"——苏北徐、宿、连地域历史建筑大叉手木构架研究[J]. 乡村规划建设,2013(1):96-105.

[15] 侯凤秋. 甘肃天水明清民居研究[D]. 西安:西安建筑科技大学,2006:54-72.

[16] 殷炜达. 中国木结构建筑中大木构件材积估算方法研究——以沈阳故宫为例[J]. 古建园林技术,2016(7):101-104.

打牲乌拉城市空间特点及主要建筑布局研究[*]

Study of Ancient Urban Space Characteristics and the Layout Main Building of DaShengWula City

王 飒[①] 石瑛琦[②]

Wang Sa Shi Yingqi

【摘要】吉林打牲乌拉曾是清朝三分之一贡物的原产地,在这里设立的打牲乌拉衙门曾伴随一代王朝兴衰存亡。本文通过阅读相关文献对打牲乌拉城的历史演变进行了梳理,总结了在清朝廷重视风化采取特殊城市治理方法的情况下各类建筑在城中的分布情况,对重要打牲功能建筑的布局进行分析,分析了打牲乌拉衙门不同于其他衙署空间的独特性,并协领衙门、打渔楼、三府的建筑布局进行研究。

【关键词】打牲乌拉 城址变迁 打牲相关建筑

0 引 言

乌拉部是海西女真扈伦四部之一,自满族形成以来,海西女真始终是满族的主要部分清代少数民族入主中原,视吉林各地为"龙兴之地"加以封禁顺治十四年(1657年)清朝设立打牲乌拉衙门,专为清廷提供东北地区丰富的特产。[1]打牲乌拉衙门与清王朝的命运相始相终从清朝初期开始,到宣统三年(1911年)"两衙"裁并为"乌拉旗务承办处",乌拉地区"两衙"历史使命告终,[2]打牲乌拉衙门存在了267年。在漫长的清代历史长河中,打牲衙门为朝廷提供大量贡物和生活用品,满足了清王室的精神需求和物质需求。

1 打牲乌拉的地理位置

打牲乌拉位于吉林市北约35公里,与吉林将军府相距30公里,与盛京相距340公里。乌拉地区地理位置位于狭长的冲积平原最东部地区东西南三面环山,北面南北走向的山势被松花江和沿岸的平原截断。"距古城约20公里的东北和西北侧分别有凤凰山和九泉山连绵的团山、牛山伏卧在古城东南构成了古城东西门户的天然屏障。"[3]复杂的自然条件创造出丰富的森林、野生经济及珍稀动物、水力和矿产等资源丰富的物种和富足的产量为给清朝廷输送贡物提供保障。(图1)

图1 打牲乌拉城地理位置分析图
(图片来源:底图为奥维卫星图,作者在此基础上绘制)

2 乌拉古城与打牲乌拉新城的变迁

乌拉古城为乌拉国旧城城址据《柳边纪略》载:"吴喇国旧城,周十五里,四门,内有小城,周二里,东西各一门,中有土台,城临江"布颜执政时期,在扈伦国时期的洪尼勒城的一圈城墙的基础上,在外加建一圈外罗城,在内罗城中建紫禁城,而形成的多层次的古城形制。据实地考察发现乌拉旧城的土筑城墙遗址较为明显,其中一道城墙(内罗城城墙)高约3米,二道城墙墙身高约4~5米,三道城墙(外罗城城墙)较之内圈两道城墙,剩余墙身略低,约2米。

因乌拉古城临江而立,城中水患严重,打牲乌

---

* 辽宁省自然科学基金项目,基于时空数据计量分析的奴儿干都司卫所聚落成长模式研究,项目号:20170540749。国家自然科学基金项目,明代辽东都司与建州女真聚落互动演进研究,51378317。

① 沈阳建筑大学,教授。

② 沈阳建筑大学,研究生。

拉总管启奏朝廷迁址新处。据打牲乌拉志典全书记载,康熙四十五年(1706年),打牲乌拉奉旨迁移到旧城迤东高埠向阳之地,[4]新城位于乌拉古城的西南方向,较之旧城距离松花江支流较远,可有效规避水患。《打牲乌拉志典全书》卷二中对打牲乌拉新城"土筑城墙,周围八里,每面二里许,设城门四座,城中有过街牌楼两座,城内设有衙署、银库"①,规模略小于乌拉旧城。经实地考察发现,打牲乌拉新城城墙已不复存在,城中道路网有绝大部分沿用至今。新城西门外是汉人居住区,店商云集,此间不乏诸如晋商大兴号药房一类早在辽金时代便已在此的老牌商户。据清代西城晋商大兴号后人蔡桂媛回忆,民国时期建起了一圈围墙。②

从明代乌拉古城到清代乌拉古城与打牲乌拉新城并存,再到民国时期西城建立城墙经历了漫长的变迁过程,变迁示意图如图2所示。

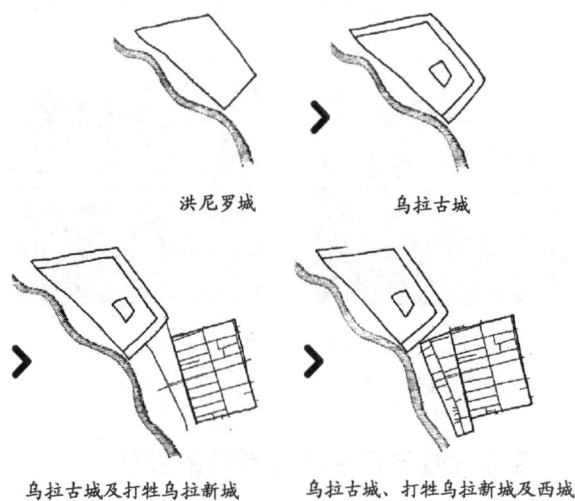

图2 打牲乌拉城演变示意图

(图片来源:自绘)

3 打牲乌拉主要建筑的布局特点

3.1 主要建筑在城中的分布状况及特点

清朝统治者因重视旗人风化,对乌拉新城的城市区间划分严加管束城内为满族八旗居住区,汉民商贾杂居西门外。[5]因而官办建筑多数聚集在新城之中,商民办建筑及打牲附属功能建筑则建于城外。根据《光绪打牲乌拉乡土志》[5]与《永吉县文物志》[6]记载内容,进行总结与归纳,得到如下结论:行政类建筑(总管衙门、协领衙门)居于城市中心略偏西,占据城市中心位置,官办祠、庙、寺(关帝庙[7]、城隍庙[7])紧靠衙署东侧,位置重要性仅次于行政类建筑,官员府邸(后府、萨府、魁府)分设衙署北、南、西三面。官学[6]位于过街牌楼东,虽无文献记载过街牌楼的具体位置,但根据常规过街牌楼的位置排布,应安置在衙门正前方[8]。由此推断官学位置应与衙署隔街斜对乌拉新城,城中形成了以衙署为中心,庙宇次中心,其他类官办建筑分列四周的状态。打牲存储空间(打渔楼、仓廒、果子楼)因所需空间较大,功能也相对独立,分立于新城之外。商民办祠、庙、寺(关帝庙[7]、财神庙[7]、药王庙[7]、清真寺③)则大多位于富贾殷商云集、经济相对发达的西城区域。打牲乌拉主要建筑在城中的分布状况如图3所示。

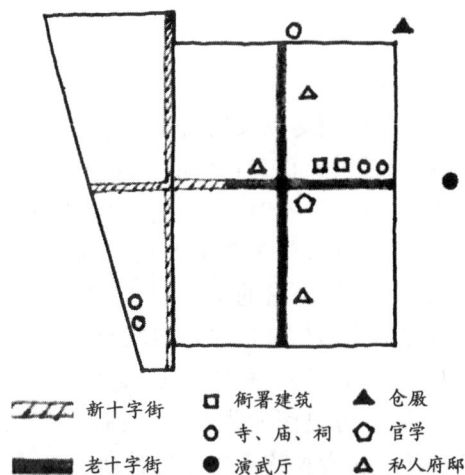

图3 打牲乌拉主要建筑构成示意图

(图片来源:自绘)

3.2 主要建筑内部空间布局特点

3.2.1 打牲乌拉总管衙门

打牲乌拉总管衙门建于康熙四十五年(1706),位于新城老十字街偏东[6]。据《打牲乌拉志典全书》描述,乌拉总署衙门的位置"在今电影院东(老十字街东)油库院内,现为仓房"。据打牲乌拉志典全书记载,总管衙门的空间布局情况"有土门三间、仪门一间、川堂三间、大堂五间,内中间上供龙牌。川堂后设有五间印务处,左面为银库、更房各三间;右面为松子、细鳞鱼、乾鱼等库房四间;川堂前

为左右采珠八旗办事房各三间,办事房中间仪门一座,门前设影壁一座"。其空间平面是由南至北,后又由北向南具体描述的,其中"川堂后,设印务处"描述有误。此处文献叙述上可能存在的错误,于海民在《打牲乌拉总管衙门考》中给出了分析与修正。之所以判断此处记述有误,是因为文章前面描述较为清楚:大门、仪门、川堂、大堂均是按纵轴顺序排列的,川堂后设大堂符合一般衙府建筑的空间排布。如文中记述的川堂后设有五间印务处,这显然是不合理的,应该为"大堂后设有五间印务处"。统观《打牲乌拉地方乡土志》,有关对"衙门"平面布局的描述,与萨英额道光七年(1827年)编撰的《吉林外纪》中所载"吉林副都统衙署"建筑的房屋间数——计42间正吻合。

打牲乌拉总管衙门是专为皇帝纳奉贡品的衙门,它的建筑布局和功能较之清代其他衙门存在独特之处。打牲乌拉衙门仅由一条统领全局的中轴线贯穿南北,而非三条中轴线并列展开,在形制上较之其他清代衙门形制略显单一,规模也相对较小。这与打牲乌拉衙门特殊的功能性有关,因其主要管理打牲相关事务,其他事务兼顾处理即可,无须专门设立办事空间。主要建筑排列在中轴线上形成威严而整肃的群体空间,中轴最南端为一字照壁,其主要功能是为防止他人直窥其内;照壁北为大门三间,门面较宽入大门即为第一进院落,一进院落中轴线北为仪门,此门为衙署第二道正门,实际上是衙署的礼仪之门,平时并不常开,仪门左、右应有小门各一。入仪门便是第二进院落,左右两厢为采珠左、右翼八旗办事房各五间;仪门正北轴线上为穿堂三间,此堂为衙门总管召见客人或候审者召见前歇息的地方;过穿堂进第三进院落,此院为大堂院落,左右无厢房,空间开敞宽阔,仅轴线北有一面阔五间的大堂,大堂之后为第四进院落,东设银库、更房各三间,西厢设松子、细鳞、乾鱼等四间;正北正房为面阔五间的印务处(印房、亦称二堂)。[7]打牲乌拉总管衙门"治事之所"是衙署的核心,为州县官发布政令、进行重大仪典、公审要案和预审案件以及处理一般事务的场所,其位于衙署建筑群中轴线上,包括大堂和二堂。[8]大堂和二堂与墙壁围合而成的空间位于打牲乌拉衙门最深处,庭院空间最宽敞。由丰富的功能空间围合而成二堂之后未设三堂,在清代其他衙署建筑中三堂是知县接待上级官员商议政事和办公起居之所,有些案件

涉机密亦在三堂审理。打牲乌拉总管衙门二堂院落西厢房为松子、细鳞、乾鱼间,东厢房为银库三间、更房三间,除处理供物管理事务外可能承担存储功能,如考虑运输问题,二堂院落可能存在专供运输供物的后门。打牲乌拉总管衙门正面临街后身也靠近街道,如开设运输货物的后门理应面向后街道开设,这样一来,三堂的空间便无法安置,此为总管衙门未设三堂的原因猜想,暂时未找到相关资料佐证。总管衙门缺少宴息空间,便有衙门总管在新城建起独栋宅邸,乌拉街现存的官员府邸有三座,保存状况良好。综上,本文复原打牲乌拉总署衙门空间结构如图4(a)所示。

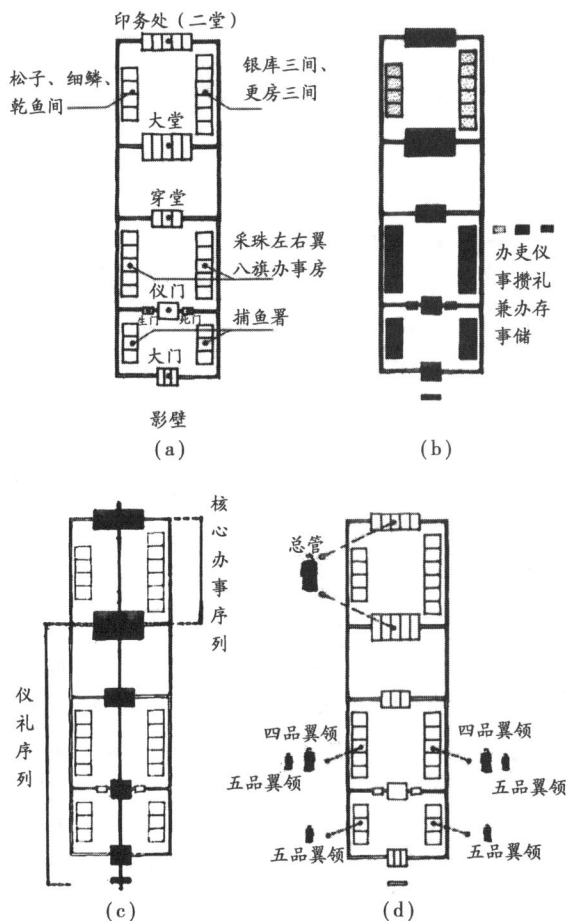

图4 打牲乌拉总署衙门示意图
(图片来源:自绘)
(a)总管衙署空间结构复原图;
(b)总管衙门功能空间分布图;
(c)总管衙署中轴线空间序列划分图;
(d)总管衙署官员分配图

由于清廷在打牲乌拉所设的总管衙门是专为皇帝纳奉贡品,直属清内务府下的一个特殊的行政机构,与一般的府、州、厅、县衙署的设置相比有其

独特性。打牲乌拉总管衙门以二进院落两侧厢房设立捕鱼署、采珠左右八旗办事房,位于大堂之前,这样与清代其他地区衙署建筑在大堂前设吏、户、礼、兵、刑、工六户的惯常空间布局有别,在建筑布局和功能上弱化了原有衙署的功能,突出了采贡的功能。在由大堂、二堂南北相对的第四进院落东西两侧设有兼顾存储功能的空间,这也是其他地区衙署建筑布局中未有过的方式。虽然打牲乌拉总管衙门空间布局比较特殊,但建筑规制仍严格遵循尊卑有序的等级制度。衙署空间的前半段是影壁、大门、仪门、穿堂依次排列形成的仪礼空间,较之东西厢的打牲功能空间位置更居中,强调了衙署建筑的威严、肃穆的氛围。分布在中轴线上的大堂、二堂虽在打牲乌拉衙门日常公务中作用与打牲功能用房的作用略轻,但大堂、二堂作为吏攒办事空间仍是衙署空间的核心,承载的是权威和等级秩序。其中大堂处在中轴线的中部位置,是仪礼空间的收尾,同时也是吏攒办事的重要空间的开始,前有铺垫后有收束,地位最尊体量也最大。中轴线上的空间划分情况如图4(b)所示。

打牲乌拉总管衙门中空间功能划分简单,所需处理的公务基本围绕打牲工作进行。官员的分配上较为特别,据光绪打牲乌拉乡土志记载:"总管一员,翼领二员分为左右两翼,其翼领与总管勤办事务五品翼领四员,其五品翼领四员分管采珠捕鱼。"文中未区分"翼领二员"的翼领品级。查《打牲乌拉志典全书》有记载,嘉庆四年官职设有总管一员、四品翼领二员、五品委署翼领四员[5]。总管主持大堂事务,采珠两翼八旗设四品翼领二员、五品翼领二员,捕鱼两翼八旗设五品翼领二员。从官员种类上看,未存在过多的分化,种类上较为单一。从官员品级分配上不难看出总管衙门办事空间的重要程度由外向内逐次递增官员分配情况,如图4(c)所示。

根据现场调研寻找到总署衙门具体位置,总署衙门现仅存一座木架结构,砖瓦已更新。此房址长11.5米、宽8.5米,屋顶现存状态为硬山形式,前出沿廊靠房屋东侧墙壁有一耳房,现已拆除大半。现场拍摄照片如图5、图6所示,遗址所在位置如图7所示。

从新城状况绘图可以看出,总管衙门与协领衙门中间隔着一条小巷,协领衙门在西,总管衙门在东。根据遗址与小巷的关系可初步判断该遗址为打牲乌拉总管衙门的一部分。两衙署正门临街,根

图5　总管衙门遗址东侧墙
(图片来源:自摄,2018年4月)

图6　总管衙门遗址西侧墙
(图片来源:自摄,2018年4月)

图7　遗址位置示意图
(图片来源:自摄,底图为谷歌卫星图)

据该遗址距离街道的相对位置分析,其可能为总管衙门的穿堂部分,另外根据其长宽比例分析,其也与穿堂近似。

3.2.2　打牲乌拉协领衙门

协领衙门是继总署衙门建立83年之后成立的机构,其位置在总署衙门西毗,原建筑已无遗址尚存。乌拉城原无驻防官兵雍正十年(1732年),雍正皇帝谕令从打牲丁内"拣其强壮,挑选一千名,作为精兵,遇有调遣,以便急用"。协领衙门兵丁职责是"无战事征剿时,遇有采捕之年,兼顾打牲工作,闲暇之时,令其该管官等操演骑射,其阅操等事听其将军指示遵行,官兵设置、士兵训练由吉林将军掌控"。由于工作性质特殊,官丁一年内需多次往返吉林将军府与打牲乌拉衙署,路途遥远耗时耗力,兵丁皆苦于奔波劳顿,"各兵距吉六七十里不等,所得饷银不足养马当差之需,往返赶奔又误打

牲农业，无以糊口实与养育人才之道无益"。[9-10]至乾隆五年（1740 年），时任总管与吉林将军联名奏请"于操演隙时与总壮丁合并采捕，当经大学士等议奏者挑三百名与总壮丁轮班挖参采蜜，其余七百名采珠捕鱼与各珠轩均捕仍交总管，各官教演骑射等情亦在案殊不思昔为体恤之道，今成苦累之差，前于乾隆二十五年奉文裁移宁古塔兵三百名又裁移协左防校官九员"。[11]圣上裁决"在乌拉按设衙署，添官管辖奉上谕从打牲丁中挑出的一千兵分立两翼八旗，乃与总管衙门合并捕打东珠、细鳞、鲟鳇、无色杂鱼、松子、蜂蜜等差按总定额的三分之一成交俟闲暇之时，令其该管官兵，操演骑射"。由此设立协领衙门，平时与总管衙门共同采捕贡品，看守贡山卡伦，战时披甲出征。[10]

"协领衙门"在总署衙门西毗"协领公署，设正房五间，东西厢房各三间，大门一间，左右听差房两间演武厅，三间，堆房二间在东门外"。[10]另据《打牲乌拉志典全书》中收录的乌拉协领于光绪三十二年撰写的一则呈文记载"衙署办事东厢房三间，看守衙署值班官兵住宿西厢房三间，大门一间，两边八旗听差房二间，二门一间，满汉义学各三间"，可见协领衙门在后期进行过扩建。较之总管衙门，协领衙门规模较小空间形式也较为简单，原因在与协领衙门除负责培养兵力外，还需兼顾从事生产，故协领衙门空间无需太大，打牲工作不繁忙时士兵们会到演武厅操练。据此可以绘制出协领衙门扩建前后图和演武厅的空间结构示意图，如图8、图9所示。

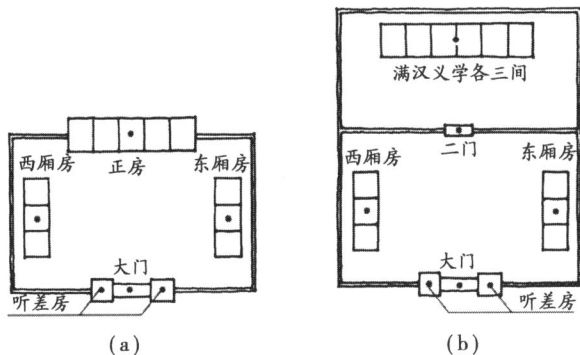

图9 演武厅空间结构示意图
（图片来源：自绘）

1951 年被拆毁，现已无遗址尚存。据当地村民指认，打渔楼详细位置如图 10 所示。总署衙门设立之际，打渔楼行使修补和存放打鱼大网的功能，打牲官丁曾在打渔楼东部松花江段（当地村民称之为嘎呀河）捕打鳇鱼。据《土城子满族朝鲜族乡志》的"大事件"记载，打渔楼是 1613 年修建的。打渔楼的修建，早于衙署建筑，是一处直接与生产生活相关联的建筑空间。自成立打牲乌拉衙门起，打渔楼便用于存放补打冬鱼大网。打渔楼的建筑是青砖小瓦二层楼，正中设有一块匾额，除明柱外，前面还有一根刷有红漆的通天柱。前廊宽约 2 米，楼长约 12 米、宽 10 米、高 12 米，二层楼上铺木板，正面窗口全刻不同样式的花纹。东西院房各三间，门楼一间，四周有土墙。[11]清王朝灭亡，打渔楼也随即停用，废弃的打渔楼院中与院外四周均有老槐树包围，远看打渔楼完全隐匿于槐树之中。打渔楼复原图如图 11 所示。

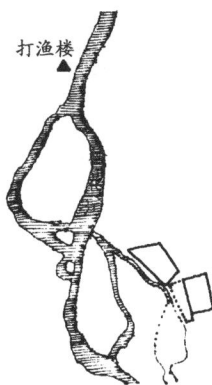

图8 协领衙门空间结构示意图
（图片来源：自绘）
（a）协领衙门扩建前；（b）协领衙门扩建后

图10 打渔楼位置示意图　图11 打渔楼复原图
（图片来源：自绘）　（图片来源：《鹰屯——
打渔楼位置确定时间　乌拉田野札记》）
为 2018 年 4 月

3.2.3 打渔楼

打渔楼的存在早于打牲乌拉总署衙门，它位于土城子乡所在地正北约 9 公里，渔楼村鹰屯南 500 米松花江干流西岸。据渔楼村村民回忆打鱼楼于

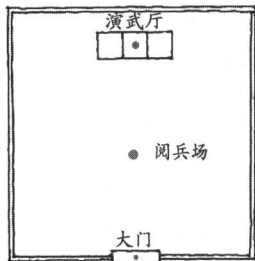

3.2.4 三府

打牲乌拉衙门布局特殊，并非前府和后宅合一的格局，在任总管的府邸选在镇中单独建设。乌拉

街镇"三府"便是后人对位于该镇三座清代官员私邸的统称,包括后人简称的"萨府""后府""魁府"。其中萨府、后府分别为清代"打牲乌拉总管衙门"第13任和第31任总管的私邸,均位于乌拉新城城中,其中萨府位于今乌拉街镇东南隅三中学校院里,后府位于乌拉街镇东北隅,魁府曾是当年张家口都统王魁福衣锦还乡时的私邸,位于老十字街口西150米。"三府"建筑均为典型的满族合院建筑,从建筑格局到装饰艺术无不蕴含北方民居独具一格的文化特色。[12]

4 总 结

打牲乌拉领土被清统治者视为"龙兴之地",深受清朝廷重视,采取满汉分制的管理制度,使得城市中建筑呈现独特的分布。受打牲功能影响,打牲乌拉城的建筑类别及空间布局也别具特色。打牲乌拉总署衙门统筹协领衙门及打鱼楼等建筑执行打牲工作,打牲乌拉总署衙门的空间布局以满足打牲工作的进行为主,传统的衙署功能相对弱化,布局上基本符合清代衙署布局规制。总管衙门未设"宴息之所",官员们生活空间独立成邸,位于打牲乌拉新城内。协领衙门的主要功能是协助打牲,次要功能是外出征剿。协领衙门因为要兼顾练兵及生产劳动,故布局更多围绕打牲活动进行,因此虽是武衙门,军事空间却非主要空间形式,士兵平日操练在演武厅、阅兵场进行。打渔楼建立时间很早,甚至在乌拉一带被封任打牲职能之前便已存在,其在清代一直作为打牲功能的仓储空间之一,行使修补和存放打鱼大网的功能。吉林打牲乌拉

衙门伴随了一个朝代的兴衰变迁,斗转星移之间积淀着满族特有的打牲乌拉文化,虽然衙门遗址仅剩一隅,但其历史价值却不容忽视。这片"龙兴之地"的历史与文化有待更深入的发现与研究。

参考文献:

[1] 于海民.清代"打牲乌拉总管衙门"考[J].东北史地,2003(2).

[2] 李树田.乌拉史略[M].吉林:吉林文史出版社出版,1991.

[3] 徐立艳.乌拉古城的历史变迁[J].吉林师范大学学报,2005(5):97-99.

[4] 云生修、英喜纂.打牲乌拉志典全书[M].云生修,英喜撰,梁恩晖,等,校译.吉林文史出版社,1998.

[5] 打牲乌拉总管衙门纂修.光绪打牲乌拉乡土志[M].吉林:打牲乌拉总管衙门纂修(清),清光绪十一年修抄.

[6] 吉林省文物志编委会.永吉县文物志[M].吉林:吉林省文物志编委会,1985.

[7] 牛淑杰.明清时期衙署建筑制度的研究[D].西安:西安建筑科技大学,2003.

[8] 曹国媛,曾克明.中国古代衙署建筑中权利的空间运用[J].广州大学学报(自然科学版),2006,5(1):90-91.

[9] 吉林市龙潭区档案馆.打牲乌拉三百年[M].吉林:吉林大学出版社,2012.

[10] 吉林市龙潭区档案馆.打牲乌拉三百年[M].吉林:吉林省档案馆出版,2012.

[11] 胡冬林.鹰屯——乌拉田野札记[M].河北:河北教育出版社,2002.

[12] 肖帅,程龙.吉林市乌拉街满族镇的三府建筑[J].古建园林艺术,2010:32-34.

广州清代木构建筑瑰宝
——海幢寺建筑分析[*]

The Analysis of Henan Temple
—A Distinguished Wooden Architecture of Qing Dynasty in Guangzhou

赵亚琪[①]　**程建军**

Zhao Yaqi　Cheng Jianjun

【摘要】广州属于中国岭南区域,气候湿热多雨,市内有珠江自西北向东南蜿蜒经过,水系发达,新中国成立前城区河涌密布交织,百姓把水运当作寻常而重要的交通方式。海幢寺位于珠江南岸,始建于清朝康熙年间,和珠江北岸的繁华市井隔水相望,环境清幽,其大雄宝殿及塔殿均是清代遗留建筑,雄伟大气,绿色龙纹瓦当彰显不凡,是广州清代木构建筑之瑰宝。本文通过史料分析、实地测绘考察、案例对比等方式梳理了海幢寺的历史演变、分析了海幢寺的特色及价值。

【关键词】海幢寺　广州　清代佛寺

1　明末清初兴土木、各级官僚添砖瓦

《广州通志》云:"海幢寺在河南,盖万松岭福场园地也。旧有千秋寺址,南汉所建,废为民居。"[1]海幢寺源于明末时期光牟、池月两僧从富绅郭龙岳手中募缘得地建佛堂。广州百姓以珠江为界,将珠江以北称之为河北地区,其主要包括现在的荔湾、越秀、天河、黄埔、番禺五大区;将珠江以南的区域称为河南地区,其主要包括现在的海珠区。"广州南岸有大洲,周回五六十里江水四环,'河南',非也……河南之得名自孚始"[1]。河南区又称"江南洲",是广州市唯一的岛区,江岸线长达47.35公里,有丰富的土地资源、大面积的水网及果林。海幢寺南倚万松岭,北临珠江,自然景观优美,交通便利,周围有多个富商置办的府邸花园,相比于市区的广孝寺、大佛寺,别有一番风味。

海幢寺建成初期历经了四代五位高僧。清顺治十二年(1655),第一代高僧道独(号空隐和尚,曹洞宗第三十三世)应平、靖两藩(平南王尚可喜、靖南王耿继茂)邀请,偶憩于此,乐其幽静,实则因为道独与明末遗臣志士惺惺相惜,接纳他们逃禅于

此,其中屈大均[2]曾是道独侍者,僧名今种。道独依佛经"海幢比丘潜心修习《般若波罗蜜多心经》成佛"之意,将佛堂取名为海幢寺。"(海幢)万松岭福场园地也。……前有僧募于长奢郭龙岳,稍加葺治,成佛堂、准提堂各一,颜曰'海幢'盖取效法于海幢比丘之义。"[3]

清顺治十七年(1660),第二代高僧函昰(号天然和尚,曹洞宗第三十四世),崇尚反清复明,庇护明末志士于丛林之中;古道婆心,随缘接引,文人学士、缙绅遗老云集礼归,得于乱世有所遮蔽。顺治三年,清兵攻破广州,天然和尚为前朝忠臣作诗哀悼,收葬被清兵杀戮的明室诸王孙,不愿向清朝称臣的粤东志士纷纷投奔其座下,因此天然门下弟子众多,这也为海幢寺的发展提供了帮助。

海幢寺发展到顶峰状态是在第三代高僧今无(号阿字和尚,曹洞宗第三十五世)的主持下,"买四面余地,改创大殿、藏经阁……"[3]。阿字和尚从康熙五年(1666)购置寺旁山地,到康熙十八年(1679)的十余年间,增建殿、堂、院、阁、舍、圃等23座,使海幢寺达到了空前的规模。这波建设浪潮的顺利离不开官府对佛教事业的支持。平南王尚可

---

* 广东省自然科学基金项目,项目号:2017A030310385。

① 华南理工大学建筑文化遗产保护设计研究所,硕士研究生。

喜、靖南王耿继茂率军攻入广州城后,发起了骇人听闻的屠城事件,"大屠杀从11月24日发出布告,禁止烧杀抢掠。除去攻城期间死掉的人以外,他们已经屠杀了十万人"[4]。这场大屠杀事件影响深远,被称为广州"庚寅之劫"。为了消弭罪孽,笼络民心,尚可喜命人铸造幽冥钟,以招冤魂。后来王妃舒氏捐建大雄宝殿,平南王尚可喜本人捐建天王殿(1667年,殿内泥塑四大天王,像高5~6米,时为广州佛教丛林之最),总兵许尔显捐建韦陀殿、伽蓝殿,广东巡抚刘秉权捐建山门。在平南王的带领下,各级官僚相继捐资扩建佛寺,以图安抚民心。"海幢局式,宏廓甲于岭南",海幢寺成为清代广州五大丛林之一。

乾隆年间,海幢寺香火鼎盛,在原来的规模上又加建了毗卢阁等建筑。嘉庆二十一年,海幢寺被指定为官方外交场所,允许外国商人及家属进出游散。道光年间,南海人伍右肃施银重建韦陀、伽蓝两殿,重修大殿。

民国元年(1912),孙中山宣布废除僧官制度。民国十一年至民国十七年间,广州市政厅为筹集北伐军饷和市政建设经费,先后将大佛寺、华林寺、西禅寺等全市寺庵列为公产拍卖,海幢寺部分被开辟为公园。日本侵占广州期间,由于战乱,一些寺庵残破湮没,僧尼生活困难,极大地阻碍了佛教的发展。

1967—1977年,寺内所有佛像被砸,天王殿被夷为平地,文物流失,宗教活动全部停止。1993年,海幢寺经市政府批准,回归僧人管理,广州市佛教协会委派释新成主持负责重修复建工作。经过十多年的努力,修缮了大雄宝殿(1994年2月),重建了天王殿(1994年10月)、放生池(1996年)、僧舍和藏经阁综合楼等。

海幢寺这座清代寺院历经坎坷,保留至今的清代建筑唯有大雄宝殿、塔殿,现任大和尚光秀组织重修天王殿前放生池,修缮加固大雄宝殿,计划重建韦陀殿和伽蓝殿,逐步恢复原有格局,以更好地发挥传播佛教文化的作用。

2 香客不绝中与洋、山门始向珠江开

2.1 因地制宜、重风水朝向

从1890年广州省城图可以看出清代的广州城基本沿袭了明代的城市形态,北部紧接越秀山,南部依托水运,沿珠江分布有大量的商铺。珠江南岸基本没有太多的开发,地价相对便宜,海幢寺占据一隅,建筑面积尤其大,与珠江北岸广州城区的佛寺相比有着明显的土地优势。从总平面上看,海幢寺整体布局朝向西北方向,这与大部分佛寺坐北朝南的走向是截然不同的,笔者结合文献试做解读。

从风水学的角度来看,岭南百姓尤其看重建筑的方位,理想的风水格局讲究背山面水、负阴抱阳,借以达到藏风聚气的目的。水在风水理念中代表"财",因此在定方位的时候尤其看重水的形态、来向及去向。海幢寺紧邻珠水,水面开阔,河道自西北在此转向东北而后向东南流向大海,海幢寺的建筑群坐东南朝向西北,轴线垂直于这段河道,在高处可以有良好的视野,将珠水丽景尽收眼底。从人的心理感受出发,海幢寺朝向流动的珠水可以提供来往香客开阔的视野和舒畅的心情。再者,从地图上可以看到珠江北岸繁华的十三行、沙面等商区与南岸并无桥梁连接,因此城区的香客来往河南都要乘船,所以海幢寺将山门设在北面,也是合情合理的。

图1 海幢寺鸟瞰图
(图片来源:自摄)

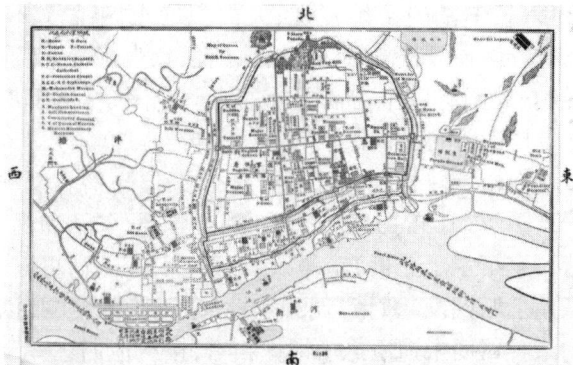

图2 1890年广东省城图
(图片来源:西方人所绘,原图藏于国家图书馆)

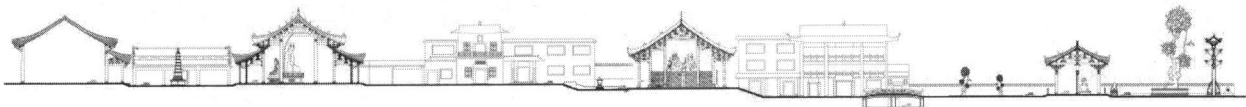

图3 海幢寺纵剖面
（图片来源：自绘）

从地形地势的角度来看，明末清初著名文人王邦畿诗云："离城呼小艇，隔岸过禅林。背地山形小，当门海气深。鹤归云有梦，松去月无心。对此清闲意，宁忘长者吟"[5]，可见海幢寺寺址整体地形南高北低，从目前现状依然可以看出海幢寺台地的高差关系。以山门的标高为正负零，天王殿的室内标高为1.63米，大雄宝殿室内标高为2.795米，大雄宝殿前面的庭院标高与天王殿前面庭院的标高相差2.445米，塔殿位于大雄宝殿后面，室内标高为2.972米，据王令所著《鼎建海幢寺碑记》记载，塔殿后面是高大的藏经阁（后改建成观音殿，现已被拆毁）。因此从珠江码头上岸，山门到达天王殿是第一个层次，起到铺垫的作用；穿过天王殿走上台阶慢慢看到大雄宝殿的全貌，重檐歇山顶的舒展宏伟展现在香客眼前，这是第二个层次，也是高潮；再到塔殿为第三个层次，藏有佛骨舍利的七星岩塔直达殿顶，令人敬畏；最后是藏经阁，以其高大宏伟为轴线画上完美句号。建筑群坐东南朝西北，依据地形走向布置建筑单体，使建筑群高低错落，空间布局达到了很好的艺术效果。

2.2 布局规整、虚实相间

笔者从海幢寺主持光秀法师手中得到海幢寺的西班牙外销画，图上清晰记载了清代海幢寺的整体布局和中轴线上院落空间及建筑单体的详细数据。海幢寺的布局分为西区宗教空间和东区起居空间两大部分，空间形态呈西疏东密、严谨规整、虚实互补的状态，西区宗教空间与大部分禅宗寺院相似，依次是海山门、山门、天王殿、大雄宝殿、塔殿、观音殿。海山门距离山门19.6丈（1丈约3.33米），甬道两侧种植参天榕树，渲染了佛寺清幽的氛围，起到很好的心理过渡效果；山门单檐绿色琉璃瓦歇山顶，室内东西两侧放置哼哈二将，穿过山门步行3.2丈便是四大天王殿，这个纵深距离骤减，暗示了后续的高潮空间；天王殿距离大雄宝殿11.8丈，大殿重檐歇山顶，高3丈、长7.84丈、宽5丈，副阶周匝，殿内有三尊金佛及十六罗汉，宽阔的院落衬托出建筑的舒展，同时也是为了满足佛事法会活

动的空间所需。大殿前有两个偏殿，分别是位于西边的韦陀殿和位于东边的伽蓝殿，用于供奉韦陀将军和关公，两个建筑形制相同，均是三开间单檐歇山顶，与佛寺建筑整体风格相融合。有关学者从研究中得出结论：元末明初佛寺形成钟鼓楼对称格局，并从明代中期从北京佛寺确定而传播开来[6]，建设韦陀殿和伽蓝殿于大殿前而不是钟鼓楼，据遗留下来的古钟上的铭文记载，钟鼓是放在大殿内部的，这种布局也是海幢寺远离政治中心、遵循古制的表现。

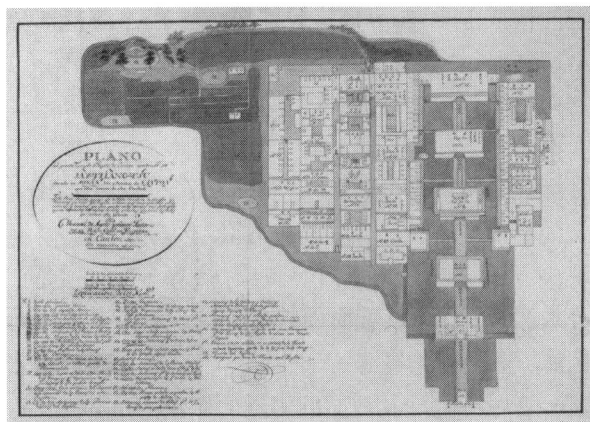

图4 清代海幢寺平面图
（图片来源：海幢寺光秀法师提供的西班牙外销画）

大殿后5.2丈处是塔殿，塔殿中心原建有一座七层舍利塔，平面为2.86米×2.86米，高8.4米，几近塔殿顶。塔刹用星岩石精雕，基座为莲花，塔身方形，分别浮雕出四个观音大士像，形态各异。该塔为海幢寺高僧澹归火化后埋灰之处，其弟子捐资建塔，以留纪念。可惜该塔在"文化大革命"中被摧毁。塔一直是佛寺中重要的建筑，内部存放佛舍利。最初佛寺建筑群以佛塔为中心，后来佛像称为更具象的代表，成为人们的信奉载体，佛殿的重要性渐渐超越佛塔，佛塔的位置也从主轴线偏移到一侧。而海幢寺主轴线上摆放佛塔并为之建设塔殿是重视佛舍利的表现，也是海幢寺的特色，这在当时吸引了众多香客前来上香。塔殿后2.8丈处是观音殿。

图 5　海幢寺大雄宝殿正立面
（图片来源：自摄）

东区起居空间包含僧舍、香积厨、茶房、祖堂等，建筑以合院的形制紧密排布，既各自独立又联系方便，形成公私分明的生活氛围。总之，在平面空间构成上，海幢寺的主要建筑布置在一条主轴线上，东侧场地布置附属建筑，其建筑布局井井有条，结构巧妙，主次分明。

2.3　"廊"空间丰富

作为室内外的过渡灰空间，"廊"是岭南地域建筑的普遍配置，是人们应对当地湿热多雨的气候的解决方案。根据外销画记载，海幢寺多廊下空间，分为独立的廊庑、重檐佛殿的副阶、单层佛殿的周围廊三种。

海幢寺大殿及后面的佛殿两侧有廊庑围合，究其起源，唐代佛寺多设置东西廊院，有关学者推测这时源于传统的住宅布局，是舍宅为寺的影响，明清佛寺基本布局中东西配殿与轴线上的主要佛殿是没有廊联系的。从外销画的平面图中可以看出，海幢寺轴线两侧的廊串联了成排的小间配殿，并直接与轴线上的大殿相连，从透视图看，两侧配殿如传统民居一样采用硬山顶，廊道位于山墙处，与大殿

图 6　海幢寺大殿、韦陀殿、伽蓝殿
（图片来源：光秀法师提供的西班牙外销画）

大尺度的礼佛空间相比，廊庑尺度宜人，增加了世俗性。

海幢寺大殿重檐歇山顶，殿身七间三进十二架橡。副阶进深一架，副阶被纳入室内空间，因为首层挑檐深远，除去副阶还有二尺有余，最初是有四根角柱支撑屋檐，后来相应增加一周廊柱，形成周围廊；塔殿重檐歇山顶，副阶未被纳入室内空间，而是开放为半室外周围廊，天王殿、韦陀殿、伽蓝殿是单檐歇山顶，最外跨空间被墙体隔成周围廊，丰富了外立面的光影效果。副阶纳入室内空间是江南宋元以来的惯常做法，如浙江景宁时思寺，但岭南因气候原因、传统习俗影响，有很多殿堂建筑将副阶全部或部分做成半室外空间，颇具古朴之风。廊作为室内与室外的过渡空间，可为香客提供遮蔽阳光、雨水的半室外空间，也可成为外槽仪式活动空间，如潮州海阳学宫大成殿将外槽与副阶融为一体的前部空间、揭阳学宫大成殿副阶空间，被墙体分割为室内与室外两部分，为室内活动增加扩展空间，这都是高等级殿堂建筑的做法。

值得注意的是，海幢寺中建筑对"廊"有着执着的坚持，中轴线上每个建筑无论大小都会有廊下空间，笔者推测除了以上所说的功能、艺术方面原因外，这是海幢寺园林化的一个体现。古代文人寄情山水、注重园林景观环境建设，岭南园林中建筑为了借景，多廊多观景台，历史记载海幢寺因明末文人逃禅而多出诗僧，海幢寺不仅是他们修禅的地方，也是他们逃离世俗，韬光养晦的地方，所以不难理解海幢寺宗教严肃性与园林化并重了。

3　龙纹瓦当历百年、曹洞高僧衣钵传

3.1　历史价值

海幢寺是近代中国第一所开放的寺院，尤其在清代，中国长期处在闭关锁国的状态，海幢寺接待来华商贸人士，传播了中国文化，是中国佛教界在政府支持下向外展示形象的窗口，具有重要的历史意义。

海幢寺曾是接见外使的外交场所：乾隆五十八年（1793 年）12 月，两广总督长麟在海幢寺为马戛尔尼率领的英国使团接风；乾隆五十九（1794 年）10 月，两广总督长麟在海幢寺接见德胜率领的荷兰使团，验看国书。

海幢寺也是当时指定的外商游玩之地。《粤海关志》载有嘉庆二十一年（1816）七月两江总督蒋

攸铦奏折："英吉利夷人从前禀求,指一阔野地方行走闲散,以免生病。曾准于……派人带赴海幢寺、陈家花园内,听其游散,以示体恤"。清政府安排每月初八、十八、二十八日三次,每次以十名为限,由官员带领和通事(翻译)陪同,外境人士可以渡江到河南的海幢寺和花地湾郊游。

明清以来经广州北上到中国经商、传教、旅游的外国人络绎不绝,由于政策的限制,他们在广州的活动范围相当有限,因此海幢寺对于他们来说是很重要的一个观光景点。当时的外国人通过游记或者绘画、摄影作品将海幢寺传播到了西方,如英国人托马斯·阿罗姆描述："海幢寺是教徒顶礼膜拜的地方,寺庙紧邻水边,码头上常年人头簇拥,船只往来频繁……"。

图7　左:海幢寺
(图片来源:1838 年 10 月法国画家波塞尔画),
右:海幢寺大雄宝殿(英国画家阿罗姆画)

3.2　艺术价值

海幢寺的艺术价值体现在少而精的建筑装饰上,与岭南传统建筑造型烦琐、数目众多的"三雕两塑"有所不同,海幢寺建筑仅在屋顶重点位置进行装饰,室内结构除了部分雀替,鲜有木雕、石雕之类,所以艺术价值十分特殊。

海幢寺中轴线主要殿堂的屋顶均采用绿色琉璃瓦——当时最华丽名贵的建筑材料,规模恢宏。据《广州城坊志》记载,清初平靖两藩欲按照王爷贝勒的规格营造府第,使用琉璃砖瓦以及台门鹿顶,被朝廷以"民爵与宗藩制异,察平、靖两藩均由民身立爵,所请用绿色砖瓦之处,碍难准行"驳回,但当时琉璃瓦已经烧制出窑,平南王不敢擅用,于是尽数施舍到海幢寺、大佛寺、观音阁等寺院,作为修建殿堂的材料。"用琉璃瓦做屋脊、檐口(具备滴水瓦当)和盖面筒、板瓦,用于庙宇、学宫等重要建筑群中,级别与素胎陶瓦相同,数量亦少,如:海幢寺大殿。"[7]海幢寺大殿、塔殿的屋脊采用龙纹绿色琉璃瓦,盖面筒瓦和板瓦采用绿色琉璃瓦,檐口采用五爪龙纹瓦当和凤纹滴水,在阳光的照耀下,屋顶熠熠生辉,宏伟大气。

明清时期的龙纹琉璃瓦当主要用于皇家贵族的宫殿、园林、墓葬建筑之上。从现北京故宫建筑风格来看,仍能看到明故宫的风采和余韵,名为"清式",实为"明式"。所以海幢寺虽建于清初,但龙纹瓦当仍是明式图案,笔者通过文献对比发现海幢寺瓦当上五爪龙纹与北方出土的明代龙纹瓦当并非完全相同。海幢寺龙纹瓦当挂绿色琉璃釉,圆形、直径 14 厘米,龙头正面上抬,龙髮向后方飘,没有龙须,龙目圆睁,龙鼻正视,双角后伸;龙身呈 S 形盘旋状,龙鳞、龙鳍排列整齐,龙尾短小;五爪呈火轮状,左肢在前,上身从后转向前,四肢肘毛向后飘;火珠纹置于龙身中上部,两朵祥云置于下半身处,呈脚踏祥云状。

图8　海幢寺绿琉璃釉五爪龙纹瓦当、戗脊盘龙
(图片来源:自摄)

图9　长沙、铜川、开封出土的明代龙纹瓦当及汉代蛇状瓦当龙纹
(图片来源:参考文献[8-10])

从文献中北方出土的明代龙纹瓦当照片来看,瓦当上龙头均在下龙尾在上,龙头侧面朝向火珠,且多以对称的二龙戏珠出现,龙须后飘,龙眼怒睁,十分有威严。而海幢寺的龙纹以中线为轴,龙头在上,如汉代瓦当龙纹的身躯造型,显得十分古拙,然龙头正面朝前这种造型在瓦当中鲜有出现,较多出现在皇族服饰上,具体原因有待进一步考证。龙纹、龙塑为海幢寺的建筑增加了文化底蕴和艺术氛围,使建筑有了灵气。

3.3　科学价值

海幢寺的科学价值体现在布局适应地形、建筑结构合理等方面。由于建筑群顺应地形高差,大殿位于东南高处,不易积水,西北向为入口,主要设置山门和天王殿,地势低洼,容易积水,天王殿处通过提高台基高度防止雨水倒灌,同时有放生池可以缓解排水压力，从而保护木结构免遭水淹。明代保留下来的大雄宝殿梁柱粗壮，重檐靠斗拱挑出，呈现优雅的艺术效果，下檐通过两层插拱挑出，提高了檐下高度，增加了人使用的空间。大殿装饰简洁，仅在驼峰和雀替处进行木雕装饰，所有构件均具有功能作用，坚固耐用，便于后期维护。大殿在东西南北四面设置通透的门窗，在广州多雨的气候条件下，这种维护结构最大限度实现通风散湿的作用，从而实现保护木结构、保护佛像的目的。

4 结 语

海幢寺历史悠久，地理位置与广州十三行等贸易场所隔江相望，优越的区位条件加上宏伟的建筑群使海幢寺成为官方指定的外交场所，在这里描绘的外销画成为西方人了解中国佛教建筑的重要途径，也为今天我们填补当时历史的空白提供了真实可靠的依据。本文抛砖引玉，梳理了海幢寺历史沿革，浅析了海幢寺的重要特点和价值，认为海幢寺是清代建筑遗存中的瑰宝，应予以充分保护和活化利用。

参考文献：

[1] 郝玉麟, 广州通志。
[2] 屈大均. 广东新语[M]. 北京: 中华书局, 1985.
[3] 王令, 创建海幢寺碑记。
[4] 卫匡国, 鞑靼纪实。
[5] 释新成. 海幢寺春秋[M]. 广州: 花城出版社, 2008.
[6] 玄胜旭. 中国佛教寺院钟鼓楼的形成背景与建筑形制及布局研究[D]. 清华大学, 2013.
[7] 黄如琅. 明清广府地区屋面瓦作初探[D]. 华南理工大学, 2011.
[8] 赵雅莉. 陈炉新发现的明代龙凤纹瓦当和滴水[J]. 收藏界, 2008(10): 45-48.
[9] 徐华铛. 瓦当、汉砖、石刻上的龙纹[J]. 古建园林技术, 1989(03): 38-42.
[10] 黄志平. 长沙出土的明藩王府龙纹琉璃瓦当[J]. 收藏界, 2006(10): 71-72.

胶东地区风土建筑彩画的地域传统研究[*]

Research on Architectural Painting of Vernacular Buildings in Jiaodong Peninsula of China

王建波①

Wang Jianbo

【摘要】胶东地区现存风土建筑的彩绘装饰主要包括两大类,一是民居建筑的大门檐檩彩绘,二是寺庙建筑的梁架彩绘。前者主要集中于招远市、莱州市和龙口市滨海地区的传统村落,后者以平度、牟平、龙口、即墨、莱西五市区的7座庙宇为代表。宋《营造法式》中提及的松纹彩绘是这一区域彩绘装饰的重要手法,时代跨度从明末至民国,并可追溯至宋代,形成了极为鲜明流畅的地域风格。与松纹彩绘相结合的搭袱式彩绘和锦纹,有着明显的江南地区彩绘特征;“苏式彩绘”在民居大门檐檩的运用,与北京四合院建筑彩绘的渊源颇深。这些均反映了胶东半岛作为东北亚地区重要的海上贸易中心和交通枢纽,南北交流往来对于其风土建筑的影响,具有重要的文化遗产价值。

【关键词】胶东　风土建筑　彩画

1　前　言

胶东半岛是东北亚地区重要的海上贸易中心和交通枢纽,受此影响,胶东风土建筑及其装饰艺术有着鲜明的南北交融的地域文化特征②。

笔者近年来在这一区域进行建筑遗产调查时发现,胶东半岛西北部的招远、莱州、龙口等市海滨一带的传统民居,其大门的檐檩及抱头梁位置常有建筑彩画装饰,这在胶东甚至山东地区的民居建筑装饰中甚为少见;龙口、平度、莱西、即墨、牟平、招远的数座庙宇祠堂,保存有较为完整的梁架彩画,且在彩画的形式特征上与民居檐檩彩绘颇多相似之处。

建筑彩画常用于宫殿、衙署、庙宇等官式建筑,对于古代官式建筑留存极少的胶东地区,这批风土建筑彩画可谓是难得的研究材料。对其装饰部位、图案内容、装饰风格进行解析,探究其风格特征的

历史渊源和地域传统,不仅是认知和保护传承胶东地区建筑彩画这一建筑装饰工艺的基础,而且对于山东地区建筑彩画的研究也有着重要的意义。

2　彩画图案样式解析

2.1　民居檐檩彩画

保存有彩画装饰的传统民居,集中分布于招远市的辛庄镇、蚕庄镇、张星镇,及莱州市的金城镇、朱桥镇、龙口市黄山馆镇的近30个村落中,多位于滨海登州府至莱州府的古官道沿线。

这些传统民居如多数规整的胶东合院民居一样,由倒座、正房、东西厢房组成。建筑彩画装饰一般位于倒座的屋宇式大门檐檩上,并延及檐檩下垫板和随檩檐枋(即传统的“一檩三件”,挑檐桁、中垫板、下枋子)和门侧承托檐檩的装饰性抱头梁上。

运用类型学的方法,可将现存檐檩彩画的图案样式归结为两大类:

---

* 2018年度山东省社会科学规划研究项目,胶东传统民居装饰艺术保护传承研究,项目号18CMZJ02。

① 山东大学文化遗产研究院,讲师。

② 李政、曾坚“胶东传统民居与海上丝绸之路——文化生态学视野下的沿海聚落文化生成机理研究”一文,提到“由于海运便利,古代的胶东半岛是南方沿海各省,与京东、河北、河东地区往来的海上交通枢纽和贸易口岸”,“胶东传统民居形式受多元文化的影响,表现出明显的南北融合的建筑形式”,《建筑师》2005(3):69。

第Ⅰ类是通体遍绘松纹的松纹彩画,并可分为 Ⅰa、Ⅰb、Ⅰc 三种形式(见表1):Ⅰa 整体上模仿木材自然纹理,木纹节结节呈不均匀分布状,此种数量相对较少;Ⅰb 是一种较为抽象的装饰性木纹纹理,画面布局对称规整,一般分为三段式,正中是较大的对称式木纹节结,两端有较小的节结;Ⅰc 图案为檐檩松纹图底上绘有面积较小的祥云等点缀性图案,门侧廊心墙上方的抱头梁松纹彩绘正中也常点缀矩形盒子,盒子中绘有山水花鸟画,也可归入此类。

表1 胶东民居松纹彩画样式表

形式	图 案	地点、年代
Ⅰa 式		招远高家庄子村318号,清末檐檩及下枋遍绘松纹,较自由,中间心部点画蝙蝠
		莱州红布村某宅,清末民初抱头梁侧面白底绘红色松纹,布局自由
Ⅰb 式		招远大涝洼村127号,清末布局呈左右对称,节结较多,线条细密
		招远辛庄东北村149号,清末檐檩及下枋用勾画黑色松木纹纹理,三段式纹理简洁对称
		招远高家庄子村231号,民国中期檐檩及垫板遍绘黑色松纹,形状抽象对称,心部点缀螃蟹、虾

续表

形式	图 案	地点、年代
Ⅰc 式		招远孟格庄村228号,民国初年檐檩遍绘松纹,中间点缀两朵如意云纹
		莱州城后万家63号,清末民初大门抱头梁侧面遍绘云纹,中间点缀盒子,内绘山石菊花

注:表中图片来源均为作者拍摄。

松纹彩画一般木构件身内通刷土黄色或淡红色或白色,用黑色或棕色、红色勾画松木纹的纹理;有的节结心部画有螃蟹、鱼、虾、蝙蝠等图案。

第Ⅱ类是两端为箍头、中间为枋心或包袱的程式性较强的三段式彩画。由于枋心和包袱内一般为写生花鸟或山水人物画,类似北京苏式彩画的画法,可称其为苏式彩画。此类彩画有四种不同的形式(见表2):两端为箍头,中间为枋心,有的枋心外缘加有较短的烟云卷筒,可定为Ⅱa 式;两端为箍头,中间为半圆形的包袱构图,包袱轮廓线作卷筒烟云退晕,定为Ⅱb 式;两端为箍头,中间为方巾对角的上搭式或下搭式包袱,定为Ⅱc 式;Ⅱc 式的方巾包袱边框内绘有烟云包袱,袱边内绘花鸟山水画,定为Ⅱd 式。

Ⅱ类苏式彩画,箍头部位,较窄的大门一般由一组两道箍头线组成,较宽的大门常由相邻的两组箍头组成,每组两道箍头线均为青色或绿色的三色退晕,箍头线间绘"卍"字等曲水纹,两组箍头之间或绘松纹或绘锦纹、琐纹等,或设盒子中绘莲花纹;箍头内外紧贴角部常装饰四分之一的旋子花纹,或整体为环形的莲瓣或如意纹;箍头外侧至木材端部一般绘白底红纹或棕黑纹的松纹彩画。

Ⅱa 式的找头一般为简化的两半旋子彩画,枋心边框三色退晕,Ⅱb 和Ⅱd 式的烟云包袱边框常五道甚至七道退晕,Ⅱc 式的方巾搭式包袱边由两道退晕线组成,其间常为曲水纹。包袱或枋心与箍头之间也或绘松纹或绘锦纹、琐纹、"卍"字纹等。

表2　胶东民居苏式彩画样式表　　　　　　　　　　　　　　　　　　　　　　　　续表

形式	图　案	地点、年代
Ⅱa 式		招远磁口村某宅，清末民初 两组箍头线之间盒子绘莲纹，箍头外侧绘宝装莲瓣纹，找头旋子花纹，枋心中间绘写生花卉
		莱州磁口村 264 号，清末民初 箍头与枋心间无找头，满绘"卍"字锦纹，枋心外缘加短烟云包袱；箍头外接宝装莲瓣纹
Ⅱb 式		莱州后坡村 673 号，清末 两端箍头内接找头、外接如意云纹，中间为下搭式方巾包袱
Ⅱc 式		招远徐家疃村 121 号，清末 箍头内外接如意云纹，中间烟云包袱较长，底纹为松纹彩画
		招远洼子村 6 号，清末民初 箍头由两组箍头线组成，中间盒子绘"卍"字锦文，中间绘下搭式短烟云包袱
		招远山后冯家 128 号，清末民初 箍头由两组箍头线组成，中间盒子绘琐文，中间烟云包袱周围绘竹叶、梅花纹

形式	图　案	地点、年代
Ⅱc 式		莱州后坡村 973 号，清末民初 箍头内岔角绘旋子花纹，中间绘下搭式烟云包袱，底纹为松纹
		莱州红布村 47 号，清末民初 箍头内外岔角绘旋子花纹，中间烟云包袱，底纹为松纹
		招远东曲城 252 号，清末 箍头与烟云包袱间无找头，满绘六出琐文
		莱州大冢坡 52 号，清末民初 箍头外侧有如意云纹，内侧有硬卡子，中间绘烟云包袱
Ⅱd 式		招远山后冯家 92 号，民国 两端箍头内接找头，中间为上搭式方巾包袱，内部绘烟云包袱
		莱州城后万家 63 号，清末民初 松纹衬底，箍头部位由两组箍头线组成，中间为下搭式方巾包袱，内部绘直筒烟云包袱

注：表中图片来源均为作者拍摄。

2.2 庙宇梁架彩画概况

梁架彩绘保存相对完整的有寺庙有龙口玉泉寺、牟平养马岛三官庙、即墨赵家村观音堂、平度后河头村全神寺、平度后沙戈庄观音庙、平度盆里村老佛爷庙、莱西寨西头村观音庙。

几座庙宇现存建筑建造时间不一，最早的是龙口玉泉寺西配殿，建于明天启七年（1627 年），其西大殿则是最晚的一座建筑，建成于民国二十四年（1935 年）[①]；平度全神寺建于明崇祯年间，彩画近年因屋顶漏雨侵蚀厉害，细辨应为创建时期的明代佳作（图 1）；即墨老佛爷庙梁架与檐柱形制古朴、后沙戈庄观音庙檐柱与金柱均为方棱抹角石柱、西头村观音庙殿内四根石柱形制古朴，应均为明末清初建筑，彩画或为同一时期所作；牟平三官庙大概为道光末年建造，彩画亦为同时之作，即墨观音堂清光绪、宣统年间有所修缮，现存梁架或为清晚期之作。

图 1 平度全神寺梁架彩绘
（图片来源：杨小川拍摄）

虽然这些寺庙建筑相距较远，但其彩画形式却颇多类似之处，如梁端一般均采用了松纹彩绘，除即墨观音堂大梁、莱西观音庙大梁（五架梁）有一整二破的旋花式找头外，整体上的构图也多为箍头—枋心—箍头的三段式，没有找头，三架梁为上搭或下搭式方巾包袱彩画，五架梁枋心图案多为行龙等，箍头部位中间盒子也多琐文或锦文。

由于建筑破损严重，雨淋日晒，多数彩绘已很难完整辨认。幸运的是龙口玉泉寺梁架彩绘保存十分完整，且有年代最晚的建筑彩画，对于分析其地域风格特征，是非常好的一个模本。

2.3 玉泉寺梁架彩画

玉泉寺始建于唐，金代大定四年（1164 年）敕名玉泉院，明、清修缮不详，山门、正殿、寝殿均无

存，仅正殿前的西配殿，以及寝殿以西的西大殿保存至今（图 2）。

图 2 龙口玉泉寺全貌
（图片来源：自摄）
图中左侧小屋为西配殿，右侧大殿为西大殿

东配殿 2008 年坍塌，脊枋被邻近村人收藏，上书"岿天启七年岁次丁卯孟夏四月乙巳朔七日癸卯（缺数字）重修"，其彩画为遍绘松纹的形式，细察其工艺为白灰底上涂红色纹理（图 3）。

图 3 东配殿脊枋题字及彩绘
（图片来源：自摄）

现存西配殿为六檩架前出廊的三开间硬山式殿宇，从屋架形制、比例以及建筑用材、用料等外观风貌看与东配殿同属一时期建筑，其室内梁架均遍绘松纹，由于长时期的烟火熏燎，其彩绘颜色颇不易辨别，多数梁檩柱枋乍看皆似红底墨纹，不过从南次间二金檩、南侧大梁局部显示为黄底红纹，脊檩朝向殿门一侧正中的松纹节点画有一红色螃蟹，推断其梁架彩绘应是白底或土黄底红纹，因年长岁久而变成了黑底（图 4）。

---

① 据"民国四年夏历十月十一日黄县玉泉寺大雄宝殿开光纪念"照片（《佛学半月刊》1936 年第 123 期封二），以及台上李家村村民访得知。

② 玉泉寺始建年代，据村民相传原有碑文记载，现只余碑座，"黄县募资重修玉泉寺"一文也称其"为唐代古刹"（《佛学半月刊》1934 年第 78 期，53 页）；金代敕名玉泉院，见黄县博物馆藏玉泉院敕牒碑。

图4 玉泉寺西配殿梁架松纹彩画
（图片来源：自摄）

西配殿西墙正中现存壁画一幅，两侧对联为"万法皆空明佛性，五彩云华拥华梁"，中间四扇屏的下部边框也是松纹彩画，以白墙作为底色，墨线勾画松木纹理，松纹节结中间点一实心圆点（图5）。

图5 玉泉寺西配殿壁画中的松纹彩画
（图片来源：自摄）
上图为脊檩彩画，下图为明间南侧梁架

西配殿的松纹绘法整体类似民居檐檩中的Ib式类，但更为自然，木材构件正中部位为节结所在，椭圆形节结逐层收缩，中点圆点。细长的木纹线十分流畅，节结两侧与木纹线相连的月牙形色块也十分饱满。

西大殿为五开间前带柱廊的九檩架结构，建成不久，因战争缘故僧人流散，寺院即呈废弃状态，梁、柱、檩、枋等梁架彩画却因此保存十分完整，鲜明如初。

其梁、檩彩画基本形式均为箍头、枋心、箍头的三段式，各占约总长的三分之一（图6），除八架梁上因后部增加了一条单步梁外，基本呈对称布局。

图6 玉泉寺西大殿梁架彩绘风貌
（图片来源：自摄）
图中主体为由西向东看的明间东侧梁架，从上至下分别是三架梁、五架梁、八架梁

梁、檩及柱、枋端部均为乳白底红纹的松纹彩画。

三架梁两端箍头部位，由三道箍头线组成，均为红色三色退晕线，内侧两道为一组，相隔较近，间夹红框绿底盒子，盒子中间为贴金佛八宝彩画，外则一道箍头线与中间一道之间相隔较远，中绘琐文彩画，外侧边缘环绕蓝绿色如意云纹（图7）。

五架梁、八架梁与三架梁总体布局类似，不过明间五架梁的箍头部位由四道箍头线组成，比三架梁多出来中间两道箍头线之间的方形盒子，内绘重瓣莲纹，盒子位置即与上方瓜柱交接处；内侧两道、外侧两道箍头线之间的图案样式与三架梁类似，分别为绿框红底盒子内绘贴金文字图案（"经通三界""佛光普照"）、琐文彩画（图7）；次间山墙五架梁和八架梁主体的箍头部位由三组六道箍头线组成，每组两道箍头线之间为绿框红底或蓝底的长条状盒子，内绘贴金篆体"寿"字图案，八架梁外侧两组和次间山墙五架梁内侧两组之间绘方形盒子，盒

图7 玉泉寺西大殿三架梁、五架梁架彩画样式
（图片来源：自摄）
上图为次间山墙三架梁、五架梁箍头部位图案，下图为明间五架梁箍头部位图案

子内分别绘贴金博古图案和重瓣莲纹,上接瓜柱,八架梁内侧两组和次间山墙五架梁两组之间分别绘长形和方形的琐文图案(图7、图8)。

图8　玉泉寺西大殿八架梁端部、单步梁彩画图案
(图片来源:自摄)
图中主体为明间西侧八架梁东端及其上方的
单步梁图案,左上为单步梁另一侧枋心图案

五架梁与八架梁的最外侧箍头线外侧均环绕蓝绿色如意云纹和宝装式莲瓣纹,与松纹相接;八架梁后部单步梁附近增加了一组箍头,由三道箍头线组成,外则两道之间绘琐文,内侧两道间绘盒子,红底贴金,外侧箍头线之外也是蓝绿色如意云纹和宝装式莲瓣纹,与松纹相接,内侧箍头线之外则为蓝绿色如意云纹,与松纹相接。单步梁两道箍头线之间或为搭袱式彩画或棕黑底绘蓝绿两色祥云,箍头外侧为蓝绿色如意云纹。

脊檩、上金檩、下金檩和单步梁承托的金檩,其箍头部位均由两组四道箍头线组成,每组箍头线均为红色三色退晕线,其间或为曲水图案,或为红色等纯色底,或饰以贴金图案;两组之间为较宽的琐文。靠近端部的箍头线外侧大多为蓝绿色如意云纹和宝装式莲瓣纹,次间部分为蓝绿色如意云纹(图9)。

相对而言枋心较为简单,三架梁的枋心边框绿色三道退晕,内部呈壶门式,枋心绘马踏海浪、鱼跃龙门图案,五架梁和八架梁的枋心边框由两道退晕色线为边,中间填充不规则联环纹,枋心分别绘狮子绣球、行龙戏珠图案;脊檩、上金檩、下金檩和单步梁承托的金檩,其枋心边框为红绿两色的三道退晕线,呈菱形,一般朝向内侧的一面是蝙蝠祥云、菊、兰、灵芝、莲花、荷花、红日祥云、四合如意等各类花草图案,朝向外侧的一面则是仙鹤芝草、凤凰牡丹、游龙戏珠、卷草牡丹、海水江崖、海水火焰等(图10)。枋心图案贴金工艺运用较多,色彩鲜亮。

图9　玉泉寺西大殿明间檩枋彩绘
(图片来源:自摄)

图10　玉泉寺西大殿檩枋心图案
(图片来源:自摄)

梁、枋朝向地面的底部则绘有红底黑线卷草纹或俗名"扯不断"的曲水纹。

瓜柱彩画(图11),是在类似梁的箍头部位的彩画形式。脊瓜柱两道箍头线之间绘琐文,外侧如意云纹,五架梁上瓜柱和承托单步梁的瓜柱则在下侧增加一道箍头线,多了一个盒子图案,八架梁上瓜柱则上下两侧各增加一道箍头线,从而多了两个盒子图案,上部外侧为如意云纹结合莲瓣纹。山墙金柱柱头与单步梁相交处为两道箍头线相夹的盒子图案,盒子正中绘为八瓣如意云旋子花纹,箍头线上为如意头云纹,下部为青绿如意云纹接青绿宝装莲瓣纹。

图11　玉泉寺西大殿柱身彩画

（图片来源：自摄）

从左向右依次为脊瓜、上金柱、下金柱、金柱柱头彩画

3　历史渊源与地域特征分析

虽然没有早期建筑留存,但莱州近年来发现的宋金壁画墓中的仿木构造颇多,结合《营造法式》的相关记载,以及山东其他地区的传统建筑彩画,可以对胶东地区这些民居与寺庙建筑彩画的历史渊源与地域特征略做探讨。

3.1　松纹彩画

松文彩画,在山西、陕西、甘肃、河南等地区的一些古建筑彩画装饰上经常运用。宋《营造法式》卷十四"彩画作制度"之"解绿装饰屋舍""杂间装"条中对松文装有一定解析说明,但配图仅一幅,与宋金墓葬仿木建筑和现存古建筑中的松纹彩绘差别较大。

宿白先生《白沙宋墓》认为"松纹"是木理纹的复杂化,并认为是一种"云秋木"的纹理[①]。李路珂在《营造法式彩画研究》一书中认为"松文""卓柏"装出现的时间可能很短,不为后世所流行[②]。

"解绿装饰屋舍"一条对"松文"作法说明如下:"若画松文,即身内通刷土黄,先以墨笔界画,次以紫檀间刷,心内用墨点节。栱、梁等下面用合朱通刷,又有于丹地内用墨或紫檀点簇六毬文与松文名件相杂者,谓之卓柏装。"

虽然民居檐檩的松纹线条粗细不一、弯曲多

变,较无规律,不符合"墨笔界画"之制,不过玉泉寺除节结外的松纹多为间隔一致的平行线条,牟平养马岛的三官庙西配殿山墙影作松纹彩画,其纹线更为细长平行,仅略有弯曲,上、中、下侧点缀有三行略粗的月牙状节结点,临近胶东曾归莱州府管辖的潍县城中的十笏园丁氏宅账房厅堂梁檩,也是松纹彩绘中点缀一行很细的月牙状节结点（图12）,与《营造法式》所附"两晕棱间内画松文装名件第十五"中的松纹彩画整体样式十分相像（图13）。

而从曲阜孔府明代穿堂的梁架松纹可看出,平行线条和椭圆形节结部分,并不像胶东地区的松纹那样对应相连,而是分别绘制,平行线条像似采用特制的刷子刷绘而成,而非手绘。济南章丘梭庄明万历年间所建李氏祠堂的松纹形制为四道平行线条一组的纹路,更显出刷绘的笔触特点（图14）。据此推断"先以墨笔界画"的是节结部位的边界,"紫檀间刷"的是平行的松纹,然后再在心内用墨点画节结。

十笏园丁氏宅厅堂中的松纹彩绘中还点染有比节结点大的各类多瓣圆形或圆方形装饰图案,有些类似"卓柏装"中与松文名件相杂的"簇六毬文"。而其他民居檐檩和龙口玉泉寺、养马岛三官庙中松纹点缀的螃蟹、鱼虾之类或是"卓柏装"发展到明代晚期,更加世俗化的结果。

图12　养马岛三官庙西配殿（上）与潍坊
十笏园丁宅厅堂（下）松纹彩画

（图片来源：自摄）

---

① 宿白.白沙宋墓[M].北京：文物出版社,2007：78.

② 李路珂.《营造法式》彩画研究[M].南京：东南大学出版社,2011：156.

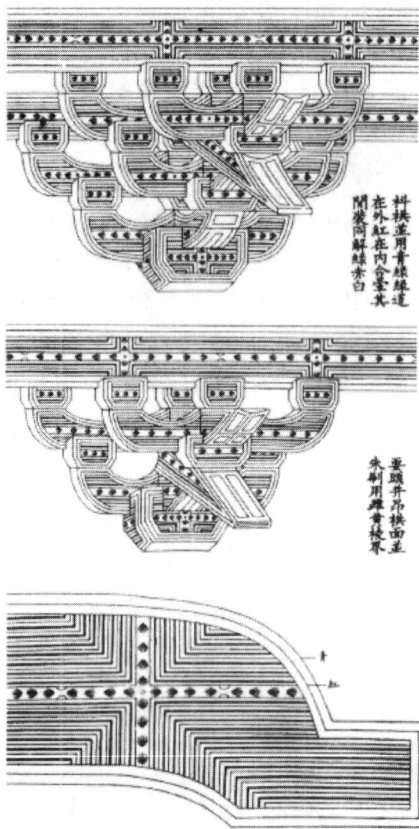

图 13 《营造法式》松文装
(图片来源：王海燕《〈营造法式〉译解》462 页)

图 14 曲阜孔府穿堂(上)、章丘梭庄李氏宗祠松文彩画
(图片来源：自摄)

据此推断，《营造法式》那种抽象化、程式化了"松纹""卓柏"木纹样式，在胶东或山东地区历史上或曾经流行过较长一段时间。

另外，在民居檐檩彩画和玉泉寺、全神寺等的梁架彩画中，大量存在箍头外侧的梁檩柱头部位画绘松纹彩画、枋心和箍头间夹杂松文彩画的情况，

与《营造法式》的"杂间装"也较为吻合。除"五彩间碾玉装"外，其他杂间装形式均为碾玉装、青绿三晕棱间装、解绿赤白装、卓柏装、五彩遍装等与"松文装"相间画的形式。

山东地区历史上松纹彩画的应用十分广泛，包括胶东地区的莱州东南隅村壁画墓在内许多宋金元时期墓葬的仿木结构上均有松纹装饰(图 15)；曲阜孔府穿堂、济南章丘梭庄李氏宗祠、潍坊十笏园丁氏宅厅堂等明代和明末清初建筑还保存有松纹彩画；但类似胶东地区这样从宋、明时期一直沿用至清末民国，且在民居和寺庙等公共建筑上均有较为丰富的表现形式，并不多见，它们应已经成为胶东地区建筑彩画的特征和传统。

图 15 莱州东南隅村宋墓倚柱斗栱松文彩画
(图片来源：《莱州壁画墓》188 页图版 97)

3.2 苏式彩画

苏式彩画是起源于江南苏杭等地区的民间传统绘制技法，大约在清乾隆年间流行于北京地区。北方苏式彩画在图案布局、彩画内容和设色等方面与江南地区的苏式彩画存在着较大的差异[1]。通常北方苏式彩绘正中为半圆形的烟云包袱，包袱中绘山水、花鸟、人物画；江南地区的包袱则为方巾对角上搭或下搭，包袱中绘锦纹或团花纹[2]。

胶东民居檐檩苏式彩画的Ⅱb式和Ⅱd式中的烟云包袱，在几座寺庙建筑中都没有应用，固然与其等级较低有关，更多的可能与招远西北乡一带在京经商的传统相关。高家庄子、大涝洼、山后冯家

---

① 马瑞田.中国古建彩画艺术[M].北京:中国大百科全书出版社,2002:22。
② 龚德才,胡石,何伟俊.江南传统彩画保护技术及工艺研究[M].北京:文物出版社,2014:17-20。

等村均有招远"小北京"的美誉,山后冯家村的烟云包袱应用也最多,现存4处均为曾在北京城经商的杨氏家族宅院。其包袱边框与京城苏式彩画中的软烟包袱相似,亦为黑色退晕,粉至黑共七道叠晕;个别包袱外侧、箍头内侧还有京城苏式彩画常见的卡子彩画,如莱州大冢坡村52号大门檐檩彩绘。也有不少箍头与包袱之间无图案,类似京式彩画的掐箍头搭包袱图案。

Ⅱa式的枋心与箍头间有找头,一般为旋花,在本地的几座寺庙梁架彩画中也有类似的样式,当是地方传统,不过其枋心的写生花鸟图案不见于寺庙建筑,应也与北京的影响有关。

民居檐檩中苏式彩画Ⅱc式、Ⅱd式的例子有,徐家疃某宅残存的方巾搭包袱心图案为锦文,以及寺庙三架梁的方巾搭袱式彩画,特别是十笏园丁宅的包袱心图案均为锦文,其来源可能与江南地区的明式彩画有关。以北京为代表的北方明代彩画,枋心为方巾包袱上、下搭式的并不多见,孔府也未见此类形制。明隆庆年间海运开禁后,胶东地区与江、淮一带的海上联系重新密切起来①,清康熙二十三年(1684)重开海禁,设立江海关,登州、胶州帮商人已频繁旅往来于苏州刘家港、上海等江南港口②,直至清末民初,这种海上交流往来未曾长时间中止,相应的建筑文化交流也应因此产生。

3.3　琐文、华文及其他点缀、适合纹样

无论民居还是寺庙建筑,胶东地区的琐文彩画应用极广,《营造法式》中的琐文六品——琐子、簟文、罗地龟文、四出(或六出)、剑环、曲水,几乎均可找到原型或原型的变体(图)。

华文及其他点缀纹样,多位于枋心,虽然因世俗化,其纹样更多的是吉祥祈福之意,也增加了芝草、兰花图案,但牡丹、莲花作为华文九品前三品花卉纹样,仍是主要内容,其他如仙鹤、凤凰、游龙、天马、狮子,均是《营造法式》卷十四《彩画作制度》中的"飞走之物";"云文"也常出现在各类枋心的空白角位置,所谓"方桁之类,全用龙、凤、飞、走之物

者,则遍地以云文补空"③。

枋心盒子边框,则多为华文九品的后六品中图案,如玉泉寺西大殿三架梁的枋心即为柿蒂科,梁柱紧邻的双道箍头线之间盒子也是六入圜华科等。

如2.1、2.3节所述,如意云头运用也很广泛,甚至玉泉寺上金檩下的瓜柱上端箍头线之间的盒子也采用了合蝉鸢尾的形式。

3.4　叠晕与整体彩装艺术

玉泉寺以及民居檐檩彩绘中采用了大量的叠晕手法,几乎每个纹样和边框线条均有叠晕,叠晕的颜色集中于青、绿、红三色,一般均三道叠晕,整体上与《营造法式》的规定颇多相合之处。

玉泉寺相邻的两道箍头线叠晕方向正好相对,类似"对晕";梁架彩画箍头线,及除三架梁枋心外的其他梁檩枋心边框,均用朱色三道叠晕;青绿色调的琐文也点缀有朱色或贴金,加上一半左右的枋心、盒子均为红底,其他则为蓝、绿底,整体上呈现出温暖明亮的色调,类似五彩遍装的效果。"梁、栱之类,外棱四周皆留缘道,用青、绿或朱叠晕。内施五彩诸华间杂,用朱或青、绿剔地,外留空缘,与外缘道对晕"。

民居檐檩彩画其边框和纹样多用青绿二色,颇似碾玉装。

其他寺庙建筑彩画也多用朱色,青、绿二色间杂调整,整体呈暖色调,有间装效果。

4　结　语

胶东地区现存风土建筑的彩画装饰,主要包括半岛西北滨海村浇传统民居的大门檐檩彩画和寺庙祠堂等公共建筑的梁架彩画两大类。彩画图案总体上有着较为突出的宋代《营造法式》中彩画制度的影响,传统特征明显。松文彩画作为胶东地区彩画装饰的重要手法,时代跨度从明末至民国,并可追溯至宋代,其图案样式部分印证了《营造法式》中关于"松文""卓柏"装的解析和图示,形成了极为鲜明流畅的地域风格。方巾搭袱式彩绘,有着明

---

① 据明《(嘉靖)山东通志》,牟平养马岛的莒岛海口,在嘉靖年间已是"北通辽海、南接镇江等处,海艘往来经此",[明]梁梦龙《海运新考》卷上提到宁海卫(牟平)一带海面时也有注曰:"二十年来土人岛人遍洋采捕,商贩达淮,往来不绝。"

② 范金民"清代刘家港的豆船字号""清代前期上海的航业船商"二文,以大量史料分析出"山东商人特别是胶东商人是清代前期海运业的主力,在将华北、东北豆货输往江南的过程中发挥了极大的作用",康熙二十三年废除海禁后"以上海为中心的南北洋航线尤其是北洋航线,商品贸易获得合法地位,流通格局和规模迥异于前,沿海贸易出现前所未有的繁盛景况",见《史林》2007(3):93,《安徽史学》2011(2):42。

③ (宋)李诫.营造法式[M].清文渊阁四库全书本。

显的江南地区彩绘特征,软烟包袱式"苏式彩绘"在民居大门檐檩的运用,与北京四合院建筑彩绘的渊源颇深,它均反映了胶东半岛作为东北亚地区重要的海上贸易中心和交通枢纽,南北交流往来对于其风土建筑的影响。

参考文献:

[1] 李政、曾坚.胶东传统民居与海上丝绸之路——文化生态学视野下的沿海聚落文化生成机理研究[J].建筑师,2005(3):69-73.

[2] 宿白.白沙宋墓[M].北京:文物出版社,2007.

[3] 李路珂.《营造法式》彩画研究[M].南京:东南大学出版社,2011.

[4] 吴梅.《营造法式》彩画作制度研究和北宋建筑彩画考察:[D].南京:东南大学,2004.

[5] 龚德才,胡石.江南古建彩画保护技术及传统工艺研究[M].北京:文物出版社,2013.

[6] 马瑞田.中国古建彩画艺术[M].北京:中国大百科全书出版社,2002.

[7] 范金民.清代刘家港的豆船字号——《太仓州取缔海埠以安海商碑》所见.[J].史林,2007(3):87-99.

[8] 范金民.清代前期上海的航业船商[J].安徽史学,2011(2):42-53.

[9] 赵双成.中国建筑彩画图案[M].天津:天津大学出版社,2006.

[10] 蒋广全.中国清代官式建筑彩画图集[M].北京:中国建筑工业出版社,2016.

[11] 烟台博物馆、莱州博物馆.莱州壁画墓[M].青岛:青岛出版社,2014.

[12] 刘凤鸣.山东半岛与东方海上丝绸之路[M].北京:人民出版社,2007.

[13] [宋]李诫撰,王海燕注译.《营造法式》译解[M].武汉:华中科技大学出版社,2011.

巴渝传统民居营建技术的保护传承探索
——以酉阳县恐虎溪村为例

Conservation and Development of Technology of Vernacular Buildings in Bayu Area
—Taking Konghuxi Village of Youyang County as Case Study

温　泉[①]　**夏桂林**[②]
Wen Quan　Xia Guilin

【摘要】在当下乡村建设实践中,对传统民居营建技术的传承与发展问题亟待解决。巴渝传统民居在资源利用、标准化制造与施工组织方面具有可借鉴的现实意义。以酉阳国家级传统村落恐虎溪为例,通过以提高居住舒适性为导向的民居改造和灵活可逆的祠堂适应性利用,以创造良好的乡村生活环境。

【关键词】营建技术　传承　更新

1 传统民居营建技术传承的现实意义

随着国家乡村振兴政策的广泛落实与乡村旅游的兴起,传统村落的保护与开发成了当下乡村实践中重要的领域。在技术层面,相关规范标准的缺失、规划改造提升技术的欠缺等都严重制约了对传统村落进行有效的保护和再利用。对仍然在承担着居住功能的传统村落来说,如何在保持传统村落风貌的同时,提升其人居环境,满足当代居住的要求,是一个迫切需要解决的技术问题。

在一些拥有优美自然环境与深厚历史人文氛围的传统村落中,村民通过改造既有房屋以提高自身生活品质成为一大趋势。但是由于缺乏有效的引导与技术支撑,很多村民并不明白乡土建筑的价值和民居改造相关的知识技能。一些人认为传统的建筑营建技术是落后的产物,于是或丢弃老宅新建毫无地域特色的混凝土盒子,或是简单地对房屋外观"穿衣戴帽",而房屋内部仍不符合当代居住需求。因此,需要继承乡土建筑营建技术的合理成分,通过有效的改造更新,以符合当代居住生活功能,同时延续其乡土建筑的历史与社会价值。

传统民居营建技术是在与当地资源、气候环境、复杂地形、生产与生活方式及文化特征相互适应所形成的稳定类型与建构传统。传统民居层面的营建技术传承,包括结构安全性能提升、使用功能拓展,建造工艺传承与保护,以及适应性保护技术与综合开发利用。凝炼和研发出人居环境改善、结构安全性能提升、基础设施改善等共性关键技术,对濒临失传和灭绝的传统营建工法和工艺进行保护及改良,并选择具有代表性、富有鲜明地域特色的传统民居进行适应性利用,是实现乡土建筑遗产保护、房屋建造技术升级和乡村可持续发展的重要措施。

2 巴渝传统建筑的优秀"技术"基因

巴渝地区曾偏于一隅,特殊的地理环境、悠久的历史文化与丰富的民族文化,造就了这里传统民居朴实、高效、个性的营建技术,其在今天看来仍具有旺盛的生命力。这些乡土建筑建造技术的许多优秀品质、技艺水平和科学精神不仅体现在民居的外部形态之中,更体现在整个房屋建造的过程中,如乡民们对技术与材料的选择、对建造方法的把握、对具体问题解决中意识的渗入等。在今天看来,这些营建技术仍值得总结和提升。

2.1 资源高效利用的绿色建造技术

巴渝传统民居在建造过程中,采用因地制宜的

---

① 温泉,重庆交通大学,副教授。
② 夏桂林,重庆交通大学,研究生。

建筑材料、复合空间的室内布局,这在当今看来是一种资源高效利用的绿色建造技术。传统民居利用吊脚、筑台等方式从竖向空间上争取空间的利用以适应局促的山地环境;简洁的平面布局使得建筑整体获得良好的保温性能;竹筋墙、夯土墙等可"呼吸"的围护材料以适应湿热的气候;宽挑檐、小天井的巧妙利用以创造宜人小环境,等等,都反映了人与自然和谐共生、资源持续高效利用的原则。这在今天看来正是体现出建筑建造过程中实现的资源能源系统的良性循环,在一定程度上有效解决了资源消耗大、浪费严重、环境污染等问题。因此,研究借鉴传统建筑的智慧建造原理,用现代的技术手段研发基于资源高效利用的绿色建造技术,包括被动节能建筑建造技术、基于寿命周期的设计施工一体化技术、生态材料的重复利用及资源高效利用技术,对传统建筑材料、建筑构造进行工艺技术研发,为实现资源节约、环境保护、人与自然的和谐共处提供技术支撑。

2.2 标准化的建筑模块化制造的关键技术

巴渝建筑的主体架构以穿斗构架的"步架"为单元,建立以"间"为单位的空间体系。穿斗构架属于檩柱支承体系,直接以柱承檩,以檩承椽,可根据功能及地势调整进深大小,进深由步架数量控制,采用每柱落地或隔柱落地节约用料。这种"步架"—"间"—"院"—"群"的建造逻辑在建筑的室内划分、现场组装、改加建等方面都具有巨大的灵活性,在今天看来这正符合具有工厂预制化、快速装配化、绿色、低碳、环保的模块化建筑型式。在城乡住宅建筑、新农居建造过程中,将传统建筑的构筑原理应用在钢结构模块化建筑产业化关键技术的开发与应用,形成建筑部品、部件,在工厂组装成具有一定功能的建筑单元,可较大程度地实现建筑的"装配式"。重点在于开展建筑模数化和模块化建筑设计技术,模块单元制造及其连接技术,模块化建筑结构材料及围护材料的研究,以达到轻质、环保、绿色的要求。

2.3 在地适宜的施工组织技术

巴渝建筑的营建活动蕴含人文内涵的建造技艺。工匠们对建造工艺的价值体现,不仅表现在技艺水平,还有在建造过程中对技术与材料的选择,对建造方法的把握,以及对具体问题解决中整体意识的渗透等。这些都表征出传统技术与人文高度统一的建造技艺。在重庆地区经济发展相对落后

的地区,考虑适宜地、合理地运用自然资源,提倡尊重自然生态系统和本地区社会文化模式的技术风格和组织形态,不仅能够保护优秀的传统建造工艺,实现建筑生态可持续,而且对促进落后地区劳动力就业、维系社区凝聚力也有积极的作用。重点开展传统建造技艺的普查与记录,当地建筑工匠的组织与培训,建筑施工与组织管理的操作指南等,实现适应当地经济水平和施工能力的在地适宜的施工组织技术。

3 传统民居营建技术更新实践

重庆西阳县后溪镇恐虎村是一个拥有 300 年历史的土家族村落,由于地理位置偏远,几乎与世隔绝,这里因保存了浓郁的农耕文化、纯正的土家族民居,于 2015 年获批成为第五批国家级传统村落(图 1)。在对恐虎溪村的保护与更新的实践中,我们不仅制定了传统村落的保护规划,还重点进行了当地传统建造体系延续更新的研究。要让传统建造体系获得真正的生命力,首先要解决当代人居住行为"舒适度"缺陷的问题。选取其中一栋三合院住宅和祠堂,分别作为传统村落居住与公共建筑改造更新的样本,着重关注以适应当代居住与公共生活行为为目的的改造。

图 1 西阳县国家级传统村落恐虎溪村全貌
(图片来源:自摄)

3.1 提高居住舒适性为导向的住宅改造

选取一栋典型土家族三合院民居。这栋土木结构的老房子在漫长的岁月磨砺中早已破旧不堪:地面潮湿、木屋架摇摇欲坠、屋面漏雨、墙体倾斜破损、窗户小采光差、气密性差、保温隔热差……经过反复比对和论证,我们制定了以最大限度保留土家族民居传统风貌和营造技术的前提下,兼顾当代居住需求的方案。①建筑结构的加固与保温性能的

增强:保留外墙揭瓦落架—新建柱基墙基—加固原有墙体—新建柱子和屋架—铺设屋面防水、保温—内墙面嵌入保温板与木板墙—地面防水、保温处理(图2)。②房屋采光的改善:在屋顶增设了木椽子遮阳格栅的亮瓦作为辅助采光带;阁楼部分架设高窗,堂屋原有的木格板墙改设玻璃窗,原有木板改造为可调节百叶(图3)。③室内居住环境的改善:保留了土家族民居中家族的象征——火塘,结合屋顶构架设置了被动式排烟烟囱(图4)。④水电改造,建筑偏房改造为尿粪分离厕所,建筑配置强电箱、给排水位置、电信接入箱,为后续使用提供必要条件。

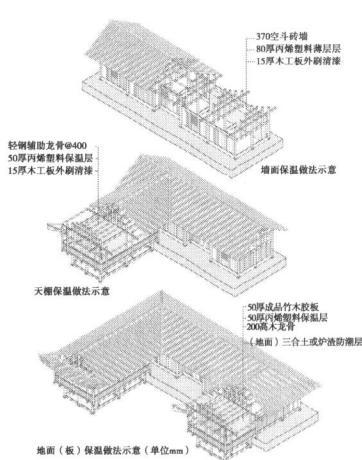

图 2　对房屋进行保温性能的增强措施

(图片来源:自绘)

图 3　原有木格板改造为可调节百叶

(图片来源:自绘)

图 4　保留火塘增设排烟烟囱

(图片来源:自绘)

3.2　灵活可逆的祠堂适应性利用

所选白氏祠堂是一座清代的白氏宗祠,曾经是恐虎溪村民为纪念白氏家族而建造的徽派砖木结构四合院,是土家团结族人、崇拜先祖,展现宗祠文化的据证。修复的目标不仅为延续该祠堂在整个村落中的公共地位,而且使其还能够成为外地人考察村落文化、大学生美术实习的基地。

祠堂的厢房与堂屋以不同空间划分按需调整中柱位置及穿枋位置,根据用材或实际需要呈现出丰富的构架组合特色。应用较广泛的构架形制为"隔柱落地式",即几柱几挂(瓜),根据进深、挑檐步架及空间使用灵活组合,部分木柱承托在横向穿枋上不必落地,既节省用料又满足功能及结构。隔柱落地主要有两柱三挂、三柱四挂、三柱六挂,四柱三挂、五柱六挂等,进深较大的房间选择步架较多的形式,厢房进深较小,则采用选择步架较少的组合(图5)。在祠堂的改造中,厢房部分作为有意愿投资民宿的乡民展示房屋改造室内布置的场所,延续构架组合的灵活性特征,将适应不同人数的家具模数化并与构架相匹配。这样既保留原有构架组合的同时,又将室内家具与构架进行整合,以最大限度地利用空间,为乡民对闲置房屋的未来改造或经营的室内布置提供了样板(图6)。

白氏祠堂由于具有典型的土家族祠堂风貌特征,承载了地方家族历史变迁的历史价值,被当地列为县级历史文物建筑,因此对祠堂的修复与利用的对策上,还应满足历史建筑保护中的"可逆性"要

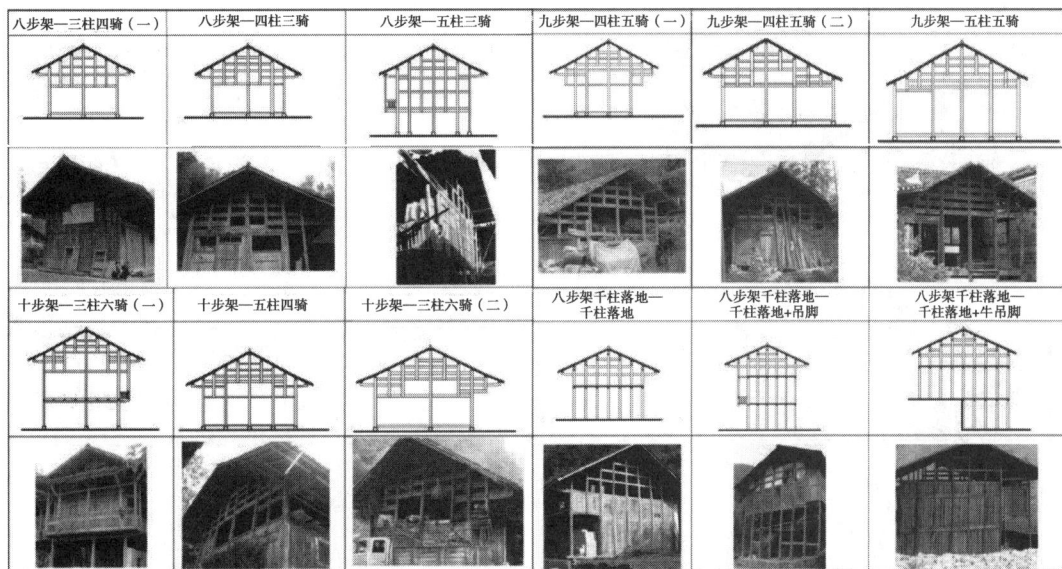

图 5　土家族民居丰富的构架组合

(图片来源:自绘)

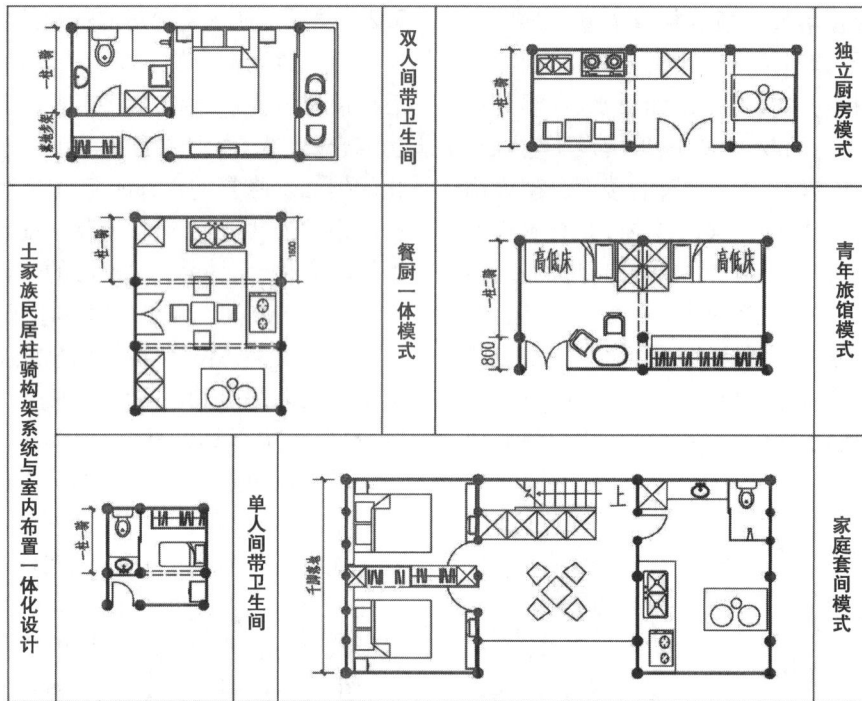

图6　结合柱骑构架系统空间的室内布置方案
（图片来源：自绘）

求。因此对祠堂的中轴线部分，我们还是尊重了入口—内院—堂屋这一序列的历史氛围。如保留了"八字朝门"的入口形式，在门户当心间往内退让出一个或两个步架的开敞空间，强调了入口的中心地位（图7）。堂屋的高阔空间予以保留，而为满足室

内舒适性要求，采用了"屋中屋"的设计手法，嵌入了由聚碳酸酯板天窗、展板与铝合金格栅组成的"玻璃盒子"。展陈照明、弱电管线与展陈轻钢框架相结合。一层展陈地板为在原三合土地面之上的架空木地板，展墙边界与祠堂砖墙及柱子脱开。这样是为了避免与原祠堂房屋构件不可逆连接，必要时可以完整抽离，将其恢复为祠堂。设计灵活的装置形在传统空间的外壳包裹下嵌入满足现代功能的工作室、卫生间，通过精致的玻璃天窗仍能够欣赏到原有堂屋的木构架，实现了古与新的对话（图8）。

图7　白氏祠堂内部空间的原真性复原
（图片来源：自绘）

图8　祠堂内部空间的灵活可逆利用
（图片来源：自绘）

3.3　自组织改造帮扶

恐虎溪村至今为止保留了较为纯正的土家族民居建造技艺。当地工匠根据代代相传的手艺与口诀，可以有条不紊地分开加工梁、柱、墙、板、椽、檩构件，然后迅速拼装。民居的建造通常采用家庭

自助和乡间邻里换工方式，在农闲时进行，无须大的建筑施工机械投入，因而有经济上的适宜性。当地建筑材料以当地天然材料为主，没有对大型运输工具的依赖，在交通不发达的山区，这些建造技术至今仍然具有旺盛的生命力。我们通过采风，编制了技术优化方案，帮助村民能够在沿用传统营造

技艺的基础上，通过适宜的现代技术，提升房屋的舒适性。木材是当地可以循环的生态材料，具有就地取材的巨大便利。我们协同当地的村委会，制订详尽的建房管理方案，山区乡民在办理建房手续后，才可在控制范围内采伐一定数量的木材。乡民建新房时，一方面尽量引导用老房子中的木料和配件，另一方面新房往往分期完成，先做主体骨架，其他维护板材陆续添加，这种小规模的建造方式避免了一次性对木材的储备需求。

巴渝传统民居的营造技术存在于自然、社会、文化、生活等各种因素相互交织的，被反复选择、反馈、筛选、调整的自组织系统中。它虽然产生于前工业时代，但是在一些经济落后地区现今仍与当地生产力是适应的，它在能源消耗、环境荷载等方面

有着极大的优势。即便如此，这些技术系统在当今需要做出更新、转变和提升。研究其民居发展过程中与当地资源、气候环境、复杂地形、生产与生活方式及文化特征相互适应所形成的稳定类型与建构传统，在特定的环境下，根据当地的经济水平、技术条件制定适宜的技术更新策略，才能为正在进行的乡村建设提供参考和依据。

参考文献：

[1] 王冬.关于乡土建筑建造技术研究的若干问题[J].华中建筑,2003,21(4):52-54.

[2] 刘晓晖,李必瑜,李先逵.渝东南土家族民居之基本形制及其智慧[J].新建筑,2007(4):35-38.

[3] 胡冗冗,成辉.西部乡村民居发展与更新问题探讨[J].南方建筑,2010(5):48-50.

[4] 王竹,魏秦.多维视野下地区建筑营建体系的认知与诠释[J].西部人居环境学刊,2015(3):1-5.

[5] 赵群,周伟,刘加平.中国传统民居中的生态建筑经验刍议[J].新建筑,2005(4):7-9.

[6] 周红燕、周铁军.可持续发展与传统技术的研究——适应气候的传统建筑与技术的更新[J].重庆建筑大学学报,2001(12):32-35.

高句丽时期燕州城山城营建及历史信息辨析[*]

An Analysis of Construction and Historical Information on Yanzhou City in Koguryo Period

姚 琦①

Yao Qi

【摘要】燕州城山城始建于公元五世纪,与2004年被列入世界文化遗产名录的集安高句丽王城遗址同属高句丽时期。燕州城为高句丽的重要边界山城,是高句丽军事防御体系的前哨,军事职能极为重要,是东北亚地区公元五至七世纪防御性城池的重要实例之一。本文从燕州城山城的选址入手,首先通过历史典籍的遍历与摘取,分析其历史时期的功用,之后以燕州城现存遗迹为基础对其历史信息进行辨析,对历史遗留下的物质与非物质信息进行还原,为其活态保护提供必要的信息支撑。

【关键词】高句丽 古城 山城营建 军事防御

高句丽为公元一至七世纪存于东北地区的少数民族政权之一,其存世期间广筑城池,有平原城和山城两种城池形态,并以山城作为其最显著的标志。现可辨识的中国境内高句丽山城达二百多处,密集分布于辽宁省与吉林省的东部山地丘陵地区,并多与河流、平原相伴;朝鲜半岛也有数目庞大的高句丽山城遗存,在朝鲜大同江、韩国汉江流域都有高句丽时期山城的发现。这些山城共同构成了此时期东北亚地区人类生存的图景,展现了此时期山地民族的生存状态、居住条件及改造自然的能力。燕州城山城即为高句丽时期山城之一,体现了高句丽人营建山城成熟时期的手法及军事防御特色,是不同于高句丽都城、生活性山城的另一种类型。

1 燕州城山城概况

燕州城山城(图1),又名白崖城、白岩城,现位于辽宁省灯塔市西大窑堡村东侧。燕州城山城建于公元403年,是高句丽中期建设并沿用至晚期的重要防御性城池,也是中国境内保存最为完好的高句丽时期山城之一,被国务院核定公布为第七批全国重点文物保护单位(图2、图3)。燕州城山城处于灯塔市东部群山丘陵及中西部冲积平原相结合的位置。太子河由燕州城南侧峭壁自东向西经过,汇入浑河。北侧依靠群山,面向平原,扼守了太子河河口,更扼守了由西侧进入高句丽的重要水路,这使该城拥有了极为重要的战略地位。

1.1 燕州城山城的现状

燕州城山城"因山临水,四面险绝",现在依然保存着当年城池的险要地形,且南侧悬崖之下的太子河依然水量丰沛,壮观的城墙、马面、瞭望台、居住址等也经过考古工作者的发掘,其所在区域较为完整地保持着高句丽时期防御性山城的格局和形态构架。根据中国的《旧唐书》《新唐书》及朝鲜半岛的《三国史记》等史书记载,唐太宗曾亲征并攻破此城,燕州城就是唐代征战高句丽重要战场之一。

燕州城东高西低,呈现出开口向西的"簸箕"形,

图1 高句丽燕州城山城鸟瞰图
(图片来源:谷歌地球)
图片说明:坐北朝南观测

———————————————
* 国家社会科学基金,高句丽古城遗址保护规划历史文本研究,项目号17VGB017。
① 沈阳建筑大学建筑研究所,硕士研究生。

图2　燕州城山城北侧城墙
（图片来源：自摄）
图片说明：城墙主体结构仍在，但局部崩塌

图3　燕州城山城西北侧马面
（图片来源：自摄）
图片说明：此为高句丽时期遗存

东西长约440米，南北长约480米，周长约2500米，面积约22万平方米，属于高句丽小型山城。山城西南侧曾为城门，现为城门口村。北侧城墙及东侧城墙均有古代墓葬发现，其中北侧墓葬范围约1500平方米，东侧墓葬范围不小于2000平方米。通过调查及考古学者发掘发现，燕州城的营建利用了既有山体的悬崖，并人工筑造其他三侧城墙。东南角为制高点，由东南角向西南方向，城墙随山体倾斜向下，距太子河断崖约170米。现存最为完好的是北侧城墙，合计长约800多米，皆由白色石材筑造。城墙外侧有高耸的马面，城墙外高内低，顶部由外向里有宽度约0.8米的石基，部分残高

0.2~0.3米，石缝内有勾缝用的白灰残留，推测为城墙女墙的残迹。由北侧城墙密集的马面可以看出，为获得更为安全的防御条件，以石材设防的方式抬高视差，并以密集的马面作为补充，试图弥补燕州城山城自然条件的不足。

燕州城山城虽经过金代、明清时期的沿用，但从山城的筑造手法来看，其现存石砌山城具备了以下高句丽山城营建与筑造的独特手法：一是石材筑城干砌法；二是"筑断"为城的建造；三是临近水源、坐拥腹地为谷的生存环境要求；四是扼守水路要道、稳居关卡要地的选址理念。综合这几点可判断，现存燕州城山城具有多个历史时期的风貌与建造特色，并最大限度保有了高句丽时期的筑城特色。

1.2　燕州城山城的选址——高句丽防御性城池选址的典型山城

作为众多高句丽山城之一，燕州城山城是进入高句丽所辖范围的陆路与水路的交汇点，又与高句丽边界的边城共同构成西侧的防御边界。第一，燕州城除城墙外，城内东南侧高地还有第二层石砌建筑，既是城内的制高点，也是距离南侧绝壁最近的地点，成为山城内部最安全的地带，也是传递信号最醒目的位置，这是判断其为防御性城池最为重要的一点。第二，燕州城山城东高西低，从西侧远观对山城内部一览无余，这对布置大规模士兵进行安全方位是不利的，但从山城北侧及东侧的城墙与马面来看，其防御的重点不在屯兵，而在于聚点性质的守卫，北侧密集的马面成为防御陆路进攻的重要防御平台，即以城墙作为防御利器，以求出奇制胜。在冷兵器时代，燕州城城墙高达8~10米，近人尺度是极为可靠的防御高度。在这种地理条件下，不能形成安全稳定的居住环境，再结合其与辽东城相对峙的地理位置，可看出在此处布城，主要功能绝非用于居住生活，其核心功能是军事防御及军事联络。

通过以上分析，燕州城山城区别于高句丽都城、大型山城等类型，并非为生活所建，也并非处于大山深谷中的屯兵、屯粮之城，而是具有防御性质的前哨，成为公元五至七世纪高句丽在辽东地区进行边界防御、与周边地区抗衡的重要设防点。

2　历史时期的燕州城山城文献辨析

2.1　对高句丽山城历史文献的挖掘

关于高句丽山城的明确记载极少，且文字多语

焉不详,历史文献中城池的位置与现代地理方位也不尽相同,相关研究者对高句丽多个山城的具体位置仍处于研究之中。对于高句丽一般山城来说,能见于今日并且能够被确认为准确的文本资料更为匮乏。

笔者尝试从中国、朝鲜半岛两方面入手搜集关于高句丽都城的信息。对高句丽时期山城的记载,主要集中在以下几本史籍之中:《隋书》《旧唐书》《新唐书》《三国史记》。其中,《三国史记·高句丽卷》中对高句丽众多山城都有所记载,但是记载较为零散且并未记载山城的名字,无法明确其具体的位置,而较详尽的记载多在公元六世纪之后,重点的分析集中在个别山城上。对于燕州城来说,由于其白色筑城砖石极其醒目,且与史书的记载一致,因而成为最早被辨识出的高句丽山城之一。由于历史研究对于不同历史文本关注程度不一,不同史书多角度的记述成为捕捉关于高句丽时期城池建设等历史信息的重要资料,弥补了单一史书对山城记载的不足。本文选取历史文献较为丰富的高句丽燕州城为例,做更为详尽的阐述。

2.2 燕州城山城的历史文献

在研究众多高句丽山城的历史资料后,笔者尝试从单个山城的营建历史切入,试图找出不同史书记载同一事件的发生地。燕州城是唐太宗东征之战发生地之一,因此中原史书与朝鲜半岛史书对其皆有记载。《隋书》中最早记载了高句丽晚期的状况。隋朝两次东征,但并未经过燕州城,而是由宇文恺布浮桥使士兵经过辽水之后直奔新城①。因此,《隋书》对研究燕州城的历史文献意义不大。而在《旧唐书》《新唐书》及《三国史记》中,关于燕州城的记载更为明确。

《旧唐书》载:

"师次白崖城,命攻之……其城因山临水,四面险绝。李勣以撞车撞之,飞石流矢,雨集城中。六月,帝临其西北,城主孙伐音潜遣使请降……遂受降,获士女一万,胜兵二千四百,以其城置岩州,授孙伐音为岩州刺史。"②

《新唐书》载:

唐太宗·十九年"(唐太宗)如洛阳宫,以伐高丽……四月癸亥,李世勣克盖牟城。五月己巳,平壤道行军总管程名振克沙卑城……甲申,克辽东城。六月丁酉,克白岩城。己未,大败高丽于安市城东南山……九月癸未,班师……戊午,次汉武台,刻石纪功。十一月癸酉,大缮军于幽州。"③

"进攻白崖城,城负山有庌水,险甚。帝壁西北。房菌孙伐音阴丐降,然城中不能一。帝赐帜曰:'若降,建于堞以信。'俄而举帜,城人皆以唐兵登矣,乃降。"④

《三国史记》载:

阳原王·三年(公元547年),"秋七月,改筑白岩城、茸新城。遣使入东魏朝贡。"⑤

阳原王·七年(公元551年),"秋九月,突厥来围新城,不克。移攻白岩城,王(高句丽阳原王)遣将军高纥领兵一万,拒克之,杀获一千余级。"⑤

宝藏王·四年(公元645年),"五月...李世勣进攻白岩城西南,帝(唐太宗)临西北。城主孙代音潜遣腹心请降,临城投刀钺为信,曰:'奴愿降,城中有不从者。'帝以唐帜与其使曰:'必降者,宜立之城上。'代音立帜,城中人为唐兵已登城,皆从之。"⑥

通过不同史籍的记载,可见燕州城的性质与我们以往认识的城池不尽相同。以石材砌筑的城墙被唐军李绩将军的撞车及箭矢攻破,城中并无大量百姓居住,险要的地势皆为战争而准备,不同于高句丽的都城——国内城、丸都山城等具有综合功能的城池。在不同史书的描述过程中,既可以看到该城的石砌城墙设防被攻破,也可看到唐军智取攻城的谋略,历史文献与山城遗存为我们完整地展现了发生于该城的重要史实。现代军事历史学家通过对高句丽城池间关系进行研究,认为高句丽存世期间在其西侧边界修筑了一系列山城,共同构成了西侧边界的连防体系。从史籍中对该山城发生的筑城、军事事件记载来看,燕州城确为高句丽西侧防线的第一层防御性城池之一。

---

① 新城,又名高尔山山城,现位于沈阳市与抚顺市交界处,是高句丽时期西部的重要防御性城池。

②《旧唐书·列传》卷一百四十九·东夷。

③《新唐书·本纪》卷二·太宗。

④《新唐书·列传》卷一百四十五·东夷。

⑤《三国史记·高句丽本纪》(高丽)之"阳原王",金富轼等编撰。

⑥《三国史记·高句丽本纪》(高丽)之"宝藏王",金富轼等编撰。

3　燕州城山城的功能、布局与构造

3.1　燕州城山城在高句丽时期的功能

现众多学者对高句丽山城有不尽相同的分类方式，例如，根据海拔、周长、规模、山体走势、山水关系等进行分类。笔者综合考虑了高句丽山城的选址、构造方式、营造时期、城池用途，将高句丽山城分为都城、大型山城、中型山城、小型山城、防御性山城、边界性山城、前哨山城/据点、关卡八类，这从高句丽的政治等级、生活与防御、地理与山川等方面综合界定了高句丽时期山城的类型。

如上一节所述，在高句丽所建的众多山城之中，燕州城、石台子山城、高尔山山城、塔山山城、英城子山城、青石岭山城（高丽城山城）、得利寺山城、催阵堡山城、龙潭寺山城等构成了高句丽西侧的防御性城池阵线。这条防御线恰位于辽宁省、吉林省东侧山脉和西侧平原的分界之地，是高句丽以山为居、因山设防的重要体现。由于"喜高而居，依山傍谷"，高句丽恰好将辽东的丘陵山地与辽河平原区分开来，选择绵延的山地地区作为其领地。这些山城既是高句丽防御的据点，也是外界进入高句丽的必经之地，都设在陆路与水陆要道之处，其选址都经过精心考虑，并且单个城池并非孤立存在，而是山城之间相互拱卫、互为防守。此外，诸如燕州城这类防御性山城及前哨山城/据点规模都不大，周长在3公里之内，既不易被发觉，也能诱敌深入，是高句丽山城中具有专门性质的城。

3.2　燕州城山城的布局

燕州城山城是高句丽"因山为城"的重要实例之一，其城墙设置首先依靠了辽阳地区的丘陵地势

图4　燕州城山城与太子河关系
（图片来源：自绘）
图片说明：太子河自东向西流动，现河床的位置
与历史流域范围相比变化不大

（图4），利用东南断崖作为天然屏障，又在西、北两侧注重人工设防，形成布局自由并满足防御需求的城池（图5）。在山城东部高地设置第二层石垣，既可作为烽火台，又可作为城墙被攻破后的第二道防线，山城的警惕性极高。从山城的使用功能来看，西南城门位于低地，是城内取水最为便捷的通道，也是士兵从水路经过太子河的必经之路，和高句丽时期山城"依水择地"的选址理念完全一致。

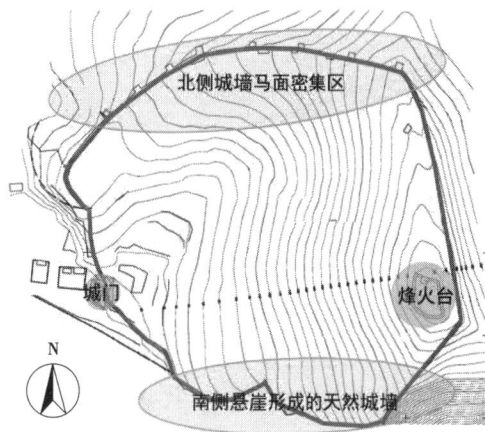

图5　燕州城山城的主要设施
（图片来源：自绘）
图片说明：烽火台为山城制高点，城门位置为山城最低点

3.3　燕州城山城的构造

高句丽善于使用石材，且所营建的众多山城所用石材具有惊人的相似性，因此直至现代，其存世所造山城依然能够很好地被辨别出来。燕州城山城的石材为白色，再加上山城南侧为断崖，因此其在高句丽时期被称为"白崖城"。由于燕州城山城在高句丽灭亡之后被多次沿用，尤其在辽、金时期进行了重修，明清时期也多次被利用。因此，燕州城山城现有遗存是多期遗存堆叠的结果（图6，图7）。经过考古学者的发掘，基本确定燕州城山城墙等主体结构确为高句丽时期所建，在城墙外侧的部分矮墙及城墙、马面的外表皮经过辽金时期的修补，但仍保存有大量高句丽时期的石材。城墙最内部为土筑，外部则由典型的高句丽梭形石材搭接，再外侧则为高句丽打磨的楔形石。现存高句丽时期马面、城墙达10米之高，同高句丽丸都山城、国内城、凤凰山山城、大黑山山城等，成为高句丽石砌山城最为典型的代表。

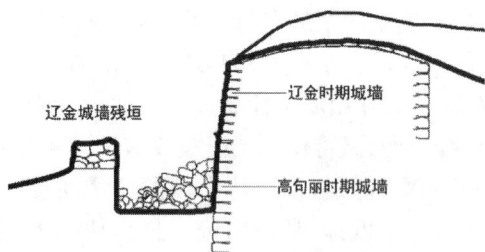

图 6　燕州城山城西北侧城墙剖面图
图片说明:此为高句丽多期城墙构造的结果

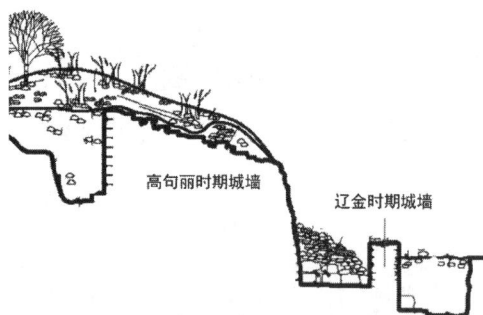

图 7　燕州城山城东北侧城墙剖面图
图片说明:此为高句丽城墙被后代填埋的局部城墙

从现存的石材来看(图 8),燕州城山城城墙外部所存石材多为楔形石,和高句丽都城及其他高句丽山城(图 9 ~ 图 16)的切削方式完全一致,石材皆为外部边缘圆润、向内递缩呈尖形。城墙内部则多为两侧略尖的条石,并伴有高句丽晚期筑造山城使用的块石。此外,燕州城山城也是目前已知高句丽山城中唯一一座通过山城所用石材颜色与文献相合的实例,这也为高句丽山城的历史文献研究提供了新的思路。

高句丽时期大型山城局部石材构造(图 8 ~ 图 16,图片来源:自摄)。

图 8　燕州城山城
辽宁省·辽阳灯塔市

图 9　丸都山城
吉林省·集安市

图 10　国内城
吉林省·集安市

图 11　五女山城
辽宁省·本溪市

图 12　得利寺山城
辽宁省·瓦房店市

图13 卑沙山城
辽宁省·大连市

图14 凤凰山山城
辽宁省·丹东市

图15 城子山山城
辽宁省·铁岭市

图16 龙潭山山城
吉林省·吉林市

4 燕州城遗存保护的重新界定

燕州城山城是高句丽重要的防御性山城,也是高句丽晚期山城的重要实例之一。在山城的修筑上,燕州城采用了高句丽时期筑城的惯用做法,即利用山城之上及其附近的石材进行筑造,并采用了高句丽处理石材的典型切削及堆叠方式。正是由一座座山城构成了高句丽人生活的完整图景,保护高句丽古城遗址具有重要的意义。

对高句丽燕州城这样的城池遗址来说,其物质的遗存价值固然重要,而如今对其相关史料的挖掘远远不够。

首先,诸如此类的古城遗址保护问题,很多时候其保护仅仅停留于物质层面,对其中的历史文献并不重视,若将历史文献有针对性地再利用,对古城遗址的保护会更加全面深入。我们会发现,人类在认识自然的过程中,原始的山川地貌对古人来说是不可逾越的屏障,而人类对外的探索又绝非仅限于城池之内,即便对"择高而居"的高句丽人来说也是如此。古城保护范围不仅限于山城本体,周边的历史景观同样需要重视。其次,高句丽山城并未孤立存在,而是数百座山城紧密相连,具备不同设施的山城功能也各不相同,其中蕴含着古人生存的智慧。保护高句丽古城属于大遗址保护层面,而现在各省市区以孤立保护遗址的方式对待高句丽古城,将重要的几个作为个体谨慎保护。这虽然在一定程度上保护了高句丽古城的原真性,但若将众多山城联系起来进行考察和保护,定会得到更好的保护效果,使其历史价值更为完整地得到展示,能为当今人们提供更为真实可靠的历史信息。

参考文献:

[1] 傅熹年.傅熹年建筑史论文集[M].北京:文物出版社,1998.

[2] 朴玉顺.集安高句丽丸都山城的筑城理念浅析[J].北京:民居与传统建筑研究,2010(6).

[3] 耿铁华.中国高句丽史[M].长春:吉林人民出版社,2002.

[4] 佟士枢.辽宁高句丽山城遗址保护研究[D].沈阳:沈阳建筑大学,2012.

[5] 王绵厚.高句丽古城研究[M].北京:文物出版社,2002.

[6] 王禹浪,王宏北.高句丽·渤海古城址研究汇编[M].哈尔滨:哈尔滨出版社,1994.

当代建筑历史文脉继承发展及设计手法研究

A Study of the Development and Design techniques of Contemporary Architecture History Context

于卓玉[①] **梅 青**[②]

Yu Zhuoyu   Mei Qing

【摘要】 为了解决城市建设中矛盾日益突显,割断历史文脉的"建设性破坏"、缺乏地域文化特色的"千城一面"等问题,在建筑历史发展的视野下,重新审视和建构建筑文脉内涵特征,梳理了建筑"文脉"理论的发展历史。分析了在城市建设过程中我国建筑文脉的重要性和紧迫性,并结合 5 个设计作品探讨了当今建筑师对"文脉"应有的设计原则和方法。

【关键词】 建筑历史　历史文脉　文脉发展　设计手法

1 文 脉

　　文脉一词的概念很广泛,文脉(context):最早来源于语言学的定义,它的意义是用来表达我们所说、所写的语言的内在联系。而在建筑设计所强调的文脉是更加强调个体建筑是建筑群的一部分,注重新老建筑在视觉、心理、环境上的沿存和连续性。每一个建筑,都是作为历史、文化的反映而有机融入环境之中的。一幢建筑的功能及意义,要通过空间与时间的文脉来体现,反过来又能支配文脉。[1]

　　自然景观、地形地貌、民俗文化、城市格局、年代记忆和生活方式等,我们都可以称为是城市文脉的一部分。文脉的构成要素分为:显性要素和隐性要素。其中显性要素包括自然要素和建成环境两个部分,自然要素例如:自然地理、天文气象、地质水文;建成环境例如:历史上形成的城市、建筑物、其周围的人工环境以及有他们共同构成的各类城市空间,如城市格局、天际线、空间节点、营造方式。而隐性要素包括社会文化和人的心理与行为两个方面,其中社会文化包括:社会制度、文化体系、行为模式等。而人的心理与行为包括:审美方式、思维方式、宗教信仰、传统民俗、生活习惯等。[2] 文脉对城市的发展起着极大的推动作用。城市文脉是风貌形态、空间特质以及城市人群的生存状况、行为方式、精神特征等总体的映射,隐含在城市的方方面面,造就了扑面而来、鲜明可感的印象和记忆,展示着沉甸甸的历史价值。赋予城市以特有的品格和气质,折射出城市居民的精神面貌、生活态度、审美水准,彰显着精神价值。

图 1　民族文化是文脉的体现

图 2　严寒地区的气候是文脉的体现

---

① 同济大学建筑与城市规划学院,博士。
② 同济大学建筑与城市规划学院,教授。

人类对文脉的认识经历了古代朴素的文脉思想到现代文脉思想的辩证发展过程。文脉研究可以追溯到很久以前，有学者认为可以追溯到前工业时代甚至古希腊时期。但文脉思想的正式提出，还是20世纪60年代以后，随着后现代的出现，由语言学传入建筑学中。文脉思想古已有之，只不过当时是一种朴素的、不自觉的运用，没有形成系统的理论来指导实践。回溯历史，会有助于对建筑文脉思想的深刻认识和理解。

2 文脉的发展历史分析

"文脉"发展历史可以分为四个时期：萌芽时期（1950—1960年），全面发展时期（1960—1990年），衰退时期（1990—1999年），复兴时期（2000至今）。[3]

2.1 "文脉"的萌芽时期

文脉最初是由罗伯特·文丘里在1950年的论文中首次提出，文丘里在他硕士论文《关于建筑构成的文脉》中提出：建筑不是孤立存在的，而是同城市整体空间环境相关。1961年，美国城市理论家雅各布斯在《美国大城市的生与死》提出城市建设过程中，原有的历史文脉和地域性有重要意义。同时在这个时期，有很多法律法规已经认识到了"文脉"的重要性，其中《美国国家历史保护法》就指出历史环境保护应该局域历史遗产保护的基础上。这首次将公众视线引入对于城市文脉保护方面。[4]

2.2 "文脉"的全面发展时期

随着社会的发展和经济的复苏，以及相关学科如环境科学、生态科学及人文科学的交叉渗透，这些对人们的思想产生了深刻的影响。在逐渐厌倦了现代派建筑清教徒般的表现，在对现代派建筑的负面效应的反思后，人们面临一个新的问题：建筑与城市究竟向何处去？关于"文脉"理论的全面发展时期可以分为几部分：康奈尔学派、后现代主义、阿尔多罗西和新理性主义和我国建筑学家刘先觉先生提出的文脉主义建筑观。

康奈尔学派：1960年，康奈尔学派提出文脉主义，该学派的设计理念认为城市设计中新建区域应当与文脉相呼应，以此获得城市的整体感。1974年，斯图尔特·科恩在《物理文脉和文化文脉》中指出建筑意义通过具有含义性的形式具象地表现出来。1978年，柯林·罗在其所著的《拼贴城市》中提出：关注城市的历时性特征，城市设计应当从历史元素中获得灵感。他强调的文脉都是分属于不

同时间范畴的产物，是一系列沉积的、片段的、微缩的与乌托邦式的文脉。[3]

后现代主义：1966年罗伯特·文丘里在《建筑的复杂性与矛盾性》批判了现代主义所倡导的技术论，认为建筑应该建立在城市历史和环境之上。建筑形态是对特定形态的反映。1977年，罗伯特·斯特恩在《现代主义运动之后》中提出新的建筑要同环境相适应，并提出应该对历史建筑有正确的参考等观点。查尔斯·摩尔的"量度无数"理论，反映了现代社会对建筑的复杂要求，不再局限于建筑的物质功能方面，而是广义上注重建筑与自然、人文、社会及精神方面的关系与要求。[5]

阿尔多罗西和新理性主义：罗西在《城市建筑学》一书中提出运用类型学寻找城市文脉中的原型特征。将文脉认为是历史文化习俗，应该从历史中探寻新建筑的答案。罗西提出把传统的构件归纳起来，进行分类，再进行"只有类没有形"的设计创作。理性主义的分类是以理性的形态来实现的，而这些基本的类型是受到环境所调节的。

刘先觉和文脉主义建筑观：刘先觉先生在《现代建筑理论》一书中分析了建筑文脉对中国建筑的重要性，以及文脉主义与后现代主义、理性主义的异同点。他从美学、心理学等角度分析建筑文脉的特点，提出建筑文脉的具体设计手法为：化整为零、间接对应、视觉协调、装饰运用、强化细部、社会习俗、虚实结合等。他在《现代建筑理论》一书中重点论述了文脉主义建筑观和文脉主义城市观。强调既要注意文化、历史、传统，又要注意与环境的结合。这一观点对于今天的中国建筑师如何发扬优良传统以及进行具有中国特色的建筑创作有重要的意义。[1]

2.3 "文脉"的衰退时期

进入20世纪90年代，对文脉理论的研究逐渐降温和淡化，对文脉研究的理论文章甚少，主要是由于对"文脉主义"内涵理解的偏差和僵化所导致的。[3]文脉主义同现代主义相比，正是由于其将建筑置于文脉之中，且对于文脉的表达方式有着不确定性和可能性，因此显示出其强大的生命力。而随着后现代主义运动的盛行，加之罗伯特·斯特恩将后现代主义运动的特征描述为文脉主义倾向，更加造成了文脉主义等同于后现代主义的印象。斯特恩将"文脉"置于后现代主义的范畴，混淆了"文脉"和"历史元素"符号这两个概念。这一时期对

于文脉主义的批评声音包括：①文脉的概念很模糊；②"文脉"会束缚建筑师的设计；③出现很多简单模仿相邻的历史建筑的建筑作品。[4]

2.4 "文脉"的复兴时期

21世纪以来，随着科技的迅速发展，通过规划和建筑设计，所有的人居环境都表达了其发展过程中的一些重要内容，如地形、气候、不同的建筑材料，甚至文化、政治、社会和经济状况及科学技术的进步等，都会在城市建筑的形式和功能得到反映。在过去大多数建筑是由当地的建筑材料所建造的，其形式同时适应社会需求和气候等自然条件。而现在，城市规划和建筑设计的方法与材料越来越国际化和标准化，在急功近利的心态驱使下，出现了许多的"非理性设计"，突出地表现在城市规划和建筑设计中。现代大都市的建筑千篇一律，地域性民族特色缺失，越来越多的建筑遗产被破坏，越来越多的建筑师注重建筑"文脉"。

3 重视文脉的紧迫性

3.1 城市"失忆"缺乏地域特色

伴随着经济全球化浪潮，不同城市不同地区的建筑形态千篇一律，呈现越来越相似的趋势。科技在现代社会的迅猛发展，地域性的传统历史文脉受到冲击，导致城市建筑空间呈现严重的"失忆"状。无论产品生产还是商品消费，国家和地域的界限越来越模糊，世界产品和全球市场正在逐步形成一个整体，经济活动无国界趋势逐渐影响到文化领域的全球化，主要表现在经济发达国家和地区的价值观念及生活方式不断地向经济相对落后的国家和地区输出。正如英国前皇家建筑师学会会长帕金森所言：全世界有一个很大的危机，我们的城市正在趋向同一个模样。这是很遗憾的，因为我们生活中很多情趣来自多样化和地方特色。我国也正出现城市空间异化趋势，波及全国的千城一面现象日

图3 北京一角鸟瞰图

图4 上海一角鸟瞰图

趋严重。造成这一问题的原因既是城市规划缺少对文化特色的维护，又是在建筑设计中缺少对文脉内涵的理解，同时在城市建设中缺乏对文脉的尊重。

3.2 追求高科技丢失人文特色

千百年来，由于历史文化和生产力水平的差异及地理环境的制约，古典城市各自具有较强的地域文化特色，这成为今天的城市文化资源。但是随着城市化的发展，物质、交通、电信等条件的改善，人流、物流、信息流大大加强，特色随之逐渐削弱。摩天大楼、高技术、大机器的工业步伐把人类的建筑传统文脉远远地甩在后头，吞噬着人性需求和文化伦理。以前，不同地区不同城市追求的建筑风格是不同的，有当地特有的材料、营造方式以及人文特色。现在，不同地区对现代科技的追求导致建筑越来越像工业产品，按照工业化方式大量生产，很难顾及建筑所在的环境以及当地原有建筑形式。

图5 不同地域的特色建筑

图6 千篇一律的现代建筑

3.3 破坏遗产牺牲历史文脉

随着现代建筑的迅猛发展，"维护古都风貌"的问题显得日趋紧迫。现代不少建筑却是违背了的

文化内涵。越来越多的现代化建设是以牺牲自己的历史文脉为代价。数十年前，北京城还保留着她雄浑壮美、令人震撼的古都格局。北京以规整、恢宏为基调，以南北中轴线上的皇家建筑为主体，以大片低矮、灰暗的民居衬其崇高、辉煌。而现在，北京却在"传统古都"和"国际化现代大都市"之间痛苦挣扎。现在，无论在北海公园还是故宫，举目四望，其背景无不是林立的高楼。传统古都的安宁与温馨，在目前城市急剧扩张的年代，更显得宝贵和脆弱。历史性城市的原有格局发生了巨大的变化，使地域文化特色面临灾难性破坏，甚至是一些文化品位极高的历史文化名城也向毫无特色的城市行列滑去。

对于文脉的重视，不但有着客观历史的必然性，同时也是高技术要求高情感与之相平衡的具体表现。这是随着经济、科技的变化使得人们重视到建筑遗产和历史文脉对我们的重要性，文脉的思想和原则才以系统化、概念化的概念再次登上历史舞台。

图7　老北京鸟瞰图

图8　妙应寺白塔周围环境鸟瞰图

4　建筑文脉延续手法分析

"文脉"时空性——历时性：无论是城市建筑群的出现还是城市的构成，都是有一种历史的过程与先后顺序的，它们是多少年来社会建筑活动的积累，体现了一种历史文化逻辑和脉络。这种可以从建筑的本体表现出来的历时性也是"文脉"的一种特征。[6]

"文脉"时空性——共时性：文脉的共时性指的是在城市中建筑的并存情况和城市环境的现状。也就是说在同一个时空中，无论是古代、近代、现代建筑有一种互相匹配、和谐的关系。这种和谐的关系也是"文脉"的体现。[6]

传统的文脉设计是大自然的选择，与人们的生活一脉相连，因此，根据特色材料特征发展出来的建筑技艺也有很大的不同。我国现代建筑学家范文照先生曾指出：建筑学始终尖锐地意识到过去的影响，又能高度地表现现在。[7]一幢建筑的功能及意义，要通过空间与时间的文脉来体现，反过来又能支配文脉。达到"人—时间—空间—建筑"四者的统一。

对于建筑师来说，在设计过程中如何才能更好地传承文脉是一个值得思考的问题，近些年，国内外有许多优秀建筑师在设计作品的过程中很好地传承了历史文脉。总结建筑文脉在作品中的体现分为5种方法：建筑与自然环境相契合、建筑与场所和谐共存、历史建筑的再利用、建筑与历史建筑的对话以及新、旧建筑的传承与契合。

4.1　建筑与自然环境相契合

普利策奖获得者卒姆托热衷于研究当地材料和历史，通过建筑将传统文脉保存下来。他在瑞士设计的水滴教堂（建造于1985—1988年）就是一个很好的将建筑与自然环境结合的例子。水滴教堂在选择上，整体大量采用木质材料，温暖简洁的木料和极具质感的木瓦与环境完美融合。为了适应气候条件而在外围覆盖粗糙的木瓦，整个木瓦所呈现是那种絮乱而粗犷的感觉，融入整个自然环境。整个教堂高塔一般耸立在草塬坡地上方，而在教堂后方的深绿色森林更凸显教堂的崇高感。其体量和空间也十分和谐，教堂平面是一个椭圆水滴形，圆弧的那一侧面对由山谷吹过来的风，在尖锐的一侧面向山坡，并设置入口，永远敞开着大门来欢迎朝圣者。室内的高窗以及细长的结构木柱让人体验到教堂空间的秩序、比例和体量。建筑朝向、建筑入口位置、屋顶的开窗方式等因素，也体现了文脉对建筑设计的控制。

图 9　水滴教堂透视图

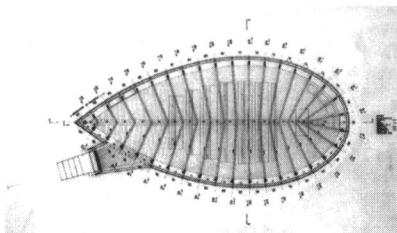

图 10　水滴教堂平面图

图 11　长城脚下公社实景照片

图 12　长城脚下公社实景照片

图 13　老北京胡同鸟瞰

图 14　菊儿胡同鸟瞰

4.2　建筑与场所和谐共存

韩国著名建筑师承孝相的作品是以尊重历史为前提,以消解自我的方式彰显历史的尊贵,表达与历史和谐相处的理念。例如著名的长城脚下公社,于 2005 年建于北京。为了传承场地的文脉,建筑师采用的消解自我的手法进行设计:建筑坐落于两山之间,因而整套建筑依山势而建,感觉像是从山体上延伸下来的。材料的设计上也十分朴素:不锈钢板包裹着的建筑外皮让建筑具备了某种特殊的朴素气质,与周遭层峦叠翠的环境融合在了一起。此外,量体被切分数个,优先设计虚空间。自然元素如石、树木被保留,建筑隐藏在环境之中,小体量的设计使得建筑与自然和谐共存。

4.3　历史建筑的再利用

完好的生活体系和完整的社会记忆是文脉的一部分。[8]吴良镛的代表作菊儿胡同就是很好地保留了中国的邻里精神。在保证私密性的同时,利用连接体和小跨院,与传统四合院形成群体,保留了中国传统住宅重视邻里情谊的精神内核,保留了中国传统住宅所包含的邻里之情。北京菊儿胡同的空间改造是在继承传统文脉的基础上实现的,延续了北方优秀地域传统民居的文脉精神。"京"味十足的四合院式住宅楼改造,不仅使居民们住房条件有了根本改善,而且保持了老北京的风貌,便于居民间的感情交流,尊重了北京人的心理特点,达到了整体的统一性。[9]

4.4　建筑与历史建筑的对话

建筑师应努力将历史城市和建筑的保护纳入社会发展的整体策略中,维护城市的历史特色并表现这个特色。保护计划应该使历史性城区在城市整体中发出和谐的声音。张锦秋设计的陕西历史博物馆,在建筑设计过程中延续传统,进而保持设计的文化适应性。

陕西历史博物馆建造于 1991 年，位于西安。如图 15 和图 16 所示，为了顺应西安的传统文脉，张锦秋把盛唐宫殿建筑"中轴对称，主从有序，中央殿堂，四隅崇楼"的基本格局运用到博物馆的设计中。在建筑色彩的选择上，全部色彩未超出白、灰、茶三色。这有效破解了传统建筑与现代建筑对立的难题。[10]

图 15　唐大明宫复原图

图 16　陕西历史博物馆

4.5　新、旧建筑的传承与契合

建筑师要在解决建筑功能、结构、经济等问题的基础上来创造形式。但形式的创造必须要与它所处的城市、街道和左邻右舍保持整体的联系。一方面，我们可以刻板地从周围环境中将建筑要素复制下来，另一方面，我们也可以使用全新的形式来唤起，提高现存建筑物的视觉情趣。威尼斯的圣马可广场设计告诉我们：建筑不是复古和怀旧，研究传统是手段而非目的。文脉意味着发展，多样化的统一是文脉追求的境界。圣马可广场的建筑是多样统一的，建筑师在关注传统文化的同时，吸收新的、外来的文化，从而丰富地区文化，满足社会发展需求。威尼斯圣马可广场设计使得不同年代，不同风格的建筑群共处并存。（图 17）

图 17　威尼斯圣马可广场

5　结　语

基于对"文脉"概念的解析和对"文脉"历史的梳理，以及文脉特征的分析和优秀案例的解读，可以知道当代建筑无论是空间格局还是社会生活，不是孤立存在的。建筑要与相邻的文脉整合为一个有机体。在设计过程中既要遵循历史的文脉，又要在创造性的活动中延伸和更新历史文脉。这样建筑才有发展而不是简单的重复。

如今，我们每一个人都是行走在历史空间里的人，建筑师对于文脉的态度可以是多种多样的，追随是一种尊重，对话也是一种尊重。只有尊重建筑的历史文脉，才能更好地满足人们的精神需求，才能创造出一个充满人文气息的城市空间。同时，"建筑文脉"体现当代建筑设计发展的新趋势：更多地关心周边的变迁；更多地关注人性的需求。既要继承传统文脉，又要创造出适应现代生活方式的新建筑空间，使得传统文脉得以保持和延续。

参考文献：

[1] 刘先觉. 现代建筑理论[M]. 北京：中国建筑工业出版社，1999：41.

[2] 苗阳. 我国传统城市文脉构成要素的价值评判及传承方法框架的建立[J]. 城市规划学刊，2005（4）：40-44.

[3] 秋元馨著. 现代建筑文脉主义[M]. 周博，译. 大连：大连理工大学出版社，2010.

[4] 朱宁，任云英. 西方建筑文脉主义思潮及其理性思辨[J]. 建筑与文化，2016（10）：112-113.

[5] 孙俊桥. 走向新文脉主义[D]. 重庆：重庆大学，2010.

[6] 胡潇. 论建筑文脉及其美学价值[J]. 华南建设学院西院学报，1999（2）：76-82.

[7] 杨永生. 建筑百家杂识录[M]. 北京：中国建筑工业出版社，2004.

[8] 吴良镛. 人居环境科学导论[M]. 北京：中国建筑工业出版社，2008：124.

[9] 程志永. 探求建筑传统文脉的保持与延续的手法——北京菊儿胡同改造启示[J]. 沈阳建筑大学学报：社会科学版，2010，12（1）：43-46.

[10] 安志峰. 陕西历史博物馆设计[J]. 建筑学报，1991（9）：25-27.

近代宁波教会建筑初探

Preliminary Study on Missionary Architecture in Ningbo in Modern Times

姚 颖 ①

Yao Ying

【摘要】鸦片战争以后,清廷对天主教和基督教弛禁,大批传教士开始进入中国。1844 年宁波正式开埠,传教士将宁波作为基地逐步向内陆地区开展传教事业,并在宁波建造起一批颇具特色的近代教会建筑。本文通过追溯天主教会和基督教会在宁波建造教堂和开办慈善性质的教育和医疗机构的历史,进而探讨西方建筑的多种类型以及建造技术在宁波的传播和影响。这种影响是潜移默化的,教会通过输入新知识和维护国民健康,使西方文化被人们所接受,西方建筑体系因此融入到中国传统建筑体系中,更进一步推动了宁波近代建筑的发展和演变。

【关键词】宁波 教会建筑 近代

鸦片战争以后,清廷被迫结束持续一百多年的禁教政策。1842 年签订《南京条约》,开放广州、福州、厦门、宁波、上海五处为通商口岸。1844 年签订的中法《黄埔条约》进而规定外国人在华的传教事业受到保护。第二次鸦片战争以后,各国与清廷签订的条约都制定了传教士可在中国各地自由传教的条款。此后,大批传教士进入中国,教会建筑也随着传教士的足迹遍布中国的城市、城镇与乡村,对中国近代建筑产生了广泛的影响。

1844 年 1 月 1 日,宁波港正式开埠。英、法、美、德、俄、西班牙、葡萄牙等 12 国先后在江北岸外滩一带修建了领事馆、海关、洋行、商铺等一批西式建筑,江北岸"外人居留地"形成,并逐步改变了宁波这个古老城市的面貌。本文追溯天主教会和基督教会在宁波建造教堂和开办慈善性质的教育和医疗机构的历史,探讨西方建筑的多种类型以及建造技术在宁波的传播和影响。

1 天主教教堂和修道院

天主教在明末已传入宁波,至开埠前的 200 多年,陆续有葡萄牙、意大利和法国传教士来宁波传教。但毫无疑问,鸦片战争和《南京条约》为他们在宁波的传教注入了新的动力。1842 年,法国圣味增

爵遣使会传教士顾芳济(François Xavier Danicourt,1806—1860)来到宁波。1845 年,顾氏在药行街寻觅到康熙时法兰西传教士郭中传(Jean-Alexis de Gollet,1664—1741)神父所建教堂的旧基址,[1] 次年在该址上建起楼房 5 间,楼上为临时教堂,楼下为住宅。[2] 1851 年,由于教务日盛,教徒渐增,罗马教廷乃委派顾任宁波主教,专司浙江教区教务。[1] 1852 年 6 月,法国仁爱会首批修女 10 人至宁波,在南门办仁慈堂。[2] 1853 年,顾在药行街开工建筑天主堂,第二年建成,但一年后倒塌,1865 年再次重建,1866 年落成,定名为"圣母升天堂",同时建神父住宅楼。② 遗憾的是,这座教堂在 20 世纪 90 年代药行街拓宽工程中被拆除,2000 年在原址附近又重建起了新的天主教堂。尽管这栋早期建筑今已不存,但它的建造历史本身说明,西方建筑技术是在 19 世纪中期传入宁波,中国工匠经过失败才最终掌握。

1870 年(同治九年),法国传教士苏凤文(Edmond François Guierry,1825—1883)到宁波任主教。③ 1872 年,由其主持在江北岸中马路 40 号建成一座天主堂,名"圣母七苦堂"。后几经扩建,该教堂建筑平面与立面都有所变化,最后一次改建完成于 1926 年,其建筑保存至今。1980 年,该教堂改

---

① 同济大学建筑与城市规划学院博士研究生,宁波大学建筑工程与环境学院讲师。

② 参考网络内容:百度百科"宁波药行街天主堂"。

③ 参考网络内容:"BishopEdmondFranco is Guierry, C. M."

名为耶稣圣心堂。1879 年法国传教士赵保禄至宁波,1884 年任浙江省代牧主教,在宁波生活、传教长达 42 年。1903—1917 年,在赵的主持下,草马路一带先后建起中西毓才学堂、普济院、拯灵会、增爵小修道院、保禄大修道院等一组庞大的教会建筑群(图 1),这对宁波城市建筑的现代化卓有贡献。1926 年,赵逝于法国巴黎,按他的遗愿,灵柩运回宁波,葬于江北岸天主堂。[2]

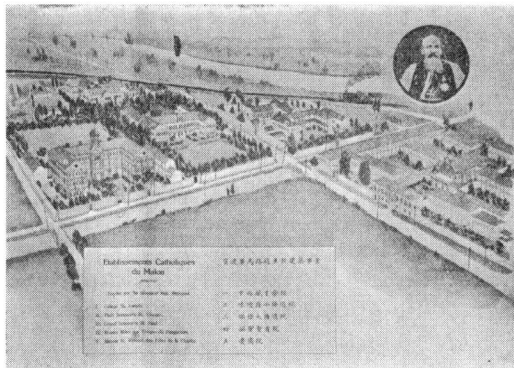

图1 1928 年宁波草马路天主教会建筑群
(图片来源:仇柏年先生提供)

江北天主教堂(图 2 ~ 图 9)占地面积 4 380 平方米,是典型的单钟塔哥特式建筑风格,始建于1872 年,1876 年起,这里作为主教常驻堂,又增建了主教公署、藏经楼等一组建筑。1887 年添建钟楼。[4] 1899 年,在钟楼之上又加建钟塔,尖塔顶上添置十字架,塔内安装大自鸣钟。[5] 在这前后二十余年不断加建的过程中,天主教徒们最终以建成高高耸立的尖塔完成了他们对这座教堂的理想。19世纪英国哥特复兴建筑的重要理论家和建筑师普金(A. W. N. Pugin)曾说:"钟塔和尖顶是教堂建筑最打动人心和最有特点的外观。……一个钟塔就是一个航标,引领信众到达神的家园。它也是一个宗教权威的标志,一个教堂所在,从这里,钟这一教堂庄严性的信使将召唤发出。切莫把钟塔当作一个多余的花费,它构成了教堂建筑的一个本质部分,教区教堂的设计不应或缺。"[6] 江北天主教堂作为辖领整个浙江教区的主教常驻堂,需要在教堂建筑上做出引领和表率。江北天主教堂选址三江口,又位于新江桥浮桥北堍,这样的地理优势使教堂能够被过往的船只和来往码头及浮桥的人们所见,赫然屹立的教堂代表着西方文化的强势嵌入和极力宣扬,对当时宁波的影响不言而喻。在江北天主堂建成之后不久的 1888 年,温州周宅祠巷天主教堂

也告建成,它是温州的第一座哥特式教堂,同样标志性地体现了天主教在浙江地区的存在。

图2 江北天主教堂俯瞰
(图片来源:自摄)

图3 江北天主教堂正立面
(图片来源:自摄)

图4 江北天主教堂内部
(图片来源:自摄)

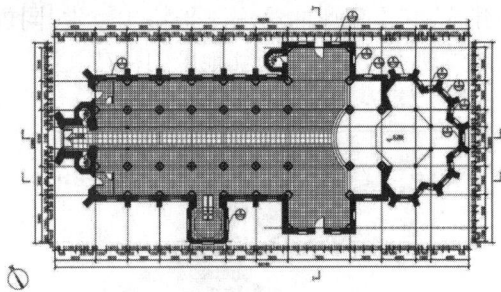

图5　江北天主教堂一层平面图

（图片来源：自绘，姚颖，姜文炜，杨石，
蔡君烨，黄朔天于 2013 年 11 月测绘）

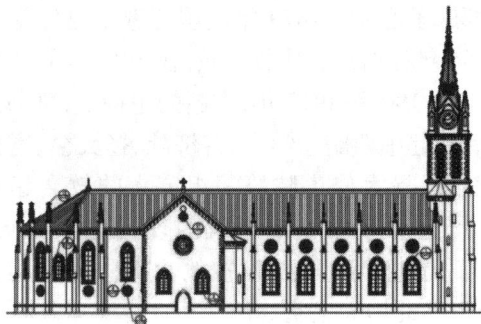

图6　江北天主教堂西立面图

（图片来源：同上）

图7　江北天主教堂东立面图

（图片来源：同上）

图8　江北天主教堂南立面图

（图片来源：同上）

图9　江北天主教堂北立面图

（图片来源：同上）

江北天主教堂为巴西利卡式，平面呈拉丁十字形，入口朝西，圣坛面东，圣坛部分由 5 个三边形的壁龛合围，10 个凸角处都以扶壁柱作为交接。圣坛上部用攒尖式屋顶，大厅上部用两面坡屋顶。大厅中部由两列各 6 棵束柱分隔中厅和侧厅，侧厅南面突出一间抹角方形的墓室，加建于 1926 年，用于安放赵保禄主教灵柩石棺。教堂内部用抬梁式木屋架，屋架以下的肋骨拱房顶、束柱和柱头均用石膏与抹灰板条粉刷或雕刻而成，因此使得哥特建筑中用来传递石券侧推力的飞扶壁不再必需，但教堂四周仍保留了飞扶壁的做法，高而细的扶壁柱环列整座教堂，扶壁柱逐层收分，上方末端以带有钩形装饰的尖塔（Crocketed pinnacle）作为收束，再加上周边所开的竖长的尖券窗，大大强化了这座教堂建筑在外观上的升腾感。

西立面由中央高 32 米的钟塔和两侧侧厅山墙坡面构成。底部设三道尖券门，中间为正门，尺度大于两侧旁门，中部正门上方为一大玫瑰窗，两侧门上方各一小玫瑰窗。尖券门的层层叠涩用梅园红石砌成，玫瑰窗的框缘（window surround）则用青石，圆形窗框上还雕出卷叶纹饰边。钟塔上部塔基呈四方形，四角用青石做科林斯式倚柱，每面开两扇拉得很长的尖券窗，窗框两侧立两棵小尺度的科林斯式石柱。塔基上方四角各立一个用青石雕刻的小尖塔，四个方向各嵌入一面罗马瓷面大钟。最上方以铁皮制成八角形尖塔，塔上每面再开一窗，塔尖端以十字架结束。

教堂用青红两色砖砌筑而成，青砖作主体，红砖砌成几层条形纹样作装饰，尖券窗的周围及上方圆形图案也用红砖砌出齿轮形边框。[①]这种对建筑

————————————

① 考察上海圣三一教堂（1869 年）、徐家汇天主堂（1911 年）、佘山天主堂（1925—1935 年）这几座位于上海的天主教堂后发现，建筑整体都用红砖砌筑。建于 1872 年的宁波江北天主堂主体用青砖砌筑，推测其原因可能有二：一是由于当地砖窑尚未掌握烧制红砖的方法，二是因本地青砖能够符合质量要求。

色彩的表现显示出 19 世纪英国维多利亚时期建筑的影响。屋面覆盖筒瓦和小青瓦,檐口做传统的瓦当和滴水,檐口下方又用石料砌出牛腿状的拱托(corbel table),颇具有装饰效果。

在江北草马路天主教会建筑群中,最早建造的是 1910 年开始创办的普济院(图 10)。从创建这一年开始,普济院中分设的安老院、残废院、疯人院、育婴院、孤儿院、工业场、施医院等 7 部渐次建成。其北面还有一座占地面积较大的西人球场,可能原先是跑马场。拯灵会(亦称拯亡会)(图 11)创建于 1892 年,是天主教宁波教区的女子修会,最初设在药行街仁慈堂,1905 年迁至江北慈母堂,1916 年迁入赵保禄在草马路建造的新会舍。增爵小修道院(图 12),1851 年创立于定海,1917 年 1 月迁入,赵任院长。最后完成的是保禄大修道院,竣工于 1917 年,同样由赵创办并自任院长,它是天主教神职班受高等宗教教育的总汇院。[7-8] 这些机构组成了一个大型的教会社区,而其建筑也以西式组群的方式改变着宁波传统街坊式的城市空间格局和面貌。

图 10 普济院
(图片来源:"独立观察员"博客)

图 11 拯灵会
(图片来源:仇柏年著,陈利权主编.
外滩烟云[M].宁波:宁波出版社,2017:55)

图 12 增爵小修道院
(图片来源:"独立观察员"博客)

从历史照片可见,这组建筑群的外形特征有从早期西欧修道院的券廊式向古典样式过渡的倾向,早期建造的普济院采用长方形平面,西式四坡屋顶,上下两层连续拱券构成外廊式建筑的特征。而后期的大、小修道院和拯灵会虽然延续了外廊的做法,但在平面布局上多以工字形为主,强调中轴对称。主楼中间或做几开间的砖砌实墙,在墙上开窗;或做一个人字坡与主楼正交,人字披朝前做一面有巴洛克风的山墙;或直接在中轴处耸立起高高的钟楼。两侧翼楼向前伸出,围合成一个"U"形的前院空间。翼楼两坡屋顶的山墙面向前,山墙上开圆窗,既满足了阁楼采光,又使整面实砌山墙不至过于呆板。连续成排的拱券用青砖和红砖夹砌,成斑马纹。下层外廊通向前院,上层廊道做通透的木质护栏。小修道院的二层翼楼窗下还装饰有中国传统民居中偶见的壁龛①,窗户用木百叶窗。

虽然该修道院是一个宗教机构,但其建筑外观采用的是在晚清和民初中国公共建筑中普遍流行的"新政风格"。该风格受 19 世纪通商口岸殖民地外廊式建筑的影响,技术上则采用砖木结构。浙北地区采用这一技术和风格的实例是建于 1905 年的慈溪锦堂学校。宁波增爵小修道院建筑体现了这一风格的后期发展。

2 基督教②教堂

虽然规模不大,但基督教在宁波较之天主教有更早的历史。早在 1807 年,基督教传教士马礼逊(Robert Morrison,1782—1834)就来到中国,他是英国伦敦会(London Missionary Society)的成员,也是

---

① 这种装饰还出现在福州的教会建筑中。参见朱永春.《南京条约》后的福州//中国近代建筑史(第一卷)[M].北京:中国建筑工业出版社,2016:154.

② 西方基督教主要包括天主教、新教和东正教三大教派和其他一些教小的教派。本文中出现的"基督教"一词,采用中文习惯用法,专指新教。

第一位到达中国的基督教传教士。但因当时中国清政府颁布的禁教政策限定欧洲人只能在广州一口通商，马礼逊只能在澳门与广州一带活动，在此期间翻译完成了大批中文基督教书籍[9]和介绍英国的中文小册子[10]。1832 年，基督教传教士德国人郭实猎（Karl Friedrich August Gützlaff, 1803—1851）来到浙江沿海航行，并从舟山进入宁波城内。虽然遭到宁波地方官的驱逐，但并无碍于他们充分了解宁波口岸贸易的条件及商业潜力[11]。鸦片战争期间，英人又几次派出测量船完成了从外海经甬江水道直至宁波这一路段的河谷、田野、水深等地理状况的测量，并绘制成地图。[12]这些都为鸦片战争结束后选择宁波作为通商口岸提供了可靠依据。

宁波成为条约口岸开放后，西方传教士受各自差会的派遣，陆续前来。据《浙江省教会各时期内建设之总堂表》，1860 年前，西方基督教差会在浙江设立了 5 个总堂，其中 4 个在鄞县①，即美国浸礼会（American Baptist Missionary Union）和长老会（American Presbyterian Mission）、英国圣公会（Church Missionary Society），以及内地会（China Inland Mission）。[13]至清末，宁波已有基督教大小宗派 7 个（表 1）。1860 年后，西方传教士们以宁波为基地，逐步向浙江省内陆地区开展传教事业。据统计，最迟在 1920 年前，浙江省 75 个县中，下述 5 个县报有最多的基督教圣餐领受者：永嘉（温州），3 445 人；鄞县（宁波），2 890 人；杭县（杭州），1 832 人；吴兴（湖州府），1 322 人；余姚，1 187 人。[14]

美国浸礼会是西方基督教传入鄞县的第一个教派。1843 年秋，传教士兼医师玛高温（Daniel Jerome MacGowan, 1814—1893）自香港经温州到达鄞县，在北门佑圣观（道教宫观）租得几间厢房，设立诊所开始传教施医。1847 年 7 月，浸礼会真神堂教士罗尔梯（Edward Clemens Lord, 1817—1887）和他的夫人从香港来到宁波协助玛高温。10 月 31 日，罗尔梯夫妇和玛高温一起在宁波的西门组织了一个教会，这是华东地区最早的浸礼会。1847—1851 间，浸礼会在西门建造了第一个讲堂，名为真神堂，这也是华东浸礼会的第一个礼拜堂。[15]

表 1　至清末传入宁波的基督教宗派
（内容来源：俞福海主编. 宁波市志（下）[M].
北京：中华书局，1995：2802）

教派名称	传入时间	传入者	下属堂所数
美国浸礼会	1843 年 11 月	玛高温	12
美国长老会	1844 年 6 月	麦嘉缔	38
英国圣公会	1848 年 5 月	禄赐、戈柏	28
英国内地会	1854 年	戴德生	18
英国循道公会	1864 年	傅氏、梅氏	48
英国基督徒公会	1893 年	华以利沙伯	13
宁波伯特利	1912 年 6 月	倪歌胜	34

美国长老会总会在进入中国传道之初，选定宁波作为向中国传道的中心地，还特地作出"如果他处派遣二人，则宁波必须派遣五人"[16]之指示。1844 年 6 月初，传教医师麦嘉缔（Divie Bethune McCartee, 1820—1900）作为这五人之一最先到达鄞县。在英国驻宁波领事帮助下，他租得领事馆附近小屋数间住下，后又租得佑圣观厢房开设施医局。他在行医的同时传道，将自己在新加坡翻印的圣经及劝世文分赠各处，还购得江北岸卢氏房屋及槐花树下地基一方，以备日后建造教堂之用。[17] 1846 年，美国长老会在江北岸建成美华礼拜堂，1851 年 2 月建成槐树礼拜堂，5 月建成府前礼拜堂。[18]这几座教堂早已不存，影像资料也待发现。据另一位长老会传教士丁韪良（William Alexander Parsons Martin, 1827—1916）的记述，槐树路这座教堂的设计者是克陛存（Michael Simpson Culbertson, 1819—1862）教士。"它有一个富丽堂皇、带有科林斯圆柱的门廊。这座教堂激起了当地居民极大的好奇心，一位有事业心的艺术家甚至把教堂雕刻在一块木板上供人欣赏，并给它起名为'新钟楼'。许多人随即慕名而来，当教堂快要建成时，他们就被允许进入教堂观赏内部装饰，以便防止或减轻人们的怀疑。"[19]当时，传教士们的住所由砖、木材料建造，并设有壁炉供取暖，建筑内部铺有地毯等陈设。建造房子的材料取自各地，如木材来自福建，玻璃来自广州，门锁及其合页等五金件则来自香港和上

---

① 清代，鄞县属宁波府管辖。据清末《城乡自治章程》规定，宣统二年（1910 年）将鄞县分为 1 区 18 乡，其中城区占地 30.3 平方千米，范围即今宁波市的海曙、江东、江北三区的城区之地，另下辖 18 乡。参见：傅璇琮主编. 宁波通史·清代卷[M]. 宁波：宁波出版社，2009：15-16.

海。[20]传教士们对自己的住所已如此讲究,而教堂建筑作为与上帝沟通的宗教场所,其质量应不在住宅以下。

1848 年 5 月,英国圣公会派陆赐(禄赐悦理William Armstrong Russel,1821—1879)和戈柏(Robert Henry Cobbold,1816—1893)①两位传教士来宁波,他们在宁波城中贯桥头购民房一幢,开始立堂传教活动。1853 年,英国圣公会在宁波县学街建成仅恩堂②;1877 年,又在宁波孝闻巷建造了另一座教堂(图 13、图 14)。孝闻巷这座教堂的设计呈现出一种建构之美。该建筑坐南朝北,用清水砖砌筑,外形有英国维多利亚时期流行的罗马风与哥特式相混合的风格。人字坡屋顶,屋面用筒瓦覆盖,檐口处做滴水。侧墙开四扇尖券长窗,发券处夹砌红砖成斑马纹。窗的两侧平均分布着五个倚柱作为扶壁,高度与窗平齐,柱顶向外倾斜 45 度,用青石板压顶。山墙(正面)中间有大玫瑰窗,窗的最外一圈圆环同样用青红相间的砖砌成,内部用细木条分成八等份,形状似太阳光向外放射。两面山墙顶部都有一个小尖塔。山墙正立面腰线以下的正中部位向外伸出一个小型人字坡屋顶的门廊,门廊前立有一对砖砌方柱,柱顶用尖塔收束,使入口更加突出。教堂侧面屋檐下与正面腰线处都用砖叠砌出连券形排列的拱托(arcaded corbel table)装饰线脚,加上山墙檐下同样呈连券形排列的拱托,使整座建筑看起来颇显精致。后期在原教堂南端增建东西方向的翼楼,形成拉丁十字平面。这座教堂的设计在西方教会建筑中或许并不出众,但其体量、造型和装饰细部都迥异于 19 世纪宁波这座城市中的其他中国传统建筑,因此极为显眼。孝闻巷教堂的细部与上海圣三一教堂的非常相似。据钱宗灏研究,圣三一教堂由英国著名的建筑师斯科特爵士(Sir George Gilbert Scott)设计,其中建造教堂的石材产自宁波[21]。两处教堂同属英国圣公会,上海圣三一教堂于 1869 年建成,对 1877 年建造的宁波孝闻巷教堂很可能会有影响,但是否由同一人设计,目前尚未找到证据。

图 13　孝闻巷基督教堂-前期
(图片来源:"独立观察员"博客)

图 14　孝闻巷基督教堂-后期
(图片来源:丁光.慕雅德眼中的晚清中国:1861—1910[M].杭州:浙江大学出版社,2014:216)

1864 年,英国循道公会(原名偕我公会)(Wesleyan Methodist Missionary Society)派遣傅氏夫妇和梅氏(具体名不详)来到宁波,在盐仓门附近的竹林巷租屋居住,开展布道活动。1898 年,循道公会在江北岸中马路建造了一座教堂,名为"耶稣圣教堂"(图 15)。该堂坐西朝东,面临甬江。平面呈矩形,长 23.6 米,宽 9.5 米。内部梁柱采用木桁架,设有天窗。建筑采用两坡屋顶,檐口部分有叠涩线脚,南北两侧的檐下用红砖砌出小尖券的装饰。整座教堂的墙体用清水砖砌筑,墙基用梅园红石,石墙基上有八皮砖向外突出约 2 厘米砌筑,使基础部分更显稳重。教堂两侧墙各开五扇尖券窗,木质窗框,少数几扇窗还保留有彩木色玻璃。尖券部

---

① Pictures of the Chinese, Drawn by Themselves Paperback-August 28,2016. by Robert Henry Cobbold(Author).

② 据《鄞县通志·政教志》第 1374 页和《宁波市志》(下)第 2801 页记载为"仁恩堂",又据《宁波通史·清代卷》第 389 页记载为仅恩堂,《慕雅德眼中的晚清中国》第 213 页记载"仅恩堂(仁恩堂,Jing-eng-dong)",随后该书作者丁光在参考文献中注明"此处有误,仅恩堂应为仁恩堂。"但是丁为我们提供了很关键的信息,Jing-eng-dong 正是用拉丁字母标注的宁波方言"仅恩堂"的发音。因此,据上述信息还需再核查这座教堂的名称。

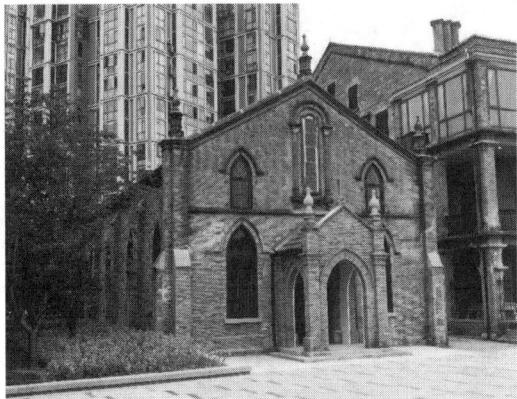

图15　江北耶稣圣教堂

（图片来源：自摄）

分的玻璃用弧形细木条分隔成若干小尖券块面，与窗的造型有很好的呼应。北侧墙的尖券窗上保留有一道较细的窗楣，沿着尖券外围用砖砌成，至券两端结束处分别向两侧水平延伸，因此在侧墙面形成一条横向的线脚。每隔一窗用砖砌成竖向的扶壁，向上伸至檐口，扶壁从下到上分两层，下层粗而上层细，两层扶壁上端和窗台都用宁波所产的青石。

教堂正立面由中间的一条砖砌线脚分成上下两层，下层中央开尖券门，门前突出一个两坡顶的门廊，这种做法与前述圣公会的孝闻巷教堂如出一辙，门廊前立有两个方柱，柱顶用宝瓶塔收束。门廊山墙顶安放十字架。大门两侧对称布置两扇尖拱窗。主立面上方是一个用红砖砌成的龛，两侧用科林斯式柱承托着上方的罗马真拱，龛内塑有"耶稣圣教堂"几个大字。龛两侧对称布置两扇小的尖拱窗，正立面上的这四扇尖拱窗上都做出砖砌窗楣。两侧扶壁和山墙顶部都用小圆柱加宝瓶塔作装饰。

值得一提的是，这座教堂的墙体是用中国工匠熟悉的两顺一丁的工法来砌筑，每隔一皮砖，丁砖就会在竖向相同位置上重复出现，于是在墙面上形成一条条十分清晰又美观的竖向肌理，为教堂更添向上升腾之感。

这座教堂是近代在宁波建造的基督教教堂中唯一一座保存较完整的建筑，为我们了解这一时期宁波基督教教堂的情况提供了很好的实物资料。

3　教会学校和医院

早期进入宁波的传教士大都还扮有外交官、商人和医生等多重角色，他们将西方的教育制度和医学知识通过教会传入宁波。多门类、多形式的办学

格局和先进的医疗设施与机构纷纷开始出现。

1844年，英国基督教长老会东方女子教育会的传教士奥德赛（Mary Ann Aldersey）在宁波城内祝都桥竹丝墙门内大屋创办了女子义塾，这是中国历史上第一所女子学校（图16）。1846年，美国长老会柯夫人（Mrs. Cole）在宁波城内也设立了一所女校。奥德赛传道任满返国后，两所女校于1857年合并，归美国长老会承办，称崇德女校，校址设在江北岸桃渡路。[22]

图16　奥德赛在宁波创办的女子义塾

（图片来源：James Orange. The Chater Collection. London：Thornton Butterworth Limited，1923：No. 9）

1845年，美国北长老会传教士麦嘉缔在宁波江北岸槐树路设立崇信义塾，它不但是宁波，而且是浙江省最早的一所男子洋学堂。该校于1868年迁杭州，改名育英义塾，即后来之江大学的前身。1881年，北长老会在原校舍续办崇信书院，1912年改为崇信中学，附设小学部（图17）。

图17　崇信中学

（图片来源：仇柏年著，陈利权主编.外滩烟云［M］.宁波：宁波出版社，2017：212）

1855年，美国浸礼会在宁波创办浸会小学。1860年传教士罗尔梯在宁波城北江滨创办浸会女校，后改名圣模女校。1880年，创办浸会中学，1923年与长老会所办之崇信中学合并，始称四明中学，

校址设在城北姚江之滨（图18）。

图18 四明中学校舍
（图片来源：哲夫主编.宁波旧影［M］.
宁波：宁波出版社，2011：82）

1923年，崇德女校与圣模女校合并，由长老会与浸礼会合办，改名为甬江女子中学（图19）。新校舍落成于城北战船街，教学楼主立面朝东北方向，面向姚江，高三层，平面呈"U"形，通宽50米，主楼进深17米，前面有外廊，与翼楼伸出部分平齐。人字坡屋顶，上覆洋瓦，青砖墙体。主楼七开间，两侧翼楼各三间。主楼前的外廊用6根立柱支撑起三层的阳台，下部两层通高，因采用了钢筋混凝土，柱子细长比达1：20。如此细的钢筋混凝土立柱在他处（如慈溪虞洽卿开设的电报台）曾被用作电线杆，或因其上的阳台荷载不大，所以在此用作承重柱。阳台上用混凝土瓶式栏杆，中央开间设门通向阳台。主楼正中设主入口，大门用扁圆形拱券，中心锁石作装饰。其余部分设平券长方形窗。屋面开七扇老虎窗，设阁楼，当时可能用作学生宿舍。翼楼屋顶各有一壁炉，山墙面二楼中部做小阳台，门上用拱券做装饰，翼楼内部应有内廊作交通。教学楼北侧的体育馆建于1930年，坐北朝南，长方形平面，宽七开间24米，进深14米。人字坡屋顶，内部一层，屋架用三角桁架木结构。外立面分上下两层，分层处做砖砌叠涩线脚，上层平券方窗，下层设拱券门。东南侧墙基嵌正方形梅园石一块，上面用英汉两种字体镌刻"体育馆"及其建筑年月等字样。

自美国基督教各差会在宁波创办学校以后，英国循道公会、英国圣公会、法国天主教会等也陆续

图19 甬江女子中学教学楼
（图片来源：宁波教育博物馆）

在宁波设立学校。1867年，英国循道公会差会派遣阚斐迪（Frederick Galpin，生卒年待查）来宁波。阚的工作除了传教以外，主要任务在于兴办学校，从蒙馆、学塾开始，校舍几经搬迁，直至1906年迁入江北泗洲塘新校舍，定名为华英斐迪学堂（图20），辛亥革命后又更名为宁波斐迪学校、斐迪中学。斐迪学堂平面呈长方形，十三开间，中间的三开间做山墙面用人字坡与主楼垂直相交，两侧各五开间用扁圆形拱券形成外廊。建筑两层高，建成后又在屋面开四扇老虎窗，应是后期增建了阁楼。正立面入口处向前伸出一个开间做门廊，二层做阳台，阳台栏杆用铸铁花饰。

图20 华英斐迪学堂
（图片来源："独立观察员"博客）

1868年，英国圣公会禄赐将他初到宁波时的贯桥头寓所扩建为三层高楼，并设男子义塾。1876年2月，霍约瑟（Joseph Charles Hoare，1851—1906）抵达宁波协助禄赐办学，在禄赐早前购置的孝闻坊的土地上建起校舍。"长方形的校舍未经装修，与街道平行，在那年秋季完工，Wong（王有光）带着8名学生入住。"[23-24]这就是三一书院的前身，此时规模不大。"光绪七年（笔者注：1881年），因求学者众，乃购地特建校舍于李衙桥侧，时国内尚无新式学校，遂定名为三一书院。"[25]1912年其改名为三一中学。

天主教会在宁波的办学情况，较之基督教来说时间迟，学生人数少。1903年，赵保禄以清廷庚子赔款及旅沪甬商捐款4万元，建立中西毓才学堂（图21）[26]，地址就在江北岸草马路教会建筑群中（图1）。这所学校与前述增爵小修道院相似，采用工字形平面，高三层，连续拱券形成外廊结构，并有法国古典主义常见的竖五段横三段的构图特征。

图 21 中西毓才学校
（图片来源："独立观察员"博客）

西方传教士除了在宁波兴办文教事业外，还着力于推进各项社会福利事业，其中最主要的是创办医院。

1843 年，美国基督教浸礼会派传教士玛高温在宁波北门开设诊所，行医传教，并在月湖书院内办班传医。1875 年，美国传教士白保罗（Stephen Paul Barchet，1843—1909）来宁波接替玛高温主持诊所工作。白保罗医生将诊疗所从"佑圣观"迁至宁波北门城墙外的姚江边，后又建造男病房，设病床 20 张。1880 年诊所得到宁波士绅资助，增建女病房，有病床 10 张。此时将诊所改为医院，名为"大美浸礼会医院"。1889 年，白保罗医生因病离开宁波去上海，兰雅谷（JohnS. Grant，1861—1927）继任院长。[27]1915 年，其改名为华美医院（今宁波市第二医院），寓中美合作之意。此后，该院在中外人士的大力支持下，迅速发展成为宁波重要的医疗机构。自玛高温后，美、英等国传教士又相继在宁波城乡建起一批教会医院。至 1870 年，除大美浸会医院外，城区内先后办起美国长老会的惠爱医局（江北岸槐树路）、英国循道公会的体生医院（江北岸白沙路）和英国圣公会的仁泽医院（城内孝闻街）。到 19 世纪末，西医在宁波城区已确立自己的地位，由此推动宁波本地人习业西医。

华美医院住院大楼的建造筹备工作全面开始于 1923 年，兰雅谷医生从宁波效实学会处购得北门内一方十一亩七分六厘的空地，作为新大楼用地，随后聘请上海的布莱克·威尔逊（Black Wilson & Co., Architects & Engineers, Shanghai）建筑师事务所担任设计工作，由上海圆明园路博惠公司负责绘制图样。其间上海多家建筑公司表露出承包意愿，派人与医院接洽。1926 年 7 月，华美医院在上海开标，最后由孙余生营造厂得标。[28]新大楼用地在北门城墙内，与

原先的江边诊所之间横亘着一段城墙，而此时的宁波正投入到全面拆除城墙、建设环城马路的市政建设高潮中，经过与市政筹备处的商议，以造一段马路为条件，将城墙基地置换给医院建造住院大楼。[29]（图 22）为节省开支，从城墙拆除下来的部分条石和城砖被用来建造主体四层、两翼三层的住院大楼（图 23）和三层护士学校（图 24）各一幢，与 1930 年 4 月举行了落成典礼。

住院大楼坐北朝南，平面呈"U"形，中轴对称，主体部分屋面采用中国传统的歇山顶，正脊两端安放两个尺度较大的鸱吻。两侧翼楼用平屋顶，上部女儿墙做出似城墙雉堞的装饰，这是为了纪念曾经屹立了上千年的宁波古城墙。相同用意的设计还出现在主楼入口处，在这里设计了一个半圆形拱券门廊，让人们想起被拆除的城墙北门。必须指出的是，当时采用中国古典复兴的设计手法的建筑案例还有南京的金陵女子学院（1918—1923）、北京协和医学院（1917—1921）、燕京大学（1919—1926）等。宁波华美医院的中国风格设计顺应了这一潮流，是中国近代建筑史上古典复兴式的又一重要案例。

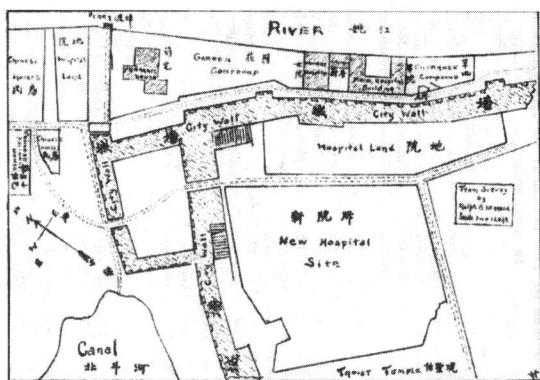

图 22 宁波城北永丰门段城墙地基与华美医院建设用地图
（图片来源：宁波市第二医院吴华女士提供）

图 23 华美医院护士学校
（图片来源：哲夫主编. 宁波旧影［M］.
宁波：宁波出版社，2011：66）

图24 1930年即将竣工的华美住院大楼
（图片来源：宁波市第二医院吴华女士提供）
图片说明：照片下方为正在拆除的城墙

4 结 语

教会建筑随近代宁波开埠后传教士的进入而产生，其中至少有两点值得关注：其一，考察近代宁波的教会学校和医院，可以看到其中建筑风格的演变脉络。其建筑形式由早期的殖民地外廊式建筑（这一点主要表现在洋行等商业建筑上）向正统的罗马风或哥特式建筑，一直到具有古典主义和新古典主义特征的建筑演变，至国民政府时期，又受到掀起的中国古典复兴探索的影响，出现了如华美医院官式大屋顶形式的建筑形式。其二，从建筑结构、建筑技术和建筑材料的角度考察，可以看到西方建筑体系与中国传统建筑体系的融合，如在教堂建筑中采用抬梁式木屋架、使用当地出产的青砖和石料以及使用灰塑作局部装饰等做法。

事实上，西方教会进入宁波后，对宁波近代建筑的影响更多的是未被察觉的和潜移默化的。宗教的传播使信教者在思想观念上发生改变。新式文教事业的兴办输入了新知识，训练和培养了新的人才。社会福利事业的推进以及医院的创办，维护了国民健康，改善贫者生活。同时，这些教会建筑伴随着它们的使用功能被人们视为新的和先进的文明象征而接受。新政时期，政府和当地士绅在宁波创办了一批学堂和民族工业，对其建筑形式上的选择明显受到了这些西式建筑的影响。宁波，这个古老的城市在外来文化的影响下，逐步完成从传统的旧有建筑体系向新的现代建筑体系的过渡。

参考文献：
[1] 张传保，赵家荪修.(民国)鄞县通志·政教志[M].宁波：宁波出版社，2006：1362.
[2] 俞福海主编.宁波志(下)[M].北京：中华书局，1995：2804.
[3] 傅璇琮.宁波通史·清代卷[M].宁波：宁波出版社，2009：393.
[4] 俞福海.宁波市志(下)[M].北京：中华书局，1995：2805.
[5] 仇柏年，陈利权.外滩烟云[M].宁波：宁波出版社，2017：50.
[6] 赖德霖.梁思成"建筑可译论"之前的中国实践[J].建筑师.2009(2)：26.
[7] 仇柏年，陈利权.外滩烟云[M].宁波：宁波出版社，2017：55-56.
[8] 傅璇琮.宁波通史·清代卷[M].宁波：宁波出版社，2009：536-537.
[9] 费正清，等.剑桥中国晚清史.1800—1911(上卷)[M].中国社会科学院历史研究所编译室，译.北京：中国社会科学出版社，1985：532.
[10] 龚缨晏.浙江早期基督教史[M].杭州：杭州出版社，2010：14.在这批中文小册子中，至少有一本名为《大英国人事略说》的书，被郭实猎于1832年带至宁波散发.
[11] 王尔敏.五口通商变局[M].桂林：广西师范大学出版社，2006：255-256.
[12] 王尔敏.五口通商变局[M].桂林：广西师范大学出版社，2006：263.
[13] 陈定尊.基督教在鄞流传史略[C]//鄞州区地方文献整理委员会.鄞州文史(第二十一辑)，2011：246.
[14] Milton T. Stauffer（司德敷）ed., The Christian Occupation of China[M]. Shanghai：China Continuation Committee，1922：49.
[15] 龚缨晏.浙江早期基督教史[M].杭州：杭州出版社，2010：145.
[16] 范爱侍.基督教传入宁波简述[C]//中国人民政治协商会议宁波市委员会文史资料研究委员会.宁波文史资料(第二辑)，1984：198.
[17] 陈定尊.基督教在鄞流传史略[C]//鄞州区地方文献整理委员会.鄞州文史(第二十一辑)，2011：248.
[18] 俞福海.宁波市志(下)[M].北京：中华书局，1995：2796.
[19] 丁韪良，沈弘，等，译.花甲记忆——一位美国传教士眼中的晚清帝国[M].桂林：广西师范大学出版社，2004：38.
[20] Ralph Covell, W. A. P. Martin：Pioneer of Progress in China[M]. Washington, D. C.：Christian University，1978：47.
[21] 钱宗灏.阅读上海万国建筑[M].上海：上海人民出版社，2011：17.
[22] 马孟宗.外国人在宁波办学简介[C]//中国人民政治协商会议宁波市委员会文史资料研究委员会.宁波文史资料(第三辑)，1985：154.

［23］WALTER S MOULE. Faithful Men：A Record of twenty-
　　　five Year in Trinity College，Ningpo［M］. Shanghai：
　　　Presbyterian Mission Press，1906：2-3.

［24］谷雪梅.近代宁波三一书院述评［J］.宁波大学学报：
　　　教育科学版,2017(4):40.

［25］张传保,赵家荪修.(民国)鄞县通志・政教志［M］.宁
　　　波:宁波出版社,2006:1118.

［26］俞福海.宁波市志（下）［M］.北京:中华书局,
　　　1995:2225.

［27］吴华.民国时期宁波华美医院住院楼建造始末［J］.浙
　　　江档案,2015(7):48.

［28］吴华.民国时期宁波华美医院住院楼建造始末［J］.浙
　　　江档案,2015(7):50.

［29］华美医院建筑新院近闻［Z］.申报,1926 年 7 月 12 日.

鲁南地区传统民居研究
——西仓孙家大院*

Research on Traditional Residential Buildings in Lunan Area
—Xicang Sunjia Courtyard

刘 浩① 李晓峰②

Liu Hao Li Xiaofeng

【摘要】山东枣庄孙家大院是鲁南地区民居建筑中的重要代表。本文在挖掘大院历史发展背景的基础上,从建筑空间角度来分析孙家大院的平面布局、空间形态及其建筑特色,并对建筑的装饰艺术与传统文化展开论述,逐步展示孙家大院的建筑魅力和地域特色。

【关键词】鲁南民居 建筑空间 装饰艺术 传统文化

1 历史沿革

明朝崇祯末年,孙家先祖士恒、怀朴、涵父子三人,自江苏沛县迁山东滕县定居皇殿。孙涵读书成名,五十年后发展成县中大户,拥有良田千顷。根据《孙氏族谱》(图1)记载:孙涵,字抱文,仕至寿光县训导[1]。自孙涵以后孙家的三代人中,有数十人读书做官,促使孙家财富大量积累,家境殷实。孙涵有四子,即钊、鉴、铭、铣。分家时,孙鉴分得良田300顷③,历经几代的积累。自孙鉴(生于清乾隆十一年,卒于嘉庆十三年)便开始了孙氏故宅的营建,这就是后来孙家大院的前西院(图2)。

孙鉴——孙家大院的主要建造者,字镜秋,被朝廷敕赠儒林郎、布政司理问。他在孔府为官多年,严秉家风(图3),备受儒家文化的熏陶和浸润。在孙家大院九进院落的营建中,他聘用了曲阜的工匠,师承孔府建筑的格局。孙家大院九进院落占地160余亩④,分为前院、后院、府门、楼院、秀才楼5部分,院中的楼、房、府、院布局合理,井字形大街贯通各内院。楼房中各种造型生动的雕刻,形态各异,阴阳图案构思极为巧妙,层次立体感强,雕刻技艺十分精湛。九进院落,共有房屋400多间,规模之宏大、建筑之考究在鲁南首屈一指。

随着孙氏族人的增多,孙家大院的规模逐渐扩展,至乾隆末年,又修起了四面院墙,院墙开有东、西、南三门,四角有炮楼守护。孙鉴有五子,即郎、惠、本、泽、念。孙鉴继续秉承父亲的基业,以耕读为先,开始开设当铺(即钱庄),财产大增,先买下本村的洪家古宅,将长子郎中分出,这古宅一百年后改名为府门。

此后,二子惠中分到丁桥,分得土地48顷,建有府宅,“文化大革命”期间被毁坏。孙家大院的前西院为孙鉴所建造,分给三子本中,也分土地48顷。五子念中也有48顷土地,在府门西边建宅,从这时开始,就有了前西院和后西院之说。本中把楼院传给三子佩珍,佩珍传给嗣子长镇。长支佩君在其父宅西边盖楼,暗改砖模,使砖块变厚,虽使用同层数的砖数,但盖的房屋高于主宅。随着孙氏家族的繁衍生息,孙家大院的规模越来越大。

清末民初,孙家后人孙延贞因染上吸食鸦片的恶习,拆卖了前西院的11间楼,其中一部分卖给临

---

* 国家自然科学基金项目,《多元文化传播视野下皖-赣-湘-鄂地区民间书院衍化、传承与保护研究》(项目号:51678257)。

① 华中科技大学,硕士研究生。

② 华中科技大学,教授。

③ 1顷≈6.67公顷。

④ 1亩≈666.67平方米。

图1　孙氏族谱
（图片来源：自摄）

图2　孙家大院历史照片
（图片来源：网络）

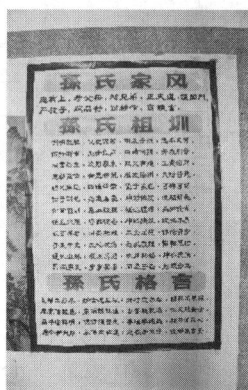

图3　孙氏家风祖训
（图片来源：自摄）

城天主教堂，一部分卖给西万张家用于建设张氏家庙。后来南楼失火，重修时改为堂屋，这时楼院的名字才渐渐出现。前西院与府门是随着孙家人口的增多而逐步完善成五进院与巽门。楼院堂楼前面无西屋，客屋前边也无西屋；无三门子，只有二门子，前边是空地，大门两边是土墙，没有大门楼。

最初，孙鉴居住时的西仓大院大门前有井、碾、槐树，南面柴园有萝藤树。孙鉴将其传给四子泽

中，泽中传给独子佩英。佩英有二子，长子长岭得25顷良田、11间楼，后来由于家道破落，门前的碾、萝藤及柴园全部卖光。二子长云也分得25顷良田和主宅前四进院子，常年在周营开设当铺。战乱时，周营当铺被迫关门停，当铺中的财物运回当铺的创始人孙鉴的住处——前西院，从此孙家大院的族人逐步衰落。[2]

西院内五间堂楼1920年前后由孙延贞卖给北临城天主教堂育才小学女生部，东边屋所有砖木石材都来自孙家。至今尚存木炭凤凰盖门石雕完好无损。

1945年，前四院住着新四军，国民党飞机投弹炸死孙家一老太、三个大闺女、一个四岁男孩、一个十八岁青年以及三名妇女，合计九口人，并损毁房屋数间。至今大院内还留有两个巨大的弹坑。

1952年收归国有的孙家大院，开始用作办学之地。同年，薛城中学、滕县二中、枣庄第八中学创办于此。此后，薛城农业中学、枣庄第十二中学、西仓小学也曾相继在大院里办过学。为满足办学的一时之需，许多古房、古楼先后被大胆地拆除或改造。遥想，孙家大院曾作为培养知识分子的摇篮，50多年来有多少文人雅士从这里走出。但以一个气势恢宏、鲁南罕有的明清大院的毁灭作为代价，这不能不引发深思。

2　选址与布局

孙家大院位于枣庄市薛城区北西仓桥古驿道以西西仓村内。西仓村东临蟠龙河，西、南、北三面都是肥沃的农田，地势开阔（图4～图7）。大院南面一条东西方向的古驿道，东侧原有一条村道，现已盖满房子，东南角有一棵千年古槐。

图4　孙家大院区位图1

图 5　孙家大院区位图 2

图 6　孙家大院卫星总平面图

图 7　区位分析图
（图片来源：自绘）

西仓村东侧横卧着蟠龙河（图 8），蟠龙河灌溉两岸万亩良田，是临城大地上的母亲河。蟠龙河是千年形成的古河，发源于山亭大洞山飞来泉。河由东经过薛城九个乡镇向西流入微山湖。它像一条九

图 8　蟠龙河
（图片来源：自摄）

曲十八弯的蟠龙，穿越境内全长 46 千米，河宽 200 余米，深 5 米，是薛城最大的河道。

西仓村南侧有一座入村拱桥，名为西仓桥，始建于唐代，南北横卧在蟠龙河上。此桥为石结构的连拱大石桥，桥长 60 米，桥面宽 8 米，桥底宽 11 米，5 孔，孔高 7 米，跨度宽 8 米，桥东分水墙高 4.5 米，墙上各置石雕分水兽一只，造型生动，二桥头两侧各立一对石狮子，两侧有石雕护栏。此桥造型宏大，雕刻精美。历代至明清，西仓桥是连通京沪的古驿道，桥北有一处古驿站。此桥历经多次大修，其中 1850 年孙家七世孙乐中携三子慈善助民，主持大修，历工七个月，耗费一万三千串钱。在抗日战争和解放战争时期，曾因战时需要被两次炸毁，中华人民共和国成立后修复，并于 2015 年 10 月列入山东省文物保护单位。

孙家大院坐北朝南，东西约 90 米，南北约 110 米，占地面积约 9 900 平方米。五进式穿堂院，分左、中、右三路，自西向东分别是前西院、秀才家、楼院。从平面上看，大院沿中轴（秀才家）对称展开，布局规整，属于大型四合院建筑布局（图 9 ~ 图 14）。中间秀才家最窄，东西为相似布局，后因分家形成相互独立的大院，每进院落主院的尺寸一致。

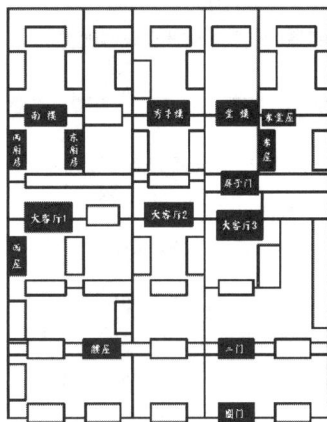

图 9　大院现存建筑
（图片来源：自绘）

孙家大院至今已四百余年，不同时期的全景也不相同，规模最大时九进院落占地 160 余亩，分为前院、后院、府门、楼院、秀才楼 5 部分。由于大院建造过程历经久远，中间又因多次分家和受各种战乱等因素的影响，目前我们看到的孙家大院整体布局不是十分规整，西侧西院和秀才楼格局保存较好（图 15），东侧楼院布局不甚规整（图 16）。整个大院的建筑布局呈现"动态"的变化之势。

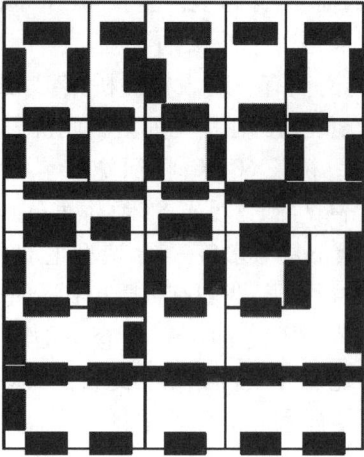

图 10　大院毁坏前肌理图

（图片来源：根据场地留存基础整理并自绘）

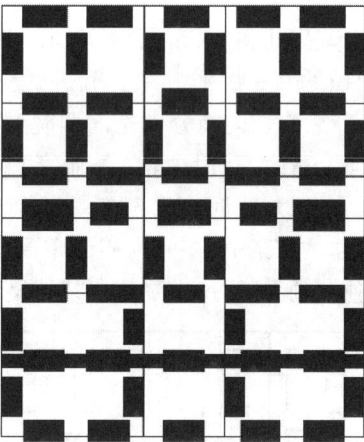

图 11　大院理肌理复原

（图片来源：自绘）

孙鉴时期设想图

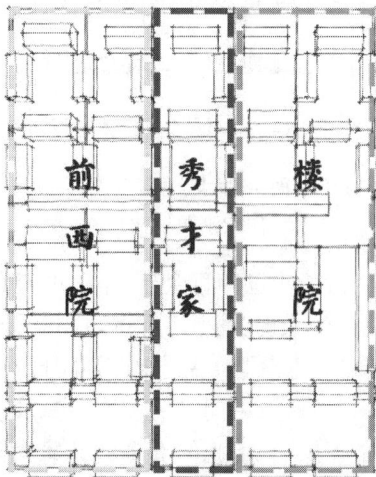

图 12　大院布局图

（图片来源：自绘）

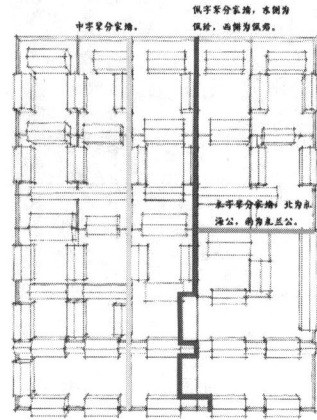

图 13　孙家分家墙

（图片来源：自绘）

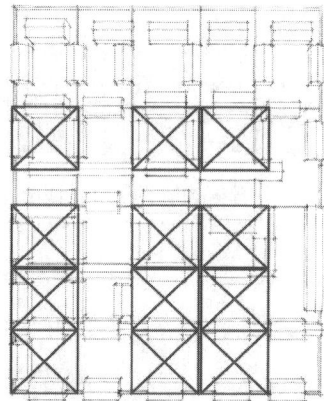

图 14　尺度分析

（图片来源：自绘）

图 15　孙家大院现状 1

（图片来源：自摄）

图 16　孙家大院现状 2

（图片来源：自摄）

3 建筑特色

现存古屋有:西客厅、秀才家客厅、东客厅、西屋、东厢房、西厢房、南楼、堂楼、东屋、屏子门、东堂屋、腰屋、圈门、二门(图17、图18)。下面按照建造年代及重要程度分别进行陈述。

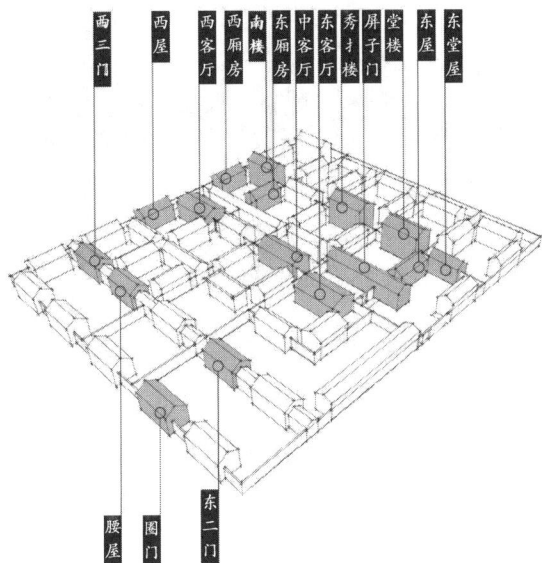

图17 孙家大院现存建筑一览
(图片来源:自绘)

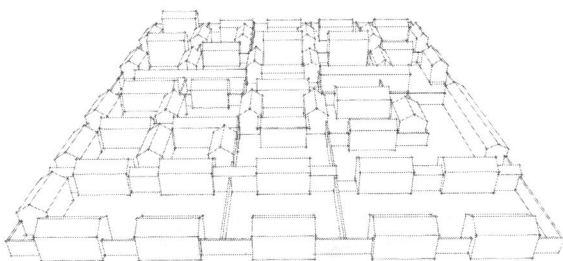

图18 孙家大院复原图
(图片来源:自绘)

3.1 西客厅

西客厅(图19)位于大院西院内,建筑面阔三间12.6米,进深六架椽7.5米,有前廊,砖木结构(图20),单檐硬山灰瓦顶,五脊六兽,彻上明造。结构为抬梁式,硬山搁檩,檩条直接插入山墙内,山墙直接承担部分屋架的重量,山墙厚达半米。

建筑用料做法相当考究,每根梁的梁头都做木雕,梁下有透雕花牙子装饰,檐下额枋有造型烦琐的透雕挂落。里外熟水磨砖油灰麻脑贝壳护六柱,柱础均为方形,两檐柱还有八幅抱柱浮雕。山墙每隔1米左右便有隔石箍住墙壁,山墙顶有菱形砖雕。

图19 大客厅1透视图
(图片来源:自摄)

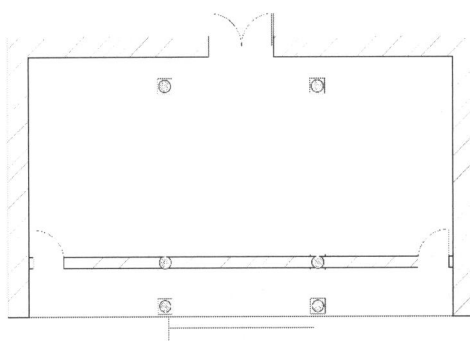

图20 西客厅平面图
(图片来源:自绘)

据考证,该客厅为现存建筑中建造时间最久远的一座,距今至少有300年的历史,东侧两间客厅均以之为模板建造。1865年清朝一品大臣曾国藩因西桑桥平乱战事下榻孙家大院,就在次间屋内休息,四方官员觐见跪拜,孙家大院名声大振。

3.2 东客厅

东客厅(图21)位于大院东部楼院内,号称鲁南第一厅,形式与西客厅极为相近,面阔三间12.6米,进深六架椽7.5米,有前廊(图22),砖木结构,单檐硬山灰瓦顶,五脊六兽,彻上明造。结构为抬梁式,硬山搁檩。正面门满开共十二扇,汉白玉台基,阶下两棵石榴树。

图21 东客厅立面图
(图片来源:自摄)

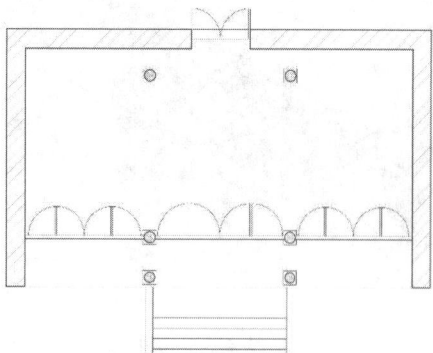

图 22　东客厅内部结构
（图片来源：自摄）

东客厅有石雕宝库之美誉，各类雕刻民间少见。建造年代距今 200 余年。

3.3　圈门

圈门（图 23、图 24）是楼院的大门，1952 年收归国有后，曾作为枣庄第八中学的校门。其为砖木结构，开间三间，进深一间，单檐硬山灰瓦顶。结构为抬梁式，硬山搁檩，中间一间向外突出，做两石砌方柱。目前所存门扇为老八中时代的铁门，上书"枣庄八中大门"。1952 年王宜蔼创建三个初中班，到 1965 年迁薛城时已是 24 班的完全中学。与大门隔街相望的便是那棵千年古槐。

图 23　圈门南立面
（图片来源：自摄）

图 24　圈门北立面
（图片来源：自摄）

3.4　二门

二门（图 25）为楼院第一进院落进入第二进院落的入口，开间三间 15 米，进深一间 4.6 米，单檐硬山灰瓦顶，硬山搁檩，五脊六兽，中间一间较高并向前后突出作为过门，东、西有耳房，大门前后各两扇圈窗，里外三阶，檐下有木联。

图 25　二门南立面
（图片来源：自摄）

3.5　屏子门

穿过东客厅，迎面便是一扇屏子门（图 26），建筑开间三间，进深一间，中间一间较高并向前后突出做为过门，东、西有耳房，东侧疑是分家后接上的两间房，总共开间五间。单檐硬山灰瓦顶，硬山搁檩，五脊六兽，门洞南面有披檐，门扇为黑色木门，双狮守门。

图 26　屏子门
（图片来源：自摄）

3.6　堂楼

穿过屏子门迎面便是一座两层堂楼（图 27），开间三间，进深一间，砖木结构，五脊六兽，西侧有楼梯可上二层，最早由本、珺、珏、珍父子四人最先居住。考察时门已上锁无法进入。

图27 堂楼南立面

（图片来源：自摄）

3.7 秀才楼

秀才楼（图28）为秀才家第四进院落主楼，形制与堂楼相仿，两层砖木结构，五脊六兽，东侧有楼梯可上二层，最早由珺、恩父子二人建造并最先居住。考察时门已上锁无法进入。

图28 秀才楼南立面

（图片来源：自摄）

3.8 东屋和东堂屋

东屋（图29）为楼院第四进院落之东厢房，开间三间，进深一间，砖木结构，单檐硬山灰瓦顶，硬山搁檩。东堂屋紧邻堂楼东侧，开间三间，进深一间结构与东屋相同。

图29 东屋

（图片来源：自摄）

3.9 中客厅

中客厅（图30）为秀才家第三进院落主楼，与楼院和西院客厅相比规模较小，无前廊，应为较后期建造，开间三间，进深一间，砖木结构，单檐硬山灰瓦顶，硬山搁檩，五脊六兽，彻上明造，正面门开四扇，前后三阶。中客厅始建年代距今约160年。

图30 中客厅南立面

（图片来源：自摄）

3.10 南楼及东西厢房

南楼（图31）为西院第四进院落主楼，单层砖木结构，层高较高，疑仿建秀才楼和堂楼，开间三间，进深一间，南面门开三扇。东、西厢房（图32～图34）开间三间，进深六架椽，硬山搁檩，结构为抬梁式。三间屋内都留有老八中时代的讲台、黑板、石桌等教学用具。

图31 南楼南立面

（图片来源：自摄）

图32 东厢房东立面

（图片来源：自摄）

图 33　东厢房内部结构
（图片来源：自摄）

图 36　西屋现状
（图片来源：自摄）

图 34　西厢房立面
（图片来源：自摄）

3.11　西二门、西屋和腰屋

西二门（图35）为西院第二进院落入口，开间三间，进深一间，现在屋顶已塌陷，墙壁为砖墙和土墙结合，破旧不堪。西屋（图36）是第三进院落的西厢房，原为书房，开间三间，进深一间，现在屋顶已塌陷，后墙和南墙也已倒塌。现存腰屋为看院老人孙思海私宅，开间三间，进深一间，目前无人常住，只是用来豢养家禽。

从建筑形制上来看，孙家大院属于北方四合院类型，因而布局严谨，主次分明，尊卑有序，用料考究，处处体现了封建传统文化的影响；而孙家大院因地制宜，多用石材，这与鲁西南山东丘陵地区盛

图 35　西二门现状
（图片来源：自摄）

产石材不无关系。[3]像枣庄地区的一些传统村落如山亭区石头部落一样，孙家大院富于淳朴自然的美感。其建筑设计整体布局基本规整别致大气恢弘；建筑结构坚固使用外观精美庄重；建筑风格古朴典雅，堪称江北一绝。

4　装饰艺术与传统文化

现在，大院仅剩 8 处古房楼，计 38 间，夹杂在后来陆续兴建起的平庸小瓦房中，古朴的建筑显得颓废和衰败。有些建筑被多次改造，已失去了原来的模样，唯东、西两处客屋还保留着昔日的庄重、典雅和古朴。

4.1　西客厅

西客屋原有东西厢房相配，构成独立的院落。客屋高约 6 米，正面建有廊道，飞檐翘脊，气度庄穆，颇有孔府建筑风格。客屋屋顶用青灰色的弧形瓦上凸而饰，饰有五脊六兽。屋宇下的滴水檐瓦为桃形，饰有精美的花纹，雅致地做了屋面的结尾。廊道上有挺拔的抱柱，1 米半高的底段已褪去了朱红颜色。托起抱柱的是一块汉白玉石雕琢成的石鼓，石鼓上部呈圆形，与抱柱等径相吻，下部是四面刻有不同图案的石礅，是鲁南罕有的汉白玉石雕艺术品。八幅柱础石雕分别是：一、三羊开泰（柳树下3 只形态各异的小羊）；二、喜事连连（秋莲抱子、翠鸟啄食）；三、五禄呈祥（二松下有五只鹿）；四、喜鹊闹梅（竹、梅、喜鹊）；五、桐下二狮（喻弱冠）；六、富贵牡丹（喻成年）；七、一蝶三猫（喻耄耋百年）；八、江鹤飞天（喻骑鹤升天）。

东、西有貔貅、西山怪兽四角十幅画，以"蝙蝠倒挂"最佳。东、西底梁下部还各悬有一对龙形铁钩，为挂灯之处。北三檩中部钉有两个楔形木块，这是挂匾之处。楔形木块上雕有倒头蝙蝠，喻"福"

表1 西客厅装饰统计

装饰	解读	装饰	解读
	额枋上的挂落		室内装饰
	三羊开泰石雕		五鹿呈祥石雕
	喜事连连石雕		富贵牡丹石雕
	一蝶三猫石雕		桐下二狮石雕
	檐口滴水		山墙砖雕

表2 东客厅装饰统计

装饰	解读	装饰	解读
	额枋上的挂落		墙角石雕
	西侧汉白玉石刻		东侧汉白玉石刻
	西南墙角隅石上的石雕		东南墙角隅石上的石雕
	双龙擎柱		巍山云松
	五鹿呈祥		云端竹海

到之意。客屋原来有南、北内门,关起内门可成内屋。据说,每有孔府来人或家商大事,客屋内门才开启。

4.2 东客厅

东客厅号称鲁南第一厅,是集建筑、木雕、砖雕、石雕与一身的建筑艺术精品。客厅砖雕木雕可称一绝,每根梁的梁头木雕与西客厅木雕相同,房顶大砖雕60块,小砖雕不计其数。厅内原有汉白玉条几,1958年运往临城怀济堂药铺,厅前有汉白玉雕八幅,分别是:一、八骏;二、云端竹海;三、巍山云松;四、莲塘落鹤群;五、怪山有洞;六、三羊开泰;七、五鹿呈祥;八、桐藤秀。南面基石上有6米长0.8米宽的巨幅石雕两块,为整块汉白玉石雕,造型生动精美,西侧图案是莲鸟蛙蟹,东侧是牡丹园里落双凤。厅内四柱都是青石雕双龙擎柱,柱础均为方形,两檐柱还有八幅汉白玉抱柱浮雕。东南、西南两角隅石上刻有云鹤勾首,祥云托寿,喜拱瑞云等。厅四角共有12幅石雕,檐口滴水都有精美砖雕。

整个建筑雕刻共有龙22条,螭吻2樽,白鹭18只,鹤4,千里马8匹,麋鹿12只,羊3只,龟鱼各1只,蝙蝠8只,凤、凰各1只,瑞鸟4只,牡丹荷花青竹柳杏桃松山水一应俱全。皆为大幅巨雕,镂空深雕,民间少见。

4.3 东二门和屏子门

东二门"#"字框府门,坐门石上刻有角云蝙蝠,檐下有木联、五脊六兽、哈巴狗子、张嘴兽各两个。

屏子门有五脊六兽,双狮守门(图37),东边五蝠捧寿,西是六蝠供喜,坐门石上有鹿羊双狮,松桐浅雕,后面有二柱八雕,其中祥云捧喜、流云承寿、鹿羊松狮为世间精品。

孙家大院的建筑装饰艺术风格古朴典雅,石雕木雕等多以神话故事、四季花卉、祥禽瑞兽组合为主,寓意丰富吉祥。石雕以汉白玉为主,细腻生动,在鲁南地区首屈一指。其装饰既传承了农耕社会的传统审美观念,又体现了鲁南地区儒家思想的精神追求。它在一定程度上反映了主人在特定历史时期的思想和行为方式,体现了主人对美好生活、长命百岁等愿望的向往。

图 37 二狮守门
（图片来源：自摄）

5 结 语

孙家大院既像一座庄园又像一座城堡，它具有独特的生活居住功能、战乱防御功能、接待官客功能，既能使大院族人更好地安居乐业，又能接待往来官员、客商促进经济发展。

研究孙家大院对继承和发扬具有地域性特色的建筑文化，创造今天具有地方风貌的居住生活环境具有重要的作用，对鲁南地区的历史遗产保护、经济开发、旅游事业具有重要的意义，对强化人们的地域认同感、增强人们的凝聚力，使传统民居的精华得以广泛、深入地传承具有重要意义。

参考文献：
［1］《孙氏族谱》，现存于孙家大院。
［2］李海流，陈允沛.孙家大院——湮没的鲁南明清地主庄园［J］.收藏界，2013（5）：122-126.
［3］姜波.山东民居概述［J］.华中建筑，1998（2）：126-127.

安顺屯堡穿斗架营造技艺[*]

Carpenter Techniques of the Column and Tie Construction in Anshun Tunpu (Military Outpost)

乔迅翔①

Qiao Xunxiang

【摘要】安顺屯堡建筑穿斗架具有皖赣等汉地特征,是南方木构架传播演化研究的重要案例。我们考察了安顺的本寨、云山屯、旧州镇、鲍家屯、黄果树镇的白水河村、打翁村(苗族),以及王若飞故居等,访谈了数位当地老木匠,参观了某施工现场,通过与其他地区穿斗架相对照,基本厘清了安顺屯堡穿斗架做法及其特征。

【关键词】安顺屯堡 穿斗架 营造技艺

安顺屯堡建筑是在明代军屯聚落基础上经由"军转民"而来的民居建筑。② 这些建筑的建造者、使用者主体,是据信来自苏皖赣等省的长江中下游地区的移民及其后裔,他们散落在这些偏远地区的官方据点之中,极具文化优越感,长期以来一直矜持地保持着其先人的某些营造传统。其建筑文化具有优势文化与生俱来的扩张特性,对周边地区营造技术文化持续产生着辐射影响。

我们考察了安顺的本寨、云山屯、旧州镇、鲍家屯、黄果树镇的白水河村、打翁村(苗族),以及王若飞故居等,访谈了数位当地老木匠,参观了某施工现场,通过与其他地区穿斗架对照,基本厘清了屯堡穿斗架做法和特征。总的来看,安顺屯堡建筑穿斗架具有明显的皖赣等地特征,是南方木构架传播演化研究的重要案例。

1 空间构成与构架

本地区庭院式住宅远较贵州其他地方常见,是民居建筑的代表。庭院有三合院、四合院两种,由正屋、厢房、照面房、门屋等围合而成(图1)。一些大庭院住宅,其正屋露明三间,两侧厢房各三间,庭院环以围廊,空间开敞,被称之为"××大院"。这种长宽皆约三间的"大院",与浙中地区的住宅类似。而一些小庭院住宅,空间小巧宜人,其正屋露明一间,左右配置进深极浅的厢房各两间,或设有华丽的门楼,总体上与徽州天井式住宅相似。四合院一般为大院做法,但也有小天井做法的,如本寨的"杨家洋房";三合院也有采用"大院"的,如本寨编号为052的传统建筑。限于财力或出于需求,作为理想模式的合院式住宅,有时是分期实现的,如本寨王家大院是按照正屋、厢房、照面房次序逐步来建的,这是民间住宅生长之常法。此举也反映了独栋式与合院式住宅两者之间的内在关联。分期建成在构架上或有明显反映,如王家大院的厢房与照面房之间就设有双柱。

图1 安顺本寨的大院式与天井式住宅
(图片来源:自摄)

---

* 国家自然科学基金资助项目,基于传统营造技艺抢救整理的我国穿斗架分类区系与传承研究(项目号:51578334)。

① 深圳大学建筑与城市规划学院,教授。

② 罗建平.安顺屯堡的防御性与地区性[M].北京:清华大学出版社,2014:32-64.

1.1 正屋空间与构架尺度

堂屋是正屋中心,布局严整:入口正对着做工讲究的"神龛"板壁,上设"天地君亲师"或"神"牌匾以及土地牌位,下置条几、方桌,庄严肃穆,是举办红白喜事的场所(图2)。神龛板壁左侧设门,通往"神龛背后"。神龛背后常用作厨房、老人房或堆放杂物。由外廊(堂口)到堂屋、再到神龛和神龛背后这一序列空间,是我国南方住宅的通用格局。不过,本地区堂屋竖向空间不是常见的中空通高,而是隔以楼板,其上储物,由次间的简易楼梯攀爬而上。堂屋较高(比周边房间高出40~80 cm),在楼上形成凸起的台子。这种设楼储物、局部高起的堂屋做法,在江西吉安等地完全与之相同。这或许与屯堡人祖先之来源直接有关。

图2 堂屋内部空间
(图片来源:自摄)

正屋外观有"前廊式""堂口式"两种(图3),前者在"大院"中使用,后者常见于三合院或独栋住宅中。通常"九个头"以上的正屋才采用前廊做法。所谓"个头"就是"柱头",其上架设檩条,相当于官式的"架";两个柱头之间的水平距离,称作"步水",也就是官式的"步"。在本地区,屋架有"五柱七个头""五柱八个头""五柱九个头""六柱九个头"等数种,进深分别为六步、七步、八步不等。步水是空间深度模数,有特定的组合方式。(图4)

正屋进深的具体尺度配置如下:

(a)五柱七个头(堂口式):

明间:1步水(堂口)+4步水(堂屋)+1步水(神龛背后)=6步水;

次间:3步水(房间)+3步水(房间)=6步水。

(b)五柱八个头(堂口式):

明间:1步水(堂口)+4步水(堂屋)+2步水(神龛背后)=7步水;

次间:3步水(房间)+4步水(房间)=7步水。

图3 堂屋外观:前廊式和堂口式
(图片来源:自摄)

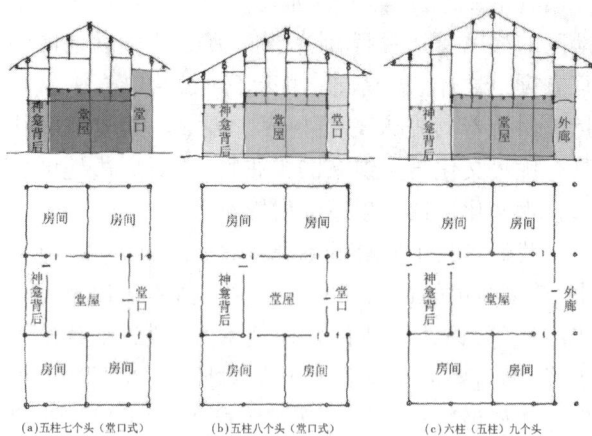

图4 常用构架与空间划分
(图片来源:自绘)

(c)五柱(六柱、七柱)九个头(前廊式或堂口式):

明间:1步水(外廊/堂口)+5步水(堂屋)+2步水(神龛背后)=8步水;

次间:1步水(外廊/堂口)+3步水(房间)+4步水(房间)=8步水。

正屋每步水一般为960 mm(仅民国杨氏洋楼为850 mm和620 mm),按1清尺=32 cm计,恰为3尺/步。对于6~8步水的正屋来说,进深有18尺(5.76 m)、21尺(6.72 m)、24尺(7.68 m)数种,其中堂屋深度为12尺(3.84 m)、15尺(4.8 m),房间进深为9尺(2.88 m)、12尺(3.84 m)。

正屋开间尺寸普遍不大,一般明间为3.3 m,次间有宽2.7 m的,按清尺计,一般在1.1丈(3.7 m)以内。而对比安顺南部的布依族、苗族住宅,明间面宽一般为1.2丈(4 m),次间1.15丈(3.8 m)。与贵州其他地区住宅相比,同样也显示出屯堡住宅开间尺寸的特别之处。这种小开间做法与明代南京普通官宅尺度相近①,应是保持了军屯时期营房尺寸规制的结果。

正屋高度以中柱来衡量,中柱高有1.68丈(5.6 m)直至2.38丈(7.9 m)不等,以1.8丈(6 m)左右为多,这与我们调查的附近少数民族某村以1.68丈(5.6 m)中柱为主的情况有所不同。底层堂屋一般保持较为宜人的尺度,通常高9尺(2.88 m)或1丈(3.2 m),卧室等其他房间高度7.5尺(2.4 m)左右,都比二层高出不少。此种层高配置不同于"下七上八"(架空层七尺,楼上八尺)的干阑式住宅,是地居生活方式的反映。

1.2 厢房、照面房与构架尺度

厢房的浅进深做法,大约是"一颗印"式合院住宅的共同特征。由于方正的用地和外形约束,厢房进深不超过正屋尽间大小,通常4步水[每步较正屋小,有些仅2尺左右(64 cm)]。厢房面宽两间或三间,每开间宽7~8尺(2.5 m左右)。至于厢房的高度,屋脊均低于正屋,但底层高度一般也在7.5尺(2.4 m)以上。厢房与正屋房间接近,可用作卧室、厨房,少有用来豢养家畜的。浅进深、小开间、低檐口的厢房,与位于高高台基上的正屋相对照,共同形成了主次分明、严整有序的建筑格局。

照面房位于正屋对面,故而得名。一些照面房尺度与正屋相当,其功能布局也相同:明间为堂屋和神龛背后,两次间可加以分隔;即便是一些较小尺度的照面房,如本寨金家大院其照面房进深5步水(不足5 m),仍采用堂屋的构架、布局,但省去了神龛背后空间。照面房檐口和屋脊高度一般与厢房相同,低于正屋。

2 穿斗架构成

2.1 正屋的构架构成

2.1.1 构架样式
构架的具体情形通常是在"标准样式"上加以

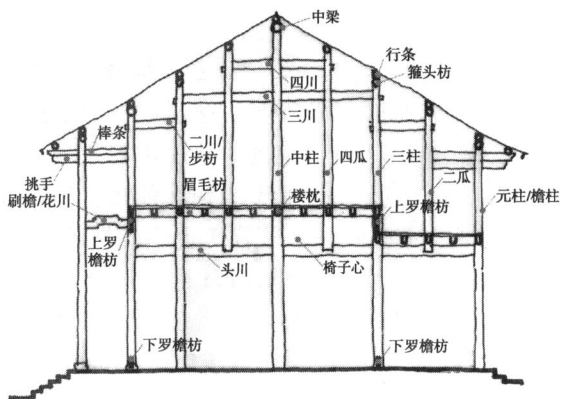

图5 九个头构架示意图
(图片来源:自绘)

调整而来的。本地标准构架是"五柱九个头十一檩"(图5),这一当地人的描述概括了构架规模与构成,显示了"柱""头""檩"是屋架的最核心内容。"柱"指落地柱,"几个头"就是"几架"("个"或为"柱"的变音),"檩"就是檩条[本地通称"行(xíng)条"]。这三个要素中,最重要、最稳定的是"个头",它决定了构架的规模。相邻两个头之间的水平距离又称作"步水","九个头"就是九架八步水,正如上文所述,其所限定的空间尺度非常适宜。还因为九个头又有"常在久住"之谐音,预示好兆头,更加强化了这种构架在人们心目中的地位。

构架变通之法,主要表现在"个头"的增减以及柱瓜数量、位置的改变。同为九个头的房子,通过调整落地柱数量、长短瓜形式等可有不同形式。这些微调意图与空间利用、装饰诉求、结构可靠性追求、经济条件以及时代特征等有关。而个头的增减,则与用地条件和空间需求相关。据调研,老房子超过九个头的比较少见,也未见到少于七个头的正屋。

柱、瓜的命名,其特别之处在于柱、瓜统一编号,按"个头"位置来确定柱、瓜序号。以中柱分前后,后檐柱编号为"后一",记为"后元柱"("元柱"称呼同布依族),紧接着的位置为"后二",如果是瓜,就命名为"后二瓜",是柱,则命名为"后二柱",如此逐一命名直至中柱。这种强调位置序列、而非构件分类编号的做法,体现了柱、瓜的同源关系,也是柱、瓜互换灵活性的反映。这种柱、瓜编号还与檩的编号一致,为安装组织提供了便利。

---

① 明代南京御史住宅开间平均1丈(3.33 m)左右,见:乔迅翔. 明代南京御史住宅与"重堂式"形制[J]. 中国文物科学研究,2012(2):54-61.

2.1.2 拉结方式

"五柱九个头十一檩"的这一描述，未包含"穿""枋"等构件，似乎表明了穿、枋的从属地位。实际上，穿、枋是构架稳定的主要保障。之所以未出现在上述描述中，是由于穿、枋在使用上有一定灵活性，与建筑空间样式、规模等也不甚相关，更多体现的是不为人关注的技术内容。

进深方向，以穿枋串联柱身。"穿枋"，工匠简称为"穿"，记作"川"。穿枋的设置极为简洁，对于常见的九个头屋架来说，自下往上分别为"头川""二川""三川""四川"。头川贯穿所有落地柱，四川仅贯穿中柱与左右瓜柱。这些穿枋没有任何一根是多余的，缺一不可。尽管本地区穿枋配置与开阳一带和苗居等穿斗架几乎相同，但命名上"穿枋"与"瓜枋"不分，皆以"穿枋"名之。这与柱、瓜配置相对灵活直接有关。

头川，原本串联所有落地柱的，但在堂屋内有些按中柱分为前后两段，前段或改作断面圆形的具有装饰意味的"抬驮"，以之承柱，其下空间得以自由划分。这就是"前驮后川"的做法。此法在重庆和黔西北一带也较为流行。头川出外廊部分，多数在略高于头川的位置代之以"刷檐"。刷檐是一种类似月梁的"花川"，背部拱起，底部上凹，皆作卷杀。通高外廊安以刷檐，具有装饰性，我们在贵州毕节、六盘水、湖南娄底、衡阳、江西进贤、安徽桐城等地亦有所见。

平行于面宽方向，以多种枋木拉结各排屋架，有楼枕、箍头枋、罗檐枋以及中梁、拉牵等数种。其中，数量最多的是楼枕和箍头枋。楼枕，两头插入柱身，承托楼板。明间楼枕高于两次间楼枕，其错位布置使得中缝柱身多点连接，有更好的结构稳定性。箍头枋，因两端开箍头榫得名，箍头榫卡入柱头开口里，牢牢锁住两排屋架顶端，一般落地柱顶端皆设。中梁，位于明间中柱脊檩之下，是断面放大了箍头枋，也是"上梁"之"梁"。因中梁断面硕大，使得相邻次间的箍头枋下移安装，此枋名之为拉牵，又称扯牵。为确保抗拉功能，拉牵穿透柱身，并于出头处安销。罗檐枋，为扁作之枋，安于堂屋外檐、神龛壁，上下各一，共四根，称作"四大罗檐枋"。罗檐枋除了拉结功能外，还作为上下框，安装大门及板壁。这种做法与湘西土家族、黔西南布依族民居相同。在本地区，罗檐枋有时也用来指代外檐柱间所设的月梁式拉牵。

对屋架底部的拉结不很重视，除明间设有前后地罗檐枋外，其他地脚枋设置与否似无规制，即便设置，亦是立架之后装房时所为。这与黔西南布依族民居做法较为接近。

2.2 厢房的构架构成

作为同一营造系统，厢房构架与正屋应是基于相同的原型。不过，因其进深浅、步水小、高度低等引发某些具体问题：例如，高度低，二层通行不便；再如，空间狭小，落地柱如果过密，使用不便。为此，变通构架的基本手段是使用"抬驮"：抬驮承托柱脚，避免柱子落下，空间因而扩大。在一层，前、后檐柱之间设抬驮，承托排架柱；以抬驮承托二层后檐柱，充分利用后檐墙体与木构架间的缝隙空间；在二层，中柱改作中瓜，以抬驮承托，下以通行。抬驮也成为一种审美喜好，在前檐柱间亦有设置。（图6）

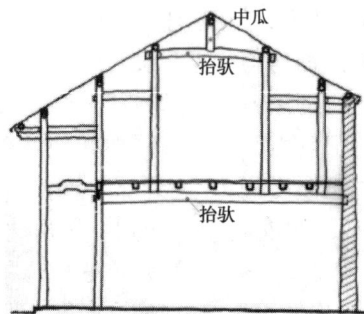

图6 厢房中缝构架示意图
（图片来源：自绘）

厢房在合院式住宅中以功能性为主，这种对构架的调整创新，首先在这类辅助性空间中得以淋漓展现，这是因为它们缺少社会规制或精神约束。当前，厢房木构架已经定型化，常用的中缝构架为"二柱五个头七檩"，带外廊的为"三柱六个头八檩"（如果檐柱也采用抬驮，落地柱相应减少）；其山面构架，因中柱落地，则分别采用"三柱五个头七檩""四柱六个头八檩"。

3 穿斗架做法

3.1 屋面水法

据旧州朱盛平木匠师傅访谈，以及本寨民居建筑测绘验证，屋顶起坡因屋面材料不同而有不同：石板屋面为四分五水至五分水，瓦屋面可达到六分水。屋面的分水还要根据进深大小进行调整。这里所谓分水，同于清官式举架：进深一尺，举高半尺，就是五分水（即清官式五举）。（表1、表2）

表 1　安顺市本寨的部分传统建筑屋面坡度情况统计表

（单位:度）（表格来源:自制）

传统建筑建筑编号	052 号（王家双重合院）	048 号	040 号	032 号（金家大院）	欧式大院	049 号	001 号（王家碉楼）
正屋分水	0.516	0.498	0.61	0.507	0.485	0.52	0.55（照面房）
厢房分水	0.497	0.497	0.63	0.455（照面房）			0.5
备注	近期未修缮	近期修缮	近期未修缮；瓦顶	近期未修缮	近期修缮	近期大修	近期未大修

表 2　安顺市本寨的部分传统建筑鹅毛翘(脊柱、檐柱间的柱头降低)数值统计表

（单位:cm）（表格来源:自制）

传统建筑建筑	052 号（王家合院）	048 号	040 号	032 号（金家大院）	欧式大院	049 号	001 号（王家碉楼）
正屋	5.5,5,4	5.2,5.5,3.75	5.5,4	4.75,5.5,6.75	5.5,5.2,0	12.7,10.4,7.7	0.7,7.5,2.3（照面房）
厢房		4	0.5				0.25,3.5,2.25
备注	近期未修缮	近期修缮	未修；瓦顶	近期未修缮	近期修缮	近期大修	近期未大修

坡屋面有两种做法:竹竿水和鹅毛翘。竹竿水是直坡屋面,鹅毛翘是曲屋面。鹅毛翘的做法是:保持中柱和檐柱柱头不动,中柱檐柱间的柱头降低,挑檐檩上抬。鹅毛翘这种方法,其原理与宋代举折法极为类似,即是通过下调金檩来形成的。苏州一带称作"囊金"的亦是此法。朱师傅举例的各柱头下降数值分别为:4 cm、3 cm、2 cm,以形成屋面上陡下缓的曲线形象。(图7)可能与建筑变形或改造有关,实际情形较为多样。总的来看,留存下来的清末民初时期的民居建筑,几乎所有屋面都

采用了鹅毛翘做法,下降幅度自屋脊往屋檐(自上而下)递减的情形略多,两头小中间大的也有一定比例,且以 5 cm 左右最为常见。

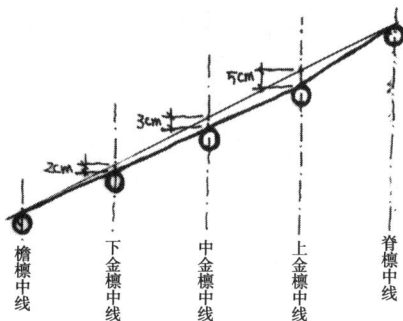

图 7　屋面鹅毛翘做法示意图

（图片来源:自绘）

3.2　冲山、侧脚

山面柱子高于中缝柱子的做法叫作"冲山",其目的有二:一是与鹅毛翘做法一起形成两端高起的双曲屋面,以及两端升起的屋脊,屋顶富有生气;二是结构上形成某种"内聚力",不易散架。采访旧州金师傅得知,冲山一般为 5 cm,即山面柱顶分别高出相应中缝柱顶 5 cm。我们取样验证发现,正屋皆有冲山,对于五间房来说,有仅山面柱升高的,也有次间中缝和山面柱逐缝升高的,累计升高幅度为 5 ~ 10 cm;厢房则无冲山做法。

山面屋架内倾的做法往往与冲山相结合,此法加强了屋架内聚力。本地对非正交角度称作"乍"(类似清北京官式),因此就把这种山面屋架内倾做法称作"乍墨"。但"乍"的幅度不一,有的工匠达 5 cm 之多,有的工匠认为"上面不能宽于下面",划墨线时收下就可以了。

3.3　外廊

外廊一般用于"大院"中,多为环绕庭院的周围廊。在我国古代,这种格局只有在高等级住宅、庙宇、衙署等建筑中使用,带有明显的廊院式意向。在其他地区,带外廊的住宅也时有出现,如部分北京四合院、大理"四合五天井",以及苏浙皖一带的厅堂等,这些外廊或是单层建筑的一部分,或为独立的"副阶",一般都是单层高的。而本地区的外廊则直贯二层,狭小高耸、比例细长(通常宽高比为 1:5 左右),附着在建筑主体之外,显然也是一种形制的象征。外廊形式简洁,除了檐柱之间有箍头枋拉联拉联外,目光所及仅有檐柱、二柱间的穿枋(名为"刷檐")和檐柱之间的"罗檐枋",两者皆为类"月梁"形式,追求装饰趣味。刷檐枋位置较头川提高,罗檐枋又较刷檐枋略高,总体比例适当。

3.4 椅子心

围合堂屋空间的四壁是装饰重点,其中"椅子心"是对明、次间楼枕高度相错的间板壁的一种特殊处理。此段板壁若不采取"美化"措施而"直率地"加以表现的话,是相当繁杂错乱的,因为上下楼枕及其垫木、抱柱枋、立枋、板壁等在此交汇,具有复杂的结构和构造功能。此处的美化策略是:使某些构件组合成一个整体,作线角装饰,弱化各自独立性;同时突出强调某些构件。这种做法或许受到椅子制作的启发,故而名之。这种做法,与江西吉安、南昌一带民居极为类似。(图8)

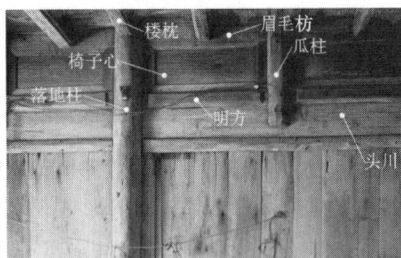

(a)安顺堂屋椅子心做法

(b)江西峡江县湖州村厅堂类似做法

图 8　安顺椅子心做法与江西做法对比

(图片来源:自摄)

3.5 正屋与厢房构架的交接

合院式建筑都存在正屋与厢房如何交接的问题。这里面有两种处理倾向:一是避免两者木构架的深度交接,最多仅在檐廊处连接,如大理、北京等地的合院式住宅;二是两者的构架之间相互搭接,柱、檩、枋等相互借用或搁置或穿插,如贵州遵义、皖、赣等地。本地区属于第二种情况。(图9)正屋檐柱与厢房山面通常在同一轴线上,共用部分柱子,比如,正屋山面前檐柱为厢房山面后檐柱,正屋中缝檐柱为厢房山面前二柱。厢房脊檩有高有低,高的搭在正屋二柱檩上,低的搭在挑檐檩上,其他檩条或就近搭在正屋某檩上,或直接悬挑。而正屋挑檐檩,有搁在厢房外檐柱上的,有穿过厢房搁在厢房二柱檩上的。不过,两屋面相交处的做法并不稳定成熟,仅有一例铺瓦屋面其阴角设有角梁,用

以承托两向交汇的椽子和排水阴沟。阴角处乱搭椽子做法比较普遍,这可能与石板屋面的反复修缮有关。

(a)转角做法1

(b)转角做法2

图 9　转角做法

(图片来源:自摄)

4　构件与榫卯

4.1 柱与穿枋

穿枋既是构件,本身又是一种特殊的直榫:以整个枋身作为榫头,或穿过数个卯眼安装到位;对榫头、卯眼的严丝合缝要求极高,采用"涨眼法"安装。为便于斗架,通常的穿枋在高度方向上采用递变截面做法,幅度约 1 cm。本地穿枋主要特色有:

①极少使用销。为杜绝柱、穿之间异位脱榫的可能,一般在穿枋端头用销把柱身与枋头紧紧"锁住"。销有穿柱销和柱边销两种,但本地区柱、穿之间未见使用销的痕迹,包括头川尾和挑手枋尾。

②喜用穿枋"卡口"增强拉结能力。穿枋厚一般与榫卯宽相同,多数为 1.2 寸(0.04 m),在可能的情况下,加厚穿枋,在变截面处形成卡口。棒子方、抬驮形成的变截面其理与之相近。

③使用燕尾榫接续穿枋。头川不够长需要接续,用燕尾榫在中柱卯眼内连接,先接后安。"前驮后穿"的连接,与之相同。

4.2 柱与檩条(行条)、箍头枋

柱、檩交结构造有两种情况:一是柱头上开椀口,其上直接搁置檩条;二是柱头方形开口,落榫安装箍头枋,其上再开椀口搁置檩条。箍头枋一般安

于落地柱头,有些瓜柱头可省。檩条与箍头枋各有分工:檩条承受椽子及屋面荷载,箍头枋拉联各柱头,保持构架稳定,各司其职。榫卯做法也与之相称:檩身一般不开口,以确保能承受弯矩和剪力;箍头枋的"脖子"可以很细,以能保持抗拉能力为原则。两根檩条水平连接,采用燕尾榫;两根箍头枋连接,其法是各削去榫厚、枋身之一半再拼合安装即可。这种箍头枋做法在苗居檩间连接也有采用。(图10)

图10　柱檩连接
(图片来源:自摄)

4.3　柱与牵枋(楼枕)

两榀构架之间的拉联(即纵向构架)一般靠"牵枋"。牵枋,本地称拉牵或扯牵;牵,一般写作"欠",通行于西南广大地区。本地牵枋有如下特色:

①牵枋较少,构架间拉联主要靠上文所述之"箍头枋"。

②真正的牵枋仅一处,是山面与中缝构架之间位于脊檩之下约30 cm处的拉枋。

③楼枕和罗檐枋的拉联作用有限。为便于立架时安装,其榫头卯眼间并不都采用"涨眼法"。从受力角度看,与柱头拉联的箍头枋相配合,楼枕和罗檐枋或存在轴向受压可能。开凹槽搁在眉毛枋上的空枕反而可能具有一定的拉联功能。

与受力性能相对应,楼枕、罗檐枋的榫头一般为直榫,或大进小出的半通榫。拉牵枋头穿中柱出头,柱边安销锁住。这近乎是唯一的销。

4.4　柱与抬驮

抬驮使用于堂屋、正屋山面以及厢房开间、进深和立面等多个位置,有长达8 m的。抬驮断面浑圆,皆略上拱,上承柱脚,与当代预应力做法类似。抬驮两端做成直榫,插入柱身。为加强榫头抗剪能力,有的在其下垫以类似替木的构件。(图11)

图11　柱与抬驮
(图片来源:自摄)

4.5　挑手与挑檐

与以挑檐枋承托挑檐檩这种简洁做法不同,本地区挑檐枋称作挑手枋(简称挑手),其上另有"棒条(枋)"与之相叠,这是第一个特色之处。棒条,出挑部分断面圆形,前端下部卷杀,后尾部分断面方形,穿过檐柱插入二柱柱身。棒条前端上面搁置挑檐檩,其下设随檩枋,枋下设角花。檩、枋、花的系列组合,这是另一特色。檐部的特殊处理,不仅美观,也具有构造功能:随檩枋加强承托檩条,棒条支托随檩枋,角花的原型替木则是加强承托随檩枋的。这种做法在开阳、安顺南部地区都有使用。(图12)

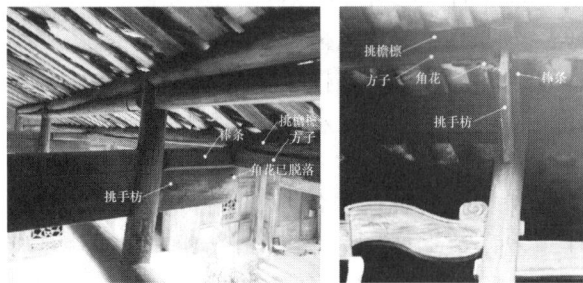

图12　挑手与挑檐
(图片来源:自摄)

5　穿斗架的制作与施工

如图13所示,我们所见的是"中国城乡遗产保护志愿者工作营"云山屯施工现场,有木匠、石匠各两名,志愿者十数人。其中,掌墨师雷姓师傅负责一栋住宅拆改等大木作技术工作。与传统做法不同的是,此次改建有建筑师绘制的设计图纸。不过,木匠现场的定夺和发挥更为关键,包括屋架形式、层高等,都做了改变。尽管使用电器平木、凿眼,其营造方法总体上仍延续传统,包括营造程序,以及杖竿(本地称作"墨杆")法、签片法等传统方法。

| (a)本地区木料较小 | (b)工匠在木料上绘制示意草图 | (c)制作杖杆 |
| (d)画墨线 | (e)制作构件（平木） | (f)边穿边立的施工方式 |

图13 云山屯施工现场

（图片来源：自摄）

备料。一般来说，杉木作柱、楸木作头川、椿木作中梁，堆放整齐。所用木料普遍较小，常见为径150 cm左右，很少有200 cm的，这与本地区土层较薄、土质贫瘠而缺少大树有关。

绘制草图，制作墨杆。草图用划线的竹签绘制在一根木料表面上，仅示意柱、穿等主要构件，未标示尺寸。其后，以楠竹一破为二，取其一制作墨杆，分青白二面：青面刻划各柱、瓜头位置线，标记"元柱""二柱""三瓜"之类；白面用签笔蘸墨量画各穿枋、楼枕等线，标记各构件之名。穿、枋等位置线以柱头线为准。其间，木匠未利用笔墨记录尺寸数字，全凭记忆直接用角尺量画绘制，这应是传统之法。

制作构件和榫卯。先柱子开眼，再制作穿枋等构件。由于榫头、卯眼皆有固定尺寸，并未见采取使用签片等精准但费事的做法。当前，签片法在中梁制作中还有使用。按习俗，中梁两端的箍头榫在屋架立起来之后、上梁之前才开始在屋架下制作，由于此时用来安装中梁的中柱开口不便量取，故而先用签片把这些尺寸"过"到中柱柱身，制作时再次以签片从柱身量取"过"到中梁梁头。

穿架与立架。按木匠的说法，一般是先穿架，在穿好各榀构架后，再用绳索等多人合力拉起，此所谓立架。不过，本次屋架较小，场地局促，未采用此法，而是边穿边立：先立中间三柱及穿枋，再立边上的檐柱以及挑水等，其后安瓜柱和短枋，这样就完成了其中一榀屋架的立架工作；如此立好相邻屋架后，安装楼枕、罗檐枋和箍头枋、檩条等，把它们拉联起来。一般是先立中缝屋架，再立山面屋架。

6 结 语

综上，屯堡穿斗架具有与周边地区不同特征，具体如下：

①采用合院式为主，具有相对成熟的正、厢房构架的结合技术，较周边其他住宅先进。

②木构架采用极为简洁的柱、穿组合做法，与黔西南等地布依族住宅差异显著，与贵阳一带及赣皖苏等地则几乎相同。

③正屋开间一丈左右，当是营房尺度的遗留，也与明代常见官式住宅的开间尺寸相当。

④步水3尺及以上，与四川以及黔北汉族地区接近，与黔西南布依族民居使用的小步2尺、大步6尺（当前为2 m）有明显不同。① 3尺步水较大，与

---

① 有关布依族穿斗架见：乔迅翔.黔西南布依族民居穿斗架营造技艺[C]//吕舟.中国建筑史学会论文集.武汉：武汉理工大学出版社，2016：74-82.

本地区后来普及的石板屋面明显不契合(后来修缮中普遍加密瓜、檩),当是一种外来传统。

⑤贯通二层的外廊、浅厢房尤其是堂屋空间凸起之法,以及堂屋两侧板壁的"椅子心"做法,皆与江西吉安、南昌一带民居极为类似。

⑥"抬驮"的频繁使用也与周边地区明显不同,在四川、黔西北以及华东地区常用。

⑦以厚墙围合木构架的做法,不同于黔西南典型的布依族住宅。这既是防卫需求的应对,也是皖赣汉族居住文化的传承。土木结构分离做法,与云南等地的土木结合有本质差异。

⑧檐部枋子的类"月梁"装饰性做法,未见于西南其他民族住宅中,多见于皖赣浙闽地区。

⑨某些构件名称也与江淮地区一致,如檩条称作"xíng 条",平木用的刨子称作"páo 子"。

联系屯堡文化的明代长江中下游地区的来源来看,我们不难推定这些穿斗架特征的形成并非是本土建筑演化结果,更多是来自千里之外的文化传播。准确地说,它们所反映的正是这一外来建筑文化在本地区的适应性发展。我们也发现,屯堡穿斗架作为一种类型,实际上有着更大的分布范围,如开阳一带的穿斗架就与之相似。有关屯堡穿斗架的源头与发展等历史问题,还有待进一步细致地技术文化比较研究。

参考文献:

[1] 罗建平.安顺屯堡的防御性与地区性[M].北京:清华大学出版社,2014.

[2] 乔迅翔.明代南京御史住宅与"重堂式"形制[J].中国文物科学研究,2012(2):54-61.

[3] 乔迅翔.黔西南布依族民居穿斗架营造技艺[C]//吕舟.中国建筑史学会论文集.武汉:武汉理工大学出版社,2016:74-82.

关于陇南地区传统民居建筑及营造技艺研究
——以宕昌县董家庄村为例[*]

Research on Traditional Residential Buildings and Building Techniques in Longnan Region
—In Order to Tanchang Dongjiazhuang Village as an Example

赵柏翔①   **孟祥武**②

Zhao Baixiang   Meng Xiangwu

【摘要】近些年学界对于传统村落和传统民居建筑的研究进行得如火如荼,其中不乏许多有地域特征的典型案例。本文运用田野调查的方法,以甘肃省宕昌县董家庄村为研究对象,针对其村落空间结构进行整体概述,对村落内的典型民居建筑的平面、材料、装饰及营造技艺等因素进行深入的分析研究。通过典型案例和整体风貌总结出宕昌传统民居的特点,进而与整个陇南地区的民居作出比较分析研究。本文重点分析了董家庄村中具有代表性的一座清代民居和独具特点的五角斗栱,目的在于明晰当地独具特点的典型建筑形式和营造技艺,其次为了整理整个陇南地区的传统民居建筑类型的资料,从而为研究整个陇南区域更深层次的传统建筑谱系提供研究基础和参考建议。

【关键词】传统民居   建筑形制   营造技艺

0 引 言

宕昌县隶属于甘肃省陇南市,位于甘肃省南部,陇南市西北部。宕昌作为地名始于东晋梁勤建立的宕昌国,隋初改宕州,此后建制多经变革,至1954年正式设立宕昌县。董家庄村位于宕昌县南部、沙湾镇上半部。沙湾镇历史悠久,从明朝起开始经商,经济比较活跃,带动了当地和周边乡镇的发展。境内还有大量的明、清古建筑群。

1 村落简介

1.1 区位分布

宕昌县地处青藏高原边缘岷山山系与西秦岭延伸交错地带,属温带大陆性气候,气候温和而湿润,垂直气候显著,南北差异大。东与礼县接壤,西与甘南州舟曲县、迭部县相邻,南与武都区毗邻,北与定西市岷县相连,自然资源主要有矿产资源、动植物资源、水能资源等。宕昌境内水资源属长江流域嘉陵江水系,县内集水面由白龙江和西汉水两大流域构成。沙湾镇位于陇南市武都区西部,距陇南市30千米,宕昌县60千米,国道212线纵贯全镇(图1)。

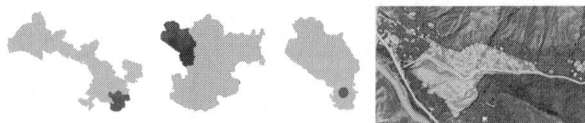

图1 董家庄村地理区位(图片来源:自绘)
图片说明:陇南市,宕昌县,沙湾镇,董家庄村

1.2 村落历史

董家庄村的历史可以追溯到宋朝。在2015年董家庄村域内的高速公路的施工现场,由施工人员发现古代墓葬,经过甘肃省文物局文物考古所专家鉴定,该墓葬年代为公元1004年左右,因此暂名“董家庄宋代古墓”。董家庄村因董氏人丁兴旺,故名为董家庄,在清末至民国时期,有一大绸缎商铺在此,又名为缎庄。青羊寺位于宕昌县沙湾镇水峪沟老庄村,始建于明代中期,青羊寺庙内供奉三霄圣母,即《封神演义》里的金霄、碧霄、云霄三位仙子。青羊寺为典型的明清建筑,三进三出,现庙里的偏殿保存得

───────────────

* 国家自然科学基金地区项目,北茶马古道传统民居建筑谱系与活态发展模式研究(项目号:51568038)。国家自然科学基金地区项目,丝绸之路甘肃段明清古建筑大木营造研究(项目号:51868043)。

① 兰州理工大学设计艺术学院,硕士研究生。

② 兰州理工大学设计艺术学院,副教授。

比较完整,其他都毁于"文革破四旧"。

2　村落空间形制

2.1　村落格局

董家庄村位于宕昌县南部边缘,距离武都区较近,整个村落整体簇拥于高家山上,村落西南部为白龙江,但村庄与江水近而不临。村庄坐落于山腰,有良好的视野,且对于相对多雨的陇南来说,村落的排水非常容易。雨水顺着山势而下流进白龙江,在雨季也很难出现积水甚至洪涝的情况。村庄口紧临212国道,村域内有铁路线和正在修建的高速公路。村庄周边道路交通便利,地理位置优越,环境优美。

2.2　村落环境

董家庄村地处有"小江南"之称的陇南,南接巴蜀,东望陕南。董家庄村的气候不同于黄土高原的干旱气候,也不同于四川湿润炎热的气候,而是正处在二者之间,没有黄土高原的干旱,也没有四川盆地的湿热。村落周边植物茂盛,绿意盎然,但是村庄内建筑密度大,建筑之间距离较小,村中绿意略显单薄。

2.3　建筑环境

董家庄村内的民居建筑基本都经过了翻修重建,所以董家庄村的整体建筑环境是较为现代的砖混楼。但是令人欣慰的是,村民自发地将具有历史意义的民居、庙宇、廊桥等建筑保护起来,不定期进行加固和修缮。针对客观因素导致的拆除情况,都会由村民自发、由政府支持进行异地重建。现存如青羊寺、文昌庙、廊桥、白马庙、金灵圣母宫和下文将要介绍的董家大院等(图2),其中多数建筑的始建年代根据现场碑刻或文献记载判断多为北宋时期,后经历多次翻修保留至今,多为清代遗物。

图2　董家庄村村落肌理(图片来源:自摄/自绘)

3　民居建筑形制

3.1　民居总体现状

董家庄村内民居整体多为2008年汶川地震后重建,极个别传统民居进行修缮后保留了下来(图3)。董家庄村传统民居以合院式建筑为主,建筑结构为抬梁式。本文以董家庄历史最久的清代民居——董家大院为例来论述当地民居建筑的形制特点。

图3　董家庄村民居现状(图片来源:自摄/自绘)

3.2　董家大院形制

董家庄村在清末时期曾有一大家族,家中兄弟老二出任县官,当地人称之为"董二爷"。董家大院即是"董二爷"办公和居住的院落。董家大院是一个两进四合院式院落,在村落总体布局中属于居中位置。董家大院曾因为财产分割的原因,一小部分已被拆除重建,现在保留下来的院落只有一部分,但是保留下来的部分基本都是建筑原貌。现在建筑中还居住着耄耋之年的老人。(图4)

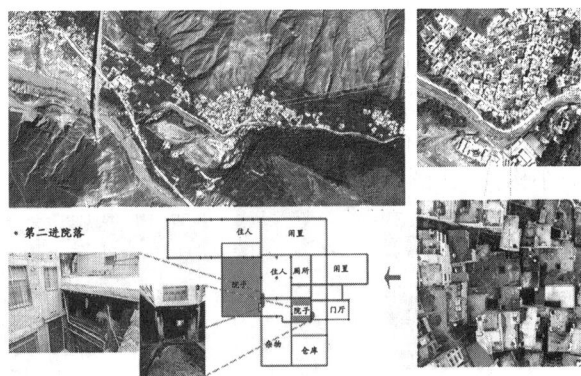

图4　董家大院区位图(图片来源:自摄/自绘)

3.2.1　平面形式

董家大院属于两进合院式院落布局,建筑布局规律不明显,它的两进四合院式院落不同于常见的北方四合院落,反而类似南方天井式建筑空间形式。最初的院落如一个东西向的矩形,院落大门朝东。大门对景原有砖雕石刻的照壁,现已不复存在。入口是:由东北角的小径向下,经2米左右的高差后进入院落。(图5)

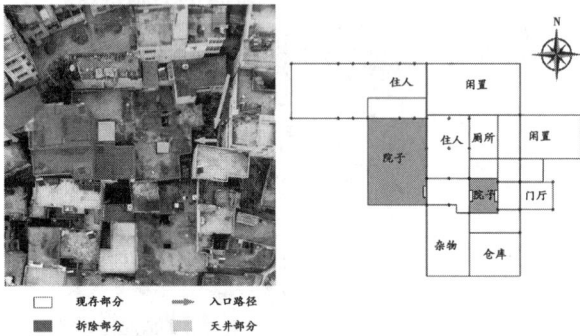

图5　董家大院平面图(图片来源:自摄/自绘)

3.2.2　结构类型

董家大院为两层平屋顶建筑,有两处楼梯可直接上屋面。在陇南传统建筑中平屋顶的案例较少。院内建筑采用抬梁式结构,经过几次修缮,立柱部分会有数根木柱来支撑,并且梁柱间也有加固措施(图6)。因地形原因和周边新建民居建筑的建设,使得董家大院建筑处于地势较低的位置,这样就给建筑采光带来问题。而院落也利用天井进行自然采光。

图6　董家大院结构节点(图片来源:自摄)

3.2.3　建筑材料

村内建筑用材基本都是选取当地的木材、石材与土材。董家村位于高家山上,山中有大量的树木生长,以松木为主。当地少有较大较完整的石块,土质中夹杂少量碎石。董家大院建筑以木结构为主,由当地取回的夹石黄土夯筑墙体,夯筑方式主要采用板夯,村落内未发现橡夯痕迹。董家大院中还使用了大量石材,主要出现在在门柱雕花,栏杆等小构件上(图7)。

图7　董家大院的建筑材料(图片来源:自摄)

3.2.4　装饰细部

董家大院内建筑形式简单,未发现斗栱,但是在院落大门上有三踩斗栱和花板存在。整个建筑在栏杆和大门处有雕花等装饰,建筑中的装饰细节保存较好。院落整体装饰并不华丽。据当地村民描述,"董二爷"当年是正直、清廉的百姓官,住所一切从简,只在门面处稍作装饰。(图8)

（a）大门斗栱

（b）栏杆雕花1

（c）栏杆雕花2

图8　董家大院装饰细节(图片来源:自摄)

董家庄村在宕昌县里是保留传统建筑较好的村落,村子里的传统建筑被村民自发地保护是很好的现象。董家大院现在基本已为废弃状态,其虽然是村落内现存历史最久的建筑,但是由于村落发展速度慢,建筑的历史价值尚未得到应有的关注。因宣传力度不足,网络上几乎没有对董家大院的记载。对于董家庄村这样历史悠久,传统建筑保存较好的村落应当多加宣传与重视。董家大院的建筑也是研究陇南建筑形式的典型案例(图9)。

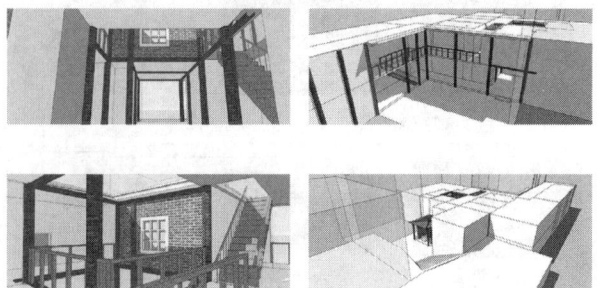

图9　董家大院模型图(图片来源:自绘)

4 营造技艺

董家庄村内有一位木匠,名董六十。自小随父亲学习传统建筑木作技艺并在长年累月的工作中发展创新。董六十拥有祖传木作手艺和多年设计、建房、修缮经验,并且在陇南宕昌县一带颇有名气,亲自主持了宕昌以及周边县镇的多处传统建筑设计与修缮(图10)。本部分阐述在调查过程中发现由董六十主持并正在施工建设的六角亭的角科斗栱营建做法。

(a)董家庄村文昌庙 (b)百草沟庙 (c)舟曲梁家坝泰山庙

图10 董六十作品图(图片来源:网络)

4.1 木作概况

以董家庄村为圆心辐射的地区木作历史悠久、形式多样,地方做法特色鲜明,传统工匠在学习前人的基础上自主创新。现今留存下来构件中的斗栱做法独特,做法也有多种,如宋式、明式、清式。最具特点的有:宋代留存下来的八向出挑柱头铺作,其中"鸽头"是当地木匠对对角方向的似昂构件的命名;雀替下加斗栱的做法;由当地木匠自行设计的取"四季平安"之意的"四季花宝瓶"脊兽等(图11)。

(a)宋时期八向出挑柱头铺作

(b)青羊寺正殿斗栱

(c)"四季花宝瓶"脊兽

(d)斗栱雀替

图11 董家庄村木作概况图(图片来源:拍摄)

4.2 做法特点

后文将以董家庄村内的六角亭的角科斗栱为例。其以当地木匠世代沿袭的宕昌地方做法完成。本文将进一步分析其构造做法特点以及与常见斗栱的异同比较。

4.2.1 平面示意

董家庄村六角亭的角科斗栱的做法如图12、图13所示,首先坐斗是一个内角为三个120°和两个90°的五边形,120°刚好呼应正六边形的六角亭的内角。正是这个原因,所以只有在柱头科才会出现五边形坐斗的六向出挑斗栱,而平身科均为四边形坐斗的三踩斗栱。在五边形坐斗确定之后,再做每条边的中垂线,得到如图所示有两个交点的图形。每条线代表栱的方向,栱头处再加斗。而这个斗栱的独特之处就是打破传统斗栱所有平面交于一点的特征。(图12)

图12 董家庄村六角亭实景(图片来源:自摄/自绘)

4.2.2 搭接方式

董家庄村的六角亭角科斗栱的做法不同于其他地区的常见斗栱。如图 13 所示，在坐斗上沿着各边的中垂线开卯口，2 根栱和 3 根翘相互榫卯交叉，形成如图所示的形态。继而在栱头处安放 6 个斗，其中沿亭子对角线方向朝外的小斗类似于坐斗为五边形，余下 5 个中有 2 个交互斗和 3 个升子以承托上部的构件。

图 13 六角亭角科斗栱搭接方式
（图片来源：自绘）

紧接着是斗栱第二跳，外侧有两个夹角 120° 相互榫卯的类外拽栱，栱上存在内角 120° 的两个平行四边形的升子。据当地木匠介绍，此种做法在当地常见，取升子的斜边平行于亭子中枋类构件的方向。如图 13 所示，第二跳共有 4 根栱 3 根翘和 8 个斗组成，相比第一跳，第二跳多了外拽栱两根，除外拽栱上的两个四边形升外，其余斗同第一跳。

第二跳上部为梁头，梁头部分采用当地"鸽头"的形式，3 个梁头之间夹角 30°。梁头上横向插入花板，类似于甘肃陇中以及河西地区的"花牵代栱"做法。如图 14 所示，不同于常见斗栱，该角科斗栱只有外拽花板上存在垫板和檐檩，正心花板上无垫板和正心檩。在檐檩夹角处沿外角方向做角梁，梁头呈象头形。

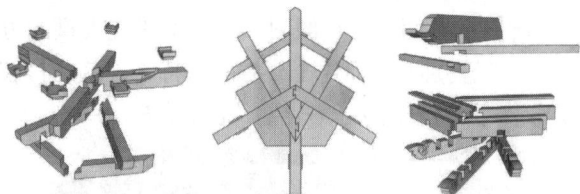

图 14 六角亭角科斗栱搭接方式
（图片来源：自绘）

整个斗栱如图 15 所示，从俯视角度看，呈不规则六边形；但是从仰视角度看，轴对称的五边形坐斗居于六边形轮廓正中。从立面上看该角科斗栱与常见的两跳斗栱并无明显差异。宕昌当地的该类斗栱与常见的斗栱最大差异就在于栱与翘相交于两点，并将上部荷载通过两点传递给坐斗，再经过角柱传递给基础。

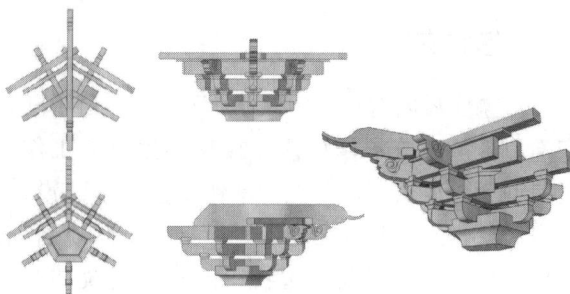

图 15 六角亭角科斗栱搭接方式
（图片来源：自绘）

4.3 小 结

董家庄村的传统建筑营造技艺不仅是对优秀的历史文化的传承，而且还在一代又一代智慧的工匠手里不断地发展进步。整个村庄的群众不仅自发地保护历史建筑，更是出现了像董六十这样的工匠，不仅传承了技术，还将自己的技术传给了一位又一位的爱好传统建筑、传统历史文化的年轻人。董家庄村的营造技艺以其个性鲜明的特点在陇南地区的传统建筑营造技法中拥有重要的历史地位和研究价值。

5 结 语

现存的陇南地区的传统民居，多数存在于像董家庄村这样的偏远地区，然而就是因为经济落后、地域偏远才得以保存。也因为上述原因使这些民居不被人所知，它们也就很难被继续保护下去。全省乃至全国存在众多类似董家庄村这样的案例。所以对于经济欠发达的偏远区域的村落及其传统民居研究应该更加偏重于典型特色案例的发掘，并且及时地记录、研究与保护，尤其需要对类似存在于像董家庄村中的这样具有地方特色的营造技法重点调查研究，从而为地域建筑的知识体系添砖加瓦，为中国传统建筑的传承贡献力量。

参考文献：

[1] 王太春. 甘肃陇南地区新农村民居建设与民居文化的研究［J］. 安徽农业科学，2010, 38（19）：10384-10386, 10441.

[2] 杨广文. 陇南特色古民居建筑保护与文化传承研究［J］. 美术大观，2015(9)：104-105.

[3] 孟祥武，骆婧. 甘肃陇南地区新农村民居建设与民居文化的研究[J]. 建筑学报，2016(增刊2)：38-41.

[4] 孟祥武，骆婧. 陇南各县域传统民居形态特征研究[J]. 古建园林技术，2016(9)：51-56.

建筑学层面研究文化景观可识别性的理论探索

Theoretical Exploration on Identity of Cultural Landscape Research on Architecture Level

张兴国①　　李　震②　刘志勇　　姜利勇
Zhang Xingguo　Li Zhen　　Liu Zhiyong　Jiang Liyong

【摘要】为完善文化景观可识别性的理论研究,拓展建筑学学科研究的视野与方法,文章通过梳理文献,采用演绎与归纳相结合的方法,分析了现有地理学、人文学科、人居环境学等多学科对文化景观研究的侧重点,发现现有文化景观研究对象对建筑关注的不够,研究尺度以宏观与中观较多,微观较少,研究方法以语言描述、地图分析为主,三维建筑分析较少。继而,结合建筑学学科主要研究目标、内容与方法,提出了在建筑学层面进行文化景观的研究将拓展建筑学基本问题研究的视野和方法,补充和细化文化景观的研究,丰富文化景观可识别性表达方法,从而完善对文化景观可识别性的认识。

【关键词】建筑学层面　文化景观　价值　可识别性　方法　细化

0　引　言

文化[1]是文化景观概念的基础并自觉地反映在文化景观中[2][3]。古代文化在空间向度上呈现明显的独立性,在时间向度上呈现较大的延续性,从而形成不同空间文化的特性,并带来人类文化在空间向度上的多样性表现。随着人类的交流,不同文化相互碰撞、交融,在遵循优胜劣汰规律的同时,仍具有较强的延续性,从而表现出一定的可识别性,它反映了这一人类团体的历史和现实生活[4]。伴随着现代社会文化"全球化"现象,被输入地区逐渐意识到外来文化在人文与自然环境方面的某些不适应,本土文化的特性重新受到重视,地域空间文化的延续性变得更加重要,如何在全球化的背景下增强文化的可识别性备受关注。

文化是文化景观的代理。文化景观是承载文化可识别性的重要要素。可识别性是文化景观研究的重点之一。本文通过梳理不同类型文化景观中建筑的重要性以及现有各学科对文化景观研究的重点与不足,分析建筑学学科主要研究目标、内容与方法,提出建筑学层面研究文化景观可识别性的可行性与特点,将补充和细化文化景观的研究,

从而完善对文化景观可识别性的认识。

1　建筑在不同类型文化景观中的重要性

从空间上看,文化景观常分为城市文化景观与乡村文化景观;从时间上看,常分为历史文化景观与当代文化景观。将两种分类方法并置来看,当代文化景观常常以城市文化景观的形式呈现,而历史文化景观则可能以城市或乡村文化景观的形式呈现。由此,对城市文化景观与历史文化景观的构成要素进行分析,探讨建筑在其中的重要性具有代表性的意义。

1.1　城市文化景观

建筑是城市的基本组成要素,城市文化景观也被称为建筑景观、城市景观或城镇景观。建筑是城市文化景观的主体物质要素,建筑师通过将精神和情感注入空间使建筑对居住和社会生活有意义,而使建筑参与了文化景观可识别性的构成[5]。

古代社会,空间表达了确定的文化和权力世界,城市真实地反映生活。时空压缩下的当代社会,建筑师为人们提供了一种回归时间、空间、传统、创造和感知的复杂体验的机会。理解文化景观与这种体验密切相关,也与过去一些阶段并置或重

---

① 张兴国,重庆大学建筑城规学院,教授,博导。

② 李震,陆军勤务学院军事设施系,副教授,博士生,重庆市沙坪坝区大学城陆军勤务学院建筑规划教研室。

叠的空间轨迹密切相关。因为每一种轨迹都在当代的功能背景中被重新解释和恢复。"建筑、城市和其他艺术作品期望表达什么信息？它们承载了什么意义？它们包含了什么想法？城市怎样实现作为一种艺术品的能力？离开其自身之左右，艺术可以做什么？它可以讲一个故事，或者许多故事。它可以建立一种气氛。它可以加强选定的美德、肌理、色彩和运动，它可以支持或者代表想法、品质和制度"（Black，2003）。建筑作为城市文化景观的象征要素成为可识别的地域性或民族性图像标志[6]。

1.2 历史文化景观

历史文化景观又被称为传统文化景观。大部分的乡村景观属于这一范畴。《历史文化景观》（*Historical cultural landscape*）将其定义为："在我们现在所处的历史阶段之前已经创作出来的景观（Schreiber and Stcica，2008）。"保护"文化景观的过程不只是保护自然，因为它需要保护传统的土地使用实践，建筑、墙体和其他构成景观马赛克的部分以及传统的生活方式（Birks，1999）。"目前，历史文化景观的要素被划分成5种类型：具有宗教意义的要素，居住要素，家庭要素，经济要素和与水管理有关的要素（Schreiber and Stcica，2008）。这五大类要素中的每一类都包含有建筑物或构筑物，并深刻影响历史文化景观的发展。由此，对历史文化景观中建筑的研究具有重要的意义。

2 建筑学层面研究文化景观可识别性的可行性

文化景观既是一个过程，又是一个结果。它是一种精神的建构。因此，作为符号来理解文化景观，既要理解其定义的方式，又要理解其操作的方式。不同的学科针对其解决的重点对文化景观有不同的定义，但其研究的目的均在于寻求描述景观与文化之间相互作用而形成的无数种联系的方法。

表1 历史文化景观的分类及要素（表格来源：Alexandru Calcatinge. The need for a cultural Landscape theory：an architect's approach[M]. Berlin：Lit Verlang Dr. W. Hopf. 2012. ）

种 类	分 类	要 素										
		1	2	3	4	5	6	7	8	9	10	11
具有宗教意义的要素		教堂	修道院	墓地	十字和路边的十字架							
居住性的要素		房屋	避难所	城堡	季节性住所							
家庭要素		干草棚	谷仓	篱笆	墙体	大门	水源	水源	火炉	小花园	花园	地窖
经济要素	农业元素	田地	梯田	干草堆	草地	牧场	葡萄园	果园	蜂窝	集市		
	树林元素	低树林	灌木	树木的重复利用								
	工业与手工业元素	水磨	粗绒毛呢磨制机器	涡流	酿酒厂	磨油机	压油机	锯木机	熔炉	陶器厂		
	矿业景观元素	地道	印记	垃圾场	采石场	砾石植物						
水管理要素		水坝	河道	堤防								

注：其中灰底部分为建筑类要素。

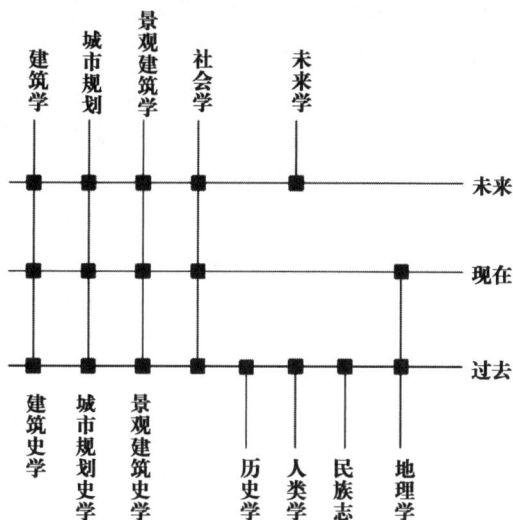

图1 文化景观研究的不同学科层面

（图片来源：Alexandru Calcatinge. The need for a cultural
Landscape theory：an architect's approach［M］.
Berlin：Lit Verlang Dr. W. Hopf. 2012）

2.1 地理学类、人文类学科及人居环境科学类相关研究的比较分析

现有地理学类、人文类和人居环境科学类学科对文化景观的研究分别从构成文化景观的两级"人"与"自然环境"入手，从全球、区域、城市、社区、建筑五个层面[7]对文化景观的概念、生成和演变开展了研究。

第一，地理学及相关学科目前仍是文化景观研究的一支主力军。其相关研究旨在描述文化景观的分布和相互联系，解释其历史起源及演变规律，以人类主体与地球表面客体形态的互动关系与规律为研究重点，研究的成果主要围绕地球表面客体展开，其研究的尺度多集中在全球、区域的层面，有时会从整体上涉及城市、社区与建筑景观。例如，有学者在意大利西西里的埃特纳山，通过地文学、岩石学、气候学和地形学等多学科综合的方法，将当地土地使用系统与主要农业、林业地图叠加，绘制了地中海区域的传统文化景观地图，发展演化出了一种程序以抓住这种景观主要部分的特征，从而为描述文化景观提供参考，并且发现历史与文化资源是传统文化景观多学科研究对象的组成部分[8]。地理学类研究也涉及了文化景观遗产的保护与管理。例如，有学者采用比较的方法研究了乡村景观世界遗产地的完整性，发现与农业活动相关的建筑与历史特色、传统种植和本地产品、土地使用和农业实践的持久性都同样具

有重要价值；文化与自然的关系对农业景观完整性特征的形成具有更加重要的作用，而不是单独的自然或文化[9]。

第二，对文化景观开展研究的人文学科包括人类学、民族志、社会学、历史学以及未来学等。人文社科类学科中文化景观的研究对象涉及人类文化、社会及其生活的环境，其研究的重点是人类及其社会的关系与演变，研究的尺度以宏观或中观的人类族群或社会为主，少量会涉及微观的个人。城市或乡村景观是研究的背景而不是主体。例如，有学者以泰国北部区域为例，从社会与行为科学的角度研究了文化景观中文化遗产空间分布的决定性因素，旨在分析与当地聚落的"功能性—行为"的动态感知反应。研究表明文化景观和物质环境影响居民的认知和反应。文化可识别性与文化景观的动态密切相关。新发展城市区域的空间设置必须考虑当地的生计、居民信仰和礼制的固有模式，并将其反映在文化景观的规划中[10]。

第三，"建筑、地景、城市规划三位一体，构成人居环境科学的大系统中的'主导专业'"[11]。三者从各自的学科特点出发研究文化景观。人居环境类学科以自然系统、人类系统、社会系统、居住系统和支撑系统构成的人居环境为主要对象[12]，其表现形式——区域、城市、社区（乡村）和建筑是文化景观的物质载体。从文化景观的视角出发分析人类聚居区建设如何以生态、经济、科技、社会和文化的可持续发展为原则已日益受到关注。例如，已有学者以文化景观为视角研究了西南山地历史城镇的演进过程及其动力机制，建构了历史城镇空间文化关系分析研究的理论框架，提炼了研究对象演进的过程规律与动力机制，并创新了对研究对象的保护更新策略[13]。

**表2 地理学类、人文类和人居环境科学类学科对
文化景观研究比较表**（表格来源：自绘）

	地理学	人文社科	人居环境科学
研究对象	人类主体与地球表面客体	人类文化、社会及其生活的环境	自然系统、人类系统、社会系统、居住系统和支撑系统构成的人居环境

续表

	地理学	人文社科	人居环境科学
研究重点	人类主体与地球表面各种形态的互动关系及规律	人类族群的文化差异或社会结构与社会过程的演变	如何以生态、经济、科技、社会和文化的可持续发展为原则建设人类聚居区
研究尺度	宏观为主,中观为辅	宏观、中观兼顾	中观与微观为主,兼顾宏观

2.2 现有研究的不足与建筑学学科介入的提出

现有文化景观研究对象对建筑关注不够,研究尺度以宏观与中观较多、微观较少,研究方法以语言描述、地图分析为主,三维建筑分析较少,等等。上述欠缺影响了文化景观研究的进一步深化与细化。

建筑学是研究设计和建造建筑物、构筑物与室内外环境的学科[14]。建筑物与构筑物是文化景观的重要组成部分。现代专业分工细化使得建筑技术分化为建筑结构、建筑材料、建筑设备等多个专业,但只有建筑学专业能够从技术与艺术两个侧面整体把握建筑效果,同时关注人对建筑物质与精神的双重需求。正是这一特征,使得建筑学专业在关注建筑的同时也关注建筑的环境,包括其自然与人文环境,即文化景观。反过来看,城市与景观的发展同样需要建筑学的关注。哈佛大学景观系教授查尔斯·瓦尔德海姆提出了景观都市主义的理论,将城市理解为一个生态体系,将建筑和基础设施看成是景观的延续。由此,建筑学层面进行的文化景观研究将把建筑物和构筑物作为重点,并将其置于文化景观的宏观、中观背景中,且引入建筑设计与理论研究的方法,将是现有文化景观研究的有力补充。

3 建筑学层面研究文化景观可识别性的价值探索

3.1 拓展建筑学基本问题研究的视野和学科的研究方法

3.1.1 拓展建筑学基本问题的研究视野

当代建筑学关注直接影响城乡居住和工作环境的各种重大问题,例如:城乡各种发展战略的研究,规划建设方案的拟定、布局与执行等[15]。将建筑置于人与时间、空间的框架中考量,创作出为人

服务的、此时此地的建筑已成为学科实践的基本目标,建筑地域性的研究与设计已成为学科面临的基本问题之一。针对其中出现的形式本位和忽视建造逻辑[16]等现象,已有学者从不同角度进行了探索。有学者在理论以及理论结合实践层面开展了研究,覆盖了微观层面,即建筑自身的地域性表现;中观层面,即建筑群体所形成的城市空间的地域性表现;宏观层面,即建筑与城市在自我更新和持续发展中的地域特征的延续[17]。

在此基础之上,若把建筑纳入文化景观的宏观与中观思维,将使建筑学研究的视野拓展到更加广泛的,跨市、跨省甚至是跨国界、跨大洲的区域层面,并建立起不同层面之间更加紧密的联系。分析地域建筑的表达,深究地域文化变迁的动因,追随文化传播的路径与区域,将能够更加全面地描述建筑地域性特征。另外,可以将微观层面的建筑空间、建筑形态、建构技术、建筑材料、功能使用等建筑本体内容纳入到中观与宏观层面比较、分析,从而更加清晰地解释地域性产生的原因。

3.1.2 拓展建筑学学科的研究方法

将多学科文化景观研究的方法和工具引入,将有力提高建筑学研究的效率和质量。面对当代建筑业发展中遇到的技术与艺术多重困境,学者与建筑师已从多方面思考了建筑学的学科体系与方法论。研究与设计相脱节、研究缺乏科学性的问题日益受到关注。有学者在"实证主义/后实证主义;解释性/结构主义的;解放性的"三分研究范式分组方式的基础上,认为"生成性的"设计可以包含到"分析性"的研究中去,或者说可以在"生成性"设计活动中进行"插入式"的研究,提出了"解释性历史研究、定性研究、相关性研究、实验研究、模拟研究、逻辑论证研究、案例研究"7种研究策略[18]。

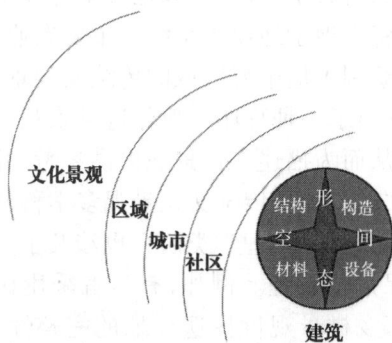

图2 拓展建筑地域性特征的研究视野(图片来源:自绘)

建筑学学科的研究对象与内容使其具有与地理学相类似的学科特征，即"综合性"。因此，建筑学也同样适用"各门学科的研究方法综合运用的原则"[19]。由此，除了上述 7 种研究策略以外，当代地理学研究中所引入的系统论思维及其具有的综合性、整体性，可解决多因素、动态、复杂系统的，有效性、定量化、最优化、信息化以及人—机系统处理方式的特征，对当代建筑学的研究具有重要的启示意义。有学者已归纳出西方近、现代城市建筑理论经历了"基于形体秩序""基于一般系统论"和"基于复杂系统论"三个阶段，并指出"城市正越来越多地成为建筑师思考建筑问题的背景及处理建筑问题的手段"，系统论的理论和方法逐渐介入建筑学学科发展。另外，针对建筑学所面临的来自人类物质与精神的双重需求，若运用包括地理学、社会科学、城乡规划学、环境科学等学科中受到重视的系统动力学的方法[20]，利用其"将结构、功能和历史结合起来，通过 DYNAMO 模型并借助电子计算机仿真而定量地研究高阶次、非线性、多重反馈复杂时变的系统分析理论与方法"[21]，将可能取得新的研究成果。

因此，建筑学融入文化景观的研究将更加益于本学科研究方法的拓展。

3.2 补充、细化及完善文化景观的可识别性

3.2.1 文化景观可识别性内容的细化

文化景观是感知的客体，一种异托邦（heterotopia），一种社会的镜像。它同时是文化价值的表达和一种象征（Backhaus，2009），也是一种生活方式的复杂表达（Sârbu，2011）。在价值的理论背景下，建筑是感知最为有形和成熟的形式。它是创造性行为存在的最为古老的方式之一。建筑是我们个体的保护壳，城市是我们社会生活的保护壳。建筑在精神文化和物质文化中都具有一种持久的作用，它是一种"创造的艺术，就像一种人类精神的'密友'"（Doicescu，1983）。建筑师拥有独特的创造性，"他必须把握一个位置，为社团思考和想象建筑并建造"。"就此说来建筑唤醒了一朵精神之花的出生，就像给定的人类环境和地理区域一样独特。建筑与强烈的感知，与所有使用的技术一起，被人们的精神和各自文化的典型语言所决定，它必须保持其品质。"（Doicescu，1983）从这一视角来看，建筑构成了生活的精神和物质基础，影响了文化进程的结果，促成了场所的独特性和可识别性。

由此，将建筑的形态和空间及其结构、材料、构造和施工方法等特征用区域、城市或乡村文化景观的视野联系起来，那么某一区域某些建筑的这些特征就成为了此区域、城市或乡村的文化景观的某种可识别特征。对这些可识别特征进行比较、分析、归纳、演绎，将使文化景观可识别性研究深入与人的身体近距离接触的体验层面，将有效细化文化景观可识别性的研究内容。

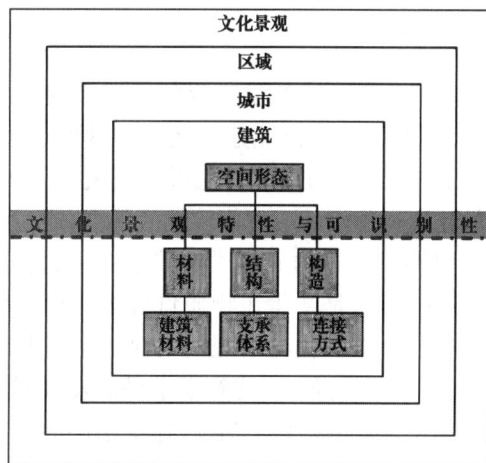

图3 细化与完善文化景观的特性和可识别性（图片来源：自绘）

3.2.2 文化景观可识别性表达方法的拓展

现有地理学与人文学科对文化景观特性和可识别性的研究主要通过对实景照片和地图的观察与分析，以文字描述或表格列举的形式归纳或演绎，从而得出研究成果。实景照片来源真实，但受拍摄条件影响较大。地图分析用于描述与解释宏观和中观尺度的文化景观特性及可识别性准确并具有一定的直观性。

但是，城市形态和建筑形态是文化景观特性和可识别性的重要表现，其描述与解释需要借助更加直观有效的图示语言。当代城市形态学的研究方法已从标准统计的方法，发展到计算机辅助平面分析、三维城市形态分析、可视化现存城市景观的影像等方法；城镇形态分析时间间隔由过去的几百年、几十年缩短至几年、几个月、几天，并已经真正可以详细地分析和模拟城镇形态转换，真正实现"二维+时间—三维+时间"的根本性转变[22]。以形态学为基础，建筑、城市与景观都可视为非严格的自相似性分形形态，其形成遵循着相似的简单原则，却构成了表面上千变万化的复杂现象[23]。从"建筑形态"到"城市形态"再到"景观形态"呈现逐

级递进的关系。建筑形态与其结构形态之间彼此合一、相互触发,结构形态的变化同时作用于建筑形态的变化[24]。材料与建筑构造的变化同样对建筑形态产生重要影响[25]。在上述方面开展的建筑形态研究中,学者大量采用了计算机二维、三维建筑模型以及实体材料模型进行表达。若将此类表达方法引入文化景观的特性及可识别性研究中,将使得文化景观的研究更加直观化和形象化。

4 结 语

建造行为提出了物质世界的形式和我们的生活方式之间的问题,由此建筑成为日常的、内涵最广泛的、体积最大的且受文化影响最大的人工品。房屋的建造行为暗示了文化传统的传播,通过习俗和惯例回答了上述的问题[26]。因此,建筑及其环境中的空间组织是文化在物质世界中得以实现的基本方法之一。文化与景观的内涵决定了其研究需要建筑学学科的加入,建筑学学科的发展同样需要关注文化景观的研究。当前,建筑学层面对文化景观的研究仍处于初始阶段,在研究的内容与方法上都还处于探索阶段。如何在文化景观的宏观区域视野与建筑学研究的重点内容之间建立起有效的关联并从建筑的层面深入而透彻地阐述文化景观的特性与可识别性,如何借鉴地理学等学科的宏观分析工具并运用于建筑学层面的研究中,如何在人类学等叙事性的解释方法与建筑抽象的空间形态之间建立起有效的联系,等等,这些问题是建筑学层面研究文化景观的难点所在,需要更多理论与实践相结合的探索。解决了这些问题将有效完善文化景观的特性和可识别性,有力补充和细化文化景观的研究,实现文化景观研究的创新。

参考文献:

[1] 辞海编纂委员会. 辞海.[M]上海,上海辞书出版社,2010:1975.

[2] Lewis. Axioms for reading the landscape[M]. // The interpretation of Ordinary Landscapes. New York:Oxford University Press,1979:11-33.

[3] Meinig. The beholding eye[M]. // The interpretation of Ordinary Landscapes. New York:Oxford University Press, 1976:33-50.

[4-6] Alexandru Calcatinge. The need for a cultural Landscape theory:an architect's approach[M]. Berlin:Lit Verlang

Dr. W. Hopf. 2012.

[7] 吴良镛. 人居环境科学导论[M]. 北京:中国建筑工业出版社,2001.

[8] Hans Antonson, Mats Gustafsson, Per Angelstam. Cultural heritage connectivity:A tool for EIA in transportation infrastructure planning[J]. Transportation Research part D, 2010(15):463-472.

[9] Paola Gullino, Federica Larcher. Integrity in UNESCO World Heritage Sites:A comparative study for rural landscapes[J]. Original research article Journal of Cultural Heritage, September-October 2013, 14(5):389-395.

[10] Junjira Nunta, Nopadon Sahachaisaeree. Determinant of cultural heritage on the spatial setting of cultural landscape:a case study on the northern region of Thailand[J]. Social and Behavioral Sciences, 2010(5):1241-1245.

[11-12] 同[7].

[13] 肖竞. 西南山地历史城镇文化景观演进过程及其动力机制研究[J]. 西部人居环境学刊,2015,30(3):120-121.

[14] 辞海编纂委员会. 辞海[M]. 上海:上海辞书出版社,2010:889.

[15] 吴良镛. 广义建筑学[M]. 北京:清华大学出版社,2011:212.

[16] 王建曾,张玉坤. 国内当代地域性建筑实践的现状及评述[D]. 天津:天津大学,2009.

[17] 卢峰. 当代建筑地域性研究的整体解读[J]. 城市建筑,2008(6):7.

[18] 琳达·格鲁特,大卫·王. 建筑学研究方法[M]. 北京:机械工业出版社,2005.

[19] 潘玉君. 地理学基础[M]. 北京:科学出版社,2001.

[20] 刘娅. 从文献计量分析看1981—2011年全球系统动力学研究[J]. 全球科技经济瞭望,2014(5):69-76.

[21] 同[19].

[22] 段进. 国外城市形态学研究的兴起与发展[J],城市规划学刊,2008(5):34-42.

[23] 林秋达. 子整体:跨越尺度的建筑分形现象[J],建筑学报,2015(5):99-102.

[24] 韩雨晨. 建筑形态学视角下的多米诺体系的演化与变形[D]. 南京:东南大学,2015:18.

[25] 弗莱姆普顿. 建构文化研究[M]. 北京:中国建筑工业出版社,2007.

[26] 比尔·希利尔. 空间是机器——建筑组构理论[M]. 北京:中国建筑工业出版社,2008.

兰州白塔山古建筑群选址及空间格局研究[*]

Study on Site Selection and Spatial Pattern of Ancient Buildings in Baita Mountain, Lanzhou

苏　醒① 孟祥武②
Su Xing　　Meng Xiangwu

【摘要】以相关历史文献为依据,同时在白塔山古建筑群整体测绘的基础之上,详实分析白塔山建筑布局的设计手法,并发掘出白塔山历史建筑群选址的原因,试图找出山地古建筑和院落空间的营建策略及其建筑群整体空间环境的组织方式,为今后对白塔山古建筑群的保护与利用提供一定理论帮助。
【关键词】白塔山古建筑群　选址　山水格局

白塔山古建筑群是兰州地区滨河山地建筑的典型代表。据记载,自元太祖成吉思汗年间在此建寺,经历朝历代,建筑群依山而建。1958年在任震英先生的主持下,修建了白塔山傍山公园,此后形成系统有序的古建筑群落,这些群落内在秩序俨然,既契佛教规制,又合山水之道。因此对白塔山古建筑群进行系统研究,现从城市区位、风水选址、历史沿革、地域文化四个方面分析总结出白塔山古建筑群定位选址的原因,并对古建筑组群进行多方位剖析,揭示出兰州滨河山地古建筑群空间布局所蕴含的格局思想,从而为白塔山历史建筑遗产保护利用提供借鉴。

1　古建筑群选址

1.1　城市区位因素

兰州古城位于两山夹一川的河谷地带,而庙宇道观一般营建在古城南北两山之上。古建筑群利用山势起伏的变化依山而建,形成一个城市—山水立体竖向布局,与城市遥遥相对,相互对应,是古代城市空间的重要延伸与扩展。如从金城揽胜图(图1)中可以看出:白塔山古建筑群与清朝兰州城池的城市中轴线正对,是整个城市中轴线北端的重点,使得山地古建筑成为城市空间的重要组成部分。

图1　金城揽胜图(图片来源:《中国人居环境历史图典》)

1.2　风水选址因素

白塔山古建筑群主要由佛家建筑形成。历来佛家传统建筑的选址均会考虑山清水秀,风水极佳之处。"风水"一词来源于郭璞的《葬经》,所云"气乘风则散,界水则止,古人聚之使不散,行之使有止,故谓之风水"。古建筑群选址在风水学上特别注重藏风聚气,其形态多为枕山面水,依山而建,坐北朝南,以达到建筑与自然环境的和谐统一。解析白塔山古建筑群的风水涵义为:北山为其少祖山,白塔山为其主山,黄河南岸的皋兰山为其案山;前有黄河;东向山麓的朝阳山、五星山、马耳山、冠云山为其白虎山,山峦起伏,绵延不绝,绿茵覆盖;而白塔山西侧的九州台为其青龙山;其方位坐北朝南,背山面水,形成了朱雀、玄武、青龙、白虎四方齐聚,以白塔山的中麓

＊　地区科学基金项目,丝绸之路甘肃段明清古建筑大木营造研究(项目号:51868043)。
①　苏醒,兰州理工大学设计艺术学院,硕士研究生。
②　孟祥武,兰州理工大学设计艺术学院,副教授。

为核心的藏风聚气之地(图2)。同时,这里的地形在战乱年代也是易守难攻的。白塔山古建筑群遵从着风水理论对山形空间的形态要求,体现出风水学对滨河山地建筑群选址的重要性。

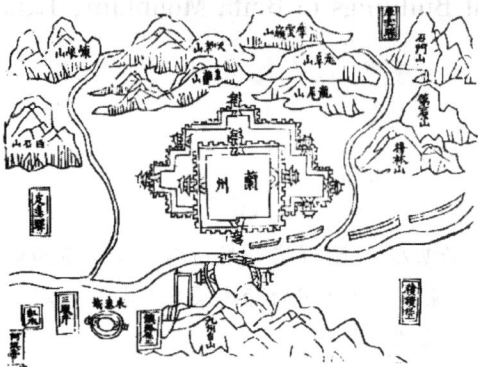

图2　兰州境图(图片来源:清康熙二十六年《临洮府志》)

1.3　历史沿革因素

　　自隋唐在黄河南岸建城,经明清延续至今,黄河北荡,城池北移(图3)。登临白塔山巅,俯瞰兰城,如揽怀中。于白塔山俯视内城,城内格局一目了然,以白塔镇守此要地[1]。从城内远观白塔山,正如《兰州史话》中所述:"城门(通济门)城楼如龙首,镇远浮桥和白塔山十王殿节节相连如龙身,山巅白塔则如龙尾翘立天际,则是将山上、山下景观喻为一条巨龙,盘伏于奔腾澎湃的九曲黄河之上,沟通南北交通,保佑金城平安。"在历史演进过程中,白塔山与城市的距离不断拉近,故而古建筑群的壮大也有为古城祈福、保地方安宁之意。

1.4　地域文化因素

　　《修建北山慈恩寺碑记》中论述了古人营建选址的原由,"古之圣人亦常言上帝、后土、鬼神之事,善恶祸福,征报之端,今之儒者,往往恶其不经,而斥之诅知,世道有升降,风俗有同异,今不逮古,惟人心为。然礼乐嫩而刑书出,鞭挞穷而灵怔,显是以险恶残忍之人,有对刀箱鼎口,而色不变者,一入鬼神之祠庙,则靡不毛瑞骨,砺心悸口,吐以自相咒咀,欲饿其罪,思有以变计者,是佛说地狱而淫邪熄迹,彼宾顽不灵之人,惟佛氏演为像教,始足以震慑其隐微,而型致其死命也。布金修寺之举,其又乌容已乎,是役也,经始于丙申年,告成于壬寅傻,具述修寺之意在培补文峰,以助王化为敬鬼神,而不失民"[2]。由此可见,古人营建亭台庙宇除"祈福免灾"之意外,更有"震慑人心"之用。兰州南北两

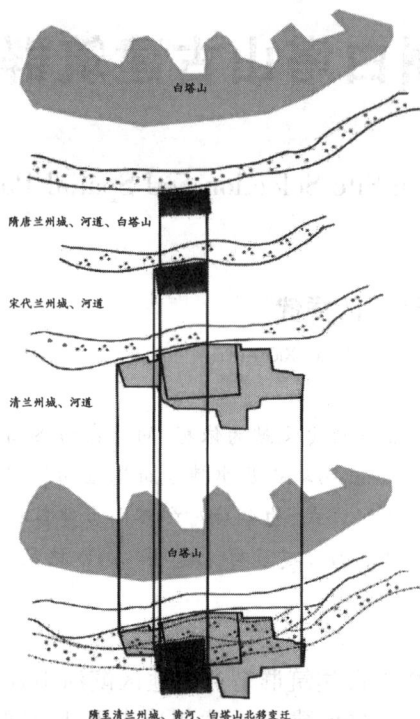

图3　黄河迁移及城池变迁与白塔山的关系
(图片来源:自绘(依据资料推测))

山,南山葱郁,建先贤祠堂庙宇,来进行人文指导,激励民心,使人向善、从良。而北山荒凉,建鬼神庙宇,以地狱鬼怪震慑人心,使人不敢为非作歹。这一震一慑的营建方法,融合地方文化理念,体现出古人人居环境选址的营建智慧。

　　白塔山古建筑群的选址主要受到中国传统风水理论、宗教文化、人文历史等因素的影响,除此之外,还融入了大量人文思想、地域观念。在多元思想的指导下,白塔山形成了系统、科学,且白塔山独有的山地古建筑选址理论。

2　古建筑群空间格局分析

　　白塔山古建筑群存有白塔寺、三星殿、法雨寺、三官殿、凤林香袅牌坊、云月寺等六处明、清古建筑及1958年迁建、新建的一台"九曲安澜"敞厅(包括与敞厅相连的一、二台亭、廊)、二台牌坊、三台大厅,以及凸起于峰峦之上的百花亭、迎旭阁、喜雨亭、驻春亭、五角亭、六角亭、东风亭、金山大殿十组建筑等。这些建筑分别配置在南大门至白塔寺的一条主轴线上,上有白塔寺,下有一、二、三台大厅,中有三官殿、法雨寺,与园外黄河及铁桥形成对景;同时从上向下,从东往西,配置有大小不同、形式各异的八角亭、六角亭、五角亭、四角亭、三角厅等亭阁,均集中在前山中部地区,穿插于庙宇寺院和三台大厅等

主体建筑群落之间。从黄河南岸的皋兰山看过去，整个古建筑群形成一条明轴线和一条暗轴线（图4和图5）。明轴线是以白塔作为整个建筑群的制高点，与三台建筑群与黄河铁桥、桥南中山大道相互对应，形成一条幽深的现代城市轴线，巧妙地把园外滔滔黄河引入景观，形成园外壮景。暗轴线是以白塔古寺、古浮桥的对位关系，作为明清古城的城市轴线，将白塔寺、五角亭、法雨寺串联在一起，而白塔山西侧三官殿和东侧云月寺及三星殿将其烘托。登上白塔山最高处，整个城市的风貌一览无余，站在黄河之滨看白塔，则有盘空楼阁直插云霄之感。

图4 白塔山总图
（图片来源：自绘）

图5 白塔山分析图
（图片来源：自绘）

2.1 山顶白塔寺群落总揽全局

白塔寺整体布局为中轴对称、层层递进的关系，从悬岩阁、白塔、葫芦殿到地藏殿形成一个又一个高潮。登上白塔寺途中，于正南路有五角亭，西路中有喜雨亭。整个建筑群体围绕白塔而成，又隐于树丛之中，形成团抱之势，东邻法雨寺、云月寺，西邻三官殿，依势而建、层层递进。白塔寺建于白塔山主峰，视野开阔，从东面的雁滩、西面的小西湖、南面的五泉山，均能看到塔院的前楼与白塔。日落时由小西湖东望，有"白塔夕照"之佳景。而在古时白塔山位于镇远桥北，白塔的建立是为了与浮桥相对，形成兰州古城的重要轴线，成为兰州古城城市轴线北边的建筑延续。

白塔寺即白塔塔院，亦称慈恩寺，坐落在白塔山前山山顶。院内矗立白塔，七级八面，高约17米，形成喇嘛塔和密檐塔相结合的形式。白塔位于塔院院内南部，居于整个塔院中线，悬岩阁（塔院前门楼）之北，葫芦阁正殿之南。门楼、葫芦殿、东西厢房正好将白塔立于寺院前部中央，使得白塔成为院落内的视线焦点，构成焦点式的总体布局，使人心生虔诚。白塔寺内悬岩阁（塔院前门楼）、白塔、葫芦殿和地藏殿依次由南到北坐落在院落中轴线上，四个建筑构成了层层递进的关系，给人以庄严肃穆的感觉。院落前有高约六米的台阶进入寺南悬岩阁（塔院前门楼）。院内中为葫芦阁正殿，葫芦阁正殿南面东、西两侧各有厢房三间，两侧厢房南端各连小亭一座。东亭内存康熙年制青铜钟，西亭内存象皮鼓。白塔寺院内最北端为地藏殿。寺院由东、西游廊环绕，游廊西南开有垂花门，其作为白塔寺院门。游廊将南端门楼与北端地藏殿联系一起，围合成白塔寺整体院落格局（图6）。

图6 白塔寺整体布局图
（图片来源：自摄）

2.2 半山中央法雨寺、三官殿承上启下

法雨寺、三官殿、"凤林香袅"牌坊均处于白塔山建筑群中路,上呼白塔寺建筑组群,下应三台建筑群。法雨寺原称罗汉殿,位于兰州市白塔山公园三台大殿东北、登山东路中段西侧,与西岭三官殿对称呼应。法雨寺门楼坐西朝东,北为正殿大雄宝殿,重檐歇山顶;西为硬山厢房,亦有卷棚抱厦;南为卷棚顶干栏式悬楼,位于岩基裸露的悬崖之上,殿宇依山而建,深幽别致,有"殿宇枕岩阿"之势。"凤林香袅"牌坊位于法雨寺东侧,对前山建筑起承上启下的作用。牌坊雕梁画栋,拱斗飞檐,古色古香。正中为清乾隆四十五年(1780 年)举人皋兰县李存中的两幅题匾:正面"凤林香袅",背面"秀映三台"。牌坊点名借景,启示游人寻觅山外山、景外景。由于俯视近景,殿宇香烟袅袅,云绕古关凤林,黄河如带,流转飘逸,故曰"凤林香袅";平视远景,皋兰山雄浑磅礴,遥遥相望,兰山烟雨,三台阁微露身姿,如天上宫阙,远处秀色与白塔相映,顿入画图,故曰"秀映三台"。[3]三官殿为一整齐院落,建在突峰之上,院北有悬山加斜背顶正殿三大楹,东西为硬山顶厢房三小楹,南为歇山顶门楼五楹。正殿高出厢房约一米,院内有古树侧柏二株,殿外东南角有六角亭一座。由亭左转,登 24 台阶抵北门,再上 12 台阶至门楼下,穿门楼上 20 阶方至殿院。整个建筑依山布局,因势架屋,殿堂显得幽深雅致,参差巍峨,造成"凌空宝刹幽"的特殊景观。

2.3 三星殿、云月寺群落井上添花

三星殿位于白塔寺东山巅,西邻云月寺,始建于明景泰年间。正殿为三开间卷棚悬山式砖木结构,东西两侧配殿为三开间砖木结构卷棚屋顶。正殿前方建一座三开间高大牌楼,为山门。牌楼为歇山顶土木结构,当心间宽阔巍峨,额书"泽衍长康"。站在楼前,西望白塔如擎天玉柱,南眺五泉山殿宇迷漾,下瞰市容夹黄河东西绵延数十公里。云月寺又称三教道统祠,是古建筑群中唯一一个与道教有关的寺院。其建于白塔山主峰的东侧,向西南与白塔寺遥相呼应,向东与三星殿相邻,向北则与山谷相接,地势相对较高,整体布局紧凑合理。云月寺内牌坊、倒座、太湖石、主殿依次由南向北坐落在院落的南北轴线上,布局严谨,层层递进。牌坊前有高约 3 米的台阶,拾级而上,可穿过牌坊,走到连接牌坊的石桥上,通过石桥跨过大门,可见院内正北

为云月寺主殿,坐北朝南,东西两侧为厢房,东厢房南北两侧分别是后期加建的休息室和卫生间,南侧为倒座。院内正中安置了一块高约 2.5 米的太湖石,形态灵动,是整个寺院的视线焦点,给原来规矩单调的院子增添了许多生机。院子西北侧开有一处垂花门,为云月寺的侧门。在整个建筑组群的空间序列上,三星殿和云月寺与位于白塔山主峰的白塔寺形成一个三角对位关系,故无论在三星殿还是在云月寺,观景视线均为最佳。

2.4 山下玉皇殿三台建筑群历史空间延续

三台建筑组群修建于 1958 年,作为白塔山古建筑群历史空间的延续,在白塔山古建筑群空间格局中起到完美收官的作用。三台建筑群的中心和黄河铁桥呈中心对称的关系,与黄河铁桥、桥南中山大道相对应,形成一条幽深的城市副轴线。该建筑群采用"凹"字型平面布局,一台建筑坐北朝南,处于一、二、三台建筑群中轴线的最前端,东西两侧房与游廊相接,南北方向则与二台牌厦、三台玉皇大殿交相呼应,共同位于白塔山建筑群的中轴线末端。一台大厅面阔三间,为九架前、后廊建筑,总高 9.6 米(前檐台明上皮至脊檩下皮);两侧侧房各一间,面阔两间,为四架卷棚歇山顶建筑。二台建筑按照古建筑原样式进行复建:南向挺立的高大牌坊,面阔五楹,高约 9.6 米,建筑面积 133.7 平方米。牌坊居中的一楹有七级斗栱,层层上叠,玲珑剔透,在同类建筑中实为罕见。二台牌坊两侧为八角亭,飞檐高翘,左右呼应,气势宏伟。三台大殿又称玉皇殿,也是三台建筑群的主体建筑,背山面河,坐北朝南。主殿为歇山顶建筑,高 12.4 米;配殿为悬山顶建筑,高 10.1 米。屋面琉璃花脊、墙面贴饰各种图案的砖雕,结构谨严,浑圆流转;屋檩梁椽、悬角及配饰木雕彩画制作精巧,极具兰州地方特色。

白塔山古建筑群的两条中轴线,明轴线和暗轴线分别体现着兰州新城和古城形成过程的不同规划理念。古建筑群的形态秩序也体现出了中国强烈的"礼制"思想。司马迁在《史记释礼》曰:"上事天,下事地,尊先祖而隆君师,礼之三本也。"天界、地界、人界的祭祀正是一种儒家信仰的体现。白塔山古建筑群营建过程中体现着等级制度,等级制度的核心就是"礼",用礼的秩序来统领古建筑群规划。

3　白塔山古建筑群所蕴含的格局思想

白塔山古建筑群以白塔寺、地藏殿在山巅，三官殿、法雨寺在山腰，玉皇殿在山下的形式来布局，这种建筑布局形式正是吻合了《易经》中泰卦的"地天泰"的意象。其中清康熙时绰奇所撰的《修建北山慈恩寺碑记》清晰记载："昔有白塔禅院，……上塑地藏像，下建玉皇阁，盖取《易》地天泰之义也。"[4]可见，至少在清康熙年间，对白塔山宗教建筑格局取义"地天泰"的认识已经形成。其后顺山势而修建的三星殿、三官殿、法雨寺"进一步强化了消灾、祈福的理念"。[5]由白塔寺—地藏殿、玉皇阁—法雨寺的历史增筑过程中反映出的"地天泰"思想是逐渐增强的。至清以后，人们更是有意识地加以增筑，以趋更符合于"地天泰"的形式要求，完全以"地天泰"的思想来指导宗教建筑的修建。另外，兰州古今碑刻记载："为浮屠合其尖，使之卓然特立，培护文峰，以期贤俊辈出"，使得白塔更像是一支"卓然特立"的笔。在白塔塔式的改造中，将其意义上升为期待俊贤辈出的含义，早已超脱了单纯崇佛崇道和供人游览的简单目的，使白塔具有了文峰塔的建筑文化内涵。

4　结　语

由此可见，在白塔山古建筑群营建过程中，除融入礼制、风水理念之外，还融入了大量人文思想，

地域观念。在多元思想的指导下，白塔山古建筑群形成了丰富的古建筑群山水格局空间环境。整个建筑群布局整齐，空间层次丰富，建筑形制完整，院落划分分明，且利用已有的地势形成整个建筑群的主次关系。站在中山桥上一眼望去，建筑群形成一条明显的轴线关系：三台大殿作为整个建筑群的起点，划分了不同的环境，即古建筑群的内环境和外环境。往上，法雨寺建筑组群位于岩基裸露的悬崖之上，承前启后，在整个序列关系上，使得建筑群营造达到一个高潮。高度升高，视线再到白塔寺，这里形成了整个建筑群的制高点，院落的结尾以易经"地天泰"寓意中的地藏寺结束，起伏跌宕，主次分明，突出了主要的建筑空间和重点的建筑空间。故古建筑群之营建过程是在多元思想多元文化的指导之下完成的，对古建筑群进行妥善保护时需要深挖其究。

参考文献：

[1] 夏润乔.清《金城揽胜图》中的兰州城市空间格局研究[D].西安:西安建筑科技大学,2016.

[2] （清）吴鼎新.皋兰县志[M].兰州:甘肃人民出版社,1999.

[3] 兰州市地方志编纂委员会.兰州市志:园林绿化志[M].兰州:兰州大学出版社,2000.

[4] 薛仰敬.兰州古今碑刻[M].兰州:兰州大学出版社,2002.

[5] 邓明.兰州史话[M].兰州:甘肃文化出版社,2007.

明代广东卫所时空分布特征

Temporal and Spatial Distribution Characteristics of Guangdong WeiSuo Garrisons in Ming Dynasty

赵金娥[①]

Zhao Jine

【摘要】明代广东卫所设置,在时间上具有明显的不均衡性。卫所多建于洪武年间,且表现出洪武后期建筑密集而前期、中期相对舒缓的特点,其中洪武二十七年是建置高峰期。洪武前期以巩固内陆统治为主,卫所多建立在内陆重要府州县位置,以府州县为驻地,多数没有独立建城。洪武后期以海防为主,集中建设了多座沿海卫所,这些沿海卫所多斟酌选址,独立建城,控厄要害地位。卫所在空间部署上表现出"固内而御外"的特征。总之,广东沿海东起潮州,西至廉州,囊括海南,遍设卫所,建立起了一条海上的虚拟长城,起到了很好的防御作用。

【关键词】卫所 时空分布 海防

广东"北据五岭,南濒大海,东连七闽,西距安南",是海陆兼备省区,有八府临海。其粤东漳州、粤西雷州半岛以及海南岛等山区形势复杂,聚居着众多身分复杂的居民。明代广东卫所的设置,随时代、国家与地区内军事发展形势的变化,因自然和人文特征、民族分布特征等原因,而又先后由于地域的差异,呈现出了明显的时空分布特征。

本文综合并甄别史书记载的卫所设置情况,作为卫所防御体系演化的统计基础,如表1。在统计时间上有两点需要说明:一、以卫所的"设置"时间为准,不以筑城时间为准。主要是因为卫所在设置之后已经开始发挥其应有的作用,筑城与否并无太大影响。如东莞守御千户所与大鹏守御千户所都是洪武十四年设立,洪武二十七年筑城,统计时只以洪武十四年为准。二、以某一卫所最后的职能为准。因卫、千户所、百户所、屯田所之间是有等级差异的,其间发挥的作用大小也不相同。故在广东的卫所中,以其存在期间大部分时间所起作用为准,也可以说是以最后所定职能为准。如肇庆卫,洪武元年设守御千户所,十四年立千户所,二十二年改为卫,其后一直以卫作为职能单位,那么肇庆卫在统计时即以洪武二十二年为准。

表1　明代卫所统计表(资料来源:根据史料绘制)

卫　所	建制时间	驻　地	是否海防	备　注
广州左卫	洪武八年(1375年)	广州府城内		
广州右卫	洪武八年	广州府城内		
广州前卫	洪武二十三年(1390年)	广州府城内		
广州后卫	洪武二十三年	广州府城内		
增城所	洪武二十七年(1394年)	增城县治		
清远卫	洪武二十二年(1389年)	清远县治东		
连州所	洪武二十八年(1395年)	连州治西		
韶州所	洪武元年(1368年)	韶州府城内		
南雄所	洪武元年	南雄府治西		
潮州卫	洪武二年(1369年)	潮州府城内	√	洪武元年置兴化卫,洪武二年改名潮州卫

① 赵金娥,华南理工大学建筑学院,博士生。

卫　　所	建制时间	驻　地	是否海防	备　注
大城所	洪武二十七年（1394年）	潮州府东北	√	
蓬州所	洪武二十年（1387年）	揭阳县鮀江都	√	洪武二十年置于蓬州都厦岭村，洪武二十七年迁于鮀江都
海门所	洪武二十七年	朝阳县南五里	√	二十四年设在朝阳县城为潮阳千户所，洪武二十七年迁海门村，更名海门千户所
靖海所	洪武二十七年	朝阳县大坭都	√	
程乡所	洪武十五年（1382年）	程乡县西北		
碣石卫	洪武二十二年	海丰县东南	√	洪武二年设千户所，二十二年改卫，二十七年筑城
海丰所	洪武二十七年	海丰县治东	√	
平海所	洪武二十七年	惠州府东	√	
捷胜所	洪武二十七年	海丰县南	√	二十七年立，二十八年筑城
甲子门所	洪武二十七年	海丰县东	√	二十七年立，二十八年筑城
惠州卫	洪武二十三年	惠州府治西南		洪武二年设所，二十三年改卫
长乐所	洪武二十四年（1391年）	长乐县治东		
河源所	洪武二十八年	河源县治东		
龙川所	洪武二十年	龙川县治西		
南海卫	洪武十四年（1381年）	东莞县志南	√	

卫　　所	建制时间	驻　地	是否海防	备　注
东莞所	洪武十四年	东莞县南头	√	洪武十四年设，二十七年筑城
大鹏所	洪武十四年	东莞县东南	√	洪武十四年设，二十七年筑城
从化所	嘉靖十四年	从化县治		
广海卫	洪武二十七年	新会县南	√	洪武二十年设，二十七年筑城
香山所	洪武十四年	香山县城	√	
新会所	洪武十七年（1384年）	新会县治	√	
新宁所	嘉靖十年（1531年）	新宁县治		
海朗所	洪武二十七年	阳江县东南	√	
肇庆卫	洪武二十二年	肇庆府东		洪武元年设守御千户所，十四年立千户所，二十二年改为卫
四会所	洪武二十三年	四会县东		
阳江所	洪武六年（1375年）	阳江县东	√	
新兴所	洪武十三年	新兴县西		
德庆所	洪武六年（1373年）	德庆州城东		
泷水所	弘治十二年（1499年）	罗定州城内		
南乡所	万历五年（1576年）	东安县北		
涵口所	万历五年	西宁县西		
封门所	万历五年	西宁县东		
富霖所	万历五年	东安县南		
神电卫	洪武二十七年	电白县西	√	
高州所	洪武十四年	高州府城北		
宁川所	洪武二十七年	吴川县东南	√	
信宜所	正统六年（1441年）	信宜县东北		

续表

卫所	建制时间	驻地	是否海防	备注
双鱼所	洪武二十七年	阳江县西	√	
阳春所	洪武二十六年（1393 年）	阳春县东		洪武三十一年建，嘉靖中重修
雷州卫	洪武元年	雷州府东	√	洪武元年建，五年隶属广东都司
乐民所	洪武二十七年	遂溪县西南	√	
海康所	洪武二十七年	海康县西	√	
海安所	洪武二十七年	徐闻县东	√	
锦囊所	洪武二十七年	徐闻县东北	√	
石城所	正统五年（1440 年）	石城县西		
廉州卫	洪武二十八年（1395 年）	廉州府东	√	洪武三年立守御百户所，十四年改千户所，二十八年升卫
永安所	洪武二十八年	合浦县东	√	
钦州所	洪武二十七年	钦州城内	√	洪武四年设百户所，洪武二十八年改千户所
灵山所	正统六年	灵山县治东		
海南卫	洪武五年（1372 年）	琼州府西	√	
清澜所	洪武十七年（1384 年）	文昌县东南	√	洪武十七年奏设，二十七年筑城
万州所	洪武二十年	万州西	√	洪武七年设百户所，永乐十七年继修
南山所	洪武二十七年	陵水县西南	√	
儋州所	洪武二十年	儋州西	√	洪武七年设百户所
昌化所	洪武二十五年（1392 年）	昌化县北	√	
崖州所	洪武十七年	崖州治西	√	

1 明朝广东卫所建置集中在洪武时期

通过前表的统计（表 1）及分布图（图 1），可以得到如下数据，如表 2 所示。分析可知：一、明代广东卫所设置主要集中在洪武一朝，建有 15 卫 41 所，其中"卫"全部在洪武时期建置。二、在洪武时期，卫所建设表现出后期密集而前期、中期相对舒缓的特点。其中洪武后期，建有 9 卫 28 所，占明朝卫、所的半数以上。三、海防卫所（8 卫 28 所），多于内陆卫所（7 卫 13 所），这也体现了明代广东"海防重于陆防"的建制特点。

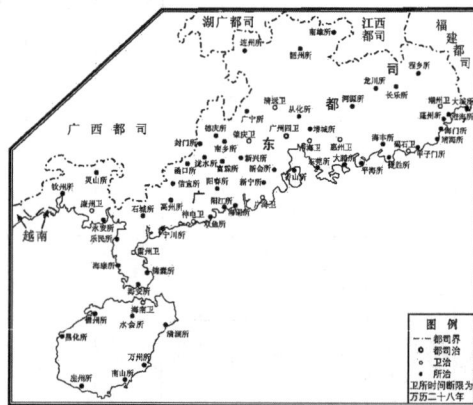

图 1　广东卫所分布图

（图片来源：《中国行政区划通史：明代》）

关于中国的海防起源问题是一个争论不休的话题。清代著名学者蔡方炳在其《海防篇》中说："海之有防，历代不见于典册，有之自明代始，而海之严于防自明之嘉靖始"[①]。赞同"明代始有海防"这一观点的有《明代海防初探》（曾红玲，2009），《海防的起源和海防概念研究述评》（高新生，2010）等。本文此处并不是争论海防起源于何时，而是想以此印证明朝以前沿海并无有效的或者说是大规模的海防建制。

表 2　明代卫所设置时间统计表（资料来源：根据史料自绘）

	洪武前期明初—洪武十七年	洪武后期十七—洪武末年	明中期	明后期	总计	海防	内陆
卫	6	9	0	0	15	8	7
所	13	28	6	4	51	28	13

---

① （清）蔡方炳：《广舆记·海防篇》，《四库全书存目丛书》，1996 年本。

《元史》中多次记载有倭寇入侵的史实,相应的从十三世纪末至十四世纪初史书多次记载备倭的指示。《元史》卷99《兵二》载:武宗至大二年(1309年)七月,枢密院臣言:"去年日本商船焚掠庆元,官军不能敌。"至元二十九年(1292年):"冬十月戊子朔,……日本舟至四明,求互市,舟中甲仗皆具,恐有异图,诏立都元帅府,令哈喇带将之,以防海道"①。至元十八年(1281年)十一月,元廷令:"征日本回军后至者分戍沿海"②。在广东,至元二十四年(1287年)十月,元廷以广东系为边疆之地,调江西行省忽都镇木儿下属的5 000人前往镇守。以上史料可以看出,元朝虽然也十分重视沿海防御,但从史实看并没有实质性的海防建设,偶然见有派兵戍守的安排,但并未形成严密的防御体系,恐怕连驻守的设施都没有几处。

至明立国,倭寇侵扰我国东南沿海,荼毒民众实在猖獗。朱元璋以外交手段对日交涉,但日本要么不奉命,如洪武二年三月,《明史》载:"日本王良怀不奉命,复寇山东,转掠温、台、明州旁海民,遂寇福建沿海郡"③,要么其当权者也无力约束劫掠之武士,总之效果不显著,倭寇仍猖獗。在外交沟通无果,国内倭寇猖獗的情况下,朱元璋"怒日本特甚,决意绝之,专以防海为务"④。海防建设的基本措施有二:其一是设置沿海卫所,修建城寨与烽堠墩台;其二是发展水军,建造战船。朱元璋还多次主动派遣大臣督建海防。由此,沿海卫所便在极短时间内建立完成,广东的沿海卫所布局基本上是在洪武一朝奠定的,到洪武末年,共建有15卫41所。正统年之后,各地时常有叛乱爆发,泷水、信宜、石城、灵山、从化、新宁县又分别增设6守御千户所。到万历五年,罗旁地区平瑶战争胜利,增设了南乡、函口、封门、富霖4千户所。后期增建的卫所基本是在洪武时期的格局下局部加强防卫。

2 洪武前期以内陆军事防御为主,洪武后期以海防卫所为主

依据图表1的统计数据可得表3,但是这个数

据并不十分准确,如:惠州卫,是洪武二年设千户所,二十二年改卫。肇庆卫,洪武初年设守御百户所,十四年立千户所,二十二年改为卫;廉州卫,洪武三年立守御百户所,十四年改千户所,二十八年改卫。钦州卫,洪武四年设百户所,洪武二十八年改千户所。万州所,洪武七年设,洪武二十年改为守御所。有些卫,开始以所设立,后改为卫;有些卫所,虽然是海防卫所,但最初设立的主要任务是地方统治。因此,修正之后的数据为表4数据。可看出:洪武前期以内陆军事防御为主,洪武后期以海防卫所为主的特点。这一特点是由许多原因造成的。

表3 明洪武时期内陆卫、所数据统计

	洪武前	洪武后
内陆卫	2	5
内陆所	6	7

表4 修正后明洪武时期内陆卫、所数据统计

	洪武前	洪武后
内陆卫	2	2
内陆所	11	5

首先,岭南是元朝统治时间较长、明政府平定较晚的地区。洪武元年(1368年),岭南平定。对于刚刚统一的明王朝来说,政府统治基础并不牢固,此时,最迫切的问题是如何将元末豪强纷起的乱世改变为王朝一统的太平天下,如何将这一个"化外之地"变为一个服从王朝统治的地方,如何将山海之间的"盗贼"变为王朝的臣属。嘉靖《广东通志初稿》记载:"国朝洪武初年,平章廖永忠、参政朱亮祖取广东,遂命亮祖镇守,建置诸卫所,分布要害⑤"。可见,广东设立的最早一批卫所之目的是"分布要害",用以加强地方统治。因此,卫所就需要首先建立在那些战略重镇和广东的历史传统重

---

① 《元史》卷17《世祖本纪十四》。
② 《元史》卷11《世祖本纪八》。
③ 《明史》列传第二百十外国三之《日本》。
④ 《明史》列传第二百十外国三之《日本》。
⑤ [明]戴璟等:嘉靖《广东通志初稿》卷三十二《军制》,《广东历代方志集成》据明嘉靖十四年(1535)刻本影印,广州:岭南美术出版社,2007,542-543。

地上,这些地区多居于内陆,如韶州、南雄、肇庆都是粤北、粤西的军事重地。陆仲亨自赣州进发广东的大军清理粤北残元势力后,就在原来元万户府的旧址上改设守御千户所。洪武元年(1368年),设韶州、南雄、肇庆、阳江4守御千户所。廖永忠大军自福建渡海而来,先后进入潮州、广州,在那些传统军事重镇(元万户府)的旧址设都指挥分司。洪武二年(1369年)升兴化指挥分司为潮州卫,在惠州设千户所,加强粤东防御,又在粤西重镇廉州、雷州进行归降,琼州等地的反抗势力初步平定后,变战时的军事设置为卫所。洪武二年(1369年),设雷州卫,洪武三年(1370年)设廉州守御千户所,洪武五年(1372年)设海南卫。其后,洪武八年(1375年),设广州左右2卫。洪武九年(1376年),德庆设所,德庆对控制两广结合部位、稳定粤西局势具有重要军事价值。可见,这一时期,卫所的建置主要是在接管前元军事实力后,在各地军事重镇派驻军队,涵盖了广东十府中除高州以外的九个府城和粤西要地德庆。到洪武十年(1377年),在广东初步形成了5卫7守御千户所的卫所空间格局。这一时期的卫所兵署主要建立在原军事重镇城内的旧万户府、元帅府、宣慰司等军事衙门旧址内,并没有为卫所驻军专门修建城池、兵署。

其次,洪武前期倭寇主要入犯高丽、辽东、山东等地。倭寇熟悉通往这些地方的航道,"宋以前日本入贡,自新罗以趋山东,今若入寇,必由此路"[1],再者,倭寇从日本到大明国,跨越大海漂流而来并不容易,补给也成问题,那么只会优先选择距离近的地方劫掠。因此洪武前期广东倭患弱于东部、东北沿海,这些地方海防建设较晚。而到洪武中后期,福建、浙江等地海防甚严,倭寇开始流窜于广东沿海,整个东南沿海地区都遭受倭寇侵扰。广东海防卫所开始陆续建置。

以粤东的潮州府治为例。洪武元年(1368年),于潮州府设置兴化卫指挥分司,洪武二年(1369年)改名潮州卫,同时其内属5所一并建立。同年,在韩江东溪入海口建辟望巡检司,榕江口外西侧建门辟巡检司。洪武三年(1370年),在韩江支流北溪南岸入海口重建了位于海阳县苏湾都的水寨城[2],在黄冈河入海口重建黄冈巡检司。洪武四年(1371年),在韩江西溪,枫洋巡检司从韩江平原顶部与丘陵地带连接的归仁都,迁移到平原中部已经开发的南桂都。潮州卫之后的第一个千户所是位于内陆的程乡守御千户所。洪武十五年(1382年)设于程乡县城,即元代梅州的治所所在。嘉靖《广东通志》记载:"程乡守御千户所,在县城西北隅,洪武间因寇攻城,奏调潮州卫后千户所。十五年始置"。可见,直至洪武二十年(1387年),在三江平原的中心重地以及潮州府境漫长的沿海地带未再设置卫所。当时负责潮州海防的,就是这些明初设置的水寨与巡检司,尤其是位于韩江支流北溪南岸的东陇水寨[3]。由北溪经宋代人工开凿的运河山尾溪,进入韩江干流,直达潮州府城的水路,是从海上到达府城和韩江中上游地区最便捷的船运通道,在此处建立水寨,多数是为潮州府城安全考虑。这之后,潮州境内4个沿海卫所相继建立。蓬州守御千户所,洪武二十年(1387年)于厦岭设立,洪武二十七年(1394年)内迁至鮀江都之西埕诸村。洪武二十四年(1391年),于潮阳县城设置潮阳千户所,但因"离海稍远,不便控制"[4],于洪武二十七年(1394年)迁至海门湾北侧,并更名为海门千户所。同年,于海门湾南侧又设靖海千户所,于柘林湾、大埕湾附近海边建大埕千户所。如表5所示,"洪武二十七年"是比较关键的一年,靖海、大埕建所,蓬州、海门迁建,究其原因,这与"始命广东备倭"的诏令有关。许多文献都将二者直接关联,如《东里志》载:"洪武二十七年,置大埕守御千户所。盖自元伐日本无功,南人被留于其地者,以数万计。自是习熟海道,寻寇海滨。自澄莱至广惠千余里,咸被其害。至是命安陆侯吴杰督率武职于沿海以总备,仍置寨建所……大城所也因以建置焉"[5]。综上所述,明代潮州府沿海的卫所防御体系构建,以洪武二十年(1387年)为界,分为前后两个阶段。第一阶段,设潮州卫(内附前、后、左、右、中千户所)、程乡守御千户所。重点在于潮州府,首先控制三江平

---

① 郑若曾:《筹海图编》卷七《山东事宜》。
② 黄佐.(嘉靖)广东通志.明嘉靖四十年刊本.卷15。
③ 东陇水寨,在万历年间私人编修的《东里志》又载:"洪武二十六年,置水寨,兼哨柘林",但大多数都采用"建于洪武三年"的说法。
④ (隆庆)潮阳县志。
⑤ 陈天资.(万历)东里志.饶平县地方志编纂委员会办公室,印行《东里志》(校订注释本)领导小组2001年铅印本。

原的政治、经济、文化中心。这些卫所从位置上看并不承担海防作用。第二阶段,卫所布控转向海防,沿海新增设大埤(城)、蓬州、海门、靖海所,且为更好地防御海疆,海门所迁至海边。潮州卫所海防体系构筑基本完成。

表5　明代潮州卫及各千户所创建及迁移情况(资料来源:陈春生)

	卫 所	始 建	始建地	迁移时间	迁移地
内陆所	潮州卫	洪武二年	潮州府城		
	程乡千户所	洪武十五年	程乡县城		
沿海所	蓬州千户所	洪武二十年	蓬州都厦岭	洪武二十七年	鮀江都
	海门千户所	洪武二十四年	潮阳县城	洪武二十七年	海门村
	靖海千户所	洪武二十七年	潮阳大堁都		
	大埤千户所	洪武二十七年	海阳宣化都		

3　洪武二十七年是海防卫所建置高峰

在广东,洪武二十二年至二十七年是卫所建置的高潮,都指挥使司花茂主持选址、建造了一大批卫所(碣石、广海、神电等3卫24所),并在海岛驻军和沿海设置水寨,建立起"陆聚步兵,水具战舰"的陆地坚守与近海巡剿相结合的防御体系。其中,"洪武二十七年"是比较特殊的一年,如图2,这年有2卫17所新设,另有多个所修筑城池。其起因便是"洪武二十七年(1394年),广东都指挥花茂于沿海增设卫所以防海"的奏请,应此奏请,明太祖"始命广东备倭,命安陆侯吴杰、永定侯张金,率致仕武官往广东训练沿海卫所官,以备倭寇"[1]。以粤西的北部湾地区为例。嘉庆《雷州府志》载:"洪武二十七年广东都指挥花茂奏于沿海增设所军防

海,是年安陆侯吴杰、都督马鉴偕花茂至雷州,进丁夫充军额,相三县要地,设海安、海康、乐民、锦囊四守御千户所,咸隶于卫"[2]。此府志向我们描述了一个雷州府沿海卫所设置并备倭的过程,其起因与前述分析一致。同属于北部湾区域的廉州府也开始备倭,《廉州府志》载:"二十七年秋七月甲戌始命廉州备倭"[3],并对此事给予了高度评价,将此作为廉州海防筹划备倭的开始,史载"是时方有备倭之名"[4]。

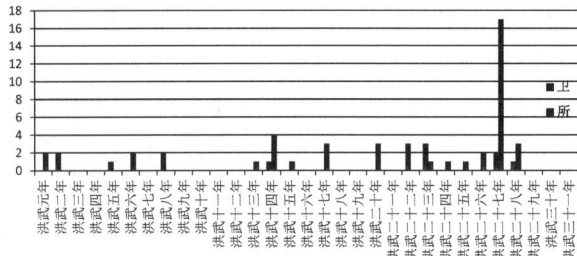

图2　明代洪武时期卫所建置时间分布
(表格来源:根据史料自绘)

4　"固内而御外"的卫所空间部署特征

从地理空间分布来看,广东的15卫51所在全省范围内形成了相对完整的卫所军事防御体系,其选址具有全局观、系统性。在内陆的重要州县之地,沿海的重要海岸、河港、海湾、海岛等地都设有卫所防卫。

(1)巩固重要州县的统治

广州府当时下辖10府,在每府重要的府州县治之处都设有卫所,以强化其中心地位。如,省城广州是重要的军事中心,都指挥使司设于此,除在府城内驻扎前、后、左、右4卫,周边还设有清远卫、肇庆卫、南海卫、惠州卫等4卫以及四会所、从化所、增城所、东莞所、香山所、新会所等6所形成拱卫之势,将进入广州府地的伶仃洋、珠江口、虎门关一带层层设防。其他府州县也是如此,肇庆府处有肇庆卫,韶州府处有韶州所,南雄府处有南雄所,惠州府处有惠州卫,潮州府处有潮州府,高州府处有高州所,雷州府处有雷州卫,廉州府处有廉州卫,琼

① 戴璟.(嘉靖)《广东通志稿》.民国35年(1946)蓝晒本。
② 嘉庆《雷州府志》卷十二之"营官"。
③ (明)张国经,等.崇祯《廉州府志》卷六《经武志·备倭》,《广东历代方志集成》据明崇祯十年(1637)刻本影印,岭南美术出版社,2009年,第17页。
④ (明)张国经,等.崇祯《廉州府志》卷六《经武志·备倭》,《广东历代方志集成》据明崇祯十年(1637)刻本影印,岭南美术出版社,2009年,第91页。

州府处有海南卫,罗定府处有泷水所,全省重要州府县都在朝廷卫所控制下。

（2）加强港湾、半岛、海角、江河入海口等要冲之处以及沿岸繁华州县的海防

广东沿海地区的海防卫所共有 8 卫 31 所。由北向南的"卫"处于二线地位,掌控大局。潮州卫控制着溯海而上的韩江水道；碣石卫地控碣石湾；南海卫控制伶仃洋及珠江口水道,广海卫控制大小金门海,南海卫与广海卫共同担负着保卫广州府地的重任；神电卫控制广州湾；雷州卫控制雷州湾；廉州卫控制钦州湾和龙门港口。由北向南的"所"处于一线地位,选址在沿海地理险要之处,以及倭寇经常上岸侵扰之处。海门、新会、阳江、宁川等所自东向西分别控制着练江、西江、阳江、吴川水等入海口。东莞所设在南头,控制外洋商船进入珠江口的主要通道；"蓬州所治所于下岭,以扼商夷出入之冲"①；永安所地处珠池东北缘,乐民所城地处珠池南侧,协同保卫珠池的安全；大埠（城）、靖海、平海、捷胜、大鹏、双鱼等所皆地处港湾海角,控制沿海各处港湾；在雷州半岛,环形设置锦囊、海安、海康、乐民 4 所,环海南岛设置清澜、万州、南山、儋州、昌化、朱崖等所,环半岛、海岛设防,使其处于防御网的布控下。以上沿海要点是内地的门户,门户固则堂室安,守住这些门户,就能保障内陆的安全。

综上,是对明代广东卫所时空分布特征的大体概括。可以看出,卫所设置在时间上具有明显的不均衡性。15 卫 51 所中有 15 卫 41 所建于洪武年间,且表现出洪武后期密集而前期、中期相对疏缓的特点,其中洪武后期,建有 9 卫 28 所,占明朝卫、所的半数以上。洪武前期以巩固内陆统治为主,卫所多建立在内陆重要州县位置,以州县为驻地,多数没有独立建城。洪武后期以海防为主,集中建设了多座沿海卫所,这些沿海卫所多斟酌选址,独立建城,控厄要害地位。卫所在空间部署上表现出"固内而御外"的特征。总之,广东沿海东起潮州,西至廉州,囊括海南,遍设卫所,建立起了一条海上的虚线长城,起到了很好的防御作用。

参考文献:

[1] （清）张廷玉,等. 明史[M]. 北京:中华书局. 1974.
[2] （明）郑若曾. 筹海图编[M]. 李致忠,点校. 北京:中华书局,2007.
[3] （明）戴璟. 广东通志稿. 嘉靖. 民国三十五年蓝晒本.
[4] （明）黄佐. 广东通志. 嘉靖. 明嘉靖四十年刊本.
[5] （清）蔡方炳. 广舆记:海防篇[M]. 四库全书存目丛书. 北京:北京大学出版社,1996.
[6] （清）顾炎武. 天下郡国利病书[M]. 上海:上海古籍出版社,2012.
[7] 杨金森,范中义. 中国海防史[M]. 海洋出版社,2005.
[8] 吴庆洲. 中国军事建筑艺术[M]. 湖北教育出版社,2006.
[9] 广东省文物局. 广东明清海防遗存调查与研究[M]. 上海:上海古籍出版社,2014.11.
[10] 《广东海防史》编委会. 广东海防史[M]. 广州:中山大学出版社,2010.
[11] 邸富生. 试论明朝初年的海防[J]. 中国边疆史地研究,1995(1):13-20.
[12] 陈懋恒. 明代倭寇考略[M]. 北京:哈佛燕京学社,1934.
[13] 顾诚. 明帝国的疆土管理体制[J]. 历史研究,1989,(3):135-150.
[14] 陈春声. 明代前期潮州海防及其历史影响(下)[J]. 中山大学学报:社会科学版,2007(3).
[15] 黄挺. 明代前期潮州的海防建置与地方控制[J]. 广东社会科学,2007(3).
[16] 曾红玲. 明清海防初探[J]. 大众文艺:理论版,2009(20):233-234.
[17] 尹泽凯. 明代海防聚落体系研究[D]. 天津:天津大学,2016.
[18] 赵金娥,王国光,朱雪梅. 基于环境整体观的大鹏半岛民宿小镇特色研究[J]. 南方建筑,2018(1):58-64.
[19] 高新生. 海防的起源和海防概念研究述评[J]. 中国海洋大学学报:社会科学版,2010(2):22-28.
[20] 谭立峰. 明代沿海防御体系研究[J]. 南京林业大学学报:人文社会科学版,2012,12(1):100-106.
[21] 孟凡松. 明洪武年间湖南卫所设置的时空特征[J]. 中国历史地理论丛,2007(4):110-118.

---

① （嘉靖）《广东通志》卷15《舆地三·城池》,《广东历代方志集成》,岭南美术出版社 2006 年版。

浅析隋大兴宫城形制的匠师体系传承

Initial Analysis on the Inheritance of Master System in Palace City's Structure of Daxing City in Sui Dynasty

孙新飞①

Sun Xinfei

【摘要】文章拟从非物质因素角度出发，以魏晋南北朝至隋间的都城兴建、匠师明堂方案为线索，分析其中匠师系统在设计思想、建筑理念等方面的继承与创新，以探究隋代大兴城宫城形制的设计思想传承。文章首先讨论北魏洛阳宫、北齐邺南宫与隋大兴宫等的营建人员构成，其次分析魏晋南北朝至隋间对明堂形制的有关讨论，最后总结主要匠师的设计思想倾向，从而为隋大兴宫城形制传承的思想根源提供佐证。

【关键词】隋代 大兴城 宫城形制 匠师体系 明堂

对于隋大兴宫城形制对魏晋南北朝传统的传承，学界分歧颇多，大致有隋大兴继承东魏、北齐邺南城，隋大兴继承北魏洛阳，隋大兴继承南朝建康三种观点。但上述观点多以分析宫城形制的物质空间为主，对物质空间背后的非物质因素却着墨不多。而在物质空间传承之外，隋大兴宫城的设计理念也与先前宫城有所关联。故本文尝试对魏晋南北朝至隋间主要匠师（诸如宇文恺、蒋少游等）进行比较研究，以主要匠师的都城设计思想、建筑理念（诸如明堂方案）等为线索，为期间宫城形制传承的思想根源提供一种新解读与新角度。

1 都城兴建匠师系统的继承与创新

对于北魏洛阳宫系统，李冲是北魏洛阳城营建的负责人，其本人也是"机敏有巧思"。蒋少游与李冲等交好②，为了营建平城太极殿，曾"乘传诣洛，量准魏晋基址"，也曾作为副使出使建康，但未及太极殿建成而卒③；总体来看，蒋少游是一位宫城形制与建筑的专家。对于北齐邺南宫系统，高隆之时为

尚书左仆射，对邺南城的营造属于统领作用。李业兴知识渊博、博古通今，是一位儒学与礼制专家，扮演的更多是一名咨询者的角色④，同时对明堂形制亦有所议论⑤。辛术应是建筑专家，"与仆射高隆之共典营构邺都宫室，术有思理，百工克济"。张熠则主要负责运输洛阳木材至邺城，宫殿建成不久后去世。对于隋大兴宫营建系统，高颎总其大纲，制定制度；宇文恺、刘龙等人作为建筑专家，其余人员多掌钱粮用料等。

如果具体分析上述都城的兴建人员（表1），营建隋大兴城的刘龙也参与了邺南城的兴建；宇文恺也曾至南朝建康测量太极殿基址，观摩其宫城形制⑥。其余人员则或为领职虚衔（如高颎等），或者营建期间任职在外（如贺娄子干等）。这里值得注意的是，谈及隋大兴城的营造，《隋书·宇文恺列传》有云："高颎虽总大纲，凡所规画，皆出于恺"，（高颎）"领新都大监，制度多出于颎"。遍观宇文恺的经历，其在营造大兴城之前

---

① 同济大学建筑与城市规划学院，博士研究生。

② 据《魏书》，蒋少游"自在中书，恒庇李冲兄弟侄之门""唯高允、李冲曲为体练，由少游舅氏崔光与李冲从叔衍对门婚姻也"。
③ 据《魏书》，"少游又为太极立模范，与董尔、王遇等参建之，皆未成而卒"。
④ 据《魏书》，"迁邺伊始，起部郎中辛术奏曰'……臣虽曰职司，学不稽古，国家大事非敢专之……李业兴硕学通儒，博闻多识，万门千户，所宜访询。今求就之披图案记，考定是非……具造新图，申奏取定'"。
⑤ 李业兴认为明堂应具备"五九之室、上圆下方"等形制。
⑥ 另据《周书》记载，宇文恺之父宇文贵也曾在邺城利用地道作战，应对邺城宫城形制有所了解。

表 1　隋大兴城修建工程监修人员表①

姓　名	职　务	职　责	本　职	出　典
高颎	营新都大监	总领其事总大纲	尚书左仆射兼纳言	《隋书》41《太平御览》156
李询	营新都大监			《故邛州别家陇西公李君墓志》
虞庆则	总监		京兆尹	《隋书》40
宇文恺	副监	规划、设计、施工等	将作少监	《隋书》68
刘龙	副监		将作大匠	《隋书》68
贺娄子干	副监		工部尚书	《隋书》53
张煚	监丞		太府少卿	《隋书》46
高龙义	监丞		太府少监	《隋书》1

仅做过"营宗庙副监",并未有大型城市规划的经验。另据《隋书》记载,宇文恺在北周任职时,多是"双全伯""安平郡公"之类的世袭爵位,以及"千牛""御正中大夫""上开府中大夫""仪同三司"等散官,并未直接参与政治。其父宇文贵去世时宇文恺年仅 12 岁,而年长自己 30 多岁的两位兄长却常年在外征战,可以说宇文恺并不熟谙北周末期及隋初的一系列官场政治,遑论隋初的种种制度变革、权力关系及帝王心理了。而高颎等人则是隋朝政改的得力干将(与苏威等一道),深得隋文帝器重,对隋初制度变革、权力关系及帝王心理可谓知之甚多。②"都城建筑历来是各代王朝特别重大的事情,选都、建都、迁都,城制规模及布局,均取决于帝王③……北周灭齐时,杨坚曾率兵攻邺,可以肯定他对邺都城制是十分了解的。"④可以认为,这些新都监修人员,在隋文帝授意之后,将其外化为种种制度典章,

之后再被宇文恺等建筑专家外化为都城规画与城市空间。

因此,尽管诸城修建都有建筑专家的参与,可大体控制具体宫城建筑的形制,但在宏观的宫城形制层面,由于参与决策人数众多、人员背景复杂,且受皇权制约,建筑专家究竟能起到多大作用,还是有待商榷的。这种在营建人员构成上的继承性⑤,归根到底是由都城建设的复杂性所决定的。

2　明堂形制讨论中的匠师继承与创新

魏晋南北朝至隋唐期间,诸多学者对于明堂制度争议不断。其中,值得注意的是北魏李业兴、李谧与隋代宇文恺、牛弘等人的讨论。李业兴作为儒生,从《孝经》以及郑玄等学说为出发点,认为明堂应具备"五九之室、上圆下方"等特征,但讨论过于宽泛,并未就明堂具体形制作出分析。李谧则进一步,在其著作《明堂制度论》里,首先提出参考《周礼·考工记》以及《大戴礼·盛德篇》诸内容,认为明堂制度的分歧主要集中在应是"五室"⑥还是"九室"⑦;其次以小戴氏《礼记》中《月令》《玉藻》《明堂》等为据,认为明堂应为"五室";再次对"五室"具体布局、门窗数量等进行讨论,认为《周礼·考工记》中"五室"的说法正确,但却对郑玄的"五室五行分布"学说进行了批判,同时也认为《周礼·考工记》中对堂的长宽、门窗等说法亦错误,相应地,认为《盛德篇》中虽然"九室"的说法错误,但关于门窗的说法却是对的。一言以蔽之,李谧认为明堂为"五室"⑧,有"三十六户七十二牖"。

宇文恺则在前人学者的基础上进行了更加系统地分析,其在《明堂议表》中,首先对三代明堂名称进行回顾,其次对《周礼·考工记》所载的明堂(图 1)长宽关系⑨进行考证,对郑玄的注解进行了批判⑩,认定明堂下部应为方形;再次结合《尸

---

① 本表为作者重绘,原表详参卫丽《唐代工部尚书研究》,61 ~ 62。
② 详参拙作《隋大兴城空间势力简析》。
③ 譬如隋大兴皇城的兴建就源于杨坚的"新意"。
④ 详参牛润珍《古都邺城研究——中世纪东亚都城制度探源》,264 ~ 265。
⑤ 也包括营建前对类似建筑实地踏勘等设计传统的继承性。
⑥ 以《周礼·考工记》为据,郑玄等人主张。
⑦ 以《大戴礼记》的《盛德篇》为据,蔡邕等人主张。
⑧ 居中为太室,其东谓青阳,其南谓明堂,其西谓总章,其北谓玄堂。四面之室各有夹房,谓左右个。
⑨ "夏后氏世室,堂修二七,博四修一"。
⑩ 认为"堂修二七"应为"堂修七"。

子》《周礼·考工记》《礼记》《三礼图》《大戴礼》《周书明堂》《周书》《吕氏春秋》《三辅黄图》等文献资料,对明堂的长宽、台阶高度、上下及屋顶形式、内室数量与面积、门窗数量等关系逐一进行陈述,并解释这些数字背后的文化因应;从次对历代明堂营建情形进行陈述,主要包括西汉明堂(图2,诸如汉武帝明堂、汉平帝明堂等)、汉光武帝明堂(图3)、晋代明堂、北魏明堂(图4)、刘宋孝武帝明堂、梁武帝明堂;最后对明堂形制进行总结,

认为明堂图共有两个版本①,并提出自己的明堂(图5)模型形制——"下为方堂,堂有五室,上为圆观,观有四门",但并未就此给出具体的解释②。在宇文恺的《明堂议表》中,对不符古制的明堂范例进行了较为直接的批判,诸如晋代明堂③、北魏明堂④、宋梁陈明堂等;另外文中有"自晋以前,未有鸱尾"的记载,但目前学界对于鸱尾起源有三种说法⑤,因此有待进一步结合文献与实物进行研究。

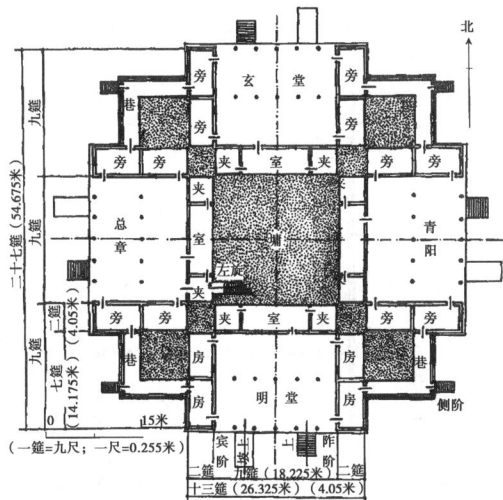

图1 周人明堂复原平面图
(图片来源:杨鸿勋《宇文恺承前启后的明堂方案——宇文恺一千四百周年忌辰纪念》)

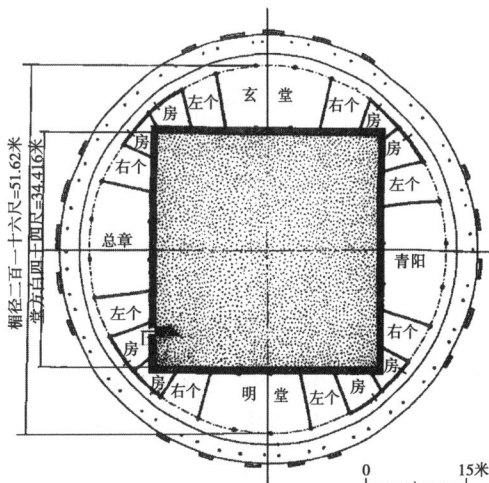

图3 东汉洛阳明堂复原首层平面图
(图片来源:杨鸿勋《宇文恺承前启后的明堂方案——宇文恺一千四百周年忌辰纪念》)

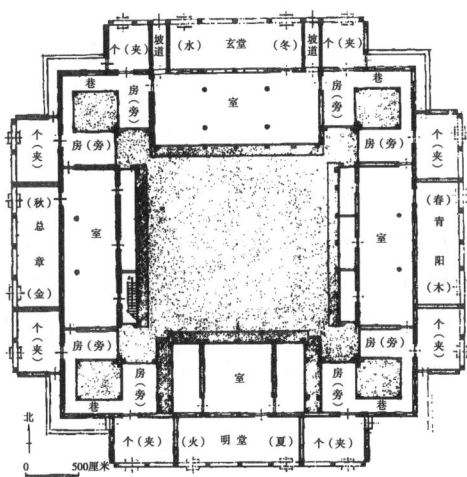

图2 西汉长安明堂辟雍首层复原平面图
(图片来源:杨鸿勋《宫殿考古通论》)

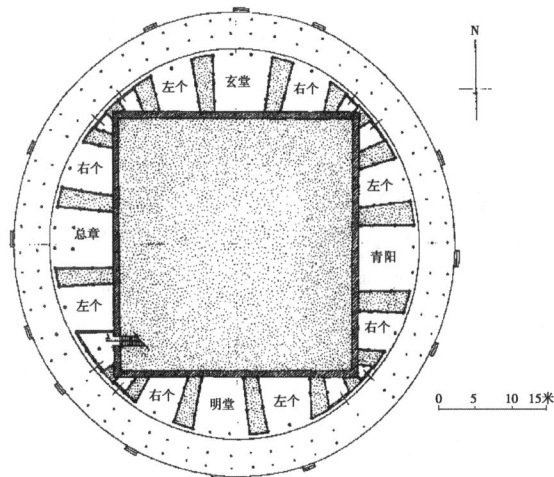

图4 北魏洛阳明堂复原首层平面图
(图片来源:杨鸿勋《宫殿考古通论》)

① "一是宗周,刘熙、阮谌、刘昌宗等作,三图略同。一是后汉建武三十年作,《礼图》有本,不详撰人"。
② 只云"臣远寻经传,傍求子史,研究众说,总撰今图"。
③ "……晋堂方构,不合天文。既阙重楼,又无璧水,空堂乖五室之义,直殿违九阶之文。非古欺天,一何过甚!"
④ "……其堂上九室,三三相重,不依古制,室间通巷,违舛处多"。
⑤ 刘敦桢、吴庆洲等的西汉起源说,朱启新等的晋代起源说,臧丽娜、赵青、马莎等的北魏起源说。

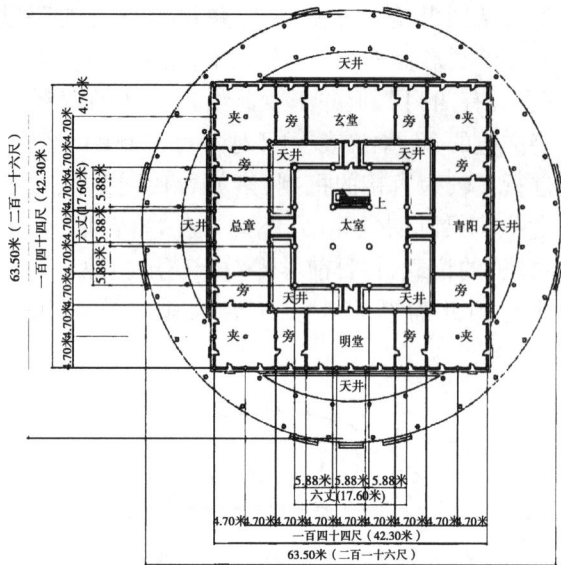

图5 隋宇文恺明堂方案推测首层平面图
（图片来源:杨鸿勋《宇文恺承前启后的明堂
方案——宇文恺一千四百周年忌辰纪念》）

牛弘在上书文帝时,也是首先根据《孝经》《礼记》《周礼·考工记》等史料,陈述三代明堂的名称、分布与长宽、面积等形制,并依据祭祀礼仪等内容驳斥了郑玄所注"宗庙路寝,与明堂同制"等关于明堂长宽的相关注解,并认为明堂下方应是方形;其次结合《明堂月令》等资料,详细阐述明堂"五室"的分布、平面尺寸、屋顶形式与构造、门窗数量、台高与列柱等情形,并解释这些数字背后的文化因应;再次对汉至隋的明堂兴建进行陈述,亦是褒汉而贬魏晋南北朝①,认为南朝"一"字殿式明堂及北魏"三三相重"的"九室"明堂均是无所依托;从次牛弘根据《尚书帝命验》《三礼图》《孝经》《礼记》《五经异义》《周礼·考工记》《春秋》《五行志》《周书》《黄图》《明堂阴阳录》《五经通义》《郊祀志》等史料,依次分析了其所推崇的明堂(图6)形制——"五室""上圆下方""重屋""辟雍"——的详细原因,条理清晰,论证有力;最后牛弘总结议论,认为明堂"其五室九阶,上圆下方,四阿重屋,四旁两门,依《考工记》《孝经》说。堂方一百四十四尺,屋圆楣径二百一十六尺,太室方六丈,通天屋径九丈,八闼二十八柱,堂高三尺,四向五色,依《周书·月令》

论。殿垣方在内,水周如外,水内径三百步,依《太山盛德记》《觐礼经》"。总体而言,牛弘与宇文恺的思路相近,最终结论也较为一致,但牛弘的分析更加有条理,论证充分。作为隋代"五礼"与礼乐制度的主要制定者,以及藏书史研究的开创者,牛弘的知识储备与理论功底自然过硬,其明堂形制的结论也比较有说服力,这也应是儒生比匠师行文的高明之原因。

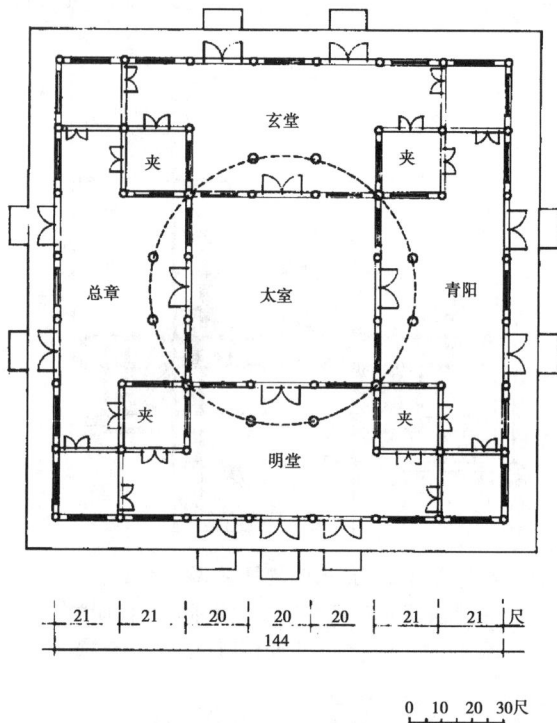

图6 隋牛弘明堂方案平面示意图
（图片来源:傅熹年《中国古代建筑史·第二卷》）

上文通过魏晋南北朝至隋间对明堂制度的探讨,我们发现诸学者并不仅仅依照《周礼·考工记》中所载内容,而是综合诸多礼制经典,通过对前代明堂形制的扬弃,最后大多得出"五室、上圆下方"的基本特征②。这也是匠师系统的继承性,而层层深入的研究则为后世之创新。在这里,魏晋南北朝期间的明堂形制并不为诸学者所接受,他们较之更倾向于汉代的明堂形制。这种倾向也会在一定程度上反映在对宫城形制的选择上。从这个角度来看,隋初宫城形制对魏晋南北朝的一种终结,也就

---

①《隋书·牛弘传》中云"……汉代二京所建,与此说悉同……晋则……宋、齐已还……此乃世乏通儒,时无思术,前王盛事,于是不行……后魏……穿凿处多,迄无可取"。

②《隋书·牛弘传》中云"今若直取《考工》,不参《月令》,青阳总章之号不得而称,九月享帝之礼不得而用……夫帝王作事,必师古昔,今造明堂,须以礼经为本。形制依于周法,度数取于《月令》,遗阙之处,参以余书,庶使该详沿革之理"。

可以取得部分文人学者们①的支持了。

3　结　语

　　物质空间传承之外,本文在尝试探究匠师系统在设计思想、建筑理念等方面的继承与创新。文章首先分析了北魏洛阳宫、北齐邺南宫与隋大兴宫的营建人员,发现其间人员配置、建前踏勘等都是一脉相承的,且有匠师参与多个宫城兴建的情形,但匠师在建筑形制之外的控制力则有待商榷。文章其次以儒生在魏晋南北朝至隋间对明堂形制的讨论为出发点,分析李业兴、李谧、宇文恺与牛弘的主要观点,通过总结其共同之处——"五室""上圆下方"等——与发展情形,进而发现他们不严格依照《周礼·考工记》、褒汉而贬魏晋南北朝形制的倾向,从而间接提供了隋代大兴宫形制传承的思想来源。

参考文献:
[1] (唐)魏征,等. 隋书[M]. 北京:中华书局,1973.
[2] (北齐)魏收. 魏书[M]. 北京:中华书局,1974.
[3] (唐)李百药. 北齐书[M]. 北京:中华书局,1972.
[4] (唐)令狐德棻等. 周书[M]. 北京:中华书局,1971.
[5] (北宋)司马光,等. 资治通鉴[M]. 北京:中华书局,2007.
[6] 傅熹年. 中国古代建筑史·第二卷·两晋、南北朝、隋唐、五代建筑[M]. 北京:中国建筑工业出版社,2009.
[7] 贺业钜. 考工记营国制度研究[M]. 北京:中国建筑工业出版社,1985.
[8] 杨宽. 中国古代都城制度史研究[M]. 上海:上海人民出版社,2003.
[9] 郭湖生. 中华古都——中国古代城市史论文集[M]. 台北:空间出版社,2003.
[10] 牛润珍. 古都邺城研究——中世纪东亚都城制度探源[M]. 北京:中华书局,2015.
[11] 杨鸿勋. 宫殿考古通论[M]. 北京:紫禁城出版社,2009.
[12] 杨鸿勋. 宇文恺承前启后的明堂方案——宇文恺一千四百周年忌辰纪念[J]. 文物,2012(12):63-72.
[13] 王贵祥. 明堂、宫殿及建筑历史研究方法论问题[J]. 北京建筑工程学院学报,2000(1):30-49.
[14] 孙新飞. 隋大兴城空间势力简析[J]. 城市建筑,2015(21):275-277.
[15] 卫丽. 唐代工部尚书研究[D]. 济南:山东大学,2010.

---

① 因众儒生对于明堂制度终究有所分歧,且文献记载多有散佚,故而这种倾向只能说代表部分学者态度。

"信古""疑古"史学变迁下的周代都城史研究评述

A Review of the Research on the History of the Zhou Dynasty's Capital City under the Change of Historiography

王　鹏[①]

Wang Peng

【摘要】本文对中国建筑史中西周都城史研究的内在研究范式的发展变迁进行回顾与评述,并对这一专题史的后续发展尝试采用"早期中国"研究框架进行探讨。

【关键词】信古　疑古　周代　都城史　早期中国

1　"周制""周代"与"西周"

"周制"一词源于经学注疏的传统之中,指周代礼制。孔子言"周监于二代,郁郁乎文哉! 吾从周"[1],这里的"从周"指从"周礼",即指西周初年周公制礼作乐,其事迹如《礼记·明堂位》记载"……周公践天子位,以治天下,六年朝诸侯于明堂,制礼作乐,颁度量,而天下大服"[2]。"周制"中和建筑史议题最密切的是周代都城宫室建筑制度。其主要内容包括有:和宗法分封制匹配的等级城制;"集中城制"形象的周礼王城制度;以"三朝五门""前朝后寝"为代表的宫室制度,以及明堂、宗庙、立社制度等。

不过,这里先要谈及研究对象在时间跨度上的区别——郭沫若先生根据古代中国社会发展阶段不同性质的区别,将经学中的"周代"进一步划分为奴隶社会性质的"西周"与封建社会性质的"东周"[3],故在时间指代上,经学所提"周代"被分为"西周"(公元前1046—公元前771)与"东周"(公元前770—公元前256)两段历史时期。郭沫若先生的历史阶段划分使得经学及相关研究遇上最为核心的质疑——周公既是周初历史人物,那么其所创制的"周制"是否等于西周制度? 因为关于先秦的研究材料稀缺,文字记载多出于经注,然而经注自有其经学研究内在理路引导,若未经辨明则不能

厘清其长短,便会因此在经学之周代对比西周制度研究上陷入"窠臼"。故本文将从这一历史专题背后的史学发展变迁上来回顾相关历史写作所循研究范式的脉络变迁,并在此基础上尝试讨论"早期中国"(Early China)研究框架用于后续研究的可能。

2　"信古"的经学研究

经学研究在内在理路上体现为义理与疏证孰先孰后,反映在"今文经"和"古文经"的对立之上,表现为经学史中"汉学""宋学"到"朴学"的相替,在操作方法层面,主要发展为章句、文字、音韵与训诂等途径。无论经学研究侧重于"汉学"还是"宋学","今文经"还是"古文经",对周代典章名物的考证,始终是经学研究的核心内容。建筑史研究所关心的周代都城宫室制度即属于经学核心题目之一[②]。

从经学之发展历程来看,其早期文本形成自先秦早期儒家之手。"经学开辟时代,断自孔子删定六经为始"[4]。先秦六经分别为《诗》《书》《礼》《乐》《易》和《春秋》。后经秦焚书与禁挟书律,各书失匿。经西汉开献书之路,先有民间献者伏生记诵传《尚书》二十九篇,后有"河间献书"和"孔壁中书",各书始得而出。初于文帝时始立《诗》一经。

---

　　① 同济大学建筑与城市规划学院,博士研究生。

　　② 同时,经学之音韵训诂之学是用于释读商周金文卜辞之基础工具,而对空间用字的释读与断代,也将服务相关建筑史所作空间研究,呈现其渊源、发展与变迁。

至武帝时,立"五经"为官学。因《乐》亡,故立《诗》《书》《易》《礼》和《春秋》者为"五经"。

其中,《礼》即《仪礼》,此时唯存鲁高堂生所传《士礼》十七篇。除《丧服》篇目外,《仪礼》所述仪式均发生在特定身份等级的宫室建筑空间中,它是经学研究建筑类名物用以考据周代宫室布局的最直接的材料。而为《仪礼》所作"记"是《礼记》。《礼记》成书之前为先秦散落流传单独篇目,作者不一,后经大戴小戴编选成书。小戴《礼记》成书四十九篇。其中《王制》《礼器》《文王世子》《郊特牲》与《明堂位》等篇也关涉于周代都城宫室建筑各内容的考据。

"周之官政未次序,于是周公作《周官》,官别其宜"的《周官》记载了周代职官制度。通过《周礼》记载的周代职官制度可间接推知都城宫室内外的空间构造与轻重。最初,该书得自河间献王书而藏于秘府,至西汉末时刘歆王莽发得之。后新莽时《周官》纳于"五经",并更名为《周礼》。自此,古文经始立,今文经渐衰。《周官》六篇失其《冬官司空》篇,另取《考工记》篇补之。内中的《匠人营国》篇直接记录了周代都城的"集中城制"形象与制度内容。

经注与疏则分别成于汉末与唐初。东汉末,郑玄兼采今古文遍注群经。群经中,郑玄首将《周礼》《仪礼》和《礼记》定名为"三礼"。他特别推重《周礼》,将"礼经"名冠于《周礼》,并作"三礼"之首。郑玄所经注"三礼"形成后世研究之定本,此后礼学研究不出郑玄经注,故孔颖达有疏"礼是郑学"。而"晋初郊庙之礼,皆王肃说,不用郑义"[4],可知如上"三礼"知识类型研究,密切关系于中古国家的礼仪空间实践,这即是传统经学研究关切于建筑史研究所在。唐初孔颖达奉修撰《五经义疏》。此时明经取士,以《易》《书》《诗》、"三礼""三传"合为"九经"。有关"三礼"者,孔颖达作疏《周礼正义》和《礼记正义》,后贾公彦作《周礼义疏》《仪礼义疏》和《礼记义疏》(已亡佚)。"郑注孔疏"和"郑注贾疏"同奉"注不破经、疏不破注"的义疏体例。这里值得注意的是,汉唐经学注疏则直接写就了大量关于周代都城宫室建筑制度的内容,却并未见于原经。

自宋学到朴学,则进一步讲求于图说、考据。在"变古"的"宋学"(即理学)时代,因"三礼"多从

古文经属实学①,故礼学研究依循郑注"附经释义",其中又多存世有"图说"解经注者。此时期代表性著作有朱熹《仪礼经传通解》、李如圭的《仪礼释宫》、杨复《仪礼旁通图》等。针对"宋学"讲求义理后的空疏,清代朴学大家戴震认为"故训明则古经明,古经明则贤人圣人之理义明……贤人圣人之理义非它,存乎典章制度者也"[5],因为"就清儒来说,如何通过整理经典文献以恢复原始儒家的真面貌,其事即构成最严肃的客观认知问题"[6],故文字、音韵与训诂的"小学"方法被置于经学研究的首位。如此,乾嘉学派的立场则近于"汉学"中的"古文经"。清代"朴学"重于礼乐名物制度考证的代表性研究有——戴震《考工记图》、毛奇龄《明堂问》和《庙制折衷》、胡匡衷《仪礼释官》和《燕寝考》、焦循《群经宫室图》、任启运《宫室考》、江永《仪礼释宫增注》和《乡党图考》、惠栋《明堂大道录》、俞樾《考工记世室重屋明堂考》、张惠言《仪礼图》、吴之英《寿栎庐仪礼奭固礼事图》、万斯大《庙制通考》、程瑶田《释宫小记》、洪颐煊《礼经宫室答问》、秦蕙田《五礼通考》、孙星衍《明堂考》等。

经学研究的传统自孔子删定六经为始,随着"汉宋之争"与"古今之争"至今已经发展有两千多年。这一传统发展至现代学术中,仍见有王国维先生的《明堂庙寝通考》和沈文卓《周代宫室考述》等篇目;并在以梁思成先生为代表的中国建筑史的早期写作中,因彼时先秦实物资料尚为匮乏,该部篇章内容也多取自历代经学研究结论以补阙(表1)。

表1　经学传统所贡献周代都城宫室研究议题
(资料来源:自绘)

周代都城宫室		
都城制度	宗法分封制	《诗经·大雅·生民之什·板》:"价人维藩、大师维垣、大邦维屏、大宗维翰、怀德维宁、宗子维城。"
	等级城制	《左传·隐公元年》:"都城过百雉,国之害也,先王之制:大都不过参国之一;中,五之一;小,九之一。"

---

①《周礼》属古文经,《仪礼》郑注兼采今古文,《礼记》则无今古文区分。

续表

		周代都城宫室
都城制度	井田制	《孟子·滕文公上》:"无君子莫治野人,无野人莫养君子。请野九一而助,国中什一使自赋。卿以下必有圭田,圭田五十亩。馀夫二十五亩。死徙无出乡,乡田同井。出入相友,守望相助,疾病相扶持,则百姓亲睦。方里而井,井九百亩,其中为公田。八家皆私百亩,同养公田。"
	集中城制	《考工记·匠人营国》:"匠人营国,方九里,旁三门。国中九经九纬,经涂九轨,左祖右社,面朝后市,市朝一夫。……室中度以几,堂上度以筵,宫中度以寻,野度以步,涂度以轨,庙门容大扃七个,闱门容小扃三个,路门不容乘车之五个,应门二彻三个。内有九室,九嫔居之。外有九室,九卿朝焉。九分其国,以为九分,九卿治之。王宫门阿之制五雉,宫隅之制七雉,城隅之制九雉,经涂九轨,环涂七轨,野涂五轨。门阿之制,以为都城之制。宫隅之制,以为诸侯之城制。环涂以为诸侯经涂,野涂以为都经涂。"
	都鄙制	《国语·楚语上》:"地有高下,天有晦明,民有君臣,国有都鄙,古之制也。"
宫室制度	居中	《吕氏春秋·慎势》:"古之王者,择天下之中而立国,择国之中而立宫,择宫之中而立庙。"
	三朝制 五门制	《周礼·秋官司寇·朝士》郑玄注:"郑司农云'王有五门,外曰皋门,二曰雉门,三曰库门,四曰应门,五曰路门。路门一曰毕门。外朝在路门外,内朝在路门内。……周天子诸侯皆有三朝,外朝一,内朝二。'"
	三门制	皋门、应门、路门
	前朝后寝	蔡邕《独断》:"人君之居,前有朝,后有寝。终则制庙以象朝,后制寝以象寝。"
	六寝制	《周礼·天官冢宰·宫人》:"宫人掌王之六寝之休"郑注"路寝一,小寝五"。

续表

		周代都城宫室
宗庙制度	昭穆制	《礼记·中庸》"宗庙之礼,所以序昭穆也;序爵,所以辨贵贱也;序事,所以辨贤也;旅酬下为上,所以逮贱也;燕毛,所以序齿也。"《国语·鲁语》:"夫宗庙之有昭穆也,以次世之长幼,而等胄之亲疏也。"
	左祖位置	《墨子·明鬼下》中"昔者虞夏、商、周三代之圣王,其始建国营都日,必择国之正坛,置以为宗庙"。又见《考工记·匠人营国》
	天子五庙制	《礼记·丧服小记》:"王者禘其祖之所自出,以其祖配之,而立四庙",郑玄注"高祖以下,与始祖而五。"
	天子七庙制	《礼记·王制》:"天子七庙,三昭三穆,与太祖之庙而七。"
	前庙后寝	蔡邕《独断》:"人君之居,前有朝,后有寝。终则制庙以象朝,后制寝以象寝。"
明堂	位置不明	《礼记·明堂位》:"昔者周公朝诸侯于明堂之位:天子负斧依南乡而立……此周公明堂之位也。明堂也者,明诸侯之尊卑也。"
社	右社位置,多社	见《考工记·匠人营国》;《礼记·祭法》:"王为群姓立社曰'大社',王自为立社曰'王社',诸侯为百姓立社曰'国社',诸侯自立社曰'侯社',大夫以下成群立社曰'置社'。"
墓葬	不封不树	《礼记·王制》:"大夫、士、庶人,三日而殡,三月而葬。……葬不为雨止,不封不树……"

若从"述而不作、信而好古"的角度来看,经学研究传统尊重古代典籍,已经达到文献学研究的极致。但是如梁启超先生对乾嘉的品评"凡古必真、凡汉必好"[7],遵信周公制礼作乐成圣人之典,而缺少对经学文本作史料辨析,也将会使未来无论多少新材料进入的新作研究,都始终拘泥在"信古"的传

统经学研究范式之内,这也正是顾颉刚先生作"疑古"研究的发力点,同时也是作为超越经学研究范式的"周制"建筑史研究的新机会。

3　近代"疑古"思潮带来的冲击

"疑古"研究传统的开启与19世纪20年代顾颉刚先生的"古史辨"运动有关。顾颉刚先生提出的"层累地造成的中国古史"[8]打破了人们对经籍中记载古史的盲信,它"将上古信史击成碎片,使得后来史家能较无拘束地将这些碎片重新缀合"[9],从而提倡怀疑精神的科学实证研究。这场"疑古"研究传统的开辟也为早期中国阶段的建筑史研究带来若干改变和启示,简要列举其新研究取向如下:

3.1　对文献材料断代的辨析

"疑古"研究中的"辨伪"推动了对先秦诸种史料的断代及成书过程的考证。例如对"三礼"文献的考察均揭示出各书成书的复杂程度。以"三礼"之首《周礼》为例,郭沫若先生考证它是战国儒家荀子一派所作[10],钱穆、徐复观等其他名师断其为西汉作品[11~13]。李学勤先生证得《周官》中有四分之一职官仅见于西周金文材料中[14]。以上说明《周官》成书中混入多个时代观念的琐碎材料。可以肯定的是,《周官》非西周初年周公所作是确凿无疑的,其上限亦不超过春秋晚期战国早期。《考工记》篇则被郭沫若、史念海等一众学者认为是战国时齐人所作,并非周代制度[15][16]。今存高堂生传《士礼》和已散佚的《逸古礼》传为孔子及其弟子所作,成书于战国秦汉间,但其内容细密,也非能远溯至周公成王间。《礼记》西汉中期成书,但其中《儒行》《大学》《王制》和《礼器》等篇却可追溯到孔子时代[17]。《礼记》篇目材料和《上博楚简·天子建州》篇同源,同样反映的是战国早期的儒家观念。上述"礼学"各书上限均不及西周,其所录"周代"制度者更适于东周时间范围,其所著录职官和春秋晚期至战国早期的制度或儒家学说有关,其所渗透复古"王制"的时代精神也与春秋战国追求的大一统观念相合。

罗泰(Lothar von Falkenhausen)的研究更表明至少在西汉末、新朝时由刘歆、王莽所作"托古改制"之前,至少还经历有两次"复古"改革——"在周朝历史上,发生过两次大规模的礼制改革,都是因为王权及国家体制的衰落,因而想通过礼制革新来稳定社会秩序。其中第一次尝试,是'西周晚期礼制改革',第二次是'春秋中期礼制重构'。"①因此对于礼经文本的文献学研究会非常复杂,至少目前可知其不应是西周制度的"实录"。故此后建筑史写作常称经学注疏所载"周制"内容为"理想图示"。

3.2　推动金石学研究转向古文字、古史研究

如何应对疑古辨伪后提出论断"东周以上无史"[20],如何"考经证史"作"重建信史"的释古研究②?胡适先生期待传统金石学研究在材料发达后能"慢慢地拉长东周以前的古史"[22]。这项期待要等及19世纪40年代陈梦家先生的研究来实现。陈梦家先生先后赴美、赴欧将流传海外的商周青铜器逐一拍照、测量、记录铭文,并按器型、风格、铭文人物逐一断代排序系统收录,著成《美国所藏中国铜器集录》。陈梦家先生开创了利用器型、纹饰和铭文来研究商周历史的研究范式,将原先迷雾中的西周历史利用金文材料重建,变为科学实证研究,也将传统金石学从经学研究范式中解放出来,用作研究上古历史中的古文字学。

迄今为止,经科学考古历年积累下来的西周金文材料,据统计,总数量超过20 000篇,长篇铭文在350篇左右。这些西周金文材料内容直接记录了周王在多个都邑不同宫室进行的册命赏赐仪式,其中包含的大量建筑空间信息和仪式过程为研究西周都城宫室设置提供了"第一手"材料。唐兰先生在评价西周金文材料的史料价值的可靠性时说"我国上古历史,文献资料很贫乏,但在西周青铜器铭文中往往记载许多重要历史事件,又常涉及社会、政治、经济、法律、军事、文化等各个方面,这种第一手资料远比书本资料为重要。……用铜器铭文研究历史,需要参考文献,但不应为文献所束缚。尤其对汉朝的毛苌、许慎、郑玄等人,更不应迷信,他们

---

①（美）罗泰. 宗子维城:从考古材料的角度看公元前1000至前250年的中国社会[M].上海:上海古籍出版社,2017:2-3.
②"我的意思,疑古并不能自成一派,因为他们所以有疑,为的是有信;不先有所信,建立了信的标准,凡是不合于这标准的则疑之。信古派信的是伪古,释古派信的是真古,各有各的标准。"见顾颉刚《我是怎样编写古史辨》一文。

所见真正古代资料,有时比我们还少。我们今天必须根据可靠资料来整理文献,去伪存真,破除一切迷信。"[24]

更进一步,西周金文材料不仅仅是作为考古材料的特殊类型而带有明确的出土地点信息,更多是其铭文记载了"第一人称"视角下周人是如何看待与使用他们的空间的。因此西周金文材料的引入也将使得西周都城空间问题的历史研究带有了费孝通先生提出的"建筑社会学"视角。

3.3 "二重证据法"对考古材料的重视

"古来新学问起都见于新发现"[25],"疑古"研究也推动重视考古材料,如王国维先生所倡"二重证据法"要"以地下之新材料以补纸上之材料"[26]。鉴于李济、傅斯年等学者依据殷墟考古发掘和所处卜辞建立古代中国进入文字时代的标尺之外,希望建立另一根标尺的石璋如先生在 1943 年开启了对西周都城的考古调查[27]。迄今为止,几个主要西周都城的考古工作都持续超过一甲子时间,成果斐然。其中,特别是 2012 年后开启的基于 GIS 地理信息系统的周原、丰镐"聚落考古"工作为探索西周都城形态提供了基本材料[28][29]。

3.4 "三重证据法"添加对民族学、人类学研究方法的重视

在重视引入考古材料之外,陈寅恪和徐中舒两位学者提出的"三重证据法"①要将民族学、人类学研究并入以作参证。张光直先生在《对中国先秦史新结构的一个建议》中也提出要"通熟当代文化社会人类学中关于比较高级的原始社会中各种经济、政治、亲属制度,宗教等领域中的诸种模式"[31]。人类学研究议题包括有早期国家政体与权力、亲属关系与家户结构、仪式与信仰、生产交换、生计模式与经济结构等,无不都与城市空间结构和空间形态、建筑空间与使用等问题牵涉。

此外,历史人类学方法主张将史料视作人类学中的田野报告,即"在历史中作田野"[32]。原先强调史料客观价值的古史文献被视作"他者眼光"下的"主观性"记录,如早期历史文献记载中的族源神话、社会与政治经济形态,金文材料中的战争、祭祀与日常生活等。研究者据此可以重建一系列人类学范式下的研究论题。这样的方式为早期国家领域受制于材料匮乏的情况开辟了新的研究视界。

以上,"疑古"研究相继推动了史学研究范式向现代学术转型。由此,我们关心的"周制"建筑史研究论题也从研究方法和研究材料的使用上都将超过经学研究范围。

4 新研究框架的尝试

西周金文与考古新材料的引入,使得原有经学研究传统中的不易之论有待重新检视。例如以现有材料来看,经学周制宫室内容更符合描述春秋晚期开始的东周城市新变化阶段,而西周都城形态明确体现的是一个族邑、宗邑性质的高等级"无城"聚邑。实质上,我们今天关于西周都城宫室信息的认识,已经超过穷尽礼经与其他先秦文献所收获的周代都城宫室形象。我们能从"直接材料"②中获得更为多元细致的信息,这些信息也进而挑战经学研究范式。所以研究的关键不仅在于新研究问题如何设定,还将关系背后研究框架如何选择。

从重要性来说,西周都城研究是中国建筑史框架中最为基础和重要的专题史研究篇章。一方面如陈明达先生所言:"研究西周都城规划关系到追溯城市起源的问题,是建筑史中的一个大问题"[37],即代表着西周王朝作为"早期国家"政体的形成;另一方面周代都城体现的"周制"也是研究后世都城形态"复古"历史演变的基点,即礼仪及相关可能制度的形成。

上述两方面重要意义可以纳入在"早期中国"研究框架之内——早期国家的权力由"亲属关系"(kinship)和"物质关系"交织构成——结构主义人

---

① "一曰取地下之实物与纸上之异文相互释证,二曰取异族之故书与吾国之旧籍互相补正,三曰取外来之观念与固有之资料相互参证。"见陈寅恪《王国维先生遗书序》。"用边裔民族的资料阐述古代社会发展的实际情况,同样成为研究古代历史的重要途径。"见徐中舒《我的学习之路》。

② "史料在一种意义上大致可以分做两类:一、直接的史料;二、间接的史料。凡是未经中间人手修改或省略或转写的,是直接的史料;范式已经中间人手修改或省略或转写的,是间接的史料。《周书》是间接的材料,毛公鼎则是直接的;⋯⋯然而直接材料虽然不比间接材料全得多,却比间接材料正确得多。"见傅斯年《史学方法导论》。西周金文材料属研究西周时段历史的直接材料,传统经注属间接材料,且大多成书于春秋晚期战国早期时段。故研究西周历史时,无论以何种理由将"直接材料"反过来注解"间接材料",且忽视西周金文材料所见信息内容的复杂与多元性,这样的研究方式有违现代史学研究准则。

类学意义上的"亲属关系"包括血缘关系、姻亲关系、继嗣关系三种，即周人的昭穆制、宗法制和嫡长制，再由亲属关系可进一步形成更大的社会结构。它奠定了家户制度、氏族结构到社会结构的基础，因此反映在居住空间结构与形态之上；物质性权力关系体现为在上述亲属关系基础上一步步形成更为复杂的社会结构——早期国家政体。它带有功能性的一面，管理和规范着物质的生产、流动和分配，甚至更深远的意识形态等，因此反映在城邑体系之间的物质流动、城邑等级体系和城邑空间结构与形态之上。此外，早期国家"软实力"的一面则体现在礼仪和其背后的原始思维与意识形态之上，仪式与空间的关系则表现出思想性的一面。

因此西周都城研究，则要回答社会形态（西周宗族）和国家形态（西周政体）是如何与空间结构与形态联系在一起的，以及《何尊》铭中"宅兹中国"之语所表明"中国性"代表的"思想"在仪式与空间关系上如何表现，也进而兼蓄联系起经学研究传统中的两大核心问题——"周官"（西周政体）与"周制"（礼制思想）的形成及其空间形态论题。

将西周都邑研究放置在"早期中国"研究框架下，便可以为先秦城市史建立一个支点。不仅是打破经学、考古、金文和建筑史的学科藩篱和方法论隔阂，也可给郑玄以来持续数千年之久的经学"周制"论题寻觅出一个有效的答案，进而为研究中国古代"复古"都城史演变给予一个真正的"周制"基石。

5　结　语

上述对"信古"与"疑古"两类研究传统的追溯，是为了表明西周时段建筑史在研究任何问题时都将遇到不同研究范式所带来的差异——这些差异常常引出很多学术争论——其背后则是史学范式的不断演进。而理解史学范式的变迁，将有助于为所交锋的不同观点建立一片共同的土壤，便于发育探求新的研究机会，而"早期中国"则是一个最为适合包容上述不同研究传统与范式的研究框架，并将继续推动这项研究深入进行。

参考文献：

[1] 十三经注疏整理委员会. 论语注疏[M]. 北京：北京大学出版社, 2000.

[2] 十三经注疏整理委员会. 礼记正义[M]. 北京：北京大学出版社, 2000.

[3] 郭沫若. 中国古代社会研究[M]. 郭沫若全集 历史编：第一卷. 北京：人民出版社, 1982.

[4] (清)皮锡瑞. 经学历史[M]. 北京：中华书局, 1981.

[5] (清)戴震. 题惠定宇先生授经图[M]. 戴震全集：第5册. 北京：清华大学出版社, 1991: 2614-2616.

[6] 余英时. 自序[M]. 论戴震与章学诚：清代中期学术思想史研究. 北京：生活·读书·新知三联书店, 2000: 1-2.

[7] 梁启超. 清代学术概论[M]. 梁启超论清学史二种. 上海：复旦大学出版社, 1985: 1-90.

[8] 顾颉刚. 自序[M]. 古史辨：第1册. 上海：复旦大学出版社, 1983: 1-101.

[9] 王汎森. 一个学术观点的形成——从王国维的《殷周制度论》到傅斯年的《夷夏东西说》[M]. 中国近代思想与学术的系谱. 石家庄：河北教育出版社, 2001: 262-282.

[10] 郭沫若. 周官质疑[M]. 郭沫若全集 考古编：第5卷. 北京：人民出版社, 1954: 49-84.

[11] 钱穆. 周官制作时代考[M]. 两汉经学今古文平议. 北京：商务印书馆, 2001: 319-492.

[12] 顾颉刚. "周公制礼"的传说和《周官》一书的出现[M]. 顾颉刚集. 北京：中国社会科学出版社, 2001: 172-242.

[13] 徐复观.《周官》成立之时代及其思想性格[M]. 徐复观论经学史二种. 上海：上海书店出版社, 2005: 179-306.

[14] 李学勤. 从金文看《周礼》[J]. 寻根, 1996, (2): 4-5.

[15] 郭沫若. 考工记的年代与国别[M]. 考工记译注. 上海：上海古籍出版社, 1993: 141-143.

[16] 史念海.《周礼·考工记·匠人营国》的撰著渊源[J]. 传统文化与现代化, 1998, (3): 46-56.

[17] 王锷.《礼记》成书考[D]. 西安：西北师范大学, 2004.

[18] 罗泰. 宗子维城：从考古材料的角度看公元前1000至前250年的中国社会[M]. 上海：上海古籍出版社, 2017.

[19] 马承源. 上海博物馆藏战国楚竹书6[M]. 上海：上海古籍出版社, 2007.

[20] 顾颉刚. 致王伯祥：自述整理中国历史意见书[M]. 顾颉刚全集1. 北京：中华书局, 2010: 175-178.

[21] 顾颉刚. 我是怎样编写古史辨的[M]. 顾颉刚全集1. 北京：中华书局, 2010: 149-174.

[22] 胡适. 自述古史观书[M]//顾颉刚. 古史辨：第1册. 上海：复旦大学出版社, 1983: 22-23.

[23] 陈梦家. 美国所藏中国铜器集录[M]. 北京：金城出版

社,2016.

[24] 唐兰.用青铜器铭文来研究西周史——综论宝鸡市近年发现的一批青铜器的重要历史价值[M].唐兰全集4.上海:上海古籍出版社,2015:1809-1821.

[25] 王国维.最近二三十年中中国新发见之学问[M].王国维考古学文辑.南京:凤凰出版社,2008:87-91.

[26] 王国维.古史新证[M].王国维考古学文辑.南京:凤凰出版社,2008:23-30.

[27] 石璋如.传说中周都的实地考察[M].中研院历史语言研究所集刊论文类编.北京:中华书局,2009:295-326.

[28] 雷兴山,种建荣.周原遗址商周时期聚落新识[M]//湖北博物馆.大宗维翰:周原青铜器特展.北京:文物出版社,2014:18-26.

[29] 中国社会科学院考古研究所,等.丰镐考古八十年[M].北京:科学出版社,2016.

[30] 顾颉刚.自序[M]古史辨:第3册.上海:复旦大学出版社,1983.

[31] 张光直.对中国先秦史新结构的一个建议[M]//杜正胜,等.中国考古学与历史学之整合研究:上、下册.台北:中央研究院历史语言研究所出版品编辑委员会,1997:1-12.

[32] 卡罗林·布莱特尔,徐鲁亚.资料堆中的田野工作——历史人类学的方法与资料来源[J].广西民族研究,2001,(3):8-19.

[33] 徐中舒.我的学习之路[J].文史知识,1987,06:3-6.

[34] 杨宽.中国上古史导论[M].上海:上海人民出版社,2016.

[35] 陈寅恪.陈垣敦煌劫余录序[M].金明馆丛稿:二编.上海:上海古籍出版社,2001:266-268.

[36] 傅斯年.史学方法导论[M].南京:江苏文艺出版社,2010.

[37] 陈明达.周代城市规划杂记[J].建筑史论文集,2001(0):57-70.

张谷英村建筑"绿色"技术研究

Research on "Green" Technology of Zhang Guying Village's Architecture

汤乃凡[①]　柳　肃[②]

Tang Naifan　Liu Su

【摘要】现代社会不断发展,能源消耗日趋增加,建筑业的能源消耗非常巨大。在这样的社会背景与行业背景下,越来越多的人开始关注建筑节能,研究绿色建筑。本文作者在参与传统民居保护与修复的过程中,选择了张谷英村作为调研对象,发现古人的生态理念对传统民居的设计产生了很大的影响。当地所拥有的独特的地理环境与气候特点,使得古人在建筑过程中,使用了不同的建筑技术。作者通过一系列的现场调研和实测,结合现代绿色建筑中的低技术节能理念,得出了传统民居中也使用了低技生态技术的结论,并提出了改进意见。

【关键词】传统民居　低技节能　低技生态

从秀美的江南水乡到辽阔的大漠草原、从巍峨的高原山地到壮阔的平原盆地,我国各地的传统民居都具有其独特的生态观。古人的生态理念对传统民居的设计产生了很大的影响,传统民居经历了岁月的积淀,是在发展和实践中诞生的产物,其中蕴涵了大量的生态理论与经验,当地所拥有的独特的地理环境与气候特点,也为早期传统民居提供了改进的方向,使其千百年来形成了独特的生态设计思维与方法,值得我们研究与借鉴。现代研究中发现古人的建筑技术暗含了现在绿色建筑中的低技术节能理念,对其合理地运用与重现将对现代建筑设计产生影响。传统湖南民居就是其中很好的一个例子。湖南民居不仅仅包括传统意义上的汉族民居,由于其特殊的地理位置,也包括了一部分少数民族的民居,它们各有特色,但都符合中国传统的"天人合一"的"生态"理念,通过不同的建筑形式,解决了环境对住宅的影响,改善了居住者的生活条件。本文将从中选取一例,通过对张谷英村实际调研,分析其设计理念,将这些理念具体化、技术化,并提出一定的改进意见。

1　张谷英村简介

张谷英村,属湖南省岳阳市岳阳县张谷英镇,位于岳阳县以东的渭洞笔架山下。相传明代洪武年间,江西人张谷英西行至此,见这里群山环绕,形成一块盆地,自然环境优美,顿生在此定居的念头。张谷英是位风水先生,他经过细致勘测后,选择了这块地作为祖宅,便大兴土木,繁衍生息,张谷英村由此而得名。

张谷英村在山脚下呈半月形分布,以主屋为大门,背靠青山,门前的渭溪河成了天然的护庄河。大门门楣上有一幅太极图,有为全族人保平安、佑富贵之意。大门里的坪上有两口大塘,分列左右,它们寓意龙的两只眼睛,既用来防火,又壮观瞻。

屋宇墙檩相接,参差在溪流之上,形成"溪自阶下淌,门朝水中开"的格局。傍溪建有一条长廊,廊里用青石板铺路,沿途可以通达各家门户,连接着各个巷道。巷道两旁由青砖垒墙,高达10余米,墙高且厚,宜于防火,称为封火墙。大屋场里像这样的巷道一共有62条,它们纵横交错,四通八达,最长的巷道有153 m,所有的巷道加在一起,总长度达1 459 m。居民们在此起居可以"天晴不曝晒,雨雪不湿鞋"。檐内,浑圆的梁柱上刻有太极图,屋下镂雕的是精巧的小鹿。窗棂、间壁以及隔屏大多以雕花板相嵌,图案有喜鹊、梅花、猛兽之类,栩栩如生。总体布局依地形呈"丰字形"结构,主堂与横堂皆以

---

① 湖南大学建筑学院,硕士研究生在读。

② 湖南大学建筑学院,教授。

天井为中心组成单元,各个单元自成庭院,各个庭院贯为一体。其最大特点是排水设施完整,采光、通风、防火设施完备。

张谷英村所在的湖南岳阳处在东亚季风气候区,气候带上具有中亚热带向北亚热带过渡性质,属湿润的大陆性季风气候。其主要特征:温暖湿润,四季分明,季节性强;热量丰富,严寒期短、无霜期长,春温多变,盛夏酷热;雨水充沛,雨季明显,降水集中。年平均降水量为 1 289.8 ~ 1 556.2 mm,呈春夏多、秋冬少,东部多、西部少的格局,春夏雨量占全年的 70% ~73%,降雨年际分布不均,最多达 2 336.5 mm,降雨少的年份只有 750.9 mm。年平均气温在 16.5 ~ 17.2 ℃,极端最高气温为 39.3 ~ 40.8 ℃,极端最低气温为 -18.1 ~ -11.4 ℃。年日照时数为 1 590.2 ~ 1 722.3 小时,呈北部比南部多、西部比东部多的格局。年无霜期 256 ~ 285 天。

张谷英村民居在总体布局上通过遵循风水理论充分利用周围山水获得了较好的气候环境,在建筑设计中同样也有很多适应当地气候的生态策略,如利用天井、冷巷、水体、遮阳等措施调节室内环境。由于地处夏热冬冷地区,可充分利用自然通风。有研究表明,在适当的自然通风条件下,人体所能接受的温度上限会有所提高。这意味着,充分利用自然通风被动制冷可以有效达到节能目的。采用天井是一种组织自然通风的措施,冷巷也可创造局部狭窄低温的空间。天井和冷巷都可有效组织风压和热压通风。

2 张谷英村生态建筑技术

2.1 低技生态技术

低技术、高技术、适宜技术同属于生态建筑的三个不同的技术层面。在绿色建筑技术的实际运用和研究中,存在"高技术派"与"低技术派"两种不同的技术观点。其中"高技术派"(并非是建筑史中以诺曼福斯特和伦佐皮亚诺为代表的"高技派")观点在当今建筑设计中异常活跃,因其技术先进,资金支撑庞大,常常作为大型建筑及新兴建筑的标志性特点。支持这一观点的设计师希望通过高新科学技术的引入,达到建筑节能的目的。本文所要讨论的则是与之相反的"低技术派"技术的观点及其运用。

"低技"是指低能耗、低污染、低成本、低运作的

建筑,与自然协调,不喧哗、不张扬。"低技生态技术"是指通过自然条件引导环境控制的建筑环境,能够不借助机械设备,不消耗其他能源,通过结合建筑的空间组合形态,顺应自然力,实现建筑的采光通风及隔热保温效果。该技术造价低,节能效率高,能够有效地降低建筑能耗,提高室内舒适度。这是在低碳节能新形势下发展起来的一种传统技术。低技能生态设计的一些主要原则有:①遵循自然环境的特点,建筑与自然产生对话,情景交融;②降低能源消耗,就地取材使其风格自成一派;③结合社会生态历史的地域设计主义,将建筑融入历史,融入地域及人文之中。因此,传统民居就是"低技生态建筑"的集中体现。

2.2 民居中主要涉及的低技技术

2.2.1 建筑天井热压通风

天井有两种明显的气候控制特点:温室效应和烟囱效应。为了维持天井良好的物理环境,应针对不同季节采用不同的气候控制方式。冬季:白天应充分利用温室效应,并使得天井顶部处于严密封闭状态,夜晚利用遮阳装置防止热量散失。夏季:应采取遮阳措施,避免过多辐射热进入天井,同时应利用烟囱效应引导热压通风,使室外空气从天井底部进入,从天井顶部排出。同时注意,要避免室外新风通过功能房间进入天井,否则将导致该功能房间因新风量增大冷负荷大幅度增加。过渡季:当室外温度较低时(如低于 25 ℃时),则应充分利用天井的烟囱效应拔风,带动各个功能房间自然通风,及时带走聚集在功能房间内和天井中的热量。

之前虽然也有研究表明天井的热压通风不存在,但是我们在研究过程中发现,只要天井的面积与高度具有一定比例关系,其热压通风条件就是具备的,但是因为没有做进一步的研究,所以这里无法给出具体比例关系。

2.2.2 冷巷技术

冷巷在许多民居中都可以见到,它是因建筑排列组合而形成的一个比较窄的巷道,或者是在建筑的一侧留出的一条小廊道。具体地说,冷巷有两种:一种是室内连接各房间的通道,此巷道长期不受阳光直射,空气流通又畅顺,生活余热最少,而成为"室内冷巷"。另一种是外墙与周围墙之间或相邻两屋之间狭窄的露天通道,也被称为"青云巷",此巷高、宽比大,受太阳直射的面积小、时间短,使得内部空气温度较低而成为"露天冷巷"。冷巷是

截面面积较小的风道,其风速会增大,风压会降低,与冷巷接通的各房间中较热的空气就会被带出冷巷,较冷空气就会进入补充,达到通风效果。

3　岳阳张谷英村建筑实例

本次研究对象是村内的"当大门"主轴线和"王家塅"主轴线。张谷英村所处地区,背山面水,气候温和湿润,年平均温度为17.1 ℃,常年主导季风为东北风。村庄北靠山岗,受山谷风影响较多,白天南坡受热,空气上升产生南风,夜晚冷空气顺坡下沉产生北风。

为了更准确地测得生态技术对于传统民居的居住环境的影响,本次实地检测分为冬、夏两季,分别检测,夏季时段为2017年8月,冬季时段为2017年12月,每次检测时长为一周,希望加大样本容量,通过数据分析,得到平均数据,将极端情况数据影响降到最低。

3.1　王家塅主轴线

第一次测试是在2017年夏季8月,选取合适的位置进行了实测(选取点见图1,具体数据见表1—表3),并对上述夏季实测数据进行初步的分析发现:每天温度波动最大的区域是天井,温度波动最小的区域是两侧的厢房,波动中等的区域为各过厅;白天温度最低的区域是巷道,温度最高的区域是天井,夜晚温度最低的区域是天井,最高的区域是两侧厢房。

第二次测试则是在2017年12月,依然是在同样的位置进行了实测(选取点见图1),得到了新的实测数据(实测数据见表4—表6),并对上述冬季实测数据进行初步的分析发现:每天温度波动最大的区域是天井,温度波动最小的区域是两侧的厢房,波动中等的区域为各过厅;白天温度最低的区域是巷道,最高温度的区域是天井,夜晚温度最低的区域是天井,最高的区域是两侧厢房。

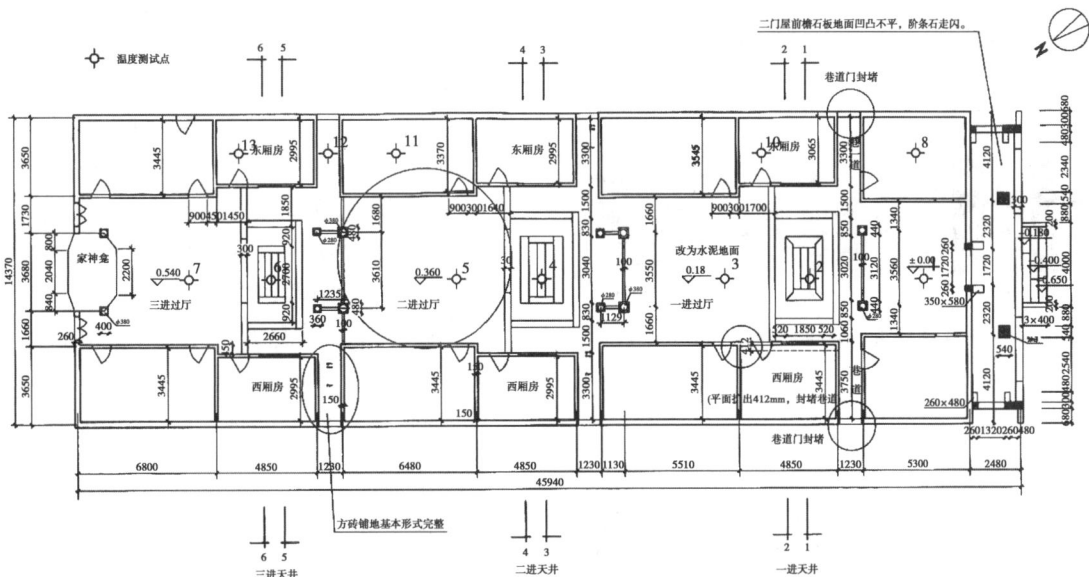

图1　王家塅中轴线建筑温度测试点图

(图片来源:自绘)

表1　王家塅中轴线夏季早晨6:00实测数据

(单位:℃)

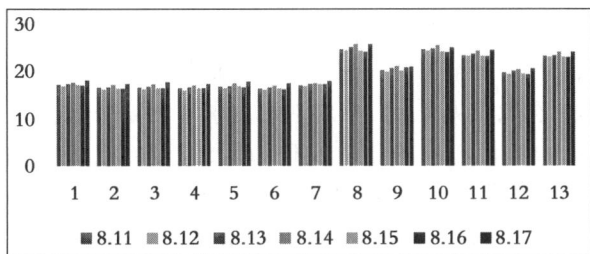

表2　王家塅中轴线夏季下午14:00实测数据

(单位:℃)

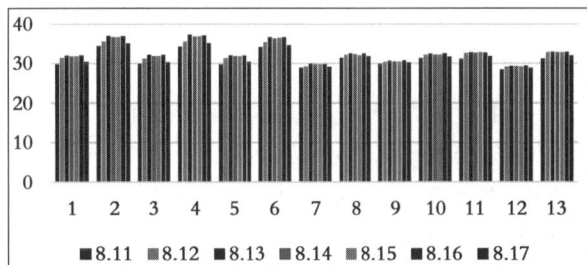

表3 王家塥中轴线夏季夜晚 20：00 实测数据

（单位：℃）

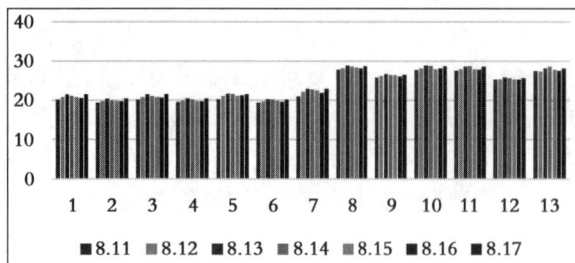

■8.11 ■8.12 ■8.13 ■8.14 ■8.15 ■8.16 ■8.17

表4 王家塥中轴线冬季早晨 6：00 实测数据

（单位：℃）

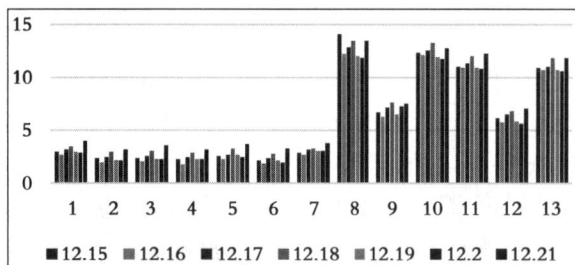

■12.15 ■12.16 ■12.17 ■12.18 ■12.19 ■12.2 ■12.21

表5 王家塥中轴线冬季下午 14：00 实测数据

（单位：℃）

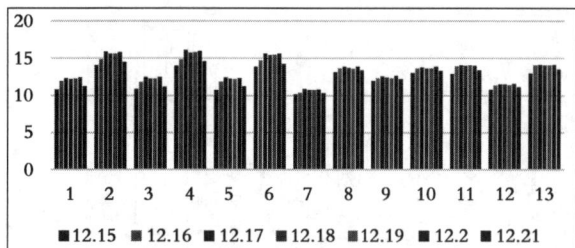

■12.15 ■12.16 ■12.17 ■12.18 ■12.19 ■12.2 ■12.21

表6 王家塥中轴线冬季晚上 20：00 实测数据

（单位：℃）

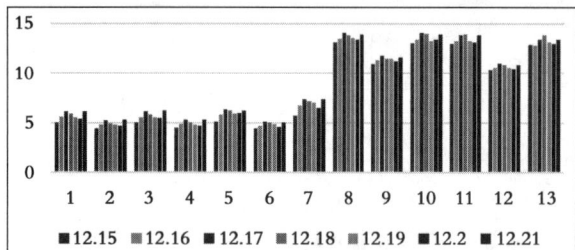

■12.15 ■12.16 ■12.17 ■12.18 ■12.19 ■12.2 ■12.21

在对所有数据进行集中分析，又发现了如下现象：

①第一进天井与第二进天井在各个时段的各项数据都基本一致，第三进天井在各个时段的温度都要低于第一、第二进天井，它的温度波动幅度也要略小于前两进天井。

②第一进院落的东、西向巷道其温度要高于第三进院落的东西向巷道。

③第一进院落巷道两侧的厢房温度要高于第三进院落巷道两侧的厢房，同时其温度的波动幅度要小于第三进的厢房。

④同一进院落中，靠近天井的厢房其温度要略低于远离天井的厢房。

⑤第二进院落的过厅其温度波动幅度大于其他两进过厅。

在结合建筑结构与建筑材料的调研分析之后，初步总结了之前现象产生的原因：

①经过实地测量，前两进天井的面积约为 13.58 m²，第三进天井的面积约为 12.50 m²，比前两进的天井面积小了约 8%。所以对于第三进天井，无论是在太阳暴晒下的集热效率还是在夜晚散热的效率都要比前两进低。

②第一进巷道两侧的厢房经过改造，进行了扩建，并因此将两侧的巷道口一侧封闭，导致其空气的流动性要略低于其他的巷道，冷热空气的对流交换效率也低于其他巷道，但由于其上有屋顶的覆盖，依然形成了局部的冷巷。

③冷巷的冷热空气交换效率决定了其散热效果。白天冷巷两侧的厚砖墙也具有吸收热量的作用，夜间的厚砖墙则通过热辐射将热量持续散出。由于第一进巷道的热交换效率较低，所以导致其无论白天与夜晚，温度都相对较高，在夏季会感觉更热，冬季则会感觉相对暖和。

④由于天井的存在，在院落中形成了烟囱效应，热空气通过天井向上拔升，天井附近的空气流动性更高，散热效率也就更高，所以靠近天井的厢房温度相对较低。

⑤第二进过厅当年经过修缮，其地面由原有的三合土地面替换成了混凝土地面。混凝土的吸热能力低于三合土，所以第二进过厅白天的温度高于其余过厅；夜间三合土地面放出的热量要多于混凝土地面，所以夜间第二进过厅的温度低于其他两进。因此，第二进过厅温度的波动幅度也更大。

3.2 当大门轴线实测

当大门的测试与王家塥的测试在同一时期，夏季为 2017 年 8 月。在选取了合适的位置进行了实测（选取点见图 2），并对上述夏季实测数据（表 7—表 9）进行初步的分析发现：每天温度波动最大的区域是天井，温度波动最小的区域是各过厅；白天温度最低的区域是巷道，温度最高的区域是天井，夜晚温度最低的区域是天井，最高的区域是两侧巷道。

表7 当大门夏季早晨6：00实测数据 （单位：℃）

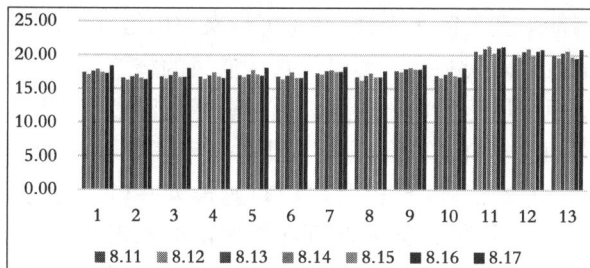

■8.11 ■8.12 ■8.13 ■8.14 ■8.15 ■8.16 ■8.17

表8 当大门夏季下午14：00实测数据 （单位：℃）

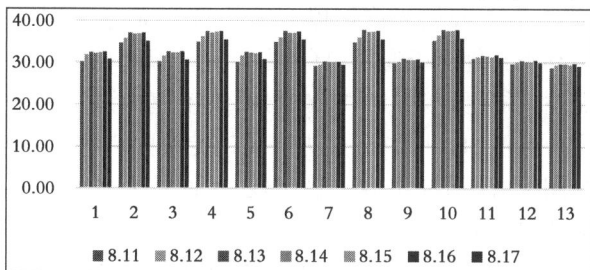

■8.11 ■8.12 ■8.13 ■8.14 ■8.15 ■8.16 ■8.17

表9 当大门夏季晚上20：00实测数据 （单位：℃）

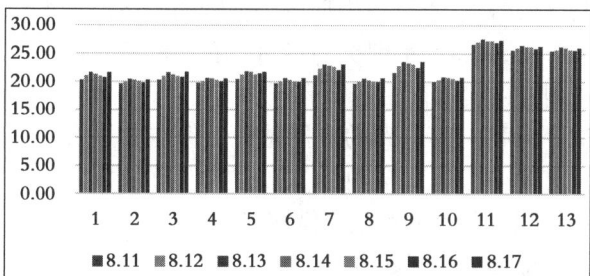

■8.11 ■8.12 ■8.13 ■8.14 ■8.15 ■8.16 ■8.17

温度最高的区域是天井,夜晚温度最低的区域是天井,最高的区域是巷道。

在对所有数据进行集中分析,又发现了如下现象:

①各进天井的面积越大,其白天温度越高,夜晚温度越低,气温波动幅度越大。

表10 当大门冬季早晨6：00实测数据 （单位：℃）

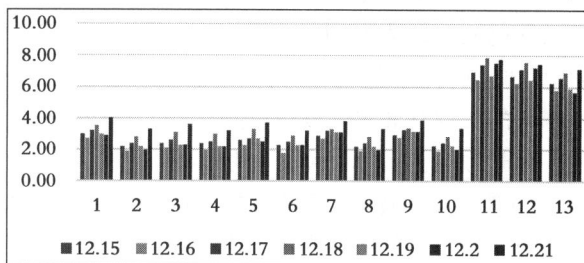

■12.15 ■12.16 ■12.17 ■12.18 ■12.19 ■12.2 ■12.21

表11 当大门冬季下午14：00实测数据 （单位：℃）

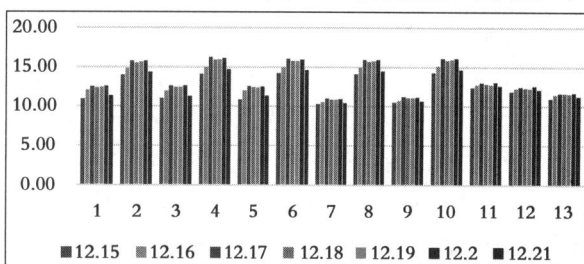

■12.15 ■12.16 ■12.17 ■12.18 ■12.19 ■12.2 ■12.21

表12 当大门冬季晚上20：00实测数据 （单位：℃）

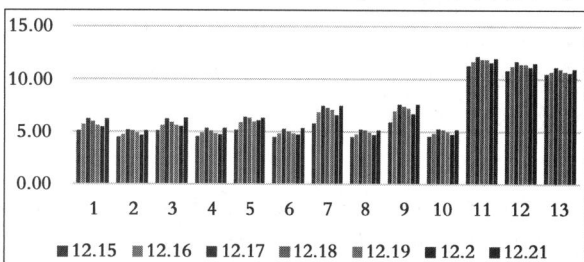

■12.15 ■12.16 ■12.17 ■12.18 ■12.19 ■12.2 ■12.21

第二次测试则是在2017年12月,依然是在同样的位置进行了实测(选取点见图2),并对上述冬季实测数据(表10—表12)进行初步的分析之后,发现:每天温度波动最大的区域是天井,温度波动最小的区域是过厅;白天温度最低的区域是巷道,

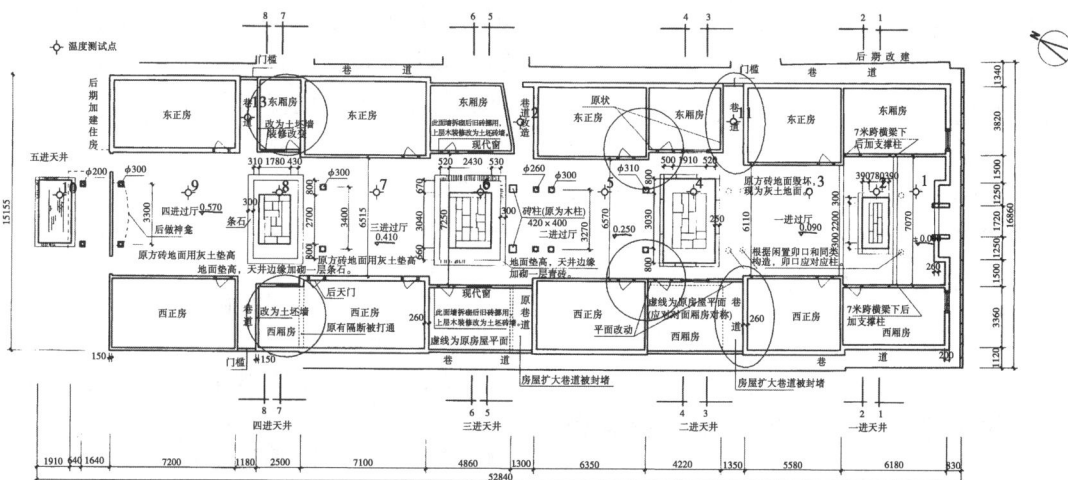

图2 王家塄中轴线建筑温度测试点图(图片来源:自绘)

②第一进院落的东西向巷道的温度要高于第二进院落东西向巷道的,第二进院落东西向巷道的温度要高于第三进院落东西向巷道的。

在结合建筑结构与建筑材料的调研分析之后,初步总结了之前现象产生的原因:

①经过实地测量,第一进天井的面积约为 4.37 m²,第二进天井的面积约为 13.65 m²,第三进天井的面积约为 12.12 m²,第四进天井的面积约为 10.32 m²,第五进天井的面积约为 8.74 m²。面积越大的天井无论是在太阳暴晒下的集热效率还是在夜晚散热的效率都要比面积小的天井高。

②第二进以及第三进天井西侧的厢房经过改造进行了扩建,将西侧的巷道口封闭,导致其空气的流动性要略低于第四进巷道的,冷热空气的对流交换效率也低于其他巷道,但由于其上有屋顶的覆盖,依然形成了局部的冷巷。

③冷巷的冷、热空气交换效率决定了其散热效果。白天冷巷两侧的厚砖墙也具有吸收热量的作用,夜间的厚砖墙则通过热辐射将热量持续散出。由于第一进巷道的热交换效率较低,导致其无论白天与夜晚,温度都相对较高,在夏季会感觉更热,冬季则会感觉相对暖和。

④第三进天井处的巷道由于厢房改造,两侧的墙体形成了一个夹角,空气流动过程中,遇巷道变窄,空气流动加速,所以第三进天井处巷道的温度要低于第二进天井处巷道的。

3.3 小结

通过对张谷英村的实地调研,验证了天井与巷道对于调节环境温度的作用,发现:在湖南地区,传统天井和巷道的作用在夏季尤其明显,传统民居夏季防热效果较好,建筑内部整体主观感受较阴凉,环境较为舒适。但是在冬季,表现出来的是对人体舒适度的反作用。在冬季,建筑内部密封性和保温性能都欠佳,寒冷天气对内部环境影响较大。为了更好地调节冬季的室内环境温度,以达到舒适的程度,在冬季应该采取一定的方式,减少空气的流动,以储存热量,提高室内温度,最终提高舒适度,例如,在巷道口增加门扇,夜间关闭,以减少空气对流。

4 传统民居中常见生态设计的改进意见和总结

湖南民居建筑外维护墙体上少窗,天井在一定程度上需要满足这种建筑的采光需求,使厅堂、厢房能采到天窗之光,同时还可带来户内微气候环境的改善。天井是一种组织自然通风的措施,它可有效组织风压和热压通风。通过分析实测数据,及查阅相关资料,发现可以将对天井的利用变被动为主动。在炎热夏季,白天用白布遮盖天井口,从而抑制通风的进行,同时起到建筑内部的遮阳效果;夜晚,把白布去掉,促进室内通风带走室内热量。或者利用透明瓦把天井封闭起来,在冬季抵御寒冷天气。所以,我们或许可以改天井为天窗,变被动为主动来合理组织通风:夏季白天室外温度高于室内温度,关闭天窗从而抑制通风,晚上室内温度高于室外温度,打开天窗,促进通风带走室内热量;冬季封闭天井,增加室内热稳定性,从而带来室内热环境的改善。

总的来说,湖南传统民居蕴涵了大量的生态理论与经验,并结合了当地所拥有的独特的地理环境与气候特点,千百年来形成了独特的生态设计思维与方法,值得我们研究与借鉴。我们的祖先们通过材料和结构的简单组合和运用,就已经能很好地解决今天我们所遇到的节能难题。但在我国古代是没有建筑学这一学科的,建筑是工匠的事情,工匠们在建造时更多的是凭借前辈的经验传承,解决居民可能遇到的问题,例如:防止雨水打进家中,就把屋檐向外多延伸一点;为了快速排雨,就建造了天井,方便汇集雨水排出,等等。在那个年代并没有节能环保这样的概念,但是他们的建筑成果在解决自身问题的同时也确实给我们提供了解决当今社会新问题的办法,是巧合,也是必然。我们要做的就是继续去研究传统建筑,更多地发现古人智慧的成果,并利用现在学到的知识,对这些成果进行分析、总结、改良,并付诸于实际项目,让传统的生态理念更多地造福现在的人。

参考文献:

[1] 汪之力. 中国传统民居建筑[M]. 山东科技出版社,1994.

[2] 单德启. 从传统民居到地区建筑[M]. 中国建材工业出版社,2004.

[3] 吴良镛. 人居环境科学导论[M]. 北京:中国建筑工业出版社,2001.

[4] 李晓峰,谭刚毅. 两湖民居[M]. 中国建筑工业出版社,2009.

[5] 孙大章. 中国民居研究[M]. 北京:中国建筑工业出版

社,2004.

[6] 荆其敏,张丽安.世界传统居民—生态家屋[M].中国建筑工业出版社,1996.

[7] 大卫·劳埃德·琼斯著,王茹,等,译:建筑与环境——生态气候学建筑设计[M].北京:中国建筑工业出版社、中国轻工业出版社,2005.

[8] 沈福煦,刘杰.中国古代建筑环境生态观[M].武汉:湖北教育出版社,2002.

[9] 陆元鼎.中国传统民居与文化[M].中国建筑工业出版社,1991.

[10] 李莉萍,樊建南.传统民居及其环境的持续发展和遵循生态原则的经验探索与生态家园模式思考[J].建筑,2002,01:P83-86.

[11] 陈晓扬,仲德崑.地方性建筑与适宜技术[M],北京:中国建筑工业出版社.

[12] 刘敦桢.中国古代建筑史[M].北京:中国建筑工业出版社,2005.

[13] 陆元鼎,魏彦钧.广东民居[M].北京:中国建筑工业出版社,1990.

[14] 彭一刚.传统村镇聚落景观分析[M].北京:中国建筑工业出版社,1992.

[15] 李晓峰.乡土建筑——跨学科研究理论与方法[M].北京:中国建筑工业出版社,2005.

[16] 西安建筑科技大学绿色建筑研究中心.绿色建筑[M].北京:中国计划出版社,1999.

从传统绘画中茅屋形象初探中国古代建筑史上的茅屋建筑

A Probe into the Thatched Buildings in the History of Ancient Chinese Architecture from the Image of Thatched Buildings in Chinese Traditional Paintings

李 晓①

Li Xiao

【摘要】茅屋建筑是中国古代常见的民居形式,因为其简单的结构和低廉的建造成本,在相当长历史时期内一直是中国乡村重要的建筑形态。明清以前的民居遗存已经不可复见,本文通过对中国宋元时期传统绘画中的茅屋形象的整理与分析,对古代的茅屋建筑的结构形式、建造过程和屋面茅草的加固措施做了初步的探讨。茅屋建筑作为一种传统建筑文化,在当代建造环境和建筑语境下,仍然有其存在的现实意义。

【关键词】茅屋建筑 结构形式 建造 茅屋加固 宋元绘画

中国建筑发展史上,古人从穴居到地面房屋再到台居的过程,代表了中国古人在与自然的抗争中通过实践逐步发展营造技术和营造理念的过程。墨子《辞过》篇:"古之民,未知为宫室时,就陵阜而居,穴而处,下润湿伤民,故圣王作为宫室。为宫室之法,曰室高足以辟润湿,边足以圉风寒,上。[1]"文中的"室高""边""上"正对应中国传统建筑的"台基、墙身和屋顶"之三段式。传统建筑的屋顶不仅"足以待雪霜雨露",并且以其斗栱飞檐发展出了独具中国特色的"第五立面"。屋顶的形式也经历了漫长的发展历程,不仅举折形制逐渐丰富复杂,以覆盖材料而言,也从最初简单的茅棚、草屋发展到全面覆瓦。

历史上茅草、稻秸等禾本植物一直是重要的屋面建筑材料,茅屋在很长历史时期内是广大农村和城市贫民阶层的主要民居形式。即使到20世纪80年代,在山东、河南乡间仍有众多民居以麦秸覆顶,这在少雨的黄河流域是很常见的。茅屋建筑虽然已经退出历史舞台,但作为历史上长期存在的民居形式,对构成建筑的地域性和传统营造文化具有重要意义。然而历史上的茅屋建筑,特别是明清时期以前的茅屋建筑已经没有遗存可考。但从中国传统绘画中探究传统民居的构造形式,可以对这一建筑史内容做初步探索。

中国元代以后绘画追求"超越再现",基本失去了对现实世界的"再现"意义。但在唐宋时期,绘画,特别是界画的写实性很高,仍可以从绘画中的建筑形象展开对中国古建筑的研究。傅熹年先生即曾以王希孟《千里江山图》分析总结北宋时期民居院落的组合形式[2]。《千里江山图》尺度宏大,对建筑形象的描画极简,从中难以对建筑具体构造进行详细探究。但在其他宋元时期绘画中,可以发现大量茅屋建筑,从而可以对茅屋建筑从结构形式到屋面加固措施做初步的探讨②。

1 茅屋建筑的结构形式

宋元画作中的茅屋建筑,较常见的是民居、酒肆和凉亭等形式。

---

① 作者单位:同济大学建筑与城市规划学院,高工。

② 利用绘画研究建筑形象是颇有争议的做法,原因在于无法判断绘画中的建筑形象是对现实的写照还是对个人想象的投射。即使专门描绘建筑的"界画",从宋代到明清,也发生了巨大的变化——建筑的真实性逐渐降低。再考虑画作的真伪,那么对由画作研究建筑史的审慎态度更加可以理解。谢柏柯曾对建筑与"界画"的关系提出一系列疑问(上海博物馆. 千年丹青[M]. 北京:北京大学出版社,2010:139.),至今学界难以有深入的研究。但至少在宋元时期,绘画中存在大量的建筑细部,因其整体画作的写实性,可以谨慎作为研究建筑史的素材。由于文人画注重超越再现的表达,中国传统绘画的写实性在元代以后大幅削弱了,这使得利用元代以后绘画研究中国建筑的细部基本成为不可能。

民居多面阔一间,悬山顶,偶见歇山顶,木构架多系抬梁,墙体似是土坯墙或竹编抹灰墙体。以高克明(传)《溪山雪意图》为例(图1),画面中部偏左一山庄,由五栋房屋组成,其中右侧一栋为二层建筑系一开间悬山茅草顶,画中给出了清晰的山面:前后檐柱之间是五架梁,上托二柱承三架梁,之上再加一脊柱承托脊檩,是典型抬梁结构。

图1 北宋(传)高克明《溪山雪意图》(局部)
绢本设色,41.6 cm×241.3 cm,美国大都会博物馆

茅屋建筑多分布在乡间农村,而经济繁华的城市则可以使用更昂贵的屋瓦。张择端《清明上河图》中,近郊仍可见茅屋点点,及至市井,所有建筑尽皆覆瓦,可证乡村与城市经济实力差别。画卷右侧一食肆(图2),其营业级别极可能尚低于"脚店"。食肆临街部分系一茅屋,面阔两间,推测同样是抬梁结构。山面三架梁上脊柱处透空,应作排烟通风用途。同样的食肆在宋元绘画中是常见图像,有可能已经成为固定图式。

图2 北宋 张择端《清明上河图》(局部)
绢本设色,25.2 cm×528.7 cm,北京故宫博物院

凉亭也是茅屋建筑最常见的类型,盖因凉亭用途,多为远郊送别或园林野趣,就近取材以亲近自然,其用材自然以茅草为佳。上海博物馆藏《闸口盘车图》中,左右两侧各有一凉亭(图3)立于木质平台之上,平台以木柱架在水面上,有短栈道与前方高台相连。凉亭四柱,周匝施以木围栏,上部为茅草覆盖四角攒尖顶。亭后芦苇,旁植柳树,环境极佳。左侧草亭中有官员一人(应是监督盘车工作的官员),书记/主簿一人,侍从三人。

图3 北宋 佚名《闸口盘车图》(局部)
绢本设色,53.9 cm×119.2 cm,上海博物馆

作为民居、仓廪和乡间食肆等的茅屋,因其使用者的社会地位和经济水平均相对较低,结构形式通常极为简单,可能随地域不同有极大变化,没有固定规程。其屋面多为两坡顶,坡度较大以便雨水沿茅草滑落,茅草出檐远,甚至形成茅棚,都是为了保护墙身不被雨水侵蚀。墙身有土坯墙和木骨泥墙等形式,多数也是因陋就简,不见装饰。从图2可以看出,木柱直接落地,未见柱础石,这与茅屋建筑不求长存的营造逻辑是一致的。但即使那些出现在士大夫园林和文人山野栖居地的茅屋,为取亲近自然之意,也多数就近取材,结构简易,梁柱不加雕琢,不施丹朱。

2 茅屋建筑的营造方式

由于古代文人阶层对匠人技艺的漠视,中国传统的营造技术相对诗歌绘画等艺术形式,存世文献记载很少,成系统的仅《营造法式》区区几种而已。茅屋建筑等级不高,相对于官式建筑,其营造工艺受到重视程度更低,鲜有文字流传。在《营造法式》中对茅屋也没有专项论及,仅于"瓦作"条下有用茅草的工艺:"凡瓦下铺衬柴栈为上,版栈次之。如用竹笆苇箔,若殿阁七间以上,用竹笆一重,苇箔五重;五间以下,用竹笆一重,苇箔四重;厅堂等五间以上,用竹笆一重,苇箔三重;如三间以下至廊屋,并用竹笆一重,苇箔二重。散屋用苇箔三重或两重。其柴栈之上,先以胶泥遍泥,次以纯石灰施瓦。[3]"其中,"柴栈、版栈"应为屋面瓦之下的望板,如不用此二类,则以竹笆苇箔代之。可见《法式》依据建筑等级的不同,对施用竹笆苇箔的重数也做了规定。而普通的茅草屋,似乎可以按照上文中的散屋理解,即仅用苇箔三重或两重,并且取消了最后一道覆瓦工序。

虽然文献缺乏,但茅屋建筑毕竟结构简单,可以合理猜测营建方式千百年来没有发生大的变化。当今农民搭茅草棚,也无非是立柱架梁,铺设檩条后,以茅草编成的草排逐一绑扎在檩条上,进而覆盖整个屋面。如海南农村搭建茅屋,建筑场景与古代绘画中的形象极为一致(图4)。

图4 海南农村搭建茅屋场景(图片来源:网络)

考察宋元绘画,很幸运地发现类似的营造场景。至少有三幅宋元绘画描绘了茅屋的搭建或准备工作。

第一幅为现藏美国大都会博物馆《豳风图》①。这幅《豳风图》包首上题画签"李公麟豳风图",或系伪托。"豳风"语出《诗经》十五国风,一般认为反映了周文王先祖公刘迁豳地(现陕西旬邑、彬县一带)之后,当地的农人生活景象。(图5)画卷中一农人担茅草走向画面中心院落。该院落以右侧苇编篱笆半围合而成,中间茅屋内,主人左足着草履,赤右足箕坐于地,手编草绳,神情专注。茅屋左侧另有一在建茅屋,或为地势原因,仅露出屋面。从山面判断,其应也是抬梁结构,脊柱清晰可见。正脊下先密排椽子,再横向加了至少三道檩条。正

脊处和屋檐部分的茅草已经铺设,一人跪在屋面上,正以草绳绑扎檩条。

图5 南宋 佚名《豳风图》(局部)
绢本设色,29.2 cm×1 398.9 cm,美国大都会博物馆

对类似搭建场景描绘更为细致的,是大都会博物馆藏元人《耕稼图》。自南宋楼璹②以《耕织图》进呈宋高宗获赏,后世此类题材遂成滥觞,既有对楼璹《耕织图》的摹本,也有相同题材的自行创作。《耕稼图》卷首题"元大司农司所藏江南旧本耕稼图卷",全卷自右向左分九个场景,其中第三个正是茅屋搭建情景。画面左侧是人字型草棚,人字支撑木杆和水平檩条用绳索绑扎形成稳定结构。一农人跨坐在檩条上,正接过下方农人用长杆递上来的成束稻秸③,而地面另散布六束。左侧木梯旁一人手持稻秸,左手上指似在指指点点。画面右侧,另一人在一策杖老者引导下担稻秸而来。(图6)从画面分析,稻秸的绑扎是从檐口自下而上逐层绑扎在檩条上,以至于屋脊。如是场景,与图4的茅草房建造现场,几乎如出一辙。

图6 元 佚名《耕稼图》(局部)
绢本设色,26.2 cm×506.4 cm,美国大都会博物馆

由以上两图可以明显看到茅屋材料易得、结构简单、营造便捷,几乎不需特殊加工工具和技艺,二三名农人即可完成建造活动。因此茅屋成为最常见、流传即久而无过多形变的民居建筑形式。

---

① 世传宋元时期《豳风图》卷至少三本,其一为文中所述,其二为北京故宫博物院藏传南宋马和之《豳风图》卷,绢本设色,25.7 cm×55.7 cm,另一本为美国弗里尔美术馆藏《豳风七月图》卷,绢本设色,28.8 cm×436.2 cm。

② 楼璹(1090—1162),字寿玉,鄞县人,南宋绍兴年间累官至朝议大夫。见《宋人传记资料索引》3726 页。

③ 从该画作前面诸场景分析,用于搭建茅棚的材料,是收割的稻谷经连枷碎打后剩余的稻秸。

3　茅屋建筑的加固

杜甫诗《茅屋为秋风所破歌》中写道"八月秋高风怒号，卷我屋上三重茅。"诗人讲述了秋风大作，屋顶茅草为秋风卷走，致使屋漏难以栖身的窘境。确实，茅草逐层绑扎在檩条上，如遇风吹，极易掀起，反复几次就会导致绑扎处松解，偶遇大风，屋面茅草为秋风吹走的悲剧即不可避免。古人在实践中采用各种方式对屋面进行加固，从宋元绘画所见，至少有三种。

3.1　重物覆压

传为李成的画作《晴峦萧寺图》，历来被认为是传承李成画派的标尺之作[①]。画作中部一堂堂大山，背后另有高峰耸峙。中景处是一寺塔，山脚下是显贵的楼阁和平民的房屋。放大山脚下的旅店，可见茅屋数间，这是旅人歇脚打尖场所，多数为一开间，有檐柱撑起歇山形式的茅草屋顶。建筑组合中右上侧一茅屋建筑，顶部有三段枝杈状物体覆压在正脊上，从图样分析可能是树根或树干。右侧山墙正对画面的建筑，顶部也有两段类似的物体。这很可能是为了避免山风吹走茅草，故以弯弓状的树根或树干，跨房屋正脊覆压在房顶上，成为一种加固措施。（图7）

图7　北宋 李成(传)《晴峦萧寺图》(局部)
绢本淡设色，56 cm×111.4 cm，美国纳尔逊阿特金斯艺术博物馆

同样的加固思路还可以从传为南宋朱锐[②]的《盘车图》上看到（图8）。图中描绘了羁旅途中一旅店的形象。前景蜿蜒山道而上，两侧山石用斧劈皴表现嶙峋，树枝多做蟹爪。远景处山脚下是一座旅店，悬山顶，上覆茅草，以草绳或铁链拴了树根（或者是石块，但从安全性考虑，石块的可能不大）沿椽子方向跨屋脊覆压在顶部，应当也是为压住茅草以防山风吹散。有趣的是与此图构图相似的另一幅图中，此处的覆压改为了覆瓦（后文论及）。画中这样的构造很大程度上应是对实际状况的描绘，而不是画家的刻意想象。事实上，中国传统绘画在元代文人画兴盛之前，写实一直是画作重要的特点。

图8　南宋(传) 朱锐《盘车图》(局部)
绢本淡设色，104.2 cm×51.4 cm，美国波士顿美术馆

这种覆压加固的方式，也有可能成为一种图像传统，至少在南宋绘画中，仍可不时看到，但似乎已经缺失了对细节的把握。如图9所示，茅屋的正脊处有三条带状物，除了几根简单的线条，画师没有交待更多的细部，此覆压物的材料、尺度均无从分析。画作描绘的是雪景，细节被大雪覆盖，也可猜测画师仅在前人画作中看到这一加固形式，做了简化处理，使得真实的工程做法在绘画中抽象为图像的传统。

3.2　屋面局部覆瓦

覆瓦是常见的屋面处理方式，由于经济（不能承担全部覆瓦的费用）、气候（干旱少雨地区或季节，不必全部覆瓦以抵抗雨水）、房屋功能（临时性

---

① 宋代米芾即有"无李论"，认为传为李成的画作多数是伪作，世间已无真正的李成画作流传，但公认《晴峦萧寺图》可以作为了解李成绘画特点的接近真迹的作品。

② 画家朱锐生卒年不详，传说他擅画山水人物，犹攻骡纲、盘车，师承"李郭"画派。画作上有跋对朱锐做了简单介绍："河北朱锐，北宋末为画院侍诏。南渡初以原职授迪功郎。其画山水人物备极精能。此盘车图轴流传既久，古光盎然，意态雄浑，布置尽极造化之妙，即唐人亦当退避三舍矣。"

图9 南宋 佚名《雪窗读书图》(局部)
绢本设色,49.2 cm×31 cm,中国历史博物馆

建筑)等原因,仅在正脊及四条斜脊处覆瓦以固定茅草,是绘画中常见的茅屋面加固措施。

前文述及张择端版《清明上河图》中的歇山茅屋食肆(图2),临街而建的茅屋顶部,沿正脊和四条斜脊均有固定措施,从图面判断应是先用"胶泥"覆盖五条屋脊,然后覆瓦固定。此客栈后部也有一座茅屋,从露出的局部看,在屋面正中,似乎沿椽子方向也做了一条固定带。从《清明上河图》京畿内建筑屋面尽皆覆瓦判断,当时屋瓦烧制必然已经颇具规模,因此近郊茅屋屋顶茅草的加固,自然可以就近取材,使用瓦片,不必再以树根、石块覆压。

另一张无款的南宋《盘车图》上,也能发现这种仅沿屋脊覆瓦的加固措施(图10)。这张《盘车图》与前述(传)朱锐的《盘车图》关联度极强——或者出自同一粉本,或者彼此有临摹关系。从画幅范围和表达技法看,如出自同一粉本,无款的《盘车图》比朱锐《盘车图》更接近原作,如果彼此有临摹关系,则很可能是无款的《盘车图》在前,图中茅屋的形式却有明显区别。

旅店左侧的茅屋,两幅《盘车图》都给出了相同的细节——一棵树从屋檐预留的孔洞穿过,向天空伸展出繁盛的枝杈。而这栋房屋和其后部的房屋,屋面瓦仅覆盖了屋脊,另有零散的瓦片分布在屋面上,有的成一排沿椽子方向布置,有的则是不连续分布。这样的布置几乎可以肯定与防水关系不大,而可能是对屋面茅草的加固措施。其右侧的建筑屋面全部覆瓦,推断这栋房屋可能更加重要。

无论两幅图彼此关系如何,不同的画家对这一细节的不同处理方式耐人寻味,究竟哪种方式是真实的存在,哪种又是画家离奇的想象?在此只能推

图10 南宋 佚名《盘车图》(局部)
绢本设色,109 cm×49.5 cm,北京故宫博物院

测,画家根据自己的生活经验,依据自己认为正确的方式呈现了如今的图景。

覆瓦有时成为一种装饰手段。上海博物馆的《闸口盘车图》中,画面角部的茅草亭子(图3),屋面铺以茅草,除沿四条屋脊以瓦片覆压外,还在斜脊之间的屋面上以长短相间的方式铺了一排排的瓦片,犹如珠帘下垂,很具有装饰的意味。

另一个例子是燕文贵的《秋山萧寺图》,画卷中山势如涛,几株老松掩映一农庄。正中茅屋面阔三间,抬梁悬山顶,屋面正中铺设数排瓦片,对称整齐,兼具实用功能与装饰效果。(图11)

图11 北宋 燕文贵(传)《秋山萧寺图》(局部)
秋山萧寺图,32.7 cm×321.3 cm,美国大都会博物馆

3.3 绑扎加固

茅草是柔性材料,利用材料本身的特性,也能有简易的加固措施——绑扎。这种加固方式可见于南宋马和之《豳风图卷》。画卷"七月"部分左侧有一三开间悬山茅屋,当心间开敞,两侧尽间下部

为夯土墙,上部有直棂窗。屋面铺以茅草,可见沿正脊和斜脊有绑扎措施,以固定茅草。敞厅内有9人正在欢宴,房屋前广场上有一人正伴着音乐起舞。(图12)

图12 南宋 马和之《豳风图》(局部)
绢本设色,25.7 cm×55.7 cm,北京故宫博物院

在传南宋刘松年《碧山仙境图》中也可见到同样的处理方式。画卷左侧有一农家庭院,由正房和厢房组成,庭院周以苇编竹骨院墙,一女子倚门相望,院前一农人荷锄而归,童子绕膝欢笑。从正房显露的正脊和厢房的正脊与斜脊上,可见明显的绑扎方式。(图13)

图13 南宋 刘松年《碧山仙境图》(局部)
绢本设色,36.5 cm×337.8 cm,美国大都会博物馆

相对于前两种加固措施,绑扎作为加固手法效果似乎难以直观判断。从两幅图中可以观察到,除正脊,四条斜脊也有清晰的绑扎做法,而在重物覆压和覆瓦的建筑中,斜脊从未做绑扎处理。可以推测,通过对五条屋脊的绑扎处理,或能有效解决屋面茅草的固定。

4 图像传承与工艺传承

带有这种绑扎措施的茅屋,在传统绘画的演变中可能作为茅屋的固定图像被流传摹写而成为一种图像传统,以至在大量元明清画作中,均可观察

到带有类似绑扎细节的茅屋形象。如在王蒙《春山读书图》中,茅屋草堂隐于画幅左下脚,相对于中景的堂堂大山,暗含士大夫"隐逸"的出世追求。(图14)茅屋形象虽然只有一半,但与马和之《豳风图》卷中的茅屋形象做比较,几乎完全相同。

图14 元 王蒙《春山读书图》(局部)
纸本,墨笔,55.5 cm×132.4 cm,上海博物馆

又如明唐寅画作《溪山渔隐图》,此图属于唐寅晚期山水画作,描绘了文人出世优雅闲适的隐居生活。画面中有水泊、古树、怪石、敞厅、扁舟和友人,正是陶渊明诗"谈笑有鸿儒,往来无白丁"的写照。画卷尾端是一水轩,以木桩承载平台,平台周以栏杆,围绕一歇山草轩。此轩四面敞开,贴柱仅留方格"屏障",内有帷幔,显然是春夏时节。一位文士正凭栏俯视江水,若有所思。(图15)从形制分析,此临水轩厅,规格齐整,梁柱宛然,上覆草顶非常牵强,似乎是画家为了强调文人的隐居而刻意为之,必然不是实景写照,其沿四条屋脊对茅草的绑扎式固定措施,自然是沿用古画传统。

图15 明 唐寅《溪山渔隐图》(局部)
绢本设色,29.7 cm×637.1 cm,台北故宫博物院

由于元代以后文人画的写意特征,这种图像传统的传承非常普遍。事实上,既然中国画家着力追求的"既非写实主义,亦非单单理想的形式[4]",那么他们在创作时,极少受到西方画家要征服现实外

观这一限制,可以自由地选取现实与想象中的元素,而无须顾虑其合理性。如倪瓒毫不关心他笔下的竹子像与不像真实世界的竹子,因此他笔下的草亭仅以几笔勾勒轮廓也变得顺理成章。进一步,从书画同源的角度看,绘画与书法一样,也可能会强调"无一笔无来历"。赵孟頫在《秀石疏林图》上自题七言总结了作画的书法用笔"石如飞白木如籀,画竹还与八分通。若也有人能会此,方知书画本来同"。或者说从经典名作中总结提炼的经典形象,必然会成为图像传统,被后世的画家作为"组件"纳入自己的画作中。

与书画的图像传承逻辑相同,茅屋建筑的营造工艺也在完整保存的同时得到转化和再现。毕竟茅屋建筑已经不再可能是现代民居的形式,但其代表的民间营造传统和文人附会其上的野趣,仍然可以在当代的建筑实践中不时得到展现。如建筑师陈浩如①在浙江临安乡间主持的营造实践——猪舍,也是对上述在地营造过程的转译。

5 结 语

茅屋建筑的生命力来源于两个方面,作为实用功能建筑的低成本和低建造技术,以及作为文人"田园野趣"追求的物质载体。其简单的结构和营造方式,决定了即使在上千年的跨度上,仍然可以在当今发现与宋元绘画中几乎一致的建造场景。当然,技术毕竟在进步,曾经存在于现实中的重物覆压、覆瓦、绑扎三种对茅草的加固方式中,除绑扎逐渐成为固定的图像传统,不断浮现于后世的大量画作。其余重物覆压和覆瓦两种做法,已经仅存在于往昔画家的笔端和泛黄的绢本纸面。如今继续研究茅屋建筑这一传统建筑形式,重点已经不在于功能、结构和形制的解读,而在于其作为传统建筑文化的"组件"之一,仍然能够在当代的建造环境和建筑语境下找到存在的意义。

参考文献:

[1]《文白对照》诸子文粹编写组编译诸子文粹(中):文白对照[M].哈尔滨:北方文艺出版社,1994:1423.

[2] 傅熹年.傅熹年书画鉴定集[M].郑州:河南美术出版社,1999.

[3] 梁思成.营造法式注释[M].北京:三联书店,2013:294.

[4] 方闻.超越再现——8世纪至14世纪的中国绘画[M].杭州:浙江大学出版社,2011.

---

① 相关图片见"太阳公社"网站。

浙江三门天台等地清代宗祠建筑彩绘调研[*]

Investigation on the painting of the ancestral buildings in the Qing Dynasty in the Sanmen and Tiantai of Zhejiang

朱穗敏①

Zhu Suimin

【摘要】作者通过调研发现,浙江三门天台等地清代传统宗祠建筑彩绘在早中期和晚期呈现出不同特征。早中期室内装饰多以黑色平涂为主,红色使用较少,局部构件有图案,图案以如意纹、卷草纹为主;晚期色彩转为以红色为主,一类仍仅有平涂,一类则在梁枋类构件上做彩绘且图案以人物、故事为主。

【关键词】浙江　宗祠建筑　彩绘

台州位于浙江中部沿海地区,现有台州、临海、温岭三市和玉环、天台、仙居、三门四县,其中,三门县是民国二十九年(1940年)七月从宁波宁海和台州临海两县新析出的县。通过《浙江省不可移动文物保护和利用情况调研——以浙江宗祠(全国重点文物单位和省级文物保护单位)为例》和《温台丽地区宗祠建筑研究》两个课题的调研发现,台州三门、天台的宗祠建筑具有其独特性,与西边的金华,北边的宁波、绍兴,南边的温州地区的建筑都存在着较大的差别。该区域建筑多为两进,寝堂明间多为抬梁结构,结构据陈慧珉对三门90处建筑统计②,五架梁为抬梁结构的有76处,梭柱明显,使用普拍枋,前后金檩和穿枋间多采用一斗六升、木枋、花栱构造。三门、天台毗邻县市中,台州临海、宁波宁海少数建筑,以及磐安、新昌、台州市区等地个别建筑也与具有上述特征。

本文以上述建筑为对象,通过对清代早、中期和晚期两个时代若干典型建筑描述来阐述该区域宗祠建筑彩绘的不同特征及形成原因。

1 清代早中期彩绘

从"第三次全国文物普查"(后简称"三普")相关资料和现场调研来看,清代早、中期宗祠建筑彩绘保存完好的几乎没有,或因后期构件更换、或因彩绘脱落,建筑大都局部重新做过彩绘。从类型学分析来看,目前尚未确认明代宗祠建筑,在清代早期、中期其彩绘形制基本沿袭不变且与清晚期存在较大差异。

清早、中期彩绘有两种:一种是仅作黑红彩绘而构件无图案,如三门的娄坑俞氏宗祠、岭里陈氏宗祠、南亭倪氏宗祠以及天台水南村的六房宗祠的寝堂;此外临海庙西金氏宗祠的戏台,门厅普遍保存较差;三门樟树下郑氏宗祠仅局部还保存原有彩绘色彩。另一种是作黑红彩绘且构件有图案,如天台水南许氏十房大宗祠等,在整体色彩上,以黑色为主,红色为辅,少量建筑也在局部使用极少青色和白色。这种以黑色为主的室内装饰清中期之前在浙江是较为常见的。温州永嘉地区也是如此,但其与台州地区设色规律存在一定差异,同时期浙江金华、宁波和绍兴地区宗祠建筑中色彩丰富且细腻的锦纹彩绘则尚未在此地发现。

1.1 三门娄坑俞氏家庙

三门娄坑俞氏家庙(图1)为冯苏(1628—1692年)康熙丙寅年(1686年)所撰《大宗祠记》:"……至明季灾于兵燹,已有年矣。其嗣孙等思祖德之宏

---

* 本文部分成果依托于2016年度厅级文化科研项目《温台丽地区宗祠建筑研究》(项目号:zw2016069)。

① 浙江省文物考古研究所副研究馆员。

② 陈慧珉.浙江台州地区总祠建筑调研——以三门总祠建筑为例[R]//朱穗敏等.温台丽地区宗祠建筑研究.2017:78-79.

深,爰聚众议,庀材鸠工,毅然而重新之"。① 由此可知,该祠堂主体建筑当在 1686 年之前建成。三门岭里陈氏宗祠(图 2),根据三普资料,"其始建年代待考,据陈氏宗谱记载清光绪十八年(1872 年)重修,1965 年曾进行维修"②,从正厅的木构形制来看,推断其始建年代与娄坑俞氏宗祠为同一时期。南亭倪氏宗祠位于三门县沙柳镇南亭村中部,始建于清嘉庆十五年(1810 年)。这三座建筑的木构和彩绘基本保存了清早中期的做法,后期有个别构件更换,但设色规律基本一致。下文以俞氏家庙为主,参照其余两座建筑,对这一黑、红设色规律进行了复原(图 3、图 4)。

图 1　三门娄坑俞氏家庙寝堂梁架现状图
(图片来源:自摄)

图 2　三门岭里陈氏宗祠寝堂梁架
(图片来源:三普资料)

俞氏家庙为两进,门厅带戏台,寝堂三开间,明间四柱七檩。寝堂建筑木构和彩绘保存尚好。木柱均为黑色,上金檩及明间下金檩为黑色,檩两端有替木的部分下皮为红色;次间下金檩、明次间檐檩为三面黑色,下皮红色。檐柱与金柱间的拱形单

步梁三面黑色,下皮红色,梁端红色;明间、边缝的同形制单步梁设色与此相同,边缝其余穿枋为黑色。普拍枋三面黑色,下皮红色,阑额黑色。整个建筑中斗栱类构件按类型设色,栱类、替木类红色,斗为黑色。俞氏家庙五架梁色彩不确定,两根五架梁,一根暗红色为后期绘制,另一根刚替换未刷色,从整体的设色规律来看,黑色的可能性更大。

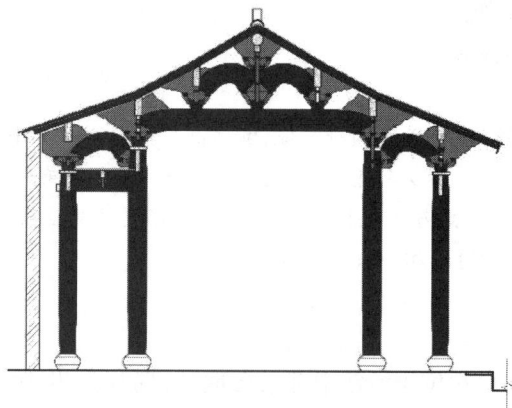

图 3　三门娄坑俞氏家庙寝堂明间梁架复原图
(图片来源:自绘,建筑底图来自于三普资料)

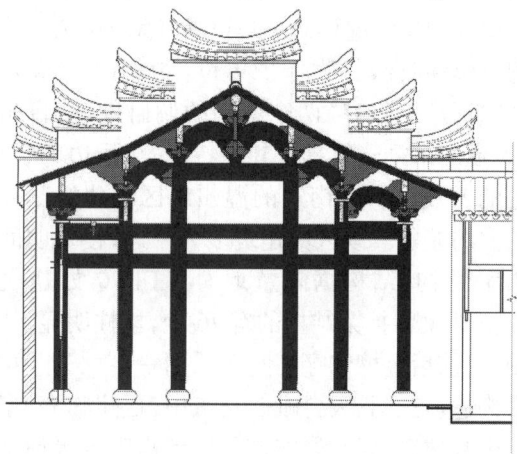

图 4　三门娄坑俞氏家庙寝堂边缝梁架复原图
(图片来源:自绘,建筑底图来自于三普资料)

1.2　临海庙西金氏宗祠

临海庙西金氏宗祠右厢房脊檩墨书"大清嘉庆肆年岁次己未拾月吉旦",嘉庆四年即 1799 年,门厅、戏台也符合这个时期建筑特征,寝堂为民国二十九年(1940 年)重建。门厅和寝堂彩绘近期改动较大,大部分刷饰成红色。

早、中期宗祠建筑中戏台较少,因而该建筑历

---

① (清)冯苏.大宗祠记(卷之五):娄坑俞氏家谱.民国辛酉年(1921 年).
② 俞海华,等.第三次全国文物普查不可移动文物登记表——岭里陈氏宗祠.内部资料,2008.

史价值较高。戏台(图5、图6)的设色规律与上述三门建筑总体上相似,但细节上有差异:戏台梁、檩条等构件均为黑色,三门宗祠此类构件的下皮则多为红色;三门建筑梁头为红色,而临海戏台梁头仍为黑色,但雕刻内凹处为红色。建筑大梁底面为黑色,其余三面色彩无存,从其设色规律来看,大梁为黑色可能性更大。斗栱类构件同三门建筑,即栱类、替木类为红色,大、小斗为黑色。戏台的柱子近期刷为红色,原本应为黑色。

图5 临海庙西金氏宗祠戏台梁架仰视
(图片来源:自摄)

图6 临海庙西金氏宗祠戏台梁架局部
(图片来源:自摄)

1.3 天台水南许氏十房大宗祠

据《天台水南许氏三房许氏宗谱》(1995乙亥年重修)卷一《义里许氏水南三房宗祠记》记载:乾隆四十八年癸卯(1783年)重建公祠于上水南北面,为十房之大宗祠。建筑两进,一进门厅,二进寝堂,两旁厢房,寝堂两侧各有一小偏厅。寝堂面阔五开间,进深方向五柱九檩,明间两中柱高约六米,上为五架梁、三架梁,次间五架梁下设斗栱、穿枋。该建筑为台州目前所见宗祠建筑单体规模最大的一处。

建筑室内装饰同三门、临海地区,以黑、红彩绘为主(图7),局部构件有图案,但仍设黑、红色。彩

绘构件有寝堂脊檩、檐部梁架,因年久失修和后期涂改,局部图案可以辨识;其余的梁架以黑色为主,局部设红色。檩条除金檩外均为黑色;三架梁和五架梁、穿枋等均为黑色;金檩下的花栱、三架梁梁头、檩下花替、梁架雀替以及普拍枋局部为红色。外檐柱与内柱间的梁架有彩绘。双步梁(上设普拍枋),上为斗栱,左、右各一单步梁。双步梁黑色,梁头有浅花纹雕刻,内为红色。双步梁以上柱头设锦文图案。檐部檩条、穿枋均设彩绘,多为方心彩绘,藻头内设1~2道箍头。单步梁两端有卷草纹,中间绘制扇形画框,黑、红两色平涂。

图7 天台水南许氏十房大宗祠寝堂梁架
(图片来源:自摄)

门厅三柱四檩,三开间分心造,但内、外结构不对称,屋面后期修缮,梁架部分有彩绘,保存较差。室内中柱与檐柱间梁架为穿枋(上有普拍枋)、斗栱(一斗三升,上设花栱)以及扇面梁,上为轩顶;中柱和檐柱间穿枋有方心彩绘,两边藻头和中间方心各占1/3。方心内绘制梅、兰、竹、菊等传统纹样,方心有简单方框纹样,也有方框端头设置草龙;藻头则分成两部分,用红色条带隔开,条带内绘制连续方形的黑色条带,类似于官式苏式彩画中的连珠带,只是此处非连珠,而是以小短条相连。靠近梁头的箍头(图8)绘制有六边形(龟纹)、四边形(如意结)等直线图案,靠近方心则绘制卷草纹、如意纹等曲线图案。穿枋图案边框为黑、白两重线条,红、黑两色间隔使用。穿枋上斗栱有黑色、白色缘边,上面花栱为红色。扇面梁构图形式与穿枋一致。

檐口部分左、右次间依次为檐檩(下设随檩枋)、斗栱(一斗六升)、额枋(上有普拍枋),明间部分仅设檐檩。额枋有方心彩画,藻头和方心也是各占1/3。藻头用三条连带分开,箍头内分别

图8 天台水南许氏十房大宗祠门厅穿枋局部
（图片来源：自摄）

绘制龟形纹（海棠纹）、卷草纹、如意纹图案，中间方心较为简单。檐檩则有类似于官式彩画中的海墁彩画，左、右设藻头，约占总长度的1/8，海墁纹样为草龙，左、右各一行龙（龙尾配莲花、如意），中间两条草龙成团。这部分彩画色彩保存较好，可以看出是红色为底，主要图案草龙纹为黑色，其余箍头内图案则黑、红相间。随檩枋、斗栱均为黑色。

三门高枧乡吴岙村吴氏宗祠是较为特殊的一处，该建筑在清嘉庆五年（1800年）重建，历经十余年而成。其特殊之处在于该建筑有三进，这在三门地区是唯一一例（其余均为二进建筑）。第三进寝堂屋顶天花图案面积较大，设色典雅，图案精致，有龙纹、云纹、花卉等。明间的彩绘整体是参照皇帝朝服的图案来设计的，边框为八宝立水，中间的主要图案为二条行龙戏珠，行龙周围散布着祥云；两次间绘制凤凰和花卉瓜果图案。

2 清代晚期到民国

清晚期到民国，寝堂彩绘在清早、中期的两种形制上继续发展，并有了新的变化，第一种，以黑、红彩绘为主的，晚期建筑中红色逐渐增多，到近、现代，有的甚至全部刷成红色；第二种彩绘，由早期的黑色为主，到晚期色彩更丰富，彩绘构件和图案题材增多。但整体而言，建筑彩绘在台州三门、天台等地区并不十分普遍，很多建筑到晚期已不做任何彩绘。

2.1 天台水南许氏三房宗祠

《天台水南许氏三房许氏宗谱》（1995乙亥年重修）卷一《义里许氏水南三房宗祠记》记载：三房宗祠在上水南西面，坐西朝东，建於光绪四年戊寅（1878年）。寝堂三开间，明间四柱。普拍枋以上均为红色，即五架梁、三架梁均刷为红色（图9），廊部单步梁也为红色。普拍枋上的斗栱和枋类构件也为红色，檩条（檐檩绘制彩绘）及檩条下斗栱、雀

替同样为红色；柱子和普拍枋下的穿枋仍保持黑色。普拍枋的色彩处理较为特殊，在正面向下皮过渡的部分设线脚且刷成红色。门厅和两厢建筑的门、窗板均为红色，早期的门、窗保存较少，从局部残留来看，早期门、窗黑色居多。而红色明显增多是清晚期的一个显著变化。

在图案方面，许氏十房宗祠早期彩绘使用草龙，但许氏三房宗祠的龙纹较之则更加形象生动。

图9 天台水南许氏三房宗祠寝堂梁架
（图片来源：自摄）

2.2 磐安茶潭施氏宗祠

磐安茶潭施氏宗祠位于与台州毗邻的金华。从木构推断，其为清中、晚期建筑，建筑彩绘则更偏清晚期。这座建筑现整体做法（如抬梁结构），以及局部做法（如额枋上设置普拍枋等）都属于天台地区做法，只是五架梁比天台地区要小。

该建筑为三开间，明间四柱七檩，边缝六柱，后墙与后内柱间放置祖先牌位，前檐柱和前金柱间为轩廊。建筑三根金檩、明间的檐檩绘制彩绘，轩廊间檩条为红色，其余檩条均为黑色。明间脊檩、檐檩两端设藻头，中间为二龙戏珠图案，箍头图案或黑或红，龙纹以黑、红两色为主。

明间四金柱为红色，柱头绘制锦文彩绘。两金柱上为五架梁（图10），整体为黑色，中间为一包袱彩画，约占整根梁的1/5，较为局促，包袱以红色为底，上绘黑色图案。五架梁梁头及其雀替为红色，梁两端也绘制了红色的花纹，三架梁、脊檩下的山雾云均为红色。梁架上的斗栱，其中大斗、正心瓜栱为黑色（白色缘道），正心万栱为花栱形式，红色。外檐柱和金柱间设穿枋（上有普拍枋），上设斗栱左右各一单步梁。穿枋藻头如意纹，中间方心，单步梁中间设不规则画框，外黑内红；内金柱与内柱间与此相似（图11）。

图10　磐安茶潭施氏宗祠寝堂梁架

（图片来源：自摄）

图11　磐安茶潭施氏宗祠寝堂梁架局部

（图片来源：自摄）

边缝六柱，即两金柱间增加两柱。前檐柱与前金柱间做法同明间。两金柱间穿枋构图同明间穿枋，但是在色彩设置上，同进深上、下两根穿枋采用相反设色的方式，即：上一根穿枋的箍头为黑色，则其余部分为红色；下一根穿枋图案相仿，但箍头则为红色，其余部分为黑色。内金柱与内檐柱间的穿枋为黑色，与明间不同。各处单步梁图案、设色相同。后金柱间三根穿枋、前檐柱次间两根额枋彩绘类似，锦文为地，如意纹为藻头，中间设两方心，方心内绘制人物故事。

外檐柱上设六铺作斗栱，每跳斗栱上设通长木枋，最上一木枋上再叠一斗三升承托挑檐檩。斗栱黑色（白色缘道），木枋红色。两中柱间与其下穿枋间为普拍枋、一斗三升、木枋、花栱，除前中柱间木枋为黑色外，其余设色均同外檐斗栱。

施氏宗祠在设色规律上与水南许氏三房不同，但是其在色彩、色调的变化以及图案的变化上则是与之一致的。

2.3　三门路上周周氏宗祠

三门路上周周氏宗祠建于清同治三年（1864年）。在戏台左边额枋朝内的一面写有"道光""大清咸丰岁次壬戌"以及"同治丁囗年"等字样。与天台水南许氏三房宗祠、磐安茶潭施氏宗祠相比，三门路上周周氏宗祠的戏台彩绘虽然艺术价值并不突出，但从地方建筑的特色来说，仍具有一定的历史价值。

建筑以红色为地，门厅三开间分心造，彩绘褪色严重，且多次重绘，从色彩的使用种类和用色规律来看与戏台接近。戏台彩绘基本保持了清晚期的做法，局部近期有补绘。戏台大梁为锦文包袱彩绘，额枋绘制白色画框，其内再绘制人物故事画。（图12）

图12　三门路上周周氏宗祠戏台梁架

（图片来源：自摄）

寝堂整体红色彩绘为底，与天台、磐安的两宗祠对比，红色比重更大，青色的使用也较多。红、青两色增多，这除了在台州地区，在浙江丽水缙云地区也是如此。梁枋多为方心彩绘，中间画框1~3个不等。在图案方面，龙纹使用增多，如明间五架梁、边缝的双步梁，梁左、右箍头用龙头；梁枋画框内人物山水故事画图案增多。（图13）

图13　三门路上周周氏宗祠寝堂梁架

（图片来源：自摄）

3 小结及原因分析

在传统建筑中,彩绘的形式和色彩都有严格的等级限制,根据《大清律》卷十二《礼律·仪制》"服舍违式"所附条例:"庶民所居堂舍,不过三间五架,不用斗栱彩色雕饰。"[4]将建筑与律例要求对比,建筑对制度的违越是显而易见的:如木构方面要求不过"五架,不用斗栱",但台州地区的建筑大部分都是七檩且使用斗栱;如律例要求"不用彩色",实际上红色也有使用。但是总体而言,早期以黑色为主的宗祠装饰与清代律例的要求是基本一致的,从现存建筑状况来看,这些违越律例的建筑形制做法在当时已然是默许的。

另外,对比两个时期台州三门天台等地典型宗祠建筑的彩绘,发现有以下三个变化:

一是色彩、色调的变化:其一,从清早、中期黑色为主、红色点缀到清晚期红色为主、黑色为辅;清早、中期即使在部分檩条、穿枋上绘制图案,但图案仍使用黑、红两色平涂,至晚期红色比重增大,到近现代有些建筑已全部刷成红色。其二,到清晚期,除了红黑两色外,青色、白色等颜色用量也明显增加。

二是设色规律的变化:早中期建筑的梁枋、柱子等主要构件均为黑色,局部使用红色,如三门娄坑俞氏家庙在梁底使用红色,临海庙西金氏宗祠戏台在梁头的雕刻内凹处使用红色。到晚期,或梁架全部用红色,或以红色为底其上再绘制彩绘。早期建筑的彩绘仅用于局部,晚期则几乎用于整个建筑。

三是图案变化:清早期建筑多使用如意纹、锦文、草龙等图案,清晚期则使用人物故事。值得一提的是,早、中期的方心彩绘与苏州地区、北方地区官式建筑方心彩绘有相似之处,但也具有自己独特的艺术价值和地方特色。

从现场调研来看,门厅和戏台保存不佳,但是寝堂建筑的设色规律还是比较明显。结合门厅和戏台残存构件的色彩和纹样来看,基本可以认为一座建筑的各个部分之间具有统一的设色规律。椽子的色彩是调研中不能确定之处,目前仅发现一例建筑部分方椽底面为红色、两侧为黑色,由于古建筑的经常性维修中,椽子是更换最多的地方。现存的清早、中期建筑中椽子均为红色,这与本文认为的清早、中期建筑以黑色为主的色调存在矛盾之处,且与礼制规定不符。

整体而言,天台宗祠建筑室内两个时期的装饰风格,由黑色向红色、彩色转变,意味着祠堂的整体氛围由祭祖敬宗要求的肃穆沉静转向世俗热闹,宗祠的庄严性在逐步消解。事实上,除了室内色彩外,建筑的雕刻艺术等也都有变化,建筑装饰风格的变化与清代社会的变迁是一致的,"清朝前期(指顺、康、雍及乾隆初期),清政府利用礼法,从许多方面控制社会生活,使社会生活多循礼法。从乾隆中期(个别地区稍前)开始,社会生活逐渐冲击传统礼法,尔后越演越烈,"又"清朝中期……因为政府支柱尚未完全被腐蚀,礼法体系还不能发生质的变化"[5],如康熙年间建的俞氏家庙虽有红色但尚未在构件处绘制图案,但在乾隆晚期的十房宗祠的门厅、寝堂脊檩等多处则绘制图案,且两者在整体上仍以黑色为主要色调;到清晚期,色彩和图案的逾越确是越演越烈。

参考文献:

[1] 陈慧珉.浙江台州地区总祠建筑调研——以三门总祠建筑为例[R].朱穗敏,等.温台丽地区宗祠建筑研究,2017:78-79.

[2] 清·冯苏.大宗祠记.娄坑俞氏家谱:卷之五,民国辛酉年(1921年).

[3] 俞海华,等.第三次全国文物普查不可移动文物登记表——岭里陈氏宗祠.内部资料未出版,2008:3.

[4] 陈戍国.中国礼制史·元明清卷[M].长沙:湖南教育出版社,2002:717.

[5] 张仁善.礼·法·社会:清代法律转型与社会变迁[M].天津:天津古籍出版社,2001:156,194.

晋东南五代、宋、金"寺"与"庙"建筑空间初探[*]

The Research of Architectural Space of the Five Dynasties、the Song Dynasty and the Jin Dynasty "Si" "Miao" in Jindongnan District

杨童舒[①]

Yang Tongshu

【摘要】寺庙是依托于建筑实体与思想情感而成的综合空间。本文以晋东南五代、宋、金建筑为主体研究对象,依次从环境选址、院落群体以及殿堂单体对佛教寺院和道教宫观的建筑空间进行了分析。由于"寺""庙"信仰本质的不同,其选址对自然条件和人文因素各有侧重,形成寺庙的外部环境空间;中轴线以及左、右建筑的设置与组合受佛教、民间信仰的不同义理主导,分别呈现向心开敞和后置封闭两种总体布局形态;由建筑构件本身围合而成的单体空间,在内部空间处理具有特性的同时表现了这一时期晋东南的典型建筑形制。"寺""庙"特性统一于区域共性之中,以建筑与环境、建筑与建筑、建筑与人的联系为途径,将空间形制与思想内涵融合并表达。

【关键词】佛教寺院　民间宫庙　环境　院落　单体

1　前言概述——"寺""庙"之空间层次

　　晋东南地区包括长治、晋城二市,山西境内近七成的元以前早期木构建筑保留在这一区域[②]。本文的研究范围以晋东南两市为主,同时涉及晋南运城、临汾二市(图1)。其中包含的建筑案例年代跨度广,以宋、金时代为主体,同时上及唐、五代,下至元、明、清。寺庙建筑依据信仰类型的不同,可分为佛教寺院和道教系统的民间信仰宫庙,即"寺"与"庙"两大类[③]。道教系统的民间宫庙不同于单纯的道教宫观,其通常以道教的某一信仰因素为主体,或在主祀之神受到了官方封敕,被赋予其宗教正统性的同时,掺杂了很多其他信仰的成分,不具有排他性,但有很强的功利性和实用性,其本质上应是带有道教因素的民间宫庙,是晋东南典型的一类寺庙建筑。

　　对"寺""庙"空间的认知,大致可概括为一个由虚及实,再由实及虚的过程。空间的存在有很强的主观性。在利用边界对其进行区域界定的基础上,空间周围或内部存在的各种物质实体使空间得

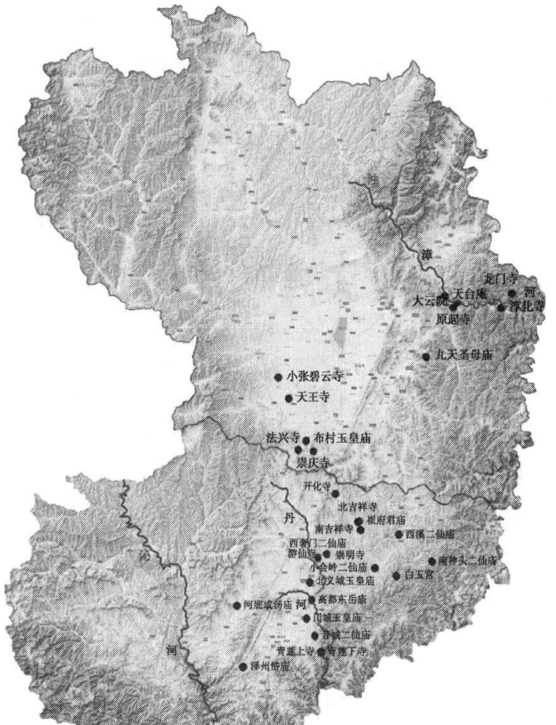

图1　调查点分布图
(图片来源:自绘,底图来自谷歌地形图)

---

*　兰州大学历史文化学院"至公"研究生科研训练项目(项目号:18LSZGB014)。

①　兰州大学考古学与博物馆学研究所硕士研究生。

②　据杨子荣《论山西元代以前木构建筑的保护》一文统计。

③　以下文中简称民间宫庙。

到了划分与显现。由这些实体形成的空间布置不仅是单纯的物质形式，更是文化传统、习俗经验和思想信仰等精神的物化内容。"寺""庙"建筑空间，经历了由环境到群体，再到单体的层层嵌套。环境形势这一大型空间是寺庙建筑存在所依托的基础；院落群体将建筑单体进行组合排列方式，体现了院落中型空间的精神内涵；早期建筑单体形制结构的处理是殿堂空间形成的依据和展现。同时，反向看建筑单体和院落群体又从属于环境形势，形成完整的环境艺术效果。本文实地踏查晋东南三十余处典型寺庙①，将空间由大至小依次递进，分析环境、群体、单体三个建筑层次的布局与结构，以期对建筑与环境、建筑与建筑、建筑与人的关系有一个初步认知，由此尝试去解释在传统建筑与理论信仰结合之下，"寺"与"庙"二者空间思想表达途径的异同。

2 象天法地——选址环境空间的缔造

晋东南"寺"与"庙"环境空间的选择分异明显，"寺"多为依托于自然环境的山林建筑，"庙"则多为依托于人文环境的村镇建筑。以环境特征为主导，二者的选址同时受到多方面因素的综合影响。

2.1 "寺"匿山林

佛教寺院常深藏山岭之中，与村镇距离较远，大都背倚山岭屏障，面临河流或山谷的开敞地带。平顺龙门寺和大云院、长子崇庆寺、高平开化寺和游仙寺、泽州青莲寺均可依此格局来解析其环境特征。长治、晋城二市古称上党地区，这一地区本身多山多河的特点造就了佛教寺院的环境空间。区域东、南面倚靠太行山，太行山余脉在区域内纵横延伸，西面太岳山、中条山将其与临汾、运城分隔，唯北面地势较平坦与晋中相通，成为一个相对封闭的地理单元。在这一地理单元内，主要分布有三条河流。一为浊漳河，河有三源，其中南源地区是长

治市的精华所在，发自长子县境内，主要流经长治城区、屯留、长子、长治县，在平顺县境内与北源、西源交汇。二为丹河，发源于高平和长子交界处的丹朱岭，分两支向南流经高平、泽州境内，后在河南沁阳境内与沁河交汇。三为沁河，源自长治西北部的沁源，南下流经临汾东部，再经晋城西南部流入河南济源境内，向东注入黄河。以上几处山林寺庙主要集中在浊漳河和丹河流域。

龙门寺、大云院、青莲寺、崇庆寺、游仙寺及开化寺基本都是背山面水的格局，其中龙门寺、大云院、崇庆寺及青莲寺②几乎严格遵循了风水观念中的最佳选址格局③，在碑刻及前人研究中存有关于环境之论述④[1-4]。四座寺院深居山谷、背倚山岭，面临浊漳河或丹河，坐北向南，依据山谷开敞方向呈东北—西南或西北—东南走向。龙门山、龙耳山、紫云山和石硖山依次作为龙门寺、大云院、崇庆寺和青莲寺背倚的主山；主山从东西方向进行环合，形成青龙、白虎砂山；在四座主山的西北方向又有黄花山、双凤山、慈林山和掌老山作为祖山，主山、砂山和祖山共同构成寺院风水格局中负阴部分。四座寺院南向开敞的山谷，被浊漳河、浊漳河支流陶清河及丹河以金带环抱，与对岸的堖山、安乐村东侧山岭、首阳山及珏山产生了良好的对景效应，在获得景观享受的同时，也满足了风水格局中对案山的需求，达到抱阳之效。（图2）

由上可知，佛教寺院选址或多或少均能契合风水格局，但限于区域环境的具体差异，一些寺院的选址不能与传统风水格局完全对应。严格来说，周围的环境空间可分里、外两层，首先在庙北面要有高大的山峰作为主峰依托，东、西两侧要有砂山拱卫，分别称为青龙、白虎，南侧有水流经过；其次，在主山之北及西北方向有少祖山和祖山、东西砂山外围又有护山作为屏障，南向水流对岸的案山和朝山

---

① 详见附录表格。

② 这里主要指青莲上寺。

③ 高平地游仙寺和开化寺二者环境空间稍有不同。游仙寺虽也是背山面水的环境格局，保持了较规正的坐北向南的朝向，但由于寺院所在的牛山南麓山谷基本为东西走向，因此寺庙选址于山谷北坡，而非顺沿山谷的开敞方向，如此，寺院的对景主体为南坡山林，而非从东侧流经的丹河。开化寺所在舍利山前原本并无河流经过，1960年在山谷开敞的西南方向建成王村水库（后改名为陈堰水库，参考自山西省高平县地名办公室《高平县地名志》第348页），增加了作为景区整体环境。

④ 明成化十五年《重修惠日院记》：龙门山者，翠屏叠嶂，后拱前迎，弥勒山为之右旋，四峰寨为之右掩……地灵人杰，奇哉，一览之峰水秀山名……明万历九年《重修天王殿记》：斯寺也，清溪环前，翠峰倚后，说法台、驼经山列于东西，降龙岗伏、虎峰分为左右。宋咸平二年《敕赐大云禅院铭记》记：……可谓地隆真胜崒崎，云罗掩映，山川苍翠，生路当要分明出之，前枕迅湍之一带，却倚崒岛之万重，实以偏灑云烟，绮杂松桂，其所置之，莫能究也。宋天圣年间《四书大部经并建内外藏碑记》：白社之戟，紫云之汤。有莲室曰崇庆，其殿堂廊庑之属，皆抱峰峦，架溪壑，境趣幽绝，为一方胜选之地。唐《碳石山青莲寺上方院铭记并序》：於是寺居幽邃，掩映林岚。观双峰之危势，上接云烟；观远岫之屈盘，下生瑞气。东窥藏阴之峭，次化三泉；西眺中条口山，连其师谷。南接伏牛之嵩，望迹可量；北望礼浮之钦，灵德异境。

图2 青莲寺位置环境示意图

（图片来源：自绘，底图来自谷歌卫星图）

与主山及寺庙遥相呼应，由此形成一套理想的风水格局[5]。（图3）所述几例"寺"与"庙"，在尽可能符合风水格局要求的同时因地制宜，将寺庙本身与周围自然元素巧妙地融合在一起，塑造了一个既统一协调又适度宜人的环境空间。

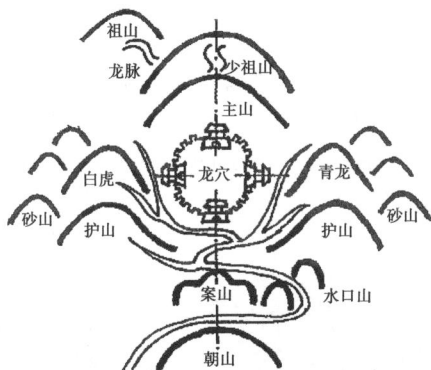

图3 风水格局示意图

（图片来源：王其亨，等，《风水理论研究》：第2版，

天津大学出版社，2005年，第38页）

2.2 "庙"近村镇

民间宫庙以及少数佛教寺院围绕村镇布置，从与村镇的相对位置关系可将其分为分离、嵌套和包含三种类型。从小环境看，分离型宫庙距离村镇稍远，常与周边的山林相结合，但又不同于佛教寺院深入山林。嵌套型宫庙与村镇民居相接壤或有少部分重叠。包含型宫庙位于村镇内部，与民居等融为一体，四周被村镇中其他建筑所包围。包含型宫庙建筑外部环境空间多人文要素，选址与村落关系密切，服务主体对象明确，在一定意义上是属于村镇居民的公共建筑，较隐匿于山林的佛教寺院更具开放性。

分离型"寺"和"庙"虽数量不多，但选址较多样。它的环境空间介于山林和村镇中间，一般距村落稍远，可能会与山岭、河流产生关联，同时它又不

严格遵循深藏山谷、背山面谷，常因势取景。在调查的案例中，仅有高平崇明寺沿袭传统，位于郭家庄村西圣佛山东麓，背倚山岭、面临峡谷。其他几例均各有特征，高平西李门二仙庙及陵川小会岭二仙庙则选择距离村落最近的平坦开敞的高岗作为基地，位置显著，成为村落东南向的重要对景。其中，小会岭二仙庙与周边村落关系更加密切，庙被小会村、神眼岭村、沙泊池村、南村、玉泉村、徐家岭、黑土门村等七个村落环合，成为共同进香礼拜的中心点，也使七个村落的联系更加紧密（图4）。陵川南神头二仙庙位于石圪恋村东南神头山凹鞍部的位置，山谷呈东北—西南走向，同西溪二仙庙一样，庙亦面山而建，背向西北，与石圪恋村有一个山头之隔，位置相对隐秘。石圪恋村由平缓的山坡从东北和西南两方围合，向东南登上南神头山，越过山岭视野开阔，可俯瞰二仙庙及所在山凹。村落、山坡、寺庙三者形成连续有韵律的景观序列。（图5）

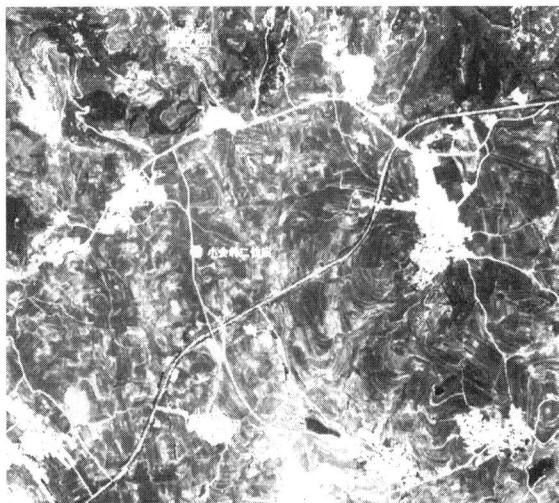

图4 小会岭二仙庙与周围村落位置示意图

（图片来源：自绘，底图来自谷歌卫星图）

图5 南神头二仙庙及所在山谷

（图片来源：自摄）

嵌套型"寺"和"庙",一般位于村落边界,与村落形成若合若离的位置关系,村落的主要居住区与寺庙区域分隔明显。这类寺庙建筑一般选择村落北向的高地或台地布置,法兴寺、府城玉皇庙、广仁王庙、北义城玉皇庙、冶底岱庙、河底成汤庙以及晋城二仙庙均为此制。作为思想传统与功能需求的结合,"北向制高"是嵌套型寺庙建筑的选址常态。中国的传统方位观念经历了一个从"尚东"到"尊北"的演变①[6]。作为主要服务所在村落村民的建筑,"寺"和"庙"的选址需与村落保持互动关系。为便于村民进入,寺庙入口部分一般会与村落相结合,通过寺庙入口的小区块和村落的大区块咬合,使寺庙的内方向面朝村落一侧,二者产生良好的沟通与互动。此外,选址村北还与寺庙自身的小环境有关。如在辛安村东有一小丘名凤凰山,潞城原起寺取山顶制高处而建,所在区域树木环绕,在村中自成单元,并形成了东临浊漳河,三面俯瞰村落的形势(图6)。九天圣母庙与前述山林寺庙中小会岭二仙庙类似,位于北社乡东河村、庙后村、牛家后村三村之间一处高约14米的小丘上,东南北环山、西向河谷。庙距三个村落均不远,成为连接沟通的中心点,组成"一庙三村"的地理格局,被共同环合、使用②[7-8]。

与嵌套型不同,包含型的"寺"和"庙"一般位于村落内部,与居住区混合。此类寺庙具有更广泛的适用性,在村、镇、县等行政单位中都存在。一般来说,村镇及县城的中心地带往往是寺庙选址的理想位置。有十字街的城镇则会将寺庙布置在中心十字街的一角,如天王寺、芮城城隍庙分别位于长子县、芮城县十字街东北、西南方位;崔府君庙位于礼义镇丁字街西北一处高台上(图7)③;南吉祥寺位于平川村十字街之东北。在沿十字中心布局的案例中,曲沃大悲院的位置最为独特,不但处在曲村镇中心十字口,面临东西大街,而且正对南大街,可见其曾经的重要地位。平顺天台庵、淳化寺和高都东岳庙限于村镇本身形态和内部街巷的不规则,只能大致体现寺庙在村镇的中心地带④。总之,包含于村镇或县城内部的"寺"和"庙",其性质是城内一处重要的公共建筑。选址在中心地带增添了其可达性,更便于四处居民的集聚。通常,寺庙与广场、集市等场所相结合,进香礼拜活动与商业交易、演出宣传等活动相结合,共同构成居民活动的公共空间。这个公共空间通过信仰、经济、生活、娱乐等方面,成为联系地缘村落的一条情感纽带。

图6　原起寺与辛安村位置示意图
(图片来源:自绘,底图来自谷歌卫星图)

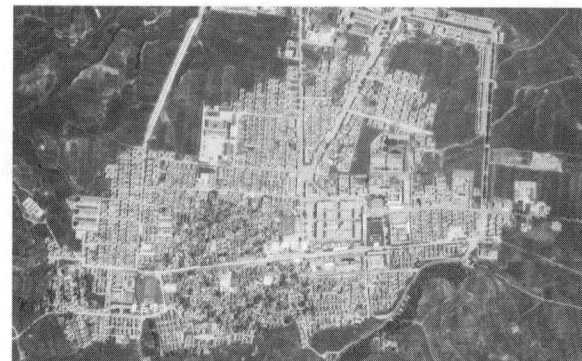

图7　崔府君庙与礼义镇位置示意图
(图片来源:自绘,底图来自谷歌卫星图)

① 原始社会时期人们利用日出、日落辨明了东、西两方,以东方象征希望、生命。最迟至商周时代,人们在进行巫术活动及星象观测时对北斗七星和北极星的关注,使南北方的概念形成,同时由于中国传统农业文明对北斗七星判定季节作用的依赖,"众星拱之"以北为尊的观念日益强化。
② 广仁王庙虽然位于龙泉村北高台之上,但选址很大程度上归结于庙前曾有泉水五眼成水潭之景,其兴起与村落关系不大。据庙内唐元和年间《广仁王龙泉碑记》:"傍建祠□,亦既增饰,意者,祀因于泉,泉主于神,能御旱灾。适合典礼……",可见,所建神祠的功用在于疏浚龙泉水源、修通沟渠,同时形成曲江之于长安一般的郊野园林中的"点景"营造。
③ 礼义镇及其所辖北街村、西街村和东街村组成一个大的中心村落群体,街道贯通,房屋排布。北吉祥寺与崔府君庙均位于陵川礼义镇,但北吉祥寺属西街村,其在村中大致位于中心地带,不过从村镇大区块来看则偏西南区域。
④ 此外,小张碧云寺和布村玉皇庙两例虽然目前都是包含在村落内部的寺庙,其周围都有民居围合,但二者分别位于村西北和十字街最北端,靠近村落的现边界,它们的相对位置应与北向选址的嵌套型寺庙有所关联。

由此可见，民间宫庙及部分佛教寺院的选址是以村落为主导的。虽然从数量看，目前嵌套型和包含型两类寺庙占优势，但寺庙与村落的相对位置关系可能随时间而改变，这三种村镇寺庙类型，实际上代表了人们对居住环境选择的一种趋向。包含型位于村落中心地带，代表村落的核心和原生点；嵌套型以及包含型中靠近村落边界的寺庙，则代表了村落的扩张和延伸方向。在其他条件相差不多的情况下，人们会更趋向于有神保佑、有人流动的寺庙周边加建房屋。小张碧云寺和布村玉皇庙正是具有嵌套型向包含型过渡性质的两例，推测在早先村落规模较小时，二者应也属未被民居包围的嵌套类型。

2.3 小　结

尽管五代、宋、金时期佛教的教义体系、修持方式已从重清静禅修逐渐走向世俗化和民众化，但仍与民间信仰有一定差别。在六处山林寺庙中，五处为佛教寺院，甚至几例村镇佛教寺院仍然在模仿、还原山林风水空间格局。如崇明寺位于圣佛山东麓，背倚山岭，前临峡谷（图8）；未搬迁的法兴寺原位于慈林山西坡，山峦叠嶂，可俯瞰平原，景致犹好[①]；原起寺高置于凤凰山顶，树木环围，东侧山下有浊漳河流经。同时，这一地区的民间宫庙也不同于单纯的道教宫观那样对自然景观、风水环境的要求较高，它们常与庙会等民间活动关联紧密，对信众的要求也不高（对多数村民来说不必懂得相关义理，只需有相关祈愿之时去叩拜行礼，则可有求必应），并且宫庙功能繁杂、活动仪式丰富，全民参与性较强。因此，民间宫庙几乎都与村镇或县的位置关系密切，不论是相离、或者嵌套、还是包含，都对所在村镇具有强烈的从属性，使居民拥有强烈的归属感。

同时在环境选择方面，佛教寺院和民间宫庙虽各有侧重，但依然相互交融。一方面，山林和村镇两种环境的关系密不可分，村镇本身就依托于自然环境[②]。另一方面，自然山林的周围亦必然有人文因素存在，隐匿于山林的佛教寺院仍要考虑到周边村落对它的需求问题[③]。

图8　崇明寺前山谷
（图片来源：自摄）

综上，五代、宋、金时期晋东南"寺"和"庙"的选址依托于自然环境和人文环境的双向互动，塑造出一个有山有水、有人参与的大环境空间。

3　组合流变——院落群体空间的营造

院落群体是中国传统建筑区别于西方建筑空间形态的核心表征。层层院落群体本身包含丰富的信息，其内建筑单体的排布方式、组合形式易随时代而更迭变化，多时代建筑常共存于同一院落。其中，早期建筑单体可作为"寺"和"庙"形态的原生点，再叠加轴线建筑、东西两侧辅助建筑的演变，以及各单体建筑间的相互关系，反映出建筑特征及思想信仰的流变，可认为是院落这个中型空间的精神内涵所在。

3.1　中轴纵心

以始建为起点，院落格局通常几经改动，但是除非增减院落进数，中轴线建筑保持着相对稳定的布局，从现存早期建筑基本都位于中轴线即可见一斑。

3.1.1　山门及相关建筑

不论"寺"还是"庙"，山门都作为起始建筑位

---

① 宋建隆初《潞州长子县慈林山广德寺碑铭并序》记：慈灵寺者，大魏神鼎元年之所建也。实以地压名山，境多幽趣，光铺五色。庆云东而照灼，影叠千重；伞盖西而掩映，地灵稼稔。南窥而三皇□□，水娟珠明；北顾而五龙泉在，水甘而美。□风□不□之心，木秀而贞；负霜□不雕之操，峰峦交葳。溪谷回环，古藤曲屈以虬蟠，□石□伏而虎视。周览形势，真□□□所居也。

② 如浊漳河流域的天台庵、大云院、原起寺、淳化寺，以及丹河流域的晋城二仙庙、府城玉皇庙、高都东岳庙、西李门二仙庙，本身都不是山林寺庙，然而从村落的大环境来看仍与自然风水格局相吻合。又如，嵌套型寺庙"北向制高"的特点很大程度上归因于所在村落的选址环境。单一村落的选址虽不似重要城址般严格遵循最佳的风水格局，但仍尽可能满足或模仿背山面水、负阴抱阳之势。因此，村落的北边通常地势高于南边，或者村落的北侧有部分突出的高地，成为寺庙选址的理想之地，得以形成"北向制高"的独特格局。

③ 如长子崇庆寺南向开敞，与平西沟村、琚村等同位于浊漳河北岸的村落联系密切，且崇庆寺前山有灵贶王庙，形成"前庙后寺"的格局，几处村落与寺庙在山林河流间遥相呼应。

于中轴线最前端，以示空间转换，表示进入一个有神灵驻锡的非世俗空间。虽然"山门"之称谓用于主入口的情况始于何时尚无定论①[14]，但其重要性在"寺"和"庙"中均有所体现②[10-13]。

在晋东南的早期案例中选取山门与院落基本完整者可发现，山门主要包括单体式山门和复合式山门两种形制。单体式山门一般为单一建筑，建筑本身其内部与两侧廊庑等不相通，且建筑正立面和背立面形象统一，为完整的房屋——此为山门的常规之制（图9）。除小张碧云寺外，佛教寺院和少部分民间宫庙都是单体式山门③。首先从形制看，单体式山门一般为单层、面阔三间④，其次，虽然山门本身没有任何附属建筑，但多数山门左右两侧不单以围墙进行连接，山门两侧放置配殿或钟鼓楼的形式最为常见。佛教寺院如青莲上寺、开化寺、南吉祥寺山门两侧为钟鼓楼，民间宫观如西李门二仙庙、高度东岳庙山门两侧为东西配殿。此外，佛教寺院山门与民间宫观山门不同之处还在于功能方面。佛教寺院山门晚期常同时作为天王殿，也被赋予宗教层面的礼拜之用，大云院、龙门寺、崇庆寺以及青莲上寺皆为此制。尽管"天王"在佛教译经中出现较早⑤[12]，但唐宋时期出现的少量天王殿基本都是以北方毗沙门天王为供奉对象，而非后世的四大天王[13]；至明代出现了质的变化，天王殿基本都是供奉四大天王，且天王殿位于寺院中轴线前部成为当时最流行的配置，天王殿或与金刚殿结合，或与山门结合，与山门结合的天王殿兼具入口和护法的双重功能[14]。

图9　大云院山门
（图片来源：自摄）

与之相对，采用复合式山门的几乎全部为民间宫庙⑥，复合式山门本身与两侧耳殿等建筑连通，且建筑正立面和背立面形象不统一，前后显现出不同的建筑形制（图10）。复合式山门特征统一且鲜明，第二重性质都是戏台，形制受功能影响颇大。山门本身的体量不大，但因其与左右两侧耳殿相通作为表演人员所用的后台，使正立面整体长度延伸。根据山门入口位置可将复合式山门分为正入式和侧入式两类。其多数都为入口在正中的正入式，共两层，一层为门，架空二层作为戏台。西溪二仙庙、布村玉皇庙、小会岭二仙庙、白玉宫等都是这样的标准典型形制。个别寺庙山门为侧入式，旁开掖门用于出入，山门外立面封闭，内向开敞为戏台，如小张碧云寺、北义城玉皇庙等⑦。

在晋东南，不论单体山门还是复合山门，至晚期基本都有双重、甚至三重功能与性质，如陵川南吉祥寺山门同时是戏台和天王殿。多重性质代表

---

① 《全宋文》中见部分记载：卷3031，释惠洪，《山门疏》，第141册，第25页。卷5389，释宝昙，《智门请宣和尚山门疏》，第241册，第219页。卷5769，陈造，《东释迦院建山门疏》，第256册，第455页。卷8295，何梦桂，《南山天宁禅寺山门记》，第358册，第123页。

② 五代、北宋基本还是沿用隋唐时对寺庙主要入口的称谓——"三门"。在佛教寺院中"三门"与佛殿都为不可或缺的建筑。据宋释圆悟克勤的《碧岩录》记载："且道面前背后是个什么？或有个衲僧出来道：面前是佛殿、三门，背后是寝堂、方丈，且道此人还具眼也无若辨得此人，许尔亲见古人来"，可知，寺院前半部以佛殿和"三门"为重，后半部以寝堂和方丈为主，足见"三门"之地位重要。甚至有些寺院山门的体量大于佛殿，以作为强调。在民间宫庙中，如陵川崔府君庙现存的宋金时期山门是一座高台式建筑，虽三开间，但体量较大，分上下二层，下为门道、上为门楼，重檐，厦两头造，除腰檐为明代增添外，其余皆为宋金原制。山门高置于庙宇前方正中，两侧各挟一掖门，有石阶对称而上，形制独特。自战国秦汉以来，高台建筑颇为流行，从夯土筑"大台"，至砖石筑"小台"，高台之上建殿阁之制盛行，但在早期资料中，仅可见于敦煌石窟的盛唐壁画中。崔府君庙从高度、体量两方面体现了山门的重要地位，是早期木构遗存中的宝贵案例。

③ 包括大云院、龙门寺、崇庆寺、青莲上寺、法兴寺、开化寺、游仙寺、崇明寺、南吉祥寺、府城玉皇庙、崔府君庙、西李门二仙庙、高都东岳庙、冶底岱庙等。

④ 其中高平开化寺和游仙寺的山门较特殊，为二层、下门洞上门楼的形式。

⑤ （三国魏）康僧铠译：《无量寿经》卷上有"世尊！若彼国土无须弥山，其四天王及忉利天依何而往？"（后秦）鸠摩罗什译：《妙法莲华经》卷一，方便品第二，有"护上四天王，及大自在天，并余诸天众，眷属百千万，恭敬合掌礼，请我转法轮。"之语。

⑥ 包括九天圣母庙、西溪二仙庙、布村玉皇庙、北义城玉皇庙、小会岭二仙庙、芮城城隍庙、白玉宫等。唯一一例佛教寺院小张碧云寺位于村落当中，与村民生活关系密切，具有较强的服务性和娱乐性，是佛教世俗化的产物。且小张碧云寺此例是否有戏台尚有疑惑，也可能是房屋的一个门廊平台，而且其院落前有戏台遗址。

⑦ 北义城玉皇庙山门虽为正入式为二层结构，但下层门只向内开，为表演辅助之用，出入仍通过侧面掖门。

图10 小会岭二仙庙山门
（图片来源：自摄）

了多种不同的功能，是不同信仰思想和信众需求的体现。尽管除龙门寺和崔府君庙山门外，其多为明清及以后所建，但其在一定程度上反映了院落基本格局，同时也鲜明代表了这一地区晚期的做法趋势。

3.1.2 主殿及附属建筑

布置于中轴线的主殿是院落中最核心的建筑，不但形制等级最高，而且决定着一座"寺"或"庙"的信仰体系。主殿的位置及其与附属建筑的关系，都是地区时代特征和信仰特点的体现。

主殿的排布位置在佛教寺院和民间宫庙中具有鲜明差异。从主殿的在整个院落中的位置看，除受一进院落局限的寺院外，佛教寺院的主佛殿位于中轴线中部，处在整个寺院的核心位置[1]，而民间信仰宫庙则通常将主殿布置在中轴线最后端，主殿的后墙直接作为宫庙的后边界[2]。这种对主殿位置的不同处理，根源于二者祭祀传统的差异[20]。魏晋南北朝早期佛教寺院以塔为中心，至五代、宋、金时期，在塔基本退出寺院中心位置的同时，佛殿取而代之。加之绕塔礼拜仪式的转嫁，佛殿四周必须有较开敞的空间，形成一周连续的环形流线。整个寺院以主佛殿为核心，具有较强的空间向心性和围合感，对信众具有良好的引导作用。即便在仅有一进的寺院内，佛殿之后仍有围墙环绕，后墙也不会直接作为寺院的后边界。民间宫庙的祭祀活动除常规的礼拜仪式外，还常伴有迎神、歌舞等，这些活动需要相对开阔的空间，因此宫庙的前半部分一般仅布置戏台及献殿等建筑，既为相关活动提供场所，又留出充足的前导空间，拉长了空间序列，营造出宫庙的纵深感。

从主殿本身和其附属建筑结合看，佛教寺院主殿一周需要连续的环形流线，因此其常作为独立建筑置于寺院中部，大多数佛教寺院皆为此制[3]。民间宫庙则常在主殿两侧加建东西挟屋，但东西挟屋不一定与主殿同期修建。一般来说，金末以前的早期挟屋基本都与主殿不紧邻[16]，有一定距离，并且二者山面屋檐不会上、下相搭，如晋城二仙庙正殿[4][22]、西溪二仙庙后殿[5]东西挟屋即为早期之制。金末以后，尤其到明清时期，正殿两侧挟屋多与主殿紧邻，有些甚至直接相连[6]，玉皇庙、东岳庙、二仙庙、崔府君庙等民间宫庙中均可见到（图11）。一些宫庙主殿与挟屋的连接是通过在二者中间进行加建实现的，如冶底岱庙等[7]。这些附属建筑不但丰富了主殿的建筑形制，而且为寺庙分期提供了年代标尺。

图11 南神头二仙庙挟屋
（图片来源：自摄）

---

① 如此次调查的大云院、龙门寺、青莲上寺、法兴寺、天王寺、开化寺、游仙寺、崇明寺、北吉祥寺、南吉祥寺皆为此制。

② 如此次调查的府城玉皇庙、北义城玉皇庙、九天圣母庙、西溪二仙庙、南神头二仙庙、晋城二仙庙、小会岭二仙庙、白玉宫、崔府君庙、冶底岱庙、河底成汤庙等皆为此制。

③ 大云院、龙门寺、崇庆寺、法兴寺、天王寺、小张碧云寺、原起寺、游仙寺、北吉祥寺、青莲寺等。

④ 据大殿西山墙一侧存北宋政和七年碑记："今有五社管人竭力共同修完已讫，堡子头北兹田宗地内施地一所，□庙基挟屋，竹廊门楼，五道周以垣墙……"可知，挟屋与大殿等同时建造。

⑤ 据金大定五年《重修真泽二仙庙》碑文记载，"不数年，而庙大成：重建正大殿三间，挟殿六间，前大殿三间两重檐，梳洗楼二坐……"可知，挟屋亦为早期之制。

⑥ 九天圣母庙、白玉宫、崔府君庙、南神头二仙庙、府城玉皇庙、北义城玉皇庙、高都东岳庙、冶底岱庙、河底成汤庙等。

⑦ 此外，佛教寺院和少数民间宫庙虽然主殿独立，但其后墙两侧却有挟屋。西李门二仙庙、布村玉皇庙，以及南吉祥寺后殿均有东西挟屋相连，崇明寺后殿两侧以东西角楼紧邻山墙，开化寺后殿东侧的观音阁与后殿有一定距离，为金皇统元年所建。

3.1.3　中轴线其他殿堂

"寺"和"庙"院落从金代开始向纵深发展，中轴线上不断增加殿堂。采取纵深式布局的中国传统院落空间，中轴线建筑前后排布，一般比主殿时代晚、形制等级低。

佛教寺院主殿之后的殿堂，少数还保留着早期禅宗寺院的遗风，虽然现在几乎不见百丈禅师所定之"院不立佛殿，惟树法堂"的传统禅宗寺院[14]，但仍可从现存格局来推知法堂的存在。开化寺为最典型一例，寺院现存二进院落，中轴线大雄宝殿之后设一殿，现今虽无殿名，但根据"皇元重修特赐舍利山开化禅院碑"中所记"中乎大雄殿，后以演法堂"之语可知其性质应为法堂[24]。青莲上寺释迦殿之后的殿堂虽有牌匾名为大雄宝殿，但明显不合佛教寺院规制，应为法堂所在。加之，百丈式禅宗寺院重清修，开化寺和青莲上寺都是深藏于山林的寺庙，环境空间也符合禅宗清修的要求。法堂内亦设置有佛像，尤其至晚期的后百丈式佛寺时代，寺院的崇拜礼仪功能逐渐超越宏宣教化之用[23]，法堂内设佛像更加普遍，进而促成了法堂的消失和中轴线佛殿的增加，以及寺院纵深式格局的演变。金以来，主殿之后增添佛殿之例有毗卢殿①[19][21]、三佛殿、七佛殿、燃灯佛殿以及水陆殿等。后世不仅会在主佛殿之后加建殿堂，有时还会使殿堂出现在主佛殿之前。如青莲上寺的藏经楼位于中轴线三门之内、释迦殿之前②[22-23]。

民间宫庙在中轴线建筑的处理上更加简明，主要分两部分：一为主殿前后的前殿与后殿，一般会从立面形制上强调与主殿的等级差别。现存实例有府城玉皇庙前殿成汤殿、晋城二仙庙前殿、西李

门二仙庙后殿以及芮城城隍庙寝殿，分别为金或明清加建的悬山顶建筑，金代建布村玉皇庙后殿为硬山顶。二为民间宫庙中不可或缺的献殿建筑。献殿与主殿关系密切，民间宫庙的主殿内一般空间狭小，献殿位于主殿之前，是主要用于叩拜、摆放牺牲用品的场所。献殿与主殿的相对位置关系具有鲜明的年代特征。一般来说，宋金时期与主殿基本同时建立的献殿不与主殿紧邻，二者间有一定距离，形成一进院落空间，但明清时期改建或加建的献殿往往与主殿紧邻，二者间常以一条排水沟为界（图12）。现存大部分宫庙均为明清所建之献殿与主殿紧邻的格局③。

图 12　九天圣母庙献殿与主殿
（图片来源：自摄）

然而，利用现存碑记以及遗址，可知部分宫庙献殿的早期位置所在。以府城玉皇庙为例，据北宋熙宁九年《玉皇庙碑文》④[17]、明成化二年《重修玉帝庙记》⑤[17]，以及万历二十三年《创建庙门屏志》记载的宋熙宁年间格局⑥[17]，可知府城玉皇庙现在

---

①　长子法兴寺和天王寺主殿之后为分别建于明代和金代的毗卢殿，释迦牟尼佛的法身佛毗卢遮那佛是密宗的主佛，在唐代寺院中就已出现专门的毗卢殿，两宋时期增多。结合主殿供奉释迦等华严三圣组合来分析毗卢殿的设置，它是符合教规和信仰需求的。在高平游仙寺，更是将二者融为一体，主殿现名为毗卢殿，殿内无同期塑像。但据北宋康定二年"游仙院新修佛殿记"中主要描述释迦佛法之远大，佛殿"内饰金容，法具真之毫相"的内容，可见，在当地信众心里，毗卢遮那佛与释迦牟尼佛并无二致。殷光明认为，《华严经》的论述以菩萨修行为中心，在中国佛教华严信仰中首先将化身释迦牟尼佛与法身毗卢遮那佛统一起来，使佛既具有法身诸特性又具有人格化，而所谓报身的卢舍那佛从译名来看实为毗卢遮那，因此三者在某种程度上可合为一体。

②　从南北朝至隋唐是中国佛教史上取经、译经的高潮，而至两宋辽金，习经则是寺院内主要修行功德之一。唐代藏经楼常布置在主殿前与钟楼相对，北宋赞宁《宋高僧传下》卷十九，唐洛京天宫寺惠秀传记"尝有寺家，不备火烛，佛殿被焚，又有一寺钟楼遭。又有一寺，经藏煨烬，殊可痛惜。时众不喻其旨。至夜遗火佛殿，钟楼经藏三所，悉成灰炭。"辽金时期确有将藏经殿置于中轴线之例，清张金吾《金文最》记"不日拟成千佛大殿。复修经藏一所，师堂一座。圣像经功德幢具。悉皆备获。"可知，晋阳天龙寺藏经建筑似乎位于中轴线。但目前不见更多藏经类建筑位于中轴线主殿之前的例子，直至明清仍然极少有。

③　如布村玉皇庙、九天圣母庙、小会岭二仙庙、芮城城隍庙、崔府君庙、晋城二仙庙、府城玉皇庙、高都东岳庙等。

④　"先是，廊殿既成，有信义之士李宗颜，自备己力，构成三门……"

⑤　"于后广设廊庑，添前殿及三门乐房，共百余间以为玉帝行宫之所，春祈秋报之方。"

⑥　"最后正殿绘昊天玉帝，左右绘三官、四圣，两庑会九曜星君、十二元神、二十八星宿、太尉等神；中为行神献享殿，左右绘东岳、五瘟、马王地藏，两庑绘禁王、五道、高禖等神。"

成汤殿所在的位置即为北宋时期献殿的位置①。同时,清时期民间宫庙这种加建献殿之风也影响到了佛教寺院,潞城原起寺即在大雄宝殿前进行了类似的改动。加建献殿对中轴线空间格局影响较大,两座建筑的屋檐及铺作几近相交,使空间变狭小拥挤,有压抑之感。同时新建献殿客观上拉近了信众与神之间的距离,在主殿内部分礼拜空间的基础上延伸了进香跪叩的专用场所,可同时容纳更多的人进行礼拜活动。中轴线处理的第三部分为戏台与献殿、主殿的关系。崔府君庙、冶底岱庙、广仁王庙等少数寺庙的戏台不与山门结合,是独立的建筑。但不论是何种戏台形式,山门或戏台-献殿-主殿三者间相对位置规律基本不变,献殿大多置于戏台和主殿二者之间。献殿在与主殿相联系的同时,也与戏台产生直线交汇,使戏台在发挥"娱人"功能的同时具有"娱神"之效。

综上,中轴线作为院落最核心的一排空间序列,其入口、主殿、附属建筑等单体,在佛教寺院和民间宫观中排布组合,填充了院落空间的纵向主体部分。

3.2 院落围合

每进院落东西两侧建筑作为中轴线建筑空间的补充和整体空间的构成部分,具有功能上的实用性、结构上的年代性和信仰上的多样性。

3.2.1 院落构成方式

从东西侧院落组成建筑与其他建筑的关系看,可分为廊庑贯通和单体配殿两种形式。佛教寺院中善用独立配殿的形制,大云院、龙门寺、崇庆寺、青莲上寺、法兴寺等寺院皆为此制(图13)。其中,以龙门寺五代后唐配殿为年代标尺,可知这一地区的佛教寺院至迟在五代时期就出现了独立于廊庑设置的单体殿。与之相对,廊庑贯通是中国汉地传统的院落构成方式,通过将廊庑分隔作为配殿,并与角楼等建筑连接围合形成院落,这些建筑具有充当配殿以及围合院落的双重功能(图14)。现存于青莲下寺南殿的《硖石寺大隋远法师遗迹记》碑首阴刻有一幅佛殿图,图中弥勒菩萨居中结跏趺坐于莲台之上,身后为二层高阁,四周则以廊庑环绕,直接与山门相连,形成一个封闭完整的院落空间[24]

(图15)。几乎所有的民间宫庙皆为此制②,每个配殿相互紧邻,且空间狭小,多数只能在室外叩拜。开化寺、崇明寺、小张碧云寺、南吉祥寺、北吉祥寺等几例佛教寺院亦有使用此制。

图13 龙门寺院落全景

(图片来源:马晓、张晓明,《平顺龙门寺 深山里的古建博物馆》,《中国文化遗产》,2010年,第2期)

图14 小会岭二仙庙

(图片来源:自摄)

图15 《硖石寺大隋远法师遗迹记》碑首佛殿图

(图片来源:张驭寰,《上党古建筑》,天津大学出版社,2009年,第10页)

---

① 按此理推测,布村玉皇庙现存前殿遗址应为宋金时期献殿所在,北义城玉皇可能是这些案例中唯一一例后世重修献殿沿用之前位置的宫庙。此外,西溪二仙庙明代同时加建了中殿和献殿,直接将二者连接,中殿内供奉二仙,实际上是将主殿的功能与位置进行了前移。

② 包括布村玉皇庙、府城玉皇庙、九天圣母庙、西溪二仙庙、小会岭二仙庙、芮城城隍庙、白玉宫、崔府君庙、西李门二仙庙、晋城二仙庙、高都东岳庙、冶底岱庙。在之后的历史时期中,廊庑或多或少有一些改动,如西溪二仙庙院落后半部分在金代拆廊庑改建梳妆楼,白玉宫院落前半部分在民国新修山门时拉开与原建筑群距离,前半部分变为开放院落,九天圣母庙在廊庑外围又加一周围墙双重环抱寺庙。

廊庑贯通和单体配殿两种类型在晋东南同时存在。只不过民间宫庙中独立配殿比佛教寺院中独立配殿出现地稍晚一些，但据西溪二仙庙梳妆楼的年代可推知至迟在金代已经出现。[16] 民间宫庙虽然自金代开始有改廊庑为独立配殿的倾向，但没有盛行起来，只有少数进行了改动，大多宫庙依然保持廊庑环绕的封闭格局。廊庑贯通的寺庙中除开化寺和西溪二仙庙地处山林外，其余全部接近村镇。这种由建筑本身围合而成的封闭院落，将寺庙在民居林立、村镇广布的地域范围内独立并强调出来，同时这种封闭高墙也有利于在人多繁杂的情况下对寺庙形成保护。因此在村镇及周边地区，这种适宜的院落形制被较多地留存下来。而使用独立配殿的佛教寺院是主要由墙体围合而成的半开敞院落，在与山林环境融为一体的同时，构成了一幅与清静修行相称的园林寺院图景，寺内与山林之气脉得到融汇、交换。

3.2.2 配殿性质与组合

配殿是寺庙中主体信仰的构成和补充部分，中轴线东西两侧，尤其是主殿院落两侧配殿，不但可反映出信仰的多样性，而且有助于全面了解不同组合的时代和区域特征。

佛教寺院现存大致包括宋金和明清两个时段的配殿。宋金时期观音阁、罗汉堂以及三大士殿出现；明清时期观音阁（殿）作为配殿继续流行，并与地藏阁（殿）搭配组合。此外配殿还出现有关帝殿、卧佛殿、西方三圣殿、圆觉殿、诸天殿、伽蓝殿等。观音信仰作为在中国最为广布、最具民众基础的一类佛教信仰，寺院中常在配殿中供奉的一些信仰形式都是以它为中心而衍生的。除前述将供奉观音的建筑置于中轴线主殿位置外，宋金时期还将观音阁作为主殿院落或其他院落的配殿使用，且常置于寺院的东庑。青莲上寺主殿释迦殿的东配殿、开化寺后院东隅均设有观音阁。至明清时期，观音信仰

更加深入人心，观音殿作为配殿出现更加普及，这在平顺龙门寺、长子小张碧云寺等寺庙中可见一斑。此外，青莲上寺的观音阁不是单纯供奉观音的建筑，而是将其与罗汉堂结合，室内二层同时布置观音、善财童子、龙女以及十六罗汉塑像①[25]（图16）。明清时期，在佛教寺院中地藏殿开始具有不可或缺的位置，常单独出现或是与包含观音信仰的殿堂相对出现②。尽管地藏菩萨随译经传入中国较早③[14]，但唐宋时期的地藏信仰还被包含在佛经中描述的众多菩萨信仰之中，且寺院里有关地藏殿的记载也是凤毛菱角。直至明清时期，地藏殿的设置才蔚然普及[13]。除上述配殿以外，寺院中轴线两侧及后部还有方丈、僧舍和斋堂等生活类建筑作为辅助，共同组成完整的佛教院落群体空间。

图16　青莲上寺观音阁造像
（图片来源：柴泽俊，《山西古代彩塑》，文物出版社，2008 年，第 203、204 页）

民间宫庙虽然主殿供奉对象明确，但配殿内容却十分繁杂，往往不论宗教门类，直接将与百姓生活息息相关的各路神仙集聚，这种情况在玉皇庙、岱庙、九天圣母庙以及成汤庙中表现得尤为显著。神仙各司其职的同时，又交叉搭配出现，例如：在玉皇庙中可见成汤殿、东岳殿，以及佛教寺院中流行的地藏殿；梳妆楼这一在二仙庙中的典型建筑以及二仙祠，都在圣母庙及岱庙中出现；关帝殿会同时出现在玉皇庙、圣母庙和岱庙中；求姻缘的高禖祠（民间俗称奶奶庙）也是玉皇庙和岱庙同时安置的对象……这些配殿供奉的神仙按需求不同大致可分为掌管风雨收成、护福驱邪、生死因果、祛病送瘟、姻缘送子、住宅出行、金钱财富、学业事业八类，

---

① 在寺院中，不但常见在主尊佛殿内观音和罗汉一同供奉的情况，而且可从早期寺院以及文献当中发现直接在观音殿（阁）内加入十六罗汉的例子。独乐寺观音阁专门供奉十一面观音像，但东、西、北壁面则绘有十六罗汉。陆游曾收藏有一幅贯休的"十六罗汉图"，他将此画龛于家乡的法兴寺观音殿两壁，在《法云寺观音殿记》中有云："于是予以大屋四楹，施以为观音大士殿……三年，遂建殿……予又施以禅悦所画十六大阿罗汉像龛于两壁，观者起敬，施者踵至。"此外，观音的形象在其他造像组合中亦可见到。供奉由观音和文殊、普贤组成的三大士佛殿在元明时期确立和普及。在此之前，直到唐代，三大士还未专指观音和文殊、普贤，且两宋时期的相关文献和案例较少，长子崇庆寺以及梁思成先生曾考察的宝坻广济寺的三大士殿是目前两宋、辽金时期三大士殿的实例，并且崇庆寺三大士殿内存有与建筑基本同期的彩塑，可知三大士信仰及三大士殿在北宋时期已基本固定成型。

② 崇庆寺、青莲上寺、小张碧云寺、开化寺等均存有地藏殿或地藏阁。

③ 南朝佛陀跋陀罗译《大方广佛华严经》，入法界品，第三十九之一，中记众多菩萨名号"地藏菩萨。虚空藏菩萨。莲花藏菩萨……"唐般若译《大乘本生心地观经》，序品第一，"维摩诘菩萨。得大势菩萨。金刚藏王菩萨。地藏王菩萨。虚空藏王菩萨。"

其中最为普及的是祀掌管风雨收成、护福驱邪和生死因果的神灵①。总之，民间宫庙院落组成中，供奉的神仙来源庞杂，在选择上对历史、宗教、生活、自然万物等坚持拿来主义，有用则取，历史先贤人物、神话人物、生活物象、自然星象等都可当为供奉的对象，并且还会从佛教、道教中汲取形象和思想共同作为主殿内容的组合与补充。

3.3　小　结

佛教寺院和民间宫庙受信仰这一根本差别的制约，在院落空间组成方面各成一系。佛教寺院主殿居中布置，两侧不设挟屋，前部一般无献殿，形成围绕主殿的环形流线，山门多为单体式，加以单体配殿和外围墙组成开敞式的院落空间。民间宫观主殿后置，两侧辅以挟屋，前布献殿，形成纵深的院落流线，山门多采用复合式，廊庑环绕，空间相对封闭。在配殿信仰构成方面，佛教寺院中观音、罗汉、三大士作为配殿出现较早，其中观音信仰深入民众，不但生命力长久，且后期组合更加丰富，常与地藏、关帝等普及度高的信仰一同出现。民间宫观中作为组合搭配的辅助信仰则名目繁多，且从整体看，主祀之神与附属之神可在不同信仰的宫庙间进行交汇，一定程度上造成了民间宫庙的复杂性。

但不论佛教寺院还是民间宫庙，都可大致分为年代特征明显的早、晚两段，反映出这一地区传统建筑的规律所在。宋金时期，山门常作单体式或延续高台古制，主殿两侧建东西挟屋并与主殿分离，献殿也在主殿之前拉开距离，不论廊庑环绕还是配殿独立，院落的整体性较强。明清时期，山门从形制和功能上均走向复合，主殿与东西挟屋以及献殿紧邻甚至相连，中轴线加建之风愈盛，院落增多，"寺"和"庙"都向纵深式演变。

4　匠心独运——殿堂单体空间的塑造

中国传统建筑生于模数，定于模数，胜于模数。

就单体建筑而言，"材分制"为其营造提供了标准尺寸单位，形成了不论类型、高度程式化的形制结构。殿堂建筑单体空间感明确、强烈，通过各种构件在平、立面，以及梁架、铺作等方面的咬合搭接，形成了年代特征与地域特色。看似单一的形制结构，却可满足不同宗教、多种类型建筑的功能需求，极具包容性，使不同文化与中国传统技法在建筑空间中有机统一，完美融合。

4.1　外部形制

佛教寺院和道教宫观在大体规模和形态方面具有高度的一致性，共同形成了一定的年代特征。除天王寺后殿以及游仙寺三佛殿等少数几处建筑为面阔五间外，其余外部形制一般统一表现为面阔三间、进深四架或六架椽。首先从间广比值看，由面阔和进深的比例，可将三开间建筑的平面分为方形和近方形、长方形两大类。长方形平面出现较少，但整体趋势较明显，长宽比值逐渐变小。五代及北宋初年，长方形平面长宽比值较大，长为宽的1.5倍左右，至北宋中晚期，比值缩小，一直延续到金代，长宽比维持在1.2左右，更加趋近方形平面。方形及近方形是晋东南五代、宋、金时期的主流平面形制，且通面阔与通进深之比变化不大，基本稳定在1.2之内，多数集中在1.1左右，其中少数几例进深稍大于面阔的案例主要出现在北宋时期②[26]。

其次，晋东南、五代、宋、金建筑立面形态的统一，除表现在屋身部分比例构成外，屋顶形制也是影响立面形态最重要的因素之一。歇山是这一地区早期建筑使用最为普遍的屋顶形制，即宋式的"厦两头造"③[27]。系头栿是厦两头造中最重要的构件之一，《法式》卷五"栋"条载"或更于丁栿之上，添厮头栿"[27]。系头栿上置蜀柱或驼峰支撑平梁，构成脊部的一榀三角形构架，并常与丁栿，角梁等构件共存。系头栿位置的左右移动，具有时代特征，一定程度上影响到厦两头造屋顶正脊和出檐深远等整体形

---

① 五谷神祠、蚕神殿、螺祖殿、龙王殿、风伯殿、昭泽王殿、三王殿、土地山神殿等都是为满足风调雨顺、丰收足食等最基本需求的供奉；靖王殿、三垣殿、十三太保祠、四圣殿、太尉殿在发挥祈福报、求平安，驱邪佞、镇恶鬼作用的同时，兼具寺庙护法功能；畏死、敬死情结主导民众的生死观，因古代民间对死神的敬畏，常在寺庙中设置东岳殿、十二元辰殿、阎王殿、速报司神殿、三曹殿、地藏殿、五道殿等专司其事。此外有能够祛病送瘟的药王殿、瘟神殿，负责姻缘送子的高禖祠、广生殿，主管财富的财神殿，保佑住宅出行平安等与土地事宜相关的后土殿、五道殿，襄助学业事业顺利的文昌殿、咽喉祠，一些与星象相关的神祇祠殿，如十三曜星殿，二十八宿殿、三垣殿、十二元辰殿等也会大量出现在玉皇庙院落中。

② 具有同样特征的淳化寺中殿虽为金代重修之构，但据龙门寺成化十五年（1479年）的《龙门寺四至碑记》中"淳花寺为龙门寺下院"的记载，可知淳化寺与龙门寺建筑主体年代应为同期，金依据北宋平面形制重修的可能性极大。

③《法式》卷五，"阳马"条记"凡堂厅并厦两头造，则两梢间用角梁转过两椽。"

态表现。将系头栿一缝至山墙距离占次间面阔的比值设为 x，可分析出：五代至北宋大中祥符年间以前为第一阶段，系头栿一缝与山墙相对距离较远，$1/3 < x < 1/2$，出檐稍深远；大中祥符年间以后为第二阶段，系头栿一缝位置外移，更加靠近山墙，比值一般为 $x < 1/3$；至金代为第三阶段，建筑承袭北宋特征，在系头栿的处理上与北宋大中祥符年间以前类似，又呈现 $1/3 < x < 1/2$ 的比例关系①[28]。

最后，外檐铺作也是外部形制的重点表现，晋东南元以前早期建筑柱头铺作大致可分三阶段。一为晚唐至北宋初开宝年间，此时柱头铺作多为斗口跳及其变形或五铺作双杪。斗口跳这种只出一跳华栱承檐的做法最早可在唐永泰公主墓壁画中单阙檐下见到（图17）。五代时期的实例在此基础上出现了出跳华栱下增半栱的做法[29]，形象开始转向五铺作双杪，如龙门寺西配殿。斗口跳柱头铺作里转常与梁栿连接，形制简洁，使有限的室内空间得到最大限度的节省。第二阶段为太平兴国年间至大观年间，此期内铺作形制开始走向繁复，但保持比较稳定和统一的状态。柱头多为五铺作计心②。第三阶段从北宋晚期大观年间开始与金代相连，虽一般不再出现六铺作、七铺作等多出跳的形制，主要集中在四铺作和五铺作，但多计心重栱造，铺作整体组合更加趋向繁复③。补间铺作与柱头铺作相比，虽然形制种类较多样，但整体变化相对规整。其中最普遍的形制就是隐出异形栱、一斗三升，其他的四铺作、五铺作形式基本都为计心。五代、北宋时期不设补间铺作还比较常见，到金代则几乎都设有补间铺作。此外，宋金时期斜栱在实体建筑上出现并使用④[11]。晋东南、宋、金寺庙在同时使用计心和斜栱的情况下，常将令栱等横栱与两

侧柱头铺作相连，加强铺作间联系的同时，更强调了纵架及单体空间的整体性（图18）。

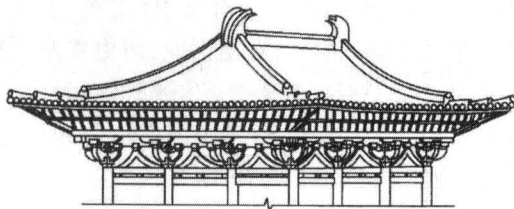

图17　永泰公主墓壁画斗口跳铺作
（图片来源：贺大龙，《长治唐五代建筑新考》，
文物出版社，2015年，第32页）

图18　龙门寺天王殿外檐铺作
（图片来源：自摄）

尽管就外部形制而言，佛教寺院和民间宫庙一致性较高，但二者依然存在明显的差异。民间宫庙的正殿几乎都插接有前廊，形成前廊后殿式的格局（图19）。进深六架椽的案例，前廊占前二架椽的空间⑤，而四架椽屋，如北义城玉皇庙正殿和白玉宫过殿则将前内柱后移，让出前廊一椽半的空间。此外类似于开化寺观音阁、西溪二仙庙梳妆楼这类体

---

① 其中，北宋建中靖国元年的九天圣母庙圣母殿和未定具体年代的布村玉皇庙中殿，二者系头栿一缝的位置与第一阶段特征相吻合。据北宋建中靖国元年《大宋国大都督府潞府潞城先圣母仙乡重修之庙》记载，"……命良工再修北殿，创起舞楼并东廊绘饰口"可知，建中靖国元年应是九天圣母庙圣母殿至迟的修建年代，建筑内有更早时代的结构特征保留下来，它和布村玉皇中殿都具有稍早的年代特征。此外，原起寺大雄宝殿与后唐时期的天台庵正殿类似，系头栿退至四椽栿一缝，但它的比值 x 却比天台庵正殿大许多，约0.71，实为特殊一例。

② 崇明寺中佛殿和法兴寺圆觉殿是既五代镇国寺万佛殿之后，仅有的柱头使用七铺作的三开间佛殿。七铺作双杪双下昂一跳偷心二跳计心重栱的组合形制承袭唐风，且崇明寺中佛殿甚至比镇国寺万佛殿出檐更加深远，在体量和比例方面，两座北宋建筑也较镇国寺万佛殿更加协调。

③ 四铺作单杪计心单栱和四铺作单下昂计心单栱，这两种四铺作都不同于单纯的斗口跳，而是四铺作单杪计心单栱和四铺作单昂计心单栱的重叠形制。原起寺大雄宝殿、小张碧云寺正殿柱头铺作就是这种不同于五代斗口跳的四铺作斗栱，且有纪年的北义城玉皇庙玉皇殿亦用此制，因此不能将其与五代建筑相提并论。

④ 斜栱的形象记录较早，可追溯至莫高窟五代时期第146窟内北壁壁画。在晋东南，宋代出斜栱的铺作均为偷心，金代出斜栱的铺作一律为计心，一些没有斜栱的铺作也会将计心重栱上的横栱进行有角度的表现处理，如白玉宫过殿。

⑤ 有西李门二仙庙中殿、南神头二仙庙正殿、西溪二仙庙后殿、九天圣母庙圣母殿、高都东岳庙正殿、冶底岱庙正殿、府城玉皇庙玉皇殿、河底成汤庙正殿等。

量较小的配殿廊一般只占一架椽。前廊柱常与内柱在材质和形制方面加以区分，仅南神头二仙庙正殿、九天圣母圣母殿和府城玉皇庙玉皇殿使用圆柱，其余案例均为四角抹边的石质方柱，满足室外条件变化对建筑材料的要求。前廊空间的出现，不仅丰富了室外空间内容，而且影响到室内像坛和礼拜空间的排布。

图19　冶底岱庙前廊式正殿
（图片来源：自摄）

4.2　内部构件

晋东南、五代、宋、金建筑在梁架结构方面极具地域特色，多数早期单体建筑兼具厅堂与殿堂的构架特征[1][30]。在二者相区别的依据中，最核心的应属纵向和横向的建构逻辑。在晋东南多数内外柱同高和内柱稍高的早期建筑中，内柱虽然没有直接与槫发生关系，但从建构逻辑和结构受力来看，依然符合厅堂的纵向连接原理。内柱上置铺作承栿，其上利用驼峰或蜀柱与合㭼的组合继续承接梁栿直到平槫。蜀柱或驼峰相当于内柱的延伸，并与平槫基本对位，少数与平槫不对位的内柱一般都是通檐梁栿后期加建的结果[2]。因此，尽管晋东南这些早期建筑多内外柱同高、使用铺作层，且平面柱网组织形式类似殿堂身内单槽，但是主体框架依然是根据厅堂造纵向延伸、横向连接的建构逻辑进行营

造的，加之彻上露明造、用材等级不高等共性特征，可认为这些建筑是具有殿堂特征的厅堂之制。

如前所述，佛教寺院整体主殿和民间宫庙前廊后殿形式的出现与平面柱网和梁栿用柱情况息息相关。晋东南、五代、宋、金建筑几乎全部采用减柱造，梁栿制度大致可归为以下五类：

①通檐：四架椽屋通檐用二柱或六架椽屋通檐用二柱。四架椽屋通檐的做法多用在小体量的正殿或配殿楼阁，结构简洁。

②后置劄牵或乳栿：四架椽屋三椽栿对后劄牵或六架椽屋四椽栿对后乳栿，是使用频率最高的两种横架结构。

③前置劄牵或乳栿：四架椽屋三椽栿对后劄牵或六架椽屋四椽栿对后乳栿，出现频率仅次于②。

④劄牵、乳栿同置：仅出现一例六架椽屋前劄牵对后乳栿用四柱的情况，在游仙寺三佛殿，且清代对梁架改动较大，故不作讨论。

⑤分心：四架椽屋分心用三柱或六架椽屋分心用三柱，分别用在龙门寺天王殿以及大悲院献殿，使用范围有限，一般与山门或献殿等辅助性建筑的功能需求相契合，在此亦不作具体说明。

建筑内部构件本身对室内空间有明显的围合、分隔和强调的作用。四架椽屋三椽栿对后劄牵用三柱，以及六架椽屋四椽栿对后乳栿用三柱在佛殿中使用频率最高，室内的两条纵向四椽栿或六椽栿将当心间区域划分出来，个别殿再增天花与像坛相对应，强调空间的核心所在。平面柱网排布为后内柱的做法适合佛殿中佛坛居中布置，后内柱常与四架椽栿和六架椽栿后檐上平槫的位置基本对应，让出前三架椽或四架椽的空间布置像坛，以适应礼拜的仪式需求[3]。与佛殿相对，使用前内柱并与前廊结合，省去后内柱，是民间宫庙正殿的普遍平面柱

---

①《法式》中对殿堂造虽无明确说明，但厅堂与殿堂二者相区别的结构特征应是综合性的：殿堂造用材等级高，内、外柱同高，斗栱较复杂，常用平棊或平闇，建筑的建构逻辑为明确的分层式，即结构层由上至下可明确分为屋盖层、铺作层和柱框架层三层。厅堂造与此相对，一般用材等级较低，内、外柱不同高，全部为彻上露明造，建构逻辑纵向对位性和横向连接性较强，内柱一般连线对应平槫，梁栿穿过柱身，形成比较明显的横向拉接关系。

② 内外柱同高的案例有：白玉宫过殿、布村玉皇庙中殿（驼峰）、青莲寺释迦殿（蜀柱-驼峰）、南神头二仙庙正殿（蜀柱）、西溪二仙庙后殿（蜀柱）、白玉宫过殿、西李门二仙庙正殿（蜀柱）、北义城玉皇庙玉皇殿（蜀柱与槫不对位，应是给前廊让位的灵活处理）、原起寺大雄宝殿（驼峰）、府城玉皇庙玉皇殿、小张碧云寺正殿、天王寺后殿（蜀柱）、北吉祥寺中殿（蜀柱）、府城玉皇庙成汤殿（蜀柱）；内柱稍高的案例有：龙门寺大殿、大云院弥陀殿（驼峰）、北吉祥寺前殿（驼峰）、游仙寺毗卢殿（驼峰）、九天圣母圣母殿（柱-铺作-蜀柱）、崇庆寺千佛殿（驼峰）、龙门寺天王殿、布村玉皇庙后殿（蜀柱）、开化寺大雄宝殿（蜀柱）、晋城二仙庙正殿、龙门寺大雄宝殿（蜀柱），一般梁栿穿过了内柱柱头的位置。

③ 民间宫庙中，布村玉皇庙中殿和后殿、府城玉皇庙成汤殿亦有殿内后柱的个案，由现存龛帐及塑像的府城玉皇庙成汤殿侧立面图分析可知，在既要满足室内小木作楼阁帐龛高度要求，又需加内柱稳定梁架的情况下，只能选择在后檐上平槫的位置设内柱，并作为帐龛的后立面支撑，这样使室内在设有帐龛的同时避免再加前内柱分散空间，留出前面较完整的一部分作为叩拜之用。

网形式。由于民间宫庙室外活动丰富，室内仪式相对单纯，一般仅需满足叩拜行为即可，甚至部分宫庙直接将叩拜活动迁至主殿外的献殿进行，对主殿内部空间的通达性要求较低。因此，主殿空间紧凑，通常将像坛后置，直接抵在后檐墙面，作为屏障，塑像一般在当心间居中布置，前部两根内柱不会影响单纯叩拜和观像的仪式需求。

室内除主要梁栿外，虽然其他构件及组合在佛教寺院和民间宫庙中差异不明显，但仍有一些建筑构件本身对空间有着围合作用，梁栿之间的支撑体系隔架类型即其中之一。五代至北宋嘉祐年间，结构组合简洁，多由蜀柱或驼峰搭配大斗组成，甚至有独用蜀柱之制，使殿内空间明朗。熙宁年间，开化寺大雄宝殿首见驼峰、蜀柱和大斗三者组合同时支撑梁栿的结构，此后，它和早期简洁结构共存。北宋晚期大观年间前后，在驼峰、蜀柱和大斗组合结构的基础上，形成了合㭼、蜀柱和大斗的结构组合，并逐渐固定下来，金代承袭此制为普遍做法①。此外，北宋和金代都有将丁栿后尾插入蜀柱、驼峰或合㭼内的做法，加强了纵架与横架的联系，给人以空间整体感；金代结构更加灵活，出现了衬头枋延长充当合㭼或驼峰的做法，在西溪二仙庙梳妆楼这类小体量的楼阁建筑中，则直接将丁栿后尾和角梁相叠，上置大斗承梁栿，在有限的空间内既保证了结构的稳定性，又节省了纵向空间的使用。

4.3 精神表达

在"寺"和"庙"中，空间精神内涵所在与主题思想表达，依赖于内部供奉的对象，尤其是主殿的核心地位，不仅体现在其位置布局、形制结构等方面，更在于其设像内容。据现存有与建筑同期塑像的佛殿分析，五代、北宋佛教寺院主殿以释迦、普贤、文殊三尊像组合为主，同时存在弥勒佛、阿弥陀佛以及观音为主尊的情况（图20）。释迦与文殊、

普贤三尊像组合题材是随着大乘佛教的发展，同时受到华严思想的影响在隋唐时期逐渐形成的②[14、21]。早期主殿设置主像释迦牟尼三尊，其名称常为中佛殿、释迦殿等，较明确地表现出主尊身份，如青莲上寺及下寺。然而，将供奉主尊为释迦牟尼的主殿称为大雄宝殿的做法现在看来却最为普遍，汉传佛教寺院中主殿的牌匾基本都为"大雄宝殿"。虽然早在鸠摩罗什所译《妙法莲华经》中就已将释迦牟尼佛译为"大雄"③[14]，但是将供奉主尊为释迦牟尼的主殿称为大雄宝殿的做法却出现较晚，两宋时期已出现，但尚未达到普及，至明清时期才成为主流[13]。此外，圆觉殿、千佛殿内主尊亦为释迦等三尊组合的形式④[31]。除以释迦为核心的华严三圣外，在北宋时期弥陀殿、弥勒殿、观音殿等亦出现在中轴线上作为主殿。大云院主殿为弥陀殿、青莲下寺主殿为弥勒殿、长子天王寺、和陵川北吉祥寺主殿均称为观音殿。其中，观音殿作为主殿带有浓厚的中国化色彩。在中国僧人和信众的心目中，观音的影响力远大于文殊、普贤等菩萨，不论显密，从唐开始就有将观音殿、阁置于寺院主要位置的做法，至迟到晚唐、五代时，由观音信仰而衍生的大悲观音菩萨信仰的相关造像与建筑就已在寺院流行[13]。可见，就佛教寺院而言，中心殿堂即信仰中心所在，向心性既是寺院空间的特点，也是信众心理的核心寄托。

在主殿供奉方面，民间宫庙与佛教寺院相比更加明确，宫庙即供奉对应的神。晋东南地区主要出现的民间信仰宫庙有二仙庙、玉皇庙、东岳庙（岱庙）、九天圣母庙、崔府君庙、城隍庙、成汤庙等，每一类宫庙都对应着一个主体信仰。其中，二仙信仰在晋东南地区流布广泛，且为这一地区所特有⑤。二仙从最初是保佑雨水充足的雨神，发展到后来包

---

① 布村玉皇庙中殿、原起寺大雄宝殿以及崇庆寺三大士殿，出现的蜀柱或驼峰搭配大斗的形式，体现了大观年间及以前的特征；小张碧云寺单独使用斗栱铺作为隔架结构，比建于大中祥符九年的崇庆寺千佛殿的驼峰、斗栱组合更为简洁。

② 据《古清凉传》"中台南三十余里，在山之麓有通衢，乃登台者，常游此路也。傍有石室三间，内有释迦、文殊、普贤等像，又有房宇厨帐器物存焉。近咸亨三年(672)，俨禅师于此修立。"记载可知，中原寺院中最晚在初唐时就已出现释迦与文殊、普贤的三尊组合形式。在莫高窟五代至晚唐时期法华经变中（第6、331、23、85、159窟等），这三尊组合形式亦出现，并统一表现为释迦主尊或释迦多宝并坐宣讲《妙法莲华经》，两旁文殊和普贤赶赴法会。

③ 后秦鸠摩罗什译《妙法莲华经》卷三，授记品第六："尔时，大目犍连、须菩提、摩诃迦游延等，皆悉悚栗，一心合掌，瞻仰尊颜，目不暂舍，即共同声而说偈言：大雄猛世尊，诸释之法王。哀愍我等故，而赐佛音声。"

④ 只不过殿名后期以四周千佛和十二圆觉菩萨为据改之，其实质依然是由主尊释迦和文殊、普贤组成的华严三圣的信仰体系。且法兴寺圆觉殿之"圆觉"二字，本就指佛祖释迦，在法兴寺北宋政和元年碑所刻《新修圣像之记》中有"释迦本吾师，能悟圆觉性"之偈语。

⑤ 与晋东南相接的豫北地区也有少部分二仙庙。二仙即指"乐氏"的两个女孩，本为屯留李村人，因二女天资聪颖超群，当时人推测其可能为仙人，宋徽宗时敕封其为"冲惠""冲淑"二真人。

图20 青莲下寺南殿释迦三尊像

（图片来源：金维诺，《晋城古青莲寺、青莲寺 唐宋》，
山西人民出版社，2004年，第1页）

括丰收、治病、婚姻等项目的全能神。在二仙庙中，常在正殿内设二仙并排之坐像，两侧有侍女及女官等随侍。除二仙信仰外，玉皇信仰和东岳信仰在晋东南也很普及，但二者比二仙信仰流传得更加广泛，在国内其他地区亦蔚为盛行。玉皇作为道教神灵谱系当中的众神之王，其信仰在中国本土由来已久，可追溯至殷商时期的天帝崇拜，至唐宋时期已成为与中国民间传统相结合的普遍信仰[32]。玉皇庙通常在后殿内供奉玉皇大帝及侍女、臣尉等尊像。东岳信仰发端于对泰山神的崇拜，其宫庙被称为东岳庙、岱庙、天齐庙、泰山庙等。随着信仰的流布，东岳大帝在民间被普遍人格化为《封神演义》中的黄飞虎，是主生死命运、声张正义之神。东岳庙在宋代大规模兴起，也是华北地区分布最广、影响最大的宫庙类型之一[33]。除此之外，晋东南道教系统的民间信仰宫庙主殿各具特点，有圣母娘娘、判官崔府君、地方神城隍爷、成汤大帝以及青龙广仁王等各路神仙，保佑一方风调雨顺、稳定安康。

4.4 小 结

"寺""庙"单体空间由多种结构元素组合而成，通过一系列形制结构的分析，一方面可大体勾勒出一个晋东南元以前早期建筑的总体特征：平面近方形，面阔三间、进深四架或六架椽，减柱造，屋顶为单檐厦两头造；纵向以阑额和普拍枋拉接，普拍枋出头与阑额形成"T"形结构；横向利用蜀柱、驼峰等作为隔架，蜀柱、叉手等构件支撑脊槫；铺作类型多样，保持结构作用的同时开始兼具装饰作

用。另一方面，形制结构存在对空间布置和感官体验的影响，在多数三开间平面近方形的早期单体建筑中，不同用柱满足了"寺"和"庙"不同的功能需求；系头栿外影响建筑出檐形态，这可作为像坛和塑像布置的一条标尺；隔架在起结构支撑作用的同时，对室内空间有着或简洁或丰富的意义；外檐铺作横栱相连增强了单体空间的整体性和紧凑感，里转偷心造与梁栿结合节省了室内空间，最大限度减少了对设像和观像礼拜的阻挡。

佛教寺院和民间宫庙虽然在单体殿堂空间内共性较多，但在外部形制、内部构件以及精神表达三方面仍有不少差异。佛教寺院单体建筑完整，四周不存在廊副阶，内部梁栿用柱多为后内柱，结合佛坛布置形成室内环形流线。坛上供奉早期以释迦、普贤、文殊组成的华严三圣最为典型和普遍，且释迦信仰作为寺院最核心的主尊信仰与弥陀和弥勒净土信仰均延续至今，配殿常供奉菩萨、罗汉、护法等，作为主殿佛的胁侍或拱卫①。民间宫庙多数外部形制以插接前廊为特征，内部无柱，省后内柱，并靠后布置像坛。主体信仰对象具有稳定性，与宫庙名称一致，地域特征显著，晋东南盛行玉皇、成汤、东岳等各地均流传的传统信仰的同时，还有二仙、九天圣母信仰等作为地区特色出现。主殿既能够与单体配殿相组合，又能够与廊庑内众多小殿相配②。

5 结论总述——"寺""庙"特性与区域共性

晋东南五代、宋、金建筑类型多样，佛教寺院和民间宫庙所展现的信仰特性和区域共性，包含在环境、院落及单体三层空间中。环境空间、院落空间与单体空间三者环环相扣、层层递进，环境空间统领建筑整体形势，院落空间作为桥梁将单体融入环境，单体空间的形制结构成为建筑空间最核心的物质实体所在。

"寺""庙"二者信仰本质上的差别渗透进环境、院落以及单体各层空间内。佛教寺院通常注重对山水形势的利用，遵循中国传统的风水格局，形成融于自然的山林寺庙；民间宫庙具有较强的世俗性，广为普通民众所接受，与聚居区的关系密切，形

---

① 如法兴寺一进院东关圣殿、西伽蓝殿为主殿供奉释迦三尊的左右护法；青莲上寺主殿供奉释迦及文殊普贤三尊，东、西配殿分别供奉观音、地藏。这一进院构成一个佛与四大菩萨围合的佛教空间。

② 如西溪二仙庙后殿两侧前方设东、西梳妆楼，充当东西配殿的同时符合二仙作为两个女孩需要梳妆的信仰义理；府城玉皇庙第三进院后殿为主殿玉皇殿，东庑和西庑将玉皇大帝的随侍与星象神君集聚，拱卫主殿内的玉帝，在后院形成了一派天庭宝殿之境。

成了远近不一的村镇寺庙。同时，"寺""庙"二者在环境空间方面亦存在相互交融，佛教寺院逐渐走向世俗化且与人文环境关系日趋密切，民间宫庙在选址时也尽可能借用山水格局，二者都在试图达到自然环境和人文环境的平衡与统一。置于山林或村落中的"寺""庙"院落群体，院落空间的核心位置、建筑类型的排布与使用分别呈现为居中向心，集礼拜、弘法、禅修、生活、接待等建筑类型于一体的佛教寺院空间，以及中心后移、集供奉、叩拜、祭祀、娱乐于一体的民间宫庙空间。组成院落群体的主殿单体，除供奉对象不同外，道教宫观和佛教寺院内外部空间形制常以内柱位置和有无前廊为各自特征。

同时，这些早期建筑同在晋东南地区可作为一个整体考察，这种区域共性具体表现在年代和地区两方面。按年代序列来看，从五代至金，山林、河流、高地、村落等因素都是寺庙选址的依托要素，在环境空间方面没有明确的年代差异。下一级院落空间随年代改变较为规整，虽然佛教寺院和民间宫庙进行转型的时间点不一，但二者的总体发展趋势一致。在后期加建之风的影响下，二者院落都向纵深发展；中轴线两侧的建筑也逐渐从廊庑演变至单体；院落中的构成元素，例如钟鼓楼、角楼、配殿等，越到晚期，将中国建筑传统与地方特色结合得越紧密。单体空间方面，通过形制结构的一系列分析可得出晋东南单体建筑的时代特征如下：平面通面阔与通进深间广比值渐小，系头栿逐步靠近山墙，正脊加长，出檐比例减小；隔架类型、脊部构件以及铺作形制组合都从简约走向繁复，叉手在脊部的结点位置逐渐上移；普拍枋从无到有，从扁宽向厚窄发展。年代序列从环境到院落，再到单体层层渐进被强调表现。这些变化特征符合中国传统建筑总体演变规律的同时，具有晋东南地方特色。这种区域共性在长治和晋城及其下辖县之间也存在一定地区差异，其中最主要是由于地区尊崇信仰的不同。平顺浊漳河流域、长子县、以及高平市多有信仰统一且单纯的佛教寺院，一般情况下佛教寺院从数量和规模上都超过这一区域内的民间宫庙。晋城陵川、泽州地区则相反，佛教寺院香火不如民间宫庙，人们更偏向于世俗化的民间信仰，这些宫庙数量多，规模有大有小，散落于每村每镇当中，使村落和人的关系更加密切，成为村落中信仰意识的连接、地缘情感的纽带。此外，平顺、长子及高平地区重

北宋建筑，陵川、泽州地区多金代建筑；晋城地区对建筑形制结构的处理较长治地区更加灵活，如斜栱的使用频率较高等。

总体观之，晋东南五代、宋、金"寺"和"庙"建筑环境、院落和单体三层空间的思想表达，统一在建筑本身与环境、建筑和人三者的联系之中。环境空间首先利用风水形势及人文条件将山、水、村落与寺庙完美组合；其次在大空间上与其他建筑遥相呼应，形成了沿流域呈条带状分布或以山头对峙分布的总体格局；最后环境空间承载的不仅是建筑本身，不论深入山林还是嵌入村落，其塑造过程依然是在处理人的需求以及人与自然的关系。院落空间作为一个整体坐落于环境之内，在依托自然和人文环境要素的同时也将环境景观融入进来，借景共同组成良好的寺庙景观。轴线主体建筑以及横向围合的配殿都从构图、功能及思想方面进行对话，为信众营造了一个虚实结合的空间；这个空间虽然布局既定，但人通过视角的转变等方式，仍然具有进入空间、进行主观解读的重要作用。单体空间是最内部的一层体系，主殿常择高而置，在利用自然的基础上辅以人文因素来选择和处理，与环境形势发生联系；其在寺庙中位置、功能的体现离不开与其他单体建筑的组合搭配；单体空间借助于内、外部形制结构等实体的搭接咬合，为人、也为供奉之神打造出最适宜的空间尺度。在晋东南，不论佛教寺院，抑或是民间宫庙，从环境，到院落，再到单体，空间逐步变小的过程，同时也是建筑与环境、建筑与建筑以及建筑与人的关系逐步密切的过程，它们的空间思想借助于环境艺术、建筑实体以及人性情感得到表达与传递，这是中国传统建筑艺术的重要一脉。

参考文献：

[1] 郭黛姮，徐伯安. 平顺龙门寺 [C] // 科学史文集 第 7 辑：建筑史专辑 (2). 上海：上海科学技术出版社，1980.

[2] 柴泽俊. 柴泽俊古建筑文集 [M]. 北京：文物出版社，1999.

[3] 郭华瞻，温玉清. 晋城青莲寺环境景观的园林意匠浅析 [J]. 新建筑，2012，6.

[4] 郝彦鑫. 山西平顺浊漳河流域宋金建筑营造技术探析 [D]. 太原：太原理工大学，2012.

[5] 王其亨，等. 风水理论研究 [M]. 2 版. 天津：天津大学出版社，2005.

[6] 王贵祥. 东西方的建筑空间 传统中国与中世纪西方建筑的文化阐释 [M]. 天津，百花文艺出版社，2006.

[7] 酒冠五.山西中条山南五龙廟[J].文物,1959,11.

[8] 丁垚.何种古迹观:兼述9—10世纪的建筑、景观与文学[J].建筑学报,2016,8.

[9] 曾枣庄,刘琳.全宋文[Z].上海:上海辞书出版社,2006.

[10] [宋]圆悟克勤.碧岩录[Z].北京:华夏出版社,2009.

[11] 萧默.敦煌建筑研究[M].北京:机械工业出版社,2003.

[12] 罗哲文,柴福善.中华名寺大观[M].北京:机械工业出版社,2008.

[13] 王贵祥.中国汉传佛教建筑史:佛寺的建造、分布与寺院格局、建筑类型及其变迁:中卷[M].北京:清华大学出版社,2016.

[14] 大正藏[Z].第36册:0269c02(页),第9册:0007a29(页),第54册:0301b08(页),第85册:2908(部),第51册:1095a28(页)。

[15] 王贵祥.中国汉传佛教建筑史:佛寺的建造、分布与寺院格局、建筑类型及其变迁:下卷[M].北京:清华大学出版社,2016.

[16] 徐怡涛.长治、晋城地区的五代、宋、金寺庙建筑[D].北京:北京大学,2003.

[17] 刘泽民.三晋石刻大全:晋城市泽州县卷(上)[M].太原:三晋出版社,2012.

[18] 刘泽民.三晋石刻大全:晋城市陵川县卷[M].太原:三晋出版社,2012.

[19] 刘泽民.三晋石刻大全:晋城市高平市卷(上)[M].太原:三晋出版社,2012.

[20] 漆山.学修体系思想下的中国汉传佛寺空间格局研究(上):由三个古代佛寺平面所引起的思考[J].法音,2012,3.

[21] 殷光明.从释迦三尊到华严三圣的图像转变看大乘菩萨思想的发展[J].敦煌研究,2010,3.

[22] [北宋]赞宁.宋高僧传下[Z].北京:中华书局,1987.

[23] [清]张金吾.金文最[Z].北京:中华书局,1990.

[24] 张驭寰.上党古建筑[M].天津:天津大学出版社,2009.

[25] 涂小马.陆游全集校注9[Z].渭南文集校注卷十九.杭州:浙江教育出版社,2011.

[26] 李会.山西现存元以前木结构建筑区期特征[C]//2010年三晋文化研讨会论文集.太原:三晋文化研究会,2010.

[27] 梁思成.梁思成全集:第7卷[M].北京:中国建筑工业出版社,2001.

[28] 刘泽民.三晋石刻大全:长治市平顺县卷[M].太原:三晋出版社,2012.

[29] 贺大龙.长治唐五代建筑新考[M].北京:文物出版社,2015.

[30] 潘谷西,何建中.《营造法式》解读[M].南京:东南大学出版社,2005.

[31] 常福江.长治金石萃编:上[M].太原:山西春秋电子音像出版社,2006.

[32] 盖建民.民间玉皇信仰与道教略论[J].江西社会科学,2000,8.

[33] 朱向东.宋金山西民间祭祀建筑[M].北京:中国建材工业出版社,2012.

山西平陆县地坑窑空间形态浅析*

Analysis of Spacial Form of the Underground Cave Dwellings in Pinglu County of Shanxi Province

薛林平①　　**刘传勇**②　　**胡　盼**③

Xue Linping　　Liu Chuanyong　　Hu Pan

【摘要】平陆县位于山西省运城市,地处山西、河南、陕西三省交接处,充足的日照、干旱的气候和特殊的地貌地质,为营造地坑窑提供了得天独厚的条件。此文在现场调研、工匠访谈和查阅大量文献的基础上,对平陆县内地坑窑的空间分布、保存现状做了简要的梳理,并结合平陆县内典型的地坑窑实例,对其类型、空间构成和空间特征做详细的分析与研究。

【关键词】平陆县　地坑窑　空间形态

1 概　况

地坑窑也被叫作地坑院、地窖院、天井院,是人类早期"穴居"发展演变的实物遗存,距今已有4 000多年的历史,有着"地下四合院"的美称。地坑窑体现了中国古代"人与自然和谐相处、共生共进"的哲学思想,其主要分布于陇东、豫西、晋南、渭北交界处,如陕西潼关,河南三门峡,山西芮城、平陆、垣曲等地[1]。其中,山西省南部的平陆县境内尚存大量的下沉式地坑窑,是省内典型的民居类型之一(图1、图2)。

图1　地坑窑

（图片来源:自摄）

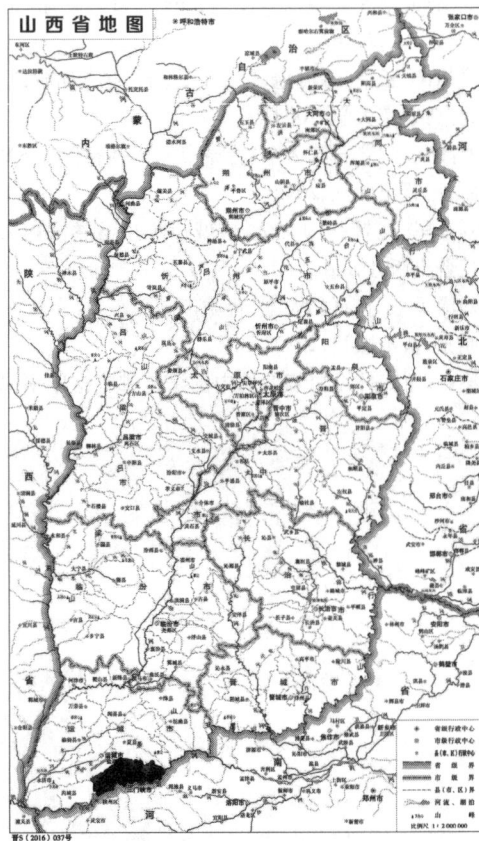

图2　平陆县在山西

（图片来源:自绘）

---

* 国家社科基金项目:山西传统民居营造技艺调查研究(项目号:14BG083)。

① 薛林平,北京交通大学建筑与艺术学院副教授、研究生导师。

②刘传勇,北京交通大学建筑与艺术学院硕士研究生。

③ 胡盼,北京交通大学建筑勘察设计院有限公司。

1.1　地坑窑的空间分布

平陆县内的地坑窑主要分布在中条山与黄河间的黄土塬[①]台地上,其中地坑窑数量较多、分布相对密集且保存完好的地区要属张店塬了。张店塬"三面环山,地形呈簸箕形,东、西两边系沿山地带,中部为塬面,东西地势较高,北部略高于南部"[2],地坑窑主要分布在张店塬中部塬面的张店镇。

在聚落内部,考虑到结构的稳定性,窑与窑之间的距离多为15~25米。为了方便出行,各个地坑窑的出口多朝向村内的道路,故聚落内的地坑窑多是沿村内主次干道呈散点式分布。以平陆县张店镇侯王村为例,村内现存地坑窑19处,分散分布于村内的北部、西部和南部,且大部分地坑窑沿着村内主、次干道分布(图3)。

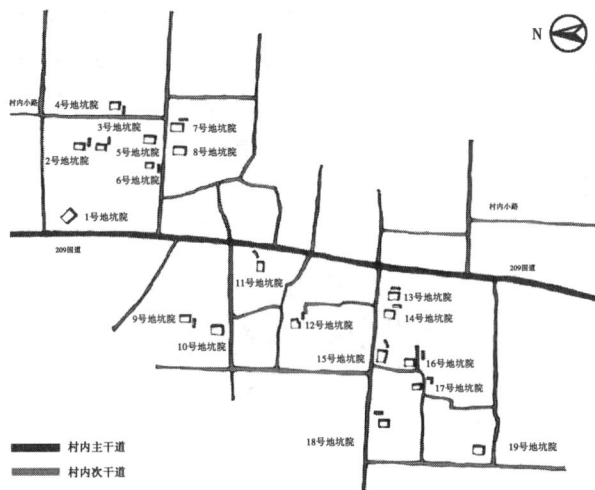

图3　侯王村内地坑窑空间分布
(图片来源:自绘)

1.2　地坑窑的保存现状

据统计,平陆县在20世纪60年代以前,有地坑窑17 000多座;60年代以后,大部分地区由集体统一规划,施工兴建砖木混合结构的移民新村;到了80年代,随着人们生活水平的提高,越来越多的人自行搬出地坑窑,在地面上盖起砖瓦房,多数地坑窑被荒废或回填。截止到2013年,全县保存下来的地坑窑仅剩1 000多座,有人居住的不到600座。在过去的50年间,平陆县地坑窑的数量锐减

了90%以上[3],平均每年消失320座左右。

以张店镇侯王村为例,据杜长锁老人讲述"80年代的时候,村里一共有70~80个地坑窑,最近五六年填了40~50个,现在这个自然村(侯王自然村)还剩20多个"[②],"行政村原来一共有200多个地坑窑,现在估计也就剩50~60个"[③]。另据张店镇沟渠头村的赵天兴老人讲述"我们这个自然村现在还有6个地坑窑,原来有11个,另外5个10来年前就被填平了"[④],张店镇张店村的王守贤老人也讲述到"原来村里大概有200处窑院,现在还剩下将近50处,有些住人有些不住人……没了的那150处窑院,自然倒塌的占半数"[⑤]。

近些年,快速的城镇化使得平陆县内大量地坑窑被舍弃、填平,地坑窑数量以惊人的速度逐年减少,这种极具地域特色的乡土民居面临着消失殆尽的危机。故本文通过实地调查、工匠访谈及文献阅读,对地坑窑的类型及空间构成进行归纳总结,对地坑窑的空间特点进行详细分析,以期让更多的人认识到地坑窑的特色与价值,并希望能为平陆地区地坑窑的保护以及地域性的实践创作提供参考。

2　地坑窑的类型及空间构成

受家庭规模、宅基地形状以及窑主人经济状况的影响,地坑窑的规模和形制略有不同,按主窑朝向、窑洞的孔数及窑洞券形可将其分成不同的类型[4]。

2.1　地坑窑的类型

2.1.1　按主窑朝向

地坑窑位于地平面以下,日照资源显得尤为珍贵。总体来看,北窑可接受日照时间最长,南窑接受日照时间最短,西窑接受太阳照射的时间段是早晨至中午,东窑接受太阳照射的时间段是傍晚。因此,一般人家会将北窑和西窑作为主要居住的窑洞,据此可将地坑窑分为两种:"一种叫东四宅,一种叫西四宅;以北面的窑作为主窑的是东四宅,以西面的窑作为主窑的那叫西四宅(图4)"[⑥]。

---

① 塬地呈平台状,四周陡、顶上平,塬下自然成沟状,塬高沟深且坡度大,这样有利于地表水排泄。

② 引自侯王村杜长锁匠人口述。

③ 引自侯王村于保才匠人口述。

④ 引自沟渠头村赵天兴匠人口述。

⑤ 引自张店村王守贤匠人口述。

⑥ 引自侯王村杜长锁匠人口述。

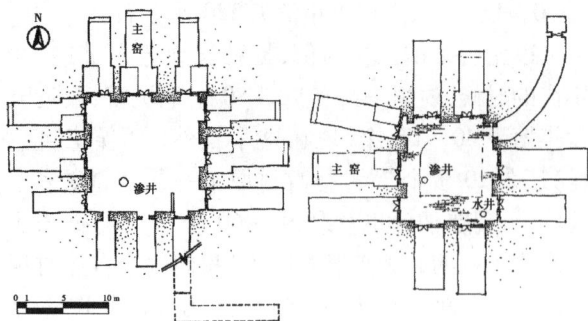

图 4 东古城村丁守规的东四宅(左)和
张店村王守贤的西四宅(右)
(图片来源:自绘)

2.1.2 按窑洞孔数

按窑洞孔数,可将地坑窑分为 7 孔窑、9 孔窑、10 孔窑、12 孔窑几类。窑院内的窑洞大多是呈线对称布置的,一般会将一个角上的窑洞作为入口。以东四宅为例,7 孔窑的窑院平面为南北长、东西窄的矩形,窑洞布局为北面一孔主窑,东、西、南三面各两孔窑,其中入口位于东南侧;9 孔窑的窑院平面为南北长、东西窄的矩形,窑洞布局多为北面一孔主窑,东、西两面各三孔窑,南面两孔窑,其中东侧一孔为入口窑洞;10 孔窑的窑院平面也为南北长、东西窄的矩形,窑洞布局为南、北两面各两孔窑,东、西两面各三孔窑,主窑位于北侧,入口窑洞位于东南角;12 孔窑的窑院平面为南北、东西等长的正方形,窑洞布局为四面各三孔窑洞,主窑位于北侧正中,入口窑洞位于东南角(图 5)。

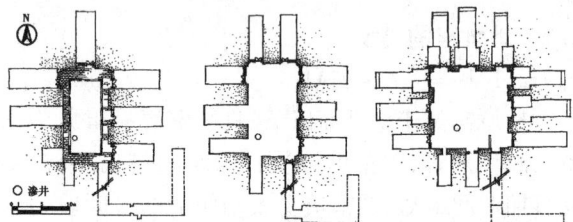

(a)牛牡丹院9孔窑 (b)赵天兴院10孔窑 (c)丁守规院12孔窑

图 5 不同孔数窑洞的地坑窑
(图片来源:自绘)

2.1.3 按起券形状

地坑窑窑洞券形主要有三种:尖券、圆券和扇面券(图 6)。尖券是双圆心券,两段圆弧交于窑顶,其稳定性较后两种强;圆券和扇面券都是单圆心券,只不过圆券的圆心为窑洞两腰线连线的中点,券的高度较高,外形饱满美观,但由于测量和操作上有误差,不易施工;扇形券的圆心不在两腰线的连线上,而在腰线连线中点垂直向下一定距离

处,其起券高度没有圆券的高,所以挖土量相对前两种少,但其结构稳定性较差。

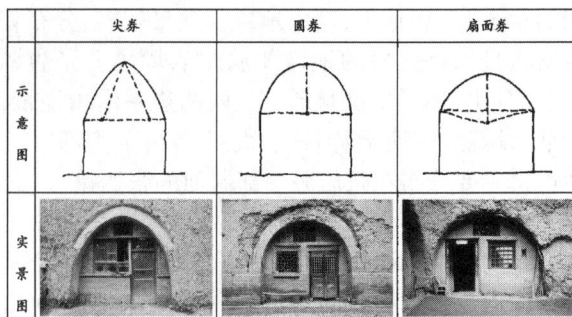

图 6 窑脸起券类型
(图片来源:自绘、自摄)

2.2 地坑窑的空间构成

地坑窑主要由地上空间、门洞空间、窑院空间和窑洞空间四部分构成(图 7)。地面上的人依次经过入口坡道、窑门进入窑院,穿过窑院,便可进入窑洞内,窗后便是人们日常起居的主要活动场所——火炕,火炕对面则依次摆放着桌椅、水缸、衣柜等家具。

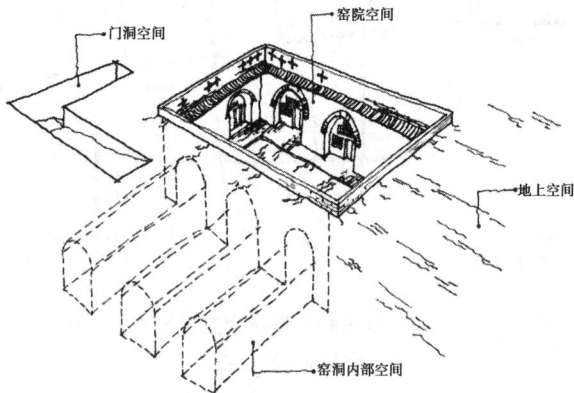

图 7 地坑窑空间构成
(图片来源:自绘)

2.3 地上空间

地上空间主要由树木、道路和空地三部分组成。窑顶周边一般会种植榆树或枣树,可以起到防风固沙的作用;地面上的道路没有明显的边界,大多围绕地坑窑布置;窑顶的空地在当地被叫作场,秋收的时候可以在这里晒粮食、打场。

2.3.1 门洞空间

门洞空间指的是从地面进入窑院所经过的通道,可细分为明洞、窑门、暗洞三个部分(图 8)。明洞指的是地面上可看到的向下延伸的坡道;窑门即外界与窑院之间的屏障;暗洞则是门洞内不露天的一段,一般会在窑门外设置渗井用来排泄从坡道流下来的雨水,避免其流入院内。

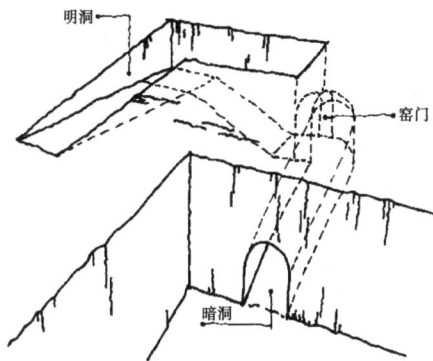

图8 门洞空间
（图片来源：自绘）

门洞作为地坑窑唯一的出入口，它的形式会因窑洞附近的地形、道路走向的不同而有所变化，大致可分为直入型、"L"型、回转型三种（图9）。直入型门洞，窑院和入口处于同一标高，这种门洞常见于地势陡峭的坡地，入口与窑顶有足够的高差；"L"型门洞的明洞和暗洞呈90度，暗洞直通窑院，明洞连接窑顶；回转型门洞较为常见，由于有足够的长度，坡度较缓。

2.3.2 窑院空间

窑院是人们室外活动的主要场所，并将各个窑洞联系起来。通常情况下，窑院四周为砖砌硬质铺地，比中间的夯土地面高，高度"一般不低于8公分，不高于20公分，就是8到15公分左右"[1]（1公分＝1厘米），并做1~2度的坡度坡向渗井。

窑院大多比窑洞室内地面低，这是为了防止窑院内的雨水倒灌；也有窑院高于窑洞室内地面的情况，这则多是出于保暖保温的考虑（图10）[2]。

窑院内一般会种植树木以美化空间，主要遵循实用的原则。当地流传着"前不栽桑，后不栽柳，院中不栽鬼拍手"的说法，因为"桑"与"丧"同音，"柳"是丧葬用木，"鬼拍手"则指的是杨树，因其枝叶繁茂，风吹而过枝叶声声作响，像是鬼在拍手，不仅很吵，而且也很不吉利[3]。对于院内适宜种植的植物种类，当地还流传着"前梨树，后榆树，当院栽棵石榴树"的说法，因为"梨"与"利"谐音，榆树也被叫作金钱树，象征着财源滚滚、利在院中，而石榴多籽，寓意子孙兴旺、人丁发达（图11）[4]。

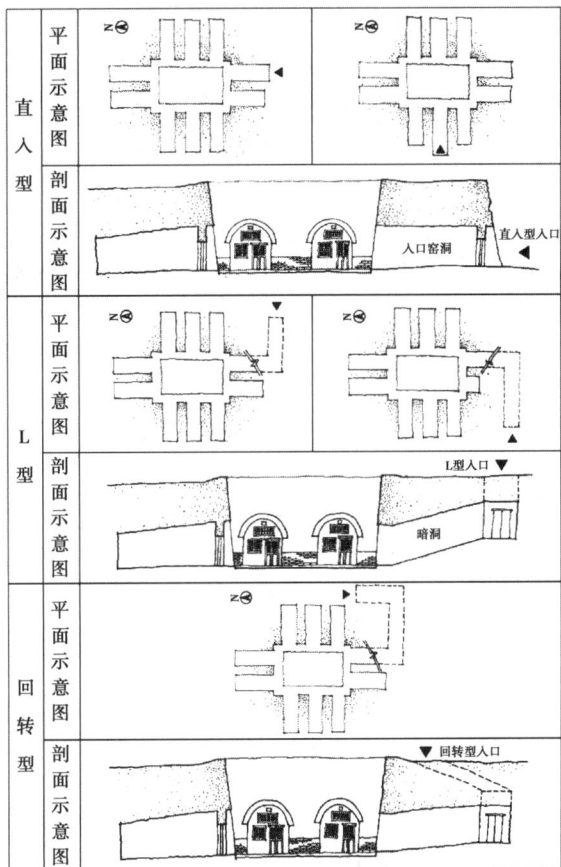

图9 门洞入口类型
（图片来源：自绘）

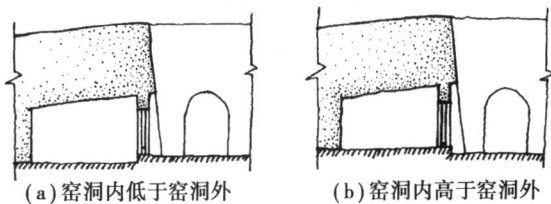

（a）窑洞内低于窑洞外　　（b）窑洞内高于窑洞外

图10 窑内外地面高差
（图片来源：自绘）

图11 地坑窑院内树木
（图片来源：自摄）

---

① 引自张店村非物质文化遗产传承人王守贤口述。

② 整理自杜长锁、朱丙文匠人口述。

③ 整理自侯王村杜长锁匠人口述。

④ 整理自张店村非物质文化遗产传承人王守贤口述。

2.3.3 窑洞空间

窑洞按功能可分为:主窑、下主窑、客窑、门洞窑、牲口窑、粮仓窑、厕所窑等。各窑洞之间的相对位置关系为:下主窑与主窑相对;客窑位于主窑两侧的窑面上,且多居中;门洞窑位于与主窑相对的窑面,且位于角落上;牲口窑、厕所窑均远离主窑布置;粮仓窑和主窑在同一个窑面上,位于主窑两侧,这样可以保证充足的采光,避免粮食发霉。另外,窑主人通常将祖宗牌位置于主窑东侧的窑洞内,单独供奉起来。

主窑是人们日常生活起居的主要场所,洞内靠窗位置的炕箱中砌有火炕,"一般一个窑洞就一个火炕,在进了门的左手边"[①];火炕对面通常摆放着桌椅、柜子、水缸等家具、用品;灶台位于火炕的短边一侧,用于生火、做饭;窑底一般会挖个小龛放财神爷(图12)。

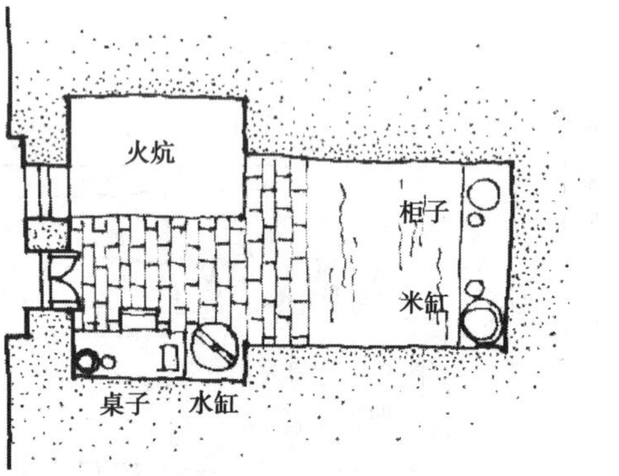

图 12　窑洞室内平面图
(图片来源:自绘)

2.4　空间特征

2.4.1　平面形制

地坑窑的窑院多为正方形或长方形,一个窑院内一般有 8~12 个窑洞。由于每个窑面的长度有限,一般每个窑面挖掘 2~3 个窑洞,每个窑洞的平面均为梯形,即内小外大。如果需要更大、更多的内部空间,可以横向并联两个窑或者三个窑,或者向纵深方向挖掘,形成"套窑"[图 13(a)、(b)];也可以在大窑的尽头端拐个弯向侧向挖掘一个小窑洞,形成"拐窑"[图 13(c)];如果窑洞一侧距离足够的话,还可以在窑洞的内侧挖掘一个与大窑垂直的小窑洞,形成"母子窑"[图 13(d)][5]。

2.4.2　立面构成

当地人把窑洞的立面称为"窑面""崖面"或"马面",其主要由窑脸、窑隔、窑腿、勒脚、门窗、拦马墙、滴水等部分组成(图14)。窑脸就是窑洞口

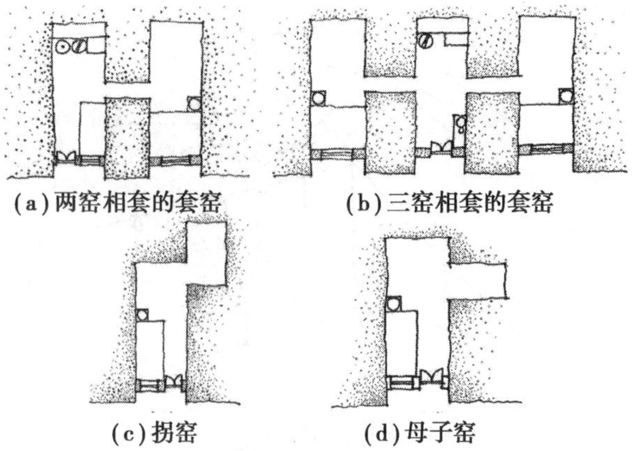

---

①　引自侯王村杜长锁匠人口述。

②　引自侯王村保才匠人口述。

(a) 两窑相套的套窑　　(b) 三窑相套的套窑

(c) 拐窑　　　　　　　(d) 母子窑

图 13　窑洞平面形制
(图片来源:自绘)

上部的拱券,会凹进窑面 6~10 厘米,主要是为了防止雨水冲刷门窗面,通常会用草泥抹面或精美的砖石砌筑,它是窑洞立面装饰及造型上非常重要的一部分。窑隔指的是分隔室内与窑院的墙体,门窗均安装在窑隔上,一般为一门两窗,"下边一个大窗,上边一个小窗"[②],其上一般留有通风口,也有一门三窗的做法,但极为罕见。窑腿指的是两孔窑洞之间的墙体,是窑洞主要的承重部分,窑腿下部通常会砌筑勒脚,防止雨水冲刷墙体。拦马墙指的是围绕窑顶砌筑一周的墙体,主要是为了防止窑顶人畜失足跌落,兼具排水、防水的功能,同时也是整个窑院中重要的装饰部分。滴水指的是拦马墙下面与窑面相交的部分,是防水的挑檐,当地人形象地将其称为"眼睫毛"。

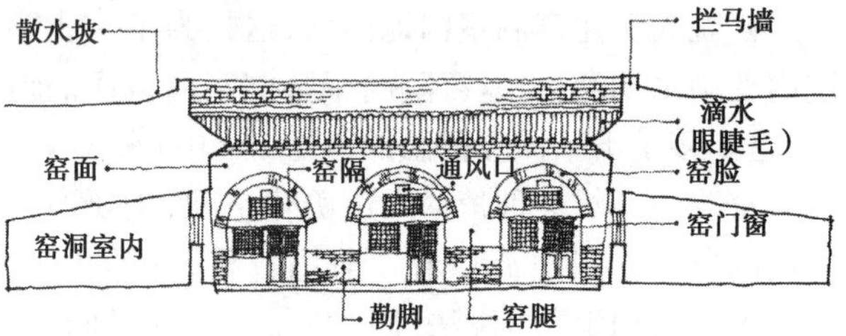

图 14　地坑窑立面组成
(图片来源:自绘)

2.4.3　空间尺寸

窑院一般为 12~15 米的正方形或者长方形,面积在 140~230 m^2,每孔窑洞面积在 35~50 m^2,一个地坑窑的总面积大约是 667 m^2。

为了防止窑面上方的土壤滑落,确保结构的稳定,窑院底部的尺寸会比窑院地面上的尺寸小一圈,通常每边缩进 20~30 厘米,当地的匠人把这种

下小上大的做法叫作"抹度"(图15)。

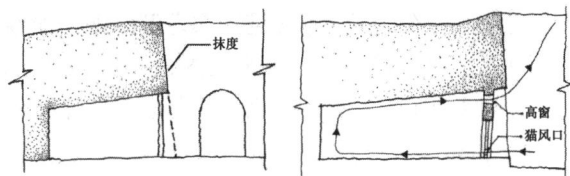

图15 抹度(左)及窑洞内空气流动(右)示意图
(图片来源:自绘)

窑洞的尺寸依其功能不同而不尽相同,具体可分为一丈零五窑、九五窑、八五窑和七五窑4种类型。一般主窑是九五窑,即高九尺五寸,约3.2米,宽九尺,约3米;其他窑洞都是八五窑,即高八尺五寸,约2.8米,宽八尺,约2.65米[①];窑洞的进深多为3丈,也有3丈5和2丈5的(一丈≈3.33米),"一般住人的窑洞进深至少都要2丈5,因为窑洞太浅就放不下东西了"[②]。

就高度来讲,窑洞内的高度一般都比外面的高度低,"前面和后面大概差个5寸"[③](一寸≈3.33厘米),窑隔上会留高窗,门槛下留猫风孔,这样有利于窑内烟气和水蒸气的排出,"冬天室内生炉子有烟,猫风孔能进来风,下面进上面出,这样就不会煤气中毒"[④](图17)。窑腿宽度一般在1.8~2.5米,高度一般为1.6~2米,拱矢高度为1.5~2米,这样窑洞顶部的拱券才能承受住上面土壤的荷载(图16)。

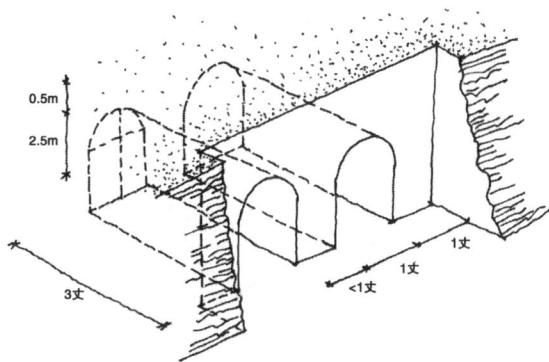

图16 地坑窑尺寸统计
(图片来源:自绘)

3 典型地坑窑实例

3.1 张店村王守贤院

王守贤老人是地坑窑营造技艺的传承人,有着30多年打地坑窑的经验,他家的地坑窑建于清朝早

期,保存完好(图17)。该窑占地约1.5亩,窑院长边约10.5米,短边约9.5米,近似方形,院深7.6米,属于典型的西四宅。窑院内共有10孔窑洞,东、西两侧各3孔,南、北两侧各2孔(图18),西面的主窑、上角窑和北面的东角窑可住人,窑洞起券主要有尖券和圆券两类。

图17 王守贤院全景
(图片来源:自摄)

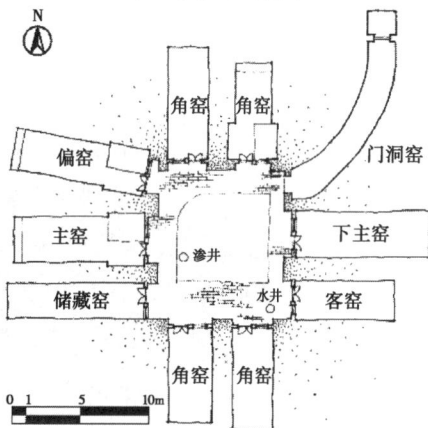

图18 王守贤院平面图
(图片来源:自绘)

窑场上有房屋一间,内部存放农耕工具、杂物等。入口窑洞位于东北角,为直入型,出口朝北,紧邻街道。窑院地面铺不规则砖石,部分为建院时期保存下来的,大部分砖石是院主人后来铺的,院中心原有梨树一棵,大概在1985年被砍掉,现在院心垒有石台,石台中种有佛手瓜;窑洞内用白灰抹面,火炕及家具等一应俱全,地面均铺砖,干净整洁。

窑面上滴水和拦马墙保存完好,拦马墙高出地面约30厘米,是王守贤匠人于1981年左右新建的(图19)。

---

① 整理自侯王村杜长锁匠人口述。
② 引自张店村非物质文化遗产传承人王守贤口述。
③ 引自张店村非物质文化遗产传承人王守贤口述。
④ 引自后滩村朱丙文匠人口述。

图 19　砖砌拦马墙与烟囱

（图片来源：自摄）

3.2　东古城村丁守规院

丁守规院位于平陆县张店镇东古城村，该院建于 1961 年，窑院长边约 13 米，短边约 12 米，近似方形，窑院深约 7 米，属典型的东四宅（图 20）。由于窑主人家庭人数较多，院内共计 12 孔窑洞，东、西、南、北四面各 3 孔（图 21）。窑洞起券形状不一，有尖券也有圆券，窑面上并没有做滴水和拦马墙。目前窑院内仍居住着丁守规兄弟三家，共 9 口人，最多的时候整个窑院内同时居住 18 口人。

图 20　丁守规院全景

（图片来源：自摄）

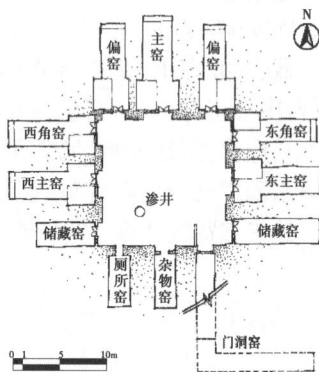

图 21　丁守规院平面

（图片来源：自摄）

窑场上道路规整，隔着村内道路对面是一片农田。入口位于东南角，为常见的"L"型门洞。窑院地面为夯土地面，简单朴素；窑洞内也用白灰抹面，由于时间太久，墙面已经发黑；室内地面前半截铺砖，后半截夯土，火炕、家具一应俱全。

3.3　沟渠头村牛牡丹院

牛牡丹院位于平陆县张店镇沟渠头村，该院建于 1979 年，耗时 4 年建成，窑院长边约 16 米，短边约 8 米，深约 8 米，是典型的东四宅（图 22）。院内共计 9 孔窑洞，北侧一孔，东西两侧各 3 孔，南侧 2 孔（图 23），窑洞起券多为圆券。

图 22　牛牡丹院全景

（图片来源：自摄）

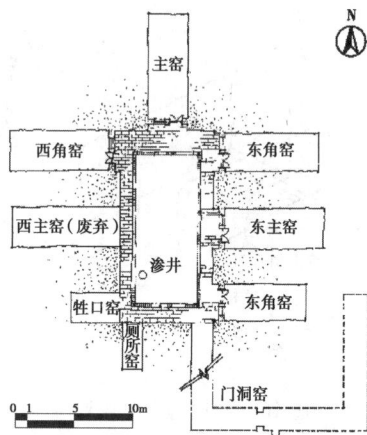

图 23　牛牡丹院平面图

（图片来源：自绘）

窑顶建有一砖瓦房，窑主人现居住于此，房前为进入窑院的道路，道路两侧为农田；入口为回转型，位于东南角；窑院内没有种植树木，四周铺有整齐的砖看台。

窑面上砌筑有整齐的拦马墙和滴水。由于年久失修及常年雨水冲刷，南侧窑面的拦马墙和滴水已经塌落。

4 结 语

地坑窑作为中国传统民居建筑的一大奇观,其独特的形式和空间形态,很好地诠释了古代"天人合一"的哲学思想。不同的类型、平面形制和立面构成又充分体现了地坑窑的多样性。地面上的人们依次经过狭窄的入口坡道、窑门进入窑院,穿过窑院便可进入窑洞内,这种由上到下、由外到内的行动流线,充满了虚和实、明和暗的对比变化,也包含了由公共性向私密性的转换,充分地体现了民居形式与日常生活之间的联系以及人与土地的深厚感情。

对于有着"地下四合院"美称的地坑窑,空间与使用者的日常生活息息相关,对其空间形态的研究可以反映居住者的生活行为,进而反映居住者的心理。这种空间特征与使用人行为心理之间的对应关系与地域自然及人文环境息息相关,故对传统民居空间形态的分析对于具有地域性新式民居建筑的设计具有重要的指导意义。希望本文对地坑窑空间形态及空间特性的分析与研究,能够为地坑窑的保护及后期地域性的创新性实践提供参考。

参考文献:

[1] 赵非. 平陆地窨院营造技术初探[D]. 太源:山西大学,2015:8-17.

[2] 平陆县志编纂委员会. 平陆县志[M]. 北京:中国地图出版社,1992:14.

[3] 文慧. 即将消失的地下村落平陆地窨院[J]. 华北国土资源,2013(5):40-41.

[4] 王徽,杜启明,等. 窑洞地坑院营造技艺[M]. 合肥:安徽科学技术出版社,2013:20.

[5] 潘谷西. 中国建筑史[M]. 北京:中国建筑工业出版社,2015:105-106.

对西汉南越王宫苑囿遗址的复原探讨

A Study on the Restoration about Site of Southern Yue
—Kingdom Garden in Western Han Dynasty

黄思达[①]

Huang Sida

【摘要】本文基于西汉南越国宫城内苑囿遗址的考古现状,结合相关研究成果与文献,重点对池渠周边宫室建筑的选址、整体格局、建筑外观、功能发布等方面的历史信息进行重新建构,力求进一步合理地还原南越王宫苑囿在西汉元鼎6年(公元前111年)[②]以前可能呈现的面貌。

【关键词】西汉　南越国宫苑　宫室建筑

1　宫城的选址

　　南越国是秦末汉初岭南的一个地方性政权,立国于公元前203年,开国国主赵佗(今河北正定县人)传五主,于汉元鼎6年(公元前111年)被汉武帝派兵攻灭,南越立国期间对岭南原本蛮荒之地开展了时长近一个世纪的建设。南越国都城番禺,其宫城遗址被发掘于今广州市老城中心的越秀区。根据考古勘探南越国外郭城北界大概就在今越华路南侧、西界在今吉祥路(人民公园)附近、东界大概在今旧仓巷、南界在今西湖路与惠福路之间,东西长约500、南北长约800米、总面积约40万平方米(图1)。根据海洋地质学家对珠江三角洲全新世沉积的研究成果,珠江出海处的岛屿星罗棋布,东南部有多个如齿轮状的半岛伸出海面,伸向广佛湾[③]。

　　南越国宫城就选址在该半岛一处较为平整的台地上,北倚越秀山,南临珠江,远眺南海,取背山面屏之势。宫城中建造了规模宏大的宫署建筑群与苑囿,因此苑囿部分的选址必然与宫城整体的功能布局有关,不单是对审美的考量。广州历史上的甘溪[④]自番禺城东北方而来,到越秀山南麓后分为

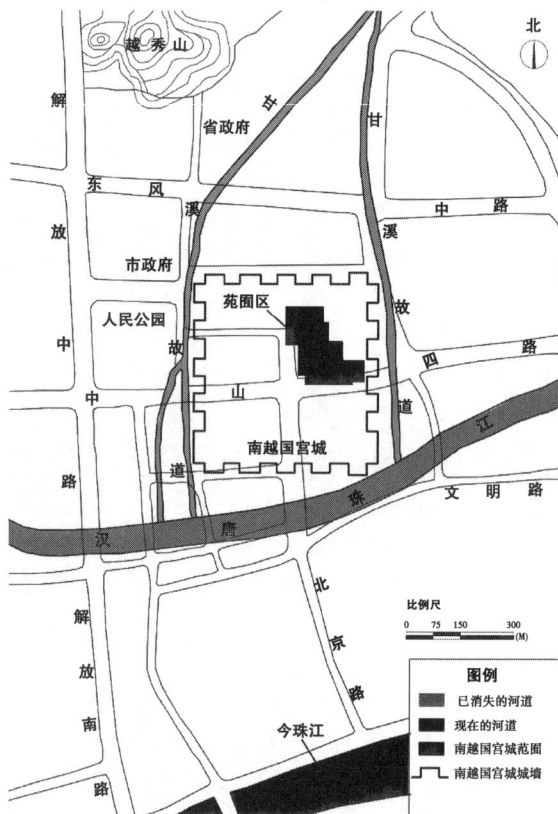

图1　南越国宫城及周边环境关系区位图
（图片来源：据文献［1］整理绘制）

---

　　① 吉林大学珠海学院建筑与城乡规划学院,助教。

　　② 南越国末年,丞相吕嘉反汉,汉武帝派兵征讨,汉兵纵火烧城。故本文推测南越王宫苑囿应该是在这场战争中被毁灭,考古遗址发掘出土被烧焦的炭化木料可与历史文献记载相印证。

　　③ 南越王宫博物馆筹建处、广州市文物考古研究所,《南越宫苑遗址—1995 1997年考古发掘报告(上)》,北京:文物出版社,2008.08:5。

　　④ 甘溪是广州城历史上的重要水道,对广州城市发展有重要意义,不但具有航运、灌溉等作用,更重要的是广州城饮用水的重要来源。对甘溪的疏浚和开发最早可以追溯到西汉时期交阯刺史罗宏,唐宋以来先民对甘溪的开发从未间断。见文献［1］第六章·第二节·南越宫苑遗址的特点与秦汉苑囿:302-306。

两支,分别从宫城城墙的西侧和东侧穿过这块台地并向南注入珠江,为宫城的生活用水与苑囿水景的营建提供了理想的条件,同时珠江古河道从城南不远处通过,可便于漕运与海外贸易①。从1995—2006年麦英豪带领的挖掘办公室以及广州市各文博单位的业务人员先后三次对南越国宫城遗址进行了考古发掘,其内容包括西北部的宫署区和东南部的王宫苑囿区两部分,总发掘面积为15万平方米(图2)。

2 苑囿格局初探

苑囿区已发掘的内容主要包括蕃池和曲流石渠两部分。蕃池位于已发掘的一号宫殿遗址东侧、曲流石渠的北侧,是一个口大底小的斗状水池。蕃池池壁之下的生土层内埋有两条导水木暗槽,一条埋在西壁下的生土层内向西南延伸,另一条埋在南壁下的生土层内并向东南延伸最终与曲流石渠的北端连接。曲流石渠由北向南延伸,在弯月石池部分再蜿蜒回转西去,最终在西端F17遗址处终止。F17遗址呈曲尺形,遗址南北纵长部分北连东西向的砖石走道,遗址东西向部分向西延伸至探方以外,未做发掘。曲流石渠南邻F18遗址,F18遗址只发掘了北面一部分,其余部分在探方以外,未做发掘。曲流石渠西段的北岸有一处弧形步石,通向的是宫署区一号宫殿遗址前庭院南部的东西向砖石走道,沿此东西向砖石走道向西可通往南北向一号廊道遗址的南端,沿一号廊道向北可去往一号宫殿遗址。(图2、图3、图4)

3 蕃池边望柱栏杆

经考古发掘出的蕃池是西南角的一小部分,南北长9.85米、东西长9.8米、池深约2.5米、方向北偏西15°、池壁倾斜角度13°。根据考古勘探情况推测蕃池的总体规模为南北长约72米、东西长约50米,面积约3 600平方米。蕃池池壁用砂岩石板铺砌、池底则用碎石和鹅卵石铺砌而成。目前在蕃池已揭露部分(图3)的东北角发现有一处倒塌的叠石柱,由长方形石块叠砌而成(图5),池内还发现有散落的大量瓦件和石质建筑构件。现考古发掘的石质建筑构件包括12件石望柱残件和2件

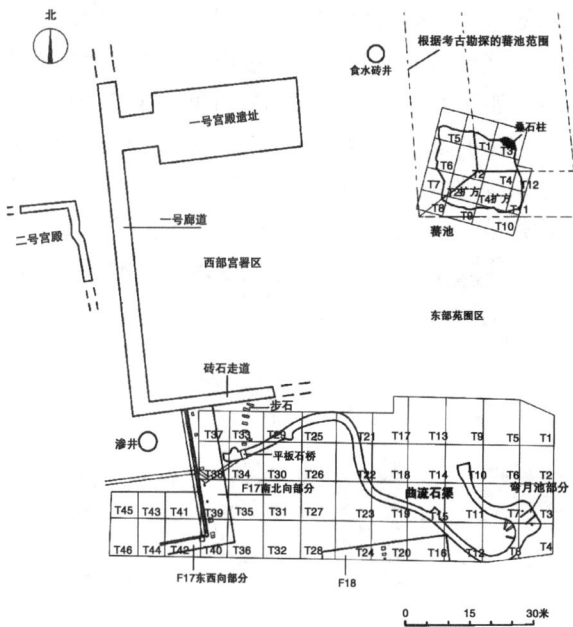

图2　南越王宫苑遗址考古总平面图
(图片来源:据文献[1]整理绘制)

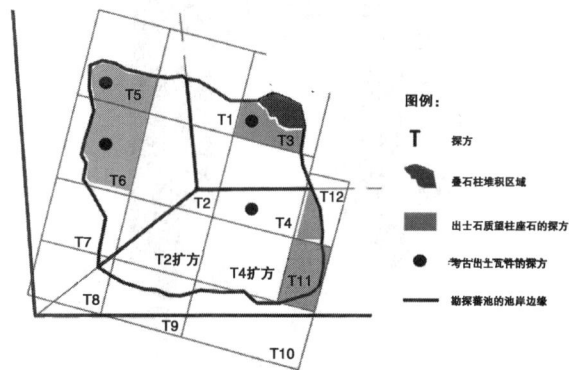

图3　蕃池中的建筑构件出土位置示意图
(图片来源:据文献[1]整理绘制)

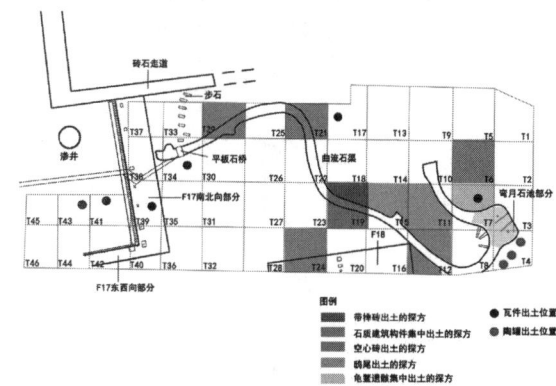

图4　水流石渠周边建筑构件出土的位置
(图片来源:据文献[1]整理绘制)

① 高占盈,《南越国艺术研究》西安美术学院博士论文,2008.03:263。文中指出南越国时期墓葬出土的海外熏炉、象牙、琥珀等器物可以推测南越国与海外文明确有过贸易往来,而且交易的物品主要以奢侈品为主,供王室贵族所享有。

大座石残件,其外表面均用砂岩石打制琢磨而成,有的望柱残件带有底座,望柱底座的凸榫与大座石表面的卯眼正好可以契合(图6),可见大座石的作用应是栏杆中的地栿(图6、图7)。根据出土的瓦件与石质建筑构件可推测池中由叠石柱支撑的平台上立有木构建筑,平台四周应有石质栏杆环绕(图8)。

图5 蕃池中倒塌的叠石柱
(图片来源:文献[1]整理绘制)

图6 蕃池中望柱与座石残件
(图片来源:引自文献[12]:19)

图7 石望柱与座石复原图
(图片来源:根据文献[1]改绘)

结合蕃池内建筑构件的出土位置分析,在倾斜的池壁上以及池底均有倒塌的石质望柱,与有建筑瓦件出土的区域大体相同(图3),有承托望柱的大座石残件位于蕃池西壁上靠近池岸的区域(T11),这些散落的座石应该不是池中平台周围栏杆的望柱座石,因为距离池底散落的望柱残件较远,同时考虑到池壁倾斜十分和缓,岸边的大座石倒在池壁上不会移动过多,推测蕃池岸边原本附设有石栏杆环绕(图8、图14)。

图8 蕃池中及池边建筑复原想象图
(图片来源:自绘)

4 蕃池南岸

1995年考古清理的2段蕃池导水木暗槽都埋在蕃池池壁的垫土层下并打破生土,一条在南壁下,呈西北东南走向,一条在西壁下,呈东北西南走向。在这两段导水木暗槽里有灰黑色土堆积并夹杂有木炭,可能埋在地下将蕃池内的水由北向南导入曲流石渠。结合西部宫署区一号廊道台基东侧与散水南端相连接的一段排水明渠来分析,其延伸方向与一号廊道的走势相同,二者皆为呈南北向的条状。埋在蕃池南壁下生土内的木质导水暗槽与一号廊道东侧的排水明渠相比,在日常维护及水流疏通上会比较麻烦,推测在蕃池南岸设计木暗渠是因为这段导水线路不得不穿过地面上的建筑物,因此只能将导水设施埋在地面下。这处建筑应是位于蕃池南岸,并与蕃池中的台榭建筑南北呼应,向北可远眺越秀山,是苑囿中一处观景点。(图14、图15)

5 苑囿区与宫殿区的连接路径

在曲流石渠平板石桥的北侧地面发现有8块步石,南起第一块每块步石原与平板石桥东侧石板相连,每块步石间隔约0.6米,总长度为7.5米并呈弧形向东北延伸。这段弧形步石附近的 T29（图 4）范围内考古发现有带榫长方砖，该探方的位置离曲流石渠北边的砖石走道与弧形步石皆不远。

曲流石渠部分考古出土的建筑构件类型较为多样，除了方砖与长方砖之外还有空心砖残块、带榫砖、转角砖以及一块三角砖残块（图4）。由于出土的空心砖均为残块，一般多用于砌筑建筑台基的踏步；转角砖用途比较明显，多铺设于台基转角部位；方砖用途多样，可铺设散水、台基地面以及侧立包砌台基外表面；带榫长条砖在南越王宫西部宫署区内主要用于建筑散水最外侧的侧立拦边[1]。可见除了方砖与普通长方砖用途比较多样（可兼用于铺设室外地面），其余砖型一般多用于铺砌房屋台基周边的散水或包砌台基外表面，与地面宫室建筑有紧密的联系，因此水流石渠遗址中出土有带榫砖、空心砖、转角砖的区域暗示着此处应该有建筑物的存在。

根据这些不同类型砖的用途来推测，这块于 T29 内考古出土的带榫砖可能是用于 T29 周边建筑物台基散水最外侧拦边的，说明宫署区一号宫殿前庭院南部这段东西向砖石走道曾经有散水的铺设并且在台基面上有木构廊道。平板石桥北侧的 8 块步石为铺设的园中路径，向南连接曲流石渠上的平板石桥，曲流石渠的北部应该有一个类似于门屋的建筑与弧形步石北端相接，经门屋或砖石走道向北可以进入宫署区。（图 2、图 14、图 15）。

6 曲流石渠弯月石池与苑囿中的生产

曲流石渠在由南向转折向西的部位是一个弯月形石池。池内东部竖立两列东北—西南走向的灰白色砂岩大石板，将池底分割成 3 部分。两列石板残长约为 3.5 米，厚 0.11 ~ 0.17 米，下面垫有圆形截面的枕木以减轻石板上部荷载（图 9）。北列石板北侧与南列石板南侧分别有根八楞形的石柱，石柱顶部带有榫头，上面可与类似于梁的其他建筑构件连接（图 9）。弯月石池是龟鳖遗骸出土最为集中的区域，大概有 200 多只，很明显弯月石池是

苑囿中集中蓄养龟鳖的地方（图 10）。龟鳖目在分类上属于爬行纲，属于冷血变温动物，其生存比较依赖温暖的气温，广州所处的岭南亚热带季风气候区正好为大规模养殖这种动物提供了优越的气候条件。根据文献记载，中国最早在战国晚期就已经有了在人工苑囿中蓄养的龟类供人玩赏的现象，《史记》中荆轲在太子丹的东宫池边拾瓦投龟以取乐[2]。在广州解放北路象岗山南越王墓出土的许多陶、铜、铁质容器里同样发现大量龟类遗骸与家禽类、鱼类等食物一起陪葬[3]，弯月石池极有可能是苑囿中集中养殖龟鳖以供应王室食用与观赏的地方。

图 9 曲流石渠弯月石池部分考古现状照片
（图片来源：引自文献[1]彩版一六）

图 10 曲流石渠弯月石池部分复原想象图
（图片来源：自绘）

①《广州市南越国宫署遗址 2003 年发掘简报》西部宫署区一号宫殿遗址台基周边散水宽 1.5 米，最外侧由带榫的长方砖侧立拦边，大部分埋于土中，拦边内铺鹅卵石，靠近台基的部位铺大型印花砖。在别的区域均为发现有带榫的长方砖，故可推测带榫长方砖主要用于台基周边散水最外侧拦边。见文献[2]：15-31。

②（西汉）司马迁，《史记·卷八十六·刺客列传》："轲与太子游东宫池，轲拾瓦投龟，太子捧金丸进之。"见文献[9]卷八十六：刺客列传第二十六：1532。

③《广州象岗南越王墓出土动物遗骸的研究》象岗南越王墓东耳室是放置享乐用具之所，出土动物几乎全为水产品（螺、鱼、龟鳖），其中部分散在地面，部分盛在器皿中，它们应是作为食品随葬的。见文献[10]：13-19。

池中两列石板下垫有圆形枕木,这一构造可用来减缓上部荷载对地基土壤的压强,因此石板上原有人工构筑物存在的可能,但两列石板以及八楞石柱的尺寸推测,共同支撑小型亭榭类建筑物的可能性不大(图9)。两列石板上若为横铺的木板构成活动的平台,可供管理人员驻足观察池内水生动物的活动、定期投喂食物。水生的龟鳖喜爱清洁的水质,如若生长在一潭浑浊的死水中,容易引起腐甲的病症,因此南越王宫苑的石池与渠相通,以流动的水养龟,保证了水质的不断更新与洁净。大石板横断在水流前进的方向,同时可以减缓石池中水的流速,营造更加适合龟鳖等水生爬行动物栖息繁衍的环境(图10)。

7 F18 遗址

F18 遗址台基高 0.8 米,周边未发现有散水[①],台基面垫土中还发现有少量绳纹瓦片以及用 3 块大石板铺砌的南北向砖石走道(图4)。根据南越国所在的岭南地区的气候特征分析,由于这一地区的气候类型为亚热带季风气候,全年气温偏高且多对流雨,避雨遮阳的廊道是必不可少的。将一层设计为连贯廊道的建筑形制在岭南近代城市的骑楼建筑中仍然普遍可见。南越王宫苑内应该不会使用太多露天走道和平台,F18 台基面上散落的绳纹瓦当建筑残件也暗示了这里原本有木构建筑物覆盖。此处东邻曲流石渠,是向东观望弯月石池景观的最佳位置(图4、图14、图15)。

8 F17 遗址

据考古发掘显示的 F17 遗址位于曲流石渠西端终结处的西侧,由东西向部分以及南北向部分共同组成一个反"L"型的曲尺状台基,方向大约为北偏西 10°,东西向台基以北和南北向台基以西都发现有散水遗址。南北向部分台基宽 6 米。东西向部分宽 1.64 ~ 2.46 米、长 27.5 米,其西部和南部延伸至探方以外未考古发掘(图11),所以东西向房台基实际宽度不明。F17 遗址台基面高出散水面 0.8 米,与 F18 遗址台基的高度大致相当,但却比西部宫署区的一号宫殿遗址的台基高 0.3 米,而 F17 与 F18 遗址距离较近且均位于曲流石渠附近,

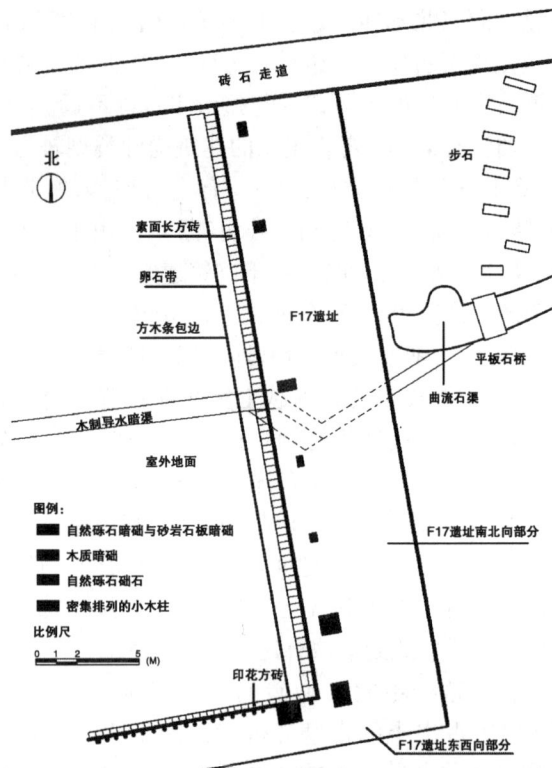

图 11　F17 遗址台基及柱础分布情况
(图片来源:据文献[1]整理绘制)

可以推测 F17 与 F18 台基及其上面的建筑物是原本应该是相互连接的,分别是曲流石渠景观区域的西边界与南边界(图14、图15)。F17 遗址南北向部分的台基面上发现有间隔大约 4 米的 7 个暗础,按材质可分为木质暗础、自然砾石暗础与砂岩石板暗础这三种类型。从台基西南转角开始的第一个暗础往北,第一个与第二个为木质暗础,其余 5 个为自然砾石暗础或者砂岩石暗础(图12)。这两个木质暗础的构造较其他两类石质暗础复杂,是在边长约 1 米的长方形柱坑内置有 4 根对称分布的木桩,木桩径约 0.2 米,上置一厚 0.12 米的平整木垫板,这种构造方式的目的即是通过 4 个木桩抬高柱根,垫板下的空气层可以将土壤中的水分与柱根隔离开,达到柱根防潮的作用(图12)。石质暗础与木质暗础相比构造较为简单,只是将表面平整、尺寸合适的自然砾石或砂岩石板放置在柱坑中即可(图12)。由于石材本身具有不吸水性、防潮性能较好,完全没必要为石质的柱子设计一个架空的防潮型柱础。推测 F17 遗址南北向部分为一条宽约

---

① 根据 2003 年对西部宫署区内砖石走道的发掘显示,这段台基周边未发现散水的南北向砖石走道上叠压了一层红烧土,包含大量各种类型的瓦件、烧焦的木构件以及倒塌的墙皮,显然砖石走道台基面上有木构建筑存在,可能是毁于火灾。见文献[2]:15-31。

6 米并全部由木柱支撑的廊道,由南而北每隔 4 米设置一个暗础来垫托木柱。F17 南北向部分这条廊道位于曲流石渠西侧,与曲流石渠北侧的东西向砖石走道衔接(图 12、图 14、图 15)。

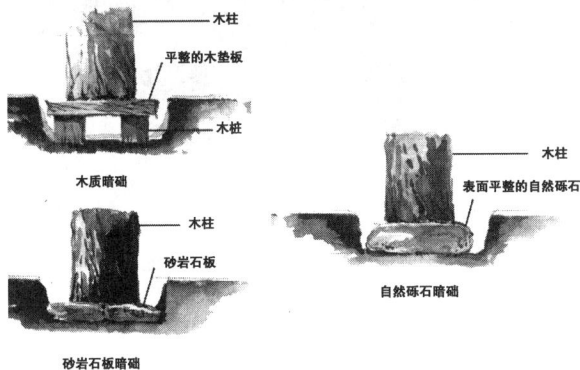

图 12　F17 南北向部分柱础构造示意
(图片来源:据文献[1]整理绘制)

F17 遗址东西向部分的木柱的分布与南北向部分迥异,台基北壁内侧仅仅只有 11.6 米的长度内一共发现有木柱 19 根,比南北向部分 27.5 米长度内均匀排列 7 个柱础的情形要密集得多(图 11)。这些木柱有圆形和方形,方柱的边长 15 ~ 20 厘米,圆柱的直径 10 ~ 21 厘米,有三根圆柱直径尚不到 10 厘米。第 1 ~ 18 根柱的间距只有 22 ~ 50 厘米,但 18 与 19 根之间的距离则接近 3 米,这段距离内还发现有一块用自然砾石制成的方形础石,长宽都在 1 米左右,平整面向上(图 11)。根据木柱的尺寸以及间距推测,这些小木柱不可能是 F17 的主要承重柱,因为其排列过于密集而且柱径大小不一,同时考虑到木柱过于纤细,无法支撑屋架的荷载。这些密集排列的小木柱应该是栽入台基面并用以支撑上层平坐的小木桩,边长 1 米左右的大块砾石上可能安置的是主要承重柱以支撑上部屋架的结构(图 13)。中国南方地区发掘的早期干栏建筑遗址以及广州出土的东汉干栏式架构的陶楼都显示了岭南地区自古盛行用木柱架空居住面的干栏式架构方式。F17 遗址东西向部分用间距约半米的小木桩将供人们活动的居住面架空,用大木柱作为主要承重构件的做法,起到了通风并隔绝地

面潮气的功能,适应岭南地区常年高温多雨的亚热带季风气候(图 13)。

图 13　F17 遗址东西向部分外观复原想象图
(图片来源:自绘)

9　对南越国宫苑内建筑外观的推测

秦统一岭南过程中,伴随着秦始皇对岭南地区的征服战争有多次的向岭南地区移民活动①,规模比较大的分别是断案不公正的官吏流放去戍守南越地②,以及遣发中原一万五千未婚女子迁入南越为解决部分将士的日常生活及婚姻问题③。这两次移民之后秦始皇又遣五十万人守岭南。根据这些文献大略估算,秦时约有数十万中原人迁徙到岭南,大规模的移民也使得北方的工匠将中原较为先进的建筑技术传布到岭南地区,促成南北技术的交融与学习。从已发掘的南越宫苑遗址及南越王墓出土的印有“长乐宫器”“长秋居室”“华音”和“未央”④等宫殿名的陶器。其上的戳印记录了存放这些陶器的宫室建筑之名称,说明南越国宫室建筑的命名是仿效汉廷,加上秦时大规模移民带来的南北建筑技术交融,可以推测南越国宫室建筑在风格以及形制上应该是学习和模仿中原地区的,只不过作为一个臣服于西汉王朝的地方性政权,其建筑的规模形制会比京师的宫殿建筑要小一些。就岭南地区出土的汉代干栏式陶楼明器来看,其显示的建筑

---

①《淮南子》:“(秦始皇统一天下后)乃使尉屠睢发卒五十万……一军守番禺之都……又以卒掘渠而同粮道,与越人战。”见文献[11]卷十八:人间训:614。

②(西汉)司马迁《史记》载:“三十四年,适治狱吏不直者,筑长城及南越地。”见文献[9]:253。

③《史记·淮南王安传》载:“(赵佗)使上书求女无夫家者三万人,以为士卒衣补,秦皇帝可其万五千人。”见文献[9]卷一百一十八:淮南衡山列传第五十八:3109。

④见文献[1]第六章结语:第一节遗址的年代与性质:294。

形象仍然是两面坡、瓦屋面和带有正脊的中原地区建筑式样,这也是南越国时期的建筑形象与汉代中原地区木构架建筑体系趋同的有力证明。由于南越国位于偏远的岭南地区,拥有独特的气候条件以及频繁的海外贸易活动,因此其建筑的构造做法会因地制宜同时考虑实际的功能需求,如该地区常年高温多雨的亚热带季风气候使得干栏式构架的使用普遍(图 13),以及铺砌较宽的散水以利于雨水排泄、在园林中使用贯通的廊道空间以避雨遮阳。另外在某些建筑材料材质的选用上会与中原地区稍有不同,如受到部分海外建筑文化的影响使用带釉的瓦和地砖,部分瓦当表面涂有红色的朱砂(图13、图 14)。

图 14　南越王宫苑复原想象图
(图片来源:自绘)

10　结　语

南越国宫苑是我国目前考古发现的秦汉时期苑囿中保存最为完好、内容最为丰富的一处,对我们进一步了解秦汉时期的皇家宫苑提供了非常直观的材料。关于中国历史上早期人类聚居的选址方面,张光直指出在长江、珠江流域的平原山麓地带都为中纬度混合森林与亚热带阔叶林所覆盖,潮湿且多水泊,人类通常聚居在林缘山麓的高岗地区[①]。南越国宫城内北靠越秀山麓高岗、南临珠江古河道的浅滩,因此居住、办公之用的宫室建筑群安排在北部区域,而游览与兼带农业生产功能的苑囿集中在南部区域。

基于全文之分析可呈现南越国宫苑的大体格局,宫苑地势北高南低,北部高地开蕃池并叠石筑台,再架构台榭,可能为全园最高的观景点。蕃池以南有建筑物与蕃池中台榭呼应,北眺可借越秀山之景,同时分隔了蕃池与水流石渠两个不同的景观区域。曲流石渠在蕃池南部,由北向南转折向西的部分为弯月石池,池中豢养了大量水生动物,立于池中的两列大石板支撑有木平台供人驻足活动,池边存在一定数量的房屋用于储藏器物,弯月池附近可能为苑囿中一处农业和手工业生产基地。石渠西部平板石桥北侧的一段弧形步石为园中路径,向北与宫殿院落入口的门屋相连接。曲流石渠北侧有东西向砖石廊道、西部终结处有南北向的廊道(F17 南北向部分)、南侧有 F18 作为观赏弯月池边观景点。(图 14、图 15)

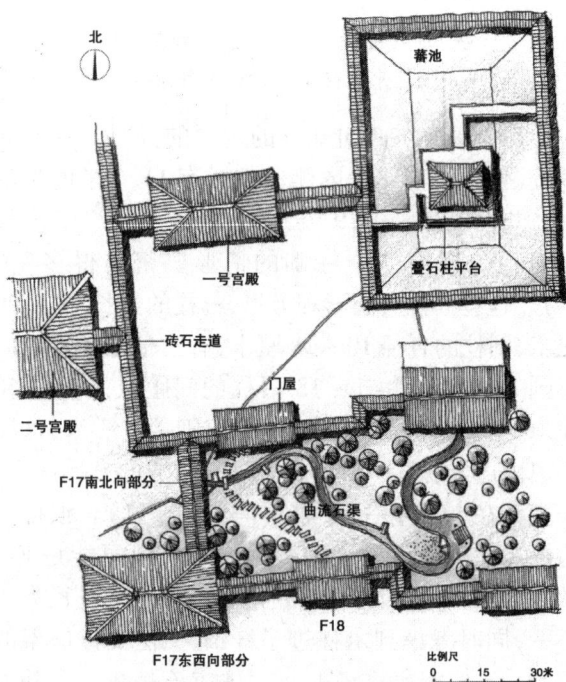

图 15　南越国宫苑平面复原想象图
(图片来源:自绘)

该苑囿的规模虽然不及西汉北方京畿地区的皇家苑囿规模宏大,但苑囿里建筑物在布局上十分注重用廊道、门屋以及干栏式观景建筑对园林中不同的景观区域进行划分。水流石渠西、南以及北侧的廊道成为空间边缘的界定。苑囿中多在合适的观景点架构宫室,蕃池南岸的建筑与池中叠石柱平台上的台榭建筑对应,并向北远借越秀山的美景,人工景观与自然景观前后相互映衬,创造出来的视觉层次十分丰富。(图 14、图 15)

① 张光直,《中国考古学论文集》,生活·读书·新知三联书店,2013.03:62。

参考文献：

[1] 南越王宫博物馆筹建处,广州市文物考古研究所.南越宫苑遗址1995—1997年考古发掘报告［M］.北京:文物出版社,2008.

[2] 高大伟,岳升阳.南越国宫苑遗址文化价值的研究［J］.古建园林技术,2005(2):9-13+6.

[3] 周维权.中国古典园林史［M］.北京:清华大学出版社,1999.

[4] 郑力鹏,郭祥.秦汉南越国御苑遗址的初步研究［J］.中国园林,2002(1):52-55.

[5] 刘叙杰.中国古代建筑史:第一卷［M］.北京:中国建筑工业出版社,2009.

[6] 周晓路.南越王宫苑遗址散水构造技术初探［J］.山西建筑,2010,36(18):8-9.

[7] 刘瑞,李灶新.广州南越国宫署遗址2000年发掘报告［J］.考古学报,2002(2):235-260.

[8] 胡建,杨勇,温敬伟.广州市南越国宫署遗址2003年发掘简报［J］.考古,2007(3):15-31.

[9] (西汉)司马迁.史记［M］.北京:中华书局,2007.

[10] 王将克,黄杰玲,吕烈丹.广州象岗南越王墓出土动物遗骸的研究［J］.中山大学学报:自然科学版,1988(1):13-20.

[11] 杨有礼.淮南子［M］.开封:河南大学出版社,2010.

[12] 广州南越国遗迹申报世界文化与工作.广州南越王遗迹［M］.广州:广东人民出版社,2011.

浙江木牌楼地域类型与特征研究

Study on the Regional Types and Characteristics of Wooden Archway in Zhejiang

黄培量①

Huang Peiliang

【摘要】 牌楼是一种象征意义的建筑类型,浙江中南部特别是瓯江流域保留大量木结构的牌楼,它们建造时间跨度大,构架保留了大量的古制,同官式牌楼有很大差异。本文通过对这批牌楼的调查分析,归类研究,将它们与《营造法式》和《清式营造则例》中的做法进行对比,初步总结其地域分布特征、构架形式和装饰特点。对这些木牌楼建筑技术的研究为探索浙江的木构建筑体系的发展提供了一定的佐证,并有助于分析浙江早期大式木构建筑的发展和演变规律。

【关键词】 浙江 牌楼 木构架

　　木牌楼是中国传统建筑中具有自身特色的一种类型,虽然牌楼并未向人们提供多少实用空间,几乎只体现出其象征意义,从功能上归纳属于一种非实用建筑。但木牌楼却集中了中国建筑的许多形象特征,在东方木结构建筑体系中独具特色。

　　牌楼在称谓上经常同牌坊合称,古代地方志中多有坊表一节的内容,或单独成章,或附于公共建筑之后。牌坊作为一种门式纪念性建筑物,一般用木、石、砖等材料建成,至近代也有新材料如水泥的运用,如芷江抗日受降纪念坊。清代江南地区始对牌楼定义:"牌楼:亦名牌坊,两柱上架额枋及牌科屋顶等,下可通行之纪念性建筑物。"②

　　浙江地处东南沿海,传统文化底蕴较深厚,传承又未受大的冲击影响。木结构的牌楼在浙江地区有很多实例保留,而且在浙江还保存着一批与木牌楼结构形制如出一辙的木牌楼式建筑,类型有门楼、门廊等。在浙南的景宁大漈、永嘉枫林,可在普通的民居中发现单间的木门楼也是如同木牌楼一般的做法,特别是保留了多层插栱支承出檐的古老做法,同木牌楼的区别仅是加了门扇而已。(图1、图2)

图1　永嘉县枫林民居木门楼

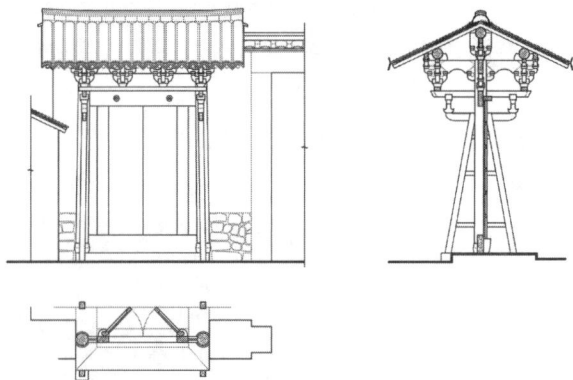

图2　松阳县刘氏祖居门楼平立剖面图

---

　　① 温州市文物保护考古所,研究员。

　　② 姚承祖. 营造法原. 北京:中国建筑工业出版社,1986:110.

浙江木牌楼中一般除石柱外均采用木构架，也有很多牌楼采用全部木构架，平面为单间或三间。其木构架形式同北方的官式牌楼有很大的不同，保留着大量古代的建筑手法和结构特征。北方木牌楼也有较多数量分布，与浙江木牌楼对比，其建筑结构形式要简单，做法更程式化和官方化。如官式木牌楼，斗栱攒数密集，并有斗栱坐中的做法。但浙江多数木牌楼上只有明间设两组平身科，显得疏朗而大气。断砌造的台基、插栱和擎檐柱的使用也是其他地区木牌楼中很少见到的，这三者构成浙江木牌楼的独特风格。因此浙江木牌楼在建筑史上研究价值很高。

1　浙江木牌楼的地域分布和文化类型

江南地区保留至今的明清两代的牌坊以石结构占绝大多数，木结构牌楼却相对少见，除太湖流域有一定数量接近官式做法的木牌楼外，在浙江中南部现仍留存有一定数量的木结构牌楼，如兰溪市竹塘村"进士"坊、乐清市南阁牌楼群、常山县樊家"尚书"坊等，现存年代最久的是建于明永乐十九年（1421年）的缙云县白茅村"云衢"坊。（图3、图4）

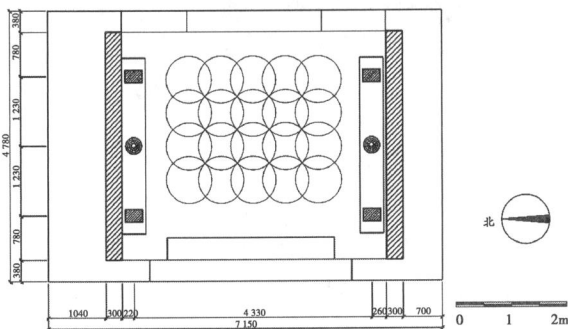

图3　云衢坊平面图

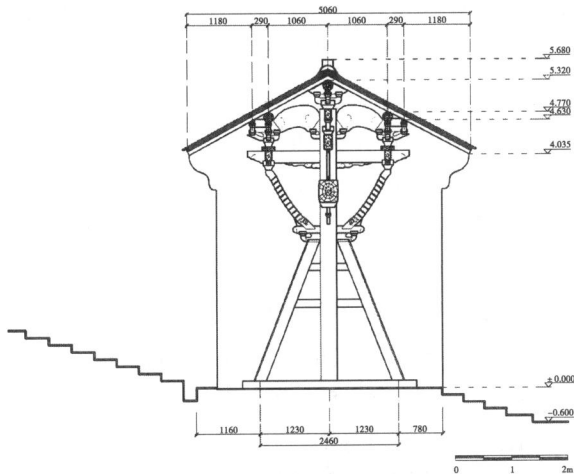

图4　云衢坊剖面图

天台县玉湖街周氏节坊匾额上尚留有元代至正十九年（1359年）的榜书，是已发现的年代最早的木坊物件。（图5）

图5　天台县周氏节门元代榜书

从地域上看，现存的木牌楼以浙中、浙南为分布重点，北起天台山脉，经金衢盆地，南到浙南山区，大致以瓯江流域为主，钱塘江流域和甬江、灵江流域有少数分布。这一分布特点说明瓯江流域的封闭性阻滞了这一种结构性木牌楼的演变，使得它们更易保持历史上的特征，也更具有鲜明的地方特色。另外从瓯江上游开始，庆元、景宁、青田，到下游沿海的温州其皆有分布，其中温州是有调查记录数量最多的地区。

浙江木牌楼和木牌楼式建筑从现有文献和实物分析判定，曾广泛分布于除一些海岛外的各县、市、区。从古老的坊巷制度可以分析，古时曾有大量的坊门存在，很大比例是木结构的。如北宋大中祥符三年李宗谔纂修的《祥符温州图经》，载有五十七坊，其相应的坊门也有五十七个。由这些坊门演变后遗留下来的木牌楼式建筑现在还有实例存在，如位于东阳市新安街东段的桂坡坊，其坊名因该地多桂花树而来，额坊正反两面刻录桂坡李氏科举中式者及职官，该枋既作为坊巷坊建立，又有功名坊的功能。一些古村落入口也有类似功能的坊门，永嘉县苍坡溪门就是典型的村寨入口的木坊门。（图6—图8）

图6　永嘉县苍坡溪门

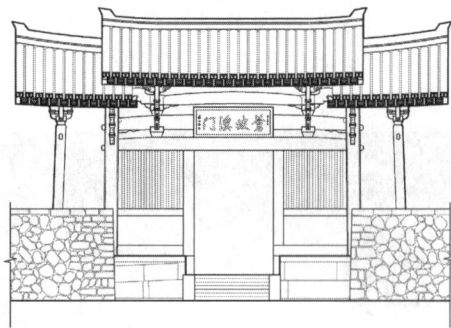

图 7 苍坡溪门正立面图

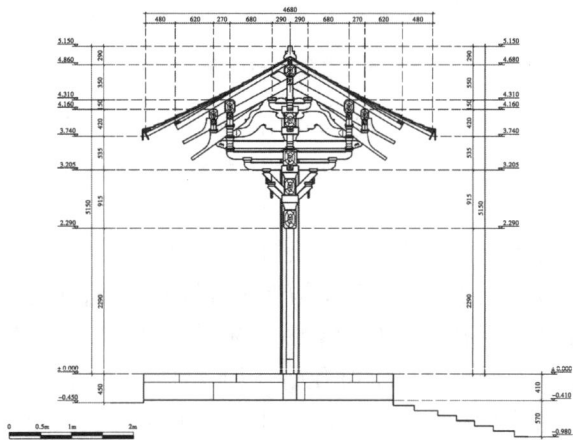

图 8 苍坡溪门剖面图

各县旧志大量记载坊表,如清嘉庆《瑞安县志》载有"德配天地""道贯古今"等一百三十余座坊表,其中很大的数量是木构牌楼。此外在农村也建造有大量的木牌楼。(图9—图11)

浙江还现存木牌楼(含木门坊)实例的地区有温州市的永嘉、乐清、瑞安、泰顺、文成,丽水市的缙云、景宁、松阳、青田、庆元,杭州的桐庐、淳安,宁波市的奉化、鄞州,金华市的兰溪、东阳,绍兴市的嵊州、新昌,衢州市的常山等。此外在浙江很多地方也可以看到很多遗留的牌楼柱,顶部做有卷杀,同石构牌坊的直柱有很大区别,而且柱前后均有多层

图 9 乐清市孝善坊

图 10 青田县陈辰月百岁坊

图 11 文成县叶刘氏节孝坊

卯口,其完整时是对应插栱的。

浙江现存木牌楼(含木门坊)总数近八十座,从现有资料统计,以乐清市数量最多,有 12 座,其次为永嘉县 10 座,青田县的 7 座,泰顺县有 9 座,文成县再次之,为 7 座,其余县、市、区均少于 5 座。以上统计暂不包括一些小型门楼。浙江木牌楼建筑年代跨度从明代早期一直到清代晚期,现基本保留明代结构约 38 座,清代的约为 40 座。其中尤以永嘉、乐清两地的木牌楼年代最为悠久,做法最有典型性。在乐清仙溪镇南阁村座落有明代的木牌楼群,现存共有 5 座,这是中国南方地区规模最大的木牌楼群。(图12—图16)

浙江木牌楼从文化类型上分为地标坊和旌表坊。地标坊根据所立的地点又分为衙署坊、坛庙坊、坊巷坊。从文化主旨上,地标坊是凝聚公众意志而旌表坊是关照特定人物的。地标坊起源很早,曾盛极一时,但随着坊巷制度的瓦解而趋于没落。到了明代以后,地标坊从数量上远逊于旌表坊,时

图 12 乐清市南阁牌楼群

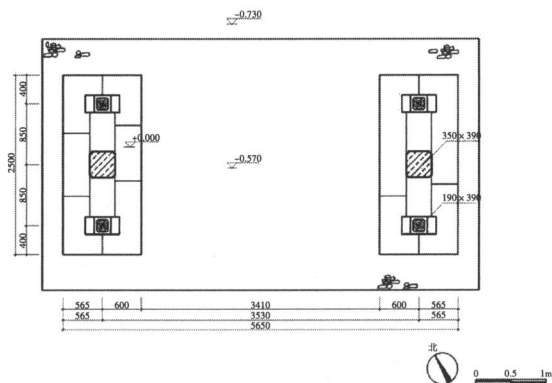

图 13 尚书牌楼平面图

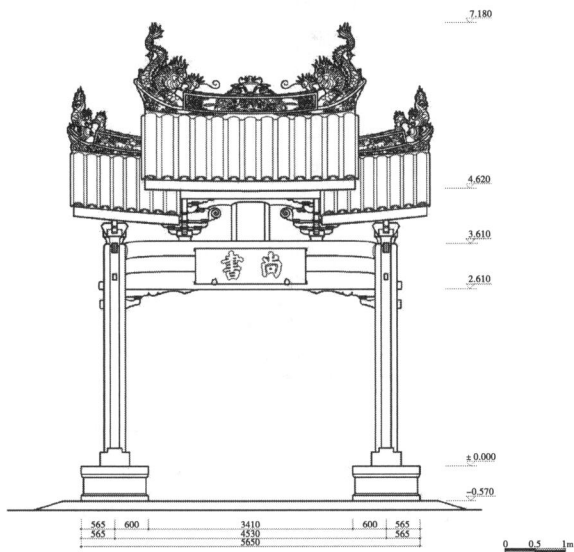

图 14 尚书牌楼正立面图

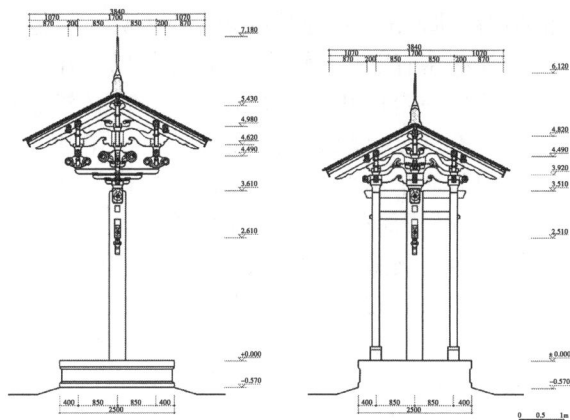

图 15 尚书牌楼剖面图

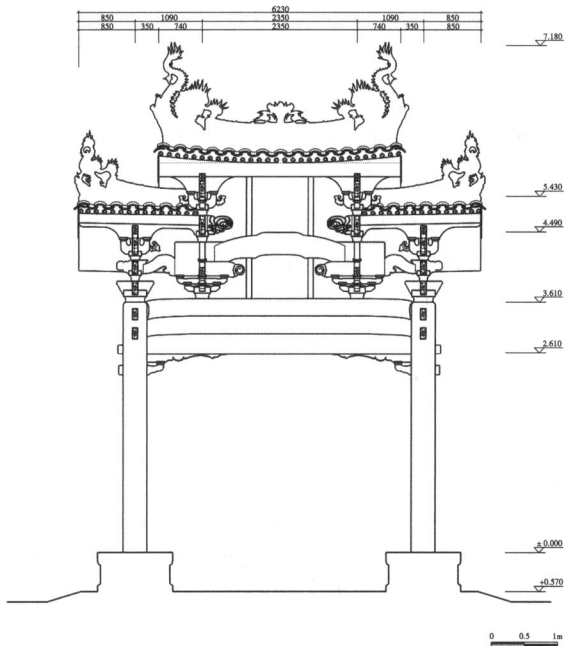

图 16 尚书牌楼纵剖面图

坊。其中功名坊又可分为理学坊、职官坊、科第坊，道德坊可分为孝友坊、义行坊、节孝坊，人瑞坊分为耆寿坊、仙释坊。

2 浙江木牌楼构架区系

经笔者近几年的调查，对浙江各市的木牌楼进行详细的测绘，从平面形式、台基做法、构架形式、斗栱做法、雕饰等方面进行分析研究，可将浙江木牌楼按地区特色归纳为四种地区类型。

2.1 瓯江中下游地区

此区域包括温州全市（泰顺县、文成县除外）、丽水市青田县。这是现存木牌楼数量最多和质量最高的区域，总数约有三十座，占了全省三分之一强，有七座木牌楼已被列为全国重点文物保护单位。此区域的木牌楼平面以中柱前后外侧加擎檐

至今日，这类牌楼已随历史的脚步而走向了消亡，只剩东阳"桂坡"坊和平阳学宫前"腾蛟"牌楼，后者只保留部分形制，梁架却已改建。现在浙江保留的木牌楼多属于旌表坊，在旌表性质上有不同内容，按内容大致划分的类型有功名坊、道德坊、人瑞

柱的平面布局为特色,为其他区域所不见。擎檐柱和中柱并不在前后同一轴线上,而是擎檐柱在轴线上横向外移一定尺寸。这类平面布局在梁架形式上使边跨为三架抬梁式,而不同于前一类中牌楼边跨采用的前后单步梁式。其在抬梁下往往还有穿枋加以稳固,边跨与中跨间的连接有两种处理手法,常见的是在边跨抬梁中央的坐斗与中柱的坐斗上置梁枋。永嘉的"宪台"牌楼、"溪山第一"牌楼为这类平面木牌楼的典型实例。从结构上分析,这一平面处理可以增强牌楼横向的稳定性。擎檐柱和中柱呈"品"字形布局,是一个稳定结构,在两个方向上都有相当的抗破坏强度。这一类平面布局也可以从单开间衍生出三开间,如永嘉县岩头"进士"牌楼。这种类型三开间的木牌楼也是浙江目前所存木牌楼建筑中规模最大的,目前就永嘉县岩头"进士"牌楼一个孤例。(图17—图20)

此区域木牌楼台基大部分采用的是断砌造形式,这和建筑的功能相关。"断砌造"的形象在《清明上河图》《中兴瑞应图》等古画中多有出现,应是为解决车马通行与建筑台基的矛盾而采用的。对于只起导向和彰表纪念作用的牌楼而言,台基做成断砌造是合理的,这类牌楼建筑多布置在祠堂前或村落街巷上,如乐清市南阁牌楼群位于南阁村的中直街上、永嘉县"宪台"牌楼位于祠堂前中轴线上,采用断砌造后便于车马和人员的通行。采用断砌造做法后的台基高度较大,对埋入的石柱起了较强的包裹支撑作用。此外较高的台基高度也保证了木构件少受地面雨水和地下毛细水的侵蚀,对构件的延年大有裨益。

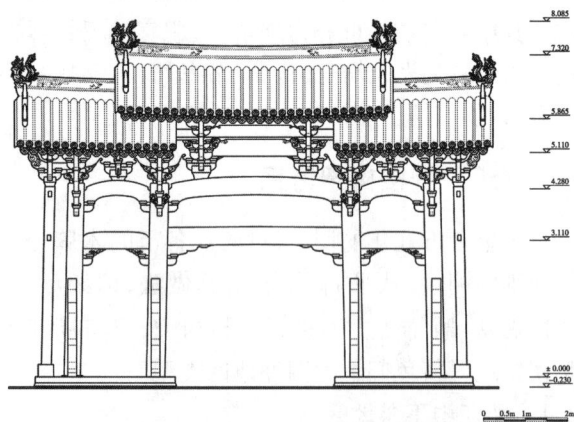

图18 岩头进士牌楼明间剖面图

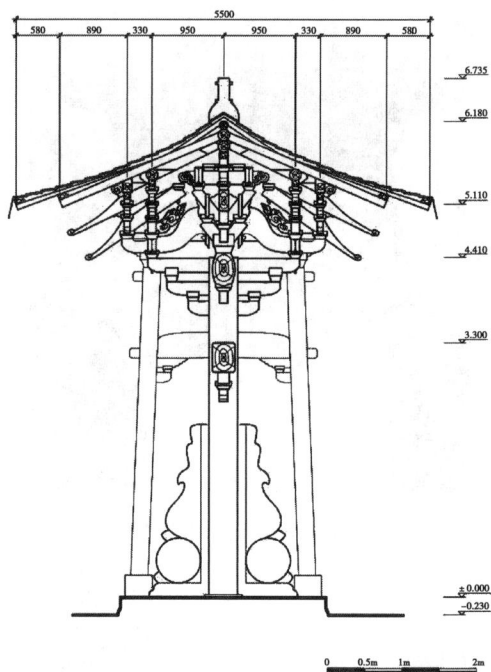

图19 岩头进士牌楼次间剖面图

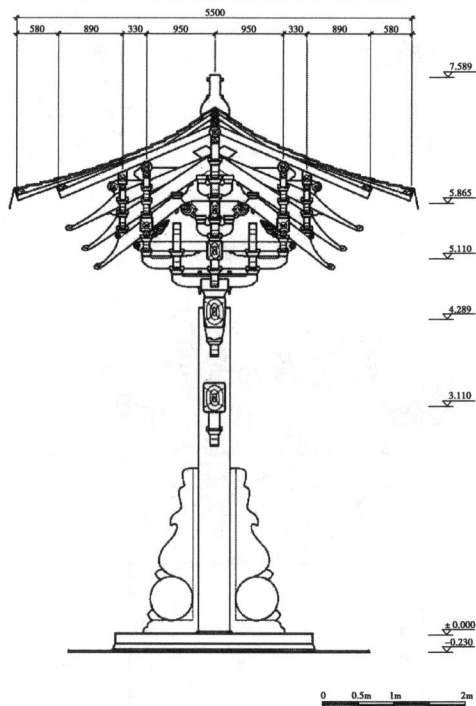

图17 岩头进士牌楼正立面图

此区域木牌楼较多使用下昂。特别是永嘉、乐清的大型木牌楼各铺作均设有结构性下昂。这些牌楼上的下昂昂尾都向上延伸至脊檩处相交,同

《营造法式》中"下昂"条小注"其昂身上彻屋内"是相符合的。这种结构性的下昂使木牌楼构架形成三角的结构形式,对牌楼中心梁架起一定平衡、支撑作用,与早期的叉手、托脚有同工异曲之妙,存有古代斜梁的部分功能。从宋代做法分析,殿阁、厅堂叉手、托脚是支于槫下侧。而从《清明上河图》看,普通民居叉手上端是支于蜀柱上,托脚上端支

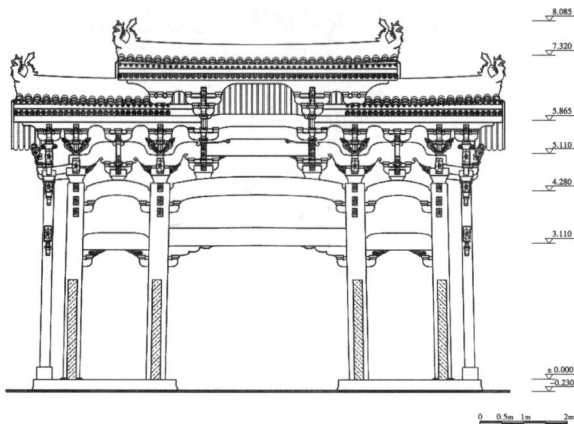

图20　岩头进士牌楼纵剖面图

于内柱上。这说明此区域木牌楼的构架方式应该是沿袭殿阁、厅堂,而非依照普通民居。昂的交叉对大型牌楼这种没有纵深搭接的梁架体系是相当重要的结构措施。(图21)

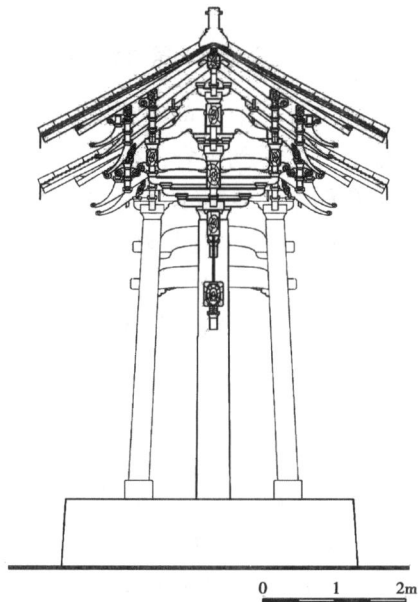

图21　宪台牌楼剖面图

2.2　瓯江、飞云江上游地区

此区域包括丽水庆元、景宁、松阳等县,温州泰顺县、文成县。木牌楼总数有二十余座,以门楼的功能为主,规模普遍较小。此区域的木牌楼平面以两柱居多,少数有中柱前后立擎檐柱的布局。因为取材丰富和上部体量较小的原因,中柱和前后抱鼓(或戗木、石)下部用整块的方木前后连成一体作为基层。抱鼓也多数用整块木料制做,早期多为素平,晚期出现繁杂的图案雕刻。此区域木作受福建地区木构的影响最为深刻,梁枋的宽高比在1∶3左右。梁架上多呈现穿斗做法,如景宁县小佐梅氏

节孝坊梁架上穿枋和悬柱相互穿插,基本不用斗。小斗底宽大于拱宽,斗底有皿板做法的残留。多层插拱的最上一层尺寸往往大于下面几层插拱。屋面悬山出际多用木质博风板。屋面平直,较少使用枕头木来作出生起。

2.3　钱塘江中上游金、衢、严地区

此区域包括徽州帮,东阳帮木作流行的金华市、衢州市,原属严州府的淳安县、桐庐县、丽水市缙云县,木牌楼总数约有十几座。其平面规整,以一字式布局占有绝大多数,少数有中柱前后立擎檐柱的布局(图22、图23)。台基低矮,柱子的支撑形式较多,有的用抱鼓石,有的用前后斜靠的戗石或前后斜靠的戗木,还有的利用砌山墙增加柱子的稳定性。在梁架上多数采用拱背形卷草状搭牵梁,晚期梁身普遍做雕刻,额枋多为冬瓜梁,梁背弧度较大。出檐相对较短,檐口的出挑常用斜撑、牛腿,少量早期的实例有采用偷心插拱做法,但与前两个区域比,偷心拱层数较少,只有2~3层。

图22　常山县樊家尚书坊

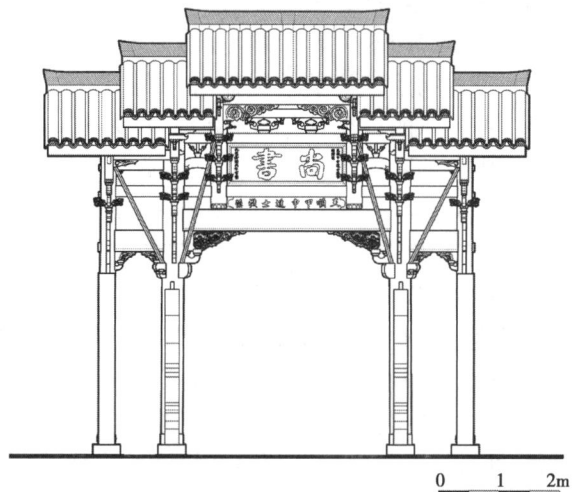

图23　樊家尚书坊正立面图

2.4　宁、绍、台地区

此区域包括宁波、绍兴、台州三市范围,区域内木牌楼保留数量较少,总数为 8 座。该区域的木牌楼平面多为一字式或与后廊组合的布局。一字式不用抱鼓或戗石,只用墙体进行稳固。立面上面阔较小,明间面阔远小于柱高,与柱高的比例显得瘦高。支撑出檐的多层偷心插拱中,最上一层的板状插拱上面都加有一块平板枋,正心的大额枋上也往往有平板枋一道。用两组一斗三升作为襻间斗栱较为常见。出檐偶见使用变形的上昂状斜撑来增强上部的稳定性。屋面出檐采用方飞檐较普遍,举折也较其他地区大。

这四大区域受水系和山系的阻隔,既相对独立,又有交流。在交界地方分布的木牌楼往往体现出两地风格的杂糅。

3　浙江木牌楼的装饰特点

木牌楼既是一种标志性、纪念性的建筑,同时又以其很强艺术感染力呈现在世人面前。浙江木牌楼的装饰艺术主要体现在雕刻、灰塑、匾额等装饰内容上。

3.1　雕刻和灰塑

木牌楼的雕刻以木雕为主,在附属的构件上也做有石雕,各种雕刻技法多样,包括高浮雕、浅浮雕、透雕、线刻等,无论在技术上还是在艺术表现上,都达到了同时期木建筑的较高艺术水平。

像永嘉县岩头"进士"牌楼,造型恢宏。牌楼上还有很多装饰功能的翼形栱,种类达十余种,做法有镂空、深浮雕、剔地起突等,在牌楼上起了画龙点眼的作用,艺术表现力很强。

浙江木牌楼木构架总体上是少有雕刻的,这同浙江早期木构建筑注重结构性而朴实少装饰的风格是一脉相承的。在明代的木牌楼中,梁枋上几乎看不到雕刻的图案。而到了清代,木牌楼开始在额枋端部、斗、栱身等部位有了装饰性的雕刻,如文成县下徐村百岁坊将悬柱的柱头雕刻成莲花(图24)。乐清市"攀龙"坊上的圣旨木牌四周雕刻了两条游龙,下部则是两条浪中的鲤鱼,象征鲤鱼跳龙门,包含了科举及第、金榜题名的寓意。此外像蝙蝠、松、荷花、荷叶、牡丹、如意等具有象征意义的动物、花卉和器物也常被刻绘在牌楼的构件上(如勾头、滴水),表达幸福、长寿、健康、吉祥、如意等丰富内涵。但总体来说,浙江木牌楼上这些雕刻占的

面积比例还是很小,构架整体上还是比较朴素的。

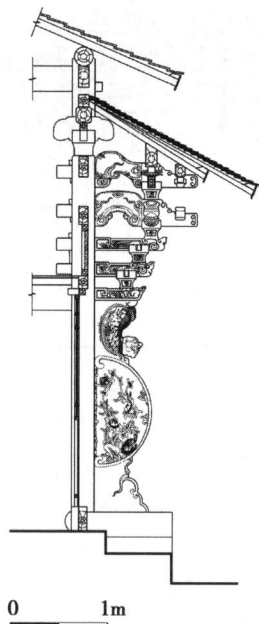

图24　文成县莲头郑氏小宗祠节孝坊剖面图

浙江木牌楼另一个装饰的重点是屋脊。在明清的木牌楼中可以看到屋脊的做法多是砖砌后表面抹灰并堆塑图案。修建木牌楼的匠人们选用细腻的壳灰,在屋脊上慢慢地堆塑,形成人物、花草、鱼龙等造型,在一些线型的处理上,通过埋置竹筋形成镂空或悬挑。灵活跃动的屋面使牌楼视觉效果也更显明快。

3.2　彩画

彩画在牌楼中的使用由来已久,在牌楼尚未正式定型前的发展阶段,《南史·周盘龙传》有这样的记载:"孝子则门加素垩,世子则门施丹赭"。虽然这只是在门上加以色彩的变化以体现等级,但对门式建筑来说,色彩装饰已现端倪。

浙江木牌楼作为门式建筑的一种类型,也有使用彩画的例子。奉化区大堰村王钫故居门楼是浙江保留彩画最多的明代木牌楼建筑。(图25、图26)柱身、梁、枋、檩、斗栱遍饰彩画,从保留较清晰的图案看,分为卷纹、菱形格纹、海水纹和山纹等。永嘉县岩头"进士"牌楼的木构件上当年也饰有彩画,这于瓯江流域其他牌楼中并未曾见,反映出这是一处等级较高的牌楼。今天于"进士"牌楼月梁状的小额枋下依稀可分辨出彩画的轮廓,其形式类似于旋子彩画,旋眼呈花瓣状,如意头找头,旋眼、找头等纹饰都是青绿叠韵,外留白晕。但这种彩画既没有三等分的构图,也没有明代官式旋子的痕迹

和程式化题材,更接近于宋代的碾玉装彩画。

图 25　奉化区王钫故居门楼彩画

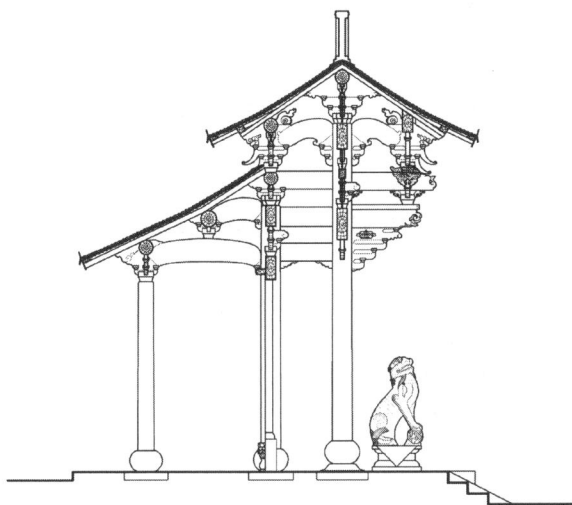

图 26　大堰王钫故居门楼

岩头"进士"牌楼的彩画是直接绘于木构件上,这也是明代彩画一个鲜明的特色。彩画的基底就是刨光的木构件,事先也只做"填补"和"钻生"的处理。而不同于清代彩画的油漆地仗,即在柱子梁枋上大量包裹麻布,再在外面批上腻子灰泥,然后再刷漆描画的做法。究其原因,明代时浙江山区木料尚足,木牌楼用材还能取到整料。

而到了清代,随着人口增长,山区的大木料也渐趋缺乏,在民居中已出现了包镶柱子、拼合梁枋的做法。木牌楼的建造也仅限于木料还算丰富的山区县,如泰顺、文成、青田等地了。清代用料较小的木牌楼已不再做彩画,而是像文成县莲头村"节孝"坊、下徐百岁坊,只做简单的油彩填充装饰,梁、柱用红色油彩,斗栱则杂以红、蓝两色油彩,并用黑色勾勒回纹线条。

3.3　抱　鼓

官式木牌楼采用夹杆石,主要为了抵御风荷载

对木牌楼的倾覆力,起稳固楼柱的作用。而浙江木牌楼对柱的加固只用抱鼓,抱鼓的形式又分为木抱鼓和石抱鼓两种。木抱鼓见于永嘉、文成、青田等山区的木牌楼,这种木抱鼓多用单块大木料制作,有的表面不事雕刻,有的则雕刻繁缛,如文成"百岁"坊。石抱鼓则见于常山樊家"尚书"坊、乐清"孝善"坊、永嘉"进士"牌楼等位于平原和半山区的木牌楼,石抱鼓多只雕出弧形造型,表面浅刻出圆鼓的样子,没有过多的装饰,整体素朴无华。

3.4　匾　额

中国传统文化中对文辞是很重视的,所以留下的古建筑也带有浓厚的文采,牌坊的"坊眼"也体现了一种文辞。浙江木牌楼匾额按位置分为两种形式:最常见的是悬挂在小额枋与大额枋之间,下部用匾托,上部用挂钩;比较少见的是将匾额做在大小额枋间的隔板上,缙云县"云衢"坊、永嘉县"宪台"牌楼、瑞安市"登科"坊、文成县"节孝"坊即采用此例。

牌楼上题刻的文字共有两种:其一是"题",又称"坊额""匾额",就是牌楼正面匾额上所题刻的中央大字,一般以该文字作为该牌楼的名称。其二是"注",即题刻在匾额上的上款、下款及附加文字,用以说明牌楼是为谁建、为什么事建,以及建造人及头衔和建牌楼的具体年代。一般匾额字体多为楷书和行书。明清两代清秀的馆阁体是书法的主流,浙江木牌楼匾额上的题字也反映了这种趋向。

浙江木牌楼匾额雕刻技法可分阴刻、阳刻。最普遍的匾刻法是用锓阳字雕,这是隐雕的一种。即在字的笔画边缘浅刻小的破沟,然后在字体上涂上与底不同的颜色。如乐清市南阁牌楼群全部采用长方形木制红漆金字匾,红漆金字匾的牌楼还有"攀龙"坊、"牧伯"坊、"期熙寿母"坊等;而像"登科"坊、"宪台"牌楼、"溪山第一"牌楼则沿用白漆黑字匾。

4　结　语

中国南方的木牌楼在做法上同北方木牌楼有一定差异。其屋面出檐长而舒展,起翘柔和,是南方古建筑的一朵奇葩。特别是浙江的中南部,木构牌楼有着几种变化较多的形制,反映了牌楼在不同地方建筑文化影响下也会形成不同的地方风格。而这些特点都是以往牌楼研究很少涉及的。因此,对于新时期的牌楼研究来说,在地域上更需拓展,

在文化性方面还需深入。

浙江木牌楼构架样式在技术体系上同浙江其他大木作建筑有一定的差别,但一些古老做法的运用却更多地体现了中国古典建筑的精髓。保留至今的木牌楼建筑较其他类型的木构建筑更多地保留了斗栱的不同做法和古制。木牌楼建筑技术也为探索浙江的木构建筑体系的发展提供了一定的佐证。在浙江部分地区缺乏大型殿式建筑实例的现实条件下,加强对木牌楼和木牌楼式建筑的研究在一定程度有助于分析浙江早期大式木构建筑的发展和演变规律。

参考文献:

[1] 李诫. 营造法式[Z]. 上海:商务印书馆,1954:64-65,80,86-87,103.

[2] 王贵祥. 关于唐宋建筑外檐铺作的几点初步探讨[J]. 古建筑园林技术,1986(4):11-12.

[3] 陶德坚. 牌坊——中华文化的一种载体. 中华文化纵横谈[M]. 武汉:华中理工大学出版社,1993.

[4] 陈薇. 江南明式彩画构图[J]. 古建园林技术,1994(1):3-7.

[5] 徐振江. 唐代彩画及宋〈营造法式〉彩画制度[J]. 古建园林技术,1994(1):43.

[6] 郭华瑜. 明代官式建筑侧脚生起的演变[J]. 华中建筑,1999(4):100-101.

[7] 萧默. 中国建筑艺术史[M]. 北京:文物出版社,1999.

[8] 何易. 明清城市牌楼[J]. 华中建筑,2001(5):76-81.

[9] 杨新平. 宁波东钱湖庙沟后牌坊探析[J]. 建筑史,2003(1):120.

[10] 郭黛姮. 中国古代建筑史[M]. 第三卷. 北京:中国建筑工业出版社,2003.

[11] 潘谷西. 中国古代建筑史[M]. 第四卷. 北京:中国建筑工业出版社,2001.

[12] 韩钊,李库,张雷,贾强. 古代阙门相关问题研究[J]. 考古与文物,2004(05):58-64.

[13] 薛冰. 江南牌坊[M]. 上海:上海书店出版社,2004.

[14] 梁思成. 中国建筑史[M]. 天津:百花文艺出版社,2005.

[15] 潘谷西,何建中.《营造法式》解读[M]. 南京:东南大学出版社,2005.

[16] 陈明达.《营造法式》研究札记(续一)[J]. 建筑史第22辑,2006:1-19.

[17] 黄培量. 浙江乐清南阁牌楼群建筑初探[J]. 古建园林技术,2007(1):38-42.

[18] 刘大可. 牌楼[J]. 景原学刊,2009(9).

[19] 陈星. 浙江兰溪明清牌坊群研究[J]. 中国名城,2011(8).

[20] 丽水市文化广电新闻出版局. 土木清华[M]. 杭州:浙江古籍出版社,2011.

[21] 青田县文物管理委员会办公室,青田县第三次全国文物普查办公室. 古韵探索[M]. 北京:中央文献出版社,2013.

汉代中心柱崖墓的摹写对象及其中心柱的作用与意义

A Study of the Origin of the Central Pillar Tomb in Han Dynasty

陈 未[①]

Chen Wei

【摘要】本文探讨了以楚王墓为代表的西汉中心柱墓和四川盆地西部崖墓为代表的东汉墓的起源，驳斥了现在学术界广泛认为的佛教影响说。并且提出了三种可能的摹写来源即模仿建筑的中柱说、模仿空间的祠堂说和模仿神木的中心柱崇拜说。在笔者看来中柱说可以更合理的解释西汉楚王墓的布置，2×2 空间中心柱崇拜说却为东汉四川中心柱墓提供了新的思路。

【关键词】中心柱 神木 支提窟

崖墓，是一种在山崖或岩层中开凿洞穴为墓室的墓葬形式。其在中国很多省份都有实例发现。许多崖墓内都有一根或者若干根柱子，这种崖墓叫作中心柱墓。本文中所讨论的中心柱墓是只有一个柱子（且在中心）的横向崖墓。这种中心柱墓可以分为两个主要的群体：一类是西汉的徐州楚王墓。其中心柱大多没有装饰，为四方体的石柱，在墓室的前厅中出现。另一类主要位于四川盆地西部，为东汉时期的，大多是当地官员及富人的家族墓葬。这类墓中柱子大多具有柱础，柱头和斗栱。此外，还有一些零散的中心柱墓散落在山东、河南等中原地区（图1）。

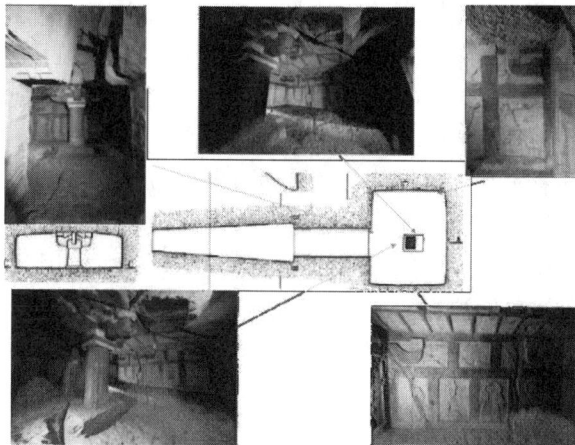

图1 柏林坡一号汉墓
（图片来源：网络）

历史上对中心柱的来源的研究，主要可以归纳三个观点。第一个是外来说，即从埃及经波斯传入中国。第二种是结构说，即中心柱的开凿实为结构上的需要。第三种也是最主流普遍的则是佛教石窟说，即中心柱墓室在空间上或者是结构上对佛教支提窟进行摹写。在笔者看来这三种观点均存在着瑕疵，在下文中笔者将一一批驳。此外，笔者提出了三个可能的观点，为中心柱墓起源的研究提供一些思路：第一是都柱说，即中心柱为早期建筑中的都柱摹写，这种可能性已经被当代学者注意到，但是没有进行深入的比较，笔者认为都柱是第一类中心柱墓即楚王墓的直接摹写对象。第二是 2×2 空间说，即祠堂以及底下中心柱墓都是在强调 2×2 的空间即 9 个柱子的空间。第三是建木说，即中心柱的主要功能是用于墓主人与天沟通（上升天堂）。笔者认为第二、三种可以解释第二类中心柱墓（东汉四川中心柱）的中心柱起源。笔者将于下文对其一一进行分析。

1 历史上对于中心柱墓的观点：外来说和结构说

许多学者对春秋以来的木棺椁竖穴墓演变成西汉以楚王墓为代表的山中开洞的横穴墓和东汉崖墓做了很多深入的研究。有西方学者如 Jessica Rothe 和 Vietor Segalen 都认为中国人在墓葬营建

① 宾夕法尼亚大学（UPenn），博士生。

中对石材的选择存在来自域外的影响[1],且埃及、波斯之墓的时间也早于汉代。所以在 19 世纪中叶,在人类文化同源思潮的影响下,中国建筑包括崖墓都被认为是世界建筑发展的一个分支,中心柱墓是受到了埃及波斯的影响。

早在 20 世纪 70 年代,中国古建筑专家陈明达就驳斥过这样的观点。埃及崖墓外观与中国的中心柱墓较为接近,但其内部组织则与中国中心柱墓(以龟山汉墓为例)差距甚大。如塞提一世墓 KV17,"平面似与徐州诸墓相似,而各室配列复杂,主要之室亦不与门、隧道在一条中线。且此墓内部之最大高度皆在 9 公尺以上,与徐州所见高仅 2 公尺左右者相去甚远。"[2](1 公尺 = 1 米)此外笔者注意到虽然埃及也有类似于汉代事死如事生的传统,但是其墓室内部未见与生活相关的设施。例如:图坦卡蒙墓中没有诸如汉代墓室中的水井和厕所,其柱子上通常画有法老向诸神献供场景,与神庙的图像一致,但是汉代的中心柱上未见任何墓主人或者宗教图像。另外四川的崖墓柱子有明显的向建筑摹写的成分,但是埃及墓室却不曾见到埃及建筑中芦苇花的柱头(图 2)。而波斯 NAKSH-I-RUSTAM 墓全部建筑皆在墓外十字形外表,内部仅足藏棺,与中国崖墓相差更多。综上,可见中、西各自成一系统,并无相同之点。南开大学刘尊志认为横穴崖洞墓的产生是多种因素的综合,但其中并无西方的影响。[3]另外,黄展岳[4]和梁云[5]也认为中国横穴崖墓是并非受外来文化影响。由于中心柱属于横穴崖墓的一个分支,所以其研究也同时否认了中心柱墓来源于埃及等西方文明的可能性。

此外,功能说也是另外一个常见的答案。因为柱子的作用就是支撑。但是笔者根据数学模型计算,结合当地岩石的参数得出柱子是不必要的。墓室是将山体掏空而形成,故四周节点为刚性节点,其受力远大于普通铰接的节点。而工匠使用的坡形屋顶将上方直接的垂直力转化为斜向的侧推力,足以支撑屋顶。使用坡形屋顶也证明工匠对垂直受力已经具备一定的知识。虽然中心柱确实分散了屋顶的荷载,但不是必须的。此外,楚王墓中并不一定是在最大的墓室设置中心柱。所以纯粹的

功能说不能解释中心柱的设置。另外,从建筑的设计与美观的角度上讲,将一个结构柱子放置在正中更是不合理,应该有更深层次的原因。

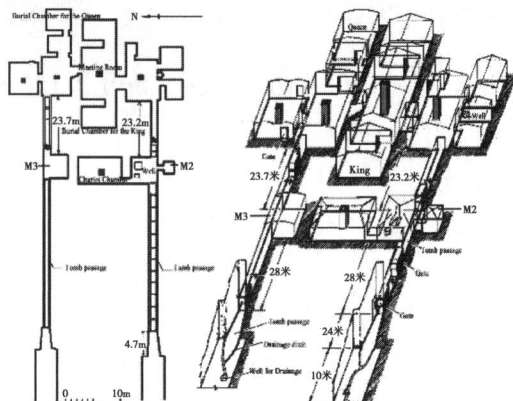

图 2 龟山汉墓的平面图
(图片来源:文献[2])

2 当代主流观点:佛教支提窟说

根据芝加哥大学巫鸿教授的研究,最迟在东汉晚期,中国确实已经有佛教传入的明显的实例。四川江苏地区均有早期佛教图像,如乐山麻浩崖墓中的佛陀形象,连云港孔望山摩崖造像。虽然对汉代佛教中是否已经出现完整的寺院及汉人僧团还存在讨论,但是佛教艺术是在公元前后进入的江苏、四川地区是不争的事实。

所以很多学者自然就将中心柱墓与早期的佛教支提窟(中心柱窟)联系起来,认为这种中心柱墓室的产生是受到了印度佛教的影响。

首先我们分析一下印度的支提窟(中心柱窟)的情况。支提窟的主体是其内部的窣堵坡。窣堵坡是古代佛教僧人陵墓的一种变形,其最早是用来藏纳圣者遗骨的纪念性建筑,朝拜者常绕塔一周或者数周。早期窣堵坡,如桑奇大塔均是建于室外。后来随着石窟建筑的兴起,最迟在公元前 3 世纪印度北部已经出现了室内建塔的实例,并且塔的四周有廊道供信众环绕,由于早期佛教不立塑像,因此,塔其实是被当作佛像来供奉。这种建筑形式通常称为支提堂,梵文作 caityagrha。现存最早的实例出

① 杰西卡·罗森,祖先与永恒——杰西卡·罗森中国考古艺术文集,邓菲等译,三联书店,2011 年,第 3 页。
② 陈明达,崖墓建筑(下)——彭山发掘报告之一,建筑史 2003 年第 1 辑(第 18 辑),142 页。
③ 刘尊志,徐州两汉诸侯王墓研究,考古学报,2011(01):57-98。
④ 黄展岳,汉代诸侯卜墓论述,考古学报,1988(01):11-33。
⑤ 梁云,从梁王陵看西汉帝王的丧葬制度,华夏考古,2003(02):68-76。

现在印度阿旃陀石窟,影响到中国 3—6 世纪的大部分石窟,如克孜尔、敦煌、云冈。

诚然,支提窟与中心柱墓在空间上有许多相似的地方。但是笔者看来武断地把二者联系起来还需要更多的理论支撑。笔者着重从五个方面来阐述这种看法理论上的不足:

第一,佛教元素的使用。支提窟的核心功能是殿堂,塔是位于其中央的被用来礼拜的核心建筑物,由于是礼拜的对象,会有明确的宗教装饰、意义所指。但我们无论是从龟山 M2、M3 墓中的中心柱还是川渝涪江地区的中心柱崖墓均很难看出中心柱与佛陀的关联性。从最直观的形象上看,它们没有丝毫佛教的符号或者元素,反之带有的中国传统建筑柱的形象却十分鲜明,斗栱的细节也被完整的刻画了下来。如果是佛教的影响,那么为什么中心柱上没有佛像或者佛教的符号呢?另外徐州楚王墓建于西汉,甚至早于印度支提窟产生的年代。那么其中心柱又怎么会模仿佛教呢?就算是东汉的中心柱墓也建于一、二世纪,而现在学术主流观点是支提窟进入新疆的时间在三世纪中叶,显然在时间上是不契合的。

第二,中心柱墓并没有随着支提窟的兴盛而兴盛。如果东汉的中心柱墓是模仿佛教支提窟,那么反之中心柱墓流行的时间,支提窟应该也很流行,那么为什么东汉时期的四川没有任何佛教石窟的遗迹呢?此外,当支提窟建设最为兴旺的时期对应的朝代为北魏、北齐,为什么此时中心柱墓在中国已经消亡了?如果墓主人真是因为佛教的原因而采用了这样的形式,那么在北齐这样的举国之力建设石窟的朝代,中心柱墓应该也同样流行才对。反之,北齐王室贵族墓,如高洋墓、茹茹公主墓,虽然也是采取与汉朝布局相似的横向墓室,但是却没有中心柱。笔者之前拙作分析了高洋将响堂山石窟作为陵墓的可能性[1],但是从响堂山现存石窟看,即使其真是高洋陵墓,最有可能葬在中心柱之上(或内),而非东汉中心墓那样葬在中心柱一旁。

第三,中心柱缺乏使用者。如上文所述,中心柱的支提窟之所以将塔放置于石窟正中是因为信众有绕塔的需求。但是如果中心柱墓室摹写石窟,又何必将塔放置于中央。墓室不同于祠堂,也许设在祠堂中,还可以理解为后人可依照佛教仪轨祭祀礼拜先祖,但是墓室中的“塔”,会由谁来绕呢?

第四,二者所摹写的形象不同。据李崇峰的研究[2],无论是在克孜尔还是后来的敦煌、云冈石窟,尽管在实际结构功能上具有柱的支撑屋顶的作用,支提窟的中心柱的雕饰上都是在模写塔,而不是柱。反之东汉四川墓中中心柱是对建筑中柱的直接临摹,对斗栱的细节均有刻画。包括斗口和栱的衔接也忠实的模仿了建筑构造及比例。

第五,二者上并无结构上的联系。在阿旃陀石窟中,塔与屋顶天花在构造上并没有直接的关系,塔刹不一定要触碰窟顶。直到佛教三世纪传入克孜尔时,才出现中心柱与屋顶连接的实例。如云冈十三窟的塔顶,虽然与屋顶直接相接,但是典型的山花蕉叶并不突出塔顶与天花板的衔接。反之吴家湾 1 号汉墓,巨大的斗栱似乎是在强调其柱子对于屋顶的支撑。那么墓室中的屋顶可能象征天;但是反观佛教中的塔从来没有任何支撑或者与天相连这样的宗教意向。(图 3)

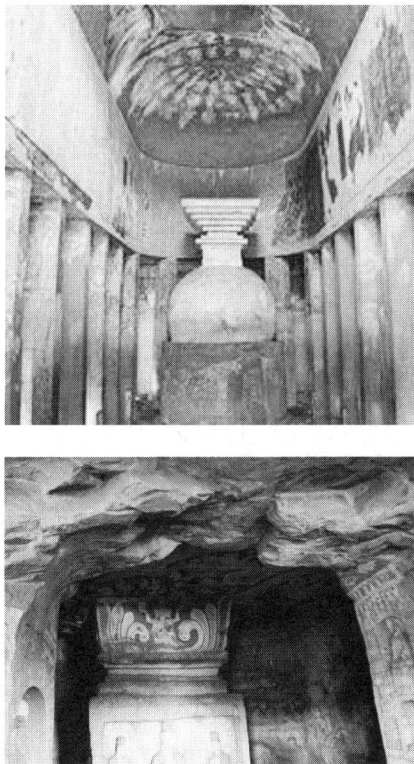

图 3　阿旃陀石窟中的中心柱和云冈 13 窟的中心柱
(图片来源:自摄)

综上,笔者认为中心柱墓摹写的不是支提窟,那中心柱墓葬的形制又来源于什么地方呢?笔者

① 陈未. 从设计布局角度看响堂山中心柱窟的变异[J]. 建筑学报,2017(S1):100-103。
② 李崇峰,中印支提窟比较研究,佛学研究,1997。

提出三种可能性。

3 三种可能的摹写对象

第一种是都柱说。就在 2017 年，有学者已经注意到这是中国早期宫殿建筑中都柱的摹写①，而这样的论断也与墓室空间模仿逝者生前的理想生活空间的整体格局相一致。但是笔者认为汪、冯、张三位的理论还需要一些细节修改。

都柱是指在中国早期大型建筑中竖立于房屋中心的柱子。从考古资料可推知，其在殷商时期就出现在建筑中了，如在安阳大司空村考古发现的殷商墓葬上面的享堂遗址、在成都金沙遗址考古遗址中发现的郊祀遗址②等。另在汉代的也有都柱的建筑形象，如汉代出土的陶楼也出现此类建筑形象，可见在汉代，人们喜欢在建筑正中位置放置一独柱。

从傅熹年《陕西扶风召陈西周建筑遗址初探——周原西周建筑遗址研究之二》③一文中，傅对召陈西周建筑遗址 F3 提出两种复原方案。从中我们可以看到都柱在整个建筑结构和空间中的重要作用。

杨鸿勋根据考古学资料在陕西咸阳秦一号宫殿遗址复原研究中，也对早期建筑中都柱问题进行了探讨。结合考古人员在 1 号宫殿遗址发现的直径为 64 厘米的中柱遗迹，杨认为这是一根贯穿两层的中心柱。同时在他的文章中也提到"洛阳中州路的西汉建筑遗址、西安西汉礼制建筑遗址中也都发现了都柱遗迹，一号宫殿遗址发现又把都柱的使用提前到秦代。"④可见都柱在秦汉大型建筑中是经常使用的建筑构件（图 4）。

在许多相关早期墓葬建筑——享堂建筑的研究中也发现都柱的存在，如傅熹年先生对战国中山王出土的《兆域图》及其陵园规制的研究中，就认为中山王陵地上高台建筑也存在都柱。

从傅、杨的成果中笔者注意到都柱只存在于朝堂和礼制建筑当中。相反，寝殿当中并没有中柱。这一点与西汉楚王墓非常相似。以龟山汉墓为例，其有数个墓室。其中认为，楚王与王后的起居室、楚王的前室、王后的前室等用于礼制的建筑都有中柱，但是在楚王及王后放置棺椁的墓室则都没有中柱，这与地上宫殿的摹写是相似的。所以笔者认为楚王墓最可能摹写就是建筑当中的都柱。但是相反，东汉的中心柱墓其虽然是柱子的形状，但是其斗栱部分明显放大，如前文所述吴家湾一号墓斗栱与柱身的比例几近 1∶1。没有证据显示都柱有如此硕大的斗栱。并且，不同于楚王墓，东汉中心柱墓墙壁四周还有斗栱柱子的浮雕，显示其是 2×2 的建筑空间，这一点是汪、冯、张三位文章中没有涉及到的。也是笔者下文论证的第二种可能性。

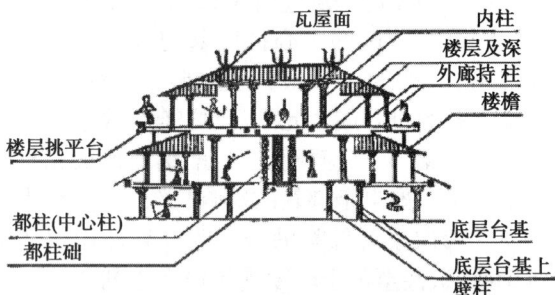

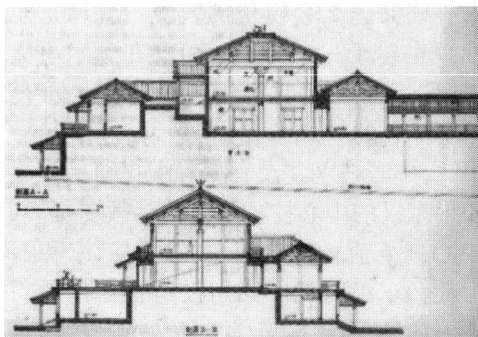

图 4　傅熹年（上）和杨洪勋（下）对秦宫殿的复原图
（图片来源：文献[11]；杨鸿勋，建筑考古论文集）

第二种是，对 2×2 的空间的摹写。笔者注意到早期的祠堂建筑大多是偶数两开间，进深两开间。这也是在对 2×2 空间的一种摹写，从直观上看，就是祠堂两开间中心设一独柱的特殊作法，如孝堂山、武梁祠等。Wilma Canon Fairbank 对汉代石祠堂的研究成果中，我们可以看到许多祠堂中的中柱被有意突出和装饰的做法。虽然还没有证据显示这种在祠堂中突出中柱的做法影响到崖墓内部中心柱的布局，但许多学者在研究在川渝地区崖墓空间功能时，都认为存在着堂寝合一或墓祭和陵藏合一的做法⑤。所以这种将地上墓祠的做法带入地下

---

① 汪智洋、冯棣、张兴国，墓葬的建筑文化内涵及建筑形制特征初探——以鄞江东汉崖墓为例，新建筑，2017（02）:135-147。
② 杨鸿勋，古蜀大社（明堂-昆仑）考——金沙郊祀遗址的九柱遗迹复原研究，文物，2010（12）:80-87。
③ 傅熹年，陕西扶风召陈西周建筑遗址初探——周原西周建筑遗址研究之二，文物，1981（03）:34-45。
④ 杨鸿勋，建筑考古论文集，文物出版社。1987 年 4 月，167 页。
⑤ 张霁，东汉巴蜀崖墓建筑研究，重庆大学硕士毕业论文，2016 年 5 月。

陵寝的情况是很有可能的。

至于祠堂为什么会使用2×2的空间,学术界至今没有合理的解释。笔者猜想,2×2的空间需要由9根立柱来支撑,9根立柱是否有所含义?但是笔者没有得到足够的文献支持。需要指出的是,同为四川盆地西部的金沙遗址中也带有大量的9柱的礼制建筑,虽然我们并不知道这样的建筑结构到底如何,但其肯定是含有中心柱的2×2开间的建筑。此外,这种中柱的形式同时影响了在中国西南地区一些少数民族的民居,如羌族、侗族、彝族的等,他们也有中柱崇拜的习俗。(图5)

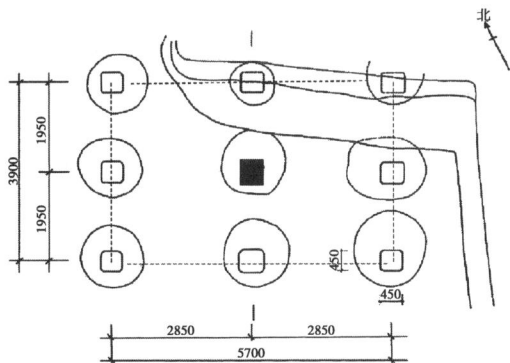

图5 吴家湾一号汉墓的中心柱(上)和
金山遗址礼制建筑的复原图(下)

(图片来源:左图:网络;右图:杨鸿勋,古蜀大社考——
金沙郊祀遗址的九柱遗迹复原研究)

生活在中国西北和西南地区的羌族,在主室内的中央树立起一根支撑着木梁的木柱①。羌人在祈求平安时,有祭拜中柱神的习俗。理县的羌族,有将中柱称为"中央皇帝"②。中心柱现象不独羌民居才有,还普遍出现在古氐羌族系的西南各少数民族民居主室中,如藏族、普米族、彝族、哈尼等族的民居。所以说中心柱崇拜是西南地区一个普遍的风俗,也进一步说明中心柱墓可能不仅仅是一种建

① 季富政,羌民居主室中心柱窥视,四川文物,1998(4):44-47。
② 王康等,神秘的白石崇拜,四川民族出版社,1992年8月。

筑形式,还有内在的精神内涵。

第三种观点是,沟通天地的桥梁。中柱在鲁南苍山县出土汉代石墓中有一题记:"……中直柱:双结龙,主守中雷辟邪殃"。中雷又指后土之神,是古代祭祀五神之一,说明在汉代中柱与神灵结合,成为一种古代崇拜的对象。

在中国古代文献中,有"建木"的传说。建木是传说中的一种可沟通天地的大树,如《山海经·海内经》和《吕氏春秋·有始》都有描述建木是一个支撑天地的上古神木,可以与天沟通。而《淮南子·墬形训》载:"建木在都广,众帝所自上下。"明代学者杨慎《山海经补注》注解到:"黑水都广,今之成都也。"可知传说中的建木就在今天中心柱墓最为密集的四川盆地西部一代,同时前文提到的金沙遗址也在这个区域。笔者认为之所以说建木在都广,其实也是说明都广人们信仰建木的神话。

反观中心柱墓中的柱子,其特意扩大了柱头的斗栱部分,使其看起来像一棵树的形象,支撑墓室的天顶。墓室的天顶经常绘制星系,也就是代表天,那么中心柱在这里面就是和建木有着很相似的描述。再结合上文羌人的中柱崇拜的论述,这是否也从另一个角度说明为什么在汉代的陵墓中,唯独四川的崖墓特别重视中柱的设计。因为在该地文化中,中柱是建木即树崇拜的体现,是天地沟通的桥梁,是引导逝者灵魂升天的阶梯。

事实上,笔者认为早期建筑中的都柱也有相似的含义。一个旁证是武则天建造的明堂。其内部通过考古已经证实有一个粗大的中心柱。早期学者认为这是佛教影响,但笔者认为唐代佛塔已经开始放弃使用中心柱,而石窟中支提窟已经完全被大像窟所代替,且佛像后也不再像云冈石窟那样建立回廊。那么明堂中的中心柱应该不仅限于佛教的影响。在笔者看来,明堂的功能是很明确的,即与天沟通。这样的话,武则天明堂的中心柱会不会也是起到与天地沟通的作用呢?此外,为什么早期宫殿建筑只在主要礼制建筑的殿宇设立都柱,而寝殿则不设置都柱呢?我们是否可以合理推断,其也有与天沟通的可能呢?就如巫鸿所言,汉代的艺术解释永远都是一种合理的解释而非唯一的解释。

需要指出的是这三个观点并不矛盾,反之可以在一定程度上相互印证。这说明中心柱墓并不是完全对某种建筑形式的模仿,而是包含有自身的精

神意义。同时,四川在汉代的地域性文化也可能同时影响到了中心柱的形成与发展。

4 结 论

汉代中心柱崖墓的空间格局不是西亚文化和佛教传播影响的产物。崖墓中的中心柱是秦汉地面殿堂建筑都柱的摹写,都柱是当时建筑中的重要构建,在民间兼具物质功能和精神功能。徐州龟山汉墓的中心柱更多地表现了其物质性的一面,而川渝地区崖墓的中心柱则同时保留了其物质功能和精神功能。

参考文献:

[1] 刘尊志.徐州汉墓与汉代社会研究[D].郑州:郑州大学,2007.

[2] 刘尊志.徐州两汉诸侯王墓研究[J].考古学报,2011 (01):57-98.

[3] 徐州博物馆,南京大学历史学系考古专业编著.徐州北洞山西汉楚王墓[M].北京:文物出版社,2003.

[4] 陈志东.徐州汉代楚王墓葬建筑设计艺术初探[D].苏州:苏州大学,2006.

[5] 陈明达.崖墓建筑(下)——彭山发掘报告之一[J].建筑史,2003(1):124-250.

[6] 钟治.四川三台郪江汉晋墓群调查记[J].中国历史文物,2002(4):51-57.

[7] 范小平.四川崖墓石刻建筑艺术[J].四川文物,2007 (6):31-42.

[8] 张霁.东汉巴蜀崖墓建筑研究[D].重庆:重庆大学,2016.

[9] 于瑞琴.川渝地区汉代崖墓时空分布研究[D].南充:西华师范大学,2016.

[10] 汪智洋,冯棣,张兴国.墓葬的建筑文化内涵及建筑形制特征初探——以郪江东汉崖墓为例[J].新建筑,2017(2):135-147.

[11] 傅熹年.战国中山王墓出土的兆域图及其陵园规制的研究[J].考古学报,1980(01):97-119.

[12] 傅熹年.陕西扶风召陈西周建筑遗址初探——周原西周建筑遗址研究之二[J].文物,1981(03):34-45.

[13] 季富政.中国羌族建筑[M].成都:西南交通大学出版社,2000.

[14] 刘朦.云南古羌支系各族建筑中的中柱起源探析——主要以彝族、藏族为例[J].理论界,2015(3):44-48.

沈阳近代城市格局演变特征及变革本质研究[*]

Research on the Evolution Characteristics of Modern City Pattern in Shenyang and Its Transformative Essence

郝 鸥[①] **谢占宇**[②]

Hao Ou　　Xie Zhanyu

【摘要】沈阳城在中国城市中,有着重要的地位和特殊性。近代之前,历经西汉侯城,明朝军事卫城,沈阳逐步发展为清朝都城,成为清朝在辽东地区的政治和经济中心;鸦片战争之后,从传统城市向近代城市的发展过程中,其城市空间格局发生了显著的变化并具有显著特征。本文通过对沈阳城市格局演变特征的研究,探寻其背后的变革本质,揭示沈阳近代社会发展的客观规律。

【关键词】沈阳　近代城市格局　特征　变革本质

城市是一定地域范围内的空间实体,城市空间形态以其独特的方式记录着城市发展的历史脉络。城市历史的研究意义十分重大,它不但是对过去发展历程的回顾,更是城市未来发展探索的重要基础。沈阳城市发展具有特殊的地理环境和历史文化背景,经历了兴起、发展、衰落、调整、重振的周期性发展过程,是中国区域研究的典型。本文选取沈阳城作为研究主体,以空间形态的演进作为切入点,对沈阳的城市发展历史作一个较为全面的梳理。

1 沈阳城从古代到近代形态的演变

1.1 方城:"十字大街"到"井"字皇城

早在7 200年之前,沈阳地区就出现了人类活动。秦汉时期,开始在浑河以北建设城邑,经辽、金、元、明等时期的不断完善和拓展,逐渐形成了以"十字大街"方城为雏形的沈阳城市空间结构(图1)。1840—1898年的沈阳,基本上延续了沈阳老城的发展,城市的空间格局呈现"回"字和"井"字的形态,城市基本沿旧城外扩,城市中心性显著,形成步行范围为5里的城市结构。《陪京杂述》记沈

城建置之初具有深意,谓"城内中心太庙为太极;钟鼓楼象两仪;四塔象四象;八门象八卦;郭圆象天,城方象地;角楼、明楼各三层共三十六象天罡,内池七十二象地煞;角楼明楼共十二象四时,城门瓮城各三象二十四气"。可见沈阳古城形制完备,它是历代营建者的智慧,多种文化沉积、融合的结晶。其规制按照《周礼考工记》中前朝后市的规则布局(图2),清皇太极时期达到鼎盛(图3),形成了"内城外郭"加"井"字形路网的传统城市空间形态。1898年的沈阳,作为政治、历史、社会、文化的中心,继续延续老城的发展,形成象征皇权的方城。

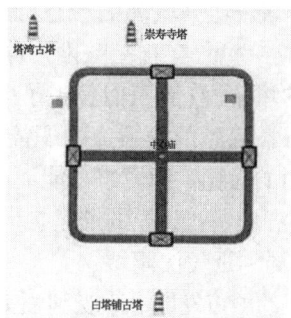

图1　明中卫城"十字"大街

(图片来源:沈阳建筑大学建筑研究所)

＊ 国家自然科学基金项目,清前满族古城活态遗产保护理论体系研究(项目号:51508340);教育部青年项目,东北地区满族古聚落的建筑人类学研究(项目号:17YJCZH200)。

① 天津大学建筑学院,博士研究生,沈阳建筑大学,副教授。

② 沈阳建筑大学,副教授。

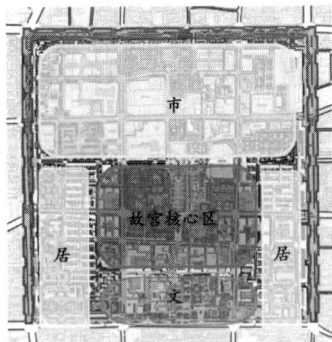

图2　前朝后市意象

（图片来源：沈阳建筑大学建筑研究所）

图3　清皇太极时期方城

（图片来源：沈阳建筑大学建筑研究所）

这一时期的沈阳城市格局特征主要表现在，从一个原始的居民点衍生开来，经历了军事哨所（燕斥喉所）—军事要塞（汉代候城）—军事私城（辽沈州）—交通枢纽（金沈州）—东北重镇（元沈阳路、明中卫城）——国之都（清盛京）一龙兴之地（清陪都）的发展历程。城制经历了"口"形土城—"田"形砖城—"田"形砖城＋城郭的形态，道路网格局经历了"十"字街—"井"字街—蛛网形路网。沈阳古代城市强烈的军事、政治职能表现了"城"的形象，与中原古代日益兴隆的商业流通职能中"市"的形象形成了鲜明的对比。因军事功能而突出"壁垒森严"给城市经济发展和规模的继续扩大造成困难。

1.2　板块格局的近代沈阳城

近代沈阳的城市发展由于受到强大的政治因素和文化因素的影响，沈阳城市与建筑的发展，并不是进化式的发展，而是非进化式、跳跃性的发展，即近代沈阳城是从传统的老城区板块，逐渐扩张出包括商埠地、"满铁"附属、大东—西北工业区、铁西工业区等五大城区的城市。这些城区之间不但发展时间相互重叠，且因每一城区内部都有自己的一套相对完整的发展体系，而各城区空间和建筑特征异常鲜明，近代沈阳城市布局是"板块"发展的。（图4）

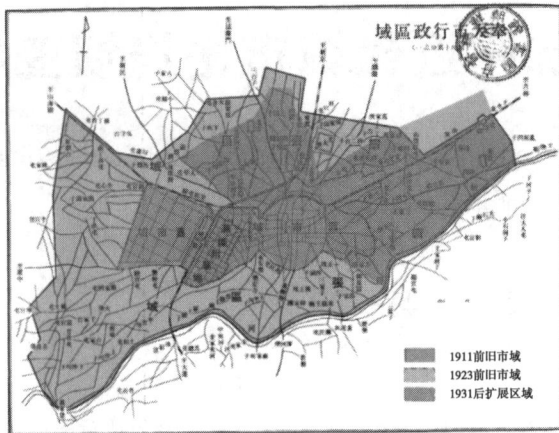

图4　各扩展期的沈阳城

（图片来源：作者根据《沈阳地图荟萃》地图整理）

老城区作为沈阳历史最悠久的城市板块，由于发展的时间长，城市各项功能布局已趋近于成熟，因此进入近代后，老城区的城市空间发展并不明显，老城区的内城外郭和坛城结构、城内的"井"字形道路系统和九宫格的城市空间格局并未发生改变。

19世纪末期，俄国开始修建中东铁路，试图建设贯穿中国东北地区的铁路线。中东铁路的修建，打开了帝国主义侵略中国东北地区的大门。1905年日俄战争以日方的胜利而告终，日本不仅获得了战争的胜利，同时攫取了俄国在中国满洲南部地区铁路及附属地的特权。1905年，日本在沈阳建立了"满铁"附属地，并在"满铁"附属地内进行城市规划及建设市政设施，进而形成了近代沈阳的"满铁"附属地板块。"满铁"附属地的规划受当时世界上各种规划理论的影响，采用了放射加方格网的道路系统。其中火车站为中心，向东放射出三条道路，加上平行铁路方向的道路，以火车站一点有五条放射线；中山广场有六条道路，平安广场有五条道路放射而出。而方格网道路系统采用了小街坊路网，使每个街区临街面增多，便于商业的开发。同时由于"满铁"附属地的规划建设主要由日本人完成，所以其小街坊尺度与西方城市相比更有自身特点，这源于日本居住文化的影响。日本的城市是由许多个"町"构成的，町是城市的基本单元，"町"是一个源于田地并与街区有关的概念。"町"和"街路"的概念，是由田地与田埂而来，"町"是被田埂划分的田地发展而来，所以日本城市空间的根本是街区。町有不同的形态，日本古代有二面町、四面町，在近代町式道路形成的线路式结构也是基于町的概念而成的。传统日本城市的道路密度较其他同期世界大城市的要高得多。

商埠地板块是近代沈阳城市板块重要的一部分,是老城区板块与"满铁"附属地板块间重要的缓冲地带,而且在相当的程度上遏制了"满铁"附属地殖民扩张的野心,形成了与附属地的竞争态势,带动了沈阳地区经济的发展,改善了交通条件,促进了文化的融合。沈阳商埠地位于老城区板块与"满铁"附属地板块之间的空隙。《奉天自开商埠总章》中第二条记载"本埠划定地段在省城西郭外,东至边墙,西至南满铁道附属地及铁道,南至大道,北至黄寺大道。面积约计二十一方里"。商埠地四界均设有明显的界牌标志。其选址的重要意义在于,从空间上围合"满铁"附属地,以遏制其进一步向老城区扩张。商埠地大部分土地是从私人手中收购而来的城市间隙空地,开辟之后以主要道路为界限,划分为北正界、正界、副界和预备界四个区界,分期开发。

随着沈阳近代民族工业快速发展,出现了许多大型的工矿企业。由于在奉系政权全面掌控的老城区的东侧先期已开辟为商埠地和"满铁"附属地,南侧又临浑河,已没有拓展空间,这些以民族资本投资建设起来的工厂大多分布在老城区的东、北两个方向。"大东—西北"工业区因所在方位而得名,它的出现离不开当时特定的历史环境与奉系军阀对沈阳城的建设。"大东—西北"工业区以老城区板块为依托,在周围形成了民族工业与军事工业对日本殖民实力的对抗态势,为沈阳城市空间的拓展产生了极大的作用,也促成了沈阳民族工业区城市板块的建设。

铁西工业区板块位于沈阳市的西南部,是沈阳近代最后成立的城市板块,铁西工业区采用了清晰明确的方格网道路,建设理念就是一切都要服务于功能需求,将城市板块规划成适应工业尺度的方格网状用地,形成了南宅北厂的城市空间格局。这也使得沈阳近代城市的板块式格局最终完善与形成。

2 引起沈阳近代城市格局演变的变革本质

2.1 行政主体更迭引起的突变

近代之前,沈阳城市的发展是以军事行政为主,以农村经济为基础,以土地财产和手工业为核心,城市的平面形式沿袭着封建社会的城制。1861年以来,在西方资本主义势力的冲击下,沈阳封闭

独立的状态被打破,城市行政主体更迭,使得城市功能等发生突变,并引起了城市空间格局的变迁。清朝定都北京,沈阳改为陪都后,其失去了原有的政治及军事功能。然而交通条件的改善、移民垦殖的实施,城市生活的主要内容让位于经济活动,使得沈阳城市人口增多,商贸活动增加,沈阳逐渐转向东北地区的经济及文化中心,其近代化萌芽产生。1861年营口开埠之后,沙俄在东北地区经济掠夺逐渐深入,沈阳作为列强进入东北的首个区域性核心城市,拉开了近代城市化进程的序幕。在从传统城市向近代城市的发展过程中,沈阳历经晚清政府、俄日殖民政府、北洋政府、奉系政府、伪满洲国政府、民主联合政府以及国民政府政权主体的交替演变,逐渐形成了由"单一"—"多元"—"单一"的城市行政主体的特征。由清政府时期的井字老城到日俄殖民的铁路用地,从奉系政府的商埠地、大东—西北工业区发展为日伪时期的满铁附属地(图5),这些使得沈阳近代城市规划的过程与内容体现了不同的政治行政统治的特征,走出了一条独具特色的近代城市规划发展的道路。

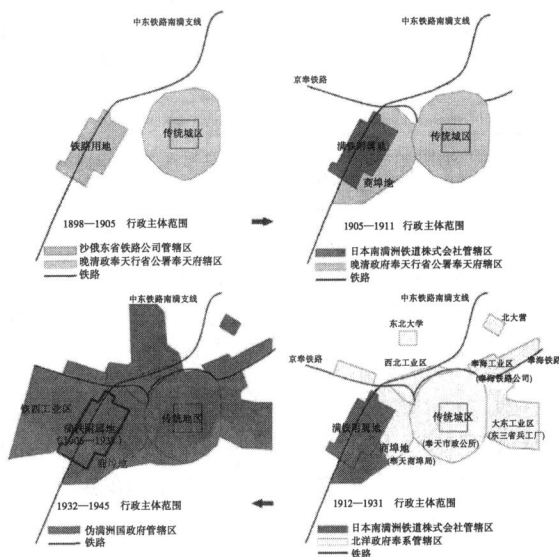

图5 各行政主体执政下沈阳城市格局演变图
(图片来源:作者整理)

2.2 近代铁路引起城市格局从单核走向多元

随着东清铁路南满支线的出现和铁路附属地的建设,沈阳城市在老城之外出现了第一个城市板块,同时铁路的选线和走向也确定了这一历史时期城市东、西向的发展格局和城市局部地区主要道路的走向,为后期沈阳城市发展打下基础。东清铁路南满支线的形成带动了沈阳乃至整个东北地区的

发展,大量的货运和客运使沈阳自金沈州时期形成的交通枢纽地位得到巩固与发展。

其间,在盛京城的西侧由中东铁路支线及谋克敦、奉天驿火车站的修建,最先出现了第一个城市板块。之后京奉铁路向沈阳城内的延伸及皇姑屯火车站、辽宁总站、奉天新站的修建带动了皇姑屯地区商埠地的发展;奉海铁路、奉海站的建设及与京奉铁路的对接,带动了惠工工业区、奉海市场的发展。同时铁西工业区、东北大学及办工厂、大东新市区建设分别有铁路专用线连接。(图6)人流、资金流、货物的快速流通,为城市外向型工业发展提供了便利的条件。同时各区域除了通过主要道路相互连接外,在开发建设、内部空间与功能相对独立上自成体系,整体上形成了板块拼贴式的空间布局。

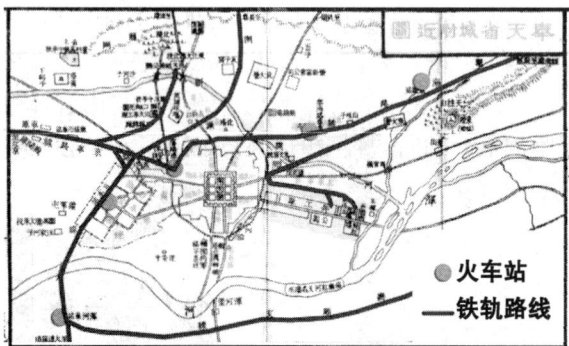

图6 铁路分割下的沈阳城
(图片来源:作者整理)

不同归属的铁路在沈阳城市内交叉、分割,使得沈阳近代城市空间就形成了从单中心到多元城市变迁的显著特点。

第一,从单中心到双核心城市。为清陪都的盛京城古城一直是此区域范围内的城市中心,而一条南北走向的中东铁路南满支线出现,并在距古城北边界约3公里处向西折转,在古城以西约3公里处向南折转。此后,随着沿南北走向铁路的满铁附属地的形成与建设,与老城相隔约1.5公里处,并沿铁路两侧宽约为2公里的地区开始聚集有大量社会活动的另一处新城区。一时间沈阳城市有了两个中心区域,一个以老城为中心,一个以谋克敦、奉天驿为中心。在铁路建设的影响下的新市区的形成,打破了盛京城原有的极具向心性的城市格局。盛京城的双重城墙也阻挡不了外敌的入侵,原来旧有的都城单中心城市变为双核心城市,旧有的都城的前朝后市、内城外廓的功能布局被忽视了,中国

传统的、封闭的空间格局,以及皇权绝对控制权消失了。铁路的出现极大地削弱了城墙的空间封闭作用,成为了近代城市的新的界限。盛京城的空间秩序已经发生改变,按相关条约南满铁路及两侧一定范围内的用地具有沿线驻兵权,禁止中方的铁路、公路修建,限制了中国居民的自由穿越。南满铁路形成了近代沈阳空间限制的边界,实际上将近代沈阳划分为两部分:①铁路以东由奉系政府控制的空间范围;②铁路以西的日本殖民势力控制范围。南满铁路将单中心城市划分成双核心的城市。

第二,从双核心城市到多元城市。以车站为中心形成城市中心组团,分别是南满铁路车站组团、京奉铁路车站组团、奉海铁路车站组团、皇姑屯铁路车站组团,四个中心又结合各自产业形成城市新的多元功能板块。南满组团是日俄战争后,日本将原俄谋克敦修复,在谋克敦车站形成铁路用地的车站中心。在建立满铁附属地后,大批从事建筑和服务行业的朝鲜人聚集在谋克敦火车站北侧的西塔地区,该处靠近火车车站,便于与周围密集的日本殖民机构建立服务联系,成为了朝鲜移民的聚居中心。1910年,新的奉天驿建成后成为南满铁路沿线规模最大的车站,满铁附属地中相应的商业、服务业都是以其为中心布置。京奉总站组团连接了京奉、奉海两条线路。京奉总站和奉天驿是近代沈阳铁路枢纽中最为重要的两个车站。1918年张作霖政府在商埠地北正界内兴建的北市场商业区逐渐繁盛,各种民族资本已经大量聚集于此地,新站的选址进一步带动了商埠地的发展,形成了重要的近代本土商业中心。奉海火车站是奉海铁路的主要车站,由奉海铁路公司投资建设。奉海总站是奉天城东北部自主建设城区的起点,奉系庞大的东部军事工业基地和东北部的工业区都是依托该车站展开的。奉海市场工业组团以车站为中心已初具规模,聚集了相当数量的地方工商业,形成了城市东部本土化工商新城区。皇姑屯火车站一度作为京奉铁路的终点站,是沈阳进出关内列车的必经之地,皇姑屯火车站向关内输送大量的兵力和军火,也是货物运输的重要集散地。车站建立之初,附近建筑均为车站栈房(即仓库库房)。张作霖在皇姑屯火车站西侧建立铁路工厂后,车站地区人口增加,有了市街,功能包括商业店铺、机关、学校等。

通过铁路建设过程以及相应的城市建设过程,

最终形成的城市为多中心组团式布局：城市每个组团内部都具有比较完善的功能，就业与居住基本平衡，相对独立，自成体系，各个组团共同形成一个多中心的城市结构。

2.3 近代民族工业的发展引起东西方向性板块格局

为了遏制外来势力的发展，奉系军阀大力发展民族工业，由于民族工业的集聚，沈阳城市格局也因此呈方向性。西北方向：以京奉铁路工厂为主形成新城区；西向：铁西殖民工业区；东向：大东工业组团；东北方向：奉海市场工业组团；北向：东大校办工厂组团。（图 4）无论是按规划建设还是自发形成的片区，都会形成规则的矩形扩展区。即由平行和垂直于城市路网构成矩形的街区，沿运输线方向为矩形的长轴，垂直方向为矩形短轴。规则的矩形轮廓显然是为了加强城市内部交通与运输之间的联系而形成。随着沈阳近代民族工业快速发展，出现了成片的工业区，产生了多个由民族工业构成的组团，如大东兵工组团、奉海工业组团、惠工工业组团、东北大学组团。各个组团各有其重点发展的中心工业，围绕中心工业的发展，布置工人宿舍、商业，完善附近居民生活设施，使得整个组团成为一个为工人和周边居民服务的设施完善的社区。而不同的工业组团有各自发展的重点工业，其中心也各不相同。民族工业板块出现之前，"满铁附属地"与老城区形成二元结构，民族工业板块的产生形成了新的哑铃式城市板块结构。大东板块和西北板块的发展，使得城市用地逐渐向东部、东北部、北部三面发展，形成包围老城区之势，与"满铁附属地"形成用地上的对抗性。

3 结 语

沈阳城市格局从古代到近代发展中，呈现了突变式特征，从东北封建经济中心城市发展到铁路枢纽中心城市，继而成为工商业中心城市。其近代化的发展，除了具有中国近代城市发展的一般性外，更具拼贴性、板块性、方向性等特征。沈阳近代城市化发展的动因及变革的本质主要集中在多种行政主体的共同驱动下进行变迁，近代铁路的兴建更促使沈阳城从单核走向多元，伴随着民族工业的发展，各组团重叠并立，形成了各自独立又逐步融合的空间格局。

参考文献：

[1] 王茂生. 从盛京到沈阳——城市发展与空间形态研究 [M]. 北京：中国建筑工业出版社，2011.

[2] 汤士安. 东北城市规划史[M]. 沈阳：辽宁大学出版社，1995.

[3] 曲晓范. 近代东北城市的历史变迁 [M]. 长春：东北师范大学出版社，2001.

[4] 齐康. 城市环境规划设计与方法[M]. 北京：中国建筑工业出版社，1997.

[5] 邰艳丽. 东北地区城市空间形态研究[M]. 北京：中国建筑工业出版社，2006.

[6] 黄维民. 中国近代民族主义的历史演进及其特点[J]. 西北大学学报：哲学社会科学版，1993(4)：70-75.

[7] 黄亚平，陈静远. 近现代城市规划中的社会思想研究 [J]. 城市规划学刊，2005(5)：23-29.

[8] 石璐. 沈阳方城历史街区保护与更新研究 [D]. 上海：同济大学，2007.

[9] 王骏. 行政主体视野下的沈阳近代城市规划发展研究 [D]. 东北大学，2013.

明代后期辽东沿边女真部族中心聚落的选址原因初探

——基于商业贸易的角度 *

Preliminary Exploration of the Reason for the Site Selection of the Center Settlement of Nvzhen Clans Which Lived Near the Liaodong Great Wall in the Late of Ming Dynasty
—Based on the Perspective of Commercial Trade

王思淇① 王 飒②

Wang Siqi Wang Sa

【摘要】明代后期,经济繁荣,商业贸易发展迅猛,身处辽东边外的女真各部族也纳入了以明朝为核心的贸易网络中。女真人在与辽东进行边关贸易的过程中逐渐积累了大量的财富并提升了自身的实力,其中尤以在地理位置上位于临近辽东东北部边墙的女真部族发展势头最为明显,从中崛起了一位位强酋首领。本文从女真与辽东之间的商业贸易为视角出发,探寻部族中心聚落的选址与贸易活动之间的关系。本文通过对女真贸易体系和辽东沿边女真强酋的中心聚落选址进行分析,得出了在贸易因素的影响下女真的聚落选址定位和其成长为地域性强酋有直接联系的结论。

【关键词】明代后期 商业贸易 辽东沿边 女真 选址

明代,东北女真经历了由弱到强的发展道路。明代后期,女真各部族在与辽东的贸易活动中积累了大量的财富,实力大幅增长,在辽东沿边地区出现了一批地域性女真强酋。本文从商业贸易的角度入手,探究明末辽东沿边女真部族中心聚落选址与强酋崛起的关系。

1 明代女真商业贸易的发展过程

明代的经济发展可大致分为三个时期:明初至宣德为早期,正统至嘉靖初期为中期,由嘉靖中期开始为末期。[1]女真人的商业贸易由于受明朝经济的影响,与其有近似的发展阶段。

1.1 明早期女真人的朝贡贸易

明朝初年,永乐帝招抚东北女真,设立奴儿干都司。女真诸卫对明廷负有朝贡的义务,其朝贡贸易活动属于以明朝为中心建立的庞大的朝贡体系下的"羁縻关系下的朝贡"。[1]

此时的女真人,虽然以"朝贡"的方式可以进行贸易,但大宗商品的品类还较为单一。"自明初至天顺年间,女真与明朝贸易的大宗商品为马匹,所得收益在相当程度上已成为女真人的主要财源。但马匹产量无法激增,使收益存在限制,其贸易处在一个无望快速大幅增收的状态中。因此时尚未发现马匹以外能够刺激明朝人需求的商品,故女真与明朝的贸易,在整体上处在一种无法被称为兴旺的状态中。"[3]由此可见,这一阶段的女真人通过贸易活动并不能积累大量财富。并且在明朝早期,由于国家施行"严格控制商人活动""制定限制商人取得厚利的商税制度"和"实行海禁,不许商人对外贸易"等一系列"抑商"政策,使得这一阶段明朝的商品经济发展受到了极大的阻碍。[1]

1.2 明中期女真人的"朝贡受限"与开原的"开关互市"

到明朝中期,由于女真朝贡贸易中"赴京营私"

---

* 辽宁省自然科学基金项目,基于时空数据计量分析的奴儿干都司卫所聚落成长模式研究(项目号:20170540749);国家自然科学基金项目,明代辽东都司与建州女真聚落互动演进研究(项目号:51378317)。

① 沈阳建筑大学,研究生。
② 沈阳建筑大学,教授。

的人居多,且朝贡活动给沿途军民造成了巨大的负担,所以明朝开始限制女真人朝贡的规模与频率,并以在开原互市来取代朝贡贸易。"进贡、袭职等事,许其一年一朝,或三年一朝,不必频数。其有市易生理,听其于辽东开原交易,不必来京……庶几不扰军民,亦不失远人归向之意。"[4]自此开始,在女真人的贸易活动中,进行边关马市贸易的比重开始加大,进京朝贡贸易的次数开始减少。

明中期以后,由于农业生产力的发展和手工业技术的提高,商品经济开始了更快的发展。统治阶级也因为社会物质财富的积累与消费品种类和数量的增加而开始愈加奢靡。[1]这在女真的贸易商品中具体表现为貂皮贸易量的上升。"约成化年间开始,开原马市的贸易结构发生改变,貂皮贸易开始兴起。"[3]到弘治十六年已有"近贼虏狡黠,不以堪用马匹货卖,特以入市者,惟榛松、貂、鼠、瘦弱牛马而已。"的记载。[6]

这一时期属于过渡阶段,是为下一阶段的商业大繁荣奠定基础。作为后来影响女真人势力格局的貂皮贸易这时也已渐渐形成规模。

1.3　明后期商业的繁荣与对女真商品的巨大需求

从嘉靖中期开始,明朝开始步入后期。从十六世纪中期到十七世纪中期,社会生产力相较之前又有了巨大进步,商品种类丰富,商品交流的地域跨度大,商人群体增多。而"商业的繁荣完全是建立在贵族、官僚消费的基础之上的"。[1]此时,从辽东马市输入的人参、毛皮等货物就是主要供给这一阶层的奢侈消费品。"《酌中志》记载,明朝宫廷每年约需一万余张貂皮,六万余张狐皮。官僚行贿纳贿,貂皮是重要馈赠品。"[5]并且当时在临清①市场上就有来自辽东的人参、貂皮与青黄鼠皮,往来商人的客籍中有辽东商人,当地商店中有数字可查的辽东货大店就有13家。[1]明朝后期阶段,女真人的商品已经进入到了更广的流通范围里,并已纳入到全国的商品交易网络之内,且商品需求量巨大,对于女真人来说这意味着更多的利润与财富。

2　女真贸易兴起与辽东地缘格局转变

2.1　贸易兴起后辽东对女真边疆政策改变

在明早期,大区域下的贸易网络没有形成,女真所产的土特产也没有销售的途径。明中叶以后,由于商业的繁荣提高了辽东马市交易中对对人参、毛皮等商品的需求,所以女真人内部涌现出了一大批从事贸易活动的商人团体。这些商人在贸易活动中不断积累的财富使本身军事实力与政治影响力大增,一批原来的小部落因此发展壮大起来,崛起了一批围绕贸易利益成长起来的部族首领。[2]有部分部落首领因边关贸易受阻而不断地侵边,对辽东的安全造成了损害,但原来被授予"卫所都督"②的女真人这时却没有了管理下属部落首领的实力,原有的羁縻卫所制度在此时接近瓦解。[3]在这种情形下,辽东改为扶植忠顺的女真领袖,诸如哈达部的王台,并利用女真人对边关贸易的依赖和部落与部落间的相互冲突来"以夷控夷"。其时边臣奏疏中对女真贸易的分析已经非常透彻"抢掠所获不足以当市易之利,夷人以市为金路,唯恐失之,而我亦借此以为羁縻。"[8]这种通过边关贸易的手段来维持边疆秩序的做法,和发动战争相比成本更为低廉,性价比更高。同时,一些辽东将领也开始和关外的女真强酋结合,成为垄断贸易的利益共同体,甚至结为亲戚,共同分享巨额的贸易利润。[5]

2.2　贸易兴起后贸易体系的建立

女真与辽东的交易在边关马市,而采集、运输、中转等活动却是在关外大部分地区展开。从宏观的地理尺度看,以明朝为消费核心,辽东及其关外各不同地区的女真部落构成了层层递进的贸易体系网络。这个体系由内到外顺序为:明朝的消费市场—辽东对女真开放的马市③—控制边关贸易的辽东沿边"山寨夷"女真④—控制贸易资源的"江夷"女真⑤和科尔沁蒙古部—作为贸易资源产出地的女真小部落⑥。[5]

---

① 临清在当时是北方最大的商业中心城市,其地处山东西北,为大运河上的交通要道。

② 明代女真都督是一种被授予掌管大卫事务首领的、遵循一卫一督之职责,具有分量的官职。其对下属的小卫和小部落具有管理的权利。参见《明代女真史研究》679-684。

③ 包括:广顺关与镇北关关市、开原马市、抚顺马市、清河马市、瑗阳马市、宽甸马市。

④ 包括:建州部、叶赫部、哈达部。

⑤ 包括:乌拉部、辉发部。

⑥ 人参产地有:长白山部;貂皮产地有:东海窝集诸部和外兴安岭的索伦部。

图1　辽东—女真贸易体系示意图
（图片来源：自绘）

从商品的生产销售流程来看，定居于产地的各个小女真部族以采集和狩猎的方式得到商品并形成贸易体系中的第一层级；然后经由水路或陆路将商品送到作为中转贸易站的乌拉、辉发和科尔沁蒙古，此为第二层级；第二层级再将商品送到掌控边关贸易的建州、叶赫或哈达处，最终由建州、叶赫、哈达入关买卖，此为第三层级。

在体系间的控制关系上，有"辽东—第三层级—第二层级—第一层级"的渐进控制：辽东在第三层级选择一个女真首领进行扶植，并以他的力量控制其他第三层级的女真部落；第三层级拥有对第二层级的定价权，而第二层级又因为地理上远离辽东边关而无法直接交易则不得不受制于第三层级，如万历三十一年，乌拉部就因努尔哈赤给的貂皮价格太低而改为向朝鲜发动战争意图让朝鲜与乌拉直接开关互市；第二层级则直接控制作为商品源头的第一层级，但是当第三层的沿边女真越过第二层级去争夺对第一层级的控制权时，战争就会一触即发，如万历三十三年建州与乌拉之间的乌碣岩战役就因为相互争抢对貂皮产区东海女真的控制权而起。[5]

作为第三层级的辽东沿边女真各部族，在整个体系中起到举足轻重的作用。第三层级内部女真部族间的争斗主要因争夺敕书而起。由于敕书决定了女真入关贸易的权利和规模，所以沿边女真为了扩大本身的贸易就必须争夺对方的敕书，"囊闻诸夷互相攻伐，皆以本朝敕书为奇货。"[9]而贸易规模的扩大也反过来影响了身处第二层级的女真对销售对象的选取，如在哈达鼎盛时期，女真贸易都经哈达过广顺关到开原马市进行，而到了努尔哈赤

崛起之后，乌拉、辉发、蒙古等部就将商品销售给建州女真，再由建州女真入抚顺关交易。

纵观明末女真的发展过程，沿边女真各部族在不同阶段崛起了多位强酋。这从侧面说明，占据辽东沿边的地理位置在大的贸易活动兴盛的背景下使部分女真部族拥有了发展上的优势，也造成了大型中心聚落的建设。

3　辽东沿边豪强女真部落的中心聚落选址

辽东沿边女真部落，通过控制边关贸易，对内掌握了物资的分配权，对外掌握了财富的获取权，最终成长为地域性强酋。而以贸易活动为基础的空间行为，必然会在中心聚落的选址中有所反映。

3.1　哈达强酋崛起于广顺关外

哈达部的前身是塔山前卫，位于距开原200公里的松花江一带（今吉林市）。嘉靖初年时，其酋长为速黑忒，"速黑忒居松花江，距开原四百余里，为迤北江上诸夷入贡必由之路，人马强盛，诸部畏之。"[10]当时速黑忒于松花江处就以控制贡路来获取利益。嘉靖十二年（1533年），速黑忒为部下所杀，其子王忠南迁建寨于广顺关外，也称为南关。[11]

图2　哈达城与广顺关
（图片来源：自绘）

在王忠鼎盛时，其基本掌控了女真拥有的全部敕书，所以边关马市贸易被哈达部所垄断。王忠也与辽东交好，并于嘉靖二十二年获升都督。王忠死后，其侄王台继位，巩固并壮大了哈达部在女真人内部的统治地位，女真各大部族首领都听其调遣，他以此方式维持了辽东的边疆秩序。辽东将领亦与他结成利益同盟，共同分享马市贸易带来的财富。

哈达部的中心聚落是哈达城。其建城于清河与阿拉河两河交接之处的一个山岗上，距离广顺关20公里，周边山脉众多，交通主要是沿大河的河谷行进。哈达城与广顺关均处在清河河谷内，两者之间畅通无阻碍。清河出广顺关后一直流经开原城南，所以只要沿清河行动就可以抵达开原马市。

3.2 哈达衰落后各部蜂起

到王台后期，其所拥有的1 498道敕书多有流散，其中建州部各首领得到499道敕书，塔鲁木夷捏哈（叶赫部首领）得到300道。[5]这些部族首领在得到敕书后，便拥有了去边关马市进行交易的权力，从而可以打破原来哈达部贸易垄断的状态。所以从王台末期开始，辽东外女真进入了多部崛起的时期。

3.2.1 叶赫部崛起于镇北关外

叶赫部前身为塔鲁木卫。同哈达部一样，南迁之前也居于松花江一带，并在当时的酋长竹孔格的带领下"阻各夷朝贡"。嘉靖初年，其子捏哈得到三百道敕书，并向南迁徙至镇北关外，也被称为北关。[5]

图3 叶赫二城与镇北关
（图片来源：自绘）

在迁到镇北关外的早期，叶赫部一直被垄断了女真与辽东贸易的哈达部所压制。王台末年，有关流散的敕书去向记载中有"塔鲁木夷捏哈得三百道"，则可见最初由明朝授予捏哈的三百道敕书此时回到了北关叶赫手里。王台死后，南关陷入到了争夺其遗产的内斗之中，而叶赫部与科尔沁部蒙古和乌拉部女真借机结盟攻打南关哈达抢夺敕书以夺取贸易权。在南北关你来我往的斗争之中，实力的天平逐渐向叶赫部倾斜，最终叶赫部获得了开原马市贸易的支配权，成为海西女真中的强酋，并在

后来一直与建州部的努尔哈赤进行贸易争夺战直到1619年被努所征服。[5]

叶赫部因实行"两头政长制"所以有东城与西城两个中心聚落，其分别由同为部族首领的两兄弟居住。东城是平地城，西城是山城，两城隔叶赫河相望，其间相距2公里。在大的地理尺度下，由于两城间距很短，所以可视为一点看待。从图中可见，叶赫双城与镇北关均身处在叶赫河谷内，两地相距20公里。河谷两边为山脉，并沿着叶赫河自北向南延伸。如要过镇北关，则必须走叶赫河谷并经过叶赫双城。

3.2.2 建州部王杲崛起于抚顺关外

王杲身为建州右卫都督，其出身无法得知，但他在明代女真人的历史上是赫赫有名的强酋。"余考建州卫，盖自永乐时旧矣。然未尝曾有倔强如杲者。"[12]哈达部王台早期强盛时，建州部敕书被其所控，女真各部的贸易活动也必须经由广顺关进行。到王台后期，499道敕书回到建州部各卫手中，这时建寨于抚顺关外古勒山城的王杲就把持了入关贸易的要道，独占了建州卫对明朝的贸易，王杲以此崛起。王杲保持着在建州部中的优势地位直到万历三年被杀。[3]王杲被杀后，其长子阿台继续以古勒城为中心聚落进行活动。但为了给父亲报仇，所以他一直以对抗明朝为主，屡次犯边抢夺。终于在万历十一年（1583年）被辽东出兵击杀于古勒城中。而努尔哈赤的父亲与祖父亦在此役中被明军误杀，这直接导致了努尔哈赤于同年起兵，开始了女真内部的征服之路。[13]

图4 古勒城与抚顺关
（图片来源：自绘）

古勒城是一山城，坐落在苏子河河谷内。苏子河向北汇入浑河，再向西流经抚顺关。古勒城与抚

顺关之间由河谷行进,路程约为 30 公里。建州部其他女真部族大部分都需要沿着苏子河去往抚顺关,所以为了入关贸易就必须经过古勒城。

3.2.3 建州部王兀堂崛起于瑷阳堡、宽甸六堡外

《清前史论丛》一书中有记载:"自清河以南抵鸭绿,属建州,王兀堂制之;清河以北至抚顺,为王杲之地;自抚顺,开原以北,属海西者,王台制之。"其中把王兀堂和王杲、王台等强酋并列在一起,足可见其当时势力之大。同其他的女真各部所进行的贸易活动有所不同的是,王兀堂在瑷阳、宽甸马市进行交易的商品中并无马匹、人参和毛皮等贵重商品,而是只交易米布猪盐等生活必须物品。[3]虽然因此王兀堂无法从边关贸易中获取到巨大的商业财富,但是他也拥有对于所辖各女真部落的物资分配权,从而可以对他们进行统治,成为地区性的强酋。

据考证,王兀堂部的中心聚落鸭儿匮所在地是今天的宽甸青山沟乡挂牌岭飞瀑涧村石棉自然村。[14]鸭儿匮宽甸、瑷阳之间没有大河形成的河谷作为交通要道,只能沿着相对较为狭窄的山谷。其所在地山脉众多,交通不便,这也造成了各部到宽甸、瑷阳进行马市交易时并无很多的路线选择。因此鸭儿匮就背靠董鄂部与鸭绿江诸部,把持住了通往宽甸、瑷阳的交通要道。

图 5　鸭儿匮与瑷阳、宽甸
(图片来源:自绘)

3.3　努尔哈赤崛起于苏子河

强酋蜂起之后,就是作为后来女真诸部统一者的努尔哈赤走上历史舞台。万历十一年(1583 年),努尔哈赤以十三幅甲胄起兵。作为一个从小就在抚顺马市从事商业活动的女真人,努尔哈赤也深知

做贸易是其扩大势力的关键。笔者梳理努尔哈赤前期对建州女真内部的攻伐战役,从中发现,努尔哈赤以本身所在的苏克苏浒部为根基,其早期征服的城寨多属于临近抚顺关的哲陈部与浑河部女真,而哲陈部更是其杀父(与祖父)的仇人尼堪外兰所在部族。但是其扩张行动并不止于报仇因素,而应还有征服哲陈与浑河二部以打开通往抚顺关贸易通路的原因。

在努尔哈赤对建州女真内部进行征服时,辽东的边疆政策也发生了改变。由于南关哈达在内斗中失势和北关的崛起,原来由扶植南关哈达从而"以夷控夷"的秩序体系瓦解。时任辽东总兵的李成梁在征讨叶赫失败之后,便开始以扶植努尔哈赤来对抗叶赫作为控夷方针。"伏乞敕下兵部,查例酌议将奴儿哈赤加升都督职衔,改给敕命,使制东夷,为我藩篱,此东陲之要领也。"[15]辽东的边关贸易重心也开始向南偏移,由"南北关—开原马市"逐渐转移到了"抚顺关—抚顺马市"。努尔哈赤不断地征服其他女真部族抢夺敕书,其拥有的贸易权利也越来越大。各部甚至包括蒙古都纷纷改道南下经抚顺关做贸易,努尔哈赤的财富与实力在此过程中不断地上升,为日后统一女真各部进军辽东打下了坚实的基础。[5]

图 6　建州女真各部分布
(图片来源:自绘)

努尔哈赤起兵于苏子河畔附近的波罗蜜山城,1987 年移居于佛阿拉城,1603 年移居赫图阿拉城并一直居住到 1619 年萨尔浒之战爆发。波罗蜜山城规模较小,且在此城居住的时期努尔哈赤力量还不强,不能称之为强酋,所以该城不作为研究对象。而佛拉城与赫图阿拉城规模较大,且在此两城阶段努尔哈赤走入到强酋之列并逐步统一了女真各部,

故将其作为强酋阶段的中心聚落看待。两城周围遍布山脉，城址均位于苏子河的沿线，城间相距3公里，在大尺度的地理环境下可以作为同一点研究。从两城所在地向北沿苏子河河谷前行80公里可到达抚顺关，向东南沿山谷前行30公里可到达鸦鹘关。抚顺关前有抚顺马市，鸦鹘关内有清河马市，两市均可进行马市交易。但抚顺马市的交易量更大，是建州部女真乃至后来整个女真地区的主要交易场所。

图7　佛阿拉城/赫图阿拉城与抚顺关和鸦鹘关
（图片来源：自绘）

4　辽东沿边中心聚落的选址与强酋诞生的关系

4.1　女真强酋崛起阶段下中早期"中心聚落—边关"交通往返的规律

在由明末开始的女真强酋崛起阶段的中早期，各中心聚落到临近关口之间都保持着一定的距离。经由地图软件测量，其中哈达部的哈达城到广顺关大约20公里，叶赫部的东西二城距离镇北关大约20公里，古勒城距离抚顺关大约30公里，鸭儿匮距离辽东边墙的宽甸边墙段大约33公里。据《建州纪程图记》中的记载："自奴酋城，西北去上国抚顺二日程；西去清河一日程；西南去暖阳三日程；南去新堡四日程；南去也老江三日程。自也老江南去鸭绿江一日程。"[16] 其中由地图软件测量，由奴酋城（佛阿拉城）到清河堡的"一日程"路程约70公里，则半日程路程在35公里以下，可见各个中心聚落选址于距离边关（20～30公里）在半日程之内的地点，可满足于一天之内来回，这样有助于经常性的贸易活动。

4.2　边关贸易可在中心聚落的军事影响力覆盖之下

中心聚落选址临近边关有助于军事防御重心

和行政中心的重叠。从军事防御的角度看，女真人不仅需要把辽东作为防御重点，同时也需要维持入关前贸易通道上的秩序。从中心聚落的职能与军事规模看，其不仅是行政中心同时也是军事力量最强的城寨。所以将二者重叠在一起，不仅有助于防御重心的军事力量不脱离部族首领的直接控制，同时也有助于维持商业贸易的安全稳定。

4.3　后期崛起的强酋努尔哈赤的选址特殊性

努尔哈赤时期的建州部中心聚落具有一些选址上的特殊性。一是选址的原因。最初定居于苏子河流域的建州女真是建州卫李满柱，其于正统三年（1438年）从兀弥府迁居到佛阿拉，建州左卫董山于正统六年（1441年）也追随李满柱迁居于此，迁居的原因是为了躲避朝鲜的侵扰。所以其最初迁址的出发点不像哈达部与叶赫部的南迁是为了控制边关贸易，而是为了自保才在空间上接近辽东。[17] 但是和辽东这样的距离关系却在明朝后期商业贸易兴起之后显示出了地缘优势。二是距离贸易关口的距离的不同。由图7可见，佛阿拉城与赫图阿拉城虽然与临近的鸦鹘关的距离处在与其他中心聚落的边关距离关系的相似值上（30公里），但是建州部的主要贸易活动是通过抚顺关到抚顺马市进行。上文《建州纪程图记》中记载由佛阿拉城到抚顺需要二日程，则来回的贸易时间远高于其他中心聚落，从时间和交通成本上看并无优势。但笔者认为努尔哈赤一直未将中心聚落迁往离抚顺关更近的地方应是出于防卫辽东的目的。在从佛阿拉通往抚顺的道路上，曾经作为中心聚落的古勒城距离抚顺关更近，但是古勒城在努尔哈赤起兵之前，在王杲和其儿子阿台前后两个时期都曾被明军捣巢而毁，即便在努尔哈赤定居佛阿拉之后，也于万历二十一年（1593年）发生了九部联军合攻努尔哈赤的古勒山之战，所以从古勒山城的历史看，距离辽东更近并不利于军事防御。再者，二日程的更长交通时间有利于在得到来袭消息后可以及时作出战术调整主动出击，而不会因为敌人迅速兵临城下而在战术上显得被动，这从万历二十一年的古勒山之战和万历四十七年的萨尔浒大战的战役过程中都可体现。所以努尔哈赤作为辽东沿边女真强酋之一，其最终能以远超其他女真豪强的力量崛起，其对中心聚落的选址应属于原因之一。

5　结　语

综合分析，明代女真人的商业贸易是以明朝为中心的东亚商业贸易网络整体的逐渐繁荣，以明朝上层阶层对女真特产作为奢侈品消费的巨大需求为原因而逐步发展壮大。这种女真与辽东之间商业贸易的发展壮大也深刻改变了以辽东为中心的边疆格局。当以敕书为争夺理由，以边关马市为空间核心，以获取更大利益为行为指导的贸易经济渐渐成为女真人获取财富的主要手段之后，女真人的社会内部结构和思维也发生巨大了的变化。这在行为上体现为战争的目的主要是抢夺贸易权，在空间上体现为豪强部落对于中心聚落的选址是为了加强这种对贸易的控制权。从而我们可以看到，辽东沿边的女真部族中崛起了一个又一个强酋，最终在努尔哈赤的征服与统领之下走上了改变中国历史发展轨迹的道路，书写出了清前史中浓重的一笔。

参考文献：

[1] 王毓铨,刘重日,张显清,等.中国经济通史——明代经济卷(下)[M].北京:经济日报出版社,2000.

[2] 滨下武志.近代中国的国际契机——朝贡贸易体系与近代亚洲经济圈[M].朱荫贵,欧阳菲,译.北京:中国社会科学出版社,2004.

[3] 河内良弘.明代女真史研究[M].赵令志,史可非,译.沈阳:辽宁民族出版社,2015.

[4]《明英宗实录》卷 58,正统四年八月乙未.

[5] 龙武.明末辽东马市贸易战和女真诸部兴衰[D].北京:中国社会科学院研究生院,2013.

[6]《明孝宗实录》卷 195,弘治十六年正月甲午。转引自:[5]p11。

[7] 奕凡.明代女真社会的"商人"群体[J].社会科学战线,2005,4:146-150.

[8] 李化龙,《抚辽疏稿》卷 3(四库禁毁书丛刊影印万历刊本),《查参诱执堡官并议市赏疏》,99 页。转引自:[5]p14。

[9] 丁绍轼,《丁文远集》(四库未收书辑刊影印天启刻本,五辑 25 本)外集卷三《第五问建夷》,692 页。转引自:[5]p15。

[10]《明朝世宗实录》卷 123,嘉靖十年三月甲辰。转引自:[11]p88。

[11] 刘小萌.满族从部落到国家的发展[M].北京:中国社会科学出版社,2007.

[12]《万历武功录》卷 11,东三边二,王杲列传。转引自:[3]p687。

[13] 王平鲁.建州名酋——王杲[C]//抚顺市社会科学界联合会,抚顺市社会科学院.抚顺清前史遗迹与人物考察.沈阳:辽宁民族出版社,2000:148-153.

[14] 张其卓.寻找鸭儿匮、葛禄寨及王兀堂居寨[C]//孙诚,傅波,张德玉.建州女真遗迹考察纪实.北京:中国文史出版社,2008:57-77.

[15] 顾养谦,《冲庵顾先生抚辽奏议》卷 19,《属夷擒斩逆酋献送被掳人口乞赐职衔》,484 页。转引自:[5]p43。

[16] 辽宁大学历史系.建州纪程图记校注[M].沈阳:辽宁大学,1978.

[17] 黄柏栋.桓仁建州女真志[M].桓仁:桓仁建州女真志编委会,2006:14.

明末海西女真扈伦四部聚落考察与选址分析*

The Investigation and Location Analysis of the Settlements of Four Tribes of Hulu from Sea-West Jurchen in the Late Ming Period

曹怀文① **王 飒**②

Cao Huaiwen Wang Sa

【摘要】本文通过对明末海西女真扈伦叶赫、乌拉、辉发、哈达,四部聚落遗址的考察,对四处具有代表性的城址进行实地测绘,了解四部聚落如今的发展情况并得到四处城址的现状测绘图。同时,分析并比较了四处聚落有关周围环境、防御形势、农牧用地、道路交通四方面的选址特点,并从自然与社会两方面简要总结了关于明末时期海西女真四部聚落选址的影响因素。

【关键词】明末 海西女真 扈伦四部 选址特点

作为"满族先世女真",明代女真北宋末年原生活于黑龙江以北地区。明朝初年,因明廷的招抚政策及相邻蒙古部落的压迫,部分女真部落开始向南迁移。经历了漫长的迁徙与发展过程,在明中后期女真部族逐渐壮大成为东北地方势力的重要组成。而其部族的社会组织情况、聚落的体系建设发展历程,是展现东北地区少数民族迁徙聚居和聚落历史的实例。

1 海西扈伦四部聚落简介

1.1 历史背景

一直以来明朝对女真都采取招抚政策,设立奴儿干都司进行整体把控,授予各部落酋长官职,发放敕书控制其贸易,对其偶尔的犯边作乱也都以安抚为主。女真各部也因此不断进行南迁,与明朝频繁互动,同时通过学习中原先进的经济文化而不断发展壮大。然而随着女真的发展,其内部各部族势力开始了相互斗争,与明朝的关系也发生了变化,争夺敕书,屡屡犯边,明朝对女真的约束力逐渐减弱。至明嘉靖时期,女真内部已逐渐形成多个稳定、独立,拥有完整的社会政治体系与强大的经济军事实力的部落,并先后修筑城池,自立为王。而

这其中,活跃于辽东地区的建州部和扈伦四部则成为其中主要的代表性部族。

1.2 海西女真与扈伦四部

"自汤站东抵开原居海西者,为海西女直;居建州、毛怜者,为建州女直;极东为'野人'女直。"[1]明代中期,明人根据地理位置及发展水平将东北地区的女真部落划分为"海西女真、建州女真、野人女真"三大部分。其中建州女真多居于辽宁南部,辽宁东部及吉林大部则归属于海西女真。而"扈伦四部"则为南下的海西女真的一部分,其部族形成及主要活动时期为嘉靖中期至万历末期。四部同宗同姓,既相互关联又各自独立,并在明代中后期一度成为海西女真的主体,后为建州努尔哈赤所吞并,又成为清王朝的有利支柱。

明嘉靖中后期,四部相继宣布成立各自的国家政权同时修筑城池。这也正是本次考察的主要内容。而作为当时东北地区体制最完整、规模最庞大的部族的中心聚落,叶赫城、乌拉城、哈达城以及辉发城的修筑不仅成为了其部族以地缘组织为核心的社会体系成熟的标志,也代表了当时东北地区女真部落筑城的最高规格,展示出明代中后期女真城址构筑形制的典型特点。

* 本文依托辽宁省自然科学基金,基于时空数据计量分析的奴儿干都司卫所聚落成长模式研究(项目号:20170540749);国家自然科学基金,明代辽东都司与建州女真聚落互动演进研究(项目号:51378317)。

① 沈阳建筑大学,研究生。

② 沈阳建筑大学,教授。

2 四部聚落的考察情况

四部聚落分别位于吉林省的中部及南部。其中叶赫、乌拉及辉发部的聚落王城——叶赫城、乌拉城和辉发城目前均为国家级文物保护单位,城址位置十分明确。而对于哈达部,史载其共有三城——哈达旧城、哈达新城、哈达石城,由于相关史料稀少且记载不明,哈达三城的具体位置以及王城的归属问题至今仍存有争议,本文则参考了李澍田先生在《哈达古城探疑》一文中的观点,将三城的位置锁定在辽宁开原市的八棵树乡和李家台乡。图1为四部地理位置分布图。

图1 扈伦四部城址地理位置分布图
(图片来源:自绘,底图来自奥维互动地图)

2.1 叶赫部城址

叶赫部城筑于明嘉靖中期,由东、西两座城组成,分属于今吉林省吉林市四平叶赫满族镇张家村与老爷庙屯,为明嘉靖时期,叶赫部首领逞家奴、仰家奴兄弟所筑。二城隔叶赫河而立,彼此比邻,距明代镇北关三十余公里。东城为平地城,筑于今叶赫河南岸平缓地带一处突起台地;西城则依山而筑,位于叶赫河北岸一陡峭山头之上。二城以河为界,背山面河,均由内、外二重城组成。

东城三面环河、一面背山,周围地势平坦,具有良好的防御视野。外城面积范围较广,据悉一直延伸至叶赫河岸,如今已无痕迹可寻。内城保存仍较完整,城墙外侧高11米,城墙内周约为1 105米,平面呈不规则椭圆形。城中心偏南处可见两个东、西并列圆形土台,残高约2米,疑似城内原建筑遗迹。城墙内侧高约1米,可辨出西北两个城门轮廓。城墙外壁有3处突起疑似为马面建筑,防御体系完整。具体现状测绘图如图2所示。

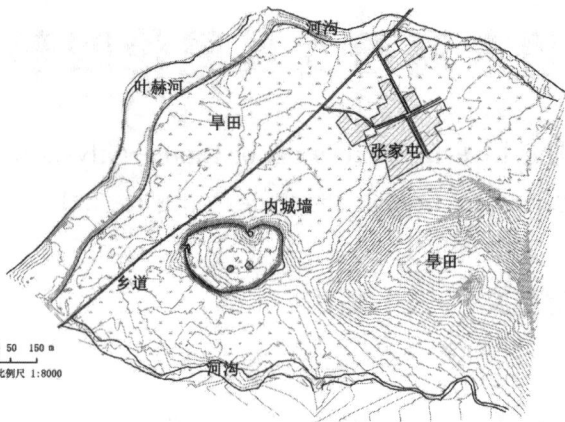

图2 叶赫东城现状测绘图
(图片来源:自绘,底图为RTK测绘图)

西城规模大过东城,依自然山势而筑。外城东半部高踞山岭,西半部依山势下至平原一直延伸至叶赫河岸,三面环山、一面临河。北部及东部筑于山上部分的外城墙仍残存820余米可辨,残高约1米,靠河谷地部分则已全无痕迹。内城位于山顶南部一平坦台地,城高约50米,平面因地形呈南北纵长椭圆形,城周620米,城墙残高约1米,局部可达3米,城东北部、西北部和北面中部各有一座城门,并疑似配有瓮门。内、外城墙关系见城址航拍生成3D模型如图3所示。

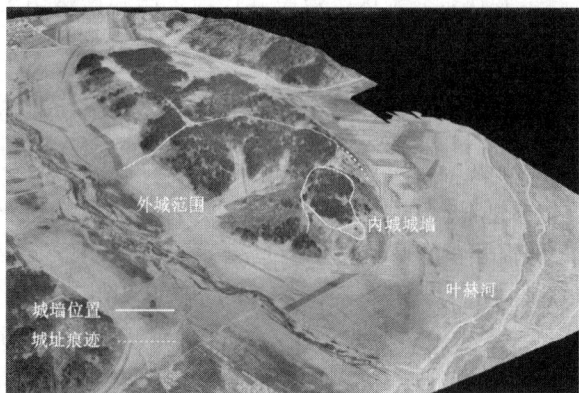

图3 叶赫西城航拍生成3D模型图
(图片来源:自绘,底图为王思淇制作)

2.2 乌拉部城址

乌拉古城位于吉林省吉林市乌拉街满族镇旧街村,又称乌拉街古城。古城历史悠久,初建于八世纪,自渤海国时期几经沿用。古城为平地城,平面呈不规则回字形,分内、中、外三道城墙。古城四周为一片肥沃的冲积平原,方圆5公里范围地势平坦。在相距古城的20公里的东北和西北方,分别有海拔 354 米的凤凰山和海拔 373 米的九泉山。[2] 古城相邻松花江支流,地处吉林盆地与松花江北下交通要道,视野开阔,易守难攻。

外城与中城墙平行修筑,相距约 97 米,黄土夯筑[2],从内陆平原一直延至松花江河岸。外城墙延至河岸中断,临河一侧中城墙外延与外城南北墙相连,城西侧的松花江亦成为护城河一部分。据悉,外城北城墙曾保存良好,如今因地方在原痕址处修建分水剀而再难分辨,仅南墙东段和东墙北段部分仍有保留,墙高近 2 米,其余部分则仅存痕址。中城城周 3 660 米,西墙由于常年受洪水侵袭,破坏较为严重,西南角部分城墙仅存留 1 米余痕迹,北、东、南三面城墙仍基本保持,城墙高 4 米,局部可达到 6 米,四角残留土台痕迹,疑曾筑有角楼建筑。内城平面大致为梯形,四周城墙保存相对完整,城墙外侧周长 830 米,城墙外侧高 2 米,局部可达 3 米,正南开一门。每道城墙外都可见护城河痕迹,如今均已回填为耕地。城中央有一突起高台,底部约长 220 米,高度约 8 米,当地人称为"白花点将台",相传渤海国的白花公主曾在此筑高台点兵布阵。城四周均似有角楼建筑,但如今早已人去楼空仅余不规则的土台基。(图 4)

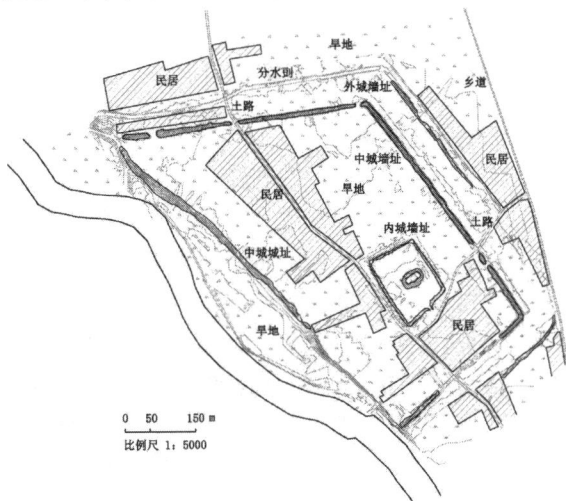

图 4　乌拉古城测绘图
(图片来源:自绘,底图为 RTK 测绘图)

2.3　辉发部城址

辉发古城位于吉林市通化市辉南县朝阳镇东北辉兴屯。古城依辉发山而建,地理位置险要,三面围绕辉发河,如今河流虽有部分变道,但总体走势不变,一直为古城的天然屏障。辉发山海拔 333 米,山体较陡峭,于防御十分有利。古城平面呈不规则椭圆形,由内城、中城、外城三部分组成,其中内城位于

辉发山的山顶。辉发山系方圆十数里内的一座孤山,山的西侧、南侧为断崖,北侧为陡坡,东部略缓,其周边地势均较平坦,水田旱田交错分布。[3]

内城建于山顶台地,城墙依山体走势修建,范围覆盖辉发山大部。山上较为平坦,树木茂密,山顶东部有一土台,周围发现少量青砖,疑似为原房址所在。城墙内壁局部高约 2 米,城周约 720 米,城东北端有一城门通往中城。中城的大部分修筑于山下平地,范围包含内城和辉发山的全部。城墙沿山势自然高低起伏,自山顶向外延伸,城墙内壁高约 1 米,山下部分城周长约 910 米。外城筑于山下河谷平地,以辉发山为根据,沿辉发河岸向西北延伸数百米,城周整体约为 2 600 米,城址较为清晰,残高 1 米余,靠河岸部分损毁严重,仅可见半米余痕迹。而因受农耕活动影响,如今中城、外城城墙门址痕迹已难辩别。城址现状如图 5 所示。

2.4　哈达部城址

哈达部史载有三城,《盛京通志》记载:"哈达石城,在衣车峰之西南,周二百四十步,南一门;哈达新城,在衣车峰之上,旧哈达贝勒,自开原界旧城,迁居于此,故名。"[4] 根据李澍田先生的观点:哈达旧城位于辽宁省开原市八棵树乡古城屯,今古城子村。其所谓旧城,原属王台自松花江方面南迁时之城寨。哈达新城则位于辽宁开原李家台乡王杲村北,当地称其为王杲古城,为省级文物保护单位。哈达石城则位于衣车峰山下平原,距离新城 2 公里处。而此城则当为王台时代的都城。史书所记,王台时代,"延袤千里,堡寨甚盛。"当为此城之证。[5]

图 5　辉发城航拍图
(图片来源:自绘,底图王思淇摄)

哈达旧城为平地城,平面呈长方形。据当地人介绍,城墙原有 4~5 米,外围还有护城河。如今因农耕需要,古城及周围平原已全部辟为农田,以致古城损毁严重。城址西部城墙保存较清晰,墙址长约 210 米,残高约 1.5 米;城址东面因修路而遭到破坏,东墙已难觅痕迹,如今城址残存城墙长度约 625 米,具体门址痕迹已模糊不清。实际情况如图 6 所示。

图 6　哈达旧城航拍图
（图片来源:自绘,底图王思淇摄）

哈达新城筑于崔家街村北一山坡处,海拔约 200 米,城墙沿山势起伏而筑,平面呈马蹄形。城北连接较大山体,三面陡坡高峻险陡,易守难攻。城址筑于山腰处,内、外两圈城墙,南向有一门址为唯一上山路径,门前流经一季节性河流。内城痕迹较明显,城周约 640 米,城墙内侧残高约半米,西南角有一处土台疑似马面,近门址处有一平台疑似瓮城。外城北、西面墙址较为明显,城墙高不足半米。实际情况如图 7 所示。

图 7　哈达新城航拍鸟瞰图
（图片来源:自绘,底图王思淇摄）

哈达石城为平地城。曾有考察报告介绍石城分内、外双层,外城呈不规则椭圆形,内城呈长方形。[4]而实际考察并未见外城痕迹,仅能辨认平面呈长方形的内城形态,城东西长为 76 米,南北长约为 120 米。城址区域早已被开垦耕种,保存状态较差,城北、东面的城墙尚留有痕迹,残高已不足半米,门址也难以辨认。城址情况如图 8 所示。

图 8　哈达石城航拍鸟瞰图
（图片来源:自绘,底图王思淇摄）

3　扈伦四部聚落选址特点分析

3.1　利用自然资源

明人在对女真的相关记载中有"山夷"与"江夷"的概念,而这也反映出女真部落在迁移发展的过程中对于山川河流这些环境因素的依赖。依山傍水成为四部选址筑城的绝对标准。四城之中,叶赫西城、哈达新城、辉发城均为山城;而叶赫东城、乌拉城与哈达石城虽为平地城,但城址周围环境均为群山环绕,河流交错。图 9 是四部的大致地理位置与地区周围河流分布的关系图,从图中能够发现,四部分别倚靠四条较为主要的河流,于此同时各部落均与相邻河流同名,也说明了河流在部落中的重要地位。

密布的山林与水量充沛的河流为聚落提供了良好的生活、生产资源。作为逐水草而居,以渔猎采集为主的民族,对河流的依赖不言而喻。而四城在选址中也都清晰地反映出对于安全水源的选取和规划。从图 9 可以发现,四城所倚靠的河流,均为本地区主水系的支流,而且均位于城址一侧,这保证了水源的质量与供应的稳定,同时又避开过于

图9　四部位置与河流分布关系图
（图片来源：自绘，底图来自奥维互动地图）

湍急的河流潜在的水患风险。城址均位于河流一侧，聚落以河流为界，与周围环境隔绝，利用天然的防御屏障，达到以河护城的效果。而河流远离城内民居，也便于在汛期对其进行防控，减少人员财产损失。

3.2　完善防御形势

四部筑城时期正值东北群雄割据、局势动荡的阶段，因此各部筑城都首先强调了防御的稳固性。身为平地城的叶赫东城，"城以石为郭，郭内外重叠障，以巨桁为栅"[6]，层层设防，全然为了城池的防御坚固。依山筑城借助地势天险的优势，增加了敌人的进攻难度，且居高临下的地形使防守一方能够更及时的发现敌情，缩短侦察判断的时间，有利于城池的防守，也省去了护城河及一些复杂防御工事的建设，节约了人力物力。而绕城而过的河流也成为了天然的防御体系，如图10所示。

图10　辉发部防御形势概念图
（图片来源：自绘）

四部聚落背山面水，其所在均为地理位置险要、自古便是易守难攻的兵家必争之地。可见聚落在迁徙选址过程中便已有了对于地区防御性能的考量。四城周围地势开阔，低山矮丘、河流环绕，防

御视野良好。身为平地城的乌拉城、叶赫东城及哈达石城也能通过在城内建筑高台的方式满足防御视野的需要。而在城址的规划方面，四部也充分分析了城址所在地的防御形势。叶赫与哈达部均为山城与平地城的组合，而在保证其各自生活、生产活动范围的前提下，二城间相距不远且均在对方视野范围，以保证日常的交流，更能在外敌入侵时相互照应。

3.3　保障农耕用地

四部分布范围涵盖吉林中南大部，地区属北温带大陆性季风气候，一年四季分明，雨量丰沛，非常适合农作物生长。而四部聚落选址均设在河谷地带，土地平坦优渥，水源稳定充沛，为部族农业的发展带来了条件。

同时，女真虽然是以渔猎采集为基础，组织生产生活的民族，但随着与明朝的不断接触学习，吸收了中原先进的农耕文明，女真的农耕水平日渐成熟。到明中后期，随着海西女真逐步完成南迁实现定居，部族受到明朝发达的经济文化的影响，逐渐缩小与明人的差距，史载"屋居伙食，差与内地同，而户知稼穑，不专以射猎为生"[7]。此时部族的经济模式也开始从传统的渔猎采集经济为主体逐渐发展成为农耕经济为主体。而根据辉发城相关考古报告的记载：农作物种类有粟、黍、稗、大豆、高粱、燕麦、大麦、荞麦、豇豆等。可知明代晚期，海西女真的农业生产已经比较发达。[8]

而四部的选址情况，也均体现出部族统治者对于聚落农业发展的重视。土地是地方生存及生产最基本最关键的资源，各聚落城址周围均有大面积耕地。叶赫东城、乌拉城及哈达石城作为平地城，四周宽广平坦，如今已被耕地所包围，足以证明地区农耕条件优良。而作为山城的叶赫西城及辉发城在规划上，则是将内城完全建于山体部分，同时加设中城及外城，将其范围扩大延伸至山下平原地区，在保证城址防御安全的同时，兼顾到聚落日常农耕用地的需要，如图11所示。

3.4　引导贸易交通

明初，为招抚女真部族，稳定辽东局势，明廷对女真各部设立卫所，颁发敕书施行朝贡政策，同时，应互通有无的民族经济需要，在边关设立马市进行贸易活动。最先为永乐四年设于开原、广宁的两处，后又陆续加设调整，至明中后期，已颇为成熟的则为开原两处马市，俗称南、北关。依靠政策的加

图 11　叶赫西城耕地范围示意图

（图片来源：自绘，底图来自奥维互动地图）

持，贸易成为了女真部族重要的经济形式。贡市极大丰富了女真部落的物质资源，也带动了地方商品经济的发展，而经济实力的提高是部族政治势力增强的基础。贡市也是当时女真各部学习中原先进社会文化、获取时事资讯的重要渠道。掌握这条通道即握住了东北地区的经济命脉。因此女真各部在选择居址时，也格外重视这一点。

　　明代东北驿路沿用辽金依来古道和元代驿站，承担与各民族部落的迎来送往与物资输送任务，这些驿道亦成为贯穿南北的民族贸易桥梁。《辽东志》记载辽东都司通往建州、毛怜、海西女真地区的道路主要有四条，其中"开原北陆路"与"海西东水陆城站"这两条驿站道路，为海西女真朝贡道[9]。图 12 为驿站道路分布示意图，一为陆路一为水陆，贯穿整个海西女真、野人女真，更是当时与俄罗斯、日本的国际贸易通道。

　　正如图 12 所示，四部所处位置水陆两通，交通发达，均与明廷的马市、贡道关系紧密，是南北商贸往来运输必经之处。而扈伦四部的崛起也有很大一部分归功于其"扼贡市通道，居专停之利"所带来的资源与财富。商业的发达，固定居所的建立，也使部落的商业机能常态化，集落也逐渐具备商业性质，不久即成长为商业性的市镇。明末，乌拉、哈达、叶赫等部应该就是以这样的市镇为中心发展起来的。[10]

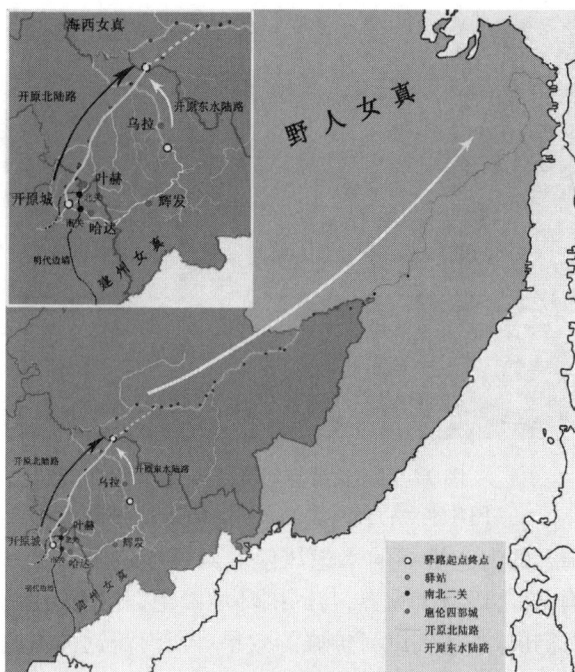

图 12　海西女真驿站道路分布示意图

（图片来源：自绘，底图来自奥维互动地图）

图内有关驿站、驿路的信息均来自：程尼娜.
明代女真朝贡制度研究. 文史哲，2005（02）：90-109；
转引自毕恭等撰，《辽东志》卷九·外志，第 470-471 页。

4　小　结

　　聚落是人类为了生产和生活的需要而集聚定居的各种形式的居住场所。[11]因此聚落选址首先要考虑的就是基地的环境能否满足其生存和发展的物质需要。四部聚落居址亦体现出了其对聚落环境营造的态度。险峻的山形地势形成天然的防御屏障，合理的海拔气候提供充足的食物供应，水量充沛的河流提供安全稳定的水源，人们选择自然、改造自然同时又利用自然、顺应自然，这是人类与自然环境之间的相互选择。

　　与此同时，聚落也是由居住环境、建筑实体、具有特定社会文化习惯的人构成的有机体。聚落作为人活动的场所，提供了物质与精神的双重活动空间。人们在客观的选择自然的同时，也受到着来自自身所处社会文化发展的主观影响。而作为乱世而生，几经迁徙而不断强大的政治性集体，聚落居址的选择也蕴含了在当时的大社会形势下，部族首领对部落发展方向的决策与未来前景的期望。

参考文献:

[1] [明]管葛山人. 山中闻见录·东人志(女直考)[M]. 武汉:湖北人民出版社,1985.

[2] 吉林省博物馆. 明代扈伦四部乌拉部故址乌拉古城调查[J]. 文物,1966(2):28-35.

[3] 刘晓溪,谢浩,高兴超,等. 吉林省辉南县辉发城址发现的明代遗存[J]. 边疆考古研究,2015(1):103-125.

[4] [清]盛京通志[M]. 卷十五. 城池·永吉州,康熙32卷版.

[5] 李澍田. 哈达古城探疑[C]. 孔经纬,王承礼. 中国东北地区经济史专题国际学术会议文集. 北京:学苑出版社,1989:85-90.

[6] [清]清史稿·列传[M]. 中华书局,1977年校点本.

[7] 李澍田. 海西女真史料[M]. (明)冯瑗. 开原图说·下卷. 吉林:吉林文史出版社,1986:282.

[8] 刘晓溪,傅佳欣. 明代的辉发城与海西女真——从考古学视角的观察[J]. 东北师大学报(哲学社会科学版),2014(5):26-30.

[9] 程尼娜. 明代女真朝贡制度研究[J]. 文史哲,2005(2):90-109.

[10] 河内良弘. 明代女真史研究[M]. 赵令志,史可非,译. 辽宁:辽宁民族出版社,2015:624.

[11] 左大康. 现代地理学词典[M]. 北京:商务印书馆,1990:672.

[12] 赵东升. 南北关史迹寻踪[J]. 满族研究,2004(4):39-43.

[13] 张云樵. 叶赫古城考辩[J]. 东北师大学报:哲学社会科学版,1985(3):53-55.

[14] 刘景文. 叶赫古城调查记[J]. 文物,1985(4):80-84.

[15] 吉林省文物管理委员会. 辉发城调查简报[J]. 文物,1969(7):35-43.

[16] 刁书仁,张雅婧. 海西王台称雄女真考论——兼论明代女真统一的历史趋势[J]. 黑龙江民族丛刊,2013(4):89-93.

[17] 孙明. 乌拉王城与辉发王城建制的比较研究[J]. 满族研究,2008(4):79-82.

[18] 张雅婧. 明代海西女真研究[D]. 吉林:东北师范大学,2015.

[19] 李凤民. 海西乌喇部首府——乌喇城[J]. 紫禁城,1995(1):34-35.

[20] 宋维卿,王飒,李晓彤. 新宾四处建州女真聚落考察与分析[C]//2015中国建筑史学会年会暨学术研讨会论文集. 广州:广东工业大学编,2015.

[21] 栾凡. 明代女真商人与东北亚丝绸之路[J]. 东北史地,2015(6):23-29.

[22] 马媛博. 人类学视野下遗址区内的聚落研究[D]. 西安:西安建筑科技大学,2013.

[23] 业祖润. 传统聚落环境空间结构探析[J]. 建筑学报,2001(12):21-24.

基于文献视角的《营造法式》与营造实践之关系的探析*

A Research on the Relation of Yingzaofashi to Building Practices Based on the Perspective of Reading Documents

焦 洋① **冷 婕**②

Jiao Yang   Leng Jie

【摘要】关于《营造法式》与北宋及后世之营造实践的关系,历来有不同的认识,究其原因,多是由于对实物遗存与《营造法式》文本之间关系的认知立场与解读方法不一所造成的,有鉴于此,本文尝试采取基于文献的研究视角,从体现其关系的两个方面——实际效果与编修意图入手,探析《营造法式》文本与营造实践之间关系的各个层面,进而试图较为全面地揭示两者关系的实质。

【关键词】《营造法式》 文献 实践 话语

　　《营造法式》③(按:以下简称《法式》)自崇宁二年(公元1103年)颁行后与北宋及后世的营造实践之间有怎样的关系,对此问题,可以从不同的角度去寻求线索。长期以来,许多建筑史学者所致力于研究的角度是,通过将《法式》文本与实物遗存进行比照,对两者的异同作出分析,并以此来推断两者的关系——实物作为《法式》的素材或者作为其应用的成果。基于此视角的研究成果已经较为丰硕,④但是这一研究视角的缺陷在于,如果缺乏确切的文献佐证,两者的关系就只能停留在推断的层面上。与此不同的是,近年来一些建筑史学研究者开始尝试从另一个角度,即通过对文献记载的整理与分析,探寻其中呈现出或者透露出的《法式》与营造实践之间的关系。不过这一视角的研究同样面临困难与挑战,比较突出的是北宋徽宗朝的官方文档散失严重,而存世文献中的相关记载中语焉不详者也不乏其例。

　　有鉴于此,作为基于文献的研究视角,必须在对现有文献材料的审视及运用方法上有所创新,而本文就此所做的努力在于,通过对文献——包括对《法式》文本自身以及其他相关文献记载的梳理与辨析,试图从两个角度讨论《法式》与实践之间的关系,即一是从实际成效的角度,考察《法式》与实践之间的关系,再是从编修的主观意图角度,考察文本对于实践可能产生的影响。就第一种角度而言,本文将细致地划分《法式》文本与营造实践之间关系的不同类型:一是文献中明确地记载了《法式》是如何被用于营造实践的,这些案例可视为《法式》的直接应用;二是《法式》文本与同时期的营造实践具有确切的显而易见的关系,这些案例可视为两者间的直接关联;三是一些出自官方的对于《法式》如何应用于实践的观点认识,这些案例则可以视为是与实践的间接关联。而就第二种角度而言,本文将通

---

　　* 国家自然科学基金资助项目:西南地区斜栱发展演变研究(项目号:51708051)。

　　① 重庆大学建筑城规学院,讲师。

　　② 重庆大学建筑城规学院,副教授。

　　③ 据《宋史·艺文志》《续资治通鉴长编》以及李明仲所撰《营造法式》"劄子"等文献所载,自熙宁年间起至元符三年,将作监曾两度编写《营造法式》。其中自熙宁年间至元祐六年所编修的《营造法式》被李明仲称为"元祐《营造法式》",该书在元代已亡佚,在本文中简称为"元祐"《法式》;而李明仲奉旨从绍圣四年起至元符三年所编的《营造法式》被称为"新修《营造法式》",在本文中简称为"崇宁"《法式》,此外本文中未明确提及的《营造法式》皆指后者。

　　④ 例如对《营造法式》与江南建筑之间关系的研究已经取得了为人瞩目的成果,如潘谷西、何建中的《〈营造法式〉解读》以及项隆元的《〈营造法式〉与江南建筑》等著作。

过对《法式》中有关屋宇类型话语的梳理,并结合北宋有关营造的法令制度,探析《法式》是否具有对屋宇类型进行界定并形成一整套与类型相匹配之造作制度的编写意图,《法式》如何应用于营造实践在很大程度正取决于这一意图是否存在。

1 《营造法式》的"直接应用""直接关联"与"间接关联"

1.1 "直接应用":《法式》的海行与流布效果

在展开具体探析之前,有一个涉及《法式》与实践关系之间存在基础的问题值得注意。《法式》在崇宁二年(公元1103年)颁行后不过二十五年,北宋王朝就走到了终点。此后的南宋在其行在临安的宫室营建有着明显权宜特征,①再加上由战乱导致的典籍散失,使得"崇宁"《法式》在中央政权层面上再无用武之地。虽然《法式》在南宋得以重刊,但是该书已经逐渐失去了由朝廷授权的应用于营造实践的意义,而此后所发挥出的只是流布过程中的扩散影响而已。因此,对于《法式》与营造实践之关联性的考察必须注意到在"施行"与"流布"这两个阶段中这一关系得以存在的基础事实上已经发生了变化。

在《宋〈营造法式〉版本介绍》一文中,刘敦桢先生述及"中国营造学社"所调查的宋代建筑实物有些与《营造法式》不相符合的原因时指出,《营造法式》正式颁行之时距北宋灭亡仅二十四年,"为期甚短,各地恐来不及实施。故除汴京一带少数建筑尚能符合外,其他较远地区均出现若干差距",而"宋室南渡后,《法式》虽又重刻印,但实际应用情况不甚明了。"[1]229 而在刘敦桢先生的《中国古代建筑史教学稿》中,又根据现有宋代木构遗物调查,指出《营造法式》的施行范围"似未超越汴京的周围一带,而且也限于官式建筑"。[2]95 鉴于已有大量的研究去分析论述《营造法式》与其颁行前后所兴建的几座建筑物的关系,对此笔者不再赘言。

将《法式》运用于营造活动中的文字记载比较少见,不过,在北宋现存的有关皇家工程的官方文档中,有一处将《法式》用于"政和明堂"②制度论证

的史实。难能可贵的是,在徽宗朝官方文档大量亡佚的状况下,这一珍贵的史实使后人仍得以窥见《法式》在皇家重要工程中所发挥出的作用:

"(政和五年十月二日)'修建明堂讨论指画制度'蔡攸言:'《修造法式》殿基用石螭首。此於历代无闻,唯唐有起居郎、舍人秉笔随宰相入,分立殿下,直第二螭首,和墨滴笔,皆即坳处,時號螭頭。舍人殿設螭头,蓋见于近世,其制非古,不可施用。"[3]6

关于"政和明堂"是否使用"殿阶螭首"的决策过程,发生于政和五年十月的对于明堂整体以及细部形制的讨论中,是以蔡攸通过奏议向徽宗寻求裁夺的方式开展的。这一系列的讨论涉及诸多方面,其参考的文献典籍包括《易经》《周礼》《吕氏春秋》《考工记》《汉武故事》等,而李明仲所编《营造法式》正是名列其中,虽然蔡攸以《修造法式》代其名称,但其所引述者无疑是该书第三卷"石作制度"中的"殿阶螭首"中的内容。(图1)尽管"殿阶螭首"最终并未被采纳,但是这一讨论的过程就已充分说明《法式》自崇宁二年颁行后,在重要的皇家工程是具有参考价值的。而此处值得注意的是,蔡攸对于《法式》中"殿阶螭首"的关注重点并不在其造作方法,而在于考证此形制的历史渊源,关心其是否合乎"古制"。这显然是文人的认知视角,而与此相同的视角在不久以后南宋文人程大昌的《雍录》中又一次体现出来。这至少可以说明,在不同身份主体的认知视角下,《法式》可以出多样的价值。

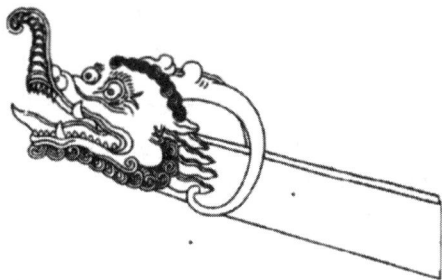

图1 "殿阶螭首"

---

① 参见李心传《建炎以来朝野杂记》所载:"……绍兴南巡,因以为行宫,其制甚朴。休兵后始作垂棋、崇政二殿,其修、广仅如大郡之设厅,淳熙再修,亦循其旧。"

② 北宋徽宗年间,曾有过两次关于明堂营建的"明堂制度"议论,一次发生于崇宁四年,另一次发生于政和五年,后者被付诸建造,因而以年号称之为"政和明堂"。

另一处对《营造法式》的直接应用,出现于南宋嘉泰元年(公元 1201 年)麻姑山仙都观新殿营建的记载中,据周必大《麻姑山仙都观新殿记》,该殿内"道帐"的形制就是依照《法式》"小木作制度"中的"佛道帐":

"……知观事李惟宾创正殿七间,博十丈,深七丈有奇,依《营造法式》容阁帐三间,分列三清及天帝、地示九位于其上,其下则元君居中,东偏奉宣和二碑,三朝内禅诏,西为皇帝本命。殿宏状华丽,殆过于旧群祠……"[4]

在该则记载中表明殿内阁帐是依据《法式》制造的,不过崇宁《法式》"造佛道帐之制"中只是规定了"道帐"由哪些部分组成,各部分及其构件的尺寸与相互关系如何等,并未有文中所述的"三间两层的形制",且"佛道帐"的图样中也未出现这一形制。所以该殿阁帐究竟是哪些方面依据了《法式》,仅凭文中所言无从考证。然而,这一记载的意义在于,与下文所要述的《续谈助》中北宋地方官员认为"佛道龛帐非常所用者,皆不敢取"有所不同,在时隔一百年后的流布过程中,由于不再担心"逾制",一些地方的房屋建造中确实参考了《法式》,而两宋以降,文献记载中有据可察的《法式》之应用几近无闻,明代初年,朱元璋就拒绝采纳《法式》,①只有赵琦美在修治公廨的时候取法了该书,使得"弗约而功倍",至于取法了哪些内容,以及如何取法,则无从知晓。

1.2 "直接关联":实践案例与文本的互相印证

在有据可寻的直接应用案例之外,还有若干散见于文献记载中的与《法式》条文具有关联性的案例,它们虽然不能被直接视为是《法式》的应用,但是却呈现出与《法式》造作制度中的某些条文或图样具有明显的关联性特征,因而或许可以从另一种角度为《法式》与实际工程的关系提供佐证,而关系可能以两种方式呈现:一方面,当年普遍盛行的做法成为了《法式》制度的编写素材;另一方面也可能是在实践中参考了《法式》制度。以下将就若干典型案例展开讨论,这些所援引的案例都发生于北宋的皇家工程之中,在时间上也属于《法式》编修的过程之中,故此这种关联性的存在应该不会是一种巧合。

"水心殿之装饰":

"……(元符三年)既而,闻承极殿后有水心殿,地势极窄,所营宫室,友端等造作奇巧。皇太后、太妃皆不曾到,上一日令就彼作道场,因往进香,斥(郝)随、(刘)友端,未使从行。既至,见其侈丽可惊,柱、梁、椽、㰍皆作花卉龙凤之类,涂以金翠,环绕其上,去梁柱皆数寸,若飞动状。"[5]

"水心殿"是元符年间的宦官郝随、刘友端主持建造的,位于大内西北,当时二人供职于后苑造作所。关于该殿"侈丽可惊"的描述——"柱、梁、椽、㰍皆作花卉龙凤之类,涂以金翠,环绕其上,去梁柱皆数寸,若飞动状",显然指的是在构件表面施之于各类雕刻方式,梁、椽头雕刻花卉、龙凤为"剔地起突",柱子表面雕刻环绕其上的龙有"混作"也有"剔地起突",这些在《法式》"雕作制度"中均有界说。虽然"缠柱龙"在该卷中被规定用在"帐及经藏柱上",但是在《法式》图样中也有用在望柱上的例子,这说明"缠柱龙"在实际运用中更为宽泛。而《法式》之所以不载其在殿宇柱子上的应用,应该和编修时旨在摒除"丹楹刻桷"的指导思想有关。在元符年间,"水心殿"的装饰出自于参加大内宫室建造的工匠之手,推测这些工匠之中应当会有人成为李明仲"勒匠人逐一讲说时"的人选对象,因此,他们所采用的做法在经过李明仲的取舍后必然会出现于《法式》中,尽管有些会因被视为"淫巧"而删除,但是若干删削未尽者使书中还是会透露出的当年的实际状况。(图 2、图 3)

图 2 "剔地起突缠柱龙"   图 3 "混作缠柱龙"

---

① 见明代赵宧光的《寒山帚谈》所载:"高皇帝定鼎金陵胜国,工部尚书以《营造法式》进,上不纳。"

"龙德宫壸中殿之彩画":

"徽宗建龙德宫成,命待诏图画宫中屏壁,皆极一时之选,上来幸,一无所称,独顾壸中殿前柱廊栱眼'斜枝月季花',问画者为谁? 是少年新近,上喜,赐绯,褒锡甚宠。皆莫测其故,近侍尝请于上。上曰:'月季,鲜有能画者,盖四时花、蕊、叶皆不同,此作春时日中者,无毫厘差。'故厚赏之"。[6]

"龙德宫"建成于新修《法式》颁行后不久的崇宁四年①,在落成时,徽宗命效力于朝廷的擅画人才在宫中各殿宇的屏风、墙壁等处作画。在浏览各处后,单单对"壸中殿"前柱廊栱眼壁上的"斜枝月季花"感到浓厚兴趣,称赞绘画者能"绘出了春天中午时分的月季"是非常鲜见的。虽然,这一实例中的"斜枝月季花"并非是《法式》"彩画作制度"的直接应用,但其却与"彩画作制度"中对于"写生画"的推崇形成鲜明的互证关系,并且有力地揭示出了当时的艺术风尚。(《法式》无论是在文字部分的"彩画作制度"中还是在"彩画作制度图样"中都"写生画"的鲜明体现。例如,"五彩遍装"条目中有注"其牡丹花、莲荷花或作写生画者,施之于梁额或栱眼壁之内")(图4、图5)

图4 栱眼壁写生画之"莲荷花"

图5 栱眼壁写生画之"牡丹花"

1.3 间接关联:关于《法式》之应用的观点

在体现出与《法式》具有直接且明显关联性的实践案例之外,还有若干见诸于文献记载中的关于怎样应用《法式》的认识,因未有证据表明这些认识是否被付诸于实践,故此可归为间接的关联。

崇宁五年,距《法式》颁行仅三年余,晁载之②在其《续谈助》一书中摘录了《法式》的部分内容后,③写道:"……右钞崇宁二年正月通直郎试将作少监李诫所编《营造法式》,其宫殿、佛道龛帐非常所用者,皆不敢取。五年十一月二十三日,润州通判厅西楼北斋伯宇记(时蔡晋如通判润州事)。"[7]这则记载虽寥寥数语却透露出重要的有关《法式》应用的信息:第一,从作者在润州读到《法式》表明其已颁行到北宋所管辖的各个地方。第二,关于《法式》如何应用于营造实践,朝廷并无明确的限制,所以作者才会在通读后,作出自己的判断"其宫殿、佛道龛帐非常所用者,皆不敢取",之所以不敢取,是避免逾越规制,这正是基于作者的官员身份所做的判断。第三,如果从作者身为文人的角度来看,其所摘录者往往就是其关注的内容。那么晁载之所关注者,涉及总释,各作制度,而对功限、料例各卷兴趣不大。这也反映出文人对于《法式》的兴趣所在,在以传抄为主要流布方式的时代,这种主观的兴之所在无疑会深刻影响到后世对于《法式》价值的传承。

此外,《文献通考》卷三百"物异考六"之"玉石之异"也有一则实例:"政和七年二月丙戌,张杲言,北岳庙于庙侧二十里黄山获石柱十六条,修、短、狭、阔皆应《营造法式》,用建正门毫厘不差。"[8]此中并未明指石柱可应用于哪座建筑的正门,但政和七年二月正处在明堂修建的时间内,④作为地方官的张杲的奏报,应该是与这件这项当时最浩大的皇家工程有关,因为政和五年徽宗就已下诏令各地务必为此"竭力奉上,以成大功"。⑤ 而之所以推断这

---

① 依据程俱《劝农使赐紫金鱼袋李公墓志铭》中所载李明仲官阶晋升次序,推测龙德宫建于崇宁四年。
② 晁载之(1066—?),字伯如,哲宗绍圣四年进士,曾先后出任陈留县尉,官封丘丞。
③ 见晁载之《续谈助》所载:"卷九佛道帐无钞,卷十牙脚帐等,卷十一、十二并无钞。自卷十六至二十五并土木等功限,自卷二十六至二十八并诸作用钉胶等料用例,自卷二十九至三十四并制度图样,并无钞。"
④ 据《宋史》《文献通考》等记载,明堂的建造时间从政和五年八月至政和七年四月。
⑤ 见(清)徐松辑. 宋会要辑稿. 礼二四之七六 所载政和五年七月十日(丁丑)御笔:"明堂国之大政,即与前后劳造事体不同,应有司官属自当竭力奉上,以成大功。如是修制所抽人匠,取索材料材植,如敢占各隐讳,不即发遣应副者,监官不以官高低,并行除名勒停,送广南远恶州军编管。"

则奏报中的正门是就明堂而言,还有一个文献出处的上下文佐证,即在《文献通考》的这则记载之前,同属于"玉石之异"的另一事例,即政和五年,为修建明堂在郑州荥阳贾谷山采石时获得一块天然有文字的奇石的故事,两则事例前后相连,似乎均是在指向同一事件,至于所获奇石是否最终被用明堂建造,史无所载。

不过,这则奏报所透露出的一个重要信息是,从所获石柱的"修、短、狭、阔"均符合《法式》来看,《法式》中的制度条文在当时已经成为衡量皇家建筑构件的标准。而如果将张果在其所管辖的地域内对照《法式》贡献物料的事实与前文中对于《法式》之"殿阶螭首"制度的讨论结合起来,更加说明了《法式》在皇家工程中确有用武之地。只是存疑的是,崇宁《法式》并未有记载可以用来建造正门的石柱尺寸,只有石望柱的尺寸,是否此处所参照者为元祐《营造法式》,因为该部《营造法式》"只是料状",应该是记载了大量的构件尺寸。[①]

2 《营造法式》与北宋的屋宇等级制度[②]

在分析了种种客观存在着的《法式》与营造实践的关系之后,以下将通过对《法式》文本中有关屋宇类型话语的分析,探寻在《法式》的编修过程中是否对于如何应用有明确的意图。

2.1 《营造法式》中屋宇类型的界定及其对实际应用的影响

北宋朝廷下令将《营造法式》海行全国,且有"内外皆合通行"之语,既然如此,就理所当然的会应用于全国范围内各个层面的建造实践中去,然而《法式》并未直接列出施行的具体措施,比如在各作制度中明确标识哪些是皇家建筑所专用的,哪些可以用于官员第宅或者士庶舍屋,哪些又是"皆合通行的",而在实际应用往往中会遇到建筑物的等级是否逾制的问题,因此,从或许颁行伊始,就注定了朝廷初衷与实际应用间无法相合。为了进一步阐明这种状况,下文将经由对《法式》文本中有关屋宇类型用语的梳理,说明类型话语是否贯彻一致与

《法式》能否界定屋宇等级制度之间的关系。在此,以"殿""堂""厅"为例,将它们在各卷中类型表征的异同举例如下(表1)。

表1 《法式》各作制度中"殿""堂""厅"的类型

卷目	条目	"殿""堂""厅"的类型
卷三"壕寨制度""石作制度"	"立基": "殿堂中庭修广者,量其位置,随宜加高……" "殿内斗八": "造殿堂内地面心石斗八之制……"	"殿堂"作为一种类型
卷四"大木作制度一"	"材": 第三等……"殿身三间至殿五间或堂七间则用之"	"殿"与"堂"作为不同类型
	第四等……"殿三间、厅堂五间则用之" 第五等……"殿小三间,厅堂大三间则用之" 第六等"亭榭或小厅堂皆用之"	"厅堂"作为一种类型
卷五"大木作制度二"	"梁": "五曰厅堂梁栿……" "柱": "若厅堂柱……" "若厅堂等屋内柱……" "若十三间殿堂……" "阳马": "凡堂厅若厦两头造……" "栋": "厅堂榑径……" "椽": "若厅堂椽……"	"厅堂"或"堂厅"作为一种类型

通过上表看出,在《法式》各卷中的"殿""堂""厅"有时两两相连形成"殿堂""厅堂"或者"堂厅"

[①] 据乔讯翔的博士论文《宋代建筑营造技术基础研究》指出,"元祐"《法式》作为"崇宁"《法式》编纂的基础材料,且"崇宁"《法式》的若干条文很可能接近于"元祐"《法式》的面貌。由此或可说明"元祐"《法式》并未被完全废止。

[②] 此处的"屋宇"是取自于《法式》卷四"材"条目中将殿、堂、厅、屋、廊等统称为"屋"或"屋宇"的用法。

续表

卷目	条目	"殿""堂""厅"的类型
卷七"小木作制度一"	"殿内截间格子"："造殿堂内截间格子之制" "堂阁内截间格子"："造堂阁内截间格子之制" "擗簾竿"："凡擗簾竿，施之于殿堂等出跳斗栱之下，……"	"殿堂""堂阁"作为不同类型
卷十三"瓦作制度"	"垒屋脊之制"："殿阁若三间八椽或五间六椽正脊高三十一层垂脊低正脊两层；堂屋若三间八椽或五间六椽正脊高二十一层；厅屋若间椽与堂等者，正脊减堂脊两层"	"殿阁""堂屋"与"厅屋"作为三种类型

等话语，有时则独立使用，当两两联在一起时似乎是被理解为同一类型的，而独立使用时则明显是作为不同的类型。如果再结合卷一、卷二"总释"中所征引的历代经史群书中的表述，说明从文学的角度视之，"殿"和"堂"有时可以视为同类，"厅"则未在考察范围之内。而若从实际造作的角度看，在卷五"大木作制度"中"殿堂"连用的例子远少于"殿阁"，"殿"与"阁"连用并不见于"总释"所列经史群书之中，而"殿阁"之所以连用应是出自于表达具有铺作层这类结构方式的技术性用语。至于"厅堂"连用的情况较多，则显示出"堂"时常被视为与"厅"同类。不过，在其他各卷中并未就此形成共识，如在卷七"小木作制度"中"殿堂"与"堂阁"并存，而在卷十三"瓦作制度"中内则被明显地区分为"堂屋"和"厅屋"等。

在《法式》中能够形成一系列较为完整的屋宇类型划分的情况，主要出现于第四卷"大木作制度"的"材"（按：列出了殿、堂、厅堂、亭榭等类型）和第十三卷"瓦作制度"的"垒屋脊之制"（按：列出了殿阁、堂屋、厅屋、门楼屋、廊屋、常行散屋、营房屋等类型）然而这两种分类方法并不相同且它们都未被始终如一地贯彻到其他各作制度中。如此一来，又

如何能形成可付诸于实践的等级制度呢？对此，笔者推测在《法式》编修过程中，显然并未对有关屋宇类型的话语，比如"殿、阁、堂、厅"等进行过彼此协调与整合，从而使得同一话语在不同的卷目中所表征的屋宇类型并不一致，尤以"堂"为代表，在许多情况下似乎可以被视为等同于"殿"（殿堂）或者"厅"（厅堂），而只有个别情况下才独立作为一种类型出现。

综上所述，或可以这样认为，就命名的方式而言，"殿""堂""厅"从字面看都是出自于文学而非其结构技术，于是当文学与技术缺乏会通时，上述命名显然就无法做到与实际造作方式的准确对应，由此造成当希望应用书中的造作方式时，会明显感到前后各卷对于类型的划分难以贯彻始终，类型也因此就显得模棱两可，而这正是阻碍《法式》付诸于实践的一个重要因素。

2.2　北宋的屋宇等级制度及其变通

经由上述对《法式》内有关屋宇类型话语的分析，或可在一定程度上揭示《法式》自身并未明确其施行方法的客观实际，从而有助于改变某些对于《法式》之应用范围的既有认识。那么作为与此密切相关的问题，北宋朝廷所颁布的屋宇等级制度又是怎样的呢？事实上，在《法式》编修之前，作为与营造有关的法令制度，北宋仁宗朝曾经颁行过《天圣令》，其中的"营缮令"就包含了有关屋宇等级的制度的条目，其中就将屋宇大致划分为"宫殿（太庙）"与"第宅"两种类型：

"太庙及宫殿皆四阿，施鸱尾，社门、观、寺、神祠亦如之。其宫内及京城诸门、外州正牙门等，并施鸱尾。自外不合。

诸王公以下，舍屋不得施重栱、藻井。三品以上不得过九架，五品以上不得过七架，并听厦两头。六品以上不得过五架。其门舍，三品以上不得过五架三间，五品以上不得过三间两厦，六品以下及庶人不得过一间两厦。五品以上仍连作乌头大门。父、祖舍宅及门，子孙虽荫尽，仍听依旧居住。"[9]

其中对"宫殿"这一类型只规定了使用四阿顶以及鸱尾，并未标明间架数。而对于"王公以下至庶人"的第宅，则除去明确规定不允许使用"重栱""藻井"之外，还划定了一系列由"架"与"间"数所构成的"舍屋"和"门屋"的等级差序。宫殿作为天子所居，以若干特定形制显示出与其他第宅的明确分野，而不是与其他第宅形成以间架作为标识的等

级差序。

《天圣令》颁行后，景祐三年八月朝廷又下达了一道诏令（按：以下简称"景祐诏令"），该诏令涉及屋宇、器用、舆服等多个方面，其中有关屋宇的部分如下："……天下士庶之家屋宇非邸店楼阁临街市，毋得为四铺作及斗八。非品官毋得起门屋，非宫室寺观毋得彩绘栋宇及间朱黑漆梁柱窗牖，雕镂柱础。……"[10] 显然，该诏令将屋宇划分为三大类型："宫室与寺观"、"品官"之家屋宇、"士庶"之家屋宇。

如果将"景祐诏令"与《天圣令》结合起来，可以看出在《天圣令》施行后，①北宋对于屋宇的等级制度作出了若干调整，留出了可供变通的余地，即以《天圣令》中将天子与自王公以下至于庶人严格区分开来，形成以有无"重栱"和"斗八藻井"②为界限的两大基本类型为基础上，允许民间的楼阁在所处位置特殊时也可以使用出跳的斗栱以及"斗八藻井"这些较为隆重的形制。此处，这道"景祐诏令"中的"四铺作"，"斗八"等用语也引起了笔者的关注，两者均不见诸于其他历史文献，而恰恰是《法式》中所使用者，在此用这些技术色彩浓厚的工匠用语替代"重栱""藻井"这类文学词汇，似乎也透露出了在当年习以为常的技术措施对于朝廷制度的制定产生了影响。

总而言之，在《天圣令》所规定的间架等级以外，如果要形成严格的等级差序，还必须结合上其他一系列涵盖各作制度的级别与类型体系，才有可能全面地付诸营造实践。但是显然《法式》并未能建立并协调起这套制度。当然，正如本文在讨论《法式》与营造实践的关系时所常遇到的情况那样，条文与实践之间往往不相吻合，而为了使某些渐以成积习的状况不至于逾制，当年的朝廷也会制定相应的变通措施，上述"景祐诏令"就是为此而颁布，

而《法式》的各作制度作为对"经久可以行用之法"的总结，本来就既无可能也无必要去担负起这一任务。也正因为《法式》不具备诸如界定类型等具有强制力的措施，才使得如同前面所列举的事例那样，在实践中对于《法式》内容往往可以更加自主的作出判断与取舍。

基于文献视角对于《营造法式》与营造实践的关系进行探析，或可以表明这样的观点：《法式》成文来自于实践，并且可以被应用于实践，但是它本身并不作为规范实践的法令制度，而是"内外皆合通行"的经验成法的总结，虽然《法式》的施行期效短暂，但留存于文献中的信息却透露出了其与实践之间的密切关系，故而足以为后人打开一扇探寻北宋各层面、各类型营造成就的大门。

参考文献：

[1] 刘敦桢. 宋《营造法式》版本介绍[M]//刘敦桢. 刘敦桢全集：第六卷. 北京：中国建筑工业出版社，2007：229.

[2] 刘敦桢. 中国古代建筑史（教学稿）[M]//刘敦桢. 刘敦桢全集：第六卷. 北京：中国建筑工业出版社，2007：1-162.

[3] [清]徐松. 宋会要辑稿[M]. 北京：中华书局，1957.

[4] [宋]周必大. 文忠集：卷八十."麻姑山仙都观新殿记"//四库全书·集部·别集类.

[5] [宋]陈均. 九朝编年备要：卷二十五//四库全书·史部·编年类.

[6] [宋]邓椿. 画继：卷十."杂说"之"论近"//四库全书·子部·艺术类·书画之属.

[7] [宋]晁载之. 续谈助：卷五（丛书集成本）.

[8] [元]马端临. 文献通考：卷三百."玉石之异"//四库全书·史部·政书类·通制之属.

[9] 天一阁博物馆. 天一阁藏明钞本天圣令校正（下册）[M]. 北京：中华书局，2006.

[10] [宋]李焘. 续资治通鉴长编[M]. 北京：中华书局，1985.

---

① 据《宋会要辑稿》"刑法一"所载宋仁宗天圣七年编纂《天圣令》的过程，可知其条文是在基本因袭了唐令的基础上有所调整形成的。

② "斗八"既可以指地面心石的形制，也可以指代藻井的形制，而如果"四铺作"及"斗八"要与《天圣令》中的"重栱""藻井"形成呼应关系，那么应指的是藻井的形制。

斜栱功能、匠意与现代启示[*]

The Function, Craft and Ideas and Enlightenment of Xiegong

冷　婕[①]　**陈　科**[②]

Leng Jie　　Chen Ke

【摘要】斜栱营造虽未被官方营造法式记载,但其自宋辽广泛出现于殿堂实物,历经金元明清而不衰,是中国传统木构建筑特别是民间斗栱技术发展成就的突出代表之一,其发展过程值得被学界关注和研究,但长期以来对斜栱的价值认知并不全面。本文从"结构""装饰""表意"三方面对斜栱功能进行分析,并对斜栱营造匠意进行挖掘,一方面希望能客观、全面地展现斜栱的面貌,同时希望斜栱营造中蕴含的超越时间局限的、具有普适价值的设计思想和智慧能够给当代设计以启发。

【关键词】斜栱　功能　匠意

斜栱[③]是中国传统木构建筑特别是民间斗栱技术发展成就的突出代表之一。斜栱在发展过程中使用区域不断扩大,适用的建筑类型不断拓展,从转角斗栱中的抹角栱到补间、柱头施用斜栱的扇式斗栱,再到交织成网状的如意斗栱,其形式和构造不断演化创新,艺术、技术成就屡创新高,在民间表现出了极强的生命力和创造力。斜栱形态为什么能够如此丰富引人注目,斜栱为什么有如此持久的生命力,斜栱营造中有什么对当代设计仍有价值、仍可继承的内容等问题一直是笔者长期关注的问题。

1　斜栱的功能

1.1　作为"结构"的斜栱

斜栱的专门性研究大概始于20世纪八九十年代,早期研究都不约而同地关注了斜栱起源与其结构功能的关系。

斜栱早期的发生演变与解决特殊平面形式、特殊部位承力以及补间斗栱承力优化等结构问题密切相关。起初,斜栱多在建筑角部以抹角栱的形式出现,它一方面以斜向构件的加入将原本纵横两向

相交的构造拓展为三纬度交接,在增强角部斗栱稳定性的同时,起到了改善角部荷载大而斗栱承力不足状况的作用;随后,斜栱逐步在柱头和补间使用,在补间数量较少的时期,斜栱的使用增加了铺作层对撩檐枋的支撑点,有效地缓解了撩檐枋承载屋面荷载的压力。早期,斜栱为一根内外都出跳的通长构件,外跳用于承托挑檐檩,里转则压于内部横栱之下以保持自身结构受力的平衡。这一时期,斜栱表现了非常明确的结构功能,其角部的抹角栱等斜栱形式都简练、清晰地表现了这些结构意图(图1)。

(a)四川芦山青龙寺 **(b)四川芦山广福寺** **(c)山西案例**
　　大殿补间(元)　　**大殿补间(元)**

图1　内外均出斜栱的做法
[图片来源:(a)(b)自摄,(c)引自参考文献[7]]

---

　* 国家自然科学基金青年基金,西南斜栱发展演变研究(项目是:51708051)。

　① 冷婕,副教授。

　② 陈科,讲　师。

　③ 斜栱,指与正心方向呈一定角度的栱构件,其中用于角栱中的斜栱称为抹角栱。对相邻斗栱中斜栱相互交织成网状的斗栱,学界多称为如意斗栱,本研究也仍沿用这两种被广泛认可的定义。但对包含有斜栱的单攒斗栱的称谓目前没有统一结论,为了有效区别于前两类,本文暂采用美国学者荷丽雅提出的"扇式斗栱"[7]来定义使用斜栱的补间或柱头斗栱。

随着柱梁支承关系的逐渐简化,斗栱功能开始出现转向。此时,斜栱辅助承檩和屋面荷载的结构作用仍在,但其主要功能不可避免地顺应木构发展的大方向向其他功能倾斜。这一变化突出地反映在了斜栱里转不出跳、外跳出多层斜栱、斜栱与挑檐檩不相交、选择性配置斜栱等方面,这在后面还有述及。

到明代,大木中出现了一种新的斜栱类型,即相邻斗栱斜向出栱相互交织成网状的如意斗栱。如意斗栱一出现就因其突出的视觉效果而引人注目并在明中后期和清代大量使用。谈到如意斗栱,人们就会想到其突出的外观造型,而其结构功能和进步性常常因此被掩盖。事实上,如意斗栱,特别是早期如意斗栱具有明显的结构优化与进步。首先,如意斗栱是将以往零散的、单攒的斗栱连接成了一组相互交织的网状结构,这种整体的、密集的网状结构因各构件间可相互连接、相互支承而显著增强了其斗栱层自身的结构稳定性;与此同时,因其减少了原有单攒斗栱之间的间隔距离,每攒斗栱都紧密相连,因此在斗栱最上跳增加了承载挑檐檩的支承点,并因支点距离近且相等使挑檐檩的受力更均匀;再者,如意斗栱看似复杂,其实其构造原理简单,构件类型有所简化,减小了材料尺寸,方便了备料和施工(图6、图8)。如意斗栱的这些结构功能和进步在以往研究中常常是被忽略了的。

到清代,随着柱梁简支承力关系的进一步明确,斗栱已渐渐退出木构民间营造的舞台,如意斗栱仍在民间活跃,但其结构功能逐渐消退殆尽。此时,越来越多地如意斗栱仅出外跳,里转不出,其重量完全由内部板、枋承载,与小木作中斜栱做法相似。为了减少单纯外侧出跳产生的对其支撑结构的压力,如意斗栱外跳构件也变得越来越薄越来越轻。

1.2 作为"装饰"的斜栱

尽管研究普遍认为斜栱是因特殊部位结构承载补足而产生的,但不可忽视的是,斜栱从一出现就意味着一种新的斗栱形式语言的产生。不管有意识与否,由斜向出跳所产生的如繁花般的强烈视觉效果和形式美感是与其结构功能同时出现也一直并存着的,而这种形式美感顺应斗栱功能的转变并符合当时的审美意识,很快就被接受并蓬勃发展起来。

早期,斜栱为里外均出跳的通长构件,且在补间或柱头外跳均由栌斗连续出斜跳直至挑檐檩下,其造型更多地表现了一种简明的结构关系,但其中的形式美感已然显现。这种形式美感很快就被挖

掘和有意识地强化和表现。首先,斗栱开始只在外侧出跳而里转不再出跳;其次,斜栱开始探索不在斗栱最上层出跳承托挑檐檩,而在其他部位出跳;同时,在出跳次数上斜栱也开始进行试验,有仅出一跳的,有连续出多跳的;在整体搭配上也出现了诸多变化。这些做法显然已偏离了其起初的结构补足功能并打破了其原本内外受力平衡的结构理性,转向其外在表现和装饰功能了(图2)。

后来,随着假昂的流行,斜昂的使用也越来越多,斜昂较之斜栱其装饰性能又有进一步提升。同时在斜昂的组合上又出现了诸多新颖的探索,其中较为突出的有平武报恩寺相邻斗栱间插出斜栱的做法。这种做法笔者曾一度猜测其是由于补间铺作数量增加,相邻斗栱出斜栱产生构件"打架"问题而生的一种创新形式,也是如意斗栱发展的初期阶段。但随着案例的不断丰富才发现这种做法早在四川江油云岩寺的转轮藏中就有使用,但明显不同的是云岩寺两相邻斗栱之间还有攒间距,此时并未显现出因距离过近而需相互避让的必要性。由此可见,这一做法的早期出现很可能就是单纯出于对形式的探索而非解决间距限制的应对策略(图2、图3)。

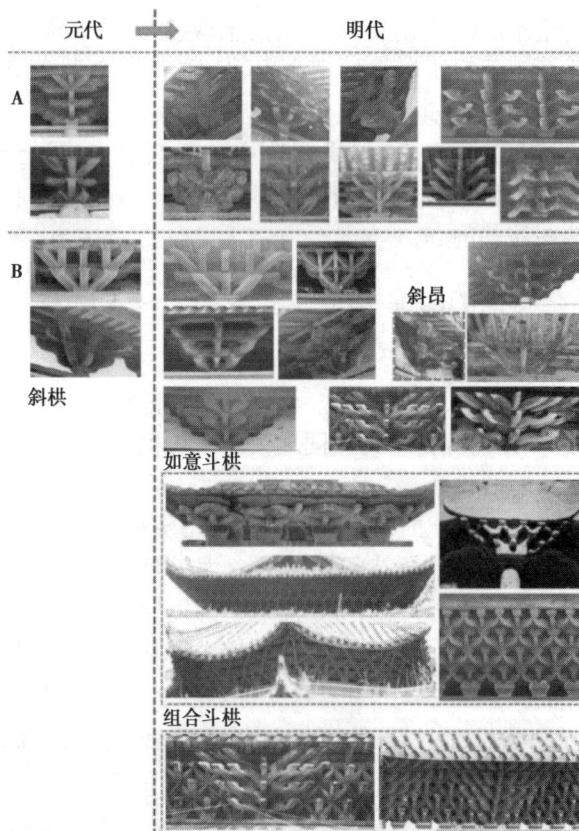

图2 巴蜀地区元明斜栱发展演变图
(图片来源:自摄、自制)

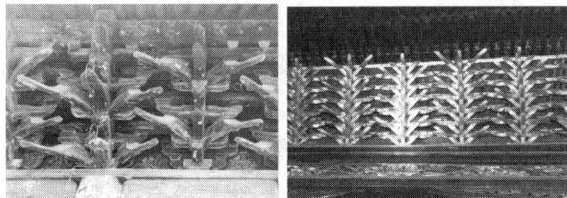

(a)平武报恩寺万佛阁底层檐斗栱　(b)江油云岩寺飞天葬

图3　交错出斜昂案例(图片来源:自摄)

随着斗栱用材的减小和补间数量的急剧增加,组合式的斜栱做法越来越多,最具代表性的就是如意斗栱。如意斗栱通过大量构件的集聚和反复形成网状,展现出了单攒斗栱所不能比拟的、极强的装饰效果和视觉冲击力,它将斜栱的造型艺术推向了一个新的方向。尽管,后来斗栱整体退出了木构营造舞台,但如意斗栱仍因其突出的造型特征而在民间广为使用(图2)。

在斜栱的发展过程中,除了解决结构功能外,斜栱的形式创新一直是其发展和工匠试验的一大独立主题。工匠们在斜栱的配置方式、斜栱出跳的位置、出跳的角度、出跳的次数、相邻斗栱出斜栱的组合方式上都进行了全方位的尝试,演化出了无数的变体;从单个斜栱构件到单攒扇式斗栱、再到斜昂的使用和网状如意斗栱,斜栱的造型日趋复杂和眩目,其装饰功能也日益增强。

1.3 作为"表意"的斜栱

除去结构功能和其形式与生俱来的感染力和美感,斜栱在其普遍流行的辽、金、元时期就开始行使其表意功能了,这一点在斜栱差异化配置上显现的特别突出。四川地区,从元代开始,斜栱就仅在正面使用,其他面不再使用,这样的做法显然是为了以其特殊的造型来重点强调正面或入口的特殊性和重要性(图4)。同时,在一个建筑群中,也会通过斜栱的不同配置方式来表明建筑的等级和重要性。在平武报恩寺中,除了用斗栱出跳次数的多少来表明建筑的等级差异外,还使用斜栱或斜昂的不同做法来表明建筑等级。入口天王殿仅用斜栱;大雄宝殿两侧配殿下檐用斜栱,上檐用斜昂,但昂头为普通样式,未作特别装饰处理;到大雄宝殿均

(a)宜宾屏山万寿寺大雄宝殿

(b)宜宾屏山万寿观大殿

图4　斜栱的差异化配置(图片来源:自摄)

使用昂,上檐使用斜昂,昂头则做卷鼻昂处理,装饰效果增强,其地位差别也由栱、昂的不同使用与昂头类型的差异化而进行表征。

研究中我们还发现部分斜栱形式的产生可能与表意需求直接相关。

以往常认为如意斗栱是为了解决大木构上因补间数量急剧增加而产生斗栱"打架"问题而出现的一种技术策略。但我们在更广泛地考察川渝地区斜栱的使用后发现,早期如意斗栱的使用也许并非如此。

从现存实例来看,如意斗栱在明代才出现在大木作上,但在小木作上的使用却可以追溯到始建于南宋淳熙八年的四川江油云岩寺转轮藏上,尽管该转轮藏的年代还存在争议,但保守来看,如意斗栱至迟在元代也已经出现在了小木作上了[①]。到如意斗栱登上大木舞台时,小木作中如意斗栱的形式和技术已非常成熟,如现存明代木作中最早的如意斗栱案例:平武报恩寺华严藏殿转轮藏(明正统年间)上四处就采用了五种做法不同的如意斗栱。由此可见,很多大木上的如意斗栱做法早在小木作上就都出现过(图5)。

与大木作相比,小木作营造中所有的斗栱只出外跳不做里跳,而主要承力功能落在小木作的主体

---

① 江油云岩寺转轮藏及其藏殿始建于南宋淳熙八年(1181 年),元至正年间(1341—1370 年)奉敕维修,清雍正、乾隆年间更换藏针、维修藏殿,新中国成立后藏殿及转轮藏又屡有维修。根据研究考证藏殿主要大木作结构还较多地保存了南宋时期的式样和构造特征,但同期始建的转轮藏上的木作形制却与同时代的藏殿及同期仿木作建筑形制差别巨大,这引起了部分学者对现存转轮藏年代的质疑。借助传统木建筑形制年代学的基本原理有研究将其与巴蜀宋元历史时段中的木构形制进行对比,发现其形制特征更接近于元[15],再结合其元代奉敕维修的记载,将现存实物推测为元至正年代修缮的产物。

(a) 江油云岩寺飞天藏如意斗栱

(b) 平武报恩寺转轮藏的斜栱和如意斗栱做法

图 5　小木作中的如意斗栱（图片来源：自摄）

框架和墙板上，小木中的斗栱在整体构造中的结构作用实际上是非常微弱的。因此，斜栱在这里的使用和形式探索显然不是为解决结构问题而生。四川地区使用如意斗栱的两例小木作均为宗教建筑中的转轮藏。转轮藏原本是佛家藏经、传道的重要法器，后来其藏经功能逐渐淡化，其转动功能所隐含的宗教含义使其成为佛、道家精神外化的一个重要载体和象征物。作为宗教场所中重要的精神载体，精美富丽、极尽表现成为转轮藏营造所追求的效果，而斗栱则是其营造中最为重要的部分。此时，如意斗栱繁花似锦的造型和强烈的视觉冲击力无疑淋漓尽致地起到了烘托宗教气氛和表征该物重要性的作用。在结构作用相对让步的情况下，如意斗栱此地的使用和探索显然不是为解决结构问题而生，在形式探索的背后实际上还是在对宗教气氛烘托和物件重要性表征上具有独特意义。

2　斜栱匠意与现代启示

2.1　多义的建构

尽管从目前研究来看，斜栱起先是因结构而生，但实际上，从其出现起，其结构功能就同时伴随有装饰功能与表意功能。不仅斜栱是这样，中国木

构营造中的斗栱都具备这一特点。正如有学者所说"在中国木构建筑中，我们很难把一个构件简单定性为结构构件还是装饰构件。""斗栱的装饰功能并非明清之后才得以发挥，纵观斗栱的发展历程，我们可以发觉虽然其间不乏此消彼涨的变化，但斗栱的结构功能与装饰功能一直都是并存的（温静）"。作为斗栱中的一种类型，梳理斜栱的发展过程可见，斜栱的"结构、装饰、表意"三功能也是一直并存的。本文郑重地将三者剥离开分析是因为在以往的研究中，对这一构件的多义性及其价值认知不足。以往研究常常更多地关注构件结构功能的发展和消退，对其装饰功能和表意功能的探讨则不够重视，甚至还存有一定偏见。文中将三者放在同样重要的位置进行论述，就是希望能够更客观、全面地展现斜栱的面貌，能更理性地认知"装饰"与"表意"的价值。事实上，将结构功能、造型美感与表意恰到好处地结合与平衡，正是传统木构营造的追求和突出特征之一。斜栱能在很长的历史发展中经久不衰，除了其发展顺应历史大潮流外，也是源于其很好地兼顾和平衡多重功能，而这一点对于当下设计仍很重要。从设计的角度来看，纯粹、极端地追求结构理性或装饰美感往往意味着对他者的排斥，而这正是造成"形态或流于表层造型或陷于枯燥乏味的境地的根源所在"（郭屹民）；如晚期如意斗栱常遭诟病正是因为其结构功能完全丧失，仅为单纯装饰而使其浅薄所致。而好的设计策略往往就是能将使用、结构、美和意义等多重功能完美结合与平衡者。

2.2　可细分的结构①

将结构功能、造型美感与表意恰到好处进行结合与平衡的斜栱，特别是如意斗栱营造，不仅在观念上给我们启发，在现代营造中，也为我们改变"结构类型"僵化，拓展新型式提供了一种可操作的策略，即可细分的结构。传统木构营造的斗栱层其实就显现出了这样一种倾向，即将一个整体承力构件或节点解析为一组承力构件，使其兼具结构、装饰与表意功能。在这当中，笔者认为如意斗栱将这一类型发展到了极致（图6）。

---

① "可细分的结构"这一说法引自郭屹民《结构制造——日本当代建筑形态研究》[11] 的第四章第二节，文中对日本当代结构设计与形态的观念、发展、类型等内容进行了深入地剖析，其中关于日本当代建筑结构制造中"可细分的结构"这一节的阐述对笔者有很大启发，使笔者对传统斗栱，特别是如意斗栱建构中的设计价值有了新的认识。

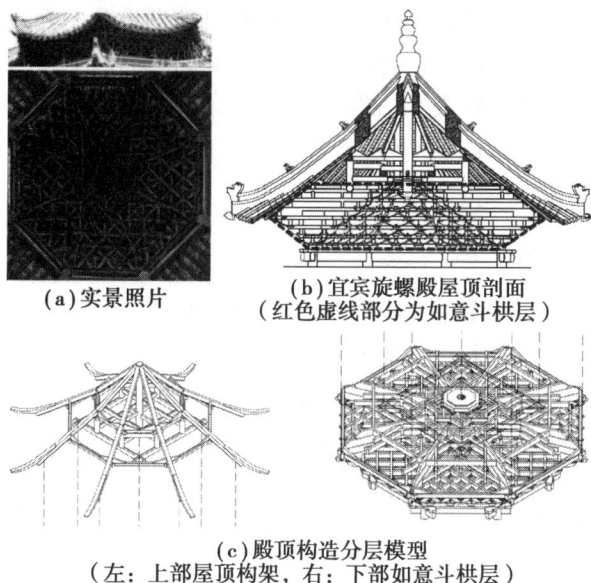

(a) 实景照片　　(b) 宜宾旋螺殿屋顶剖面
（红色虚线部分为如意斗栱层）

(c) 殿顶构造分层模型
（左：上部屋顶构架，右：下部如意斗栱层）

图6　宜宾旋螺殿殿顶

［图片来源：(a) 自摄，(b)(c) 绘图、建模为重庆大学 2015 级本科生李先民，指导教师为冯棣、冷婕］

　　如意斗栱是由一组具有相似性的小构件相互搭接形成的一组整体，其结构作用是帮助梁、柱、檩等构件承接过渡与担负挑檐，这一结构功能后来被梁柱的直接交接与挑檐枋等单一构件所替代。从结构和构造方式来看，后者无疑使结构关系变得更简明，施工也简化了很多，但原有结构的表意和装饰功能却也随之而淡化甚至消失。因此，我们实际上很难简单对复合组构与整体构件两种类型的优劣下定论。但不管怎样，如果我们从结构的角度反向思考即可发现，在设计中，复杂的一组构件既然可以被简单的交接方式和整体构件所替代，那简单的交接方式和整体构件其实也可被细分和解析为一组复合构件。同时，如果不以纯粹结构合理和经济作为评价标准，我们就可发现，这一做法在以柱梁简支结构为最大量和最普遍的当下营造中，结构类型还可以有其他发展的方向，如果策略运用得当，其可以在诸多方面有所突破和收获：

　　改变"结构类型"的僵化，拓展新型式；

　　改善既有结构中可能存在的受力不合理情况；

　　通过结构直接呈现突出的空间视觉表现与美感；

　　表现某种意义并引发人的感知；

　　适应大材短缺和装配化的生产要求。

　　事实上，结构细分的理念已经在现代建筑上有所发展和应用，但令人吃惊的是这一概念在几百年前的传统建筑中就已显现，并提供了极为优秀的例

证，宜宾旋螺殿就为其中的经典之作。从结构功能出发，工匠用一整组密集的斜栱通过内外皆层层出跳的方式代替了常规屋面支撑所需的部分梁柱。不同于其他案例，旋螺殿里转斜栱也一直持续出跳至雷公柱下，这样里转斜栱在担负结构功能的同时，也承担了内部吊顶和空间塑造的作用。通过这样一组相互斜向搭接形成的整体，在结构作用的同时无须多余构造就直接塑造了装饰性强、富于美感的室内外顶部空间形态，达到结构与装饰的完美结合（图6）。

　　如意斗栱之所以获得成功是因为其复合组构很好地平衡了结构、装饰、表意等多重功能，这一点是细分结构这一类型非常重要的优势和特点，不过一旦这一做法出现以牺牲其他功能为代价的单纯形式美表现，它就会陷入肤浅的形式游戏而缺乏吸引力。后期完全丧失结构功能、单纯装饰性的如意斗栱屡遭诟病就是这一原因所致。因此，结构的细分设计必须要兼顾"形式"的结构作用与受力合理性，同时又能够在功能、环境、文化等的外部条件的对应中获得具有创造力的"形"。

2.3　简明、高效地策略

　　将简单节点或整体构件解析和细分的做法必定会将构架形态推向复杂化，如策略不当，很可能会带来形式逻辑混乱，设计、构造过于复杂等一系列问题。因此，在设计之初找到简明、高效的细分、解析途径，是至关重要的。

　　如意斗栱的策略是较为成功的。如意斗栱看似极为眩目和复杂，但其营建规律其实很简明，即相邻斗栱斜栱相交后继续出跳相交并反复演绎该规律（图7）。如旋螺殿，尽管其平面为八边形，但因其营造规律明晰，因此仅需厘清一面即可窥其全貌。与此同时，将如意斗栱逐层分解后即可发现，如意斗栱并没有增加构件类型，还常常减化了单攒斗栱构件交接的复杂性。在如意斗栱中，横栱多被取消或变为一根通长枋构件，较原有多根横栱相比，备料施工都更为简易；除角部外，斜向构件均统一为标准构件，出跳构件也统一为一种或不出翘（图8）。由此可见，尽管视觉效果复杂，但材料类型和工艺并没有因此变得更为复杂。换句话说，如意斗栱营造中设计工匠充分思考了设计策略与结果之间"少与多""简与繁"的关系，以少而简练的动作获得了丰富、绚丽的形式表现，这正是细分的结构中极为关键的策略要点，也是如意斗栱能在民间长盛不衰的原因之一。

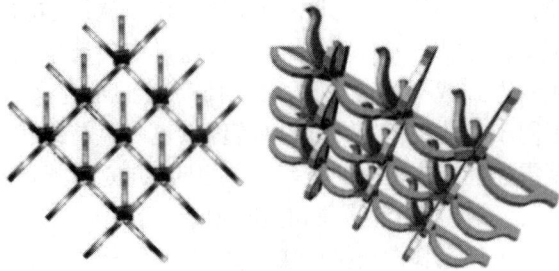

图7　如意斗栱生成规律模型
（图片来源：参考文献[16]）

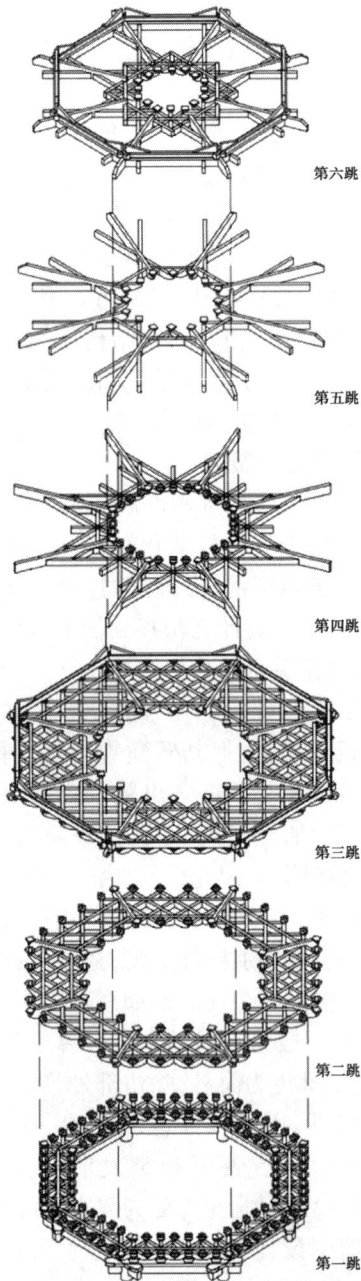

第六跳

第五跳

第四跳

第三跳

第二跳

第一跳

图8　旋螺殿殿顶如意斗栱构造分解
（图片来源：绘图、建模为重庆大学2015级
本科生李先民，指导教师为冯棣、冷婕）

在当代，学科的交叉与计算机辅助设计的介入将为构架的解析与细分提供极为强大的技术支撑，结构细分的类型将有可能在新媒介的助力下达到所未有的高度，以此展现出构架精致化和细密化设计的无限可能。

3　结　语

3.1　对斜栱的全面认知与客观评价

学界目前对斜栱的研究还多集中在斜栱早期发展上，并更多关注斜栱的结构功能分析，而晚期的扇式斗栱及如意斗栱还因其结构作用降低、装饰繁复而遭受诟病。但当我们回过头来，再次以审慎的眼光看待这一营造现象时，我们发现其实斜栱营造的发展过程始终伴随着民间工匠对"结构、装饰、表意""技术手段与艺术表现""简与繁"等基本设计问题的辩证思考。斜栱正是因为其中包含着民间工匠对这些设计问题的深刻理解及智慧解答，才能呈现千姿百态、长盛不衰、历久弥新的状态。

3.2　传统的启示

在当代设计中如何传承历史是我们一直在思考的问题。目前，对传统的传承很容易被简化为对传统风格和样式的简单模仿和再现，由此产生的建筑则因形式与现代功能、材料构造、时代审美等内容的割裂而处于一种尴尬境地。本文通过对传统营造中斜栱的分析，试图寻找一条能够连接过去、现代与未来的线索，即蕴含在传统营建中的具有普适意义的文化特征、观念和设计智慧，这些可能才是能够真正推动当代设计发展的动力和源泉。

参考文献：

[1] 朱小南. 斜栱探源[J]. 文博，1987(3)：67-80.

[2] 陈薇. 斜栱发微[J]. 古建园林技术，1987(4)：40-45.

[3] 沈聿之. 斜栱演变及普拍枋的作用[J]. 自然科学史研究，1995(2)：176-184.

[4] 冯继仁. 中国古代木构建筑的考古学断代[J]. 文物，1995(10)：43.

[5] 辜其一. 江油县窦圌山云岩寺飞天藏及藏殿勘查记略[J]. 四川文物，1986(4)：9-13.

[6] 焦阳. 探寻如意斗栱[J]. 华中建筑，2010(8)：177-179.

[7] HARRER Alexandra，俞琳. 两种使用斜栱的重要且成熟的设计概念："扇式斗栱"和"如意斗栱"[J]. 古建园林技术，2012(6)：11-18.

[8] 白天宜. 侗族斗栱与如意斗栱关系初探[J]. 华中建筑，2015(06)：25-28.

[9] 冷婕，陈科. 巴蜀宋元明时期斜栱发展、演变研究[C].

2016 年宋代《营造法式》学术研讨会会议论文集. 2016.福州.

[10] 温静.辽金木构建筑的补间铺作与建筑立面表现[C]. 营造——中国建筑史学国际研讨会会议论文集(下). 2010.南京.

[11] 郭屹民.结构制造——日本当代建筑形态研究[M]. 上海:同济大学出版社,2016.

[12] 汉宝德.明清建筑二论:斗栱的起源与发展[M].上 海:生活·读书·新知三联书店,2014.

[13] 张十庆.中日佛教转轮经藏的源流与形制,建筑史论 文集(第 11 辑)[M].北京:清华大学出版社,1999.

[14] 郭璇,戴秋思.平武报恩寺[M].重庆:重庆大学出版 社,2015.

[15] 王书林.四川宋元时期的汉式寺庙建筑[D].北京:北 京大学,2009.

[16] 汪智洋.二王庙建筑群研究[D].重庆:重庆大 学,2005.

西京古道凉亭形制及保存现状研究

Study on the Shape and Preservation Status of Pavilions in Xijing Ancient Road

白汶灵[①]　**程建军**[②]

Bai Wenling　Cheng Jianjun

【摘要】西京古道是沟通岭南和中原的重要线性文化遗产,是"留住历史根脉"的重要官道线路。古道上的驿(凉)亭、驿站、碑、桥梁、公馆、邮铺、古井、庙宇等建筑物,是重要的点文化遗产。本文主要针对西京古道遗存的凉亭形制及保存的现状进行研究,经过系统的实地勘察测绘、民间及专家访谈、文献收集、古籍查阅等获得第一手的材料和数据。凉亭多始建于清代,位于古道上,其体态虽小,却极富特色,值得深究。本文首先对凉亭的类型、平面特征、梁架特征、立面及屋面特征、装饰、材料和尺度与比例等方面进行了系统的剖析研究。其次是对其保存现状的研究。对其始建年代、所处方位、所处的古道段及环境,对其平面、立面、屋面、梁架、内空间的破损情况进行详实的记录和分析。根据凉亭现状的破损情况可将其分为7个等级:完好、较好、一般、破损严重、遗址、无遗址、重建。以上研究为下一步制定一套行之有效的保护和修复方案打下了坚实的基础。对凉亭的展开的研究,对其自身的活化利用,对遗产的保护,对当地的经济、文化和旅游开发,对精准扶贫、美化乡村,均起到了非常重要的作用。同时,西京古道凉亭研究也是对粤北建筑体系的重要补充,所以其形制和现状的研究具有重要的现实意义和学术研究意义。

【关键词】西京古道　凉亭　形制　保存现状

1 Overview of Xijing Ancient Road and Gazebo

1.1 Overview of Xijing Ancient Road

The ancient road is an important passage for ancient transportation and postal facilities. It is an important channel for military and state-government information transmission, mutual business exchanges between people, and ethnic migration. In the "Historical Records of the Five Emperors", Sima Qian said that Yellow Emperor who "make road through the mountain, have no peace live"[1] (披山通道,未尝宁居), "traffic uniform, unified text"[1] (车同轨,书同文). This shows that in ancient times they pay attention to ancient roads, It is importante for politics and economy.

The oldest road in Guangdong originated from the Qin and Han dynasties, which formed a complete network system during the Ming and Qing Dynasties. So far, it has a history of 2,200 years. The ancient road mainly concentrated in northwestern of Guangdong with 10 lines, They added 3 lines in Sanguo and Liangjin Dynastys in the north of Guangdong, added 2 lines in Tang Dynasty in the north of guangdong, added 4 lines in songyuan Dynasty in east and southwest of guangdong, added 1 line in mingqing Dynasty in southest of Guangdong.[2]

Xijing Ancient Road (Leyi Road) is 194 km in Total length, According to the records of "Book of the Later Han", The Second Year of Jianwu in the Eastern Han Dynasty (AD 26), The Guiyang Taishou hosted a road which known as "Xijing ancient road", it is beginning in Hanguang of Yingde, passing through Ruyuan and then reaching Yizhang of Hunan, Finally, go north to Chang'an Road of Xijing[3]. This

① School of Architecture, South China University of Technology, State Key Laboratory of Subtropical Building Science, Doctoral student/Lecturer.

② School of Architecture, South China University of Technology, State Key Laboratory of Subtropical Building Science, Professor.

road is "Up to three Chu, reach Baiyue" (上通三楚, 下达百粤) the only way. In the Second Year of the Qing Emperor Kangxi (1663), "There has 300 km which comes from southwest of zhiqian to ximen of laling, then to north reach to Tiyunling, Bainiuping, Wuyang of meiliao, in the end reached Yizhang"[2]. This section is the ancient road of" Xiyuan-Lechang-Laopingshi-Yizhang" of Xijing Ancient Road.

The ancients once described the ancient Xijing Road: "Cascading mountains, such as climbing stairs" (层山叠嶂,若登梯然). The ancient roads are mainly mountain topography in Ruyuan and Lechang areas after field survey. The ancient road surface is paved with Bluestones, and the width of the road is 0. 6-4 meters, The extension of the border is about 0. 5 meters, In general, at least one side is naturally covered with vegetation (slow type); generally there is a wide gutter of about 1 meter on one side of the valley (panshan type)[4].

1.2　Gazebo Overview

In this vicissitudes of the ancient road, there are a large number of buildings with different functional uses, such as: station, Pavilion (Gazebo, tea kiosk), Urgent delivery shop, Mansions, Ancient Bridges, Inscriptions, Monuments, Temples, Ancient Temples, etc. The pavilion is small but special in shape.

"Characters explaining": "The pavilion, the people can stable", "Release name": "pavilion, parked, stopped for people", The pavilion is a resting place for ancient people along the ancient road[3]. The Han Dynasty "pavilion" served as a transit and rest stop for the Messenger of the step. The "Han Jiuyi" record "a pavilion every 10 Li, a post station every 5 Li, the postman is in the middle, the distance is 2. 5 Li." During the Ming and Qing Dynasties, local people all over the country built pavilions along the ancient road, which almost reached the "5 Li per kiosk".

A pavilion is usually set next to tea kiosk. According to the records of tea monument of Hanxin pavilion in Hou Ziling area, the Xijing Ancient Road is a difficult and dangerous road, "The Pleiades shop is in the moon slanting, the plank bridge is frost heavy, the pavilion with green grass is pitifully remote, the old road is scorching fearfully" (昂店月斜,板桥霜重,长亭芳草,渺渺堪怜,古道骄阳,炎炎可畏). The local villagers spontaneously set up a tea party and donated money to set up a teahouse for the thirst-quenching of pedestrians. The Inscription of The Shoude pavilion: 5 km a pavilion, a pavilion, a stop, so that it is also possible to travel and park; Yangzhi Pavilion stele has write that: Pavilion, stop. The roads can be parked while driving. In the past, the guards chisel mountain for pass and set up a post to facilitate the pedestrians. My hometown Bai Niuping, it up to Lianghu and down to Baiyue, come and go, Bustling, Like continuous beads, Road accessibility, Good for many years[4]. (昔日太守凿山通道,列亭置邮,以利行人,由来旧矣。我乡白牛坪达到,上通两湖,下通百粤,来者来,往者往,熙攘交错,累如贯珠,路属通衢,多利年所)

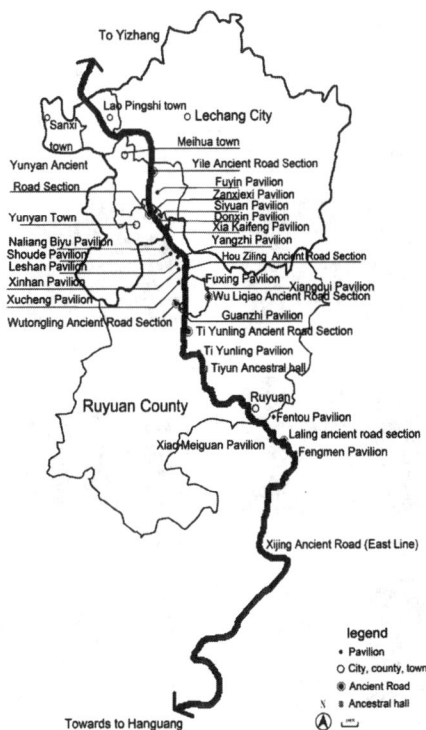

Fig. 1　Distribution of pavilions in the ancient XijingRord

The pavilions were originally built in the Qing Dynasty, According to statistics, there are about 20 pavilions in the Ruyuan and Lechang districts. The pavilion's location and ancient road sections are as follows: Table 1. The pavilion is built on the hilly side of the mountains (Ti Yunling Pavilion), built in the valley (Xinhan Pavilion) and built at the foot of the mountain (Yangzhi Pavilion). Although the ancient Liang Pavilion is small, it plays an important role. It reflects the characteristics of the regional architecture and forms an important part of the architecture system of northern Guangdong.

2 Pavilion Shape

As early as in the Qin and Han Dynasties, pavilions had the function and significance of the house. Ancient pavilion system:1. Flag Pavilion;2. The pavilion for national defense:"five feet high, two feet wide, and one foot above wide. " (高抬五丈阔二丈,上阔一丈)[5]. The Pavilion used for Hostel and Fortress in the Township,in the Qin system a pavilion in 5 km, Ten pavilions one township, travel brigades can gather here for stays and accommodation. Xijing Ancient Road Pavilion, which evolved on the basis of the third pavilion,its shape has simplified, its main function is for temporary rest and cooling.

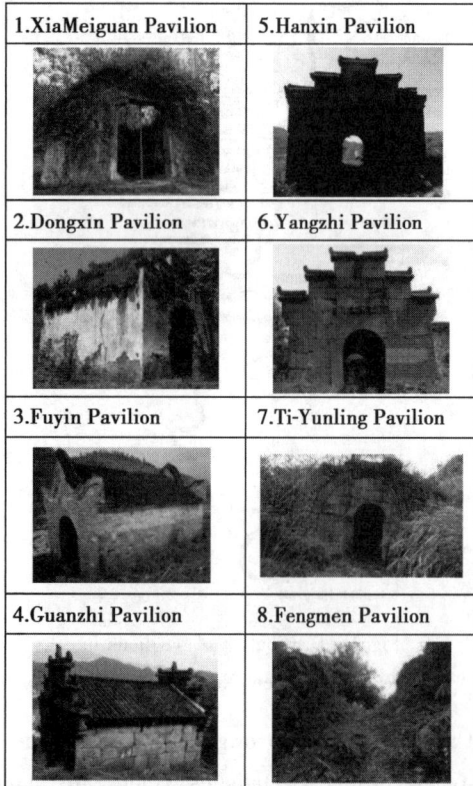

Fig. 2   Types of pavilions in the Xijing Ancient Road
(1-6 houses; 7-8 tunnels)
(Image source: Self-photographed)

2.1   Pavilion Type

According to survey, the pavilions are in a similar environment, the ancient road passes straight through the door opening. The pavilions are stone-built and unique in type. Mainly in two types of AB (As shown in Figure 3). A type:tunnel type(隧道式), similar to the bridge or tunnel shape. Stone arch vouchers are built in parallel, existing Ti Yunling Pavilion, Xia Kaifeng Pavilion, Leshan Pavilion, Fengmen Pavilion site. The door in the middle,upside is mene, the two side are Engraved couplets. The facade rises above the roof to form a parapet-style enclosure structure. The top of the pavilion is covered with thick soil and is now overgrown with weeds. Type B: Housing type (房屋式). It is independent rectangular room space, affected by the traditional architecture of northern Guangdong,it has herringbone double slope roof, use yin and yang tiles. It has wood frame; Affected by the residential buildings in Xiangxi, the facades are mostly three-level horse head wall styles, and some use the "fire" gable style (Fuyin Pavilion);its wide is short,depths is long,(1 wide,1-3 depths), it has arched door in the short wall apart from Xiao Meiguan pavilion which has rectangular shape opening wih stone sparrow brace decorated. The pavilion shap is thought-provoking and worth studying, Its depth parallel to the purlins, not like usually width is parallel to the purlins.

2.2   Pavilion Features

The pavilion plane is mostly simple rectangular, wide (面阔) (short), depths(进深) (long), face width of about 4-5 m, depth of about (5-7.5 m), an area of about 35-40 m, 1 wide (1-3 depths) [7]. Its depth is solid wall, with the opening which is non-centered at the short side. (Such as:Xinhan pavilion, Its short side length:4.46 m, door opening width 1.74 m, 1.35 m on the left, 1.37 m on the right.)

Its ground is paved with Bluestones,but partially are damaged, which are substituted with cement, rammed earth, Part of the ground is provided with a drainage ditch, parallel to the ancient road (Ti Yunling Pavilion). There are stone benches in the room (for example, Xinhan pavilion have 20 stone benches, 9 in the northeast, 11 in the southwest, the length from 0. 41-1. 28 m, high is 0. 48 m). Some of the benches is log or gravel benches, in the room there Stand Steles.

2.3 Pavilion Structure

From survey surveys, The whose truss is hard mountain timber structure and the last purlin on the wall (凉亭整个屋架采用硬山搁檩造). The characteristics of the pavilion Beam rack is: the short columns lift "post and lintel" and which Combined with "column and tie" (Table 3), It use Double purlins, all of them are The Hall-style; Part of the interior wall has side lining beams, oblique beam practices, etc.

The characteristics of "column and tie construction" is colum lift purlin, not beam lift purlin, above the purlin is rafter which is called as Jueban in south. Jueban often use one rafter go Through, which is thick, small, wide and made into plate[8]. There has Oblique beam to increase support in the inner side wall. There have woods between beams for increasing

stable effect.

The Ridged purlin of The Pavilion use the simple way which is beam lift Short column, short column bearing ridge purlin, The ridge directly support the Jueban. There usually be increase bracket on the king post to make it stabled above the 3-purlin beam. But here is no, so that make it nostabled[9].

The double purlin is the Feature of Kejia residential buildings in northern Guangdong, Which is Traditional blend with Jiangxi and Hunan residential buildings[10]. Double purlin: The ridged purlin is double (Xiangdui Pavilion), double purlins on 3-purlin beam (Guanzhi Pavilion), double purlins on 5 or more-purlin beam (Xiaomeiguan Pavilion has 13-double purlins).

Beam frame diameter 8-24 cm (Siyuan Pavilion diameter is unequal 100, 120, 140, 150, 180, 240), Purlin has: 7-purlin (Xiangdui Pavilion), 9-purlin (Guanzhi and Yangzhi Pavilion), 13-purlin (Xiao Meiguan Pavilion).

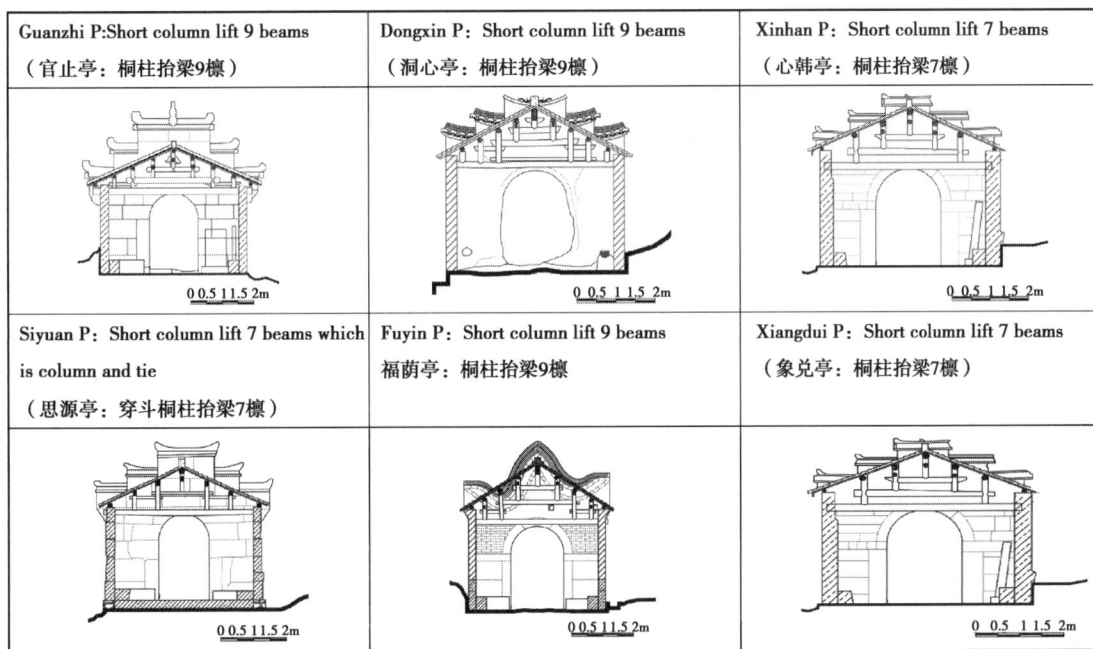

Guanzhi P:Short column lift 9 beams （官止亭：桐柱抬梁9檩）	Dongxin P: Short column lift 9 beams （洞心亭：桐柱抬梁9檩）	Xinhan P: Short column lift 7 beams （心韩亭：桐柱抬梁7檩）
Siyuan P: Short column lift 7 beams which is column and tie （思源亭：穿斗桐柱抬梁7檩）	Fuyin P: Short column lift 9 beams 福荫亭：桐柱抬梁9檩	Xiangdui P: Short column lift 7 beams （象兑亭：桐柱抬梁7檩）

Fig. 3 Characteristics of the beams in the Xijing Road(Image source: self-drawn)

Table 1 Main Features of the Xijing Ancient Road House Structure(Image source: self-drawn)

Pavilion	Bearing way	Beam rack	Lift rafterstructure	Overhang	roof
House	eaves wall	Double lift beams, 5. 7. 9(beam)	Short column and purlin lif t rafter	rafter, brick, stone overhang	Double slope hard mountain roof, dry tile

The Beam rack usully is 1- 4 racks of Xijing Ancient Road Pavilion. A. 1 rack 2 depths (Xiao Meiguan pavilion); B. 2 racks 3 depths (The pavilion of Dongxin and Xinhan); C. 2 racks 1depths, Which has 60 cm near the internal wall, so it can not have 1 depth (Fuyin pavilion); D. 3 racks 2 depths. It has two racks close to the inner wall that we call them "Side wall beam rack", such as Xiangdui pavilion. This way is the wood lift purlin that is easier than the purlin go through the wall; F. 4 racks 3 depths. That is 2 racks near the internal walls, 2 in the middle. A beam which at the bottom and insert into the wall, Whose end is exposed and is not easy to be protected. The beam rack members are not densely connected to the wall and have a large gap. The beam rack bearing system is not supported by pillars and the walls are load-bearing.

The siyuan and Guanzhi Pavilion have irregular beam pillow under the ridged purlin. Guan Zhi The beam pillow of Pavilion styling like official hat, it seems that there is a link with its name. On 3-purlin beam of Yangzhi Pavilion, Using arc-shaped chashou, This form is between with chashou of northern and Xiagong beam and Shuishu of Lingnan[10].

2.4 Facade and Roof Features

(1) House-style facade

The front façade is a 3 level Ma Tau wall style, with a door opening, mene, couplet, decorated with patterns, the patterns are full of connotations; such as "the official blessing" and "advancement of the official" bat (Fu), doublefishes (annual surplus), double lion (Kirin) play beads (good luck)["天官赐福""加官进爵", 蝙蝠(福)、双鱼(年年有余), 双狮(麒麟)戏珠(吉祥如意)] etc. The "Pavilion" and the patterns are incided or carved, which combined freedom and full with fun. There has Yin yang Tai Chi diagram below the dragon arch voucher of the arch door.

According to the material and features, it can be subdivided as follows: A: The Ma Tau wall has Bluestone dry masonry with Crest gourd. Block stone length 0. 08-1. 5 m, width 0. 3- 0. 35 m, thickness

about 0. 30- 0. 40 m, wall thickness 0. 18- 0. 26 m, elevation height (4- 6. 3 m), width (4. 5-6. 8 m). The arch opening is Unsymmetrical which have composed with corner column, Yamian stone, multiple arched stone, or just with a monolithic U-shaped arch stone; The corner column is regular, width 0. 29- 0. 43 m, non-equal height. Such as Hanxin Pavilion its northwest corner column is 1. 7 m, the north-west corner column 1. 53 m, so between the corner column and Yamian stone there has a crushed stone level. The top of the Ma Tau wall is stacked together by the base and the tilt up section to form the official hat and horse head shape. B: It is rammed earth is covered with white ash, the top of the Ma Tau wall is covered with black tile just as Dongxin Pavilion. C: The style is Flame, which is Masonry Mixed, Lower body is Bluestone and Upper body is Brick. Its eave use overhangs, the brick level and stand for build to corbel to the eaves. Main ridge double vertical tiles building (Fuyin Pavilion). D: The Masonry and rammed earth mixed. The door opening and the corner pier are bluestone, above the corner pier we use level and stand bricks build to the top, in the middle they are built with mixed earth and gravel, surface is plastered by lime.

(2) House-type roofs and Side façade feature

The Pavilion is Herringbone of flush gable roof. It use one main ridge or no, if use, it adopts the practice of Shingled roof in Folk House of North Guangdong. The roof structure is simple, The rafters are on the purlin, rafters spread local tiles. (width 16. 5 cm, length 16. 0 cm, length 18. 5 cm, thickness 3. 5 cm), part of it has overhang rafter overhangs, bluestone overhangs, brick overhang(叠涩砖挑檐).

The side facades are made of bluestone bricks, clay bricks, cement and stone bricks, and brick and stone bricks. Its last purlin is on Flush gable roof, there has Oblique beam interior wall which one end is placed on the ridge and another end is placed on the wall (Si Yuan Pavilion); There is a hole in the side wall and the last beam is inserted into it and exposed.

The interior walls have inlaid inscriptions and decorative relief patterns.

（3）Tunnel facade and roof features

The tunnel facade rises above the roof on the roof is rammed soil. It has arch door opening, The bluestone arch has "one circle" or "Inside and outside two circles", out of arch it is build with large and small bluestone irregularly arranged. The door opening composited with the dragon arch voucher, arch stone, yamian stone, corner pier, there have Stone carved couplets on the side of the door. (This is the Tiyun Pavilion carved couplets: You should rest your shoulders, stop and rest you feet, You should think about your journey, Do not delay the future). The patterns and the word are incided or carved on the Mene.

2.5 Pavilion Scale and Proportion Analysis

The pavilion is pleasant. The Scale and Proportion are Regulated. Take Guanzhi Pavilion as an example, recovery scale 1 foot = 32 cm, The main control dimensions of the building conform to Ancient architecture scale method law of Full-size and half-foot （整尺和半尺）. The plane width to depth ratio is about 1 : 1.3, The profile of the side wall high / ridge height 0.7 : 1, Facing surface width / total height is 1 : 1.01, Side elevation total depth. The ridge height is 1.5 : 1, The width of the door is 1 : 3, Door height / total height 1 : 2, The proportions of the various parts of the scale seem to be more appropriate. Such as Table 2.

Table 2　Official Barrier Scale Analysis
(Image source: self-drawn)

1 scale = 32 cm	Wide	depth	high	Ridge height	Door width	Door height	Eaves High
Metric cm	468	631	474.5	383.8	156	248	274
Building ruler	14.6	19.7	14.8	11.9	4.87	7.75	8.5
Restoration design	14.5	20	14.5	12	4.85	7.5	8.5

3　Analysis of the Current Situation of the Pavilion at Xijing Ancient Road

Xijing Ancient Road Pavilion is mainly house-style and tunnel-style. The wall of the pavilion mainly have stone pavilions, brick pavilions, and earth pavilions, which are mainly distributed in Ruyuan and Lechang districts. The current status of preservation includes: good, better, general, severe damage, relics, and rebuilt. As shown in Table 6. In addition to the table, there are ▽ Fuxing Pavilion, ◆ Blue Pavilion, ■ Shoude Pavilion, ■Xucheng Pavilion, ■ Leshan Pavilion, ● Shude Pavilion.

Note: laling Section, Tiyunling Section, Wuliqiao Section, and Houziling Section all of there belong to Ruyuan City; Yunyan Section and Leyi Section belong to Lechang City. In addition to Fengmen Pavilion, Tieyunling Pavilion, Leshan Pavilion, and Kaifeng Pavilion are the tunnel type, the rest are house types.

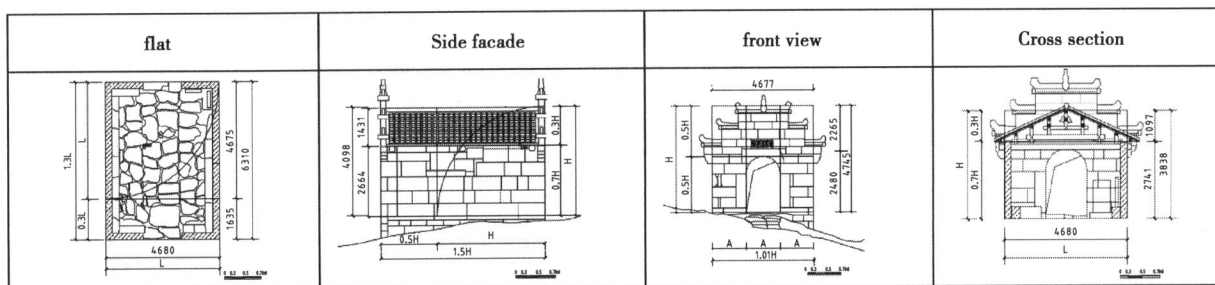

Fig. 4　Analysis of the Scale and Proportion of Guanzhiting Building (Image source: self-drawn)

Table 3　Status Quo Analysis Table for the Xijing Ancient Road Pavilion

（▲ Good ● Better ■general▼ Serious Damage ◆ relics ▽no relics★ Rebuilt）（Image source：self-drawn）

Xiaomeiguan Pavilion	1. section：Laling section section. 2. era：no； 3. Flat：Rectangle（4.8 m×6.7 m），east-west-direction. 2 depths，Bluestone paving is damaged which is replaced by earthworm piled，Gravel stone bench. Stele 1 pass on the northwest of the entrance； 4. Facade：Remaining wall. "Simple build" practice，On the Four corner stone，Bricks are built up to the top，the middle of the rammed earth build. The opening scale is relatively large. The frame，Yamian，The stone beam is broken with Iron pillar support. Inner wall Monument lost； 5. Roofing：Lost roof，double slope roof，brick overhang； 6. Beam rack：The beam was lost. From the vertical facade hole，it can be inferred that the beam frame is double 13 purlins，The diameter is Approximately 8 cm.　　　　7. current situation：▼
Fengmen Pavilion	1. section：Laling section； 2. era Qing rebuilt and destroyed in the 1970s； 3. Flat：Rectangular northeast-southwest direction； 4. Facade：Tunnel type Both sides of the stone masonry. There is an existing bodhisattva niche； 5. Roofing：no； 6. Beam rack：no.　　　　　　　　　　　　　7. current situation：◆
Tiyunling Pavilion	1. section：Tiyunling section； 2. era Twenty-one years of Qing Emperor Qianlong（1756）； 3. Flat：Rectangular （8.2 m×4.6 m），south-North-direction. North High South Low，paved with Bluestones，has Drainage ditch and bluestone bench is broken and Stele 2 pass； 4. Facade：Its Facade above the roof，BlueStone T-shape build with Horizontal and vertical cutting lines and Cement mortar caulking. Stone length is 80-150 cm，width is 30 cm，thickness is 40 cm； 5. Roofing：Its Roof is soil. Internal is horizontal stone build，is caulked with Cement； The top stones have gaps and will be falled； 6. Beam rack：no.　　　　　　　　　　　　　7. current situation：■
Xiangdui Pavilion	1. section：Wuliqiaosection； 2. era：Qing Daoguang 28 years（1848）； 3. Flat：Rectangular（4.8 m×7.3 m），2 depths. southeast direction，with high in the northwest and low in the southeast，the ground stone is lost 1/2，cement is made up，new stone benches are built，has 2 pass old and new. Steles on the southwest wall； 4. Facade：It is rebuiled in 2013. The original stone components were lost，new stone，cement make up. Cement，crushedstone，brick，iron caulking. Stone is Outcrop，use hands cut and machines polish. There is a large gap between the roof and the wall. The plaque and the sculpture with double Lions playing are exquisite； 5. Roofing：Butterfly tiles Make up，The tiles are partially damaged，about 5%，and there are two open air； 6. Beam rack：3 frames 7 beams，two side of have Edge beam. Components are not standardized and beams used together. The Arch doors entrance beam is low，Wood components for cracks，rotted away. 　　　　　　　　　　　　　7. current situation：▼★
Guanzhi Pavilion	1. section：Wutongling Section； 2. era：Thirteen years of the Qing dynasty（1887）； 3. Flat：Rectangle（4.68 m×6.31 m）north-south direction. Two depths，irregular bluestone paved，stone bench，Stele 2 pass； 4. Facade：It is primitive use Bluestone masonry build，with small gravel caulk，There is a large gap between the roof and the wall. The inner east wall has Stele 3 pass and the northern inner wall has Stele 2 pass； 5. Roofing：Butterfly tiles Make up，Relatively intact； 6. Beam rack：3 frames 9 beams，two side of have Edge beam. Wood member，uneven thickness. 　　　　　　　　　　　　　7. current situation：●

continued

Xinhan Pavilion	1. section：Houzi Section； 2. era：Eighteen years of Qing Emperor Qianlong（1753）； 3. Flat：Rectangular（4.8 m×7.9 m）southeast-northwest direction, 2 depths, paved with irregular bluestones, with stone benches； 4. Facade：The facade stone gap is large, cement caulking. The side facades are neatly build, Stone overhang, the gap between the roof and the wall is larger； 5. Roofing：Butterfly tiles Make up, Relatively intact； 6. Beam rack：3 frames 7 beams, there has double beams on 3-purlin beam. The beam is ruptured, is relatively.　　　　　　　　　　　　　　7. current situation：●
Yangzhi Pavilion	1. section：Houzi Section； 2. era：Eleventh year of Qing Tongzhi（1872）； 3. Flat：Rectangular（5.45 m×7.85 m）north-south, 2depths, paved with bluestones, Stele 2 pass； 4. Facade：After the reconstruction of the wall, the old and new bluestone were mixbuilt. It use Coarse cement caulk and protrud The upper body is suspected to be cement mortar, the interior walls is Plastered. The original building with bluestone； 5. Roofing：Double micro slopes, Top pouring cement, Brick build with overhangs, Peak Asbestos Tile； 6. Beam rack：2 frames reinforced concreteinstead of wooden beams. 7 beams, Edge beam. Uneven thickness of wood components.　　　　　　　　　　　　7. current situation：●
Zanxiexi Pavilion	1. section：Yunyan Section； 2. era：Eighteen years of Qing Emperor Qianlong（1753）； 3. Flat：Rectangular（9.9 m×8.06 m）, northwest to southeast, 3depths, cement paving. Cement benches. Stele 2 passes； 4. Facade：After the reconstruction of the wall, the old and new bluestone were mixbuilt. It use Coarse cement caulk and protrude The upper body is suspected to be cement mortar, the interior walls is Plastered. The original building with bluestone； 5. Roofing：Double micro slopes, Top pouring cement, Brick build with overhangs Peak Asbestos Tile； 6. Beam rack：2 frames reinforced concrete instead of wooden beams.　　　7. current situation：▼ ★
Siyuan Pavilion	1. section：Yunyan Section； 2. era：Twelve years of Qing Jiaqing（1807）； 3. Flat：Rectangular（6.71 m×7.86 m）, north-south direction, 3 depths, middle road paved with bluestones, on both sides rammed soil paves, Stele 2 passes； 4. Facade：Use hands cut and machines polish. Side facade stone wall place a purlin or lintel, The gap between the beam frame and the stone wall is not dense and the gap is large. The Yin yang Tai Chi diagram below the dragon arch； 5. Roofing：Double tiles, The tiles damaged, about 5%, Butterfly tiles Make up. little tiles, open air； 6. Beam rack：2 frames 7 beams, Oblique beam, The"post and lintel" and the"column and tie" are combined. Wood components for cracks, rotted away. purlins are Mess.　　7. current situation：▧
Dongxin Pavilion	1. section：Yunyan Section； 2. era：Originally built in the Qing Dynasty, rebuilt in the 1960s； 3. Flat：Rectangle（4.57 m×5.95 m）southeast-northwest direction. 2 depths, in the middle road paved with bluestones, both side is Rammed earth substitute. The northeast Interior Wall used Chinese fir intead of benches； 4. Facade：The arches are bricked, The inner ring with side facade bricked. The outer ring is facade bricked. Other rammed earth masonry, lime Finishes. Fir lintel, Brick overhang. The wall surface appears crisp, incomplete, fractured, cracked, Weathering and other issues； 5. Roofing：Butterfly tiles Make up. Double tiles are damaged, about 10%. Severe leakage. instead of wooden beams； 6. Beam rack：1 frame 9 beams, 3-purlin beam have double beams, short column lift beam, with beam pillow. Wood components is square and round, some are crack or bend.　　7. current situation：▼

continued

Xiakaifeng Pavilion	1. section: Yunyan Section; 2. era: The 11th year of Jiaqing (1806); 3. Flat: Rectangular (4.35 m×6.12 m), East and west direction. Blue stone paving. There is a screen on the east side of the entrance; 4. Facade: Bluestone T-shape build, horizontal and vertical cut pattern, cement mortar caulking. The face is higher than the roof. The west and south interior walls are embedded 2 pass Steles and the north wall is built with 2 pass Steles. The mene have write with "guests like to go home" "don't worry"; 5. Roofing: The roof is piled up. Internal level built cement caulking, swollen And big gaps; 6. Beam rack: no. 7. current situation: ■
Fuyin Pavilion	1. section: Leyi Section; 2. era: Unknown construction, rebuilt in 2006; 3. Flat: (4.43 m×6.23 m), southeast-northwest direction. 1 depth, bluestone paving, stone bench; 4. Facade:. The arch is made of bluestone, and the base is made of bluestone. The upper body is made of bricks. The Eaves use 3 layers corbel, overhangs. Flame shape with oneStand one side brick, have two side layers tiles; 5. Roofing: Double tiles, leaking rain is serious Butterfly tiles, corbel, overhangs; 6. Beam rack: 3 frames 7 beams, two ends near the wall of about 60 cm, did not constitute a depth. Between the two beams, There are pull wooden. 7. current situation: ■

Table 4　Statistics on the completeness rate of the pavilion (Image source: self-drawn)

	good	better	general	severe damage	relics	No relics	rebuilt
Pavilion-situation	0%	22%	38%	22%	11%	1%	11%

According to the survey data and records obtained from inspecting and mapping, The situation of the pavilion is not particularly optimistic, and there is no good rate, and the better rate only accounts for 22%. Other situations are shown in Table 6 and Table 7. The local preservation rate is relatively low, the plane accounts for about 25%, the wall facade is about 21%, the beam frame is about 21%, and the roof is about 20%. The pavilion, as an important cultural heritage in the national line cultural heritage, requires us to conduct more in-depth field surveys and research to find the pavilion problem and treatment plan, and to repair and protect it as soon as possible.

To sum up the above research, praise and sigh blend, admiring that the pavilion, Admiring the pavilion, which is small but embodies history and shoulders the historic mission, has a special shape and philosophical connotation, but Sigh its poor status quo, all of these require us to conduct in-depth research and find a reasonable repair program, which will be contribute to the continuation of the country's point intangible cultural heritage. Therefore this paper based on its shape system and current status research, it lays a solid foundation for later protection and repair work. The pavilion is also part of the north-eastern building system. The study of the pavilion plays a role in the improvement of the system. More importantly, the pavilion and the people, the mission of the country can be inherited and continued.

Chart source

The forms and pictures in this article are self-drawn or self-photographed.

Note:

1) Chen Hongyi. History of Chinese Transportation [M]. Beijing: Zhonghua Book Company, 2013:2.

2) The Housing and Urban-Rural Development Bureau of Guangdong Province, The Master Plan Group of Cultural Line Protection and Utilization of Nanyue Ancient Road In Guangdong Province. The Master Plan Atlas of the overall planning of cultural lines about Ancient road of Guangdong Provincial Nanyue. 2017.

3）Fan Wei. Hou Hanshu［M］. Beijing：Zhonghua Book Company, 2000：76.

4）Prepared by the Planning Bureau of Zhuhai City. Report of the "Guidelines for the Conservation and Rehabilitation of the Ancient Roads in the South of Guangdong Province". 2018：11.

References

［1］ Hongjun Chen. History of Chinese Transportation［M］. Beijing：Zhonghua Book Company, 2013：8.

［2］ Xu Huapeng. Xijing Ancient Road ［M］. Guangzhou：Guangzhou Publishing House, 2011：6.

［3］ Zhang Guangjun. Research on the pavilion culture of ancient roads in Hunan and Guangdong：Taking Qingyuanpu Qingshi Pavilion as an example ［J］. Journal of Xiangnan University,2017,38（3）：89.

［4］ Xu Huapeng. Xijing Ancient Road ［M］. Guangzhou：Guangzhou Press, 2011.

［5］ Liu Zhiping. Types and Structure of Ancient Chinese Architecture ［M］. China Architecture & Building Press, 1987.

［6］ Zhu Xuemei, Cheng Jianjun, Lin Yuguang et al. Comparative Study on the Psychology Characteristics of Ancient Villages in North Guangdong ［J］. Southern Architecture, 2014,1：38-45.

［7］ Cheng Jianjun, Chen Lin. Study on the ancient Pavilion pavilion of Ruyuan in Xiyuan［J］. South Building,2017, 6：52-53.

［8］ Bi Xiaofang, Cheng Jianjun. Analysis of Architecture Features of North Guangdong Hall［J］. South Building, 2016,6：96-98.

［9］ Ma Bingjian. Chinese ancient architecture wood construction technology ［M］. Beijing：Science Press, 2017.

［10］ Cheng Jianjun, Chen Lin, Study on the Old Pavilion of the Xijing Ancient Road in Ruyuan［J］. South Building, 2017,6：52-53.

岭南广府束腰型柱础浅析[*]

The girdle-style column base of the Guangfu cultural region in the Lingnan area

陈 丹[①]

Chen Dan

【摘要】束腰型柱础样式根植于广府地区湿热的气候条件,匹配于当地传统建筑通透轻盈的整体风格。该类型柱础于明末出现于粤西和东莞地区,及清乾隆年间,伴随着花岗岩在广府核心区(广州、佛山)的广泛使用,迅猛崛起,发展出丰富的造型和装饰,并由此衍化出自身搭配组合的模式,取代其他类型成为广府地区最流行的柱础样式。本文通过调研测绘和统计归纳,分别对束腰型柱础的时间、空间特征和造型规律进行了探析。

【关键词】柱础 传统建筑 广府文化区 束腰型

广府传统建筑中的束腰型柱础兴起于清代初期,其典型特征是柱础从上至下分为础头、础身、础脚、础座四部分,并且在础头与础身和础身与础脚之间有两个收束点,造型凹凸有致,轻巧而富有弹性。(图1)由于该类型柱础为广府地区清代中后期主流样式,且造型复杂、迥异于其他地区,历来颇受建筑史学家的关注,也成为广府传统建筑的一大特色。伊东忠太先生早年来华调研,在其撰写的《中国古建筑装饰》中便罗列了不少广府束腰型柱础,并写到"……柱础是由石案型、石鼓型、缶型等重叠而成一个综合造型的类型倒是少见。""……柱础具有水平线多且复杂的线脚,显现出凝重的风格。这种柱础在广东省颇多见到,富有地方特色。"

同在岭南地区,粤东潮汕民系的传统建筑柱础由花岗岩打制,造型简洁,高 20~30 cm,与江浙、福建地区的造型接近[1]。(图2)粤东和粤北客家民系的传统建筑柱础虽然具有共同性,但粤东地区的由花岗岩打制,造型受江西影响更大,高 20~30 cm[2];(图3)而粤北地区的多由红砂岩打制,造型受湖南影响更大,高 30~40 cm[3]。(图4)相形之下,广府流行的束腰型柱础与这两个民系的柱础造型差异鲜明。

图1 佛山禅城祖庙某柱础
(图片来源:自摄)

图2 潮州从熙公祠某柱础
(图片来源:自摄)

---

* 广东省普通高校创新人才类项目:《岭南传统建筑柱础研究》(项目号:2017WQNCX029)。
广东工业大学博士科研启动项目:《岭南传统建筑柱础研究》(项目号:253171037)。
① 广东工业大学建筑与城市规划学院,讲师。

图3 梅州大埔泰安楼某柱础
（图片来源：自摄）

图4 南雄乌迳新田村崇德堂某柱础
（图片来源：自摄）

1 时间特征

在束腰型柱础之前，广府传统建筑柱础由粗面岩或红砂岩打制，多模仿官式覆盆柱础。由于岭南气候湿热，遂将覆盆加高并垫以高础座，整体高约50 cm，其上附着的莲花装饰也随之加高，颇具趣味。（图5）在笔者所调查的广府地区300余处文物保护单位中，采用束腰型柱础的案例共计151个。该类型柱础出现于1 500年后，但各区域、各种材质之间有所差异。东莞地区最早一例为云岗古寺中堂（明弘治十六年/1503年），红砂岩打制；粤西肇庆地区最早一例为高要学宫大成殿（明嘉靖十年/1531年），花岗岩打制；佛山最早一例为祖庙灵应牌坊（清康熙二十三年/1684年），花岗岩打制；广州最早一例为白云区红星村宣抚史祠（清乾隆三十二年/1767年），花岗岩打制。整个建筑全部采用该类型柱础的首个案例为东莞茶山南社村关帝庙（清康熙三十六年/1697年）。令人惊奇的是，在东面的东莞、西面的肇庆，此类型柱础的出现时间前后差距不足30年，而广佛地区（广州、佛山）却晚于周边约250年，差距甚为悬殊。（图6、图7）

图5 杏坛上地村上地松涧何公祠头门柱础
（图片来源：自摄）
（明弘治三年/1490年）

图6 东莞石排云冈古寺中堂金柱柱础
（图片来源：自摄）
（明弘治十六年/1503年）

图7 肇庆高要学宫大成殿金柱柱础
（图片来源：自摄）
（明嘉靖十年/1531年）

巧合的是，这正是粗面岩在广佛地区流行的时间段。粗面岩，又称咸水石，民间俗称"鸭屎石"。佛山南海西樵山石燕岩便是一个规模庞大的咸水石开采场，其附近已经发现了数十个的新石器时代遗址。在新石器时代晚期，该地便出现了石器制造工场。开采建筑石材，主要集中在宋代至明代中后期。明代中期，西樵山附近出了霍韬、梁储、方献夫3位朝廷高官，时人称为"南海三阁老"。他们眼看西樵山的采石面越来越大，忧心会伤害到这座南粤名山，破坏该地区的环境和风水，便极力劝说当地政府禁止在西樵山继续采石。大约在弘治年间（15世纪末），经广东方面奏请，朝廷允许西樵山封山，粗面岩的开采被控制下来。此后虽仍有地下采石，到了清代中前期，终于全部停产。这种石材是火山灰融合海底的海沙所构成。它的特点是石头内部有气孔，和花岗岩相比并不十分坚固，因为具有缝隙和纹理，比较容易开采。粗面岩的质地较粗，多杂质，断面与混凝土相似。高覆盆柱础的形态更适合粗面岩的岩性。因此，及至清康熙年间，广府地区由粗面岩打制的束腰型柱础样式非常单一，且仅用作头门前檐柱柱础。当清中期官府禁绝了粗面岩的开采，花岗岩在广府地区广泛使用以后，束腰型柱础才迅速流行开来。

笔者对所调研的 151 个建筑案例进行统计，发现束腰型柱础肇始于 1500 年前后，在 1750 年后开始流行，1850 年后达到高峰。1700 年以前，束腰型柱础仍不常见，但在随后的 50 年却迅速发展，1701—1750 年的建筑案例，其中有 42.9% 或多或少使用了此类柱础。而 1750 年以后，这个比率上升至 90% 左右，束腰型柱础毫无疑问地成为当时最流行的柱础样式。（表 1）

2 空间特征

束腰型柱础主要用于祠堂和地方神庙建筑中。自明中后期出现以来，多以单一造型出现，与彼时更为通用的高覆盆柱础混合使用，直到 1680 年才开始该类型自身的多样式搭配。在 1800 年以后，多样式搭配的模式变得普遍，并且样式愈加丰富。更为重要的是，大约在 1800 年后，该类型柱础自身已经形成了一套组织搭配的规律方法，通过造型、装饰、比例尺度等方面的区分形成具有等级差异的柱础序列，从而完全取代其他柱础类型，合理分布于建筑各进各房的不同位置。（图 8）

清中期，"海禁"和"迁界"令解除，随着经济的复苏和沙田围垦的兴盛，广府地区迎来了祠庙建设的顶峰时期，而束腰型柱础样式也恰好在清中期迅速发展成熟，其造型丰富多样，装饰细致精美。梁思成先生很早便提到：官式建筑的柱础造型相对稳重简洁，样式的搭配、变化也很少。[4]① 祠堂是最重要的民间建筑。广府地区的先民在争夺土地和开垦沙田的过程尤为重视团结宗族势力，祠堂既是增强宗亲内部凝聚力的有力手段，又是彰显土地合法开发权的重要标志，因此，人们争相饬以巨资，建造规模宏大，装饰华丽的家族祠堂。陈从周先生甚至

表 1　广府束腰型柱础各时期出现的比率

年份	包含第 5 类柱础的建筑案例										建筑总数	包含第 5 类柱础的建筑案例所占比率
	广州	佛山	东莞	江门/阳江/茂名	肇庆	云浮	韶关	珠海	澳门	总计		
1500—1550			1							1	5	20.0%
1551—1600				1						1	8	12.5%
1601—1650			1		1					2	9	22.2%
1651—1700		1	1							2	17	11.8%
1701—1750		2	1							3	7	42.9%
1751—1800	3	5	5	3						16	18	88.9%
1801—1850	10	5	3						1	18	20	90.0%
1851—1900	14	20	13	2		1	1	3		54	57	94.7%
1901 以后		5	2		1	1				9	10	90.0%

① 梁思成《柱础简说》："……自宋而后，柱础的花样愈多，然其雕刻庞杂，叠涩繁复者，多用于不甚重要之建筑物上，主要殿宇则仍以莲瓣覆盆为主"；"明清以还，柱础图案崇尚简朴"；"在北平官式建筑中，除了主要殿宇之古镜柱顶外，牌楼柱础全系覆盆式，影壁及琉璃作则全用檀的样式（俗称马蹄撒）。……"

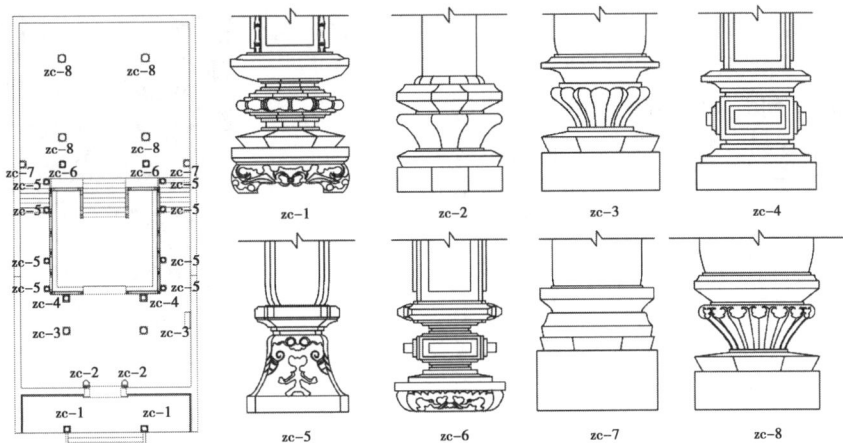

图 8　三水胥江祖庙武当行宫柱础
（图片来源：华南理工大学建筑文化遗产保护设计研究所）

感叹到："……因地处卑湿，所以石础部分必然较高，而式样亦较多样化，差不多将它变作为脱离实际的装饰品。"[5]①在广府，两进三开间的祠庙普遍包含有四五种柱础样式，多者如三水胥江祖庙武当行宫共有 8 种，广州陈家祠仅中路便使用了 14 种，且随着建筑群规模增大，柱础样式会更多。这些柱础往往既各不相同，又协调统一，并与前后各进和所处位置的等级高低相匹配。

广州陈家祠被誉为"广府传统建筑艺术博物馆"，其中的柱础造型也颇为讲究，将"统一与变化"的辩证关系处理得丰富而严谨。该建筑中的柱础全部用花岗岩打制，皆为束腰型柱础，却创造出了 14 个不重复的柱础造型。这 14 枚柱础形态高度统一，具有严谨的逻辑顺序。整体而言，临近室外的檐柱柱础采用石柱和全石质柱础，室内的老檐柱和金柱采用木柱和带木质础头的柱础。样式虽多，却只有 3 组类型，每组内部则通过装饰纹样和装饰方式进一步区分。类型搭配使整个建筑的柱础序列连贯起伏，首尾呼应，具有非常好的节奏感和韵律感。若抽象而言，其节奏为 1-2-3-2/1-3-3-3-3-2/1-2-3-2。（图 9）

| 头门前檐柱柱础 | 头门前金柱柱础 | 头门后金柱柱础 | 头门后檐柱柱础 |

| 中堂前檐柱柱础 | 中堂前老檐柱柱础 | 中堂前金柱柱础 | 中堂后金柱柱础 | 中堂后老檐柱柱础 | 中堂后檐柱柱础 |

| 寝堂前檐柱柱础 | 寝堂前金柱柱础 | 寝堂后金柱柱础 | 寝堂后檐柱柱础 |

图 9　广州陈家祠中路柱础
（图片来源：自摄）

---

① 陈从周. 柱础述要[J]. 考古通讯，1956（03）：91-101.

3 造型特征

大约自清乾隆年间开始,伴随着花岗岩的盛行,束腰型柱础异军突起,成为主流。随着人们对花岗岩性能的不断探索,束腰型柱础的样式愈加丰富,且时间越往后,础身束腰的程度越大。楼庆西先生在其著作《中国古代建筑装饰五书·砖雕石刻》提到广东地区"造型特殊的柱础",言其柱础小于柱径,有违常理。这种清瘦的柱础"固然在整体外观上显得轻盈而乖巧,但是在结构上不但在施工上要求很精确,而且整体稳定性也受到影响"[6]①。然而似乎当地传统工匠已经在大胆尝试中较好地掌握了花岗岩性能的极限,创作出一个又一个令人瞠目结舌的作品。(图10—图14)

图10 佛山顺德乐从沙边村何氏大宗祠头门柱础
(图片来源:自摄)(粗面岩/康熙四十九年·1710年)

图11 佛山顺德杏坛北水村尤氏大宗祠头门柱础
(图片来源:自摄)(花岗岩/乾隆三十四年·1769年)

图12 广州海珠区小洲村西溪简公祠头门柱础
(图片来源:自摄)(花岗岩/嘉庆十五年·1810年)

图13 广州番禺学宫大成殿柱础
(图片来源:自摄)(花岗岩/道光十五年·1835年)

图14 佛山禅城祖庙头门柱础
(图片来源:自摄)(花岗岩/咸丰元年岁次·1851年)

统计发现,在1825年前,花岗岩檐柱柱础仍然较为敦实,其最窄径与柱径的比值平均为0.89,中位数为0.94;而在1825年后,柱础收束情况有所加大,相应的比值降到了0.63和0.62;其中1810年至1825年间为过渡期。花岗岩金柱柱础和廊柱柱础的情况与之仅有微小的差异,花岗岩金柱柱础收束比例的转折点约为1845年,在此之前其最窄径与柱径的比值平均为0.74,之后则降为0.63。[7](图15)

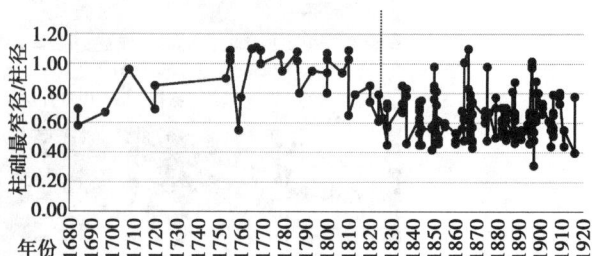

图15 花岗岩质第5类柱础的最窄径与柱径比值图(檐柱柱础)
(图片来源:自绘)

---

① 楼庆西.中国古代建筑装饰五书 砖雕石刻[M].北京:清华大学出版社,2011:126.

整体而言,束腰型柱础的平均宽、高值根据材料和所处空间位置的不同存在一定的差别,宽高比大致维持在0.82～0.88,其中金柱柱础的宽高比最大,花岗岩质的为0.88,红砂岩质的为0.87;檐柱柱础对应的宽高比分别为0.84和0.82;廊柱柱础对应的宽高比分别为0.82和0.85。粗面岩的束腰型柱础案例仅有2例,分别是沙湾李忠简公祠和乐从沙边村何氏大宗祠,皆为头门前檐柱柱础。这两例柱础不仅尺度较大,宽高比也高于花岗岩和红砂岩质的束腰型柱础,达到了0.97。(表2)

表2　第5类柱础的平均宽、高数值[①]

	花岗岩			红砂岩			粗面岩
	檐柱	金柱	廊柱	檐柱	金柱	廊柱	檐柱
平均宽	419	481	372	354	386	346	570
平均高	502	556	454	432	445	405	588
平均宽高比	0.84	0.88	0.82	0.82	0.87	0.85	0.97

由于束腰型柱础的造型比例与其所用材质和是否使用木质础头息息相关,故笔者将其细分为3类进行细部统计:甲型为全花岗岩质,常作为檐柱和廊柱柱础,清中期后也可用作金柱柱础;乙型为木质础头,础身通常由花岗岩打制,多用于金柱柱础;丙型为全红砂岩质,几乎全部位于东莞地区,常用于檐柱和廊柱柱础。(图16—图18)

图16　甲型:肇庆悦城龙母祖庙头门前檐柱柱础

(图片来源:自摄)

笔者对3种类型分别挑选了10个典型案例,统计讨论其各部分的设计规律。束腰型柱础的宽

图17　乙型:番禺余荫山房善言邬公祠头门前檐柱柱础

(图片来源:自摄)

图18　丙型:东莞埔心村洪圣宫头门前檐柱柱础

(图片来源:自摄)

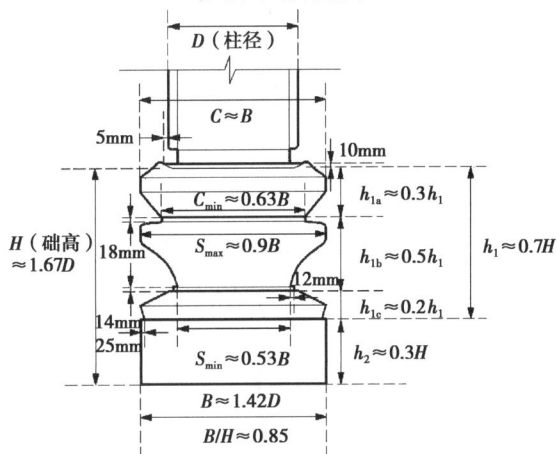

图19　甲型柱础比例图

(图片来源:自绘)

高比具有较高统一性,几乎都在0.85上下,柱础高(H)约为1.6D,础座宽(B)也维持在1.3D～1.4D。甲型和丙型柱础的础头部分最宽值(C_{max})皆略小于础座宽(B),而乙型柱础的C_{max}平均为1.03B,较础座更宽。这是由于前两者由整块方石打制,最宽处为础座,而后者础头是木质,其尺寸不受下方

---

① 单位为mm,数据为笔者测绘统计所得。

石材的限制,更为自由。甲和乙柱础的腰部最大值(S_{max})为 0.9B,最小值(S_{min})分别为0.53B和0.57B;而丙型柱础相应的数据为0.95B和0.8B。这是由于丙柱础的材质是红砂岩,不能实现大幅度的础身收束。

垂直方向上,甲型柱础础身高(h_1)和础座高(h_2)的比值为7:3,础身部分分为础头、础腰、础脚三部分,高度比值为3:5:2。础座通常不设抹边层,如有则上下两部分高度比值约为3:7。在础头、础腰和础脚上沿皆有高 10~20 mm 的垫层。乙型柱础的比例关系与甲类类似,丙柱础则与前两者不同,主要表现为础座更高。丙型柱础的础身与础座高度比值为5:5,础身又以3:5:2的比值划分为三部分,础座则以3:7的比值划分为八边形和四边形两层。

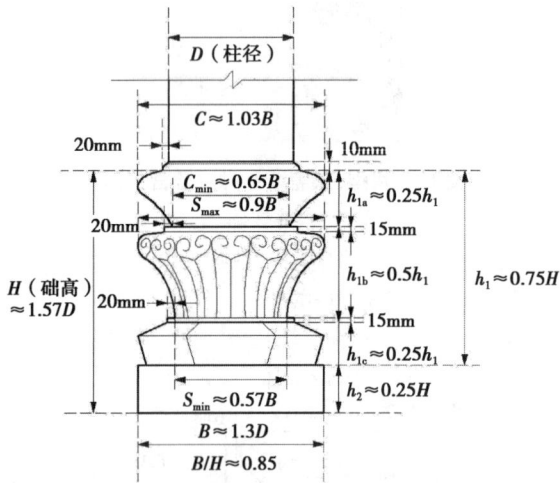

图20 乙型柱础比例图

（图片来源:自绘）

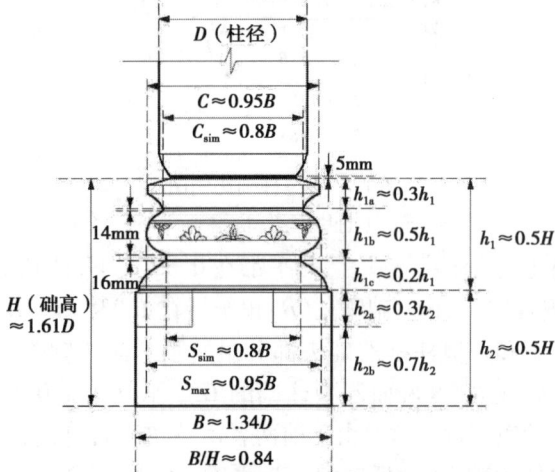

图21 丙型柱础比例图

（图片来源:自绘）

---

① 赵冶. 广西壮族传统聚落及民居研究[D]. 华南理工大学,2012:201.

4 结　语

束腰型柱础是根植于广府气候特色和文化风俗的本土柱础样式。在湿热的环境中,高柱础能更好地防潮防湿,广西地区常见的花瓶形柱础高约70~150 cm①。束腰型柱础的木质础头(櫍)的纹理与木柱的纹理垂直错开,以此减少水分毛细作用对柱子底部的侵蚀,从而达到保护柱脚的作用,而朽坏的木櫍又可便捷更换。束腰型柱础高约50 cm,造型上凹凸层次分明是处理高柱础的常见手法,以避免呆板沉重,达到举重若轻的美感。

吴庆洲先生的《中国古城防洪研究》中提到高柱础也是建筑防洪抗冲的防灾措施之一。例如广东肇庆的德庆龙母祖庙,它背山面水,坐落在低矮的滨江台地上,虽有水路交通之便,却几乎年年遭到洪水冲淹。因此采用了多种防洪手段:大量采用石材铺砌河岸、码头、广场,高筑建筑台基;采用砖作为建筑墙体材料;设计良好的排水系统等。多采用石柱、石础,其香亭木柱的石柱础高近 1 m,大殿木柱的石柱础高约 85 cm。故虽年年受洪,龙母祖庙却屹立江边,历久弥坚。

官式覆盆柱础沉稳端庄,固然契合官方建筑和大型佛寺的粗梁胖柱的形式和空间氛围。而束腰型柱础则更匹配广府民居和祠堂通风开敞的风格,并在花岗岩优质岩性的支撑下衍生出丰富别致的样式,几乎一枝独秀了大半个清代。

参考文献:

[1] 戴志坚. 福建民居[M]. 北京:中国建筑工业出版社,2009.

[2] 黄浩编. 江西民居[M]. 北京:中国建筑工业出版社,2008.

[3] 李晓峰. 两湖民居[M]. 北京:中国建筑工业出版社,2009.

[4] 梁思成. 建筑设计参考图集 第七集 柱础[M]. 北京:中国营造学社,1936.

[5] 陈从周. 柱础述要[J]. 考古通讯. 1956(03):91-101.

[6] 楼庆西. 中国古代建筑装饰五书:砖雕石刻[M]. 北京:清华大学出版社,2011:273.

[7] 陈丹,程建军. 广府传统建筑柱础之时间特征[M]. 南方建筑,2017(01):70-77.

论题三

城乡建设与遗产保护

信阳崇福塔建筑特征及其保护修缮工程得失的研究

Research on the Architectural Characteristics of Chongfu Tower in Xinyang and the Gains and Losses of Its Conservation and Repair Project

朱明爽[①]　　**陈思桦**[②]　　**柳　肃**[③]
Zhu Mingshuang　Chen Sihua　Liu Su

【摘要】被誉为豫南第一浮屠的明代崇福寺塔又名"白塔",今坐落于今河南省信阳商城县老城区内,是河南省境内建筑年代较长、现存体积较大、建筑精美的砖塔之佼佼者,更是豫南地区珍贵的建筑文化遗产。本文以崇福寺塔为研究对象,通过研究文献资料以及实地调研分析探讨崇福塔的建筑特征,并对崇福塔的保护修缮过程记录并研究,总结修缮过程中的得与失,为今日古塔修缮保护提供借鉴参考。

【关键词】崇福塔　文化遗产　建筑特色　修缮保护　得失

信阳地区古称义阳、弋阳、申州,又名申城,位于河南省最南端,淮河上游,为鄂豫皖三省交界处,是中国南北地理、气候、文化的过渡带,更是江淮河汉之间的战略要地。其重要的地理位置使得信阳地区在历史上一直饱受战争侵扰,历史遗迹破坏严重,保留下来的寥寥无几。作为省文物保护单位的崇福寺塔就是信阳地区为数不多保留下来的珍贵建筑文化遗产,具有重要的文物价值。明末清初的社会动荡使得关于崇福寺及崇福寺塔的相关文献资料几乎全部丧失,仅明清地方史志有只言片语的少量记载,导致关于崇福寺和崇福寺塔的始建年代失考。2009年,商城县对历经几百年风雨的崇福塔进行了保护性抢修,本文通过对崇福塔的实地调研及相关资料查阅,分析崇福塔的建筑特征,并探讨崇福塔在此次修缮过程中的得与失。

1　崇福塔历史沿革

崇福寺塔俗称"北塔",始建失考。因旧时位于崇福寺内,故得其名。明嘉靖《商城县志》记载:"崇福寺旧名龙泉寺,久废,寺基及浮屠犹存,成化十六年(1480年),僧明铠修建,更名崇福寺。署僧会司。"明正德六年(1511年)三月,赵燧、邢虎破城,县官俱入塔内,大攻不克,"师官册籍,赖以保全"。万历三十六年(1608年),邑众捐资重修,明崇祯二年(1629年)10月,官僧慈济督工增修,第一层东壁嵌有修塔题记,纪年曰:崇祯二年己巳孟冬科吉旦。由此可见崇福塔始建于明或明以前,而其平面六边形形制是宋以后才出现的,根据这些大概可以判定崇福寺塔始建年代在宋以后,1480年以前,大修或重建于明初。

宣统二年(1910年),寺内办商城县中学堂,庙宇改为学校。1914年,反袁世凯的农民起义军领袖白朗率军攻陷商城,崇福寺及校舍被毁,唯有塔得以幸存(图1)。崇福寺塔历经数百年天灾兵祸,有记载的便有百余次之多,却仍能保存完好,足见其工艺水平之高。

新中国成立以后,原崇福寺旧址上开始兴建商城县第一中学,崇福塔自此之后身处一中校园内(图2),至今仍由商城一中保护使用。1986年,河南省人民政府公布其为第二批文物保护单位,划定以塔体为中心,向东至70米处交通局家属院西围墙,向西至90米锦绣迎宾馆饭厅西山墙,向南至50米处一中教学楼南院,向北至65米处崇福大道南沿,为保护范围。

---

① 朱明爽,湖南大学建筑学院,硕士研究生。
② 陈思桦,湖南大学,硕士研究生。
③ 柳肃,湖南大学建筑学院,教授。

图 1　1938 年的崇福塔

（图片来源:网络）

图 2　2008 年的崇福塔

（图片来源:网络）

2　崇福塔的建筑特征

崇福塔(图 3)今位于商城县城关镇第一中学校园内,地处城镇区,属丘陵平原地带,西边约 200 米处有陶家河经过,古塔周围为校舍和其他建筑物包围。县志记载原崇福寺位于"北门内西小街",而崇福塔则位于西北角靠近原城墙的位置,可推测崇福塔位于原崇福寺外,而并非"院中立塔"。

图 3　崇福塔

（图片来源:自摄）

2.1　平面与结构类型

塔平面(图 4)呈六边形,有双层塔壁,即砖塔建筑中典型的"筒中筒"结构,筒的中心为塔心室,两层塔壁中间的位置为砖楼梯,楼梯宽 0.7 米,沿盘旋登道,可达塔顶。楼阁式塔一般有木结构和砖石结构两类,而砖石结构由于材料和结构的厚重特点不能像木构楼阁式建筑那样进行建造,所以崇福塔内外两层墙壁都很厚,内部空间非常狭小。除一层外各层均开一到两个宽 0.65 米的拱形窗洞,可从中远眺群山,俯瞰全城。

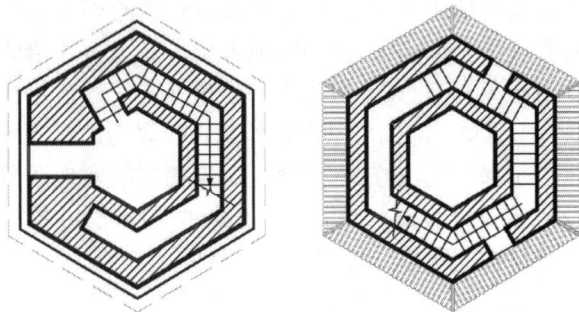

底层平面图1:100　　二层平面图1:100

图 4　崇福塔平面图

（图片来源:作者根据资料自绘）

2.2　立面风格

崇福塔属于我国佛塔经典类型——仿木构楼阁式砖塔,塔以腰檐边界可分为七层,即人们常说的"七级浮屠",通高 22.30 米,底层直径 6.40 米,由下至上诸层高度均匀递减收敛,呈现出挺拔秀丽的轮廓。基须弥座,以红砂岩石垒砌,高 1.48 米,每边宽 3.72 米。塔身建在须弥座上,用大青砖平卧错缝砌筑,呈等边六棱锥状,除一层外每层皆叠涩出檐,檐下有砖制平板枋,枋上置砖雕斗拱,用以承托檐部。塔身每层一到两面开拱形窗洞,剩余四到五面在墙壁上做假窗。腰檐之上承上一层塔身,最上层的六方檐角,原皆有铁制挂钟、龙头,顶以铜质葫芦作刹。塔西面距地面 1.48 米塔座之上有拱门通塔内,台基以外未设踏跺与月台。

2.3　艺术特色

崇福塔的建筑艺术特色主要体现在:①塔身,包括塔檐和檐下斗拱,还有在塔身建造中形成的一些具有视觉效果的做法;②图案雕刻,特别是塔须弥座的雕刻艺术上。

崇福塔塔身每面只分作一间,除一层外每层均有一或两个拱形窗洞口四或五个长方形假窗,窗洞和假窗交替出现,而且上下层之间的窗洞、假窗错落而置,因此塔身在横向和纵向两方向上形成了节奏与韵律、统一与变化的艺术效果。而且各层窗洞开在不同面,方便观看不同方向的风景。剩余四面或五面的长方形假窗,窗下墙做成仿木护缝壁板形式,壁面角柱呈方形,柱间为阑额,额上置斗拱。七层均采用砖石雕刻仿木构形制做出砖雕斗拱的形象,每面除转角铺作外,施补间铺作,不同层的斗拱形制也有所差异(图 5)。塔除一层外各层檐下皆有两层砖叠涩出檐,其中三层和六层的为两层同向叠涩出檐,二四五七层为两层反向叠涩出檐。每层塔檐和檐下斗拱的区别变化使得整个塔身看起来整体统一,细部又有变化的韵律。

崇福塔的图案雕刻主要集中在塔基须弥座上,和青砖砌筑的塔身不同,塔座是由红砂岩垒砌而成,与塔身的颜色差异很大,是整个塔图案雕刻装饰的重点。塔基座从上到下可以分成九部分,分别是伏地、上枋、上枭、束腰、下枭、下枋,雕刻图案主要集中在上枋、上枭和束腰三部分,其他部分或因风化严重未见明显雕刻图案。上枋部分雕刻着各具神态的瑞兽、龙、天马、鱼、松、竹、梅、鹿(图 6);上枭雕刻着宝相仰莲和圭脚,承托塔身,称为"莲台";中间的束腰部分雕各面雕着折枝牡丹等花卉。这些图案寄托着人们的美好愿景,虽然经过几百年

的风雨,塔座上原来的图案雕刻已风化磨损,但仍能想象出其生动的形态以及当初雕刻技艺。

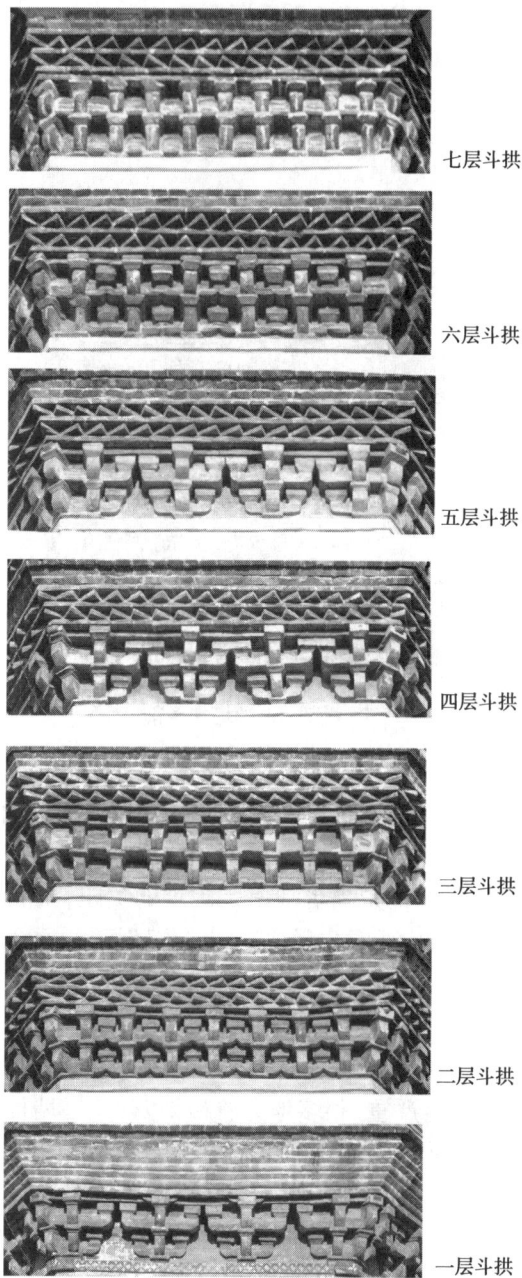

　　七层斗拱

　　六层斗拱

　　五层斗拱

　　四层斗拱

　　三层斗拱

　　二层斗拱

　　一层斗拱

图 5　各层出檐和斗拱样式
(图片来源:自摄)

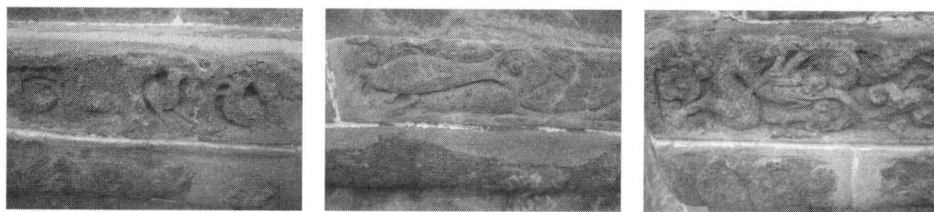

图 6　塔座上枋部分雕刻图案
(图片来源:自摄)

3 保护与修缮

3.1 崇福塔修缮前受损概况

2009 年在进行抢救性修复之前,崇福塔(图7)主要存在以下问题:

图 7 崇福塔修缮前
(图片来源:网络)

(1)塔身略有倾斜,塔顶略偏离底层中心轴。

(2)塔顶生长了不止一棵灌木植物,对于高 22.3 米的崇福塔来说是沉重的负担,植物扎根塔顶之后六角攒尖屋顶遭到严重破坏,瓦面大量脱落,原来的宝葫芦铜刹倾斜损坏。

(3)塔身砖砌外檐和檐下斗拱损坏严重,瓦面几乎全部脱落,檐缝长了很多草木。塔身表面抹灰饰面脱落严重,很多地方青砖裸露,一层墙面抹灰饰面几乎全部脱落并且有大量砖块落失,整个墙面凹凸不平。

(4)红砂岩塔基座表面雕刻图案风化剥落,很多雕刻图案看不太清楚,部分地方有裂缝。

(5)塔内砖阶踏损严重,塔内部不能进人,一层入口被砖砌封堵。

(6)当时崇福塔周边环境较恶劣,旁边一些建筑正在拆迁,一系列的建筑施工难免产生震动影响崇福塔,塔周围也并没有做任何类似景观缓冲带的保护措施。

3.2 2009 年崇福塔的修缮

3.2.1 塔门与塔内

将被封住的塔门入口重新打开,砌筑一宽度只有 0.60 米并且高于地面 1.48 米的拱门(图8)。一层砖梯由之前从塔心室到再到两层塔壁之间改为直接从入口处直上,对于之前塔内阶梯损坏严重的问题,用青砖重新砌筑了塔内阶梯。内墙壁和塔心室整体做了加固处理,对开裂的内墙体用环氧树脂灌缝,钢筋网片拉铆等措施进行了处理。

图 8 修缮后入口
(图片来源:自摄)

3.2.2 塔身外墙

对塔身外墙原空鼓、驳落、破损重新抹灰面,对开裂的墙体进行环氧树脂灌缝,青砖落失之处进行了填补,最后对塔身整体进行了乳白色真石漆罩面。

3.2.3 六角攒尖屋顶和塔刹

对塔体攒尖,清除攒尖上面的杂草灌木,拆除原已松动、风化的青砖,对局部开裂的外墙用环氧树脂砂浆灌缝。按原样用钢丝网片固定攒尖面,现浇 C30 细石混凝土层,再铺上原样灰瓦,同时在六方檐角重新挂上铁质挂钟(图9)。

图 9 修缮后的屋顶和塔刹
(图片来源:自摄)

在修复中舍弃了原有塔刹,按原样定制了新的宝葫芦顶(图9),铜质金属结构,在塔顶对宝顶金属结构进行了维修支撑。同时对宝葫芦顶增加了防雷设施,使其对于整个崇福塔起到避雷针的效果。

3.2.4 塔檐和檐下斗拱

对各层塔檐，首先清除塔檐上的草木。拆除已松动、风化青砖，用环氧树脂砂浆灌缝后，按原样用钢丝网固定塔檐造型，现浇 C30 细石混凝土层，再在檐上重新铺上灰瓦。檐下砖斗拱按原样进行修复，损坏部分用青砖填补，面再喷青灰色真石漆装饰。

3.2.5 塔基和周围环境

对塔基须弥座进行清除杂草灌木，对破损开裂处用 1:2 红水泥砂浆进行了填实灌缝处理，对雕刻图案的上枋和上枭上的剥落不平处也用红水泥砂浆抹平，同时在砂浆上雕塑图案(图 10)。

图 10 塔基雕刻图案修复
（图片来源：自摄）

对塔周边环境做了一定清理，拆除对塔有威胁的临时建筑物，清理掉场地内杂乱植物做重新铺地，并围绕着塔做景观缓冲带。

3.3 修缮过程中的不足之处分析

在 2009 年的这次修缮过程中，对崇福塔塔身的塔体内部的严重破损都参照崇福塔原来的样子做了尽可能的维修和复原。但在恢复原貌方面，没

图 11 修复后的崇福塔
（图片来源：自摄）

有做到古建筑修复的"修旧如旧"的原则，只是参照原来的样子把所有旧的构件修复，破的构件换掉，遗失的构件补上，没有做到新旧构件区分，最后将整个塔身重新抹灰并用乳白色真石漆罩面，使得整个崇福塔看起来仿佛焕然一新(图 11)，这和以前那个沧桑的、历史的崇福塔形象(图 12)差别很大。对修缮过程中一些做法，分析其缺憾如下：

图 12 修复前的崇福塔
（图片来源：网络）

3.3.1 关于塔内砖台阶

崇福塔原来的塔内砖台阶是在两层塔壁之间的，沿着塔壁盘旋到达塔顶，这是双层壁可上人砖塔的常见做法。但在 2009 年修缮时重新砌筑了塔内砖阶，但将一层砖阶改为进门直跑(图 13)，原来的塔心室被直上楼梯占用，这改变了塔的内部空间结构，并且也不符合中国古塔的传统做法。修缮后高于地面 1.48 米的塔门(图 8、图 14)和塔内砖阶只能满足崇福塔检修使用，不能满足普通居民上塔观光。

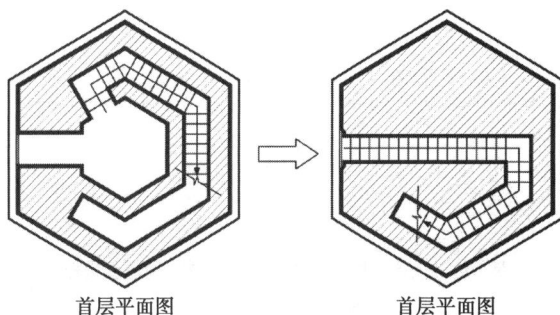

图 13 修复前后一层砖阶平面变化
（图片来源：自绘）

图14　修复后的入口
（图片来源：自摄）

3.3.2　关于塔身色彩

青砖白墙灰瓦红塔座是崇福塔的一大特色，当地人习惯于将崇福塔叫作"白塔"，但经修缮，重新抹灰后进行了乳白色真石漆罩面的塔身看着却是乳黄色的，变成了"黄塔"。而色彩认知可占人们认知映像的70%，只是外墙颜色的小小改变其实使得整个古塔风貌变化巨大。

3.3.3　关于六角攒尖顶

崇福塔的塔顶属于中国传统屋顶类型中的攒尖顶，是六角攒尖，但塔顶因为被灌木等植物扎根损坏严重已多年，已经看不出屋顶原来的线条形状，现有图片资料也不能考证。但根据中国传统屋顶讲究弧线美的理论经验，大概可以想象原六角攒尖顶的线条应该是略微带有弧度的曲线型［图15（左）］，而非修复后这种严整的六棱锥状的塔顶线条。修复后的塔顶和腰檐都过于呈直线般的整齐规整，反而没有了传统建筑的生动之感［图15（右）］。

图15　左屋顶原线条想象，右修复后屋顶线条
（图片来源：自绘）

3.3.4　关于塔檐和檐下斗拱

崇福塔修缮前，塔檐和檐下斗拱损坏严重，檐上瓦片几乎全部遗失，砖构件破损严重，此次修缮将旧的构件修复，破的构件换掉，遗失的构件补上，最后还对檐下斗拱整体做了涂漆处理，所以修复后完全看不出哪块砖是旧的哪块砖是新补上的（图16），没有做到新旧区分，不符合古建筑修复的"修旧如旧"原则。而且崇福塔作为砖石建筑，在修复上与木构建筑是有区别的：对于木构建筑，一个破损木构件不修复会影响到整个建筑本体而砖石建筑则不会；其即使修复了也不必像木构建筑那样为了防腐耐久将原来的老构件涂上新漆。

图16　修复后的塔檐和塔下斗拱
（图片来源：自摄）

3.3.5　关于塔周围环境

崇福塔修缮同时也对周围环境做了整治，在塔的周围做了景观缓冲带，使得崇福塔作为学校的一处景观而存在。但崇福塔与周围景观衔接较为生硬，塔基周围铺砌硬质大理石地面，砍伐掉周边原有柏树重新种植了整整齐齐的绿化植物，这都使得修复后的塔看起来更像是一个立在广场上的雕像而并非一座佛塔。

4　总　结

"塔"作为一种外来宗教建筑产物，虽不是中国建筑特有，但自从佛教传入中国后开始与中国本土文化结合起来。如今我国现存众多不同类型、样式各异的塔建筑，它们承载着各个地区的历史信息，在历史宗教艺术科学等多方面具有很高的价值，能保留下来都十分不易。在塔的保护修缮过程中如何最好地还原塔的本真性值得古建筑保护工作者深思。除了塔的形态样式，塔建筑原本的色彩也是很值得关注的问题。例如崇福塔在修复过程中仅因为塔身色彩的不准确使得整个塔看上去是"黄塔"而非"白塔",这就使得塔的本真性发生巨大改变。同时,在修缮过程中应更多参照"修旧如旧"的原则,而不是一味地把老建筑修成崭新的,这样既使得古塔失去了它的古朴气质,又使得其承载的历史信息遭到破坏。希望通过更多人的努力,使塔建筑引起更多人的重视,使各式各样的"塔"能够作为建筑文化遗产很好的保护下来。

参考文献:

[1] 柳肃.古建筑设计理论与方法[M].北京:中国建筑工业出版社,2011.

[2] 戴孝军.中国古塔及其审美文化特征[D].济南:山东大学文学与新闻传播学院,2014.

[3] 栗博.泾阳崇文塔建筑特征研究[D].西安:西安建筑科技大学,2016.

[4] 饶太富.古塔保护与整治——以四川内江三元古塔修缮与保护为例[J].建筑论坛与建筑设计,2013,33(6):90-91.

[5] 赵琨.正定佛塔建筑研究[D].西安:西安建筑科技大学,2008.

基于地理信息判断历史城池边界的方法探究[*]

Research on the Method of Judging the Boundary of Ancient City Based on Geographical Information

耿钱政^①　**李　冰**^②　**牛　筝**^①

Geng Qianzheng　Li Bing　Niu Zheng

【摘要】我国古代的城墙、城门界定了城池的四方边界,是古城在空间上的实体依托,亦是古城研究的重要对象。本文基于城市形态类型学和历史地理学理论,以辽、晋、鲁、冀北方四省实地调研的十余座明清北方古城为研究对象,通过分析与总结,梳理出一系列借助卫星影像图等地理信息来辨别古城城墙及城门位置的方法,包括地名判断法、道路分叉法、肌理突变法、护城河标识法、高差推断法等。这些方法实质是对城市形态类型学研究的应用拓展,不仅可为调研节约大量的时间,同时也将为城市历史学、地理学、考古学等相关领域的研究提供借鉴和参考。

【关键词】城门位置　城墙边界　卫星影像　北方古城

1　引　言

　　古代社会,城墙不仅界定了城池的范围,构筑了城池的形态,而且还形象地记录着古代政治制度、军事等级、营建技术、地域风情以及环境变迁等信息。在现代化转型过程中,城市空间的开放性要求不可避免地会与失去实用功能的城墙产生矛盾,导致大多数古城的城墙由于各种原因逐渐消失,进而使得城内外民居连成一片,边界模糊不清。现代高密度土地开发模式从新城区一步步向古城区蔓延,古城空间逐渐被侵占和蚕食,凝聚着城市文脉的古城在现代社会面临着彻底消失的威胁。

　　以辽、晋、鲁、冀四省为代表的明清城池,是我国北方古代城市建设的典范,其空间形态是传统城市营建思想与自然环境、地域文化相结合的空间物化结果^[1]。当下,无论是城市形态学、历史地理学、城市考古学等对于古城的学术研究,还是逐步兴起对古城保护与"复原"热潮,判断城墙边界以确定古城范围是首要的基础性工作,本文正是以此为出发

点,基于卫星影像、史料地图、现场调研等渠道获取的地理信息,提出一些对古城研究有参考价值的城墙边界识别方法。

2　城池边界的定位原则

2.1　整体性原则

　　古城研究应是一种整体性的系统研究。不能仅仅关注城池本身,还要连同其历史渊源、山川地貌、政治制度以及其他历史形态、文化内涵等社会因素综合考虑。城池层面,首先应系统性研究整个城墙防御系统,包括角楼、瓮城、女墙、马道、庙宇、护城河^{[5][6]}等,还要与城市街区、街廓、交通等研究相结合,从整体与部分相互依赖、相互制约的关系中揭示城墙边界的特征和演变规律。

2.2　准确性原则

　　准确性是学术研究的基本要求。古城遗产最好的鉴定物就是构成其形态的一砖一瓦,但我国大多数古代城池由于各种原因的长时间的破坏,多数城墙已经支离破碎、所剩无几。对于城墙边界的研

---

　　*基金项目:中央高校基本科研业务费专项项目[DUT13RC(3)97]。大连市社科联社科院重大课题(2015dlskzd025)。

　　① 耿钱政,牛筝,大连理工大学建筑与艺术学院,硕士研究生。

　　② 李冰,大连理工大学建筑与艺术学院,副教授,本文通信作者。

究,依托实地调研所得到的信息往往不够,所以还必须广泛查阅相关史料地图,并与卫星影像进行矫正叠合,以保证其判定结果准确性。

总之,本文基于对十余座明清北方城池的实地调研,在客观、合理的前提下,以整体性和准确性为基本原则,总结出一些运用地理信息与城市形态快速判定城池边界的研究方法,可以大幅提升古城边界相关研究效率。同时,笔者还通过大量的实际案例分析,运用多种方法相互佐证,证明了这些方法的普适性与准确性。

3　城门位置的确定方法

3.1　地名判断法

3.1.1　关厢识别法

古城的起源首先是人口在城内主要道路的两侧聚集,城市人口的增长导致居民从拥挤的城里溢出,城用地向城门外沿道路扩张,人口大多聚居于交通方便的城门外,形成关厢。从古至今,关厢的命名一般均带有"關"(关)字眼,因此,根据"方位词+關(关)"的命名方式可以推断城门的位置。

以山西汾阳为例,如图1(注:本文配图除特殊标注,均为笔者以Google Earth卫星影像为底图绘制)1968年的汾阳,可以清晰地看到"五座连城"的城关轮廓与街巷布局,城墙以及瓮城尚未完全拆除,建筑轮廓密集饱满,从其规模形制中足以见得当时古城一片繁华的景象。因此,汾阳关厢的命名便伴随着城池的繁荣而定义为"北关、西关、东关、大南关"等。再例如山西祁县古城的边界亦可通过卫星图中"城北关村、东关村、南关村"这样的地名或位置名来判断。

河北省境内带有这种地名标注的古城还有武邑县的"东关村、西关村、南关村、北关",深州市的"北街关村、南街关村、西街关村、东街关村",正定古城的"东关村、西关村、南关村、北关村",赵县的"东关村、西关村、南门村、北门村",邯郸广府古城的"南关、东街村"等。衡水市比较特殊,除了具有"北门口村、东门口村、南门口村"等关名之外,还可以在卫星影像图中看出其"新旧分离"的城市形态,即新城区开发在滏阳河西侧,而古城区保留在滏阳河东侧,这种建设方法使得古城的边界更容易识别。

辽宁省的古城大多设有两至三道城门,所以相

对来说其关厢也偏少。例如兴城仅有"北关村"和"南关村";义县仅有"东关村"和"西关村"等。在海城地震之前,牛庄古镇的发展也比较繁华,形成了"北关村、南关村、东关村、西关村"等历史地名。

图1(a)　山西汾阳1968年11月卫星图
(图片来源:USGS)

图1(b)　山西汾阳2008年5月卫星图
(图片来源:自绘)

综上所述,城门外的关厢地区均保留了一些名称记载。20世纪五六十年代,随着老城门逐渐被拆除,城里城外连成一片,关厢的概念被人们逐渐淡化,但是卫星影像图中带"关"字的地名或村落名,一般表示这个位置与古城城门具有密切的历史联系。

3.1.2 街道识别法

一座城市的历史和发展过程,也可以通过其街道名称的变化来追根溯源。以晋、冀、鲁、辽四省为例,如山西汾阳的"北门街、西所街、鼓楼北、鼓楼东路"以及一些小的巷道如"东岳庙巷、王知府巷"等,祁县的"西大街、南大街、小东街"以及一些带有商业氛围的"城隍庙街、金融老街"等,河北广府城的"广府大街"、山东济南的"南门大街"、聊城因古城中心的光岳楼而形成的"楼西大街、楼北大街、楼东大街"等,辽宁义县的"南街、北街、西街、东街"以及"南关大街、西关大街"等,盖州因老城中心的钟鼓楼而命名的"北关街、南关老街"等均记载着城市的发展历史。

街道名称在卫星影像图中不如城门外关厢的肌理形态那么一目了然,但在一定程度上也能窥探出古城的历史。考究古城街道名称的由来,大致可以分为如下几方面:以方位、地理位置命名;以庙桥命名;以古衙门、名人姓氏命名;以街道职能命名;以中心建筑物命名。可以说,依据地名判断城门的位置是最简单、最便捷的渠道。

3.2 岔路定位法

城市内部的中心街道与城门共同勾勒出古城内的空间布局,这些街道多规划严整,为棋盘状十字相交。而缺少规划的城外的道路则更多地体现出自发性,在城门处形成分叉的斜路,即以城门为节点,形成"Y"或"V"形两条路通向周边。因此,通过城门外道路的形态也可以推断城门的位置。

3.2.1 复州古城

以复州城为例,古城原有三个城门,东城门是现仍留存的一个,其余两个由于各种原因已被毁,但根据城外道路的方向依然可以推断出原城门的大致位置。如图3(a)所示,通过2005年复州古城的卫星图可以发现北、东、南三个城门外均有两条分叉道路,通向周边的城镇或村落,与古城内棋盘状带路体系截然不同,城门的位置得以被快速判断出来。

3.2.2 义县古城

义县北依大凌河,南连锦州市。早期历史地图记载从永清门出城后是南关大街,随着古城的发展,之后逐渐形成了图2(a)中通往南关大街的两条分叉路。图2(b)是2004的卫星影像图。对比

三张图可以发现原熙春门(东城门)外又增加了两条分叉路。

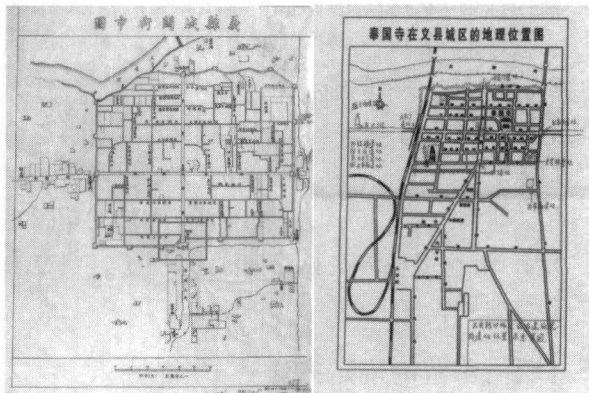

图2(a) 义县城关街市图
(图片来源:天津蓟县、辽宁义县等地古建筑遗存考察纪略(2),建筑文化考察组)

图2(b) 义县城门岔路
(图片来源:自绘)2004年4月

3.2.3 盖州古城

盖州顺清门(东城门)外有两条比较宽的岔路,同其他古城一样,均是通往东边村落的主干路[如图3(b)所示]。但该城南门外的岔路与其他古城相比,数量更多,形成了多条类似枝杈形式的小支路,这些支路在古代被称为"头道楞子、二道楞子、三道楞子、四道楞子",这四道楞子即四条南北向道路,跨过护城河通至南侧的大清河。

纵观这些古城的城门,依据交通、城墙宽度、街道布局等不同的分类标准而与城墙形成不同的位置关系。城门外"Y"或"V"形岔路是随着城池的扩张、城市的发展逐渐形成的。虽然岔路的大小和宽度因城而异,但形态和方向总体上具有相似的特征。

图 3(a)　复州城门岔路
（图片来源：自绘）2005 年 5 月

图 3(b)　盖州城门岔路
（图片来源：自绘）2018 年 1 月

图 4(a)　盖州城角岔路
（图片来源：自绘）2018 年

图 4(b)　熊岳城角岔路
（图片来源：自绘）2018 年

图 4(c)　复州城角岔路
（图片来源：自绘）2005 年 5 月

此外，除了城门外道路分叉以外，城墙边界的四个方位角处一般也会形成分叉路，而且大多情况下比城门外的分叉岔路要宽，级别要高。以盖州、熊岳和复州城为例（图 4）：盖州城东北角两条斜向延伸的"Y"形路原为两条流入护城河的河流渠道，现局部发展为城市干道；熊岳城东北角的两条城市主干道，将老城区与新城区相连；复州城西南角的岔路在 2005 年的历史影像中最为明显，随着城市的发展，在更多更宽道路的衬托下弱化了它的实用性与可识别性。

综上所述，无论是城门还是城墙边界的四角，其道路形式一般多呈"Y"形或"V"形，斜向通往周边。因此，观察城门外道路的形态变化也是判断识别古城边界的一种重要方法。

4　城墙位置的确定方法

4.1　护城河识别法

古代城池沿水而兴、依河而建、以水为邻。护城河作为古城的第一防护系统，还可以连通城外河道，为城池提供水源，这就使得护城河与城墙（城门）往往相伴而生，成为城墙消失后，古城边界最为明显的标志。护城河整体的空间意象常常有强烈的方向性和连续性,其水体的形态影响了古城空间格局的组织形式,形成了诸如方形、圆形或不规则形等城址类型[8]。

4.1.1　广府古城

广府城坐落在华北平原腹地的永年洼中央[图5(a)],这里水网密集、土地平坦,是我国北方农耕文明的重要发源地,已有2 600多年的历史[9]。广府古城的四周均有宽阔的护城河环绕,水面广阔,不仅方便交通运输,还在城市中发挥了巨大的环境生态效益。该城在地理上更像是坐落于广阔湖面中心的小岛,因而城池边界清晰明显。与之类似的还有坐落在东昌湖中的山东聊城古城[图5(b)]。两城同处于华北平原,距离仅110公里,地形地貌相近,均是名副其实的"北方水城"。

图5(a)　广府古城卫星图
(图片来源:Google Earth)

图5(b)　聊城古城卫星图
(图片来源:Google Earth)

4.1.2　济南古城

环绕济南老城的护城河河道宽10~30 m,全长6 900 m,众多泉群在北侧与汇入大明湖,这是国内唯一河水全部由泉水汇流而成的护城河[图5(c)]。尽管济南古城墙早已被拆除,但护城河却仍然源远流长,成为泉城特色标志区"一城、一湖、一环"的重要组成部分,宛如一条的玉带将济南古城区的清晰地界定出来,成为历史文化名城济南最具有标示性的城市空间[10]。

图5(c)　济南古城卫星图
(图片来源:Google Earth)

4.1.3　盖州古城

在确定盖州古城边界的便捷方法中,除了上述平面肌理突变法之外,护城河识别法也是得以应用的重要方法。例如在盖州城中,明代建设的护城河与城墙唇齿相依,在城池体系中既起到了重要的军事防御作用[4],又具有地下水出露、改变水路网络、保卫城池、排洪排涝、运输通航等重要意义,至今护城河的东段和南段仍完整保留,起到了保护古城空间边界的重要作用。

一般情况下,我国的古代城池形制大多方正,而在自然地理形态复杂的区域,护城河的修建也多遵循"依附地形、结合自然水系"的原则[8]。护城河反映并界定了城池外围的空间形态格局,圈定一个古城的大致范围,基于城市历史护城河的走向以及保留的外部空间形态,还能看出古城格局的特征。然而,城墙与护城河之间往往有一定距离,更为确切地判断城墙的位置,还需要使用下文的肌理突变法和高差推断法。

4.2　肌理突变法

古城建筑肌理的突变,可以从院落形态、建筑分布、街区密度等方面进行对比,根据街巷、院落、建筑、环境等要素及其之间的组织关系推断古城墙的位置。

4.2.1 祁县古城

山西祁县古城起源于北魏时期,经历千余年更新沉淀,形成现如今"一城,四街,二十八巷,四十大院"的格局。整个古城近似方形,仅在东南角有缺,平面形态如纱帽,遂称"纱帽城"。祁县宅院多出自巨贾之家,规格形制较高,庭院重重且细腻精美,其建筑形态以北方汉族居住的四合院为主。古城部分图底关系特色明显[图6(a)],传统格局层次分明,街巷空间脉络清晰,具有中国典型传统城市的肌理。因此,综合比较图底关系与图6(b)所示的现状卫星图,在古城边界模糊的情况下亦可根据建筑、院落、街道所形成的传统肌理推断古城的边界:古城内深色屋顶的四合院形式与城外排列整齐的独院形成鲜明的对比;古城内的街巷纵横交错,房屋错落有致,而古城外新建的道路规矩细直、整齐划一,线性排列的房屋大小相同,风格简单一致。这种建筑肌理的变化是大多数古城普遍显现的特征。

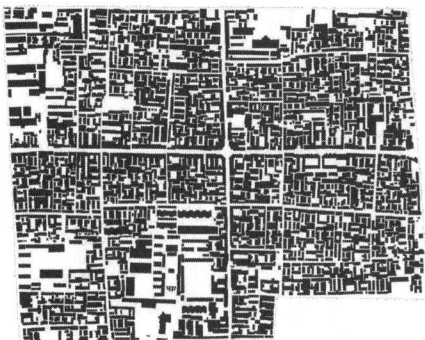

图6(a) 祁县古城图底关系
(图片来源:祁县历史文化名城保护规划)

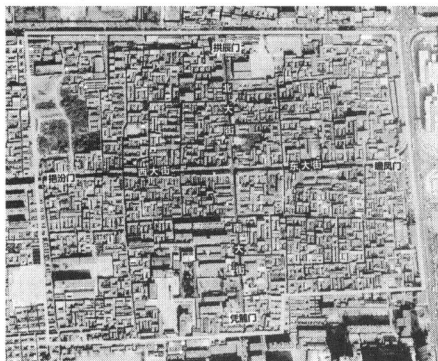

图6(b) 祁县2018年3月卫星图
(图片来源:自绘)

4.2.2 盖州古城

辽宁盖州城墙边界的确定,可以根据建筑肌理或道路的变化推断出一个近似方形的城池边界。盖州古城目前除几个历史区域和历次规划所划定的空地外,其余都是传统的四合院民居,形成了一

个建筑密度大于外部空间的较为密集细腻的肌理格局[7]。其中,护城河附近线性排列的建筑肌理最为明显,如图7(a)所示,一横排和一纵列房屋均建在原南城墙和东城墙的墙基上,宽度一致,排列整齐。这些房屋内邻的笔直道路即是盖州古城内仍然存在的南马道和东马道。

图7(a) 盖州城肌理变化
(图片来源:自绘)2010年4月

4.2.3 复州古城

辽宁复州古城保留着"方城十字街"的传统格局,古城东北片区仍存有一片老建筑肌理,与周边新建的板式居民楼形成鲜明对比。城东侧有两条笔直的南北向路,互相延伸正好穿过留存的城门洞,因此可以推断此处是东城墙的边界。建筑肌理变化最为明显的是西侧城墙附近。如图7(b)所示,宽度一致、竖直整齐的居民房屋即为原西城墙的位置。经过实地考察,笔者发现这列房屋均以城墙的墙基作为地基,所以每排建筑大小均匀,宽度相同,这是肌理突变最典型的体现。

图7(b) 复州城肌理变化
(图片来源:自绘)2017年3月

图 7(c)　熊岳城肌理变化
（图片来源：自绘）2017 年 3 月

4.3　高差推断法

4.3.1　盖州古城

盖州城墙东面和北面尚存部分残余，城墙的内外有近乎五六米的高差，很多民居以城墙墙基为基础，直接把房屋建在城墙上，由于城墙曾经作为军事防御体系的重要组成部分，因此城墙形体厚重十分高大，建于其上的民居高出墙下民居三四米，形成明显的高差突变。如图 8(a)所示，A、B、C、D 四点的海拔高度分别为 15 m、11 m、13 m、11 m，结合由 A 点至 C 点的建筑肌理可以确定此高差处即为城墙的具体位置，在实地调研中城墙内外的高差确实非常明显［图 8(b)］。

图 8(a)　盖州城墙内外高差
（图片来源：自绘）2018 年 3 月

图 8(b)　盖州城墙内外高差
（图片来源：李冰摄）2017 年 9 月

4.3.2　熊岳古城

辽南重镇——熊岳，城内道路呈"鱼骨状"，城的四角略成弧形内收。绥德门（北城门）现保存较好，西城墙北端残存城墙长约 8 米，残高约 2 米，被当地居民砌于房墙内；东城墙残存约有 100 米，可见青砖构筑的墙体，最高残存约 2.5 米，部分墙体被当地居民利用成为房屋的山墙，形成如图 7(c)所示大小一致、宽度相同且竖直排列的建筑肌理。

同盖州城类似，熊岳城的一些也民房直接修建于残存的城墙之上，显得比周围房屋稍高一些。如图 8(c)所示，在判断南城墙位置时，图中四点的海

图 8(c)　熊岳城墙内外高差
（图片来源：自绘）2017 年 3 月

拔自西向东依次为 18 m、17 m、18 m、19 m,根据城内地平一般比城外高的特点,可以判断古城墙即位于海拔为 17 m 位置的附近,再结合此处南北两侧道路的走向更能确定这一高差处即为原城墙所在的位置。

5　结　语

城墙界定了中国历史城市的空间实体,是中国古城最重要的标志与符号,承载了城市千百年来发展的历史与记忆,但如今这些城墙大多都消失了,因而确定其原本位置是进行古城研究时的基础性工作。本文以辽宁、山西、河北和山东等北方四省的明清古城为例,基于对大量古城实地调研的经验与规律总结,详细阐述了如何依据卫星影像图等地理信息,包括城关命名、道路分叉、肌理突变或高差变化等特点,快速判断古代城池的边界。

总的来说,在应用本文方法研究某一城池的边界时,可按如下步骤进行初步判断与相互验证:首先看城关的命名,确定城门大致方位,使用岔路定位法划定城门具体位置范围;其次根据护城河位置,划定城墙大致走向,然后对比护城河附近突变的建筑肌理、线性道路以及高差突变来确定城墙的具体位置。尽管每个古城由于各自不同的状态,具备不同的特征,但在笔者调研的古城中,大多古城皆可通过本文方法快速而准确的判断城墙边界,可见这些方法具有较强的适用性。

实质上,从理论基础来看,本文所归纳的方法是对历史地理学、城市形态学与建筑类型学理论研究的应用拓展,是康泽恩(Conzen)学派中城市边缘带理论在实际应用中的延伸。城墙作为古代城市防御设施与城市空间的界定物,无论是在历史学、城市形态学与考古学的学术研究中,还是在当下古城保护开发的热潮里,对城池边界的系统性研究都是不可或缺的前提,因而本文的研究成果将有助于提升我国众多古城保护与研究工作的效率与准确性。

参考文献:

[1] 许芗斌,杜春兰,赵娟.明清时期重庆城池空间形态特征分析[J].中国园林,2017,33(4):125-128.

[2] 蔡禹龙.清代杭州城的城墙、城门与街区布局之解构[J].史志学刊,2016(2):39-42.

[3] 王巨山.非物质文化遗产保护原则辨析——对原真性原则和整体性原则的再认识[J].社会科学辑刊,2008(3):167-170.

[4] 吴左宾.城水相依,据水为安——明清西安城市军事防御体系研究[J].建筑与文化,2016(3):185-187.

[5] 陈晓虎.明清北京城墙的布局与构成研究及城垣复原[D].北京:北京建筑大学,2015.

[6] 苏芳.西安明代城墙与城门(城门洞)的形态及其演变[D].西安:西安建筑科技大学,2006.

[7] 李炎炎.盖州古城历史风貌的保护与更新研究[D].沈阳:沈阳建筑大学,2014.

[8] 吴庆楠.老城区护城河保扩研究[D].郑州:郑州大学城市规划与设计,2011.

[9] 熊天智.荆州城墙带状公园城门区景观设计研究[D].广州:华南理工大学,2016.

[10] 孟凡辉.济南护城河风貌保护与发展[D].济南:山东大学,2008.

世界遗产视野下的卓筒井保护再思考

The Conservation of *Zhuotongjing*: Reconsideration from a World Heritage Perspective

任 远[①] **王力军**[②]

Ren Yuan　Wang Lijun

【摘要】本文将卓筒井定位为演进的文化景观,运用现代保护经典理论分析其真实性和完整性,并提出"生产性保护"的保护思路,以期为真实、完整地保护卓筒井物质和非物质遗产,延续其遗产价值提供一定帮助。

【关键词】卓筒井　文化景观　真实性　完整性　生产性保护

1 概 述

卓筒井是北宋以来四川盆地先民用以开采地下盐卤的小口径盐井及其钻井、汲卤技术的统称。卓筒井通过"凿地植竹"的钻造井方式(冲击式)向地下开凿,以首尾相接的竹筒固井并隔绝淡水,成就了井口仅有竹筒大小而井深达数十丈(约200米)的古代科技奇观,在我国乃至世界科技发展史上具有重要地位。卓筒井技术始于北宋,不断发展,兴盛于清,到20世纪末仍有使用。以卓筒井技术为核心的传统盐业随着历朝历代政局和盐业政策的变化而起起伏伏,直到20世纪90年代,废止平锅煎盐的政策的出台,再加上劳动强度大、利润低等原因,该技术逐渐退出历史舞台。由于历史和自然的原因,以"凿地植竹"为特征的卓筒井目前仅在四川省大英县卓筒井镇得以大量保留,目前已发现18灶190眼井。

卓筒井同时具有国家级非物质文化遗产和全国重点文物保护单位两种身份。2006年,自贡市与大英县联合申报的"自贡井盐深钻汲制技艺"被列为首批国家级非物质文化遗产,包括钻井、修井、晒盐、煎盐、制作工具等一系列技术工艺。2013年,卓筒井中的"9灶41井"被列入全国重点文物保护单位名单。

虽然卓筒井保护一直以来受到学者和社会的关注,但对其在遗产定性、真实性和完整性等核心问题的理解上还存在许多争议和误读。在全面启动并完成《卓筒井保护规划》的过程中,在探讨卓筒井申报世界文化遗产可行性的契机下,这些问题再次浮出水面,经过系统的梳理和思考,又获得了新的理解。本文将在世界遗产的理论框架下重新定位卓筒井的遗产类型,并根据这一类型的特性对其真实性和完整性做出判断,并提出保护策略,旨在为真实、完整地保护卓筒井,延续其遗产价值提供一定帮助。

图1　大顺灶晒盐坝等生产设施
(图片来源:自摄)

图2　大顺灶老井井场及羊角车等设施
(图片来源:自摄)

① 中国建筑设计研究院有限公司建筑历史研究所,助理研究员。
② 中国建筑设计研究院有限公司建筑历史研究所,所长、教授级高级工程师。

图 3　大顺灶老井井口
（图片来源：自摄）

图 4　顶心灶现存遗迹
（图片来源：自摄）

图 5　顶心灶现存井口
（图片来源：自摄）

2　卓筒井的遗产定性

遗产定性是保护策略制定最重要的出发点。卓筒井的遗产定性一直以来比较模糊，在全国重点文物保护单位名单中卓筒井是古建筑，而有时又被认作遗址，也有人称其为工业遗产。这些说法都有一定道理，但又都不够妥帖。

2.1　卓筒井与全国重点文物保护单位分类

卓筒井在国保单位中归类为"古建筑"大类下的"其他建筑"，此定位相对准确但又不够全面。卓筒井在国保名单中仅有 9 灶 41 井，该数字的确定源于 20 世纪 80 年代白广美教授及自贡市盐业历史博物馆对卓筒井的调查。当时的主要考察对象为还在生产的灶井，即所谓的"活灶"和"活井"，地面生产设施保存完好，因此将这 9 灶 41 井定性为古建筑中的古代生产设施是毫无异议的。然而，随着卓筒井逐渐停产，除了大顺灶的三口活井以及大顺灶本身还保存了较为完好的地表设施以外，其他盐井和灶房的地表建构筑物均已不存，仅井眼和部分建筑基址遗迹尚存，从保存现状看已无法归入"古建筑"的分类。

表 1　卓筒井全国重点文物保护单位登记表（部分截取）

公布类别	古建筑	类别	古建筑
类别明细	○古遗址		○聚落、洞穴址；○城址；○建筑遗址；○矿冶遗址；○陶瓷窑址；○其他遗址
	○古墓葬		○墓群；○单体墓葬
	●古建筑		○长城；○阙；○塔；○桥梁；○寺庙；○坛庙；○城郭营垒；○衙署；○宅第；○建筑群落；○会馆祠堂；○楼阁牌坊；○交通水利；○文教公益；○商肆作坊；●其他建筑
	石窟寺及石刻		○石窟；○摩崖石刻；○岩画；○经幢；○碑刻；○雕刻
	○近现代重要史迹及代表性建筑		○名人故旧居和纪念地点；○历史事件纪念地点；○军政机构驻屯地点；○代表性建筑；○近代工商业遗存
	○其他		○其他

但卓筒井又不是古遗址。大顺灶地面建构筑物都还保存完好，至少从这一点来说，卓筒井就不是古遗址。即使看起来已经是遗迹状态的其他灶井遗存也不适合将其定性为古遗址。卓筒井遗存本体材质多由竹、木等原生材料制成，本身就不易保存，再加上长期处在高盐分的环境下，十分容易

腐烂,必须对其材料进行不断的替换和更新,能够留存至今的"本体"很有可能不是古代的,甚至可以说一定不是古代,与我国文物中"古遗址"的概念并不相符。此外,从保护的角度看,卓筒井与一般古遗址保护重视本体和材料完全不同的是,材料本身并不是卓筒井保护应该关注的重点。卓筒井之所以能延续至今,靠的并不是材料的持久,而是技艺的传承。如果将卓筒井限制在古遗址的框架内,则

强调了本体的保存,这与卓筒井内在逻辑不符。

因此,整体上看卓筒井既不属于古建筑又不算古遗址。随着对卓筒井文物认识的不断加深,人们已经意识到"卓筒井"不应仅仅指卓筒井的生产设施,还应包括与卓筒井生产相关的各类物质和非物质遗存。事实上卓筒井作为一类新型遗产,其定性存在一定特殊性,在我国现有的文物分类体系中无法找到恰当的定位。

表2 卓筒井盐业体系与文物构成对应表

卓筒井盐业体系		本 体	环 境	可移动	非物质	相 关
1 钻井	1.1 选址		地下盐卤层;山嘴、河湾、台地、平坝等与造井选址密切相关的自然环境特征		相地口诀	盐卤和草木的气息(场地的感受)
	1.2 凿井	盐井		钻头、刮桶、猫舌、扇泥筒等所有钻井工具;工程记录(如果有)	卓筒井深钻技术	造井用的南竹等植物材料的产地和运输路径
	1.3 修井		南竹、木材等修造井原材料产地	各类修井工具;桐油等修造井原材料		修井口诀、技术等;修造井所需原材料产业链
2 汲卤	2.1 汲卤	井场(汲卤工作面);平车、碓架、棚架		羊角花车、竹筒、木桶、单向阀等所有汲卤工具	汲卤技艺	
	2.2 计量	计量缸、储卤池				
3 制盐	3.1 晒盐	晒盐架、晒盐坝、枝条架晒卤台				
	3.2 引流	引流、分流设施	地面高差			
	3.3 滤卤	滤缸				
	3.4 煎盐	灶房、盐坑	木材或煤炭等煎盐燃料的开采地	平锅等煎盐工具		
	3.5 储存	仓库				
	3.6 其他	歇房、盐工住所				
4 运销			盐运途中的地理要素,如水系、山体等	运盐工具,如扁担、背篓等;运输途中和销售时盐的包装,如篾包、篾篓等	劳动号子	运盐道路、与盐运相关的交通设施和集镇;盐商住宅,如罗都复庄园
5 管理				记忆遗产,如岩口簿等工程记载文书	盐业相关民俗活动等	盐务公所;盐工群体在社会体系中的延续,如居住有盐业人口的村落等;盐业祭祀场所,如盐神庙

2.2　卓筒井是广义上的工业遗产——古代手工业遗产

2011年国际古迹遗址理事会（ICOMOS）与国际工业遗产保护委员会（TICCIH）联合发布的《都柏林准则》对工业遗产定义为"工业遗产包括证明过去曾经有过或现在正在进行的工业生产流程、原材料萃取、商品化以及相关的能源和运输的基础设施的遗址、建（构）筑物、综合体、区域和景观，以及相关的机械、实物或档案。工业遗产反映了文化与自然环境之间的深刻联系，因为工业程序——无论古代还是现代——都依赖于源自自然的生产原材料、能源和运输网络进行生产并将产品分销至更广阔的市场"。[①] 定义明确指出古代的手工业遗产也算作工业遗产。

狭义的工业遗产一般是社会进入工业文明以后的产物，时间上以英国工业革命为标志。2015年版的《中国文物古迹保护准则》对工业遗产的定义也属于狭义上的工业遗产[②]。工业文明一个重要特征是许多劳动被机器消解，如大英县另一个盐业遗产蓬基井就是典型的工业遗产。卓筒井虽然运用了多项在当时十分先进的技术和工具，但明显还是依靠人力在进行生产劳动，因此卓筒井不属于狭义的工业遗产，针对典型工业遗产的保存手法也无法作用于卓筒井文物。

2.3　卓筒井是"有机进化的景观"

在目前国际上已明确定义的遗产类型的范畴之内，卓筒井属于"文化景观"。文化景观（Cultural Landscape，有时也译作"文化地景"）的概念于1992年12月联合国教科文组织世界遗产委员会第16届会议上提出并纳入《世界遗产名录》。主要有三类，如表3所示。

表3　文化景观类型与典型遗产对照表

类　型	定义/说明		典型遗产
由人类有意设计和建筑的景观	包括出于美学原因建造的园林和公园景观，它们经常（但并不总是）与宗教或其他概念性建筑物或建筑群有联系		杭州西湖文化景观、中国古典园林、欧洲皇家园林
有机进化的景观	它产生于最初始的一种社会、经济、行政以及宗教需要，并通过与周围自然环境的相联系或相适应而发展到目前的形式。它又包括两种次类别：	一是残遗物（化石）景观：代表一种过去某段时间已经完结的进化过程，不管是突发的或是渐进的。它们之所以具有突出、普遍价值，就在于显著特点依然体现在实物上	苏格兰奥克尼群岛新时期时代文化景观、卡莱纳冯工业景观
		二是持续性景观：它在当地与传统生活方式相联系的社会中，保持一种积极的社会作用，而且其自身演变过程仍在进行之中，同时又展示了历史上其演变发展的物证	云南红河州哈尼梯田、瑞典南厄兰岛的农业景观

注：右侧"有机进化的景观"典型遗产栏另列有"波斯坎儿井"。

---

① 翻译自 *Joint ICOMOS-TICCIH Principles for the Conservation of Industrial Heritage Sites, Structures, Areas and Landscapes*，原文为：The industrial heritage consists of sites, structures, complexes, areas and landscapes as well as the related machinery, objects or documents that provide evidence of past or ongoing industrial processes of production, the extraction of raw materials, their transformation into goods, and the related energy and transport infrastructures. Industrial heritage reflects the profound connection between the cultural and natural environment, as industrial processes-whether ancient or modern-depend on natural sources of raw materials, energy and transportation networks to produce and distribute products to broader markets.

② 详见《中国文物古迹保护准则（2015年修订）》第1条的阐释部分：工业遗产特指能够展现工艺流程和工业技术发展的具有文物古迹价值的近、当代工业建筑遗存及设备、产品等。工业化是我国历史的重要阶段，工业遗产是这一历史阶段的见证。

续表

类　型	定义/说明	典型遗产
关联性文化景观	这类景观列入《世界遗产名录》,以与自然因素、强烈的宗教、艺术或文化相联系为特征,而不是以文化物证为特征	巴米扬遗址

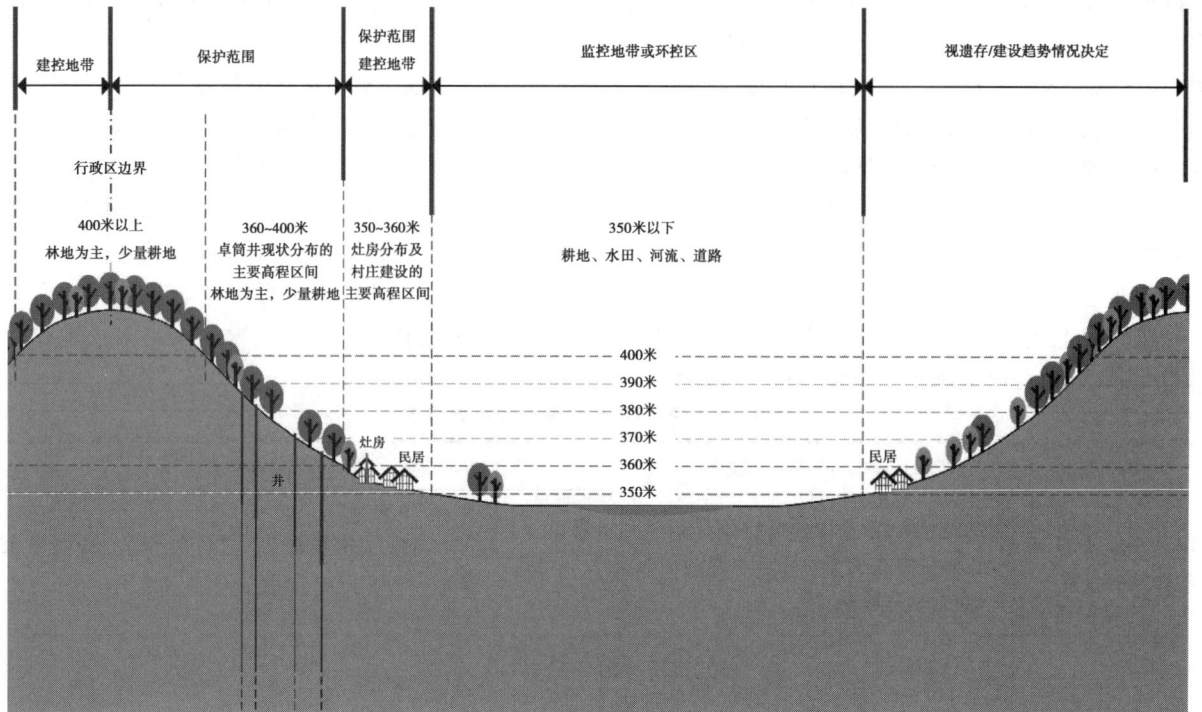

图6　卓筒井遗存高层分布与保护区划关系图
(《卓筒井保护规划》规划说明附图)

　　在一个典型的"窝状"卓筒井分布地理单元中,卓筒井灶井遗存,特别是盐井,大多数集中分布于海拔 360～400 米的台地阳坡,400 米以上为林地及零星耕地;村庄多数建在 350～360 米的缓坡上(部分灶房也分布于此区间),350 米以下为耕地、水域、道路等。《卓筒井保护规划》的保护区划划定原理也遵循了高层分布特点。

　　卓筒井的出现是人地相互作用的结果。盐矿——卓筒井制盐原材料——取自地下百余米深处、距今 1 亿年左右的侏罗纪晚期和部分白垩纪地层中。四川盆地的先民们在发展探索过程中,对盐矿地质条件认识不断深入,凿井技术逐步完善,直至宋代庆历年间出现了卓筒井。卓筒井长达若干世纪的沿用又逐步定型了当地村落的空间布局——盐井的选址特点和井灶之间的位置关系决定了盐井、灶房、民居、耕地在高程方面自上而下的分布特色。

　　以卓筒井为纽带的盐业的发展又持续影响着当地社会的生活方式。据北宋时任陵州太守的文同所著《丹渊集》记载①,当时的卓筒井产业就已经形成了工场形式,工场由经营者和雇工构成,与农业社会定居人口有很大区别。卓筒井村落目前的定居人口中不乏当年盐场工人及其后代,村落的形

---

　　① 〈宋〉文同:《丹渊集》卷 34《奏为乞差京朝官知井研县事》"其民……;遂与观众略出少月课,乃己之为奸,恣用镌琢,广专山泽之利,以供奢靡之需。访问豪者一家至有一二十井,其次亦不减七八。……其所谓'卓筒井'者,以其临时易为藏掩,官司悉不能知其实多少数目。每一家须役工匠四五十人至三二十人——此人皆是他州别县浮浪无根著之徒,抵罪逃遁,变易姓名,近来就此佣身赁力。平居无事,则府伏低折,与主人营作;一不如意,则递相扇诱,群党哗噪,算索工值,偃蹇求去。聚墟落,入市镇,饮博奸盗,靡所不至,以复又投一处,习以为业。切缘各井户须籍人驱使,虽知其如此横滑,无术可制。但务姑息,滋其较暴。"

成和发展与盐业生产和发展有着不可分割的联系。因此，卓筒井属于"有机进化的景观"中的"持续性景观"(continuing landscape)。

3 卓筒井的真实性解读

卓筒井遗存的真实性常常受到怀疑，主要集中在两点：一是有人认为只有宋代的卓筒井才算是真正的卓筒井，而现存的井、灶等设施均无法证明从"材料"的角度证明其来自宋代（甚至可以明确知道这些材料来自现代），因此我们现在看到的卓筒井都不是真实的；二是宋代卓筒井是以"凿地植竹"为特征的，那么运用宋以后历朝历代更新过的方法（如明清的下石圈法），甚至是近现代的方法修葺过的卓筒井，也不算是真正的卓筒井。这些都是对真实性的误读，错误的根源在于将真实性与"材料不变"和"原模原样"画了等号。

事实上，真实性在本质上并不在于对象的材料。早在 1963 年，现代保护理论重要奠基人之一切萨雷·布兰迪先生（Cesare Brandi，1906—1988年）在其著名的《论造假》①一文中就已经充分证明了材料与真实性之间并无必然联系。文中举了这样的例子：一枚假币，其合金（即假币的材料）是真的，合金成分与真币也完全一致，但假币依然是假币——材料真实并不能证明对象真实。《论造假》中还说："虚假性基于判断。于是，判断某物是赝品，就如同判断分配给一个特定的主体的述语，看述语的内容是否符合本体和主体所声称的概念的关系。于是人们在对虚假性的判断中——依据主体应该拥有，却不拥有，但又假装拥有的各种本质特征——认识到了某种有问题的判断。因此在对虚假性的判断中，人们确定主体并不和其声称的概念相一致，从而宣告对象本身是赝品。"

卓筒井的核心遗产价值在于传承至今的"无形的"卓筒井钻井技术。对于卓筒井来说，只要是出于产盐的目的，并且是用卓筒井技术凿制而成的小口径盐井，都可以被认为是真实的。在卓筒井活跃的历史时期，卓筒井的开凿、使用和废止都是基于客观事实的真实的行为。比如，由于卓筒井开采的地下盐矿资源的再生需要很长时间，一个或一片卓筒井开采的地下盐卤很有可能在汲取若干年后干涸，人们在打不出卤水后便另选址凿井，这是符合

客观规律的做法。只要人们凿井的目的是"诚实的"——即依靠开采地下盐卤获得食盐，手法是"属实的"——即运用宋代传承至今的卓筒井钻井技术，那么这样造出来的井就应当被认为是真实的卓筒井。

卓筒井修造井技术也会随着其他技术的进步而变化、发展，虽然这种变化在今天看来是可能是非常缓慢的，但也是显而易见的。比如固井手法，在宋代使用大南竹，而到了明清，随着井越钻越深，大南竹强度不能适应这种发展，很多地方开始使用石圈或木圈固井，或用石圈木圈来修复原来南竹老井。这种进步是为了更好地生产，也是真实的。

因此，现存的卓筒井极有可能不是（或者说一定不是）宋代材料构成的，也不是一成不变按照宋代原始做法造成的，但它们依旧是源自宋代，在漫长的年代里不断发展和进步，并留存至今的真实的卓筒井技术的绝佳实物例证，依然是"货真价实"的卓筒井。

4 卓筒井的完整性解读

卓筒井作为"有机进化的景观"中的"持续性景观"，其完整性体分两个层级：一个是遗存自身构成"（当时的）社会功能完整"，另一个是卓筒井在当今社会中是否具有持续的动力。

（1）在构成"（当时的）社会功能完整"层级，一个完整的卓筒井即以卓筒井技术为核心的盐业体系，包含"产、运、销、管"环节。

卓筒井参与的整个盐业体系（包括生产、运输、销售、管理等主要环节）的有关遗存都应算作卓筒井遗产的一部分，包含本体、环境、可移动文物、非物质遗产和相关遗产。这些遗存的共同呈现出卓筒井所在历史社会的样貌，体现了社会功能的整体性。

（2）在当今经济社会层面，卓筒井的完整性还体现在应具有完整的连接卓筒井的纽带——即持续的动力。

卓筒井作为"持续性景观"，仅仅考虑当时社会的功能完整是不够的，还应当考虑在当今社会的功能完整，这个完整性要素是无形的，即推动其持续的社会动力。在这个意义上，卓筒井失去在社会经

---

① 布兰迪的《论造假》原文为意大利文，本文引用同济大学陆地教授翻译的《修复理论》中文版中对该文的翻译。

济运行中的地位,其完整性存在缺失。

5 卓筒井的保护理念和方法

综上所述,卓筒井属于文化景观中的"持续性景观",其真实性主要体现在凿井目的和凿井技术,其完整性既包含历史盐业体系遗存,更应考虑在向未来持续的动力。

但从目前卓筒井遗存的保存情况考虑和在传统盐业延续困难的处境之下,卓筒井整体处在由"持续性景观"向"残遗物景观"靠拢的过程中。前者注重的是演变发展,后者注重的是实物保存。而在前文提到,实物保存并不适用于卓筒井的保护。卓筒井保护目前处在一个死循环当中。

卓筒井虽然具备高度的真实性,但完整性存在缺失,在卓筒井停产、盐业生产全面机械化的今天,卓筒井传统技术在当今的经济社会中找不到持续的动力,寻找动力并重构完整性面临诸多挑战。

(1)卓筒井保护的核心理念是通过寻找需求、创造需求,使其重新参与到社会活动和市场经济之中。

利用需求是重要的,但仅依靠旅游参观是不够的。旅游业虽然能带来一定的经济效益,但"提供参观"并不足够支撑卓筒井持续的动力。相反,为了观众而日复一日重复进行的传统技艺很容易沦为一种"表演",成为橱窗里展出的商品。只有当这项技艺适应了市场经济在社会中找到落脚点,才能具有顽强的生命力。

(2)"生产性保护"或为延续卓筒井价值及特征的最佳方法。

"生产性保护",顾名思义就是激活卓筒井的生产运作,使"生产"和"保护"这两者看似相互矛盾的活动相辅相成——在生产中用恰当的手法进行材料更新和本体修缮,使其材料和结构随时保持良好的保存状态;生产者在劳动中不断学习并提升技术水平,延续卓筒井传统技艺;通过调动当地居民的积极性,在遗产地形成生产—生活相互辉映的独特景象;最重要的是通过生产逐步恢复"持续性景观"的动力,形成需求—动力—需求的良性循环。

建议首先通过深入的调查、学习和研究,制订恢复大顺灶生产活动的详细方案。大顺灶生产设施的修复必须充分尊重并借鉴传统修缮技术,但也可结合现代技术,例如一些设备(排水管、铁锅等)可用更耐久的现代材料替换传统材料;同时扩大非

遗传承人及学徒队伍,使他们能够胜任生产。其次应通过反复试验,使卓筒井盐达到相应的国家标准;并在行政上获得生产和销售的资格。最后,通过在大顺灶所在的关昌村及附近村落的小范围内的试生产营业,摸索出最适合卓筒井的生产经营办法。当大顺灶的卓筒井产业形成一定规模之后,可视供需关系再考虑恢复更多的灶井投入生产,同时发展包括休闲度假、养老等相关产业,逐步打造卓筒井品牌,并最终实现卓筒井盐业生产的全面复兴。

6 结 语

卓筒井见证了我国古代科技发展,是不可多得的珍贵文化遗产;卓筒井自宋代延续至今仍具有强大的发展潜力,是具有独特魅力的文化资源。希望能够通过生产性保护,让卓筒井实物遗存发挥实际作用,让卓筒井传统技艺能有真正有用武之地;通过利益相关者的广泛参与,提高当地民众的自豪感和责任感;最后,通过卓筒井产业复兴,让卓筒井被社会广泛认知,并将卓筒井价值传播至全世界。

参考文献:

[1] WHC. Operational Guidelines for the Implementation of the World Heritage Convention [EB/OL]. 2017.

[2] UNESCO. 会安草案——亚洲最佳保护范例 [EB/OL]. 2005.

[3] ICOMOS-TICCIH. Principles for the Conservation of Industrial Heritage Sites, Structures, Areas and Landscapes [EB/OL]. 2011.

[4] 国际古迹遗址理事会中国国家委员会. 中国文物古迹保护准则[EB/OL]. 2015.

[5] 白广美. 中国古代盐井考[J]. 自然科学史研究,1985 (2):172-185.

[6] 白广美. 川东、北井盐考察报告[J]. 自然科学史研究, 1988(3):263-272.

[7] 钟长永. 川东、北盐业考察报告[J]. 盐业史研究,1986 (1):147-158.

[8] 切萨雷·布兰迪. 修复理论[M]. 陆地,译. 上海:同济大学出版社, 2016.

[9] 陆地. 真非真,假非假:建筑遗产真实性的内在逻辑及其表现[J]. 中国文化遗产,2015(3):4-13.

[10] 王力军,李琛,任远,等. 卓筒井保护规划(2017—2035)[Z]. 中国建筑设计研究院有限公司建筑历史研究所,2016.

鄂东南上冯湾聚落空间的"文本-语境"研究[*]

A Study on the "Text-Context" of Traditional Settlements in Shangfeng Bay, Southeast Hubei

陈　茹[①]　　李晓峰[②]

Chen Ru　Li Xiaofeng

【摘要】传统聚落研究一直是建筑历史研究的重要课题,上冯湾作为鄂东南地区典型的血缘型聚落,是传统聚落研究的典例之一。通过"文本-语境"的概念,力证这一聚落包含着"聚-缘"的文本结构,以及传统血缘型聚落的语境驱动机制,聚落呈现出"文本-语境"的双重属性,在形态、结构、营建之外,可进一步理解传统血缘型聚落的空间环境。

【关键词】上冯湾　文本-语境　血缘型聚落　聚-缘

中国传统聚落研究是建立在民居研究之上的,虽然对于民居的研究始于 20 世纪 30 年代,但是直到 20 世纪 80 年代,建筑学领域才开始关心村落这个课题。早期的聚落研究同民居研究一样,首先关注的是资料的积累和现象的描述(测绘调查);随后,由于建筑学领域关于聚落的研究没有地理学、社会学、人类学等西方的方法体系和经验,因此聚落研究常常需要借助这些学科的研究基础,建立跨学科的研究方法[③]。

目前,对鄂东南地区传统村落的研究主要集中在以下两点:一是以传统民居为出发点来研究传统村落。李晓峰、谭刚毅著《两湖民居》[1]对两湖地区的民居建筑进行了全面的对比分析研究,从两湖聚落形态与文化传承、各区域民居类型与空间分析、营建技术与材料构造等几个部分展开;李晓峰、李百浩的《湖北传统民居》[2]客观、系统、科学地介绍湖北传统民居的风貌和特征,使读者对湖北现存的传统民居建筑包括鄂东南地区有一个宏观、整体的了解;杨鸣从建筑微观角度来探究鄂东南民居建筑的相关营造技术[3]。

二是以传统村落为研究对象,对鄂东南地区传统村落的空间形态、空间格局、历史发展等方面进行研究。江岚对聚落系统的选址布局、聚落小气候等方面进行宏观的研究[4];许远则对鄂东南三个传统村落空心化的形成、演变及其影响因素做了分析,并提出相应的更新策略[5]。此外,许伟文[6]、陈晶[7]则以明确的单个传统村落为研究对象分别对阳新老屋场和大冶水南湾运用空间句法等分析方式对村落的发展与变迁展开研究,对村落的历史与发展现状、空间形态、街巷等做了相关的研究。

综上,国内对传统村落的研究历经了早期民居研究、中期民居与村落环境的相关性研究、后期对村落系统的全面深入研究三个逐步深入的过程,研究内容则从民居单体扩展到民居、村落景观环境、村落形态及变迁、人居环境等方面,研究内容从单一到逐渐丰富。研究方法从单纯的建筑学方法逐步拓展到多学科交叉研究的方法。中国作为传统的农业大国,传统村落数目众多且所处的地域也千差万别,由此造就了缤纷多姿的传统村落,同时,由于传统村落研究的复杂性,对一些尚未被大众熟知,却同样具有很高价值的传统村落研究尚显不足。因此本文选取鄂东南地区典型的血缘型聚落上冯湾作为案例,通过"文本-语境"的概念,旨在从另一视角分析传统聚落空间的"文本-语境"双重属性。

*国家自然科学基金面上项目,多元文化传播视野下皖—赣—湘—鄂地区民间书院衍化、传承与保护研究(51678257)。

① 陈茹,华中科技大学建筑与城市规划学院,博士研究生。

② 李晓峰,华中科技大学建筑与城市规划学院,教授、博士生导师。

③ 第一部地区性民居专著《浙江民居》的初稿中并没有村落部分,直到 1981 年出版时,才增加"村镇布局"一章。以后中国建工出版社出版的各地区民居建筑专著中,才陆续出现"村镇"部分。

1 "文本-语境"研究的相关概念

"语境"和"文本"是两个现代语言学术语,主要在研究文学作品的构架及意义中使用。本文援引这两个概念探索聚落空间的体系建构。一般认为,聚落研究可涉及区域背景、空间形态或民居形制等多个内容,但是它们之间到底存在什么关系,整个聚落的空间系统是如何建立的? 本文试图借用这一概念,探究除了空间形态、建筑形式、营建方法等相关研究外,传统聚落空间的双重意义。

语境是形成意义的先决条件,文本是产生意义的物质表征[8]。因此,对聚落的系统研究始于对研究对象的划分和梳理,同时比照语言学方法中对语境和文本的解读,以鄂东南地区典型的血缘型传统聚落——上冯湾作为例证,其中的传统聚落一方面具有"文本"的内核,另一方面又是其中建筑的语境,并对其中建筑产生影响。

2 上冯湾概况

上冯湾(图1),位于湖北省大冶市南郊5公里处,村落道路直通315省道(图2),是鄂东南传统古村落,被誉为湖北"九古奇村"。

图1 上冯湾鸟瞰
(图片来源:自摄)

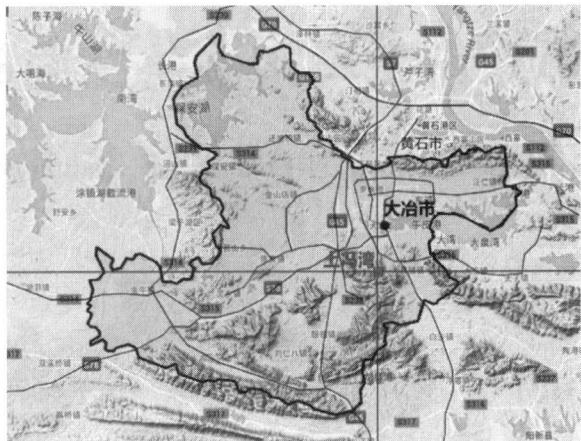

图2 上冯湾区位图
(图片来源:自绘)

上冯湾也是鄂东南地区少数历经百年历史依旧保存完好的单姓氏血缘型聚落,从村名"上冯湾"就可看出村内居住者皆为冯氏家族成员。据《冯氏宗谱》记载:上冯湾始建于元晚期,是由冯氏第二十六世祖冯惠五开基立业,距今已有650余年。现上冯湾由三个村民小组组成,共计210户828人,耕地面积约258亩,山林面积约4 800亩。整个聚落从南向北,坐东朝西一字展开,整体面貌保持原有村落格局,"青砖到顶布瓦盖,屋与屋之间由公巷连接,晴不晒日,雨不淋身"。与此同时,聚落内汇集了古宅、古树、古祠、古庙、古井、古墓、古碑、古道、古沟渠、古碾等众多人文、自然景观(图3),历经数百年沧桑历史而未毁。

上冯湾原有大夫第等传统民居百余栋,分成6个片区,当代保存较好的有22处计40余栋,皆是灰墙黛瓦马头墙。屋内雕梁画栋,设匾额对联,上有精巧的雕刻檐画,下铺青石板,石雕木雕齐全,做工精湛,古朴雄伟,每栋传统民居都积淀着厚重的历史人文文化。

古树

古墓

石碾

图3 上冯湾的人文、自然景观
(图片来源:自摄)

3　文本视角下的聚落内核:"聚-缘"

从文本视角的概念进行逻辑推演上冯湾聚落作为"文本"的深层结构:血缘"凝聚式"。首先,血缘"凝聚式"聚落中一定存在一套完整的结构层级,它们主要表现在宗族祭祀上。宗族合祭的称为总祠、各房祭祀的称为支祠,还有家庭自行祭祀的称为家祠[9]。其次,它们还表现在聚落的社会组织中,宗族由族、房、户几个等级组成,也影响了聚落外在的结构形态。冯氏祖宗由两房组成,各房下又有若干户,明清时期还设有相应的族长、房长①。

作为典型的血缘型聚落,上冯湾最不可或缺的就是宗族性建筑。早在祠堂建设之前,村落核心区即建有祖堂,"上冯宗祠"修建于村落鼎盛繁荣期,无论祖堂或祠堂都处在聚落的核心位置,它们是村民的精神寄托,在村中占有极其重要的地位。村内其他建筑顺应聚落坐东北朝西南的整体布局,集中修建在东北方位,地形相对平坦的西南则保留为田地。有一条西北向的道路直通村内,这也是进村的主要道路。在采访当地的村民时候,他们介绍道:"俯瞰上冯湾犹如一条盘踞的卧龙,村内民居为龙头,村后龙角山为龙身,两口古井为龙眼……"直至今天,村落整体面貌依旧保持着原有格局,建设基本上还是围绕村落的核心——祖堂而建(图4)。

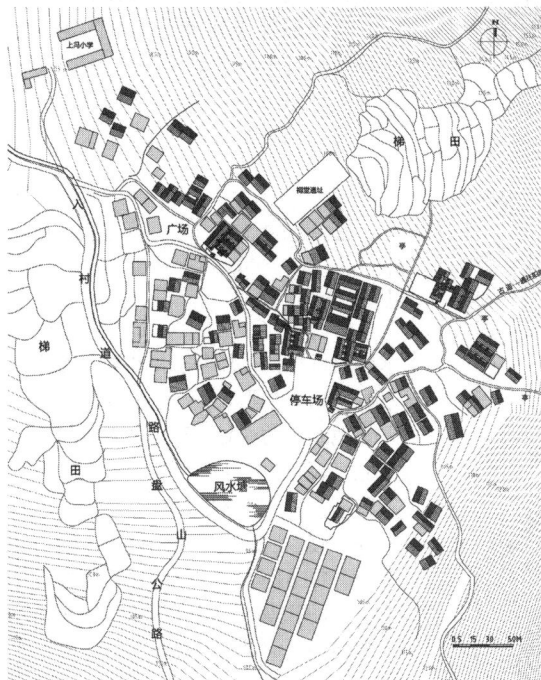

图4　上冯湾现状总平面图
(图片来源:自绘)

---

① 引自《冯氏宗谱》。

因此,由于宗族组织结构关系和相应的土地分割关系的共同作用,上冯湾的形态明显:各支派都有相对独立的团状的聚居结构,而所有团状结构又围绕总祠布置。与此同时,每个房系内也有相对独立的支祠,它控制着每个组团内的建筑建设情况。支祠是每房组团的地理中心,也是本房生活的中心,更是房中族众的心理中心。上冯湾的形态结构就是以这些不同等级的祠堂为核心,形成秩序严格的多层次的聚落结构和社会组织结构(图5)。

图5　湖北大冶上冯湾鸟瞰
(图片来源:自摄自绘)

但是,值得一提的是,聚落并不是一经建立,就固定不再变化。相反它是变化、生长的。当宗族内部房系壮大、人口增加,原有的村落结构、土地格局必然会发生变化。人口增多带来的建筑密度增长,势必会导致房派原有土地的拥挤,扩张成为必然。但是房派的过分扩大,直接导致了宗祠内部不平衡。这种不平衡是人口不平衡、宗族势力的不平衡,甚至会出现某些支祠,因为该房人丁兴旺、有钱有势而在规模和配置上超过总祠。这时,聚落结构也会因此呈现出一种"非理性"的状态。该村的"冯氏宗祠"就是一例。该宗祠是冯惠五的后代房系"思如堂"的支祠,平面为"五间一天井",规模远远超过了总祠的"三间一天井"。究其原因,与长江中游地区的风俗相关。在长江中游地区通常是长子继承祖业,而其他各子只能外出谋生。但这样却在无形之中限制了长子一房系的发展,而二房、三房等却有可能因为经商而发达。表现在聚落空间形态上,就出现了位于村落几何中心的祖屋、总祠往往并不突出,反而是村落的某房系因为发展迅速,组团格局突出,祠堂也显得构架高敞、雕梁画栋(表1)。

表 1　湖北大冶上冯湾聚落(血缘)演变过程

发展时期	图　示	说　明
建　基 （元至正年间）		《冯氏族谱》记载,村落由元至正年间(推测为 1341 年)建基。 村落初期建设,由一个规模不大的祖堂以作为村落的核心建筑,祖堂的建设上遵循着背山面水的格局,在祖堂前建有风水塘,达到"聚气藏风"的风水目的。
发展期 （元至正至 明嘉靖之前）		村落的整体格局仍以祖堂为核心,民居虽然围绕祖堂建设,但开始向外延拓展。 多数建筑轴线朝向祖堂或风水塘,只有个别处于巷道交叉口的建筑轴线平行于祖堂轴线。
兴盛期 （明嘉靖至 清康熙年间）		村落继续向外围扩张,由于上冯湾处于山地地形,村落将相对平坦的土地开垦为耕地,建筑的选址则反之,新建民居也由早期简单的"三间一天井"逐渐发展为"五间一天井"及其衍变类型,形制逐渐复杂。 随着村落的发展壮大,村落财富有一定的积累。宗族二房于明嘉靖年间择址兴建了"冯氏宗祠"。

续表

发展时期	图　示	说　明
繁荣期 （清嘉庆至 1980 年间）		房屋建设量上达到了一个高峰期，村落耕地面积减小。村落的建设上仍然环绕村落中心：祖堂—广场—风水塘—建设。 "冯氏宗祠"因年久失修损毁。村落在靠近主干道边重新修建了支祠。
现状 （1980 年 至今）		由于村落核心区建筑密度过高，在 2010 年发生一场大火，早期的祖堂被烧毁，祖堂两侧的民居也受到很大的破坏，因此重新扩建了祖堂，并将村落最初的风水塘改建为停车场地，扩大祖堂前的广场空间，将风水塘迁移至当前位置，风水塘更多的是起着景观的作用。

因此不难发现，祠堂是影响血缘聚落结构形态的重要因素。藉由总祠—房祠—家庭祭祀空间而形成了富有层级的结构骨架，而不论是宗族或者房派的兴旺，都可以通过祠堂本身或者祠堂与其周围民居的关系进行物质表达。可以说，祠堂统率了血缘聚落的聚居模式，也是该类型聚落语境的"聚-缘"内核。

4　语境视角下的影响因子：血缘的动力显现

语境是将聚落视为社会结构的反映而产生的，语境间接影响聚落内部建筑的各个方面。聚落作为语境是指聚落成为代表某种文化或观念的媒介物，通过它进而影响乡土建筑。也就是说，聚落被视为某些社会制度的隐喻。甚至有时它并不直接作用于建筑营建，而是对建筑深层结构产生影响。

传统聚落，尤其是通过血缘姻亲维系的传统宗族聚落布局的形成是以礼制为前提的[10]。礼制所表现出的就是集体的秩序化。它要求每一个人都严格遵守等级的社会规范和道德约束，不可僭越界限。《礼记·曲礼》："毋不敬，俨若思，安定辞安民哉。……夫礼者，所以定亲疏，决嫌疑，别同异，明是非也。……道德仁义，非礼不成；教训正俗，非礼不备；分争辨识，非礼不决，君臣上下，父子兄弟，非礼不定；宦学事师，非礼不亲；班朝治军，涖官行法，非礼威严不行，……是故圣人作，为礼以教人，使人以有礼,自知有别于禽兽也。"①礼制思想长期左右着中国人的生活方式和社会行为,成为稳定传统社会的无形法则,也反映在日常生活的方方面面。礼制制度凌驾于现实生活之上,现实生活服从于礼制。

自宋代开始,江南开始盛行聚族而居,因此宋代及其以后的江南聚落成为中国传统社会宗族文化的重要载体。现在所能见到的传统聚落基本上都属于这一时段繁衍下来的。由于长期聚居,祠堂无一例外成为村落的核心,其他的公共建筑也选址在较为重要的位置,民宅则以此为重心而布局,暗合了君子将营宫室,宗庙为先,厩库为次,居室为后②的礼制观念。对于血缘型聚落而言,人们普遍将宗祠视为宗族的象征,它一般建在聚落中心位置或者门脸处,前面一定有宽阔的社场(或水池),以彰显超然的地位。一方面公共建筑的功能是礼制的直接载体,另一方面公共建筑与其他民居之间的布局组织也是宗族伦理与家族秩序的表现。聚落内敬天法祖的宗族礼仪文化制约着聚落生活的各个领域,统治者人们的思想和灵魂,是聚落结构的主要依托(图6)。也许从建造层面上来说,礼制并不直接参与,但是这种古老的文化方式维系着传统的聚落体制,并世代相传。

因此对上冯湾聚落空间进行总结,它的影响因子可以归结为以下两个方面:

①宗族性的公共建筑处于聚落的核心,祖堂仍然占重要地位。在传统社会时期,祖先崇拜在血缘型传统村落中占很重要的地位,因此一般情况下血缘型聚落都有着自己的祭祀建筑——祠堂、祖堂,这也是传统社会小农经济体系下村落的信仰核心,体现在村落空间布局上祖堂位于村落的腹地中心区,民宅围绕祖堂展开建设。在当下,上冯湾村落主打乡村旅游,农耕文化成为乡村旅游的重要元素之一,祖堂作为村落农耕文化的要素之一,上冯湾于2011年祖堂的新建工程将之摆在了重要的地位,以凸显村落文化。总体而言,祖堂在上冯湾中仍然占有着很重要的地位,此外祖堂也承担着婚丧嫁娶等多方面的功能(图7)。当前村落中乡村图书馆以及医务室都集中设置在祖堂内。

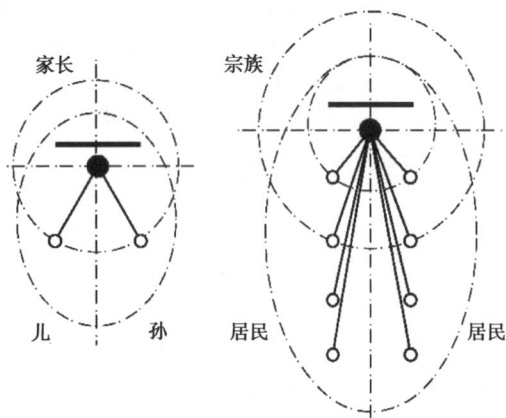

图6　家庭伦理与宗族伦理
(图片来源:根据张玉坤《居住解析》改绘)

图7　上冯湾祖堂内景
(图片来源:自摄)

---

① 译文:时刻尊敬他人,言行经过缜密思考,有利于群体的安定协作,就使人民能安定了,……礼是可以判断亲近与疏远的关系,可以裁夺可疑事物,可以区分事物性质异同,可以明辨是非的秩序性。……没有秩序,就无法引导教育人民去掉不良习惯、风俗;没有秩序,就不能裁判人们的争辩与是非;没有秩序,君主与大臣、父亲与弟兄的等级就无法确定;没有秩序,就无法亲密师生关系,也就难以学习管理知识;没有秩序,管理队伍指挥军队、按法治要求管理人民就失去了管理权威。……所以,高明的人所做的,首先是使民众了解和依据一定的秩序来行动,使人们的行为纳入一定的秩序内,从而使人们知道人与动物是有区别的。

② 引自《礼记·曲礼》。

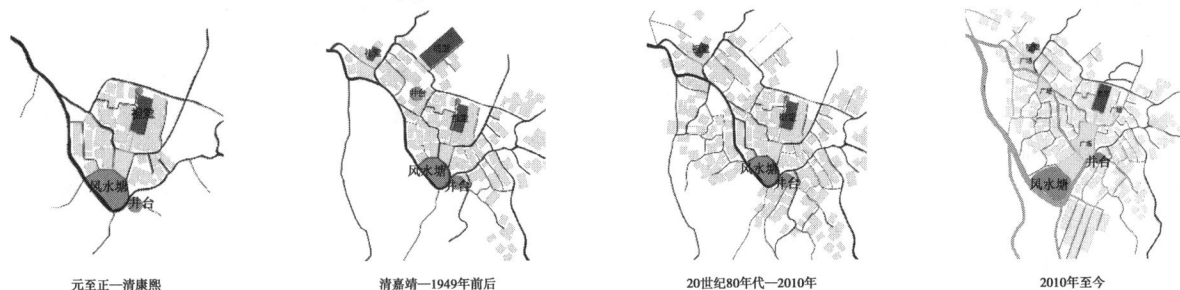

| 元至正—清康熙 | 清嘉靖—1949年前后 | 20世纪80年代—2010年 | 2010年至今 |

图8　上冯湾各阶段公共空间分布示意
（图片来源：自绘）

②聚落内单一核心空间向多中心空间的演变（图8）。早期村落是以祖堂及其前广场为核心空间，无论是村中组织的大型活动还是全村年祭或是作为打谷场地使用，以上种种都可看出其核心空间承担的丰富公共活动，久而久之人们也逐渐习惯在这里交往。但随着村落规模的逐渐扩大，村落边界远离核心，给人们日常生活、交流等造成不便，所以后期聚落也逐渐发展出除了祖堂外的多个副中心空间。例如，1970年左右由民居改建的上冯礼堂，除了改建民居外，还将占据礼堂前广场的部分建筑拆除，扩大了礼堂及其前场空间，并作打谷场使用。虽然现该礼堂已经拆除，并于2011年改造成了一个规模不大的祖堂（图9），但据村民介绍，改造原

图9（a）　原礼堂建筑
（图片来源：网络）

图9（b）　今祖堂建筑
（图片来源：自摄）

因主要是因为当年村里同时有2位老人去世，在农村"白喜"需在祖堂进行，但一个祖堂又不能同时容纳两场白喜，于是村里决定再兴建一个小规模的祖堂以备不时之需。这也从侧面印证了：经过漫长的发展以及日常需要，村落逐渐由单一的核心空间向多个中心空间转变，虽然"中心"的名称也许会改变，但空间的功能本质是不变的。

5　"文本-语境"概念下聚落空间理解

聚落是中国传统文化的重要创造者与承载者，理解传统聚落需要多角度对它进行分析和理解。

（1）传统血缘型聚落的"聚-缘"文本特征

传统社会，人们深受儒家、道家思想文化影响。上冯湾作为典型的血缘型聚落在历史时期以宗族制为主的聚居方式，村落选址与民居建筑基址的选址上都比较重视礼制影响，村落空间建设的核心是以宗族的象征祠堂为主，民居的建设也以祠堂或者村落中心空间为核心，形成以组团布局的建设方式，因此传统社会村落空间形态较紧凑完整，村落建筑密度很大，呈现出"聚-缘"的聚落文本特征。

（2）传统血缘型聚落的语境驱动机制

传统聚落除了本身所具有的文本属性外，也成为输出因子，通过语境对其中的建筑产生影响。体现在村落的建设上，从聚落中建筑建设的选址上可以看出，人们新建住房基址的选择从以宗族祠堂为中心逐渐向村落四周辐射的方式推进，后期趋向于在道路的两侧建设，也出现了多中心的发展态势，建筑布局呈现有机生长；体现在单体建筑空间上，民居建筑空间基本上体现出严格的空间等级秩序，虽然后期为满足现代生活方式，空间功能发生转变，但是通过对聚落语境的分析，建筑空间中蕴含的传统文化思想仍可窥一二。

（致谢：华中科技大学文化遗产研究中心硕士研究生黄华对本文亦有贡献。）

参考文献：

[1] 李晓峰,谭刚毅.两湖民居[M].北京:中国建筑工业出版社,2009.

[2] 李百浩,李晓峰.湖北传统民居[M].北京:中国建筑工业出版社,2006.

[3] 杨鸣.鄂东南民间营造工艺研究[D].武汉:华中科技大学,2006.

[4] 江岚.鄂东南乡土建筑气候适应性研究[D].武汉:华中科技大学,2004.

[5] 徐远.传统与变迁——鄂东南空心化聚落的调查与分析[D].武汉:华中科技大学,2011.

[6] 许伟文,张黎黎.乡土聚落更新发展的分析——以湖北阳新县老屋场村为例[C]//中国建筑学会建筑史学分会民居专业学术委员会.第十七届中国民居学术会议论文集.开封:河南大学出版社,2009:407-411.

[7] 陈晶,李晓峰.血缘型村落的同构型空间解读——以鄂东南水南湾村为例[J].南方建筑,2008(5):24-27.

[8] 徐今.索绪尔《普通语言学教程》精读[M].武汉:武汉大学出版社,2016.

[9] 谭刚毅,任丹妮.祠祀空间的形制及其社会成因——从鄂东地区"祠居合一"型大屋谈起[J].建筑学报,2015(2):97-101.

[10] 刘沛林.论中国古代的村落规划思想[J].自然科学史研究,1998(1):82-90.

学科交叉合作在乡土建筑遗产研究中的一次尝试
——以江津会龙庄及南部山区历史文化资源调查项目为例[*]

A Practice of Interdisciplinary Research on the Vernacular Architecture Heritage
—with an Investigation of Hui Long Zhuang and the Cultural Heritage of the Southern Area in Jiangjin District as an Example

肖冠兰[①]

Xiao Guanlan

【摘要】建筑遗产的研究是跨域人文学科和工程学科的研究领域,在乡土建筑遗产的研究上,这两大学科之间应该有深层次的合作。借由对重庆市江津区四面山地区一座古建筑为主体对象的文化调查项目,突破原有的学科壁垒和工作局限。该项目由建筑学学科研究人员统筹,与考古学、历史学学科研究人员共同组成工作小组,针对同一选题,共同设定研究目标,搭建研究框架,制订技术路线,整合结论,以为尝试,以期扩大研究的角度使得结论更丰满。

【关键词】会龙庄 乡土建筑遗产 跨学科 考古学 历史学

1 惊叹与疑惑——项目缘起

"深山里的紫禁城"——重庆江津四面山地区一座名叫会龙庄(图1)的古建筑被媒体冠以这样的标题进行了报道,一时成为各方关注的焦点。会龙庄成为焦点的原因主要来自两个方面:一是其建筑规模较大,有大小十余个天井;二是其地理区位偏僻。为什么在一个如此偏远落后的山区里存在这样一个规模的古建筑,成了民众对会龙庄最主要的疑惑。

会龙庄位于江津区四面山镇双凤街道(原称双凤场)(图2),是一组保存完好、规模庞大、结构精美的大型合院式古建筑,曾为当地王氏家族居住。由于缺乏历史记载,围绕会龙庄产生了各种传说,计有以下几种:建文帝避难说、会龙庄庄主王氏先祖失职避难说、王氏先祖赌博发家说、和珅官邸说、吴三桂说。其中有民间研究者对吴三桂说大力提倡。

图1 会龙庄航拍图
(图片来源:江津区文物管理所,王世俭摄)

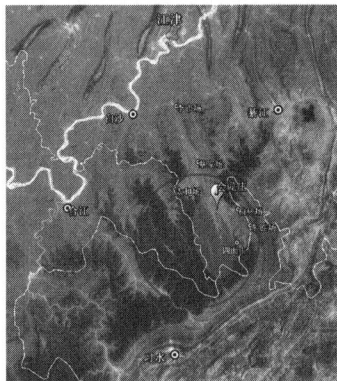

图2 会龙庄区位图
(图片来源:重庆市文化遗产研究院编制
《江津会龙庄及其所在南部山区历史文化资源调查报告》)

---

[*] 重庆市文化遗产研究院项目,江津会龙庄及南部山区区域历史文化资源调查,2016年3—6月。

[①] 肖冠兰,重庆市文化遗产研究院,副研究员。

为了在纷纭众说之中对会龙庄有更深入全面的了解,2015 年 3 月受当地相关部门委托,在江津区文物管理所的协助下,重庆市文化遗产研究院展开了对会龙庄及其所在的区域的历史文化资源调查。

2　问题与策略——学科合作

要解答"会龙庄之惑",需要回答的关键问题有两个:一是会龙庄的修建年代;二是会龙庄的主人是谁。而这两个问题仅仅从建筑本身的勘察测绘是无法解答的。要回答这两个问题,必须将调查内容从建筑本体扩展到建筑所在区域一定范围内的历史文化资源。从学科领域上来说,必须从建筑学领域扩展到人文历史学科领域。基于此次的主体对象是古建筑,因此以建筑专业为统筹,整合历史学、考古学专业的研究人员,共同组成调查小组,从地面文物调查、地下文物调查、口述史采集、文史资料梳理考证四个方面对会龙庄及其所在区域的历史文化资源进行综合性研究来解答上述核心问题。

"建筑遗产研究的第一步是进行门体及其环境的调查与实录,包括现场勘查、详细测绘、文档检索和口述史辅证等,目的是为价值认定提供可靠依据。"[1]

尽管建筑遗产的研究者早就具有了学科交叉的认知和视野,但鉴于专业领域的壁垒,多年来的交叉研究大多为成果共享互相引用和借用跨专业的理论与方法的辅助研究。此次,我们利用文化遗产研究院的综合性,搭建了一次深度的无缝合作,针对一个研究选题,几大学科共同设定研究目标,搭建研究框架,制订技术路线,整合结论,以为尝试。

3　术业有专攻——针对性的调查内容

针对上述问题和调查的综合性特点,根据各个学科的专业性质和特点,本次调查中制订了有针对性的调查内容和目标。

建筑学领域的调查内容主要有两部分:一是会龙庄本体的建筑调查与分析,包括对建筑的历史格局、规模、功能的调查和建筑特点的分析,如建筑风貌、主体结构、空间组织、建筑技术等,目的是加深对本体特征及价值的认知和解答形制、功能等相关问题;二是对会龙庄所在地区的古建筑、古遗址进行考察,尤其是同类型的宅院建筑,通过在风貌、技

术特征上进行对比,辅助判断建筑的年代。

考古学领域的调查内容主要是除古建筑外的其他地面文物和地下文物,如古道路、古遗址、古墓葬(主要为和会龙庄王氏家族相关的墓葬),目的在了解当时会龙庄所在地区的交通区位状况。历史学领域的田野内容主要为口述史的采集,口述史采集对象分为三类:一是王氏家族的直系后人,以了解王氏家族的谱系脉络;二是会龙庄所在双凤村的当地居民,以了解王氏家族事迹及双凤村村史及风物习俗;三是江津地区的文史研究者,以了解江津大地区的文史概况以及他们对会龙庄的见解。

田野调查分为两次,第一次调查范围主要以会龙庄所在的双凤村为中心,对周边区域进行调查。第二次田野调查的内容涉及两大类:一类是南部山区的古建筑调查及对比,调查范围涉及江津全域及四川合江等地;另一类是贵州王家谱系追溯、南部山区与黔北地区的古代交通线路和经济贸易调查。(图 3)调查里程约 1 500 公里,调查范围包括重庆市江津区南部、綦江区南部,贵州省仁怀市合马镇、茅台镇;习水县温水镇、大坡乡、寨坝、两路等地。

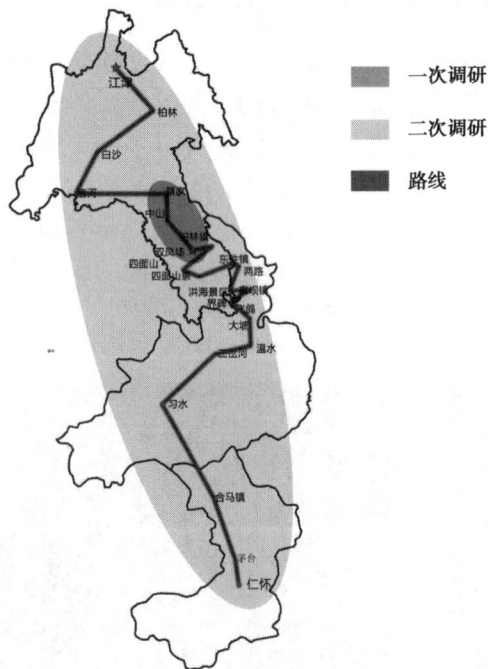

图 3　田野调查范围及路线图
(图片来源:重庆市文化遗产研究院编制
《江津会龙庄及其所在南部山区历史文化资源调查报告》,
杨巧制图)

田野调查地面及地下文物合计 54 处,其中古建筑 21 处,古遗址 4 处,古道路 6 条,石窟寺及石刻 5 处,古墓葬 18 座。(表 1)

表1　江津会龙庄及南部山区历史文化资源调查文物点类别统计表

	古建筑	古遗址	古道路	石窟寺及石刻	古墓葬	合　计
新发现	7	3	5	3	14	32
复　查	14	1	1	2	4	22
合　计	21	4	6	5	18	54

口述史采集的主要对象40名，其中王氏家族直系后人5名，王氏家族仆人1名，王氏祖宅寿星庄现住居民3名，双凤村居民5名，老四面山地区居民6名，江津其他区域居民4名，与江津接壤綦江地区居民3名，与江津接壤贵州习水、仁怀地区居民10名，双凤场文化专干1名，江津文史研究者2名。（表2、图4）

表2　口述史调查表

江津会龙庄口述史调查表			
采访时间		采访地点	
被访人员		采访人员	
被访人员基本情况	姓名		出生日期
	性别		居住地
	职业		受教育程度
	其他情况		
采访内容提要			

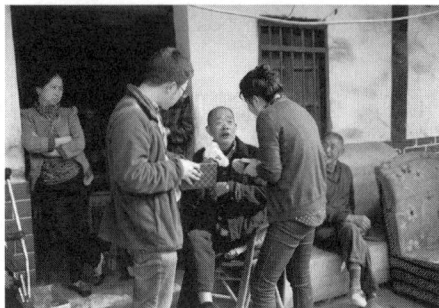

图4　口述史采集实录

（图片来源：江津区文物管理所张廷良摄）

查阅文献资料30余种，以乾隆《江津县志》、光绪《江津县志》、光绪《江津县乡土志》、万历《重庆府志》、道光《重庆府志》、道光《遵义府志》、嘉庆《四川通志》、《巴县档案》为主要参考文献。

4　从点到面——线索串联，结论整合

4.1　建筑调查分析结果

4.1.1　会龙庄建筑本体的建筑特色

通过调查探明了会龙庄及寿星庄（同为王氏家族宅院）的历史格局。（图5）从建筑功能上明确了会龙庄是集防御、观演、礼仪、居住、休闲等多重功能于一体的组合式合院建筑。从空间组织秩序上，总结了会龙庄在"开放空间""半开放空间""私密空间"三种不同功能的空间上对应"宏大""庄重""情趣"三种不同的氛围的艺术手法。在建筑技术上，剖析了会龙庄夯土墙、木屋架与石柱相结合的营造方式。

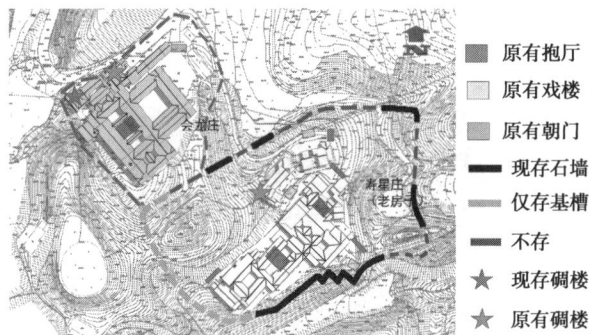

▨ 原有抱厅	
☐ 原有戏楼	
▨ 原有朝门	
━ 现存石墙	
▤ 仅存基槽	
━ 不存	
★ 现存碉楼	
☆ 原有碉楼	

图5　会龙庄及寿星庄的历史格局示意图

（图片来源：自绘）

4.1.2　江津南部山区合院建筑的特征

①建筑都有层次分明功能明晰的合院式建筑空间布局。在这些多院落组合的大型合院式建筑中，建筑的院落空间尺度层次明确，轴线清晰。中轴上的建筑尺度为开放或半开放的公共空间，尺度较大，装饰华丽，体现主人地位与财力为主。两侧

院落为生活起居空间,尺度宜人,氛围亲切,体现个人意趣。

②建筑的尺度、用料都较近现代的普通民居大。这些清代民居建筑的开间基本都在 5 米左右,明间开间可达 6 米多,厅堂进深多在 8 米及以上,厢房也达 6 米以上。而近现代以来修建的木穿斗结构民居开间多在 4 米左右。

③正堂和中厅之间都多设有"抱厅"。该地区的合院建筑中,在正房与中厅之间的大天井上普遍有加盖屋顶,成为半开敞的"抱厅"的做法。这在多雨的天气下,大大提高了天井的使用率。这也是在特殊气候条件下建筑因使用功能上实用性的考虑而产生的应对策略。

④都做"四水归堂"的小天井排水系统。该地区合院中多小天井。这种天井的主要功能是排水系统的一部分。四周建筑的屋顶的水均排向天井,再由天井汇至排水孔,流至暗沟,因此尺度不需太大(图6),有的甚至将天井排水孔设置在较高位置,让天井蓄水成为院中的"水景"。

图6　会龙庄(左)与塘河镇廷重祠(右)中的小天井
(图片来源:自摄)

⑤墙体结构等都大量采用夯土墙与石柱,且工艺一致。和近现代修建的当地民居大量使用穿斗屋架、竹编泥墙、用料较小等特征不同,该地区的合院式建筑普遍采用夯土墙与石柱,用料尺寸大,对建筑的耐久性、存续性有很高的追求。

⑥长江沿岸地区到川黔交界山区建筑特征存在微差异。虽然从建筑文化区的层级来说,江津行政所辖范围都属于巴蜀建筑文化区的范围,但其建筑特征也在小区域上体现了微差异。在白沙、塘河等长江沿岸地区,清代建筑中常见空斗砖砌封火墙,墙体形式多样,有层层跌落的五花墙,也有造型优美的弧形的封火墙。而自中山以南的山区,清代建筑中则鲜见砖砌封火墙,多为夯土墙。夯土墙较之于砖墙,建筑材料能耗低,更经济,这或是对应了山区经济较水运发达的长江沿岸地区弱的缘故。

4.1.3　江津南部山区合院建筑的价值

在对会龙庄及江津南部山区的合院建筑进行充分的调查、分析后,对这些清中晚期以来的古建筑的价值有了以下的认识:

①历史价值:体现了川渝地区清中晚期民间建筑的工程技术和艺术水平;印证了清中晚期南部山区豪绅阶层的物质财富的积累程度。这些合院建筑是巴蜀地区优秀传统建筑的代表,是我国古代民间建筑的精品。

②艺术价值:会龙庄及其所在区域的古建筑群体,体现的建筑空间艺术手法和观念、建筑装饰风格和内容,是中国民间工匠经过世代传承的文化结晶,在物质遗存上所体现的中国传统文化走到晚期的工艺特征,其承载的哲学、美学文化内容,是中国传统建筑艺术的重要组成部分。

③科学价值:会龙庄及其所在区域的其他合院类建筑,是中国合院式建筑在西南地区适应当地自然环境下演变的产物。在多雨气候下"天井"从室外活动空间转变为以排水功能为主的排水系统的组成部分。在温和的气候中,天井中加盖"抱厅",不影响通风的情况下,增加使用空间。多设宽大檐廊连接各栋房屋以利雨天穿行。这些做法都是在特定的自然环境下产生的,形成了巴蜀传统地域建筑的特色。

④社会价值:会龙庄及其所在区域的古建筑群体,是当地居民的住屋,也是他们的历史记忆,承载了一个地方的地方史,也由建筑本体的兴衰见证了历史的变迁。对本土居民来说,是他们的精神寄

托;对外来人来说,是了解该地区乡土文化的重要物质遗存。

4.2 考古调查分析结果

4.2.1 探明了江津南部山区的川黔道路系统

在交通多为人力、畜力的时候,虽是山地,但交通运力与便捷程度的差异并不如今日悬殊程度之大。清晚期时,南部山区场镇密布,从江津的长江大码头白沙至贵州地区的温水、习水,有着完备的山间道路系统。通过考古的田野调查,探明了南部山区的川黔交通道路(图7)。

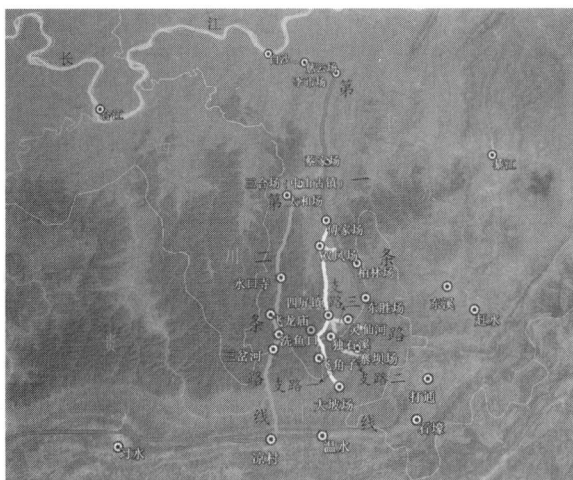

图7 南部山区的川黔道路系统示意图
(图片来源:重庆市文化遗产研究院编制
《江津会龙庄及其所在南部山区历史文化资源调查报告》,
牛英彬制图)

第一条路线是串联各重要场镇的主要路线:白沙镇→慈云场→李市场→龙门场→蔡家场→傅家场→柏林场→东胜场→两路口→寨坝场(贵州)→大坡场(贵州)→温水(贵州)。"各支路会分左至东胜场十五里,又二里许至两路口交仁怀界,由此至仁怀县城一百八十里,此津境南达贵州仁怀县之大道也。"[2]由于这条路线和今天的107省道部分重合。这条路线又延伸出三条支路连接了双凤村、四屏镇、寨坝场等基层场镇。

第二条路线是穿越四面山的一条石板路:白沙镇→慈云场→李市场→龙门场→蔡家场→三合场(今中山古镇)→太和场→水口寺→飞龙庙→洗鱼口→三岔河(贵州)→凉村(贵州)。

洗鱼口为出津隘口,在洗鱼口尚存一座石砌隘门。民国版《江津县志》载:"洗鱼口,县南二百九十里倚山有隘门一道,对山有炮台一座,界连贵州仁怀红圈子。"[3]

4.2.2 查明了南部山区大量防御性工事遗存产生的原因

南部山区发现大量防御性工事遗存,包括一些合院式宅院中多建有碉楼的情况,通过此次的考古调查,其产生的原因是清嘉庆以来的白莲教乱、太平天国运动,以及山区流寇造成的社会动荡局面。通过田野调查物证与历史文献两相对照,情况自明。

会龙庄东北约50米处出土有残碑"后大营花"碑,当地人称出土地点为"兵坟",一时传为吴三桂手下大将之碑。经考古调查在当地文物管理所库房发现该碑其余残段,为"湖南果后营花翎将军碑"。《清史稿·列传二百六》载:"刘岳昭,字荩臣,湖南湘乡人。以文童投效湘军。咸丰六年,……使领果后营。"[4]可见果后营为湘军营号。《清史稿·列传二百三十八》载"曾纪凤,字挚民,湖南邵阳人。以诸生从军,洊保知县。骆秉章督四川,调领湘果后营。同治元年,石达开窜踞叙州双龙场,分军陷高县。纪凤从按察使刘岳昭赴援,战城下,克之。"[5]据光绪《江津县志》载:"五月,合江土匪雷正超、简四亡等窜踞滚子坪,六月经知县贺洪熙协同果后营剿灭"。[6]因此果后营应当曾在同治初年进驻南部山区剿灭石达开部队或协助当地剿匪,双凤发现的"湖南果后大营"残碑就是这段历史的一部分真实记录。(图8)

图8 "湖南果后营花□"碑残段及拓片
(图片来源:重庆市文化遗产研究院编制
《江津会龙庄及其所在南部山区历史文化资源调查报告》,
牛英彬摄)

《江津县志（光绪版）》卷五，堡寨中有记载："嘉庆初元，白莲教匪党扰及重庆府对岸之江北厅津邑……令饬县属修立堡寨，该绅民等自卫身家，不惜重费，各择附近险峻山峰，或募众同修，或独立创建，亦皆取有名号。及咸丰同治年间，滇匪滋扰在前，粤逆蹂躏于后，遂有修葺旧寨者，有建立新寨者，津属地方辽阔，约计不下百余处，兹择其险固而费重者书之。"[7]

此次调查的遗址"后山坪寨"即在"书之"之列。"后山坪寨，县南二百四十里，王瑞卿所修"[7]，同时并列记载的还有"永安寨，县南二百四十里，王命卿所修"[7]。后山坪寨门上的题记中有"同治三年岁在甲子□□中浣永安山人"等字样，其时间节点"同治三年"和上述县志中记载的滇匪、粤逆扰乱之时间相符。因此判断后山坪寨就是同治年间，因滇匪、粤匪作乱而又"修葺旧寨"或"建立新寨"的活动中所建的。"后山坪寨"寨门题刻中落款的"永安山人"和"永安寨"之主人"王命卿"也很可能为同一人，王命卿、王瑞卿或为兄弟。（图9）

图9 "后山坪寨"题刻中"永安山人"落款
（图片来源：自摄）

田野调查的发现与文献的记载相互印证，南部山区防御工事产生的历史原因便清晰了。

4.3 历史调查分析结果

4.3.1 掌握了清晚期以来南部山区的经济贸易状况

清中晚期至民国时期，南部山区已经形成了以基层场镇为广大乡村区域的中心节点，以陆路交通为主，辅以水运交通，将较基层的乡村市场与中心场镇相连，再通过中心场镇与城市联系起来的物流贸易体系。南部山区处于川黔要冲，成为当时连接贵州北部与四川经贸往来的中转站。近代以来，南部山区通过长江的对外贸易口岸，甚至被纳入了世界贸易体系中。通过口述史采集的信息和历史文献记载，清晚期至民国时南部山区的贸易货物有以下三类：a. 输出型；b. 输入型；c. 过境型。

输出的货物中，以山货为主，其次为手工业产品。这些商品除少部分供应本地居民使用外，多数销往外地及国外。其中大宗重要输出商品为棕片、桐油、鸦片、猪鬃、木材，此外还有木耳、药材等山货外销。

输入的货物主要以本地所不产或供应不足的生活必需品为主，另外因本地工业生产需求还有一些的矿石原料的输入。其中重要的输入商品为来自自贡的盐巴，璧山或重庆贩运而来的布匹，从贵州、綦江运来的铁矿，自长江中下游的上海等地经江津转运来的洋货。

过境的货物大多以来自贵州北部的农产品山货等为主，多数经由南部山区运至白沙，通过长江水运外销。而最具特色和规模的过境货物是活牛。双凤场至江津之间的李市其时是川黔两省最大的活牛交易市场，来自贵州的活牛主要销往自贡自流井等需要大量畜力汲取卤水制盐的地区。

4.3.2 厘清了双凤王氏家族谱系及其家族发展史

通过对王氏后人的采访，厘清了会龙庄王氏家族的谱系。（图10）

王氏家族清代所修族谱已遗失，目前可查为2014版修订的最新版族谱。据此版记载，双凤王氏先祖可追溯到山西三槐王氏，始祖王言。经二十代左右至王德贵，入住荣昌县，成为入川始祖，其子王本香在明末清初奉旨西征川黔结合部赤水河中游一带，尔后就地安居。王本香生二子，长子王国栋后移居四川；次子王国绥后移居贵州仁怀合马镇，此后一直居合马镇至五代后，由王仕奇迁至双凤场，此为王氏家族入双凤场第一人。王仕奇生子王文玉，王文玉生四子王雍常、王雅常、王维常、王琦常，由贵州迁来的这一支便由此发展壮大。

王氏家族产业主要为田产，南至老四面山镇，北至中山镇，数量为四面山地区之首。民国以后随着近代工业的发展，王家也试图投资经营矿产，但并未成功。

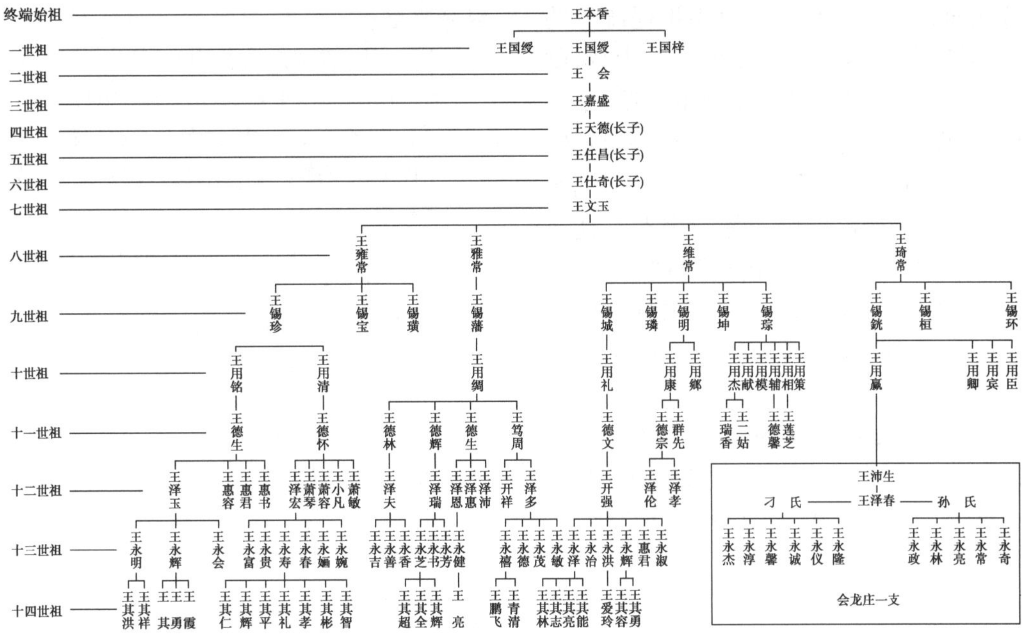

图10 王氏家族谱系图

（图片来源：重庆市文化遗产研究院编制《江津会龙庄及其所在南部山区历史文化资源调查报告》，周寅寅调查绘制）

双凤王家没有功名显赫之人，有残存匾额证明在清晚期王氏家族中有人捐过八品官衔，学业上最高也只有人中过贡生。王氏家族在会龙庄王文玉一代最为鼎盛，其后就是家族不断繁衍、祖产不断进行分配的过程。

4.4 线索串联，结论整合

考古调查、历史调查的结果联系起来，还原了会龙庄的社会历史背景、王氏家族背景；在建筑方面的分析对比，对会龙庄的特色以及江津地区、巴蜀地区合院建筑的特色和价值有了深刻的认识和提炼。

可以说经过清早期康雍乾的经营与积累，明末凋敝的巴蜀地区在移民潮流下已经全面复苏，一套完整的乡土社会结构又重新建立起来了。百余年的财富积累，让移民而来的乡绅地主阶层有足够的财富兴建精美的宅院，而这些宅院的风貌、格局、技术又带着移民源地的文脉在巴蜀地区本土化了，形成适应巴蜀风土环境的具有巴蜀地区特色的合院建筑。19世纪以来清朝内忧外患纷纷显现，白莲教乱、太平天国运动、山区流匪的侵扰让乡土社会又复动荡，因此私宅中的碉楼、乡绅主导修建庇护一方乡民的寨堡这些起防御作用的建筑普及起来。

基于对南部山区社会历史状况的了解，19世纪的双凤场，并不是今天所见的"偏远山区"，它是川黔之间一个普通的基层场，来往川黔的货物通过它周边的山间古道流通不息，它的社会里也有士农工商的完整结构。会龙庄作为一个拥有当地最多土地地主阶层的宅院，是正常的。而对王氏家族谱系的清理，加之墓葬铭刻的纪年，推测出会龙庄王文玉的出生时段应是乾隆晚期或嘉庆早期，那么他可以大兴土木建宅院的壮年时代则为道光年间，这和会龙庄出土的一座石础上所刻的"道光壬午年"在时间上是对应起来的。

这些线索和结论，也只是此次有限的调查内的一些收获，如果扩展开去，还有更多可以研究的内容，尤其是移民史的专题研究、建筑技术源流的考察等。但对于会龙庄的疑惑，或许可以从这些线索中得到辅助判断的价值。

5 取长补短，综合优势

考古学、历史学、人文地理学等人文学科的研究方法中，对历史文献的梳理、考证，以及田野调查等都是强项。但在以建筑物为核心对象的项目中，人文学科缺少体系化的建筑知识，对建筑本体的特征，诸如空间关系、尺度规模、建筑技术、构造细节等的剖析和图示上有所欠缺。建筑学科的工学背景在对建筑本体的认知上有很大的专业性优势，但由于知识结构上人文学科知识的不足，使得建筑学的研究往往只停留在建筑本体和表象上，而对产生建筑的历史环境、人文背景的研究理论上、研究方法和实践上出现短板。

笔者作为这次跨学科合作项目中担任统筹的建筑领域研究人员,在这一次小小的尝试中,深刻体会到:在历史研究中,由于历史信息的局限,如果只从一个学科领域来研究一个对象,很容易出现错误,多维度的研究可以更接近历史的真实。增加研究的角度可以使结论变得更加丰满,尤其是在建筑遗产这样的研究领域,真正把"建筑"与"历史"结合起来,把工学和人文学科结合起来,共同搭建研究框架,这相较单一学科的研究结论,更全面和深刻。

"建筑遗产(heritage architecture)的保存与再生是一个跨越人文、社会科学和工程技术领域的新兴学科领域,有很强的实践应用性和交叉综合性。"[8]

参考文献:

[1] 常青. 对建筑遗产基本问题的认知, 历史建筑保护工程学[M]. 上海:同济大学出版社,2014:13.

[2] [清]佚名. 江津乡土志[M]//姚樂野, 王晓波. 四川大学图书馆馆藏珍稀四川地方志丛刊:三. 成都:四川出版集团,2009:87.

[3] 地理志[Z]//聂述文,等,修. 刘泽嘉,等,撰. 江津县志:卷一. 民国十三年(1924年)刻本.

[4] [清]赵尔巽,等. 列传二百六[Z]. 清史稿:卷四百一十九. 北京:中华书局,1977:12129.

[5] [清]赵尔巽,等. 列传二百三十八[Z]. 清史稿:卷四百五十一. 北京:中华书局,1977:12558.

[6] [清]王煌,袁方城. 兵防志[Z]. 江津县志:卷五. 清光绪元年刻本.

[7] [清]王煌,袁方城. 堡寨[Z]. 江津县志:卷五. 清光绪元年刻本.

[8] 常青. 对建筑遗产基本问题的认知, 历史建筑保护工程学[M]. 上海:同济大学出版社,2014:12.

多元文化影响下的清代育婴堂建筑保护与利用研究
——以湖南武冈市育婴堂保护与利用为例*

Protection and Utilization of Foundling Hospital in Qing Dynasty under the Influence of Multiculturalism
—Taking the Protection and Utilization of Foundling Hospital in Wugang City, Hunan Province as an Example

刘天元① 罗 明②
Liu Tianyuan Luo Ming

【摘要】不同地域、不同类型的地域性建筑是文化多样性的物质载体。本文从具有清代湘西南地区特色的多元建筑文化出发,根据武冈市县级文物保护建筑清代育婴堂的地域特色,从平面形态、空间造型、材料及装饰三个方面分析其现状及价值,结合武冈本地建筑文化符号,深入分析育婴堂的修缮保护措施,提出一种因地制宜的保护利用思路。

【关键词】多元文化 育婴堂 保护 利用

0 引 言

源远流长的历史文化、辽阔广博的疆域土地、多种多样的自然环境以及不甚雷同的社会经济环境,使得我国的地域建筑大多是以本土地域文化及民俗文化为根基,并具有地理环境的深刻烙印。其中,某些地区的地域建筑更是集百家之长,同一些外来文化如西方建筑文化以和谐、宽容的姿态相互调整并加以融合,形成了一种中西合璧的建筑,武冈育婴堂便是此类建筑的典型代表之一。本文从育婴堂多元文化影响的角度切入,结合湘西南地域建筑符号及特征分析其平面形态、空间造型、材料及装饰,并参照古建筑保护修缮原则,提出针对上述三方面的保护与利用方法。

1 历史沿革

中国的育婴慈幼事业历史悠久。《周礼》中提到"保息六政"之首为"慈幼",南宋时期的慈幼局便是最早走向组织化的育婴机构。然而元代育婴事业走向衰落,直至明末万历年间才渐渐复苏。清立国后,育婴事业得到大力振兴。清早期时育婴堂分布在京师与江浙一带,多为地方乡绅或官员创办,影响甚小。自雍正皇帝诏令全国各地广设育婴堂后,育婴建设在全国达到高潮,许多州县同时有多处育婴堂,江南地区还因此形成了"育婴事业圈"。(图1—图3)在此大环境下,湖南清代育婴事业方大为发展,乾隆年间各州县已建立44所育婴堂,至道光年间又建25所。[1]

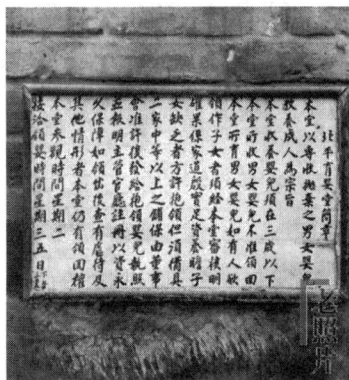

图1 北平育婴堂简章
（图片来源:网络）

*湖南省自然科学基金项目,《湘东地区传统民居研究及在建筑设计中的应用》,14JJ4051。
① 刘天元,中南大学建筑与艺术学院,研究生。
② 罗明,中南大学建筑与艺术学院,副教授。

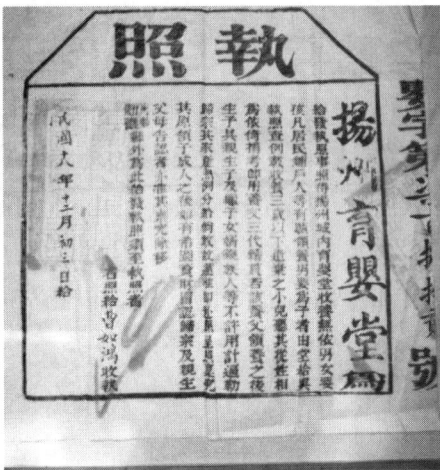

图 2 扬州育婴堂执照
（图片来源：网络）

图 3 1931 年时长芦育婴堂大门
（图片来源：网络）

据《武冈州志》记载，现存育婴堂是清嘉庆时知州许绍宗劝说绅民在之前已有的育婴堂旧址上重建的（图 4），"湖南溺女成俗，山陬僻壤之民且有畏多男之为累而弃之者"，因此该育婴堂是清代的一种慈善性收养孤儿的社会组织，这在育婴堂内堂西侧刻有同治、光绪年间为育婴堂捐款的人名及捐款

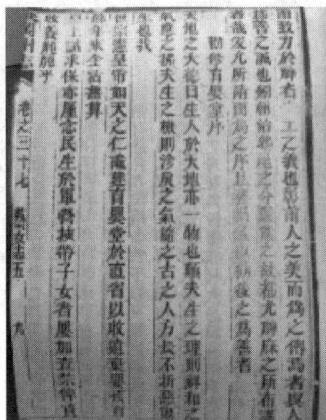

图 4 《武冈州志》劝修育婴堂序
（图片来源：清嘉庆《武冈州志》）

数额的石碑上也有真实体现（图 5）。在当时，凡地方贫户，生育子女无力抚养者，可以投育婴堂，由堂收养，代请乳娘。等孩子长大，仍可叫生身父母领回。如无家可归，则转送孤儿院或贫民习艺所，接受教育，学习技艺，以谋自立。育婴堂婴幼儿生活艰苦，当时的育婴堂先后收留婴儿数名，在这些弃婴中多数为病婴、私生子或者是多生的女婴。该建筑最后建于民国年间，被列为武冈市县级文物保护单位之一。

图 5 育婴堂内堂西侧捐款碑刻
（图片来源：自摄）

2 多元文化的影响

武冈育婴堂中的文化主体来源有三种：湘西南地域文化、民俗文化及西方外来文化。因此，受三种不同文化主体影响的武冈育婴堂，可以称得上是武冈地区具有多元文化特色建筑的代表。本节将从平面形态、材料及装饰、空间造型三方面挖掘分析上述的三种不同文化主体对武冈育婴堂的影响。

2.1 湘西南地域文化的影响

2.1.1 朝向

武冈地处湘西南地区，由于该地区日照时间较长且湿热多雨，武冈育婴堂便利用地形变化，形成坐北朝南、北低南高的朝向形式。因为在此种气候条件下，坐北朝南有利于采纳南来之阳气[2]，便于采光通风；北低南高的地势则形成了自然排水系统，可以在很大程度上减小洪涝来临时对建筑造成的损伤。

2.1.2 院落式布局

武冈是湘西南地区汉民族的聚居地之一，因此本土地域建筑的平面形态也大多为南方汉族地区普遍采用的中轴对称式合院,武冈育婴堂也不例外(图6)。育婴堂是清代一种慈善性收养孤儿的社会组织,因此将其按照常规分为内堂和外堂。据现场勘查及考证,原有文物建筑在由南至北的中轴线上对称布置南侧外堂、内堂及北侧外堂,轴线东、西两侧则分别布置东、西厢房,且每幢建筑均朝向院内,并通过游廊相连通,形成了前后两个闭合的天井院落。此种院落类型与湘西南地区的气候条件相符,天井仅起采光、遮阳及排水的作用。

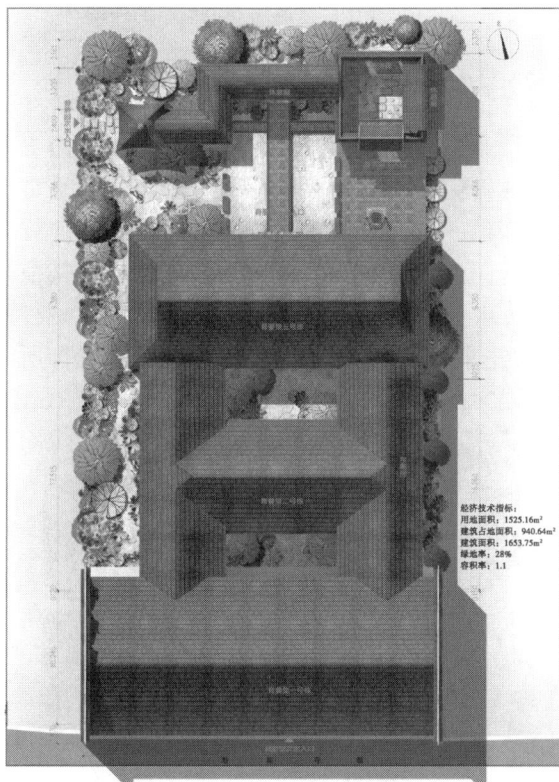

图7 育婴堂修缮设计总平面图
(图片来源:自摄)

图6 育婴堂修缮设计总平面图
(图片来源:自绘)

2.1.3 结构体系

此外,武冈育婴堂的主体建筑采用"穿斗式+抬梁式"的混合木结构体系(图7、图8),穿斗式结构可以使建筑外墙不具有承重作用,只用于围护及分隔空间,从而能灵活布置平面、丰富平面形态层次,抬梁式结构则能通过减少柱的数量获得宽敞的室内空间,二者相结合使得整体布局规范严谨,达到虚实结合的效果。该种结构形式因地制宜,在湘西南地区地域建筑中也十分常见。

图8 内堂屋架现状图
(图片来源:自摄)

2.2 民俗文化的影响

2.2.1 建筑材料

尽管武冈育婴堂属于南方汉族地区的天井式合院建筑,但其使用的建筑材料不同于徽派建筑,并不繁复华贵,即墙与木构件均以材料原色呈现,体现了湘西南地区朴实无华的民俗文化。

如育婴堂南侧外堂、现存的部分东厢房及北侧外堂的南侧均为木板墙(图9),而内堂和厢房、南北侧外堂东西两侧外墙则采用清水青砖砌筑,如今还能看到东厢房已严重倾斜的外墙(图10),青砖墙体砌法多样,从下至上就分为鹅卵石勒脚、两排全顺砌筑,以上为一眠一斗空斗砌筑,在檐口下则丁砖立斜砌,肌理效果丰富(图11)。且每栋建筑屋面均以小青瓦覆盖,结构均为木构架。采用湘西南本地生产的木材、青砖、青瓦,并配合其多样的风格,形成了色彩、肌理、形象的自然对比[2]。

图 9　育婴堂南侧外堂、现存的部分东厢房西侧
及北侧外堂南侧的木板墙
（图片来源：自摄）

图 10　东厢房严重倾斜的外墙
（图片来源：自摄）

图 11　青砖墙体砌筑肌理
（图片来源：自摄）

2.2.2　装饰形式

在装饰形式方面，则以结构简洁与功能实用为先。

（1）在大木作装饰上，采用了卷杀的装饰手段。如在东厢房二层木构架中的一道横梁就采用了卷杀（图 12），其端部被磨削成柔和的曲线或折线，使外形更加绵缓丰满。但育婴堂中使用的款式较为普通，这与湘西南地区地域建筑中使用卷杀有一定规矩的情况相符。

（2）对小木作装饰的处理也十分朴实，门上不做装饰（图 13）；阳台木栏杆和窗户的棂心是重点装饰部位，精雕细刻，木栏杆上的花纹为几何纹样拼合的图形，窗棂是直棂，同为正交方格与其他几何纹样组合形成，如南侧外堂南立面中的木栏杆及窗棂，并非如其他南方汉族合院式建筑的装饰所具有的偏向精美悦目的风格。（图 14）

图 12　东厢房二层木构架中
的一道横梁采用了卷杀
（图片来源：自摄）

图 13　朴素的大门门扇
（图片来源：自摄）

图 14　南侧外堂南立面中的木栏杆及窗棂
（图片来源：自摄）

2.3 西方外来文化对立面造型的影响

武冈育婴堂最后建于民国年间,此时主张西学东渐,各种先进的西方思想及文化传入中国,建筑造型中也开始带有西式建筑色彩。因此,育婴堂的立面中除去鲜明的本土地域建筑特征外,还带有西方外来文化衍生出的建筑元素。

如育婴堂内堂总体外形呈四边形,为一层三开间两坡悬山建筑,屋面采用小青瓦搭砌,墙体采用清水青砖砌筑,整体色调雅致素净。内堂位于育婴堂正中处,是育婴堂内最核心的场所,明间居中,两侧为梢间,明间在内堂南北侧对应设门,两侧梢间也采取同种方式对应设窗。这些空间造型特点都与湘西南本土地域建筑的空间造型符号相一致。但是,在每扇门窗正上方却都出现了西方宗教建筑所独具的拱券元素,且门上方的拱券直径大于窗上方的拱券,每个拱券两侧还有对称的灰塑雕花围绕门窗两侧,这使内堂南立面呈现出明显的中西合璧风格(图15)。同时窗户也采用了西式的玻璃窗(图16),而不是湘西南地区合院式建筑中常见的木质雕花格窗。西方宗教建筑元素与中式湘西南地域建筑符号的结合,反映出西方外来文化与湘西南地域文化的结合,也体现了湘西南地域文化的包容性。因而整座建筑风格既不突兀,又凸显了两种建筑元素各自的特点。

图15 内堂南立面现状图
(图片来源:自摄)

图16 内堂北立面西式玻璃窗
(图片来源:自摄)

3 保护与利用设计

3.1 保护原则

3.1.1 不改变文物原状的原则

严格遵守《中华人民共和国文物保护法》规定的"不改变文物原状的原则",施工中对损坏的构件执行能修理、加固后使用的,应修理、加固后再使用,新增构件依原构件,以达到最大限度地保留原来的构件,不降低文物的历史价值。

3.1.2 恢复历史原状的原则

历史上的多次维修改造,以及建筑使用功能的改变,削弱了文物的历史价值。经过对历史依据的反复甄别和研究,取得了局部复原的科学依据。在确保拆除改建部分不致影响其结构安全的情况下,进行拆除并恢复到初建时的建筑形态。

3.1.3 遵守"四个保持"的原则

①保持原来的形制,包括原来建筑的平面布局、造型、法式特征和艺术风格等;

②保持原来的建筑结构;

③保持原来的建筑材料;

④保持原来的工艺技术。

3.1.4 最小干预的原则

根据原物现存的健康状态,只采取加固、清洗、局部修补、表面封护等措施,尽可能地延续现保存较好的材料、构造做法与工艺,保持构件的沧桑印记,最大限度地保留原有的历史信息,使更新量达到最小,并与整体建筑风貌保持协调。

3.1.5 可逆和隐蔽的原则

根据我国文物古迹保护准则的规定"一切技术措施应当不妨碍再次对原物进行保护处理",同时"所有的新材料和新工艺都必须经过前期实验和研究,证明是有效的,对文物古迹是无害的,才可以使用"。在选择保护方法的时候更多地考虑不影响以后的保护和处理,使文物的保护修复具有可持续性。

3.2 保护措施

3.2.1 整治不良因素并复原部分消失的重要历史场景

经历过城镇化发展带来的一系列影响后,在一定程度上导致了育婴堂整片街区场所精神和文化内涵的部分流失,因而针对育婴堂本体及周边环境的整治与恢复势在必行。育婴堂建筑原况为双天井院落布局,但由于后期拆建部分建筑,现存建筑为连进三栋建筑,由南至北分别为一号栋外堂,二号栋内堂和三号栋外堂,内堂东侧残存部分东厢房,整体编号为二号栋。现存文物建筑中,内堂及东厢房目前保存较完整,但由于后期使用及修缮不当造成室内隔断墙体原有形制的改变,且东厢房虽屋架尚存,但已整体向东倾斜,随时有倒塌的危险,

同时院内增改建建筑较多,西厢房已无存,被现代新建两层私宅取代(图17);南侧一号栋西端的两个开间被改建为三层和四层现代建筑(图18);三号栋大门部分建筑尚存,但东端已被新建现代建筑代替(图19),西端的北侧被新建两层住宅遮挡,这些都加剧了文物建筑的危险性。

图17　原西厢房处新建建筑
（图片来源：自摄）

图18　南侧一号栋西端原两开间被改建
为三层和四层现代建筑
（图片来源：自摄）

图19　三号栋大门东侧新建建筑
（图片来源：自摄）

因此,在保证文物建筑基本安全性的基础上,按其原来的布局,拆除一号栋西端两个开间的现代建筑,根据现存五开间的格局复原为七开间,并修缮恢复院落间的连廊;拆除二号栋西厢房处新建建筑并按东侧厢房样式恢复;拆除三号栋大门东侧新建建筑并按西侧样式恢复。院内庭院环境基本与原址环境类似,北侧结合文物建筑风格,进行风貌控制与协调(图20)。这种保留文物建筑原真性的整治复原,既有历史场景补偿作用;又不会在当下的真实生活形态中显得突兀,同时也延续了文物建筑的生命及价值。

图20　育婴堂修缮设计鸟瞰图
（图片来源：自绘）

3.2.2　注重历史功能的完整性

将武冈育婴堂建筑本体作为保护对象的同时,保护并还原其历史功能的完整性同样重要。据现场勘查及考证,一号栋是育婴室,原为二层七开间硬山建筑,其大门面朝寿福寺巷并直通内堂;二号栋内堂居中,是堂内婴孩生居住的寝所,也是堂内的核心区域,为一层三开间悬山建筑;二号栋东厢房是堂内人员的工作场所,原为二层五开间悬山建筑;三号栋是当时对外接待的主要建筑,原为二层七开间歇山建筑。为了更完整立体地还原建筑本体的历史功能,保护修缮工作需根据现场勘查考证及湖南地区类似育婴堂建筑的文字记载来进行。

(1)建筑主体结构继续沿用"穿斗式+抬梁式"木结构,并对其梁、柱等整体进行整修,使其空间布置灵活、平面层次丰富的特点更为突出。

(2)根据现场考证结果,将一号栋东西两侧清水青砖封火山墙复原,一层居中的明间设为堂屋,并在其南北侧各设大门,其中南侧大门为育婴堂次入口,堂屋东南侧门窗外有连通的阳台,同时,一号栋东西两侧梢间南侧对称设置了三跑木折梯(图21);二号栋内堂设为寝所,东厢房一层五开间由南至北分别为三间乳母室,一间公役室,一间医务室,西厢房按东厢房样式恢复,其一层南面两开间为卫

生间,剩余三个开间由南至北分别为一间厨房、两间庶务管理室,东西厢房二层均设为储藏室(图22);运用湘西南地域文化符号恢复三号栋明间的门楼,拆除其东侧新建建筑并按西侧样式恢复,将东西侧一层尽间分别分隔为两间文牍,西侧梢间设为堂长室,东侧梢间设为会计室,东西两侧次间均

设为接待室且在其各自北面靠门楼一侧设置双跑折梯,二层明间东西侧均设为内务室(图23)。

这样不仅可以保护育婴堂本身,还可以使周边居民切身体会育婴堂原有的使用性质,并产生一些情感上的共鸣,从而积极加入保护育婴堂的队伍中,这也有益于该历史街区场所精神的重构。

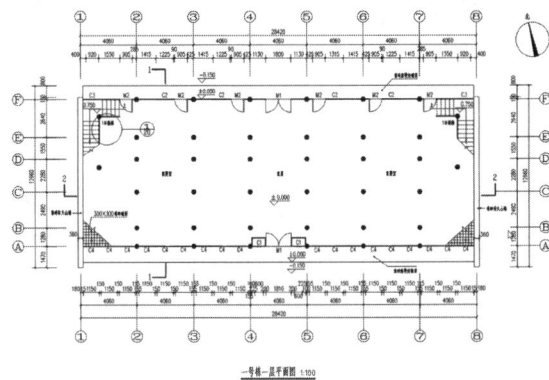

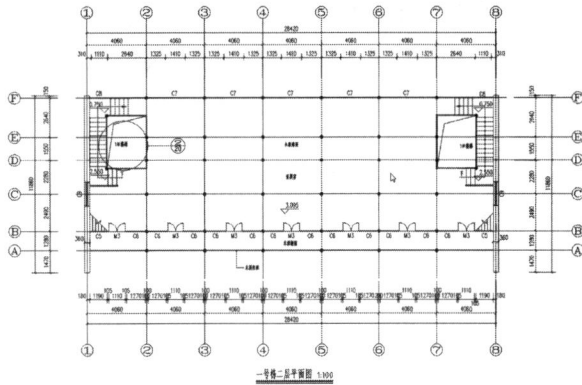

图21　一号栋一层、二层修缮设计平面图
(图片来源:自绘)

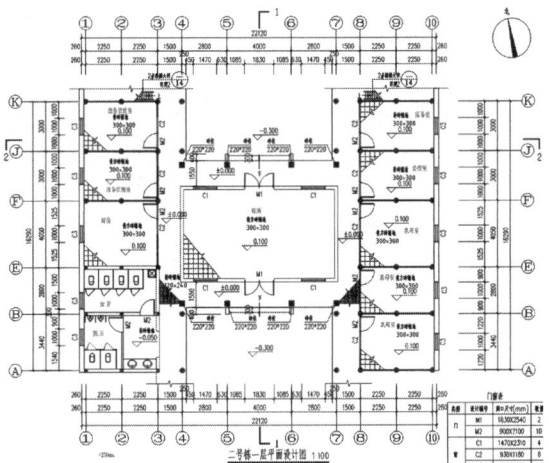

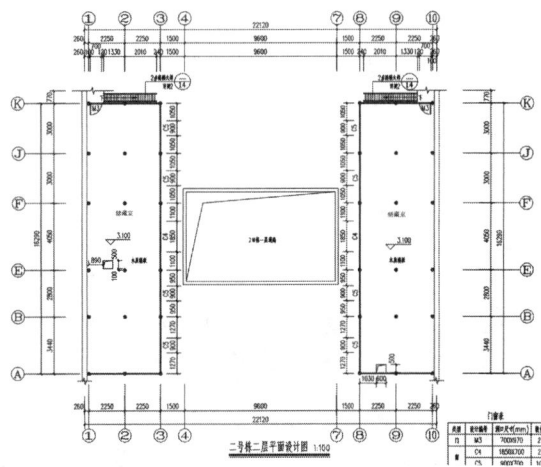

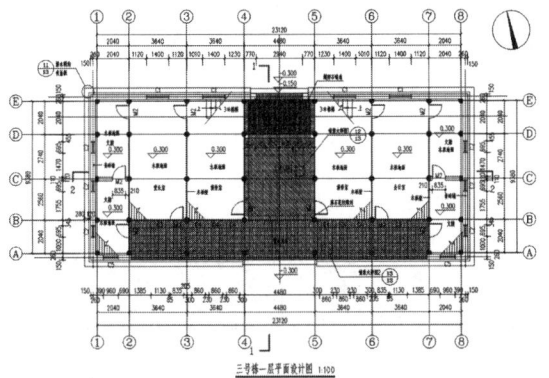

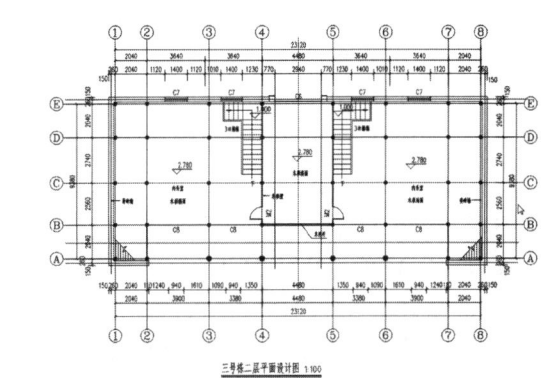

图22　二号栋一层、二层修缮设计平面图
(图片来源:自绘)

图23　三号栋一层、二层修缮设计平面图
(图片来源:自绘)

3.2.3 保护历史原貌的原真性

文物建筑的历史原貌通常体现在其建筑立面上,因而需根据此两点并利用考证结果来保护育婴堂历史原貌的原真性。

(1)一号栋南北两侧均采用木质板墙,在其南立面大门两侧对称开设两扇小窗,并在窗下设置用于放置婴儿的室内大抽斗,且抽斗上方小窗上还设置了一孔作为应门处。这使育婴堂真实再现当时有弃婴者可把婴儿放在抽斗里,不与堂内人打招呼,只需扯一下通铃以表示通报的历史情景。在大门上方正中处放置有隶书"育婴堂"字样的牌匾,同时按照其南立面二层明间处的窗棂及阳台栏杆的几何纹样恢复东西两侧次间、梢间、尽间的窗及阳台栏杆(图24)。一号栋东西两侧为封火山墙,材质为清水青砖。山墙顶线作阶梯状跌落三级,形成"五岳朝天"式三级马头墙[2],墙头高出屋顶。其装饰部位主要为顶线及马头处,马头造型灵动,呈倾斜向上状,居中处为绘有吉祥图案的泥塑。山墙顶部覆盖小青瓦,除靠近墙顶和马头处粉刷白灰外,其余部位均为砖瓦原色。为满足防御需求,山墙一层不设窗,仅在二层设置四边形的漏窗,窗棂由几何图案组合形成,既能满足采光、通风需求,又是一种装饰。

图24 一号栋南立面修缮设计图
(图片来源:自绘)

(2)按照二号栋内堂北立面现存的西式玻璃窗样式对称恢复南立面东侧梢间玻璃窗,按照内堂南立面大门上侧拱券对称恢复内堂北立面大门上侧拱券,同时将内堂南北侧大门恢复为木质双开门,并清洗修补其青砖墙体,完美呈现其中西合璧的原始风格形态(图25、图26)。二号栋东厢房内立面一层则根据三号栋现存的三开间一层南立面样式恢复,其内墙采用木板墙(图27),拆除严重倾斜的外墙,用老青砖重新砌筑。西厢房两侧立面则均按东厢房样式恢复,但其一层南面两开间内侧墙为清水青砖墙(图28),其余墙体材质与东厢房内外墙一致。此外,东西厢房外墙仅在一层对称设窗

(图29、图30)。

图25 二号栋南立面修缮设计图
(图片来源:自绘)

图26 二号栋北立面修缮设计图
(图片来源:自绘)

图27 二号栋内东立面修缮设计图
(图片来源:自绘)

图28 二号栋内西立面修缮设计图
(图片来源:自绘)

图29 育婴堂整体东立面修缮设计图
(图片来源:自绘)

图30 育婴堂整体西立面修缮设计图

（图片来源：自绘）

（3）三号栋南侧采用木质板墙，东、西、北三侧采用清水砖墙。参考湖南育婴堂建筑及湘西南地域建筑的入口建筑恢复三号栋大门及其北立面，同时依照其西侧三开间样式恢复其东侧三开间（图31、图32）。

图31 育婴堂三号栋南立面修缮设计图

（图片来源：自绘）

图32 育婴堂三号栋北立面修缮设计图

（图片来源：自绘）

此种参照文物建筑自身残存部分及同类型文物建筑立面形态和装饰进行文物建筑整体风貌还原的手段，可以使修缮部分与残存部分的建筑风格及使用材质一脉相承、浑然一体，相对而言能较为完整地体现育婴堂历史原貌的原真性。

3.3 利用方法

3.3.1 文化利用

对于文物建筑来讲，最好的保护方式就是合理利用。对于育婴堂而言，其富含的多元文化就是亮点之一。将其进行整体修缮后，可以根据育婴堂的功能形态、平面布局、立面造型等方面，在建筑内分块配以文字及图片，并结合一些多媒体手段，全方位立体化地展示武冈育婴堂的历史、功用及其富含的多元文化。同时可开辟其中一栋建筑作为文化交流中心，供育婴堂文化的爱好者们在此沟通交流

和学习，使清代育婴堂文化得到弘扬和传承。

3.3.2 环境利用

除了对育婴堂自身有效利用外，周边环境设施也需配套跟上。将育婴堂与街区原有的风土形态相结合，通过对育婴堂三号栋北侧区域进行环境整治，将其取名为普济园，取当年育婴堂普遍也称普济堂之意。普济园东侧面对巷道设置美人靠景窗，并结合现存的古井开辟一入口井院作为入口疏散场地，井侧设有两个与真人同比例的打水铜雕人像。从北侧的普济园垂花门进入园内，正对着门的为介绍育婴堂历史的青石普济碑景观石，园内草地上设小型儿童抓周物件等景观小品，提升了整体文化品质。环境改造恢复了街区的传统风貌，从而激活了老街区活力。

3.3.3 相关功能植入

（1）社区儿童图书室

育婴堂的服务主体是弃婴或弃儿，因此根据其本身的受众群体即儿童，可以植入相关的现代功能，社区儿童图书室便是一种选择。针对不同年龄段的儿童，可以分区域放置各年龄层适看的书籍，如0~3岁区域建议采用绘本形式书籍，3~6岁区域则采用图文并茂的书籍等。且每个区域均放有一定量关于育婴堂历史文化的书籍，并分别配置管理员管理书籍借还。这不仅可以发挥其对儿童的教育价值，还能为周边居民及其他当地人提供就业机会，使他们自主形成保护意识。

（2）社区居民活动中心

利用普济园这片区域，还可开发其作为居民活动中心的功能。修缮前街区居住环境拥挤，没有一个供居民进行交流活动的缓冲空间，因此通过普济园内设置的文化景观小品，可以每周或每月在此举办普及育婴堂历史文化的社区活动，这不但丰富了居民们的闲余生活，而且促进了社区内居民的沟通交流。

4 结 论

育婴堂在历史发展中积淀了丰富的文化内涵，如保存了基本的院落空间格局及街区的部分空间生态等，但较湖南省内及国内其他同类型建筑的历史风貌原真性、历史功能完整性等方面还存在一定差距。因此，武冈育婴堂的保护与利用应尊重与保

护其历史风貌原真性、历史功能完整性,强调历史环境的保护与利用并举,整治不良因素并复原部分消失的重要历史场景,并适当地植入相关功能。针对武冈育婴堂保护与发展现存的主要问题,需积极鼓励当地居民参与到育婴堂的保护利用中,整合并利用周边资源共同发展。

参考文献:

[1] 周秋光,张少利,许德雅,等.湖南慈善史[M].长沙:湖南人民出版社,2010.
[2] 范迎春.湘南民居建筑的艺术特征初探[J].美术大观,2007(12):66-67.

精明更新视阈下传统村落保护与更新探索

Exploration on the Protection and Renewal of Traditional Villages from the Perspective of Smart Update

安 纳[①]

An Na

【摘要】随着经济发展和城镇化进程的加快,我国的城乡规划也由原来粗放式慢慢过渡到了以可持续利用为目标的精明增长层面。虽然目前对精明增长的理论研究和介绍逐步深入,但大部分的精明增长都只涉及城市的使用和分析,缺乏对传统村落保护和更新的关注。本文在分析现有精明增长理论和实践基础上,结合我国传统村落保护与更新规划的现状问题,以更新对象、更新问题到更新原则为思路,提出传统村落保护与更新思路——精明更新;以精明更新为核心,通过大层次的土地资源开发、产业功能结合中层次的传统文化,最终落到小层次的人居环境等,并依据大、中、小三层面提出系统的更新策略,引导传统村落向可持续更新发展,为我国传统村落保护更新提出策略性措施建议。

【关键词】精明增长 精明更新 传统村落保护 传统村落更新 民主村

0 引 言

伴随着经济的飞速发展和城镇化过程的加快,我国城乡规划也从原有增量规划时代进入了以可持续发展为目标的存量规划时代。传统村落作为地域环境、民族历史和文化遗产的集合体,逐渐受到人们关注。但由于文化传承性的缺乏和对历史保护意识的不足,导致传统村落出现土地过度开发利用、产业经济单一、历史文化衰落、公共空间缺失以及人居环境欠佳不当等不利现象。

在这种背景下,国家认识到传统村落在新农村建设中的重要性和必要性,并相继出台了一系列保护措施,例如,2012 年确立了具有文化价值及传承意义的"传统村落"及其传承意义,并出版了传统村落名录以及《关于加强传统村落保护发展工作的指导意见》,2013 年提出了《传统村落保护发展规划编制基本要求》等,在一定程度上遏制了传统村落的消失这一趋势现象,为传统村落在宏观政策中的保护提供了新的指导。而在实际规划中仍然存在传统村落保护的误区,其根本原因是传统村落保护规划理念的缺乏。这时就需要应用精明更新理论,通过土地的集约利用、产业功能重构、村落功能品质提升,引导传统村落向动态的可持续更新发展。

目前大部分"精明增长"都体现在城市历史街区的利用与分析上,缺乏对传统村落保护与更新方面的关注。仇保兴(2004)认为,在城市管理、城市治理和城市规划转型中,未来的城市规划应与精明增长原则相结合,重点突出其紧凑发展、土地混合使用、公共交通、公众参与等概念[1]。于文波(2004)等基于美国城市蔓延的现状,从社会历史角度阐述了美国针对城市蔓延问题的思考,结合精明增长等新规划思潮,总结出我国城市化过程中空间模式的主要观点[2]。张娟、李江风(2006)在研究国内外精明增长背景基础上,总结美国城市蔓延的经验和教训,应用到我国城市发展和空间组织上,运用精明增长的理念指导我国城市发展实践策略和技术手法[3]。马祖琦(2007)基于美国郊区化现象和城市蔓延背景,分析了精明增长产生的原因,认为我国需要转变现状道路和土地利用模式,应充分发挥规划政策的宏观调控作用[4]。

故本文基于国家对传统村落的建设及规范要求,以四川省汉源县九襄镇民主村为例,研究精明

---

① 安纳,重庆大学建筑城规学院,硕士研究生。

更新视阈下传统村落保护与更新的思路与方法,以期为我国传统村落地区保护与发展的提供理论指导,对我国传统村落保护更新具有借鉴意义。

1 精明更新视阈下传统村落保护与更新建构

1.1 精明增长理论概述

精明增长理念是指在合理利用城市资源的基础上,达到经济、社会、环境的最大收益,使得城市总体良好发展。它产生于汽车交通为导向的城市扩张现象,旨在通过集中有序的发展模式来解决城市蔓延带来的交通拥挤、土地浪费以及环境恶化等问题。EPA(美国国家环境保护局)认为,精明增长为社区提供了一个经济发展模式,它可以创造一个经济发达的、充满就业和邻里活力的生活环境[5]。APA(美国规划协会)在之前的基础上对精明增长进行补充,认为精明增长的目标在于法制化,利用法制化来协助政府工作,并提出精明增长的十大原则。2000 年成立的 SGA(美国精明增长联盟)则从土地利用、环境治理以及空间结构中确定了精明增加长的核心内涵。

随着精明增长的理念逐步扩大,国内外逐步将精明增长运用于乡村规划建设中(表1)。对于缓解土地过度开发、生态环境流失、传统文化殆尽的乡村问题,发展乡村可持续发展建设,有着重要的指导意义。

表1　国内外乡村精明增长建设(表格来源:自绘)

国家名称	代表人物 & 部门	理　念
美国	美国环境保护署(精明增长在线)	《关于乡村地区实行精明增长战略的报告》提倡乡村景观维护,保护公共设施、建设充满活力的邻里关系
欧洲	Mccann, Philip, Ortega-Argiles. [6] Vanthillo T, Verhetsel A. [7] Renski H. [8] Errington, Andrew J. [9]	《欧洲2020战略》乡村精明增长应该得到广泛的、多层次的应用。乡村地区具有发展精明增长的可能性。精明增长在乡村需要因地制宜,表现为具有地方特色化的政策和联系

续表

国家名称	代表人物 & 部门	理　念
中国	杨红[10] 王艺瑾[11] 曹伟[12]	将精明增长理念引入美丽乡村建设当中来指导村庄规划。通过实例强调要保护乡村地方特色。借鉴精明增长理念,通过土地利用的调整来减少城乡差距,从而实现城乡统筹

1.2 从精明增长到精明更新

随着精明增长的理念的实施和应用,乡村精明增长也逐步受到重视。对比国外乡村精明增长关注于政策的实施以及战略的具体应用上,国内乡村精明增长还停留在农村土地整治、居民点政治以及美丽乡村等政策结合上[10],对传统村落的精明发展研究不多,缺乏对传统村落精明增长方面的理念探索。

故本文提出基于精明增长背景下的传统村落保护与更新思路——精明更新(图1)。即精明增长下的有机更新,区别于原有传统村落保护与更新的千城一面、拆真建假、凭空建造等失败案例,采用尊重原有村落生长规律、精细化的温和更新模式,通过对传统村落更新对象的分层分级,将土地利用、产业划分等整体考虑的大系统与公共空间、文化复兴、人居环境等村落层面中小系统进行相互协调与组织布局,以达到精明增长理念的树立,科学界定乡村发展边界,将进一步推动村庄发展由外延向扩展转变为内涵式提升[13]。

1.3 精明更新框架

针对现有传统村落保护与发展中存在的问题,本文基于精明更新理论,提出了"区域—村落—节点"分层精细化更新路径。通过小层次的人居环境微更新带动中层次的空间布局、传统文化,最终激活大层次的土地资源开发、产业功能结合等。依据大、中、小三层面提出系统的更新策略,从而达到土地的集约利用、产业功能重构、村落功能品质提升的目标。在实现村落精明更新的同时,引导传统村落向动态的可持续更新发展。从而提出精明更新下传统村落保护与发展框架(图2),并进一步在土地利用模式、产业功能重构、文化传承保护、人居环境更新四个方面提出相关策略。

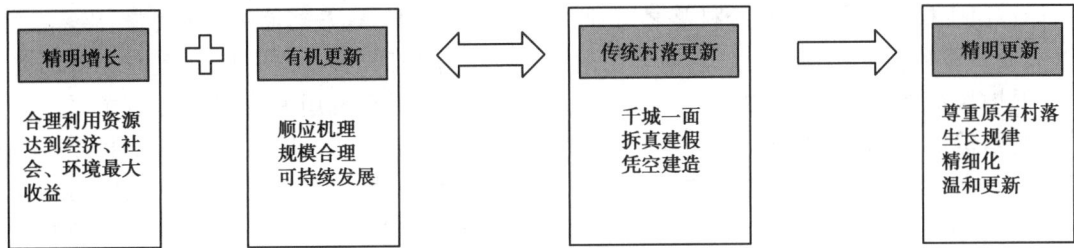

图1　从精明增长到精明更新
（图片来源：自绘）

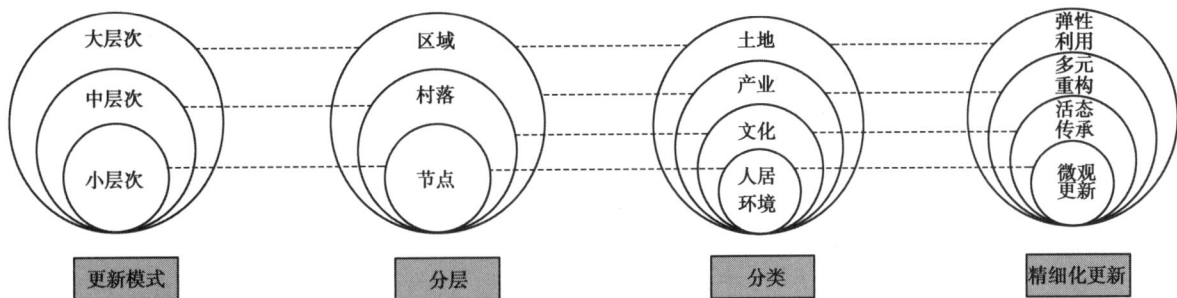

图2　精明更新下传统村落保护与发展框架
（图片来源：自绘）

2　精明更新视阈下汉源县九襄镇民主村传统村落保护与更新

2.1　传统村落现状

民主村位于汉源市九襄镇西北侧，东临108国道，南临流沙河，西临木槿水。周边交通设施密集，处于"汉源半小时、雅安一小时、成都两小时经济圈"的三位一体的区位之中，交通便利，具有独特的光热资源，整体区位良好（图3）。村落东侧有正在修建的108国道以及有流沙河通过，南侧有大面积的基本农田，四周有山脉围绕，形成山、水、田、园相呼应的独特空间格局。依托良好的光热气候环境

和土壤条件，九襄的蔬果种植产业十分发达。民主村作为九襄镇的起源、南方丝绸之路和茶马古道上重要的交通驿站和商品交易聚集地，见证着九襄的兴起、繁盛和衰落[14]。村落内至今仍保留有完整的古建筑群、古街道、古城门等，也保留有被评为省级文物保护单位的"双节孝石牌坊"。村落拥有许多历史文化遗迹，例如现保存较完好的石牌坊、栅子门，以及一些传统院落如王家院子、陈家院子、范家院子、老年协会等。民主村位列于《2018年列入中央财政支持范围中国传统村落名单》中，未来发展潜力巨大[15]。

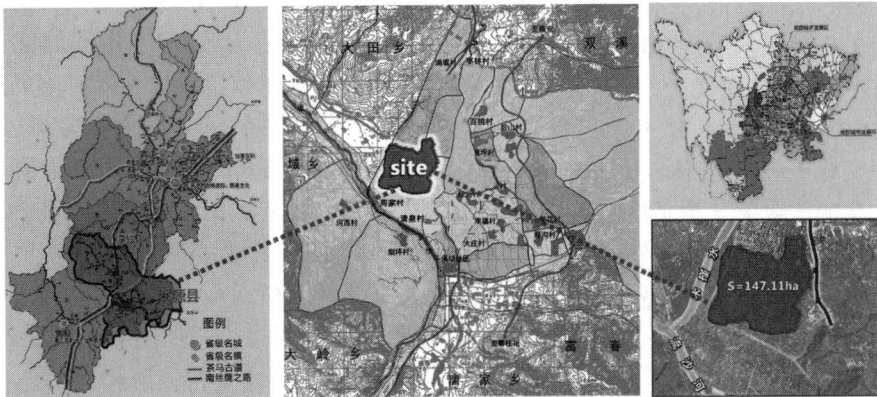

图3　民主村在汉源县、九襄镇的地理区位
（图片来源：汉源县九襄镇民主村保护与发展规划）

民主村有丰富的文化遗产和人文景观,风景名胜众多。而在民主村被评为中国传统村落之后,原有的大开大放式发展模式不能满足日渐增长村落保护需求,保护与发展规划急需突出。

2.2 传统村落保护与发展问题

2.2.1 土地利用—用地分散、布局混乱

民主村现状用地呈现分散布局模式,现状建设用地沿汉源街呈"鱼骨状"发展,主要集中于民主村区域以及周边。交通设施用地、公共设施用地等建设用地和农林用地、水域等非建设用地相互交杂(图4)。现状基础设施、公共服务设施分布不均。核心区域与周边配置差距较大。现状杂乱发展模式对民主村的保护带来了大量的破坏,不利于民主村的后续发展。

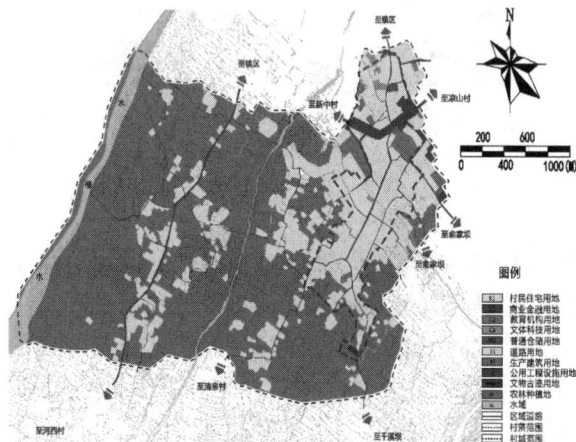

图4 村落土地利用现状图
(图片来源:汉源县九襄镇民主村保护与发展规划)

2.2.2 产业构成—层次单一、效益薄弱

现状民主村产业以一产农业为主,主要种植水稻、蔬菜和水果,仅在老街上有少量商业,产业经济效益薄弱,规模不大,层次较低,没有对现状的历史资源等进行充分的挖掘和利用,整体产业存在辐射带动不强、品种少、创新弱等问题。

2.2.3 历史文化—物质衰落、传承困难

民主村历史文化传承困难,体现在非物质文化的衰落和物质文化的破败上。在非物质文化方面,随着现代化、经济化、城镇化的快速发展,民主村内中青年劳动力和人才逐渐流失,村民大部分以老人和儿童为主,空心村现象尤为严重。在物质文化方面,民主村文物古迹遗存较少,民主村虽具有南方丝绸之路、"茶马古道"等丰富的文化底蕴,但是随着时间的流逝,现存文物古迹级别不高,损毁情况

严重,不利于多元文化的保留和提升。

2.2.4 人居环境—质量欠佳、缺乏控制

由于生产技术的提升,人类与自然的关系逐渐由依赖关系到利用关系,再到征服关系。人与自然关系逐渐对立[16],民主村也出现了自然环境的破坏,如挖山建房,破坏原有自然肌理的现象。现状部分历史建筑老化严重:如传统以木结构为主的川西民居由于生物侵害、潮湿等因素影响,加上年久失修,建筑老化严重。街巷风貌破坏:随着建筑的衰落,九襄老街外围建设有不少现代建筑,与原有街巷周边建筑风貌存在较大冲突,原有街巷的空间肌理被破坏,新建建筑风貌缺乏有效控制(图5)。

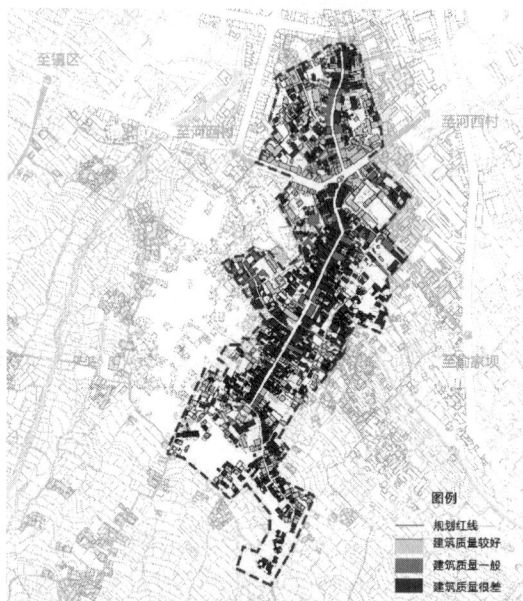

图5 建筑质量分析图
(图片来源:汉源县九襄镇民主村保护与发展规划)

2.3 精明更新视阈下传统村落保护与更新策略

民主村作为茶马古道与南方丝绸之路交会的驿站,拥有悠久的历史、丰富的历史遗存、特色的木构建筑与建造工艺、遍布山间的优美的田园景观、和谐的山村景致以及优美的村落风光,这些共同构成了民主村独特的花海果村自然风光和宜居的人居环境,体现了其丰富的历史价值、经济价值和旅游价值。随着城市化的大力推进,传统村落由于土地利用混乱、产业类型单一、历史文化衰落、人居环境恶劣等自然或人为原因,面临着严重的问题。因此,对民主村提出精明更新的保护与发展模式(图6),全面保护民主村传统村落的原生态氛围,建成自然环境优美、民俗历史文化底蕴悠久的传统村落。

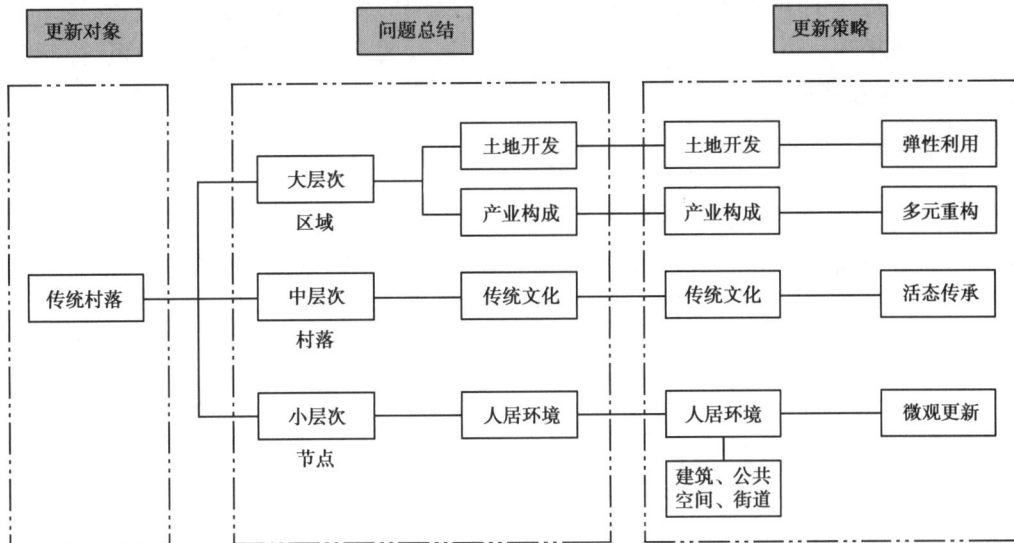

图6 精明更新视阈下传统村落保护与更新模式

（图片来源：自绘）

2.3.1 确立弹性土地利用模式

弹性土地利用是区别于空间确定、强制实施的刚性土地利用模式的一种新兴土地模式。区别于刚性土地的固定性、强制性和确定性，弹性土地利用具有动态性、可调整性、多学科综合性和公众参与性等特点[17]，使得土地规划与市场变动紧密结合，土地利用规划适应性大大提升，有利于达到土地配置最优模式，提升土地利用效率，保障市场健康有序地发展。要提倡土地混合利用，鼓励村民积极参与到规划组织中，并兼顾多方利益协调，综合利用多学科知识，达到多方面综合发展目标。

民主村土地利用规划应在充分考虑村落原有肌理的基础上，综合考虑多要素，结合村落整体风貌、文物古迹与历史环境、村落选址与风水格局以及历史沿革，结合村民意愿，改善现状村落的无序发展与利用，弹性规划村落未来发展方向和用地边界（图7）。在划定民主村核心保护范围的基础上，确定各组团功能，分散规划新村安置和旅游开发。

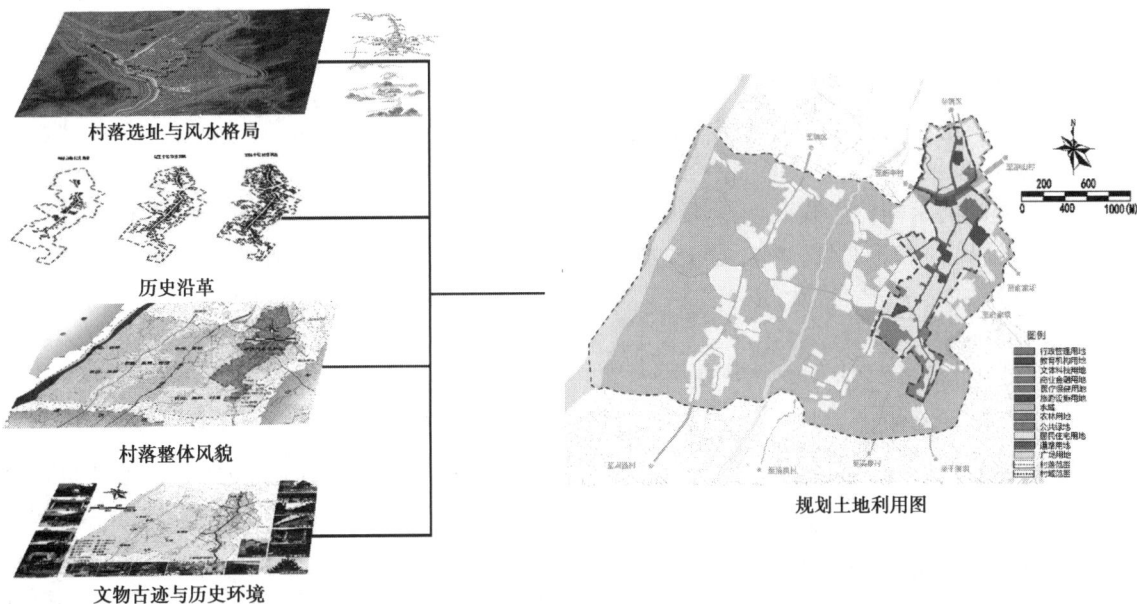

村落选址与风水格局

历史沿革

村落整体风貌

文物古迹与历史环境

规划土地利用图

图7 村落土地利用规划图

（图片来源：自绘）

最终形成"一心、两轴、四片区"的规划结构。以民主村为中心的汉源街片区，作为历史资源集中展示区，规划发展古镇文化旅游。将汉源街形成的历史文化轴与贯穿居住组团的主要道路作为村落主要发展轴线。依托村落水系、道路走向，根据自然环境要素分布与资源特点，将村落由东至西划定为四大带状功能区，分别为生态景观涵养区、农业生态景观区、居住观光区、汉源街文化核心区(图 8)。

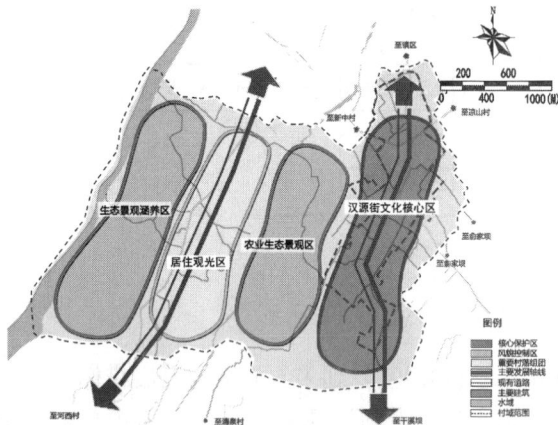

图 8 村落功能结构规划图
(图片来源：汉源县九襄镇民主村保护与发展规划)

2.3.2 重构多元精细化产业

针对民主村原有产业构成层次单一、效益薄弱等问题，精明更新提倡多元精细化产业重构，使得产业投入与产出更加精准，产业特色突出，同时结合因地制宜原则，推动产业向多元化、小而精、紧凑型发展。民主村的产业资源十分丰富，应结合农业的基础性地位，强化发展生态型观光农业，对特色产品进行战略性扶持，注入文化内涵，联动文化旅游进行再发展。利用民主村深厚的传统文化资源及自然环境资源，发展特色规模产业，结合旅游开展特色工艺流程的展示和体验式商业等服务。传统建筑除了满足居住功能以外，还要加强与旅游相

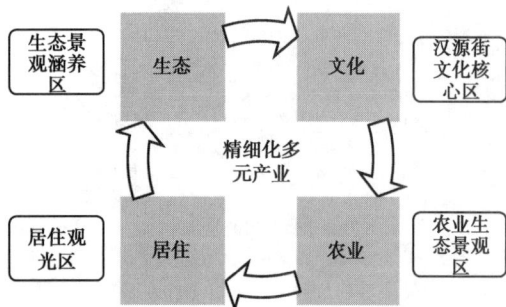

图 9 村落产业规划图
(图片来源：自绘)

关的配套建设，丰富传统建筑功能，开发包括农家乐形式的旅游餐饮业、民宿短租、特色农产品展馆等形式。在旅游资源的基础上发展相关联动产业，进而打造精细化多元产业循环(图 9)。

2.3.3 活态传承文化保护

文化保护中的活态传承是指民族民间文化在原生环境中的保存和发展，在人们日常生活的传承和延续[18]。区别于静态的"博物馆"式的保护、活态保护能最大限度地保留文化的活力。村民作为传统村落的主人，是传统村落兴衰的见证人，传统技术、文化记忆的承载体和关键点，与村落的自然环境、社会环境、生活方式等组成的文化环境相协同，共同为文化的活态传承提供保障。民主村的活态文化传承主要体现在以下方面：

录——全面留存文化遗产。建立文化遗产档案，通过文化遗产普查，对文化遗产以及包含的文化空间进行标志，记录文化遗产的特有信息。运用电子化手段(如录音、录像、多媒体)等多种方式，全面多角度地对民主村文化遗产进行记录，深化文化遗产的内涵。

组——加强文化活动的组织。通过举办节庆活动等方式对需要通过活动进行承载的文化遗产进行发扬。建立九襄民主村传统村落民俗文化展馆、画家写生基地，利用九襄镇文化活动中心、会所、学校等将九襄镇民主村村落文化遗产进行集中，充分体现九襄镇民主村传统村落文化底蕴和历史风貌特色。

宣——建立"九襄镇民主村传统村落"网站。尽快在互联网上建立"九襄镇民主村传统村落"网站，将民主村历史沿革、自然地理、历史建筑、环境要素、历史街区和整体自然环境的文本和图片进行展示，并结合新媒体等宣传方式扩大知名度和影响力，例如通过微信等多种手段加强对文化空间的展示宣传，撰写相关风土人物志等。

2.3.4 微更新整体人居环境

传统村落人居环境是传统文化、空间表达和社会建构的综合体现。作为村民生产、生活、生态的环境，传统村落人居环境包含传统建筑、基础设施以及街巷空间等村民生产生活所需物质和非物质的有机体[19]。微更新是基于有机更新的概念，在全面保护城市肌理和特征的基础上，满足区域系统的核心问题，并采用与大规模拆除和大尺度兴建不同的更新方法，以适当尺度和合理规模更

新局部小地块,从而引发链式效应的自主更新,刺激整个地块的更新活动[20]。精明更新下的人居环境采用微更新理念,为传统村落注入新的发展动力,从而实现村落的可持续发展。民主村的人居环境更新体现在传统建筑、公共空间以及街巷空间微更新上。

民主街传统建筑的保护采用分级保护和分类整治的方式(图10),遵循保护传统村落风貌和空间格局的原则。充分考虑目前情况和可操作性,根据建筑保护类别及其质量、风格、层数、结构等进行综合评价,通过建筑年代评价、建筑质量评价、建筑风貌评价、建筑高度评价单因子叠加,多因子评价。将建筑分为保护、修复、修缮、改造四类来进行保护和整治(表2)。

图10 建筑分级保护、分类整治图

(图片来源:汉源县九襄镇民主村保护与发展规划)

表2 建筑分级保护、分类整治表(来源:自绘)

保护方式	保护措施
保护	已公布为文物保护单位的不可移文物的建筑,按照《文物保护法》进行严格保护,真实反映历史遗存,反映历史的原真性
修复	遵循《历史文化名镇名村保护条例》关于历史建筑的保护要求进行修缮,根据原有历史格局和传统风貌,剔除加建部分,修复已损坏构建,恢复原有建筑空间格局和历史原貌;可适当改变和增加新功能
修缮	应在保持和修缮外观风貌特征和建筑结构,特别是具有历史文化价值的细部构建或装饰物的前提下,进行维护、修缮、整治,重点对建筑内部加以更新改造和结构加固,完善市政设施,以适应现代的生活方式
改造	对那些与传统风貌不协调或质量很差的其他建筑,可以采取整治、改造等措施,使其符合历史风貌;对与历史风貌有冲突的建(构)筑物和环境因素进行的改建活动,包括降层、平改坡、改变外饰面等

民主街传统街巷的保护采用严格控制和逐点更新的方式(图11)。严格控制传统路面的空间尺度和街道格局,结合传统街巷的发展趋势和特点,尊重原有街巷宽度、两侧建筑物的高度和形式。保留街巷的空间布局及传统格局,沿用传统街巷铺地形式,还原历史原状,对现有的街巷路面进行改造,逐步从水泥路面改造成为青石板路面。通过街巷公共空间的逐点激活,联动古井、古树、院落等环境因素共同构成整体历史风貌。街巷改造遵循小规模、渐进式的原则,以原有街巷为依据,分段提出阶段性整治目标。

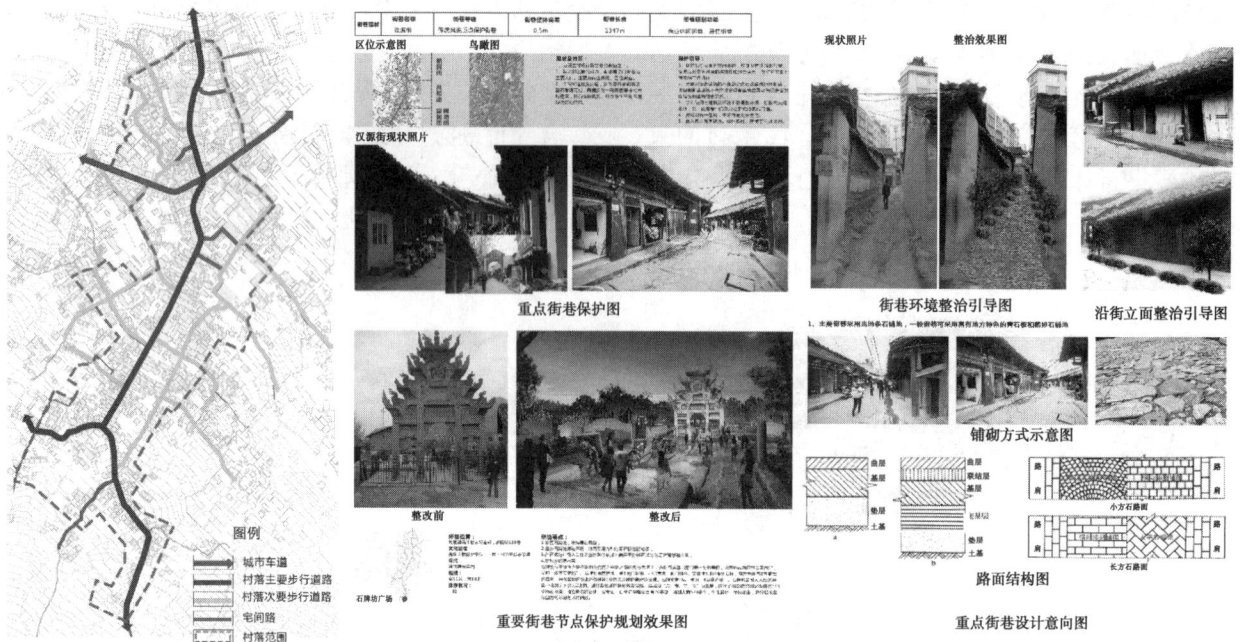

图11 重点街巷空间保护规划图

（图片来源：汉源县九襄镇民主村保护与发展规划）

3 结 语

随着社会产业的发展和经济水平的提高，传统村落出现了一系列的问题，传统村落的保护逐渐进入公众的视野，备受关注。故将精明增长理念引入传统村落，提出传统村落保护与更新思路——精明更新，以精明更新为核心，分层分级进行更新，通过"弹性利用—多元重构—活态传承—微观更新"在弹性利用土地的基础上，对村落的支撑产业进行多元重构，活态传承原有的传统文化，微观更新整体人居环境等。通过对民主村的研究，有助于为我国传统村落保护更新提出策略性措施建议，推动传统村落的合理发展，完善传统村落保护与发展理论研究。

参考文献：

[1] 仇保兴. 城市经营、管治和城市规划的变革[J]. 城市规划,2004(2):8-22.

[2] 于文波,刘晓霞,王竹. 美国城市蔓延之后的规划运动及其启示[J]. 人文地理,2004(4):55-58+81.

[3] 张娟,李江风. 美国"精明增长"对我国城市空间扩展的启示[J]. 城市管理与科技,2006(5):203-206.

[4] 马祖琦. 从"城市蔓延"到"理性增长"——美国土地利用方式之转变[J]. 城市问题, 2007(10): 86-90.

[5] 美国国家环境保护局. United States Environmental Protec-tion Agency[EB]. 2016-05-01.

[6] Mccann P. ,Ortega-Argiles R. Smart Specialization, Regional Growth and Applications to European Union Cohesion Policy. Regional Studies,2015,49(8):1291-1302.

[7] Vanthillo T, Verhetsel A. Paradigm change in regional policy: towards smart specialisation? Lessons from Flanders (Belgium)[J]. Belgeo Revue Belge De Géographie, 2012(1-2).

[8] Renski H. The Influence of Industry Mix on Regional New Firm Formation in the United States[J]. Regional Studies, 2014, 48(8):1353-1370.

[9] Errington, Andrew J. The peri-urban fringe: Europe's forgotten rural areas[J]. Journal of Rural Studies, 1994, 10(4): 367-375.

[10] 杨红,张正峰,华逸龙.美国乡村"精明增长"对我国农村土地整治的启示[J].江西农业学报,2013,25(12):120-123.

[11] 王艺瑾,吴剑.基于精明增长理论的美丽村庄规划研究[J].广西城镇建设,2014(7):33-37.

[12] 曹伟,周生路,吴绍华.城市精明增长与土地利用研究进展[J].城市问题,2012(12):30-36.

[13] 于涛方.四个角度解读习近平"城市精明增长"理念[N].北京日报,2016-04-18.

[14] 曾卫,杨春.基于"南方丝绸之路"的沿线城镇衰落与修复探讨——以汉源县九襄镇为例[J].西部人居环境学刊, 2016(1):23-29.

[15] 中华人民共和国住房和城乡建设部.住房城乡建设部等部门关于公布 2018 年列入中央财政支持范围中国

传统村落名单的通知[N].中华人民共和国住房和城乡建设部,2018-04-28.

[16] 颜京松.循环经济与生态工程[C]//全国复合生态与循环经济学术讨论会,2005.

[17] 尹水镜.土地利用弹性规划的内涵及特征研究[J].科技信息,2010(35):208-208.

[18] 蒲娇.试论非物质文化遗产活态保护的内涵和原理[C]//民族遗产,2010.

[19] 李伯华,刘沛林,窦银娣,等.中国传统村落人居环境转型发展及其研究进展[J].地理研究,2017,36(10):1886-1900.

[20] 宁昱西,吉倩妘,孙世界,等.微更新理念在西安老城更新中的运用[J].规划师,2016,32(12):50-56.

城市更新中工业遗产的价值评估与分级设计策略
——以重庆石井坡片区详细城市设计方案为例

Value Evaluation and Grading Design of Industrial Heritage in Urban Renewal
—Take Chongqing Shijingpo Urban Design Scheme as an Example

陈 蔚① 梁 蕤②
Chen Wei   Liang Rui

【摘要】运用工业遗产价值评估的方法,对石井坡片区特钢厂遗址的厂房建筑等工业要素进行价值评估与分级,对不同等级的建筑实行不同的保护更新原则及不同的更新策略,为工业遗产保护和改造再利用方式提供实践依据。

【关键词】工业遗产 更新 价值评估 设计策略

当今世界进入后工业化时代的进程日益加速,工业遗产的存留及转型发展问题已成为热点。2003年国际产业遗产保护联合会通过的"关于产业遗产的下塔吉尔宪章"就指出,"每一国家或地区都需要鉴定、记录并保护那些需要为后代保存的产业遗存";"应明确界定重要产业遗址的价值,对将来的维修改造应制定导则;对废弃的工业区,在考虑其生态价值的同时也要重视其潜在的历史研究价值"。我国现存的大量工业遗址在历史方面都有重大价值,并且在工业技术方面拥有重要的划时代意义。而工业遗产的留存面对的首要问题即是对其价值进行评估,不仅需要对片区整体进行评估和分级,还需要各建筑单体以及其他工业要素进行更具体和细致的评估和分级,对不同级别的工业遗产采取不同的设计和改造策略,以便更准确和高效率地利用工业遗产,创造更大的价值。本文以重庆石井坡片区详细城市设计方案为例,探讨工业遗产价值的评估以及应对策略,为工业遗产保护和改造再利用提供一定的实践基础和理论依据。

1 特钢厂概况

项目位于沙坪坝区滨江地带双碑—井口段内的原东华特钢厂,该厂在中国近代工业史上具有重要的地位。特钢厂的前身为"重庆炼钢厂",于1935年动工兴建,是西南地区最早建设的钢铁企业。1954年,厂更名为重庆第二钢铁厂,1958—1975年,各主要厂房兴建完成,1978年,更名为重庆特殊钢厂。中华人民共和国成立后,该厂主要生产特种钢材,还曾为国防尖端科技发展试制洲际导弹、通信卫星、核潜艇和航天工业用钢材,多项成果荣获国家发明奖。重庆特钢经历了60年的历史,在抗日战争时期担任了重要的角色,是抗战文化和沙磁文化的重要传播地。

项目片区现北邻融创江壹号住宅区,西接杨双路,南靠磁器口历史文化街区,是未来新兴产业发展走廊和人文提升的交汇区。嘉陵江从特钢厂东侧流过,厂区内还有几处老厂房保留了下来,形成厂区内厂房建筑群。这些各个时期的厂房建筑及各类机械设备,是近代中国钢铁工业发展历史的重要见证,具有较高历史与文物价值。

建筑群由7栋主体厂房及部分附属构筑物组成,共51 741.4平方米。其中主体厂房分别有二薄厂房,占地14 545.54平方米;二扎厂房,占地11 330.29平方米;二扎附属厂房,占地3 412.21平方米;钢坯库,占地6 052.62平方米;750初扎厂房,占地4 443.71平方米;冷却炉,占地2 509.99

① 陈蔚,重庆大学建筑城规学院教授,重庆历史文化名城专业委员会副秘书长。
② 梁蕤,重庆大学,硕士研究生。

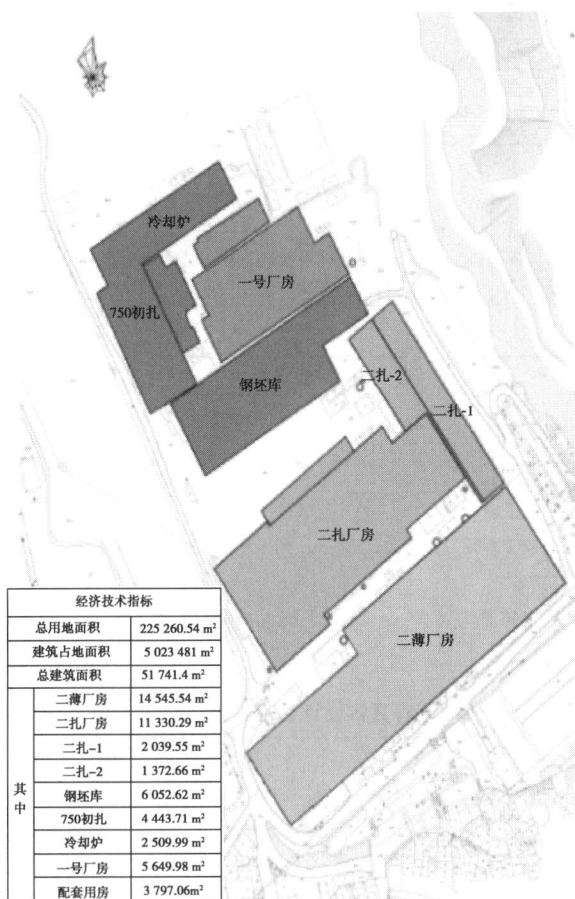

经济技术指标	
总用地面积	225 260.54 m²
建筑占地面积	5 023 481 m²
总建筑面积	51 741.4 m²
其中	二薄厂房	14 545.54 m²
	二扎厂房	11 330.29 m²
	二扎-1	2 039.55 m²
	二扎-2	1 372.66 m²
	钢坯库	6 052.62 m²
	750初扎	4 443.71 m²
	冷却炉	2 509.99 m²
	一号厂房	5 649.98 m²
	配套用房	3 797.06m²

图1 厂房总平面图

（图片来源：自绘）

图2 厂区现状照片

（图片来源：自摄）

平方米；一号厂房，占地 5 649.98 平方米。厂房配套用房面积 3 797.06 平方米（图1、图2）。建筑现在虽设有专人看管，但建筑损坏仍然严重。建筑群建设时序长，从 20 世纪 60 年代到 90 年代不等，期间也经历多次维修，导致建筑残损严重程度差异较大。其中 750 初扎厂房、冷却炉残损情况最为严重。

2 特钢厂工业遗产的价值评估

2006 年 4 月 18 日"国际古迹遗址日"首届中国工业遗产保护论坛在无锡召开，通过了有关工业遗产保护的文件《无锡建议》。与会的专家学者认为，城市的高速发展使一些尚未被界定为文物、未受到重视的工业建筑物正在急速消失，会议希望各界人士提高对工业遗产价值的认识，尽快开展工业遗产的普查和认定评估工作并纳入城市总体规划[1]。近年来，国内已有一些学者对工业遗产的价值评定作出了一些有利探索和实践，但总体来看还未形成一套完整系统的技术方法[2]。我国对文物以历史、艺术、科学三大价值为判断标准[3]，但这对于工业遗产的特殊性并非完全适用。根据工业遗产的综合判定依据，价值评估研究实质上是关于定性和定量的探讨。自《威尼斯宪章》（1964）开始，真实性就一直是文物古迹保护和生态保护领域的基本内容。而 1972 年《保护世界文化与自然遗产公约操作指南》（*Operational Guidelines for the Implementation of the World Heritage Convention*），作为《公约》实施的纲领性文件，则把真实性和完整性作为了评价世界遗产的基本概念[4]。因此，真实性和完整性是价值评估的标尺，是保护和更新的基础条件。而从定性的角度来看，工业遗产的价值体系离不开其历史价值、审美价值、技术价值及经济社会方面的价值等，在本项目中将其定义为其代表性原则。综上，本项目主要从真实性、完整性、代表性三个方面分别对各栋建筑进行评估。每个方面有不同的评分子项和评分准则，综合各子项得出综合评分。最后将现场 7 栋主体建筑进行价值的分级与排序，针对不同的级别实施不同的改造策略（图3）。

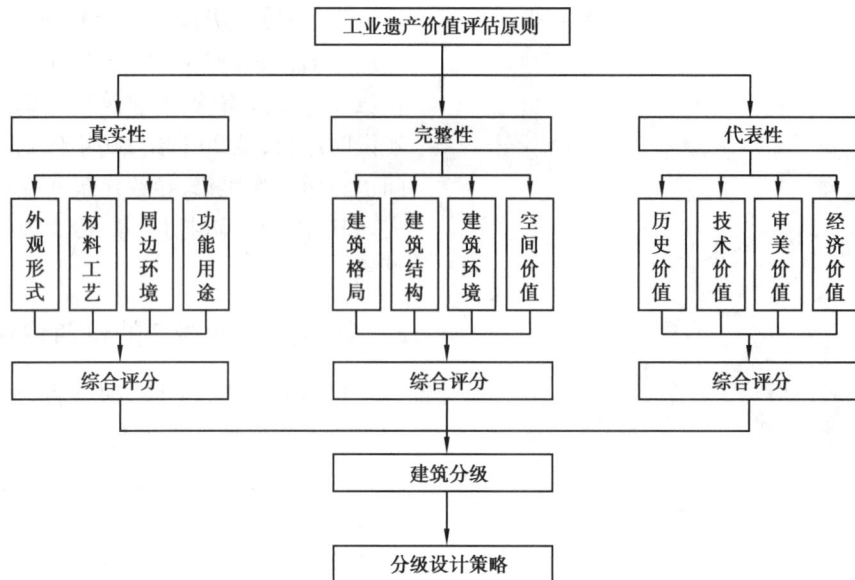

图3 特钢厂价值评估体系

（图表来源：自绘）

2.1 真实性评估

根据《实施世界遗产公约的操作指南》82 条[5]："根据文化遗产类别和其文化背景，如果遗产文化价值的特征（外形和设计、材料和功能、传统、技术和管理体制、方位和位置、语言和其他形式的非物质文化遗产、精神和感受、其他内外因素）是真实可信的，则被认为具有真实性。"依据重庆特殊钢厂旧址的现状情况，我们从四个方面对各栋厂房建筑单体及周边环境要素真实性作出以下评估：

①外观形式：是否保留历史原貌，是否经过后期改造，是否保留有真实历史信息。

②材料工艺：建筑所使用的材料是否为原有预制混凝土牛腿柱、钢桁架、混凝土预制板屋顶、石棉瓦屋顶、钢轨道、泥地等。

③周边环境：是否经历了重大变化，是否保留了大量环境历史原貌，是否有较高历史价值的环境要素保留，如庭院、景观、古树等。

④功能用途：是否保留着工业建筑的建筑功能。

根据现场的踏勘情况与历史资料的对比，将现场七栋厂房建筑依据上述的四个方面分别进行了评估，最后综合四项评分对其真实性进行综合评估，如表1所示。为方便对比，将现场的7栋厂房分别以 A—G 编号。

表1 厂房真实性评估表（图表来源：自制）

单体名称	外观形式	材料工艺	周边环境	功能用途	综合评分
A-二薄厂房	7	7	8	4	7
B-二扎厂房	7	7	8	4	7
B-二扎-1	7	5	6	3	5
C-钢坯库	6	6	7	4	7
G-750 初扎	6	6	7	4	6
G-冷却炉	5	4	7	4	5
D、E、F-一号厂房	4	4	4	2	4

根据综合评分的结果：A-二薄厂房及 B-二扎厂房在外观及材料工艺方面保留较多历史原貌，其环境受到后期改造影响较小，建筑真实性较高，综合评分为 7 分；G-750 初扎厂房外观形式及材料工艺水平较高，建筑周边环境体现较多的历史痕迹，并有古树等存留，故评分为 6 分；G-冷却炉、B-二扎-1 属于较低级别的附属厂房建筑，外观形式及材料工艺保留质量较低，周边环境改造较多，因此真实性体现较弱，评为 5 分；D、E、F 厂房外观及材料工艺已经较少体现历史原貌，并已被赋予新的功能，故建筑真实性较低，评为 4 分。而厂区类建筑由于大量闲置，其原有工业建筑的功能用途已失去，均需要在更新改造过程中植入新的功能。

2.2 完整性评估

根据《实施世界遗产公约的操作指南》88条[5]："完整性用来衡量自然或文化遗产及其特征的整体性和无缺憾性。因而,审查遗产完整性需要评估遗产符合以下特征的程度:a.包括所有表现其突出的普遍价值的必要因素;b.面积足够大,确保能完整地代表体现遗产价值的特色和过程;c.受到发展的负面影响或缺乏维护。"以该指南作为指导,结合现场的条件,对每栋单体建筑的各个部位进行类型判断,对残损情况进行分析(表2),从以下四个方面评估其完整性并进行了综合评分(表3)。

表2 各单体建筑残损评估(A-F栋)(表格来源:自绘)

建筑名称:二扎厂房			结构形式:装配式混凝土结构				时间:2017.09
序号	名称	残损部位	材质	残损程度	残损量/%	残损原因	残损位置	备注
1	环境及配套设施	周边杂草丛生	混凝土地面	严重	100	年久失修	室外地面	
		配套建筑	红砖、灰砂砖	严重	100	年久失修	建筑配套	
2	基础部分	基础保存较好	混凝土	保存较好	无	—	—	
3	楼、地面部分	地面生活垃圾、建筑垃圾堆放	—	严重	—	人为损坏	室内地面	
		建筑地面凹凸不平	素土	严重	100	人为损坏	室内地面	
		地面断裂	素土	严重	20	年久失修	室内地面	
4	屋面部分	预制板屋面局部无存	预制板	严重	30	年久失修	建筑屋面	
		钢桁架锈蚀	钢	严重	70	年久失修	建筑屋架	
		钢檩条锈蚀	钢	严重	80	年久失修	建筑屋架	
5	墙、柱部分	建筑构架垮塌	混凝土	严重	75	年久失修	建筑承重柱	
		建筑外墙后期加建	红砖	一般	30	年久失修	建筑外墙	
		建筑砖墙风化,满是青苔	红砖	严重	50	年久失修	建筑外墙内部	
		混凝土柱歪闪	混凝土	严重	20	年久失修	建筑承重柱	
		混凝土柱局部损坏、钢筋裸露	混凝土	一般	50	年久失修	建筑承重柱	
		红砖柱风化、满是青苔	钢筋	严重	30	年久失修	建筑承重柱	
		红砖柱底部粉化	红砖	严重	30	年久失修	建筑承重柱	
		钢支撑锈蚀	钢	一般	25	年久失修	建筑支撑结构	
6	门窗部分	建筑天窗无存	玻璃	严重	60	年久失修	天窗	
		建筑天窗污染严重	玻璃	严重	40	年久失修	天窗	
		建筑窗户损坏、无存	杉木	严重	100	年久失修	建筑外墙	

建筑名称:二扎附属厂房			结构形式:装配式混凝土结构				时间:2017.09
序号	名称	残损部位	材质	残损程度	残损量/%	残损原因	残损位置	备注
1	环境及配套设施	二扎-2建筑被拆除	—	严重	100	人为损坏	建筑配套	
2	基础部分	基础保存较好、被泥土掩埋	混凝土	保存较好	无	—	—	

续表

序号	名称	残损部位	材质	残损程度	残损量/%	残损原因	残损位置	备注

建筑名称:二扎附属厂房　　　　结构形式:装配式混凝土结构　　　　时间:2017.09

序号	名称	残损部位	材质	残损程度	残损量/%	残损原因	残损位置	备注
3	楼、地面部分	地面生活垃圾、建筑垃圾堆放	—	严重	—	人为损坏	室内地面	
		建筑地面凹凸不平	素土	严重	100	人为损坏	室内地面	
		建筑地面杂草丛生	素土	严重	70	年久失修	室内地面	
4	屋面部分	预制板屋面局部无存	预制板	严重	30	年久失修	建筑屋面	
		钢桁架锈蚀	钢	严重	70	年久失修	建筑屋架	
		钢檩条锈蚀	钢	严重	80	年久失修	建筑屋架	
5	墙、柱部分	红砖柱底部粉化	红砖	严重	30	年久失修	建筑承重柱	
		钢支撑锈蚀	钢	一般	25	年久失修	建筑支撑结构	

建筑名称:钢坯库　　　　结构形式:装配式混凝土结构　　　　时间:2017.09

序号	名称	残损部位	材质	残损程度	残损量/%	残损原因	残损位置	备注
1	环境及配套设施	周边杂草丛生	素土	严重	100	年久失修	室外地面	
		建筑室外环境杂乱	素土	严重	100	年久失修	室外地面	
		配套建筑墙体渗漏	—	严重	65	年久失修	配套建筑	
		配套建筑人为拆除	—	严重	100	人为损坏	配套建筑	
2	基础部分	基础保存较好	混凝土	保存较好	无	—	—	
3	楼、地面部分	地面生活垃圾、建筑垃圾堆放	—	严重	—	人为损坏	室内地面	
		建筑地面凹凸不平	素土	严重	100	人为损坏	室内地面	
		室内植物根系破坏柱子基础	混凝土	严重	20	年久失修	室内地面	
4	屋顶部分	钢桁架锈蚀、变形	钢	严重	70	年久失修	建筑屋架	
		钢檩条锈蚀	钢	严重	80	年久失修	建筑屋架	
		建筑屋顶坍塌	钢	严重	20	年久失修	建筑屋面	
5	墙、柱部分	混凝土梁垮塌	混凝土	严重	20	年久失修	建筑外墙	
		建筑构件垮塌	混凝土	一般	30	年久失修	建筑外墙	
		混凝土柱	混凝土	严重	20	年久失修	建筑外墙内部	
		混凝土泛盐	混凝土	严重	70	年久失修	建筑承重柱	
		建筑钢构件锈蚀严重	钢	一般	50	年久失修	建筑承重柱	
		混凝土梁损坏	钢筋混凝土	严重	30	年久失修	建筑承重柱	
6	门窗部分	建筑天窗无存	玻璃	严重	60	年久失修	天窗	

建筑名称:750 初扎　　　　结构形式:装配式混凝土结构　　　　时间:2017.09

序号	名称	残损部位	材质	残损程度	残损量/%	残损原因	残损位置	备注
1	环境及配套设施	周边杂草丛生	混凝土地面	严重	100	年久失修	室外地面	
		配套建筑操作台损坏严重	混凝土	严重	100	年久失修	建筑配套	
		配套建筑指挥台损坏严重	木板	严重	100	年久失修	建筑配套	
2	基础部分	基础保存较好、局部被泥土掩埋	混凝土	保存较好	无	—	—	
3	楼、地面部分	地面生活垃圾、建筑垃圾堆放	—	严重	—	人为损坏	室内地面	
		建筑地面凹凸不平	素土	严重	100	人为损坏	室内地面	
4	屋面部分	预制板屋面局部损坏	预制板	严重	10	年久失修	建筑屋面	
		钢桁架锈蚀	钢	严重	70	年久失修	建筑屋架	
		钢檩条锈蚀	钢	严重	80	年久失修	建筑屋架	
5	墙、柱部分	建筑内部砖墙隔断损坏	水泥砖	严重	75	年久失修	室内隔断墙	
		建筑外墙损坏	灰砂砖	一般	30	年久失修	建筑外墙	
		建筑砖墙风化、满是青苔	红砖	严重	50	年久失修	建筑外墙内部	
		混凝土结构泛盐	混凝土	严重	20	年久失修	建筑承重柱	
		钢支撑锈蚀	钢	一般	25	年久失修	建筑支撑结构	
6	门窗部分	建筑天窗无存	玻璃	严重	60	年久失修	天窗	
		建筑天窗污染严重	玻璃	严重	40	年久失修	天窗	
		建筑窗户损坏、无存	杉木	严重	100	年久失修	建筑外墙	

建筑名称:冷却炉　　　　结构形式:装配式混凝土结构　　　　时间:2017.09

序号	名称	残损部位	材质	残损程度	残损量/%	残损原因	残损位置	备注
1	环境及配套设施	周边杂草丛生	混凝土地面	严重	100	年久失修	室外地面	
		配套建筑损坏严重	红砖	严重	100	年久失修	建筑配套	
2	基础部分	基础保存较好	混凝土	保存较好	无	—	—	
3	楼、地面部分	地面生活垃圾、建筑垃圾堆放	—	严重	—	人为损坏	室内地面	
		建筑地面凹凸不平	素土	严重	100	人为损坏	室内地面	
		地面积水	—	一般	5	年久失修	室内地面	
4	屋面部分	预制板屋面局部损坏	预制板	严重	30	年久失修	建筑屋面	
		建筑石棉瓦屋顶损坏	石棉瓦	严重	70	年久失修	建筑屋面	
		钢桁架锈蚀	钢	严重	70	年久失修	建筑屋架	
		钢檩条锈蚀	钢	严重	80	年久失修	建筑屋架	

续表

建筑名称:冷却炉			结构形式:装配式混凝土结构				时间:2017.09	
序号	名称	残损部位	材质	残损程度	残损量/%	残损原因	残损位置	备注
5	墙、柱部分	建筑内部砖墙隔断损坏	红砖	严重	75	年久失修	室内隔断墙	
		建筑混凝土结构泛盐	混凝土	一般	30	年久失修	建筑承重柱	
		建筑混凝土柱损坏	混凝土	严重	50	年久失修	建筑承重柱	
		建筑内部钢构件锈蚀	混凝土	严重	20	年久失修	建筑承重柱	
6	门窗部门	建筑窗户损坏、无存	杉木	严重	100	年久失修	建筑外墙	

表3　厂房完整性评估表(图表来源:自制)

单体名称	建筑格局	建筑结构	建筑环境	空间价值	综合评分
A-二薄厂房	8	8	8	8	7
B-二扎厂房	8	8	6	7	7
B-二扎-1	7	5	6	7	5
C-钢坯库	6	5	6	7	6
G-750初扎	6	6	7	8	6
G-冷却炉	6	6	7	7	7
D、E、F—一号厂房	8	4	4	5	4

2.2.1　建筑格局

根据详细的勘测结果和现场调研数据,对比7栋单体建筑格局。A-二薄厂房建筑坐西北朝东南,建筑呈一字型布局,建筑面积14 545.54平方米,建筑通高18.6米,长233.8米,宽69.36米,与建筑原始布局基本符合,记为8分;B-二扎厂房坐西北朝东南,建筑呈一字型布局,建筑面积11 330.29平方米,建筑通高15.6米,长170.79米,宽73.11米,建筑基本符合原始布局,记为8分;B-二扎-1为二扎厂房的附属厂房,该建筑呈一字型布局,建筑面积3 412.21平方米,建筑通高12.61米,长129.54米,宽36.68米,建筑主体结构有部分缺失,但是其布局形式保存了原始样貌,记为7分;C-钢坯库坐西北朝东南,建筑呈一字型布局,建筑面积6 052.62平方米,建筑通高17.2米,长143.4米,宽48.05米,记为6分;G-750初扎厂房坐东北朝西南,建筑呈一字型布局,建筑面积4 443.71平方米,建筑通高16.35米,长78.61米,宽36.09米,建筑主体布局与原貌基本一致,但有部分缺失,记为6分;G-冷却炉厂房坐西北朝东南,建筑呈一字型布局,建筑面积6 052.62平方米,建筑通高

17.2米,长143.4米,宽48.05米,建筑格局基本保持原貌,但原有建筑前的轨道及各类大型设备已缺失,记为6分;D、E、F—一号厂房坐西北朝东南,建筑呈一字型布局,建筑面积5 649.98平方米,建筑通高19.65米,长101.00米,宽68.28米,由于建筑修建年份较晚,建筑整体格局保存完好,记为8分。

2.2.2　建筑结构

从建筑结构进行评估,是评判其价值较为重要的一项,因为其体现了该栋建筑的技术水平。根据现场的详细勘测和记录判定,A-二薄厂房、B-二扎厂房两栋建筑主体均为预制混凝土结构,建筑屋顶均为三角钢屋架,悬山式屋顶,屋顶材质主要为预制板局部采用石棉瓦;建筑主体均采用装配式钢筋混凝土结构;建筑局部有围护结构,墙体材质多样,多为红砖,也使用青砖、水泥砂浆饰面等做法;建筑地面为素土,有许多设备坑。由于年久失修,这两栋建筑屋顶预制板局部损坏,屋顶石棉瓦挡板脱落,建筑钢屋架局部锈蚀,部分混凝土柱子钢筋裸露,强度不够,部分砖柱弯曲建筑围护结构损坏,局部采用灰砂砖砌筑,但在7栋建筑中保存最为完整,具有较高的形制,因此评分均为8分。B-二扎-1为二扎厂房的附属用房,建筑结构形制稍低,建筑主体为预制混凝土结构,建筑屋顶均为三角钢屋架,悬山式屋顶,建筑屋顶仅余钢屋架,建筑主体采用装配式钢筋混凝土结构,建筑无围护结构,结构缺失严重,故记为5分。G-750初扎和C-钢坯库与二扎-1结构形式相同,但保存情况较为完好,记为6分。G-冷却炉为结构形式等级较高的一栋,有较为丰富的钢柱形式及牛腿形式,建筑主体为预制混凝土结构,三角钢结构屋架,悬山式屋顶,屋顶材质主要采用预制板,建筑内部布满设备坑,并基本保持原貌,记为7分。D、E、F—一号厂房为现场结构形式最为简单的三栋,建筑同样为预制混凝土结构,

由于建成时间较晚,结构保存良好,但由于形式较为单一,技术价值不高,记为 4 分。

2.2.3　建筑环境

对建筑环境的评估主要考察其周边环境中是否有保留较为完好的历史环境原貌,以及是否有较为有价值的工业景观。就现场勘测来看,A-二薄厂房周边环境保存较为完好,有多处工业设备保持历史原貌,周边较多庭院景观及古树、标语,环境具有较高的完整性,记为 8 分;B-二扎厂房及 B-二扎-1周边已新建多条道路,原始环境保存较少,但有烟囱及古树等历史要素保留,记为 6 分;C-钢坯库,建筑室外环境凌乱,建筑周边后搭建建筑较多,旧址外围杂草丛生,记为 6 分;G-750 初扎及 G-冷却炉周边环境保存较好,有多处古树及标语,记为 7 分;D、E、F-一号厂房周边环境改动较大,有新建道路穿过,并加建较多临时用房,但建筑周边有原始烟囱保留,记为 4 分。(图4—图9)

图 6　G-750 初扎环境现状
（图片来源:自摄）

图 7　G-冷却炉环境现状
（图片来源:自摄）

图 4　A-二薄厂房环境现状
（图片来源:自摄）

图 8　C-钢坯库环境现状
（图片来源:自摄）

图 5　B-二扎厂房环境现状
（图片来源:自摄）

图 9　D、E、F-一号厂房环境现状
（图片来源:自摄）

2.2.4 空间价值评估

空间价值方面,主要通过对建筑的开间、进深、空间高度做详细的数据整理,并评估其可利用价值及利用方式,根据现场测绘及后期的数据整理和数据统计,对建筑的空间利用价值做出了以下统计:将9米作为一个梯级,空间高度9米以上的主要有

A厂房局部区域,B厂房大部分区域,C厂房、D厂房、E厂房以及G厂房,故评分均为7~8分。建筑平面进深30米以上为空间较大的厂房,主要有A、B、C、G厂房,在后期可能会有更大的空间灵活性,空间利用价值较高。而D、E、F厂房空间形态相对单一,面积相对局促,评分为5分。(图10、图11)

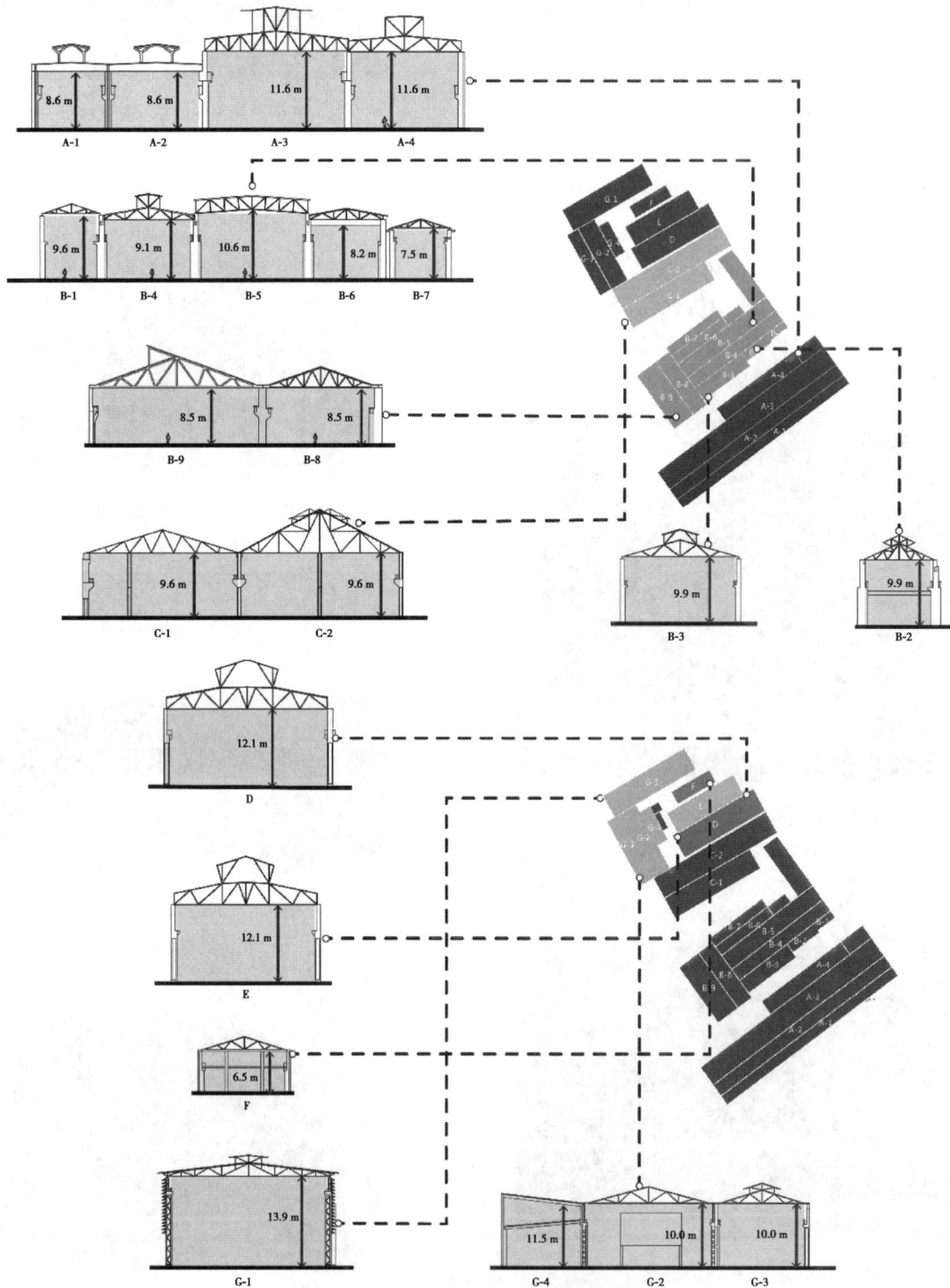

图10 各厂房高度统计图

(图片来源:自绘)

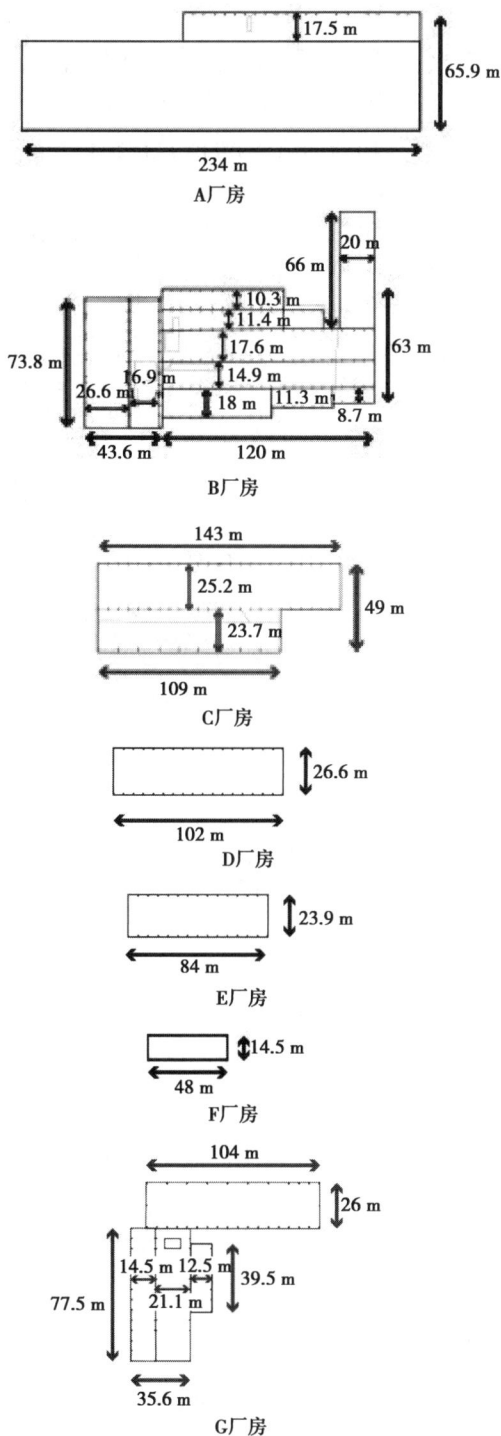

图11　各厂房平面空间分析
（图片来源：自绘）

2.3　代表性评估

工业遗产的代表性是对工业遗产的定性评估，主要体现在四个方面，即历史价值的代表性、技术价值的代表性、审美价值的代表性及社会经济价值的代表性。

2.3.1　历史价值

历史价值主要涉及以下几个方面：时间的久远

性、时间跨度、与历史人物的相关度及重要程度、与历史事件的相关度及重要程度、与重要社团或机构的相关度及重要程度、在中国城市工业发展史上的重要程度[6]。石井坡特钢厂建筑处于一个共同的历史大环境当中，因此主要从各栋单体的建筑年限以及在厂区历史中的重要程度进行判定。

2.3.2　技术价值

工业遗产所承载的工业技术是否具有代表性决定着工业遗产科技价值的一方面[7]，石井坡遗址的工业建筑物、构筑物、铁道，具有时代特征并已被新技术更新、更替的机器、设备，以及工业制成品及文化所涉及的技术、技艺、工人操作流程等，都可以作为工业遗产技术价值的评判依据[8]。

2.3.3　审美价值

石井坡片区建筑的审美艺术价值主要从各单体建筑产业风貌特征、建筑风格特征、厂区及建筑的空间布局特色和建筑设计水平四个方面进行考察，最后综合对审美价值进行评分[6]。

2.3.4　社会经济价值

《下塔吉尔宪章》提出："改造和使用工业建筑应该避免浪费能源，强调可持续发展。在曾经的产业衰败或者是衰退地区的经济转型过程中工业遗产能够发挥重要作用。再利用的连续性对社区居民的心理稳定给了某种暗示，特别是在当他们长期稳定的工作突然丧失的时候。"[1]因此判断石井坡厂区建筑的经济价值需要从其附加值中体现。对工业建筑进行改造再利用比新建可省去建筑主体结构及基础设施所花的资金，而且建设周期较短，并且能够促进公民的保护意识提升以及增加公众参与度，从而带来一定的社会效益。因此保存较好，历史较为久远且形态较完整，空间利用价值较高的建筑具有更高的社会经济价值。

综上，利用上述评判标准对7栋单体的代表性价值进行了综合评分，如表4所示：

表4　厂房代表性评估表（图表来源：自制）

单体名称	历史价值	技术价值	审美价值	社会经济价值	综合评分
A-二薄厂房	8	8	8	8	8
B-二扎厂房	8	7	8	6	7
B-二扎-1	7	7	7	5	6
G-750初扎	6	7	7	7	7
G-冷却炉	6	6	6	5	6
D、E、F-一号厂房	6	5	5	4	5

3 保护利用分级及设计策略

根据对真实性、完整性、代表性三个方面价值的评估,对各栋建筑的价值进行综合评分,并将该厂区建筑分为三级:第一级为有较高价值的建筑,综合评分为 7~8 分,如 A-二薄厂房、B-二扎厂房、G-750 初扎厂房,此类建筑具有重要的价值,但是在现实条件下无法完全保留,因此,在合理保护原有价值的前提下对其进行功能转换和局部修缮。第二级为有一般历史价值的建筑,该类建筑综合评分为 6 分,如 B-二扎厂房附属建筑、C-钢坯库、G-冷

却炉,其虽然没有突出的某一方面的价值,却是构成价值体系不可或缺的一部分。这类工业遗产可以适当地对其进行结构、外貌及功能改造,如加建、改变立面、更换风格等手法,但应保留主要历史特征。内部功能也可同现代生活的需要相结合,使其融入现代城市中。第三级为有一定价值的建筑,综合评分为 5 分及以下,如 D、E、F 号建筑。该类建筑没有显著的价值,但是具有再利用的优势,可以根据城市发展的需要进行合理拆除或重建,并尽可能保留原有场所的文脉和肌理[7]。(图12)

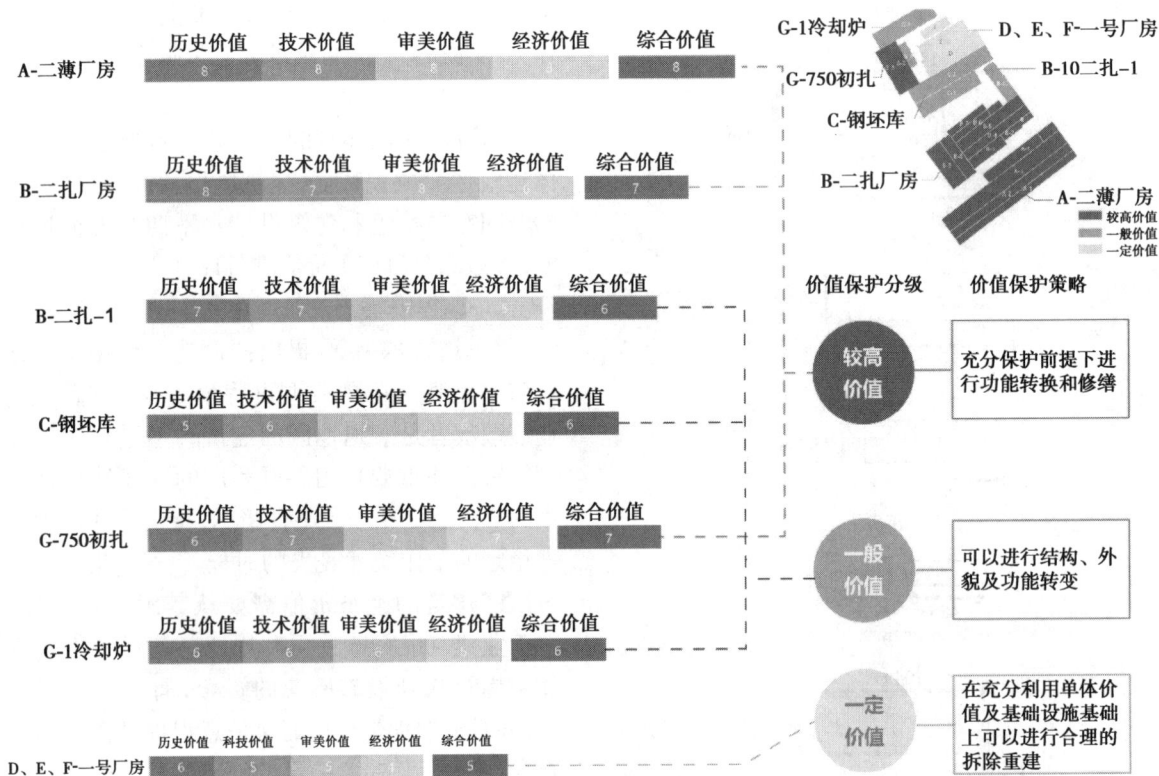

图12　各厂房价值分级图
(图片来源:自绘)

4 结　语

对于工业遗产的保护和更新再利用必须以价值评估作为基础,应在认清工业遗产价值并保留工业遗产中各个部分的重要价值的前提下对其进行适当改造,建立价值评价体系并与遗产实体之间建立有效联系,采用分级保护和改造再利用的方式,对工业遗产进行适应性保护。本项目中对工业遗产的评估是在工业遗产的特殊性下做出的一种探索,但评分方式仍然主要依靠主观判断,因此需要更深入的

探讨,寻求更为科学和客观的评估体系。

参考文献:

[1] 刘伯英,李匡. 工业遗产的构成与价值评价方法[J]. 建筑创作, 2006(9):24-30.

[2] 蒋楠. 基于适应性再利用的工业遗产价值评价技术与方法[J]. 新建筑, 2016(3).

[3] 蒋楠,王建国. 基于科学评估的工业遗产再生途径——以南京市压缩机厂地块更新改造为例[J]. 新建筑, 2014(4).

[4] 徐苏斌,青木信夫. 关于工业遗产的完整性的思

考［C］//中国工业建筑遗产学术研讨会,2012.

［5］联合国教育、科学及文化组织保护世界文化遗产和自然遗产政府间委员会. 实施世界遗产公约的操作指南［M］.北京:文物出版社, 2014.

［6］初妍. 青岛近代工业建筑遗产价值评价体系研究［D］.

天津:天津大学, 2016.

［7］于淼. 辽宁省工业遗产景观价值评价［D］. 南京:南京林业大学, 2017:63.

［8］杨明. 工业遗产的科技价值及其实现［D］. 沈阳:东北大学, 2013:24.

旅游视角下民丰造纸厂宿舍楼的保护与利用研究*

Research on the Protection and Utilization of Dormitory Building of MINFENG Special Paper Company from the Perspective of Tourism

汪思倩①　莫　畏②

Wang Siqian　Mo Wei

【摘要】工业遗产社区是具有保护价值的旧工业社区,由于其特殊的历史渊源被赋予多重的价值属性。本文以嘉兴市级保护点民丰造纸厂宿舍楼群为例,从人类聚居环境学角度去思考"人聚"建设与工程实际的联系,进而尝试探索一种工业遗产社区在旅游背景下的保护改造策略,思考一种协调人、自然、社会、建筑物、联系网络的关系、一种构建人与环境的和谐关系。

【关键词】旅游　工业遗产社区　保护与利用　民丰造纸厂宿舍楼

1　研究背景与意义

2017 年两会期间,"旅游"一词在政府工作报告中被提及 6 次。正如美国心理学家亚伯拉罕·马斯洛的需求理论,物质的提升必将伴随更高层次的精神需求,中国经济的快速崛起对旅游产业提出新的挑战。于是在 2018 年,浙江省提出建设嘉兴为全国著名红色旅游标杆城市。

1.1　旅游视角下的工业遗产社区保护与利用的概念

旅游视角下嘉兴市民丰造纸厂宿舍楼的保护与利用即关系到工业遗产旅游。民丰造纸厂宿舍楼群(后文简称宿舍)作为工业遗产社区是工业遗产旅游的重要组成部分,它曾是特殊时期单位为实现职工生产、生活一体化所建的配套设施。

1.2　工业遗产社区旅游的意义

2015 年,刘抚英教授等人考察研究发现浙江省工业遗产中数量最少的分别为居住生活设施和公共设施。并且在嘉兴市 71 处工业遗址中,仅存 1 处居民生活设施类工业遗址,即本文研究的民丰造纸厂宿舍群[1]。

笔者通过全面挖掘与梳理宿舍群旧址的价值,从三个角度阐述发展爱国主义工业遗产旅游的意义:游客通过游览满足与历史对话的心理需求,获得"爱国文化记忆";建筑是石刻的史书,宿舍旧址几乎完整保留 20 世纪 50 年代中国生产力大力发展时形成的工业化聚居的建筑风格形式。并且,目前仍有许多老员工居住,使得社区面临老年人多、居民收入偏低等问题,通过旅游业将带动宿舍居民对城市的认可,在无形中宣传城市被封存的记忆。工业遗产经过保护和利用,使得历史文脉的展现成为一种城市发展模式的实际体现,通过改造城市基础设施,提升城市形象,以崭新的面貌献礼建党百年,使嘉兴在欣欣向荣的旅游浪潮中独树一帜。

2　嘉兴民丰造纸厂宿舍楼综合分析

希腊建筑规划学家道萨迪亚斯认为"人类总是把事物中的元素孤立起来单独考虑,而从未意识到应该从整体来了解聚居"。笔者从宿舍的形成、演变、特性出发,窥视嘉兴民族工业遗产,充满"事件"和"意味"的宿舍无疑是最典型的代表,并以此为依据,在旅游视角下提出保护与利用的新方法,见图 1。

---

*文章研究的项目位于作者家乡。

①汪思倩,吉林建筑大学,学术型硕士研究生。

②莫畏,吉林建筑大学,教授,吉林建筑大学艺术设计院副院长。

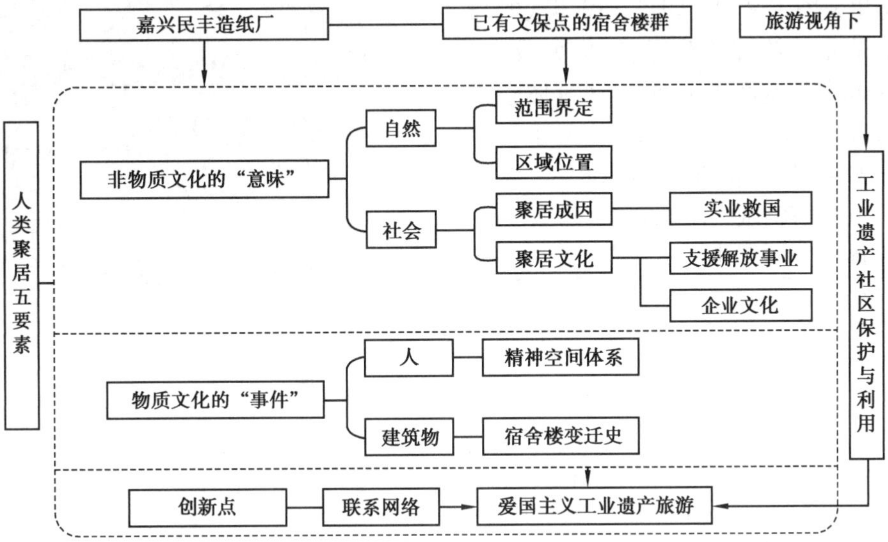

图1 旅游视角保护与管理模式图
（图片来源：自绘）

2.1 实业救国，曲折中前进

从自然角度而言，社区位于市中心，南临角里街，北靠铁路沪杭线，东接解放军驻嘉兴营地，西傍嘉兴火车站。宿舍实际是单位在空间地域上的载体，由单位统一安排，进行开发建设。所以，在资源分配时，政府将权力下移到大型企事业单位，由其进行再分配，因而导致宿舍的选址带有浓厚的政治色彩。现存的宿舍附近景区较多，且这些景区大多具有红色记忆，尤以点状的南湖湖滨地段主题公园最为突出，其包含了中共一大会址、国家级爱国教育基地的南湖革命纪念馆，见图2。在"区景一体的理念下"，将工业遗产社区与具有相同属性的景区相互联系，由点到线扩大工业遗产旅游圈，并与城市轨道交通串联构成旅游面域，见图3。

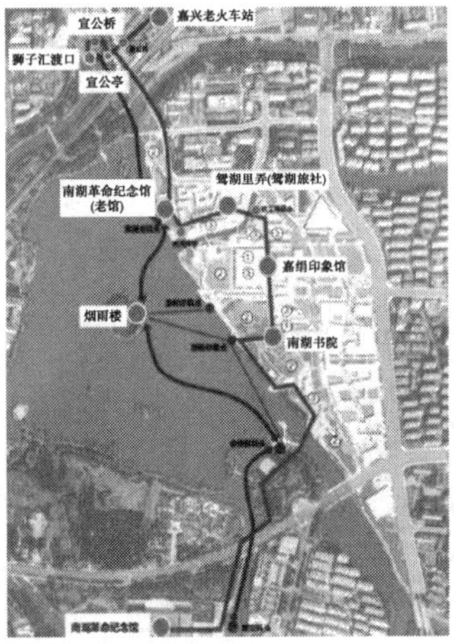

图2 南湖湖滨主题公园规划
（图片来源：网络）

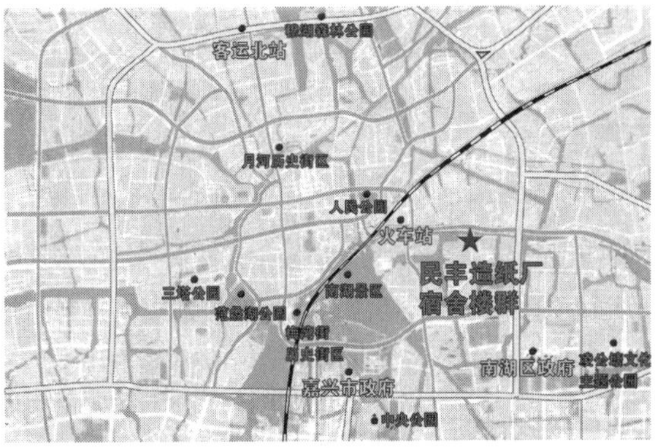

图3 民丰造纸厂宿舍楼群五千米范围区域图
（图片来源：自绘）

从社会角度分析，特殊背景下的工业遗产社区并非是自发形成的，此社区是地域历史文化产物的载体，具有强烈的历史属性。20世纪20年代，日本侵略中国，日本制造趁机独霸市场。以民丰造纸厂（简称民丰）前身禾丰造纸公司为首的企业相继抵制日货，购机制纸支持实业救国[2]。爱国的历史情怀是一脉相承的，社会主义建设新时期，民丰将产品商标图案改为"南湖-革命纪念船"。宿舍作为企业的附属建筑，是企业职工生产生活的聚集地，其属性直接传承企业文化中的爱国主义。

2.2 红船、企业精神的集大成者

从原住居民的角度分析精神空间体系，有同事之情、师徒之情、双职工夫妻之情等，于是，是否存在一种精神空间是原住居民共有的将是文章研究重点。以1949年中华人民共和国成立为界，按时间顺序排列，研究影响原住居民的精神空间体系，见表1。由此得出爱国主义始终印刻在民丰人的心里，而民丰人也是爱国精神的践行者、集大成者。从游客的角度分析精神空间体系，游客通过体验式享受、体验式消费了解历史文化价值，使得居民增加经济收入，让城市的历史价值得到体现[3]。

表1　原住居民精神空间体系分析

（表格来源：自绘，资料来源《民丰志》）

时间	形象	爱国的事迹
1949年前	开创者	褚辅成，著名爱国人士，1923年，为振兴地方民族工业，筹资创办禾丰造纸厂（民丰前身）
	继承者	竺梅先，著名爱国人士。在民丰遭到日军轰炸后，重建宿舍；抗日战争时期，提出"务须努力生产"，为中共提供支援
1949年后	护国者	1951年，职工为抗美援朝捐献"民丰号"战斗机3架
	创新者	1951年，原拟聘外国专家承装汽轮发电机组，但广大职工坚决要求掌握自主创新技术，实现自给自足发电
	见证者	职工代表国家援助柬埔寨王国筹建川龙造纸厂；援建朝鲜民主主义人民共和国，为国家获得荣誉和国际认可
	领路者	多人先后获得全国劳动模范、轻工业部劳动模范

2.3　江南造纸民族工业的史书

民国23年，民丰建造了含天井的平房4幢（图4）和"小洋房"1幢（现为厂工会和劳动服务公司所在地），建筑细节分别见图5—图7。这种民国时期折中主义的建筑形式，采用窗檐大外挑，配合柯林斯柱式，追求形式美，形成中西合璧的风格，具有强烈的折中和包容情怀。抗日战争胜利后，民丰造纸厂收回了员工宿舍楼产权。而这些见证嘉兴民族工业不屈的历史建筑也被保留下来，由于其具有较高的历史价值和突出的时代特色，被列为市级文保点。在民丰厂被列为文物保护点的建筑里，仍被作为职工宿舍的是20世纪50年代建造的6幢悬山顶、坐北朝南的建筑，统计情况见表2，其平面图见图8，现状见图9、图10。

图4　中华人名共和国成立前职工住宅
（图片来源：《民丰志》）

图5　厂工会和劳动服务公司
（图片来源：自摄）

图6　厂工会和劳动服务公司建筑细部
（图片来源：自摄）

图7　厂工会和劳动服务公司建筑立面
（图片来源：自摄）

表2 市级文保点民丰造纸厂宿舍楼群统计情况

（表格来源：自绘，资料来源：《民丰志》）

建造年份	区域	幢号	层次	结构	占地面积/m²	建造面积/m²	户数	造价/元
1958	民丰二村	206 207 212	二	砖混	644.36/幢	1 236.52/幢	24/幢	6 2903.7/幢
1958	民丰三村	315 316 317	二	砖混	644.36/幢	1 236.52/幢	24/幢	6 293.7/幢
备注	民丰二村于1981年增建厨房一间；民丰三村增建厨房一间，原二村后改为三村							

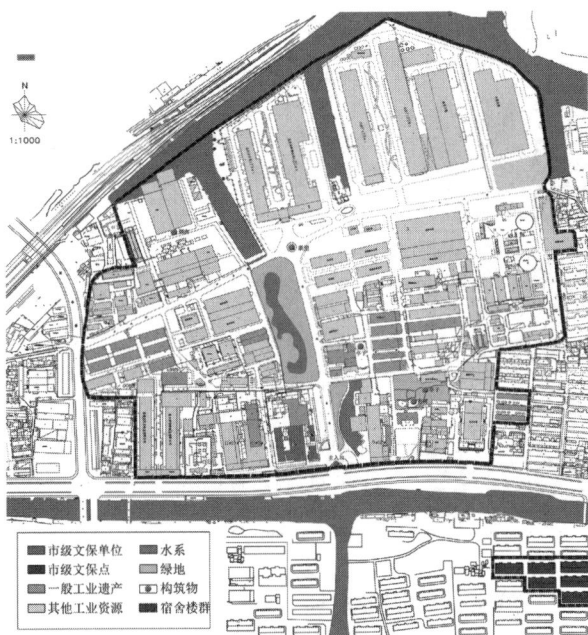

图8 民丰造纸厂平面图

（图片来源：自绘）

图9 宿舍楼现状图片

（图片来源：自摄）

图10 宿舍楼现状鸟瞰图

（图片来源：自摄）

3 嘉兴民丰造纸厂旅游发展思路

3.1 旅游资源整合

以旅游为联系网络整合资源，结合目前旅游资源保护不合理、开发不充分的问题，在"区景一体"的理念下，笔者重新梳理规划旅游资源，通过整合嘉兴现有的旅游资源，分析聚居的宿舍楼群与周围主要配套建筑之间关系，如图11所示，绘制该关系的演化进程分析图，如图12所示。

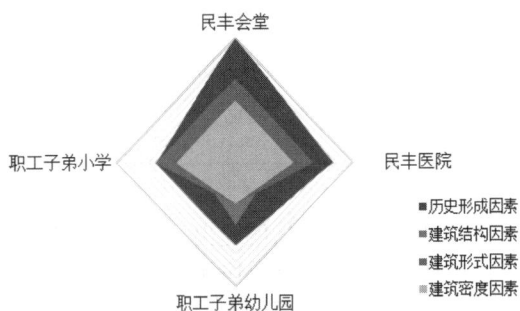

图11 宿舍楼对人群影响图

（图片来源：自绘）

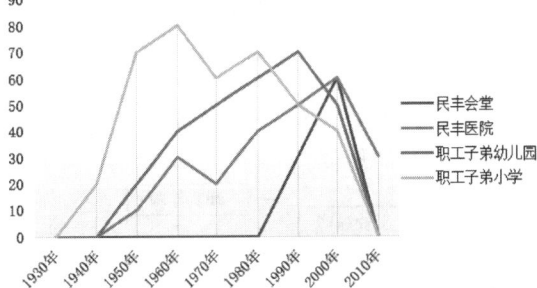

图12 人群对宿舍楼需求影响曲线

（图表来源：自绘）

由此得出,工业遗产社区具有多重属性,其中以旧社区和历史文化遗产价值属性最为重要。文章从以下两个角度出发进行分析:其一是从旧社区角度出发,将旅游资源内部问题梳理为原有的"事件"和新添的"意味",见表3。在保护历史文化理念下,发展旅游产业,并同时对旧社区进行改造,这不属于大拆大建的建设活动,这既能保护社区的存在状态与周边环境的真实性,又能维护建筑的结构体系。

表3 宿舍内部改造策略
（表格来源:自绘,图片来源:自摄）

	问 题	现状图片	改造策略
原有的"事件"	占用公共空间,杂物随意堆放		因地制宜,重新规划功能,合理规划
	内廊式住宅建筑缺少采光、通风		运用科学技术,例如添加室内新风系统
	建筑接近70年使用期限,部分构件破损		进行修缮遵循《嘉兴市文物遗产保护办法》
新添的"意味"	缺少老龄化设计和养老性引导设施		考虑老年人心理情境下,微改造旧社区
	景观环境设计单一,室内活动空间少		创造社区花园,提升公共服务空间,添入特色景观

其二是从历史文化角度出发,作为嘉兴市仅存的新中国成立初期工业居住历史遗存,随着街坊和建筑一起保留下来的空间环境,是当时工人"低工资、高福利"待遇的最主要的物质生活体系[4]。在保持原有建筑肌理的情况下发展旅游业,扩展特色旅游的广度和深度,开展新型历史文化游览模式,模式关系见图13。例如:游客通过部分宿舍居民遗存的家庭小作坊体验手工技艺[5],感受那代产业工人艰苦创业、无私奉献,为国家强大而奋斗的精神。这将进一步提升嘉兴作为国家历史文化名城发展爱国主义旅游的价值。

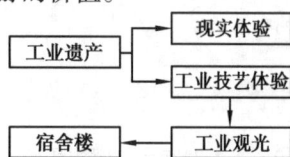

图13 历史文化游览模式图
（图片来源:自绘）

3.2 旅游保障体系规划

针对现状规划不清、管理混乱等问题,自上而下地推进旅游开发的进程,强化政府的指导性作用。制定旅游业的管理措施、法律政策及规范性文件,实现有条例可依,有规则可寻;成立景区专项管理委员会,协调旅游业与其他部门、其他行业之间的冲突,提高行政办事效率。（图14—图17）

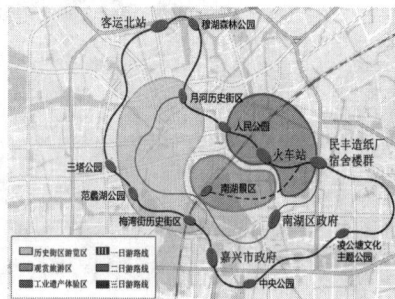

图14 民丰造纸厂宿舍楼群旅游规划图
（图片来源:自绘）

图 15 旅游服务平面图
（图片来源：自绘）

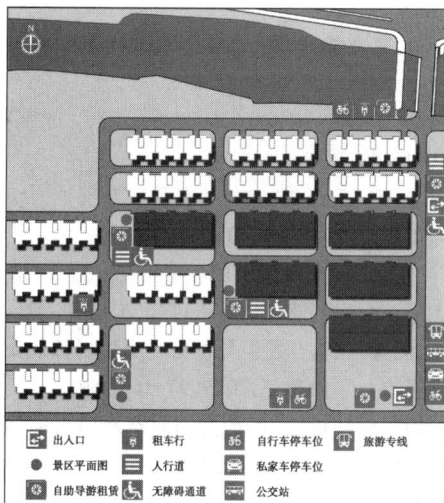

图 16 交通设施图
（图片来源：自绘）

图 17 互联网旅游设施图
（图片来源：自绘）

3.2.1 建立全方位旅游服务系统

改变"景区内外两重天"的旅游模式，构建区域统筹、覆盖全面的旅游服务体系，实现"移步换景、处处有景、区景一体"的新格局。健全旅游交通引导、景区导览等标识系统，充分挖掘民丰独特的文化符号，并将这些元素选择性的运用在旅行社、旅游住宿、旅游餐饮、旅游购物、旅游休闲娱乐中。制定民丰的形象标识设计，充分运用在雕塑、指示牌、旗帜、宣传册及旅游纪念品中，宣传其作为一段嘉兴工业遗产历史缩影的重大意义。

3.2.2 交通设施整合

一方面，建筑信息模型（BIM）与地理信息系统（GIS）相结合。在信息技术高速发展的当下，通过GIS获得更为精确的地理位置定位、空间分析和应用，便于室外空间的规划、选址。同时，基于软件平台结合 BIM 和 GIS，使用 BIM 技术建立模型，探索道路设计的三维模型。其优势在于精确度高、精细化程度高，可以减少对历史古迹的破坏和对原住居民生活的影响，缩短了反复修改的施工周期。

另一方面，建立公共交通系统。增设中短程旅游专线公交，完善市区内部和中心城区主要景区的交通枢纽，构建其与景区间的连接线和旅游集散中心，重点整治和提升火车站与景区间的旅游交通体系。设置旅游专线，加强各类文物保护单位之间的旅游交通联系，构建各景区间的交通体系。根据嘉兴旅游资源的性质和种类，设置主题旅游专线，如爱国一日游（南湖、南湖革命纪念馆、爱国工业遗产如民丰造纸厂），以专题旅游支撑主题旅游产品。

3.2.3 提升景区的无线网络覆盖率，构建旅游服务中心系统

大力推进旅游服务平台建设，规范旅游线路的宣传及合同签订，提高涉及企业的数字化服务水平，促进智能讲解、智能监控、智能闸机铺设，加快实现门票预约、手机自助导游、"互联网+找厕所、找垃圾桶"等功能。

3.3 爱国主义旅游策略

前期策略：保护修缮建筑，引入数字保护的模式。民丰宿舍楼的砖混建筑已接近七十年的使用期限，对这类文物保护建筑的修复必须要尊重原始材料和确凿文献。在保护修缮过程中，以保护工业遗迹为重点开发。在尊重建筑原真性的原则下，维持原住居民的社会网络，考虑老龄化问题。施工中任何不可避免的添加都必须与原有建筑的构成有

所区别,拥有现代的标记[6][7]。历史建筑是由时间的流逝而赋予其价值的,目前这些建筑仍然有大量原住居民使用,所以广大专业人员要多采访实例,通过测量、绘图、摄影等各种方法进行必须的记录。这一方面可以作为学术的研究,另一方面也可以促进社会保护,为中后期的开发策略打下坚定的基础。

中期策略:历史建筑保护是基础,利用是关键,建设特色文化打造空间特性是关键一步。通过对历史元素的挖掘、再现,以及一系列现代旅游业的调整分布,形成独特的历史感与场所感,使街区体现城市文化的多样性,延续嘉兴城市文脉,通过独特的文化价值吸引外来游客。完善街区周边道路系统和相关配套设施,提升外来游客旅游体验舒适感。又因建筑和环境存在密不可分的关系,在"景区一体"的理念下,民丰原住居民在提升生活品质的同时,将更好地与建筑、景观保持亲密关系。在这样的存在中,文物建筑才有生命,才能最大限度地发挥其对城市内涵品质的提升和意义。

后期策略:待街区发展成熟后,依托嘉兴作为长三角地区的核心战略位置,跨区域、跨省市的发展文化旅游产业,形成口碑效应。结合特殊的历史形成共同的文化记忆、先进的开发理念,在旅游黄金周、传统节日,针对不同人群进行不同专题的设定,开展形式多样的特色旅游文化周、旅游节活动。同时,也要做好游客的反馈工作,不断提升品质服务,坚持可持续的生态发展,使民丰成为红色旅游业中的佼佼者。

4 结 论

历史建筑是城市地标建筑和地标空间的代表,但也需要大量的周边其他建筑作为背景衬托出它们来,这是一种图与底的关系。在社会快速发展的今天,激活城市记忆、保护城市传统记忆,集聚人群不断创新,既实现城市旧社区微改造,同时又赋予历史建筑新的文化内涵,聚集新的产业在历史建筑中,致力把民丰打造成为嘉兴爱国主义旅游文化示范区。在提升嘉兴城市文化内涵的同时,也为今后其他具有复杂属性的工业遗产社区的保护与再利用研究提供指导性意见,起到示范作用。

参考文献:

[1] 刘抚英,蒋亚静,陈易. 浙江省近现代工业遗产考察研究[J]. 建筑学报,2016(2):5-9.

[2] 孙鸿斌,张贞契,王柏松,等. 民丰志[M]. 北京:中华书局,1999(6).

[3] 钱川,赵霞. 嘉兴工业遗产评价体系及保护初探[J]. 现代城市研究,2016(4):40-47.

[4] 赫帅,刘伯英. 工业遗产的社会价值[C]. 2016 年中国第七届工业建筑遗产学术研讨会,2016:28-42.

[5] 单军,周婷. 旅游开发主导下历史文化村镇的布景化现象探析[J]. 华中建筑,2013(9):166-169.

[6] 威尼斯宪章委员会. 保护文物建筑及历史地段的国际宪章[S]. 第二届历史古迹建筑师及技师国际会议,1964.

试谈古建筑保护工程管理中的研究性修缮
——以故宫养心殿研究性修缮管理规划为例

Discussion on Research Renovation in Management of Protection Works of Ancient Buildings
—Taking the Research and Repair Management Plan of Yangxin Hall in the Imperial Palace as an Example

张 典①

Zhang Dian

【摘要】北京故宫是中国明清两代的皇家宫殿,1987 年被联合国教科文组织列为"世界文化遗产"。养心殿建筑群位于紫禁城西六宫东南隅,是清朝满汉合一的政治心脏。2015 年岁末,养心殿迎来了百年来首次大修,故宫博物院启动了"养心殿研究性保护项目"。故宫工程管理处分析现存问题,总结以往经验,对该修缮工程进行了前期管理规划。尝试在现有法定施工管理及财务制度下,按期保质完成对该区域的研究、修缮与保护工作为总目标,并以项目本身为依托,以"古建修缮管理、技艺传承、人才培养、机制创新"为核心,以"最大限度保留古建筑的历史信息、最小限度干预古建筑本体、不改变古建筑的文物原状、进行古建筑传统修缮的技艺传承"为原则,尝试探索一套适合中国国情的古建筑修缮保护工程管理与技艺传承之路,为中国文化遗产的保护与研究提供典型范例。

【关键词】养心殿 古建筑保护 研究性修缮 工程管理

在紫禁城宫殿古建筑群中,除了前朝的保和、中和、太和三大殿,以及内廷的乾清、交泰、坤宁三宫外,最为今人熟悉的,便是"垂帘听政"和三希堂的所在——养心殿。养心殿建筑群位于紫禁城西六宫东南隅,始建于明代②,其与军机处、御膳房组成完整的功能群体。现存院落南北长约 63 米,东西宽约 80 米,占地 5 000 平方米,拥有的建筑 18 座。养心殿为院落主殿,为工字形殿。前殿为黄琉璃瓦歇山顶,面阔三间,通面阔 36 米,明间及西次间接卷棚抱厦,其进深三间,通进深 12 米。院落内原存可移动文物 2 000 余件套,室外陈设 24 件,古树名木 15 棵。其建筑、装饰、工艺品都具有极高的历史、艺术与科学价值。

自顺治以来,除康熙将养心殿用作学习和造办之所外,清朝共有八位皇帝在此燕寝理政。雍正后,养心殿更取代内廷乾清宫的地位,成为清代宫廷政治活动的中心,几乎见证了内政外交、帝王崩逝、权利易主等清代历次重大历史事件的发生,是清朝满汉合一的政治心脏。

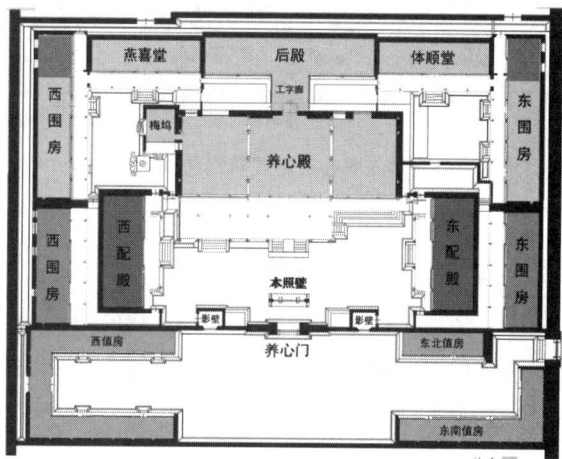

图1 养心殿院落现状平面图
（图片来源:故宫古建部）

2002 年,故宫古建筑整体维修保护工程开始实施,养心殿作为故宫中最为重要的建筑之一,对它的修缮是故宫整体维修保护的重要组成部分。2015 年岁末,养心殿迎来了百年来首次大修,故宫博物院启动了"养心殿研究性保护项目"。故宫博

---

① 张典,故宫博物院,高级工程师。
② 《明世宗实录》卷之二百一"嘉靖十六年六月戊申朔"条:"嘉靖十六年六月,丙子新作养心殿成。"

物院院长单霁翔在《建立故宫古建筑研究性保护机制的思考》一文中提及："此次启用'研究性保护项目'这个名称，表明故宫博物院的古建筑修缮将探索新的实施机制和传承方式。"

图 2　养心殿照片
（图片来源：存档资料）

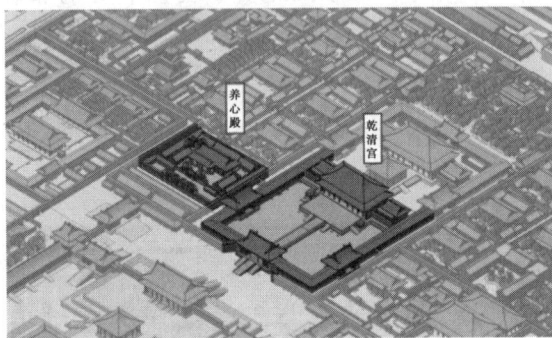

图 3　养心殿区建筑鸟瞰图
（图片来源：网络）

1　什么是古建筑研究性修缮

古建筑是指历代留存的，完整或局部完整的建筑。它们代表了其所在年代的建筑工艺水平和建筑材料水平。随着历史更迭，现存古建筑经历的历次修缮、保护和使用，也使它蕴含了丰富的时代信息，对历史、文化、科技等变迁的研究具有重要的意义。因此，对它的每一次修缮都承担着不可回避的历史责任，不应该作为一般土木工程或建筑工程对待。

为更好地保护古建筑这一历史文化遗产，故宫博物院在对院内古建筑整体维修保护的过程中，分析现存问题，总结以往经验，尝试性地首开了古建筑研究性修缮的先河。而养心殿研究性修缮工程则是其中的重要实例。

故宫单霁翔院长在对于养心殿研究性保护工作的指示中明确提出："在'养心殿研究性保护项目'中要始终坚持三项基本原则，即最大限度保留古建筑的历史信息，不改变古建筑的文物原状，进行古建筑传统修缮的技艺传承。"此外，在研究性修缮过程中，应将研究精神贯穿始终，对古建筑的各种材料、工艺及施工技术进行全面深入的研究，注重历史信息的提取，并将修缮过程进行科学记录。

2　养心殿修缮保护工程管理模式的研究性探索

2018 年 8 月，经过两年多的深入勘察，养心殿研究性修缮保护工程完成了方案设计，确定了施工和监理单位，正式进入了工程实施阶段。为了让工程管理不局限于一般的土木工程项目标准程序，故宫博物院工程管理人员根据以往工作经验，以及对该项目的研究和分析，创新研究全新的工程管理模式，坚守研究性保护项目的质量，把研究精神贯穿始末，对修缮工程的管理工作进行了优化。较之以往，有四项探索性实践。

2.1　成立项目管理小组

养心殿研究性保护项目，综合性强，涉及的故宫博物院内职能部门多。为了加强沟通、转变理念，故宫养心殿研究型保护项目施工管理工作，由故宫博物院工程管理处牵头，与修缮技艺部（主要负责官式古建筑营造技艺传承）、古建部（主要负责古建筑历史研究和修缮设计工作）一起成立联合管理小组。并对工地现场实行精细化管理，致力于改变施工工地杂乱、危险、尘土飞扬的旧有印象。改善施工场地的粗放式管理模式，优化施工环境，对文物建筑、传统工具和传统材料进行保护。

2.2　管理模式

养心殿研究性修缮保护项目日常施工管理工作由施工管理常务小组负责，一般事务由施工管理常务小组集体讨论决定；重要问题由施工管理常务小组初步讨论形成意见后，由施工管理领导小组集体决定；重要技术问题召开专家论证会，专家把关形成一致意见后实施。

2.3　专家体系

有别于以往工程只在偶遇无法判定的重大疑难时，才上报并召开专家论证会。养心殿研究性保

① 单霁翔. 建立故宫古建筑研究性保护机制的思考[J]. 紫禁城，2016（12）：12-15.

护项目全过程引入专家体系,为项目顺利实施保驾护航。

首先,该项目将单独成立顾问组,即"故宫修缮工程专家咨询委员会",由官式古建筑修缮方面具有丰富经验的著名专家组成。顾问组负责对修缮全过程确定方针,掌握原则,把关方案。其次,项目还成立现场专家组,深入修缮现场,严格标准,对不可移动文物和可移动文物的保护、修复和研究进行系统指导,对每一个环节都做到严格把关。对重点研究与技术问题的解决提供决策意见,以保证项目方向、决策、技术与实施的正确性和科学性。最后,项目将在古建修缮各作中挑选出具有优秀娴熟传统营造技艺的技术人员,作为项目古建技艺指导人。随着工程进展,分专业对项目实施中的传统技艺核心点进行技术指导与检查监督。同时,随着项目进展,针对出现的技艺难点,提出有效的解决办法,对工匠进行技艺难点培训与技术指导,力求解决古建修缮技艺方面的难题。

通过顾问、现场专家与技术领队三级专家体系的建立,对古建筑本体修复工作进行全面的指导、监督、咨询。

2.4　修缮工程量清单和控制价的科学编制

现行文物建筑修缮工程清单和控制价编制,工艺要求相对粗糙,材料、人工均按各省市、各级别古建的信息指导价平均水平编制,达不到高标准、严要求的修缮的需求。该项目拟寻求政策支持,实施相关调研,召开专家论证,制定合理的工艺,确定优质材料、高水平工匠的费用。并委托具备资质的有丰富经验的造价咨询企业编制(复核)工程量清单、控制价。具体操作办法为:

①材料及人工价格,遵循优质优价的原则。

②参考现行修缮定额、造价信息指导价,结合我院修缮技艺部起草的修复定额,依据材料、人工市场价格的实地调研情况,确定养心殿修缮项目所用材料的价格及人工费单价。

③成立市场调研考察小组,工程联合管理小组会同审计室、造价咨询专家进行市场调研考察。

④对材料价格、高水平工匠人工单价进行市场调研,并形成调研报告,调研结论作为清单控制价的编制依据。

⑤受调研范围限制,对调研结果存在争议,达不成一致意见的,不同意见方出具明确意见或推荐

自认为合理的供应商,考察小组对其进行全方位考察。符合本项目修缮使用要求且价格相对较低的,考察小组出具考察结论,作为清单控制价的编制依据。

⑥属于自然资源的传统建材,受环境、政策影响,价格波动较大。清单控制价编订阶段,以当期调研结论作为依据编制;如实施阶段价格波动较大,超过合同约定范围时,以实施当期价格为依据进行调整。

3　养心殿修缮保护工程实施规划中的研究性探索

除了对管理工作进行优化外,工程管理人员也对修缮工作实施过程进行了规划,并将研究精神贯穿其中,力求通过更为科学的方式对古建筑进行保护。

第一,该项目将借鉴大高玄殿修缮项目中实施的"屋顶上的考古",利用考古地层学的方式,对古建筑需要拆修部分进行发掘式揭移。力求在揭移过程中,对所发现的历史痕迹和实物资料进行科学的归纳、分类分析、比较研究,以期通过形态样式等的排比来探求该区域建筑营缮历史和使用的变化规律、逻辑发展序列和相互关系。为更深层次地解读和留存建筑遗产历史信息、制订科学修缮保护方案提供依据和支持。

第二,该项目将在施工过程中做好进一步设计勘察和动态设计工作。古建筑修缮保护工程和新建工程有着本质区别。中国古建筑多为榫卯式木结构建筑,隐蔽部位较多。勘察设计阶段,以现有技术水平,在不进行破坏性勘察的情况下,部分隐蔽部位结构不能被准确确定结构的损伤及病变情况。在修缮过程中,随修缮工作的展开进一步揭露检查,古建病害的真实情况和具体病灶才能逐步清晰,从而根据获取的信息和工程实际情况对设计进行补充完善或修改,使其更加合理,这是更科学的文物建筑修缮保护方法。该项目动态设计实施的具体办法拟为:

①保护修缮施工,在拆除阶段,运用考古学理念与手段,对文物建筑进行"考古勘察",在建筑考古中发现各类重要遗迹,进一步对隐蔽部位的病害进行记录、分析。

②当实际病害殊异于前期设计预判时,及时通知设计人员到现场,据实对原设计进行补充完善或

修改,同时邀请文物建筑质量监督站项目监督员到现场。

③依据《文物保护工程管理办法》及实际情况,确定补充方案是否需要上报北京市文物局、国家文物局审批。

④需要上报的,补充方案做好专家论证,依程序做好方案的报批工作。

第三,该项目在实施过程中将坚持文保修复(展示)与传统技艺修复相结合的模式。此前的古建修缮工程中,老匠人们容易对科技技术和新型材料有天然的敏感和排斥心理。随着近年来古建保护工作者们的不断学习和交流,认识逐渐随着时代而发展。在古建修缮工作中对新事物的引进在近年呈几何级增长。然而,我们认为,对科学技术和新型材料的运用应根据具体古建筑的实际情况做出判断和选择,即不排斥也不盲从,使其真正成为古建保护工作的帮手。在养心殿修缮保护工程中,运用科技检测、监测手段对建筑材料和内在病害进行分析,并研究其病害根源,达到"治未病"的目的。对需除尘保护、原物回贴、细小残损的表面修复等,拟适当引入化学、物理性能更为稳定,对底层脆弱文物原件伤害更小的新型修复材料和方法。对大木结构、榫卯及其他传统工艺关键节点等,坚持寻访传统优质材料、使用传统工具、运用或复原传统工艺进行补强或修复。

第四,在养心殿修缮工作中,对所用材料以质量保证的方式进行深入研究。有别于以往通过老师傅们的目测和经验,选用质坚耐久的材料当作优秀材料使用于修缮工程,此次我们将对"原材料"做更深入的思考和研究。借助多种仪器,通过现场无损分析及实验室取样分析等不同手段,对古建材料(木、石、瓦、砖、纸张、地仗、彩画等)进行科学的检测分析,获取材性数据,判定材料种类及属性、材料力学性能、残损情况,推测年代关系等,为修缮保护方案提供科学依据,并为保护及研究工作提供可靠的数据资料。通过对各类材料的成分构成、物理性能、化学性能、功能极限的检测及制作工艺流程的研究,和对传统材料及传统材料制作工艺的探寻,与符合要求的生产者建立联系。并设立严格的材料使用审核体系,按照皇家建筑的维修标准制定材料规范,以杜绝低劣材料维修古建筑的问题。

此外,养心殿修缮保护工程除检测方面利用科技进行检测外,还进行古建筑群数字化建模工程,

并引入先进技术和科技仪器用于古建筑预防性保护。在此之前,对古建筑修缮工程的要求一般为维持建筑结构稳定。然而,要想古建筑尽可能完整地带着自身承载的历史信息,真正延年益寿,房屋不塌只是初级的基本的要求。如何让古建筑更健康地存在,如何在造成重大可见残损前对其进行保护,使其不在更重大的修缮工作中不可避免地损失其他历史信息,引起了我们的深入思考。此次项目将率先把预防性保护理念运用到古建筑修缮工程中。通过在修缮过程中设置对建筑环境进行干预的措施,使古建外环境得到一定的控制,趋利避害。同时,通过修缮工程在古建结构中设置的微型监控探测针,收集建筑的老化趋势数据,从而用数据分析方法对建筑老化趋势进行预判,并指导进行有针对性的及时补强和修复。通过在修缮完成后坚持对建筑进行的环境监测,辅助分析建筑残损根源,以实施预防性保护。

第六,养心殿研究性修缮项目遵循不经过培训不能上岗工作的原则来挑选工匠。所有参与养心殿修缮项目的技术工人,均须经过技能培训与考核。修缮施工正式开始后,通过培训考核的工匠,将择优根据进度安排,纳入中标施工企业管理,分工种逐步融入施工队伍。

第七,该项目将建立实习生培养工作制度。工地对学校相关专业学生开放,一方面增补了专业工作人员,使工作能更加精细化,同时也为古建筑修缮工作带来了学院研究前沿动态。这对学生而言是难得的实践经验积累经历,可增强学生理论联系实际的能力。古建筑修缮保护工程与新建工程截然不同已是共识。古建筑修缮保护在公众的逐渐重视下,各大院校也陆续增开该专业,邀请专家学者传道授业解惑。然而,对于古建修缮工程管理,却至今无院校或培训机构对其进行专门训练和教学。故宫博物院旨在工作的同时,利用自身资源,为我国培养知行合一的古建筑保护和古建筑修缮工程管理的专门人才。

第八,在以往的工作经历中,我们认识到影像资料对于修缮过程和工艺的记录具有文字所不能代替的作用。它生动、翔实,具有可参照和模仿性,也是大众更易接受的信息获取方式。在此前的修缮工程中,虽有拍照和摄像的概念,但只在关键节点或较少处进行了片段摄像记录工作,使该类型记录资料缺乏且参差不齐。翔实的记录不仅展示、分

析了现存遗构的历史特征，并将人为干预的过程与内容逐一记录，为区分真伪、判定年代、甄别工艺、了解构造提供确凿证据和系统分析。对于古建筑的真实性判别与传承具有更大、更直接、更系统的使用价值。它不仅是古建筑保护的基础工作，其完整生动的记录所衍生出的档案资料和媒体节目更是公众教育的重要形式。

第九，出版物的跟进。自故宫大修开始至今，各大工程的工程报告的发表和出版一直在公众和专业人士的翘首期盼中缓慢进行。此次养心殿工程将改变这一严重滞后现象。首先，在工程进行中，我们陆续发表分项研究文章或报告，并对阶段性工作以修缮简报的形式，将工程情况和成果陆续对外公布，也借此对修缮研究工作不断进行总结。这使该项目既接受专业领域的监督，又满足大众知情需要，并能够在总结中及时调整、完善工作方法。工程竣工后及时出版工程实录、工程报告和修缮活计档，并同时发表可查阅电子版，便于满足专业人士在其他研究工作中的检索需要。工程结束后，迅速整理各分项研究文章，查漏补缺，完善后，出版《养心殿研究性修缮保护工程研究报告》丛书。

最后，养心殿修缮保护项目也拟在工程结束之后，召开具有针对性的专业研讨会。每一项修缮保护工程的结束，都应该及时总结保护工作的利弊。

随着研究修缮成果的陆续发表和出版，会邀请国内外业界专家、学者，对养心殿修缮工作各抒己见，充分交流，为未来的古建筑修缮提供更多参考，使古建筑保护工作更加科学、完善。

4　小　结

古建筑保护工程管理中的研究性修缮如何实施，一直是故宫博物院古建筑保护人员孜孜以求的探索内容。养心殿研究性修缮保护项目处于故宫古建筑从抢救性维修到研究性、预防性养护的转折期。该工程项目在现有法定施工管理及财务制度下，以按期保质完成对该区域的研究、修缮与保护工作为总目标，并以项目本身为依托，以"古建修缮管理、技艺传承、人才培养、机制创新"为核心，以"最大限度保留古建筑的历史信息、最小限度干预古建筑本体、不改变古建筑的文物原状、进行古建筑传统修缮的技艺传承"为原则，以培养优秀古建筑修缮管理人才、传承营造技艺、建立相关材料基地、探索保护运行机制、全面记录建筑修缮、保护其所蕴含的历史信息为基本目标，依靠专家体系和社会力量支持，在修好养心殿建筑群的同时，尝试探索一套适合中国国情的古建筑修缮保护工程管理与技艺传承之路，为中国古建筑的保护与研究提供典型范例。

基于水源分析的吐鲁番坎儿井的有效保护研究
——以高昌区坎儿井的保护为例

Study on Effective Protection of Karez in Turpan Based on Analysis about Water Supply Source
—A Case Study of Protection of Karez in Gaochang District

李　琛①　**苏春雨**②　**王力恒**③

Li Chen　Su Chunyu　Wang Liheng

【摘要】本文分析了吐鲁番坎儿井的产生原因及形成机理，对绿洲的贡献，以及其水源、水质类别特征。接着以吐鲁番市高昌区坎儿井为例，依据水源、水质分析确定需要重点保护的坎儿井，在分区分类保护的策略框架下从地下水流域出发，整体策划水资源的配置，制定坎儿井的构造保护措施、管理措施及利用设想，以实现重点保护区的有效保护，旨在为实现坎儿井的可持续性保护提供可靠的技术支撑。

【关键词】吐鲁番　坎儿井　水源分析　保护

1　吐鲁番坎儿井概述

新疆吐鲁番地区的坎儿井是干旱地区的人们在特殊的自然气候条件下，根据当地水文地质特点，创造出的用暗渠引取地下潜流，自流进行灌溉的一种特殊水利工程。

1.1　坎儿井形成的自然条件

1.1.1　地形地貌及气候特征

吐鲁番盆地地处亚欧大陆腹地，是东天山中一个封闭的山间盆地，盆地东有库木塔格山（沙山），南有却勒塔格山，西有喀拉乌成山，北依博格达山，中部偏北有火焰山、盐山隆起带，总地势为西北高、东南低。盆地偏北的火焰山和盐山将盆地分为南、北两部分。盆地的最低点是艾丁湖，海拔 -154 米[1]，位于南盆地（图 1）。

吐鲁番盆地远离海洋、四周有高山阻隔，冷湿空气不易进入，形成极端干旱的典型大陆性暖温带荒漠气候，具有干旱、炎热、多风的特点；一年中 30 ℃以上的天气有 108 ~ 161 天，有“火洲”之称；多年平均降水量 16.9 毫米，年均蒸发量 2 844.9 毫米[2]；多年平均 7、8 级以上大风 20 余次，最大风速达 20 米/秒[3]，有“风库”之称。干旱少雨的天气适于开挖坎儿井，同时坎儿井的地下暗渠可以防止风沙侵袭和减少蒸发损失。

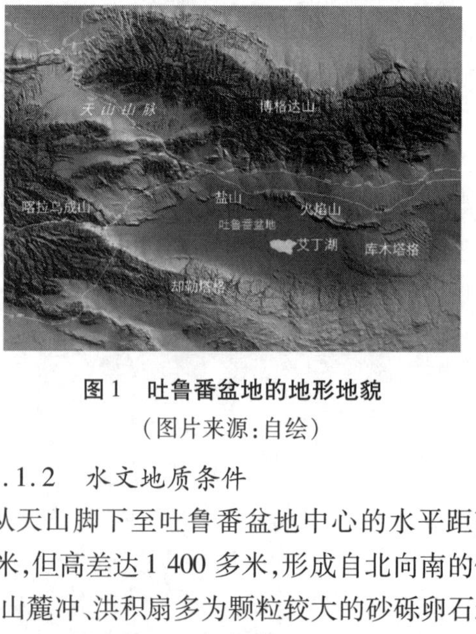

图 1　吐鲁番盆地的地形地貌

（图片来源：自绘）

1.1.2　水文地质条件

从天山脚下至吐鲁番盆地中心的水平距离为 70 千米，但高差达 1 400 多米，形成自北向南的倾斜平原，山麓冲、洪积扇多为颗粒较大的砂砾卵石地层（由巨厚的第四系松散沉积物构成），向平原内部逐渐转化为颗粒较细的砂土或黏土地层（图 2），地面坡度逐渐变缓，由 1/50 ~ 1/30 降至 1/200 ~ 1/100。

---

① 李琛，中国建筑设计研究院有限公司建筑历史研究所，副研究员。

② 苏春雨，中国建筑设计研究院有限公司建筑历史研究所，高级城市规划师。

③ 王力恒，中国建筑设计研究院有限公司建筑历史研究所，城市规划师。

图2 吐鲁番盆地的水系及地形关系图

（图片来源：自绘）

1.1.3 地下水来源及运动路径

吐鲁番盆地东部的库木塔格山（沙山）、南部的却勒塔格山和盆地中部的火焰山、盐山均是干旱的荒山，没有降水和河流。北部的博格达山和西部的喀拉乌成山海拔均在3 500～4 000米以上，西风环流带来的大西洋水汽遇冷在高山区形成冰川和积雪，在亚高山区形成降水，是北、西部河水的主要来源。每年夏季山区的冰雪融水和大气降水汇成径流，出山口后渗入山前冲洪积平原的砂砾卵石地层（图2、图3），同时有山区的基岩裂隙水直接补给地下水。地下潜流遇透水性差的火焰山受阻后，在火焰山北麓产生由回归潜水形成的高水位地带，遇火焰山的缺口溢出形成一系列的泉水，即火焰山水系；泉水流出火焰山后，又一次渗入地下，补给火焰山南部的地下径流，最后排泄于盆地中心的艾丁湖。

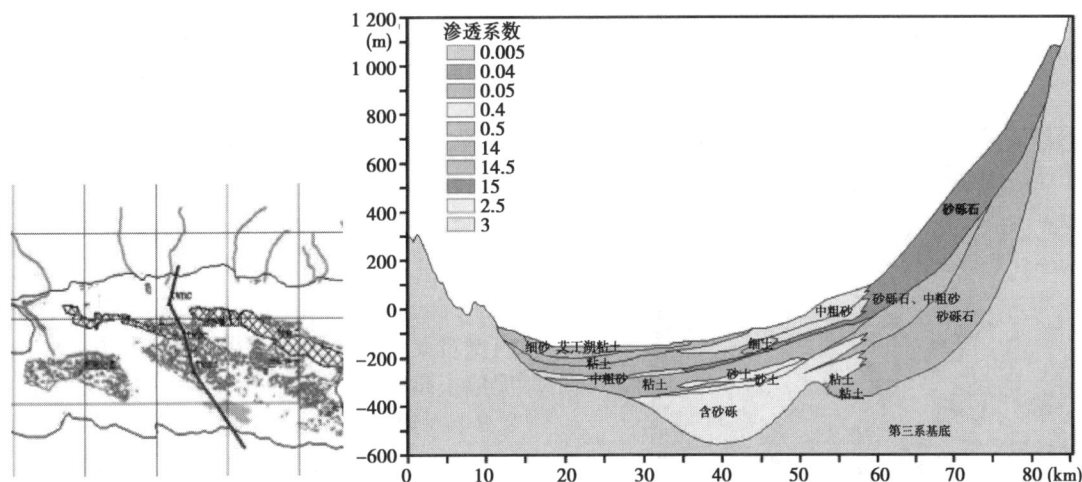

图3 吐鲁番盆地典型剖面分析图

（图片来源：吐鲁番盆地区域水文地质条件及地下水循环研究[4]）

左：典型剖面位置，右：吐鲁番盆地典型剖面土质及渗透系数分区图

1.2 构造及保存现状概述

坎儿井的结构构造由竖井、暗渠、明渠、涝坝四部分组成，暗渠是其主要部分。竖井是开挖暗渠时供工匠定位、上下、出入和通风之用，也是建成之后用于检查维修坎儿井的设施。暗渠的首部为集水段，位于地下水位以下，起截引地下水的作用，集水段之后为输水段，在地下水位以上，起运送地下水的作用。暗渠的出口称龙口，龙口以下接明渠，明渠与一般渠道基本相同，明渠视坎儿井水量的大小可接或不接涝坝。涝坝又称蓄水池，用以调节灌溉水量，减少输水损失。

坎儿井是一项引用地下水的水利设施，水源是其重要的根基，若集水段的地下水位下降，则会导致坎儿井无水干涸，失去了其作为灌溉水利工程的作用及其核心价值。

据 2009 年第三次文物普查资料得知,吐鲁番市共有坎儿井 1 108 条,有水坎儿井 279 条。其中高昌区有坎儿井 508 条,有水坎儿井 156 条;鄯善县有坎儿井 376 条,有水坎儿井 84 条;托克逊县有坎儿井 224 条,有水坎儿井 39 条。高昌区的坎儿井总数和有水坎儿井的数量均居首位。

2 坎儿井对绿洲的贡献

2.1 对绿洲农牧业的贡献

吐鲁番盆地的坎儿井主要用于绿洲农业灌溉,同时供给牲畜饮水(图4),对维持吐鲁番地区农牧业生产的发展起着重要作用。虽然随着其他现代水利工程的实施,这一作用有所下降,但坎儿井目前仍是农牧业用水的一个重要组成部分。据统计,2003 年吐鲁番市有水坎儿井 404 条,坎儿井的供水量是 2.31 亿立方米,灌溉 13.23 万亩耕地及葡萄、瓜果等作物[5]。据《2014 年水资源公报》统计,2014 年吐鲁番市的水坎儿井减少至 274 条,坎儿井的供水量仅为 0.81 亿立方米,灌溉面积也相应减少。

(a)

(b)

图4 坎儿井为农牧业提供水源
(图片来源:自摄)

2.2 对绿洲生态的贡献

一条坎儿井的竖井、明渠、涝坝为动植物的生长提供了生存的养分和水源,成为鱼虫鸟类的栖息地和植被的生长地(图5)。吐鲁番盆地绿洲的生态环境是由坎儿井创造的,延续坎儿井,对维系当地生态平衡、阻止沙漠推进起到了重要作用。

2.2.1 坎儿井水为绿洲植被提供生态水源

坎儿井水一年四季稳定长流,而农业耕作具有季节性。吐鲁番盆地每年 11 月中旬至次年的 2 月底为农业非灌溉期,这一时期的坎儿井水流向苗圃林或其他树林。2003 年,吐鲁番盆地坎儿井冬季非灌溉期水量为 1.12 亿立方米,浇灌了 9.740 6 万亩荒漠植被和树木林带。坎儿井明渠与涝坝的植被及其浇灌的下游林带,起到了固沙、防沙尘、防风的重要作用,是遏制沙进人退、阻止沙化和荒漠化的重要屏障。

(a)

(b)

图5 坎儿井涝坝和明渠是植物生长和鱼虫的栖息之处
(图片来源:自摄)

2.2.2 坎儿井为动物提供栖息之地

坎儿井竖井井口堆积的清淤淤泥形成的土围,成了穴居动物的栖息地,有些鸟类则利用坎儿井的内壁筑巢、繁殖、隐蔽或御寒;坎儿井蓄水的涝坝则促成了鱼类、两栖动物的生存环境。

2.3 对绿洲传统文化的贡献

坎儿井是当地人日常生活、传统节日庆典以及宗教活动的重要场所。这种水与村落之间相互依存的状态形成了吐鲁番人民独特的文化习俗。坎儿井与村民的日常生活息息相关,坎儿井水流经和汇集之处因为渗漏作用为周围土壤提供了植物生长所需的水分,因此,明渠两侧和涝坝周边成为植物的生存地,营造出一个阴凉舒适的小气候区。人们在明渠和涝坝边上洗衣、洗菜、饮水、纳凉、聊天等(图6)。坎儿井成为生活的一部分,是村民集体记忆和情感依附的载体,是社区凝聚力和社会归属感的纽带。同时坎儿井传统的开凿及维修技术是吐鲁番劳动人民智慧的结晶,是绿洲传统文化的重要组成部分。

（a）

（b）

图6 村民在坎儿井明渠边洗菜、洗衣
（图片来源：自摄）

3 坎儿井的类型和水质[6]

吐鲁番盆地的坎儿井按其成井的水文地质条件来划分，可分为三种类型：第一种是山前潜水补给型，分布于火焰山以北，有鄯善县的七克台镇、连木沁镇、高昌区的胜金乡、亚尔镇，托克逊的依拉湖镇、博斯坦乡、郭勒布依乡等地。这种坎儿井直接截取天山山前侧渗的地下水，集水段较短，含水层为单一的第四系砂卵砾石层，潜水位在 10 ~ 50 米，岩性泥质钙质胶结，不易坍塌，俗称"砂坎"。这类坎儿井水是天山的河流出山后第一次潜入地下形成的，水质达到Ⅰ级水标准，能完全满足工业、农业和生活饮水要求，其矿化度比天山水系稍高。

第二种坎儿井是山前侧渗和河谷潜流补给型，主要分布在火焰山以南，有鄯善县的洋海、达浪坎、迪坎，高昌区的恰特卡勒乡，亚尔镇南部和艾丁湖乡等地。其位于火焰山水系形成的冲积扇中上部，集水段较长，出水量较大，含水层深度 10 ~ 20 米，集水段底板为黏性土，渗漏损失小，是最典型的吐鲁番式坎儿井。这类坎儿井水是天山水系潜入地

下，受到火焰山阻隔，以泉水形式溢出形成的火焰山水系再次潜入地下，或天山水系潜流、上游渠系、灌溉渗漏水经缺口形成的。其矿化度高于天山水系和火焰山水系，达到Ⅱ-Ⅲ级标准，适合一般灌溉，生活饮用和工业用水。

第三种坎儿井是平原潜水补给型坎儿井，主要分布在火焰山以南冲洪积扇中下部，包含艾丁湖乡南部和恰特卡勒乡南部的坎儿井。含水层以土质为主，有亚砂土、亚黏土和黏土，颗粒细，渗透性差，地下径流不畅，俗称土坎。潜水位于地下 5 ~ 10 米，坎儿井的水量小，季节性变化较大。这类坎儿井水为平原潜水及中上游渠系、灌溉渗漏补给，是水资源的第三次重复利用。在渗漏过程中，溶解了含水层中的盐分，水的盐分含量较高，矿化度高，水质达不到Ⅳ-Ⅴ级水的标准，属于较差和差的灌溉水质，基本上不适合生活饮用。

综上所述，第一、二种坎儿井有较好的水量和水质，第三种则较差，也更容易随着水源影响而断水，维护难度大，效益低。

4 坎儿井有效保护案例分析——以高昌区坎儿井为例

4.1 高昌区坎儿井的水源和水质分析

高昌区坎儿井的直接水源主要是天山水系的大河沿河、塔尔朗沟河和煤窑沟河，遇火焰山和盐山缺口溢出成泉的水系包括葡萄沟、桃儿沟、亚尔乃孜沟、大旱沟，其地表水渗漏及通过缺口越过火焰山的地下潜流成为火焰山-盐山以南区域的地下水源（图7）。

图7 高昌区坎儿井水源、水质分析示意图
（图片来源：自绘）

按照其水文地质条件,属于第一种山前潜水补给型的坎儿井为位于火焰山和盐山缺口处的坎儿井。这些坎儿井直接截取塔尔朗沟河补给的天山山前冲洪积扇内的地下水,水量较大、水质好。属于第二种山前侧渗和河谷潜流补给型的坎儿井较多,包括亚尔镇和葡萄镇的大部分坎儿井以及恰特卡勒乡北部的坎儿井、艾丁湖乡北部坎儿井。此类坎儿井的水源为天山水系二次下渗后的地下水,矿化度较高,水质较好,其中艾丁湖乡盐山亚尔奶孜沟以南的坎儿井,地下水还有上游灌溉渗漏的补给,水质矿化度更高一些。据 2017 年的调研统计可知,此种坎儿井的有水坎儿井较多。第三种平原潜水补给型的坎儿井,主要位于恰特卡勒乡和艾丁湖乡的南部,数量较少,并且大部分已干涸断流(图8)。

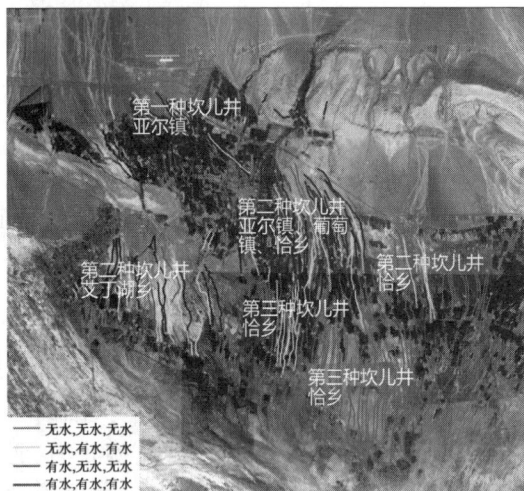

图8　2003、2009、2017 年高昌区坎儿井出水量分析图
（图片来源:项目组成员绘制）

4.2　高昌区坎儿井的出水情况分析

据 2017 年调研统计可知,高昌区有水坎儿井107 条,无水坎儿井 401 条;无水坎儿井中,2003、2009 年有水,2017 年无水的坎儿井有 62 条,这 62条坎儿井绝大部分属于第二、三种坎儿井,而有水坎儿井中绝大部分属于第一种和第二种类型,第三种坎儿井绝大部分为无水坎儿井。

4.3　需要重点保护的坎儿井

依据前述分析可知,第一种和第二种类型的坎儿井,出水量较大、水质较好,目前有水的坎儿井也大部分属于这两类,因此,坎儿井保护的重点在于第一、第二种类型的坎儿井。而在这两类坎儿井中,2017 年统计有水的坎儿井又集中分布在盐山和火焰山之间的缺口处,即第一种类型的坎儿井以天

山水系塔尔郎河补给的地下水为水源,第二种类型的坎儿井以煤窑沟河补给的地下水经葡萄沟溢出后再次下渗补给的地下水为水源。这两处水源目前受到的人为干扰相对较小,地下水量较大,应继续维持现状,保证坎儿井的出水量,但这两处水源的坎儿井集水区及其上游已规划为吐鲁番市的工业区和新区的发展用地,使坎儿井水源面临发展带来的威胁。

而同属第二种坎儿井的恰特卡勒乡东北部的坎儿井,2017 年已全部干涸,推测其原因很可能与其北侧火焰山南北的两处较大规模的石油开采改变了地下水的流向有关。同属第二种坎儿井的艾丁湖乡北部的坎儿井,其水源为经盐山的亚尔乃孜沟和大旱沟溢出的泉水下渗和地下潜流,受大河沿镇工业发展用水增加和修建亚尔乃孜沟水库的影响,地下水补给减少,亚尔乃孜沟南部的坎儿井大量干涸,至 2017 年,仅余 10 条坎儿井尚有水。而大旱沟南部、艾丁湖乡西北部的坎儿井,因为在大旱沟口修建防渗引水渠和在坎儿井的集水段密集开打机电井,导致地下水位下降,致使该处坎儿井全部干涸。

综上所述,需要重点保护的坎儿井为亚尔镇、葡萄镇以及恰特卡勒乡的第一种和第二种坎儿井,也即位于典型剖面上的两类坎儿井。次重点保护的坎儿井为位于盐山南部、艾丁湖乡的第二种坎儿井(图9),而位于火焰山南、恰特卡勒乡的第二种坎儿井推测受石油勘探的影响已全部干涸,不作为重点保护的对象。其余第二种坎儿井和绝大部分的第三种坎儿井受开打机电井等人为因素和自身因素影响已干涸无水,不作为重点保护的对象。

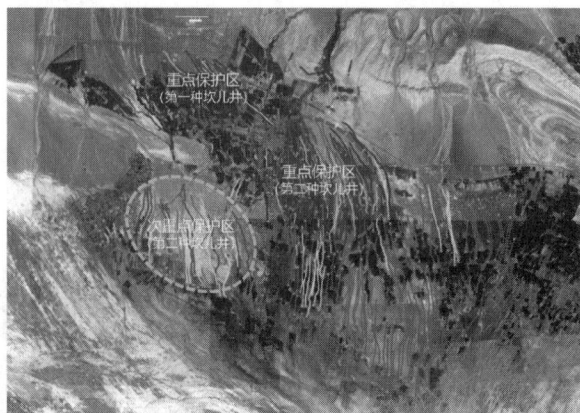

图9　重点保护的坎儿井
（图片来源:自绘）

5 坎儿井的有效保护研究

5.1 分区分类的保护策略

将重点保护和次重点保护的坎儿井依据分布情况划定重点保护区和非重点保护区,从流域的角度系统策划水源保护措施,并制订构造的保护措施,保障坎儿井持续有水。对于非重点保护的无水坎儿井,依据坎儿井构造保存情况分类制订保护措施。通过分区分类的保护策略实现吐鲁番盆地坎儿井的有效保护。

5.2 重点及次重点保护区的保护措施

5.2.1 水源保护

(1)水源保护目标

把地表水、地下水作为一个系统,完善重点保护区所处流域水资源的统一管理。

(2)优化水资源配置

合理配置流域上、中、下游的水资源,在火焰山以北的上游水源以引用地表水为主、坎儿井水为辅。有计划、有步骤地结合修建水库,就近引用地表水进行灌溉,渠道适当防渗,保证有适量渗漏水源,做到近水近浇,减少水量损失和地表水的引用量,增加地下水的补给量。采用传统的漫灌方式,为中下游提供渗漏水源,同时禁止在上游新开打机电井。

中游主要用泉水和坎儿井水,中上游以泉水为主,中下游以坎儿井水为主,适当使用机电井,作为补充调剂水源,下游采用机电井灌溉为主,以河水作为补充水源,在河水流量大时进行调剂使用。使地表水和地下水达到最优联合调度,保障坎儿井的水源。

(3)水源保护措施

①采水量控制

以"三条红线"控制指标严格控制地下水的开采量,即2020年和2030年吐鲁番市高昌区地下水开采量限制指标分别为1.82×108 m^3、1.58×108 m^3。据研究,若按此项指标进行控制,到2030年,地下水位与2014年相比大部分区域都将回升,且坎儿井出水量也将恢复,达到$5\,360 \times 104$ m^3,与2014年相比增长31%[7]。

此外,有学者开展了通过引洪入灌的方法增加北盆地地下水源的研究和试验,即通过修建拦洪坝和鱼鳞坑来滞洪,使洪水充分渗入北盆地的卵砾石地层,补充地下水源[8][9]。

②机电井的空间布局控制

为实现"三条红线"控制指标,应压缩现有机电井的规模,控制现有机电井抽水总量,使总量不超过$1\,700$ m^3/d,按照流域水资源配置规划,逐渐废弃火焰山以北的上游和火焰山以南的中游地区的机电井,已经干涸的,不得恢复。新打机电井要布置在第三种坎儿井的分布区内,提取水质较好的深层地下水和承压水进行利用。达到上游无机电井、中游以机电井为辅,下游以机电井为主的控制目标。

③水资源多次利用

将经过污水处理厂适当处理过的水进行重复利用,用于一些对水质要求不高的工业或者农业,生活用水也可实现重复利用,以减少采水量,减缓地下水位的下降趋势。

④协调城镇发展

城市规划需要严格控制第一、第二种坎儿井集水段北部的城市发展新区的建设规模,应满足坎儿井的保护区划要求,不得对坎儿井的地下水源及其构造造成破坏。但可以通过科学分析坎儿井水源影响因素,提出更有利的城市发展区域建议,实现坎儿井保护与城市发展的协调。

石油开采耗水量巨大,同时影响地下水的活动,从而影响坎儿井的水源和水质,应适当控制开采量,并改进开采技术,减少用水量,防止原油污染地下水。对位于地下潜流上游区域大河沿镇的发展定位为,应发展节水工业,推广应用节能降耗技术,大力推行清洁生产,减少水资源消耗和降低环境污染。

5.2.2 构造保护

(1)管理要求

①在暗渠地表两侧15~30米范围内,不得扩大耕地面积,不得修建房屋、渠道等建构筑物,现有建构筑物应逐步搬迁。②坎儿井两侧的道路限制重型车辆通行,禁止向坎儿井竖井、明渠、涝坝里排放或倾倒废水、污水和垃圾等废弃物。③在坎儿井周围从事开采、爆破、勘探等活动,应事前告知坎儿井的所有者,并采取必要的保护措施;利用坎儿井从事旅游经营活动,应与坎儿井所有者签订保护协议,明确双方的权利义务,防止对坎儿井造成破坏。

(2)保护措施

对坎儿井的明渠、涝坝采取适当防渗措施,达到同时兼顾灌溉用水和生态用水的目的。竖井口采取加固和加盖措施,防止冻融破坏引起竖井坍塌及风沙、洪水入侵引起暗渠淤塞,对坍塌暗渠进行局部加固。每年定期掏捞、清淤,保证坎儿井暗渠的正常输水功能。

5.2.3 尝试恢复无水坎儿井

对位于重点保护区和次重点保护区内的第一、二种坎儿井,通过上述一系列的水源控制和恢复措施后,构造保存较好的无水坎儿井很可能恢复有水。逐步实现重点和次重点保护区内坎儿井的有水率达到90%以上。

5.3 非重点保护坎儿井的保护措施

非重点保护的坎儿井基本是无水坎儿井,应尽量维护仅有的几条有水坎儿井,但无法实施区域性的保护措施。大面积的无水井,具有一定的历史纪念价值,与零散、短小的坎儿井有所区别,应结合其保存状况分别制订保护措施。

5.3.1 保存较好的无水坎儿井

目前保存较好的无水坎儿井,大部分位于建设发展需求较弱的乡村地带,对坎儿井保存的威胁较小,采取的主要措施是自然保存坎儿井构造,并且记录其位置信息。对于大面积的保存较好的无水坎儿井还可进行群体性的大地景观展示以及选取特殊构造坎儿井进行展示。

5.3.2 保存较差的无水坎儿井

保存局部的坎儿井,对于明渠和涝坝尚存的,可利用其作为机电井的引水渠、村落蓄水设施等。井边植被仍保留并进行维护的,也可继续延续其村落公共空间的职能。对于仅存残迹的坎儿井,仅进行信息保存,不要求实物保存,便于将来有研究需求时有查考依据和防止在后期使用该区域时产生安全隐患。

5.4 提升管理保障保护工作

5.4.1 成立不同层级的专门组织

有水坎儿井具有水利工程设施和国家级文物保护单位的双重身份,因此坎儿井的保护管理应以水利部门和文物部门两个机构的联合管理为宜。水利部门负责水源水质方面的管理,文物部门主要负责坎儿井构造及维护方面的管理。为保障坎儿井的水源,水利部门应严格执行与水源控制及管理相关的文件和保护措施,同时水利研究部门应对每条有水坎儿井加设监测站,实时监控坎儿井的出水量和水质,以便及时发现问题。

对每条有水坎儿井,以所在的村组为单位,成立坎儿井掏捞维修队,专门负责坎儿井的掏捞、加固维护,保证其输水能力。吐鲁番市文物局应负责定期组织掏捞技艺的培训和传承工作。

5.4.2 经费来源

近期,以国家专项资金为主要的维修经费来源,加上向用水者收取合理水费;远期,考虑利用坎儿井利用带来的收益。

5.5 开展利用促进保护

利用的总体目标是探讨坎儿井灌溉系统及所衍生的绿洲文化景观系统的可持续发展,结合建设田园城市、绿色乡村策略,使古老的灌溉系统一方面适应现代社会发展,推进经济建设,一方面继续发挥保存文化记忆,维系社会情感的作用,实现社会整体和谐发展。比如第一、第二种坎儿井中位于城市内的有水坎儿井可以采取营建景区方式,或者建设城市共享景观空间。无水坎儿井应保留其构造和坎儿井通道(指因坎儿井而产生的地面道路),采取新技术营造城市景观节点。位于乡村的有水坎儿井,在戈壁集水和输水区可以形成大地景观展示区,随着绿洲的逐步出现,形成围绕坎儿井明渠和涝坝的景观空间,结合村落的民俗文化资源,开展坎儿井主题的绿洲休闲游项目。对于原住民,可依靠坎儿井形成社区凝聚力,配合文化设施建设、促进乡村文化振兴,进而带动和谐社会的全面发展。

6 结 语

本文通过分析吐鲁番盆地的地形地貌、气候特征以及水文地质等自然地理条件和地下水的运动路径等问题,进一步分析吐鲁番盆地坎儿井的水源和水质类型,明确三种坎儿井水源、水质的特点,接着以高昌区坎儿井为例,结合2017年坎儿井的有水调查情况,明确需要重点保护的坎儿井,并据此提出分区、分类的保护策略,从水源保护、构造保护、加强管理和开展利用方面提出坎儿井的有效保护措施,为在新形势下有效保护坎儿井这一日渐衰减的宝贵遗产提供参考和借鉴。

参考文献:

[1] 邢义川,张爱军,王力,等. 坎儿井地下水资源涵养与保护技术[M]. 郑州:黄河水利出版社,2015.

[2] 吾甫尔·努尔丁·托仑布克. 坎儿井[M]. 乌鲁木齐:新疆人民出版社,2015:153.

[3] 刘耻非. 新疆坎儿井的来源及利用问题[C]// 坎儿井

灌溉国际学术讨论会. 干旱地区坎儿井灌溉国际学术讨论会文集. 乌鲁木齐:新疆人民出版社,香港:香港文化教育出版社,1993:46.

［4］陈鲁.吐鲁番盆地区域水文地质条件及地下水循环研究[D].北京:中国地质大学,2014.

［5］吾甫尔·努尔丁·托仑布克.坎儿井与绿洲生态环境[C]//新疆维吾尔自治区坎儿井研究会.新疆坎儿井研究论文集. 乌鲁木齐:新疆人民出版社,2015:15-17.

［6］宋郁东,樊自立,王萍.吐鲁番盆地坎儿井的水化学与[C]//坎儿井灌溉国际学术讨论会. 干旱地区坎儿井

灌溉国际学术讨论会文集. 乌鲁木齐:新疆人民出版社,香港:香港文化教育出版社,1993:128-131.

［7］盛玉香.吐鲁番市高昌区浅层地下水补排系统演化与坎儿井流量衰减关系研究[D].乌鲁木齐:新疆农业大学,2016.

［8］刑义川,张爱军,王力,等.坎儿井地下水资源涵养与保护技术[M]. 郑州:黄河水利出版社,2015.

［9］郑艳琼.抽水井和蓄洪入灌对坎儿井集水能力的影响[D].杨凌:西北农林科技大学,2017.

潮湿耦合环境下木构文物建筑生物侵蚀现状研究

Research on Timber Structural Heritages's Biological Erosion in the Humid Synthesis Environment

程　鹏① **刘松茯**②

Cheng Peng　Liu Songfu

【摘要】生物侵蚀病害是木构文物建筑常见的病害类型之一,特别是在潮湿耦合环境下,常呈现复杂形态和地区差异。南方地区气候温和,与北方较易因低温造成建筑冻害不同,这一地区影响木构文物建筑破损的因素主要是湿度、风速和光照,不同的气候条件也造成木构文物建筑不同程度的病害现象。因此,通过全面收集病害信息资源,统合各地区气象参数进行比对,能够更加清晰综合气象参数对建筑造成的耦合作用,从而实现病害的准确检测,为后期的文物保护修缮工作提供丰富的基础资料。

【关键词】生物侵蚀　病害　气象参数　耦合作用

我国复杂的气候对文物建筑病害的形成影响极大,且不同的气候条件对木构文物建筑所造成的影响千差万别。同时,在我国范围内现存文物建筑数量巨大,且分布于全国各地,呈现大分散、小集中的特点。特别是以秦岭淮河一线以南的广大南方地区,木构文物建筑数量众多,且长期处于复杂的潮湿环境之下,极易产生严重的病害现象,且由于物理环境条件的差异,文物建筑病害表现也呈现出明显的地区差异。在过去的研究中,普遍认为建筑表面的侵蚀作用是物理、化学和生物因素共同作用的结果。[1]

1　城市气候特点

中国东南部临海,西北部深入欧亚大陆内部,地域辽阔,陆地、海洋环境变化多端,气候类型和自然景观的区域性差异明显。在保护文物建筑中气候学知识的应用,已经成为气候学应用的独特领域。随着时空维度的发展变化,特别是在气候因素的作用下,文物建筑必然受到不同程度的损坏。[2]为了能够更好地了解文物建筑的损害原因,从而采取更有靶向性的解决策略,必须明晰影响建筑形成与变化的气候因子。影响文物建筑保护存续的主要气候因素有温度、湿度、风速和太阳辐射等,文物建筑的自然老化,以及在此过程中缺乏必要的养护措施,往往会导致损坏过程的加速而影响文物建筑寿命。因此,了解我国各气候因素的特点,能够让我们更好地明确文物建筑保护的重点。

由表1所示的我国年平均相对湿度、年平均风速和年日照百分率图可知,这三个因素的全国差别基本按照秦岭—淮河一线的全国南北分界线呈现差异。由年平均湿度图看,可以发现我国南方大部分地区湿度范围集中在70%～90%。特别是在四川盆地附近、湖南东部、江西中部、福建西北部,及各省份距海岸线20千米左右范围内,湿度高达80%～90%,少部分地区湿度可能超过90%。这样潮湿的环境造成我国南方地区木构文物建筑长期遭受湿气的侵蚀,呈现出因湿度过高导致的各种病害形态。而年平均风速图显示出我国南方大部分地区年平均风速处于1～3 m/s的范围内;而四川盆地则属风速低、面积大的南方区域,风速小于1 m/s;浙江、福建省东北部沿海一线,年平均风速则能够达到4 m/s以上,但该区域分布形态呈线性,范围较窄。总体上,南方地区风速变化基本呈现由东南沿海地区向西南内陆地区的半包围递进

---

①　程鹏,哈尔滨工业大学建筑学院,寒地城乡人居环境科学与技术工业和信息化部重点实验室,硕士研究生。

②　刘松茯,哈尔滨工业大学建筑学院,寒地城乡人居环境科学与技术工业和信息化部重点实验室,教授。

式分部,部分地区由于地形影响呈现出局部变化。年日照百分率图展示了全国日照分布状况,由年日照时数图可知我国南方地区相较于北方,太阳辐射程度普遍较低,日照范围基本处于 1 000 ~ 2 500 h 的范围内;以四川盆地为核心形成了漏斗型低值区,特别是处于四川、重庆、贵州三省交界的部分地区,年日照时数甚至低于 1 000 h;而云贵高原、长江下游及沿海小范围区域内,日照时数相对较高。

表1　全国气象参数分布状况(图片来源:国家气象信息中心,2005)

参　数	年平均相对湿度	年平均风速	年日照时数
图片信息			
气候特点	由南向北阶梯型递减,南部地区出现多个大湿度核心区	全国风速温和,西北、沿海风速大,西南内陆风速小	由南向北阶梯型递减,四川盆地成为低日照漏斗核心

　　综合气候参数分析所得潮湿气候典型区域,从中选出木构文物建筑病害现象典型——以木构文物建筑相对集中的广州、南京和成都三座城市的国家级、省级文物保护单位作为研究对象。由表2可见,这三座城市代表了南方地区较为普遍的气候类型:广州地区湿度变化幅度较大,春、夏季湿度大,秋、冬季湿度小;风速介于另外两市之间,且由于沿海,受海风影响较大,并且面临台风侵袭;光照曲线也异于另外两市,且变化幅度最大。三个城市当中,成都相较湿度最大,且曲线平滑,各月份数值集中分布在80% ~ 90%的范围内,南京地区湿度曲线与成都曲线形态相似,且南京地区所处江南地区,春季常面临梅雨天气,整月降水缠绵,阴云密布,但各月份平均相对湿度均低于成都10个百分点左右。风速变化曲线则显示南京为三座城市当中累年各月平均风速最大的一座,成都为最低者,这是由于南京位于长江下游平原地区,背靠山脉,南面平原,来自春夏季的东南季风作用下,3月出现最大累年平均风速,接进 3 m/s,其余各月数值也高于 2 m/s,而成都则因坐落于四川盆地,受到周边山地的影响,虽然东南季风带来大量降水,但由于山脉阻挡,全年各月平均风速均低于 1.5 m/s,且该地区大风日较少。而日照方面,南京与成都两座城市的日照时数曲线形态也高度相似,但各月日照时数成都均低于南京900 h左右,且两座城市均于8月出现最大日照时数、2月出现最小日照时数。经过数据分析可以说,这三座城市代表着南方地区气候特点较为突出的几个区域,其木构文物建筑生物侵害的病害爆发情态也能够相对代表南方地区该类病害的类型和表征。

表2　广州、南京、成都气象因子对比(数据来源:中国气象数据网)

参　数	图片信息	气象数据分析
各月平均相对湿度(1%)		湿度范围集中在 70% ~ 90%。成都全年湿度偏高,基本全年处于 80% ~ 90% 范围内;广州 2—8 月湿度高于南京,4—6 月高于成都,但波动最大;南京 9—11 月湿度高于广州,波动曲线与成都相似

续表

参 数	图片信息	气象数据分析
累年各月 平均风速 (0.1 m/s)		三个城市风速呈现较大差异,且没有出现曲线的交叉。南京风速最大,最大月为3月,在2.2~2.9 m/s的范围内波动;广州风速低于南京,最大月为7月,在1.5~1.9 m/s的范围内波动;成都风速最低,在0.9~1.4 m/s的范围内波动
累年各月 日照时数 (0.1 h)		三个城市日照时数呈现较大差异。南京与成都两城市曲线波动相似,但南京日照时数远高于成都;广州地区曲线波动略不同于另外两市,且相对居于二者之间,但在3—5月为三者最低,在10—12月为三者最高

在调研样本的选择方面,在广州调研了陈家祠、光孝寺、六榕寺和仁威祖庙4组建筑群61栋木构文物建筑;在南京调研了朝天宫、甘熙宅第、南京明城墙和南京总统府4组建筑群86栋木构文物建筑;在成都则调研了文殊院、杜甫草堂、青羊宫、望江楼和武侯祠5组建筑群94栋木构文物建筑。城市气候参数具有代表性,且建筑样本数量较多,能够在一定程度上代表该区域木构文物建筑的病害基本情况。通过对这些木构文物建筑病害情况及受损程度的分析,以及与该城市气候因子的对比,试讨论潮湿耦合作用下木构文物建筑病害表现的相关性。

2 生物侵蚀的病害形态

生物侵蚀是木构文物建筑常见的病害形态,本文所讨论的生物侵蚀主要集中在因植物生长造成的木构文物建筑围护结构的表面变化。生物侵蚀的生物种类大致可分为六类:高植物(树、草等)(Higher plants)、地衣(Lichens)、苔类植物(Liverworts)、藻类植物(Algae)、苔藓植物(Mosses)和霉菌(Moulds)。在调研过程中发现,以高植物、地衣及苔藓植物为代表的生物侵蚀病害类型更为常见,在三座城市的多座木构文物建筑中都有分布,且各地区呈现出植物种类和表现形态的巨大差异。

2.1 地衣与高植物的病害形态

高植物病害即建筑上生长有常见高等植物造成建筑结构稳定性发生变化的一种病害类型;而地衣则是由藻类与菌类生物共生构成的复合体型病害,藻类多为绿藻或蓝藻。这两种类型中的植物在生长过程中都可进行光合作用提供生长养分,且地衣当中的菌类需要外界水分和无机盐提供生存的养分,从而反哺藻类以潮湿环境和光合原料。[3]调研过程中,通过对大量样本的整理汇总,发现不同城市的病害形态差异很大(表3)。出现地衣的建筑均分布于广州,且地衣基本生长在建筑屋顶。结合广州靠近沿海地区独特的地理位置分析,每年台风肆虐的天气,为沿海地区的城市带来的无机盐,且伴随日照、湿度的综合作用,促成了地衣的生长。南京建筑植物生长情况相对较好,仅有少数建筑在基础部分出现呈簇团状分布的类藤蔓植物。而成都地区有高植物生长的建筑相对南京较多,但由于缺乏光照,在建筑屋顶和基础部分的缝隙可见一株株种类多样、高度各异的植物,在建筑上也多呈零星式分布。

表3　地衣与高植物的病害形态（图片来源：自摄）

城　市	广　州	南　京	成　都
图片信息			
植物形态	地衣主要分布在建筑屋顶，且呈现大片状分布	植物主要生长于建筑砖缝，且呈现簇状分布	植物主要生长于建筑基础砖缝，常以单株形态出现

2.2　苔藓植物的病害形态

苔藓植物是一种原始而古老的低等植物，种类丰富，分布广泛，除了在南、北极极端环境鲜有发现外，几乎遍布世界。不仅如此，苔藓植物所需的养分极少，在一些土壤贫瘠的土地上甚至在裸露的岩石上面都有分布。[4]对苔藓植物而言，光照与湿度是影响其生长的重要因素。阳光暴晒或者阴暗无光的环境均不利于其生长，较为理想的光照条件是散射光较强的地区；80%左右的湿度是其生长的舒适条件；不同品种的苔藓对于生长温度的要求一般在25～35℃。调研的三座城市，湿度范围均在80%左右，满足苔藓生长的湿度要求，但是光照和温度条件三座城市各有不同，苔藓的形态也呈现差异性（表4）。对木构文物建筑而言，苔藓主要附着于建筑砖石结构的墙体、台基及瓦屋顶表面。其假根贴生建筑结构表层，并且通过结构细微缝隙深入内部，根部分泌的酸性物质，在长期作用下，容易造成砖石材料表层无机盐颗粒物的疏松，从而引起表层脱落，并且形成的苔藓有机质与矿物颗粒无机质结合，成为植物生长的土壤。因此在调研过程中，也常见苔藓植物与小型高植物伴生的现象。

表4　苔藓植物的病害形态（图片来源：自摄）

城　市	广　州	南　京	成　都
图片信息			
苔藓形态	苔藓病害常与其他小型高植物病害相伴，且呈现由绿色到黑色的斑驳式大面积分布	苔藓病害相对较轻，常呈现沿砖缝抹灰分布或零星式分布	建筑基础及屋顶等位置普遍生长苔藓，分布面积大且常与墙体水线重合

3　生物侵蚀的生长规律

通过对研究对象的分类整理，可以发现，三座城市木构文物建筑受生物侵蚀病害的影响程度有很大差异（表5）。其中成都受害程度最重、广州次之、南京较轻。结合几种主要致病生物的生长环境和前面分析的各城市气候条件，可以很容易发现气候与建筑病害之间存在紧密联系。在三个影响木构文物建筑病害的气象因素中，湿度和光照对生物侵蚀现象影响最大，风速影响相对较小，起辅助作用。

表5　生物侵蚀的分布状况（图片来源：自绘）

城　市	广　州	南　京	成　都
图片信息			
病害位置	主要出现在建筑屋顶、台基	主要出现在屋顶瓦缝、台基石缝及台阶转角	主要出现在建筑屋顶、台基及屋身墙体墙角

广州地区气候温和，适宜苔藓生长的月份较多，因此可以看到大面积苔藓的生长痕迹，特别是在3—6月这一阶段，广州月平均气温已经达到20～25℃，而这一时段恰好是广州一年之中日照时数最少的时期，适宜的温度与柔和的光线综合促成了苔藓植物的大量繁殖。而进入7—9月尽管湿度仍然适宜，但光照条件明显增强，前一阶段生长的苔藓在这一时期由于光照作用大量死亡，因此造成建筑表面大片黑色死苔斑痕的形成，且这一阶段太阳直射范围在赤道与北回归线间移动，造成这一地区的建筑在四个立面上都存在黑色死苔斑痕。而绿苔则多处于建筑及植物造成的不受阳光照射的阴影区，受光区新鲜苔藓色泽相对泛着棕黄色，且伴随着小型高植物一起生长。有少数建筑在屋顶长有地衣，屋顶高植物生长情况少有发现。

南京地区温度较广州偏低，适宜苔藓生长的月份较短，5—9月的月平均温度处于20～30℃，而这一时段恰好是南京日照时数最长的时期，受到强烈太阳辐射的影响，南京地区建筑苔藓病害相对较轻。且南京在三座城市中，风环境条件较好，全年月平均风速高于2 m/s，有利于建筑通风，因此尽管在建筑侧立面和北立面这些受太阳直射相对较少的立面，苔藓病害也不像另两座城市的建筑那样严重，且大面积发病的建筑数量极少。苔藓和高植物大多生长在建筑墙体及台基的灰缝和瓦屋顶瓦片间的凹槽处。

成都地区终年湿度大、日照少、风速小且长期处于阴霾天气，阳光多以散射形式出现，综合条件促成了这里苔藓植物遍布。苔藓的生长不受建筑朝向和布局的影响，不同的建筑立面，不同的位置，

都有苔藓丛生。且在调研中发现该地区苔藓生长范围基本与建筑立面水线位置重合，面积广且颜色鲜亮浓绿。高植物分布也更广泛，在建筑基础、踏步和屋顶形成的凹槽缝隙处都有发现，且以成片单株形态呈现。

4　结　论

从以上三个城市的相关数据可知，湿度、风速和日照的差异是造成不同地区文物建筑生物侵蚀病害情况不同的主要因素。研究文物建筑的生存环境，包括风环境、光辐射环境和湿环境等方面，是研究文物建筑病害的首要内容，对各项不利因素进行综合性的研究，了解造成文物建筑生物侵蚀的综合物理环境，从而更加明确建筑病害的形成条件和作用机理。

①湿度是造成木构文物建筑病害的主要原因之一。长期处于潮湿气候当中的文物建筑，其整体木构件、外饰面、墙体等木质和非木质结构都会因为湿气的作用而产生不同的病害现象。高含水率的墙体和瓦屋顶成为植物生长的土壤。三座调研对象城市，终年湿度高，特别是湿度最高的成都，生物侵蚀病害堪称普遍，分布面积广，对建筑影响大，其在另外两座城市也常见，且有各自的差异。

②光照对文物建筑生物侵蚀的影响也较大，特别涉及苔类植物、苔藓植物和霉菌。光照一方面能够促进植物生长，在光照充足的地区，常出现单株生长或簇状生长的高植物，或者呈片状分布的地衣。大部分苔藓植物生长对光照强度要求较低，其光合作用所需的饱和光照强度大大低于高等植物，且不同苔藓植物对光照的需求不同。[5]调研过程中

发现,成都地区建筑表面存在苔藓更为普遍,而光照充足的南京和广州地区则相对较少。且由于黄赤交角的作用,夏季广州地区建筑南北两侧均能得到日照,所以建筑苔藓则呈现出斑块状,即新鲜绿苔与坏死黑苔斑驳分布的特点。

　　③风速相对另外两要素而言,对木构文物建筑生物侵蚀的影响较小,起辅助作用。由于风蚀剥离作用,使墙面薄弱部分,特别是外饰面材料容易成片状或小块状脱落,在墙面形成凹凸不平的蜂窝状,这些外露结构,容易成为生物生长的区域。而风速较大,对于建筑湿气逸散更加有利,所以三座城市相比,风速最小的成都地区生物侵蚀现象明显,而风速最大的南京地区则生物侵蚀现象最弱,且多分布于通风情况较差的边角区域。

参考文献:

[1] 王翀,王明鹏,白崇斌,等.陕西省露天石质文物藻类、地衣、苔藓调查[J].文物保护与考古科学,2015,27(4):76-82.

[2] 杨柳.建筑气候学[M].北京:中国建筑工业出版社,2010.

[3] 白贵斌.苔藓及地衣对凉州明长城的保护作用研究[D].兰州:兰州大学,2012.

[4] 金时超,付茂,郝钰斌,等.两种苔藓植物在建筑材料基质上的生长情况研究[J].绿色科技,2015(5):50-53,56.

[5] 莫惠芝,骆华容,刘建华,等.不同光照条件对三种苔藓植物光合特性的影响[J].北方园艺,2018(15):85-91.

明代辽东都司卫所与长城防御体系初探①

A Probe into the Defense System of Liaodong Dusi and the Great Wall Defence System in the Ming Dynasty

华梓航② **李佳玲**③ **郝 鸥**④

Hua Zihang   Li Jialing   Hao Ou

【摘要】辽东镇长城是明代长城的重要组成部分,为九边之首,其中长城防御体系和防御功能是研究的主要方向。都司卫所制是明代长城防御体系的军事建制,今人对二者研究成果颇丰,但是对二者之间的关系却管见所及。二者演变并非狭义上的完全相通,而是有着一定的演变逻辑。

【关键词】明代辽东镇 长城 防御体系 都司卫所制

长城,是我国历史上一项极其伟大的军事防御建筑工程,古代军事学者称其为障塞,它是人们用来防御的一种军事设施。据史料记载,长城始建于战国。由于诸侯国之间长期的兼并战争,各国为了防御自身,竞先修筑长城。

长城防御体系是明朝为备御北方少数民族,在东起鸭绿江、西至嘉峪关的长城一线设立九个防守区(俗称"九边"),共设十一镇[分别为辽东镇、蓟镇、宣府镇、大同镇、山西镇、延绥镇、宁夏镇、固原镇、甘肃镇,及嘉靖三十年(1551年)在京西增设的昌镇、真保镇],委派总兵官统辖,构成"九边十一镇"布局。

明代辽东镇属长城防御体系"九边重镇"之首,不设州、县,实行都司卫所制。都司为最高指挥机构,下设25卫、127所。围绕卫、所修建的城堡称作卫城、所城,其所在的城市称为卫所城市,这是我国历史上比较独特的一种城市形式,以军事为主要职能,兼理民政。

今人对明代辽东长城防御体系以及辽东都司的研究成果颇丰,但其中谈及都司卫所制及辽东长城防御体系之间关系的内容较为局限。笔者吸取现有研究成果,从辽东长城防御体系的组成、辽东都司卫所制度职能的初探以及二者之间的关系三个方面进行论述,试图弄清二者之间的时空联系。

1 辽东长城防御体系的组成部分

辽东镇长城是明代长城的重要组成部分,为九边之首。分析明辽东长城从辽东镇城(都司)以下,到各卫、所、堡城系统,从长城的防御功能上看,大体可分为相互关联的指挥策应系统、屯兵守备系统和传烽报警系统。其建制如图1所示。[1]

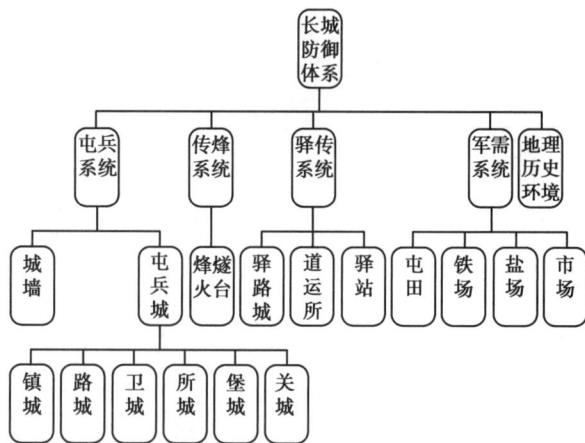

图1 长城防御体系建制表

(表格来源:黄欢《明代长城防御体系之辽东镇卫所城市研究》)

① 国家自然科学基金项目,清前满族古城活态遗产保护理论体系研究(项目号:51508340)。教育部青年项目,东北地区满族古聚落的建筑人类学研究(项目号:17YJCZH200)。

② 华梓航,沈阳建筑大学,本科生。

③ 李佳玲,沈阳建筑大学,硕士研究生。

④ 郝鸥,沈阳建筑大学,副教授。

1.1　策应系统

该系统是辽东明长城防御体系中的最高指挥机构,在明初最重要的当属辽东都司镇城辽阳和明代"辽东总兵"驻地"广宁"(今北镇),以及北路开原、南路宁前等军事重镇。其以下为整个辽东长城沿边有关的卫、所、堡城的递次防御体系,总计全辽守备官兵逾十万。[2]这是明正统八年以前整个辽东镇的边备情况。可见,辽东二十五卫的马队、步队驻兵和沿边的1 067座"边墩"[2],均与辽东镇和长城的防御体系有关。而载于《辽东志》中,除屯田军和盐、铁军外,直接部署在沿边主要边镇卫所(含海防)的官军共有二十处。

从"两辽志"记载的辽东镇长城指挥系统的防御体系看,在"总兵"和"副总兵"以下,第一层指挥系统应为各路的"参将"。如上举辽西"宁前参将地方"和"锦义参将地方",负责数卫城或一卫中心镇城的沿边指挥守备。重要的参将守备区称"某路"备御,是长城防御体系中的第一个层次,如"北路开原等处堡墩空操守各军一万四千八百员"。而其下的所城,如"河千户所""广宁中前所""中后所"等,为直接统领边堡、墩台的中层指挥系统。由此构成了由总兵镇城(辽阳、广宁)、地方"参将"(路)、"千户所城"(守备)为主要结构的戍边军事指挥系统。在所城以下则为各沿边堡城和台空。这种层级式的指挥系统,其主要职能是分路统领诸卫(路)长城防御的官军守备和彼此策应,形成千里长城线上,由卫、所到各边堡,整个防御系统上下呼应的完备体系。

1.2　屯兵守备系统

该系统主要由长城卫所之下的边堡和墙体、台、空组成,是明辽东长城防御体系中直接担负守备和屯兵的基层组织。辽东全镇沿边墙守备的所有边堡和墩台(空)的防御体系,按当时辽东镇边墙防务的实际形势,分为"南路宁远等处城堡墩空操守""西路义州等处城堡墩空操守""中路广宁地方城堡墩空操守""东路辽阳等处城堡墩空操守""北路开原等处城堡墩空操守",共五路战略防务区。[2]这五路"城堡墩空"的屯兵守备系统,共辖领11个卫、84座边堡的边墙防务工作。按照辽东镇长城的防守需要,除了上述的镇城、卫、所等指挥系列外,从直接担负长城屯兵和守备的功能看,主要有堡城、墩台、空三个层次。

1.3　传烽报警系统

该系统与长城沿边的烽燧系统组成为横向配属的防御设施,主要由"路台"和"接火台"组成。在明代辽东,驿站递传制度被编为军制,隶属卫所管理,在长城沿线,则统属于边墙防御系统。这类"路台"和"接火台",多分布于长城关隘、路口和边堡、卫所、镇城接点的连线中。[3]

2　辽东都司卫所制度职能初探

都司卫所制是明代长城防御体系的军事建制,始于明洪武四年(1371年),止于清宣统三年(1911年)。辽东地区不设府、州、县,以辽东都指挥使司(简称"都司")为首脑机关,下设卫、所,以军事防御为主,兼理民政。明朝中后期,军事日繁,朝廷单设总兵官主军事,都司、卫、所则主要管理民政事务。其建制如图2所示。[1]今人对都司卫所制研究成果颇丰,主要观点是辽东都司具有军政管理职能以及行政职能。

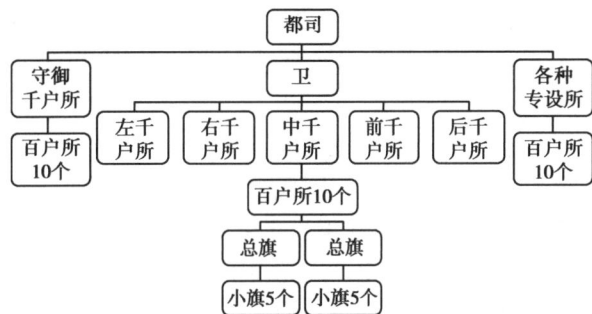

图2　都司卫所建制表
(表格来源:黄欢《明代长城防御体系之辽东镇卫所城市研究》)

洪武年间,辽东都司行使着军事镇戍和行政管理双重职能;永乐年间,专门执行军事镇戍职能的总兵体制形成,都司只剩下行政管理一种职能并受制于总兵体制;洪熙宣德以后,行政监察体制形成,逐渐侵夺都司的行政管理权和总兵的军事指挥权,在监督和决策中都起着决定作用。[4]

关于辽东都司军政管理体系的变迁张士尊在《明代辽东都司军政管理体制及其变迁》中已经论述得很清楚了,在此就不赘述了。这里对军事镇戍系统和行政监察系统进行简单的论述。

2.1　军事镇戍系统

洪武年间,都司是辽东最高指挥机构。但是为了一些特殊的军事需要,朝廷也不时向辽东派遣将军,他们的职权超过辽东都指挥使,甚至成为最高指挥官。至洪熙元年(1425年),总兵正式成为辽东镇戍最高统治者。随后,以总兵为核心的执行特定镇戍任务的指挥官员也脱离卫所,自成系统。辽东的军事制度开始变革,军事指挥系统和行政管理系统分离。在一些重要的战略据点派遣都指挥一级官员镇守,称备御某某地方。军事镇戍系统特别是在成化和嘉靖两次大的边疆危机中进一步完善和体系化。

"整个明代,总兵权力最大的时期是正统时期。景泰以后,以总兵为首的军事镇戍系统越来越成熟,但总兵的权利也日渐萎缩,逐渐成为执行简单军事镇戍任务的地方官员。"[1]

2.2 行政监察系统

人们一直习惯地认为明朝的都司(都指挥使司)和卫所皆为军事组织或军队编制,纯属军事活动的范畴。其实根据各种史料的记载可知,当时的都司、卫所,特别是辽东等九边的都司、卫所,除了具备军事性质之外,还兼有其他各地府、州、县等衙门的一般行政职能。所理政务内容与一般地方州县的类似,主要有五项:劝督农桑、征赋派役、兴办教育、管理民间贸易、处理民间(包括军队)词讼。[5]

明代辽东都司行政上隶属于山东布政司,监察权由山东按察司行使。明代中期,检察官员权力越来越大,他们的监察建议易于被决策层接受,因此,监察权的行使实际上已经超出行政监察的范畴,逐渐把本来属于都司和总兵的一些权力据为己有。

宣德十年(1435年),开始在辽东地区设置巡抚。巡抚上任后,夺走了军官的处分权及屯田、中盐等管理权,以至提督、山东巡按御史、宦官等都参与辽东的管理,并且在某种程度上远远凌驾于都司及总兵之上。整个辽东的军事行政管理都在兵各的监督和参与之下进行。明代中后期,万历皇帝怠政,宦官专权,乱党勾结,致使熊廷弼、袁崇焕、孙承宗等一代名将都遭受过陷害和弹劾。

其监察机构称为察院行台和各御公署,一般独立设置在卫城附近,或者关城内。

明代辽东的都司、卫所是对所驻地方的农工商学军各个方面进行了全面的统治,使得辽东地区具有了军管的性质,同时也使都司、卫所本身兼有了行政职能。这就突出地反映了明代边镇的一个特点——军事、政治合一。

3 辽东长城防御体系与都司卫所制的关系

针对明代辽东地域的特殊性与重要性,辽东长城与辽东都司的地域关系以及今人所研究的都司

卫所的沿革,这里从时空演变和形成与变迁原因两个方面探究辽东长城防御体系与都司卫所制的关系。

3.1 时空演变

在空间上,明代辽东镇与辽东长城、辽东都司的关系如图3—图5所示。

图3 明代辽东镇长城全图

(图片来源:黄欢《明代长城防御体系之辽东镇卫所城市研究》)

图4 明代辽东都司

(图片来源:黄欢《明代长城防御体系之辽东镇卫所城市研究》)

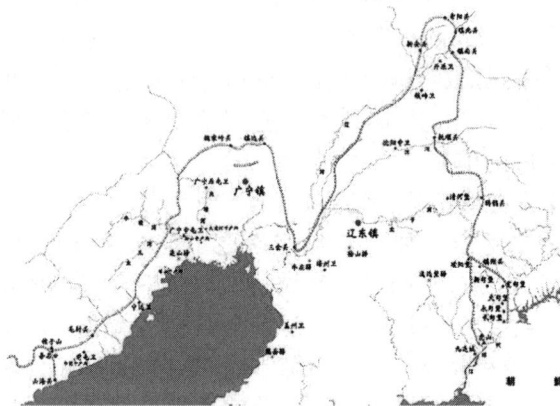

图5 明代辽东镇长城全图

(图片来源:百度百科)

如图可知,明代辽东都司辖区范围划分除今山东半岛区域外基本以明长城为界,成"M"形走势。辽东镇作为明代"九边"防卫体系之一,其军事防御聚落的研究史料渐有累积。在明代,地处边疆的辽东镇,对汉人来说是穷陬避壤之地,对女真人来说却具有莫大的吸引力。沿城墙划分的辽东都司辖区在军事镇戍上就是为了抵御逐渐崛起的建州女

真一族。[6]

在时间上，洪武四年（1371年），明朝设置辽东卫，管理辽南地区军政事务。其为明朝北边建置中第五个军镇，仅晚于京师、大同、太原、西安。洪武五年，又设置了金州、盖州和复州（海州可能也在其后不久设置），管理辽南地区的民政事务。《明实录》载，明太祖朱元璋"置定辽都卫指挥使司""总辖辽东诸卫军马"。洪武六年（1373年）六月置辽阳府、县；七年，设总兵，驻扎广宁城，镇守辽东；八年（1375年）全国都卫均改为都司，十月，定辽都卫指挥使司便改为辽东都指挥使司，简称辽东都司，也称辽东镇；二十年（1387年），置辽海卫等25卫。洪武二十年（1387年）后，辽西增设卫所，辽南人口被迁移到辽西补充新建卫所，就没有必要再保留两套机构了。因此，洪武二十七年（1394年），辽南四州被撤销，都司成了辽东地区唯一的军政管理机构。永乐七年（1409年），又置安乐、自在二州，隶山东布政使司。鉴于辽东地区特殊的战略地位，撤府州县，专以都司领卫所，实质是对辽东地区采取军事统治。[7]

明代辽东长城始建于永乐年间（1403—1424年），至万历三十七年（1609年）竣工，按其地理位置和修筑年代，可分为三部分，即辽西边墙、辽河流域边墙和辽东东部边墙。辽河流域边墙，从广宁镇静堡起到开原镇北关止，长达七百余里（1里=0.5千米），它修筑时间最早，始建于明永乐。辽西边墙，从山海关外铁场堡吾名口起至广宁镇静堡止，长达八百七十里，从正统七年（1442年）始修，为辽东巡抚王翱所筑。辽东东部边墙，从开原镇北关起到丹东鸭绿江畔宽甸虎山南麓江沿台止长达三百八十余里，分两次修筑，走向亦有二条。第一次修筑镇北关至鸭绿江一段，明成化十五年（1479年）由辽阳副总兵韩斌主持修筑，但沿线的边堡则早于此时。明成化三年（1467年），明军击败女真人李满柱以后，就开始着手东部边防的建设。第二次为明万历四年（1576年）。明万历三十七年（1609年），在巡抚熊廷弼主持下，从山海关西锥子山起，东经开原东南至宽甸的鸭绿江上，重新整修了辽东长城一千零五十余千米，这是明代对辽东防务的最后经营。[1]

表1显示了辽东镇长城军事聚落建置时间[8]，从表格上我们可以看出，在辽东镇长城军事聚落的历史发展过程中，堡与长城建设的先后顺序并非一

成不变。在洪武年间，辽东镇就已经大规模地建置军堡，而长城的修筑最早是在永乐年间，即在长城防御体系建立以前，辽东镇就已经设立了部分军堡作为屯兵和作战的据点。而后随着时间的推移，长城的修筑与军堡的建置相辅相成，某些地段的长城是在连接军堡的基础上形成，而有些地段却是在长城防御体系的建设过程中，通过增筑军堡以满足军事防御需求。[1]堡的建设符合都司卫所制防御要求，而长城的修筑符合明代辽东抵御建州女真等的要求，二者时间上相辅相成，互相依托。

因此，明代辽东长城防御体系的完善以及都司卫所制的沿革基本符合一定的时空逻辑，在时空演变上并非凭空而起，而是随着自身发展的逻辑缜密进行变更。

3.2 形成与变迁原因

辽东长城防御体系与都司卫所制二者形成原因是多因素作用的结果，总结而言主要有以下几个方面。

3.2.1 地理因素

政区是人为作用的地理划分，所以政区之设首先要考虑自然地理环境。因此辽东都司卫所的政区沿着辽东长城防御城墙而建。而长城的建立是为了抵御东北部的建州女真一族，二者在地理因素上是有着一定的先后关系。

3.2.2 历史因素

政区具有"历史承继性"，元代实行行省制，采用"领县属州"的分布原则，辽东由辽阳行省发展过来，其政区划分也受到了前制之影响。明长城是修筑于元代乃至更早时期的长城，其形成亦受历史因素的影响。

3.2.3 政治因素

《辽东志》和《全辽志》等明代典志均修撰于明代中期，关于都司的职能与官员的执掌分工反映了明代中期的都司现状。据这些典志记载，都司主要设三种官员：①都指挥使，负责都司的全面工作，一般也称为掌印都指挥使。②掌印都指挥使之下分设都指挥同知，负责管理都司境内的屯田，一般称为管屯都指挥，也负责一般的行政管理。③都指挥佥事，负责管理都司境内治安，一般称为局捕都指挥。都司下设机构很简单，有负责管理文移档案的经历司，负责处理司法案件的断事司，负责行政事务的都司，管理学校和教育的儒学等。都司所属各卫都是按照都司的管理模式和机构相应地

表1　辽东镇长城军事聚落建制时间统计表

（表格来源:刘珊珊,张玉坤.明辽东镇长城军事防御体系与聚落分布）

		明代屯兵城	修筑时间			明代屯兵城	修筑时间
洪武		都指挥使司城	明洪武五年(1372)	宣德	北路	懿路中左千户所城	明永东五年(1407)
		广宁分司城	明洪武七年(1374)		西路	松北中左千户所城	明宣德三年(1428)
	东路	海州卫城	明洪武九年(1376)			大凌河中左千户所城	明宣德三年(1428)
	中路	抚顺千户所城	明洪武十七年(1384)		南路	中前所城	明宣德三年(1428)
	东路	沈阳中卫城	明洪武十九年(1386)			中后所城	明宣德三年(1428)
	西路	义州路城	明洪武二十二年(1389)			宁远所城	明宣德五年(1430)
	中路	广宁中屯卫城	明洪武二十四年(1391)			沙河中右所城	明宣德五年(1430)
	北路	开原路城	明洪武二十六年(1393)			塔山中左千户所	明宣德五年(1430)
		铁岭卫城	明洪武二十六年(1393)	正统	中路	蒲河中左千户所城	明正统二年(1437)
	南路	前屯城	明洪武二十六年(1393)		北路	汛河中左千户所城	明正统四年(1439)
	中路	镇夷堡城	明洪武年建			威远堡城	明正统七年(1442)
		镇边堡城	明洪武年建		西路	大兴堡城	明正统七年(1442)
		镇静堡城	明洪武年建			大福堡城	明正统七年(1442)
		镇安堡城	明洪武年建			大镇堡城	明正统七年(1442)
		镇远堡城	明洪武年建			大胜堡城	明正统七年(1442)
		镇宁堡城	明洪武年建			大茂堡城	明正统七年(1442)
		镇武堡城	明洪武年建		南路广宁前卫	铁厂堡城	明正统七年(1442)
		西兴堡城	明洪武年建			永安堡城	明正统七年(1442)
		西平堡城	明洪武年建			三山营堡城	明正统七年(1442)
		西宁堡城	明洪武年建			平川营堡城	明正统七年(1442)
	西路	大定堡城	明洪武年建			瑞吕堡城	明正统七年(1442)
		大安堡城	明洪武年建			高台堡城	明正统七年(1442)
		大康堡城	明洪武年建			三道沟堡城	明正统七年(1442)
		大平堡城	明洪武年建			新兴营堡城	明正统七年(1442)
		大宁堡城	明洪武年建			锦川堡城	明正统七年(1442)
		大靖堡城	明洪武年建		南路宁远卫	黑庄窠堡	明正统七年(1442)
		大清堡城	明洪武年建			仙灵寺堡城	明正统七年(1442)
	北路	静远堡城	明洪武年建			小团山堡城	明正统七年(1442)
		平房堡城	明洪武年建			兴水岘堡城	明正统七年(1442)
		上榆林堡城	明洪武年建			白塔峪堡城	明正统七年(1442)
		十方寺堡城	明洪武年建			寨儿山堡城	明正统七年(1442)
		定远堡城	明洪武年建			灰山堡城	明正统七年(1442)
		庆云堡城	明洪武年建			松山寺堡城	明正统七年(1442)
		古城堡城	明洪武年建			沙河儿堡城	明正统七年(1442)
		永宁堡城	明洪武年建			长岭山堡城	明正统七年(1442)
		镇夷堡城	明洪武年建			椵木冲堡城	明正统七年(1442)
		清阳堡城	明洪武年建	成化	东路辽阳东	东州堡城	明成化五年(1469)
		镇北堡城	明洪武年建			马根舟堡城	明成化五年(1469)
		松山堡城	明洪武年建			清河堡城	明成化五年(1469)
		靖安堡城	明洪武年建			碱场堡城	明成化五年(1469)
		会安堡城	明洪武年建			孤山堡城	明成化五年(1469)
	东路辽阳西	东昌堡城	明洪武年建			洒马吉堡城	明成化五年(1469)
		东胜堡城	明洪武年建			嫒阳堡城	明成化五年(1469)
		长静堡城	明洪武年建			汤站堡城	明成化五年(1469)
		长宁堡城	明洪武年建			凤凰堡城	明成化五年(1469)
		长定堡城	明洪武年建			镇东堡城	明成化五年(1469)
		长胜堡城	明洪武年建			草河堡城	明成化五年(1469)
		长勇堡城	明洪武年建			镇夷堡城	明成化十七年(1481)
		长营堡城	明洪武年建			青苔峪堡城	明成化十七年(1481)
		武靖营堡	明洪武年建			新安堡城	明正德四年(1509)
		奉集堡城	明洪武年建			—	—

进行设置。卫指挥使司,掌印指挥一员,管屯指挥一员,局捕指挥一员,分别负责屯政、社会治安。掌印千户和管屯千户,负责千户所境内事务。这些职位完全是为了行政而设立,这与明初在辽东边疆地区设置都司的初衷已经相去甚远。[7]由此可见,都司卫所的形成乃至变迁受政治影响,受统治者意愿影响很大。随着明代后期总兵权利的逐渐削弱,长城防御体系也受到了冲击。

因此,明代长城防御体系及都司卫所制的形成与变迁也有着各自的原因与特点,并非是完全相互依存、成正相关的关系。

综上所述,长城防御体系与都司卫所制二者之间既存在着相辅相成的时空逻辑关系,又各自有着各自的发展方式。了解其间深刻的历史原因对于我们理解明代历史与明代政治有着极其重要的帮助。

参考文献：

[1] 黄欢.明代长城防御体系之辽东镇卫所城市研究[D].南京:东南大学,2010.

[2] 辽东志·卷三兵食志·武备[M].金敏绂.辽海丛书.沈阳:辽沈出版社,1984.

[3] 刘谦.辽东镇长城及防御考[M].北京:文物出版社,1989:117.

[4] 王绵厚,熊增珑.关于明辽东镇长城防御体系的再探索[J].文化学刊,2011(1):124-127.

[5] 李三谋.明代辽东都司、卫所的行政职能[J].辽宁师范大学学报,1989(6):73-77.

[6] 王飒,沈欣荣.辽宁东部明代聚落研究回顾与评析[J].沈阳建筑大学学报(社会科学版),2015,17(5):446-451.

[7] 张士尊.明代辽东都司军政管理体制及其变迁[J].东北师大学报,2002(5):70-76.

[8] 刘珊珊,张玉坤.明辽东镇长城军事防御体系与聚落分布[J].哈尔滨工业大学学报(社会科学版),2011,13(1):36-44.

东北地区古代军事防御体系及建筑遗存相关研究与保护

Relevant Research and Conservation of Ancient Fortifications and Military Architecture Heritage in Northeast China

石褒曼① **汝军红**②

Shi Baoman　Ru Junhong

【摘要】自秦汉时期,中国东北地区从若干民族政权并立、融合,逐步走向统一,各民族统治者均致力于对领土的军事管辖和防御,因此经历代建设,在古代形成了完整的军事防御体系。发展至今,相关的研究成果也层出不穷,无论是田野考古、古籍专著还是学术论文,既有从军事防御体系出发论述制度建设的,也有从军事建(构)筑物出发论述其类型和特色的,但军事防御遗存保护情况堪忧。笔者整理了一些与东北地区军事防御体系及遗存相关的研究成果,以辽金时期为主,辅以明代具有代表性的相关研究,并在系统梳理相关研究文献的基础上结合古代军事建筑遗存与现代城市建设发展的关系,进一步提出对东北地区古代军事建筑遗存整体性、动态性的保护设想。

【关键词】军事防御　文献综述　建筑遗产　整体保护　类型特点

1 引言

自秦汉时期,中国东北地区从若干民族政权并立、融合,逐步走向统一。各民族统治者为了保民与自保,一直高度重视领土的军事管辖和防御,因此经历代建设,在古代形成一个完整的军事防御体系。完整的军事防御体系不只包括界壕、军事聚落、烽火台等军事防御建(构)筑物,还有相应的军事管理机构和资源供应机制。与此相关的研究论著成果数量可观,学者基本上都采用了多重引证法来阐明其观点,结合考古学、历史地理学、人文历史学等,对不同历史时期军事防御制度的成因、变化和特点以及各类型军事建筑遗存的性质、位置、规模、结构特点和现存状况等方面做出分析,提出了很多新颖的见解。但是,目前的研究也存在不足之处,还有很大的扩展空间。考虑到古代军事建筑遗存与现代城市建设发展的关系,本文在对军事防御体系和军事建构(筑)物类型及特色两方面分类梳理相关研究文献的基础上,进一步提出对东北地区

古代军事建筑遗存整体性、动态性的保护设想。

2 军事防御体系的沿革发展

辽、金是以我国北方民族契丹、女真为主建立的两个王朝,对中国东北地区的历史发展有重要意义。辽金时期疆域广阔,边境防御与军事部署一直是统治者极为关心和重视的问题。了解辽金军事防御制度的沿革有助于我们进一步对辽金时期的防御工程和军事建筑遗存进行研究。

2.1 军事防御制度的沿革发展

根据一些介绍边疆历史的书籍,可以获得对辽金边境军事部署和防御策略的研究,如金毓黼的《东北通史》[1]、张博泉等编写的《东北历代边疆域史》[2]、马大正的《中国古代边疆政策研究》[3]、吕一燃的《中国边疆史地论集》[4]等。在论文方面,李锡厚《辽朝的边防》[5],从六个方面展开叙述了辽代的边区防御机构,从中可了解辽代边界环境的复杂性和防御的重要性。陈凯军在《辽代边境防御策略与军事部署研究》[6]中以辽代边境为切入点,

---

① 石褒曼,沈阳建筑大学,硕士研究生。
② 汝军红,沈阳建筑大学,教授。

较完整地指出了辽代边境的防御策略和措施,并总结了其灵活多变的特点与实际功效,它对辽代边防军事制度的研究有直接影响。而赵瑞在《辽朝戍边制度研究》[7]中以辽朝戍边制度为出发点,对该制度的管理运行特点及影响进行整体把握与论述,通过该文可加深我们对辽朝制度特点之认识。解丹在《金长城军事防御体系及其空间规划布局研究》[8]一文中介绍,金的边疆治理受到其政治制度转变的影响,一直贯彻北防南侵的军事战略,金还通过特有的"猛安谋克"的分布实现疆土的稳定。《明代九边军镇体制研究》[9]作者赵现海提出明代的九边军镇体制受辽、金、元与两宋军镇体制内文武相制的影响,并重点研究和分析了明代九边军镇体制经历的变化:总兵镇守制度、巡抚制度与总督制度。

2.2　军事防御建筑的沿革发展

古代中国东北地区幅员辽阔,少数民族众多,各民族为增强防御能力,最早修筑长城(界壕、城堑、边墙)是自战国燕开始。到目前为止,文物考古工作者已经在东北地区发现了战国燕、秦、西汉、东汉、西晋、北齐、北周、隋、高句丽、辽、金、明的长城和清柳条边遗址以及一些时期的军事聚落遗址。这些遗址广泛地吸引了各界学者前来研究,其中以辽金时期的界壕边堡和明代辽东镇的相关研究最为热门。

由中国军事组编写的《中国历代军事工程》[10]从宏观角度出发,探讨了各个时代不同背景下东北地区军事工程的分布、发展、规模、筑法和特点,具有很高的历史价值和学术价值。冯勇谦的《东北地区的古代长城》[11]则从地方区域角度出发,结合考古调查和历代研究,用简洁的语言描述了东北地区古代长城的发展沿革,有助于提高学界对其的全面认识。

从断代角度出发的相关成果也有很多,景爱、苗天娥的《辽金边壕与长城》[12]认为壕堑作为军防工程在不同时代出现的形式相似,只是性质不同。在《金长城军事防御体系及其空间规划布局研究》[8]中,作者解丹认为金代长城的军事防御体系是以前朝长城的形制为基础,结合金代特点加入自身特色发展起来的,并将其与秦汉长城和明长城做了对比分析。孙秀仁在《关于金长城(界壕边堡)的研究与相关问题》[13]中认为金界壕可能直接受到辽北方边墙的启发,而明代九镇长城的建造、配

置、管理等都是直接取法于金代,且更具超越性。

3　代表性军事遗存类型与特征

随着人们对古代军事遗存保护的意识提高和科学技术手段的发展,当代学者对东北地区古代军事防御遗存的研究在广度上和深度上都出现了较大的飞跃,无论是从直接相关的建筑规划角度,还是从间接相关的考古学角度、历史地理学角度抑或人文社会学角度,对各个历史时期的遗存、不同类型军事建筑均有着独特的见解。现整理具有代表性的东北地区辽金时期的界壕、军事聚落和明代辽东镇军事聚落、长城的有关研究成果如下。

3.1　辽金时期的界壕边堡

辽金时期,少数民族当政,辖区内民族众多。从政治和地理条件来看,界壕边堡的建立不仅保障了边境地区的安全,而且对各级政治中心的稳定发展具有重要意义。

3.1.1　界壕/长城

黑龙江省博物馆最早对东北地区的古代长城开展调查,在1959—1960年,由孙秀仁率领的研究人员对黑龙江省内的金南线东北路长城开展了三次调查活动,在《金东北路界壕边堡调查》[14]中阐明了黑龙江省西部的金东北路界壕北段的起点、形制和分布。孙文政在《金东北路界壕边堡建筑时间考》[15]一文中,核证了金岭北界壕的修筑时间,并给予新的见解。他的另一篇《金长城研究概述》[16]从清前、民国至当代,全面总结了金长城的国内外研究成果。关于金长城是否是长城的问题一直存在争议。孙秀仁在《关于金长城(界壕边堡)的研究与相关问题》[13]中简要介绍了金界壕的研究和发掘过程,认为金界壕不能排除在长城之外。而在《辽金边壕与长城》[12]中景爱和苗天娥则认为,界壕、边壕与长城是不同的,并指出它们的区别之处。冯勇谦的《金长城的构造形式、特点与定名》[17]分析了金长城的设计理念、防御思想、构造形式和特征。1975年出版的谭其骧主编的《中国历史地图集》[18]第6册为宋辽金时期地图,它和随后出版的《中国历史地图集释文汇编·东北卷》[19]分别标识了金长城遗迹位置并有相应的文字记录。在《金长城军事防御体系及其空间规划布局研究》[8]中,作者解丹指出金长城界壕防御工程体系包括长城界壕、壕墙、马面与女墙,并对壕堑与壕墙、马面与女墙、关口的筑成方法、作用、类型、材料等做了详细

论述并附图说明。

辽代长城问题同样是学界研究的重点。作者景爱在他的文章《吉林舒兰县古界壕、烽台与城堡》[20]中，记述了吉林省舒兰县西部地区发现的古界壕的分布、起止处、长度、走向及筑法，并根据考古发现和史籍记载推断其为辽代第二处松花江以北的古界壕遗迹。陈笑竹在《辽代长城地理位置研究综述》[21]对东北地区内辽代镇东海口长城、鸭子江与混同江之间古边壕进行研究综述。

除上述考察和研究外，近年来，国家文物局主导的全国各省、市长城普查工作也全面展开。普查工作采用各省分段调研的方法，其优势在于能够较细致地考证和研究，其劣势也是明显的，如在一些交接点上不能很好地处理，并不能对长城遗存进行完整性地考察。

3.1.2 军事聚落

对各时期东北地区的军事聚落并没有统一的认识，目前的研究成果主要集中在对界壕附近的军事城址的考古发现和历史考定，这为后续的研究奠定了基础，但对军事聚落的系统性研究和军堡建筑类型特点的系统研究较少，这方面还有很深的发掘空间。

对于东北地区辽金时期军事古城的历史考定有以下：《辽金边壕与长城》[12]中景爱、苗天娥对边堡的大小两种类型进行了对比分析，分别就其位置、规模、特点和作用做了论述。《吉林舒兰县古界壕、烽台与城堡》[20]对吉林省舒兰县西部地区发现的三座堡寨、两个烽火台和两座城址的位置、形制、规模、筑法及现状进行了记述，结合历史资料，推断它们为辽圣宗时代建造的边防城堡。关于吉林省城四家子古城的沿革，张驭寰在其著作《中国城池史》[22]对城四家子古城进行了现状考古后总结了其选址特点、城池形制、规模大小、筑成方法和设计手法，有很重要的参考价值；宋德辉在《吉林省白城市城四家子古城应为辽代长春州金代新泰州》[23]中认为城四家子古城出土的金代刻砖证实了该城是金代新泰州，辽代长春州，并指出长春州的防御、行宫和政治经济中心的作用，证明其在辽国的重要地位；《吉林白城城四家子城址建筑台基发掘简报》[24]通过代表性建筑基址的考古发掘，管窥曾经的边防重镇城址的建筑结构、功能及物质文化特征。此外，孙文政在《哈拉古城址为金代庞葛城说质疑》[25]中讨论金代庞葛城的具体位置，他认

为，位于黑龙江省龙江县的发达古城应该是庞葛城。

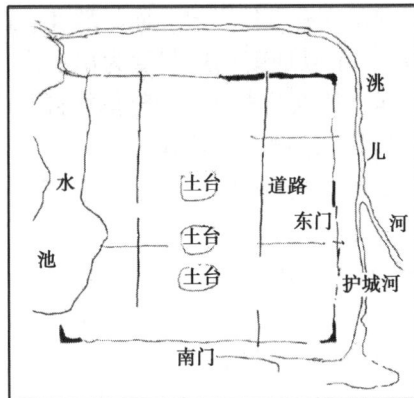

图1　金代新泰州平面图

（图片来源：张驭寰.中国城池史.天津：百花文艺出版社，2002）

图片说明：基本上采取方形城池，
南北门不相对的设计手法利于防御。

图2　城四家子古城城址

（图片来源：网络）

图片说明：其为第六批全国重点文物保护单位，古城周长5 748米，现城墙西墙被洮儿河冲去半边残留483米，其余三面均保存完好。

20世纪末，在建筑学领域，学者们对军事防御性聚落进行了广泛的调查和研究。丹达尔的《金界壕沿线边堡的类型学研究》[26]的主要内容是对每条界壕沿线各层次的军堡进行分类和研究。解丹的《金长城军事防御体系及其空间规划布局研究》[8]突破以往重视的区域军事遗址和单个军事聚落的研究，将军事聚落遗址纳入长城军事防御体系中去探索讨论，文中指出，金长城的军事聚落发展经历了一个从点状防御到线性防御再到面状防御的过程，并介绍了各阶段各层级军堡建筑的特点，表明军事聚落的层次不断清晰、防御能力不断

加强。

3.2　明辽东镇

明朝建立之初，为了防止蒙古贵族势力的卷土重来，遂在前代的基础上，开始大规模地长城修筑，沿所修筑长城一线设置九个都指挥使司，即所谓的九边军镇。其中辽东都指挥使司即辖境于今辽宁省境内，亦称辽东镇，军事地位突出，有九边首镇之称。以往，学术界对于辽东镇的研究多涉及都司卫所建置、长城墙体和个别重要卫所城市，而近年来，对辽东长城军事防御体系和军事聚落的整体研究成果越来越多。根据目前收集的资料，主要相关研究如下。

3.2.1　明辽东镇军事防御体系

由于辽东镇在明代九边防御体系中的重要地位，因此不少论著从军事防御功能入手对辽东镇进行研究。相关的主要著作有：

刘谦所的著作《明辽东镇长城及防御考》[27]不受时空限制，真实地记录了明辽东镇长城的现状，其中包含大量实地调研成果和研究资料，恢复并重现了明辽东镇长城防御体系。该书为辽宁境内明长城的保护提供了指导依据，对明辽东镇长城在历史学、地理学、军事史学等领域的研究有较高的参考价值。王绵厚、熊增珑合写的《关于明辽东镇长城防御体系的再探索》[28]将辽东镇长城防御体系按功能划分为指挥策应系统、屯兵守备系统和传烽报警系统。张士尊的《明代辽东边疆研究》[29]、丛佩远的《辽东边墙与明代东北社会结构的总体格局》[30]等都从军事防御角度对辽东边墙和堡城进行了阐述，强调了辽东镇在明代的重要军事地位。

3.2.2　辽东边墙作为明长城系统一部分

辽东边墙作为明长城系统的一部分，是中国古代历史上最后一次大规模修筑的防御工事中重要而又特殊的一环，学界对其研究有很多。

冯永谦、何溥滢的《辽宁古长城》[31]一书，结合古代文献和考古发掘，阐述了辽宁古长城的结构；李玉娟的《明代辽东边墙的结构》[32]研究了边墙的构造材料以及墙垣和关口的结构组成等；阮渊博的《辽宁省明长城建造特点研究》[33]以辽宁省明长城墙体为主要对象，对城墙墙体及其附属设施的布局走向、建筑形式、构造技术等特点作了研究；薛作标的《辽东边墙的今昔》[34]，从考古学、文献记载和实际考察三个角度详细说明了边墙的堡城、烽火台、墩台的形式特点；李红庆的《明辽东边墙的改

建》[35]等文章阐述探讨了辽东边墙的修筑和改建过程。

3.2.3　辽东镇军事聚落

将辽东镇军事聚落纳入聚落层次的观点始于2004年。近年来，以天津大学张玉坤带领的北方防御性聚落和军事堡寨聚落研究团队为代表，将辽东镇军事聚落的沿革发展和聚落本体作为整体研究对象的成果持续增加。

刘珊珊、张玉坤的《明辽东镇长城军事防御体系与聚落分布》[36]采用了时间与空间两条主线，从整体角度深入分析了军事防御体系以及军事聚落的形成，阐述了辽东镇军事聚落的时空分布规律，即其时间上具有阶段性特征，而空间分布上具有空间网特征，为之后的研究提供借鉴和参考。魏琰琰的《分统举要，纲维秩序——明辽东镇军事聚落分布及防御变迁研究》[37]是从综合学科角度对明代辽东军事聚落的全面研究，以明代辽东镇界定时空，以军事聚落为研究对象，从整体视角梳理空间分布及其历史发展演变，系统性地分析其演变原因及内在联系。

图3　明代辽东边墙示意图

（图片来源：薛作标.辽东边墙的今昔.社会科学辑刊，1983）

图片说明：辽东边墙是明代防御境外少数民族的军事工程，十里一堡，五里一台，雄关隘口林立。

此外，王飒的博士论文《中国传统聚落空间层次结构解析》[38]在中心论题——传统聚落空间层次内涵的研究框架之下，以辽东镇军事防御聚落为例，对其层次生成和结构变化过程做了简要的辩证分析。刘文斌的《明辽东地区海防聚落工程体系研究》[39]是辽东地区的长城军事聚落应用于海防的个案研究。徐博的《辽宁明代营堡研究》[40]归纳总

结辽宁省各区域内堡城建筑的不同形态规制和特点,并针对实际情况对辽宁省境内的堡城建筑的保护提出适当的建议,以便充分发掘堡城的存在意义和内在价值。

4 军事建筑遗存的保护

国家文物局印发《大遗址保护"十三五"专项规划》中明确指出大遗址保护的总体目标要充分发挥大遗址在构建中华优秀传统文化传承体系和公共文化服务体系中的作用,充分发挥大遗址在新型城镇化建设和美丽乡村建设中的带动作用,促进大遗址所在当地经济社会协调发展,为全面建成小康社会贡献力量。这都给大遗址保护指出了方向,提出了新的要求。大遗址保护也面临着新的机遇和挑战。考虑到古代军事建筑遗存与现代城市建设发展的关系,本文在系统梳理相关研究文献的基础上进一步提出对东北地区古代军事建筑遗存整体性、动态性的保护设想。

4.1 军事建筑遗存的保护利用研究

就现在的研究成果而言,对于东北地区古代军事遗存的保护利用研究数量较少,且多从保护区域性的考古文化角度进行,从建筑遗址角度的保护和利用研究亟待开展。

图4 金长城遗址公园
(图片来源:网络)

图片说明:黑龙江省碾子山区委区政府通过建立金长城遗址公园再现古代军事防御工程的智慧。

《浅谈金界壕遗址碾子山段的保护和利用》[41]作者孙美平梳理了近年来碾子山区委区政府通过开展相关研讨会,保护修缮,建立遗址公园、博物馆等活动与措施,促进了区内对金长城的保护和利用。邹向前的《金界壕遗址黑龙江段的保护利用》[42]和孙仁的《就金长城开发利用谈几点看

法》[43]认为,金长城遗址的保护利用应基于其自身特点及人文和自然环境,通过创建文化旅游项目,实现保护与发展双赢的目标。徐博在《辽宁明代城堡研究》[40]对辽宁境内明代堡城现存情况和遭到破坏的原因以及保护所存在的问题做了总结,阐述了辽宁堡城作为世界物质文化遗产的一部分的价值和意义,并提出相应建议。

4.2 军事建筑遗存的现状

东北地区古代军事建筑遗存是我国古代军事防御体系中的重要组成部分,作为我国古代劳动人民的智慧结晶,作为重要的建筑文化遗产,理应受到良好的保护利用,然而目前的保护状况仍然不容乐观,还有许多问题有待解决。

第一,受东北地区自然环境和人为因素的影响,许多军事建筑受到严重的破坏。东北地区冬冷夏热,属季风气候,处在野外的军事遗存长期受到风沙雨雪的侵蚀,建筑的整体结构、表面均受到不同程度的损坏。除了自然因素,人为原因的破坏更甚,主要集中在居民对建筑遗存保护意识低,将其转为他用或毁坏,因地区基础建设对其破坏拆除,以及历史战争造成的破坏。

第二,对于大多部分军事遗址的重要性认识不足,保护规划管理和执行存在滞后。区域内仅有少数界壕、边墙和堡城的遗址得到了一定的保护,大多数处于弃置状态。各级政府和文物保护单位在政策的制定上不够明确,又缺乏强有力的领导,相关部门在保护上普遍存在不依法履行保护职责的问题。

第三,缺乏专业人才和队伍对堡城进行较为专业的普查和保护。军事防御遗址分布范围广,个体较多,田野调查管理困难大这样的特点也加剧了军事遗存保护的难度,保护工作处于停滞甚至空白的状态。

4.3 军事建筑遗存的保护设想

东北地区军事建筑遗存的保护与利用的意义,应从国家、民族层面认识和考量,将其整体性地作为"大遗址"进行保护与利用。基于以上对东北地区古代军事建筑遗存的研究成果和现状问题分析,提出东北地区古代军事建筑遗存的保护利用的几点建议:

首先,在区域层面,应将吉林城四家子城址、辽宁兴城古城等军事聚落遗存和长城大遗址相结合,在大区域内打造遗产保护廊道,对军事防御遗址进

图5　无保护状态的辽东边墙遗址

（图片来源：网络）

图片说明：由于军事防御建筑的散布性，
大部分地区军事建筑遗存处于无保护状态。

治，适度向社会开放，围绕大遗址发展整个文化产业链，促进区域经济发展，提高区域文化建设。

其次，结合实际情况将军事建筑遗存保护与城镇发展进行一体化研究。东北地区历经的特殊军事制度造就了其区域内既有野外的界壕边堡、烽燧驿站遗址又有延续发展至今的军事聚落。军事防御建筑遗存具有历史价值、艺术价值、科学文化价值，对其合理地保护开发，可以为其所在城镇带来巨大的经济效益，从而切实推进区域经济结构优化和产业结构升级。

最后，实现遗址区自然生态景观与历史人文景观的和谐共生。遗址区的环境整治应与其历史风貌相符合，尽可能地解决遗址保护范围内生态环境破坏问题，再现历史场景氛围，满足现代人的使用需求。对军事聚落城址的环境整治，在其内部以城墙、道路绿化为骨架，设置公共绿地或围绕典型军事建筑为节点设置遗址公园，提供遗址参观、历史体验、教育学习和日常的休憩娱乐等功能，诠释历史空间格局，丰富现代人们的生活；而野外遗址区的绿化主要是保持其自然环境风貌和恢复自然植被，并最大限度地实现历史原真性，当然，也可以适度地采用园林艺术手法来营造优雅舒适的环境。即通过合理的保护与再利用，使原本缺少生机的军事遗存重新焕发活力。

5　结　语

综上所述，目前关于东北地区古代军事防御体系和军事建筑遗存的研究数量众多、涉猎领域广泛。无论是田野考古、古籍专著还是学术论文，研究多集中在考古学，历史、地理学角度对遗存的考古论证，从建筑学角度对军事遗存体系的空间布局、建筑类型以及保护利用的研究比较少，而后者是值得相关学者开展深度研究的很好的领域。

此外，东北地区内的军事遗存建筑经历了无数自然和人为的损坏，包括战火的侵染，由于地域条件差异及社会发展需要等原因，保存状况虽不尽相同但都令人担忧。在这样的情况下，东北地区军事建筑遗存保护已经迫在眉睫。应在坚持科学研究先导和尊重历史真实性的情况下，确保军事建筑遗存历史、科学、艺术价值的延续，妥善处理其保护管理与地方区域经济社会发展的关系，缓解和预防自然灾害威胁，遏制人为破坏，实现遗址区生态环境景观与人文景观的共生，发挥其在弘扬中华传统建

行整体保护。全面的记录东北地区军事建筑遗存的内容，建立价值评价体系，对遗存内容进行真实、完整的价值评价，坚持"科学规划，合理保护，适当利用"的原则，形成完整的军事遗存展示体系。结合遗存所处环境，最大限度地保护不同时期遗存的重要历史遗存和信息，加大保护力度，加强环境整

筑文化中的重要作用。

参考文献:

[1] 金毓黻. 东北通史[M]. 长春:社会科学战线杂志社,1980.

[2] 张博泉,苏金源,董玉瑛. 东北历代疆域史[M]. 吉林:吉林人民出版社,1981.

[3] 马大正. 中国古代边疆政策研究[M]. 北京:中国社会科学出版社,1990.

[4] 吕一燃. 中国边疆史地论集[M]. 哈尔滨:黑龙江教育出版社,1991.

[5] 李锡厚. 辽朝的边防[J]. 中国边疆史地研究,1993(2):19-29.

[6] 陈凯军. 辽代边境防御策略与军事部署研究[D]. 锦州:渤海大学,2013.

[7] 赵瑞. 辽朝戍边制度研究[D]. 长春:吉林大学,2013.

[8] 解丹. 金长城军事防御体系及其空间规划布局研究[D]. 天津:天津大学,2011.

[9] 赵现海. 明代九边军镇体制研究[D]. 长春:东北师范大学,2005.

[10] 军事编写组. 中国历代军事工程[M]. 北京:解放军出版社,2004.

[11] 冯永谦. 东北地区的古代长城(辽海讲坛第5辑历史卷)[M]. 沈阳:辽宁教育出版社,2009.

[12] 景爱,苗天娥. 辽金边壕与长城[J]. 东北史地,2008(6):18-31.

[13] 孙秀仁. 关于金长城(界壕边堡)的研究与相关问题[J]. 北方文物,2007(2):19-35.

[14] 黑龙江省博物馆. 金东北路界壕与边堡调查[J]. 考古,1961(5):251-280.

[15] 孙文政. 金东北路界壕边堡建筑时间考[J]. 东北史地,2008(3):57-63.

[16] 孙文政. 金长城研究概述[J]. 中国边疆史地研究,2010,20(1):139-150.

[17] 冯勇谦. 金长城的构造形式、特点与定名[J]. 东北史地,2009(5):22-29.

[18] 谭其骧. 中国历史地图集[M]. 北京:中国地图出版社,1982.

[19] 谭其骧. 《中国历史地图集》释文汇编·东北卷[M]. 北京:中国民族学院出版社,1988.

[20] 景爱,董学增. 吉林舒兰县古界壕、烽台与城堡[J]. 考古,1987(2):146-149.

[21] 陈笑竹. 辽代长城地理位置研究综述[J]. 黑河学院学报,2017(11):4-5.

[22] 张驭寰. 中国城池史[M]. 天津:百花文艺出版社,2002.

[23] 宋德辉. 吉林省白城市城四家子古城应为辽代长春州金代新泰州[J]. 博物馆研究,2008(1):26-30.

[24] 梁会丽,张迪,解峰,等. 吉林白城城四家子城址建筑台基发掘简报[J]. 文物,2016(9):39-55.

[25] 孙文政. 哈拉古城址为金代庞葛城说质疑[J]. 黑龙江社会科学,2008(2):147-149.

[26] 丹达尔. 金界壕沿线边堡的类型学研究[D]. 呼和浩特:内蒙古师范大学,2013.

[27] 刘谦. 明辽东镇长城及防御考[M]. 北京:文物出版社,1989.

[28] 王绵厚,熊增珑. 关于明辽东镇长城防御体系的再探索[J]. 文化学刊,2011(1):124-127.

[29] 张士尊. 明代辽东边疆研究[M]. 长春:吉林人民出版社,2002.

[30] 丛佩远. 辽东边墙与明代东北社会结构的总体格局[D]. 长春:东北师范大学,2010.

[31] 冯永谦,何溥滢. 辽宁古长城[M]. 沈阳:辽宁人民出版社,1986.

[32] 李玉娟. 明代辽东边墙的结构[J]. 兰台世界,2008(7):68.

[33] 阮渊博. 辽宁省明长城建造特点研究[D]. 北京:北京建筑工程学院,2012.

[34] 薛作标. 辽东边墙的今昔[J]. 社会科学辑刊,1983(5):121-125.

[35] 李红庆. 明代辽东边墙的改建[J]. 兰台世界,2008(5):71.

[36] 刘珊珊,张玉坤. 明辽东镇长城军事防御体系与聚落分布[J]. 哈尔滨工业大学学报,2011(13):129-133.

[37] 魏琰琰. 分统举要,纲维秩序——明辽东镇军事聚落分布及防御变迁研究[D]. 天津:天津大学,2014.

[38] 王飒. 中国传统聚落空间层次结构解析[D]. 天津:天津大学,2011.

[39] 刘文斌. 明辽东地区海防聚落工程体系研究[D]. 天津:天津大学,2013.

[40] 徐博. 辽宁明代营堡研究[D]. 沈阳:辽宁大学,2017.

[41] 孙美平. 浅谈金界壕遗址碾子山段的保护和利用[J]. 中国长城博物馆,2015(4):22-25.

[42] 邹向前. 金界壕遗址黑龙江段的保护利用[J]. 中国长城博物馆,2006(4):31-38.

[43] 孙仁. 就金长城开发利用谈几点看法[J]. 中国长城博物馆,2015(4):53-56.

辽东长城沿线城邑遗产的价值评价与分级[①]

Value Evaluation and Classification of the City Heritage Along the Great Wall in Liaodong

李佳玲[②]　**刘　东**[③]　**郝　鸥**[④]

Li Jialing　　Liu Dong　　Hao Ou

【摘要】城邑遗产保护是城市建设过程中不可或缺的一部分。合理评估城邑遗产的价值,有利于对城邑遗产进行保护与利用。在国内外文化遗产价值理论的基础上,总结出辽东长城沿线城邑遗产的价值,建立辽东长城沿线城邑遗产价值评估指标体系,运用层次分析法,对辽东长城沿线城邑遗产的价值进行评估与分析。

【关键词】城邑遗产　价值评估　层次分析法

1　国内外重要的遗产价值理论

1.1　国外重要的遗产价值理论

最初提出古迹价值体系的是奥地利艺术史家里格尔(A. Riegl, 1858—1905)。里格尔的价值主体是"纪念物",里格尔把古迹价值归纳为两大类,一类为纪念性的价值,包含了历史价值、岁月价值、和目的性的纪念价值,是对古迹历史的思考所体现出来的价值;另一类为当代价值,包含了使用价值、艺术价值和新物价值,这类价值是从现代人的角度去认识古迹,是给现代人所带来的价值。

从里格尔以后,直到19世纪60年代,遗产研究逐步成为一个跨学科的研究领域,才陆续有学者提出更具综合性的看法,并形成于法律文件和保护制度。1987年6月,联合国教科文组织起草的《世界文化遗产公约》第二章第二条列出了关于文化遗产与历史环境的价值组成,其主要内容包括四个部分:历史真实性价值,情感价值,科学美学及文化价值,社会价值。这成为西方对历史文化遗产价值构成一次较为完善的总结。以此为基础,目前国际社会关于历史文化遗产的价值被进一步描述为"所有与人类行为相联系的历史的、考古学的、建筑的、技术的、美学的、科学的、精神的、社会的、传统的或者其他特殊文化意义的部分"。这样广泛的定义阐述了遗产价值所包括的所有层面。

1.2　我国关于遗产价值的观点

《中华人民共和国文物保护法》第三条规定:古文化遗址、古墓葬、古建筑、石窟寺、石刻、壁画、近代现代重要史迹和代表性建筑等不可移动文物,根据它们的历史、艺术、科学价值,可以分别确定为全国重点文物保护单位,省级文物保护单位,市、县级文物保护单位。可见我国文物保护价值研究重点在于历史、艺术、科学三个范畴。在遗产保护工作中,我国有些学者已注意到目前文物保护法中的价值类型有其不足之处。如吕舟曾指出,文物建筑除了历史、艺术与科学价值,还具有文化价值及情感价值。王世仁在《中国文物古迹保护准则》的理念评析中指出:评析文保法规定的文物三大价值是文物的自身价值,总体上都属于历史价值,但同时文物在当代社会又具有社会价值(即"使用价值"),两种价值的统一是保护文物的最高目的。

根据以上国际和国内的研究成果,认为文化遗产一般在包含了文物保护法中的历史、科学、艺术价值之外,还有社会价值、文化价值及经济价值等。

---

① 国家自然科学基金项目,清前满族古城活态遗产保护理论体系研究(项目号:51508340),教育部青年项目,东北地区满族古聚落的建筑人类学研究(项目号:17YJCZH200)。

② 李佳玲,沈阳建筑大学,硕士研究生。

③ 刘东,大连创域规划设计有限公司,工程师。

④ 郝鸥,沈阳建筑大学,副教授。

2 城邑遗产的价值构成与评价方法

2.1 价值构成

2.1.1 历史价值

辽东长城沿线城邑遗产是辽东长城防御体系的组成部分和重要节点,是中国明代北方军事设施的主要组成部分,是当时社会、军事、历史的重要见证。

2.1.2 艺术价值

辽东长城及其沿线的城邑大部分地处山地丘陵之间,其营造选址、建筑格局、构筑物形制与山脉融为一体,相互因借、相得益彰,体现了古代先贤的文化审美情趣与军事战略思想,形成了人类创造与自然环境的巧妙结合,创造了独特的军事防御体系与人类文化景观,具有重要的文化艺术价值。特别是一些位于辽东山地的长城、城邑,与周边地理环境相结合,气势磅礴、雄伟壮观,具有雄浑之美,是摄影、绘画、游览的绝佳圣地。

2.1.3 科学价值

明长城是世界文化遗产,作为其构成部分之一的沿线城邑所代表的明长城军事防御体系,反映了当时的军事思想、科技水平;等级分明、功能各异的各类城邑是明代辽东境内长城军事聚落选址和空间规划、建筑技术、施工工艺的重要实例,具有重要的科学价值。

2.1.4 文化价值

辽东长城沿线城邑在经历战争与和平的社会发展过程中,孕育出丰厚的地域文化,如汉蒙民族之间的边塞文化、民间的宗教信仰文化以及居住文化等,这些文化活动几百年来通过口传、文字等方式代代相传,构成了当地人们生活的精神家园。

2.1.5 社会价值

辽东城沿线城邑是有人居住或生活过的历史性场所,并在社会经济和文化的影响下继续发展。通过对城邑遗产的全面保护和科学展示,可以激发当地居民的保护热情,激活当地的民俗文化和民间艺术,带动居民参与保护和利用的工作。保护和展示工作还可以成为国内外宾客了解中国古代民族融合史、军事思想发展史和边塞文化发展史的重要途径。

2.1.6 经济价值

将城邑遗产作为载体进行历史文化传播,可有效地推动当地旅游产业和经济文化的快速发展。但经济价值不应成为对城邑遗产保护与否的影响因素,所以在遗产保护中可以不列入经济价值;相反,社会人文价值在今后的遗产的价值评估中应得到加强。

2.2 评价方法

层次分析法,简称 AHP 法,是美国运筹学家萨蒂于 20 世纪 70 年代提出的一种定性分析与定量分析相结合的决策分析方法。具体地说就是将决策问题的有关元素分解成目标、准则、方案等层次,用一定标度对人的主观判断进行客观量化,在此基础上进行定性或定量分析的一种决策方法。

用层次分析方法解决复杂问题的基本思想是:把决策问题按总目标、子目标、评价标准直至具体措施的顺序分解为不同层次的结构,然后利用求判断矩阵特征向量的方法,求出每层次的各元素对上层次某元素的权重值。本文研究求出评价标准的权重值之后,对每个城邑遗产对象进行打分。

①建立层次结构模型

一般情况下,因素可分为三类,即目标类、标准类和措施类,即通常将解决问题的总目标作为最高层,而解决实际问题的政策和措施作为最低层,介于这两层之间的是由高至低的若干中间层(图1)。

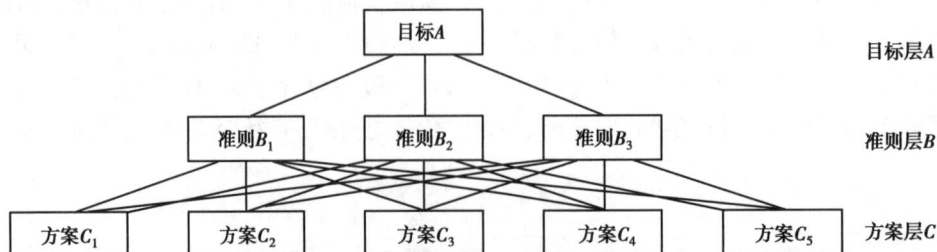

图 1 层次结构模型

(图片来源:自绘)

②构造判断矩阵

层次分析方法的信息基础主要是人们对每一层次各因素的相对重要性给出的判断。将这些判断用数值表示出来,写成的矩阵形式就是判断矩阵。判断矩阵中各元素表示针对上一层次某因素而言,本层次与之有关的各因素之间的相对重要性。比较每一个下层相关元素 B_i、马之间对于上层某元素 A_k 的相对重要性,即构成如下一组多元素的判断矩阵 B(表1)。

表1 各元素相对重要性的判断矩阵(图片来源:自绘)

A_k	B_1	B_2	B_i	B_n	
B_1	b_{11}	b_{12}	…	b_{1n}	
B_2	b_{21}	b_{22}	…	b_{2n}	
B_i	…	…	b_{ij}	…	
B_n	b_{n1}	b_{n2}	…	b_{nn}	

引用[1]~[7]和相应的倒数作为定量化的重要强度判断标准(表2),2/4/6/8 表示第 i 个因素相对于第 j 个因素的影响介于上述两个相邻等级之间任何判断矩阵都应满足。

表2 重要强度判断标准(图片来源:自绘)

1	表示两个元素相比,具有同样重要性
3	表示两个元素相比,一个元素比另一个元素稍微重要
5	表示两个元素相比,一个元素比另一个元素明显重要
7	表示两个元素相比,一个元素比另一个元素强烈重要
9	表示两个元素相比,一个元素比另一个元素极端重要

③层次单排序及一致性检验
④层次总排序及一致性检验
⑤确定权重值

3 遗产价值评价指标体系的建立

3.1 指标选取的原则

本研究采用定性评价与定量评价相结合的方法。其中定量评价是以价值评价指数形式进行的相对优、劣性定量、分级评估;定性评价是根据定量评价的成果,对其定性描述,分析遗产等级。价值评价指标选取的原则有全面性、系统性、科学性、可操作性和动态发展五个方面。

3.2 指标选取的依据

辽东长城沿线的城邑遗产中,个别的城邑遗产由于独特的区位及城内留存了大量的历史建筑而成为文物保护对象,但绝大多数城邑遗产尚未登录至保护名录中,原因是大量的城邑遗产受严重的破坏,历史文化遗存保存情况参差不齐,需要进一步评定其保护价值。

建设部发布的《国家历史文化名城保护评估标准》《中国历史文化名镇(村)评价指标体系》作为全国历史文化名城、名镇(村)的遴选标准,是目前较为成熟的评价方法。但其指标要求相对较高,参照标准较为固定,并不完全适合于辽东长城沿线城邑遗产的价值评价。

本文参照《国家历史文化名城保护评估标准》和《中国历史文化名镇(村)评价指标体系》的基本鉴定要求,并结合辽东长城沿线城邑遗产的空间特色,来确定辽东长城沿线的城邑遗产价值评价的指标。

3.3 指标体系的建立

通过前文辽东长城沿线城邑遗产的构成分析,可以总结出城邑遗产的特征主要有历史和现状两部分;综合分析《国家历史文化名城保护评估标准》和《中国历史文化名镇(村)评价指标体系》,也都涵盖了历史和现状两部分。这两个指标又可以进一步分解为多个子项。在专家的指导下最终确定了具体的辽东长城沿线城邑遗产价值评价的指标体系(图2)。

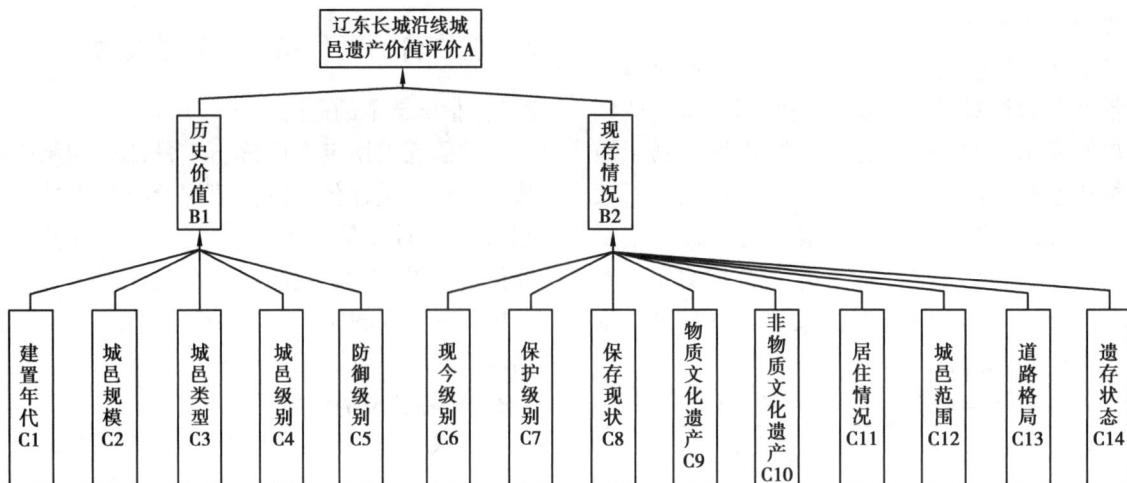

图2　辽东长城沿线城邑遗产价值评价的指标体系

（图片来源：自绘）

4　指标权重与评分标准的确定

4.1　指标权重的确定

4.1.1　构建判断矩阵

根据对辽东长城沿线城邑遗产价值评价层次结构和主要评价指标的分析，构造判断矩阵。

由于辽东长城沿线城邑遗产的"历史价值"是历史所赋予的属性，经过了廊道主线分析后得出的城邑遗产点都是具备此特点，所以"历史价值"的重要性比例标度设为1；"现存情况"是城邑遗产是否值得保护的依据，只要还尚存有一定遗址或遗存，就具有保护价值，应该纳入廊道，以便日后进行保护，所以非常重要，重要性比例标度设为5。（表3）

表3　关于决策目标辽东长城沿线城邑遗产价值评价 A 的
重要性比较表（表格来源：自制）

辽东长城沿线城邑遗产价值评价	历史价值 B1	现存情况 B2
历史价值 B1	1	0.2
现存情况 B2	5	1

C 层对 B1 层的相对重要性判断矩阵中的比例标度的设定是根据城邑遗产历史价值的某种因素相对其他因素重要性的两两比较，依据重要性程度给定数值。以建置年代为例：建置年代反映了城邑遗产的历史悠久度，而城邑级别反映了城邑遗产在明代的重要程度，由于本文所研究的主线是明代的辽东长城防御体系，因此城邑级别与建置年代相比非常重要。将建置年代的重要性比例标度设为1，

城邑级别的重要性比例标度设为5；城邑规模和城邑类型体现的城邑遗产的不同的特点，与建置年代相比，重要性较弱，比例标度设为1/3；防御级别体现了城邑遗产在辽东长城防御体系中的地位，是与廊道主题相关性最高的，比例标度设为9。（表4）

表4　关于决策目标历史价值 B1 的重要性比较表

（表格来源：自制）

历史价值 B1	建置年代 C1	城邑规模 C2	城邑类型 C3	城邑级别 C4	防御级别 C5
建置年代 C1	1	3	3	0.2	0.142 9
城邑规模 C2	0.333 3	1	1	0.142 9	0.111 1
城邑类型 C3	0.333 3	1	1	0.142 9	0.111 1
城邑级别 C4	5	7	7	1	0.333 3
防御级别 C5	7	9	9	3	1

C 层对 B2 层的相对重要性判断矩阵中的比例标度的设定是根据城邑遗产现存情况的某种因素相对其他因素重要性的两两比较，依据重要性程度给定数值。以现今级别为例，其体现了城邑遗产所在地区的发展状况，将它的重要性比例标度设为1；保护级别体现了城邑遗产是法律所认定的保护级别，因此绝对重要，将它的重要性比例标度设为9；保存状况能够反映城邑遗产的现状完整程度，与现今级别相比非常重要，将它的重要性比例标度设为

7;物质文化遗产数量反映了城邑遗产内部遗存的丰富程度,比较重要,将它的重要性比例标度设为5;非物质文化遗产相对于现今级别稍微重要,比例标度设为3;居住情况决定了社会价值能否得到体现,比现今级别重要,将它的重要性比例标度设为

5;城邑范围和道路格局体现了城邑遗产的完整程度,相对于现今级别非常重要,将它们的重要性比例标度设为7;遗存状态体直接现了城邑遗产是否有开发的价值,因此绝对重要,将它的重要性比例标度设为9。(表5)

表5 关于决策目标现存情况 B2 的重要性比较表(表格来源:自制)

现存情况 B2	现今级别 C6	保护级别 C7	物质文化遗产 C9	物质文化遗产 C9	非物质文化遗产 C10	居住情况 C11	城邑范围 C12	道路格局 C13	遗存状态 C14
现今级别 C6	1	0.111 1	0.142 9	0.2	0.333 3	0.2	0.142 9	0.142 9	0.111 1
保护级别 C7	9	1	3	5	7	5	3	3	1
保存现状 C8	7	0.333 3	1	3	6	3	1	1	0.333 3
物质文化遗产 C9	5	0.2	0.333 3	1	3	1	0.333 3	0.333 3	0.2
非物质文化遗产 C10	3	0.142 9	0.2	0.333 3	1	0.333 3	0.2	0.2	0.142 9
居住情况 C11	5	0.2	0.333 3	1	3	1	0.333 3	0.333 3	0.2
城邑范围 C12	7	0.333 3	1	3	5	3	1	1	0.333 3
道路格局 C13	7	0.333 3	1	3	5	3	1	1	1
遗存状态 C14	9	1	3	5	7	5	3	1	1

4.1.2 层次分析法计算指标的最终权重值

对于计算各指标的相对权重值以及对权重值的一致性进行检验这几个步骤在 yaahp 软件可将其一一算出,将重要性比较表输入层次分析法 yaahp 软件然后可以得出的比较准确的权重数值。(表6—表8)

表6 辽东长城沿线城邑遗产价值评价层 A 的权重矩阵表(表格来源:自制)

辽东长城沿线城邑遗产价值评价 A	历史价值 B1	现存情况 B2	Wi
历史价值 B1	1	0.2	0.166 7
现存情况 B2	5	1	0.833 3

辽东长城沿线城邑遗产价值评价判断矩阵一致性比例:0.000 0;对总目标的权重:1.000 0;

λmax:2.000 0。历史价值判断矩阵一致性比例:0.041 9;对总目标的权重:0.166 7;λmax:5.187 8。现存情况判断矩阵一致性比例:0.032 6;对总目标的权重:0.833 3;λmax:9.381 0。

表7 历史价值评价层 B1 的权重矩阵表(表格来源:自制)

历史价值 B1	建置年代 C1	城邑规模 C2	城邑类型 C3	城邑级别 C4	防御级别 C5	Wi
建置年代 C1	1	3	3	0.2	0.142 9	0.091 2
城邑规模 C2	0.333 3	1	1	0.142 9	0.111 1	0.041 2
城邑类型 C3	0.333 3	1	1	0.142 9	0.111 1	0.041 2
城邑级别 C4	5	7	7	1	0.333 3	0.289 4
防御级别 C5	7	9	9	3	1	0.536 9

表8 现存情况评价层 B2 的权重矩阵表（表格来源：自制）

现存情况 B2	现今级别 C6	保护级别 C7	物质文化遗产 C9	物质文化遗产 C9	非物质文化遗产 C10	居住情况 C11	城邑范围 C12	道路格局 C13	遗存状态 C14	Wi
现今级别 C6	1	0.111 1	0.142 9	0.2	0.333 3	0.2	0.142 9	0.142 9	0.111 1	0.016 2
保护级别 C7	7	1	3	5	7	5	3	3	1	0.114 4
保存现状 C8	7	0.333 3	1	3	6	3	1	1	0.333 3	0.114 4
物质文化遗产 C9	5	0.2	0.333 3	1	3	1	0.333 3	0.3333	0.2	0.051 4
非物质文化遗产 C10	3	0.142 9	0.2	0.333 3	1	0.333 3	0.2	0.2	0.142 9	0.026 9
居住情况 C11	5	0.2	0.333 3	1	3	1	0.333 3	0.333 3	0.2	0.051 4
城邑范围 C12	7	0.333 3	1	3	5	3	1	1	0.333 3	0.114 4
道路格局 C13	7	0.333 3	1	3	5	3	1	1	1	0.114 4
遗存状态 C14	9	1	3	5	7	5	3	1	1	0.255 4

对软件所得出的结论进行总结,得到辽东长城沿线城邑遗产价值评价指标权重分配表(表9)。

表9 辽东长城沿线城邑遗产价值评价指标权重分配表
（表格来源：自制）

目标层	综合评价	权重	评价因素	权重
辽东长城沿线城邑遗产价值评价 A	历史价值 B1	16.7	建置年代 C1	1.5
			城邑规模 C2	0.7
			城邑类型 C3	0.7
			城邑级别 C4	4.8
			防御级别 C5	9.0
	现存情况 B2	83.3	现今级别 C6	1.4
			保护级别 C7	21.3
			保存现状 C8	9.5
			物质文化遗产 C9	4.3
			非物质文化遗产 C10	2.2
			居住情况 C11	4.3
			城邑范围 C12	9.5
			道路格局 C13	9.5
			遗存状态 C14	21.3

4.2 评分标准的确定

根据前文的 AHP 法确定辽东长城沿线城邑遗产价值评价指标体系中各因子的权重后,还需要对每个因素赋予分值。本文参考《国家历史文化名城保护评估标准》《中国历史文化名镇（村）评价指标体系》的评分标准,并根据辽东长城沿线城邑遗产自身的特点计算出价值评价标准表（表10）。

表10 辽东长城沿线城邑遗产价值评价标准表
（表格来源：自制）

评价目标	综合评价指标及权重	评价因素及权重	评分细则	分数
辽东长城沿线城邑遗产价值评价	历史价值 18	建置年代 2	明代以前 2	
			明代 1	
		城邑规模 1	100～1 000 公顷:1	
			10～100 公顷:0.75	
			1～10 公顷:0.5	
			0～1 公顷:0.25	
			规模不详:0	
		城邑类型 1	镇城:1	
			路城:0.8	
			卫城:0.6	
			所城:0.4	
			堡城:0.2	

续表

评价目标	综合评价指标及权重	评价因素及权重	评分细则	分数
辽东长城沿线城邑遗产价值评价	历史价值18	城邑级别5	镇城:5	
			路城:3.75	
			卫城:2.5	
			所城、堡城:1.25	
		防御级别9	一级:9	
			二级:7	
			三级:5	
			四级:3	
			五级:1	
辽东长城沿线城邑遗产价值评价	现存情况82	现今级别2	地级市:2	
			县级市:1.6	
			县:1.2	
			镇:0.8	
			村:0.4	
		保护级别20	国家级:20	
			省级:16	
			市级:12	
			县级:8	
			一般历史古城:4	
		保存现状10	较好:10	
			一般:7.5	
			较差:5	
			差:2.5	
		物质文化遗产4	一个加1分,最高4分	
		非物质文化遗产2	一个加1分,最高2分	
		居住情况4	城内有人居住:4	
			城内无人居住:0	
		城邑范围10	保存完整:10	
			基本完整:6	
			不完整:3	

续表

评价目标	综合评价指标及权重	评价因素及权重	评分细则	分数
辽东长城沿线城邑遗产价值评价	现存情况82	道路格局10	保存完整:10	
			基本完整:6	
			不完整:3	
		遗存状态20	有地面遗存:20	
			无地面遗存:10	
总分:				

5 城邑遗产的价值评价结果

根据表10所示的价值评价标准表,对已列入城邑遗产清单的97个城邑遗产逐一进行评价,得出各遗产点的价值得分。

辽东长城沿线的97个城邑遗产中,得分90分及以上的城邑遗产只有3个,占总量的3.1%;得分在60至80分之间的城邑遗产有6个,占总量的6.2%;得分在45至60分之间的城邑遗产有14个,占总量的14.4%;得分在35至45分之间的城邑遗产有44个,占总量的45.4%;得分35分以下的城邑遗产有30个,占总量的30.9%。总的来说,得分在35分以上的城邑遗产占了总量的69.1%,这部分城邑遗产尚有地面遗迹可寻,还有开发的价值;得分在35至45分之间的城邑遗产最多,说明辽东长城沿线城邑遗产的价值普遍偏低,亟待开发它们的潜力。

结合得分情况,将辽东长城沿线的城邑遗产按照其遗产价值的大小分为四个等级,具体各等级遗产分布情况(表11)。

一等级分值在60分以上,共计9个。这些城邑遗产得分相对较高,是由于它们的历史年代久远,在辽东长城防御体系中具有重要的地位,现今的保护级别较高,另外城邑格局较完整,保存现状较好。对其应严格制定保护措施,凸显城邑特色的同时,防止被现代建设所破坏。

第二等级分值在45至60分之间,共计14个。这些城邑遗产格局不完整,但城邑范围大致可见,具有开发的潜力。

第三等级分值在 35 至 45 分之间,共计 44 个。这些城邑遗产的格局已不清,但尚有地面遗存,濒临消失,亟须制定有效的保护方式。

第四等级分值在 35 分以下,共计 30 个。这些城邑遗产已无地面遗存,整体价值低,未来可实施利用的可能性很小,对于这些城邑遗产应根据实际情况采取保护措施,如果难度太大应拍照存档。

表 11　各等级遗产分布情况表(表格来源:自制)

遗产等级	价值评价分数区间	遗产名称	遗产数量
一级	60 分以上	宁远卫城、广宁城、辽阳城、中前所城、沈阳城、开原路城、海州卫城、马根单堡城、义州城	9
二级	45~60 分	江沿台堡城、孤山新堡城、锦州城、广宁前屯卫城、镇边堡城、清河堡城、散羊峪堡城、新甸堡城、永安堡城、叆阳堡城、新安堡城、大茂堡城、大胜堡城、铁场堡城	14
三级	35~45 分	大奠堡城、大靖堡城、镇安堡城、永宁堡城、古城堡城、会安堡城、东州堡城、永甸堡城、白家冲堡城、抚安堡城、镇静堡城、沙河中右所城、大福堡城、灰山堡城、汤站堡城、宽甸堡城、十方寺堡城、大康堡城、大平堡城、镇夷堡城(中路)、瑞昌堡城、高台营堡城、三道沟堡城、新兴营堡城、黑庄窠堡城、兴水县堡城、白塔峪堡城、寨儿山堡城、沙河儿堡城、长岭山堡城、椴木冲堡城、蒲河千户所城、宁东堡城、背阴障堡城、三山营堡城、铁岭卫城、大安堡城、平川营堡城、碱场堡城、孤山堡城、东昌堡城、长甸堡城、柴河堡城、威远堡城	44
四级	35 分以下	镇武堡城、长胜堡城、长勇堡城、长营堡城、平房堡城、大清堡城、西平堡城、松山寺堡城、镇西堡城、庆云堡城、上榆林堡城、东胜堡城、长定堡城、静远堡城、大兴堡城、小团山堡城、仙灵寺堡城、锦川营堡城、三岔儿堡城、曾迟堡城、彭家湾堡城、清阳堡城、西兴堡城、长安堡城、西宁堡城、长静堡城、宋家泊堡城、镇夷堡城、镇北堡城、松山堡城	30

参考文献:

[1] 汤国华,张国栋.广州沙面近代建筑群分级与保护分类的意见[J].南方建筑,1999(4):16-18.

[2] [明]李辅,等.全辽志[M]辽海丛书.沈阳:辽沈书社.

[3] [明]任洛,等.辽东志[M]辽海丛书.沈阳:辽沈书社.

[4] 刘谦.明辽东镇长城及防御考[M].北京:文物出版社,1989:12.

[5] 杨旸.明代辽东都司[M].郑州:中州古籍出版社,1988:12.

[6] 李海燕.大遗址价值评价体系与保护利用模式研究[D].西安:西北大学,2005.

[7] 苏童,历史文化名城天水伏羲庙历史地段保护的评估体系与方法[D].西安建筑科技大学,2001.

[8] 侯晓飞,中国历史文化名村旅游资源价值评价研究[D].天津:天津商业大学,2011.

[9] 王肖宇,基于层次分析法的京沈清文化遗产廊道构建[D].西安:西安建筑科技大学,2009.

从完整性问题看当代石油工业遗产物质构成[①]
——胜利油田工业遗产资源再考

The Composition of Contemporary Oil Industry Heritage from the Perspective of Heritage Integrity
—Rethinking of Industrial heritage in Sheng-li Oilfield

崔燕宇[②]　**郭　璇**[③]

Cui Yanyu　Guo Xuan

【摘要】本文首先探讨了当代石油工业的范畴,明确了研究对象;其次阐述了几座代表性石油城市工业遗产的保护现状和研究进展;再次,在史料研究和田野调查的基础上,以1961年发现的第二大油田——胜利油田为典例,梳理了石油工业遗产的物质构成;最后,总结了石油工业遗产在保护利用中遇到的挑战,并提出"整体性"原则下关于保护再利用的策略构思。

【关键词】石油城市　石油工业遗产　建筑　胜利油田　东营市

1 当代石油工业的范畴

我国是世界上最早发现和利用油气的国家之一。班固著《汉书地理志》记载今日的延长一代"有汲水可燃"指的就是石油。明末清初四川自贡出现了专门从事勘定井位的"匠氏",即油气勘测人员[1]。然而,在中华人民共和国成立以前,我国仅有四川自流井气田、台湾出黄坑、陕西延长产油,被认为"中国贫油"。经过潘忠祥、黄汲清、孙健初等地质学家的努力,1938年后,先后发现了甘肃老君庙、新疆独山子、四川隆昌等油气田。但是在1949年以前,全国仅有8台钻机,产油7万吨,全国石油职工仅有1 600多人。[2]

新中国伊始,我国的国防和经济建设都急需石油资源的支撑。而此时我国大陆只有玉门和延长油田,它们当时不仅储量有限且偏居西部,运输成本极高,因此大量的石油资源只能从苏联进口,石油工业处于极其被动的局面。于是,国家开始大力发展油气勘探工作。新疆克拉玛依(1955年出油)、大庆(1959年出油)和四川、柴达木等盆地(1959年出油)的油气田相继被发现。1957年协助华北石油普查的苏联钻井队回国。胜利油田于1961年由我国自主发现,是产量第二大的油田(表1)。随后,大港油田(1964年出油)、辽河油田(1964年出油)等相继被发现。

表1　世界主要产油国储量排名/中国各大油田储量排名
（2006年）（资料来源:百度百科）

国家及地区	储量	排名	中国各油田	2006产量	排名
沙特阿拉伯	362亿吨	1	大庆油田	4 341万吨	1
加拿大	184亿吨	2	胜利油田	3 000万吨	2
伊朗	181亿吨	3	长庆油田	1 700万吨	3
伊拉克	157亿吨	4	中海油天津	1 600万吨	4
科威特	138亿吨	5	塔里木油田	1 533万吨	5
阿联酋	126亿吨	6	克拉玛依油田	1 218万吨	6
委内瑞拉	109亿吨	7	辽河油田	1 200万吨	7
俄罗斯	82亿吨	8	吉林油田	615万吨	8
利比亚	54亿吨	9	大港油田	500万吨	9
中国	50亿吨	10	青海油田	475万吨	10

① 依托项目来源:国家自然科学基金资助项目(项目号:51578083)。
② 崔燕宇,青岛市建筑设计研究院集团股份有限公司济南分院。
③ 郭璇,重庆大学建筑与城规学院。

当代石油工业指新中国成立后以国防和经济建设为目的发展的石油工业。当代石油工业的发展促成了大油田生产、生活区的开发建设。这些大油田有着相同的开发背景，其空间格局有着继承性，也因各自地域和石油储藏的特点具有不同的空间特色。此次研究，以 1961 年发现的胜利油田工业遗产为研究对象，以期对当代石油工业的遗产的保护与再利用进行探讨。

2 遗产保护现状与研究进展

玉门老君庙作为中国石油的发祥地，在新中国成立前的 10 年间，石油产量是当时大陆总产量的 90% 以上。1995 年，油田开始走向衰败，近 26 万平方米的厂房、53 套（生产线）机械设备等大量资产闲置[3]。石油工业设备、厂房、工人住区和油井都是我国极具价值的工业遗产。至今，仅有老君庙第一口油井被列为省级文保单位。玉门市对工业遗产的保护的方式主要是建立纪念馆和旅游线路的打造。

克拉玛依油田于 1955 年被发现，在 2010 年公布为首批市级文保单位，包括老政府办公楼、克拉玛依友谊馆、克拉玛依黑油山地窖、油建北村清真寺、101 窑洞房、独山子第一套蒸馏釜遗址。克一号井被列为国家级重点文物保护单位。

大庆是我国重要的石油工业城市。第一口油井在 2001 年被国务院命名为全国重点文物保护单位，成为中国石油工业史上的一处珍贵遗产。2006 年大庆市文物部门开展全面普查，在 2013 年 8 月建立的文化遗产保护名录中，国家级、省级、市级和区级保护单位共计 51 处，包括会战指挥部旧址二号院、丛式井采油平台、石油会战大会广场、干打垒群[4]、油井、气象站和回收队[5]等。大庆市结合地区景观特色将文保单位建成纪念公园，并推出多条专项工业遗产主题旅游线路，其保护研究值得借鉴。（表 2）

大庆市文物管理站
2013 年 8 月 26 日

表 2　大庆市石油工业文化遗产保护名录
（资料来源：大庆市文物管理局）

	名　称	所在地	级别	年代
1	大庆第一口油井（松基三井）	大庆市大同区高台子镇西太平村西侧	国家级	1959
2	"铁人一口井"井址	红岗区解放街道图强社区大庆铁人王进喜纪念馆院内	国家级	1960
3	大庆石油指挥部旧址（二号院）	萨尔图区会战街道会战社区中七大路 32 号	省级	1960
4	大庆石油会战誓师大会旧址	萨尔图区会战街道会战社区中七大路 109 号	市级	1960
5	三老四严精神发源地——中四队	萨尔图区铁人街道奔二社区奔二村西南 0.15 公里处	市级	1960
6	东油库	萨尔图区萨尔图街道胜利社区萨环东路西侧 0.05 公里处	市级	1960
7	北 1-5-65 注水井	萨尔图区拥军街道丰收社区标杆三村南侧 0.65 公里处	市级	1961
8	北二注水站	萨尔图区拥军街道丰收社区标杆三村南 0.8 公里处	市级	1962
9	二号丛式井采油平台	萨尔图区铁人街道铁人社区萨环西路西侧 1.1 公里处	市级	1989
10	中十六联合站	萨尔图区铁人街道奔二社区奔二村南 0.2 公里处	市级	1997
11	大庆缝补厂精神纪念馆	萨尔图区东风街道北辰社区东风新村经一街九号	市级	1960
12	中区电话站	萨尔图会战街道会战社区中心街与世纪大道交叉口处	市级	1980
13	红旗村干打垒群	龙凤区龙凤镇前进村西 6 公里处	市级	1960
14	大庆油田第一座地下水源地（西水源）	让胡路区喇嘛甸镇三胜村西侧 0.5 公里处	市级	1960
15	西油库	让胡路区龙岗街道龙岗社区第二居委会西宾小区东北侧 0.03 公里处	市级	1961
16	大庆铁人回收队旧址	让胡路区庆新街道方晓社区第一居委会方晓中心村南 0.5 公里处	市级	1969
17	五把铁锹闹革命——创业庄	红岗区创业街道祥和社区创业庄村西 1.5 公里处	市级	1960

	名　称	所在地	级别	年代
18	葡萄花炼油厂址	大同区庆葡街道葡北社区南垣实业公司建安机械公司院内	市级	1960
19	南三油库	大同区林源镇对喜村东南 2 公里处	市级	1968
20	徐深 1 井	肇州县榆树乡新兴村董合屯西南 0.5 公里处	市级	2004
21	林甸县第一口自喷井（林四井）	林甸县宏伟乡太平山村西南 3.5 公里处	市级	1975
22	贝 16 作业区贝 16 井	内蒙古自治区呼伦贝尔盟新巴尔虎右旗贝尔乡西 11.5 公里	市级	2002
23	中 7-11 注水井	萨尔图区铁人街道铁人社会铁人一村西 0.3 公里处	区级	1960
24	萨 6 井	萨尔图区拥军街道拥军社区拥军大街西侧约 0.75 公里处	区级	1960
25	大庆总机厂	萨尔图区富强街道中林社区萨环东路东侧 0.4 公里处	区级	1960
26	中 6-17 井	萨尔图区萨尔图街道三环社区儿童公园转盘道东南 0.1 公里处	区级	1960
27	大庆第一楼	萨尔图区富强街道中强社区中七大路油田总医院院内	区级	1960
28	中一变电所	萨尔图区友谊街道风化社区中三路与友谊大街交叉口东北侧	区级	1962
29	南 1-3-27 井	萨尔图区铁人街道奔腾社区奔腾村南 2.3 公里处	区级	1963
30	红旗二村水塔	龙凤区龙凤镇刘高手村南 3.4 公里处	区级	1960
31	红旗一村地窖	龙凤区龙凤镇前进村西 6 公里处红旗一村南部	区级	1960
32	红旗一村圆形商店	龙凤区龙凤镇前进村西 6 公里处	区级	1960
33	红旗一村水塔	龙凤区龙凤镇前进村西 6 公里处	区级	1960
34	"三点定乾坤"之喇 72 井	让胡路区庆新街道庆新社区第一居委会采油六厂六楼区后侧	区级	1960
35	硬骨头十三车队队址	让胡路区西宾街道长庆社区第二居委会建设局西侧 0.05 公里处	区级	1962
36	齐家屯供销社旧址	让胡路区喇嘛甸镇向荣村西北 8 公里处	区级	1966
37	"三点定乾坤"首钻井——萨 66 井	红岗区解放街道图强社区解放六街北 0.1 公里处	区级	1960
38	"三点定乾坤"之杏 66 井	红岗区杏树岗镇先锋村南约 0.8 公里处	区级	1960
39	铁人第一口水井	红岗区解放街道图强社区南二路北 1 公里处	区级	1960
40	魏钢焰墓	红岗区解放街道图强社区解放二街 8 号铁人王进喜纪念馆院内	区级	1980
41	季铁中墓	红岗区解放街道图强社区解放二街 8 号	区级	1985
42	薛桂芳墓	红岗区创业街道祥和社区创业庄村西 1.5 公里处	区级	1989
43	宋振明墓	红岗区解放街道图强社区解放二街铁人王进喜纪念馆院内	区级	1989
44	葡 7 井址	大同区庆葡街道葡南社区南约 2 公里处	区级	1960
45	齐家屯俄式房屋	让胡路区喇嘛甸镇向荣村西北 8 公里齐家屯火车站西 南侧 0.2 公里处	区级	1901
46	喇嘛甸俄式房屋 1 号	让胡路区喇嘛甸镇新华村铁东巷喇嘛甸火车站东 0.5 公里处	区级	1903
47	喇嘛甸俄式房屋 2 号	让胡路区喇嘛甸镇新华村铁东巷喇嘛甸火车站东 0.3 公里处	区级	1903
48	齐家屯铁路俄式房屋	让胡路区喇嘛甸镇向荣村西北 8 公里处	区级	1903
49	喇嘛甸俄式水塔	让胡路区喇嘛甸镇向荣村喇嘛甸火车站北侧 0.05 公里处	区级	1903
50	喇嘛甸日式水塔	让胡路区喇嘛甸镇向荣村喇嘛甸火车站西北侧 0.2 公里处	区级	1903
51	付家屯俄式房屋	让胡路区奋斗街道战前社区第二居委会富家屯火车站西南 0.2 公里处	区级	1903

在 2015 年 8 月,山东省政府确定的第五批省级文物保护单位名单中,胜利油田华八井、营二井及坨十一井作为"胜利油田功勋井"算作 1 处近现代重要史迹及代表型建筑[6]。三口油井中的两口是"纪念碑广场"单一的保护方式,将工业遗产与水、土地、生态和人文割裂。至今胜利油田没有工业遗产作为市级和区级的文物保护单位,大片有价值的工业建筑遗产被忽视,这与大油田的经济地位是极不相称的。胜利油田工业遗产调查、研究与保护再利用具有紧迫性和必要性。

当代石油工业遗产的保护亟待引起更广泛的关注。2006 年 4 月 18 日,中国大陆首个有关工业遗产保护文件《无锡建议》颁布。同年 5 月,国家文物局下发《关于加强工业遗产保护的通知》,正式指出"工业遗产保护是我国文化保护事业中具有重要性和紧迫性的新课题"。2014 年,第五届中国工业建筑遗产学术研讨会上梳理了 TICCIH 的工作,展示的"缺口报告"指出石油工业遗产的研究在整个工业遗产研究体系中严重落后。[7]

东北石油大学的赵文艳教授带领研究团队对大庆的工业文化遗产保护利用进行研究,在 2012 年提出了大庆工业遗产的认定、登录需要展开抢救性的整理工作,强调完善相关法规及相应保护机制和加强工业遗产保护的宣传和普及,研究了可持续发展背景下评估体系的建立[8]。沈阳建筑大学哈静教授也对石油工业遗产进行了调查与研究,撰写论文探讨了石油工业遗产的保护再利用,并因地制宜地提出保护再利用的模式。重庆大学郭璇教授于 2016 年底指导笔者完成硕士论文《胜利油田旧城片区工业遗产调查与研究》,梳理了胜利油田的历史沿革,明确了遗产价值,并提出保护名录。本论文对当时的调查结果进行了补充,并力求完整地记录石油工业遗产的类型,从而揭示石油工业遗产与石油城市的关系,及其对城市未来发展的重要作用。

3 胜利油田石油工业发展概述

3.1 第一阶段:会战华北,移民拓垦(1952—1978)

1950 年代初,毛泽东等人征询了李四光的意见后,指出"石油工业要有全国性规划"。1952 年 2 月,毛泽东签署《中华人民共和国中央人民政府人民革命军委员会命令》,将第 19 军 57 师改编为石油师。石油师战士与石油工人后被分散派往黑龙江、华北等多处参加了"大庆石油会战""华北石油勘探会战"等,从此转业到石油战线工作。图 1 所示是 1952—1956 年石油师的找油路线之一。

1961 年 2 月勘测人员在华八井发现了油砂,该井于 4 月 16 日喷出了工业油流,自此掀开了胜利油田的开采序幕。1962 年 9 月 23 日,营二井出油,为当时全国日产最高油流。故胜利油田在早期被称为石油工业部九二三厂。1964 年 1 月,中央决定在东营以北、天津以南沿渤海湾地带组织华北石油勘探会战,并指出这是继松辽会战后又一次重要的会战。石油部将东营地区作为华北平原石油勘探的重点,从全国各大油田调集职工 2.6 万余人参加会战,在渤海之滨的盐碱荒滩上开启了一场声势浩大、艰苦卓绝的石油会战。

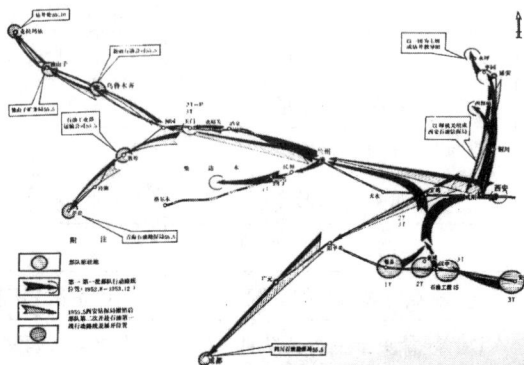

图 1　1952—1956 年石油师在石油工业战线的行动示意图
（图片来源:《老兵的脚步》）

至 1965 年,已有 1 万多名职工的家属来到油田基地。矿区建设坚持周恩来总理在大庆提出的"工农结合,城乡结合,有利生产,方便生活"的方针。为解决石油职工家属的安置问题,地方划拨土地,在基地以东新建 10 个油田家属农业居民点,后逐步形成胜利、莱州、丰收、东安等初具规模的小城镇及十几个小型农业居民点[9]。胜利油田的开发带动了我国近现代的一次大规模的移民拓垦事件。

油田基地、胜采指挥部与"老试采"初步形成了石油矿区城镇,并以东辛公路(现西四路)为交通动脉,在胜利油田矿区城镇中形成最早、发展最快、规模最大。

3.2 第二阶段:矿区建市,胜采拆分(1978—1989)

产量的逐年提升坚定了油田职工的定居信念。至 1978 年,职工人口从 1964 年的 7 259 人增长到 94 745 人,职工家属分批在东营安家落户,人口总数达 19.6 万[10]。基地是石油生产指挥部所在地,也成为工业城镇的核心地段。1979 年基地西小区、建工新村等少量职工住区开始建设。

1980年1月,胜利油田提出"在发展生产的基础上逐步改善和提高职工、家属生活水平,争取在一两年内解决7 000户的住房问题"[10]。到1983年底,胜利油田随矿建设的居民点已达200多个,但分布过散,城市功能差,具有明显的石油矿区城镇特色。

1980年代初,全国的城市规划工作的进程大大加快。1982年,经国务院批准东营市设立。1983年12月28日,东营市选址于基地以东15公里处建立市府所在地,故称"东城",基地则相对应称为"西城",东城、西城统称为"中心城"。

1986年,会战指挥部将胜利采油厂分成了胜利、东辛和仙河三个采油厂。各采油厂新建成了供应站、职工住区和幼儿园、中小学校、医院等单位。大量采油、供应、运输、教育、医疗岗位的职工从胜利采油分配到东辛和仙河。这使得胜利采油厂、钻井、老试采等单位的人口密度大大降低。这是一次因生产活动改变人口分布和城市格局的重要事件,为东、西双城建设提供了前提。

3.3 第三阶段:企业改制,双城建设(1989年至今)

1989年,初步建成了年产3 000万吨规模的大油田,结束了25年的会战体制。此时的油田已面临储采失衡、高含水、稳产难度大的现状问题。浅海和新疆成了资源接替阵地。

这一时期,广南水库、胜利黄河大桥、黄河海港等重点工程建设完成。伴随第二产业,油田会战时期萌芽的第一、三产业相继发展起来。此时经过近40年建设,东营已建成初具规模的石油资源型城市。1991年,山东省政府批复了《东营市城市总体规划1989—2010》,东营市开启了双城建设时期,即保留基地为西城(66平方公里)的格局基础上新建东城(44平方公里)。第三阶段的城市规划体现了油地共建的矿城特征。

1998年后,主力区块原油产量每年约以50万吨的速度递减。[10]东营市在政策上以新区建设为重点,意在加速东西城的对接,在1999年12月编制《西城风貌规划》,侧重"胜利精神"和生态形象的塑造。在东营市第二轮城市总体规划的第二次调整中涵盖了对西城改造。改造措施主要围绕绿化、景观、道路系统、用地功能和村庄的建设、改造[11]。西城作为老城区,街巷尺度较窄,商业繁华。目前东城人口密度和街区活力远远低于西城。

2016年2月,胜利油田整体关停小营、义和庄等4个油田。随着石油减产和企业改制,西城的工业遗存的维护和宣传也收效甚微。2018年初,随着旧城中心位置的动力机械厂厂区的大面积拆除,石油城市的特色渐渐退去。

4 石油工业遗产的物质构成

新中国成立后石油开发相关政治和历史方面的因素及开发流程等都成为今天的石油城市形态和肌理的成因。从完整性的角度看,胜利油田的石油工业和城市是一个有机的整体。这个整体即包括物质层面,如建筑、大型石油设备、景观等,也包括"会战记忆""石油精神"等社会认同感之类的精神层面要素。因此,调查研究应从人和城市的关系角度思考,从完整性出发探讨保护利用的关键问题。

4.1 大型石油设备

作为石油工业城市,大型石油钻采设备一直以来为城市的景观特色,具有地标意义。

4.1.1 具有重要遗产价值的井口

2014年12月,胜利油田功勋井——华八井、营二井及坨十一井作为1处近现代重要史迹及代表型建筑入选省级文物保护单位。(图2)

华八井

营二井

坨十一井

胜利村附近水井

图2 具有重要遗产价值的井口
(图片来源:崔燕宇拍摄)

华八井于 1961 年出油,是胜利油田的发现井,是我国的石油工业发展的重要里碑。1991 年,正式落成华八井纪念碑,后扩建连通了华八井井场道路,刷新采油机,建成小型纪念公园。营二井于 1962 年出油,其发现揭开了山东和华北地区石油会战的序幕。营二井遗址公园的修建由中石化拨款,每年中国石油大学和油田会采取各种形式组织新工人、新团员、新党员到该井接受爱岗敬业和传统教育。坨十一井发现于 1964 年,是当时东营地区所有油井中油层最厚的一口井,是中国第一口原油日产过千吨的油井。由于这口井也在胜利村附近,所以 923 厂得名胜利油田。2007 年 2 月 7 日,坨 11 井纪念碑落成。该井现在仍在正常生产,只是产量远低于当初,现隶属胜利油田胜利采油厂三矿。井场旁还有与坨 11 井同一时期的计量站建筑,兼有展厅的用途。胜利村附近的水井开采于 1962 年前后,而该井被村民误认为坨十一井,可见对工业遗产的宣传并没有在公众之间切实地开展。同时,也说明其保护工作忽略了石油开采的其他重要设施,忽视了整体性保护。

4.1.2 钻井设备

1961 年,华八井发现之后,胜利油田使用的钻机包括 1940 年代罗马尼亚制造的 R-3200 钻机、苏联制造的 у-5д 钻机、中苏关系破裂后的"反修"钻机,中美关系缓和时从美国引进的 C-Ⅱ-2 钻机,以及期间多次自主研发的多款机器[12]。这些钻机记录了 20 世纪中叶我国和美、苏等大国关系的变化,见证了石油工业设备走向自主研发历程。

胜利油田开发早期使用的井架为塔式井架,1980 年后渐渐使用 A 字形井架。塔式井架由角铁搭接而成,优势在于安装快速,一上午就可搭接完成,完钻后可较快速"搬家"到另一个设计井口。其可钻井深为 3 200 米。3200 型钻机在大庆也普遍使用。

胜利油田旧城片区服役的钻机已从 100 部减少到 10 部左右。保守估计塔式井架仅剩 3~4 部,并且这些井架马上超过安全生产期限,准备报废。而在胜利油田旧城片区仅留存一部塔式井架(隶属黄河钻井公司钻前公司),顶部已经被拆除置于南侧(图 3)。如果钻井公司决定将其报废,塔式井架的拆除时间仅需半天。

4.1.3 采油设备

胜利油田早期使用过 3 型和 5 型游梁式采油

图 3　胜利油田的塔式井架
(图片来源:拍摄)

机。但由于抽油井含水量普遍上升,动液面下降,而 3 型和 5 型游梁式采油机的负荷能力已经不能满足当前生产要求,正在渐渐被淘汰。胜利油田发明了链条式采油机。这种采油机的突出特点是长冲程,低冲次,占地小,功效高[3,4]。这种采油机后来在全世界推广。由于游梁式采油机和链条式采油机在城市空间中具有极高的可识别性,成为石油城市重要的景观特色,具有地标意义。

4.1.4 极浅海钻井平台

极浅海钻井一般是指水深 0~10 米海域进行钻井。海洋钻井平台的一层平台主要用于作业和生活,一般相当于半个足球场大小。

海上钻井平台应具有较强的牢固性和稳定性,以保证海上钻井安全生产。1975 年,胜利油田和天津大学共同设计了全国第一艘坐底式石油钻井平台胜利 1 号(图 4),该钻井船作业水深 5 米,该项

图 4　胜利 1 号钻井平台(1975 年)
(图片来源:百度百科)

目获国家科技进步奖和石油工业部科技进步二等

奖;1982 年,胜利油田与上海交通大学合作设计胜利二号步行坐底式钻井平台,该平台靠自身动力步行式前进,实现了在平台潮汐带作业,为发现和扩大埕岛海上油田做出了贡献;1983 年 11 月,胜利油田和中国船舶总公司第 708 所合作设计了胜利 3 号坐底式钻井平台,扩大了极浅海钻井领域;1984年,胜利油田从美国、法国、印度尼西亚先后购进胜利 4 号~9 号钻井平台。[13]

4.2 厂区建筑物

4.2.1 动力机械厂

胜利油田胜利动力机械集团有限公司原名胜利动力机械厂,现存厂区于 1974 动工建设,1978 年 5 月投产。老厂房片区位于东营市旧城片区的中心区域。其前身是我国最早生产柴油机的济南柴油机厂(济柴)①,始建于 1920 年,在 1964 年由农业部划归石油工业部。为了配合胜利油田的生产,1964 年 10 月,济柴将部分业务迁至胜利油田,形成了胜利油田动力机械厂的前身。

老厂区位于中心城区北一路与西二路交叉路口,占地约 22 万平方米。厂区的大门和生产类厂房靠近干道,仓储用房位于厂区内部。经评估后,有 1974 年至今不同时期的建筑约 55 座,分别用于加工、维修、储藏等。2011 年厂区向东城区搬迁后,老厂区部分厂房作为仓库使用。2018 年春,因地产开发,该厂区的仓储和办公部分被全部拆除。图 5 为仓储、办公区拆除之前的照片。

图 5　动力机械厂仓库区拆除前(2016 年)
(图片来源:崔燕宇拍摄)

4.2.2 胜北工业片区

在 1984 年胜利采油厂拆分前,胜北片区是胜利油田开发的核心片区。该地区集中分布着钻井、井下作业、压裂、采油、油建、水电讯等负责石油开发重要环节的单位。该地区大量工业建筑建于 1964—1976 年,是由红砖砌筑的单层厂房和仓库。这些建筑有部分还在继续使用,但也有不少的部分被荒废,缺乏维护,现状堪忧。(表 3)

表 3　胜利油田胜北片区 1962—1985 年建筑厂房现状表(2016 年)(数据来源:《胜利油田矿区建设现状图册》)

建筑物名称	隶属单位	建筑类型	结构	层数	面积(m²)	建设年代	照片(王永笑、崔燕宇拍摄)
压裂三队工房	井下作业公司压裂三队	工业用房	砖混	1	613	1974	
准备队工房	井下作业公司压裂大队准备队	工业用房	砖混	1	992	1974	

① 济柴于 1965 年独立自主研制成功 12V190 柴油机,填补了我国石油钻探动力的空白,且其产品成为该领域的主导产品。1988 年国内首台大功率天然气机在济柴诞生。

续表

建筑物名称	隶属单位	建筑类型	结构	层数	面积(m²)	建设年代	照片(王永笑、崔燕宇拍摄)
库房	井下公共事业中心车队	仓储用房	砖混	1	441	1976	
办公室	井下公共事业中心车队	办公用房	砖混	1	185	1970	
工房	井下公共事业中心车队	工业用房	砖混	1	532	1971	
库房	井下公共事业中心车队	仓储用房	砖混	1	899	1966	
厂房	井下公共事业中心综合队	仓储用房	砖混	1	464	1964	
库房	油建	仓储	砖混	1	139	1972	
办公室	油建	仓储	砖混	1	164	1975	
工房	胜采供应站	仓储	砖混	1	167	1969	
工房	胜采水电讯大队	仓储	砖混	1	164	1966	

续表

建筑物名称	隶属单位	建筑类型	结构	层数	面积(m²)	建设年代	照片(王永笑、崔燕宇拍摄)
工房	胜采胜北社区管理中心	仓储	砖混	1	168	1966	
工房	胜采胜北社区管理中心	仓储	砖混	1	180	1966	

4.3 工人住宅

胜利油田工人住宅建筑经历了从"地窝子"到框架结构,从"地上服从地下"到有规划地布局。1980—2000年,胜利油田"非营利性住房"建设和城市建设是同步的。由于渤海滩人口稀少,在建设住房时,也就必然塑造了包括物质和社会两个层面的城市空间。

胜利油田职工住区有以下发展特点:

①胜利油田的工人聚居地随矿建点①,各住区基础设施建设水平差异大。

②职工住宅户型设计具有鲜明的延续性和相似性。

早期职工住宅采用胜利油田设计院设计的平面图(表4),在之后的建设中将这些图纸逐步润色。建筑设计师胡世义②的平面设计图被称为"定型图"。由油田计划处根据各单位情况,统一下达各类面积指标[14]。套型发展趋势从居室型过渡到起居型,居住面积从40平方米向100平方米以上过渡。增大的面积主要表现在客厅和卧室,并且出现了餐厅。

除了住宅使用"定型图"外,各单位单身职工宿舍也均使用胡世义设计的"定型图",因每层面积为1 218 m²,故被俗称为1218宿舍楼。

表4 胜利油田职工住宅户型演变(资料来源:崔燕宇绘制)

面积		20世纪80年代后	20世纪90年代(93型)	2000年左右(98型、00型)
平面分析图(红线代表相似)	45 m²			
	50 m²			
	60 m²			
	70 m²			
	80 m²			
套型发展趋势		居室型(生存型),功能空间的专用程度低	方厅型(温饱型),功能空间的专用程度一般	起居型(小康型),功能空间的专用程度较高
		走廊串联独立空间。以睡眠为基本目标,厨卫空间仅满足基本使用	方厅是扩大的交通空间。居寝分离	客厅、餐厅兼具交通空间功能。起居、餐厅和就寝分离
注: ■卧室 ■客厅 □餐厅 ■阳台 ■厨卫				

① 胜利油田工人住区名称体现了单位性质。如指挥部聚落(西小区)、采油厂聚落(胜利、东辛采油厂、现河采油厂)、总机场小区、油气集输小区、医院小区等,这些早期住区都没有名字,因临近职工单位就直接按单位命名称呼。住区的职工也同属一个单位。

20世纪90年代中期,油田为了住区的识别性,一是采用同音法将小区命名,如医院小区改名为怡园小区;二是引用单位第一个字,如临近动力机械厂的小区改为东利、东旭小区,胜利采油厂的小区改名胜望小区,东辛采油厂小区改为辛兴小区,临近耕井水源的小区取名耕井小区。2000年,锦华、锦苑建造之前,许多职工对家庭住址的描述,都还是直接说出单位名称。2000年后,新住区以"锦"字开头,如锦华、锦苑、锦绣家园等。

② 胡世义,男,1961年毕业于清华大学建筑系,长期在胜利油田从事建筑设计工作,设计了1982年胜利油田住宅定型设计图(定型图),并获得多项省级奖项。

③职工住宅由福利房向商品房的过渡,资金来源和分配方式发生了改变。期间通过房改房、经济适用房、限价商品房的建设实现过渡[15]。

④住区建筑为现代风格。规划布局方面,注重日照南北朝向和通风,风格朴实,绿化以当地植物为主。早期小区没有公共卫生间,在后期改造中,个别小区配备广场等公共空间,环境宜人。

⑤秉承了油田修旧利废的传统。例如,东利小区,紧邻动力机械厂(原济柴),是对工业棕地的再利用;玉景花苑是在废弃的地下油库上兴建。

4.4 科教文研建筑

中国石油大学(简称"石油大学")前身为北京石油学院。由于石油工业急需专业人才,1953 年,集清华大学石油工程系、天津大学、北京大学等高校的部分师资成立了北京石油学院。它是新中国第一所石油高等院校。1969 年 11 月,响应当时"办成抗大式学校"的备战号召,同时为配合胜利油田勘探开发的技术、科研实践的需要,学校迁至胜利油田,更名华东石油学院。北京老石油学院本部,被称为石油大院,现大部分划为中国石油勘探开发研究院。1970 年至 1976 年,广大教职工坚持边建校边招生,于 1977 年学校正式恢复招生。1988 年,学校更名为石油大学,并形成北京、东营两地办学的格局[16]。2004 年,石油大学被批准建设青岛校区。然而,本科专业搬离东营市造成大量校舍包括建于 20 世纪 70 年代的建筑空置。此后这些校舍由石油大学胜利学院使用,但具体的使用和更新情况要经过石油大学的许可。应老校友保留历史风貌的要求,加之建筑老旧存在安全隐患,学校对石油大学会场(图 6)和东教学楼(图 7)采用完全封存的方式保留。另几栋建筑如图书馆等只更新内部,保留外立面,其更新设计由山东信诚设计院完成。

1973 年 11 月建成的东教学楼被相对完整地保留下来,现已空置。沿校园南北中轴对称还有一座同年落成的西教学楼,与东教建筑形制一致。这两栋建筑是 1970 年至 1976 年全体教职工坚持"边建校,边招生"的见证。该教学建筑的风格是地域民居式的延续,屋架采用歇山屋顶,与北京清华石油学院旧址的民居式建筑风貌类似(图 8)。可推测,东教学楼的建筑造型是教职员工刚到这片盐碱滩艰难建校时能想到的学校应该成为的样子。

图 6 中国石油大学会场
(图片来源:崔燕宇拍摄)

图 7 中国石油大学东教学楼
(图片来源:崔燕宇拍摄)

工字楼   退休职工活动中心

图 8 北京清华大学石油学院
(图片来源:百度地图)

4.5 办公建筑

测井办公楼建于 1970 年,分东、西两座,对称布局。两栋办公楼皆为二层砖混结构建筑,平面成"凹"字形。在其南部建起新办公楼之后,这两栋砖混办公楼改造后作为社区办公楼和公安局办公楼使用。东楼半围合院内,有仿造苏州园林中的叠石景观。胜利油田建于 20 世纪 60 到 70 年代的办公建筑,一般沿道路建设,砖混结构,造型简洁。60年代修建的,1 层居多,屋顶有坡屋顶也有平屋顶;70 年代出现 2~3 层建筑,采用平屋顶。这些建筑现在基本上改作社区办公或配套用房。在布局上,老建筑与新建的单位办公楼围合出中轴对称的楼前广场,如测井办公区和胜北社区管理中心办公区的布局。

4.6　交通建筑

4.6.1　东营火车站

东营火车站建于 1966 年,属于三级站,现隶属济南铁路局管辖,处于张东铁路的终端。1972 年第一列载满原油的火车从这里驶出东营。该站原东营至南京的客运线路一度停运。

火车站地处西城西部,紧邻胜利油田基地繁华地段,多年来基本上没有进行过大的改造建设,建筑现状较好。由于紧邻城市活力地段,火车站是拆是留,一度成为关注的焦点。近期,东营市火车站恢复民用,开通每日东营—济南两地的往返列车。该火车站见证了胜利油田的工业发展。(图 9)

图 9　东营火车站的仓库建筑和出站口(2018 年)

(图片来源:崔燕宇拍摄)

4.6.2　胜利黄河大桥

该桥是一座公路大桥,于 1987 年 10 月 1 日建成通车,获中国建筑业联合会颁发的"鲁班奖"。大桥全长约 2 818 米,桥面宽约 20 米,桥下悬挂四条大口径输油气管道,两条通信电缆,把黄河南北胜利油田油区连为一体,同时,打通了冀、鲁、苏沿海新通道。

随着城市的发展,运输方式也多元化发展。桥两岸现状配套设施萧条,大桥护栏年久失修,锈蚀程度高,存在严重的安全隐患,亟待保护。

4.7　娱乐休闲类

九分场戏台约建于 1970 年代,为砖砌结构,形制与传统戏台相似。背景墙由六根砖柱支撑,保存较好。中间三开间为主戏台,右、左两边各刻有"东方红""太阳升"的毛笔字体。主戏台左右各一开间,有进出门洞。戏台现已废弃,前方场地用于堆放废木料,但可以依稀感受到会战年代石油工人紧张工作之余的生活氛围。

九分厂戏台是会战时期展演建筑的典例。除它以外,胜利油田各分支单位在其生产生活区内部均建设有会场建筑。

4.8　街道类

在新中国成立前,仅有垦荒户踏出的乡间小道无街无路。胜利油田的公路建设大体经历两个阶段,1971 年以前为地方援建(表 5),1971 年以后为油田自建阶段。自建时期,沿着 60 年代因生产所需建设的西四路、西二路、北二路、北一路等路段两

侧,油田投资建起了早期的办公、商业和职工住区等,形成了今日东营市道路空间雏形。

表 5　1960 年代油田公路建设情况

(资料来源:《山东省志·石油工业志》)

时间(年)	路段	旧称	现称	长度(千米)
1962	垦利—辛店	辛垦路,东辛路,泰山路	西四路(原泰山路)	79.3
1964	油田基地—坨二站	东丰路	西四路(原泰山路)	10.6
1964	六干—坨一站	东坨公路	中心路	9.3
1965	坨二站—溢洪河	胜坨公路	北二路(泰安路)	12.7
1965	东营—永三站	东永公路		24.5
1966	胜二区六条平行带状公路,形成胜坨油田公路网(垂直于西四路的勘探路、和平路等)			不详
1967	滨南油田公路			68.4
1967	泰山路—胜华路(现西四路—西二路)	海河路	黄河路	2.8
1967	六干—机场路(现六干—南二路)	胜华路	西二路	7.6

4.9 黄河改道工程和防护工程

4.9.1 黄河改道工程

1968 年,根据国务院关于"将入海河道改至清水河沟,把这一地区垫高,为油田开发创造条件"的指示,1976 年 5 月 27 日,由多方代表参加的"山东省黄河河口工程指挥部"组织实施,对黄河入海道路进行了有史以来第一次人工改道。这一重大措施,即消除了黄河先前流路对 1968 年开发的孤岛、河口油田的威胁,又由于黄河水携带大量泥沙填海造陆,将孤东、垦东浅海域淤积成了陆地。[13]在此基础上,1984 年,在黄河入海口北侧、孤岛油田以东发现了国内滩涂地区最大的油田——孤东油田。因此,可以说黄河人工改道塑造了今天的东营城市格局。

4.9.2 海堤海港工程

胜利油田滨海地区的油田主要分布在渤海湾沿岸。这些地区常年受到海滩潮汐带的影响,还要受到黄河洪水、凌汛的袭击。因此,从 20 世纪 70 年代以来,胜利油田先后建设了孤东、桩西等海堤工程,有效保障了沿海的正常生产。

1976 年胜利油田建工指挥部首次承担海堤建设任务,并完成 6.34 公里;至 1990 年,完成海堤约 117 公里,并在部分堤顶铺筑沥青路面约 20 公里。[13]

黄河海港于 1985 年由北海舰队建港指挥部承建,同年 2 月,彭真同志来工地视察,并题名"黄河海港"。此后,黄河海港成为城市休闲观景之一。

4.9.3 防洪排涝工程

1960 年代中期,胜利油田开始建设防洪排涝工程。到 1990 年,胜利油田共建设和治理六干河、广利河等 25 条主干排水河道[13](图 10),使东营和滨州两地区的生产生活得到了保障。

六干河是流经胜利采油厂的排水河道,也是油田主城区主要排水河道之一,河道两岸绿树成荫,植被生长旺盛。河上还横跨有用油管和铁管焊接的铁桥。在 1986 年,胜利采油厂拆分①之前,该河道不仅用于排水和引黄灌溉,还成为职工休闲避暑胜地(图 11)。铁桥、油管成为"休闲设施",丰富了职工的日常生活,也成了许多油田职工的记忆。2000 年后,六干河进行了河道硬化,几乎所有灌木被砍伐,致使两岸只剩草滩(图 12),秋冬季后尘沙飞扬,十分荒凉。

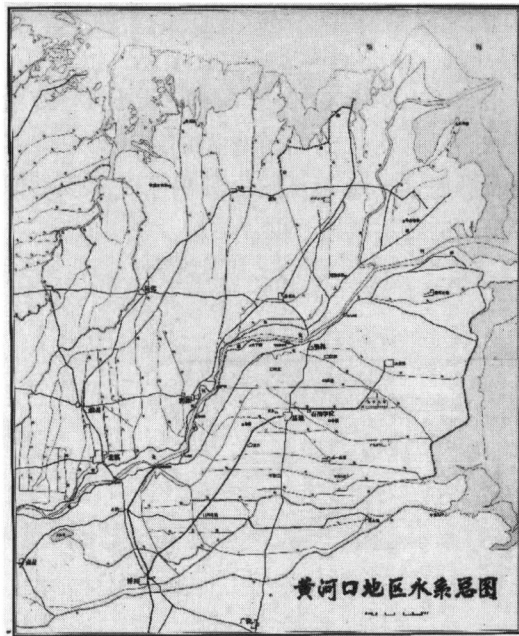

图 10 黄河口地区水系总图
(图片来源:《油田地面建设图册》)

图 11 昔日六干河
(图片来源:崔传英拍摄)

图 12 六干河现状
(图片来源:百度地图)

---

① 胜利采油厂在 1986 年分立为东辛采油厂、现河采油厂和原胜利采油厂,这极大地改变了城市格局和人口密度。详见论文 3.2 节。

5 胜利油田工业遗产保护再利用的挑战

胜利油田石油工业遗产的保护再利用面临着来自生态、人口、经济和来自自身的多方面的挑战：工业建筑遗产的原真性和完整性缺失；缺乏文化遗产保护与石油工程的交叉研究，欠缺从工业设备的科技价值中寻找的自身保护利用策略，使得保护与再利用案例难以落地；地下管网复杂，为更新设计增加了难度；老图纸资料管理不利，为更新设计增加了难度；保护策略单一，生态价值低、建设维护费用高，引发新的问题，如文保单位建的"纪念碑"式广场人迹罕至，保护现状堪忧；公众对石油工业遗产的认知度不够，对本土工业文化遗产的相关宣传欠缺；石油经济影响区域经济，油田无力支持工业遗产的保护再利用；人口变化使工业遗产再利用缺乏接续的动力；交通等基础设施建设严重滞后，城市缺少游憩体验过程。

6 "整体性"原则下关于保护策略的浅思

经过 2014 年至今不断深入地资料学习和田野调查，借鉴国内外遗产保护经验，建议通过串联工业历史地段、文保单位、沿河工业生态廊道、博物馆、火车站、石油学院等石油城市有代表性的地段，在石油城市内建立起一条"石油文化遗产线路"，并进行相关旅游开发项目的研发。（图 13）

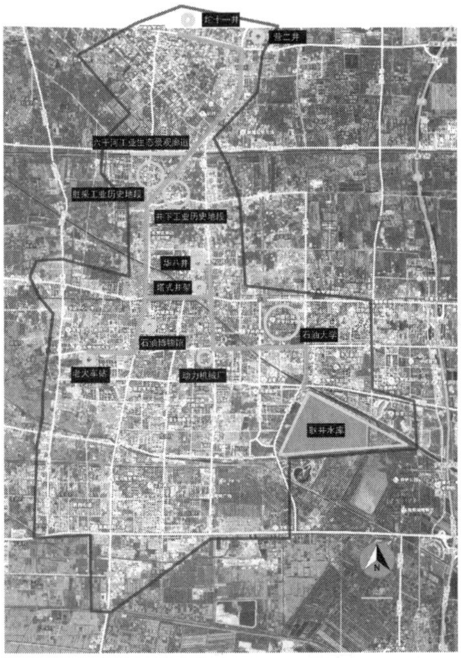

图13 胜利油田工业文化旅游线路
（图片来源：崔燕宇绘制）

另外，当代发生在川中、大庆、克拉玛依、东营等全国多地的石油开发事件，引发了短时间内大规模人口流动、人才聚集、移民拓垦等事件，形成了"石油文化"的要素。建议通过"石油文化伙伴计划"，建立中国石油勘探会战遗产廊道。通过"重走找油线路""寻根之旅"，将几个石油相关的城市串联，线路建议以旅游和教学参观为主题。

"石油文化遗产线路"和"石油文化伙伴计划"的构思，以整体性保护为原则，意在带动石油城市的旧城活力，保护我国近现代工业史和石油科技史的完整性、连续性，助力石油工业相关学科的实践教学，并继承老一辈石油工人精神财富。

参考文献：

[1] 四川石油新闻中心. 四川——世界最早开发利用天然气的地方[N]. 四川工人报. 2015.11
[2] 张文斌. 老兵的脚步[M]. 北京：石油工业出版社，1990.
[3] 藏福. 玉门市可持续发展战略研究[D]. 兰州：兰州大学，2006.
[4] 大庆市人民政府. 大庆市人民政府办公室关于公布全市首批工业遗产市级文物保护单位的通知[Z]. 2007：2016.
[5] 大庆市人民政府. 大庆市人民政府办公室关于公布全市第二批工业遗产第三批文物遗址市级文物保护单位的通知[Z]. 2009：2017.
[6] 东营市文化广电新闻出版局. 东营市第五批省级文物保护单位简介[Z]. 2015：2016.
[7] 刘伯英. 中国工业遗产研究的未来——我们的任务：2014年中国第五届工业建筑遗产学术研讨会[Z]. 西安：2014.
[8] 赵文艳，黄丽蒂，张永益，等. 大庆工业遗产保护可持续发展策略研究[J]. 科技和产业. 2012(8)：153-155.
[9] 东营市城乡规划志编纂委员会. 东营市城乡规划志[M]. 北京：中华书局，2011.
[10] 胜利油田大事记编委会. 胜利油田大事记[M]. 东营：石油大学出版社，2003.
[11] 东营市城乡规划志编纂委员会. 东营市城乡规划志[M]. 北京：中华书局，2011.
[12] 华北石油勘探指挥部生产指挥部. 钻井手册[Z]. 1971.
[13] 山东省地方史志编纂委员会. 山东省志·石油工业志[G]. 济南：山东人民出版社，1996.
[14] 胡世义. 矿区住宅设计的回顾与展望[J]. 石油规划设计，1990(2)：33-37.
[15] 胜利石油管理局. 胜利石油管理局2001—2015年住宅建设远景规划[R]. 胜利石油管理局，2000.
[16] 中国石油大学. 中国石油大学（华东）校园简介[Z].

关于高句丽古城遗址保护规划编制的依据问题[*]

On the basis of Protection planning the ruins of the ancient city of Goguryeo

朴玉顺^①

Piao Yushun

【摘要】在我国的吉林、辽宁两省分布着百余座高句丽时期的古城遗址。这些古城址经历了近两千年中自然和人为的破坏,承载着七百余年高句丽文明的物质载体逐渐淡出现代人的视野。为了更好地保护高句丽时期留下的珍贵文化遗产,本文从高句丽现存古城遗址保护的法规性文件编制的角度,简要介绍了我国目前对高句丽遗址保护的现状和主要问题,分析了直接指导遗址保护的保护规划编制质量不高、实施性差的根本原因,重点阐述了解决高句丽古城址保护规划编制的关键问题的工作方法。

【关键词】高句丽 古城遗址 保护规划 编制依据 保护对象 保护范围

古代城市遗址是我国文化遗产中规模宏大、价值突出的遗产类型。随着我国对文化遗产保护的重视,依法保护古城遗址的呼声越来越高。一个古城遗址的保护规划就是它的法规性文件,是直接指导遗址保护的具有指令性的"操作手册"。因此,保护规划的编制质量是古城址能否获得有效保护的基本前提,是至关重要的。

1 我国境内高句丽古城遗址的保护现状

高句丽时期留给后人最多的文化遗产就是散布在东北地区和朝鲜半岛数量众多的古城遗址。据统计,目前在鸭绿江两岸已经认定的该时期的古城址有160余座。这些古城址不仅记录了高句丽文明,而且在当今更有着不言而喻的政治、外交意义。但遗憾的是,笔者在近20余年的研究中发现,这些优秀的文化遗产的保护状况十分堪忧。高句丽古城址在国内集中分布在辽宁和吉林两省境内,仅以辽宁省为例,目前省级和国家级文物保护单位的高句丽古城共约25处,其中都城遗址2处,其余均为山城遗址。无论是被列为国家、省、市、县(区)哪一级文物保护单位的高句丽古城,都没有得到有效的保护。从整体上看,这些古城建成年代距今较久远,风雨侵蚀、山洪暴发、自然坍塌、植物疯长、动

物踩踏等自然因素的破坏以及战争、人为采石、城市建设、旅游开发等人为因素的破坏,使得高句丽古城呈现出十分难堪的境况,要么破败不堪,要么被修缮得面目全非,两种状况都是对文物的极大破坏。造成目前这种状况的原因很多,也很复杂,笔者认为缺乏有针对性、可操作性和前瞻性的法规性文件——保护规划,是其中重要原因。

2 高句丽古城遗址保护规划编制现状问题及原因

笔者2017年年底从辽宁省文物局了解到,目前辽宁没有任何一座高句丽古城址根据保护规划的要求进行保护,具体情况如下:五女山山城——世界文化遗产,其保护规划已经于2013年过期,新的规划正在修编中。凤凰山山城和石台子山城的保护规划已经编制完成,尚未通过审批。城子山山城和高丽城山城的保护规划正在编制当中。其他的高句丽古城址全部没有保护规划。吉林省的情况略好些,但是有保护规划的古城遗址仍是少数。根据吉林省文物局提供的信息,有保护规划的高句丽古城遗址只有丸都山城(和洞沟古墓群一起)、王八脖子城、自安山城、龙潭山城、赤柏松古城、罗通山城、孤山子山城、龙首山城和磨盘村山城。

---

* 本文得到国家社科规划基金项目高句丽古城遗址保护规划历史文本研究(项目号:17VGB017)资助。

① 朴玉顺,沈阳建筑大学,教授。

这一现象并非只有高句丽古城址才有的问题。目前我国以古城遗址为代表的大遗址保护规划的编制是我国文化遗产保护领域的前沿和难点。之所以难，原因在于根据国家文物局《全国重点文物保护单位保护规划编制要求》，保护规划的编制是以文物价值研究和要素辨认为前提，才能明确规划的时空范围，在此基础上，才能依据完整保护的要求设计保护对象的保护区划层级、划定各区边界、制定管理规定，然后针对综合现状评估结论的主要问题，分别制订保护、利用、管理、研究等规划重点措施与分期实施计划等。由此可见，在编制保护规划时，保护对象的确定和现状问题是编制出高质量保护规划的重要前提和保障。高句丽古城遗址保护规划在编制中保护对象不完整的问题尤其突出。如何取得准确的、充分的高句丽古城遗址的保护对象是目前在其保护规划编制中需要解决的关键性技术问题。但目前而言，这一关键问题尚未得到有效解决。

多学科综合研究尚处于初级阶段。回顾几十年来学者们对高句丽古城的研究，它是朝着两个方向发展的：从早期基础资料的搜集，到宏观上以城市研究为主体，以都城研究为突破口，通过对都城位置的争论，对都城的流源、防御体系以及与后世的关联等的分析与整理；微观上延伸到城市建筑专题的研究，通过对建筑样式、类型的分析整理，进而发展到对高句丽建筑内涵的挖掘。目前在宏观和微观两个层面均已经有了一些研究成果。在这些成果中有：笔者2006年曾主持了国家基金项目《高句丽建筑演进研究》(50578097)，对高句丽建筑进行了系统的总结和分析，一定程度上弥补了对高句丽建筑特点以及演进规律的缺失和不足。笔者2012年曾主持了国家基金项目《高句丽早中期都城营建研究》(51278310)，该项目沿着宏观角度对高句丽早中期都城从城市规划和城市设计专业的角度进行系统的总结和分析，对早、中期高句丽的三座都城的建设过程、城市形态格局，以及市政设施、防御体系、营建意匠等进行了研究。中国矿业大学的张明浩的博士论文《高句丽宫殿建筑研究》以东北亚文化圈为视角，探讨了其类型、特点和发展关系。但总的看来，除了个别从城市规划和建筑学科角度的研究成果外，其他均为历史和考古研究成果，对高句丽古城真正多学科的研究尚未全面展开。

高句丽古城址的考古勘探只是冰山一角，尚未全面展开，相关的研究成果数量有限。仅以辽宁省为例，据不完全统计，辽宁省境内被列为国家级文物保护单位的高句丽古城遗址共4处，被列为省级文物保护单位的高句丽古城遗址共21处，已经进行并正在进行考古发掘的只有五女山山城、凤凰山山城、石台子山城、高丽城山城、城子山山城、燕州城山城、塔山山城和下古城子8处，并且所有这些古城遗址均未进行全面发掘。文件方面除了有《五女山城——1996—1999、2003年桓仁五女山城调查发掘报告》（由辽宁省文物考古研究所编著），其他古城有的只有简报。另一方面，保护规划的组织者——建筑师或规划师，只能尽可能了解保护对象及其价值，不可能精通所有相关学科知识。这一客观现实必将直接影响保护规划的编制质量，使其在科学性、前瞻性和可操作性上存在或多或少的问题，导致古城遗址得不到有效的保护，且直接影响城市的发展建设。

3 编制高质量高句丽古城遗址保护规划的关键问题

根据国家文物局《全国重点文物保护单位保护规划的编制要求》，高句丽古城遗址保护规划的编制应当遵循下列基本原则和要求：做好前期调研和评估工作，充分研究文物价值、明确文物本体的组成要素，分析历史环境的整体格局，依据评估结论，制订具有针对性的保护、管理、利用与研究措施，提高规划的科学性、前瞻性和可操作性。在技术路线上，应以文物的价值研究和要素辨认为前提，明确规划的时空范围，依据完整保护的要求设计保护对象的保护区划层级、划定各区边界，制定管理规定；针对综合现状评估结论的主要问题，分别制订保护、利用、管理、研究等规划的重点措施与分期实施计划。由此可见，若想编制出高质量的、满足国家规定的高句丽古城遗址保护规划，掌握翔实准确的编制依据是其基础和前提，也是保证编制质量的关键。高句丽古城遗址保护规划的编制关键问题体现在两个方面：一方面是确定古城具体保护对象，根据保护对象列出文物清单，描述文物遗存，陈述历史沿革，阐述和评价文物价值，评估社会需求。另一方面，依据真实性完整性要求，评估文物本体及其环境的保存现状，分析主要破坏因素；依据保护管理保障要求，评估文物本体及其环境的保护、管理、利用和研究现状，归纳现存主要问题；分析问题的原因、影响因素与变化趋势。本文以高句丽古城址保护规划编制的关键问题——保护对象及其价值认定以及规划范围确定为核心内容，同时，结合保护规划编制重点——必须立足于目标导向和问题导向的编制要求，通过对选定对象进行基于保护规划编制的四大方面的现状评估，形成评估结论。以上两方面的研究结论（包括个性和共性）是制订具有针对性的保护、管理、利用与研究措施的前提，是提高保护规划科学性、前瞻性和可操作性的保障。

4 编制高质量的高句丽古城遗址保护规划的工作方法

基于以上问题，笔者充分利用专业优势——不仅有城市建设史和建筑史研究方面的专业积累，也都是保护规划的组织者，即专业的规划师和建筑师，在下文提出了编制高质量的高句丽古城遗址保护规划的工作思路和具体方法。首先，通过对已有的历史、考古成果中有关城市历史信息的物质载体的收集和整理，确定准确的保护对象内容、空间特点及其价值；其次，结合现有的文献和实地探勘，结合古代城市营建的相关理论，从城市规划和建筑学角度，搞清高句丽民族营城特点，并进一步分析高句丽古城中可能存在有关城市历史信息的物质载体，确定可能的保护对象的内容、规模、空间特点以及价值，补充已有信息的缺失；再次，基于保护规划编制，对现状进行评估，明确问题以及成因。

4.1 确定准确的保护对象内容、空间特点及其价值

该部分主要是对已有的历史、考古成果中有关城市历史信息的物质载体的收集和整理，其目的是确定准确的保护对象内容、空间特点及其价值。

以保护对象及其价值评估为核心的历史文本研究：通过对高句丽早、中期都城和国内重要山城已有的历史文献、考古资料和现代研究成果的收集、整合，明确保护对象的内容、规模及其价值。对于高句丽古城而言，其保护对象主要包括古城边界，如城门、城墙、角楼遗址等，古城内部，如建筑、道路、市政设施、河流、沟渠等，这一类遗址遗迹，以及古城外作为保护对象的要素（包括人工要素和自然要素），人工要素如具有防御功能的构筑物，自然要素包括山、水、林、石等。将以上已经确定的高句

丽古城城市信息的物质载体，作为保护对象要素，列出清单并将其以图像的形式逐一定位在城市空间中。

4.2 确定可能的保护对象的内容、规模、空间特点以及价值，补充 4.1 的缺失

此外，要以文物本体及其历史环境的构成要素为主要内容展开专题研究，主要是结合现有的文献和实地探勘，结合古代城市营建的相关理论，从城市规划和建筑学角度，搞清高句丽民族营城特点（这部分主要是针对目前高句丽考古资料严重不足的状况下特别增加的专题研究），以此进一步分析高句丽古城中可能存在有关城市历史信息的物质载体，其目的是确定可能的保护对象的内容、规模、空间特点及价值，补充 4.1 的缺失。4.1 和 4.2 是确定保护依据的核心内容。

以文物本体及其历史环境的构成要素为主要内容的专题研究：《全国重点文物保护单位保护规划编制要求》中规定，对遗址类文物保护规划的编制，一方面需要在保护区划的边界核定遗址的空间格局与功能分区，地下遗存埋深与分布情况以及保护展示措施等与考古做工配合；另一方面"考古基础资料不能满足保护对象的规划需求时，需要在补充探查与实地调研的基础上，编制专项调查报告，分析、确定保护对象的分布情况，为规划确定保护对象提供依据"。高句丽古城遗址保护规划编制中，考古资料不能满足保护对象的规划是目前最大的问题，笔者认为此项专题研究是目前高质量高句丽保护规划编制关键问题中的关键问题。此项研究应从城建史和建筑史的角度入手，综合文献分析和实地考察情况，结合古代城市营建理论，搞清高句丽民族的营城特点，以此进一步了解高句丽古城（山城和平原城）的边界、构成要素、功能、形态、布局及规划结构和设计体系，以及其所依托的环境等，以便确定可能的保护对象及其价值，同样据其逐一列出清单并将其以图像的形式逐一定位在城市空间中，作为已确定保护对象的补充。

4.3 基于保护规划的现状评估，其目的是明确问题及原因

回应国家对保护规划编制的要求，"以整体保护、和谐发展为规划目标，编制重点应立足目标导向和问题导向，坚持科学、适度、持续、合理利用，统筹协调文物保护与地方经济发展的关系，构建中长期保护管理制度保障"。只有通过保护规划的现状

评估,明确问题及原因,才能够根据问题编制有针对性的保护规划。对于高句丽古城而言,基于保护规划的现状评估内容包括:以高句丽古城为对象,依据真实性完整性要求,评估高句丽古城遗址本体及其环境的保存现状,分析主要的破坏因素;依据保护管理保障要求,评估古城遗址本体及其环境的保护、管理、利用和研究现状,归纳现存主要问题,分析问题的原因、影响因素与变化趋势。具体包括以下几大方面的评估:①社会条件分析(包括所在区域的区位条件、自然气候条件、社会经济条件、人文自然资源条件以及规划范围内的社会居民现状、土地利用现状、土地权属管理等情况);②保存现状评估(包括评估其真实性、完整性和延续性,评估采用图、表等成果表达形式);③管理现状评估(包括文物保护"四有"工作、法律法规、管理能力、规章制度、设备管理、人才队伍、专业技能、地方政府的政策与资金支持以及历年保护工作的重要事件等);④利用现状评估(包括社会教育效益、旅游经济效益、文物利用方式与文化价值的契合度、开放容量情况、交通和服务设施的配置与使用情况、展示设施的使用情况)以及主要问题和主要破坏因素归纳。此项研究不仅对已经选定的2处都城及30座左右有代表性的山城的每一个城址进行现状评估,而且梳理了高句丽古城遗址保护中存在的共性问题以及原因。

在历史和现状信息采集、信息处理、信息存储以及信息的可视化中,采用当今尽可能先进的技术手段,如红外遥感测绘技术、三维激光扫描技术、无人机航拍技术、数据库技术以及计算机三维仿真技术等,确保研究结论的准确、可靠。

5 结 语

中国古城类遗址数量众多,保存现状和遗址内涵差异悬殊,通过本文的阐述,一方面,明确了高句丽古城遗址保护规划编制中的关键技术问题,并且有针对性提出了解决方法和工作内容。即如何明确高句丽古城遗址具有城市历史信息的物质载体的构成要素、价值及其空间特点,为最终确定保护对象和保护范围提供最重要的依据,使承载着高句丽诸多历史信息的古城遗址得到有效的保护。同时特别指出,对考古资料不充分情况下的古城遗址保护规划的编制,必须打破学科界限,开展多学科的专题研究,特别阐述了作为城市史和建筑史重要组成部分的高句丽古城,以城建史和建筑史角度的研究内容和研究方法。笔者认为围绕高句丽古城遗址保护规划编制依据展开多学科的研究,必将为我国大遗址保护规划编制中多学科的综合研究提供可借鉴的案例。

参考文献:

[1] 国家文物局. 全国重点文物保护单位保护规划编制要求〔2003 年版及 2017 年修订版(草案)〕[S].北京.
[2] 肖爱玲.隋唐长安城遗址保护规划历史文本研究[M].北京:科学出版社,2014.
[3] 王绵厚. 高句丽古城研究[M]. 北京:文物出版社,2002.
[4] 佟士枢.辽宁高句丽山城遗址保护研究[D].沈阳:沈阳建筑大学,2012.

价值引导下的近代文物建筑保护修缮工程[①]

Value-guided Architectural Conservation Project

黄雪菲[②]

Huang Xuefei

【摘要】文物建筑的保护既需要理论方法的指导作为基础,也需要实践工程的总结。价值是文物建筑区别于一般建筑的主要特点。认真进行文物价值的评估,抓住评估对象的特色,是当下我国指导文物建筑保护的关键环节。价值评估是文物建筑保护修缮工作的关键步骤,对文物建筑的保护就是对其所具有的价值进行保护。

面对实际的修缮工程,价值的判断和评估作用尤为重要。知道了其价值,就知道了保护修缮工作的重点。本文通过青岛东海饭店的保护修缮工程实例,介绍了当还原历史信息与满足使用价值具有"冲突"的情况时,价值评估所发挥的重大作用。

本文试图审视因果,以史为鉴,希望赋予文物建筑修缮更加贴近实际的意义。

【关键词】文物建筑　历史价值　使用价值　修缮工程

1　绪　论

《威尼斯宪章》中有这样一段文字:"世世代代人民的历史文物建筑,饱含着从过去的年月传下来的信息,是人民千百年传统的活的见证。人民越来越认识到人类各种价值的统一性,从而把古代的纪念物看作共同的遗产。大家承认,为子孙后代而妥善地保护它们是我们的共同责任。我们必须一点不走样地把他们的全部信息传下去。"作为国际文物建筑保护的经典文献,它昭示着人们开始重新认识自身的发展历程,重新审视和看待自己的历史和文化,这其中非常重要的是那些在人类文化中曾经存在而当下逐渐消失的多样性的价值。

在认识到文物建筑保护的重要性和必要性后,对具体保护修缮措施的实施和程序,又经过了一番讨论和论证,最终业内达成这样的共识:现代文物建筑保护运动的核心思想之一就是保护文物建筑的价值。评估这些价值是指导修缮工程的重要手段,也是根本的出发点。近年来随着文物保护意识的提高,越来越多文物建筑得到保护和修缮,但修

缮状况良莠不齐:如过度追求对外观的复原甚至重建,忽略了历史信息的真实性,令文物建筑失去了基本的灵魂;也有仅仅从历史价值出发而不考虑其他,令修缮后的文物建筑只剩下空架子,失去了实在的灵魂。

为避免这些令人惋惜的情况出现,做好文物建筑的价值评估,并将其应用、指导于修缮方案的设计和工程的具体实施,才是行之有效的手段。

2　价值与价值评估

2.1　价值的基本概念

文物建筑与一般建筑物的基本区别就在于它拥有的历史、科学、艺术、文化等价值,其中历史价值是最基本、最重要的部分。在建筑保护领域,价值是决定保护什么和如何去保护的关键。在《中国文物古迹保护准则》[1]中,文物价值的主要包括:现状的价值;经过有效的保护,公开展示其对社会产生的积极作用的价值;其他尚未被认识的价值。

---

① 八大关近代建筑——汇泉路 7 号(东海饭店)保护修缮工程。

② 黄雪菲,北京国文琰文化遗产保护中心有限公司。

2.2　文物建筑的价值评估

《中国文物古迹保护准则》和《文物保护法》[2]都有关于价值评估的重要内容:"文物古迹的价值包括历史价值、艺术价值和科学价值。"对文物古迹价值的评估应当置于保护工作的首要位置。文物建筑所具有的价值是对其进行保护的依据和根本目的。直接作用于建筑本体的保护最终都是为了文物建筑的价值。保护的内容和对象及采用的保护措施和方法的确定,都是建立在对文物建筑价值的认识和把握的基础上。[3]

历史价值作为文物建筑最基本、最重要的价值,它承载和包含了文物的灵魂——历史信息。但不可忽视的是,文物建筑首先作为建筑,有自身的使用价值。对文物建筑的保护修缮而言,明确、评估价值信息,从价值的角度设计修缮方案,才是工作重点。下文就青岛东海饭店保护修缮工程,将价值评估的要求结合具体的工程实践进行阐述。

3　修缮工程实例——青岛东海饭店

3.1　工程概况

东海饭店位于青岛市八大关汇泉路7号,始建于1931年,是一座高7层的钢筋混凝土建筑,总面积达11 255.8平方米,是青岛最早的大型现代建筑。2001年,其作为八大关近代建筑之一,被列入第五批全国重点文物保护单位名单。东海饭店始建至今,共历经六次大规模的改造,室内空间格局及外观都已非原始面貌。根据历史照片及现场勘查,我们对这种变化做出如下分析:从平面格局看,首层入口处雨棚、顶层阳光大厅等均为后期加建;在外观来看最为显著的对建筑本体的改动,也是数量最多的改动,就是将88间客房的阳台全部封堵,封以外窗。(图1、图2)

图1　东海饭店外观

(图片来源:青岛档案馆)

图片说明:拍摄于1935年

图2　东海饭店外观

(图片来源:自摄)

图片说明:拍摄于2018年

根据现有的档案馆提供的资料以及饭店始建时的历史图纸(图3),得到了更为明确的历史信息:饭店客房原有露天阳台,后期被封堵,作为外窗。将这些信息总结为"Russia e Gialle"图(意大利语,意为红色与黄色,是历史建筑调研分析的必要过程),图中以红色代表后期新建部分,黄色代表拆除的原构。(图4—图7)

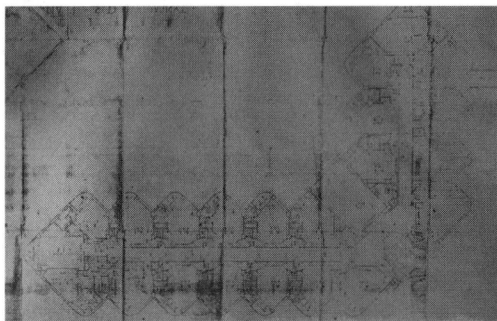

图3　1935年标准层平面图

(图片来源:青岛档案馆)

图片说明:图纸绘制于1931年

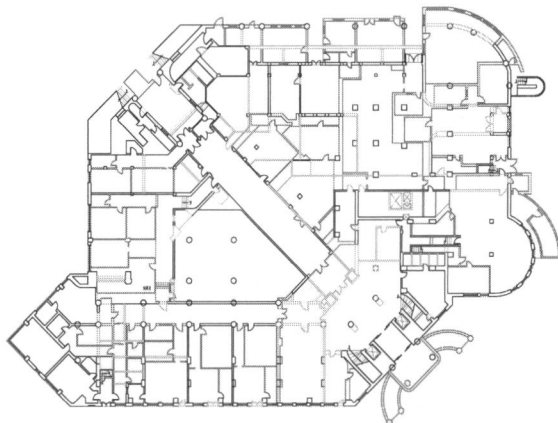

图4　首层平面格局改变分析

(图片来源:自绘)

图片说明:入口处雨篷等为后期加建

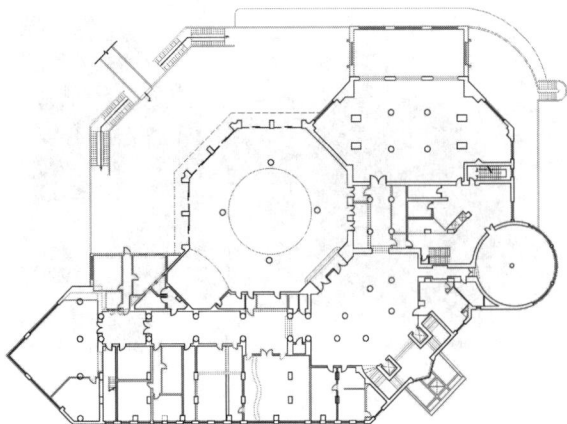

图 5　二层平面格局改变分析
（图片来源：自绘）
图片说明：中央舞厅维持格局不变

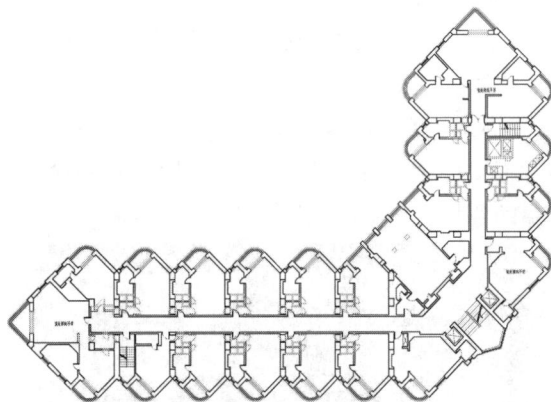

图 6　标准层平面格局改变分析
（图片来源：自绘）
图片说明：客房阳台现被封堵

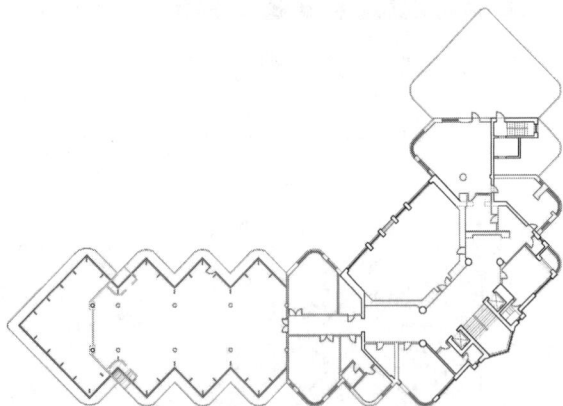

图 7　顶层平面格局改变分析
（图片来源：自绘）
图片说明：阳光大厅为后期新加

3.2　价值评估

　　东海饭店自身携带的价值信息与八大关近代建筑出现的历史背景相互呼应，在艺术、科学以及社会文化方面都印证体现了八大关近代建筑的丰

富价值。在此基础上，东海饭店还具有更为显著的自身特色和价值。

　　东海饭店作为第五批全国重点文物保护单位的文物本体，是青岛八大关近代重要史迹及代表性建筑之一，也是八大关发展的中西方文化交流的杰出代表，更是研究青岛近现代社会发展的重要实物，在社会生活、建筑、技术和景观等方面都是青岛八大关整体价值不可缺少的一部分。

　　该建筑是由明华商业储蓄银行青岛分行和美商滋美洋行联合投资 114 亿法币修建的，它的建成开启了青岛中外合资的先河。它是当时青岛市最高档的饭店，也是中国人在青岛开设的第一家西餐馆。作为历史建筑，其对相关时期的历史事件起到了记录和辅助研究的作用，具有重要的历史价值。

　　对于建筑本身，由于体量较大，因此采用整体竖向划分、逐渐后退、平面扇形的设计手法，使整个建筑轻盈、活泼，与所处的海山环境融为一体，成为青岛沿海一线的著名风景点。独特的设计也使东海饭店每间客房都能观海听潮和日进阳光，曾被称为中国建筑设计史的奇葩，也使其具有一定的建筑艺术地位。

　　东海饭店曾经接待过老一辈革命家：邓小平、萧劲光、贺龙、叶飞、张爱萍、刘道生、杨力、杨尚昆、杨白冰、刘华清、林彪等，还接待过西哈努克亲王。1979 年 7 月 29 日，中共中国人民解放军海军委员会常委扩大会议在东海饭店召开，邓小平同志出席了会议并作了《思想政治路线的实现要靠组织路线来保证》的划时代重要讲话。这些作为东海饭店历史上的辉煌一页，体现了其不凡的社会价值。

　　在 20 世纪 30 年代初，使用钢筋混凝土框架结构建造一座七层高的酒店，并力求在造型上轻盈多变，显然具有一定的跨时代意义。从时间背景上推测，东海饭店的成功建造，受到西方 20 世纪初的现代建筑运动影响，为后世乃至今日的建筑研究提供了珍贵的资料，具有很高的科学价值。

　　纵观东海饭店上述的诸多价值，无论从哪个角度而言，其重要地位不言而喻。而东海饭店自建成至今，一直保持酒店的使用功能，这一点就是其非常重要的价值的体现和延续。尽管后期对建筑本体有改动干预，但根本原因都是出于酒店的功能需要。本次修缮工程，也会从最大价值出发，针对过去使用及未来将要长时间继续使用的现实，制订符合需求的文物建筑修缮方案。

3.3 勘察与修缮方案

东海饭店残损问题主要表现在:建筑本体格局改造很大,装修崭新,但仍有局部如水泥砂浆地面、红松地板等原始构件,由于维护不善、自然因素,出现砂浆剥落、木材开裂的情况;现有水、暖、电体系仍为饭店初建时所使用的,当下线路老化严重,不满足现在的规范和安全要求。

面对文物建筑,保护修缮要最大限度还原其真实性和记载的历史信息。然而建筑自身情况复杂,若只求一味地"恢复"历史信息(该信息来自数张不甚清晰图纸),会忽略文物建筑的使用价值。东海饭店的重要价值就是从建成之初延续至今作为"饭店"使用的建筑性质即使用价值。认清楚使用价值的重要性,更要明确使用价值亦携带"历史信息:酒店功能"。这里可以认为使用价值是历史价值的衍生,因此修缮时考虑满足其作为酒店使用的正常及安全需求,对存在安全隐患、使用不善的设备设施进行必要性更新改造,以满足当下的规范要求和饭店的使用需求,而后期加建的雨棚出于饭店实际使用需求,本次修缮对其现状保留,同时依据历史资料对客房层的阳台拆除封堵恢复原有风貌。

综上所述,东海饭店价值突出,虽历经数次改造,但其一直延续建成之初的酒店功能,且数次干

预亦出于实时的使用需求考虑,故经过综合的评估,本次修缮工程重点为保证文物建筑作为酒店的使用需求及安全要求。在满足实际功能的前提下,对有真实的历史依据的部分进行恢复,例如拆除客房层阳台的封堵;对建筑本体的病害进行针对性的治理修缮;参考青岛理工大学工程质量检测鉴定中心的鉴定报告,对建筑残损区域进行结构加固,对未见残损的结构表面施涂料进行保护,同时考虑建筑特殊性及未来的使用需求,对主体结构局部做抗震加固;对严重老化、影响文物建筑安全的设备线路予以全面更换。

以阳台为例,对本次修缮进行前后对比说明。(图8—图11)

3.4 工程评述

东海饭店的文物价值中,历史价值和使用价值是最重要的两个点,且并不冲突。建筑初建即作为酒店使用,客房的布置、餐厅的设计,包括使用燃煤锅炉作为热源,使用一层蓄水池的二次供水方式,缺少消防排烟系统,这些当今看来不满足建筑规范和要求的做法,在19世纪30年代却可以说是酒店建筑的标准做法。今日为了实际需求将这些原始的设备加以更换改变,也不会改变建筑的使用价值,更不会磨灭它的历史价值。

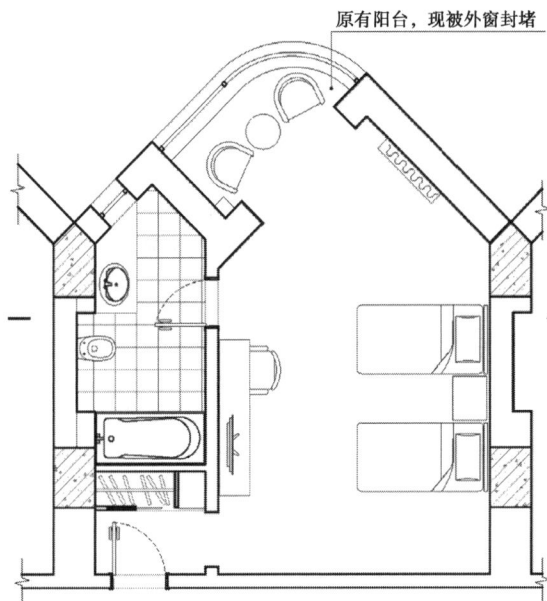

图8 现状客房平面图
(图片来源:自绘)
图片说明:客房阳台现被封堵

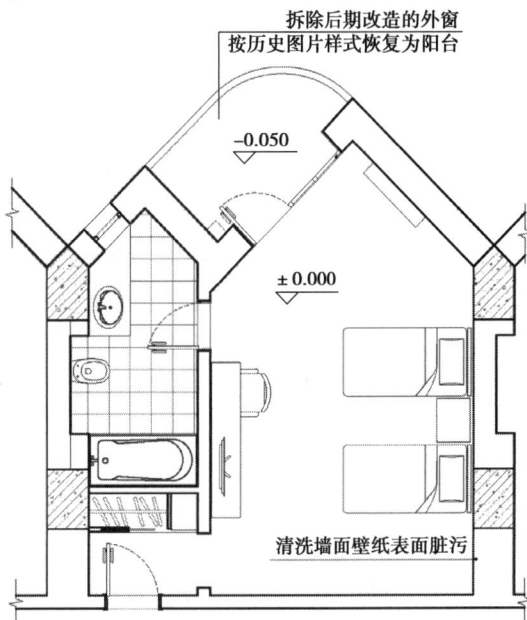

图9 修缮后客房平面图
(图片来源:自绘)
图片说明:拆除封堵外窗

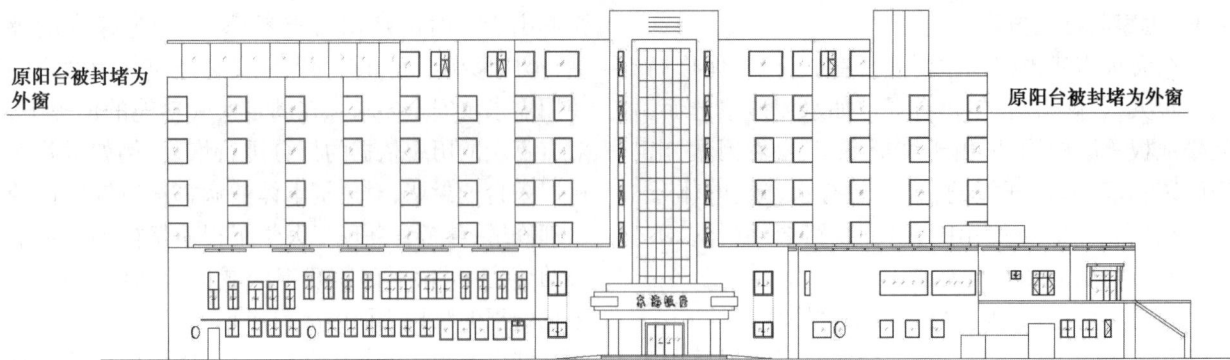

图 10 现状东立面图
（图片来源:自绘）
图片说明:客房阳台现被封堵

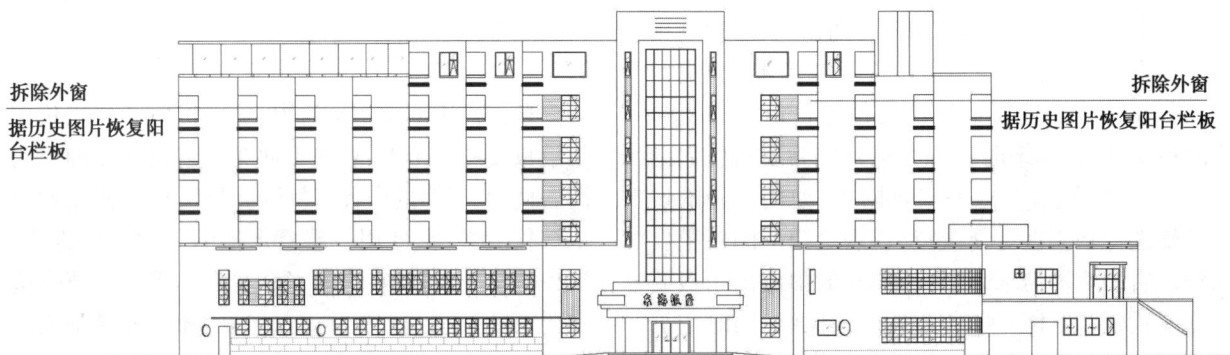

图 11 修缮后东立面图
（图片来源:自绘）
图片说明:按历史资料恢复、拆除后的阳台丰富了立面的层次

修缮方案除前面讲到的阳台的恢复,从酒店的使用功能出发,针对部分设备的选型也做出要求。如受限于建筑层高等因素无法使用中央空调制冷,设计冷源空调采用多联式空调机组,室外机可以放置于屋顶,而不会像现状的分体机需要挂在每个房间外面影响文物建筑的整体风貌,且多联机便于管理维护,更适合酒店建筑。该项目在本文完成时正处于方案阶段,还在同相关专业协调最终的方案,对于历史价值和使用价值的协调是本次修缮方案的重点和难点。

4 结 语

东海饭店作为国务院公布的全国重点文物保护单位,拥有很高的历史价值和建筑价值。作为青岛的曾经第一高楼、曾经接待过重要领导人、举办过重要会议的场所,以及 20 世纪初西方现代建筑运动在中国的影响的实例,东海饭店的价值点体现在很多方面,因此它的修缮更值得思考与探讨。"修旧如旧",对历史价值最大的保留甚至复原,这种常规的修缮原则,在面对实际的个案时显得过于宽泛,

缺乏实际指导意义。认清该建筑的使用价值,使其得到保留,是当下工作的重点。这也是评估后最为重要的文物价值,一切修缮工作围绕这一点进行展开。

理论支撑了实践,实践的积累又会进一步修正甚至改变理论。文物建筑的修缮需要科学技术与科学理论的紧密联系、交融发展。文物建筑价值评估理念在国内外建筑保护领域发展已久,本文论述的内容仅是其中很小的一个部分。希望通过阐释和问题的提出,对国内文保领域,尤其是具体的修缮工程抛砖引玉,尽绵薄之力。

参考文献:
[1] 中国古迹遗址保护协会. 中国文物古迹保护准则[M].北京:文物出版社,2014.
[2] 全国人大常委会. 中华人民共和国文物保护法[M].北京:法律出版社,2015.
[3] 贺欢. 我国文物建筑保护修复方法与技术研究[D].重庆:重庆大学,2013.

明朝内三关长城遗产资源保护性开发策略研究[*]

Study on the Protective Development Strategy of Heritage Resources in the Great Wall of 'Ming Inner Three Passes'

解 丹[①] 毛伟娟

Xie Dan   Mao Weijuan

【摘要】在梳理内三关的历史发展脉络和分析相应的遗产资源空间分布特征的基础上,基于系统论的研究理论,运用资源系统化与空间层次化的组织方式,结合科学、经济、文化、景观等多种主题,建构了重在保护资源内在联系而非简单的资源汇总和孤立的遗产点保护的内三关长城遗产资源保护性开发思路与策略。

【关键词】明朝 内三关 长城遗产资源 遗产保护 保护开发策略

0 前 言

近年来,长城遗产资源保护一直是长城学研究中探讨的一个重点问题。现有的研究,过于关注长城的线性特征,将保护范围扩至线性文化区域及周边景观,而遗产资源之间的内在联系和本身的系统性保护却被忽略。[1]本文认为,长城遗产资源是包含建筑实体和联系机制的一个有机体系,现有的保护模式缺乏对长城遗产资源的联系机制等隐性资源的保护,难以完整地呈现长城遗产资源的系统性、整体性和原真性。

本文以内三关长城遗产资源为研究对象,在内三关长城的形成与发展、遗产资源空间分布特征分析基础上,提出资源系统化、空间层次化、主题多样化的内三关长城遗产资源保护性开发策略,致力于使游者对长城防御体系的整体性有初步认识,而并非是单一元素的认识。内三关长城文化遗产的保护性开发不是简单的资源汇总和孤立的遗产点保护,而是重在保护其内在联系,通过保护各个层级资源要素的内在联系达到长城防御体系的整体性保护。

1 内三关长城的形成与发展

明朝为巩固京师的防御能力,在西北部骑兵攻来的方向修筑了两道长城防线:一条向西北方向经河北省赤城县、张家口市、怀安县入山西省界,长城线上筑有著名关隘雁门关、宁武关、偏关,因靠西侧离京师较远而被称为外三关;一条向西南经河北省易县、涞源县、阜平县入山西省界,长城线上筑有居庸关、紫荆关、倒马关,因离京师较近而得名内三关。内三关是保卫京师的最后一道有力屏障,其得失关系着京师之安危。

居庸关,从春秋战国到西晋,多为居庸塞范围,直到汉朝,于八达岭附近设置关口后,成为北方少数民族地区与中原地区交往的重要通道。明加强对长城的修筑及长城沿线的防务,居庸关得以大幅发展,军事地位亦处于顶峰。洪武五年设守御千户所,后升为隆庆卫,驻兵三千七百五十名,配五百二十马匹。[②]嘉靖年间居庸关属昌镇管辖,随后设镇守、副总兵、参将、游击、守备等职官,居庸关总兵镇守体制从而不断完善。居庸关的屯堡散于周边方圆百里,达六十余处;配设原额地五百七十亩;建设银库、神机库、库藏共五所。清代之后,因战事的减少,居庸关军事作用逐渐退化。[2]

紫荆关始建于战国时期,历经各代战事,几经扩建、修葺,至明代形成城内有城、墙外有墙的防御体系。明在很长的一段时间内一直进行紫荆关外

---

*本文受河北社会科学基金项目(项目号:HB16SH021)、河北省人力资源和社会保障课题(项目号:JRS-2018-7004)支持。

①解丹,河北工业大学建筑与艺术设计学院,副教授。

②(明)王士翘:《西关志·居庸卷之一·沿革》,北京古籍出版社1990年,第8页。

长城的修筑填补、内长城城墙与墩台的完善。正统初年建立紫荆关旧城，正统十四年间设守备独辖一城，[①]于此，紫荆关的防守初步形成规模。景泰三年，"添设真定、神武二卫官军，春秋两班轮流操守"。后又设军"岁于关备冬器"，拨军戍守。[②]正德九年，驻关城的守军近达一千二百人。嘉靖三十二年，真保镇建立，紫荆关千户所改为紫荆关路城，此时紫荆关规模最壮大。紫荆关屯堡分屯于保定府各州县，原额屯地一百九十六顷，设千户所库楼一间、神器库九间。清朝入关以后，紫荆关作为重要的交通孔道，依旧有重兵把守。[3]

倒马关上城于洪武初年修建，后改名为上城口，后因关城小不便驻兵镇守而于城南建设倒马关下城。倒马关于成化元年进行了一次大规模修建。明代很长一段时间内倒马关都保持着相当重要的军事地位。倒马关最初由保定府唐县巡检司官兵管辖，设于洪武初年；景泰二年添设千户所，之后是正副千户、百户、所镇抚，以及中军、坐营、管队逐渐添设；嘉靖年间属真保镇管辖。[③]嘉靖二十年，原额军九百七十三名，配以马匹一百一十四。倒马关原额屯堡散布于真定府各州县，屯田一百九十七顷，配设仓场一所、草场一所、库房一间。

2 内三关长城遗产资源空间分布特征

居庸关、紫荆关、倒马关，从北至南依次分布在太行山山脉的古代要道上。内三关每个关城都拥有各自的防御范围，关城在其防御范围中为最大节点，也是终极核心，各关城间独立防守，又彼此联合，相互策应；同时在关城外修筑边墙，"边"的修筑位置及方法与北虏入侵路径及方式密切相关，是对关城与军堡城堡的一种补充，由此形成了线性互防；整个防御范围内，合理布置边墙、烽火台、各等级屯兵城的防御工作，既统一布防，又相对独立，形成纵深有度的面状防御。最终得以实现一关有难，八方来援，构建了稳定的长城整体防御体系。

2.1 以节点为核心

关城的位置至关重要，通常选择在有利防守的关津险要之处，内三关关城地势、空间格局不一，但都处于出入长城的咽喉要道。居庸关位于北京市

昌平区，离京师最近；关城位于太行山脉西山与燕山山脉军都山分界的峡谷地段，两侧皆高山耸立，陡不可攀。紫荆关位于易县城西北45千米的紫荆岭上；关城建设依坡傍水，外围城墙盘踞山峰之上，中间处于平地之上，空间布局结构复杂，入口处十八盘道崎岖陡峭，入关城后地势渐为平坦。[4]倒马关位于唐县西北60千米的倒马关乡；关城处于古老的通道上，依地势而建，一半位于沟谷，一半位于山上；唐河环西、北、东三面而过。

内三关关城（图1）的建设规模不一，建筑密度、功能、城垣周回长度等都存在差异。居庸关关城跨关沟两侧山崖成圆周封闭型，建制达到最完备程度时，城垣周长6 750米，四面敌台15处，建设衙署、仓储、书馆、神机库、庙宇、儒学等各种相关设施，共有城楼57间。[5]紫荆关关城城墙依山起伏，向四外延伸，形成四个不规则的城圈，大城套小城，

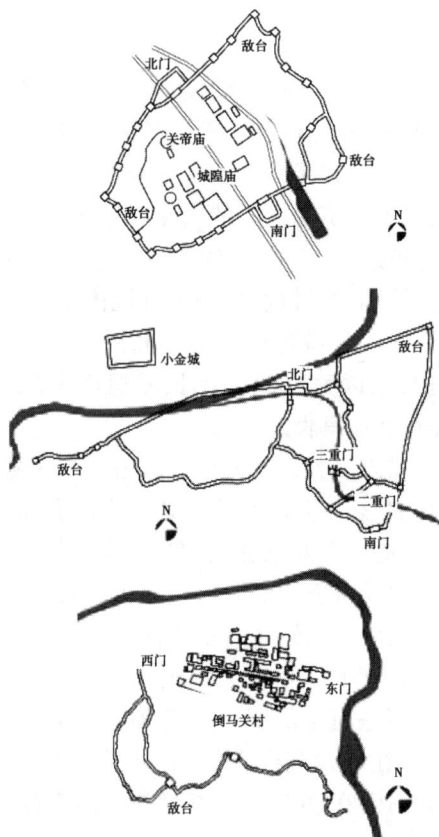

图1 居庸关、紫荆关、倒马关关城平面布局
（图片来源：自绘）

① （明）王士翘：《西关志·紫荆卷之一·沿革》，北京古籍出版社1990年，第277页。
② （明）王士翘：《西关志·紫荆卷之一·沿革》，北京古籍出版社1990年，第278页。
③ （明）王士翘：《西关志·倒马卷之一·沿革》，北京古籍出版社1990年，第415页。

俯瞰酷似一朵梅花形状;[6]关城城墙周长 18 160 米,关内建筑密度相对小,共筑有敌台 19 座,城墙外有 4 座小城用于屯粮戍卒,分别为小金城、小盘石城、奇峰口城、官座岭城。[7]倒马关关城分为两部分,从山坡到沟谷,形成闭合型城垣,沟谷内呈梭形盆地,为倒马关村地址;关城城垣周长无从考察,建筑密度稀松,现状仅留下三四个破败的敌台及城门,再无其他。

2.2　以线性为互防

长城墙体是实现长城防御功能的重要要素之一。长城墙体结合自然环境设在险要之地,并根据防御需求及地理环境的复杂程度而有所变化,组合成线性防御体系。同时,边墙与其他防御系统构成联系,烽火台或墩台等长城附属设施的连续布置,在空间上同样构成了长城防御的连续性布局特征。

从明北部疆域的空间防御布局角度分析,京师战略地位优越,地势较高,有山可恃、有险可守,距河流湖泊较近,呈一个半封闭的海湾状。攻打京师只能通过群山峻岭中的峡谷关隘。其中居庸关、紫荆关、倒马关组成的内三关尤为重要(图 2)。

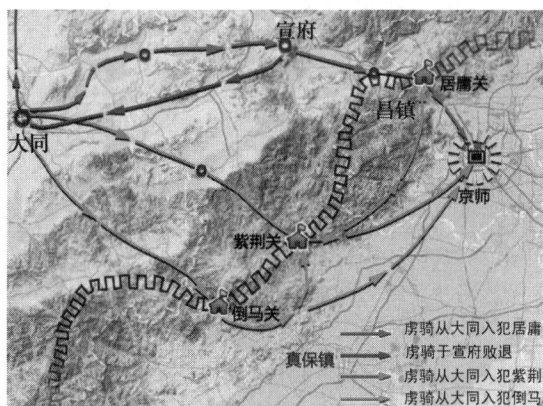

图 2　内三关的防御示意图
(图片来源:自绘)

居庸关属昌镇管辖,同时与宣府镇、真保镇的长城对接。居庸关长城是指居庸关防区范围内的长城段,其修建经历了不同阶段且不连续,北部长城于居庸关汇聚并转而由西南通向紫荆关。紫荆关、倒马关属真保镇管辖区域。真保镇管辖范围内的紫荆关,东北而行经马水口与居庸关长城相接,西行经来源与倒马关相接。紫荆关长城辖域内,除因山险未筑墙地段,其他地段皆修筑边墙。倒马关路长城,东北起自涞源县插箭岭,与紫荆关路长城相接,西南至山西繁峙县竹帛口,与山西太原镇长城连接,南部则与龙泉关路长城相连。

2.3　以面域为纵深

作为一个完整的系统,长城防御职能的背后是层级性的防御机构和配套体系,如军事制度体系、资源供给系统、防御工事的构成要素等。各层级在确定管理范围时充分考虑了长城本体范围、军事聚落的分布、烽燧系统、驿站系统及自然地貌等要素之间的关系。内三关也有自身的防御范围,且相互羁绊(图 3)。

图 3　内三关面域古地图
(图片来源:自绘)

居庸关防区的地理范围横跨昌平、隆庆、保安三州,方圆数百里。戍守防区内分五路,共管辖 139 个隘口;其中中路主要遍布于关沟一线四周的山峰上,主要目的是增强关沟防御。各种性质职能的聚落堡寨、烽燧敌台等防御网络系统中的节点也是分层级而设置,八达岭城、南口城、岔道城、白羊口城、镇边城、横岭城以及长峪城等为二级节点,以拱卫关城为目的,分布设置在居庸关防区各个重要的战略点。[8]紫荆关防御范围的四至边界在《四镇三关志》中有详细记载,共管辖 96 个隘口,疆域边界与居庸关防御范围在沿河口处对接。倒马关外通宣府,东侧与紫荆关防御范围相接,西达大同,防御范围内共有隘口 60 处。倒马关以插箭岭为外户,辅以上城隘口、柳角庵口,巩固关城的防御功能。

3　内三关长城遗产资源保护性开发策略探索

为了更好地达到保护、宣传长城文化的目的,长城遗产资源的保护性开发应在长城遗产资源系统化的基础上,将有关于长城自然与人文要素、物质与非物质遗产、防御体系中各个系统元素串接成更具整体性的空间体系,使得长城遗产资源在空间结构上呈梯次更迭变化。同时,通过加入区域代表性事件或区域特色景观及民俗文化,结合区域内遗产资源分布特征,构建多样化主题遗产区域。

3.1 遗产资源系统化

长城文化遗产资源可以看作一个系统,即长城防御体系。长城防御体系由相互作用和相互依赖的防御工程体系和防御管理体系组成,具有一定的结构性、层次性和整体性。长城防御工程体系包含边墙系统、聚落系统和信息传递系统三个子系统;防御制度系统主要是指军事管理制度。长城遗产资源的系统化将长城遗产保护的视角置于长城防御体系的整体性关系、防御体系与外部环境的关系和防御子系统之间的关系。[9]

内三关长城遗产资源的系统化,即将内三关长城防区范围内遗产资源划分为工程体系、管理体系、景观体系三大系统从而进行系统化整合。内三关下辖的长城边墙(约 145 千米)与墙体附属设施敌台(包括附墙台、空心台等)属于边墙系统;除居庸关属于镇城外,紫荆关、倒马关各属于路级堡城,三座关城与其下辖各级堡寨和隘口构成聚落系统;信息传递系统主要由驿站、驿路和烽火台构成;以上三个系统组成内三关防御工程体系,与防区地理范围的人文景观、自然景观构成显性遗产资源。此外,还有明朝不同历史时期形成的军事管理制度,包括都司卫所制度、大将镇守制度、塞王守边制度、

九边镇守制度等,为长城隐性遗产资源。不同的系统和不同的遗产资源间并非孤立存在,而是相互关联、相互影响、相互作用的。

内三关长城遗产资源的保护性开发,不是各个遗产资源要素的简单叠加,而是各个不同系统的遗产要素之间的相互关联、互相组合、有机叠加,使其在每一个层次都能构成一个相对稳定的结构体系,从而使整体的有机性增强。

3.2 遗产空间层次化

长城遗产资源的空间层次划分是为了更好达到长城遗产资源的整体性保护与呈现。根据空间尺度的大小,我们将长城遗产资源分为宏观带状结构、中观网状结构、微观单元结构。在宏观层面,长城建筑遗产资源的集合具有线性或带状的特征;中观层面来看,长城建筑遗产资源是由边墙系统、紧密联通的烽传驿传系统、层级性的聚落系统等防御工程体系与长城联系机制共同形成的结构化功能体系,具有网络体系的结构特征。[10]长城是由网络体系中的结构单元组成的,结构单元是某一区域内具有关联性的多种遗产元素构成的集合,其中包含此区域内的实体空间及其联系机制。(表 1)

表 1　长城遗产资源空间层次划分

层次呈现	范　围	保护内容	保护重点
带状线性	长城本体及其缓冲区域构成的线性遗产带	长城本体景观资源	重点关注长城墙体的保护,以及长城墙体之上修建的敌台、马面、垛口、射孔、女墙等各类设施
网状区块	多个核心关堡组成的军事防区范围,一般都含有一个核心管理城堡	防御体系系统关联	防区范围内由防御体系、预警体系、驻防体系构成的防御系统的遗产资源,以及各个系统之间的系统关联都是网状尺度保护的重点内容
单元节点	核心关堡为主要节点及其从属聚落形成的单元区域	防御子系统	结构单元是某一区域内具有关联性的多种遗产元素构成的集合,一般包含一个核心关堡以和从属聚落,以及实体空间的联系机制

内三关长城遗产资源在空间尺度上表现为防御单元,是由居庸关、倒马关、紫荆关三个核心关城结合其下从属聚落组成的结构单元。每一个结构单元均反映出工程实体与联系机制、人工环境与自然环境、军事功能与生活生产的完美结合;这些结构单元,也是防御单元,是长城建筑遗产网络中的基本单元。

结构单元内部也具有层次性:居庸关防御单元下含有路城、堡城、隘口三个级别的军事聚落;紫荆关防御单元与倒马关防御单元下均含有堡城、隘口两个军事聚落层级。在内三关长城遗产资源的规

划设计中,关堡是我们构建内三关遗产单元的主要节点。除上文中提到的倒马关、紫荆关、居庸关之外,根据我们调研的成果,还选取插箭岭、乌龙沟、石窝、沿河城、马水口长城段。内三关遗产单元的保护开发,是将上述内三关长城文化遗产划分为核心单元与延伸区域两大部分。核心单元即内三关长城规划区域范围内,包含居庸关、紫荆关、倒马关三处内三关重要关口,以及插箭岭、乌龙沟、石窝、沿河城、马水口等次要关口所构成的防区范围。内三关长城防区内的自然资源与人文景观十分丰富,将核心单元的长城资源与周边各式各样的资源、景

观相结合,即形成内三关遗产单元的延伸区域。此外,结合居庸关、紫荆关、倒马关、插箭岭、乌龙沟、石窝、沿河城、马水口长城段的历史发展脉络、当地人文底蕴、旅保护发展现状、基础设施条件和旅游发展潜力,内三关长城保护开发可以设定不同的展示主题。[11]

4　结　语

长城建筑遗产是具有整体性的有机体系,其中包含着多个子系统及其众多遗产要素,它们互相依存,缺一不可。因此,本文以系统的角度对长城建筑遗产资源进行梳理与整合,运用遗产资源系统化、遗产空间层次化、开发主题多样化的保护思路与开发策略,揭示了长城建筑遗产之间的联系机制,阐释了长城建筑遗产的有机网络结构,以明内三关长城为例对长城建筑遗产的保护性开发提供了新的可实施方向。

参考文献:

[1] 刘庆余.国外线性文化遗产保护与利用经验借鉴[J].东南文化,2013(2):29-35.

[2] (明)王士翘.西关志[M].北京:北京古籍出版社,1990.

[3] (明)刘效祖.四镇三关志·明万历四年刻本[M].北京:全国图书馆文献缩微复制中心,1991.

[4] (清)顾祖禹.读史方舆纪要[M].北京:中华书局,2005.

[5] 刘珊珊,张玉坤,陈晓宇.雄关如铁——明长城居庸关关隘防御体系探析[J].建筑学报,2010(S2):14-18.

[6] 张洪印,孙钢.畿南第一雄关——紫荆关[J].文物春秋,1996(1):51-52,56,95.

[7] 何圳泳.涞源县明长城的军事防御[J].保定学院学报,2015,28(5):118-124.

[8] 刘珊珊.明长城居庸关防区军事聚落防御性研究[D].天津:天津大学,2011.

[9] 张贺君.河南省大遗址保护研究[D].河南:郑州大学,2012.

[10] 范熙晅.明长城军事防御体系内部机制解读[J].建筑与文化,2014(9):108-110.

[11] 杨洋,孟聪龄.居庸关防区长城遗产保护体系研究[J].山西建筑,2017,43(23):23-24.

沈阳历史建筑的保护与再利用研究
——以金融博物馆改造为例[*]

Research on the Protection and Reuse of Shenyang Historic Buildings: A Case Study of the Renovation of Finance Museum

谢占宇①

Xie Zhanyu

【摘要】保护与修复一直是国际对文物古迹保护发展历程的两种态度。中国历史悠久，建筑遗产众多，如何制定科学的保护与修复的方法，如何在经济快速发展的今天，对具有一般价值的建筑文物遗产在保护的基础上进行再利用，都尤为重要。本文旨在研究后者，以沈阳近代建筑遗产为例，探索具有一般价值的建筑遗产保护再利用方法。

【关键词】近代建筑遗产　保护　再利用

中国的文物保护事业开始于清代，文物建筑的修缮理念，第一次真正地提出是在梁思成于1932年撰写的《蓟县独乐寺观音阁山门考》中，其中确立了以"保护现状"为主，"恢复原状"为辅的修缮原则。② 随着经济的发展，对于更多具有一般历史价值的建筑遗产，如果只强调保护现状，而忽略了建筑的使用价值，就会使建筑遗产成为孤零零的古董，毫无生机。所以，对于有重要价值的建筑遗产，应该采用"保护现状"为主，"恢复原状"为辅的理念，而对于有一般价值的建筑遗产，更应考虑在保护的基础上再利用的方法。

沈阳作为中国内陆一个具有代表性的文化古城，具有悠久的历史。作为东北金融中心，沈阳经济发展非常活跃，再加上对异质文化具有较强的吸引力和较为敏锐的反应力，促成了很有特色的沈阳近代金融建筑。然而斗转星移，沈阳已经迈进了充满希望的21世纪，在大规模商业开发的利益驱动下，沈阳现存优秀的近代建筑都面临着被"推倒重来"的危难。如何摆脱这种困境，保护与再利用历史建筑，这一课题又一次摆在人们面前。

1　沈阳近代金融建筑遗产的保护与再利用现状

"人类没有任何一种重要的思想不被建筑艺术写在石头上。"建筑无疑是部大型而直观、全面而生动的史书。近代金融建筑遗产不仅是沈阳文化的载体，也是那个时代社会发展的具体见证物，其自身更是代表了沈阳近代金融发展的兴衰。更重要的是近代金融建筑在兴建之初就采用了先进的结构技术，致使它们能够坚挺地经历半个世纪的风雨，也为今天的再利用提供了条件。沈阳现存的近代银行建筑遗产是一批非常优秀的历史遗产，这些建筑在保护过程中曾一度采取冻结式保护，但随着经济的发展，人们越来越意识到再利用的必要性，沈阳市对这些近代金融建筑采取了功能置换的再利用方法。

由于近代金融建筑遗产其内部空间与社会使用需求的联系依然存在，所以其内部空间或物质机体必然要对社会使用需求的发展变化做出反应。银行是经营货币的特殊机构，在建筑设计中，如平

---

* 国家自然科学基金项目，清前满族古城活态遗产保护理论体系研究（项目号：51508340）。教育部青年项目，东北地区满族古聚落的建筑人类学研究（项目号：17YJCZH200）。

① 谢占宇，天津大学建筑学院，博士研究生，沈阳建筑大学，副教授。

② 梁思成. 蓟县独乐寺观音阁山门考. 中国营造学社会刊（重排本）第三卷第二期. 北京：知识产权出版社，2006；7-100.

面分区、功能空间组织、安全系统等都有特殊要求。值得庆幸的是沈阳的近代银行建筑经置换后的单位,也大都是银行机构,这对近代金融建筑内部格局保护起到了很大的作用,并且也节省了建筑再利用的投资。还有一些近代银行建筑遗产,置换后的单位不再是银行,这就需要对建筑进行相应的改动。如边业银行如今就成为沈阳金融博物馆,其功能变更后流线、功能布局与银行相差甚远,如何在保护的前提下合理再利用,是研究的主要问题。

2 奉系边业银行的保护与再利用的方法

2.1 奉系边业银行建筑概述

边业银行建于1930年,实属张氏父子的私有银行,是与东三省官银号并驾齐驱的银行机构。建筑东临朝阳街,南临帅府办事处,西北是赵四小姐楼。建筑占地面积4 967平方米,总建筑面积为5 603平方米,地下一层,地上两层,局部三层。在总体设计构思上,结合周围环境,根据组成部分的功能特点,将银行大楼设于用地的南部,面临城市主干道,以适应银行大楼面向街面的功能要求,并以鲜明的建筑形象丰富城市的沿街景观。

与沈阳早期兴建的银行相比,边业银行无论在设计水平上还是在施工技术上都有了很大提高。由于边业银行的资金雄厚,在建造的过程中采用了先进的钢筋混凝土混合结构和高质量的建筑材料,耐久坚固,并且改变了大屋顶和传统木柱式的中国固有建筑形式,取而代之的是现代平屋顶形式。建筑外立面为18世纪流行的罗马古典复兴式建筑样式,采用"三段式"构图手段,由明确的台基、柱子和檐部组成。外墙均由假石贴面,一层的石材、建筑转角的石材和窗楣窗套檐口线角,都表现了强烈的西式风格。建筑整体严谨壮观,比例均衡,除了明确的体量关系,正立面还考虑了许多建筑细部,在檐口、柱头以及上、下两层窗间墙上都有精美的浮雕花饰,在粗犷中不失细腻。(图1)因此该建筑成为沈阳近代建筑的优秀代表,并列为沈阳市文物保护单位。

经过多半个世纪的风风雨雨,边业银行几易其主,历经近代各个历史期。其间长时期有使用、无修缮,使建筑内部陈旧失色(图2),营业大厅的彩色采光玻璃颜色脱落,厅内装修残破,特别可惜的是办公室内原金色花纹墙壁没有得到及时修缮已经脱落;除此之外还存在屋顶防水层龟裂、起壳,水

电不通等问题。同室内相比,建筑外观除了有些陈旧,还是可以看到昔日原貌的辉煌。

图1 边业银行入口正立面
(图片来源:自摄)

图2 营业大厅破败的玻璃天花
(图片来源:自摄)

边业银行虽然有许多地方需经修缮才能继续使用,但它周围的环境及其在沈阳近代史上的地位,都注定了该建筑经修缮后再利用的价值。鉴于此,2006年沈阳市政府决定,修缮后将边业银行作为沈阳市金融博物馆继续使用。一代民族银行,在见证历史沧桑后,又重回到人们的生活中。

2.2 建筑遗产保护与再利用设计手法

2.2.1 建筑修缮以"保护现状"为主、"恢复原状"为辅原则

边业银行采用"保护现状"为主、"恢复原状"为辅的修缮原则,就是随着文物保护与修复学的发展和人们对史料原真性与可读性及其历史文化风貌的深入认识,发展起来的对遗产机体的一种处理态度。边业银行建筑外立面材料为斩假石贴面,对于这种不带粉刷的半永久性机体材料,"恢复原状"

的方法更具历史文化上的审美感染力。首先,清洗主立面斩假石贴面,使它恢复色泽,其次,按原样规格恢复已基本腐坏的原建筑木窗,包括窗框的颜色、窗饰。

对于建筑内部,本着重要空间的内装饰按原样维修恢复原貌的原则。银行的营业大厅是银行建筑室内点睛所在,但随着时间的推移营业大厅变得灰暗无光,室内装饰颜色已经暗淡,特别是天窗的彩色玻璃的色泽已经完全脱落。设计中按照原样重新修复了室内的装修,使营业大厅重现昔日的风采,对于原总经理(张学良)办公室也做了复原工作,保留了石膏天花藻井,并把内部的铜质吊灯清洗后恢复使用。室内其他空间也尽量使用原有材料修复,如所有木门按原样修复(包括色泽和材质),暖气片罩、墙裙、窗台板、窗帘盒、室内不同地面的马赛克拼花全部清洗,恢复使用。此外,也有改动的方面,如建筑内部增设了现代的空调系统,为减少因增设冷暖系统而对原楼可能造成的凿打孔洞的影响,并根据银行建筑层高较大的特点,选用了水平系统加风机盘管的送气方式(图3),从而保证房间的使用要求。另外也完善了消防系统,限于当年的条件,原设计中的消防设施不能满足今天的消防使用要求,结合修缮后的全空调使用条件,增补完善了消防设施,室内增设消火栓系统,并且所有上、下水管道系统和电气线路全部更新。

图3　改造后水平送气系统

(图片来源:自摄)

2.2.2　建筑再利用内部空间的优化与重组

银行内部空间的整治调整是建筑生命转变与再生的核心。对于金融博物馆不同的使用功能,原

边业银行建筑使用空间要相应的优化重组。

边业银行建筑的平面为矩齿形,首层功能分为三部分,前半部分为对外营业区,中部为办公区,后部为生活区。二层围绕天井及营业大厅布置办公用房及宿舍。建筑有两个入口,流线分为两部分:其一是顾客人流(主入口—营业门厅—营业大厅),顾客在营业大厅办理业务,所有活动始于此,止于此;其二是内部人流(次入口—办公门厅—楼梯—办公层),内部办公人员由南面次入口进入办公厅内部,经楼梯,到达沿回字形走廊布置的办公房间。

博物馆在空间重组设计上结合原建筑平面布局,形成了不交叉的展示"回"字形路线(图4)。这样既保护了原银行内部空间,有利于建筑使用的可逆性,又减少了工程量,节约资金。在没有破坏建筑格局的情况下,进行空间置换,首层安排了九个展区:营业大厅复原、总裁办公室复原、原大客厅——东北金融第二展厅、原总裁室——东北金融第三展厅、原经理客厅——第四展厅、原天井——金山景观、原发行股办公室——第五展厅、原金库院落——金库展厅、原后院——金牛大厅。二层把原有总务、财会及行员办公室划分为大小不一的开敞式展厅。

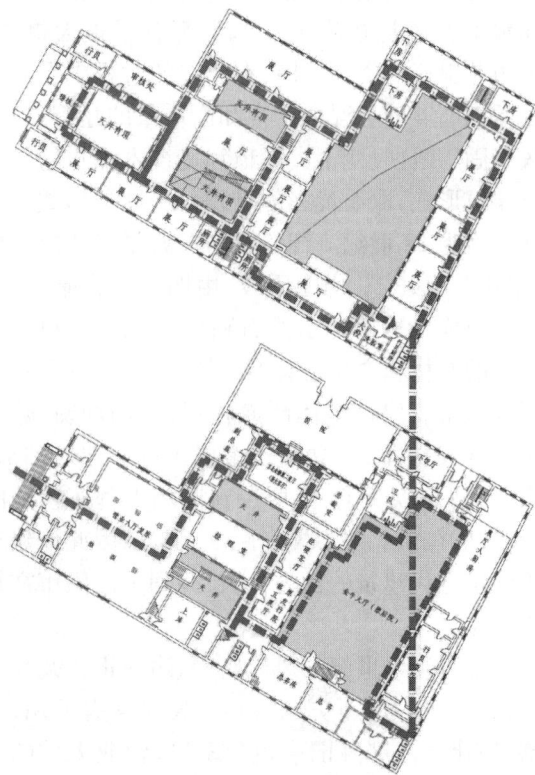

图4　利用原建筑布局整合展览路线

(图片来源:自绘)

（1）遵循原建筑布局的空间整合

把原银行内部的具有重要史料价值的空间复原，以衍生出的内在的文化情感。结合原有的银行空间采用复原设计的是营业大厅与总裁办公室。

营业大厅是银行最重要的功能空间，是外来客户进行各种金融活动的大空间场所。面积437平方米，营业大厅占据两层空间，二层上空大厅部分设置玻璃顶棚，镶彩色玻璃，既华丽又可为大厅采光，周边营业员工作区则设华丽的石膏浮雕藻井。把营业大厅复原，作为近代银行交易大厅展示，模拟当时的交易场景。厅内原有构筑物全都保留并加以修复，重现了当年营业大厅内辉煌、华丽的室内空间。厅内的八根柱子限定了柜台空间，区分内、外，柜台内制作的蜡人营业员正在紧张地忙碌，柜外蜡人顾客或站立或聚首耳语，神态各异、栩栩如生。（图5）

图5　复原后的营业大厅
（图片来源：自摄）

总经理办公室原是张学良的办公室，室内装修精致而含蓄，再利用设计对建筑室内史料进行保留，如室内藻井、地板、家具、吊灯，成功表达了建筑室内的精神价值。花纹隽丽的白色石膏浮雕藻井、木制家具、红松木地板以及当时名贵的地毯，营造出了一种古朴、华丽的氛围。

（2）保护原有建筑室内肌理——"屋中屋"新旧机体的对比交织

这是边业银行再利用设计采取的第二种设计手法，在利用原有建筑空间设计展厅的同时，采用当代材料、构成方式、美学特征与旧机体形成鲜明对比。这种方式首先保护了旧机体史料的原真性与可读性，其次也可使人对旧机体的历史文化氛围有更深刻、强烈而戏剧化的感受；再次，新机体采用当代方式来构建，更好地适应当代的功能需要，还有投资少、工期短、工艺简单成熟的优点。

东北金融第二展厅设计就是一例。通过走廊来到展厅，走廊中保留了原建筑的拼花地砖，而室内则是现代材料的毡地，以地面材质的变化，区分空间。第二展厅主要展出的是古代东北货币。从先秦时期开始，东北地区就与中原发生了经济联系和商品货币交换关系，通过两千年来在这里流通和出土的货币，可以折射出东北金融发展的历程。根据展出内容，把室内空间定义为秦汉时期风格，采用"屋中屋"的构造方式（图6），就是在原有建筑空间中构造出一个新的空间，它虽没有增减使用空间，但使展示功能使用更为合理，创造出了富有感染力的戏剧化场景。红色粗犷的木屋架配以精致木格窗、矮床，凸显了古代建筑室内风格，并且红色的屋架与建筑原有的藻井天花形成了从色彩到形式的强烈对比，既保护了原建筑室内史料的原真性，又能够突出新机体的构成方式、美学特征。并且这种"屋中屋"的设计手法对建筑原有室内装修也是一种保护，如果展出内容变化，新增的现代构件没有同老建筑粘贴、锚固，可轻易搬运拆卸。

图6　"屋中屋"设计
（图片来源：自摄）

（3）整合并保护原有院落——可拆卸装配式构架

边业银行的庭院整合又是空间调整的有力手段。历史建筑的院落空间是建筑中的虚元素，其本身不存在建筑结构材料，所以利用庭院设计，既可以增加新功能的使用面积，又能保护原建筑。空间的重构在尊重原空间布局的基础上进行，边业银行建筑中用作通风采光的天井依然保留着，并且在其间布置反映历史的景观。如金融博物馆把原边业银行金库开放，向人们展示"银行重地"的建筑构成，并且把中国传统运送银两的马车作为景观放置在金库入口庭院内，向人们讲述着中国金融的故事；又如，把建筑后部开敞的院落设计成为展出空间，增加了博物馆的使用空间，设计中运用现代材料建造屋架，不依托原建筑结构，保护了原来建筑，又便于建筑功能转换，并且与旧有建筑红砖材料形成对比，同时，在设计中注重保持建筑史料的真实性，在院落中加建的屋顶选用红色材料，与原建筑材料颜色形成鲜明对比，可以明确地区分出新与旧。（图7）

图7　利用现代材料改造庭院空间
（图片来源：自摄）

3　结　语

金融博物馆保护与再利用的方法成功的意义在于，它赋予历史建筑新的功能的同时，尽最大可能保护了历史建筑。在平面功能上，没有破坏原建筑格局，展示路线也是遵循原建筑格局；在室内空间中，利用"屋中屋"的场景布局对展示氛围起到了烘托，又不破坏原有建筑；在建筑材料选则上，没有选用水泥、混凝土等不可逆的强黏结性材料，而选用了木材、金属等具有较强质感和识别性材料，这样的材料与旧有机体材料不同，可保持史料原真性并且易于产生对比，而且它们一般用螺栓与旧机体连接，对原有建筑破坏小并且易于拆除、恢复原貌。金融博物馆的保护与再利用保存了建筑的史料价值、情感价值，并重新赋予了建筑遗产新的生活形态①。

参考文献：

［1］陆地.建筑的生与死——历史性建筑再利用研究［M］.南京：东南大学出版社，2004.

［2］陈伯超.中国近代建筑总览.沈阳篇［M］.北京：中国工业出版社，1995.

［3］赖德霖.中国近代建筑史研究［M］.北京：清华大学出版社，2007.

［4］布兰迪.文物修复理论［M］.上海：同济大学出版社，2016.

［5］陈志华.威尼斯宪章［J］.世界建筑，1986（3）：13-14.

［6］梁思成.蓟县独乐寺观音阁山门考.［M］//中国营造学社会刊：第三卷第二期.北京：知识产权出版社，2006：7-100.

---

① 陆地.建筑的生与死——历史性建筑再利用研究［M］.南京：东南大学出版社，2004.

特色小镇建设背景下城镇历史遗产保护与利用研究
——以芦山县茶马古镇飞仙关镇为例

Research on Protection and Utilization of Historical Heritage in Towns under the Background of Characteristic Town Construction

—Take Feixianguan Town, an Ancient Tea-horse Town in Lushan County as an Example

曾　卫[①]　黄敏慧[②]

Zeng Wei　Huang Minhui

【摘要】特色小镇的建设以发展地方特色为基本要求,是城镇展示历史文化内涵的有效手段。历史遗产保护与利用也是城镇产业创新发展的内在推动力。文章总结了当前特色小镇规划建设的特点,以及历史文化遗产保护与利用模式,探究了特色小镇与历史遗产保护与利用的关系。最后以芦山县茶马古镇飞仙关镇为例,通过梳理飞仙关镇历史人文资源,分析小镇发展的机遇与挑战,审视城镇发展存在现实问题,以茶马古道文化为核心,从飞仙关特色文化挖掘与培育、历史文化遗存保护与传承、城镇特色风貌塑造、特色文化与多产业融合发展四个方面出发,对小镇的规划建设提出相应保护与发展策略。

【关键词】特色小镇　历史文化遗产　整体性保护　发展策略　飞仙关镇

1 引　言

历史文化遗产是城市发展的产物,是中华文明源远流长的历史见证,代表了一座城市的成长历程,凝聚一代又一代人的精神寄托,全方位彰显着城市的内涵和底蕴。党的十九大报告中也强调,要加强历史文化遗产保护力度与传承。我国城镇化的快速发展作为社会经济发展的机遇,同时也面临着传统文化消失、城市建设趋同和环境破坏等问题,导致部分城镇发展过程中城镇形态、结构、功能、资源等的停滞和倒退,以及严重的社会问题[1]。特色小镇以发展地方特色为基本要求,促进生态环境、历史人文与城镇产业的融合发展,是一种实现地方经济发展的建设过程,也是展现历史文化的另一种表现形式。

茶马古道是迄今我国西部文化原生形态保留最好、最多姿多彩的一条民族文化走廊[2]。在当前内涵式发展新形势下,对茶马古道历史遗产进行保护与利用,有利于促进民族多元文化交流与弘扬优秀历史文化。在城镇历史文化遗产保护中,着重将保护贯穿于当地的社会经济发展当中,与当前我国大力推行的特色小镇建设这一举措不谋而合。本文以芦山县茶马古镇飞仙关镇为例,在特色小镇建设背景下,总结当前特色小镇建设特征,把握由历史文化遗产保护与利用带来的机遇与方向,对飞仙关特色文化挖掘、历史文化遗存保护与传承、城镇风貌塑造、产业的融合发展进行研究,探索历史遗产保护与利用的策略、措施,这对历史文化型特色小镇的保护与发展规划来说,具有重要意义。

2 特色小镇建设和历史文化遗产保护与利用的关系

2.1 特色小镇规划建设特征

特色小镇有别于行政区划单元和产业园区,是相对独立于市区,具有明确产业定位、文化内涵、旅游和一定社区功能的发展空间平台[3];其他地区城镇建设体系中,多以建制镇行政范围为主。"特色小镇"概念自提出以来,至今已形成较稳定的发展格局。

① 曾卫,重庆大学建筑城规学院,教授,博士生导师。
② 黄敏慧,重庆大学建筑城规学院,硕士研究生。

特色小镇建设的总体特征主要为：第一，精确的发展定位，打造小镇整体特色。深度挖掘城镇产业和文化特色，整合历史人文资源，以宏观、发展的眼光明确发展定位，通过区域间差异定位，实现特色产业创新驱动发展，打造产业特色鲜明、文化氛围浓厚、环境品质良好的城镇空间。第二，合理规划建设，因地制宜地进行开发建设。特色小镇的地理区位、历史特征、资源禀赋和社会环境等关键影响因素不同，其发展路径、文化特色、空间特色、风貌特征、规划内容体系也就各有选择。第三，创新的发展方式，推动产业结构升级转型。特色小镇的本质是产业问题，核心是创新发展[4]。采用政府引领、企业主导、市场化运作的创新运作方式，综合当地历史文化特色、地域特征等因素，与经济社会发展规划及相关专项规划衔接协调，进行产业内、产业间、产业和城镇空间格局之间的融合发展，实现城镇多元产业化发展模式。第四，精致良好的空间环境。结合产业特色、文化特色与山水景观空间，塑造城镇特色风貌，建设生态环境良好、服务设施齐全的居住区，提炼特色文化元素，打造小镇的公共环境艺术空间，为城镇居民提供打造良好的人居环境。

2.2 城镇历史文化遗产保护与利用模式

文化遗产积淀和凝聚着深厚丰富的文化内涵，成为反映人类过去生存状态、人类的创造力以及人与环境关系的有力物证，成为城市文明的纪念碑[5]。目前城镇历史文化遗产保护方法体系日益完善，依托整个经济社会发展的大环境，将城镇历史遗产保护置于统筹城乡发展、经济社会发展、人与自然和谐发展的总体框架中，对城镇历史建筑、街巷格局、空间肌理、历史环境、城镇风貌进行整体性保护与整治，纳入城镇发展的体系中，完善保护管理与评价体系[6]-[8]。历史文化遗产的利用涉及社会人文、经济发展和生活环境改善三个方面[9]-[11]。通过对城镇历史遗产物质空间的规划设计，优化城镇功能结构与空间格局；结合物质空间保护与非物质文化遗产保护，构建传统文化交流与发展空间，促进多元文化融合，实现传统文化的保护与传承；利用历史文化资源优势，逐步构建多元文化产业链，推动城镇产业结构升级，完善城镇基础设施，将传统文化与现代观念相融合，协调城镇的生态、生活环境，带动城镇经济和社会的全面发展。

2.3 特色小镇建设与历史文化遗产保护与利用的关系

历史文化遗产的保护与利用也是特色小镇规划的基本出发点和亮点，是城镇产业创新发展的内在推动力，与特色小镇的总体要求相得益彰。特色小镇依托本地原有的历史文化资源，深入挖掘地域文化特色，明确小镇发展定位，立足定位对小镇进行总体规划，控制与引导城镇风貌，营造独特的城镇环境，以文化效应带动地方社会经济发展，加快推动城镇化建设。特色小镇规划建设将创新、创业与地域历史文化结合在一起，推动历史文化的保护与发展，营造浓厚的城镇文化氛围，是城镇展示历史文化内涵的有效手段。特色小镇开发建设注重独特性与整体性，将小镇的历史文化融入产业发展、城镇建设中，构建文化交流发展平台，延续城镇历史文脉，从物质层面到精神层面满足居民需求，实现历史文化遗产的保护与利用统一。总而言之，两者之间既相互依存又相互提升。

历史文化遗产保护和发展与旅游服务密不可分，大规模的旅游开发建设必然容易产生盲目模仿、定位偏差和规划失误等问题[12]。住房和城乡建设部明确要求以旅游文化产业为主的特色小镇的推荐比例不超过1/3[13]，突出了城镇历史遗产保护的严谨性。而在现实层面，公众保护意识的缺乏，开发建设中重视经济收益而忽视历史遗产保护与传承，管理法规不健全，忽视公众意愿以及后续资金的匮乏，导致历史文化内涵浮于表面，历史城镇过度商业化、类型同质化、文化世俗化，历史街区碎片化，空间肌理和场所精神遭到破坏等问题屡见不鲜。特色小镇以生态为基础、文化为主要内核、产业为有力支撑，通过功能融合产生集聚效应，实现产业、文化、旅游的融合发展，为城镇历史文化遗产的保护与利用提供了新的模式。

3 特色小镇建设背景下历史遗产保护与利用（以芦山县茶马古镇飞仙关镇为例）

3.1 概况

飞仙关镇位于四川省雅安市芦山县南部，处于四川盆地与青藏高原的过渡地带，是沿川藏线进藏的重要咽喉，北与芦山县城接壤，西邻天全县，南连多功、多营镇，东接雅安市区（图1）。飞仙关镇是南方丝绸之路和茶马古道的重要关隘，是羌汉互融的民族通廊，是商贾汇集的重要区域，处于国道318

川藏的起点,有"西出成都,茶马古道第一关、川藏线上第一关"之称,曾为历代兵家必争之地,也曾是红军长征途经点。全镇面积 56 平方公里,人口12 794 人,耕地 7 000 亩,林地 6.19 万亩,退耕还林1.271 5 亩(图2)。

图1　飞仙关镇区位图
(图片来源:自绘)

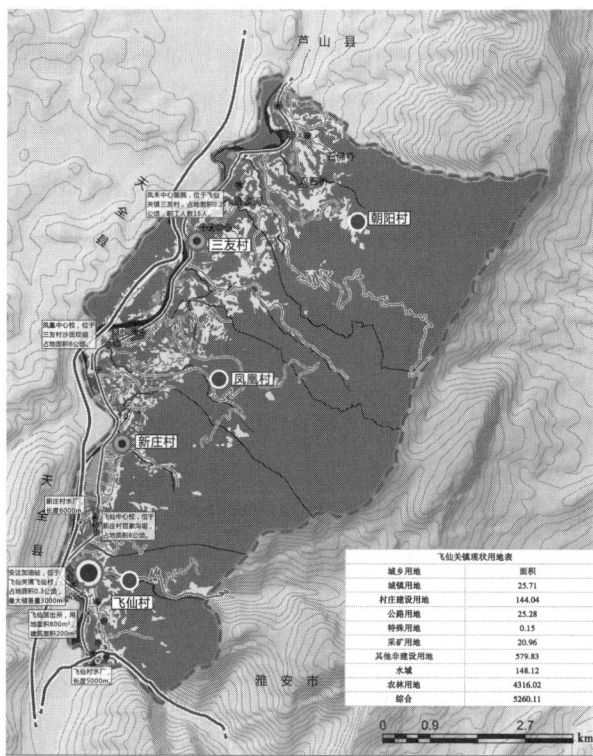

图2　飞仙关土地利用现状图
(图片来源:自绘)

3.2　飞仙关镇特色小镇规划建设机遇与挑战

3.2.1　四川省层面宏观资源整合

近年来,四川加快打造创建特色小镇,作为加速推动新型城镇化工作的重要手段之一。从 2013年开始,四川启动"百镇建设行动",以百镇带千镇发展,形成了百镇示范引领、带动千镇发展的趋势。按照四川省委、省政府出台的《关于深化拓展"百镇建设行动"培育创建特色镇的意见》,至 2020 年,四川省"百镇建设行动"试点镇将从三百个增至六百个。这对飞仙关镇特色小镇培育与打造,提供了重大的发展机遇。

3.2.2　自身发展条件

（1）区位优势

飞仙关是雅安近郊经济圈的重要组成部分(图3),位于雅安、芦山与天全的交汇处,是芦山县纵向城镇发展轴上重要节点,也是川西旅游圈层的重要组成部分,经济发展受到两县一市的推动(图4)。同时飞仙关是传统的物资集散地,辐射至周围的多功、乐英、永盛等地,是名副其实的川藏线陆地第一咽喉、川藏线上第一关,发展前景广阔。

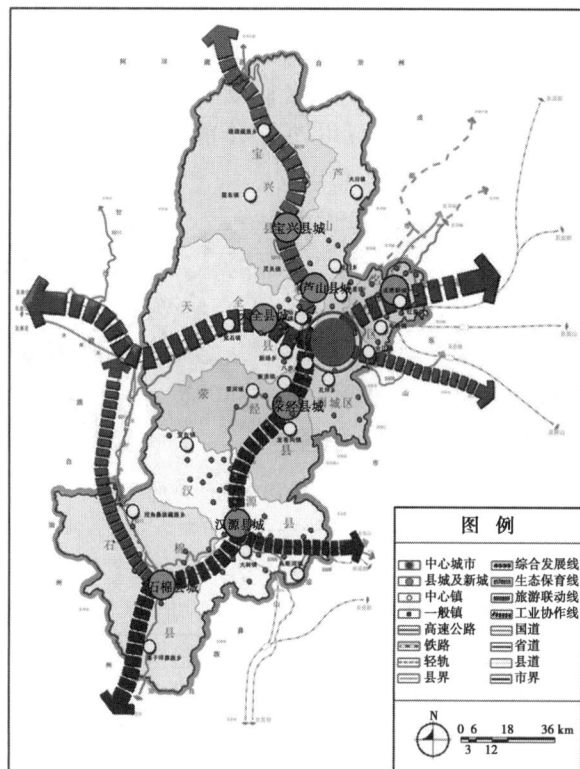

图3　雅安市市域城镇空间结构规划图
(图片来源:《雅安市城市总体规划 2013—2030》)

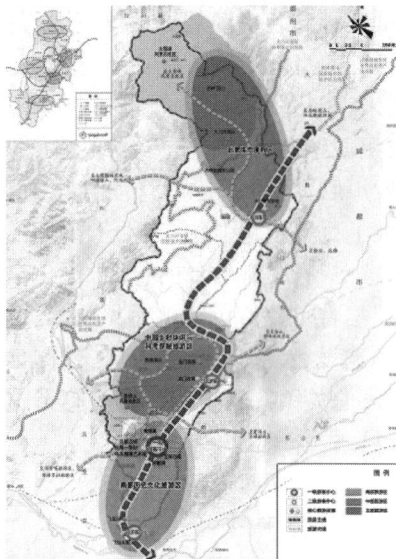

图4 芦山县县城旅游发展规划图
(图片来源:《芦山县城市总体规划(2017—2035 年)》公示版)

（2）生态环境

飞仙关景区为国家级"AAAA"旅游景区,具有良好的山水格局。镇区北部连绵起伏的丘陵坡地,中部有狮子山、螺山;青衣江、芦山河与天全河在镇区南端交汇,三条江河环镇而过,水资源丰富;镇区内部的老君溪潺潺流水,滋润良田。镇区日照充足,雨量充沛,四季分明,冬暖夏凉。飞仙关镇山水并行的自然风貌与川西田园的景观特色相得益彰(图5)。

图5 飞仙关镇山水空间格局
(图片来源:自绘)

（3）历史文化资源

川藏茶马古道是陕康藏茶马古道的一部分,是自唐宋以来汉藏等民族之间进行商贸往来的重要运输通道。2013 年 3 月 5 日,茶马古道被国务院列为第七批全国重点文物保护单位[14]。作为"西出成都,茶马古道第一关"茶马古道重镇的飞仙关,在茶马古道文化长河中占有重要地位(图6)。独特的地理生态环境和历史要素铸就了飞仙关地域文化的独特、古朴、多样化、原真性和多元一体的明显特征。

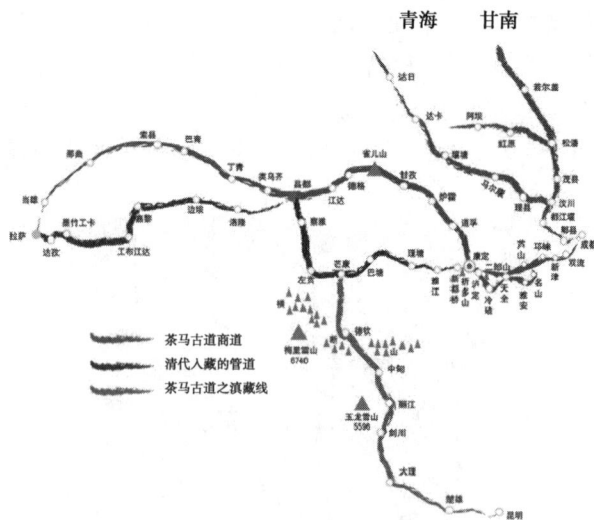

图6 芦山在茶马古道区位
(图片来源:李波."茶马古道"上的千年古城——论松潘古城的独特作用及影响[J].建筑与化,2015(02):186-190.)

飞仙关茶马古道遗存属于雅安茶马古道川茶之源,现今仍保留完好,如明代古关楼、"义盛昌"的拴马房、晚清民居院落、下关组青衣江大片的石阶和古人留下的歇背篓的痕迹和拐子窝等,其历史人文资源保留完整,对飞仙关镇可识别性塑造具有重要价值。同时,芦山作为革命老区县,红军文化色彩浓厚,红军在芦山建立了川康边革命根据地,成立中共四川省委、四川省苏维埃政府,留下了众多如飞仙关城门洞和"芦山县南界"石牌坊上红军标语"飞仙关桥"等红军文物遗迹(图7)。飞仙关镇作为"5·12"汶川特大地震、"4·20"芦山强烈地震的重灾区,震后获得国家及社会的大量资金援助,资金入注、政策导向有力支撑了当地经济发展,为该地区发展提供了有效的资金支撑和政策保障。

3.2.3 目前存在的问题

飞仙关镇自灾后重建,发展上侧重于打造成工业强镇,使得自然生态景观、城镇格局、街巷空间、传统风貌遭到不同程度破坏;在后续的发展中由于经济结构不合理,产业间缺乏融合,历史人文资源优势未得到充分发挥,出现产业发展与城镇化建设脱节、产业发展滞后、基础设施建设薄弱、历史遗产保护缺乏保护机制、民俗文化逐渐衰退等诸多现实问题,面临着发展定位、功能布局、空间结构、开发与保护模式等方面的转型升级需求。

3.3 相应的保护与发展策略

特色小镇的概念自提出之初,就明确了产业"特而强"、功能"聚而合"、形态"精而美"、制度"活

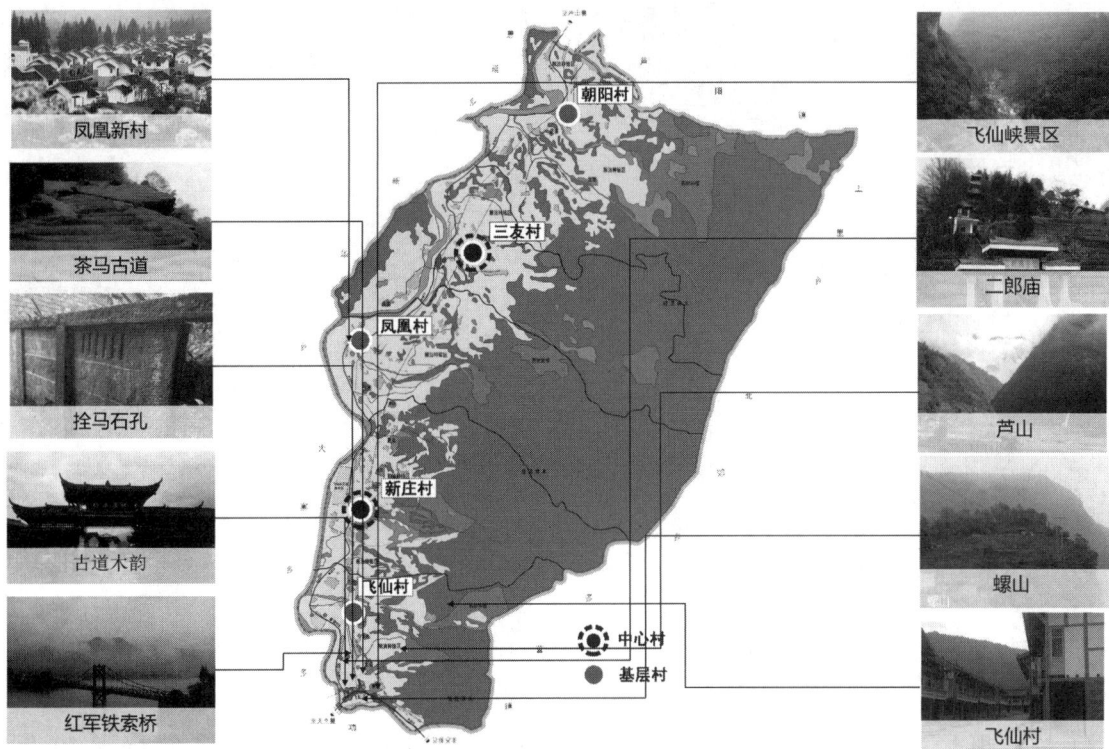

图7　飞仙关镇历史文化资源分布
（图片来源：自绘）

而新"四个维度的发展目标[15]，为飞仙关特色小镇打造提供了目标导向。飞仙关镇茶马古道历史街区作为历史文化和现代文化复合的物质空间形态，主要为平衡遗产保护和旅游发展的重要突破口，如何统筹历史文化遗产传承、特色产业发展、城镇风貌塑造三个方面的关系，成为特色小镇打造的关键着力点。

3.3.1　深入挖掘城镇特色，明确发展定位

科学合理的发展定位是特色小镇永续发展的目标愿景。应根据城镇资源禀赋与历史人文特点，与上位总体规划相衔接，明确小镇发展定位，注重历史文化遗产保护以培育特色文化，将小镇的功能从传统商业导向转为文化导向，引领城市功能复合发展，塑造小镇内生生长活力。

芦山城镇体系规划中，飞仙关镇作为芦山重点城镇，城镇类型定义为芦山县茶马古道文化为特色的旅游型城镇。依托茶马古道在历史文化中的独特性和不可替代性，以及飞仙关"川藏线陆地第一咽喉""西出成都，茶马古道第一关""红军长征途经点"重要区位与历史文化背景，将飞仙关镇定位为：以川西山水、高峡河谷、农耕田园风光为特色的生态文化；以茶马古道、青羌故地、川藏咽喉、红军长征、川西民俗为特色的历史文化相结合的生态人

文廊道为主题；融合生态农业、田园体验、旅游观光、创意体验、文化展示、休闲娱乐、商业金融、设计研发等功能于一体的生态人文风情古镇。

3.3.2　注重文化遗产保护，彰显文化特色

飞仙关镇依托茶马古道千年川藏的文化交流和沉淀及优美独特的自然山水风貌，蕴含着深厚的历史人文特色。茶马古道街区中历史建筑保存较为完好，展示着当地居民原始的生活状态，具有良好的特色文化旅游业发展基础。发展旅游是历史文化遗产进入现代社会的有效方式，促进经济发展的同时也对遗产地空间形态、社会结构等方面造成一定的破坏，因而需要严格保护历史遗产。

（1）识别历史要素，划定保护范围

在飞仙关特色小镇建设过程中，历史遗产保护应遵循保护并发扬使用功能、保存历史信息真实载体的原则[16]。梳理与评估飞仙关历史文化遗存，划定保护范围，明确保护内容，并从历史遗存的时序与空间方面进行拓展，从历史遗产单体保护扩展至空间形态、历史环境、街巷肌理和自然景观环境，以体现历史街区整体保护，形成茶马古道的价值特色（图8）。

（2）提出保护措施，实行统一管控

茶马古道历史街区保护规划，注重从建筑到整

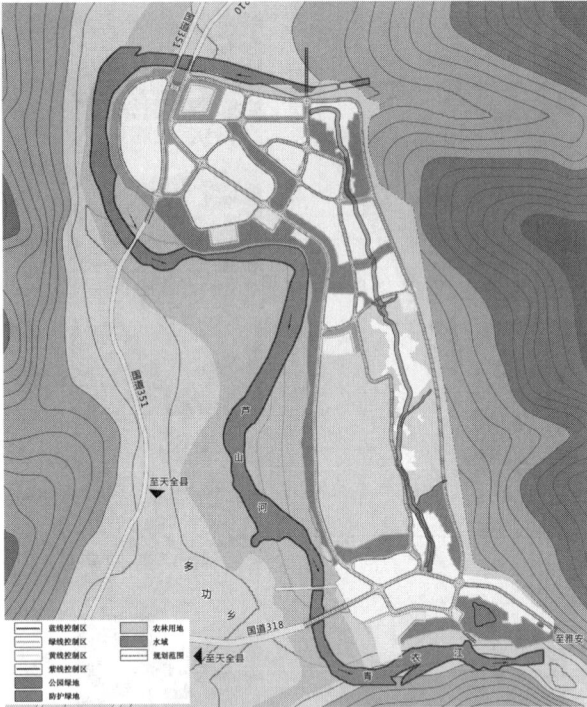

图8 镇区四线控制图
（图片来源：自绘）

体环境的保护，还原街区历史空间。重点街区历史建筑本体，从建筑形态、结构、环境出发，对建筑的材料、构筑形式、结构体系、环境特征等提出具体要求。茶马古道街区进行整体性保护，合理划定核心保护区范围、建设控制区及风貌协调区，对建筑密度、街道尺度、沿街立面进行严格控制；编制建设控制区风貌导则，将历史街区人文景观与自然景观相结合，结合旅游路线、地势环境，合理布局视线通廊、景观轴线、景观节点，强化城镇特色文化空间，为城镇特色风貌塑造提供基调。

对省级传统村落飞仙关村单独编制保护规划，保护内容从建筑单体拓展至乡土文化生态；对分散于城镇中的历史文化遗存，划定历史保护红线，提出具体保护、修缮措施，以保持地方特色。修复建筑、遗迹与周围环境的空间关系，结合农业体验、观光旅游等，促进飞仙关传统村落的改造和发展。

（3）优化功能空间结构，引导后续发展

协调遗产保护和城镇发展之间的关系，为后续的空间结构布局、道路交通组织、公共空间布置和基础设施完善等预留空间，引导飞仙关镇整体特色风貌的塑造。将飞仙关镇传统文化传承与城镇建设结合起来，通过城镇空间资源的合理布局，打造小镇特色的八大组团功能空间布局（图9），根据特色文化产业发展需求，优化城镇土地利用整体布

局，形成"四区、五轴、二廊"特色整体空间格局（图10），指导飞仙关镇后续开发建设，延续城镇历史文脉。

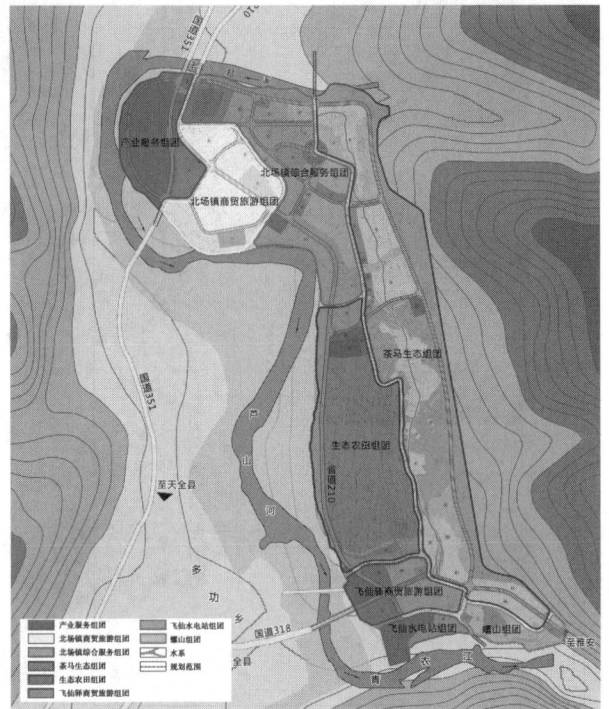

图9 镇区功能分区图
（图片来源：自绘）

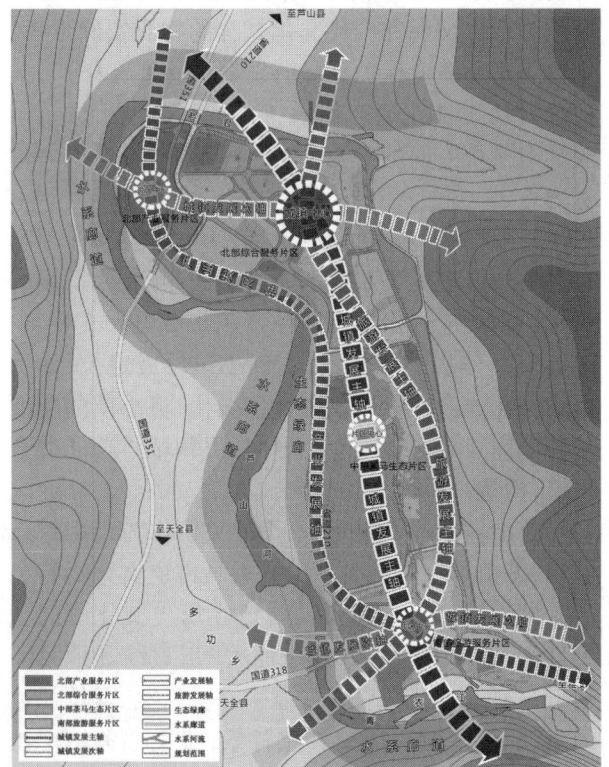

图10 镇区功能结构分析图
（图片来源：自绘）

3.3.3　管控景观风貌格局，塑造城镇特色

文化遗产地是呈现当地民俗文化、生活场景的物质空间和映射空间，是城镇风貌塑造的本质和根基所在。挖掘飞仙关茶马古道文化元素、符号，将城镇的整体形象、空间形态、细节营造作为其载体，在充分尊重城镇原有的空间格局和建筑形式基础上，注重整体风貌的协调融合，与现代生活发展需求相结合，塑造与展示小镇具有地域特色的城镇风貌。

飞仙关镇整体景观格局塑造将各类产业空间和文化空间作为重点，小镇整体形象的景观风貌基调为两个层面：镇域层面规划形成"两廊三区多点"的规划结构，塑造镇域整体风貌。镇区层面规划结合城镇功能，形成"两廊、三轴、七区、多点"的景观风貌结构（图11），针对七大风貌分区，对空间肌理、建筑风貌等进行引导，打造出多元化的小镇空间风貌特征。对城镇重点风貌展示区中的茶马古道历史街区进行规划控制与引导，在此基础上，还应注重对周边环境的管控与协调，街巷格局、建筑形态等各方面与川西传统建筑有所呼应；对飞仙关镇的公共空间，注重传统景观特征的活用，通过非物质文化特色引导休闲广场、滨水空间、商业街等空间形态构建，彰显城镇文化特色。

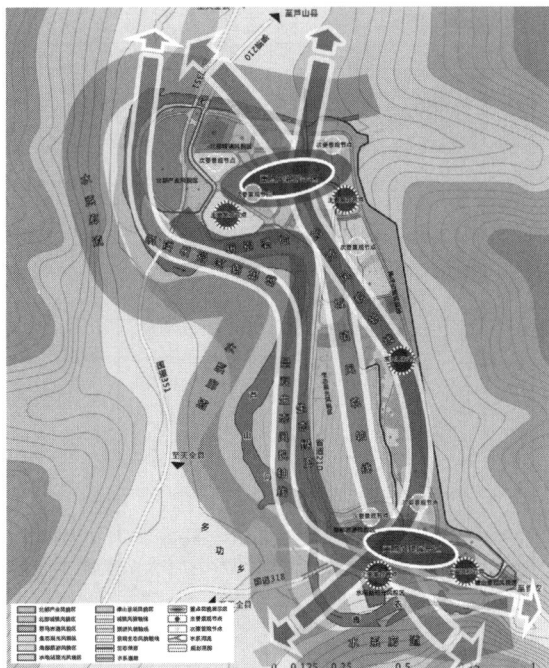

图11　镇区景观风貌规划图
（图片来源：自绘）

3.3.4　促进特色文化与产业多元融合发展

特色小镇是产业发展的空间载体和平台，通过特色文化与旅游业、生态农业、制造业、金融业等联动式、融合式发展，将特色小镇的文化内涵、价值、创意渗透到相关产业的设计、研发、生产中，提高产业的附加值，推动城镇产业结构的转型与升级，是特色小镇持续发展的必然趋势。将飞仙关镇作为文化旅游型特色小镇进行打造，在小镇建设期间对茶马古道等历史遗产进行保护的同时，延续历史遗留下的脉络，将生态文化和历史文化元素融入旅游、生态农业、制造业等业态中，构建地域性优势，打造极具地域特色的旅游胜地，进一步提升飞仙关镇的核心竞争力。

飞仙关镇依托茶马古道文化为核心，基于互联网新兴技术，融合茶马古道文化旅游业形成多元产业文化链。产业链的起点是依托飞仙关4A级景区，以飞仙峡景区、芦山南界石牌坊、茶马古道历史街区、古关楼、石牌坊、红军石刻遗存以及二郎庙为核心进行旅游发展，以体现飞仙关特色文化的可塑性、地域性、原真性。以茶马古道文化为核心，带动飞仙关镇向文化展示、影视拍摄、收藏鉴赏、艺术创作、旅游周边制造等领域延伸，实现多元文化旅游产业链的横向扩展。通过运用互联网、大数据等高新技术构建文化创意产业平台，实现飞仙关镇产业发展的纵向延伸。在此基础上，结合飞仙关区域性的生态旅游资源优势，打造区域性的旅游支线和周边地区性的人文旅游观光区，形成具有持续发展动力的产业格局，实现特色文化的全产业链开发。

4　结　语

特色小镇是国家为推动我国城镇化建设，展示城镇文化内涵，促进产业升级、转型而提出的一项重要发展战略，强调产业、文化、生活、旅游的融合发展，为城镇历史文化遗产的保护与利用提供了新的发展模式。在飞仙关特色小镇打造过程中，通过深度挖掘历史文化特征，明确小镇发展定位，培育特色文化，将小镇的功能从传统商业导向转为文化导向；并对历史文化遗产从建筑单体至城镇历史环境进行整体有效保护，控制与引导城镇风貌的塑造，指导飞仙关镇后续开发建设，延续城镇历史文脉。以此探讨飞仙关多元文化产业链的融合发展，促进地域文化的服务体系的完善，以期在规划思路、规划方法和发展策略等方面为历史文化型特色小镇的保护与发展规划建设提供借鉴。

参考文献：

[1] 曾卫，陈肖月. 地质生态变化下山地城镇的衰落现象研

究[J].西部人居环境学刊,2015,30(1):92-99.

[2] 石硕.茶马古道及其历史文化价值[J].西藏研究,2002(4):49-57.

[3] 李浩.浙江省特色小镇建设的历程、存在的问题及对策研究[D].济南:山东大学,2018.

[4] 赵佩佩,丁元.浙江省特色小镇创建及其规划设计特点剖析[J].规划师,2016,32(12):57-62.

[5] 单霁翔.城市文化遗产保护与文化城市建设[J].城市规划,2007(5):9-23.

[6] 边兰春.历史城市保护中的整体性城市设计思维初探[J].西部人居环境学刊,2013(4):7-12.

[7] 李云燕,戴彦.基于"保存"和"保护"理念引导的重庆市历史文化城镇保护实施效果评价模型建构研究[J].西部人居环境学刊,2016,31(5):57-62.

[8] 袁奇峰,蔡天抒.以社会参与完善历史文化遗产保护体系——来自广东的实践[J].城市规划,2018,42(1):92-100.

[9] 韩卫成,高宇波,要宇,等.基于功能复兴的历史文化名城整体保护方法研究——以山西省孝义古城为例[J].城市发展研究,2017,24(12):15-19.

[10] 王唯山.世界文化遗产鼓浪屿的社区生活保护与建筑活化利用[J].上海城市规划,2017(6):23-27.

[11] 谭文勇,赵云飞."一带一路"背景下历史街区更新的文化保育策略初探——以伊宁市阿依墩街区为例[J].西部人居环境学刊,2016,31(1):30-36.

[12] 张鸿雁.论特色小镇建设的理论与实践创新[J].中国名城,2017(1):4-10.

[13] 王新越,候娟娟,韩霞霞.中国特色小镇空间分布特征及影响因素研究[J].规划师,2018,34(1):12-15+35.

[14] 关于核定并公布第七批全国重点文物保护单位的通知[EB].2013-05-03.

[15] 谢静.文化导入理念下特色小镇"特色"建设——以云南瑞丽畹町特色小镇为例[J].小城镇建设,2018,36(7):98-104.

[16] 陈卉,王骏,徐杰.由嘉兴子城遗址公园谈历史地段整体性保护的三重属性[J].西部人居环境学刊,2017,32(6):78-83.

论题四

建筑史学史:人物与事件;中国现代建筑教育

构图与空间
——从参考书解读 20 世纪 60 年代中国建筑教育的方法演变

Composition and Space

—The Evolution of China's Architectural Design Pedagogy in the 1960s through the Historical Study of Textbooks

张轶伟[①]

Zhang Yiwei

【摘要】本论文通过对《民用建筑设计原理》和《建筑设计初步——参考图集》这两套教学参考书的分析,试图揭示 20 世纪 60 年代初期国内建筑教育从基础课程到高年级设计课程的知识构成。此外,参照清华建筑系同时期的教案和学生作业,本文梳理了其教学体系和方法中来自布扎构图传统和现代空间教育理念的双重影响。

【关键词】建筑设计原理　建筑设计初步　空间教育　构图

1　引　言

　　纵观中国建筑教育的历史,新中国成立之后到"文化大革命"全面爆发的 17 年(1949—1966 年),通常被视为一个意识形态干预学术自由发展的阶段。尤其是在 1952 年高等院校院系调整之后,布扎(Beaux-Arts)教学体系在全面学习苏联政策的鼓动下,再度成为一个全国性的模式。原本逐步兴起的现代建筑教育受到阻碍。20 世纪 40 年代新成立并引入包豪斯教学法的圣约翰大学和清华大学建筑系都被迫放弃了具有现代主义特征的教学。但不可否认的是,在中国重新被拾起的布扎方法并不等同于其在西方语境下用于传授古典建筑设计法则的教学方法,而属于一个适应性的变革(adaptive evolution)。一方面,现代建筑观念在新中国成立初期已经被接纳,即便是接二连三的政治运动也不能完全抹除其影响。每当外部学术环境稍显宽松时,对于现代建筑教育的探索都会萌发。另一方面,以西方古典建筑构件为形式要素的训练方式也在国内发生了变迁,并加入了具有本土特征的内容。

　　参考书作为教学方法固化的载体,一定程度上能够还原其历史,并能相对客观地反映当时教学的知识构成。本文将从两本设计方法的教参入手,来剖析国内布扎教学的知识体系是如何组织,并如何

吸纳现代建筑的影响。而教材选择对象是 20 世纪 60 年代初出版,由清华大学土建系民用建筑设计教研组编写的《建筑设计初步——参考图集》[1] 和《民用建筑设计原理(初稿)》[2](以下简称《建筑初步》和《设计原理》)(图 1、图 2)。上述书籍的选择并非偶然。1963 年教育部曾颁发了以清华建筑专业课程为蓝本的统一教案,并在全国推行。作为同时期出版的两本教材,它们回应了教学的基本问题:《建筑初步》从古典建筑要素和构图的角度启蒙设计,对应基础教学;《设计原理》从方法论的角度论述设计发展的过程,对应中高年级的设计教学。上述教材具备一定的示范性,并能反映出当时国内学院式建筑教育的一些共同特征。

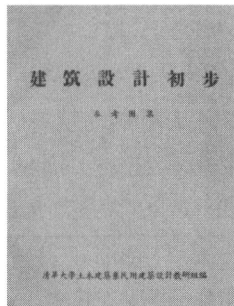

图 1　《民用建筑　　　　图 2　《建筑设计初步
　　　 设计原理》　　　　　　　——参考图集》
　 (图片来源:书籍封面)　　　(图片来源:书籍封面)

　　① 张轶伟,深圳大学建筑与城市规划学院,助理教授。

2 解读教材

2.1 《建筑设计初步——参考图集》：本土化的布扎方法

在 20 世纪 60 年代，国内建筑院校大多设置了一年时间的"建筑初步"课程用来培养学生基本的制图技巧并助其熟悉设计规范。顾大庆就曾把中国"布扎"从 1950 到 1980 年左右的历史沿革概括为一个"本土化"的阶段[3]。他以南京工学院的教学历史来说明，布扎教育转型的一个重要特征就是在初步课程的柱式渲染中增加中国古典建筑、民居等内容以适应本土的特征。而这一趋势在清华的基础教学中也可以明显见得。

《建筑初步》并非统编教材，只是当时民用建筑设计教研组的内部参考资料，编纂于 1962 年。与参考图集一起刊印的还有文字版的讲义，这一资料在清华建筑系的图档室中能够查阅到[4]（图 3）。图集包含三个部分：第一部分是中英文书法的练习。第二部分是中国古典建筑的样式和构件图录，并以精致的墨线绘制，包含北方官式建筑的平面（面阔进深）、剖面（梁架做法）、石作、装修（小木作）、细部装饰等内容，其目的在于阐明构件的名称及构造关系，主要来源是《清式营造则例》的图录，此外还有姚承祖编纂的《营造法原》[①]。第三部分则是西方古典建筑的内容，包含五柱式的平、立、剖分析和局部放大图，券柱式、亭子、西方古建筑细部和装饰以及"大样构图"。对于上述构件形式分析的核心在于阐明其形式之间的数理关系。如母度（module）、分度（parts）的应用或是各部分构件尺寸与柱径（D，即 diameter）的关系。书中还以简图示意如何从基本的轴线起稿，分段，控制收分来绘制五种基本柱式。图例的出处则是威廉·韦尔（William R. Ware）所著的《美国的维尼奥拉》（The American Vignola）一书[5]。此书第一版发行于 1904 年，被视为折中主义建筑教学的经典教材。而

作者韦尔曾在麻省理工参与创建美国高校的第一个建筑系，之后长期在哥大建筑系任教。

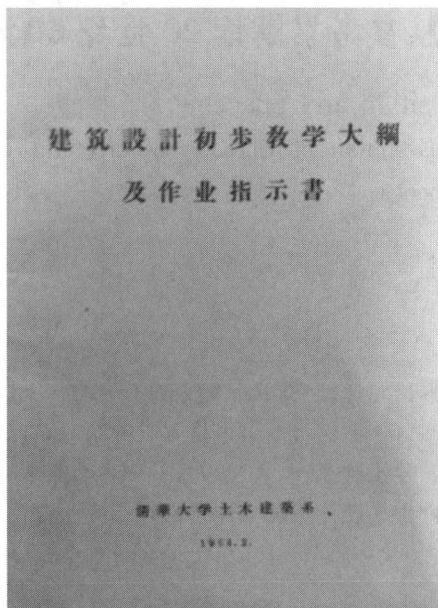

图 3　建筑设计初步教学大纲封面
（图片来源：清华大学建筑系图档室）

这里我们可以把《建筑初步》的图录与 1963 年基础课的教学计划进行对照（表 1）。基础训练中包含了一系列有梯度的制图和构图训练。学生要从字体和工具制图开始，通过铅笔线、墨线和渲染的方式熟悉古典建筑的形式法则。这里值得一提的是，能够在基础课程中体现布扎方法实质的"大样构图"（Analytique）也有涉及（图 4）[②]，并且已把中国传统建筑纳入构图的要素中。这一练习在教学计划中亦占有很重的分量（占据一年级下 170 学时中的 90 学时）。与单纯重复古典建筑先例的临摹有所不同，"大样构图"是学生掌握基本原理之后的综合运用，并且包含不同空间层次和不同尺度建筑构件的共时性再现（图 5）。但出于压缩学时的考虑，这一练习在 20 世纪 80 年代的学院式基础教学中多被取消，仅保留了柱式渲染的作业。这实际暗示了布扎设计方法的完整性在教学中被逐步缩减。

---

① 在《建筑初步》的内页中有提及所引用资料的出处。

② "大样构图"英文翻译引自哈伯逊（John F. Harbeson）所编著的《建筑设计学习》（*The Study of Architectural Design*）一书。

表1　1963/1964 年清华大学建筑学教学计划

（图片来源：清华大学建筑系图档室）

学期	训练内容	学时及安排	训练目的和说明	合计
一年级上	Ⅰ 建筑设计初步（来源于 1963 年 10 月档案）			总 444 学时课内 216，课外 228（包含讲课 30，作业 360，余为课外作业学时）
	① 直线练习	10	各种直线（水平，垂直，斜线）的画法及墨线画法	
	② 曲线练习	10	用圆规画的各种曲线，曲线与曲线，曲线与直线交接及墨线画法	
	③ 书法练习	10	练习仿宋字的写法	
	④ 西洋古典柱式	10	塔司干，陶立克，科林斯三种，铅笔制图	
	⑤ 爱奥尼柱式	32	西洋古典柱式，综合练习直线，曲线，墨线，铅笔线制图	
	⑥ 渲染练习	12	裱纸，滤墨等准备工作，练习水墨渲染基本技法	
	⑦ 渲染——塔司干柱式	36	平面，曲面体形表现技法，复习塔司干柱式比例形象	
	⑧ 中国古典建筑局部细部渲染	70	水墨渲染，表现不同材料及颜色的画法	
一年级下	① 西洋古典建筑渲染	90	临绘一个西洋古典建筑并渲染（有大样构图），学习构图手法及建筑处理	
	② 中国古典建筑测绘	80	清华园工字厅大门及过厅，了解中国古典建筑主要构件，了解测绘方法步骤，绘制平、立、剖墨线图	
	测绘实习	三周，144	颐和园单体建筑	

续表

学期	训练内容	学时及安排	训练目的和说明	合计
	Ⅱ 建筑设计			
二年级上	① 旅馆客房	5 周，60	一个旅馆房间的设计，包括一间客房，卫生间和门斗，壁柜，面积共约 20 平方米	共 17+2 周每周 6(6) 学时
	② 阅览室（或其他）	8 周，96	小型公共建筑如阅览室、茶室、售票屋等面积约 70~80 平方米	
	③ 名人纪念堂	4+2 周，126 学时	西方古典纪念性建筑造型的纪念堂，立面比例尺度与细部的处理，面积 200 平方米	
二年级下	① 餐馆	7 周，91 学时	小型餐馆，包含门厅、厨房、公共及辅助供应等部分，共 350 平方米	共 13+1.5 周每周 6(7) 学时
	② 休养站	6+1.5 周，共 132 学时	三四居室，结合自然地形，学习民居建筑特点，要求采用坡顶，面积约 150 平方米	
三年级上	① 小学校	8 周，共 128 学时	12 班二层的小学校设计，一般混合结构，适合大量建造，面积 2 000 平方米	共 15+1 周每周 8(8) 学时
	② 电影院	7+2 周，共 186 学时	1 200 座电影院，考虑视线、声响、疏散设计，大跨结构形式和布置	
三年级下	① 图书馆	10 周，共 160 学时	藏书 30 万册的纪念性图书馆，面积约 2 800 平方米，制图与第二题共用 2 周。	共 13+2 周每周 7(9) 学时
	② 图书馆局部	3 周，共 48 学时	学习比例尺度较大的外墙立面和断面，作构造剖面设计	
四年级上			资料暂缺	
四年级下	① 高层旅馆	8 周，共 152 学时	150 间客房的高层旅馆，面积共约 7 000 平方米，制图与第二题共用 2+1 周。	共 13+1 周每周 8(11) 学时
	② 旅馆门厅或休息厅	3 周，共 57 学时	门厅或休息厅室内设计，各种固定与活动家具布置，室内细部构件形式和艺术处理	

续表

学期	训练内容	学时及安排	训练目的和说明	合计
六年级上	①公共建筑群	7周，231学时	建筑群布置，包括功能分区、道路、停车场、室外场地庭园、小建筑物	共15周每周13(20)学时
	②大型公共建筑	8周，共264学时	如剧场、体育馆、科学工作者之家等，平面空间布局和建筑体型立面的艺术处理	

注：此教案为当时学习苏联而试行的六年学制，其中五年级为生产实习，六年级下为毕业设计。

图4　大样构图的示意图
（图片来源：《建筑设计初步》）

图5　20世纪60年代清华建筑系的建筑初步作业
（图片来源：清华建筑系图档室）

① 书中提到，公园茶室设计应该"用轻快活泼的传统形式来配合公园中的环境"，而在名人纪念堂的项目则应该采用严谨的西方古典建筑形式来烘托庄严的气氛。

2.2　《民用建筑设计原理》：空间与构图

《设计原理》初版于1963年发行，并作为内部交流的教参。主要执笔人员包括关肇邺、黄报青、李道增、田学哲等。上述学者在当时均为经历了新中国成立前后清华建筑系教改的青年教师，既谙熟布扎的教学，同时也对现代建筑的发展有一定认识。全书采用了文字论述和插图对照的方式来进行，可以分为两个部分。第一部分归纳了建筑方案设计的一般过程以及其基本要素，并从功能、结构、经济的角度展开论述。在第一章的二至四节，作者把设计过程归纳为对设计任务的分析、方案设计、设计深化、正式图绘制四个阶段。在设计任务分析阶段，主要矛盾在于如何把建筑类型和其"性格"（character）进行匹配，如何通过设计手法来使"建筑意匠"的表达和其功能、环境相吻合③。而建筑性格的塑造实际是一个综合的途径，并和布扎设计教学的传统有着密切联系。对于古典建筑性格的把握往往要依赖于历史文献、考古和测绘等途径，并着力于美学修养的培养。方案设计和设计深化阶段体现了一个从平面和立面（体型）设计相对分离的过程。对于方案阶段的工作，书中认为其关键在于平面图，并把任务书中需求的面积、空间合理解决。"功能分析图解"就是一个解决问题的有效工具（图6）。气泡图的分析方式体现了功能优先的原则，但从设计过程而言，这个图解的应用却是为辅助学生发展一个好的设计立意（parti）。"'分析图解'并不是建筑平面图，但是一个经过整理的、好的分析图往往可以暗示一个合理的建筑平面布局"[2]。例如书中对"文艺图书馆"设计的分析实际反映了在布扎设计方法中加入了功能关系思考的环节（图7）。而书中所绘的图示很容易让人联想到宾夕法尼亚大学的哈伯逊在《建筑设计学习》教科书中对"parti"的图解。设计深化即第三阶段"设计的深入推敲和发展"除了解决平面深化的问题，更多需考虑的则是立面和建筑体型的设计。这一推敲的过程依赖于"空间组合"与"外形构图"法则的综合应用，不易进行单方向的归纳。徒手小透视是一个推进方案深化的有力途径，必要时还可以用模型辅助研究外部体量。正图绘制即最后阶段在书中主要指画表现图，并根据不同的设计需求有所区分。书中指出，由于西方古典、中国古典和现代建筑所具有不同的性格特征，因而在表达方式上应予以区分。例如用单色墨线渲染来表达西方古典建筑的体积感，而用彩色渲染来表达中国传统建筑的丰富色彩。

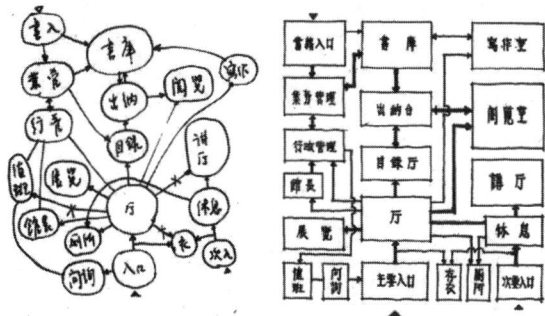

图 6　图书馆的泡泡图和
调整之后的"功能分析图解"
（图片来源：《民用建筑设计原理》）

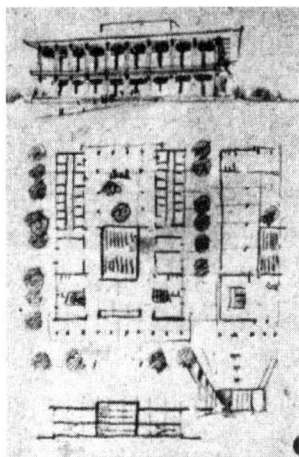

图 7　图书馆
设计草图
（图片来源：《民用建筑设计原理》）

《设计原理》的第二部分实际是对"建筑艺术创作方法"的分析。出于当时反对形式主义的学术环境，行文回避了建筑形式的提法，以"空间组合"和"外形构图"两部分展开，并分别从建筑的内部空间组织和外观体量阐述了空间形式的法则。在国内建筑系几乎通用的建筑类型教学基础之上，当时建筑形式法则的核心内容是"构图"与"空间"原理的混合，也分别回应了古典和现代建筑教育的两种价值观。

李华曾对布扎教学体系中的"组合（composition）"和其现代性有过如下论述："组合"实际是"布扎体系内一套系统化的工具和方法，其目的是将不同的设计构思'转译'为适当的物质形态。[5]"而"空间

组合"则是把空间视为组合的基本对象，这更类似于一种转型期的形式理论，而并非典型现代主义的文本。《设计原理》对空间基本属性的描述分别从形状、大小、尺度、围合度等角度展开，对空间组合的探讨则包含"导向作用与轴线""空间序列"以及剖面中的空间应用等。这些内容，即便在今天的设计教学中也是相对"不可教"的部分，因而书中也采取了案例分析的方式来进行阐述。

《设计原理》对建筑空间形式基本特征的描述是跨越风格的。插图分册混合编排了大量古典和"近代"建筑的案例用来阐述其中的"空间组合"与"外形构图"。除了第一代现代主义建筑师的作品外，很多落成于四五十年代的新作也有涉及，如阿尔瓦·阿尔托（Alvar Aalto）、诺伊特拉（Richard Neutra）、山崎实（Minoru Yamasaki）、尼迈耶（Oscar Niemeyer）等人的作品。这种在从古今建筑案例中寻找一般规律的方式也让人联想到哈姆林（Talbot. Hamlin）以编字典的方式所著的《二十世纪建筑的形式与功能》（*Forms and Functions of Twentieth-Century Architecture*）。《设计原理》并未采用编年体的方式罗列上述案例，而是试图通过古典和现代建筑的对比来分析其空间组合的一般特征。例如，书中把浙江民居室内分隔部分镂空的处理和现代建筑的流动空间进行对比（图 8）。而针对空间层次的概念，书中借用诺伊特拉的住宅、巴塞罗那德国馆来说明片墙、柱和玻璃分隔形成的空间层级，并达到以小见大的效果。近代建筑中所强调的"同时感"和"透明感"即具有上述的含义。[2]同时作者又以苏州网师园和留园揖峰轩的庭院来与之比较，并说明两者有着相似的空间感知效果（图 9）。上述内容已经说明，国内设计教学中对空间的意识和基本原理的梳理在 20 世纪 60 年代已经有所展开。但另一方面，对上述问题的分析仍然是借于建筑案例本身的，属于个别经验，而并没有进一步的抽象和方法化。

尽管作为认知层面的"空间"从 20 世纪 40 年代就已经开始影响国内建筑教育，但把其真正转化为方法并作为教学主线却绝非易事。从教学执行而言，清华大学建筑系在 20 世纪 60 年代前期采用了典型的建筑类型教学。例如，在 1964 年，六年制的课程中，设计题目按照类型和规模来组织（表 1）。从体裁来说，纯粹古典训练的比重已经非常小了，除了"名人纪念堂"（图 10）等必须使用古典建

筑语汇的类型,绝大部分课题都是常见的功能,也出现了高层旅馆这类体现时代特征的项目。在高年级的设计中,尤其是工业建筑的类型,对现代形式、空间、结构等问题的表达则更为直接。但在任务书的描述中,关于构图能力、造型、立面仍然是衡量设计好坏的准绳。(图 11)尤其作为"形式"的空间问题出于意识形态的因素难以展开讨论。

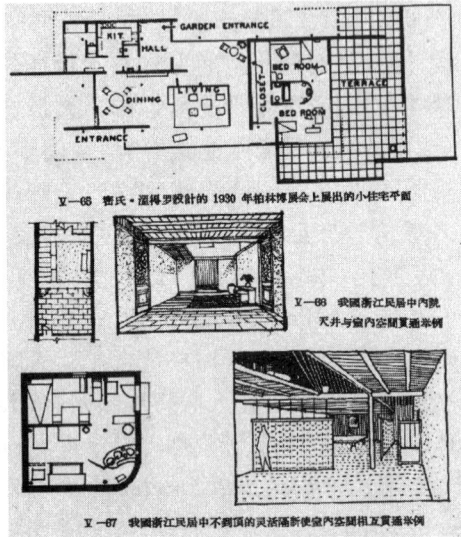

图 8　密斯柏林展会小住宅与浙江民居的对比
(图片来源:《民用建筑设计原理(插图)》)

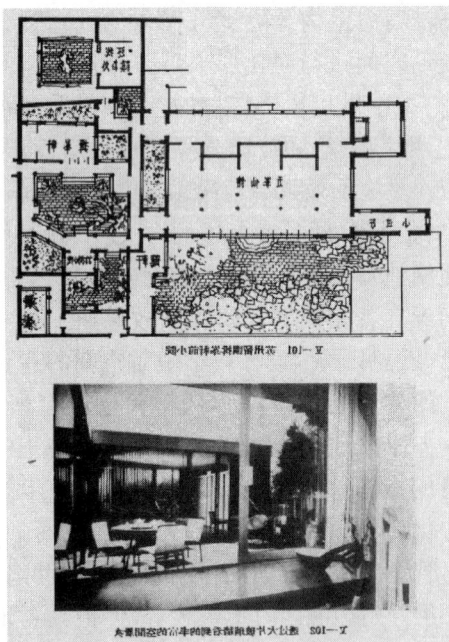

图 9　留园揖峰轩和现代建筑中空间层次的对比
(图片来源:《民用建筑设计原理(插图)》)

2.3　从基础课到设计课

通过《建筑初步》和《设计原理》的解读,我们能够论证基础课和设计课在建筑教育从古典向现

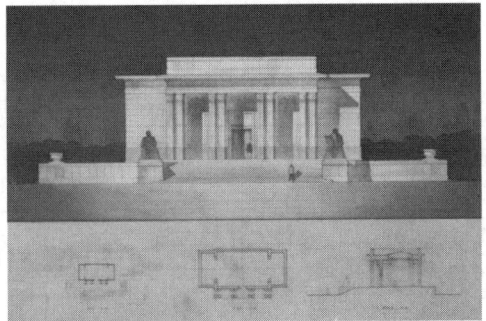

图 10　纪念堂设计,1961 级
(图片来源:清华大学建筑系图档室)

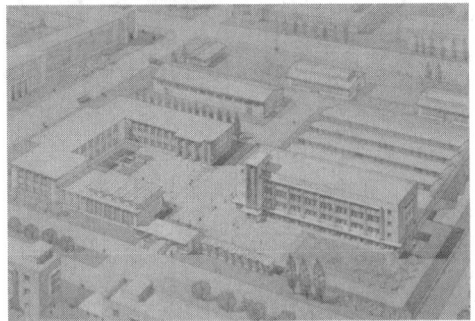

图 11　精密仪器厂规划设计,1957 级
(图片来源:清华大学建筑系图档室)

代转型的进程中实际是不同步的。在 20 世纪 60 年代的教学中,纯粹运用古典柱式的设计已被摒弃,对于现代空间、结构的讨论也已经开始出现。从留存的清华大学建筑系学生作业来看,高年级学生采用简洁的形式语言来进行设计已经相对普遍。然而,《建筑初步》教材中没有出现现代建筑的内容,"布扎"传统在基础课程的影响远未消退。尽管作为一种观念的"现代建筑"在国内教学中已经普遍,但基础课的教学尚不能找到一种与之对应的方法,因而只能继续沿用布扎的传统。

如果说折中主义建筑教育的基础是从熟悉古典建筑基本构件开始,那么基础课程柱式渲染的训练当然无可厚非,这体现了基础与建筑设计相互匹配的关系。但随着源自欧洲现代主义建筑运动的兴起,设计教学自然接纳了新建筑的影响,那么基础课程的变革则显得相对滞后。这属于个人经验向一般规律上升所需的必经过程。这同时说明,现代建筑的"可教"问题需要从先锋事务所的探索开始,再逐步发展为行业共识,并提取出基本规律、转化为可教的方法。而这一过程在国内建筑教育的实现往往需要借助于对外交流来输入新的教学法。实际上,直接以模型操作而进入设计或建筑学习的方法(例如包豪斯初步课程)在国内普及要到

20 世纪 80 年代的中期。我国大陆地区建筑院校借用了从日本、中国香港及台湾地区引入的"形态构成"教学方法，才真正撼动了学院式的入门方法。

3　结　语

中国建筑教育发展的特殊轨迹导致布扎体系在国内有着根深蒂固的影响。尽管从 20 世纪 50 年代到 60 年代，社会政治的大背景曾数次阻碍国内建筑教育接纳欧美现代主义建筑的影响。但这种由布扎构图教学向现代空间教育的转型在国内建筑院校也并未完全停止。1960 年左右，同济大学建筑系冯纪忠所发展的"空间原理"就是一个特殊的尝试。"空间原理"在教学法上的突破在于试图以空间类型取代建筑类型组织二年级到五年级的教学。但从主流来说，依据布扎构图和组合理论的框架，结合现代建筑空间的基本认识，这种折中式的教学在国内有着长久的影响。

本文所分析的两本教材对于绝大多数当代建筑类专业教师是比较陌生的。但从方法本身来讨论，它们所带来的影响却是潜在而深远的。甚至 20 世纪八九十年代的建筑基础教学和设计原理课程仍然无法脱离这两本书中的基本框架。这一点似乎反映了国内的布扎模式在演变过程中逐步吸纳

和转化现代建筑设计原则的潜力。但基于"文化大革命"之前特殊的学术背景，由于没有真正和现代主义建筑相匹配的教学方法的输入，从平面到立面、从功能分区到建筑外部形式这种基于要素和组合的布扎设计方法仍然难以突破。

参考文献：

[1] 清华大学土建系民用建筑设计教研组. 建筑设计初步——参考图集[Z]. 北京:清华大学,1962.

[2] 清华大学土建系民用建筑设计教研组. 民用建筑设计原理(初稿)[Z]. 北京:清华大学,1963.

[3] 顾大庆. 中国的"鲍扎"建筑教育之历史沿革——移植、本土化和抵抗[J]. 建筑师,2007(2):97-107.

[4] 清华大学土建系民用建筑设计教研组. 建筑设计初步教学大纲及作业指示书[Z]. 北京:清华大学,1964.

[5] William R. Ware. *The American Vignola——A Guide to the Making of Classical Architecture*[M]. Dover Publications,1994.

[6] 李华. "组合"与建筑知识的制度化构筑——从 3 本书看 20 世纪 80 和 90 年代中国建筑实践的基础[J]. 时代建筑,2009(3):38-43.

[7] T. F. Hamlin. *Forms and Functions of Twentieth-Century Architecture*[M]. New York: Columbia University Press,1952.

论阿尔多·罗西的《城市建筑学》在中国的接纳及转化（1986—2016）*

Acceptance and Transformation of Aldo Rossi's *l'Architettura della città* in China（1986—2016）

江嘉玮①

Jiang Jiawei

【摘要】本文按照时间先后顺序回顾了阿尔多·罗西的城市理论在过去的三十年内如何被引入中国并得以传播。根据引介人的意图及具体的社会语境，这个过程可分为三个阶段。尽管有些引介人只是做了字面上的阐述，有些人（如王澍）则推进并且甚至在一个截然有别于欧洲城市的语境中复活了罗西的理论。通过归类并评价已有的文献，本文将呈现这本书在中国的诠释及误读。

【关键词】城市建筑学　语言学　集体记忆　城市动力　类比城市

人们或许会关注这种问题：究竟是什么持续力量令一部著作的名气长盛不衰？"其翻译标志其生命被延续的状态"（Their translation marks their stage of continued life.），这句引语或许能给出某种答案。通过援引瓦尔特·本雅明（Walter Benjamin）提出的关于作品"后起之生命"（afterlife/Nachleben）的概念②，我们能超越一部译作对原真性（authenticity）的遵从来看待翻译的功绩。一部作品的后起生命以及翻译行为的合目的性（purposiveness）都在其可译性（translatability）中得以展现，这最终将其自身提升为一项独有的智识活动。在此，笔者将对阿尔多·罗西《城市建筑学》的重新评价置放于其自身后起生命的领域中。

随着在过去半个世纪世界上出版了超过三十种语言版本的《城市建筑学》（图1），罗西式理解城市的模式已被不断传播、重释、改造甚至误读。这些语言所在的地区和国家对于引介罗西均怀有各自的意图，并且在各自的兴趣及意识形态、学科的理论思考、对实践的策略性回应等方面各不相同。

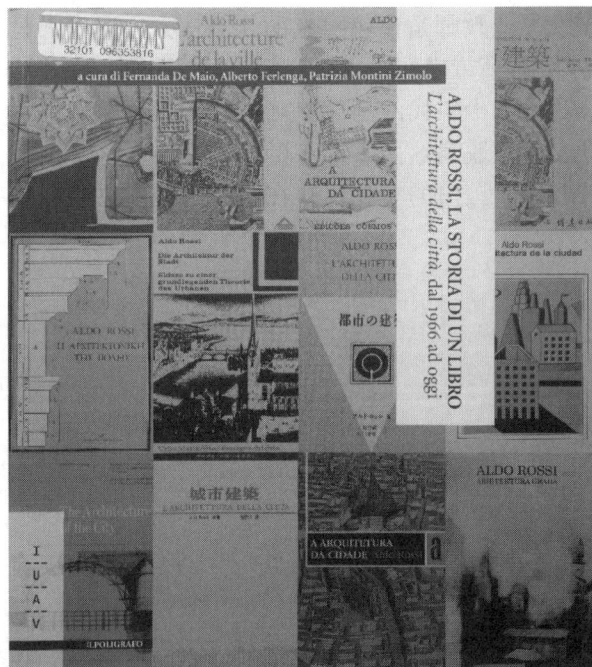

图1 《城市建筑学》各个译本的封面集成

（图片来源：已出版的书籍 Aldo Rossi, la storia di un libro：L'architettura della città, dal 1966 ad oggi 的封面）

*本研究受国家留学基金会博士联培项目资助，在耶鲁大学完成。

① 江嘉玮，同济大学建筑与城市规划学院，博士研究生。

② 参见本雅明的《译者的使命》（德文版见 *Die Aufgabe des Übersetzers*, from *Gesammelte Schriften* Bd. IV/1, pp. 9-21, Frankfurt/Main 1972, 英文翻译版见 *The Task of the Translator*, from *Selected Writings of Walter Benjamin*：volume 1（1913—1926），The Belknap Press of Harvard University Press, 1996, pp. 253-263）一文。在这篇文章中，译者的角色被并置于著作自身的可译性，而对著作的误读可能发生自译者自身的特定情形。"后起之生命"被认为是超越翻译的原真性的，是为了让译者从依循源语言及源语境的重担中解放出来。笔者在此通过援引本雅明的这个概念，是为了寻找一种积极转化的潜能，而不是消极的接纳。

例如，就像罗西自己在《城市建筑学》美国版第一版的导言里说的："……我无法在不可度量的身体、静态与动态、清醒与迷狂之上度量我自己的建筑——我的思想与我的房子——这就是美国。"罗西关于城市的思想在不同语言中的迁徙可能会遭遇文化冲击（cultural shock），乃至不得不入乡随俗（acclimatization）。尽管或有方家存疑，本文于篇首给定有关这项研究的前提条件是，对一名接受者（指读者或曰知识的输入者）而言，在翻译与引介过程中最关键的不是简单的接纳，而是对所传递思想的积极转化。

下文将进行一场思想之旅，回顾《城市建筑学》这本书在中国的接纳及转化过程。它的后起生命在一片有别于已滋养欧洲城市数千年之土壤的智识大地（intellectual land）上获得了延续。罗西本人受到众多与城市研究相关背景的前辈的启发，他力透全书，志于揭示出潜伏于城市在长时段里的兴衰枯荣之下的首要力量（prime power）。它以表面上的静态化的观点来追寻一种根本的城市动力。就像骚乱与动荡有可能发生在每一寸文明扫过的大地上，作为一种物质实存的相似城市结构与构成或许都能在每一片城市动力起过作用的土地上找到。而罗西的思想进入中国的时机正好发生在这个国家经济开始腾飞的转捩点前后。对此过程的最佳解读便是从这样的整体背景开始。

1　罗西的理论被引入中国的早期阶段

十年之久的"文化大革命"给中国遗留下一段理论的真空，然而知识分子内心对学术讨论的热情并没有消失。在"文化大革命"中被诋毁为"阶级敌人"的中国知识分子在这场浩劫过后陆续重返各自的学术岗位。而且在1977年10月，中断了11年的全国高考重新恢复招生。中国学术界在逐步脱离政治斗争的压制之后，迎来了久违的学术自由的春天，并且开始积极地保持与国家的改革开放政策步调一致。于是，二十世纪八十年代是中国学术界在哲学、语言学、诗歌、文学批评、美学等领域蓬勃繁荣的时代。也就是在八十年代初期，在这些学

科领域的西方学术界里，已经风行的后现代理论（post-modern theory）成了主流，正好被当时孜孜向外伸出触须的中国知识分子相中了并戏剧化地奉为圭臬。所谓的"modern theory"，也就是中文里的"摩登理论"，见证了这些西方思想的移植与本土化。罗西的理论被引入中国正是处于这样的语境中。

在1986年，即《城市建筑学》（l'Architettura della città）的意大利文版出版20年后，王丽方刊登在中国《新建筑》期刊上的文章《意大利理性主义建筑师阿尔多·罗西》第一次在中文学界里提及作为建筑师的罗西。不过直到马清运于1990年发表的文章《类型概念及建筑类型学》，作为城市研究者的罗西才第一次被提到。可以说，罗西其实是在二十世纪八十年代后现代主义盛行的背景下与他的意大利同行一并被中国人引入的，还不是为了单独研究罗西他本人的城市理论。王丽方当时是清华大学的研究生，在她看来，罗西的建筑因为空载了历史内容（void of historical contents）而备受推崇——它只剩下留待未来填进内容的纯粹的潜在框架。王丽方强调了罗西为了追求深层结构而采用的符号学方法，它本身也是一种唤起集体记忆的方法。这或许有些过于简化罗西的理论了，不过它反映了当时中国学界对符号学与语言学普遍存在的兴趣。马清运当时刚好从清华大学本科毕业，随后在宾夕法尼亚州攻读建筑学硕士学位，他写罗西的文章建立在对二十世纪七十年代由拉斐尔·莫内欧（Rafael Moneo）、阿兰·柯洪（Alan Colquhoun）、菲利普·斯泰德曼（Philip Steadman）、安东尼·维德勒（Anthony Vidler）等学者的研究之上。马清运的文章代表了中国学界第一次尝试以系统化的方式引介第二次世界大战之后的类型学，同时将类型学的方法应用到阅读城市上。对当时的中国读者而言，马清运很到位地辨别出了一些关键的理论差异，例如，罗西与卡洛·艾莫尼诺（Carlo Aymonino）在类型学的应用性上的不同立场[1]，或者罗西与利昂·克里尔（Léon Krier）之间的设计策略。尽管这些问题未必与当时的中国很相关，这两

---

[1] 艾莫尼诺坚持通过意识形态、生产模式与文化图式的内在结构来研究建筑类型学与城市形态学。与艾莫尼诺不同的是，罗西将类型学用于对长时段历史内的、固有的城市动力的更深层次阅读。根据马清运的看法，两人的差异可总结如下：艾莫尼诺的是独立的类型学（independent typology），而罗西的则是应用类型学（applied typology）。问题在此便是，是否要在一种本质主义（essentialism）的层面上来指向类型学自身，或者换句话说，这种类型学的运作是否存为其自身（function for the sake of its own）。

篇文章都不约而同地关注了理性主义（rationalism）自二十世纪六十年代以来为何在西方复兴、如何复兴。我们在后文将会看到，对中国建筑和城市问题的关注是到二十世纪九十年代出现的。

同样具有清华大学背景的朱锫在 1992 年发表了一篇名为《类型学与阿尔多·罗西》的文章，第一次尝试用一整篇文章来系统地介绍和阐释罗西的《城市建筑学》。在这篇引用率很高的文章里，朱锫将他对罗西的评述放回到第二次世界大战之后意大利人对"类型"（type）与"模型"（model）有目的的区分之上①。朱锫尽力从罗西整体化的理论里区分出一些历史内涵与抽象过程。然而，朱锫倾向于将罗西的类型学主要理解为一种设计的操作方法（modus operandi of design），而将它与罗西在米兰理工大学（Politecnico di Milano）与威尼斯建筑大学（IUAV）做研究时原本用类型学来理解城市的初衷隔离开来了。朱锫的这种倾向尤其在他面对比罗西、路易·康（Louis Kahn）、詹姆斯·斯特林（James Stirling）的作品时变得更加明确。虽是如此，朱锫文章的主要贡献能够归纳为相关的两点：①他首度提出了罗西的城市理论不适用于中国的城市与乡镇，尽管并没有给出任何进一步的分析或解决方案；②他批评罗西将僵硬且朴素的类型学应用到实体建筑之上显得过于抽象化了，从而导致了一种无生命感的建筑。这两点犀利的观察确实指出了罗西在实践与理论之间难以摆脱的两难问题。

除此之外，值得一提的是学者沈克宁的两篇文章，一篇是发表于 1988 年的《意大利建筑师阿尔多·罗西》，另一篇是发表于 1991 年的《设计中的类型学》。相比于前三位作者长篇幅的理论回顾，沈克宁聚焦于类型学所带来的设计方法。这反映了年轻一代中国学者与建筑师对于如何吸收设计思维并将其适配至现实情况的兴趣。通过研究类型学中的"元设计"（meta-design）理论，沈克宁扩展了对罗西、翁格斯（O. M. Ungers）、马里奥·博塔（Mario Botta）作品的对比阅读。这样的引介方式确实将罗西一代人的启发灵感的作品介绍给了国内孜孜以求的建筑师们，如同一股清风吹皱一湖静

水，泛起喜悦之涟漪。

要是说上述五篇文章对罗西的理论完成了一个初步的引介，那么它们的贡献都只限于完成了一项翻译和介绍的工作②。我们尚未发现罗西的城市理论在当时的中文语境中有任何的后起生命。不过从那时起，中国学界对罗西的理论尤其是它与后现代理论的关系以及对设计的潜在指涉产生了越来越浓厚的兴趣。大约在二十世纪九十年代中期，《城市建筑学》的中译本出现，不过首先在一些学者的小圈子里传读。而在中国台湾，由施植明翻译的《城市建筑》于 1992 年出版，中国大陆由黄士钧翻译的《城市建筑学》则于 2006 年出版。随着这些中译本的出现，罗西的城市理论在中国获得了更多关注，开始在汉语中经历一些意料之外的演绎。

除此之外，这一阶段对罗西的引介再没有什么值得论述的了。以上四位作者全都在北京获得他们建筑学的基础教育，三人来自清华大学，一人来自北京理工大学。这些院校在九十年代都青睐于讨论文化与国家身份问题。他们对罗西的引介不可避免地作为一种参照，实际上关注的是已有的西方理论例子如何能在更广阔的文化层面上给中国带来启迪。在下一阶段对罗西的引介中就不再是这么回事了。

2 重释罗西：王澍及其写作与实践

罗西在 1997 年溘然长逝，这标志着西方世界对他的理论已普遍失去兴趣，尽管罗西事实上从二十世纪八十年代中期以来就终结了他的城市研究，而建筑类型学也被八十年代以来兴起的其他理论取代了。从罗西在他《一部科学的自传》（A Scientific Autobiography）里表述过的写作城市理论的初衷来看，罗西早年的人生经历对促成他的城市理论有很大关系。而这些层面的史实直到最近才被中国的罗西研究者所了解。大部分人对罗西的理解都是通过他的文本完成的。相应地，为厘清中国语境之下前人都完成了什么内容，下文将对中文语境中已有的对罗西文本的分析再展开一次文本

---

① 对于任何一个研究建筑类型学的人来说，他肯定了解这对术语源自德昆西（Quatremère de Quincy）。在此依旧需要强调的是，关于"类型"与"模型"的原初思想被阿尔甘（Giulio Argan）、艾莫尼诺、罗西不同程度地改造了。这些意大利人去除了德昆西用在这些词语身上的新柏拉图主义（Neoplatonism），进而为他们后来将类型学应用到诸如绘图、展览、实际项目等创造性行为（creation act）上铺平了道路。

② 根据笔者在此搜集的文献，在二十世纪九十年代中期之前，大约有 20 篇中文文献讨论过罗西的类型学与城市理论，而这 5 篇是当中质量最高的。其余的文章大多是对已成定论的观点的无新意阐发。

分析。

罗西的理论与语言学的关系在中国学界直到九十年代末才被提及。我们能明显感觉到整个九十年代的中国学术领域对语言学的着迷。在那段时间，像费尔迪南·德·索绪尔（Ferdinand de Saussure）、雅克·德里达（Jacques Derrida）、罗兰·巴特（Roland Barthes）这些名字对一个搞学术的人来说是不可能陌生的。正是在这种背景下，中国建筑师开始关注罗西如何通过一种可类比于符号学分析的途径来研究城市，以及这样的理论研究究竟如何可被导入实践。这种关注在世纪之交时达至顶峰。中国第一位普利茨克奖获得者王澍在 2000 年向同济大学提交了他的博士论文《虚构城市》（Fictionalized City），这对在语言学及城市理论中阐释罗西具有里程碑意义，因为它开始以一种相当大胆的类比方式将这些西方理论改造成一种看待中国古代城市的新视角。

从同济大学毕业之后，王澍旋即在 2000 年发表了一篇期刊文章《时间停滞的城市》（The City in Stasis），这是从他同年递交的博士论文《虚构城市》的第二部分里节选出来并重新整合而成的。王澍将中国古代城市尤其是位于江南地区的古镇及古村视为"停滞"的，仿佛时间停止、历史之树凝固为化石。我们不由得会发问，这样一种虚构出来的城市究竟如何能与一座实体的城镇关联起来呢？为寻得答案，我们不得不转向他博士论文的第一部分。

这篇博士论文的第一部分共分为 60 个小节，它是对二十世纪九十年代引入中国的西方理论的一次全面的深入阅读。王澍在论文中经常提及以下学科及名字：①语言学，王澍大量地引用德·索绪尔、德里达、雅克·拉康（Jacques Lacan）、罗曼·雅各布森（Roman Jakobson）等人的文本；②结构人类学，主要援引克劳德·列维-斯特劳斯（Claude Lévi-Strauss）文本；③文学批评，马拉美（Stéphane Mallarmé）与托尔斯泰（Tolstoi）的文本经常出现；④美学，涉及黑格尔（Hegel）与尼采（Nietzsche）；⑤城市研究者，如罗西与凯文·林奇（Kevin Lynch）。其实，这样广泛的援引或许显得与罗西自己的援引方式有些相似，因为我们都知道罗

西从很多不同的学科里援引过。然而，两者之间有一个根本的区别。罗西经常援引的大多为地理学家、社会学家和历史学家的，而王澍尤为经常援引的则是语言学与文学批评方面的。王澍似乎尤为醉心于与形式主义（formalism）相关的讨论，而缺乏像罗西那样对地理学与社会学的兴趣。王澍在博士论文第一部分的很多引用实际上都直接来自当时刚在中国翻译出版的西方语言学与文学批评著作，例如布洛克曼（Jan M. Broekman）的《结构主义：莫斯科-布拉格-巴黎》（Structuralism Moscow-Prague-Paris）、罗曼·巴特的《法兰西文学院就职演说》（Inaugural Lecture at the Collège de France），等等。这个重要的不同之处令王澍偏离罗西的思想轨迹。

"尽管德·索绪尔的语言学原则很少在罗西《城市建筑学》的绪言提及，然而它们却渗透全书，是基础的基础、原则的原则。"①王澍在他自己论文的绪论里尤为强调德·索绪尔对罗西的重要性，显然这正是王澍声称通过罗西的著作所找到的语言学倾向。那么王澍究竟想通过强调德·索绪尔在罗西书中的地位来强调什么呢？

学者刘东洋的文章《王澍的一个思想性项目：他从阿尔多·罗西的〈城市建筑学〉中学到了什么》给这个问题带来不少洞见。王澍的假设是建立在罗西的"城市作为艺术品"（city as art work），以及城市中形式与功能的"不固定"关系与能指和所指在德·索绪尔语言学的"随意"关系有着潜在的类比等观点之上的。随着刘东洋揭示出王澍所使用的文献背后的关系，我们也逐渐看到王澍博士论文里的两个意图：①他将罗西的理论作为一种武器，回击中国二十世纪九十年代城市建设中的愚昧与无知；②通过强调城市作为艺术品的角色，甚至于强调城市是一种"自足的作品"（city as a self-containing work），王澍为他日后的城市与建筑设计建立了合法性。前一个意图或许是他写作这本博士论文的动因，因为他对当时中国城市与建筑的行业状况很不满。后一个意图则应当是他论文的理论目标。

随着论文展开，王澍的批评开始显露。"功能主义"一度是他对当时建筑实践的严厉批判里的主

---

① 引自王澍的博士论文《虚构城市》第 4 页。相仿的句子在他的博士论文里出现了两到三次。毫无疑问，王澍确实将德·索绪尔德的语言学视为对罗西的理论而言是至关重要的，尽管事实上并非如此。

要攻击对象。然而,"功能"或"功能主义"这样的词就像建筑学领域里的很多词汇术语那样,已经混合了许多甚至是相互对立的内涵。"功能"原本是一个来自数学方程与生物学中表达将一件物体或进程参与到某个系统中的术语,有它特定的用法①。当被引入建筑学后,这个词在二十世纪早期的德语语境里演化出类似"客观性"(Sachlichkeit)、"合目的性"(Zweckmäßigkeit)等含义②。王澍所用的"功能主义"一词都带有这些现代主义的特征,但同样也有中国自身的问题痕迹。毫无疑问,国家在从二十世纪五十年代到八十年代中期的时间段里都在建筑学中扮演了主要角色。国家几乎在日常生活的方方面面都留下印记,从建设标准、建筑规范的制定甚至到对建筑批判的评价标准,都是这样。王澍在博士论文中将这些称为一种"意识形态化的功能主义"(Ideologized Functionalism)。与"功能主义"这个术语在西方语境中的多义性与模糊性相反的是,它在中国语境中收缩为只是强调平面流线的最优化、空间使用效率的最大化,以及减小结构跨度以降低开支。这些都是一种指向经济性的操作手段,导向实用主义下的"适用、经济、在可能的条件下注意美观"三大原则。在王澍写作博士论文时,他在学术立场上的不满在很大程度上源于当时的中国语境由于这样的一种功能主义所造成的理论困境。

王澍与罗西对幼稚的功能主义都持有相同的基本立场,两人都倾向于让设计脱离被固定的"形式-内容"关系。通过将自己从二十世纪九十年代中国建筑教育故步自封的限制中解放出来,王澍在设计一座单栋建筑以及一片城市区域时都获得了形式操作(formal operation)上的自由。这种形式操作汇入了王澍对《说文解字》的阅读中,从而将新的活力注入了他的建筑找形(form giving)过程中。汉语与以字母拼写为基础的印欧语系有很大差异,就在于汉语是由一系列不可再被细分的单字组合而成的。汉语有自身的象形文字(hieroglyphic

character),这是王澍借鉴过来重新建立一种不被固定的"形式-内容"关系的重要基础。每个汉字都可能让一名汉语读者联想到它原初的象征意义,比如,"鸟"字会让人想到站立之鸟,"山"字会让人想到险峻群山。每一个字都由若干笔画构成,而笔画的组合状态也决定了汉字的意思。也就是说,每一个单独汉字从原则上都被赋予了某种意思,也就是说每一个字符都大致有它特定的对应意思。这就是横亘于汉语与印欧语系之间的巨大差异,这意味着,德·索绪尔的语言学理论中的"能指"与"所指"之间的任意对应性在汉语或者日语等象形语言中不能再作为前提条件③。通过将象形语言的这种语言学原则引入城市理论中,王澍改造也同时挑战了罗西在《城市建筑学》中对德·索绪尔语言学原则的引入方式。王澍对中国传统城镇与乡村采取的语言学分析方法尽管受到罗西原本将城市的首要要素与居住区类比于语言的历时性(diachrony)与共时性(synchrony)的方法影响,甚至可以说是某种在中国语境下的方法变异,但这并不意味着王澍的方法逊色罗西。

就像作为建筑师的罗西那样,王澍同样热衷于将他的理论应用到实践之上。在让他荣膺普利茨克奖的中国美术学院象山校区设计中,王澍以一种松散的方式将建筑体群落散布于象山边上。破碎化的开洞、蜿蜒的走廊与曲折的游廊,这些形式语汇以一种表面上看起来自我包含的方式来互相游戏着,一切关系都是松散的,几乎不留可让人添加进任何特定内涵的空间。王澍的建筑有别于罗西的抽象化历史主义所造成的僵硬类型学,它是在城市尺度之内对已有肌理的重新组织。因此,王澍的建筑并不是历史主义的。这就是王澍通过建筑实践对罗西的城市理论进行的最关键修改。

3 在当代中国新语境下阅读罗西

王澍代表了中国学界在千禧年之前对罗西展开阅读的顶峰。在王澍之后,对罗西的重新阐释开

---

① 相似地,"功能主义"这个词的含义或许跟建筑学中惯常以为的意思大相径庭。比如,人类学中的"功能主义"在本质上是反对"削减主义"(Reductionism)的,它强调的是所有组成成分在构成文化的整体中扮演的积极角色。我们能看到,王澍论文摘自人类学的引句并未能十分准确地对应他在建筑学里要批判的那个"功能主义"。

② 建筑中的"功能主义"可以指很多样事物:它既可以指当国际式风格(International Style)兴起后对技术、效率、简洁的绝对推崇,也可以指人们看待建筑与城市时的"消减主义"立场(见刘东洋《王澍的一个思想性项目》一文第107页)。

③ 并非巧合的是,王澍很熟悉罗兰·巴特的《符号帝国》(The Empire of Signs),这本书表达了日语的象形文字给一个西方人带来的震撼。在日语与汉语里出现的同构现象与对印欧语系及汉藏语系差异的认知分析是相关的。

始扩散到许多不同的领域，包括建筑自主性的争论、全球化视野的城市研究，等等。在这段时间里，新的研究与观点开始浮现，如研究罗西的城市理论与美国的新城市主义（New Urbanism）之间的关联，然而这些都不可避免地缺乏原创性与启发性。将罗西联系于新城市主义就如同将罗西联系于后现代主义那样肤浅。尽管罗西的建成项目时常沉浸于一种历史主义之中，但它在一个越发不关心历史的时代里开始越来越难以提供任何给人灵感的东西。于是，我们不得不问：如今罗西与他的城市理论是不是注定了要逐渐走向衰亡呢？

中国学者童明在 2007 年的《罗西与〈城市建筑〉》一文里尝试通过重释罗西来揭示新的可能性。童明尽管与王澍一样都着迷于研究中国传统园林，但童明却并未像王澍那样对语言学表现出如此大的兴趣。童明在对罗西的阐释中很注重"城市作为建筑的整体作品"（the city as a total work of architecture）这个概念，这比起王澍的语言学式阐述其实更接近于罗西的本意[1]。作为柯林·罗（Colin Rowe）《拼贴城市》（*Collage City*）一书的译者，童明一直很关心自现代主义以来的城市理论中的各种矛盾。童明赞赏并力图推动罗西的城市理论，他从对罗西理论的阅读与转化中区分出了一种或能有益于中国当下大规模城市建设的城市自主性。他认为，城市建设参与者的政治立场应当与城市建设的调整紧密相关。

此外，如今涌现的更多研究显示对罗西城市理论的理解成果愈丰。笔者在 2016 年初在上海以"倒叙罗西：一段思想的漂移历程"为题目做过一次演讲。笔者在对罗西及相关理论的研究中发现，罗西的《一部科学的自传》是一把打开通往罗西本人思想成形之门的钥匙，它对研究罗西为何将城市视为"作为建筑的整体作品"有着举足轻重的地位[2]。一方面，作为理论家的罗西整合了他的前辈们的理论贡献；另一方面，作为文人（homme de lettres）的罗西发展出了一整套个人化的、特殊化的世界观。笔者坚信，深入研究个人史（individual history）对如今的学术氛围大有裨益，它将给建筑学带来截然有

别于大数据、机器人建造、人工智能、云计算等时髦理论的视角。后来，笔者在《战后"建筑类型学"的演变及其模糊普遍性》一文里提出了一种重新评价罗西理论的可能性，也就是通过一种能够兼容抽象化的历史主义与特定实践的"模糊普遍性"（vague generality）来实现。罗西作品中的模棱两可（ambiguity）对中国如今大拆大建导致的理论上的空洞与缺失是有价值的。

4　通往未来之可能

如今，逐渐在中国被接纳的新城市主义理论思想开始在这片新土地上引发新的思潮。如同罗西在《城市建筑学》美国版的序里所写的"美国将会为此书增添一则特别的证言"那样，中国当下的思潮源自学术上对过去二十年城市空间过快发展的反思。这种过快的发展已经造成了城市的士绅化（gentrification）、蔓延（urban sprawl）以及房地产的泡沫危机，当代中国城市也因此丧失了自身本来的特征。相应地，对所谓的"都市人为事实"（罗西使用的这个术语"fatto urbano"有它特定的含义）的丛簇现象进行分析，能够为重新塑造中国城市自身的特征提供某种可能的途径。这是在当今的中国语境下重读罗西的理论能带来的第一层意义。第二，罗西的类型学理论中的类比方法（analogical method）将其自身定义为一种对都市要素的非实践性、非应用性思考。因此，这种理论也就远离了任何建立于感知之上的城市阅读（比如像"城市意象"之类的理论），也远离了如今在城市发展进程里不断出现的以利润为驱动的城市操作（例如不加管制的房地产商业开发）。建筑师与城市研究者不该将这种自治的思考工具抛诸脑后。

罗西在《城市建筑学》的末尾流露出谜一般的语调，将城市建筑描绘为"超越了那些我们所赖以衡量城市的意义及情感"，这种语调多少显示出一丝对城市之存在（the being of the city）的崇敬。如今，我们已经很难再听到如此肺腑之言了。假如说城市的运作是纯为其自身（for the sake of its own）

---

[1] 顺便提一下，童明与王澍都在 1995 年进入同济大学读博士，从那时起就保持了很好的友谊关系。后来童明比王澍早一年（即 1999年）博士毕业。从笔者对童明的访谈来看，他们两人在校期间曾经常交流从哲学到建筑理论等各种话题，例如一同阅读现象学、读园林。

[2] 在笔者从 2016 年到 2018 年于耶鲁大学担任访问研究助理的研究工作中，笔者间断地与罗西当年的美国好友如埃森曼（Peter Eisenman）、福斯特（Kurt W. Forster）、维德勒等人有过若干次交谈。他们向笔者讲述了罗西当年来访美国时的一些珍贵信息，这些信息尽管很多显得片段化而且很琐碎，但都有助于笔者的研究，用于理解罗西如何形成他早年关于城市理论的写作。

的,那么人类及其建成世界都不外乎只是城市走向圆满的命运之途上的副产物。只愿我们能将自身整合进城市永无休止的构成过程中去——寻城市之命而承己命,究城市之运而逐己运(for whose sake we pursuit ours, and with whose fate we satisfy ours)。

参考文献:

[1] ROSSI A. A Scientific Autobiography[M]. Cambridge (Mass.):MIT Press,1981.

[2] ROSSI A. The Architecture of the City[M]. Cambridge (Mass.):MIT Press,1984.

[3] 王丽方. 意大利理性主义建筑师——阿尔多·罗西[J]. 新建筑,1986(1):34-35.

[4] 沈克宁. 意大利建筑师阿尔多·罗西[J]. 世界建筑,1988(6):50-57.

[5] 马清运. 类型概念及建筑类型学[J]. 建筑师,1990(12):14-32.

[6] 沈克宁. 设计中的类型学[J]. 世界建筑,1991(2):65-69.

[7] 朱锫. 类型学与阿尔多·罗西[J]. 建筑学报,1992(5):32-38.

[8] 王澍. 虚构城市[D]. 上海:同济大学,2000.

[9] 王澍. 时间停滞的城市[J]. 建筑师,2000(10):39-57.

[10] 童明. 罗西与《城市建筑》[J]. 建筑师,2007(5):26-41.

[11] 城市笔记人. 从罗西到王澍:一个关键词身后的延异与建构[J]. 建筑师,2013(1):20-31.

[12] 刘东洋. 王澍的一个思想性项目:他从阿尔多·罗西的《城市建筑学》中学到了什么[J]. 新美术,2013,34(8):105-115.

[13] 江嘉玮,陈迪佳. 战后"建筑类型学"的演变及其模糊普遍性[J]. 时代建筑,2016(3):52-57.

张謇培养的中国第一代建筑师孙支厦[*]

Sun zhixia, the first generation of Chinese Architects Cultivated by zhang jian

国增林[①]

Guo Zenglin

【摘要】在张謇主导的近代南通城市建设的中后期,本土建筑师孙支厦登上历史舞台,并成为他的专用建筑师。孙支厦设计了大量有代表性的建筑作品,奠定了其在中国近代建筑史上的地位,带来了一定的影响。本文围绕由土木工程师转行建筑师的代表人物孙支厦展开探讨:具体介绍了目前国内孙支厦研究的概况;梳理了孙支厦成长为建筑师的道路;明确了孙支厦的历史地位;探讨了孙支厦的建筑创作上的特点。期望通过本文的研究,能够使国内对孙支厦代表的建筑师群体有更客观的认识和公正的评价,以此确立他们在中国近代建筑史上的特殊地位。

【关键词】张謇 近代南通 孙支厦

从张謇 1895 年创办大生纱厂直到 1926 年他去世,有着持续的历时 30 年的建城活动。如果将此时期划分为前后两个阶段,那么在后一时期,张謇重要的助手,近代建筑师孙支厦登上历史舞台并开始大展身手,可以说几乎包揽了张謇主持的近代南通后期建城的全部设计任务。因此,研究张謇,特别是他所主导的建城事业就不能避开孙支厦这一重要课题,有必要对孙支厦进行重新和深度挖掘。

1 关于孙支厦的相关论述及研究

回顾历史,对以孙支厦为代表的第一代本土成长起来的建筑师的研究并不是特别充分,他们在中国近代建筑史上的地位并没有得到应有的重视和体现。这些非主流的建筑师们及其创作的成果是一笔宝贵的历史财富,值得深入挖掘。目前研究孙支厦的首先是与近代南通课题、张謇研究有关的学者,或是与孙支厦本人有交集的专家。其次就是孙支厦家族后人对他的资料的搜集、整理和出版。

吴良镛先生在他著的《张謇与南通“中国近代第一城”》书中曾评价:“为了推进城市建设,张謇还有意识培养南通的总建筑师——也可以称之为从本土成长的中国近代建筑师孙支厦,留下了不少中西融贯的建筑设计作品。”[②]吴先生在 2003 年提出了南通“中国近代第一城”的论断,引起了学界和社会的热烈反响。2006 年,吴先生带领的团队将有关张謇和近代南通的研究成果进行整理,作为“人居环境科学”丛书其中一部出版,书中对于孙支厦做了初步研究,并在充分了解孙支厦的执业情况和成果后,给出了比较中肯的评价。笔者曾走访孙支厦侄孙原南通中学孙模老师,吴良镛先生在赠他的《学术文化随笔·吴良镛》扉页上题赠“敬仰孙支厦先生建设中国近代第一城的伟绩,兼请孙模先生对此书指正,吴良镛”(图 1)。我国著名的古建园林专家同济大学陈从周教授在 1963 年到 1979 年间三次来南通调研鉴定古建筑(图 2),其中与孙支厦老先生颇有交集。他在为《南通张先生书法》作的序中写道:“早岁侍南通徐益修师昂席……师必时时为讲其乡贤张季直先生謇道德文章……及长以研究南通古建筑与园林,复交孙支厦老人,老人与宋丈同以土木建筑助先生建设南通者,孙翁熟悉南通近代史实,为我讲解当时先生经营之苦与事

* 国家自然科学基金资助项目“中国古代城市规划设计的哲理、学说及历史经验研究”(项目号:50678070)。
① 国增林,华南理工大学建筑学院,博士研究生。
② 吴良镛,等.张謇与南通“中国近代第一城”[M].北京:中国建筑工业出版社,2006.

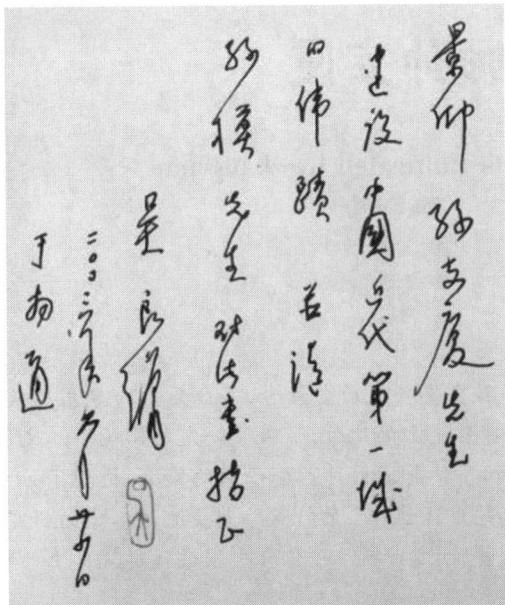

图1　吴良镛先生赠书给孙支厦老师并题赠
（图片来源：拍摄）

图2　陈从周先生在南通作报告
（图片来源：南通博物苑）

迹，见物思人，令我拜倒。"①在《陈从周全集12·梓室余墨》"中国近代著名建筑师"一文中有孙支厦的相关记述："孙支厦，南通人，清季留日习建筑，归国后佐张謇建设南通，当时南通之新建筑设计大皆出孙手，其著者如南通之张謇住宅、南通剧场，即梅欧阁所在地。后曾于黄山管理处有年。老而弥健，予识时已八十余高龄，娓娓与余谈有关建筑。居南通，人谓其为南通建筑辞典，今则十年不见矣。犹不知其老健如前否？"章开沅、严昌洪主编的《近代史学刊》第5辑刊有路中康《中国近代建筑师群体的兴起及其职业地位的确立》一文，该文有一部分

内容是专述孙支厦的。由北京中国建筑工业出版社出版杨永生主编的《中国四代建筑师》一书中，也是将孙支厦列为中国第一代建筑师。东南大学李海清博士曾在《华中建筑》（1999年）发表《哲匠之路——近代中国建筑师的先驱者孙支厦研究》一文，指出了孙支厦"过渡性"建筑师的历史地位。南通中学孙模老师发表在《南通工学院学报》（社会科学版，2003年）的《建筑师孙支厦年表》一文，是目前最可靠、最全面的孙支厦年表。南通大学邵耀辉博士发表在《南通工学院学报》（社会科学版，2003年）上的《孙支厦建筑艺术特色初探》一文，对于孙支厦的历史定位、建筑艺术特色、孙支厦建筑作品的历史成因及借鉴意义等进行了较为充分的论述。

　　现有研究孙支厦的文字资料中最权威和可靠的是载于《崇川文史·第二辑》内由孙支厦本人在世时编订以及由孙渠、孙模考订、忆述的文章，如孙支厦、孙渠的《提供南通1896—1947年建筑史料的要求和规划》《南通50年建筑大事年表（1896—1947）》《南通兴办实业后50余年来建筑的发展》《南通旧建筑的一般情况》《通州民立师范学校附设测绘科和工料史科》《南通道路初级发展概况》《张謇濠南别业移树记》《通城建筑杂记》，孙模的《与中国近代第一城市规划同载史册——我国最早的建筑师孙支厦和他的设计》等文章。其他可信的文字记载在《张謇全集》中，有关孙支厦的内容（以来往信札为主）一般文字不多，且大多言简意赅。再有如孙模老师的专著《读雪斋文选》里有记述近代南通建城或建筑的多篇文章里有关于孙支厦的内容。孙支厦设计作品的有关建筑图纸是珍贵的文物，在历史传承中，有一部分流失，但大部分还有幸得以完好保存，孙支厦生前自编《建筑图底汇存》，按照他的遗言捐赠给博物苑，笔者曾于南通博物苑档案室一览这些100年前的珍贵图纸，但出于保密的原因，不能留影。由图纸可见几乎全部建筑设计并非一稿完成，而是经过反复修改和完善，有的图纸上甚至可见张謇当年的小楷批注，这些体现建筑设计思想及操作过程的图纸十足珍贵，也是研究张謇的重要的第一手资料。其他还有散见于报章杂志的资料若干，不一一赘述。

---

① 蔡达峰.宋凡圣.陈从周全集11·随宜集［M］.杭州：浙江大学出版社，2015.

2　孙支厦的建筑师之路

孙支厦（图3），名杞，字支厦，晚年以字行世。清光绪八年（1882年）出生于南通。上有两位兄长，在家中排行最末，2岁时父亲去世，他的母亲由于爱少子所以管教比较宽松，他直到14岁时才入通州数学家李鹏飞学塾读书，兼学作文，最喜欢数学，加上人很聪颖，成绩很优秀。

图3　青年孙支厦像
（图片来源：南通博物苑）

2.1　入读通师测绘、土木科

孙支厦的两位兄长（孙沅、孙钺）先后入读南通师范本科甲班、乙班，虽然孙支厦没有入读资格，由于受到学校会计赏识埋下了结识张謇的机缘。光绪三十一年（1905年）两江总督周馥要来南通视察，张謇邀请通师日籍教师木造高俊测绘通师平面图，以备介绍其兴办师范事业之用，通师会计推荐孙支厦担任助手职务。测绘工作未完成木造高俊便自杀身亡，孙支厦毛遂自荐将未完的工作完成。以此为契机，获得了张謇的赏识。同年四月，张謇破格录取孙支厦，安排将其编入本科丁班。孙支厦由此和张謇以及他经营的近代南通建城事业联系在了一起。

光绪三十年（1904年）南通自治公所测绘局成立，为了尽快培养南通本土的测绘人才，光绪三十二年（1906年）在通师附设了测绘科，张謇延请日籍教师宫本几次来校授课。测绘科成立之初，孙支厦便转入，并且以第一名成绩毕业，之后他继续进入新设的土木工程科深造（课程内容见表1），并且又以第一名的好成绩毕业。

① 张謇. 张謇全集6·艺文杂著. [M]. 上海：上海辞书出版社，2012.

表1　南通师范学校测绘科、土木科简况

科名	开设时间	教师	学生	开设课程
测绘科	光绪三十二年（1906年）九月	宫本几次	43人：南通籍29人，海门3人，如皋2人，泰兴7人，崇明1人，江阴1人	（1）测练测量（2）平板测量（3）罗针测量（4）经纬仪测量（5）水准测量（6）实习和制图
土木科	光绪三十四年（1908年）正月	宫本几次	9人：南通籍4人，如皋1人，泰兴4人	（1）力学（2）建筑材料学和施工法（3）透视画（4）三角测量（5）图根测量（6）河海测量（7）河工学（8）筑港学（9）道路学（10）制图实习

（资料来源：根据孙支厦，孙渠《通州民立师范学校附设测绘科和工科史料》编制）

2.2　游学日本、主持设计江苏省咨议局大楼

1908年，清政府颁布宪政编查馆拟定的《九年预备立宪逐年筹备事宜清单》，对地方自治的实施作出了规划，要求厅州县在七年内一律完成。在这样的大背景下，江苏省也概莫能外。因此，张謇找到孙支厦，推荐他随同自己赶赴南京面见当时的两江总督端方，筹议兴建省咨议局之事。早在光绪三十二年（1906）张謇就曾在他的《与周江督谈学务记》中表达了送学子去日本学习土木建筑的意见："诣建德。以九事问，皆学务也……七、现有高等学堂改为江宁府中学校，建筑工程，先选已习普通科者，往日本专学土木建筑学科。"① 几年之后，张謇这一创议在他自己培养的孙支厦身上变成了现实。孙支厦到南京后，便被安排在咨议局工程处任职，不久端方便派孙支厦以"大清国"专员的身份去日本考察帝国议院建筑。在圆满完成考察任务后，孙支厦回国，负责江苏省咨议局的建筑设计，借助详备的图纸，依据图纸编制预算，仅半年的时间建筑全部竣工。江苏省咨议局大楼（图4）建筑设计

是孙支厦设计生涯的开始,虽然这个建筑在南京,但是它的影响力是巨大的,因为这幢建筑是和中国近代历史上重大的事件联系在一起的。同时,对于孙支厦本人来说,直接影响他后来南通建筑作品的风格。江苏省咨议局大楼是当时南京的主要公共建筑之一,1982年,这里被列为第一批南京市文物保护单位。1991年,又被国家建设部、国家文物局评为近代优秀建筑。

图4　江苏省咨议局大楼旧址
(图片来源:网络)

2.3　回到南通、助力张謇事业

辛亥革命以后,孙支厦在张謇的授意下从南京回到南通,并被安排在县署当技士(后又在路工处任技士),从此开始参与到张謇经营的近代南通事业中来,即《中国大百科全书》中提到的"在南通城缘河地区进行成片的建设",完成了23座大型近代建筑的设计和建造。除此之外,还有五山地区的开发和旧城市的部分改造工程。

2.3.1　缘河地区的建设

南通地区流传着一句"富西门,穷东门,叫花子南门"的俗语,近代南通城南门外当时居住的人家较少,空地多而且开阔,同时也有很多荒冢,此地的地价也相对便宜。张謇经营和规划任何事都是本着经世致用的务实精神,早在光绪二十八年(1902年)就在此地选择千佛寺旧址建设南通师范学校,并在光绪三十年(1904年)开始建设博物苑(此时还是植物园),这些都是充分利用有利条件的表现。民国后的城市规划先从道路建设开始,为区域开发提供交通上的支持。民国元年(1912年),修成从城南到五山的马路,为五山区的后期建设提供了交通上的基础便利条件。民国三年(1914年)

修成南吊桥路,改路长桥经魁星楼向西北连接到港闸路,改变了原来城南到城西在外围没有马路的局面①,这样就把城市规划中的重点实施区域联系了起来。与此同时,张謇开始规划南濠河两岸的建筑,其中由孙支厦担纲设计的简要介绍:南通博物苑(图5),始建于清光绪三十年(1904年),是中国人自办的第一个博物馆。从现存的南馆、中馆、北馆和苑内其他遗留还能看到当年孙支厦设计的建筑和总体布局的轮廓,现在已成为第三批公布的全国重点文保单位;南通图书馆(图6),始建于民国元年(1912年),是张謇将南濠河南的东岳庙改建而成的,由孙支厦担任设计。图书馆的设计体现了功能主义的设计思想,除了常备的借阅空间,还设置了专门的藏书空间、晾晒空间,另外还有一部分辅助用房,整个馆舍的设计有着很强的整体性;濠南别业(图7),作为张謇的自宅建于民国三年(1914年),位于南通博物苑西北,南濠河南岸。濠南别业的设计是张謇授意孙支厦参照北京农事试验场的畅观楼并融合帕拉第奥建筑母题而成。整个建筑平面呈东西向长、南北向短的长方形,一层(图8)主要是会客和家庭活动空间。二层南面大厅为家庭活动公共空间。1912—1915年,孙支厦还设计了南濠河附近的南通医学专门学校、南通医院、商业学校等工程;1919年,戏剧家欧阳予倩应张謇之邀来南通,创办了我国第一所培养戏曲演员的现代戏剧学校——南通伶工学社。出于弥补教育之不足之考虑,张謇计划在桃坞路西段兴建更俗剧场(图9)。由孙支厦担任建筑设计,欧阳予倩负责审稿。在他所写的《自我演戏以来》中写道:"更俗剧场新建筑落成了,舞台的图样本是我审定的……落成之后觉得很拢音,在楼上、楼下最后一排都听得很清楚,而且比上海的大舞台、第一台、天蟾之类的舞台都适用……"②更俗剧场靠近桃坞路,坐北朝南。建筑外立面由三个高大的半月拱式门组成,中央门洞上方有张謇题写的"更俗剧场"砖刻匾额。进入建筑内部是一个进厅,其中二楼办事室的一间还被张謇改为"梅欧阁"(图10),以纪念两位杰出的戏剧家梅兰芳和欧阳予倩在南通的合作演出。更俗剧场的建成有着比较特殊的意义,从某种程度上说,桃坞路一带的建设由此拓展开来。1920年,

---

① 南吊桥路没修之前,从南门只能走城内或沿城墙靠濠河边到西门,非常不便,有"窄市曲径,摩肩不足容"的说法。
② 南通市文联戏剧资料整理组.京剧改革的先驱[M].南京:江苏人民出版社,1982.

张謇与其兄张詧在桃坞路开发新市场之时，在运盐河近西濠河处建了跃龙桥，该桥由孙支厦设计。随着跃龙桥的建成，带动了桃坞路一带的建设速度，使得开发明显加快。1920—1924年，南濠河两岸到桃坞路一带已经连成了一片，新建了大量建筑。1922年开始拆除城墙，在拆除的城墙旧址之上利用城砖修建新市场用房。伴随着南通城的快速发展，张謇谋划在桃坞路一带打造新的城市中心，以进一步完善城市规划。1925年，孙支厦设计南通总商会大厦建筑，使新中心的建设迈上了新台阶。南通总商会大厦是南通1949年以前规模最大的建筑，甚至超过了当时的上海总商会。该建筑被收录进《中国建筑史》，并附有立面和平面图（图11）。1926年8月张謇去世以后，孙支厦负责张謇的墓园设计和管理，这是孙支厦为张謇所做的最后一个工程。随着张謇的去世，南通的开发和建设就此慢慢滞缓下来①。完成新新大剧院设计之后，孙支厦离开了南通，赶赴杭州、黄山等地继续从事设计业务。

图5　南通博物院
（图片来源：海门市常乐镇张謇纪念馆）

图6　南通图书馆
（图片来源：海门市常乐镇张謇纪念馆）

图7　濠南别业
（图片来源：海门市常乐镇张謇纪念馆）

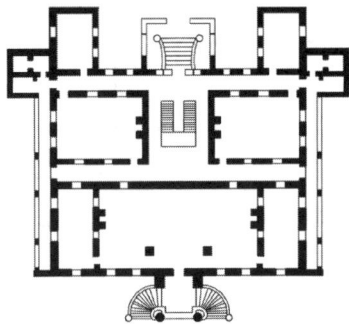

图8　濠南别业一层平面图
（图片来源：根据第六版中国建筑史所载绘制）

图9　南通更俗剧场
（图片来源：海门市常乐镇张謇纪念馆）

图10　更俗剧场内梅欧阁
（图片来源：海门市常乐镇张謇纪念馆）

① 在张謇晚年，大生纱厂就面临着非常困难的局面，一方面是因为张謇的事业摊子铺得太大，无力支撑。更重要的是，外国资本主义的侵略加剧，民族资本的生存空间被大大压缩。在双重压力之下，张謇在面对资金困难时，曾不得已告借日本、美国等的财团或银行，要么杯水车薪，要么告贷无门，已无力建设。

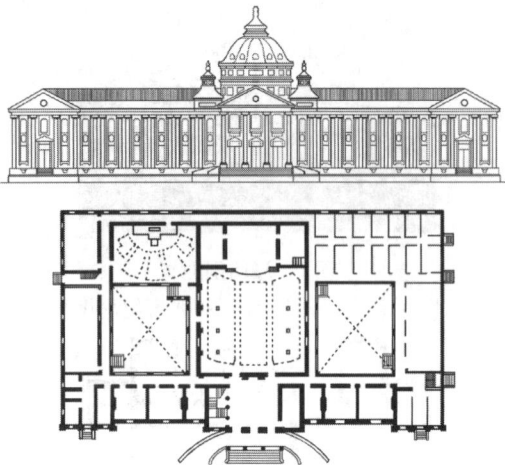

图11　南通总商会大厦平面、立面图
（图片来源：根据第六版中国建筑史所载绘制）

2.3.2　五山地区的建设

孙支厦在五山地区主要有三项主要的建筑设计作品：①位于狼山北麓的盲哑学校校舍（图12），该校舍始建于1912年，1916年11月25日竣工投入使用。这是中国人自办的第一所独立设置的盲哑双部学校；②位于狼山北麓的残废院院舍（图13）；③1915年建于军山的气象台（图14）。早在光绪三十二年（1906年）张謇就在南通博物苑内中馆设置了测候所。后来为了提高预报的准确性，张謇计划在军山建新的气象台，最后选址在军山山顶北部庙舍后殿，由孙支厦担任设计并估工。军山气象台1917年建成用于气象观测，并被公认为中国人自办的第一座气象台。军山气象台的建设，是由张謇主导并全程参与意见的，民国三年（1914年）张謇曾在《致孙杞刘叔璠函》中说道："叔璠函并各图均悉，业分别注答。台顶如必不可尖，则改平亦可。银杏树必不可去，风机必高于树顶，是留亦无妨也。

图12　盲哑学校校舍
（图片来源：海门市常乐镇张謇纪念馆）

图13　残废院院舍
（图片来源：海门市常乐镇张謇纪念馆）

图14　军山气象台
（图片来源：海门市常乐镇张謇纪念馆）

台北岭脊颇长，同复勘妥拙见复为盼。支厦、叔璠两弟同览。若嫌与树近，即在树北必不障风处，筑一墩，安置一寒暑亭，亦无不可。"①

2.3.3　南通城中心地区

在孙支厦设计南通新建筑时，还主持了老城中心旧州衙的两处工程改造设计，一是改建州监狱，一是在南通原谯楼前增建钟楼。作为南通城市规划内容的一部分，可以说，州衙的改造具有特殊的象征意义。很多学者关于这点表述了相同的意思，大意是钟楼的建成意味着旧的封建城市走向终结，而新的南通城近代文明从此被建立起来，也说明了南通自辛亥革命后撤州立县的历史性转变。

1913年，孙支厦设计改建了南通原州监狱（图15）。100余年前的功能性布局及交通流线体现了很高的科学性。出于监控的考虑，整个建筑的平面呈"X"形，建筑体向东北、西北、东南、西南辐射分布，每幢辐射出去的平房有牢房12-14间。其他具体空间包括：看守室、询问室、事务室、会客室、厕所、浴室、洗衣室等各类用房约90间。改良监狱的设计，体现了孙支厦建筑设计的高度完备的功能性，是他根据南通地区各种资源条件基础上创造性的发挥。

---

① 张謇.张謇全集2·函电（上）[M].上海:上海辞书出版社,2012.

图15 南通监狱

（图片来源：海门市常乐镇张謇纪念馆）

南通城谯楼前的钟楼设计（图16）。谯楼是古代城门上的望楼，有报时和报警两大功能。南通谯楼前身是宋淳熙年间建成的戍楼，谯楼始建于元至正九年（1349年），重建于明洪武三年（1370年），后又经历次重修。到了民国以后，报更点的方式已然落后，再加上张謇办事很注重时效，有凡事"必先明晷刻"的习惯，于是他倡议在城中心谯楼之前建钟楼，由孙支厦负责设计和施工。无疑，这种后谯楼前钟楼"一中一洋"的布局方式在国内是非常罕见的，这种创造性体现了建筑的非物质性即象征的作用。钟楼的设计参考借鉴了英国伦敦大钟楼的轮廓，钟楼径18尺，高达78尺，共六层。整个钟楼的设计，自底层往上收分，比例协调，造型方正有力，装饰细腻，以后面谯楼为衬托，有着独特的气势和魅力。难以想象的是，钟楼从1914年12月开始动工，仅仅用了不到5个月就完成施工。

图16 南通谯楼前钟楼

（图片来源：网络）

3 孙支厦的历史地位评价

吴良镛先生曾评价孙支厦是"从本土成长的中国近代建筑师"，并且"留下了不少中西融贯的建筑设计作品。"一方面阐明了孙支厦"本土成长"的建筑师身份，另一方面充分也肯定了其作品的价值。1984年，《南通博物苑平面图》在"全国拣选文物展览会"上展出。孙支厦设计的濠南别业被收录入《中国建筑史》（中国建筑工业出版社1983版），南通商务总会大厦被收录入《中国建筑简史》（中国工业出版社1962版）、《中国建筑史》（中国建筑工业出版社1983版）、《1995年中国建筑业年鉴》（中国建筑工业出版社）。由此可见，孙支厦通过他的作品在中国建筑史上奠定了自己的地位。

孙支厦作为中国近代建筑师先驱者的地位，他既不同于传统意义上的营造工匠，又区别于在他之后出现的真正近代意义上建筑学专业出身的建筑师，明显处于一种"过渡式"的地位。孙支厦接受了日本先进的土木工程课程严格的训练，通过实践强化了其建筑设计的能力，而且在张謇讲究时效的建设活动中，经常兼任施工和设计的双重角色，这使得他能在短时间内快速成长。因此，在中国近代以孙支厦为代表的这一类建筑师本身具有相当的特殊性，而同时某种程度上又具有一定的局限性。

4 孙支厦的建筑创作特色

孙支厦有着独特的学习成长的经历，也有着略带戏剧性的人生际遇。在他的成长之路上先是获得了张謇的赏识并被推荐给两江总督，后来获得委派赴日考察建筑并回国主持江苏省咨议局大楼的建筑设计，开启了作为一位建筑师的人生之路。在跟随张謇规划建设南通的阶段，是孙支厦建筑生涯的黄金期，设计了大量的建筑，其中部分建筑还被载入史册，成为中国近代建筑中的经典案例。考察孙支厦在张謇时期的建筑作品，可以发现其建筑创作中的鲜明特点。

4.1 学习中模仿

回顾孙支厦的成长之路，他青少年时期所受到的专业教育是以测绘为基础，建立在土木工程科的专业教育内容之上的。总结这类教育内容的特色就是强调技术性，况且孙支厦从学的全课教师又是来自日本的宫本几次，而日本近代的建筑学教育也是注重建筑技术的取向，因此孙支厦的知识构成基本是以技术类内容为支撑的。从某种程度上说,在其接受教育的历程说,恰恰缺少了建筑设计以及建筑史学、美学等的内容。因此,这种教育背景导致孙支厦一开始就没有走上一条独立的建筑创作的道路。考察孙支厦的多数作品都有一个相对确定的模仿对象——当时较为典型而且大家(尤其是张謇)比较喜欢的某些建筑①。具体来说:江苏省咨议局大楼模仿日本东京帝国议院;老城区谯楼前的钟楼参考英国伦敦大钟楼轮廓;濠南别业模仿英国的帕拉第奥式府邸以及北京农事试验场畅观楼样式;更俗剧场仿效上海九亩地新舞台建筑;南通俱乐部模仿上海外滩德国俱乐部设计。查看孙支厦早期的建筑设计作品,基本可以肯定的是作品基本是西方(包括日本)建筑样式的直接复制或拷贝,比较缺少原创性。

4.2 模仿中创新

如果说孙支厦早期的建筑设计作品带有明显的模仿痕迹,但是随着孙支厦建筑实践的积累,南通城建设的深入和拓展,越来越多的建筑作品呈现出立足本土并结合西方样式的"中西融合"的特征。但是,不可避免的这种创新还是具有某种"折中"的性质。究其原因,主要在于以下三个方面:

①新的建筑功能要求匹配新的建筑形式,但是很多建筑的选址是利用南通一些宗教建筑如寺院为基础建立起来的,这种建筑上的"改造"模式使得新旧建筑混合而形成一个整体,也就完成了所谓的"中西融合"。以南通图书馆为例来说,基址就是原来城东东岳庙的旧址,大门沿用了东岳庙的旧制,采用传统屋宇式蛮子门,院内保留了大量传统木结构建筑式样。但是院内的三栋二层小楼图书楼、阅览楼、曝书台等都是采用正宗的西洋样式。这类建筑在特定的基址之上满足特定的功能要求,并且有新旧建筑杂处的局面,是张謇时期南通近代建筑呈现的一个非常重要的表征。另一个例子是南通博物苑的北馆建筑的设计,建筑为两层,一层展示鱼骨,二层展示美术作品。展品的尺度和展示的功能要求决定了建筑的尺度,某种程度上属于"功能主义"的设计范畴,但是西式墙身与中式歇山顶的结合形成了折中的特征。内部空间没有立柱,屋架采用三角木桁架,北馆建成之后成为当时南通城单体

建筑内空间跨度最大的建筑。还有一个例子就是南通博物苑中馆的建筑改造:最初中馆内部是设有测候所的,内部空间有楼梯,通过楼梯可以上到屋顶约2平方米的木质平台。后来因为军山气象台的建成,在功能上就取消了测候的要求,后来孙支厦负责中馆的改建,拆掉了当心间屋顶之上的木质平台,改为中出的四面攒尖的气楼,气楼四周的墙体仿照民居的联排格栅窗,西式的装饰元素、门窗上的砖券等与传统的中式元素互相辉映,体现出较为强烈的折中主义的手法。

②另外一种建筑上的"中西融合"的方式就是依托相对较为传统的建筑或建筑群,采用某种西式符号如"表门"进行嫁接的方式。这类建筑的例子如南通盲哑学校,整个空间格局是一个大四合院,主体由四面平房围合而成,另外由于功能上的需求局部伸出跨院,远观就如传统的民居一般。但是这个建筑的东南主入口却嵌入了一座西式造型的表门,两个立柱支撑着上面的门额,额上有题字,再往上是三角形山花,山花两侧下挂两个涡卷过渡。这种采用纯西式元素与中式建筑拼贴的案例非常普遍,是近代南通中西建筑融合非常重要的例证。

③最后一个使得近代南通建筑呈现"中西融合"特征的原因就是作为"总设计师"的张謇的要求。张謇有意将南通城打造成一个"新新世界",他从来没有所谓的本位主义的思想,而是广收博取,这从他1903年赴日考察时制订的计划和考察历程就能证实,在城市建设、建筑设计方面广泛借鉴采用西方文化就不足为奇。另外,张謇于建筑一事有着独特的经验和思想,所以很多建筑的设计都是在他的指导和建议下完成的。例如在南通图书馆的设计上从往来的函件上就可窥一二:"请跃翁会齐博物苑、农校、图书馆、医校、养老院五处工程员,协同查开各处所有砖瓦木石之料大小尺寸,以及各处须建之房屋深广高尺寸"并"开明数目及用处","图书馆:小楼三间,方亭一间,厨三间,雨廊四五间"。在《张謇全集》中诸如此类张謇与孙支厦及其他工程人员的往来的信件还有数十封,都是就具体的建筑方面的问题提出要求或探讨,可见张謇在建设中突出的"主事之人"的身份和角色。也许正

---

① 李海清.哲匠之路——近代中国建筑师的先驱者孙支厦研究[J].华中建筑,1999(2):128.

因为如此,在张謇去世之后,近代南通的建设也一度停滞下来,可见人的因素起到了过于重要的作用,遗憾的是近代南通没有走上一条制度建设的轨道。

5　结　论

　　本文较为系统地梳理了当前关于孙支厦的研究情况,并在此基础上回顾了孙支厦独特的学习成长的经历及机遇,以及他跟随张謇建设南通的过程中立足实践逐步成长的历程,特别是孙支厦作为建筑师在张謇时期建设近代南通的中后期所做的巨大贡献。如果将视角拉回到近代社会的时空之中,以孙支厦为代表的依托土木工程专业在中国本土成长起来的建筑师群体,毫无疑问是近代建筑师大家庭重要的组成部分。他们是一个特殊的群体,既不同于传统的营造工匠,又不同于他们之后的建筑学出身的专业建筑师,造就了他们特殊的"过渡式"的命运。但是以目前学界的研究成果来看,对于他们这个群体的研究显然还是不足的,特别是对于孙支厦的研究还有待进一步深入。因为在张謇去世之后,孙支厦还有着几十年的建筑从业历程并伴随着一定量的作品产生,对他的后续的研究还有着巨大的空间和价值。从建筑来说,研究孙支厦对于今天的城市建设有着特殊的现实意义,如何在当前多元文化背景下,在研究借鉴西方文化的同时,怎样更好地挖掘和发扬传统是一个特别有价值的课题。以孙支厦为代表的那一代建筑师实际上给出了他们的答案。

参考文献:

[1] 吴良镛,等. 张謇与南通"中国近代第一城"[M]. 北京:中国建筑工业出版社,2006.

[2] 蔡达峰,宋凡圣. 陈从周全集11·随宜集[M]. 杭州:浙江大学出版社,2015.

[3] 张謇. 张謇全集6·艺文杂著.[M]. 上海:上海辞书出版社,2012.

[4] 南通市文联戏剧资料整理组. 京剧改革的先驱[M]. 南京:江苏人民出版社,1982.

[5] 潘谷西. 中国建筑史·第六版[M]. 北京:中国建筑工业出版社,2009.

[6] 张謇. 张謇全集2·函电(上)[M]. 上海:上海辞书出版社,2012.

[7] 钱峰,伍江. 中国现代建筑教育史(1920—1980)[M]. 北京:中国建筑工业出版社,2008.

[8] 伍江. 上海百年建筑史(1840—1949)[M]. 上海:同济大学出版社,1997.

[9] 郑时龄. 上海近代建筑风格[M]. 上海:上海教育出版社,1999.

[10] 王昕. 江苏近代建筑文化研究[D]. 南京:东南大学,2006.

[11] 倪怡中. 张謇对中国近代图书馆事业的历时性贡献[M]. 北京:北京图书馆出版社,2004.

走近"南柳",中国近现代建筑发展史之人物观微
——从 1920—1954 年的项目工程看柳士英的建筑思想

Approaching the "South Liu", the View of Characters in the Development History of Modern Architecture in China
—On Liu Shiying's Architectural Thought from the Project of 1920—1954

陈思桦[①]　**柳　肃**[②]　**俞潮韵**[③]

Chen Sihua　　Liu Su　　Yu Chaoyun

【摘要】本文从建筑史、人物史相结合的角度,梳理了柳士英先生的人物生平与创作实践项目之间的联系,涵盖其早期在上海、杭州、安徽落地的建筑作品;中期在长沙,主要是抗战胜利后,湖南大学的修复与重建项目;以及晚期在武汉的华中工学院(现华中科技大学)联合参与的校区总体规划与校舍建筑设计。探寻在当时中西文化碰撞的殖民统治阶段、新旧设计思想交替演变的近代社会阶段,以及后来处于国民经济恢复期的现代缓冲阶段,作为中国近现代建筑发展缩影的柳士英大量作品,其中所蕴含的建筑与规划思想的演变。

【关键词】柳士英　早期现代主义　建筑思想　规划设计

柳士英(1893—1973),苏州人,早年留学于日本,20 世纪 20 年代后回国效力,是活跃在中国近代建筑舞台上最初的探索者、践行者之一。研究柳士英的建筑思想,第一,可经由作品的分析归纳,丰富建筑人物资料库;第二具有范式效应,为青年建筑师树立榜样,在混沌的社会背景下,需持有建筑师的独立思考能力;第三,侧面体现首批近代留日建筑师对中国传统文化的理解、传承与创新处理。第四,通过柳士英不同时期的、循序渐进的个人作品来展现中国近现代建筑的发展动态。笔者以柳士英本人回忆录为出发点,以不同阶段的代表建筑作品为媒介,结合人物生平、历史背景、政治决策、社会意识、经济条件等诸多因素,来解析建筑思想与规划设计的变化特点。

为了更好地探究柳士英先生的思想变化,正确划分柳先生不同设计风格的发展阶段,就显得尤为重要,大致可以把他的设计风格分为三个阶段(表1):

第一阶段,回国后的 20 世纪 20 年代初到 30 年代中期,柳士英从普通施工员发展成华海事务所

合伙人,建筑作品由西洋古典风格向折中主义风格转变的过程。

表1　柳士英设计风格的分期发展(图来源:自绘)

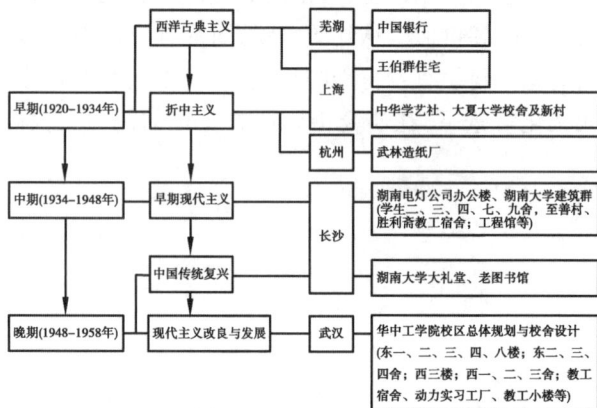

(注:以上为倾向性分类,后续论述中,一种建筑可能同时具备两种风格特征,并且不同风格的时间段可能存在局部交叉部分)

第二阶段,20 世纪 30 年代中到 40 年代末,柳士英赴湖南大学土木系任教,前期完成的作品,属于早期现代主义风格。

第三阶段,20 世纪 40 年代末到 50 年代末,柳士英于湖南大学土木系任教,后期走向中国传统复

---

① 陈思桦,湖南大学,硕士研究生。
② 柳肃,湖南大学,教授。
③ 俞潮韵,湖南大学,硕士研究生。

兴风格。以及就任中南土木建筑学院院长期间,参与主持的华中工学院项目,引发了他有关现代主义风格改良与发展的思考。

1　新文化运动推动下,从西方古典到折中主义的艺术改良

1.1　全盘接收西洋古典,书本知识的实践,缺乏建筑师个人意识

20世纪20年代,海外学子开始陆续归国,留欧美和留日体系的学生不约而同地选择上海作为建筑师职业发展的起点。一是由于外商洋行推动下建筑市场的初步形成与繁荣发展,打造了行业基础;二是租界的迅速膨胀带来人口与经济的扩展,引发了房地产市场的兴起与兴盛。在西方建筑师独领风骚的日子里,西洋古典主义风靡一时。加上求学阶段西洋家屋构造等西化课程的长期熏陶,适才学成归国,尚为雏鸟的柳士英不免亦步亦趋,落入西方建筑的思想旋涡。在日华纱厂任建厂施工员与冈野重久建筑事务所任技师的日子,柳士英自以为熟络了搭建洋房的技术,参悟了洋人的思想意识,由此更觉东方建筑贫乏、落魄得多。[1]从芜湖中国银行"横三段""纵三段"的构图比例、入口庄重敦实的爱奥尼柱廊(图1)和上海大夏大学校舍办公楼的圆拱形门窗(图2),可以窥见西洋古典建筑的临摹痕迹;从王伯群住宅的城堡雉堞墙、双圆心尖券入口、五连圆拱券阳台和陡直尖耸的山墙面(图3)可以发现强烈的中世纪古堡与哥特复兴手法;柳士英坦言,在初期,他的思维被西方建筑史上金科玉律般的处理方式所固化,从而无法推陈出新。

图1　芜湖中国银行
(图片来源:引自文献[2])

图2　大夏大学校舍窗
(图片来源:自摄)

图3　王伯群住宅外立面、主入口与阳台
(图片来源:自摄)

1.2　厌倦中西古典法式,倾向西方现代建筑

累计两年工作经验后,柳士英脱离冈野建筑师事务所,取得了独立营业执照,与留日同学王克生于1922年在上海设立"华海建筑公司建筑部"[3],由单纯学习洋人的施工技能与设计风格的感性阶段,转而进入寻求建筑独创形式的理性阶段。但这只是"一种好高骛远的创作欲望",[4]并没有形成完整、成熟、独立的思想体系,受到第一次世界大战前后的新建筑运动的影响,在新文化运动的倡导下,柳士英陷入了西方近代建筑思潮的洪流中。在中华学艺社(图4)项目中,顶部落下的米黄色垂直线条和上下贯通的方形条窗,与分离派的竖向序列一览无余;建筑右侧设置的曲面形体,显露出德国表现派的处理踪迹;竖向窗间墙的曲面褶皱序列与建筑顶部几何形的层层缩进,贴合装饰艺术风格。在王伯群住宅(图5)项目上,源于自然的五瓣花茎铁艺装饰图样,展现了来自西方工艺美术运动的启发。在没有系统认知的情况下,柳士英用混乱的思想和生疏的技术,堆砌出"折中主义"的框架,偏

离中国传统样式和现实社会的发展格局,生搬硬套西方的"那一套规律",走所谓的革新道路。但不可否认的是,他在这个建筑上确实具备"一定的想象力"。

图 4　芜湖中国银行的立面、曲面体、墙饰和彩窗
（图片来源：网络搜索与自摄）

图 5　王伯群住宅的围墙
（图片来源：自摄）

1.3　小　结

在柳士英毕业回国最初担任施工员的一年时间里,其缺乏个人独立的建筑意识,仅仅是对西洋工匠技术的模仿与实践。[5]在与王克生等人合伙创办了华海建筑公司建筑部之后,柳士英在西方现代建筑运动的影响下,开始出现个人创新思想,但没有经过系统的思考与总结,只在建筑形式上实现了

各类现代主义元素的杂糅,走上折中主义的妥协之路。[3]在柳士英眼里,中国传统建筑是琐碎、繁复且厚重的,西洋古典的拱券柱式和宗教信仰下的教堂建筑也是刻板而无趣的。柳士英对中国当时社会环境和传统观念的非科学性认知,以及盲目跟风于西方新建筑的理念,导致了他革新手法的激进、单薄与片面。

2　早期现代主义风格的形成

2.1　提炼西方现代主义的理念精髓,注重细节刻画,创造具有个性特征的动感线条

1934 年,柳士英离开上海,由刘敦桢力荐,前往湖南长沙,任教于湖南大学土木工程系,全身心投入办学与教学的过程中。抗日战争前夕他承接的长沙电灯公司,还在沿袭表现派的处理手法,例如建筑体块与主入口的转角采用的倒圆角方式。抗战结束后,在湖大建筑群早期的项目上,柳士英具体深化了西方早期现代主义的表达方式,并形成了属于个人的、独特的元素符号。

2.1.1　动态流线

湖南大学二舍的入口两侧为半圆形柱墩,挑檐经过倒圆角处理(图 6),白色的水平线条连接着窗台或檐口延展开来,绕以圆窗结束。工程馆长长的水平窗带与垂直墙面的圆弧交接,建筑楼梯间为曲面墙体。建筑背立面的墙柱做成三角形波浪状,具有德国表现主义动态发展的线条特征。（图 7）

图 6　二舍主入口
（图片来源：自摄）

图 7　工程馆的曲面体、横向条窗与白色圆圈
（图片来源：自摄）

2.1.2 机械美学

湖南大学二舍和老图书馆的主入口立面均以竖向线条分隔边柱，倾向于维也纳分离派的构图方式。工程馆的长条窗与垂直落下的壁柱，给人以一种向上伸展的崇高之感。入口檐部的曲面折断排列和背立面的墙体折线处理，都体现了装饰艺术风格里的机械美学。（图8）

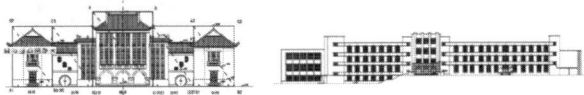

图8 老图书馆与工程馆的竖向序列
（图片来源：引自文献[7]）

2.1.3 几何装饰

柳士英设计的建筑群，它们的墙面清爽明朗，偶尔有一些线条的简单分割，室内外局部采用几何装饰进行点缀。工程馆的室内墙裙以几何图案收尾；门厅的三个门洞上方，为定制铜制几何构件；梯面局部挖洞，饰以两道曲线铁艺。（图9）

图9 工程馆室内的几何装饰
（图片来源：自摄）

在中华学艺社对现代主义表现的初次尝试之后，柳士英并没有止步不前，而是继续利用湖南大学的项目对建筑的现代艺术造型进行突破与升华，并且开始注重室内外建筑细部的表达与构建。

2.2 小 结

在湖南大学任教的前期，对西方现代主义理论的深入解读与实践，使柳士英转入现代主义的完全时期，如果说上海的中华学艺社是他对西方现代艺术运动的模仿与初探，那么湖南大学的建筑群则展现了柳士英对现代主义艺术理念的理解与创新。他跳出多种风格堆砌的折中主义框架，采用独特的现代创作手法来简化建筑的表达，利用现代形式的

统一与变化来编写专属湖南大学的建筑记忆符号。而且在后续大礼堂的设计中，他汲取了西方建筑理论与技术的有利部分，做出了相当数量的可行性尝试。例如在技术层面，他考虑了折叠式天幔对声音的反射效果，利用人字木扩充空间的方式；在实用层面，他将使用面积扩至最大，辅助面积缩至最小等。

3 被迫接受中国传统复兴的设计思路，谋求现代主义的改良与发展

3.1 探索中国传统复兴的新进程，采用局部仿古设计

抗战胜利，从湖大校舍后期项目的修复与重建中，可以观察到柳士英的中华历史遗存之风韵开始逐渐显露。柳士英被迫顺应"民族形式"和社会主义内容的发展趋势，在建筑上仅仅采用仿古的体量轮廓，但是在细部设计上有自己的考虑和坚持，用此方法来探索中国传统复兴的新进程。此部分不涵盖大面积按原式样重建或修复的项目。

3.1.1 青砖与青瓦

湖南大学学生第二、三、四、七、九宿舍，均为小青瓦坡屋顶，有双坡有歇山。墙体为青砖饰面，柳士英主张，若是在湖南盖中式屋顶，一定要以土质品为优先，就地取材，经济节约。

3.1.2 天井与庭院

学生二舍为"凹"字形三面建筑围合的中式庭院，与上海大夏大学校舍办公楼的庭院设计相似，且三面合院式的布局手法一直沿用到1953年的晚期作品华中工学院校舍设计中，可以看出柳士英对其喜爱程度之深。至善村教工宿舍和胜利斋教工宿舍分别选址于临山道两旁，尊重地形，采用不对称设计。内部落空数处天井，栋与栋之间绿树成荫、田园野趣、朴素静谧，顺应古代孔孟之道"天人合一、敬重自然"的儒家思想观。

3.1.3 柳式圆圈

学生二舍是"柳式圆圈"的发源地，窗洞用砖块向心围绕成圆周，内部用竖向长线与横向短线的装饰构件简单分隔玻璃，外部或衬以抹灰白墙或衬以红砖墙。三舍、九舍也采用类似的手法，不过圆形窗洞用白线勾边，白线围绕墙体延伸开来，均以圆形窗洞作为始端和终端的收头。[4]柳士英在九舍部分圆窗的窗户上做起了变化，同心圆与十字架的叠加，饰以垂直排列的铁栏，墙壁的简单疏离与门窗

构件的紧致密集,使整体建筑有张有弛,宽严相当。(图10)让人联想到由明代兴起的中华古园林中的"月窗"形式,饶有中国传统复兴之意味。胜利斋窗户的外圆内方体现了中国刚柔并济和谐共生的传统文化。

图10 "柳式圆圈"以圆形为母体的五种主要变化样式
(图片来源:自摄)

3.1.4 中华古典元素

柳士英所设计的民族元素的集大成者为湖南大学大礼堂。大礼堂是主体建筑为十一开间、重檐歇山的中国古代官式建筑,满足"横三段"的古建构图比例;祥云雕刻的石栏杆、八角形的窗洞和木质格栅门,体现了中式围护结构的特色;斗拱与鸱吻走兽,绿色琉璃瓦以及檐下彩画的设计突出了古代装饰的艺术效果。但内部的人字形屋架却是现代设计的手法,此举可意为"中庸之道"。老图书馆曲脊飞檐和正立面的竖向特征也展现出中式屋顶与现代屋身间的巧妙融合。(图11)

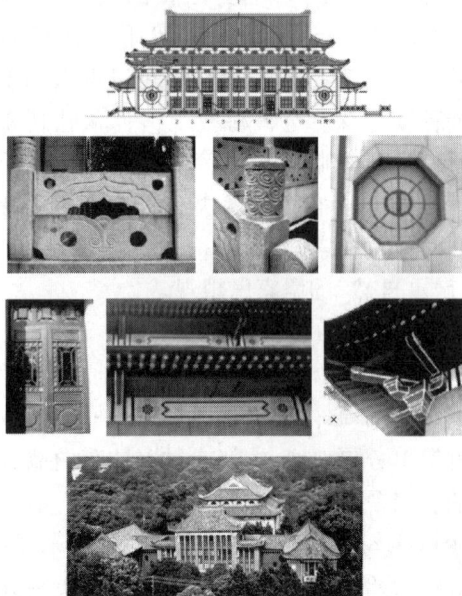

图11 芜湖中国银行的立面曲面体、墙饰和彩窗
(图片来源:引自文献[7],以及自摄)

3.2 探索符合国情条件的现代主义建设风格

柳士英在湖南大学土木系工作了18年后,被调到武汉筹建中南土木建筑学院,任院长期间参与主持了华中工学院的项目。1953年,新中国就第一个五年计划,开始进行大规模有计划的建设。大规模的经济建设中,尤以工业发展为重,国家大力培养建设人才,各地方政府也走上高等教育的发展与改革之路。在1952年,全国范围内进行了高等院校的调整,具体指导方针为"以培养工业建设人才和师资为重点,发展专门学校和专科学校,整顿和加强综合大学,形成高等工科学校专业比较齐全的体系"[8]。根据中央人民政府政务院的指示精神,中南行政委员会决定在武汉建立华中工学院。为保证建校工程顺利实施,建校办公室组织调集了一批很有名望的建筑专家,来参与总体规划和校舍建设,其中就包括中南土木建筑学院的院长柳士英。

3.2.1 规划设计,推崇"品"字

在总体布局上,第一版规划方案是将三所学院成"品"字形布置,路南建设中南水利学院,路北建化工中学院和中南动力学院,这点与上海大夏大学(今华东师范大学)校舍办公楼的规划形式如出一辙,可见柳士英对"品"字钟爱程度之深。老子有句话"道生一,一生二,二生三,三生万物","品"字为长宽适中的三叠字,上小下大,重心较低,结构紧凑,稳重大气。中国古代建筑一向尊崇中轴对称,主次分明,说明柳士英在规划的过程中有着传统建筑观的考究。三校各有中心,自成一体,方形空间相互呼应。

此方案虽经由审查批准,但教育部又决定撤销中南动力学院的建制,将其设定专业全部并入华中工学院,这就需要调和原先各自独立的两个校园,将校门挪至中轴线上,在原建设方案的两大教学群楼之间增建几座大楼,使三组楼宇融为一体、连成一线,才形成了华中工学院(今华中科技大学)的雏形。

3.2.2 建筑设计,平面功能布局合理,层高与
结构发生变化,简化中华古典元素

总平面方案敲定下来,随即可以进行校舍建筑的设计工作,柳士英一共主持设计了20多栋楼宇。20世纪50年代初,十四年抗战和三年内战的硝烟退散后,遗留下来的是满目疮痍、百废待兴的社会局面,伴随着政权不稳、资金短缺、建设乏力、时间紧迫等实际问题。那么在建设层面,要解决民生凋

敝、住房紧缺的问题，首要任务就是要提升建设速度。这点可以从两方面着手，一是选择与国情相适应的现代建筑赋予建设。无论是西方古典还是中国传统的建筑形式，当时国内的技术水平都无法满足"大提速"这个客观需求，建筑师们唯一的选择就是改良后的、简约的现代建筑。二是集中建筑类型。在同一片区域内，采用相同的建筑类型、建筑材料、构造技术等，短期批量生产建筑部件，以满足急需。华中工学院建筑群就是在这个背景下建造完成的。

（1）三合院的结构变化

东一、二、三楼，为原华中工学院建设过程中最早完成的教学楼群体，钢筋混凝土多层结构，均为三面围合的庭院布局，但不一定是规整的"凹"字形。例如东二楼，虽为三合院形式，但轴线一面向两侧延伸，双边也折向转弯，犹如"π"字形。（图12）并且这三栋楼的合院三边不一定为统一层数或层高，设计有着些许变化。例如东一楼（图13），南面四层，由下往上依次为5+4+4+4（单位：米），东、西楼均为三层，由下往上依次为5+5+5（单位：米），利用大小楼梯坡段和楼板空间无缝衔接，以及东西楼位于转角处尽端的面全部对外打通，以栏杆维护，实现了建筑内部高低空间的风压与过渡。而东二楼，主体是三层钢筋混凝土结构，在"兀"字形下方左右两边的收尾部分却为一层小体量建筑。由此可以看出，柳士英不单单限制于普通的三合院设计模式，而是开始利用结构层数与体量形式做文章。柳士英设计的校区建筑大部分为单廊式三合院，功能房依次排开，清晰明了。

图12　东二楼总平面与"兀"字形尾部的一层建筑
（图片来源：自摄）

图13　东一楼东、西楼转角处
（图片来源：自摄）

（2）简化的古典装饰

比起湖南大学建筑群的分离派竖向线条和携带个性特征的柳式圆圈，或是屋檐下的斗拱与彩画装饰，又或是室外石雕栏杆与室内的几何图样等，华中工学院的建筑群要显得朴实、单纯得多。校舍建设似乎遵循着"装饰即罪恶"的原则，几乎没有任何烦琐的装饰，唯一值得提起的是具备点缀效果的、所占面积极少的中华古典式样。每栋建筑檐下的几何线脚均匀排列着。工科专业的院楼出入口，统一从门扇两端发起向上的竖向线条，它的尽端用齿轮石雕与檐口进行对接，似乎在用机械美学象征社会主义国家高速运转的生产力。主入口的檐角雕以回纹装饰，檐下与边柱之间的石雕雀替勾以简单线条，显示混凝土的原本质地，并未上色。竖向窗间墙部分几乎统一成八角形图案，也只是两笔叠加勾勒，并未多作文章。室内过梁部分也被运用起来，打造成古典门洞式样。（图14）

图14　校区建筑中古典与现代相融合的细部装饰
（图片来源：自摄）

（3）平屋顶与坡屋顶相结合

院楼多采用女儿墙平屋顶，宿舍则采用坡屋顶。在笔者看来，平屋顶是为了烘托教学秩序的严谨氛围。而坡屋顶，特别是东二、三、四舍与西一、二、三舍的歇山顶，线条的起伏周转，屋顶的体积变

化,带来了轻松愉悦的视觉观感。(图15)

图15　宿舍区的坡屋顶与教学区的平屋顶设计
(图片来源:自摄)

3.3　小　结

在湖南大学任教的后半段时间里,柳士英走向中国传统复兴的道路。这是否是他主观性的选择,后人不得而知。但是经过对华海事务所与湖南大学前期的职业生涯的观察,尤其是从1924年2月17日上海《申报》刊登的报道《沪华海公司工程师宴客并论建筑》中,柳士英所言"盖一国之建筑物,实表现一国之国民性……回顾吾,暮气沉沉,一种颓废不振之精神……当从事艺术运动,生活改良,使中国之文化,得尽量发挥之机会,以贡献之于世界……。"[9]可以直接得出结论,柳士英倾向于现代主义,对中国传统建筑中的不合理性持否定态度。所以虽然柳士英个人存在强烈的民主情怀,但是在学科专业的角度上,他对中式建筑的消极态度,几乎不可能主动触发"大屋顶"的创作情怀,那么只能理解为柳士英受到解放初期客观社会环境的影响。赖德霖教授在《从一篇报道看柳士英的早期建筑思想——纪念柳士英先生诞辰100周年》文章中指出,继柳士英谈话后十年过去了,中国又有一批青年建筑家兴起了一场旨在"再造民性"新生活运动,将新建筑中的"机能性""目的性"与新生活运动中要求的"整齐、清洁、简单、朴素、迅速、确实"等要素结合起来。柳士英在《我与建筑》也表述"当时大家都主张采用自己的民族形式"[4],在此类客观背景条件下,柳士英才不得不背离本意,顺应中国传统复兴的发展大方向。

在实践中国传统复兴的过程中,柳士英发现,他所憧憬的现代建筑不是一蹴而就的,而是由历史的根源逐步发展改良过来的,他开始补习中西建筑

史,希望能在尊重历史的基础上,用发展的眼光看待建筑问题,对中国传统建筑的认知也逐渐趋于成熟。柳士英在回忆录中表示,他认为应该精炼中国建筑的烦琐程度。于是在设计上他采用局部仿古的做法,[6]并且,企图用早期现代主义的创作手法来简化建筑的表达,开辟一条新的中国传统复兴之路。尤其在礼堂的设计中,他展现了一个建筑师由内而外的、完整的建筑态度。例如经济层面,他为节约国家的基建投资限制了造价;美观层面,现代主义样式与中华古典相结合。所以他在湖南大学的整体实践过程中,从早期的现代主义设计理念,变化为晚期,在回顾历史轨迹的基础上启发新思路,传统与创新相结合的思想状态。

华中工学院的建筑群体现了现代主义功能布局与中式古典主义立面相结合的建筑风格。随着技术条件的进步,人群审美的变化与建筑功能的逐渐丰富,新中国成立以后党对知识分子的教育和所执行的建筑方针,使柳士英的建筑思想又开始产生变化。他意识到处于落后贫瘠的封建社会基础上的新国家,建筑师不应当去追求与人民需求不相吻合的资产阶级庸俗的审美兴趣,每个行业都应该与国家的时政发展与经济条件相联系,建筑发展的运动过程,亦是矛盾发展的过程,其中既有统一,又有斗争,在建筑发展中,矛盾着的运动物质世界是多样化的,如古今中外;亦是活跃的,如点线面体。所以他在晚期建筑实践中注意了自己的发展动态,建筑思想上,不再盲目地追求新鲜的理念,在设计行为上不再效仿奇特的元素,避免陷入多种形式主义的旋涡,成为折中主义的俘虏。但同时呢,又要保有对建筑设计的激情与创造力,用发展的眼光看待建筑界的风云变幻。

4　总　结

在柳士英的职业生涯中,对应其作品设计风格的变化,他的建筑思想也分为了三个时期,并且在每个时期还有各自完整、独立的发展脉络(表2)。柳士英人物思想的变化,代表了首批留日体系的华人建筑师设计理念的演变过程。他作品风格的演变更是侧面反映中国近现代建筑的发展过程。柳士英建筑人物资料的补充,对中国近现代建筑史的研究有着重要的理论和实际意义。

表2　柳士英设计思想的演变过程

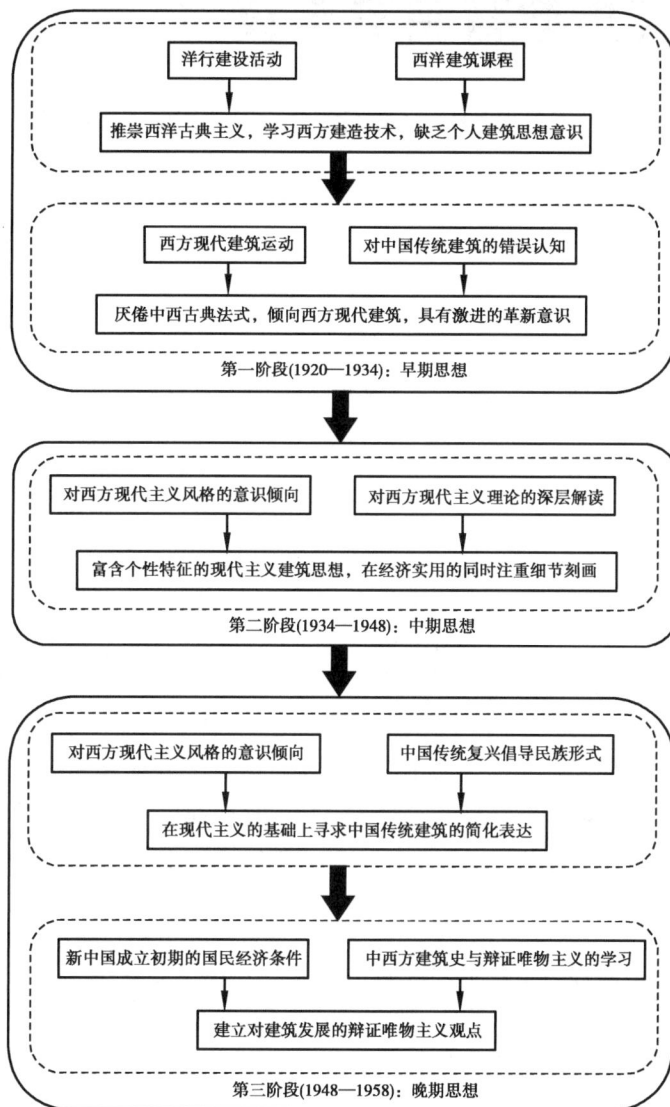

第一阶段(1920—1934)：早期思想

- 洋行建设活动
- 西洋建筑课程
- 推崇西洋古典主义，学习西方建造技术，缺乏个人建筑思想意识
- 西方现代建筑运动
- 对中国传统建筑的错误认知
- 厌倦中西古典法式，倾向西方现代建筑，具有激进的革新意识

第二阶段(1934—1948)：中期思想

- 对西方现代主义风格的意识倾向
- 对西方现代主义理论的深层解读
- 富含个性特征的现代主义建筑思想，在经济实用的同时注重细节刻画

第三阶段(1948—1958)：晚期思想

- 对西方现代主义风格的意识倾向
- 中国传统复兴倡导民族形式
- 在现代主义的基础上寻求中国传统建筑的简化表达
- 新中国成立初期的国民经济条件
- 中西方建筑史与辩证唯物主义的学习
- 建立对建筑发展的辩证唯物主义观点

参考文献：

[1] 柳士英.回忆录提纲[J].南方建筑,1994(3):54-56.

[2] 徐震,胡溪.芜湖近代历史建筑研究——以芜湖中国银行为例[J].中国名城,2018(5):52-57.

[3] 黄元炤.柳士英[M].北京:中国建筑工业出版社,2015.

[4] 柳士英.我与建筑[J].南方建筑,1994(3):59-61.

[5] 柳肃.柳士英设计风格的发展演变[J].南方建筑,1994(3):35-38.

[6] 杨秉德.关于中国近代建筑史时期民族形式建筑探索历程的整体研究[J].新建筑,2005(1):48-51.

[7] 郑晓旭.湖南大学早期建筑研究[D].长沙:湖南大学,2011.

[8] 邹德侬.中国现代建筑史[M].北京:机械工业出版社,2003.

[9] 赖德霖.从一篇报导看柳士英的早期建筑思想——纪念柳士英先生诞辰100周年[J].南方建筑,1994(3):23-24.

中国近代建筑史教育特点刍议[*]

A Proposal on the Characteristics of Modern Chinese Architectural History Education

武 晶[①]

Wu Jing

【摘要】本文对近代(1903—1949)中国各高等院校建筑系的建筑史教育进行研究,总结分析了不同院校在不同的建筑教育模式下建筑史教育的特点:美术院校偏重艺术风格;工科院校则有着强调学生综合文化素质培养,对现代建筑给以强烈关注,以及工学背景下重实用三种不同倾向。

【关键词】近代高校 建筑史 教育特点

中国高等教育在近代(1902—1949年)处于各高校自主发展模式之下。在这样的背景之下,虽然有着全国统一的建筑系课程规定,但是在实际的建筑教育中,不同的院校却有着不同的特色。本文即以建筑史教学为研究对象,对近代分别设于美术院校和工科院校的诸多建筑系的建筑史教育特点进行总结与分析,力求寻找其特性与共性。

1 建筑史教育所涉内容

建筑史教育,包含历史类课程与理论类课程两部分:

历史类的建筑史课程,最初在癸卯学制中被称为"建筑史",其后又有"西洋(西方)建筑史""外国建筑史""中国建筑史""中国营造学"等多门课程设置。这类课程主要是关注古代建筑的历史发展、形式演变及构造做法等,侧重于历史叙述。另外,还有与其相关的美术史、艺术史等历史类课程。理论类的建筑史课程,最初在癸卯学制中为建筑意匠、美学两门课程,其后又有建筑设计学、建筑理论、建筑(学)原理、科学逻辑、方法论等多门课程设置。故而未免混淆,本文中加引号的"建筑史"专指历史类的建筑史课程;若未加引号强调的建筑史一

词,则指兼有历史、理论(哲学)的多重含义。

2 工科院校建筑建筑史教育的3种倾向

2.1 强调学生综合文化素质培养的宾夕法尼亚大学(UPenn)学院派倾向

该倾向以脱胎于法国巴黎美术学院"鲍扎"体系的宾大[②]建筑教学体系为蓝本,建筑史教育注重学生整体人文素质的培养,要求学生具备宽泛的人文社会学知识和扎实的艺术审美能力,对传统样式了然于胸,并对古典形式美的法则掌握纯熟。这种倾向以中央大学为首,东北工学院、重庆大学、之江大学、沪江大学等建筑系均为此倾向。其在本时期影响最大,特点有[③]:

①建筑史课程在整个建筑教学体系中分量颇重。如中央大学建筑史在整个建筑教学体系中所占比重约为10%,东北工学院为13%,重庆大学约为9%,之江大学约为7.5%。

②相对于强调历史类课程,理论课程则明显偏弱。如历史类与理论类建筑史课程学分比例在之江大学为2:1,重庆大学为13:3,而在中央大学与东北工学院,建筑史课程大都是以历史类为主,

---

* 基金来源:河北省高等学校人文社会科学重点研究项目(2016)"外国建筑史"的教学与研究(项目号:SD171026)。

① 武晶,河北工程大学建筑与艺术学院教授,天津大学博士。

② 宾夕法尼亚大学(University of Pennsylvania),简称宾大(UPenn)。

③ 资料来源:中央大学建筑系课程设置,引自:中央大学建筑科(1933)[J].中国建筑:1933(02):34;童寯. 建筑教育(1944)[M]. 童寯文集(第一卷),北京:中国建筑工业出版社,2000:114-115. 东北工学院1928年建筑科课程设置,引自:东北大学概览(1928).沈阳:东北大学:1929(03)。重庆大学1941年建筑系课程设置,引自:阎波,瓮少彬. 重庆大学早期建筑教育述略(1937—1952)[J]. 新建筑. 2014(03):120. 之江大学1939年建筑系课程设置,引自:刘宓.之江大学建筑教育历史研究[D].上海:同济大学,2008,17-18,26。

建筑理论被明显忽视甚至取消。

③关于"中国建筑史"与"外国建筑史"，中央大学是二者并重，其学分比例在课程体系中为1：1；东北工学院对"中国建筑史"（又称东洋宫室史）颇为重视，其课程教学占有明显优势；之江大学起初未有"中国建筑史"课程（1939年），而在1948年时，中、外"建筑史"学分比例达到1：1（外建史为必修课，中建史为选修课）；重庆大学的中、外"建筑史"学分比例则为1：2。

④教学重点在于培养学生的美学素质、艺术审美及其对于建筑历史发展演变的理解，重视引导学生了解各种因素对建筑的影响及产生各种流派之原因[①]，并由此阐述相关历史观。

⑤教师对于课程非常重视，课前备课认真扎实，课上教学内容饱满，且在教学过程中教师常常引经据典，甚至出口成章，而板书的内容、示图乃至版面安排等，则无不展现了教师所具备的极高的建筑学素养，这无疑对学生综合素质培养有着潜移默化的影响。

其实，近代中国自30年代开始，现代主义建筑形式已经在社会逐渐普及，即使是采用宾大学院派教学模式的教师，如梁思成、童寯、谭垣、王华彬、哈雄文等，其设计作品也颇多现代主义建筑风格（图1）。那么为什么这些教师会坚持采用学院派倾向的建筑史教学模式呢？笔者推测这应与其艺术与科学并重、造就通才的培养目标有关。

持此倾向的建筑史教师，将建筑史教育视为培养建筑系学生综合人文素质的必备。而他们本身亦是具备建筑学科综合素质的典范。以东北大学的梁思成、中央大学的刘敦桢、鲍鼎为例，他们不但身兼中、外建筑史教学（另兼任多门其他课程），还投身营造学社，以研究整理中国传统建筑文化遗产为己任，其相关研究成果均为当时的扛鼎之作。另外，他们并不是坐而论道、纸上谈兵，而是有着扎实的建筑设计能力。如刘敦桢先生1929年所作湖南大学"二院"[1]，有着简单明确的现代主义结构与材料特征，却将西洋古典的墙基与中国传统起翘的

檐口巧妙地混搭其中，体现了其娴熟的设计能力与审美素质（图2）。而他对建筑结构的精通，使得"非常了不起的童寯先生"涉及结构问题，也是"要请刘敦桢先生帮忙"的[②]。

图1　梁思成先生设计的仁立公司立面
（资料来源：梁思成仁立公司方案[J].
中国建筑.1934（01），40.）

图2　刘敦桢先生所作湖南大学"二院"
（图片来源："中国国家地理"网站）

宾大学院派强调建筑史教育对于学生人文艺术综合素质培养的重要性，对于以格罗皮乌斯、密斯等为首的包豪斯建筑教育思想并不以为然，认为其将工艺美术引入建筑教育对学生培养效果有限，而忽视建筑史的做法也并不可取。

在此教育理念之下，中大学生也非常注重个人综合素质的提高。1938—1942年在学、毕业后留校任教的卢绳[③]即为其中代表，张良皋教授曾回忆：

---

① 笔者.钟训正院士访谈录（未发表）.南京：2013。

② 笔者.朱光亚教授访谈录（未发表）.天津：2013。

③ 卢绳（1918—1977），字星野，天津大学建筑史教育创始人。1938—1942年就读于中央大学建筑系，毕业后入中国营造学社，1944—1952年曾先后在中央大学、重庆大学、北京大学工学院、唐山工学院、中央美术学院等校任教。资料来源：王其亨，白丽丽.建筑史学家卢绳[J].天津大学学报：社会科学版，2006（03）：153-156。

我们毕业的时候,要对老师写个请帖,我们派个代表找卢先生(时任刘敦桢先生中建史助教),请他给我们写几句请帖开头的话(引首文),(当时)我说帖子引首文我们不写,请卢先生写,我跟他们说"你们请卢先生写骈体文",(答应下来的卢先生)第二天就送来了,好家伙!"巴蜀田娟,胡烟山寨,白门问柳,一渡星洲……"我们的请帖拿到刘(敦桢)先生那里去,刘先生就高兴了:"究竟是我们建筑系的同学,做事不同啊!"

由此可知,学院派的教学理念中,学生人文、艺术整体素质的培养是建筑系区别于其他工科的重要标志,由此也可明了为什么在当时现代建筑已经逐渐深入人心的时期,学院派建筑史教学仍坚持以建筑艺术发展演变为主的原因。

2.2 对现代建筑给以强烈关注的包豪斯教育倾向

该倾向来于包豪斯教育,虽在中国近代建筑教育中并未成为主流,但是却有着鲜明的特色。

早在 20 世纪 30 年代,这种倾向就在勷勤大学建筑系的建筑史教学中体现出来。由其 1933、1935、1937 年的建筑工程学系课程科目①可以看出,无论课程怎样修改,建筑史教学中"建筑史"6 学分、建筑学原理 10 学分的课程设置一直稳定未变,建筑理论与建筑史学分比例为 10:6,远高于同时期其他院校。1938 年,该系开设了专门讲授现代主义建筑的"近代建筑"一课②,为国内建筑院校之最早。而之前胡德元所授"建筑史"课程,也对近代建筑给予了相当关注。可以说,对于建筑理论课程的强调是该校建筑历史课程教学与当时其他院校截然不同之处。

其实,对于西方现代主义建筑思想理论的强烈响应,正是当时勷勤大学建筑系的最突出特点。除了系主任林克明、建筑史教师胡德元等大力宣扬之外,该系学生也以极饱满的热情与努力投入其中,他们创办的《新建筑》期刊成为宣扬现代建筑的大本营,也使勷勤大学建筑系的现代主义建筑思想声名远播。

20 世纪 40 年代,圣约翰大学的建筑系主任黄作燊,受其恩师格罗皮乌斯影响,采用了与中大等主流建筑院校迥然不同的包豪斯建筑教学模式。

故而该系建筑史教学有着强烈的包豪斯建筑史教育特色。

最初,该建筑系并未设有"建筑史"科目,但对近现代的建筑理论却相当重视。这源于黄作燊接受了格罗皮乌斯的建筑史教育思想。作为包豪斯教育的创始人,格罗皮乌斯强调建筑教育要培养学生的创造性,他批判照搬现成历史形式进行庞杂装饰的旧有教学模式,认为设计应直接见证工业化大生产社会的时代特征,而反映旧时代的建筑史对此并无可用之处。因此他甚至"刻意避免使学生接触任何形式的风格样式"[2]。虽然对"建筑史"颇有微词,但是格罗皮乌斯从未否认建筑理论在建筑教育中的重要地位,他强调理论具有不可估量价值,是从事设计工作最重要的先决条件。其后,黄作燊基于教学实际,加设了"建筑史"教学内容,但是包豪斯重理论轻历史的建筑史教育传统却一直保留下来。

该系将"建筑史"教学目的定为使学生了解当今建筑与过去的关联背景[3]。在教学中对正在西方盛行的现代建筑给予了特别关注,而中央大学、东北工学院等主流建筑系所重视的"中国建筑史"科目,在很长时间内并未开设。

该系建筑理论课程所授内容涉及新建筑的艺术、经济、技术,以及时代发展的影响、设计方法、城市规划等诸多内容。教学目的是使学生明白社会生活需要、政治因素影响、技术实现途径三方面对建筑学科的不可或缺[4]。由其教学内容和教学目的,可知其与其他院校建筑理论课程相比,有着更为明显的现代主义建筑思想特征。

由此总结该倾向的建筑史教学特点:

①强调建筑理论教学,将理论视为从事建筑设计工作重要的先决条件。

②弱化"建筑史"教学,反对对历史形式进行因循模仿。

③"建筑史"教学以西方为主,"中国建筑史"并未得到足够重视。

④重视城市规划理论教学,认为建筑学与城市规划并非独立学科,而是彼此关联紧密,相互影响。

⑤重视社会学对于建筑学科的影响。认为社

---

① 资料来源:一年来校务概况[J].广东省立工专校刊.1933(8):11-16;勷勤大学建筑工程学系 [J].勷大旬刊.1935;9;勷勤大学建筑工程学[J].广东省立勷勤大学概览,1937:3。

② 资料来源:钱峰.现代建筑教育在中国 1920s—1980s[D].上海:同济大学建筑与城市规划学院,2006,178。

会的根本性变革一定会带来建筑的明确变化,建筑史教育应有开放性思想,要贴近现实、响应工业化大生产社会的时代特征,应与社会诸方面(如技术、美学、社会、政治等)关系密切。

如前所述,自 19 世纪 30 年代以来,现代建筑在社会上已经逐渐深入人心。这样的社会需求必然会在建筑教育中得到呼应。因此,现代主义建筑思想进入建筑史教学已是必然。40 年代以后,梁思成先生在清华大学建筑系进行课程改革,加城市规划理论、社会学课程,北大工学院、津沽大学等很多院校加入"现代建筑"科目,都标志着现代主义建筑思想正在逐步进入越来越多院校的建筑史教育之中。

2.3　土木工学背景下重实用的倾向

持此倾向的建筑史教学,大都是在有着强大土木工学背景的建筑系,如北平大学工学院(前为艺术学院)、天津工商学院、唐山工学院等。这些建筑系大都是由土木系独立而来,有着强调建筑科学性的传统,他们并未纠结教学模式的学院派或现代派所属,而是以实用为原则,致力于培养能够满足社会需求的建筑设计人才。

由北大工学院建筑系 1945 届毕业生,后留校任教的王炜钰教授对沈理源先生建筑史教学的回忆,或可对工学背景下重实用倾向的建筑史教学了解一二：

沈先生讲建筑史我印象并不深……黑板也不怎么画……也就他在黑板上写几个字,讲到什么(建筑)就写那么几个字……但是沈先生教设计(及理论)就和别的老师有差别……教设计他总画图,画得特别得细,尤其是细部……后来我自己也教课了、做设计了,我更体会(到)他(讲的)这些东西真的是很实际。我后来看别人设计的时候觉得有些设计不地道、不经典,我就想到沈先生在改设计的时候告诉我们(的经验),比如线脚曲线和直线的关系;后面拱顶与前面房子的比例;它和立面的比例关系等,我觉得我特别收益。因为假如不是真正盖过房子的人,他是不会有这个体会的。

由上可知,工学背景下重技术的倾向,使得其

建筑史的课堂教学相对薄弱,对于单独某门课程(如"建筑史")并未给以特殊重视,其课堂讲述内容,"有些无关紧要的(就)舍弃了[①]",是以设计实际应用为主。即使其首开先河的中国古建筑测绘课程(天津工商学院、北京大学工学院),也是先由基泰事务所作为工程承接后又引入建筑史教学之中的。但是,该倾向将建筑史相关知识直接融入设计实践、使其融会贯通的教学理念,使得此倾向的师生具备了深厚的建筑学设计与研究潜力。

此倾向的建筑史教学特点[②]：

①建筑史课程在学科比例中所占分量少,远远小于技术类课程。如天津工商学院建筑系在 1937 年时,其建筑史课程周学时数仅占总周学时的 2.9%,即使是在 1941 年最多时,也仅占到 6.3%。

②强调所授知识与工程实际的紧密结合,教师对课堂教学并不十分重视,但却注重将"建筑史"、建筑构图原理、现代建筑理论等相关知识融入建筑设计实践[5],引导学生将课堂所学在实践中融会贯通。

③"建筑史"教学有着重视工程技术的土木系传统。如北大工学院的"中国建筑史"课程着重中国建筑的营造技术[③];而天津工商学院的"中国建筑学"教材为《清式营造则例》,教学内容限于清代建筑的样式与构造;唐山工学院的"中国营造法"与"中国建筑史"课程学分相当。这些都与中央大学、东北工学院等将建筑史作为人文艺术素质培养的方式截然不同,倒与包豪斯现代主义建筑教育思想颇多相似。

④中外"建筑史"教学各有侧重。在天津工商学院和交大唐山工学院,"外国建筑史"教学占有优势。如交大唐山工学院中外"建筑史"学分比例为 3∶2;天津工商学院起初并未进行"中国建筑史"教学,直到 20 世纪 40 年代中后期才开设了"中国建筑学",但其学分一直少于"(外国)建筑史"。而北大工学院则相反,"外国建筑史"学科分量明显不及"中国建筑史"。如在 1941 年中、外"建筑史"学分比例为 3∶1,1945 年比例虽为 2∶1,但是却增加了

---

① 笔者. 何广麟教授访谈录(未发表). 天津:2013。

② 资料来源:张晟. 京津冀地区土木工学背景下的近代建筑教育研究[D].天津:天津大学, 2011:136-137,143,214;魏秋芳. 徐中先生的建筑教育思想与天津大学建筑学系[D]. 天津:天津大学,2005.2-23。

③ 笔者. 章又新教授访谈录(未发表). 天津:2013。

"中国历史"和"中国地理"合计 12 学分的两门科目①。

⑤建筑理论教学各有特色。如天津工商学院所设科学逻辑、方法论课程科目,在当时其他建筑系中未见。其在 1939 年就设置了城市规划理论课程,且在 1941 年课程修订中,将建筑理论教学的重要性放在了"建筑史"教学之上,可知有着明显的现代主义建筑教育意识;北大工学院在 1939、1941 年所设"美学原理",在本时期的其他工科建筑系未有;唐山工学院建筑理论与"建筑史"的学分比例相差无多(4∶5),教学内容也是传统理论与现代思想并举,并无明显的侧重。

⑥其系主任和建筑史教师多有着土木工学的学习或教学经历,且均具职业建筑师背景。如天津工商学学院首任系主任陈炎仲归国后入中国工程司,任天津工务局技正[6];其继任系主任沈理源在京津沪三地声名远扬,承担了清华大学系馆扩建、北京真光电影院、天津盐业银行、上海三民路住宅等众多重要公建及住宅工程;唐山工学院建筑系主任林炳贤是当时国内仅有的 5 位拥有英国皇家建筑师协会会员资格的建筑师之一[7];张镈不但有着学院派的教育背景,而且工程实践经验丰富,在担任基泰事务所北京、天津、上海等地分部总建筑师期间,参与了大量工程实践活动。

另外,值得强调的是,清华大学的建筑史教学在梁思成先生进行"体形环境"的建筑系教学改革后,其建筑史教育兼具有学院派与包豪斯建筑教育之特色。

3 美术建筑:偏重艺术风格的巴黎美术学院派教学特征

在如北京美术专科学校和杭州艺术专科学校等美术院校,有着与工科建筑存在明显不同的建筑教育,其是围绕着"美术建筑"展开的。

"美术建筑",是 20 世纪早期近代中国出现的名词,提出者大都是美术界人士。他们坚持将建筑与绘画、雕塑三者一体归于美术的艺术观,强调艺术性是建筑的最高价值,创造建筑样式应能满足人的内心需求,不应因实用的原因而伤害建筑风格。

如刘开渠将建筑分为"美术建筑"与"普通建筑"两类,认为普通建筑师是在现成的时代风格下,设计图样,规划布局,其所从事的工作与工程师无多大差异;美术建筑师则是以艺术的立场去创造建筑的新型体、反映时代的新精神。他认为建筑冠以美术二字,是强调建筑除了物质属性外,还有更高的艺术属性,其不但应该满足实用要求,还应完美人精神需求[8]。刘既漂曾解释美术建筑是艺术与科学合作而生,工程建筑以实用为宗旨,而建筑本身的精神却有生命的意义。他强调风格对建筑的意义非常巨大,没有艺术的建筑是没有价值的,而没有风格的艺术则更没有价值[9]。

由此可知,美术建筑将艺术性视为美术建筑的核心价值。基于此,美术建筑中的建筑史教育也有着突出强调艺术性的倾向:

总结美术建筑中的建筑史教育特点,无疑是偏重艺术风格的巴黎美术学院派教学特征,其特点②:

①因美术院校的艺术属性,美学受到特别重视。

②建筑史相关课程有哲学层面的"美学"、关于艺术历史叙述的"美术史"和"建筑史"以及含有建筑理论的"建筑学"(或称"图案法")三类课程。

③"美学"与"美术史"为学校的公共课,由具相应学术背景的教师承担。如冯臼、邓以蛰、郁达夫等就分别担任过北京美术学校的美术史、西洋美术史、美学的教学工作。

④"建筑史"与"建筑学"为建筑学的专业课程,由建筑专业的教师来进行传授。该教师通常为学生的专业导师或系主任,如刘既漂、杜劳、夏昌世、顾恒等。

⑤建筑理论并未作为单独科目出现,而是与构造及工程技术力学等内容一并被纳入"建筑学"(或称"图案法")科目之中。"建筑史"或作为单独科目,或同建筑理论一起被纳入"建筑学"科目之中。

⑥因美术院校以艺术实践为主要的培养方式,建筑史课程的课堂教学相对简单,学生对知识的了解与把握,会在相关的建筑设计及美术实践教学中会得到教师潜移默化的指导与培养。

---

① 数据为笔者自计。资料来源:张晟. 京津冀地区土木工学背景下的近代建筑教育研究[D]. 天津:天津大学,2011. 136-137、143、214;魏秋芳. 徐中先生的建筑教育思想与天津大学建筑学系[D]. 天津:天津大学,2005. 22-23。

② 资料来源:徐苏斌. 近代中国建筑学的诞生[M]. 天津:天津大学出版社,2010. 174-175,192. ;笔者. 唐宝亨设计大师访谈录(未发表). 杭州:2013。

4　建筑史教育的本土化发展

虽然受到西方学院派和包豪斯建筑教育的直接影响，中国的建筑史教学却仍然有着自己的侧重与选择。如：

宾大建筑史课程设有"建筑史"、美术史、建筑理论、年代史四类科目（其比重为 3：2：2：5）。但是在国内，分量颇重的年代史科目除了在东北大学和中央大学早期设置过外，几乎被学院派教学倾向的建筑院校所遗忘；至于建筑理论课程，也或多或少被忽视或取消。

对现代建筑给以强烈关注的圣约翰大学建筑系，在教学过程中改变了其早期不进行建筑历史叙述、以避免学生陷入照搬样式而缺乏创造力的包豪斯建筑教育模式初衷，而将"建筑史"作为学生了解建筑历史发展演变的必备科目。

越来越多的院校开始关注中国建筑史及其营造技术，改变了早期以西方建筑史为主的教学侧重，中国建筑史教学也越来越受到重视。而沈理源更在天津工商学院和北大工学院创立了中国古建筑测绘课程。

外国建筑史教育的本土化发展，在梁思成先生的教育生涯中表现得更为突出。其在东北大学所设的画史、美术史、雕塑史等美术史课程，无疑受到宾大教育的直接影响，但将古代历史、中世纪史课程取消，取而代之"营造则例"，则反映了其独立的教育思想与学术倾向。而在清华大学的建筑学学科设置中，其建筑史教学兼具有学院派与包豪斯建筑教育的特色，不但设有社会学概论、经济学简要等人文社科类科目以培养学生的综合人文素质，也对现代建筑（包括城市规划）及其理论给予了相当的关注。由此可知创建东北工学院和清华大学建筑系，梁先生在不同时期的建筑（史）教育思想有着明显的发展与扩容。

总之，这样的侧重与选择，与近代中国所强调的西体中用的学术思想正是一脉相承。无论有着怎样的学术背景，对于西方文明有着怎样的艳羡，早期的建筑学人对祖国始终怀有赤子深情，虽然建筑学科设立初始不可避免要师法于人，但是如何适应中国的建筑实际，仍是他们不懈的思考。

参考文献：

[1] 柳肃，肖灿. 湖南大学早期建筑群活色生香的中国近代建筑史[J]. 中华遗产，2013，(8)：82-105.

[2] 华尔德，格罗比斯. 新建筑与包豪斯[M]. 张似赞，译. 北京：中国建筑建筑工业出版社，1979.27.

[3] 黄作燊. 一个建筑师的修养[C]. 束林，卢永毅，译. // 同济大学建筑与城市规划学院. 黄作燊纪念文集，北京：中国建筑工业出版社，2012.6.

[4] 钱峰. 现代建筑教育在中国 1920s—1980s[D]. 上海：同济大学，2006：85.

[5] 沈振森. 中国近代建筑的先驱者——建筑师沈理源研究[D]. 天津：天津大学，2002.32.

[6] 张晟. 京津冀地区土木工学背景下的近代建筑教育研究[D]. 天津：天津大学，2011.98.

[7] 魏秋芳. 徐中先生的建筑教育思想与天津大学建筑学系[D]. 天津：天津大学，2005.

[8] 刘开渠. 美术建筑[J]. 艺术运动. 1929，(18)：1-3.

[9] 刘既漂. 美术建筑与工程[J]. 旅行杂志：1929(4)：3-5.

营造学社在重庆
——近代中国营造学社成员在重庆相关活动述略

Society for the Study of Chinese Architecture in Chongqing
—A Brief Account of the Activities of Members of Society for the Study of Chinese Architecture in Modern

王创懿①

Wang Chuangyi

【摘要】回溯历史,追寻先贤足迹,本文对中国营造学社成员在重庆的相关活动进行系统地梳理:前期梁刘二人的西南考察,开启了重庆古建筑保护与利用的篇章;学社解散后留渝社员秉承精神,坚持学术研究与创作实践,大力推动了重庆建筑事业的发展;其后建筑理论及历史研究所重庆分所成立,承续了学社的前期研究,硕果累累,极大地提高了重庆地区的建筑学术研究水平。往事历历,无一不彰显了其对重庆建筑界、建筑教育事业的奠基性、开创性的深远影响,做出的巨大的历史贡献。

【关键词】中国营造学社　重庆　建筑理论及历史研究所重庆分所

1　引　言

　　中国营造学社是第一个研究中国传统建筑的学术团体,发轫于中国建筑学者在庚款资助下于1929年开办的关于《营造法式》的系列主题讲座,后渐成气候。1930年,学社在北京天安门里西朝房成立,创始人是朱启钤先生,任社长,聘请梁思成任法式组主任,刘敦桢任文献组主任。学社成立的宗旨是研究和保护中国的传统建筑文化和遗产,其不仅为我国传统建筑的研究和保护开辟了道路,也为我国的建筑史学界培养了一批最早的优秀研究人员。[1]

　　可以说,中国营造学社的建立是中国建筑学术研究工作的一个里程碑,历年我们对它的研究更是未曾间断。然而,现在我们对于学社的研究多是将其视为一个整体进行研究,或是基于《中国营造学社会刊》等相关著作展开的,很少有选取学社对于某一特定地域的具体活动及其后续影响而开展研究的。笔者通过查档、检索、采访等途径,逐步厘清了营造学社成员在重庆的活动,以时间为主线,梳理了营造学社成员在重庆的活动,以及学社解散后的相关成果,对营造学社在重庆地区的活动及影响做一个概述。

2　1945年前营造学社设立期间成员在重庆的活动

　　自1930年营造学社正式成立起,学社进行了一系列的古建筑的测绘和调查工作,而大部分的调查地点集中在华北、中原、江南一带。直至1937年日军侵华,学社被迫南迁,最后来到李庄,并开展工作直至学社的解散。可以看出,学社后半段时间的持续稳定工作的主要集中在李庄。也正是从这一时期开始,学社的考察重点逐渐转移至了西南地区,开启了对西南地区的古建筑的普查及重点测绘工作。其中最重要的活动便是以梁思成、刘敦桢两位先生(以下简称梁刘)为首的西南考察。根据梁先生的《西南建筑图说》和刘先生的《西南古建筑调查概况》等相关文献的查阅,笔者将考察中隶属重庆境域的相关地点进行了梳理整合。

　　1939年9月9日,梁思成飞至重庆,开始同刘敦桢调查重庆巴县及北碚古建。结合当时考察小队调查路线图(图1),可以看出,至1939年9月26

---
　　① 王创懿,重庆大学建筑城规学院,硕士研究生。

日，他们一共历经重庆、巴县、北碚，并于同年11月搭载汽车调查了潼南、大足、合川，最后返回重庆，并由重庆回到昆明。根据相关文献记载（图2），小队考具体察过隶属重庆的地点有巴县的崇胜寺石登台及摩崖造像、缙云寺残石像；潼南的仙女洞、大佛寺崖摩造像、千佛寺崖摩造像、玉桂场牌坊；大足的报恩寺山门、北崖的白塔及摩崖造像、周家白鹤林摩崖造像、宝鼎寺摩崖造像；合川的拱券桥、濮崖寺摩崖造像；市区的五福宫、长安寺、老君洞等。在1940年梁刘的西南考察之行结束以后，这随后的几年，学社主要在李庄周边开展古建筑的调查与测绘工作，主要有成都地区的清真寺、宜宾的螺旋殿等等，基本不再涉及重庆地区。[2-3]

借由此次西南考察活动，学社普查了重庆周边

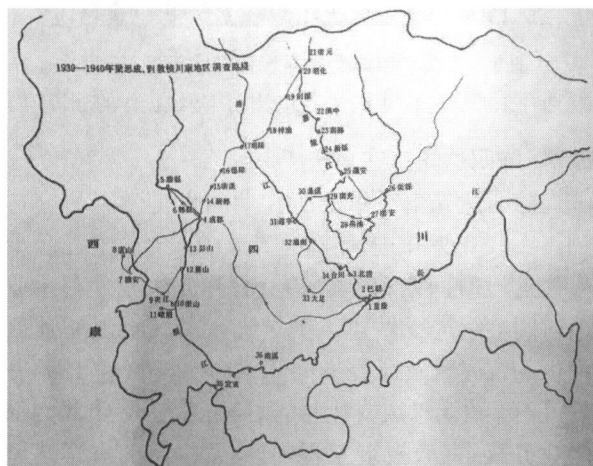

图1　梁思成、刘敦桢川康地区调查路线图
（图片来源：摘自《田野新考察报告》第一卷）

图2　梁思成《西南建筑图说》节选
（图片来源：摘自《西南建筑图说》）

地区的古建筑，获得了很多珍贵的第一手资料，开启了重庆古建筑保护与利用的篇章。至今，在重庆古建筑的研究与保护中，这些资料依然发挥着重要的作用，尤显珍贵。可以说，此次考察为重庆地区的古建筑保护与研究打下了坚实的基础，奠定了古建筑保护与研究的基调。

3　1945—1959年营造学社解散后部分成员在重庆的活动

然而好景不长，在营造学社最后的几年里，经费入不敷出。佐以图3，可见学社成员不断减少，学术研究工作也是日益艰辛，难以为继。到1945年时，学社仅剩梁思成、刘致平、莫宗江、罗哲文四人，学社至此解散。学社成员四散于天南海北，其中有部分成员便留在了重庆，有些成员在重庆地区也时有活动。这些前辈秉承着学社的学术思想，继续践行学术研究活动，大力推动了重庆建筑事业的发展，例如刘敦桢、杨廷宝、卢绳先生等，都做出了巨大贡献。具体以叶仲玑、陈明达两位老先生为例，在先生们这段时间的相关事迹中，我们得以窥见一二。

图3　中国营造学社成员一览表
（图片来源：摘自《中国营造学社史略》）

3.1　叶仲玑先生在重庆

言及叶先生，最先提及自然是他与重庆大学之间的深厚渊源。叶先生自1946年从中央大学调回重庆大学建筑系任教，次年由重庆大学派往美国深造。1950年，获美国堪萨斯州立大学建筑系硕士学位，毕业回国后，便继续在重庆大学任副教授、建筑系主任。1952年院系调整后改任重庆建工学院任教，1953年12月重庆建筑工程学院成立建筑系，叶仲玑先生任首任系主任，并任重庆市土木建筑学会副理事长。直至1974年，叶先生在重大任教的20多年的时间里，将营造学社的学术精神、学术研究

方法都毫无保留地教授于学生，为重庆甚至全国培养了一大批建筑界的人才，为重庆的建筑事业的发展做出了不可磨灭的贡献。[4]

当然除了对学子的倾囊相授，叶仲玑先生同样在建筑设计领域留下了浓墨重彩的一笔。例如重庆建筑工程学院实验大楼，大楼通体采用红砖修建，体态丰富，造型大方，至今仍屹立在重庆大学校区内发挥着效用。又比如说原重庆大学图书馆（图4），是其20世纪40年代的代表作。图书馆位于校园团结广场旁台地上，充分利用地形，从当时的建筑材料与结构技术出发，塑造了一幢体现建筑功能，具有中国传统建筑底蕴，与团结广场对面的理学院大楼等建筑遥相呼应，而又有当时时代特色的校园建筑。简洁新颖，构图严谨，造型美观，被建筑界誉为当时中国建筑设计创新典例，可惜这幢历史建筑于20世纪80年代初拆除。当然其中最著名的要属重庆和平电影院（图5），叶先生主持设计的这种的电影院是新中国成立后重庆最早建设的几个大型民用建筑之一。影院位于重庆市中心解放碑，座席容量1 459座，它的平面布局及空间组织处理都充分利用了山地城市中心珍贵的基地面积和建筑空间，十分重视功能实效，建筑构图手法严谨，与周围建筑的关系和谐，色彩淡雅，造型美观。令人惋惜的是，到21世纪初时因新建国泰艺术中心扩建广场需要而拆除。

图4 原重庆大学图书馆（已拆）

（图片来源：网络）

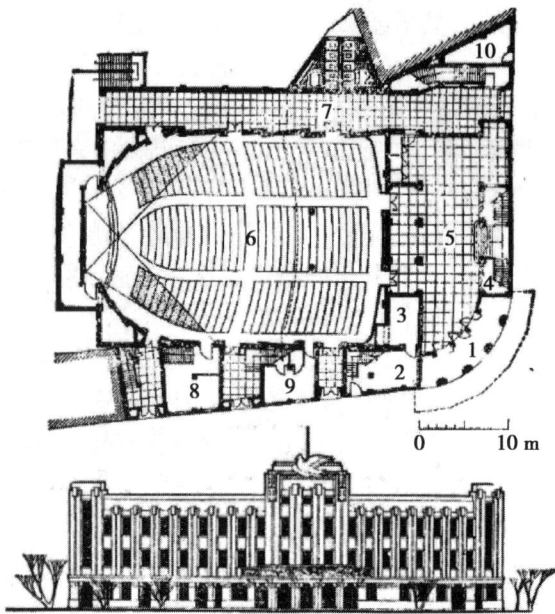

图5 重庆和平电影院平面图及立面图（已拆）

（图片来源：摘自《重庆几个大型民用建筑创作的分析》）

3.2 陈明达先生在重庆

陈明达先生在重庆工作期间也是学术研究与创作实践齐头并进，不曾间断。在20世纪五六十年代这段时间内，在学术方面，陈先生充分利用业余时间继续进行做建筑史学研究，发表了《略述西南区的古建筑及研究方向》一文。此外，在1953—1961年，经梁思成先生推荐，陈先生任文化部文物局业务秘书、教授级工程师，主管全国的古建筑保护工作。这一时期，他发表的《中国建筑概说》《汉代的石姻》《建国以来发现的古代建筑》等论文，也可视为营造学社古建筑调查工作的延续。

在实践层面，1944年陈先生任中央设计局研究员，1949年陈先生被中共西南军政委员会聘为工程师，主持设计并监督施工重庆中共西南局办公大楼和重庆市委办公大楼。这两座建筑于1953年初竣工，与之后不久竣工的重庆人民大会堂同为重庆市当时最重要的三座公共建筑。具体来说，中共西南局办公大楼（图6），建筑为砖混结构地上3层、地下1层平顶，平面略呈横置的工字形。仅在中部略向前、向上凸出一个高4层的门庭作建筑主体。整体建筑外观以红砖墙、矩形玻璃窗构成朴素的建筑色调，在门庭上端饰白水泥"工农兵"浮雕，并以此为中心。顶楼上檐部分环绕一圈宋式浮雕作为此西南行政中心建筑的唯一的装饰。另一栋重庆市委办公大楼（图7），在1955年后改作重庆市博物馆，现为重庆市文化遗产研究院。两栋建筑是建国初期重庆百废待兴之时兴建的公共建筑之一，是见证重庆社会发展的近现代重要建筑。据陈明达先生生前回忆某些构图的灵感甚至来自"七巧板拼图游戏"，这栋建筑没有沿用四角翘起的大屋顶、抖拱等公认的中国古代建筑符号也放弃了平面布置的对称原则针对地势和周边环境，完全自由地使用西洋式建筑材料安排建筑的平面和立面，但人们感觉它绝不是中国人对西洋建筑的刻板模仿，而是使用新材料去营造一种内在的中国氛围，堪称是实用功能与内在诗意的完美结合。

图 6 中共西南局办公楼
（图片来源：自摄）

图 7 重庆市委办公大楼
（图片来源：自摄）

4 1959 年重庆分室成立后相关成员在重庆的活动

重庆分室，全称"建筑理论及历史研究所重庆分所"，于 1959 年 11 月 1 日由建筑科学院与重庆建筑工程学院合办正式成立。结合重庆分室成立的背景，笔者认为重庆分室是一个必须提及的部分，不仅是因为营造学社的社员叶仲玑先生是重庆分室的主要负责人，核心成员也都与营造学社的成员有着或直接或间接的联系（关系详见表1），更是因为我们可以从它的发展背景中看出它与营造学

社之间一脉相承、千丝万缕的联系。

表 1 重庆分室核心成员与营造学社关系一览表
（表格来源：自制）

成员	职称、职务	主要研究领域	与营造学社关系
叶仲玑	1953 年系主任	国外近现代和现代建筑的发展	原营造学社成员
辜其一	教授，重庆分室主任，1959 年建筑系主任	建筑理论、中国建筑、摩岩石刻建筑形制研究、中国建筑史	师从刘敦桢
叶启燊	副教授，分室副主任，历史教研组主任	中国建筑及民居	获营造学社成员授课
邵俊仪	助教，专职研究	中国建筑及民居	师从刘敦桢
白佐民	助教，分室科学秘书	传统建筑中寻求建筑理论及手法	暂缺
廖远明	助教，专职研究	中国建筑	暂缺

事实上，自 1945 年营造学社解散之后，朱启钤先生虽想重建营造学社，但出于各方面的原因终未成功。直到 1953 年，华东建筑设计公司与南京工学院合办"中国建筑研究室"，立足于中国民居研究及园林研究。研究工作由刘敦桢主持，营造学社的学术研究得以延续。又及 1956 年，中国科学院与清华大学合办"中国建筑历史理论研究室"，后不幸因政治运动解散。1958 年，建筑工程部建筑科学院整合了建筑科学院研究建筑史学的成员，与解散的"中国建筑历史理论研究室"的研究人员，成立"建筑理论及历史研究所"，至此"中国建筑研究室"也合并其中，形成北京总室和南京分室的格局。直至 1959 年，以 1958 年辜其一、叶启燊在中国建筑科学研究院历史研究所在北京举行的学术报告上发表文章，得到建研院的高度重视为契机，重庆分室才正式成立。基于这些渊源，将重庆分室的研究视为营造学社学术研究活动的承续也就不难理解了。[5]

在重庆分室存在的 7 年间，创造了丰硕的研究成果，也形成了相当的学术影响力。集中在中国建筑史及其专题研究，外国建筑史研究，现代建筑理论的探索三个方面。辜其一、叶启燊对中国建筑史的研究做出了重要贡献,白佐民对现代建筑理论进行了早期探索,吕少怀、夏昌槐、吕祖谦在材料匮乏的情况下尝试外国建筑史及国际最新建筑理论译介的研究,成果斐然。本文仅对分室研究中涉及重庆地区部分进行详述,其余不再赘述。

根据资料的收集与归纳,在重庆分室成立的1957—1965 年,对于重庆地区的建筑研究主要分为两大板块,其一是"四川建筑三史"的编纂,其二是在渝地区的实地调研考察,具体包括四个部分:一,开展了对成渝沿线民居的考察;二,对成渝沿线祠庙会馆进行了考察;三,尤其是对重庆地区的民居进行了重点考察;四,同时对重庆地区的园林也开展了初步考察。

由重庆分室主要负责的"四川建筑三史"在广泛的建筑调查的基础上完成,以翔实的调查成果及大量历史文献作为编写依据。论述了四川地区城市、建筑的发展史。(图 8)该稿本主要由叶启桑负责,重庆分室成员共同完成。通史在论及唐代建筑形制演变时,则采用了辜其一《四川唐代摩崖中反映的建筑形制》一文中的相关研究成果,其中便提及了忠县、大足地区的石刻,并有所发展。此外,通史还总结了四川居住建筑与使用功能的关系,大坡分层、小坡筑台的场地处理方式,建筑的立面造型手法,研究居住建筑的结构做法,有穿斗、捆绑、土墙搁檩三种,材料,选址、平面布局规划等问题,也研究了四川地方建筑与少数民族建筑特色,之中便涉及了大量的重庆地区的案例,例如两路口的吊脚楼、沙坪坝下庙湾的特色民居等。(图 9)

其中,叶启燊关于成渝民居场地处理方式的总结为"台""挑""吊""拖""坡""梭"六种处理场地高差的方式,后经唐璞发展为 12 种适应地形进分的常用手法,即台、挑、吊、坡、拖、梭、靠、跨、架、错、分以及合,进一步由叶启桑研究生李先逵拓展为"台、挑、吊、坡、拖、梭、靠、跨、架、错、分、联(合)、转、钻、退、让、掉、爬"的山地营建 18 法。至今仍是处理重庆山地地形的经典建筑手法,影响深远。[6]

在实地考察方面,其中分室对于民居研究仍处于一个广泛调查期间,研究成果则以调查报告为主。1957—1958 年,以叶启燊、邵俊仪先生为主的调查组重点关注成渝沿线的民间住宅建筑,重点调查了成渝两室的住宅。就建筑的布局、平面、功能组合、绿化特点、设计手法、构造技术等进行了考察和了解,收集了住户的使用意见和技术经验。最后

写成了《四川成渝路上的民居住宅初步调查报告》,图 10 便是当时的手稿。在报告中反映了当时从建筑遗产中总结出创作方法和具体创作手法,作为我们的借鉴的建筑史学研究思路。

与此同时,以辜其一先生为主的调查组则重点关注成渝沿线的会馆、祠庙建筑、调查组对成渝沿

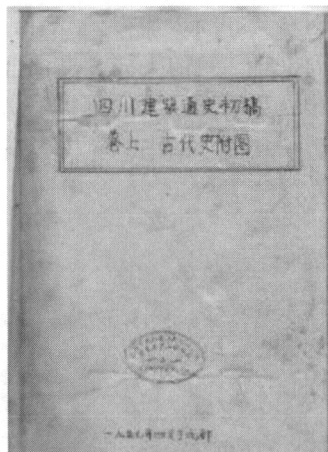

图 8 《四川建筑通史》
(图片来源:自摄)

图 9 叶启桑成渝民居调查照片资料
(图片来源:张兴国老师提供)

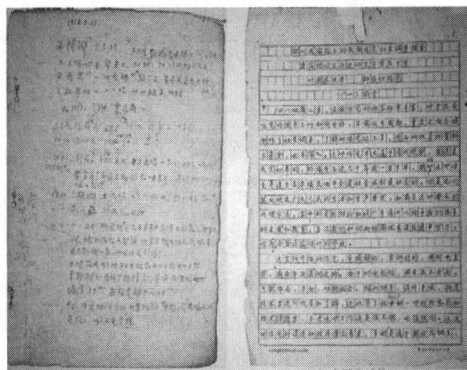

图 10 四川成渝路上民间住宅记录及调查报告手稿
(图片来源:自摄)

线的会馆祠庙建筑进行调查测绘，并留存有调查照片，其中隶属重庆市的有荣昌县安富镇的湖广会馆。相比叶启燊先生调查组对民间建筑实用性方面的关注，辜其一先生则调查组更关注"古代富有历史及艺术价值的建筑"，同时在调查过程中还逐步总结当地古代重要建筑有关材料、构造、装修、平面、造型等设计理论与经验，由此写成了《四川成渝道上祠庙会馆建筑初步调查报告》，在当年的建筑历史学术讨论会上发表(图11)。

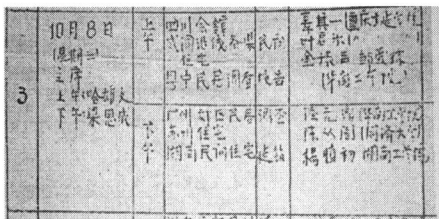

图11 1958 年建筑历史学术研讨会 10 月 8 日日程
(图片来源：自摄)

时间到了 1961 年，结合重庆市部分住宅设计任务，叶启燊得以深入推进民居考察，分室开始进行"重庆民居的调查研究"专题。集中全室力量深入调查重庆地区民居，主要调查重庆市区一般简易住宅，着重利用其地形及因地制宜的经验，包括住宅的构造与造型，并初步探讨重庆地区住宅的地方特色和地方风格。1963 年，以上内容由叶启燊和辜其一等人写入《重庆近代民居》一文中。

此外，1959 年分室成员外出考察了成渝地区传统园林，其中有辜其一、叶启燊、白佐民、廖远明等人分别调查了重庆的礼园(位于现鹅岭公园)、成都武侯祠、草堂寺等地。之后白佐民先生写成了《重庆礼园的园林》一文，辜其一、廖远明先生写成了《重庆南北温泉风景区园林绿化的研究》一文。文中主要强调这两处风景区绿化建设，如何结合天然山水和风景，加以人工培植和利用，成为一种新型的园林绿化处理。

5 营造学社对重庆的影响

营造学社后期迁至李庄后，带动了西南大后方的古建筑调查研究，对于重庆建筑史和西南各城市建筑史及历史文物保护的研究展开都提供了重要文献基础资料。虽然只调查测绘了部分重庆地区的文物建筑，但是给重庆带来了历史文物建筑保护的观念，并且对后续历史文物建筑的保护具有重要的示范引导作用，同时更是留下了大量丰富的文献资料(表2)。此外，还培养了以叶仲玑、陈明达为代表的重庆地区中建史研究人才，营造学社秉承的学术精神、研究与实践相结构的学术方式都得到了良好的传承，薪火相传，至今仍影响着我们。以重庆分室为例，我们不难看出重庆分室的研究方式成果都与营造学社学术研究一脉相承。[7]

表2 相关人员关于重庆建筑发表刊物汇总
(表格来源：自制)

年 份	作 者	书 名	涉及地点
1939—1940 年	梁思成	《西南建筑图说》	重庆、巴县、潼南、大足、合川
1940—1941 年	刘敦桢	《西南古建筑调查概况》	重庆、巴县、潼南、大足、合川
1951 年	叶仲玑	《略述西南区的古建筑及研究方向》	重庆
1957—1958 年	叶启燊、邵俊仪	《四川成渝路上的民居住宅初步调查报告》	重庆
1957—1958 年	辜其一	《四川成渝道上祠庙会馆建筑初步调查报告》	荣昌县安富镇湖广会馆
1959 年	叶启燊、辜其一	《重庆礼园的园林》	鹅岭公园
1959 年	辜其一、廖远明	《重庆南北温泉风景区园林绿化的研究》	重庆南北温泉
1959 年	辜其一、邵俊仪等	《重庆建筑十年》	重庆
1960—1961 年	辜其一	《四川唐代摩崖中所见的建筑形成》	大足、忠县、区县
1961—1963 年	叶启燊、辜其一	《重庆近代民居》	重庆
1963 年	叶仲玑	《重庆几个大型民用建筑创作的分析》	重庆
1981 年	陈振声	《四川忠县汗阙记略》	忠县

借用吴良镛先生的话来说："营造学社虽然停顿了,但学社所开创的中国古代建筑的研究事业是永存的,它为近40年来的事实所证明,并将为未来的工作继续证明。"营造学社在重庆地区所做相关考察,以及学社解散之后学社成员在重庆地区的继续活动,对重庆古建筑的研究和教育起到了启蒙和推动作用,是重庆地区现代建筑史中宝贵的财富,更是对重庆地区古代建筑保护与发展做出了巨大的贡献。[8]

参考文献:

[1] 刘江峰,王其亨,陈健.中国营造学社初期建筑历史文献研究钩沉[J].建筑创作,2006,(12):153-158.

[2] 刘致平,刘进.忆"中国营造学社"[J].华中建筑,1993,(04):66-70.

[3] 梁思成.梁思成全集:第3卷[Z].北京:中国民主法制出版社,2015:381.

[4] 林洙著.中国营造学社史略[M].天津:百花文艺出版社,2008:67.

[5] 王贵祥.《中国营造学社汇刊》的创办、发展及其影响[J].世界建筑,2016,(01):20-25+127.

[6] 张著灵.建筑理论及历史研究室重庆分室研究(1959—1965)[D].重庆:重庆大学,2017:62-63,109-111.

[7] 温玉清,王其亨.中国营造学社学术成就与历史贯献述评[J].建筑创作,2007,(6):126-133.

[8] 郭黛姮.中国营造学社的历史贡献[J].建筑学报,2010,(1):78-80.

尹培桐日文建筑文献译介及其影响[*]

Yin Peitong's Translation and Introduction of Japanese Architectural literature：Its Achievement and Influence

郭　璇[①]　彭文峥[②]

Guo Xuan　Peng Wenzheng

【摘要】尹培桐(1935—2012)是活跃于1980—1990年代的我国优秀的建筑理论与历史学者和杰出的翻译家、教育家。其翻译的《外部空间设计》《街道的美学》《存在·空间·建筑》《建筑心理学》等一系列经典学术文献,是"文革"后最早一批引入中国的外文建筑文献,对我国的城市设计、风景园林学科的建构以及大建筑学科的融合起到重要的推动作用,也给中国古典建筑与传统城镇的研究提供了全新的方法和视角,至今仍然被广泛的应用。尹培桐从译介进一步展开的关于现代建筑理论、日本建筑师和建筑史、传统城镇更新等学术研究和建筑教育活动,也对后世产生了广泛的影响。本文就以上方面,对尹培桐先生相关的学术贡献及影响进行了整理和总结。

【关键词】尹培桐　日文建筑文献　译介　学术影响

1　研究背景

1.1　尹培桐[③]生平及其日文译介的缘起

尹培桐出生于1935年5月,祖籍河北赵县。因少时成长于日伪统治时期的北平,尹培桐小学时曾接受过一定的日语教育。1954—1959年尹培桐就读于重庆建筑工程学院,其间由留日学者吕少怀[④]。先生担任尹培桐外国建筑史课程的任课教师。1959年,尹培桐毕业留校任教,在短暂的涉足城市规划领域后,进入建工部与重庆建筑工程学院联合成立的"建筑理论及历史研究室重庆分室"任研究

---

* 依托国家自然科学基金项目,我国近现代战争系列文化遗产保护与展示研究(项目号:51578083)。

① 重庆大学建筑城规学院,教授。

② 重庆艺术工程职业学院。

③ 尹培桐(1935—2012年),河北赵县人。1951年入读张家口建筑工程学校,1954年保送到重庆建筑工程学院学习,1959年毕业后留校任教;"文化大革命"中自学日语并自发开展翻译工作,1976年接手"外国建筑史"的教学与研究任务;20世纪70年代末起,与日本建筑界交流频繁,对日本建筑进行了系统介绍和研究工作;参与编写《中国古代建筑技术史》中"砖结构技术的发展""石灰的产生及其胶泥的制作技术"两章的资料整理与部分执笔的工作,译著有《中国建筑史年表》《台湾建筑》《外部空间设计》《街道的美学》《存在·空间·建筑(一)到(四)》《人类与建筑——设计备忘录》《建筑论——日本的空间》等,发表过《日本的地下街》《东京札记(上)、(下)》《黑川纪章与"新陈代谢"论》《日本新一代建筑师》《筑波中心乱弹》《建筑系学生中的"安藤热"》《日本古建筑的保护、利用和更新》《格式塔心理学在建筑创作中的应用》等论文;设计项目有重庆白市驿机场航站楼(1976)、成都峨眉制片厂综合技术楼(1986)、万县市(现重庆市万州区)商业大厦及重庆南坪商业中心等。(资料来源:重庆大学建筑城规学院.沉痛悼念尹培桐先生[J].室内设计,2012(04):63-64;彭文峥.尹培桐学术贡献研究[D].重庆:重庆大学,2015.)。

④ 吕少怀(1903—?年),曾用名"吕仙孙",重庆巴县人,九三学社社员,1936年3月毕业于日本东京高等工业学校(今东京工业大学)建筑科;1930年3月至1932年1月曾任重庆大学建校工程主任,1939年8月至1940年12月任云南中山大学工学院教授,1950年8月至1952年8月任西南工业专科学校教授;1952年院系调整后,任重庆建筑工程学院建筑系建筑历史教研室教授。(资料来源:重庆大学档案馆)

助理,并在辜其一①、叶启燊②、吕少怀等老一辈学者的带领下开展建筑理论与历史的研究[1]。"文化大革命"时期建筑系被撤销,研究和教学均陷入停顿,1972 年中日邦交正常化之际,尹培桐以其对学术及时代发展的高度敏感,意识到中日在建筑领域学术交流的勃兴不久必然会到来,因而在极为艰难的条件下,毅然重新开始了对日语的自学。③ 1973,1974 年以后尹培桐自发开始开展了一系列日文建筑文献的翻译工作,其系列译著对后世影响最为深远的《外部空间设计》一书的译稿即完成于 1976 年,这应该是我国建筑界在与外界隔绝多年后率先开展的对域外学术成果的引进活动之一。此后,尹培桐多次赴日进行学术交流,其对日文建筑著述的译介汇入到当时在我国方兴未艾的国外建筑文献译介的洪流中,形成了一系列有影响力的成果。④

1.2 1980 年代以后我国的建筑学翻译高潮

在与国际建筑界隔绝近 30 年之后,1980 年代的中国建筑界进入了对外国建筑及其理论自由而主动的引进时期。为"把'文化大革命'失掉的时间补回来",改革开放以后对国外建筑动态的译文著作如同井喷开始大量涌现出来。据不完全统计,较早的 4 大期刊《建筑学报》《建筑师》《世界建筑》及《新建筑》在 1980 年至 2005 年发表建筑理论文章共约 3 241 篇,其中涉及外国建筑理论 1 181 篇,占 36%。[2] 1979 年创刊的《建筑师》期刊在其创刊号上设"译文"专栏,发表张似赞、凌灏、曾昭奋等翻译的外国建筑及理论文章,随后在《建筑师》第 2 期及其后多期上开始连载外国建筑理论译文,如自

《建筑师》第 2 期开始连载张似赞译、布鲁诺·赛维著的《建筑空间论——如何品评建筑》;《建筑师》第 3 期上开始连载尹培桐译、芦原义信著的《外部空间设计》;《建筑师》第 11 期上开始连载席云平、王虹译,布鲁诺·赛维著《现代建筑语言》;《建筑师》第 13 期上开始连载李大夏译,查尔斯·詹克斯著《后现代建筑语言》等许多文章。其间《建筑师》编辑部将《建筑师》丛书中连载的译文重新整理,出版了 6 部译著组成的《建筑师丛书》一个系列,尹培桐译著《外部空间设计》及《存在·空间·建筑》因《建筑师丛书》成书出版。⑤

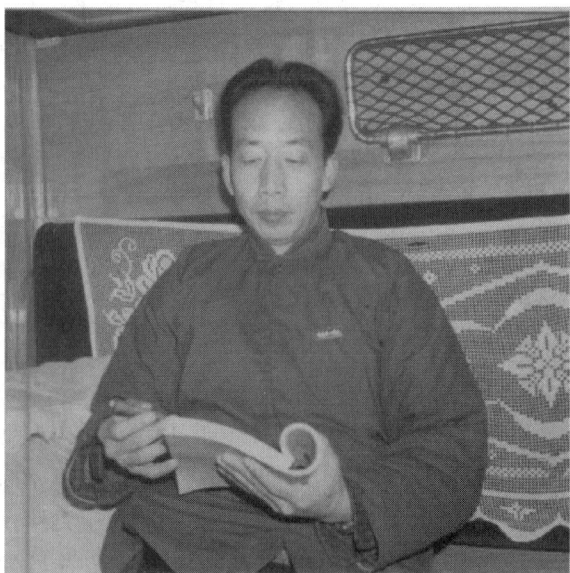

图 1　尹培桐教授
（资料来源：朱秀林提供）

---

① 辜其一(1909—1966 年),四川荣县人,1927 年 8 月至 1932 年 7 月就读于国立中央大学建筑科,1931 年跟随刘敦桢赴曲阜、北平参观古建筑,1948 年任四川省立艺术专科学校建筑科教授,1952 年进入四川大学土木系任教,1955 年调重庆建筑工程学院建筑系任教授。1958 年辜其一负责领导组织了"中国建筑史"中"四川建筑"方面古代和近代史的编写工作。1959 年 11 月成立"重庆分室",辜其一是负责人。1959 年起,辜其一任重庆建筑工程学院建筑系系主任。1960 年后,辜其一经常与刘敦桢等在北京工作,参与中国建筑史教材的编写以及中国城市史资料的整理;曾参与编撰《四川建筑史初稿》《中国古代建筑师初稿》,自编《中国建筑史讲义》《房屋构造学讲义》,发表过《麦积山石窟宋初窟檐檐纪略》《敦煌石窟宋初窟檐及北魏洞内斗述略》《四川唐代摩崖中反映的建筑形式》《四川成渝路祠庙会馆建筑调查》《重庆民居》《四川乐山、彭山、内江东汉崖墓建筑探讨》《东汉石阙类型及其演变》等论文。(资料来源:杨宇振,张天. 辜其一初步研究——写在东南大学建筑学院建院 90 周年及重庆大学建筑城规学院建院 65 周年[J]. 建筑师,2017(05):121-132)

② 叶启燊(1914—2006 年),1941 年毕业于重庆大学建筑系,1952 年全国院系调整后到重庆建筑工程学院建筑系任教;1954 年组建建筑历史教研室并一直任教研室主任到 1983 年,历任副系主任、副教授、教授,曾兼任建筑历史及理论研究室重庆分室副主任;1954 年发起成立重庆市建筑学会,任第一、二届理事和第一届副理事长,先后兼任中国建筑学会建筑历史学术委员会委员,中国科协建筑科学技术史学会会员,中国文物学会传统建筑园林研究会会员,中国建筑师协会会员,中国圆明园学会会员等;编著有《成渝路沿线居民调查报告》《重庆建筑十年》《四川古代建筑简史》《四川近代建筑史》纲要、《中国古代建筑技术史》第六章砖结构技术部分以及《四川藏族住宅》。(资料来源:郭璇.民间的意义[J]. 新建筑,2013(03):40-45;冯百权. 李先逵学术思想研究[D]. 重庆:重庆大学,2012)。

③ 尹培桐先生自学日语的过程,参见彭文峥《尹培桐学术贡献研究》附录:杨嵩林、尹端、朱秀林等人访谈记录。

④ 1993 年尹培桐先生不幸遭遇车祸,因健康原因而淡出学术界直至 2012 年去世。

⑤ 20 世纪 80 年代国内建筑界对外国建筑理论的有组织翻译是汪坦先生主持翻译的一套 11 本的《建筑理论译丛》。在汪坦先生最初为《建筑理论译丛丛书》推荐的书目有二十一本,其中包括诺伯格·舒尔茨的《存在·空间·建筑》一书。但最终原定为 13 本的丛书因版权原因译出了 11 本。另一类系统介绍外国现代建筑师的《国外著名建筑师丛书》介绍了当时活跃在世界建筑舞台中心的建筑师及其作品。

1.3　外国建筑理论引进中的问题及尹培桐译介的着眼点

在 20 世纪 80 年代大量引进外国建筑理论弥补国内建筑理论贫乏的同时，也出现了一些不尽人意之处。邹德侬在其《可知、可行是建筑理论的必备品格——再谈引进外国建筑理论的经验教训》等系列论文中指出了 80 年代引进外国建筑理论时出现的一些问题，包括：对外国建筑理论的引进"食洋不化"，不得要领；由于多年与世界割断了联系，在国外已成常识的术语翻译过来却晦涩难懂；建筑理论的引进严重脱离创作实际等。

尹培桐在 1985 年出版的《外部空间设计》第一版译序中叙述了他翻译此书的原因和背景："不少空间论，文字晦涩难解，内容玄奥莫测，而且往往是越来越抽象、越来越离题，从而许多人对空间问题已经感到厌烦，他们宁愿谈'结构''体系'或'环境'，这也不是不可理解的[3]。"在 1989 年出版的《街道的美学》第一版译序中，尹培桐又写道："现代西方建筑理论众说纷纭，其中不乏真知灼见，不过这些理论的研究者却未必都具有建筑创作实际体验，故虽言之凿凿却不着痛处，难以指导设计实践。更有甚者，唯恐其理论不够'深奥'，乃一味旁征博引，玄之又玄，再加文字晦涩，读后令人如坠五里雾中[4]。"由此可以看出，尹培桐的译著《外部空间设计》《街道的美学》及《存在·空间·建筑》等的初衷，正是应对当时翻译界广泛存在的晦涩难懂与脱离实际的问题，而尹培桐译著的准确、生动、易懂以及对建筑实践的突出的指导性，正是其最鲜明的特色之一。

2　尹培桐日文建筑文献译介历程

2.1　牛刀小试：日本研究中国建筑的文献的翻译

尹培桐先生开展的日文建筑文献翻译中，较早译出的主要是日本论述中国建筑的著作。翻译的书籍有藤岛亥治郎著《台湾建筑》，该书是日本建筑史研究中对周边相关地区建筑的调查和研究，可看作是日本建筑史研究的外围内容之一，原书于昭和 23 年（1948 年）彰国社刊出。尹培桐译介此书的目的是为弥补对台湾建筑研究资料的缺乏。除此之外译出的还有《中国建筑史年表》，该年表摘译自日本昭和三年（1928 年）平凡社出版《世界美术全集》，其中包括从殷后期至清末的历代主要建筑活动，及相关的美术、宗教等活动。① 据余卓群先生回忆，此时期尹培桐还翻译了很多如《中国建筑史年表》这样的小册子，但因年代久远这部分译稿资料仍有待进一步查找。②

2.2　《外部空间设计》编译打开赴日交流的大门

如果说初尝日文建筑文献的译介，为进一步开展译介活动打下了基础，尹培桐于 1976 年将《外部空间设计》一书编译成稿则真正打开了他与日本建筑学界交流的渠道，并正式开启了尹培桐日文建筑文献译介和日本建筑研究的学术历程。《外部空间设计》是日本著名建筑师芦原义信③所著，他从 1960 年起，即开始研究外部空间问题，并为此两度到意大利考察，在书中通过对比分析意大利和日本的外部空间，提出了积极空间、消极空间、加法空间、减法空间等一系列饶有兴味的概念。此书于 1975 年由日本彰国社出版。尹培桐在"文化大革命"后期于资料室得到原版的《外部空间设计》，遂开始着手翻译④，并用加以手绘插图重新编译此书，使译著内容更加丰腴充实。[5]译著《外部空间设计》于 1980 年在《建筑师》杂志总第 3 期—1981 年总第 7 期上连载刊出。

尹培桐因翻译《外部空间设计》一书受到日本方面的关注，于 1977 年受早稻田大学邀请第一次

①《台湾建筑》《中国建筑史年表》中译稿的 1978 年油印本现存于重庆大学建筑城规学院建筑历史与理论研究所。

② 余卓群，1926 年出生于河南信阳，重庆大学建筑城规学院教授，国家一级注册建筑师；曾任重庆市建筑师学会理事长、全国高等学校建筑学专业教育评估委员；现任重庆系统科学研究院副院长、中国管理科学研究院研究员、国际易经科学研究院院士；先后发表论文 200 余篇，专著有《建筑视觉造型》《建筑设计理论》《现代博览建筑》《博览建筑设计手册》《信阳长台关余氏宗谱》《中国建筑创作概论》等。

③ 芦原义信（1918—2003 年），日本当代著名建筑师，毕业于东京大学建筑系、哈佛大学研究生院，历任日本法政大学、武藏野美术大学和东京大学教授，曾担任日本建筑学会主席、日本建筑师协会主席。

④ 参见彭文峥《尹培桐学术贡献研究》附录部分对尹端的访谈记录。

赴日访问,一系列与日本建筑界的交流活动随之展开①,尹培桐也因此获得了更多日文原版建筑理论著述。尹培桐选译自 1978 年日本彰国社出版,山田学、星野芳久等所著《现代城市规划用语》中的《现代城市规划名词术语浅释》一文发表在《建筑师》1981 年总第 7 期上。随后在《建筑师》1982 年总第 10 期上发表查尔斯·詹克斯②所著《晚期现代主义与后现代主义》的译文,该译文后被收录进 2007 年《建筑师》编辑部所编《建筑师》丛书《从现代向后现代的路上 I》。

2.3 拜访芦原义信与日文译介成果的进一步问世

1982 年,尹培桐应日本早稻田大学理工学院尾岛俊雄先生的邀请访问日本,访日期间在东京涉谷的一幢大楼内专程拜访了白发如银的芦原义信教授,芦原义信为表达对尹培桐翻译其著作《外部空间设计》一书的感激,特赠与尹培桐一本他的新作《街道的美学》。回国后不久,尹培桐便将该书译出。《新建筑》1984 年 02 期—1985 年 03 期上连载了尹培桐翻译的芦原义信新著《街道的美学》及其(续一至续五)。《新建筑》1986 年 03 期—1987 年 04 期上又连载了尹培桐的《续街道的美学(一)到(六)》的译文。

而在此期间,《建筑师》1985 年总第 23 期—1986 年总第 26 期上连载了尹培桐转译自加藤邦男日文译、诺伯格·舒尔茨原著的《存在·空间·建筑(一)到(四)》。

之后,尹培桐又陆续翻译了日本彰国社 1984 年版的小林重顺著《建筑心理学》;铃木博之著《现代日本的建筑》;丹下健三著 1970 年彰国社刊「人間と建築——デザイソおぼえがき」,译作《人类与建筑——设计备忘录》及黑川纪章《建筑论——日本的空间》(「建筑论——日本的空间へ」)。(笔者自译)

随着与日本建筑学界的密切交流和日文建筑文献译介工作的展开,尹培桐的学术视野进一步延伸到对日本建筑的系统研究。尹培桐对日本建筑的研究与引介涵盖了日本建筑史、日本建筑文化、日本现代建筑与建筑师,日本现代建筑理论,日本古建筑的保护等方面,尹培桐因而成为改革开放后国内最早、也是最全面地对日本建筑进行研讨和引介的学者之一[6]。

3 尹培桐在编译方面的特色和贡献

3.1 对专业术语的准确翻译

在 2007 年《建筑师》编辑部将历年优秀论文汇编成的《建筑师》丛书上,尹培桐的译著被评为 20 年来中国建筑界最严谨的经典翻译作品之一。尹培桐作为一名建筑学专业人士,其翻译不单在语言学上成立,更重要的是对建筑学专业用语翻译的准确到位。

芦原义信在《外部空间设计》及《街道的美学》两本书中提出了许多新颖的概念,尹培桐先生在翻译时,采用日语与英语对照的方法开展工作。《外部空间设计》及《街道的美学》多是以对比日本与西欧建筑和城市空间而进行论述,书中的概念多成对出现。尹培桐在翻译这些概念时,将成对的概念进行对照翻译,从相反的两个方面互为印证,增加了翻译的准确性。如 P 空间和 N 空间来自英语 Positive(积极)和 Negative(消极),将其直译为"积极空间"和"消极空间"。尹培桐在翻译这两个概念时,通过对积极空间的阐释:在限定中创造满足人意图和功能的空间,尹培桐又将积极空间同译为"向心空间",而对消极空间是自然的无限延伸空间的阐释,又将其同译为"离心空间"。

尹培桐对原文中概念性术语的汉语表述,有的是借鉴其英语的表达方式,如"运动空间(SM)"与"停滞空间(SS)";有的是直译自日文,如"地板型建筑"中的"地板"在日文原著中为"床","床"直译

---

① 据尹培桐之子尹端回忆,由于是自学日语,尹培桐主要通过文字与日本学者交流,但由于他对学术的热忱及敏感,加上幽默风趣与勤奋好学的人格魅力,因此打开了与日本建筑界的交流渠道,成为当时重庆建筑工程学院第一位出国访问的老师。1980 年 1 月 15—20 日,日本早稻田大学工学院博士尾岛俊雄应重庆建筑工程学院邀请来院讲学《日本的建筑界》,介绍了日本建筑的近况、思潮、教育和工业化、近代建筑、超高层建筑,日本的住宅建筑,日本的城市规划、环境保护及评价等方面的内容。据尹培桐夫人朱秀林女士回忆,尾岛俊雄在此次访问期间专程去尹培桐家拜访,并邀请尹培桐回访日本。

② 查尔斯·詹克斯(Charles Jencks),当代重要的艺术理论家、作家和园林设计师,是第一个将后现代主义引入设计领域的美国建筑评论家。先后出版了一系列的后现代主义建筑理论著作,如畅销书《The Language of Post-modern Architecture》(《后现代建筑语言》),《Post Modernism》(《后现代主义》)。

即为"地板"；有的则是取自原著中对术语的释义，如"加法空间"，意为在对内部功能及空间理想状态充分研究的基础上，加以组织、扩展，逐步扩大构成一个有机体，"加法"一词体现了向外堆砌的含义。与此对应的"减法空间"，意为先确定外部，在对整体构成的规模及内部布置方法充分研究的基础上，再向内加以分析、划细，按照某一体系在内部去充实空间，"减法"一词体现了向内挖掉的含义。

芦原义信在书中提出的许多概念都有基于其对格式塔心理学方面的研究，特别是"图形-背景"理论的运用。尹培桐在翻译时，结合对格式塔心理学的理解，并从建筑学图解方式的角度以恰当的词汇表达原著所要传递的概念。如"逆空间"的概念是基于空间具有的翻转性质，也即"图形-背景"理论而译出，"阴角空间"的概念也是从格式塔心理学"图形-背景"理论出发，配合建筑图解，译出的"阴角"一词极具形象性，增加了可理解性。

《存在·空间·建筑》一书尹培桐转译自加藤邦男的日文版，对该书中术语的翻译，尹培桐主要是结合英语与日语对照译出，如存在空间（Existential Space）、认识空间（Cognitive Space）、知觉空间（Perceptual Space）等概念。[7]尹培桐先生对日语、英语等外语语种的掌握，在中文文字上素养，以及在建筑学专业上的深厚功底，使得他的译著既准确表达了原著所传达的含义，又符合中文的表达习惯，准确精练、生动易懂。①

表1 尹培桐译著中的专业术语

翻译的方法	具代表性的专业术语
相对概念的成对翻译	积极空间与消极空间、内部秩序与外部秩序、运动空间与停滞空间、墙型建筑与地板型建筑、内眺景观与外眺景观
从术语的含义出发的翻译	加法空间与减法空间、逆空间、阴角空间
直译自英语或日语原文的翻译	地板型建筑、积极空间与消极空间、存在空间、知觉空间、认识空间、中心与场所、方向与路线、区域与领域

3.2 手绘插图增添可读性

《外部空间设计》《街道的美学》及《存在·空间·建筑》三本中译本上的手绘插图均由尹培桐按照原著全部重新绘制。如在对外部空间的概念进行阐释时，尹培桐先生手绘的在生活中所围合而形成的空间，如伞下空间、L形墙的围合、铺开毯子等这些表达外部空间概念的图解在之后编写的建筑学空间理论教材中被直接使用。芦原义信原著中所提出的概念，如积极空间与消极空间、逆空间、加法空间与减法空间、空间围合、阴角空间、地板型建筑与墙型建筑等，都配有简洁的手绘图解。而在《存在·空间·建筑》一书中尹培桐通过手绘的抽象图示来表达存在空间的诸要素：中心与场所、方向与路线、区域与领域。

纵观这三本中译本可以发现，其中的手绘插图均以简洁的线条表达书中所提出的空间概念，并通过勾画生活中的场景来阐释概念，使读者更易理解原著中所要表达的意义。尹培桐的手绘插图不仅提升与丰富了中译本的学术含量，同时增加了趣味性与可读性。

表2 尹培桐为中译本手绘的部分插图

---

① 张兴国教授曾谈道："尹老师翻译的书很爽口，语言非常简练，读起来很容易就能感受到建筑的空间、环境。除了外语以外，他的文笔功夫、建筑功底非常厉害，这是给我的一个很强烈的印象。他用最少的文字表达了最多的含义，清晰、简练地让读者能够读懂。"参见彭文峥《尹培桐学术贡献研究》附录部分。

续表

阐释概念的代表性手绘插图		抽象图示表达的手绘插图	
空间围合		路线与场所	
加法空间与减法空间		方向与场所	
阴角空间			
地板型建筑与墙型建筑		空间要素组合体系	

(资料来源:作者根据尹培桐译本《外部空间设计》《街道的美学》《存在·空间·建筑》整理)

表3 《外部空间设计》《街道的美学》《隐藏的秩序》中涉及日本文化的译注

书名译者	《外部空间设计》① 尹培桐译	《街道的美学》② 尹培桐译	《隐藏的秩序》常钟隽译
注数	6条译注	31条译注	无
译注内容	P16 院子,牌坊	P9 榻榻米;P10 壁龛;P26 城下町;P31 町	
	P31 四张半席	P38 町家,飞騨高山;P45 土间;P92 两铺席	
	P44,P101 壁龛	P97 坪;P106 明障子;P113 山手线;P120 表座敷	
	P68 倒看天之桥立别有意趣	P157 仲见世;P161 床;P171 书院造;P175 床间;P183 素烧;P198 大岛居;P217 旧日光;P222 红布帘	
		P223 数寄屋;P228 住宅公团;P261 两国;P265 鸟居	
		P265 四大、六大;P268 浅草寺;P280 浅草寺前街	
		P293《君之代》;P294 妻木	

(资料来源:作者根据《外部空间设计》《街道的美学》《隐藏的秩序》整理)

3.3 对原著文化背景的补充译注

芦原义信著作《外部空间设计》及《街道的美学》中涉及许多关于日本传统文化及生活习俗方面的内容,在翻译过程中为使读者理解其中的含义,译者必须尽可能地将其准确翻译。尹培桐先生多次赴日,在访日期间充分了解日本的衣食住行,回校后开设了关于日本建筑与日本生活的讲座。基于对日本生活文化的了解,尹培桐在其翻译这两本著作时加入了对日本生活文化方面词汇的注释,使读者得以更深刻地理解芦原义信著作所要传达的含义。从表中可以看出,芦原义信的三部著作中尹培桐翻译的两部中附有大量译者注,这些译注丰富了中译本的内容,不仅体现了尹培桐翻译的严谨性,也是对原著的拓展和补充。[8]

4 尹培桐日文建筑文献译介的影响和延续

4.1 推动国内城市设计理论与方法的发展

尹培桐系列译著在国内出版的20世纪80年代,正是城市设计在中国开始全面发展的时期,其译著中诠释的空间理论对城市设计的研究与实践具有基础性的指导作用。③[9]

(1)《外部空间设计》与《街道的美学》对城市空间形态研究的影响

1992年东南大学出版社出版的夏祖华、黄伟康编著的《城市空间设计》一书,在"城市空间的设计手法"部分的尺度设计完全采用了《外部空间设计》

---

① 此处根据中国建筑工业出版社1985年第一版《外部空间设计》整理,译注页码出自该版。

② 此处根据百花文艺出版社2006年版《街道的美学》整理,译注页码出自该版。

③ 我国古代已有城市设计的思想,而现代城市设计思想较全面地传入中国始于20世纪40年代末梁思成在清华大学提出"体型设计"的城市设计思想。20世纪80年代以来改革开放为城市设计创造了特定的社会经济背景。1987年北京召开城市设计学术研讨会,强调"城市设计"的观念;1988年《中国大百科全书 建筑·规划·园林卷》将城市设计定义为对体型环境的综合设计;1989年黄富厢先生等翻译了美国E.D.培根《城市设计》一书介绍了美国城市设计理论和实践;1991年王建国先生论著《现代城市设计理论和方法》一书全面探讨和剖析了当时现代城市设计的重要理论和实践方法,城市设计及其理论在中国全面展开。

提出的"20～25m 外部空间模数理论"及"基于 D/H 比值分析的空间感受"理论。该书作为国内较早出版的关于城市空间设计的书籍，引用尹培桐译著《外部空间设计》理论作为其空间设计指导手法，使其成为城市空间设计基础理论在之后被广泛运用。清华大学高亦兰教授基于其 1994 年北京市自然科学基金资助项目"建筑外部空间形态研究——提高北京城市空间质量的研究"携其研究生常钟隽等发表多篇关于外部空间形态研究的论文，是基于尹培桐译著《外部空间设计》《街道的美学》空间理论的延续研究。① 进入 21 世纪，随着对城市公共空间关注度的提升，城市空间设计理论也从更多的角度进行研究，研究对象也更细化。而尹培桐译著《外部空间设计》《街道的美学》对城市空间设计的影响触及城市街道及广场空间形态设计、积极的外部空间创造及城市美学等方面。两本译著的理论在多部城市空间相关著作中被引用。

（2）《存在·空间·建筑》对构建城市空间意义的影响

朱文一在 1993 年出版的《空间·符号·城市——一种城市设计理论》对中西方城市空间原型进行了研究。尹培桐译著《存在·空间·建筑》中提出的城市空间三要素——场所、路径、领域及其所反映的城市空间特征及历史演进规律对朱文一从符号空间的角度研究城市空间原型起到了主要参考作用。《存在·空间·建筑》中对建筑基本要素，如"门"等所隐含的场所属性的阐述对城市意义空间的构建起到了启发作用。1989 年于正伦著《城市环境艺术——景观与设施》一书中城市环境的意象属性是基于林奇《城市意象》及舒尔茨《存在·空间·建筑》中构建意象结构及"领域圈"的理论。《存在·空间·建筑》的译介引发了国内对人存在的城市空间意义的研究。

4.2　为中国传统建筑研究提供了新的视角

20 世纪 80 年代之前，中国建筑史学研究重点在于对中国古代建筑所表现出来的形式和风格的

关注，较少深入到建筑设计理念层面的探讨②。随着八十年代文化思潮的活跃，中国建筑史学研究面临学术转型，从"有什么""是什么"层次转型至"为什么"层面。更多关注传统建筑设计理论的研究，弥补以往仅关注对传统建筑实体层面而忽视的传统建筑空间的研究，并结合西方现代建筑理论方法进行分析研究。其中尹培桐的系列译著提供的空间理论对我国古典建筑空间、风水理论研究、村镇环境景观分析等提供了新的视角和方法。③

1986 年，张兴国在其论文《川东南丘陵地区传统场镇研究》中就采用图底关系理论分析了传统场镇集会、商业、演剧等空间组织的模式，并运用街道

表4　尹培桐译著《外部空间设计》
《街道的美学》对本土城市空间理论的影响

街道广场形态设计	积极外部空间打造	城市美学	引用两本译著的书籍
1. D/H，W/H 比值；20～25 m 外部模数理论；2. 十分之一理论；3. 空间边界围合，领域明确易形成"图形"；4. 周围建筑协调统一。	1. 密接性、正面性、阴角空间、下沉庭园、空间渗透；2. 小空间；3. 重复节奏及韵律的空间序列。	城市艺术形象的表达"第一次轮廓线""第二次轮廓线"设计。	夏祖华等《城市空间设计》1992
			齐康《城市建筑》2001（国家自然科学基金资助项目59878611）
			白德懋《城市空间环境设计》2002
			王佐《城市公共空间环境整治》2002（21 世纪城市规划与设计丛书）
			马武定《城市美学》2005
			赵和生《城市规划与城市发展》2005（国家自然科学基金资助项目）
			徐雷主编《城市设计》2007

（资料来源：作者整理）

① 且常钟隽翻译了芦原义信《隐藏的秩序》及《中日建筑之异同》，使他结合尹培桐两本芦原义信的译著对外部空间理论进行深入研究。

② 吴良镛将中国建筑史学研究分为三个阶段：第一阶段是 1949 年之前中国建筑研究先驱者经实地测绘、实物史料收集初步建立中国建筑历史研究学术体系；第二阶段是梁思成、刘敦桢等中国建筑研究拓荒者由通史转入专题研究，时间跨越 20 世纪 50—80 年代；第三阶段为 90 年代以来对中国建筑史学的研究，参见吴良镛. 关于中国古建筑理论研究的几个问题[J]. 建筑学报,1999,04:43-45,4.

③ 风水理论研究是 20 世纪 80—90 年代国内一项引起广泛关注的研究拓展，以天津大学王其亨主编《风水理论研究》及东南大学何晓昕所著《风水探源》为代表。自 1982 年天津大学开展风水理论研究以来,1987—1991 年列为国家教委博士点基金《传统村镇景观分析》和国家自然科学基金项目《传统聚落形态形成与当代生活环境创造》的子项研究，王其亨主编《风水理论研究》（1992）及发表《风水形势说古代中国建筑外部空间设计探析》等学术论文，弥补了中国建筑传统理论的不少空白和缺环，开拓了新的研究领域。

的美学分析了传统场镇的景观要素构成。[10] 王其亨在《风水形势说古代中国建筑外部空间设计探析》(1992)一文中运用现代建筑理论的空间尺度、视觉分析对紫禁城外部空间进行分析。对"风水形势说",王其亨不仅给出了定性的概念,还定量提出了"千尺为势、百尺为形"的外部空间构成尺度权衡基准。将"尺"换算成公制则"百尺"为 23~35 米,该尺寸与《外部空间设计》中能看清人面目表情和细节动作的"外部模数理论"尺寸契合;而"千尺"的 230~350 米也正是外部空间设计中以人的活动为中心的科学尺度,这又与《外部空间设计》中"十分之一"理论吻合。风水形势说在整合近景、中景和远景上的外部空间构成方面也以人的行为和知觉心理来分析,运用《外部空间设计》D/H 比值与仰角关系决定空间感的静态视觉分析理论,并指出在其基础上应更为注重时空运动中这一系列静态空间感及其转换变化的连续综合印象[11]。此外,戴俭、邹金江著《中国传统建筑外部空间构成》[12]及戴志中、杨宇振著《中国西南地域建筑文化》[13]都有运用《外部空间设计》外部空间构成要素、外部空间模数理论及 D/H 与仰角关系的空间分析对合院建筑外部空间、传统建筑公共领域外部空间的分析研究。①

重庆大学教授,中国传统建筑文化研究的著名学者李先逵先生曾说:"尹培桐先生翻译的《外部空间设计》与《街道的美学》等译著,对国内的传统建筑研究起到了很大的促进作用[14]。"

4.3 推动了风景园林学科的构建

(1)《外部空间设计》与重庆大学风景园林专业的创办

1985 年,重庆建筑工程学院创办风景园林专业,并于 1987 正式招生,使重建工成为国内最早创办风景园林专业的建筑院校之一。据创办该专业的夏义民教授回忆,他选择风景园林作为自己的主要研究方向,并创办了风景园林专业,就是直接受到尹培桐译介《外部空间设计》一书的影响。②

夏义民为风景园林专业教学而编写的《园林与景观设计原理》,其中《园林与景观设计讲义》《外部空间设计讲义》的编写内容基本上是按照芦原义信《外部空间设计》的理论脉络。在芦原《外部空间设计》理论基础上,夏义民又提炼出"围合强度"等概念,进一步构建出他个人的景观设计空间论。随后夏义民及其指导的研究生发表多篇关于"外部空间"的学术论文,是对尹培桐译著《外部空间设计》理论的延续性研究,并扩展到更广的范围。

建筑院校开办的风景园林专业与以农、林为主的园林专业相比,由于其依托建筑学和城市规划学科,在物质空间规划设计方面的训练较农林类院校更为扎实。③[15] 重庆大学风景园林专业创办者夏义民教授依托建筑学专业背景,在《外部空间设计》等空间理论的影响下,将建筑学的设计理念拓展到外部空间,建构起较为理性的风景园林设计的基本理念,以现代景观规划"以人为本"的观念探讨户外环境的空间设计概念与手法。

(2)《外部空间设计》《街道的美学》构建景观设计基础理论

随着风景园林专业的兴起,景观设计类书籍也陆续出版。《外部空间设计》诠释的空间理论被编写进风景园林设计基础类著作中。2000 年出版的王晓俊著《风景园林设计》一书作为景园设计基础供高等院校风景园林及相关专业参考,该书"空间"部分的内容采用芦原义信《外部空间设计》中对空间构成要素、空间围合及空间处理的理论编写而成。2008 年丁绍刚主编的《风景园林概论》一书采

---

① 中国建筑学会建筑史分会建筑与文化学术委员会主任委员、《华中建筑》主编高介华组织编辑了《中国建筑文化研究文库》计划出版的专著中有关于中国建筑理论、建筑空间构成等方面的内容。在《中国建筑文化研究文库》丛书导言中说:"长久以来,以中国建筑外部空间、尤其公共领域外部空间为中心的研究相对较少、且有待深入。"

② 夏义民教授毕业于重庆建筑工程学院 59 级建筑系,与尹培桐教授为大学同学。据夏义民回忆,"文化大革命"期间目睹校园环境遭到破坏使他开始关注建筑的外部环境问题,其后翻阅图书馆关于国外景观的资料图片使他对景园有了一些感性的认识。而 1976 年尹培桐将他翻译的《外部空间设计》手稿赠予夏义民,这些外部空间设计的理论方法打开了他进入风景园林专业的道路,将之前的感性概念与理性的空间理论结合了起来,初步建立起用空间去理解户外环境的基本理念。后夏义民赴美国留学访问,特别选择了美国俄亥俄州立大学建筑学院园林景观系,并于回国后创办了风景园林专业。参见彭文峥《尹培桐学术贡献研究》附录部分笔者对夏义民教授的访谈。

③ 农林院校重视园林植物认知课程,在园林设计初步、园林规划设计等设计课程上,依托丰富的农林院校专业课程背景知识,在风景园林专业生态学应用方面较为突出,但缺少设计方法、设计思想方面的系统学习。相比建筑院校,农林院校的风景园林专业在建筑学基础理论方面较为缺乏,空间规划与设计能力相比较弱。风景园林专业在建筑院校的兴起从理论修养类课程,如建筑史、景观规划设计史,工程实践类课程,如景观技术基础、建筑技术,以及行为心理景观规划课程,如景观行为学、户外游憩设计几个课程类别补充了农林院校的不足。农林院校与建筑规划院校开办风景园林专业的异同,详见:苏文松. 林业院校风景园林与建筑院校景观学本科课程对比研究[J]. 黑龙江生态工程职业学院学报,2008,2105:101-104.

用《外部空间设计》中的空间分类，在"场地与空间"一章中运用了芦原提出的阴角空间、场地 D/H、W/H 尺度及视角控制。2010 年出版的《景观设计基础》同样导入《外部空间设计》中空间封闭与开敞理论构建景观空间的围合原理。在 2003 年《城市公园设计》一书中芦原对于围合墙高与围合感及空间序列的描述被作为经典空间设计发展运用到城市公园外围设计方法的章节中。

尹培桐翻译的《外部空间设计》及《街道的美学》中对于空间的定义及其量化研究作为风景园林学科的空间理论部分被编入景观类基础设计书籍中，并被作为高等院校及其相关专业师生的参考而使用。他的译著对风景园林学科基础理论的构建起到了重要作用。

4.4 对大建筑学科的综合性影响

随着大建筑学科的发展，进入 21 世纪更多的教学理念融入建筑学教育中，国内外不断出现的新潮建筑设计作品也使学生的视野得到了开阔。而尹培桐译著《外部空间设计》《街道的美学》及《存在·空间·建筑》中诠释的建筑及城市空间本体论和方法论依然作为基础及实践指导理论被编入 21 世纪的大建筑学科教材中，且主要被运用在城市设计、空间理论及风景园林设计教材阐述的空间基本概念及处理手法方面。如徐雷主编 2007 普通高等院校建筑专业"十一五"规划精品教材《城市设计》一书参考尹培桐译著《外部空间设计》及《街道的美学》；谭纵波著 2005 清华大学建筑学与城市规划系列教材《城市规划》中"城市设计"章节参考《外部空间设计》等。另外，詹和平著高等学校艺术设计学科教材 2006《空间》一书将《外部空间设计》《存在·空间·建筑》作为主要论述空间理论的书籍被引用进对建筑空间概念的发展历程及空间类型与性质的阐述中；王铁 2000《外部空间环境设计》也是基于尹培桐译著《外部空间设计》理论编写而成，并作为中央美术学院设计实验教学丛书。

《外部空间设计》作为尹培桐译著中影响最大的著作，后继学者按照该书诠释的外部空间理论进行总结并融合更多图式及照片实例编写更具实用性的外部空间设计书籍。如 1995 年安昌奎、韩志丹著实用建筑装饰设计丛书《外部空间设计》及 1996 年乐嘉龙主编《外部空间与建筑环境设计资料集》。

尹培桐译著对构建大建筑学科的基础教育方面起到了至关重要的影响作用。几本译著出版至今已有 30 年，但其中诠释的建筑空间设计理论仍然作为建筑学、城市规划及风景园林学科基本概念

构建的根基性指导书籍，对大建筑学科教育有不可忽视的影响。

4.5 尹培桐基于其译著的延续性研究与教学

除《外部空间设计》《街道的美学》及《存在·空间·建筑》等译著影响较为深远以外，尹培桐的主要译作还有查尔斯·詹克斯的《晚期现代主义与后现代主义》、小林重顺著《建筑心理学》及铃木博之著《现代日本的建筑》等。尹培桐将这些译作诠释的理论运用在建筑理论与历史的研究中，并推动了相关课程的建设和建筑教育的改革。

（1）建筑心理学的研究与教学

除《外部空间设计》《街道的美学》及《存在·空间·建筑》中运用了格式塔心理学"图形-背景"等分析方法，尹培桐翻译的《建筑心理学》更详细探讨了建筑空间对人心理的影响。在尹培桐发表的系列论文《格式塔心理学在建筑创作中的应用》《建筑系学生中的"安藤热"》《何谓"神似"？》等中都有运用格式塔心理学对建筑问题进行剖析。由于多部译著的问世及其在建筑理论方面的深入研究，尹培桐因而成为重庆大学建筑城规学院建筑理论课程的主要建设者之一。尹培桐开设的《建筑行为心理学》课程，从人、生活、社会、物、形、空间、价值 7 个方面讲授了建筑对心理的影响。

（2）日本建筑师与日本建筑史的研究与教学

尹培桐的大部分译著均出自日本建筑家之手，这些日本建筑家所处的时代正是战后日本建筑界探索日本建筑现代化与民族性的时期，外来建筑文化的融入使日本建筑师开始研究建筑理论，试图从建筑的深层含义上找寻日本传统建筑精髓现代化的出路。受其译著的影响，尹培桐进一步开展了日本建筑及当代建筑理论的研究。在他发表的论文中，多数涉及日本建筑及建筑理论的文章，如《日本新一代建筑师》《黑川纪章与"新陈代谢"论》《用建筑记录我们伟大的时代》《建筑系学生中的"安藤热"》等。这些论文多有参考其译著诠释的理论，而在尹培桐的研究中，一方面介绍日本当代建筑的发展，另一方面从日本建筑成功的经验中吸取创作与研究方法，将这种方法介绍到国内，从建筑史、建筑心理学、社会学等理论的角度探讨建筑"传统与现代"的问题，力求其观点的客观性与全面性。

尹培桐结合其译介与研究开设了研究生课程《日本建筑史》，在讲授日本从原始社会建筑发展到现代建筑的过程中关注日本历世历代在吸收外来文化方面的经验，并将重点置于战后日本建筑走向现代化与民族化的道路，并以此作为研究和借鉴的对象。

（3）文脉主义、小城镇更新保护与"乡土建筑设计"的教学改革

由于尹培桐译介的芦原义信、诺伯格·舒尔茨、查尔斯·詹克斯等人的著述中强调建筑与城镇的整体空间环境、历史延续性，强调场所和环境的意义等，事实上是该时期国际建筑界文脉主义思潮的体现①。当时"风土""地域"等词汇已成为日本建筑界的热门用语，建筑师也从关注建筑形态转向更加注重城镇的整体景观。[16]这些著述的引入为中国的建筑创作提供了很好的方法性指导，也拓展了对乡土民居、传统聚落的研究理路。尹培桐本人后期的研究进一步拓展到传统城镇与聚落的调查研究与保护更新的探索②，其译著和相关的研究方法也影响到同时期的建筑历史学者，如前述的张兴国等人，也直接推动了"乡土建筑设计"这一课程的建设以及相关的教学改革。③"乡土建筑设计"课程开设于1985年，该课程的关注点在于从文化视野来认识建筑设计，强调对场地环境，尤其对场地的历史文化关联以及风土民俗环境的调查研究，运用环境心理学、语言学、符号学等理论，从寻根与对原有建成环境的认同中去进行创作。由此训练学生从历史文脉中提取具象、意象、抽象符号的创造性思维能力。该课的开设不仅在当时是很大的一个创新，在全国产生了强烈的反响，并且拓展了此后以重庆大学为代表的西南建筑学派在建筑创作与建筑教育方面的新视野，直到今天这些探索仍然具有启迪意义。[17]

参考文献：

[1] 张著灵.建筑理论及历史研究室重庆分室研究[D].重庆:重庆大学,2017.

[2] 邹德侬.中国现代建筑理论的解困——五谈引进外国建筑理论的经验教训[J].华中建筑,1998,1603:26-29.

[3] 芦原义信.外部空间设计[M].尹培桐,译.北京:中国建筑工业出版社,1985.

[4] 芦原义信.街道的美学[M].尹培桐,译.天津:百花文艺出版社,2006.

[5] 邹德侬,张向炜,戴路.引进外国建筑理论之再思索——写在改革开放30年之际[J].世界建筑,2008(6):142-145.

[6] 彭文峰.尹培桐学术贡献研究[D].重庆:重庆大学,2015.

[7] 诺伯格·舒尔茨.存在·空间·建筑[M].尹培桐,译.北京:中国建筑工业出版社,1990.

[8] 龙小梅.浅谈建筑专业日文文献资料的翻译[J].广西土木建筑,1997,22(4):192-194.

[9] 庄宇.城市设计的运作[M].上海:同济大学出版社,2004.

[10] 张兴国,川东南丘陵地区传统场镇研究[D].重庆:重庆大学,1985.

[11] 王其亨.风水理论研究[M].天津:天津大学出版社,1992.

[12] 戴俭,邹金江.中国传统建筑外部空间构成[M].武汉:湖北教育出版社,2008.

[13] 戴志中,杨宇振.中国西南地域建筑文化[M].武汉:湖北教育出版社,2003.

[14] 冯百权.李先逵学术思想研究[D].重庆:重庆大学,2012.

[15] 苏文松.林业院校风景园林与建筑院校景观学本科课程对比研究[J].黑龙江生态工程职业学院学报,2008,21(5):101-104.

[16] 秋元馨.现代建筑文脉主义[M].周博,译.大连:大连理工大学出版社,2010.

[17] 郭璇.根生本土,英撷域外——重庆大学地区性建筑教学的探索与实践[C]//全国高等学校建筑学学科专业指导委员会,昆明理工大学建筑与城市规划学院.2015全国建筑教育学术研讨会论文集.中国昆明,2015:17-23.

---

① 文脉主义正式作为一个学派和设计理念提出，是1965年科林·罗及其学生提出的Urban Design Studio成员的设计原则。但广义上看，20世纪60年代以来欧美日等国兴起的，与现代主义建筑相对的，强调建筑的历史性、环境关联性的建筑思潮和流派可以统称为文脉主义，其中代表性的有科林·罗及其弟子为代表的康奈尔学派，科林·罗的学生英国建筑师詹姆士·斯特林，罗伯特·斯特恩，文丘里、查尔斯·詹克斯等后现代主义建筑师等。受到西方国家文脉主义的影响，1960年代以来的日本建筑界开始注重城市历史延续性问题，以及城市规划和建筑设计中的环境景观问题。日本文脉主义的代表人物有景观论的代表芦原义信，以及建筑师槙文彦、矶崎新等。

② 1989年起，尹培桐与万钟英一同负责，陈斌、殷红、李和平、张工、黄强、高军、丁荣等参与了"国家自然科学基金"与"建设部城乡建设科学基金"联合资助项目"四川小城镇的保护与更新"课题。在近一年的时间中两次深入川中、川西、川北的一些小城镇进行调研，其中包括资中县、彭县、什邡县、巴中县以及恩阳镇、铁佛镇，收集了大量基础资料，并完成了大量传统建筑与街道的测绘工作。针对出现的一系列四川小城镇建设中的现实问题展开研究。

③ 基于重庆建筑工程学院学者群长期以来在地区建筑研究方面的积累，以及改革开放初期域外新思潮和教育模式的启迪，1984年起重建工建筑系在新任系主任李在琛先生的倡导下开展了一系列教学改革。其中影响最深远的一项就是由尹培桐、万钟英、白佐民、李先逵、张兴国等建筑历史理论学者先后担纲主讲的《乡土建筑设计》系列课程体系的创设和培育。

文丘里建筑理论中的"语境"概念

The Concept of Context in Venturi's Architecture Theory

宋 雨①

Song Yu

【摘要】现代主义后期,自内而外的建筑设计方法受到诟病,一部分建筑师和建筑理论家开始呼吁将环境、历史等建筑以外的因素纳入建筑设计过程之中,将建筑与所在场地作为整体进行考量。罗伯特·文丘里就是这一派人物的重要代表。本文以"语境"概念为着眼点,通过文本分析的方法,梳理了相关理论的发展历史,并结合文丘里《论建筑构图中的情境》《建筑的复杂性与矛盾性》《向拉斯维加斯学习》等几本重要著述,探讨了文丘里对这一概念提出、延伸和深化的过程,这也反映了文丘里对建筑和城市中内部与外部、部分与整体关系的不断思考以及他建筑理论的发展,为当今建筑创作留下了启示。

【关键词】罗伯特·文丘里 语境/情境/文脉 《论建筑构图中的情境》 《建筑的复杂性与矛盾性》 《向拉斯维加斯学习》

现代主义时期,"语境"(context)的问题,包括对场地环境要素的处理(场地规划)、历史文脉的呼应、新旧关系的控制、建筑意义的表达等,在建筑设计中并未得到足够的重视,现代主义建筑师们更多的是从建筑本身出发进行创作,而忽略了外部的影响。换句话说,建筑的自主性相较于之前各个历史时期大为增强。

第二次世界大战前后,现代主义受政治因素的冲击而走向衰落②,此时就出现了两种选择:一部分建筑师认为现代建筑不够自主,充满对建筑社会作用的空想,而建筑应该拒绝外界因素,专注于建筑自身;另一部分建筑师则提出,现代主义建筑过于自主、只关注建筑本身的形式和功能,建筑应重拾社会意义和历史回忆,外部因素对建筑的影响不容忽视。如果借用索绪尔语言学的术语来说,前者认为建筑应更多地关注"句法",从建筑本身找答案,其代表人物即埃森曼(Peter Eisenman)等纽约五人;后者则主张建筑"语义",即从建筑之外找答案,罗伯特·文丘里(Robert Venturi)就是这一派人物的重要代表,其建筑理论也被看作是后现代主义的滥觞之一。

文丘里是最早对"context"概念重新予以关注的建筑理论家之一,早在1950年就在硕士论文中对这个问题进行了较为深入的思考,并将其作为他建筑思想的核心话题之一,不断进行深化和拓展。缺乏对情境、文脉或语境的考虑,也成为后来的后现代主义批判现代主义建筑的主要出发点之一。

本文题目中,笔者将"context"译作"语境",是考虑到文丘里对于建筑意义(meaning)的强调,可能"语境"更符合他整个建筑理论体系。但是,针对《论建筑构图中的情境》的书名,笔者参考孙晓晖、宋昆《复杂性:设计战略和世界观》中的翻译,将"context"译作"情境"[1]。另外,文中有时也会采用环境、背景或文脉等译法。这是考虑到,建筑学领域内对"context"一词的使用,含义是复杂而多范畴的,在不同时期也有不同侧重:其内涵通常不仅仅包括场地的物理特征和自然环境要素,还包括场所精神(genius loci)、场地的历史文脉、社会属性等诸多方面,因此本文会针对"context"的不同含义侧重选择不同的译法。

接下来,笔者将通过文本分析的方法,结合历

---

① 宋雨,清华大学建筑学院。

② 第二次世界大战前后,现代主义开始同纳粹专治、社会主义革命等政治事件相联系,汉内斯·迈耶(Hannes Meyer)、朱塞普·特拉尼(Giuseppe Terragni)等建筑师表现出了明显的政治倾向,包豪斯的关闭也同政治因素有着千丝万缕的关联。

史上的相关理论以及文丘里的重要著述,梳理文丘里对"context"概念的提出、深化和拓展的过程,以期为当今的建筑实践提出一些启示。

1 相关建筑理论的历史沿革

早在公元前,维特鲁威就在他的《建筑十书》中将建筑的美分为秩序(ordinatio)、配置(dispositio)、整齐(eurythmia)、均衡(symmetria)、得体(décor)、经营(distributio)六个范畴。其中"得体"就是指,建筑物应该有一个正确外观,并通过一些已经得到认可的建筑构件、按照预先设定的方式组合而成,例如,多立克柱式应该用于一些男性神明的神庙,以体现其阳刚强壮的特征,而柯林斯柱式则更适合体现女神的妩媚纤柔。由此可见,这时的建筑中已经开始有意识的考虑符号的象征性(iconology)及其美学问题[2]。文艺复兴时期的"decorum"就是对维特鲁威观点的直接继承,提出建筑应该通过象征符号使建筑与其所在的情境相匹配[3]。

到了巴黎美术学院时期,虽然我们通常认为巴黎美院建筑代表了当时僵化浮夸、形式主义的复古风潮,但事实上"构图"(composition)才是其建筑教育和建筑设计的核心概念,即将整体的各个部分放在一起、连接形成整体[4]。当时巴黎美术学院还引用了"tirer parti"的概念,也就是说,应该从现有物质和政治背景中取其精华。但这一思想后期逐渐被建筑的独立地位("prendre parti")所取代,自内而外的建筑设计方法开始成为现代主义的重要准则之一,曾经对文脉的关注逐渐消失,历史和传统断裂[5]。

到了20世纪50年代,在战后建设的背景下,人们开始质疑这种传统的现代主义设计手法,"context"的概念被重新定义并再次引入建筑领域。此时,"context"的提出,其主要目标并不是实现乌托邦理想,而是要借由既有环境来丰富现代主义建筑的内容。

西方建筑理论史上,不同时期"context"一词的具体含义,也有不同侧重。Daglioglu曾对其相关理论和著述进行综述,他提出,20世纪40年代,这个词的使用尚不广泛,往往只是含蓄的用来指代建成环境的感知形式,展现了基于格式塔心理学(Gestalt psychology)的视觉研究的影响[5]。与元素主义或行为主义心理学不同,格式塔心理学反对用分解、分析而后再重组的方法来解释人认知世界的

方式,认为是整体的固有形制而不是各部分的独立特性决定了我们对于事物的认识。这也影响了对于建筑和城市空间的认知[6]。后文讨论的文丘里《论建筑构图中的情境》(1950)就是在这一阶段提出的,而Daglioglu认为这篇文章是最早的、从格式塔心理学出发将"context"概念引入建筑领域的文章之一。[5]

20世纪50年代后期,麻省理工学院的格式塔视觉研究专家乔治·凯普(Gyorgy Kepes)同凯文·林奇(Kevin Lynch)一起,开展了一项以"城市的感知形式"为题的研究项目,将"context"引入城市领域,来探讨城市是如何被认识的。欧洲此时也出现了类似的研究项目,例如英国20世纪40年代末的城市景观运动致力于建立英国景观的视觉语汇。前者产生了凯文·林奇的《城市意象》(The Image of the City,Kevin Lynch,1960),而后者则以戈登·卡伦的《简明城市景观》(Concise Townscape,Gordon Cullen,1961)为圭臬。[5]

20世纪60年代起,"context"的含义进一步丰富,多个建筑理论学者均提出了不同的理解。阿尔多·罗西(Aldo Rossi)在1966年的《城市建筑》一书中引入了场所(locus)的概念,即某个特定地点及其中的建筑,而场所是随着城市的建造过程不断变化的,因此这也意味着对于罗西而言,"loci"或者"context"并非手段而是结果,可以用来衡量某时某地的城市特性[7]。而科林·罗(Colin Rowe)则更多地将"context"同城市肌理联系起来[8]。

20世纪80年代以后,随着语境主义(contextualism)对"context"的过分解读和误解,以及埃森曼等人的建筑自主性思想的冲击,相关理论又一次走向衰落[5]。

2 基于格式塔心理学的"情境"

1950年,文丘里在他的硕士论文《论建筑构图中的情境》[9]中,首次使用了"context"一词来对他的建筑理论进行阐述。2008年,文丘里将这篇25页的论文出版并为其作序。序言中他写到,可以将这篇文章视为他后期理论著作和建筑实践的基石,《建筑的复杂性与矛盾性》也是基于此完成的。因此,本文也选择将该论文作为讨论的起点。

当时,文丘里受到欧洲中世纪和巴洛克时期的城市与广场空间的启发,以格式塔心理学的知觉环境理论(perceptual context)为基础,关注部分和整

体的关系,致力于探讨环境(setting)对建筑形式的重要性和影响。文章提出,建筑设计中应该将建筑与其所在的情境作为一个整体进行考虑,考虑环境艺术和环境中的视觉因素,并将场地规划纳入建筑设计过程当中。另外,设计师也应该注意新旧之间的关系,通过新加入的建筑来提升既有场地环境。

文章通过格式塔图表的方法来进行分析和论证,用建筑的位置和形式来描述城市构图。此时,他对"context"内容的定义涵盖了空间体验和感知经历等含义,因此这里议为"情境"。这种定义方式也与同期英国的城市景观运动相类似。

首先,文丘里针对空间和形式认知对整体认知的作用,提出了论文的两个论点:其一,建筑所在的环境决定了建筑的表达,情境赋予建筑以含义,建筑并不具有完全的自主性,而仅仅是整个构图中的一部分,与其他部分相关,也与整体的位置和形式相联系;第二个论点可以看作是前者的结论或延伸,情境的改变可以直接导致建筑含义的改变,位置和形式的局部变化也可能导致其他部分乃至整体的变化。文丘里也指出,这种变化的关联性是源于一些心理学上的因素,包括视觉反应、注意力的局限性等等,这体现了格式塔心理学理论对文丘里的影响。

其后,文丘里通过不同语汇、不同分类的图表展示,对上述论点进行了更加具体详细的说明,将抽象观点适用到建筑学领域:关于建筑形式,情境中的形式要素会影响建筑形式设计的尺度、形状、质感、颜色等;而在空间方面,当新(建筑设计方案)与旧(既有环境)两部分关系较为密切,我们首先感受到的其实是整体印象,而并非二者各自的状态,此时靠近(proximity)、并置(juxtaposition)和平行(parallel)都是常用的空间营造手段,例如我们通常会使方案平行于街道的方向、广场的围合形式等。有些图表也进一步展示了第二个论点,当环境变化时,新旧部分之间的关系也会随之改变,甚至可能会导致其间关联感的弱化。

论文中,文丘里还分析了古罗马和当代美国的一系列建筑案例,来对上述观点进行作证。例如,文丘里认为,罗马万神庙和费城的吉拉德信托银行(Philadelphia Girard Trust Bank, Mckim, Mead & White)使用了相似的穹顶形式,前者却显得更加震撼,这是因为万神庙周边建筑都距离较近、尺度较小,而围合式的广场也增加了建筑的向心性和纪念

性;相反,后者的向心性被周围的摩天大楼和街道空间大大削弱。而杰弗逊在弗吉尼亚大学设计的图书馆(University of Virginia Rotunda, Jefferson)虽然使用感较差,但必须承认其向心性得到了较好的展现,这是因为建筑位于山顶,且侧翼的低矮建筑起到了烘托的效果。这很清晰地反映出,这些建筑的纪念性强还是弱,并不取决于建筑本身的穹顶形式,而是更多地受到周边的影响。

文丘里还援引了赖特的草原住宅方案,来说明建筑和外部场地之间的相互影响。该方案通过水平向的线条,既呼应了场地特征,又为原本乏味的草原增加了特色。另外,通过美国马萨诸塞州郊区的两个住宅方案的比较分析,文丘里指出,建筑可以影响自身与情境之间的关系、社会交往和社区形象等内容。十九世纪早期的辛普森-霍夫曼住宅(Simpson-Hoffman house)与街道垂直,平行于街区内其他建筑,形成了一种缺乏方向感和围合感的社区空间,也暗示了邻里关系的疏离。而20世纪的科赫住宅(Koch house)则更好地利用了围合和方向等视觉属性,体现了相互依存的社区精神。

最后几页里,文丘里还通过宾夕法尼亚州一个乡村日间学校的小教堂的设计方案,讨论了教堂场地规划设计以及建筑位置与观者动线的关系,借此说明了上述论点在具体建筑设计中的应用。

这篇文章讨论了建筑形式与周边情境之间互相影响、牵一发而动全身的关系,涉及了自然环境、历史场所、社区氛围等多个方面。其观点在当时具有革命性意义,因为正如文丘里所说,现代主义者(例如密斯、柯布西耶等人)往往遵循自内而外的建筑设计方法,而忽略了建筑以外的部分对建筑本身的影响。此时,文丘里的"情境"概念更多的还是专业层面的,可以为建筑设计实践和建筑历史学习提供指导。

然而,文丘里后来在《作为符号和系统的建筑》一书中也遗憾地表示,他的这一观点事实上受到了很大的误解,很多人并未意识到,这种建筑与情境之间的所谓和谐关系,一方面可能来自类比和模仿,另一方面也完全可能来自对比和反差[10]。

3 基于建筑意义的"语境"

如前文所述,《论建筑构图中的情境》中,文丘里将建筑的位置和形式作为实现整体和谐的重要手段。而到了1966年,文丘里出版了第一版的《建

筑的复杂性与矛盾性》[11]，这是文丘里一生中最重要、也是最广为人知的理论著作之一。在这本书中，他又进一步深入思考了实现困难整体（"the difficult whole"）的可能性。

这本书最为著名的论述是文丘里针对密斯"少即是多"提出的"少是无聊"，对现代主义建筑（尤其是国际主义风格）刻板的简单化和秩序性提出了挑战，并扬言建筑在实用、坚固、美观三大要素的影响下势必是复杂和矛盾的。简而言之，建筑的复杂性和矛盾性来自功能、形式、意义、场地等要素之间的冲突和平衡。

在这本书中，该词的使用还是较为频繁的，这可能也是因为文章发表时"context"理论研究的流行程度较高。考察这本书的正文部分中直接使用"context"一词的语句，从中可以大概判断出文丘里对其使用含义的变化。

其中一处是在第一章"一篇温和的宣言"，文丘里指出，如今，即使是对于简单环境（context）中的简单建筑而言，建筑项目、结构、机械设备、形式意义等方面的需求也会导致过去难以想象的各种冲突。第四章中在分析东圣乔治教堂（St. George-in-the-East）时文丘里也使用了这个词，侧廊窗户上方的石头在局部看来尺度过于夸张，但是从整体构图的情境（context）来看则是合适的；而米开朗琪罗设计的劳伦典图书馆（Laurentian Library）中的大台阶也是类似的情况，它本身尺寸与其空间的关系有问题，但却适合外部空间的整个情境（context）。由此可见，这几处文丘里延续了他在硕士论文中对"context"的定义，其含义涉及建筑的位置和形式等问题，重点讨论了格式塔心理学所关注的部分、整体关系。

此类"context"的含义，在第十章"对困难的整体负责"得到了充分的讨论，文丘里从格式塔理论出发，详细讨论了复杂的部分与困难的整体之间的关系，并提出可以通过折射（inflection）的手法，利用个别部分的性质变化来赋予整体更加丰富的意义。

而另外一类"context"的用法中，对其含义有所拓展。例如，第三章"模糊性"中，此处文丘里说，建筑是形式和物质（或者说抽象与复杂）的集合，其意义来自建筑的内部特性和特定的语境（context）。此时，"context"开始与建筑和符号的象征性关联起来。第五章里面则谈及对于建筑中的传统元素，其

改变的功能和形式既具有过去的意义，也同时包含了新功能、新结构、新项目、新语境（context）下的新的意义。

事实上，这种关于语义和语境的探讨，是整本书的重要内容之一。我们可以认为，意义的复杂性是建筑复杂性的核心概念之一，而文中所有针对建筑意义的讨论，背后都一个关于语境的暗示。正如斯库利（Vincent Scully）在这本书第二版的序言中所说的那样，形式和意义无法分开，且不能独立存在，语言学中符号的识别离不开特定文化经验，同样建筑形式向观者传达的意义与其所在的语境息息相关，这也是建筑复杂性的主要来源之一。

例如，第四章中，文丘里探讨了建筑的意义和功能中的矛盾因素，以圣索菲亚大教堂为例，一方面中央的圆形穹顶暗示了集中式和纪念性，但作为剧院使用的矩形后殿则因为功能需要，舞台和座位的布置体现了强烈的方向性。而在第六章，文丘里提出，废除法则能增强意义，建筑构图中的一些对立和冲突反而能增强建筑的趣味性和纪念性，如塔鲁吉宫（Palazzo Tarugi）古典的壁柱和拱券与玻璃窗形成了夸张的不和谐，却反而增加了宫廷建筑的变化和沧桑感。

总之，这种对于建筑意义的探讨，都是基于特定的语境而产生的，是一种批判性的讨论。一方面，建筑形式展示其意义，离不开周边环境和整体的历史、文化、社会语境，离不开上一小节所讨论的"情境"；另外一方面，建筑的体验者需要根据自身的经历、历史积淀、社会文化背景以及其体验建筑的具体方式，来与建筑发生对话，因此他与建筑的交流结果很大程度上取决于他自身所处的"语境"。此时，人开始成为文丘里"context"概念的重要主体，他作为人文主义者的视角开始逐渐清晰地展现出来。

4 基于波普文化的城市"文脉"

1972年，文丘里与妻子合著的《向拉斯维加斯学习》[12]一书发表，"context"概念得到了进一步的拓展，从建筑设计扩大到了对城市空间的认知和体验。正如斯库利所说，这本书采用了语言学的方法，从城市中的符号出发，来探讨建筑形式的象征主义同社会文化之间的关系。这本书出版之时，美国在约翰逊总统的领导下，"伟大社会计划"（Great Society）和越战的失败共同导致了美国社会空前的

自由主义巅峰。在这一背景下，文丘里以一种开放的心态拥抱了当代大众社会的文化品位，对拉斯维加斯的这一新城市类型进行了调查研究，并主要关注了城市中商业带和建筑的象征符号。

其实早在《建筑的复杂性与矛盾性》一书中，文丘里就已经对波普艺术给予了很高的评价，认为波普艺术对于城市规划有着很重要的价值：波普艺术启发我们，艺术并不因为其组成要素的平庸粗俗而变得粗俗，同样地，对于城市而言，规划师和设计师应该对那些短期内无法取缔的低档酒吧持有一个更加开放的态度，这些元素作为城市发展过程中的产物与城市文脉相适应，与周边环境关系也较为和谐，应该通过改进或调整这些旧有元素、而不是除去它们，来建设和提升城市。

在《向拉斯维加斯学习》书中，直接使用"context"的地方仅仅有四处，但是仍然可以让我们看到一些新的启发。其中，在讨论驶入式教堂和街道标志时，文丘里都使用了"context"一词来指代拉斯维加斯的商业价值观——商业广告牌、赌博以及城市的竞争精神等。而在"拉斯维加斯的形象"一节，文丘里将迪士尼乐园描绘为现代社会恶劣环境（context）中的绿洲。可以发现，这里的"context"在被延伸到城市领域以后，开始展示出了社会的评价和属性。

而另外一处，则延续了之前的定义。例如，在全书的最后，文丘里这样描述波普艺术："在新的语境中展示陈词滥调，以获得一种新的意义"，既延续了之前关于语境和符号象征意义的思路，又将其拓展到了城市层面。

这本书大力赞扬了波普艺术，以一种更加兼容并蓄的姿态吸收大众文化的喜好和价值观，并指出设计师应该收敛对于宏伟的建筑标志物的自负态度，尊重新城市中新的社会"文脉"。但是，正如张炜所说，文丘里提出了一种于上一代现代主义建筑师迥异的、更为"开放"的审美趣味，但这种趣味的讨论本身难以评判好坏，所谓"开放"的态度之下，文丘里也仍然严厉地排斥其他不同的趣味[13]。

因此，笔者认为，对这段时间文丘里思想的理解，不应该局限于简单的好坏判断，而应该认识到，文丘里的"文脉"概念，纳入了城市的社会属性。此时，"context"一方面实现了从建筑到城市的延伸，另一方面也从个人参观者的体验扩大到了社会范围内的特征。这种将社会文脉作为城市规划和城市设计要素的做法，同黑格尔所谓"时代精神"（Zeitgeist）有相通之处，体现了文丘里人文主义精神的进一步深化。

综上，本文梳理了文丘里建筑理论思想中"context"概念及其理论发展过程，从《论建筑构图中的情境》到《建筑的复杂性与矛盾性》，再到《向拉斯维加斯学习》，从"情境"到"语境"再到"文脉"，从建筑层面到城市层面，文丘里对这一概念的讨论不断扩展和深入。这一方面体现了文丘里对于建筑从外而内的认知和设计方法的不断思考，另一方面也体现了贯穿了他建筑思想始终的人文主义传统。

须指出的是，本文仅就文丘里的文字理论进行了梳理和分析，而并未与他的建筑实践联系起来，这也是此次研究的局限性所在。但是也应该认识到，文丘里作为建筑理论家的观点和他作为建筑师的实践之间可能存在着一定的断裂，因此不应该过多地执着于在他的建筑项目当中发掘他的建筑理论的具体体现。正如文丘里在《建筑的矛盾性与复杂性》第二版的序言中所说的那样，"我的观点大多是启发而非教条，历史类比的方法也只能用于建筑评论当中，难道以为艺术家的言行必须与他的人生观完全一致吗？"

作为20世纪后半叶最重要的建筑师和建筑理论家之一，文丘里在现代主义大行其道之时，突破性地提出了迥异于现代主义建筑常见设计方法的"语境"概念，提出了一种更加复杂和多元的建筑取向，对建筑和城市领域都产生了很大的冲击。而他的观点，也直接影响了其后的地域主义、解构主义等建筑思潮，对今天的我们仍然有启发价值。

参考文献：

[1] 安德里娅·格莱尼哲,格奥尔格·瓦赫里奥提斯. 复杂性——设计战略和世界观[M]. 孙晓晖,宋昆,译. 武汉:华中科技大学出版社,2011.

[2] 汉诺·沃尔特·克鲁夫特. 建筑理论史——从维特鲁威到现在[M]. 王贵祥,译. 北京:建筑工业出版社,2005.

[3] Peter Kohane, Michael Hill. The eclipse of a commonplace idea: Decorum in architectural theory[J]. *Architectural Research Quarterly*, 2001, 5(1): 63-77.

[4] Julien Guadet. *Elements et Theories de l'Architecture*[M]. Paris: *Smithsonian Libraries*, 1901.

[5] Komez Daglioglu. The Context Debate: An Archaeology

［J］. *Architectural Theory Review*, 2015, 20(2)：266-279.

［6］ Max Wertheimer. Gestalt Theory［C］//Willis D. Ellis（ed.）. *A Source Book of Gestalt Psychology*. New York：Gestalt Journal Press, 1997, 1-11.

［7］ Aldo Rossi, *Peter Eisenman. The architecture of the city*［M］. Cambridge, Massachusetts：MIT press, 1982.

［8］ Colin Rowe, *Fred Koetter. Collage city.*［M］. Cambridge, MA：MIT press, 1983.

［9］ Robert Venturi. Context in Architectural Composition［C］// Robert Venturi. *Iconography and electronics upon a generic architecture：a view from the drafting room.* Cambridge, Massachusetts：MIT Press, 1998.

［10］ Robert Venturi, Denise Scott Brown. *Architecture as Signs and Systems：For a Mannerist Time*［M］. Cambridge, Massachusetts：Belknap Press of Harvard University Press, 2004.

［11］ Robert Venturi. *Complexity and Contradiction in Architecture*［M］. London：Architectural Press, 1981.

［12］ Robert Venturi, Denise Scott Brown, Steven Izenour. *Learning from Las Vegas：The Forgotten Symbolism of Architectural Form*［M］. Cambridge, Massachusetts：MIT Press, 1977.

［13］ 张炜. 从文丘里看现代主义与后现代主义的异与同［D］. 济南：山东师范大学, 2004.

日本建筑史学研究80年(1937—2018)发展探析[*]

The Study on the Development of Japanese Architectural History in the Past 80 Years (1937—2018)

邓 奕^① 陈 颖^②

Deng Yi   Chen Ying

【摘要】本文以近代1595年日本从西方引入"architecture"概念为切入点,以日本建筑学会130年(1886年日本造家学会创立—2018年日本建筑学会)历史发展为背景,总结划分了日本建筑史学会自1937年设立至今历经80年各阶段的发展特征。同时揭示了现代日本建筑史学研究方向的转变以及研究的主要途径。本文的目的在于阐明,日本学习西方先进经验,在进行近代化转型的时期,日本建筑学界是如何进行组织改革,并确立了"学"与"术"的概念和二者之间的关系,影响了其后130年的发展历史。日本的经验值得我们学习和借鉴。

【关键词】建筑 建筑学 日本建筑学会 日本建筑史学 日本建筑美学

1 近代建筑学起源于日本

1.1 日本人创造"築建"一词

日本的科学文化是在长期接受古代亚洲,特别是中国科学技术文化的基础上形成而发展的。到了17世纪以后,随着幕藩体制的确立,日本国内出现了长期统一的和平局面,农业生产得到很大发展,并带动了手工业、矿业以及商业、城市、交通等的发展。产业技术不断发达,促进了日本独自技术学的产生,也为日本近代科学的形成奠定了基础。

出岛是日本江户时代(1603—1867年)长崎港内的扇形人工岛,外国人居留地。在1641年至1859年期间,是荷兰商馆所在地。在日本锁国政策实行期间,出岛是日本对西方开放的唯一窗口。日本吸取西洋文化首先是从向长崎出岛的荷兰人学习开始,当时称为兰学。

兰学的传播使日本人对西方文明开始有了新的认识,同时兰学家对一些传统旧观念进行了批判。在他们心中,中国作为理想之邦的信念已开始动摇,传统的"华夷"观念逐渐被抛弃。而且他们对西方社会制度有了初步认识,并对西欧诸国富强的原因进行了探讨。认为"国土之贫富强弱皆在于制度与教示",英国之所以能成为强国,就在于有大力发展生产和推进海外贸易的"劝业制度"以及"海洋涉渡制度"。[1]

当时,英语"architecture"一词也随着西方的新技术、新事物、新思想传入了日本。"architecture"一词是"archi"和"tecture"的合成词,源自古希腊语"architectonice"。在古希腊语中"archi"具有事物原理的含义,"tectonice"具有各种艺术的含义,从远古时代到中世纪,将各种艺术整合统一的"场所"就是建筑。因此,建筑是一个同时具有艺术性和技术性的抽象概念。在当时的英语辞书中,"architecture"被认为是"art of building",即建筑是建筑物艺术。从欧洲传入日本之前,日本并没有这样的概念。

日本最早的拉丁语/葡萄牙语/日语双语词典《拉葡日对译辞书》(1595年出版)中,architectonice,es. Lus. Arts de edificar. Iap. Sumicaneno gacumon (Lus. 拉丁语简写,Iap. 日语简写):"architecture"的词源"architectonice"日语译为:Sumicaneno gacumon(墨曲尺の学問。汉语的意思是"使用墨斗中的墨线、曲尺在木材上绘制线条技术的学问。")

————————————

*基金项目:福州大学科研启动资助项目XRC—18013(项目号:0151—510559)。

① 邓奕,福州大学建筑学院,教授。

② 陈颖,福州大学建筑学院,助教。

江户时代,在《兰法辞书》(Nieuw Woordenboek der Nederduitsche en Freansche Taalen. Dictionnaire Nouveau Flamand & François,荷兰语/法语对照词典,1729 年)中,法语"architecture"对应的荷兰语"bouwkunde""bouwkunst";与"architecture"相关的法语"maconner"的荷兰语是"metzelen(意思:用石头等材料建设石墙或篱笆墙的行为)"。在《兰法辞书》基础上编纂的《和兰词汇》(1853—1858)中,将荷兰语"bouwkunde""bouwkunst"日语译为"家建""造作之术"。将荷兰语"metzelen"日语译为"筑建",表示一种技术动作。至此,日本人首创了"筑建"一词被认为是后来发展成表达抽象概念的"建筑"一词的重要因素。[2][3]

1.2　日本创办近代建筑学教育

明治四年 8 月(1871 年 9 月),明治新政府为培养"国际化(西方化)"工程技术官员,由工部省直属成立了"工部大学校",并聘请英国人亨利戴尔(Henry Dyer)任校长。戴尔参考英国及英属印度工科学校(College)的模式,组建学校机构和制定教学大纲。将学校分为三个学期的六年制,包括基础课程,专业课程和实践课程(每课程各两年)。其中,专业课程包括:土木学、机械工学、造船学、电气工学、造家学、制造化学、矿山学、冶金学共八门学科。八门学科中,"造家学"本科:造家及建筑学(讲义、图学)。[4]"造家学"标志着日本近代建筑学教育的开始。

1.3　"建筑学会"与"建筑协会"的改革探索

首先,日本建筑史学家、东京帝国大学教授伊东忠太(1867—1954)倡议将"造家学会"改称"建筑学会"。明治 27 年(1894 年),伊东忠太在日本造家学会《建筑杂志》上发表文章指出,英语"architecture"一词的本意绝不是指建造房屋。"家(房子)"这个词绝对不包含各种构造物。另外,从"architecture"包括除结构之外的物体的观点来看,我们应该知道将其译成"造家"是不可能的。因此,将其翻译为"'造家'学",即建造房屋的学问也是不可能的。那么,将"architecture"译作"建筑"如何呢?似乎比"造家"要贴切一些。但是,"architecture"从一开始就没有"建筑"这个词的含义,而且"建筑"这个词且经常与土木学相冲突,存在混淆的风险,比如在"桥梁'建筑'"这样的用语

使用上。所以,"建筑"这个词仍然不是一个恰当的翻译。

伊东认为,我们不禁要对学与术进行思考。学,是对某种科学方法的研究,这种方法应该具有普遍性;术,是通过应用它来总结探索具体实施的方法。学与术有着不同的含义。"architecture"或许更偏重于"术"的含义。在讨论建筑的历史,考虑形式的起源,论证建筑形式美丑的研究方法的运用原理的时候,即属于"'建筑'学"范畴;在实际中尝试运用这种方法,它就应该属于"'建筑'术"的范围。所以,应该将"architecture"翻译为"'建筑'术",而翻译成"'造家'学"的理由非常微弱。

1897 年,日本造家学会接受伊东忠太的建议正式更名为日本建筑学会。第二年,1898 年东京大学造家学科也更名为建筑学科,自此之后,"建筑"一词成为"architecture"的正式标准译语被日本社会广泛接受。

接着,伊东忠太进一步提出应该将"学会"改称"协会"。伊东认为,我们的学会是对"architecture"的各个方面、进行全方位的研究,而不仅是学问上的原理或者理论方面的考究。如果是这样,我们不禁疑惑这个团体命名为"学会"是否恰当。对于我们的学会而言,我们要研究艺术,也要考究建筑施工方法,以及讨论其相应的法律法规。也就是说,我们的学会同时包括了原理和艺术。把它称为"'造家'学会"是巨大的错误,但是称为"'建筑'学会"也不太妥当。我希望将"'造家'学会"改称"'建筑'协会"。

伊东希望将名称改为"'建筑'协会"还有另一个理由是:学会组织是一群从事与建筑相关的各种职业人士,而不仅是从事建筑学专业人员的集合团体。学会广泛地邀请志同道合之士,欢迎那些热衷于这条道路的人。如果你被认可对建筑的发展具有有益之处,无论专业是什么,都可以加入这个团体组织。因此,从学会的性质上来说,应该被命名为"协会"而不是"学会"。[5]

近代日本推行"西学",在当时日本的西洋建筑的生产基础设施非常薄弱,这些工程的开展不仅是学习,而且在某些情况下,它有义务与"建筑"的实际建造者携手合作。

2 日本人的美学与伦理

2.1 "美感"的萌生

据日本学者考证，日语中的"美"（日文：美しい）这个词具有我们今天使用的含义大致是形成于室町时代（1336—1573 年）以后，相当于中国的明朝前中期，而在之前的奈良时代，这个词原先的含义是表达对亲人，对纤细、娇小、柔弱、可爱的人或事物的喜爱与怜悯之情，并最终升华到一般意味上的审美属性。可以说，日本人的审美意识取向于比自己弱小以及需要受到保护的事物。

2.2 美学意识

2.2.1 无常之美

日本人从佛教中获得的最大影响之一是"无常观"。佛教的无常观认为世间凡是存在的都是无常的，非永恒存在、永远不变的。原本佛教中宣扬的是这种无常观给人类带来痛苦，持有消极的态度。然而，日本人认为，正是因为这个世界是无常的，才体现出"瞬间"的价值和可贵。基于这样的思维方式，在变化的事物中捕捉"美的瞬间"，形成审美意识，并将这种美感贯穿于日本各种艺术和艺术表现的基层之中。

在空间与环境设计中，使人感悟到自然与人生的无常，不由自主地发出一声叹息，由此获得一种深深的慰藉与满足。这就是"无常空间"设计的精髓所在。

2.2.2 幽玄之美

对于试图寻找无常的美的想法，实际上并不是大自然显现出的表面的外观，而是在内部深处，对美的追求，孕育出美感。无论是和歌、俳句、能乐、散文以及物语文学乃至园林建筑、插花、茶道，无不闪烁着一种深奥玄寂、绮丽纤细、疏散自如、微妙虚幻的感觉。这种感觉被称之为"幽玄"。"幽玄"是一种美感，就像是盛开的樱花、华丽的红叶被云雾、烟雨遮挡，若隐若现，那些想象的而不是直接看到的，更能给人以美的享受。

2.2.3 简素之美

日语中用"侘"和"寂"两个词来表现简素、寂静的美感。"侘"（日文：わび）原意为孤独、寂寞之意。兴起于镰仓时代和室町时代隐遁于山林中的文人墨客中间的一种美学理念。"侘"之美，崇尚清静素雅，主张脱离尘世，追求闲寂、悠然的人生，强调高远、静稳的精神境界。中世的隐者把他们所面对的贫困和孤独看作是物质和精神两方面的一种新的解放的契机，将表层的、有形的美的欠缺，转换为深层的、无形的美的追求，最终确立了富有积极意义的"侘"美学理念。

由"侘"（日文：わび）引出了"草庵茶"（日文：わび茶），草庵茶室建筑。草庵茶集大成于日本战国时代至安土桃山时代著名的茶道宗师千利休（1522—1591）。利休还对茶室空间设计进行了革命性的改变，首创了"草庵茶室"。在那之前，一般茶室面积多采用四叠半大小（一叠榻榻米：90 厘米×180 厘米，四叠半大约 7 平方米）。然而利休采用了只有平民才搭建的三叠、二叠大小的茶室面积。同时将茶室四周用土墙围起，墙壁上开窗，以达到自由采光的效果。由于设计的自由度大大增加，使窄小的空间却获得了无限的变幻。从利休的茶室空间可以看出现代空间设计的合理性与自由度，其成就至今对日本建筑有着巨大的影响。

"寂"（日文：さび）最初是指随着时间静静地流逝，逐渐劣化的意思。据日本的随笔文学《徒然草》等古书中记载，"寂"有年代久远的书册散发出阵阵浓味的意思。这说明了鉴赏古旧之美的意识，始于南北朝时期（1336—1392 年）。到了室町时代，这个概念在俳句的世界中得到了相当的重视，被纳入了能乐等艺术形式中，并开始理论化。举一个形象的例子，比如生了苔的石头。谁也无法推动的石头在风土当中表面开始生苔，变成绿色。日本人将此看作是从石头内部渗透出来的东西，与外表没有什么关系的美感。就像汉语中，用于表达这种物质表面所流露出的那种安静氛围含义的汉字："锖"。所以，"侘"是在简洁安静中融入质朴的美，"寂"则是时间的光泽。

3 建筑史学研究各时期内容与特征

3.1 日本近代建筑史研究始于何时？其目的是什么？

傅熹年先生曾撰文指出，日本东大寺大佛殿主要参考了福建一带的寺院建筑样式。具体地说应当是受到福州华林寺大殿、莆田玄妙观三清殿和泰宁甘露庵三处宋代建筑的影响。[6]

日本的建筑史学家、东京大学教授太田博太郎（1912— 2007）著述阐明，自十二世纪末由日本名僧重源从南宋引进建筑式样，用来重建 1180 年被毁的奈良东大寺大佛殿,近年日本建筑史家称为"大佛样"。它和稍晚数十年由日本名僧荣西、道元和南宋蜀僧兰澳道隆等据南宋江浙地区"五山十刹"等临济宗重要寺院引进"禅宗样"。它们的风格、构架方法和细部装饰都与当时日本传统的"和样"建筑明显地不同,是一种完全新的建筑式样。[7]

由此可见,日本为提升本国实力从海外获取先进技术工艺,除国家层面派出使节(如遣隋使节、遣唐使节)之外,民间等对海外先进技术的考察学习从很早就已开始,且始终未中断过。据徐苏斌《日本对中国城市与建筑的研究》中,"日本对中国城市和建筑进行研究的主要成果(1895—1945)"中表明,白鸟库吉(1865—1942),冈仓天心(1862—1913),常盘大定(1870—1945)等近代学者就已发表并出版了《满洲历史地理》《满洲发达史》《冈仓天心全集》《中国文化史迹》等论著。[8]所以,日本学者关于日本近代建筑史研究"从明治25年(1892年)伊东忠太发表《法隆寺建筑论》到现在已经过去了120多年。"的提法不准确。[9]

况且,据徐苏斌《日本对中国城市与建筑的研究》中,"3.研究中日文化交流史的重要性"一节中揭示:"在梁思成、刘敦桢等开始研究中国建筑之前,日本研究者伊东忠太和关野贞都曾提到过'东方建筑史的研究只能由日本人来完成'(伊东忠太:《支那建筑史》1925年;关野贞:《支那古代文化的遗迹》1918年)。"所以,这种偏见狭隘的"学者论著"是不能代表公正、科学与客观性的日本近代建筑史研究开端的。本文认为,日本建筑史学研究的历史应该是自1937年日本建筑史学会设立开始,至今历时80年。日本建筑史学研究的特点是探索"东西方营造技术"与"日本传统美学"融合方法的研究。

3.2 日本近代建筑史研究的各阶段

本文主要参考日本建筑学会编《日本建筑学会120年略史》(1886—2006)和《日本建筑学会130年略史》(2006—2015)、建筑史学会编《建筑史学》〔第1号(1983年10月)—第70号(2018年3月)〕,以及中国建筑史论汇刊《回顾与展望——日本建筑史学的发展》(藤井惠介等,2015年12月),划分出日本建筑史学研究发展80年(1937—2018)为以下阶段:

3.2.1 1937—1944年

引用《回顾与展望——日本建筑史学的发展》

(藤井惠介,2015年):"一批年轻的学者组织成立了建筑史研究会。成员是足立康、大冈实、太田博太郎、关野克、竹岛卓一、谷重雄、福山敏男。并发行了期刊《建筑史》(1939—1944)。"这批年轻学者主要进行日本建筑的研究,并提出了在以遗构为研究对象进行样式研究的基础上,利用文献史料进行深入研究的新方法。通过文献史料研究,再现已不复存在的重要建筑,这可以说是其最大的研究成果。其中,在"建筑营造技术方面",日本的中国建筑技术史研究"第一人",以研究北宋时期《营造法式》而闻名,竹岛卓一(1901—1992)一生撰写了《营造法式之研究1》(1970),《营造法式之研究2》(1971),《营造法式之研究3》(1972),以及《从建筑技法看法隆寺金堂的诸问题》(1975)4部建筑技术史巨著,[10]-[13]从而荣获了第36届日本学士院(The Japan Academy)最高学术奖。

3.2.2 1950—1976年

正如《回顾与展望——日本建筑史学的发展》(藤井惠介等)所言:日本建筑家们开始把伊势神宫、桂离宫和合掌造建筑作为创造具有日本特性的现代主义建筑的构思源泉(image source)。日本的建筑史学家太田博太郎(1912—2007)编写的日本建筑史通史《日本建筑史序说》(1947)中,从"结构"和"功能"的角度,对中世纪的禅宗样建筑和大佛样建筑进行了考察分析,指出大佛样建筑(东大寺南大门、净土寺净土堂)的结构体系简洁明了,是现代主义建筑理论的萌芽。[14]这一观点对第二次世界大战后的日本建筑史研究具有决定性的影响。所以,近代日本建筑被认为是结构发展史与功能发展史。

建筑史学家井上充夫(1918—2002),在德国/奥地利美术史学"风格理论"方法论中,引入数学概念,以独特的视角阐述了日本建筑空间史的发展。撰写了以"空间"为主题的日本建筑史通史《日本建筑的空间》(1969)。[15]他借用了欧洲现代建筑的主要概念"空间"作为分析角度,把日本建筑史写成了空间发展史。这一理论对日本建筑界影响巨大,且影响至今。

3.2.3 1983年至今

如今,日本建筑史学的关注点已从单纯的对建筑遗产本身的研究,扩展到历史建筑与现代建筑共存所构成的现代环境方面。即站在现今的角度从各种途径探寻历史建筑发展变化而来的过程。

其宗旨是，在探索人类文明文化起源、传播、发展过程中时，建筑是一个重要的指标，是人类社会居住、城市、空间、环境、技术等各个侧面的反映。所以建筑史学研究跨越原有的建筑史、民族学、考古学的专业领域，从文化史的大框架开展研究。

日本建筑史学研究的二条主要途径：①着眼于细小末端的地方史、地域环境、乡土文化中的建筑特色。致力于对原有历史环境的重新审视以及历史街区保护的实践活动中的建筑史学研究。这样的实践从一开始就扎根于乡土，不会成为一种孤立的研究状况。②寄希望于对同一研究对象的不同角度和不同方法的研究，以及通过国际交流，从不同文明圈的角度进行观察、调查、研究，其结果会给本国的研究者带来研究动力，开拓思路和视野。

4　结　论

中国与日本都在研究分析西方的建筑史学研究现状与发展动向，但偏重点各不相同。中国学者认为，西方建筑史历经几十年的发展变化，开始把关注对象从建筑本身移向由建筑所产生的社会，移向由不同建筑所依托的不同的文化背景与不同的生活方式对建筑产生的影响。[16]国外建筑史学基础理论大致有三条研究途径：一是在西方建筑史学研究兴起之初，将哲学、美学和艺术理论作为基础理论。其研究方法与艺术风格史方法基本相同。二是从历史、文化、科技史研究成果中汲取分析问题的逻辑体系，形成建筑史学基础理论。三是确立建筑理念与历史观的关系，从而形成建筑史学基础理论。[17]

日本学者在考察西方后认为，西方建筑史学研究经历了从18世纪至1989年的二百年历史，如今的课题是如何解决对历史建筑的三种态度：保存、再利用与再开发。可大致分二种研究方法：①从关注历史建筑形成年代的"点的建筑史"，转到建筑在不断改造再利用的时间流动中"线的建筑史"的新方法论。②走出被称之为西洋建筑史学原点的维也纳学派抽象的"形态/样式学"建筑理论，形成了着眼于"构筑技法空间论"，即建筑构造、建造技术与建筑再利用紧密关联的新建筑史学方法论。[18]

在对历史建筑发掘整理的传统营造技术继承与发展方面，日本在2012年建成的东京晴空塔高

度为634.0米，获得吉尼斯世界纪录认证，成为全世界最高的自立式电波塔。该塔底部首层设计原理，源自古代中国祭祀礼仪中具有安定感的三足鼎。图1结构设计则运用了古代中国传入日本建造的千年不倒法隆寺五重塔的"心柱"原理。（图2）

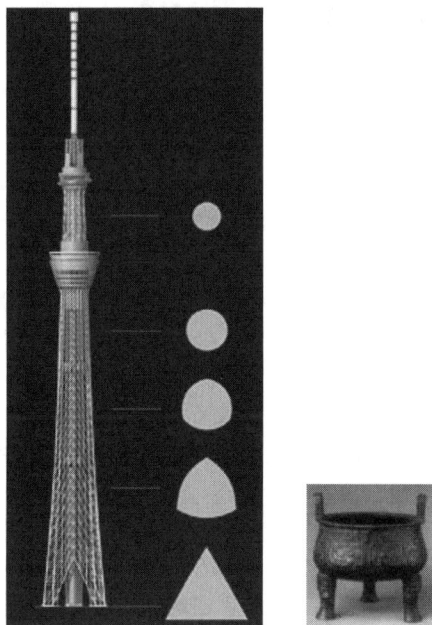

图1　东京晴空塔形态设计原理：三足鼎
（图片来源：日建设计株式会社）

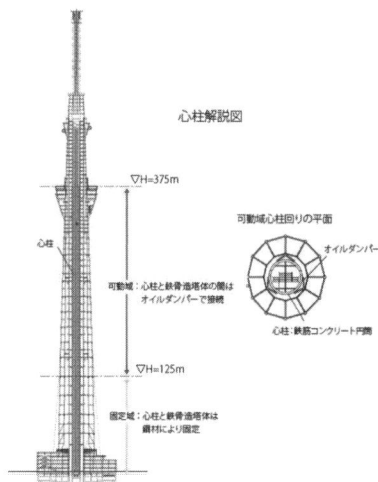

图2　东京晴空塔结构设计原理："心柱"
（图片来源：日建设计株式会社）

日本一些世界知名的国际战略研究专家指出，中国在"两个百年"的到来与推进"一带一路"的努力下，"到21世纪中叶将形成以中国为主导的世界秩序"。那么，我们应当带给世界一个怎样的秩序？又将如何肩负起时代赋予的责任和使命？

日本《世界大百科事典》[19]《日本大百科全书》[20]中对"日本建築"的解说:"从世界的角度看,日本的传统建筑只不过是中国建筑体系的一个分支。""日本建筑在传统上是作为中国建筑的一个支流地位,木造建筑是日本传统建筑的主流。"然而,近年日本国内正在大力宣传和积极准备,将源自中国的传统木造建筑技术申报日本的世界非物质文化遗产。中国传统建筑营造技术正面临着空前的挑战!

参考文献:

[1] 李宝珍. 兰学在日本的传播与影响[J]. 日本学刊,1991,5(1):115-120.

[2] 菊池重郎. 近代早期 ARCHITECTURE 翻译[J]. 日本建筑学会论文报告集,1958,(50):661-664.

[3] 菊池重郎. 明治初期 ARCHITECTURE 翻译(续)[J]. 日本建築学会論文報告集,1961,第67号:162-168.

[4] 大藏省. 工部省发展报告[M]. 东京:大藏省出版,1889.

[5] 伊东忠太. 探讨建筑的本意,选定翻译词汇,建议我们"造家学会"更名[J]. 建筑杂志,1894,第90期:1-5.

[6] 傅熹年. 福建的几座宋代建筑及其与日本镰仓"大佛样"建筑的关系[J]. 建筑学报,1981,(4):68-77.

[7] 太田博太郎. 世界美术全集一五 镰仓·室町时代的建筑[M]. 东京:平凡社,1949.

[8] 徐苏斌. 日本对中国城市与建筑的研究[M]. 北京:水利水电出版社,1999.

[9] 藤井惠介. 回顾与展望——日本建筑史学的发展[J]. 中国建筑史论汇刊,2015,12(31):3-17.

[10] 竹岛卓一. 营造法式之研究1[M]. 东京:中央公论美术出版社,1970.

[11] 竹岛卓一. 营造法式之研究2[M]. 东京:中央公论美术出版社,1971.

[12] 竹岛卓一. 营造法式之研究3[M]. 东京:中央公论美术出版社,1972.

[13] 竹岛卓一. 从建筑技法看法隆寺金堂的诸问题[M]. 东京:中央公论美术出版社,1975.

[14] 太田博太郎. 日本建筑史序说[M]. 东京:彰国社,1947.

[15] 井上充夫. 日本建筑的空间[M]. 东京:鹿岛出版会,1969.

[16] 王贵祥. 西方建筑史学觅踪[J]. 建筑学报,1994,2(20):33-37.

[17] 吴国源. 西方建筑史学基础理论问题述略[J]. 建筑与文化,2016,4(15):37-41.

[18] 加藤耕一. 关于西洋建筑史学的现代性基础研究[R]. 东京:日本学术振兴会,2014.

[19] 世界大百科全书编辑委员会. 世界大百科全书[M]. 东京:平凡社,2007.

[20] 日本大百科全书编辑委员会. 日本大百科全书[M]. 东京:小学馆,1984.

虚拟现实应用于中国建筑史教学
——以宁波保国寺宋代大殿为例

Application of Virtual Reality in Chinese Architectural History Teaching
—The Song Dynasty Hall of Bao Guo Temple in Ningbo as an Example

汤　众[①]　**孙澄宇**　**汤梅杰**
Tang Zhong　Sun Chengyu　Tang Meijie

【摘要】中国古代木构建筑构件种类众多,是中国建筑史学习的难点。为更有效地在教学中让学生通过自主学习快速掌握中国古代木构建筑各个主要构件的名称、位置和形象,了解其建造过程,特此应用虚拟现实技术,实验以在线课件方式进行辅助教学。

依托同济大学国家级建筑规划景观虚拟仿真实验教学中心,在同济大学教改课题资助下,开发建设《虚拟建筑认知与建造模拟实验系列(中国古建筑 I)》在线虚拟实验模块上线运行。以宁波保国寺大殿为例,从北宋三间三进厅堂木构着手,通过应用虚拟现实技术,对其木构进行解读,使中国古代木构建筑学习更为直观和高效。课件中还设计考核功能,以加强和检验学生对以上知识的掌握程度。

【关键词】古代木构建筑　虚拟现实　教学实验

1 背　景

随着"在线"教育和虚拟现实技术的发展,国内外大量重点院校开始借鉴"慕课"的运作方式开展在线虚拟实验,它的互动式教学完善了现有教学模式,创新了建筑教学考评手段和模式,应对大规模的学生数量有效降低了实践成本和危险性,使教学实训不受时空的控制。

建筑学是一门实践性很强的专业,强调学生空间感的培养,在线虚拟实验无疑可以弥补传统建筑教育对于三维学习环境教学缺失的不足。因此近年来,国内一批重点高校包括同济大学、清华大学、浙江大学、东南大学、哈尔滨工业大学等依托各自的虚拟仿真实验教学中心,陆续在建设并发布自己的在线虚拟课件,为不同层次院校对拟现实技术的教学应用发展起了示范作用。

自 2015 年起,同济大学"一拔尖、三卓越"特色项目国家级建筑规划景观虚拟仿真实验教学中心在同济大学教改课题资助下,已建设有三个在线虚拟实验模块上线运行,本文将重点围绕其中之一的《虚拟建筑认知与建造模拟实验系列(中国古建筑 I)》展开内容建设和系统设计的介绍。

2 虚拟现实应用

虚拟现实技术在古建筑建筑研究中的应用最初可追溯到 1995 年在英国巴斯举行的虚拟遗产会议(Virtual Heritage'95)。在国内,早在 20 世纪 60 年代,同济大学冯纪忠先生就开始关注到计算机技术对于建筑设计与教学的影响[1],于是 90 年代初,同济大学利用世界银行贷款建设了城市规划与设计现代技术国家(建设部)实验室,并在 21 世纪初又利用国家"211"建设经费对实验室进行了更新与扩建,致力于在计算机技术方面的应用研究(图 1)。2000 年同济大学汤众提出通过计算机多媒体技术和网络技术使得历史文化名城得以数字化生存[2]的课题,并研究如何具体实现[3]及相关技术[4]。

---

① 汤众,同济大学,高级工程师。

图1 同济大学"211"建设大型虚拟现实系统
（图片来源：自摄）

2001 年东南大学杜嵘强调虚拟遗产的概念，他开发了南京明城墙视觉化信息系统，让使用者不到南京也可领略经历 600 多年风霜的城墙原貌[5]。2006 年清华大学周宁等选择圆明园为对象开发了虚拟重建系统，为使用者提供了自由漫游、受限漫游、导游漫游三种漫游方式[6]；在中建史教学过程中，斗栱作为中国古建结构体系中最难描述的核心知识，仅依靠二维图像往往令学生难以掌握晦涩的构件名称和层叠的结构关系，为此 2008 年长沙理工大学严钧等运用虚拟现实技术编制多媒体课件《中国古代木构建筑特征与演变：大木作——斗栱》，除提供"基本概念""斗栱分类""装配演示""斗栱演变""古代模数"等功能供教师上课的演示和讲解外，还创建了"虚拟实验"，让学生自己研究学习，在教学设计上充分考虑了教与学的两方面[7]。2013 年为研究基于 BIM 的明清古建筑数字化保护与修复方法，西安建筑科技大学王茹等开发了明清古建筑信息模型设计平台，为古建筑构件参数化信息模型库的建立和管理提供了基础平台，以信息模型的方式存储现场测量的数据[8]。

虚拟现实技术在中国古建筑研究中的应用也越来越广泛，通过三维模型的呈现和交互，让古建研究者、保护者，特别是学生对构件繁多，结构复杂的中国古建筑有更直观深切的感受，同时也让不复存在的建筑以数字化保存的方式拥有了新生命。依托于一批国家级虚拟仿真实验教学中心，全国一批重点院校竞相针对中国古建筑中不同的研究对象和侧重点开发了各自的虚拟实验系统，涉及修复、重建、展示、教学等多个方面。

3 虚拟现实教学内容建设

为让学生更全面深刻的学习中国古建筑繁多的构件和复杂的建造过程，同济大学建筑规划景观虚拟仿真实验教学中心选取构件种类齐全且结构体系典型的厅堂建筑：宁波保国寺为对象，开发了

《虚拟建筑认知与建造模拟实验系列（中国古建筑 I）》。数字技术在保护古建筑中的应用已不少，但更多只停留在建筑结构的复原，抑或是功能单一的漫游系统，而本系统除以上功能外还将针对认知类知识和建造类知识设计各种互动方式，让学生系统全面的亲身去体验和学习，并加入了考核功能，让老师可以关注学生在使用过程中的学习效率，以定量化的分析方法推动实验的设计和优化。

3.1 教学的目的和对象

中国建筑史在建筑教学中是一个不可或缺的环节。中国古代建筑以木构为多且具有独特的风格，其构件种类众多、组合方式复杂，是中国古代建筑史学习的重点也是难点。然而，在传统课堂教学中，时间有限，无法带学生去古建筑实地认知，没有一个直观的认知过程，使得学习过程变得困难、枯燥。为更有效地在教学中让学生通过自主学习快速掌握中国古建筑的特点，学习中国古代木构建筑各个主要构件的名称、位置和形象，了解其建造过程，特此应用在线虚拟实验进行辅助。同时又希望利用虚拟实验可以实时采集实验过程数据的特性让教师能够了解学生在通过虚拟实验学习过程中反映出来的认知规律，为改善教学服务。

浙江宁波保国寺大殿是距离上海最近的北宋木构，由于其建造年代（北宋大中祥符六年，公元 1013 年）还略早于宋《营造法式》的刊行，因此很多营造法式中的构件和做法都可以在大殿上有对照，对于学习宋代木构厅堂有一定的典型性。由于保国寺大殿在建筑史研究和教学的特殊地位，相关研究文献非常丰富。自发现以来，相关研究成果层出不穷，东南大学、清华大学等国内一流建筑学院都为此出过专著，特别是张十庆的《宁波保国寺大殿勘测分析与基础研究》则更为系统、细致地就保国寺宋代大殿进行研究，并开始从法式研究延伸到损坏分析。同济大学也早在 2005 年应用三维激光扫描技术对其内部梁架进行数据采集，并从 2007 年开始持续 10 年对其进行数字化监测。因此，大量已有的现实研究为虚拟实验奠定了坚实的基础，使得保国寺大殿成为比较理想的实验对象。

3.2 中建史教学的基础准备

目前的保国寺大殿是历经数个朝代修缮之后的状态，特别是清代在大殿的前部和左右都加建有檐开间，正面呈重檐歇山状。但大殿的核心仍是北宋建造的三间三单檐歇山进厅堂，因此木构件数据库首先将大殿的北宋部分作为对象。

完整的大殿有基台、柱础、柱、墙、铺作、梁架、椽、望板、瓦、脊兽等众多部件构成，细分到构件成千上万，为此需要简化和分类。由于主要目的在于宋代厅堂木构件认知，因此现状后期附加的部分、围合构件以及屋面瓦作都被简化，椽子也是作为整体仅为示意效果。斗栱不再细分各个斗和栱，而是整朵斗栱算一个"铺作"。经过简化依然还有433个构件需要分类管理。

木构件分类则按照相关研究文献，首先根据构件在建筑中所起的作用区分"别类"，自下而上分为：地面、柱础、柱、梁栿劄牵、额串枋、外檐铺作、内檐铺作、藻井、蜀柱、叉手斜撑、槫、装饰和其他（椽、垫木托木）；另外把"缝（柱缝）"也作为一类对象用于定位识别。然后再在每个别类之下根据《宁波保国寺：大殿勘测分析与基础研究》一书进行细分。例如"梁栿劄牵"都是大殿内部横向承重构件，可以分为"梁""栿"和"劄牵"三个大类，其中"栿"又可以再细分为"三椽栿""丁栿""乳栿""草栿"。这样共分出40大类，90小类。这样通过三层分类（别类、大类、小类），把众多构件分门别类管理起来。

构件位置的定位方式以"缝（柱缝）""间（心间、次间、XX补间）""进（进深）"来命名而不是现代的三维笛卡尔坐标系（图2）。这样定位虽然并不精确，但大大简化了构件定位数据，更适合在现实的大殿里迅速定位每个构件，当然这也是中国古建筑传统的定位方式，同时也是重要的教学内容。水平左右横向面阔以"西""东"区分；水平南北纵向进深以"前""后"区分；竖向则以"上""中""下"区分。

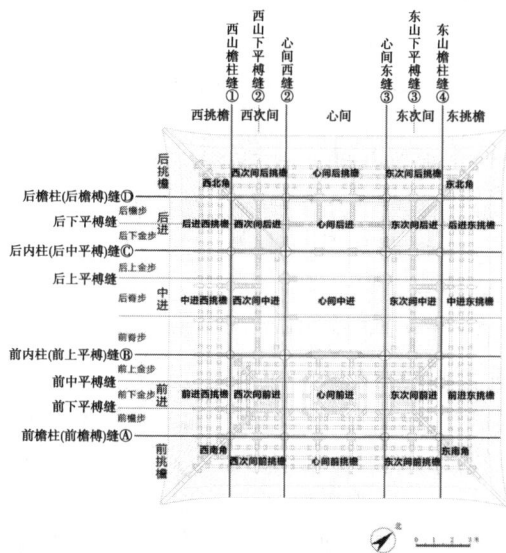

图2 大殿平面定位图
（图片来源：自摄）

为保证433个构件都能够科学有效地符合计算机的管理方式，特别应用微软 Office 套装中的 Access 软件建立数据库进行数据准备[9]。

由于已经积累有激光三维扫描和测绘数据，构件的三维模型制作已经相对简单。本项目先用 Google 的 Sketch Up 软件建模，再经过 Autodesk 的 3D Max 软件贴图渲染后导入虚拟现实软件中。

3.3 虚拟现实技术的基础准备

近年来虚拟现实技术已经大大发展和普及，其中也得益于计算机硬件的进步。如今，虚拟现实已经基本不再需要集成多个图形工作站通过多台专业立体投影来实现，普通个人电脑已经可以流畅进行实时图形渲染计算，甚至智能便携设备（手机）都可以做到虚拟播放立体图像视频。而采用头盔式显示的浸入式虚拟现实也脱离实验室成为工业产品甚至成为游戏机的配件。

由于是以本科教学为目的，在考查研究各种类型虚拟现实硬件平台后，还是选择以便携式个人电脑联结互联网（校园网）的方式作为首期开发建设平台。如今大学生基本每人都会有一台便携式个人电脑，且都可以联结到互联网（校园网）上，而其标配的屏幕上方的摄像头也可以用于采集学生实验过程数据。

整个实验系统以 B/S 模式为基础，B/S 模式最大的好处是运行维护比较简便，能实现不同的人员（学生、老师），从不同的地点（教室、寝室、办公室、家），以不同的接入方式（LAN、WAN、Internet/Intranet）访问和操作共同的数据。客户端从互联网（校园网）下载平台控件和功能模块，实验模块各项功能还是在客户端运行，并通过网络上传实时采集的实验数据。

相比之下，智能便携设备（手机）目前还是不能够进行大量构件三维模型实时渲染计算；而头盔浸入式虚拟现实还是需要数千元的专用设备，不便于同学平时在业余时间灵活使用。

3.4 教学模块的功能设计

根据实验目的要让学生了解古建构件的形象、名称和位置以及建造过程，首先将实验分为"构件认知"和"建造过程认知"二个内容，然后再配合教学需要增加对应的二个"考核"功能。另外预留了"构件病害监测观察"功能接口有待进一步开发。这些功能构成了虚拟建筑认知与建造模拟实验系列中的"中国古建筑I"模块。而记录分析实验过程数据的功能则作为整个系列共有的需求通过统一的平台来实现。

虚拟实验软件"构件认知"界面中间是仿真模型(图3)。通过鼠标滚轮可控制前进或后退观察模型,按住鼠标左键移动光标可以控制左右旋转观察模型。由于可以非常灵活地改变观察距离与方向,并能逐步隐藏遮挡构件,通过在虚拟空间中对大殿仿真模型各个构件的点击选择,查看界面右下方显示的相关信息,可以将每一个构件的名称、位置和形象都了解到。而通过界面右侧上部选择构件的类型和位置还可以检索并以红色频闪显示每一个构件。

图3　保国寺虚拟实验软件"构件认知"界面
(图片来源:自摄)

虚拟实验软件"构件认知考核"功能应用虚拟现实中的仿真模型可以对之前各个构件的认知学习效果进行考核。考核由教师事先选定部分构件要求学生在虚拟模型上进行点击指认。界面下方将会显示此题是否回答正确,并自动记录得分。

首次开发的"建造过程认知"功能比较简单,鼠标左键点击"下一步"按钮,软件将会按照大殿建造的顺序显示各个构件虚拟三维模型以及名称。过程中随时可以灵活地改变观察距离与方向,也可以点击"上一步"按钮回退观察逆向显示的建造过程(图4)。

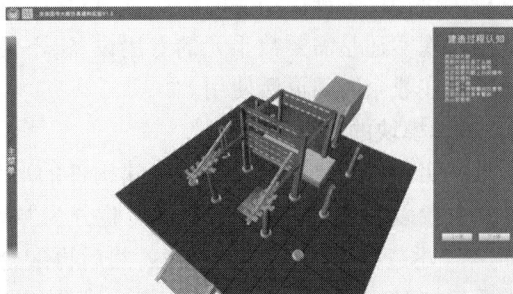

图4　保国寺虚拟实验软件"建造过程认知"界面
(图片来源:自摄)

"建造过程考核"则要求学生按照建造顺序通过位置和分类条件检索出相应构件并在虚拟空间中指定其位置。为便于构件定位,整个大殿以半透明的方式显示。界面下方将会显示此过程所选构件和位置是否正确,并自动记录得分。

在虚拟实验软件模块之外是统一的实验系列平台。平台统一管理用户和维护实验数据,在整个虚拟实验过程中实时采集记录和存储实验操作过程,用于评分和教师对实验效能的评估。

4　虚拟现实课件升级与优化

本项目由同济大学建筑与城市规划学院所属的建筑规划景观虚拟仿真实验教学中心投入开发,在完成了基础数据准备和功能设计工作后,委托专业电脑公司进行软件编制工作,在过程中对软件界面、操控方式等由专业老师进行具体指导。在系统设计过程中,迭代式的教学成效评估反馈——实验内容设计优化工作也必须由专业老师来组织和研究。

在完成第一期软件开发并经过一轮教学成效评估后发现:本项目在线虚拟实验对对象认知类学习的教学成效起明显的积极效果,但对过程认知类学习的教学并无优势,由此发现了既有技术应用方案存在的问题——该课件对虚拟建造过程的互动认知学习存在"时序控制类型"上的设计缺陷。目前课件的时序控制采用了"定序延缓"的形式,即学生虽然可通过互动操作变换画面视角,但就建造序列的互动参与度而言不足之处是,学生只能在触发"下一步"与"上一步"之间做出选择。

为此有必要进行第二期的软件升级与优化。在二期的"建造过程认知"功能需要增加建造过程认知中的互动功能:建造需要的构件首先会以半透明方式出现在模型中,然后需要学生经过模型库检索出该构件,场景中将显示出需要安装的构件并可随鼠标移动,最后学生通过点击模型中对应的位置来完成这一构件的建造。

在"建造 过程考核"中同样也要增加互动环节,充分利用虚拟实验优势使得建造过程更为接近现实搭建,由学生选择构建后通过在虚拟空间中移动旋转构件虚拟三维模型放置到构件应当所在的位置,让学生三维操作一个自选构件至另一个构件以完成虚拟装配,即通过互动操作加深学生对构件间的匹配关系与装配先后的认知。

一期目前通过 B/S 模式,在学生便携式个人电脑上运行。由于中国古建筑木构架实在是数量众多关系复杂，所谓"勾心斗角"就是原指宫室建筑结构的交错和精巧。因此，虽然已经有可以互动的三维模型可以进行多角度观察，但是由于普通显示器还是以二维方式显示图像，构件之间的在三维空间里交错的复杂关系很难进行展示。因此还是有必要进一步研究采用沉浸感更好的立体显示的虚拟现实系统进行互动显示。

升级工作将通过对目前比较成熟的三维立体显示技术（基于个人计算机 HTC 头盔、智能终端甚至游戏机 PSVR）进行深入调研，选择合适的平台，将目前在普通个人电脑上运行的模块软件转移到具有三维立体显示功能的系统中。目前初步确定采用头盔式或眼镜式（非大屏幕）的沉浸交互平台，进行相关的硬件平台和软件环境的选择与开发。

5　结　语

在线虚拟实验能颠覆性变革"教"与"学"的方式，同济大学建筑规划景观虚拟仿真实验教学中心为此建设了各种在线虚拟实验课件，其中《虚拟建筑认知与建造模拟实验系列（中国古建筑Ⅰ）》仅是虚拟建构系列中中国古建筑部分之一。

目前，PC1.0 版已发布并投入教学使用，根据教学成效评估反馈，在后期建设中 2.0 版本将就所存在的问题进行优化，并添加构件监测观察功能。为充分发挥虚拟技术中互动技术的潜力，VR 版本也正在开发当中，在其开发过程中，将再次展开多种互动模式下的成效评估比较，最终确定虚拟空间下的建筑尺寸、移动方式、操作对象、辅助方法等。希望在不久的将来能真正投入到教学过程中，提高学生对古建筑学习的兴趣和效率。

参考文献：

[1] 缪朴. 关注过程什么是同济精神？——论重新引进现代主义建筑教育[J]. 时代建筑,2004(06):38-43.

[2] 汤众. 历史文化名城的数字化生存[J]. 时代建筑, 2000(03):38-43.

[3] 汤众. 实现虚拟现实[J]. 华中建筑, 2001(04): 105-106.

[4] 汤众. 基于图像的虚拟现实技术原理与应用[J]. 城市规划汇刊,2002(05):65-67,80.

[5] 杜嵘. 虚拟遗产研究初探[J]. 新建筑, 2001, (6): 21-24.

[6] 周宁,王家歆,赵雁南,等. 基于虚拟现实的中国古建筑虚拟重建[J]. 计算机工程与应用,2006,42(18): 200-203.

[7] 严钧,李洪. 运用虚拟现实技术编制多媒体课件的研究与实践[J]. 高等建筑教育,2008,17(5):147-149.

[8] 王茹,孙卫新,张祥,等. 明清古建筑构件参数化信息模型实现技术研究[J]. 西安建筑科技大学学报(自然科学版),2013,45(4):479-486.

[9] 杨爽,何韶颖,汤众,等. 中国传统木构建筑构件信息数据库需求分析研究——以宁波保国寺宋代大殿为例[C]. 2015 中国建筑史学会年会暨学术研讨会论文集. 2015:763-769.